Thieme

Anästhesie compact

Leitfaden für die klinische Praxis

Norbert Roewer
Holger Thiel

Unter Mitarbeit von Christian Wunder

3., erweiterte und völlig überarbeitete Auflage

46 Abbildungen
153 Tabellen

Georg Thieme Verlag
Stuttgart · New York

Bibliografische Information
der Deutschen Nationalbibliothek

Die Deutsche Nationalbibliothek verzeichnet diese Publikation in der Deutschen Nationalbibliografie; detaillierte bibliografische Daten sind im Internet über http://dnb.d-nb.de abrufbar.

1. Auflage 1999
2. Auflage 2001

Wichtiger Hinweis: Wie jede Wissenschaft ist die Medizin ständigen Entwicklungen unterworfen. Forschung und klinische Erfahrung erweitern unsere Erkenntnisse, insbesondere was Behandlung und medikamentöse Therapie anbelangt. Soweit in diesem Werk eine Dosierung oder eine Applikation erwähnt wird, darf der Leser zwar darauf vertrauen, dass Autoren, Herausgeber und Verlag große Sorgfalt darauf verwandt haben, dass diese Angabe **dem Wissensstand bei Fertigstellung des Werkes** entspricht.

Für Angaben über Dosierungsanweisungen und Applikationsformen kann vom Verlag jedoch keine Gewähr übernommen werden. **Jeder Benutzer ist angehalten**, durch sorgfältige Prüfung der Beipackzettel der verwendeten Präparate und gegebenenfalls nach Konsultation eines Spezialisten festzustellen, ob die dort gegebene Empfehlung für Dosierungen oder die Beachtung von Kontraindikationen gegenüber der Angabe in diesem Buch abweicht. Eine solche Prüfung ist besonders wichtig bei selten verwendeten Präparaten oder solchen, die neu auf den Markt gebracht worden sind. **Jede Dosierung oder Applikation erfolgt auf eigene Gefahr des Benutzers.** Autoren und Verlag appellieren an jeden Benutzer, ihm etwa auffallende Ungenauigkeiten dem Verlag mitzuteilen.

Rüdigerstraße 14
70469 Stuttgart
Deutschland
Telefon: +49/(0)711/8931-0
Unsere Homepage: www.thieme.de

Printed in Germany

Zeichnungen: Karin Baum, Paphos (Zypern)
Umschlaggestaltung: Thieme Verlagsgruppe
Umschlaggrafik: Martina Berge, Erbach
Satz: pimustype Hurler GmbH, Notzingen
gesetzt mit UltaXML
Druck: Grafisches Centrum Cuno, Calbe

ISBN 978-3-13-116583-1 1 2 3 4 5 6

Wenn man etwas nicht versteht,
sollte man fragen;
wenn man etwas verstanden hat,
sollte man es hinterfragen.

Vorwort zur dritten Auflage

„Anästhesie compact" wurde von A bis Z einer intensiven Überarbeitung unterzogen. Manch Ballast konnte so entfernt, manch nötige Aktualisierung eingefügt werden. Dank der Straffung war es sogar möglich, einige Kapitel inhaltlich deutlich zu erweitern, wie z. B. die Infusions- und die Pharmakotherapie. Hinzugekommen sind außerdem ein Kapitel über die kardiopulmonale Reanimation und ein eigener Abschnitt über die Lokalanästhetika. Der gesamte Operationskatalog wurde unter anästhesiologischem Blickwinkel überarbeitet und zudem noch homogener strukturiert. Selbstverständlich führt die dritte Auflage den Grundgedanken und das didaktische Konzept der ersten beiden konsequent weiter. Neu aber ist – was hoffentlich nicht nur die Verfasser erfreut – ein deutlich verbessertes Layout. Dadurch werden nicht nur die Inhalte viel übersichtlicher und griffiger, sondern es kommt – auch im wahrsten Sinne – Farbe hinein.

Und wiederum möchten die Verfasser an dieser Stelle nicht versäumen, darauf hinzuweisen, daß sie auch weiterhin an der alten Rechtschreibung festhalten und diese in der neuen Auflage umgesetzt werden konnte.

In der Zusammenschau: „Anästhesie compact" behandelt die wesentlichen allgemeinen und speziellen Aspekte der klinischen Anästhesie. Es ist sowohl als weiterbildungsbegleitendes Lehrbuch für den lernenden Anästhesisten wie auch als detailliertes Kompendium für den anästhesiologischen Facharzt geeignet. Es soll insbesondere helfen, den Alltagsanforderungen, denen man sich als klinisch tätiger Anästhesist gegenübersieht, besser gerecht zu werden.

Würzburg im Januar 2007

Norbert Roewer
Holger Thiel
Christian Wunder

Vorwort zur ersten Auflage

Der Markt für Lehrbücher, die Wissensinhalte für das Fach Anästhesiologie bzw. dessen Teilgebiete vermitteln, ist in den neunziger Jahren zunehmend größer und z. T. auch unüberschaubar geworden. So stellte sich natürlich auch für uns die Frage, ob und wo ein weiteres Buch seinen Platz finden könnte.

Anästhesie *compact* ist ursprünglich auf der Basis klinikorientierter Manuals entstanden, die die spezifischen Alltagsanforderungen an die in der Anästhesie tätigen Kollegen auf der Grundlage des aktuellen medizinischen Kenntnisstandes erfassen sollten. Es erschöpft sich aber nicht in konkreten Handlungsempfehlungen für die klinische Praxis, sondern legt auch, soweit wie möglich, rationale Hintergründe offen, die essentiell für zielgerichtete und effiziente anästhesiologische Tätigkeit am Patienten sind.

Anästhesie *compact* wendet sich grundlagenorientiert vornehmlich an die Kollegen in der Weiterbildung, ebenfalls aber auch an Fachärzte, für die es besonders als detailliertes, kompaktes Nachschlagewerk der speziellen Anästhesie in sämtlichen klinischen Bereichen zu verstehen ist. So wurde in diesem Zusammenhang ausgesprochener Wert auf die Erläuterung operativer Techniken der einzelnen Fachgebiete in ihren unmittelbaren Auswirkungen auf die anästhesiologische Vorgehensweise gelegt.

Würzburg
im Dezember 1998

Norbert Roewer
Holger Thiel

Anschriften

Prof. Dr. med. Norbert Roewer
Direktor der Klinik und Poliklinik
für Anästhesiologie
der Universität Würzburg
Oberdürrbacher Straße 6
97080 Würzburg

Dr. med. Holger Thiel
Oberarzt der Klinik und Poliklinik
für Anästhesiologie
der Universität Würzburg
Oberdürrbacher Straße 6
97080 Würzburg

Priv.-Doz. Dr. med. Christian Wunder
Oberarzt der Klinik und Poliklinik
für Anästhesiologie
der Universität Würzburg
Oberdürrbacher Straße 6
97080 Würzburg

Inhaltsverzeichnis

Allgemeines anästhesiologisches Vorgehen

1 Prämedikationsvisite ... 3
2 Instrumentierung ... 19
3 Monitoring ... 30
4 Infusion und Transfusion ... 59
5 Besondere Aspekte der Blutgerinnung ... 80
6 Anästhesieassoziierte Pharmakologie ... 86
7 Narkosetechniken ... 102
8 Anästhetika und Adjuvanzien ... 123
9 Rückenmarknahe Regionalanästhesien ... 162
10 Periphere Nervenblockaden ... 173
11 Operationslagerung ... 188
12 Postoperative Versorgung ... 193
13 Medikolegale Aspekte ... 204

Anästhesie in Fachgebieten und Spezialbereichen

14 Allgemein- und Gefäßchirurgie ... 219
15 Laparoskopische Eingriffe ... 257
16 Urologie ... 264
17 Unfallchirurgie ... 276
18 Orthopädie ... 281
19 Mund-Kiefer-Gesichts-Chirurgie ... 290
20 Hals-Nasen-Ohren-Chirurgie ... 298
21 Ophthalmochirurgie ... 309
22 Neurochirurgie und Neuroradiologie ... 317
23 Gynäkologie ... 344
24 Geburtshilfe ... 352
25 Kinderchirurgie ... 369
26 Thoraxchirurgie ... 393
27 Kardiochirurgie und Kardiologie ... 414
28 Operationen an der thorakalen Aorta ... 440
29 Herzschrittmacher, Kardioverter und Defibrillator ... 449
30 Kongenitale Herzfehler ... 454
31 Herzkatheteruntersuchungen bei Kindern ... 473
32 Elektrokrampftherapie ... 478
33 Magnetresonanztomographie ... 481
34 Ambulante Operationen ... 484

Anästhesie bei speziellen Risiken

35 Begleiterkrankungen ... 489
36 Maligne Hyperthermie ... 528
37 Schwangerschaft ... 533
38 Geriatrie ... 537
39 Organtransplantationen ... 543

Notfallbehandlung

40 Klinische Primärversorgung des Polytraumatisierten ... 563
41 Kardiopulmonale Reanimation ... 566

Anhang

A Kriterien zur Beurteilung des Röntgenthoraxbildes ... 577
B Präoperative Lungenfunktionsanalyse ... 577
C Spirometrische Lungenfunktionsparameter ... 579
D Hämodynamische Grundbegriffe, Maßeinheiten und Normalwerte ... 582
E Abkürzungsverzeichnis ... 586

Sachverzeichnis ... 589

Allgemeines anästhesiologisches Vorgehen

1 Prämedikationsvisite

1.1 Grundsätzliches ▸ 3
1.2 Präoperative Untersuchungen ▸ 3
1.2.1 Elektive Eingriffe ▸ 3
1.2.2 Notfallpatienten ▸ 4
1.3 Anästhesierisiko ▸ 4
1.4 Patientenvorbereitung und operative Dringlichkeit ▸ 5
1.4.1 Festlegung des Operationstermins ▸ 6
1.4.2 Nahrungs- und Nikotinkarenz ▸ 6
1.5 Auswahl des Anästhesieverfahrens ▸ 6
1.6 Aufklärungsgespräch und Einwilligungserklärung ▸ 7
1.7 Prämedikation ▸ 8
1.7.1 Ziele und Bedeutung ▸ 8
1.7.2 Pharmaka ▸ 8
1.7.3 Applikation und Verordnung ▸ 12
1.7.4 Verminderung des Aspirationsrisikos ▸ 12
1.8 Dauermedikation ▸ 13

1.1 Grundsätzliches

Mit der **Prämedikationsvisite** wird der Grundstein für den erfolgreichen Ablauf der Anästhesie gelegt. Die Visite sollte spätestens am Vortag der Operation stattfinden, um dem Patienten genügend Spielraum für seine Einwilligungserklärung zu lassen. Idealerweise führt derjenige Anästhesist das Prämedikationsgespräch, der auch die Anästhesie vornimmt. Im einzelnen hat die Prämedikationsvisite folgende Ziele:

- Erhebung der anästhesierelevanten Anamnese (am besten anhand eines Vordrucks)
- Einschätzung des körperlichen und psychischen Zustands des Patienten
  - klinische Untersuchung
  - Einschätzung der Intubationsbedingungen (s. Kap. 7.2.2)
  - Befundung bereits vorliegender Untersuchungen
- ggf. Festlegung zusätzlicher diagnostischer und therapeutischer Maßnahmen
- Beurteilung des Anästhesierisikos
- Auswahl des Anästhesieverfahrens
- Aufklärung des Patienten (Dokumentation!) und dessen (schriftliche) Einwilligung
- Verminderung von Angst und Aufregung beim Patienten
- Verordnung der Prämedikation

1.2 Präoperative Untersuchungen

Da die Bedeutung routinemäßiger, altersunabhängig durchgeführter präoperativer Untersuchungen für die Diagnostik zuvor nicht erkannter Erkrankungen als minimal anzusehen ist, kann der Umfang des Untersuchungsprogramms nach dem anamnestisch-klinischen Gesundheitszustand und dem Lebensalter des Patienten sowie nach Art, Ausmaß, Dauer und Dringlichkeit des Eingriffs ausgerichtet werden.

1.2.1 Elektive Eingriffe

Folgendes Vorgehen vor elektiven Eingriffen kann empfohlen werden:

- Bei **Kindern** sind für *kleine Eingriffe* eine unauffällige Fremd- und Familienanamnese sowie ein altersgerechter Befund der körperlichen Untersuchung ausreichend (Ausnahme: Hb-Konzentration oder Hkt bei Säuglingen in den ersten 6 Lebensmonaten wegen der Trimenonanämie).
- Bei **Erwachsenen** mit unauffälliger Anamnese und unauffälliger klinischer Untersuchung genügt die Bestimmung folgender Laborwerte: Hb (od. Hkt), BZ, Na^+, K^+, ab 40 Jahren ergänzt durch ein 12-Kanal-Ruhe-EKG und ab 60 Jahren auch durch eine Röntgenthoraxaufnahme (p.-a.).
- Vor **rückenmarknahen Regionalanästhesien** sowie vor **infraklavikulären und interskalenären**

Plexusblockaden muß – auch bei unauffälliger Anamnese und Klinik – eine Kontrolle der globalen Gerinnungsparameter inkl. Thrombozytenzahl vorgenommen werden.

- Vor **umfangreichen Operationen** sind weitere Laboruntersuchungen, bei anamnestischen und/oder klinischen Hinweisen auf **Vor- bzw. Begleiterkrankungen** auch weiterführende Untersuchungen zur differenzierten Abklärung erforderlich.
- Bei Erfordernis von Voruntersuchungen sollten die Befunde zum Operationstermin hin *möglichst aktuell* sein, d. h. bei zwischenzeitlich unverändertem Gesundheitszustand die Laborwerte nicht älter als 14 Tage, das EKG nicht älter als 4 Wochen und die Röntgenthoraxaufnahme nicht älter als 3 Monate.

Konsiliaruntersuchungen

Fachkonsile (am häufigsten internistisch-kardiologisch und neurologisch) werden nur gezielt zur Beantwortung spezieller Fragen angefordert. Hierbei geht es nicht um die Beurteilung der Anästhesiefähigkeit des Patienten durch den Konsiliar. Dies ist alleinige Aufgabe des Anästhesisten. Vielmehr soll z. B. bei risikoerhöhenden Begleiterkrankungen geklärt werden, ob durch eine Behandlung der Zustand des Patienten präoperativ gebessert und damit das perioperative Risiko vermindert werden kann. In anderen Fällen mag eine bereits laufende Therapie auf ihre Effizienz hin überprüft werden.

1.2.2 Notfallpatienten

Der Umfang von Voruntersuchungen wird bei Notfallpatienten wesentlich von der Eingriffsdringlichkeit mitbestimmt und umfaßt:

- soweit möglich Erhebung der Anamnese (Allergien!)
- kurze körperliche Untersuchung
- Blutentnahme: Laborwerte, Blutgruppe, Kreuzprobe zur Fremdblutbereitstellung

In Extremsituationen muß eine Operation beginnen, bevor die Laborwerte vorliegen (z. B. perforiertes Bauchaortenaneurysma). Apparative Untersuchungen werden bei Notfallpatienten nur dann durchgeführt, wenn sie für die Strategie des operativen Vorgehens maßgeblich oder für die Beurteilung vitalbedrohlicher Störungen unerläßlich sind (z. B. CCT bei polytraumatisierten Patienten).

1.3 Anästhesierisiko

Erst die umfassende Beurteilung aller wesentlichen Begleiterkrankungen und -umstände ermöglicht eine Einschätzung des **perioperativen Gesamtrisikos,** das sich aus Anästhesie- und Operationsrisiko zusammensetzt. Das eigentliche Anästhesierisiko läßt sich hiervon nur unscharf abgrenzen, weil sich anästhesie- und operationsbezogene Faktoren in erheblichem Maße wechselseitig beeinflussen und entsprechend eng miteinander verknüpft sind. Das Anästhesierisiko hängt also nicht nur von Begleiterkrankungen, sondern auch von eingriffsspezifischen Faktoren ab. Den größten Einfluß auf die perioperative Morbidität und Mortalität haben

- Herz-Kreislauf-Erkrankungen (bes. Hypertonie, KHK, Herzinsuffizienz),
- Lungenerkrankungen (bes. COPD),
- Art, Umfang und Dringlichkeit des Eingriffs,
- die Dauer der Operation und
- das Lebensalter des Patienten.

Als Orientierungshilfe zur Risikoeinstufung und zur Beurteilung der Anästhesiefähigkeit des Patienten wird am häufigsten das **ASA-Klassifikationsschema** (**A**merican **S**ociety of **A**nesthesiologists) verwendet:

ASA I	keine organische Erkrankung oder Störung des Allgemeinbefindens: außer der chirurgischen Erkrankung gesunder Patient
ASA II	leichte Allgemeinerkrankung ohne (subjektive) Leistungseinschränkung: z. B. mäßige Anämie, geringe Störungen des Wasser- u. Elektrolythaushalts, gut eingestellter Diabetes mellitus, latente Hyperthyreose, mäßiger Hypertonus, beginnendes Lungenemphysem, leichte Bronchitis, Asthma bronchiale im anfallfreien Intervall und ohne Komplikationen, kompensierte Niereninsuffizienz, Adipositas, Varikosis – Früh- u. Neugeborene, Greise, Schwangere im 3. Trimenon

ASA III	schwere Allgemeinerkrankung mit (subjektiver und objektiver) Leistungseinschränkung: z. B. erhebliche Anämie, schwere Störungen des Wasser- u. Elektrolyt- u. Säure-Basen-Haushalts, schwerer Diabetes mellitus (mit Komplikationen), manifeste Hyperthyreose, schwerer Hypertonus, kompensierte Herzinsuffizienz, KHK, Z.n. Myokardinfarkt, ausgeprägtes Lungenemphysem, schwere (eitrige) Bronchitis, COPD, dialysepflichtige Niereninsuffizienz, Adipositas permagna, Kachexie
ASA IV	lebensbedrohliche Allgemeinerkrankung: z. B. hochgradige Anämie; manifeste, d. h. dekompensierte Insuffizienz des Herzens, der Lunge, der Nieren oder des endokrinen Systems; diffuse Peritonitis; Schock jeder Genese; Koma; Polytrauma
ASA V	moribunder Patient, der mit oder ohne Operation 24 Stunden voraussichtlich nicht überleben wird: z. B. perforiertes Aortenaneurysma, fulminante Lungenembolie

Das ASA-Schema berücksichtigt nur den Allgemeinzustand des Patienten und läßt auch nur eine grobe Risikoeinschätzung zu. Trotzdem hat es sich in der Praxis bewährt. In verschiedenen Untersuchungen konnte nämlich gezeigt werden, daß die ASA-Einstufung statistisch gut mit der perioperativen Mortalität korreliert (Tab. **1**).

Tabelle 1 ASA-Risikogruppen und perioperative Mortalität (mod. nach *Marx*)

ASA-Gruppe	Perioperative Mortalität (bis 7. postop. Tag)
I	0,1%
II	0,5%
III	4,4%
IV	23,5%
V	50,8%

Anästhesiefähigkeit. Die Beurteilung des Anästhesierisikos führt zwangsläufig zu der Frage nach der Anästhesiefähigkeit. Die Anästhesiefähigkeit ist allerdings eine relative Größe. Sie ist zum einen natürlich eng mit dem objektiven Anästhesierisiko verknüpft; zum anderen muß sie aber auch in Beziehung zur Notwendigkeit und Dringlichkeit des Eingriffs gesetzt werden. Eingriffe, die unmittelbar zur Lebenserhaltung erforderlich sind, müssen immer durchgeführt werden, auch bei erheblichen (chronischen) Erkrankungen, die im anderen Extrem z. B. plastische Eingriffe aus ästhetischen Gründen niemals zuließen. So gesehen existiert also keine absolute „Nichtanästhesiefähigkeit". In der Praxis wird der Anästhesist nach Einschätzung des Anästhesierisikos den Operateur in Kenntnis setzen, wenn aus seiner Sicht Zweifel an der Anästhesiefähigkeit bestehen. Dem Operateur fällt dann, falls sich zwischen ihm und dem Anästhesisten keine Einigung erzielen läßt, unter Abwägung der indizierenden und kontraindizierenden Faktoren die letztliche Entscheidung zu, ob der Eingriff durchgeführt wird. Damit übernimmt er dann ggf. aber auch die volle ärztliche und rechtliche Verantwortung.

1.4 Patientenvorbereitung und operative Dringlichkeit

Wieviel Zeit für die präoperative Vorbereitung eines Patienten zur Verfügung steht, hängt von der operativen Dringlichkeit ab. Im allgemeinen werden **4 Dringlichkeitsstufen** unterschieden:

1. elektiv = Wahleingriff (nicht dringlich) → aufschiebbar
2. geplant = Planeingriff (bedingt dringlich) → *aufschiebbar*
3. dringlich = organerhaltender Eingriff
4. Notfall = lebenswichtiger Soforteingriff

Wenn von *aufschiebbaren* oder manchmal auch von *planbaren* Eingriffen gesprochen wird, handelt es sich um Eingriffe der Stufe 1 oder 2; *nichtaufschiebbare* Eingriffe gehören zur Stufe 3 oder 4.

Übersicht über die operativen Dringlichkeitsstufen

1. **Elektive (nichtdringliche) Eingriffe**
   z. B.: kosmetische Operationen, Cholecystolithiasis ohne Verschlußsymptomatik, Hernien ohne Inkarzeration
   Vorbereitungszeit: Wochen/Monate
2. **Geplante (bedingt dringliche) Eingriffe**
   z. B.: Malignome, diagnostische Eingriffe, Probeexzisionen
   Vorbereitungszeit: Tage
3. **Dringliche Eingriffe**
   z. B.: Ileus, Mesenterialinfarkt, inkarzerierte Hernie, Hodentorsion, akuter arterieller Extremitätenverschluß, offene Frakturen, Schenkelhalsfrakturen, penetrierende Verletzungen ohne akute Blutung, Abszesse, Luxationen
   Vorbereitungszeit: Stunden
4. **Notfalleingriffe – Soforteingriffe**
   z. B.: perforiertes Bauchaortenaneurysma, schwere intrathorakale Blutung, schwere gastrointestinale Blutung, Leber- od. Milzruptur, epidurales Hämatom, Notsectio
   Vorbereitungszeit: Minuten

1.4.1 Festlegung des Operationstermins

Vor *aufschiebbaren* Eingriffen gilt die Regel, den Patienten zur Minimierung des perioperativen Risikos in den bestmöglichen Zustand zu bringen. Hier müssen die höchsten Maßstäbe an die präoperative Vorbereitung, die Diagnostik von Begleiterkrankungen und deren Behandlung angelegt werden. Bei wesentlichen Störungen der Funktion wichtiger Organe dürfen keine elektiven oder geplanten Eingriffe stattfinden.

Für Notfall- oder dringliche Eingriffe gelten andere Kriterien. Ein *Notfalleingriff* ist indiziert zur akuten Lebensrettung bei bereits bestehender oder unmittelbar bevorstehender Dekompensation vitaler Organfunktionen (z. B. perforiertes Bauchaortenaneurysma mit hämorrhagischem Schock, schwere intrathorakale Blutung mit respiratorischer Insuffizienz). Als Indikation für einen *dringlichen* Eingriff wird ein drohender irreversibler Verlust der Funktion von Organen oder Körperteilen angesehen, wenn damit eine verzögerte Lebensbedrohung einhergeht (z. B. Ileus mit der Gefahr einer Darmgangrän).

Herzinfarktanamnese. Nach einem *transmuralen* Myokardinfarkt sollten während der ersten 3 Monate keine aufschiebbaren operativen Eingriffe durchgeführt werden, da das Reinfarktrisiko innerhalb dieser Frist deutlich erhöht ist (Einzelheiten s. Kap. 35.2).

1.4.2 Nahrungs- und Nikotinkarenz

Außer bei Notfall- und dringlichen Eingriffen sollte eine präoperative Nahrungskarenz *von mindestens 6 Stunden für feste Bestandteile und 2 Stunden für (klare) Flüssigkeiten* eingehalten werden, um eine pulmonale Aspiration während der Narkoseeinleitung zu verhindern (Einzelheiten s. Kap. 7.4).

Das Rauchen sollte spätestens am Vorabend der Operation eingestellt werden. Diese *kurzfristige* Nikotinabstinenz dient vor allem der Reduktion perioperativer hypoxischer Komplikationen, die durch Kohlenmonoxid (CO) ausgelöst werden. Aufgrund der hohen Affinität von CO zum Hämoglobin entsteht COHb (bei starken Rauchern bis zu 20%!), das dann nicht mehr für den Sauerstofftransport zur Verfügung steht. Die CO-Bindung ist allerdings mit einer Halbwertszeit von ca. 8 Stunden reversibel, so daß eine Nikotinabstinenz schnell zur Normalisierung des Sauerstofftransports führt. Dagegen wird die durch das Rauchen induzierte bronchiale Hyperreagibilität nicht so rasch gebessert. Hierzu ist eine längerfristige Abstinenz von meist mehr als 4 Wochen erforderlich.

1.5 Auswahl des Anästhesieverfahrens

Nach Einschätzung des Anästhesierisikos wird in Abhängigkeit vom Zustand des Patienten und von eingriffsspezifischen Faktoren wie Art, Lokalisation, Dauer und Dringlichkeit der Operation das Anästhesieverfahren ausgewählt. Prinzipiell wird dasjenige Verfahren mit der **größtmöglichen Sicherheit für den Patienten** angewandt. Wünsche des Patienten sollen hierbei soweit wie möglich Berücksichtigung finden. Im Zweifelsfall geht aber die *objektive* Sicherheit des Patienten vor dessen subjektivem Komfort! Betrachtet man Untersuchungen zur perioperativen Morbidität und Mortalität nach Allgemein- und rückenmarknahen Anästhesien in Abhängigkeit von Begleiterkrankungen, so ist kein statistisch signifikanter Unterschied zwischen beiden Verfahrensarten festzustellen. Dies macht es im Einzelfall schwierig, ein Verfahren unter dem Aspekt seiner möglichen Vorteile zu bevorzugen.

Bei der Auswahl des Anästhesieverfahrens kann nach folgenden Grundsätzen verfahren werden:

- Thorax-, Oberbauch-, 2-Höhlen-Eingriffe, intrakranielle sowie langdauernde Operationen werden am besten in **Intubationsnarkose** mit kontrollierter Beatmung durchgeführt. Bei Thorax-, Oberbauch- und 2-Höhlen-Eingriffen kann ggf. ein zusätzlicher Epiduralkatheter, insbesondere zur postoperativen Schmerztherapie, von Vorteil sein.
- Eingriffe in Bauchlage sollten nur in Allgemeinanästhesie mit endotrachealer Intubation und kontrollierter Beatmung vorgenommen werden.
- Kurze Eingriffe (< 30 min) können in **Gesichtsmaskennarkose**, längere auch unter Einsatz der **Kehlkopfmaske** durchgeführt werden. Hierbei sind jeweils die Kontraindikationen zu beachten (z. B. Nichtnüchternheit, Bauchlage, Adipositas permagna, Laparotomie, Thorakotomie).
- Für Eingriffe an den oberen Extremitäten (inkl. Schulter) empfiehlt sich eine Regionalanästhesie (z. B. Plexusblockade).
- Für Patienten mit fortgeschrittenen kardiozirkulatorischen und/oder pulmonalen Erkrankungen kann eine **rückenmarknahe Regionalanästhesie** im Einzelfall von Vorteil sein, wenn zu hohe Anästhesieniveaus und damit eine ausgeprägte Sympathikolyse sowie eine Beeinträchtigung der Atemmuskulatur vermieden werden.
- Bei **Blutgerinnungsstörungen** oder unter **Antikoagulanzientherapie** dürfen weder rückenmarknahe Leitungsanästhesien noch infraklavikuläre Plexusblockaden vorgenommen werden. Als Ausnahme gilt die **Low-dose-Heparinisierung** (≤ 200 IE UFH[1]/kg/d). Hierbei ist allerdings zu beachten, daß die subkutane Injektion unfraktionierten Heparins mindestens 4 und die niedermolekularen Heparins mindestens 12 Stunden zurückliegen sollte. Bei Einnahme von Präparaten, die **Acetylsalicylsäure** (ASS) enthalten, wird mehrheitlich empfohlen, diese wegen der *irreversiblen* Hemmung der Thrombozytenaggregation durch ASS wenigstens 3 Tage zuvor abzusetzen. Alle anderen nichtsteroidalen Antiphlogistika bewirken nur eine reversible Hemmung, so daß es ausreichend ist, auf die morgendliche Gabe am Operationstag zu verzichten. Unter ASS-Therapie in einer Dosis von ≤ 100 mg/d (Low-dose-ASS) sind Spinalanästhesien zulässig; Epiduralanästhesien, insbesondere als Katheterverfahren, sollten dagegen nur nach sehr sorgfältiger Nutzen-Risiko-Abwägung durchgeführt werden. Hierbei sind dann außerdem engmaschige neurologische Kontrollen während der ersten beiden postoperativen Tage notwendig, um z. B. ein epidurales Hämatom frühzeitig erkennen zu können. Weiteres s. Kap. 9.4.
- Folgende **Gerinnungswerte** sind für rückenmarknahe oder infraklavikuläre Regionalanästhesien minimal zu fordern:
  - partielle Thromboplastinzeit (PTT): normal
  - Thromboplastinzeit nach Quick: > 50%
  - Thrombozytenzahl: ≥ 100.000/μl
- Unkooperative, verwirrte oder bewußtseinsgetrübte Patienten sollten generell keine Regionalanästhesie erhalten.
- **Notfall- oder dringliche Eingriffe** bei nichtnüchternen Patienten sollten bei fehlenden Kontraindikationen und, wenn vom Eingriff her möglich, in Regionalanästhesie durchgeführt werden, anderenfalls in Intubationsnarkose (→ Nichtnüchtern-Einleitung).
- Bei **Kindern** sollte aus psychologischen Gründen eine Allgemeinanästhesie vorgezogen werden.
- Bei **ambulanten Patienten** sollten keine rückenmarknahen Regionalanästhesien oder zentralen Plexusblockaden (supra- und infraklavikulär) vorgenommen werden.

1.6 Aufklärungsgespräch und Einwilligungserklärung

Siehe Kap. 13.1.

1 unfraktioniertes Heparin

1.7 Prämedikation

1.7.1 Ziele und Bedeutung

Obligates und damit vorrangiges Prämedikationsziel ist die Streßreduktion bzw. -vermeidung durch **Anxiolyse**. Hierdurch können sonst während der Anästhesieeinleitung häufiger zu beobachtende Kreislaufdysregulationen (tachykarde Rhythmusstörungen, hyper- od. hypotensive Episoden, vasovagale Synkopen) in ihrer Anzahl und Ausprägung deutlich vermindert werden. Eine darüber hinausgehende Sedierung ist nicht in jedem Fall erforderlich, jedoch nicht immer vermeidbar. Die Kooperationsfähigkeit des Patienten, wie sie vor allem für die Durchführung von Regionalanästhesien erwünscht ist, soll dabei aber ebenso wie die Schutzreflexe erhalten bleiben.

Die **Streßreduktion** durch eine adäquate Anxiolyse dient im einzelnen der:

- psychischen Stabilisierung → Verbesserung der Kooperationsfähigkeit
- Herz-Kreislauf-Stabilisierung durch:
  - Sympathikusdämpfung → verminderte Ausschüttung von Katecholaminen (hierdurch Reduzierung hyper- und hypotensiver Episoden sowie von Arrhythmien in der perioperativen Phase)
  - Dämpfung vagaler Reflextätigkeit → Verhinderung vasovagaler Synkopen
- Suppression der Hypothalamus-Hypophysen-Nebennierenrinden-Aktivität → Ausschüttung und Bedarf von Cortisol etc. reduziert
- Reduktion der Magensaftsekretion und Erhöhung des Magensaft-pH → geringere Gefahr von Regurgitation und Aspiration
- Verminderung des postoperativen Schmerzerlebens → Einsparen von Analgetika

MERKE
Die präoperative psychische Verfassung des Patienten hat erheblichen Einfluß auf das intraoperative Kreislaufverhalten und sogar auf den postoperativen Analgetikabedarf!

Auf eine anxiolytisch-sedierende Prämedikation wird wegen möglicher Nebenwirkungen grundsätzlich **verzichtet** bei:

- komatösen oder verwirrten Patienten
- Patienten mit Schädelhirntrauma oder intrakranieller Raumforderung bei V. a. gesteigerte intrakranielle Elastance (*cave*: ICP-Anstieg bei CO_2-Retention!)
- Schockzuständen jeder Art
- Patienten mit manifester Herzinsuffizienz
- Patienten mit oberen Atemwegshindernissen und/oder respiratorischer Globalinsuffizienz
- Patienten mit Schlaf-Apnoe-Syndrom
- Patienten mit Adipositas permagna

Eine anxiolytisch-sedierende Prämedikation ist zumeist **nicht notwendig** bei:

- Neugeborenen und Säuglingen in den ersten 6 Lebensmonaten
- Greisen
- ambulanten Patienten

1.7.2 Pharmaka

Benzodiazepine

Benzodiazepine eignen sich wegen guter Wirksamkeit bei nur geringen Nebenwirkungen am besten für eine **anxiolytische Prämedikation**. Nahezu alle Benzodiazepine wirken *qualitativ* gleich. Deutliche Unterschiede bestehen aber z. T. im hepatischen Metabolismus und in der Wirkungsdauer. Benzodiazepine vermitteln ihre Effekte nach spezifischer Bindung am $GABA_A$-Rezeptorkomplex (s. auch Kap. 8.2.2), indem sie die Wirkungen von GABA als inhibitorischem endogenen Neurotransmitter verstärken. Während Barbiturate eine „schlaferzwingende" Wirkung haben, wirken Benzodiazepine als Folge ihres anxiolytisch-sedierenden Effekts primär nur *„schlafanstoßend"*. Daneben erzeugen sie auch *amnestische* (i. d. R. nur anterograd) und *antikonvulsive* Effekte. Benzodiazepine zeichnen sich durch gute Kreislaufstabilität aus. Die Atmung wird nach den zur Prämedikation üblichen Dosen i. d. R. nicht beeinträchtigt (Einzelheiten s. Kap. 8.2.2). Bei älteren Patienten kann es jedoch nach schneller intravenöser Gabe zu Störungen des *zentralen* Atemmusters mit kurzer Apnoe kommen. Bei gleichzeitiger Opioidapplikation muß bedacht werden, daß Benzodiazepine die opioidinduzierte Atemdepression verstärken. Wie unter Barbituraten können auch unter Benzodiazepinen als unerwünschte Wirkungen, besonders bei älteren Patienten, *paradoxe Reaktionen* wie Unruhe, Agitiertheit, Desorientiertheit und Logorrhoe auftreten. Bei *Myasthenien* sind Benzodiazepine wegen ihres zentral muskelrelaxierenden Effekts absolut kontraindiziert.

Tabelle 2 Anteil der Rezeptorsubtypen an den Histaminwirkungen und Beispiele für Antagonisten

	H_1-Rezeptoren	H_2-Rezeptoren
Tachykardie	∅	100%
Vasodilatation	60%	40%
Bronchokonstriktion	100%	∅
Übelkeit/Erbrechen	80%	20%*
Magensäuresekretion	∅	100%
Antagonisten	Clemastin (Tavegil®)	Cimetidin (Tagamet®)
Dimetinden (Fenistil®)	Ranitidin (Sostril®, Zantic®)	
Dimenhydrinat (Vomex A®)	Famotidin (Pepdul®)	

* indirekt durch Erhöhung des Magensaftvolumens

Wirkungsprofil von Benzodiazepinen

- Anxiolyse
- Sedierung
- (anterograde) Amnesie
- Antikonvulsion
- zentrale Muskelrelaxation → *periphere* Atemdepression

Substanzauswahl. Am Vorabend der Operation werden Benzodiazepine mit mittellanger Wirkung bevorzugt, z.B. *Temazepam* (Remestan®), am Operationstag zumeist das kurzwirksame **Midazolam** (Dormicum®). Sie werden jeweils *peroral* verabreicht. Da bei älteren Patienten wie auch bei Lebererkrankungen die sog. Phase-I-Reaktionen (u.a. Oxidation, Reduktion, Hydrolyse) beeinträchtigt sind, die Phase-II-Reaktion der Konjugation, z.B. mit Glucuronsäure (Glucuronidierung), aber zumeist noch intakt ist, sollten hier Substanzen wie *Oxazepam* (Adumbran®) oder *Lorazepam* (Tavor®) zur abendlichen Prämedikation verwendet werden, denn diese werden unmittelbar konjugiert, so daß am wenigsten mit einem verzögerten Abbau und einer verlängerten Wirkung gerechnet werden muß.

Barbiturate

Wegen nicht unerheblicher Risiken (*zentrale* Atemdepression, negative Inotropie, Wirkungsüberhang [auch durch Metaboliten]) wird auf Barbiturate zur Prämedikation nur noch in seltenen Fällen zurückgegriffen, z.B. bei Kontraindikationen für Benzodiazepine oder zur **Konvulsionsprophylaxe** bei Epileptikern (z.B. Phenobarbital [Luminal®]). In niedriger Dosierung können Barbiturate das Schmerzempfinden verstärken, was bei ihrer Anwendung zur Prämedikation beachtet werden sollte. Bei den hepatischen Formen der *Porphyrie* sind sie absolut kontraindiziert (s. Kap. 35.16).

Neuroleptika

Der Einsatz von Neuroleptika als „Sedativa" für die Prämedikation gilt heutzutage als überholt, denn sie führen häufig zu einer psychomotorischen Entkopplung, d.h., die Patienten können äußerlich ruhig und teilnahmslos wirken, während sie innerlich eine hochgradige Unruhe verspüren. Neuroleptika werden daher, wenn überhaupt, nur noch in niedriger Dosierung zur **Emesisprophylaxe** verwendet (z.B. Haloperidol [Haldol®], 1–2 mg i.v. bei der Narkoseeinleitung). Die Kombination mit Benzodiazepinen kann ihre negativen Effekte auf die Psyche zumeist unterdrücken. Nur Neuroleptika, die zur Dauertherapie von *Psychosen* eingenommen werden, sollten am Operationstag weiter verordnet werden. Eine Kontraindikation für Neuroleptika besteht bei *M. Parkinson*, weil selbst nach einmaliger, niedrigdosierter Gabe ein Parkinsonismus mit Akinesie, Rigor und Tremor auftreten kann.

Neuroleptika aus der Gruppe der Phenothiazine senken die Krampfschwelle und sollten deshalb nicht bei *Epileptikern* verabreicht werden.

Antihistaminika

Histamin ist entscheidend an der Vermittlung *anaphylaktoider*, pseudoallergischer Reaktionen beteiligt (H_1- und H_2-Rezeptoren). Darüber hinaus fungiert es als wesentlicher Mediator der *Magensäuresekretion* (H_2-Rezeptoren), und es trägt außerdem zur Entstehung von *Übelkeit und Erbrechen* bei (H_1-Rezeptoren; Tab. **2**). Die meisten anästhesiologisch eingesetzten Medikamente sind in der Lage, unspezifisch Histamin freizusetzen, was zu kardiovaskulären und bronchialen Nebenwirkungen führen kann (Tachykardie, Arrhythmie, AV-Blockierung, Blutdruckabfall; Bronchokonstriktion). Prädisponierte Patienten (z.B. Atopiker, Patienten mit kardiozirkulatorischen und pulmonalen Erkrankungen) mögen

Tabelle 3 Vergleich der Wirkungen verschiedener Parasympatholytika

	Atropin	Glycopyrronium	Scopolamin
Herzfrequenzsteigerung	+++	++	+
Salivationshemmung	+	+++	++
ZNS-Wirksamkeit	geringe Stimulation	keine[1]	deutliche Sedierung, Amnesie
Antiemesis	+	∅	++
Dosis i.v.	0,005–0,01 mg/kg	0,002–0,004 mg/kg	∅[2]
Wirkungseintritt i.v.	30–60 sec	2–3 min	∅[2]
Wirkungsdauer i.v.	30–60 min	2–3 h	∅[2]

[1] als *quartäres* Amin nicht liquorgängig; [2] kein i.v. Präparat verfügbar

hiervon besonders betroffen sein. **Erhöhte Histaminplasmaspiegel** finden sich auch bei

- Polytrauma,
- septisch-toxischem Schock,
- gastrointestinalen Blutungen,
- Ileus,
- chronischer Niereninsuffizienz,
- malignen Tumoren,
- Verbrennungen,
- größeren abdominellen Eingriffen (Darmmanipulation),
- Verwendung des Knochenzements Polymethylacrylat (Palacos®),
- Therapie mit ionisierenden Strahlen und
- Anwendung von Röntgenkontrastmitteln.

Durch die kombinierte Gabe von **H_1- und H_2-Rezeptor-Antagonisten** (wie Clemastin [Tavegil®] + Ranitidin [Zantic®], z.B. je 2 Amp. ad 500 ml Sterofundin®) kurz vor der Narkoseeinleitung, lassen sich sämtliche histaminvermittelten Wirkungen verhindern oder zumindest deutlich in ihrer Ausprägung abschwächen. Dieses Vorgehen scheint bei Atopikern gerechtfertigt zu sein, um **anaphylaktoiden** Reaktionen entgegenzuwirken (s. Kap. 35.17). Ebenfalls erfolgreich läßt sich diese Kombination bei Patienten, die besonders gefährdet sind, postoperativ Übelkeit und Erbrechen (PONV = „postoperative nausea and vomiting") zu entwickeln, zur **Emesisprophylaxe** einsetzen (s. auch Kap. 6.3). Hierdurch kann die PONV-Rate erheblich stärker reduziert werden als z. B. durch die Gabe von Haloperidol. Gute Erfahrungen bestehen auch mit der präventiven Applikation des H_1-Antagonisten *Dimenhydrinat* (Vomex A®, 62 mg i. v. bei der Narkoseeinleitung).

Durch eine Blockade von H_2-Rezeptoren in der Magenmukosa werden das Magensaftvolumen und der Säuregehalt vermindert, so daß die Gefahr einer pulmonalen Aspiration abnimmt und, was im Vordergrund steht, die Auswirkungen einer Aspiration gemildert werden. Im Sinne einer so verstandenen **Aspirationsprophylaxe** am wirksamsten sind **H_2-Antagonisten** wie Ranitidin, wenn sie am Vorabend und zusätzlich ca. 2 Stunden vor der Narkoseeinleitung peroral verabreicht werden (s. Abschn. 1.7.4). Domäne dieses Vorgehens sind geplante geburtshilfliche Eingriffe in Intubationsnarkose.

Parasympatholytika

Parasympatholytika (Syn.: Anticholinergika) wie das am häufigsten eingesetzte **Atropin,** daneben Glycopyrronium (Robinul®) und Scopolamin hemmen durch Konkurrenz mit dem Neurotransmitter Acetylcholin die parasympathische Erregungsübertragung an muskarinergen Rezeptoren (Tab. **3**). Hierdurch kommt es u. a. zur Verminderung der Speichel- und Schleimsekretion im Bereich der oberen und unteren Atemwege sowie zur Erhöhung der Herzfrequenz.

Vor allem der **antisalivatorische** (speichelflußhemmende) Effekt ist unter prophylaktischen Gesichtspunkten von anästhesiologischem Interesse, z. B. bei

- Operationen im Mund-Rachen-Bereich,
- fiberoptischen Intubationen oder Bronchoskopien,
- Larynxmaskennarkosen,
- Einlungenbeatmung (erschwertes Absaugen über enge Tubuslumina),
- vor Ketamingaben und
- bei Kindern während der ersten Lebensjahre (erhöhte Neigung zu Laryngospasmen bei vermehrter Speichelsekretion).

Die Gabe von Parasympatholytika bereits auf der Krankenstation ist allerdings nicht zu empfehlen, weil die maximale Wirkung nach oraler oder subkutaner Applikation nicht immer zeitgerecht zur Narkoseeinleitung erreicht wird. Darüber hinaus wird die Mundtrockenheit von den meisten Patienten als unangenehm empfunden. Besser ist deshalb die *gezielte intravenöse Verabreichung* unmittelbar vor Einleitungsbeginn. Die Wirkung von Atropin setzt so z. B. innerhalb 1 min ein und hält dann etwa 30–60 min an.

MERKE
Die normalerweise gewählte Atropindosis von maximal 0,01 mg/kg KG schützt nicht ausreichend vor **reflektorischen Bradykardien**. Hierzu, d. h. zur kompletten Vagusblockade, sind deutlich höhere Dosen, mindestens 0,03 mg/kg KG, erforderlich, die aber wegen erheblicher Herzfrequenzsteigerung i. d. R. nicht toleriert werden!

Bei Patienten mit *Glaukom* sind die üblichen Anticholinergikadosen (Tab. **3**) nicht kontraindiziert, weil nach systemischer Gabe keine lokal wirksamen Konzentrationen am Auge erreicht werden. Ausgeprägte *Tachykardien* sowie *Vorhofflattern* oder *-flimmern* mit schneller Überleitung dagegen gelten wegen der möglichen weiteren Erhöhung der Herzfrequenz als absolute, eine *Mitralstenose* und eine *Hyperthyreose* als relative Kontraindikation. Um eine Bronchialsekreteindickung zu verhindern, sollten Anticholinergika Patienten mit *chronischer obstruktiver Lungenerkrankung* ebenfalls nur mit Zurückhaltung verabreicht werden. Eine relative Kontraindikation besteht auch bei *Fieber* (Temperatursteigerung durch Verminderung der Schweißsekretion). Da bei *Patienten mit vollem Magen* der Tonus des unteren ösophagealen Sphinkters (geringfügig) gesenkt wird und so Regurgitation und Aspiration begünstigt werden könnten, sollte die vorherige Applikation eines Parasympatholytikums in dieser Situation wenn möglich ebenso vermieden werden.

α_2-Rezeptor-Agonisten

Hauptvertreter der α_2-Rezeptor-Agonisten ist das Imidazolinderivat **Clonidin** (Catapresan®, Paracefan®). Ursprünglich wurde Clonidin nur zur Blutdrucksenkung eingesetzt. Zwischenzeitlich konnten aber weitere, besonders für die Anästhesiologie bedeutsame Effekte wie *Anxiolyse*, *Sedierung* und auch *Analgesie* (supraspinal und spinal) ausgemacht werden. Sie werden einer Stimulierung zentraler prä- und postsynaptischer α_2-Rezeptoren zugeschrieben und sind damit z. T. Folge einer Hemmung adrenergneuronaler Aktivität. Hierdurch wird der Narkosemittelverbrauch gesenkt. Mittlerweile hat man experimentell festgestellt, daß im Gegensatz zu früheren Auffassungen die blutdrucksenkenden Effekte von Clonidin, die Folge einer Verminderung des Sympathikotonus sind, wohl nicht in erster Linie durch die Erregung von α_2-Rezeptoren zustande kommen, sondern eher durch einen agonistischen

Tabelle 4 Rezeptoragonistische Wirkungen von Clonidin

	α_2-Rezeptoren	α_1-Rezeptoren	Imidazolinrezeptoren
Anxiolyse/ Sedierung	+		
Analgesie	+		
Sympathikusaktivität	(↓)	(↑)	↓↓

Ansatz an einer anderen Klasse clonidinbindender Rezeptoren, den Imidazolinrezeptoren (Tab. **4**). Neben der zentralen Sympathikolyse kommt es durch Clonidin auch zu einer Erregung peripherer postsynaptischer α_1-Rezeptoren und hierdurch zur Vasokonstriktion. Da die Affinität von Clonidin zu α_1-Rezeptoren aber erheblich geringer ist als zu α_2- und Imidazolinrezeptoren (1:200), spielt die vasokonstriktorische Wirkung nur bei zügiger intravenöser Injektion eine Rolle. Hierunter kann es zum *passageren Anstieg des Blutdrucks* kommen, was allerdings durch die zentrale Wirkung überspielt wird, sobald Clonidin in ausreichender Menge die Blut-Hirn-Schranke passiert hat und zu den zentralen Wirkorten gelangt ist. Die zentrale Reduktion des Sympathikotonus führt dann zur *Abnahme der Herzfrequenz* und zur peripheren Vasodilatation mit *Absinken des Blutdrucks* (Kontraindikationen s. Tab. **5**).

Fr die Prämedikation spielt Clonidin vor allem bei **Alkoholabhängigen** eine Rolle. Bei ihnen kann es zur Verhinderung von Entzugssymptomen wie überschießenden adrenergen Reaktionen und zur gleichzeitigen Sedierung eingesetzt werden. Hierdurch läßt sich die Narkoseführung deutlich erleichtern. Clonidin kann präoperativ *adjuvant* zu Benzodiazepinen peroral verabreicht werden, und zwar jeweils abends und morgens vor der Operation. Daneben kann es bei **Patienten mit KHK** eingesetzt werden, um die Rate an perioperativen Myokardischämien und -infarkten zu senken (vergleichbar den β-Rezeptoren-Blockern; s. Kap. 35.2).

Opioide

Wegen ihrer atemdepressorischen Effekte spielen Opioide für die routinemäßige Prämedikation keine Rolle mehr. Sie werden vielmehr nur gezielt zur **Schmerzbehandlung** eingesetzt (z. B. bei Trauma), vor schmerzhaften Lagerungsmaßnahmen, die vor der Anästhesieeinleitung stattfinden, oder bei **Drogensüchtigen**, um akute Entzugssymptome zu verhindern. Hierzu sollten nur rein agonistische Substanzen mit längerer Wirkungsdauer, wie z. B. Piritramid (Dipidolor®) oder Pethidin (Dolantin®), verwendet werden.

1.7.3 Applikation und Verordnung

Die früher regelmäßig intramuskulär durchgeführte Prämedikation ist für den Patienten einerseits mit Schmerzen und andererseits mit seltenen Risiken wie Infektion, Hämatombildung (*cave*: Gerinnungsstörungen, Antikoagulanzientherapie!) und Nervenläsionen verbunden. Aus diesem Grund ist sie zugunsten der **peroralen Applikation** verlassen worden. Die Einnahme von bis zu 100 ml Wasser erhöht dabei nachgewiesenermaßen nicht das Aspirationsrisiko und widerspricht demnach auch nicht dem Nüchternheitsgebot. Auf diese Weise kann neben der Zufuhr der spezifischen Prämedikation außerdem die weitere Einnahme einer ggf. erforderlichen Dauermedikation gewährleistet werden (s. Abschn. 1.8).

Eine *orale* Prämedikation kommt allerdings *nicht* in Betracht bei

- Dysphagie,
- Verletzungen, Infektionen und Stenosen im oberen Gastrointestinaltrakt sowie
- unzureichender Kooperation der Patienten.

Hier kann die Prämedikation – unter Beachtung der Umstände des Einzelfalls – *sublingual, subkutan* oder *intravenös* gegeben werden.

Die Prämedikation ist *schriftlich* zu verordnen, was immer eine *persönliche* (und nicht etwa eine telefonische) Visite des Anästhesisten voraussetzt. Es müssen genaue Angaben zur Dosierung der ausgewählten Pharmaka und zu Zeitpunkt und Art der Applikation gemacht werden. Nach Einnahme sedierender Medikamente muß sichergestellt sein, daß der Patient adäquat überwacht wird. Am **Vorabend der Operation** benötigen die Patienten zur Verminderung von Angst, Aufregung und Schlaflosigkeit i. d. R. ein länger wirkendes Anxiolytikum bzw. Sedativum per os, z. B. Temazepam (Remestan®). Bei Schmerzen wird zusätzlich ein Analgetikum verabreicht. Die Prämedikation am **Operationstag** wird, wie bereits erwähnt, in aller Regel ebenfalls peroral durchgeführt. Hierbei sollte die Einnahme 45–60 min vor Anästhesiebeginn stattfinden, um zu diesem Zeitpunkt maximale Plasmaspiegel zu gewährleisten. Üblicherweise werden kurzwirksame Benzodiazepine bevorzugt, z. B. Midazolam (s. Abschn. 1.7.2), wodurch erreicht werden soll, daß der Patient entspannt, angstfrei und kooperativ zur Anästhesieeinleitung kommt.

Besonderheiten der Prämedikation gelten u. a. bei:

- kardiochirurgischen Eingriffen (s. Kap. 27.4)
- Kindern (s. Kap. 25.4)
- Alkoholabusus
  → *adjuvant* zu Benzodiazepinen Clonidin (Tab. **5**; Kontraindikationen beachten!)
- Erkrankungen, die den Skelettmuskeltonus vermindern (z. B. Myasthenia gravis)
  → statt Benzodiazepinen Neuroleptika, wie z. B. Promethazin (Tab. **5**)
- Notfall- oder Intensivpatienten, Patienten mit Ileus oder Schock
  → alle Pharmaka generell *intravenös* (schnellster und sicherster Wirkungseintritt)
- Patienten mit Schluckstörungen
  → Präparate, die bereits sublingual resorbiert werden: z. B. Lorazepam (Tab. **5**)
  → subkutane Gabe
  → Applikation über bereits liegende Magensonde

1.7.4 Verminderung des Aspirationsrisikos

Zur Verminderung des Aspirationsrisikos können

- H_2-Rezeptor-Antagonisten (z. B. Ranitidin [Zantic®], 150 mg p.o. 2 h präop. od. 50 mg i. v. 1 h präop.) und
- Metoclopramid (Paspertin®, 20 mg p.o. oder 10 mg i. v.)

sowie Ranitidin (p.o.) bereits am Vorabend verabreicht werden. Dadurch wird einerseits das Magensaftvolumen reduziert und der Magensaft-pH angehoben, andererseits wird der Tonus des unteren Ösophagussphinkters erhöht (bereits wenige Minuten nach i. v. Gabe von Metoclopramid) und ein properistaltischer Effekt (Beschleunigung der Magenentleerung) erzielt.

Indikation: geplante geburtshilfliche Eingriffe (bes. Sectio caesarea) in Intubationsnarkose.

Vor **dringlichen Eingriffen** kann innerhalb von 10–15 min zumeist eine effektive Pufferung des Magensafts durch orale Gabe von 30 ml 0,3 molarem *Natriumcitrat* erreicht werden. Hierdurch wird das Magensaftvolumen geringfügig erhöht, ohne daß jedoch das Aspirationsrisiko zunehmen soll. Natriumcitrat hat gegenüber anderen Antazida den entscheidenden Vorteil, daß es eine echte, d. h. *partikelfreie* Lösung bildet, die bei etwaiger Aspiration nicht zu einer Schädigung der Lunge führt. Partikuläre Antazida lösten dagegen im Tierversuch z. T. sogar größere pulmonale Läsionen aus als saurer Magensaft selbst.

MERKE

Die Gabe von **Citratpuffer** ebenso wie von **H_2-Antihistaminika** gewährleistet nicht in jedem Fall eine ausreichende Magensäureneutralisierung oder -hemmung und bietet zudem keinen Schutz bei partikulärer (feste Nahrungsbestandteile) oder galliger Aspiration (duodenogastraler Reflux, z. B. bei Dünndarmileus).

Tabelle 5 Prämedikation – Substanzübersicht

Benzodiazepine	
Temazepam	▪ Remestan®-Gelatinekapseln: 1 Kps. enthält 20 mg, 1 Mite-Kps. 10 mg ▪ Standarddosierung bei Erwachsenen: 20 mg p.o. abds. ▪ Plasma-HWZ: 8–16 h ▪ Metabolisierung: direkte Glucuronidierung oder zunächst Demethylierung zu Oxazepam
Midazolam	▪ Dormicum®-Tabletten: 1 Tbl. enthält 7,5 mg ▪ Standarddosierung bei Erwachsenen: 7,5 mg p.o. 45–60 min präoperativ ▪ Plasma-HWZ: 2–3 h ▪ Metabolisierung: Hydroxylierung und anschließend Glucuronidierung
Lorazepam	▪ Tavor®-Tabletten (0,5/1,0/2,5 mg), Tavor® Expidet (1,0/2,5 mg) ▪ Standarddosierung bei Erwachsenen: 2,5 mg p.o., jeweils abds. und 45–90 min präoperativ, Tavor® Expidet sublingual ca. 20–30 min präoperativ ▪ Plasma-HWZ: 10–20 h ▪ Metabolisierung: direkte Glucuronidierung, z. T. auch Konjugation durch N-Methylierung
Dikaliumclorazepat (Tranxilium®)	s. Kap. 27.4
Flunitrazepam (Rohypnol®)	s. Kap. 27.4
Varia	
Phenobarbital	▪ Indikationen: Konvulsionsprophylaxe; Kontraindikationen für Benzodiazepine ▪ Dosierung bei Erwachsenen: Luminal®-Tbl. 200 mg p.o. 1–2 h präoperativ ▪ Plasma-HWZ: ca. 100 h!
Promethazin	▪ Indikation: Kontraindikationen für Benzodiazepine ▪ Atosil®-Tropfen: 1 ml = 20 Tropfen = 20 mg ▪ Dosierung: 0,5–1,0 mg/kg KG p.o. 45–60 min präoperativ ▪ Plasma-HWZ: 8–15 h
Clonidin	▪ Indikation: chronischer Alkoholabusus, KHK (jeweils *adjuvant* zu Benzodiazepinen) ▪ Dosierung: Catapresan®-Tbl. 150–300 µg p.o. 45–60 min präoperativ (evtl. auch schon abds.) ▪ Plasma-HWZ: 8–12 h ▪ Kontraindikationen: Bradykardien, Sick-sinus-Syndrom, höhergradige AV-Blockierungen, arterielle Hypotonie, Hypovolämie, manifeste Herzinsuffizienz
Ranitidin	▪ Indikation: Aspirationsprophylaxe ▪ Dosierung: Zantic®-Tbl. 150 mg p.o., jeweils abds. und 2 h präoperativ ▪ Plasma-HWZ: 2–3 h

1.8 Dauermedikation

Eine etwaige Dauermedikation bei Begleiterkrankungen sollte i. d. R. bis *einschließlich* des Operationstags unverändert **fortgesetzt** werden. Dies gilt insbesondere für

- Antihypertensiva,
- Kardiotropika (außer Herzglykosiden),
- Antiasthmatika,
- Antikonvulsiva,
- Antiparkinsonmittel und
- Glukokortikoide (oberhalb der „Cushing-Schwelle"; s. Kap. 35.11.2).

Das bedeutet aber, daß die Nebenwirkungen dieser Pharmaka und mögliche Interaktionen mit Anästhetika und Adjuvanzien berücksichtigt werden müssen (s. auch Tab. **6**).

Auch **Kontrazeptiva** können bei entsprechender Thromboseprophylaxe mit Low-dose-Heparin weiter verabreicht werden. Zu beachten ist allerdings, daß die ovulationshemmende Wirkung durch Interaktion mit Medikamenten, die eine Enzyminduktion in der Leber auslösen (z. B. Barbiturate), vermindert oder aufgehoben werden kann. Wenngleich dies bei nur kurzfristiger Anwendung solcher Enzyminduktoren zur Narkose sehr unwahrscheinlich ist, sollten die Patientinnen sicherheitshalber (auch aus forensischen Gründen) darauf hingewiesen werden.

Folgende Medikamente werden i. d. R. präoperativ **abgesetzt:**

- Herzglykoside (Ausnahmen: Patienten mit Vorhofflattern und ursprünglicher 1:1-Überleitung oder mit einer normofrequenten absoluten Arrhythmie – in diesen Fällen könnte das Absetzen zu perioperativen Tachykardien bzw. Tachyarrhythmien führen)
- Diuretika
- orale Antikoagulanzien (s. auch Kap. 5.4)
- Thrombozytenaggregationshemmer
- orale Antidiabetika
- trizyklische Antidepressiva, Monoaminoxidasehemmer und Lithium

Herzglykoside und **Diuretika** interferieren mit dem Elektrolyt- und Flüssigkeitshaushalt und sollen deshalb am Operationstag nicht mehr zugeführt werden. Sie können eine *Hypokaliämie* auslösen, die wiederum zu Herzrhythmusstörungen führen kann. Umgekehrt wird durch eine Hypokaliämie die Glykosidempfindlichkeit erhöht mit der Folge möglicher Überdosierungserscheinungen. Diuretika können zudem eine *Hypovolämie* hervorrufen, die die kreislaufdepressorische Wirkung von Anästhetika verstärkt.

Die „therapeutische" Antikoagulation mit **Cumarinderivaten** (z. B. Phenprocoumon [Marcumar®]) hat eine deutlich gesteigerte *Blutungsgefahr* bei operativen Eingriffen zur Folge. Daher werden diese Substanzen präoperativ abgesetzt, und die Antikoagulation wird mit Low-dose-Heparin durchgeführt. Aufgrund der langen Plasmahalbwertszeit ist bei Phenprocoumon frühestens nach einer Woche mit einem spontanen Wirkungsverlust zu rechnen. Zur Beschleunigung kann Vitamin K_1 (Konakion®) gegeben werden. Nur Notfalleingriffe rechtfertigen den Einsatz von PPSB (Prothrombinkomplex-Konzentrat) zur sofortigen Gerinnungsnormalisierung.

Allgemein wird für elektive Eingriffe empfohlen, **irreversible Thrombozytenaggregationshemmer** wie *Acetylsalicylsäure* (ASS; Aspirin®), *Clopidogrel* (Plavix®, Iscover®) und *Abciximab* (ReoPro®) *wenigstens 3 Tage* zuvor abzusetzen und statt dessen eine Low-dose-Heparinisierung durchzuführen. Sonderregelungen gelten für niedrigdosierte ASS (≤ 100 mg/d; s. Abschn. 1.5). Bei *Ticlopidin*, das ebenfalls irreversibel wirkt, aber darüber hinaus mit 96 Stunden eine lange Plasmahalbwertszeit hat, sollte das Intervall *7 Tage* möglichst nicht unterschreiten. Die Zeitspanne kann bei allen genannten Medikamenten verkürzt werden, wenn eine normale Blutungszeit bestimmt wird. Bei den **reversiblen Thrombozytenaggregationshemmern** wie *Eptifibatid* (Integrelin®), *Tirofiban* (AGGRASTAT®) und den *nichtsteroidalen Antiphlogistika* außer ASS sollte es genügen, die Therapie etwa *8 Stunden* vor dem Eingriff zu beenden.

Orale Antidiabetika vom Typ der Sulfonylharnstoffe wie *Glibenclamid* (Euglucon®) haben eine extrem hohe Eiweißbindung (> 99%). Durch ebenfalls stark eiweißgebundene Substanzen (z. B. Anästhetika) können sie aus ihrer Bindung „verdrängt" werden. In Einzelfällen können so noch bis zu 50 Stunden nach der letzten Einnahme *Hypoglykämien* auftreten.

Seit einiger Zeit wird wieder häufiger das Biguanidderivat *Metformin* (Glucophage®) eingesetzt. Biguanide können beim Typ-II-Diabetes die periphere Insulinresistenz vermindern, unter ungünstigen Umständen jedoch eine *Lactatazidose* auslösen, so z. B. bei:

- Niereninsuffizienz (verminderte Elimination von Metformin),
- Leberinsuffizienz (verminderte Verwertung von Lactat) und
- hypoxisch-ischämischen Zuständen wie respiratorischer oder kardiozirkulatorischer Insuffizienz (Förderung der Lactatentstehung und/oder Verminderung der hepatischen Lactatverwertung).

Vorgehen bei Metformintherapie. Vom Hersteller wird darauf hingewiesen, Metformin 48 (!) Stunden

- vor planbaren Eingriffen, die in Allgemeinanästhesie durchgeführt werden sollen,
- und vor Untersuchungen mit intravenöser Röntgenkontrastmittelgabe

abzusetzen. Von diesem zeitlich sehr weit gefaßten Karenzgebot mag angesichts der nur kurzen Halbwertszeit von Metformin in bestimmten Fällen abgewichen werden. So sollte eine Karenzzeit von 24 Stunden sicherlich ohne weiteres ausreichen, wenn folgende Bedingungen erfüllt sind:

- kleine, kurze Eingriffe, bei denen eine Perfusionsminderung von Niere und Leber sowie das Risiko größerer Blutungen ausgeschlossen werden kann,

Tabelle 6 Medikamenteninteraktionen in der Anästhesie (Auswahl)

	Interaktionspartner	Mechanismus	Risiken
ACE-Hemmer u. AT_1-Antagonisten	Anästhetika	gegenseitige Verstärkung kreislaufdepressorischer Effekte	Blutdruckabfall
	Diuretika, NSAID	synergistische Reduktion der Nierendurchblutung	Verschlechterung der Nierenfunktion
	(Pseudo-)Aldosteronantagonisten	gegenseitige Verstärkung der K^+-Retention	Hyperkaliämie → z. B. AV-Block
α-Sympatholytika (z. B. Phenoxybenzamin)	Adrenalin, α-Sympathomimetika	Behinderung der α-Wirkung	verminderter Blutdruckanstieg unter den gen. Substanzen, evtl. „Adrenalinumkehr“[1]
Antiarrhythmika	Anästhetika	neg. Inotropie (außer Amiodaron)	Herzinsuffizienz
Klasse-I-Substanzen	Muskelrelaxanzien	„Natriumantagonismus“	verlängerte neuromuskuläre Blockade
Antibiotika			
Aminoglykoside	Muskelrelaxanzien	Hemmung der ACh-Freisetzung	verlängerte neuromuskuläre Blockade
	Schleifendiuretika	gesteigerte Nephrotoxizität	akutes Nierenversagen
Antiepileptika (Phenobarbital, Phenytoin, Carbamazepin)	diverse Pharmaka	Induktion mikrosomaler Leberenzyme (CYP)	Wirkungsverkürzung von Anästhetika/Opioiden u. a.
Antihypertensiva	Diuretika	Synergismus	verstärkter Blutdruckabfall
Antikoagulanzien			
Cumarine	Barbiturate, Benzodiazepine, NSAID, Sulfonylharnstoffe	gegenseitige Verdrängung aus der Eiweißbindung	gegenseitige Wirkungsverstärkung
β-Sympatholytika	Anästhetika	negative Inotropie	Herzinsuffizienz
	Vasodilatatoren, Nitrate	Verminderung einer Reflextachykardie bei Blutdruckabfall	Kreislaufkollaps
	Calciumantagonisten vom Verapamil-Typ, Herzglykoside	gegenseitige Verstärkung der negativen Dromotropie	AV-Block
	Antidiabetika	Unterdrückung hypoglykämischer Warnzeichen	hypoglykämischer Schock
Calciumantagonisten	Anästhetika	negative Inotropie (v.a. Verapamil-Typ)	Herzinsuffizienz
	Muskelrelaxanzien	Blockade von Ca^{2+}-Kanälen	verlängerte neuromuskuläre Blockade[2]
Verapamil-Typ	β-Sympatholytika, Herzglykoside	gegenseitige Verstärkung der negativen Dromotropie	AV-Block
Clonidin	Anästhetika	Sedierung	vermind. Anästhetikabedarf, Narkoseüberhang
	Vasodilatatoren, Nitrate	Verminderung einer Reflextachykardie bei Blutdruckabfall	Kreislaufkollaps
	β-Sympatholytika, Herzglykoside, Calciumantagonisten vom Verapamil-Typ	Verstärkung der negativen Chronotropie	Bradykardie

NSAID = nichtsteroidale Antiphlogistika; ACh = Acetylcholin; CYP = Cytochrom-P450-Monooxygenasen; ZNS = zentrales Nervensystem; NA = Noradrenalin; PChE = Pseudocholinesterase; [1] bezeichnet den Effekt, daß bei ausreichender Anzahl blockierter α-Rezeptoren Adrenalin durch β_2-Stimulation zur Blutdrucksenkung führt; [2] geringe Relevanz

Tabelle 6 Medikamenteninteraktionen in der Anästhesie (Auswahl) (Fortsetzung)

	Interaktionspartner	Mechanismus	Risiken
Diuretika	Antihypertensiva	Synergismus	verstärkter Blutdruckabfall
(Pseudo-)Aldosteronantagonisten	ACE-Hemmer, AT_1-Antagonisten	gegenseitige Verstärkung der K^+-Retention	Hyperkaliämie → z. B. AV-Block
Furosemid, Thiazide	Herzglykoside	Hypokaliämie	Herzrhythmusstörungen
Schleifendiuretika	Aminoglykoside	Verstärkung der Nephrotoxizität	akutes Nierenversagen
	Muskelrelaxanzien	u. a. Hypokaliämie	verlängerte neuromuskuläre Blockade[2]
Glukokortikoide	NSAID	gegenseitige Verdrängung der ulzerogenen Wirkung	gastrointestinale Blutungen
H_2-Antagonisten			
Cimetidin, (Ranitidin)	diverse Pharmaka	Hemmung mikrosomaler Leberenzyme (CYP)	Verlängerung der Wirkung von Anästhetika/Opioiden u. a.
Herzglykoside (Digitoxin, Digoxin)	Schleifen- u. Thiazid-diuretika, Laxanzien	gesteigerte Glykosidempfindlichkeit durch Hypokaliämie	Herzrhythmusstörungen (z. B. Bradykardie, AV-Block, VES)
	β-Sympatholytika, Calciumantagonisten v. Verapamil-Typ	gegenseitige Verstärkung der negativen Dromotropie	AV-Block
	Succinylcholin	Verstärkung der negativen Chronotropie durch Hyperkaliämie	Bradykardie bis hin zur Asystolie
	Chinidin, Amiodaron, Calciumantagonisten, Aldosteronantagonisten, L-Dopa	verminderte renale Ausscheidung von Digoxin	z. B. Herzrhythmusstörungen
HIV-Protease-Hemmer (v. a. Ritonavir)	diverse Pharmaka	Hemmung mikrosomaler Leberenzyme (CYP)	Verlängerung der Wirkung von Anästhetika/Opioiden u. a.
Magnesium	Muskelrelaxanzien	Hemmung der ACh-Freisetzung	verstärkte neuromuskuläre Blockade
	Anästhetika	ZNS-Depression	vermind. Anästhetikabedarf, Narkoseüberhang
NSAID	Antihypertensiva	verminderte Synthese vasodilatierender Prostaglandine	Abschwächung der antihypertensiven Wirkung
	ACE-Hemmer, AT_1-Antagonisten	synergistische Reduktion der Nierendurchblutung	Verschlechterung der Nierenfunktion
	Glukokortikoide	gegenseitige Verdrängung der ulzerogenen Wirkung	gastrointestinale Blutungen
	Barbiturate, Benzodiazepine, Cumarine, Sulfonylharnstoffe	gegenseitige Verdrängung aus der Eiweißbindung	gegenseitige Wirkungsverstärkung
Acetylsalicylsäure	Heparin o. ä.	irreversible Hemmung der Thrombozytenaggregation	erhöhtes Blutungsrisiko
Nitrate	Anästhetika	gegenseitige Verstärkung kreislaufdepressorischer Effekte	Blutdruckabfall
Psychopharmaka			
Neuroleptika	Anästhetika	Sedierung	vermind. Anästhetikabedarf, Narkoseüberhang
	Ketamin	halluzinogene Effekte v. Ketamin	„psychotische Reaktion“

Tabelle 6 Medikamenteninteraktionen in der Anästhesie (Auswahl) (Fortsetzung)

	Interaktionspartner	Mechanismus	Risiken
Butyrophenone (z. B. Haloperidol)	Adrenalin, α-Mimetika	α-Rezeptoren-Blockade	verminderter Blutdruckanstieg unter α-mimetischen Substanzen
	Antiparkinsonmittel	„Dopaminantagonismus"	extrapyramidalmotorische Symptome
Trizyklische Antidepressiva (z. B. Imipramin, Amitryptilin)	direkte Sympathomimetika	Hemmung der neuronalen (Wieder-)Aufnahme von Sympathomimetika	Tachykardie, hypertensive Krise
	indirekte Sympathomimetika		abgeschwächte Wirkung indirekter Sympathomimetika
Monoaminoxidasehemmer			
Tranylcypromin (Jatrosom®)	Pethidin	irreversible Hemmung der MAO_A u. MAO_B	Agitiertheit, Hypertension, Hyperpyrexie und Krampfanfälle
	Sympathomimetika (indirekte u. direkte)	Hemmung des Abbaus von NA	Tachykardie, hypertensive Krise
Moclobemid (Aurorix®)	Pethidin, Sympathomimetika	reversible Hemmung der MAO_A	Nebenwirkungen deutlich geringer als unter Tranylcypromin
Selegilin (Movergan®)	∅	selektive Hemmung der MAO_B	*keine* Interaktionen mit Pethidin od. Sympathomimetika
Lithium	Saluretika, NSAID	tubuläre Rückresorption von Lithium erhöht	Tremor, Muskelschwäche, Erbrechen, Krampfanfälle, Koma; verminderter Anästhetikabedarf, Narkoseüberhang
	Muskelrelaxanzien	(?)	verlängerte neuromuskuläre Blockade[2]
Sulfonylharnstoffe (v.a. Glibenclamid)	Barbiturate, Benzodiazepine, NSAID, Cumarine	gegenseitige Verdrängung aus der Eiweißbindung	gegenseitige Wirkungsverstärkung
	ethanolhaltige Lösungen (z. B. Nifedipin)	Hemmung der Aldehyd-dehydrogenase	Alkoholintoleranz
Vasodilatatoren	Anästhetika	gegenseitige Verstärkung kreislaufdepressorischer Effekte	Blutdruckabfall
Zytostatika	N_2O („Lachgas")	gegenseitige Verstärkung der Knochenmarkdepression	Panzytopenie
Bleomycin	hohe insp. O_2-Konzentration	Hyperoxie → „freie Radikale"	Lungenfibrose
Doxorubicin	Anästhetika, β-Sympatholytika Antiarrhythmika, Calciumantagonisten v. Verapamil-Typ	gegenseitige Verstärkung kardiodepressorischer Effekte	Herzinsuffizienz
Cyclophosphamid	Succinylcholin, Mivacurium	Reduktion der PChE-Aktivität	verlängerte neuromuskuläre Blockade

NSAID = nichtsteroidale Antiphlogistika; ACh = Acetylcholin; CYP = Cytochrom-P450-Monooxygenasen; ZNS = zentrales Nervensystem; NA = Noradrenalin; PChE = Pseudocholinesterase; [1] bezeichnet den Effekt, daß bei ausreichender Anzahl blockierter α-Rezeptoren Adrenalin durch β_2-Stimulation zur Blutdrucksenkung führt; [2] geringe Relevanz

- Patienten ohne kardiozirkulatorische Erkrankungen und ohne Beeinträchtigung der Nieren- und Leberfunktion sowie des Gasaustauschs,
- Fehlen einer metabolischen Azidose ([kapillare] Blutgasanalyse).

MERKE
Falls **Metformin** bei entsprechender Eingriffsdringlichkeit nicht zeitgerecht abgesetzt werden kann, sind engmaschige Kontrollen des Sure-Basen-Haushalts bis mindestens 24 Stunden nach Eingriffsende erforderlich.

Bei **Psychopharmaka** wie trizyklischen Antidepressiva, Monoaminoxidase-(MAO-)Hemmern oder Lithium muß nach einer individuellen Nutzen-Risiko-Abwägung (psychiatrisches Konsil!) entschieden werden, ob die Substanzen vor einem Eingriff abgesetzt oder weiter zugeführt werden. Die heutzutage nur noch selten verwendeten *nichtselektiven, irreversiblen MAO-Inhibitoren* (z. B. Tranylcypromin [Jatrosom®]) hingegen müssen aufgrund schwerster Nebenwirkungen (krisenhafte Blutdruckanstiege, Exzitations- oder Komazustände) 2 Wochen vor elektiven Eingriffen abgesetzt werden.

2 Instrumentierung

2.1 Periphervenöser Zugang ▸ 19
2.1.1 Periphervenöse Punktion ▸ 19
2.1.2 Besondere Fälle ▸ 20
2.1.3 Komplikationen ▸ 21
2.2 Zentralvenöser Katheter ▸ 21
2.2.1 ZVK-Indikationen ▸ 21
2.2.2 Zentralvenöse Punktion ▸ 22
2.2.3 Lagekontrolle ▸ 23
2.2.4 Kontraindikationen für zentralvenöse Punktionen ▸ 23
2.2.5 Komplikationen ▸ 24
2.2.6 Konsilmaske für die ZVK-Anlage ▸ 24
2.3 Arterieller Zugang ▸ 25
2.3.1 Indikationen ▸ 25
2.3.2 Arterielle Punktion ▸ 25
2.3.3 Komplikationen ▸ 25
2.3.4 Vorgehen bei intraarterieller Fehlinjektion ▸ 26
2.4 Pulmonalarterienkatheter ▸ 26
2.4.1 Kathetertypen ▸ 26
2.4.2 Indikationen ▸ 27
2.4.3 Positionierung ▸ 27
2.4.4 Komplikationen und Kontraindikationen ▸ 28
2.5 Magensonde ▸ 28
2.6 Blasenkatheter ▸ 28
2.7 Temperatursonde ▸ 29

2.1 Periphervenöser Zugang

Ein venöser Zugang ist – außer bei einfachen Lokalanästhesien – **obligat** bei jeder Form der Anästhesie. Am häufigsten wird periphervenös eine Kunststoffkanüle gelegt. Sie ermöglicht:

- die i. v. Einleitung einer Allgemeinanästhesie,
- die Zufuhr von Notfallmedikamenten,
- die Infusionstherapie inkl. zügiger Volumensubstitution,
- die Transfusion von Blut und Blutprodukten sowie
- die Blutentnahme für Laboranalysen.

Die Auswahl des *Punktionsortes* richtet sich nach den Venenverhältnissen, der Zugänglichkeit der Punktionsstelle (→ möglichst große Entfernung zum Operationsgebiet), nach Art und Venenverträglichkeit der verwendeten Medikamente und der Dauer ihrer Anwendung. Zur Verhinderung von Venenreizungen und Thrombophlebitiden sollte die Osmolarität der eingesetzten Lösungen 800–1.000 mosmol/l nicht überschreiten. Aus dem gleichen Grund ist die Injektion von Medikamenten mit unphysiologischem pH-Wert in kleinlumige periphere Gefäße zu vermeiden (unzureichender Verdünnungseffekt).

MERKE
Fr den zügigen Volumenersatz sind großlumige Kanülen (ID 1,7–2,0 mm bzw. G16–14) in Venen, die einen Innendurchmesser haben, der – mindestens – dem Außendurchmesser der Kanüle entspricht, am besten geeignet.

2.1.1 Periphervenöse Punktion

Hautdesinfektion[2]

1. zunächst Säubern und Entfetten der Haut (mit Tupfer und alkoholischer Desinfektionslösung)
2. erneutes Aufsprühen der Desinfektionslösung (Mindesteinwirkzeit: 1 min!)

Lokalanästhesie („Hautquaddel")

Beim wachen Patienten sollte vor Anlage einer Venenkanüle immer eine intrakutane Lokalanästhesie durchgeführt werden (z. B. Mepivacain 1% mit 20er-Kanüle). So lassen sich auch großlumige Kanülen für den Patienten schmerzfrei einführen.

2 gilt für alle Punktionen!

Punktionsstellen

Für die Punktion von Venen im Bereich der Extremitäten wird eine Staubinde angelegt, um das distal liegende Venensystem mit Blut zu füllen und damit die Punktion zu ermöglichen oder zu erleichtern. Hierzu kann die Blutdruckmanschette verwendet und knapp über den diastolischen Druck aufgepumpt werden. Beim Aufsuchen der Vene sollte folgende Reihenfolge eingehalten werden:

1. Handrücken
2. Unterarm (Beugeseite: Arterie u. Nerv!)
3. Ellenbeuge (*cave*: Arterie u. Nerv!)
4. Fußrücken oder Knöchel
5. V. jugularis externa

Hinweise für die Praxis

- Bei **primärer Punktion einer proximalen Vene** und akzidenteller Perforation kann nach dann erfolgreicher distaler Punktion das Infusat bei Abfluß über die perforierte Vene ins Gewebe austreten, wodurch eine systemische Wirkung verhindert wird und lokale Komplikationen verursacht werden können. Deshalb soll **nach Möglichkeit zunächst immer distal punktiert** werden!
- Umgekehrt kann nach distaler Punktion und **sekundärer proximaler (Fehl-)Punktion** ebenfalls das Infundieren über die distale Kanüle behindert oder verhindert werden. Um solches zu vermeiden, sollten die **Abflußverhältnisse vorher überprüft** werden (Kompression der proximalen Vene unter der Infusion).

Vorgehensweise in der Praxis

Periphervenöse Punktion:

1. Hautdesinfektion und beim wachen Patienten Lokalanästhesie (s. oben), Anlegen einer Staubinde
2. Haut in Längsrichtung mit der nicht punktierenden Hand straffen, um die Vene zu fixieren
3. Einführen der Kanüle (bestehend aus innerer Stahl- und äußerer Kunststoffkanüle) in möglichst flachem Winkel durch die Hautquaddel hindurch ca. 1–2 cm parallel zur Vene
4. Penetration der Venenwand
5. nach Bluteintritt ins Kanülenende das ganze System flach absenken und noch 1–2 mm weiter vorschieben (erst jetzt liegt die Öffnung der Kunststoffkanüle sicher intravasal!)
6. Kunststoffkanüle weiter in die Vene vorschieben bei gleichzeitigem Zurückziehen der Stahlkanüle
7. sichere Fixierung der Kunststoffkanüle (z. B. mit zwei geschlitzten breiten Pflasterstreifen)
8. Entfernen der Stahlkanüle und Anschließen einer Infusion

Hinweis: Bei diesem sog. *zweizeitigen* Vorgehen wird die subkutane Gewebeschicht zwischen Punktionsort und Vene als Keimbarriere wirksam (Untertunnelung). Außerdem verringert sich i. Vgl. zur direkten (einzeitigen) Punktion das Risiko, durch das Gefäß durchzustechen.

2.1.2 Besondere Fälle

Dialysepatienten. Grundsätzlich soll die Punktion peripherer Venen bei dialysepflichtigen Patienten auf das unbedingt erforderliche Mindestmaß beschränkt werden. Falls periphere Venen kanüliert werden müssen, dürfen **keine Venen am Shuntarm** benutzt werden.

Zur Schonung potentieller Shuntgefäße gilt für die Punktion am **kontralateralen Arm** folgendes:

1. Nach Möglichkeit sollen ausschließlich – und immer mit 1. Priorität – Venen am Handrücken punktiert werden.
2. Nach Punktion von Ellenbeugevenen (2. Priorität) können sich Hämatome und Thrombophlebitiden entwickeln, die dann bis zu deren Abklingen eine Shuntanlage am Unterarm unmöglich machen. Aus diesem Grund ist die Punktion von Ellenbeugevenen möglichst zu vermeiden.
3. Venen am Unterarm dürfen nicht punktiert werden (wichtig für evtl. Shuntneuanlage).

Zur Anlage eines zentralen Venenkatheters dürfen keine Armvenen benutzt werden. Hier empfiehlt sich in erster Linie die Punktion einer V. jugularis externa, in zweiter Linie einer V. jugularis interna.

Axilläre Lymphadenektomie. Nach axillärer Lymphknotenausräumung ist der Lymphabfluß in der betroffenen Extremität erheblich beeinträchtigt, so daß die Gefahr von Lymphödemen besteht, besonders nach (paravenösen) Punktionen, Injektionen oder Infusionen. Aus diesem Grunde sollten hier ipsilaterale venöse Zugänge möglichst vermieden werden (Einzelheiten Kap. 23.4.2).

Schlechter Venenstatus. Wenn keine periphere Vene punktiert werden kann, kann in vielen Fällen auf die V. jugularis externa ausgewichen werden.

Neugeborene/Säuglinge. Bei Neugeborenen und Säuglingen mit ausgeprägter subkutaner Fettschicht, empfiehlt sich die Punktion einer Vene im Bereich der distalen Unterarminnenseite oder des Innenknöchels oder einer Kopfhautvene.

2.1.3 Komplikationen

- Fehlpunktion
  - paravenös
  - arteriell
- Injektionsschmerz (Venenwandreizung!)
- Thrombophlebitis bis hin zur Thrombosierung der Vene

MERKE
Vor dem Einspritzen von Medikamenten in eine Venenkanüle muß unbedingt deren **korrekte intravenöse** Lage sichergestellt sein. Zur Kontrolle wird eine Infusion angeschlossen, die bei ausreichendem hydrostatischen Druckgefälle spontan eintropfen muß. Eine **intraarterielle Fehllage** kann – bei ausreichendem Blutdruck – am Zurückfließen von Blut ins Infusionssystem festgestellt werden. Eine **paravasale Fehllage** äußert sich unter der Infusion durch Austreten von Infusat ins umgebende Gewebe (→ Schwellung). Bestehen Zweifel, ob die Kanüle intra- oder paravenös liegt (z. B. bei Ellenbeugevenen oder bei der V. jugularis externa), so sollten unter Inspektion 5–10 ml 0,9%ige NaCl-Lösung mit geringem Stempeldruck durch die Kanüle injiziert werden.

Beim Auftreten von **Schmerzen unter einer Injektion oder bei Abblassung des distalen Hautgebiets** muß umgehend eine intraarterielle Kanülenfehllage ausgeschlossen werden (s. o.). Erst danach darf weiterinjiziert werden. Zur Verminderung der Venenreizung sollte die Injektion dann aber mit verlangsamter Geschwindigkeit und unter laufender Infusion fortgesetzt werden (→ Verdünnungseffekt). Zum *Vorgehen bei intraarterieller Fehlinjektion* s. Abschn. 2.3.4.

2.2 Zentralvenöser Katheter

Zentralvenöse Katheter (ZVK) werden mit ihrer Spitze in der **V. cava superior** plaziert („oberer Kavakatheter"), idealerweise **2–3 cm oberhalb der Einmündung der oberen Hohlvene in den rechten Vorhof**. Damit soll eine spätere Dislokation der Katheterspitze in den Vorhof (z. B. bei Bewegungen in der Schulter-Hals-Region) verhindert werden, was hier Irritationen (→ Arrhythmien, Klappenläsionen) bis hin zur Perforation (→ Perikardtamponade) verursachen könnte. Es stehen *ein-* und *mehrlumige* Katheter zur Verfügung. Letztere werden allerdings nur bei längerfristiger Intensivtherapie benötigt oder zur differenzierten Kreislauftherapie, z. B. mit Katecholaminen[3]. Sie werden immer in sog. *Seldinger-Technik* (Abschn. 2.3.2) unter besonderen sterilen Kautelen (Lochtuch, sterile Handschuhe, evtl. steriler Kittel) gelegt.

Shaldon-Katheter. Beim Shaldon-Katheter handelt es sich um einen *großlumigen* Katheter (G12; ein, zwei- oder dreilumig, wobei in der dreilumigen Variante ein dünner Schenkel zur Messung des zentralvenösen Drucks [ZVD] und zur separaten Medikamentenapplikation vorhanden ist). Der Shaldon-Katheter wird i. d. R. über eine *zentrale* Vene gelegt, im besonderen über die V. jugularis interna oder V. subclavia, und dient perioperativ als *Volumenzugang*. Die V. femoralis sollte wegen höherer Komplikationsrate – aszendierende Infektion und Thrombose – erst in letzter Linie benutzt werden.

2.2.1 ZVK-Indikationen

- Allgemein
  - Messung des ZVD
  - Blutgasanalyse (SvO_2, $PvCO_2$, Säure-Basen-Status)
  - Kalibrierung eines PiCCO-Systems zur Messung des Herzzeitvolumens
  - Verabreichung venen- oder gewebereizender Medikamente
  - kontinuierliche Katecholamintherapie o. ä.
  - langfristige Infusionstherapie
  - hochkalorische parenterale Ernährung
- Speziell
  - chirurgische Eingriffe mit größerem Flüssigkeitsumsatz oder Blutverlust
  - Operationen mit Luftemboliegefahr (Kap. 22.5.4)
  - ausgeprägte Dehydratation
  - Schock
  - V. a. Lungenembolie
  - Polytrauma
  - kontrollierte Beatmung bei respiratorischer Insuffizienz

3 Das Verwenden eines eigenen Schenkels für die kontinuierliche Zufuhr von Katecholaminen o. ä. läßt ein Unterbrechen der Infusion durch Blutabnehmen ebenso wie Boluseffekte durch Zuspritzen vermeiden.

- Shaldon-Katheter
  - schlechter peripherer Venenstatus und Erfordernis (mehrerer) großlumiger Venenzugänge
  - Notsituationen (z.B. Polytrauma mit hämorrhagischem Schock, perforiertes abdominelles Aortenaneurysma)
  - Lebertransplantation
  - apparative Nierenersatztherapie

2.2.2 Zentralvenöse Punktion

Mögliche Zugänge für eine ZVK-Anlage

- V. jugularis externa
- V. jugularis interna
- V. anonyma (= V. brachiocephalica)
- V. subclavia (bei lateraler Thorakotomie, einseitigem Throraxtrauma oder bereits liegender Thoraxdrainage immer ipsilateral!)
- peripher: bevorzugt V. basilica

MERKE

1. Für die Anlage eines ZVK sollte bei zu erwartender längerer Liegedauer des Katheters (> 3 Tage) die **V. jugularis externa** wegen der nur geringen punktionsbedingten Komplikationen – wenn möglich – gegenüber den tiefen Halsvenen (V. jugularis interna, V. anonyma) oder der V. subclavia bevorzugt und als Zugang der 1. Wahl angesehen werden.
2. Eine Katheteranlage über eine **Ellenbeugevene** oder **V. femoralis** kommt nur bei kurzer Liegedauer in Betracht, weil hier katheterbedingte Komplikationen wie Thrombophlebitiden und Thrombosen deutlich häufiger auftreten.
3. Die Punktion der **V. subclavia** oder **V. femoralis** bietet Vorteile im hypovolämischen Schock, weil ihr Lumen durch das umgebende Bindegewebe immer offengehalten wird.

!

1. Die Punktion der **V. subclavia** unmittelbar präoperativ soll wegen der Gefahr eines Spannungspneumothorax (bes. unter kontrollierter Beatmung) auf absolute Ausnahmefälle beschränkt werden.
2. Bei einseitiger (Fehl-)Punktion der V. subclavia darf niemals (!) im unmittelbaren Anschluß eine kontralaterale Subklaviapunktion durchgeführt werden. Zuvor muß immer ein punktionsbedingter Pneumothorax sicher ausgeschlossen werden.

Vorgehen bei zentralvenöser Punktion

- Trendelenburg-Position von 15–20°
  Die Kopftieflagerung zur besseren Venenfüllung sollte, wenn keine Kontraindikationen bestehen (z.B. Herzinsuffizienz, respiratorische Insuffizienz, erhöhter Hirndruck), bei der ZVK-Anlage über eine der Halsvenen immer durchgeführt werden. Hierdurch wird nicht nur die Punktion erleichtert und somit die Trefferquote erhöht, sondern auch das Luftembolierisiko gesenkt.
- Hautdesinfektion wie oben, steriles Abdecken des Punktionsortes (Lochtuch), sterile Handschuhe
- beim wachen Patienten Lokalanästhesie des Stichkanals

Vorgehensweise in der Praxis

Punktion der V. jugularis interna (hoher Zugang):

1. Vorbereitung wie oben angegeben
2. Kopf in Neutralstellung lagern
3. Palpation der A. carotis communis im Kieferwinkel mit der nicht punktierenden Hand
4. Hauteinstich so weit kranial wie möglich, ca. 0,5 cm lateral der A. carotis communis
5. Stichrichtung von der A. carotis weg in einem Winkel von 10–15° nach lateral, außerdem nach kaudal und dorsal im Winkel von ca. 30° zur Hautoberfläche
6. Penetration der Vene unterhalb des M. sternocleidomastoideus in 3–4 cm Tiefe. (Die V. jug. interna verläuft im Penetrationsbereich [antero]lateral zur A. carotis communis. Ein Ultraschallsensor kann das Aufsuchen – besonders bei Säuglingen – erleichtern.)

!

1. Bei zu weit kaudalem Einstechen Pneumothoraxgefahr!
2. Bei medialer Stichrichtung Gefahr der Karotispunktion!
3. Bei zu weit lateraler Sichrichtung Verletzungsgefahr für den Plexus brachialis!

MERKE

Nach akzidenteller Punktion einer A. carotis muß sofort durch digitale Kompression die Bildung eines **Hämatoms** (→ Gefahr der Tracheakompression/-deviation, Rekurrensparese und Läsion anderer Nerven) verhindert werden. Erst wenn sichergestellt ist, daß sich kein Hämatom entwickelt, darf ein Punktionsversuch über die kontralaterale V. jugularis interna punktiert werden!

Nach erfolgreichem Einführen des Katheters muß die intravasale Lage durch **Aspiration von Blut** über alle Katheterschenkel eindeutig nachgewiesen werden. Erst dann wird der Katheter fixiert, am besten durch Annähen.

2.2.3 Lagekontrolle

Die Kontrolle der Katheterlage ist bei *jedem* Kavakatheter obligat. Im Bereich der **V. cava superior** sollte die Katheterspitze, wie oben erwhnt, 2–3 cm oberhalb des rechten Vorhofs zu liegen kommen. Das entspricht auf dem Thoraxröntgenbild bei richtiger Aufnahmetechnik einer Projektion der Katheterspitze ca. 1 cm oberhalb der Trachealbifurkation (bzw. der Herztaille) oder auf den *hinteren* Ansatz der 5. und den *vorderen* Ansatz der 3. Rippe. Die Spitze eines Katheters in der **V. cava inferior** (Anlage über eine V. femoralis, wegen höherer Komplikationsrate nur für kurze Liegezeit im Einzelfall) sollte unterhalb, d. h. *kaudal* der Nierenvenen plaziert werden. Das entspricht auf dem Abdomenröntgenbild in etwa der Höhe des 3. LWK.

Intraatriales EKG. Bei der ZVK-Plazierung über eine *V. jug. externa* oder eine *Ellenbeugevene* kann auf eine radiologische Kontrolle verzichtet werden, wenn die korrekte Lage durch eine intraatriale EKG-Ableitung zweifelsfrei nachgewiesen ist und in der Akte dokumentiert wird (ein EKG-Streifen als Beweismittel ist hierzu jedoch nach *Weißauer* nicht notwendig). Die Katheterspitze dient bei der EKG-Ableitung als unipolare Elektrode. Der Katheter selbst wird zur Herstellung einer „elektrischen Brücke" mit elektrolythaltiger Lösung (z. B. NaCl 0,9%) gefüllt und das äußere Katheterende über ein spezielles Kabel mit dem EKG-Monitor verbunden. Alternativ kann das EKG auch über einen in den Katheter eingeführten Seldinger-Draht abgeleitet werden, was weniger störanfällig ist. Der Seldinger-Draht ermöglicht außerdem ein leichteres Vorschieben des Katheters.

Hinweise für die Praxis

- Als entscheidendes Kriterium bei der **EKG-gesteuerten ZVK-Plazierung** gilt das Auftreten **überhöhter P-Wellen** beim Vorschieben des ZVK in den rechten Vorhof, die sich dann beim Zurückziehen in die V. cava superior wieder normalisieren (Abb. **1**). Anschließend muß der Katheter zur endgültigen Positionierung um weitere 2–3 cm zurückgezogen werden.
- Die Beurteilbarkeit ist bei **Herzrhythmusstörungen** eingeschränkt. Bei Vorhofflimmern gelten – unter einwandfreien Ableitungsbedingungen – hohe Flimmerwellen als sicheres Zeichen einer intraatrialen Lage der ZVK-Spitze (*cave:* Wechselstromüberlagerungen [deshalb Erdung des Monitors!], Muskelzittern, Bewegungsartefakte!).

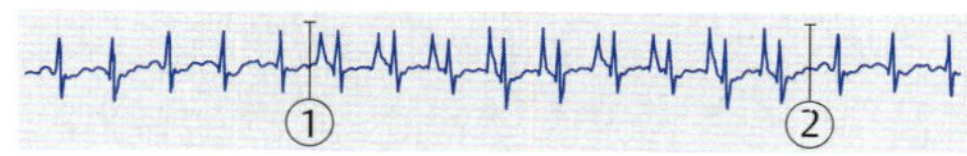

Abb. 1 ZVK-Lagekontrolle mit intraatrialer EKG-Ableitung
1 Die Katheterspitze befindet sich im rechten Vorhof, erkennbar an überhöhten P-Wellen
2 Die Katheterspitze wurde aus dem rechten Vorhof zurückgezogen, die P-Wellen haben sich dementsprechend normalisiert. Anschließendes Zurückziehen um 2–3 cm führt zur korrekten Position

! Das Verfahren der intraatrialen EKG-Ableitung darf nicht eingesetzt werden, während Elektrokauter benutzt werden. Bei fehlerhafter Neutralelektrode würde nämlich Strom zum Herzen geleitet und könnte hier zu schweren Verbrennungen führen.

Im Vergleich zur radiologischen Lagekontrolle bietet die EKG-Methode folgende **Vorteile:**

- sofortiges Erkennen der korrekten Katheterposition
- unmittelbare Lagekorrektur möglich
- keine Strahlen- und Kontrastmittelbelastung für den Patienten
- deutlich kostengünstiger

MERKE
Auch wenn ein ZVK mit Hilfe der intraatrialen EKG-Ableitung korrekt plaziert wurde, darf nur bei Einführen des Katheters über eine Ellenbeugevene oder eine V. jugularis externa auf die postoperative Röntgenthoraxkontrolle verzichtet werden. Erfolgte dagegen die Punktion oder der Punktionsversuch im Bereich einer tiefen Halsvene oder einer V. subclavia, so muß – zusätzlich zu auskultatorischen und klinischen Kontrollen – in angemessenem zeitlichen Abstand ein Röntgenbild zum Ausschließen oder Erkennen eines (Mantel-) Pneumothorax angefertigt werden (zum Ausschluß eines Mantelpneumothorax mindestens 2 Stunden)!

2.2.4 Kontraindikationen für zentralvenöse Punktionen

- Allgemein
  - Infektionen im Punktionsbereich
  - Punktionsbereich im Operationsgebiet
  - Obstruktion der betreffenden Vene

  - Hypokoagulabilität des Bluts (gilt nur, wenn Blutungen nicht durch digitale Kompression gestillt werden können, in erster Linie also für Punktionen der V. subclavia, eingeschränkt aber auch der V. jugularis interna u. V. anonyma)
  - *ipsilaterale* Herzschrittmacher- od. Defibrillatorsonde (Kap. 29.3.3)
  - bei und nach Herztransplantation: keine Punktionen im Bereich der rechten Halsseite (diese Venen sollen für Endomyokardbiopsien geschont werden)
- für die Punktion von Halsvenen
  - HWS-Trauma
  - vorangegangene od. geplante Operationen im Halsbereich (z. B. Strumektomie, Karotisendarteriektomie, Neck Dissection)
- für die Punktion tiefer Halsvenen
  - kurzer, dicker Hals
  - schweres Schädelhirntrauma
  - zerebrale Durchblutungsstörungen
  - ein- od. beidseitige Karotisstenose
  - intrakranieller Eingriff
  - kontralaterale Thorakotomie
- für die Punktion tiefer Halsvenen oder der V. subclavia
  - kontralaterale Phrenikus- od. Rekurrensparese
  - kontralateraler Pneumothorax
  - kontralaterale Lungenkontusion
  - kontralaterales Horner-Syndrom

2.2.5 Komplikationen

- punktionsbedingt
  - Luftembolie
  - Arterienpunktion:
    A. carotis, A. subclavia, A. vertebralis
  - Verletzung von Nerven (bes. bei Punktion tiefer Halsvenen):
    Ganglion stellatum → Horner-Syndrom
    Plexus brachialis
    N. phrenicus
    N. recurrens
  - Pleuraverletzung (bes. bei Subklaviapunktion, bei *hohem* Zugang zur V. jugularis interna extrem selten):
    Pneumothorax
    Hämatothorax
    Chylothorax (links) durch Verletzung des Ductus thoracicus
- katheterbedingt
  - Katheterfehllage
  - Schlingenbildung des Katheters (selten; mit Hilfe der EKG-Lagekontrolle nicht sicher zu erkennen)
  - Katheterembolie
  - Keimeinschleppung
  - Thrombophlebitis od. Thrombose (→ Lungenembolie)
  - Endokarditis
  - Sepsis
  - Gefäßperforation (→ z. B. Hämato- oder Infusionsmediastinum)
  - bei intrakardialer Dislokation der Katheterspitze:
    Herzrhythmusstörungen
    Herzklappenläsionen, Myokardperforation
  - Luftembolie bei Dekonnexion unter Spontanatmung
  - **Therapiemaßnahmen bei Komplikationen**
- Beendigung jeder Infusion über den Katheter
- Katheterentfernung (bei Schlingenbildung unter Bildwandlerkontrolle)
- Kompression des Punktionsareals bei Hämatom
- Röntgenkontrolle
- bei Bedarf (Pneumo-, Hämatothorax etc.) Pleuradrainage
- Heparinisierung, ggf. Lysetherapie bei Thrombose
- antibiotische Therapie bei Infektionen: bei Sepsis oder Endokarditis Blutkulturen und differenzierte Therapie nach Antibiogramm, Katheterspitze mikrobiologisch untersuchen lassen (beim Entfernen Kontamination mit Hautkeimen vermeiden!)

2.2.6 Konsilmaske für die ZVK-Anlage

a. unter sterilen Kautelen nach Lokalanästhesie mit ... ml Lidocain 1 %
b. Punktion der V. ... (Punktionsversuche: ...)
c. und Einführen eines ... Katheters (ggf. mit Seldinger-Technik)
d. problemlose Blutaspiration
e. Nahtfixation auf ... cm Hautniveau
f. Lagekontrolle mit EKG: ja/nein; Röntgenthorax zur Lagekontrolle oder zum Pneumothoraxausschluß: ja/nein
g. korrekte Lage – oder – Katheter um ... cm zurückgezogen
h. empfehle täglich Wundinspektion und Verbandswechsel
i. lesbare (!) Unterschrift

Darüber hinaus müssen selbstverständlich Besonderheiten bei der Punktion oder radiologische Veränderungen nach ZVK-Anlage vermerkt werden!

2.3 Arterieller Zugang

2.3.1 Indikationen

Die **Kanülierung von Arterien** dient der
- invasiven, kontinuierlichen Blutdruckmessung,
- der wiederholten Blutprobenentnahme (arterielle Blutgasanalyse) und
- der Messung des Herzzeitvolumens mit Hilfe der Pulskonturanalyse (Spezialkatheter; Kap. 3.8.2).

Sie ist **indiziert** bei:
- Blutdruckinstabilität
- hämodynamisch relevanten Arrhythmien
- Patienten mit schweren kardiopulmonalen Vorerkrankungen, z. B. Herzinsuff. NYHA III/IV, schwer einstellb. Hypertonie, hämodyn. relev. Arrhythmien
- Patienten mit schwerem SHT u./od. Polytrauma
- allen Schockformen
- großen operativen Eingriffen
- Eingriffen am Herzen oder an großen Gefäßen
- hirnstammnahen Eingriffen
- Eine-Lunge-Anästhesie
- Langzeitbeatmung

2.3.2 Arterielle Punktion

Mögliche Punktionsorte

- A. radialis
- A. brachialis
- A. axillaris
- A. dorsalis pedis
- A. femoralis
- (A. temporalis superficialis)

Am häufigsten wird die **A. radialis der nichtdominanten Hand** kanüliert. Bei Patienten mit eingeschränkter Funktion eines Arms (z. B. Hemiparese nach Apoplex) empfiehlt es sich dagegen, möglichst die *betroffene* Seite zu wählen. Die *A. femoralis* sollte wegen der fehlenden Kollateralisierung des Beins, vor allem aber wegen des höheren Infektionsrisikos (Leistenbereich), nur in besonderen Fällen punktiert werden.

Punktionsmaterial

- Kunststoffkanülen (G20 für Erwachsene, G22 für Kleinkinder, G24 für Säuglinge)
- Kunststoffkatheter (G18 od. G20)

Punktionstechnik

- perkutan
  - Direktpunktion
  - Durchstichmethode
  - Seldinger-Technik
- Arteriae sectio

Mit Ausnahme der A. temporalis superficialis, die durch Arteriae sectio freigelegt werden muß, können die anderen Arterien üblicherweise unter Palpation *perkutan* punktiert werden. Hierbei sollte wie bei der Venenkanülierung zweizeitig vorgegangen werden. Da jedoch Arterien nicht so flach wie Hautvenen getroffen werden können, muß nach der Penetration die Kanüle entsprechend stärker abgesenkt werden. Erst dann kann sie, ohne die unten liegende Arterienwand zu perforieren, noch weitere 1–2 mm vorgeschoben werden. Anschließend wird der Kunststoffteil abgestreift. Zur Erleichterung der Punktion einer *peripheren* Arterie kann diese mit Lokalanästhetikum umspritzt werden. Hierdurch wird die Arterie besser im Gewebe fixiert, außerdem soll seltener ein Vasospasmus auftreten.

Seldinger-Technik. Die Seldinger-Technik ermöglicht eine Katheterisierung bei *schwierigen* Gefäßverhältnissen (z. B. geschlängelter Verlauf von sklerotischen Arterien). Hierbei wird durch die zur Punktion benutzten Stahlkanüle ein dünner, flexibler Draht mit der weichen Spitze voran ins Gefäß vorgeschoben. Nach Entfernen der Kanüle dient er als Führungsschiene für den Katheter.

2.3.3 Komplikationen

- punktionsbedingt
  - Spasmus der punktierten od. kanülierten Arterie
  - Bildung eines Hämatoms
  - Nervenläsion (durch traumatische Punktion oder Hämatom)
  - Gefäßokklusion durch Thrombose → Nekrose, Gangrän (Punktion so schonend wie möglich!)
  - Entwicklung einer arteriovenösen Fistel oder eines Aneurysmas
  - distale Embolisierung von Plaques bei Kanülierung arteriosklerotischer Gefäße
- katheterbedingt
  - Fehlinjektion
  - Dekonnexion (*cave*: Blutverlust!)

- retrograde Embolisierung von Luft oder Thromben bei forcierter Spülung
- Infektion

Hinweise für die Praxis

- Die **periphere Perfusion** soll bei liegendem arteriellen Katheter regelmäßig durch Inspektion **kontrolliert** werden. Bei Abblassung oder livider Verfärbung der Haut sollte der Katheter – nach Ausschluß eines Vasospasmus (durch Injektion von 0,1–0,2 mg/kg KG Lidocain 1% in die kanülierte Arterie) – möglichst umgehend entfernt werden.
- Bei *forcierter* Spülung von Arterien im Bereich der oberen Körperhälfte besteht die Gefahr der Absprengung von **Thromben**, die dann retrograd in zerebrale Arterien embolisiert werden können. Daher ist eine *langsame, kontinuierliche* Spülung vorzuziehen (z. B. mit heparinisiertem 0,9%igem NaCl [500 IE Heparin ad 500 ml], Spülmenge wenige ml pro h). Eine *bolusartige* Spülung muß behutsam und volumenbegrenzt erfolgen (max. 2 ml pro Mal). Spülungen mit aufgesetzter Spritze sollten die absolute Ausnahme sein! Bei Verstopfung der Kanüle müssen Blutgerinnsel aspiriert werden, sie dürfen nicht unter Druck in die Arterie gespült werden!
- Injektion oder Infusion von **Luft** in Arterien muß grundsätzlich vermieden werden!

2.3.4 Vorgehen bei intraarterieller Fehlinjektion

Bei intraarterieller Fehlinjektion gefäßschädigender Substanzen (z. B. Barbiturate) müssen *unverzüglich* folgende Maßnahmen durchgeführt werden:

- Injektion von 20 ml NaCl 0,9% zur Verdünnung,
- von 5–10 ml Lidocain 1% zur Behandlung des Vasospasmus
- und nach Möglichkeit von 1.000–5.000 IE Heparin zur Antikoagulation,

jeweils durch die noch liegende Kanüle.

Anschließend empfiehlt sich die intraarterielle Infusion von Vasodilatanzien wie Dihydroergotoxin (Hydergin®) oder Alprostadil (PGE_1; Prostavasin®). Nach Fehlinjektionen in eine Armarterie sollte auch eine Stellatumblockade zur Sympathikolyse in der betroffenen Extremität erwogen werden.

2.4 Pulmonalarterienkatheter

Über die in Abschn. 2.2.2 beschriebenen Zugänge, bevorzugt über die *rechte V. jugularis interna*, kann auch ein **Pulmonalarterienkatheter** (Pulmonaliskatheter, PA-Katheter, Swan-Ganz-Katheter) durch den rechten Vorhof und Ventrikel in die A. pulmonalis „eingeschwemmt" werden. Am häufigsten kommt hierbei die Katheterspitze in der rechten Unterlappenarterie zu liegen. Der PA-Katheter wird in erster Linie zum Monitoring spezieller Kreislaufgrößen (Kap. 3.7 und 3.8) verwendet, ermöglicht aber auch über eine rechtsatrial mündende Öffnung die Injektion und Infusion von Medikamenten.

Der PA-Katheter liefert folgende **hämodynamische Informationen:**

- rechtsatrialer Druck bzw. ZVD
- pulmonalarterielle Drücke
- pulmonalkapillarer Verschlußdruck (PCWP)
- gemischtvenöse O_2-Sättigung
- Herzzeitvolumen (mit Hilfe der Thermodilutionstechnik)
- Widerstände im großen und kleinen Kreislauf (Berechnung)

2.4.1 Kathetertypen

Als **Standardausführung** gilt ein **vierlumiger Kathetertyp** mit

- einem *proximalen* Kanal, dessen Öffnung bei richtiger Positionierung im rechten Vorhof liegt;
- einem *distalen* Kanal, der an der Katheterspitze endet und im zentralen Anteil der rechten oder linken Pulmonalarterie zu liegen kommen soll;
- einem 3. Kanal, der zum *Latexballon* unmittelbar vor der Katheterspitze führt, und
- einem 4. Kanal, der zum Temperatursensor (Thermistor) einige cm vor der Katheterspitze führt.

Als **Spezialausführung**, die vor allem bei Lebertransplantationen zum Einsatz kommt, steht ein sog. CCO[4]-Katheter zur Verfügung. Mit Hilfe eines entsprechenden Monitorsystems können das Herzzeitvolumen und die gemischtvenöse O_2-Sättigung kontinuierlich erfaßt werden können (Kap. 3.8 und 3.9).

4 „continuous cardiac output"

Kathetergrößen

- 7F oder 8F für Erwachsene (über 8F- bzw. 8,5F-Schleuse)
- 5F für Kinder ab dem 4.-6. Lebensjahr (über 6F-Schleuse)

Hinweis: Die Schleusen bieten die Möglichkeit, über einen Schlauchanschluß auch Volumen zuzuführen!

2.4.2 Indikationen

Vor dem Hintergrund des nicht unbeträchtlichen Risikos von Komplikationen und der relativ hohen Kosten sollte die Indikation für einen PA-Katheter streng gestellt und am Einzelfall ausgerichtet werden, dies um so mehr, als bisher keine Untersuchung eine statistisch signifikante Verbesserung des Outcomes im Zusammenhang mit einem PA-Katheter-Monitoring nachweisen konnte. Empirisch begründet und doch mehrheitlich akzeptiert sind folgende Indikationen:

- sehr umfangreiche chirurgische Eingriffe mit potentiell massiven Blut- und Flüssigkeitsverlusten (z. B. Lebertransplantation)
- große chirurgische Eingriffe bei *schwer* herzkranken Patienten oder bei Patienten in *extrem* reduziertem Allgemeinzustand
- Operationen bei Patienten mit Herzinfarkt in den vorausgegangenen 6 Monaten
- dekompensierte oder grenzwertig kompensierte Herzinsuffizienz
- V. a. massive oder foudroyante Lungenembolie
- ARDS[5]

2.4.3 Positionierung

Zur Positionierung des PA-Katheters orientiert man sich an der *Druckkurve* (distaler Kanal; Abb. **2**, Tab. **7**). Nach Aufblasen des Ballons und Erreichen des rechten Vorhofs wird der Katheter durch die Trikuspidalklappe in die Ausflußbahn des rechten Ventrikels eingeschwemmt und gelangt nach Passieren der Pulmonalklappe in den Pulmonalarterienhauptstamm. Nun wird er so weit vorgeschoben, bis der noch aufgeblasene Ballon das Lumen eines Pulmonalarterienastes (zumeist *rechter* Unterlappen) verschließt, was als **Wedge-Position** bezeichnet wird und sich als charakteristische Verschlußdruckkurve darstellt. Nach Desufflation des Ballons muß bei korrekter Katheterlage wieder das typische Bild der pulmonalarteriellen Druckkurve erscheinen.

Schwierigkeiten beim Vorschieben des Katheters können sich ergeben bei

- Dilatation des rechten Vorhofs und/oder Ventrikels,
- einem mechanischen Hindernis (z. B. Hohlvenenobstruktion, Vorhofmyxom),
- akzidentellem Eindringen der Katheterspitze in den Sinus coronarius oder
- Hohlvenenanomalien (z. B. persistierende linksseitige V. cava superior [0,5% der Fälle]).

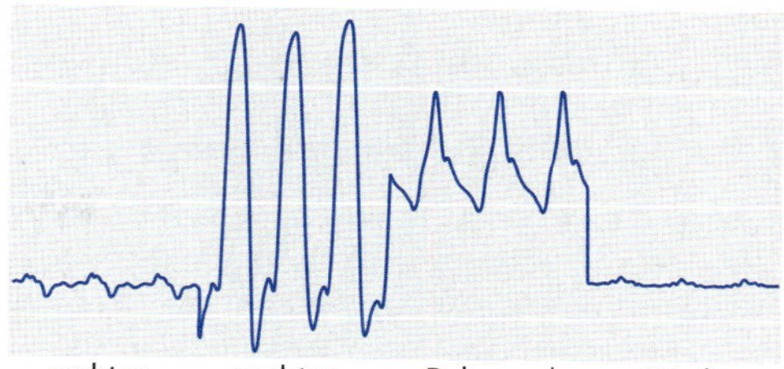

Abb. 2 Typischer Druckkurvenverlauf beim Einschwemmen eines PA-Katheters

Tabelle 7: Abstand vom Punktionsort zum rechten Vorhof, Ventrikel und zur Pulmonalarterie (in cm)

		Rechter Vorhof	Rechter Ventrikel	Pulmonal-arterie
V. jugularis interna	re.	20	30	45
	li.	25	35	50
V. subclavia		10	25	40
V. mediana cubiti	re.	50	65	80
	li.	55	70	85
V. femoralis		40	50	65

MERKE

1. Läßt sich ein PA-Katheter konventionell nicht positionieren, sollte eine **Plazierung unter Bildwandlerkontrolle** versucht werden.
2. Die Lage eines PA-Katheters muß immer durch eine **Röntgenthoraxaufnahme** dokumentiert werden.

5 „adult respiratory distress syndrome“

2.4.4 Komplikationen und Kontraindikationen

Katheterbedingte Komplikationen

Zusätzlich zu den o.g. ZVK-Komplikationen:
- Herzrhythmusstörungen (nahezu immer beim Vorschieben des Katheters, zumeist harmlos, aber auch Kammerflimmern oder Asystolie möglich)
- Schlingen- und Knotenbildung (bes. bei ausgeprägter Dilatation des rechten Ventrikels)
- Ballonruptur (harmlos, wenn kein Rechts-links-Shunt vorliegt)
- Lungeninfarkt (bei zu lange bestehender Wedge-Position: entweder bei aufgeblasenem Ballon oder bei zu weit eingeschwemmtem bzw. später disloziertem Katheter, deshalb *immer* kontinuierliche Druckkurvenüberwachung auf dem Monitor und Aufblasen des Ballons nur so kurz wie eben nötig)
- Ruptur eines Astes der A. pulmonalis (bei Überblähung des Ballons, deshalb den Ballon nur langsam und mit minimalem Volumen blocken)
- Schädigung der Trikuspidal- und Pulmonalklappe
- Myokardperforation
- Endokarditis

MERKE
Da das Risiko von Läsionen und infektiösen Komplikationen mit der Liegedauer des Katheters deutlich zunimmt, sollte dieser nur **so kurz wie unbedingt nötig** in situ verbleiben!

Spezielle Kontraindikationen

- Anlage eines permanenten Herzschrittmachers in den vorausgegangenen 4–6 Wochen (Gefahr der Dislokation der SM-Sonde)
- schwere ventrikuläre Arrhythmien (Gefahr von Kammerflimmern)
- inkompletter trifaszikulärer Block (Gefahr der totalen AV-Blockade), z. B.:
  - kompletter Rechtsschenkelblock + linksanteriorer Hemiblock + AV-Block I.°
  - kompletter Linksschenkelblock + AV-Block I.°

2.5 Magensonde

Grundsätzlich sollten bei anästhesiologischen Maßnahmen **doppelläufige Magensonden mit mehreren seitlichen Öffnungen** verwendet werden. Die Belüftung über den zweiten Kanal (endständige Öffnung) verhindert ein Festsaugen der Sondenspitze an der Schleimhaut, so daß rasch größere Sekretmengen abgesaugt werden können. Die Magensonde wird üblicherweise nasal eingeführt.

Indikationen

- Eingriffe bei Nichtnüchternheit bzw. Aspirationsgefährdung
- intraabdominelle Eingriffe (inkl. Laparoskopien)
- Eingriffe in Bauchlage od. Kopftieflage
- Verwendung von Endotrachealtuben ohne Cuff
- schwierige Maskenbeatmung od. nach Maskeneinleitung (Luftinsufflation in den Magen)
- geplante Extubation in tiefer Narkose
- lange Operationen (> 2–3 h)
- Neigung zu Übelkeit und Erbrechen nach Operationen

MERKE
Die **korrekte Lage** wird entweder durch Absaugen von Magensaft oder durch Luftinsufflation bei gleichzeitiger Auskultation über dem Epigastrium überprüft.

Relative Kontraindikationen

- Gerinnungsstörungen
- Ösophagusvarizen
- Tumoren oder Stenosen des Ösophagus

2.6 Blasenkatheter

Die **Indikation** für einen (transurethralen) Blasenkatheter besteht
- bei Eingriffen mit größeren Volumenverschiebungen und
- bei langen Eingriffen (> 2–3 h).

Der Blasenkatheter dient zur Kontrolle der **Urinausscheidung** und damit in Grenzen zur Überwachung der Nieren- und Herz-Kreislauf-Funktion.

MERKE

1. Nach Einführen eines Blasenkatheters muß dessen **korrekte Lage** kontrolliert werden. Sollte kein Urin spontan ablaufen, so muß durch Anspülen mit steriler 0,9%iger NaCl-Lösung geprüft werden, ob der Katheter durchgängig ist.
2. Die **Verschlußklemme** des Urinableitungssystems muß sich intraoperativ im Blickfeld des Anästhesisten befinden, um so ein versehentliches Abklemmen sofort bemerken zu können.

2.7 Temperatursonde

Zur Bestimmung der Körperkerntemperatur wird am häufigsten eine **rektale** oder eine **ösophageale** Sonde benutzt. Bei Patienten, bei denen eine längere postoperative Intensivtherapie notwendig ist, kann eine in den **Blasenkatheter** integrierte Temperatursonde von Vorteil sein. Wird ein **PA-Katheter** verwendet, so läßt sich über den Thermistor die zentrale Bluttemperatur erfassen. Die Messung der **Tympanon**temperatur, die gut mit der Hirntemperatur korreliert, bleibt speziellen Indikationen vorbehalten.

Eine kontinuierliche Temperaturmessung ist **indiziert** bei:

- Eingriffen mit größeren Volumenverschiebungen
- langen Eingriffen (> 2–3 h)
- Kindern im 1. Lebensjahr
- Durchführung einer kontrollierten Hypothermie (Kardio- und Neurochirurgie)
- Patienten mit MH-Disposition oder MH-Verdacht
- Patienten im Schock
- Patienten mit Unterkühlung

3 Monitoring

3.1 Überblick ▸ 30
3.2 Oberflächen-EKG ▸ 32
3.2.1 Ableitungen ▸ 32
3.2.2 ST-Strecken-Analyse ▸ 32
3.3 Arterieller Blutdruck ▸ 33
3.3.1 Automatische nichtinvasive Blutdruckmessung ▸ 33
3.3.2 Invasive Blutdruckmessung ▸ 34
3.3.3 Meßunterschiede zwischen invasiver und nichtinvasiver Blutdruckmessung ▸ 36
3.4 Pulsoxymetrie ▸ 36
3.4.1 Meßprinzip ▸ 37
3.4.2 Aussagekraft von SaO_2, $pSaO_2$ und PaO_2 ▸ 37
3.4.3 Beurteilung der peripheren Perfusion ▸ 39
3.4.4 Meßwertqualität und Störeinflüsse ▸ 39
3.5 Kapnometrie/-graphie ▸ 39
3.5.1 Meßprinzip ▸ 40
3.5.2 Meßgenauigkeit ▸ 40
3.5.3 Aussagekraft ▸ 41
3.5.4 Kapnographie ▸ 42
3.6 Zentralvenöser Druck ▸ 44
3.6.1 Meßprinzip ▸ 44
3.6.2 Aussagekraft ▸ 45
3.6.3 Praktisches Vorgehen ▸ 46
3.7 Pulmonalkapillarer Verschlußdruck ▸ 46
3.8 Herzzeitvolumen ▸ 47
3.8.1 Thermodilutionsverfahren ▸ 47
3.8.2 Pulskonturanalyse ▸ 49
3.9 Gemischt- und zentralvenöse Sauerstoffsättigung ▸ 50
3.9.1 Fick-Prinzip ▸ 50
3.9.2 Kritische Erniedrigung der gemischtvenösen O_2-Sättigung ▸ 51
3.9.3 Zentralvenöse O_2-Sättigung ▸ 51
3.9.4 Probenentnahme und Analysemethoden ▸ 52
3.10 Urinausscheidung ▸ 52
3.11 Körpertemperatur ▸ 52
3.11.1 Hypo- und Hyperthermie ▸ 52
3.11.2 Prophylaxe und Therapie der Hypothermie ▸ 53
3.11.3 Artifizielle Hypothermie ▸ 54
3.12 Neuromuskuläre Funktion ▸ 54
3.12.1 Klinische Beurteilung ▸ 54
3.12.2 Relaxometrie/-graphie ▸ 54
3.13 Hirndruck ▸ 58

3.1 Überblick

Die **klinische** Überwachung des Patienten während der Anästhesie durch Inspektion, Palpation, Perkussion und Auskultation, die im wesentlichen nur diskontinuierliche und orientierende Informationen liefert, wurde und wird im Zuge zunehmender Technisierung der Medizin in immer stärkerem Maße durch **apparative** Methoden ergänzt. Dieser Entwicklung liegt die plausible Überlegung zugrunde, durch eine lückenlose, detaillierte Überwachung die Sicherheit des Patienten in der perioperativen Phase zu erhöhen. Trotzdem ist es bisher nicht gelungen, den streng wissenschaftlichen Beweis anzutreten, daß hierdurch das Outcome verbessert wird. Dies ist jedoch auf methodische Schwierigkeiten bei der Untersuchung und Analyse und nicht auf eine Ineffizienz der Überwachungsverfahren zurückzuführen. Folgerichtig existieren mittlerweile in vielen Ländern von der jeweiligen anästhesiologischen Fachgesellschaft herausgegebene Empfehlungen oder auch Leitlinien zum apparativen Monitoring.

Klassifikation der apparativen Überwachung

Da Operation und Anästhesie die Homöostase des Organismus empfindlich beeinträchtigen, ist die perioperative Überwachung bestimmter Körperfunktionen unerläßlich. Im Vordergrund steht hierbei die Überwachung **kardiorespiratorischer Parameter**, denn Störungen der Lungen- und Herz-Kreislauf-Funktion sind in den meisten Fällen die entscheidende Voraussetzung für Störungen der Hirnfunktion, die jedoch selbst nicht ohne weiteres intraoperativ zu messen ist. Es existieren *nichtinvasive* und *invasive* sowie *kontinuierliche* und *diskontinuierliche* Verfahren. Sie werden zweckmäßigerweise in bedarfsgerechter, abgestufter Form eingesetzt, so daß

- ein unverzichtbares nichtinvasives Minimal- oder Basismonitoring (allgemein – respiratorisch),
- ein Zusatz- oder erweitertes, invasives Monitoring und
- ein spezielles Monitoring

unterschieden werden können (Tab. **8**).

Tabelle 8 Kategorisiertes Monitoring

Allgemeines Basismonitoring
Indikation: „Routineoperationen" bei gesunden Patienten

- Oberflächen-EKG
- nichtinvasiver Blutdruck (NIBP)
- Pulsoxymetrie (→ $pSaO_2$)

Erweitertes Monitoring*
Indikation: erhöhtes Risiko durch Begleiterkrankungen, besondere operative oder anästhesiologische Umstände

- zentralvenöser Druck (ZVD)
- zentral- oder gemischtvenöse O_2-Sättigung (SvO_2, $Sv_{gem}O_2$)
- invasiver Blutdruck
- Drücke im kleinen Kreislauf (pulmonalkapillarer Verschlußdruck [PCWP])
- Herzzeitvolumen (Thermodilution, Pulskonturanalyse)
- Magensonde, Urinausscheidung
- Körpertemperatur
- Relaxometrie (z. B. Akzeleromyographie)
- Narkosetiefe (z. B. computergestütztes EEG)
- Laboranalysen (Hb, Na^+, K^+, Ca^{2+} [ggf. auch ionisiertes!], BZ, Gerinnung, BGA)

Spezielles Monitoring* (Auswahl)
Indikation: vor allem Besonderheiten des operativen Eingriffs

- transösophageale Echokardiographie (TEE), besonders bei kardiochirurgischen Eingriffen (z. B. Herzvitien)
- präkordiale Dopplersonographie zur Luftemboliedetektion (intrakranielle Eingriffe in sitzender Position)
- transkranielle Dopplersonographie (TCD) zur Messung der zerebralen Blutflußgeschwindigkeit und Emboliedetektion (z. B. Karotisendarteriektomie)
- evozierte Potentiale (EP), z. B. zum Erkennen von Rückenmarkischämien, Läsionen der Hör- oder Sehbahnen
- intrakranieller Druck (ICP) zur Kalkulation des zerebralen Perfusionsdrucks (CPP = MAP – ICP), z. B. bei Eingriffen an Patienten mit schwerem SHT

Respiratorische Basisüberwachung des Beatmungspatienten

- Atemwegsdrücke (P_{aw}; mbar od. cmH_2O)
  - inspiratorischer Spitzendruck
  - Plateaudruck
  - endexspiratorischer Druck
- Atemfrequenz (AF; 1/min)
- exspiratorisches Atemzugvolumen (AZV; ml)
- exspiratorisches Atemminutenvolumen (AMV = AF × AZV; l/min)
- ggf. dynamische Compliance (C_{dyn}; l/cmH_2O)
  - O_2-Konzentration (FIO_2, FEO_2)
  - CO_2-Konzentration (Kapnometrie/-graphie [$PECO_2$; mmHg])
  - Inhalationsanästhetika (FIA, FEA)
- Pulsoxymetrie ($pSaO_2$;%)
- ggf. Blutgasanalyse (PaO_2, $PaCO_2$; mmHg)
- Cuffdruck (Endotrachealtubus)

* wird bei den einzelnen Operationen entsprechend der Notwendigkeit aufgeführt

3.2 Oberflächen-EKG

Die kontinuierliche EKG-Überwachung gehört wie die nichtinvasive Blutdruckmessung zum **Standardmonitoring** und muß bei jedem Anästhesieverfahren durchgeführt werden. Sie dient dem unmittelbaren Erkennen von

- Herzfrequenzänderungen,
- Störungen der Erregungsbildung und -leitung (Arrhythmien),
- Myokardischämien (→ ST-Strecken-Analyse) und
- Schrittmacherfehlfunktionen.

Das EKG wird intraoperativ i. d. R. vom Stamm abgeleitet (bipolare u. unipolare Ableitungen). Es können – je nach Umfang der Überwachung – 3 unterschiedliche **Systeme** verwendet werden:

1. nichtumschaltbarer Einkanal-Monitor mit dreiadrigem Kabel
2. umschaltbarer Einkanal-Monitor mit dreiadrigem Kabel
3. Mehrkanal-Monitor mit fünfadrigem Kabel

3.2.1 Ableitungen

Bei Anwendung eines *dreiadrigen* Kabels mit *nichtumschaltbarem* Einkanal-Monitor werden die Elektroden wie folgt geklebt:

- rot: rechte MCL direkt unterhalb der Klavikula
- schwarz: linke MCL direkt unterhalb der Klavikula
- gelb: linke MCL im 6./7. ICR

Auf diese Weise kann die **Ableitung II** (nach *Einthoven*) dargestellt werden. Sie gilt als Standardableitung, weil hier die Amplitude der P-Welle und des QRS-Komplexes i. d. R. am größten ist.

Bei Anwendung eines *dreiadrigen* Kabels mit *umschaltbarem* Einkanal-Monitor sollten die Elektroden anders plaziert werden:

- rot (RA): rechte MCL direkt unterhalb der Klavikula
- gelb (LA): linke MCL direkt unterhalb der Klavikula
- schwarz od. grün (F): linke MCL im 6./7. ICR

Hierdurch lassen sich *nacheinander* die **Ableitungen I, II und III** darstellen. Außerdem kann durch Veränderung der Elektrodenposition eine **modifizierte V_5-Ableitung** realisiert werden:

- RA: Manubrium sterni
- LA: V_5-Position (vordere Axillarlinie im 5. ICR)
- F: beliebige Position

Über die Einstellung „Ableitung I" am Monitor wird nun die modifizierte V_5-Ableitung zur Überwachung der Vorderwand hergestellt. Durch Wechsel auf die Ableitung II kann – ohne Elektrodenwechsel! – die Unterwand beurteilt werden.

Bei Anwendung eines *fünfadrigen* Kabels mit *Mehrkanal-Monitor* sollten folgende Elektrodenpositionen gewählt werden:

- rot: rechte MCL direkt unterhalb der Klavikula
- gelb: linke MCL direkt unterhalb der Klavikula
- grün: linker Oberschenkel
- schwarz: rechter Oberschenkel
- weiß: V_5-Position

Hiermit lassen sich insgesamt 7 Ableitungen erfassen: **I, II, III, aVR, aVL, aVF und V_5**, wobei bis zu 3 *gleichzeitig* abrufbar sind. Zumindest die Ableitungen II und V_5 sollten immer parallel dargestellt werden.

Störeinflüsse

- Ausgetrocknete, schlecht leitende Elektroden
- erhöhter Hautwiderstand (z. B. feuchte Haut)
- Muskelzittern
- Einsatz der Diathermie
- Wechselstrominterferenzen

Komplikationen

Verbrennungen im Elektrodenbereich (vor allem durch Einsatz von Hochfrequenz-Elektrokautern bei fehlerhafter Erdung bzw. defekter Neutralelektrode).

3.2.2 ST-Strecken-Analyse

Moderne Monitore bieten die Möglichkeit der automatischen ST-Strecken-Analyse zur Detektion von Myokardischämien. Am wichtigsten ist die Überwachung der **Ableitung V_5**, die die Vorderseitenwand repräsentiert (Versorgungsgebiet der *linken* Koronararterie), und parallel dazu die der **Ableitung II** zur Beurteilung der Unterwand (Versorgungsgebiet der *rechten* Koronararterie). Als signifikante ST-Strecken-Veränderung gilt per definitionem eine mindestens 30 sec anhaltende, absolute oder relative,

- horizontale oder deszendierende Senkung von mehr als 0,1 mV bzw. 1 mm in den Brustwandableitungen und von mehr als 0,05 mV bzw. 0,5 mm in den peripheren Ableitungen oder
- eine entsprechende Hebung von mehr 0,2 mV bzw. 2 mm.

Die ST-Strecken-Analyse ist nach der transösophagealen Echokardiographie die empfindlichste Methode zur intraoperativen Diagnose einer **Myokardischämie**, mit dem Vorteil aber der einfacheren Handhabung und ubiquitären Verfügbarkeit. Die Sensitivität wird mit bis zu 95% angegeben (bei komb. Auswertung der Abl. II, V_5 u. einer weiteren Brustwandableitung [V_2, V_3 od. V_4]). Die Spezifität allerdings ist deutlich geringer, da ST-Strecken-Veränderungen auch aus anderer Ursache auftreten können (Elektrolytverschiebungen, Pharmakaeffekte, Schenkelblock, Linksherzhypertrophie, Schrittmacherimpulse etc.).

Folgende technische Einzelheiten sind zur **Beurteilung der ST-Strecke** wichtig:

1. Der Detektions- bzw. Meßpunkt befindet sich 60–80 msec hinter dem sog. *J-Punkt* (Wendepunkt der ST-Linie), die PQ-Linie dient hierbei als isoelektrische Referenz (Abb. **3**).
2. Das EKG-Signal wird in einem Frequenzbereich von 0,1 bis 100 Hz abgetastet und analysiert.

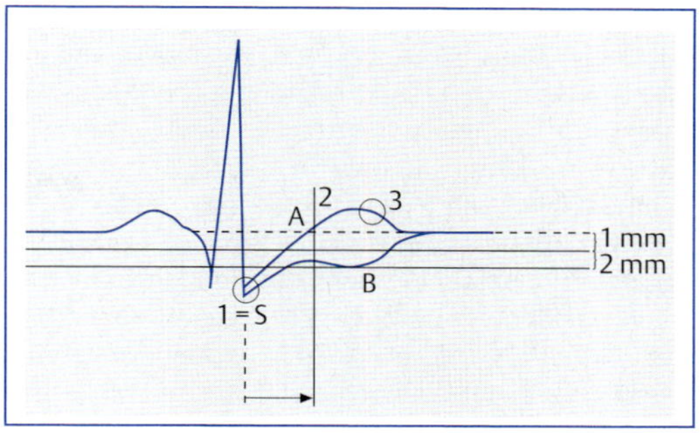

Abb. 3 ST-Strecken-Analyse
Zur einfacheren Beurteilung der ST-Strecke kann auf einem Monitor-EKG statt des J-Punkts auch der Halbierungspunkt zwischen S-Zacke und T-Spitze herangezogen werden
1 S-Zacke
2 Halbierung zwischen 1 und 3 (ca. 60–80 msec nach dem J-Punkt)
3 T-Spitze
A frühzeitiger ST-Anstieg (Ischämie eher unwahrscheinlich)
B später ST-Anstieg (Ischämie eher wahrscheinlich)

3. Durch Verwendung eines digitalen 50-Hz-Filters kann eine Wechselstromüberlagerung („Netzbrummen") ohne Einbuße an Signal- und Detektionsqualität eliminiert werden. Zum Erkennen der Spikes bei künstlichem Herzschrittmacher muß der Filter jedoch ausgeschaltet sein.

3.3 Arterieller Blutdruck

Nichtinvasive und invasive Blutdruckmessung unterscheiden sich in vielerlei Hinsicht. Dies betrifft nicht nur die Meßmethode, sondern sogar die Meßgröße. So wird nichtinvasiv der **Gefäßwanddruck**, invasiv aber der **Druck im Gefäß** gemessen.

3.3.1 Automatische nichtinvasive Blutdruckmessung

Exemplarisch für die automatische nichtinvasive Blutdruckmessung (NIBP) soll hier das am häufigsten praktizierte *oszillometrische* Prinzip erläutert werden. Bei dieser Meßart werden die Oszillationen der Arterienwand auf eine Blutdruckmanschette übertragen, anschließend über einen Schlauch zu einem Druckwandler im Monitor geleitet, dort in elektrische Signale transformiert und dann als Druckwerte in „mmHg" digital angezeigt.

Meßvorgang

Eine pneumatische Manschette wird am Oberarm (oder Oberschenkel) auf einen Druckwert aufgeblasen, der initial deutlich oberhalb des systolischen Blutdrucks liegt. Dann wird der Manschettendruck langsam stufenweise abgelassen. Auf jeder Druckstufe werden immer 2 Pulswellen annähernd gleicher Amplitude zur Analyse verwendet, so daß Artefakte größtenteils erkannt und vermieden werden können. Das Auftreten von Oszillationen bei Entlastung der Manschette zeigt den Beginn des arteriellen Blutflusses an und entspricht dem systolischen Blutdruck. Bei weiterer Entlastung der Manschette erreichen die Oszillationen ein Maximum. Dieser Punkt markiert den mittleren arteriellen Druck (MAP). Der **MAP** ist der **genaueste Wert,** den die oszillometrische Methode liefert. Dagegen ist der diastolische Druck wesentlich weniger exakt zu ermitteln. Er ist als der Punkt festgelegt, an dem die Oszillationen nicht mehr schwächer werden.

Die oszillometrische Methode kann zwar auch bei *niedrigen* Blutdruckwerten, z. B. im Schock, und eingeschränkt auch bei Arrhythmien angewendet werden, jedoch ist sie unter solchen Bedingungen der invasiven Druckmessung eindeutig unterlegen. Grundsätzlich sollte das *Meßintervall* – außer in kritischen Situationen – *nicht weniger als 2,5 min* betragen, um Ischämien der betreffenden Extremität zu vermeiden. Als besonders gefährdet müssen hierfür Patienten mit Mikroangiopathien angesehen werden (z. B. bei Diabetes mellitus). Bei stabiler Hämodynamik sind Meßabstände von 5 min ausreichend. Zur möglichst exakten Druckmessung ist zweierlei entscheidend: Die Manschette muß sich auf **Herzhöhe** befinden, und sie muß die **richtige Größe** haben. So sollte sie 2/3 des Oberarms oder Oberschenkels bedecken. Bei zu schmaler Manschette werden falsch hohe, bei zu breiter falsch niedrige Werte gemessen. Von wachen Patienten wird vor allem der initiale Meßvorgang oftmals als unangenehm empfunden, weil hierbei die Manschette auf einen sehr hohen Druck aufgepumpt wird, der dann nur sehr langsam abgelassen wird.

MERKE

1. Ein häufiger Fehler bei der nichtinvasiven Blutdruckmessung ist die Verwendung der **falschen Manschettengröße**.
2. Liegt der Patient auf der **Seite**, so ist zu beachten, daß der Blutdruck *am unten liegenden Arm falsch hoch* (unterhalb Herzniveau erhöhte hydrostatische Druckdifferenz), *am oben liegenden Arm falsch niedrig* gemessen wird (oberhalb Herzniveau erniedrigte hydrostatische Druckdifferenz).

Komplikationen (bei zu kurzem Meßintervall)

- Nervenschäden
- andere ischämische Läsionen

3.3.2 Invasive Blutdruckmessung

Das Prinzip der invasiven Druckmessung besteht darin, daß die Druckpulsationen der Blutsäule und Gefäßwand über ein flüssigkeitsgefülltes Schlauchsystem auf einen Druckwandler (Transducer) übertragen werden. Hier werden die Schwingungen von einer Membran aufgenommen und anschließend in normierte, d. h. kalibrierte elektrische Impulse umgewandelt. Diese Signale lassen sich nach Verstärkung auf einem Monitor analog als Kurve darstellen und gleichzeitig digital als Druckwerte in „mmHg" anzeigen. Die **invasive Druckmessung** ist geeignet zur Ermittlung

- des systemarteriellen Blutdrucks (in peripheren oder zentralen Arterien),
- des ZVD (Abschn. 3.6) und
- der pulmonalarteriellen Drücke (Abschn. 3.7).

Neben der kontinuierlichen Darstellung der systemarteriellen **Blutdruckkurve** und der **digitalen Druckwerte** (systolisch, diastolisch, Mitteldruck) wird die **Pulsfrequenz** errechnet. Wirklich gemessen werden allerdings nur der systolische und der diastolische Druck; der arterielle *Mitteldruck* dagegen wird – im Gegensatz zur nichtinvasiven Druckmessung – bei älteren Monitorsystemen nach einer Faustformel *für periphere Arterien* kalkuliert:

MAP = diastolischer Druck + 1/3 der Blutdruckamplitude

Systeme mit moderner Mikroprozessortechnik berechnen den Mitteldruck mit höherer Genauigkeit durch *Integration der Fläche* unter der gesamten Blutdruckkurve jeweils einer Herzaktion.

Physiologische Bedeutung der Blutdruckparameter

Der **MAP** ist abhängig vom Herzzeitvolumen (HZV) oder genauer vom Schlagvolumen und außerdem vom peripheren Gefäßwiderstand („systemic vascular resistance", SVR):

$$MAP = HZV \times SVR$$

Er ist die treibende Kraft für die Organdurchblutung und bestimmt – zusammen mit autoregulativen Prozessen in der Endstrombahn – unmittelbar deren Größe (Kap. 4.1.1). Außer bei Gefäßstenosen fällt der MAP auf dem Weg von der Aorta zu den peripheren Arterien nur um wenige mmHg ab, so daß der peripher ermittelte Wert den aortalen Mitteldruck i. d. R. gut widerspiegelt. Erst in sehr kleinen Arterien (Durchmesser < 1 mm), die sich aber *distal* des Meßortes befinden, liegt der arterielle Mitteldruck deutlich unter dem aortalen.

Der **systolische Druck** entspricht dem höchsten Punkt auf der Druckkurve. Er wird generiert durch das Herzschlagvolumen in Abhängigkeit von der Dehnbarkeit der Aorta und der großen Arterien. Er repräsentiert damit das Schlagvolumen und die Gefäßfüllung und ist außerdem mit ein Maß für den myokardialen O_2-Bedarf. Die systolische Druckwelle wird entlang der Gefäßwand zwischen Peripherie und geschlossener Aortenklappe reflektiert. Hierdurch kommt es zur Überlagerung von ante- und retrograden Wellen. Aus diesem Grund ist der systolische Druck um so höher, je weiter peripher er gemessen wird. In der Meßortdistanz liegt auch ein wesentlicher Grund, warum der systolische Druck *invasiv* i. d. R. etwas *höher* gemessen wird als nichtinvasiv (A. radialis – Oberarmmanschette).

Der **diastolische Druck** (tiefster Punkt auf der Druckkurve) ist ein Maß für die Koronarperfusion und die O_2-Versorgung des Herzens, denn ca. 70% der koronaren Durchblutung finden während der Diastole statt. Er nimmt – im Gegensatz zum systolischen – von zentral nach peripher ab (bedingt durch die Widerstandsabnahme infolge der Zunahme des Gefäßbettquerschnitts).

Die **Blutdruckamplitude** als Differenz zwischen systolischem und diastolischem Druck vergrößert sich mit zunehmender Entfernung zur Aorta. Sie verhält sich im übrigen direkt proportional zum Schlagvolumen und damit auch zur Kapillardurchblutung und umgekehrt proportional zum Gefäßtonus. Bei der Therapie des hypovolämischen Schocks ist die *periphere* Blutdruckamplitude ein besseres Maß als z. B. der MAP.

Veränderungen der Blutdruckamplitude

- Vergrößerung bei:
  - Hypervolämie
  - AV-Block III.°
  - Aortensklerose
  - Aorteninsuffizienz
- Verkleinerung bei:
  - Hypovolämie
  - Schockzuständen
  - Aortenstenose

Physikalische Meßvoraussetzungen

1. „Kalibrierung des Druckwandlers"
   Durch werkseitige Kalibrierung wird festgelegt, welcher Punkt auf der Druckkurve einem bestimmten Druckwert in „mmHg" entspricht. Das Problem, daß sich die Transducer der verschiedenen Hersteller in ihren physikalischen Eigenschaften geringfügig unterscheiden, läßt sich dadurch beheben, daß in modernen Monitoren je nach verwendetem Transducer menügesteuert ein Korrekturfaktor eingegeben werden kann.
2. „Hydrostatischer Null(punkt)abgleich" des Systems gegen Atmosphäre (Referenzpunkt: mittleres Herzniveau; Besonderheiten bei sitzender Position s. Kap. 22.4.2).
   Um den hydrostatischen Einfluß auf den Blutdruck zu eliminieren, muß *nach jeder Veränderung der Körperposition* erneut ein Abgleich durchgeführt werden. Unabhängig davon sollte der Abgleich auch in unregelmäßigen Abständen überprüft werden, um eine Drift des Transducers und hierdurch bedingte Fehlmessungen erkennen zu können.

Vorteile der invasiven gegenüber der nichtinvasiven Blutdruckmessung

- bessere Meßgenauigkeit, besonders in kritischen hämodynamischen Situationen (z. B. Schock, Arrhythmien),
- Registrierung und Beurteilung jeder (mechanischen) Herzaktion,
- Einschätzung der hämodynamischen Relevanz von Herzrhythmusstörungen (z. B. Pulsdefizit),
- semiquantitative Beurteilung der Myokardkontraktilität (z. B. Herzinsuffizienz),
- über sog. Pulskonturanalyse Ermittlung des Herzschlagvolumens möglich (Abschn. 3.8.3).

Druckpulsschwankungen. Die visuelle Beurteilung der Druckkurve erlaubt eine *qualitative Aussage über die makrohämodynamische Situation.* Bei Hypovolämie, Herzinsuffizienz oder Perikardtamponade wird die Druckwellenamplitude schmaler, und die respiratorisch bedingten Kurvenschwankungen werden stärker („paradoxer Puls"). Nach adäquater Therapie vergrößert sich die Kurve wieder und gewinnt ihre normale Form zurück.

Meßartefakte und Meßprobleme

- Kurvendämpfung:
  - Luft oder Thromben im System
  - Vasospasmus
  - Anliegen der Katheterspitze an der Arterienwand
  - Abknicken des Katheters
  - zu periphere Lage des Katheters (d. h. Gefäßdurchmesser *kleiner* als Katheterdurchmesser)
  - ausgeprägte periphere Vasokonstriktion (z. B. Schock, Hypothermie)
- Kurvenüberschleuderung („Schleuderzacken")
- lokale arterielle Stenosen
- Phase direkt nach extrakorporaler Zirkulation

Eine **Dämpfung der Druckkurve** kommt häufig durch im System eingeschlossene Luft, durch Thromben oder einen Vasospasmus zustande. Luft oder Thromben müssen aus dem System entfernt werden; ein Vasospasmus läßt sich oftmals durch langsame Injektion von 10–20 mg Lidocain durch die Kanüle beseitigen.

Schleuderzacken entstehen bei Verwendung überlanger (> 100 cm) oder ausgesprochen starrer Zuleitungen und führen durch Verstärkung der physiologischen Pulswellenreflexion zu einer Überschätzung des systolischen und zu einer Unterschätzung des diastolischen Blutdrucks. Sie können auch bei erheblichen arteriosklerotischen Veränderungen im Bereich des kanülierten Gefäßes auftreten. Durch Einspritzen einer geringen Luftmenge in die Zuleitung mag zwar eine Dämpfung der Kurve erreicht werden, dieses Vorgehen kann aber nicht empfohlen werden. Besser ist es, den *Mitteldruck* als Richtwert zu benutzen, weil dieser auch bei Überschleuderung mit akzeptabler Genauigkeit angegeben wird.

Bei ausgeprägter **peripherer Vasokonstriktion** können erhebliche Differenzen zwischen den in zentralen (Aorta, A. femoralis) und in peripheren Arterien (z. B. A. radialis, A. dorsalis pedis) gemessenen Drücken auftreten. Wenn der Gefäßquerschnitt durch Vasokonstriktion proximal der peripheren Kanüle *kleiner* wird als der Kanülendurchmesser, wird der Blutdruck hier falsch niedrig gemessen. Man mißt also gewissermaßen den Druck hinter einer artifiziellen Stenose. Aus diesem Grund sollte der äußere Kanülendurchmesser idealerweise immer deutlich kleiner sein als das Gefäßlumen.

Problematisch wird die Druckmessung auch bei organisch bedingten **lokalen Stenosen** im arteriellen Gefäßsystem (z. B. bei Subclavian-steal-Syndrom oder Aortenisthmusstenose). Hier sollte der Druck grundsätzlich in solchen Arterien gemessen werden, die funktionell *proximal* der Stenose liegen. In einigen Fällen kann eine zusätzliche *distale* Druckmessung erforderlich werden, um Aufschluß über den hier herrschenden Perfusionsdruck zu erhalten.

Die direkt nach **extrakorporaler Zirkulation** zu messenden Druckdifferenzen zwischen zentralen und peripheren Arterien werden bei ausreichender Wiedererwärmung des Patienten mit einer vermehrten Durchblutung arteriovenöser Shunts in proximalen Gefäßabschnitten erklärt.

3.3.3 Meßunterschiede zwischen invasiver und nichtinvasiver Blutdruckmessung

Der systolische Druck wird *invasiv* i. d. R. etwas *höher* gemessen als nichtinvasiv. Als Ursachen kommen in Betracht:

- der Meßort (invasiver Druck „peripherer" gemessen, hierdurch stärkere Superponierung der an der geschlossenen Aortenklappe in der Systole reflektierten Druckwellen),
- das Meßverfahren selbst und
- die Meßgröße (invasiv: Gesamtdruck im Gefäß ↔ nichtinvasiv: Arterienwanddruck).

Weitere Einflußgrößen sind z. B. die Manschettengröße beim nichtinvasiven Verfahren (s. o.); bei der invasiven Methode vor allem die physikalischen Eigenschaften der Meßkette, worauf jedoch an dieser Stelle nicht näher eingegangen werden soll.

3.4 Pulsoxymetrie

Die Pulsoxymetrie ist in erster Linie ein Verfahren zur nichtinvasiven, kontinuierlichen **Messung der Sauerstoffsättigung des arteriellen Bluts** („spektralphotometrische Oxymetrie"). Darüber hinaus kann bei Ableitung und Aufzeichnung der Volumenpulskurve („Plethysmographie") mit Einschränkungen eine Aussage über die periphere Perfusion getroffen werden. Die Pulsoxymetrie bedeutet eine wesentliche Verbesserung der perioperativen Überwachungsmöglichkeiten und sollte daher an keinem Anästhesiearbeitsplatz wie auch nicht auf der Intensivstation und bei Transporten von kardiorespiratorischen Risikopatienten fehlen.

Vorteile der Pulsoxymetrie

- nichtinvasives und kontinuierliches Verfahren
- einfach praktikable und ubiquitär einsetzbare Methode (Geräte mit Akku)
- kurze Ansprechzeit (erste Meßwerte nach ca. 5–10 sec)
- gutes und rasches Erkennen von arteriellen Hypoxien (Responsezeiten: 10–20 sec fürs Ohr, 25–35 sec für den Finger [Kreislaufzeiten!])[6]
- ideal für respiratorische Verlaufskontrollen
- gleichzeitig hämodynamische Überwachung durch Pulserkennung (→ Ermittlung der Pulsfrequenz)
- Erkennen eines Pulsdefizits (z. B. bei Vorhofflimmern, Extrasystolen, elektrischem Alternans)

6 Die Ausbreitungsgeschwindigkeit der Druckpulswelle ist aufgrund der Impulsübertragung von Teilchen zu Teilchen wesentlich höher als die Strömungsgeschwindigkeit des Bluts. Die Druckpulswelle ist bereits 0,2 sec nach dem Blutauswurf aus dem linken Ventrikel in der Peripherie meßbar, während die Zeit, bis das ausgeworfene Blutvolumen (Volumenpuls) das Ohr oder die Finger zur Sättigungsmessung erreicht, sehr viel länger ist.

- keine Nachkalibrierung erforderlich: Pulsoxymeter sind vom Werk so eingestellt, daß sie die Verhältnisse gesunder junger Probanden widerspiegeln
- ideale Ergänzung zur Kapnometrie/-graphie (Abschn. 3.5)

Zwingende anästhesiologische Indikationen
- Kinderanästhesie (bes. Früh-, Neugeborene u. Säuglinge)
- Patienten mit eingeschränkter Lungenfunktion od. zyanotischen Herzfehlern
- Adipositas permagna
- Schlaf-Apnoe-Syndrom
- Eine-Lunge-Anästhesie
- Hochfrequenzbeatmung (Jet-Ventilation)
- Analgosedierung
- Magnetresonanztomographie (Spezialgerät erforderlich!)
- Aufwachphase nach Narkosen
- Beatmungspatienten auf Intensivstationen
- Transport von Intensiv- od. Notfallpatienten

3.4.1 Meßprinzip

Das Meßprinzip der Pulsoxymetrie beruht auf der **Absorption von Licht** bestimmter Wellenlängen durch das Hämoglobin vorbeiströmender Erythrozyten. Da *oxygeniertes* (O_2Hb) und *desoxygeniertes* Hämoglobin (Hb) unterschiedliche Absorptions- bzw. Extinktionskoeffizienten haben, lassen sich ihre Konzentrationen relativ zueinander im Blut photometrisch ermitteln („Lambert/Beer-Gesetz").

Zur Unterscheidung von Oxy- und Desoxyhämoglobin wird bei allen gängigen Pulsoxymetern mit Licht *zweier* verschiedener Wellenlängen gemessen. Das Licht wird in einem elektrooptischen Sensor von speziellen Leuchtdioden erzeugt und abgestrahlt und von einer gegenüberliegenden Photodiode erfaßt („Transmissionsprinzip"). Das Absorptionsmaximum von O_2Hb liegt bei 940 nm (infrarotes Licht), das von Hb bei 660 nm (rotes Licht). Da nur die *arterielle* O_2-Sättigung bestimmt werden soll, muß die sog. Hintergrundabsorption, bestehend aus der Lichtabsorption durch Gewebe, venöses und kapillares Blut, aus dem pulsatilen Signal herausgefiltert werden. Die Differenz zwischen Spitzenabsorption (Systole) und Hintergrundabsorption (Diastole) ergibt die pulsatile Absorption, die ausschließlich durch arterielles Blut verursacht wird. Das bedeutet, daß die Pulsoxymetrie nur dann funktioniert, wenn ein *pulsatiler* Blutstrom registriert werden kann (s. u.).

Pulsoxymeter messen die sog. funktionelle oder **partielle O_2-Sättigung** des Hämoglobins ($pSaO_2$; prozentualer Anteil des O_2Hb an der Summe von O_2Hb und Hb; Normalwert: 98%), während In-vitro-Oxymeter, die i. d. R. mit Licht fünf verschiedener Wellenlängen arbeiten, die „fraktionelle" **O_2-Sättigung** (SaO_2; Normalwert: 96%) erfassen, so daß hier also neben O_2Hb und Hb auch die **Dyshämoglobine** Carboxyhämoglobin (COHb) und Methämoglobin (MetHb) bzw. Sulfhämoglobin (SulfHb) berücksichtigt werden.

Plazieren des Sensors. Die besten Ergebnisse lassen sich durch Signalableitung vom **Ohrläppchen** erzielen. Dann folgen Fingerbeere und Zehen. Weitere Ableitstellen in speziellen Fällen sind Hand, Fuß, Nase und Zunge. Um *Drucknekrosen* zu vermeiden, sollte der Sensorort gelegentlich gewechselt werden.

3.4.2 Aussagekraft von SaO_2, $pSaO_2$ und PaO_2

Die SaO_2 spiegelt den O_2-Gehalt des arteriellen Bluts (CaO_2) besser wider als der PaO_2, denn zusammen mit der Hb-Konzentration läßt sich anhand der SaO_2 (unter Vernachlässigung des geringen physikalisch gelösten O_2-Anteils) der CaO_2 für klinische Belange mit akzeptabler Genauigkeit abschätzen. Der PaO_2 hingegen ermöglicht erst dann eine Aussage über den CaO_2, wenn die aktuelle O_2-Hb-Bindungskurve (Abb. **4**), die Qualität des Hämoglobins (*cave*: Dyshämoglobine, Hämoglobinopathien!) und die Hb-Konzentration bekannt sind.

Der **arterielle O_2-Gehalt** errechnet sich wie folgt:

$$CaO_2 = [Hb] \times SaO_2 \times 1{,}39 + PaO_2 \times 0{,}003 \text{ [ml/dl Blut; } \textit{Normalwert}\text{: } \approx 20 \text{ ml/dl]}$$

1,39 = *theoretische* Hüfner-Zahl (gibt die spezifische O_2-Bindungsfähigkeit des Hämoglobins an: 1 g Hb bindet 1,39 ml O_2); 0,003 = rechnerische Konstante für physikalisch gelösten O_2-Anteil; SaO_2 in der Formel als Fraktion verwendet.

Während **Hypoxämien** mit der Bestimmung der O_2-Sättigung gut erfaßbar und quantifizierbar sind, gilt dies nicht für hyperoxämische Zustände, also oberhalb eines PaO_2 von 100 mmHg (Tab. **9**). Die Aussagekraft der pulsoxymetrisch ermittelten $pSaO_2$ ist zwar um einiges geringer ist als die der in vitro gemessenen SaO_2, reicht aber für klinische Zwecke i. d. R. aus. Im Zweifelsfall kann das Meßergebnis durch eine In-vitro-Analyse der SaO_2 überprüft und damit für den Einzelfall validiert werden. Abweichungen zwischen der SaO_2 und der $pSaO_2$ sind häufig und können ohne weiteres bis zu 5% betragen (z. B. Raucher).

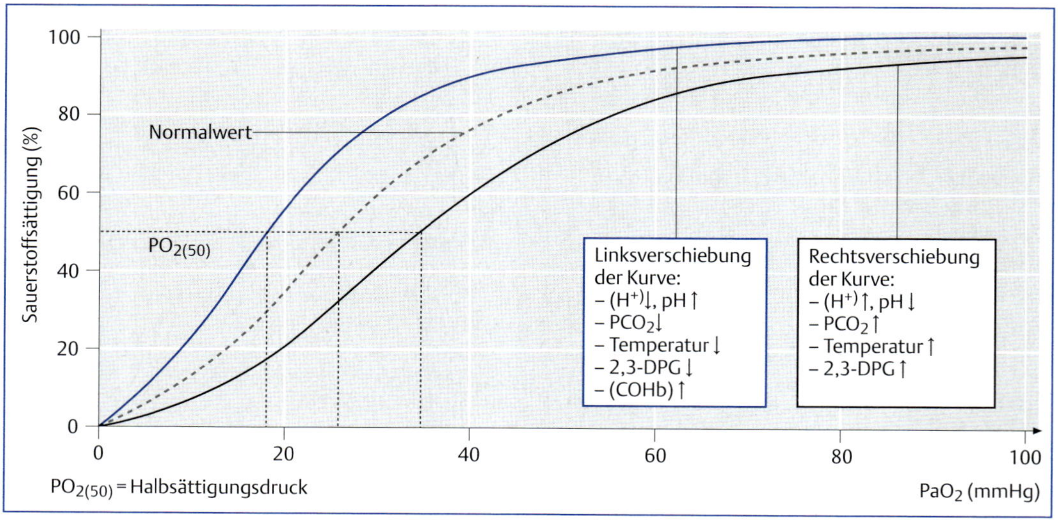

Abb. 4 O_2-Bindungskurve für Hämoglobin

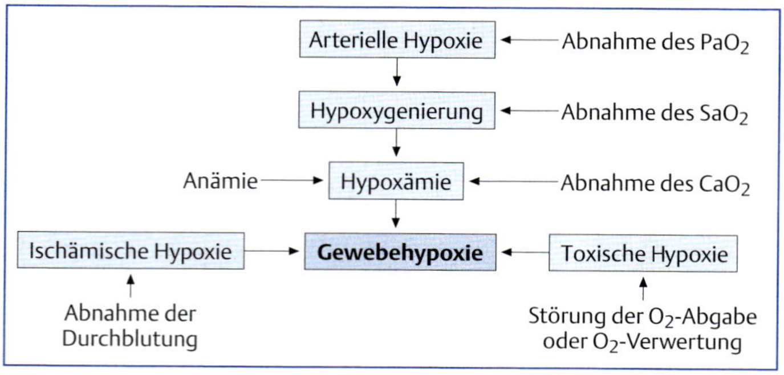

Abb. 5 Entwicklung einer Hypoxie

Tabelle 9 Korrelation von $pSaO_2$ und PaO_2 (abhg. von Temperatur, pH, [2,3-DPG], $PaCO_2$)

$pSaO_2$ (%)	PaO_2 (mmHg)
99 oder 100	95–673
95	≈ 80
90	≈ 60
70	≈ 40
50	≈ 25

Aufgrund des anatomischen Rechts-links-Shunts (Bronchialarterien, Vv. Thebesii) von physiologisch 2–5% des HZV ist eine O_2-Sättigung von 100% unter Raumluftbedingungen nicht zu erreichen. Die Angabe von 100% liegt deshalb bei diesen Geräten im Bereich ihrer Meßungenauigkeit. Erst ab einem PaO_2 von 150 mmHg (Abb. **4**) wird wirklich die maximale $pSaO_2$ von 100% erzielt, was für die SaO_2 auch, aber nur bei Abwesenheit von Dyshämoglobinen gilt.

Mit abfallender O_2-Sättigung nimmt die **Meßgenauigkeit** der Pulsoxymetrie ab:

- $pSaO_2$ = 80–100%: ± 2% (Standardabweichung)
- $pSaO_2$ = 40–80%: ± 5% (Standardabweichung)

Hierbei gilt, daß im Sättigungsbereich oberhalb von 80% systematisch eher zu niedrig, unterhalb 80% eher zu hoch gemessen wird. Eine wesentliche Ursache für diese Abweichungen dürfte in der Erstellung der herstellerabhängigen Kalibrationskurven (2-Punkt-Kalibrierung) liegen (Abb. **5**).

3.4.3 Beurteilung der peripheren Perfusion

Mit der Pulsoxymetrie läßt sich aus dem pulsatilen Signal die *Pulsfrequenz* ermitteln. Die periphere Perfusion kann jedoch mit den heute üblichen Geräten nicht suffizient überwacht werden, denn diese reagieren z. T. sogar noch auf Volumenpulssignale, wenn der Blutfluß schon auf ca. 10% des Normalwerts abgefallen ist. Bei *hypovolämischen* Zuständen kommt es wie beim arteriellen Druckpuls (Abschn. 3.3.2) zu ausgeprägteren in-/exspiratorischen Schwankungen der Volumenpulsamplitude, die dann unter entsprechender Volumenzufuhr wieder deutlich geringer werden.

3.4.4 Meßwertqualität und Störeinflüsse

Hypoperfusion. Hypovolämie, Hypothermie, Vasokonstriktion, arterielle Hypotonie oder ausgeprägte Herzrhythmusstörungen verschlechtern das Pulssignal und führen so zu ungenauen Meßergebnissen oder sogar zu einem Abbruch des Signals. Manchmal hilft ein Umsetzen des Sensors an einen anderen Ort.

Meßartefakte und Meßinterferenzen

- Bewegungen
  → Meßartefakte
- venöse Stauung, ausgeprägte Ödeme an der Meßstelle
  → ungenaue Meßergebnisse
- venöse Pulsationen (z. B. Trikuspidalinsuffizienz)
  → Störung der Signalerkennung
- ausgeprägte Arrhythmien, extrakorporale Zirkulation
  → Nichterkennen der Pulswelle
- Anämie
  → falsch niedrige Werte (bis zu -8% bei einem Hb von 8 g/dl i. Vgl. zu Normalwerten bei einem Hb von 14 g/dl)
- Kohlenmonoxid (CO)
  → CO-Intoxikationen werden mit der Pulsoxymetrie nicht erfaßt! COHb (Normalwert: ca. 1%) hat eine ähnliche Absorptionskurve wie O_2Hb. Das bedeutet, daß Pulsoxymeter in diesem Fall mit abnehmender O_2-Sättigung fatalerweise sowohl die tatsächliche SaO_2 als auch die partielle SaO_2 überschätzen! (*notabene*: bei starken Rauchern COHb-Anteil bis zu 20%!)
- Methämoglobinämie (z. B. Prilocain-Überdosierung)
  → bei $pSaO_2 > 85\%$ falsch niedrige Werte, bei $pSaO_2 < 85\%$ falsch hohe Werte (Normalwert MetHb: ca. 1%)
- fetales Hämoglobin (HbF)
  → kein Einfluß
- Farbstoffe
  - Methylenblau, (Indocyaningrün, Indigokarmin)
    → $pSaO_2$-Abfall für 3–5 min nach Injektion
  - Bilirubin
    → kein Einfluß
- Infrarotlampe (Sensor abdecken), helle Umgebungsbeleuchtung
  → Meßprobleme
- Nagellack (präoperativ entfernen lassen), dunkle Hautfarbe, starke Pigmentation
  → Meßprobleme
- Magnetresonanztomographie (MRT)
  → Für die MRT muß ein spezielles, nichtmagnetisches Pulsoxymeter benutzt werden (Kap. 33.5.1). Sonst drohen Meßstörungen. In Einzelfällen sind Verbrennungen durch Fokussierung magnetischer Felder beschrieben.

MERKE

1. Die Pulsoxymetrie ist i. Ggs. zur Kapnometrie *nicht* geeignet, eine Fehl- oder Nichtbeatmung des Patienten unmittelbar und verläßlich zu erkennen, denn abhängig vom Oxygenierungsgrad können mehrere Minuten vergehen, bis sich eine Hypoxie entwickelt. Hierbei ginge wertvolle Zeit für die Ursachenbeseitigung verloren.
2. Die *digitalen* Meßwerte der Pulsoxymetrie müssen grundsätzlich im Zusammenhang mit der Plethysmographie interpretiert werden, um Artefakte erkennen oder ausschließen zu können. Bei regulärem Verlauf der Pulskurve und niedriger $pSaO_2$ muß die Ursache im Patienten und nicht im Gerät gesucht werden!

3.5 Kapnometrie/-graphie

Mit der Kapnometrie kann der **Kohlendioxidgehalt der Atemluft** während des gesamten Atemzyklus gemessen werden. Die ermittelte in- und exspiratorische CO_2-Konzentration läßt sich außerdem graphisch als fortlaufende Kurve auf einem Monitor darstellen („Kapnographie"). Von besonderem Interesse ist die *endexspiratorische CO_2-Konzentration*, die deshalb als Digitalwert, bevorzugt als *Partialdruck*

($PECO_2$) in „mmHg", auf dem Display angezeigt wird. Die Kapnometrie/-graphie gehört mittlerweile zu den wichtigsten Parametern der intraoperativen anästhesiologischen Überwachung des narkotisierten Patienten.

Die Kapnometrie/-graphie ist **indiziert** zur:
- Überwachung der Ventilation
- Überwachung des Atemsystems (inkl. Respirator und patientennaher Konnexionsstellen)
- Beurteilung der CO_2-Produktion
- Beurteilung der CO_2-Resorption (z. B. Kapnoperitoneum)
- Einschätzung des (kreislaufabhängigen) CO_2-Transports
- Diagnostizierung eines pathologischen Ventilations-Perfusions-Verhältnisses

Spezielle anästhesiologische Indikationen
- Neuroanästhesie
- Kinderanästhesie
- artifizielles Kapnoperitoneum
- Eine-Lunge-Anästhesie
- kontrollierte Hypotension (→ Abschätzung der Gewebeperfusion)
- kardiopulmonale Reanimation (→ Erfolgskontrolle)
- Trendüberwachung von Patienten mit schwerem SHT auf Intensivstationen

3.5.1 Meßprinzip

Am weitesten verbreitet ist in der klinischen Praxis die **Infrarotspektrometrie**. Hierbei macht man sich zunutze, daß CO_2 aufgrund seiner molekularen Eigenschaften infrarotes Licht in einem engen Wellenlängenbereich (Maximum bei 4,26 μm) absorbieren kann. Eine Infrarotlichtquelle sendet Licht dieser Wellenlänge durch eine Meßkammer, die die Atemgasprobe enthält (Gasküvette). Anschließend wird der durchgelassene Anteil von einer Photodiode erfaßt und quantitativ analysiert. Da die absorbierte Lichtmenge der Anzahl der in der Probe vorhandenen CO_2-Moleküle proportional ist, läßt sich die CO_2-Konzentration errechnen. Eine Referenzkammer enthält CO_2-freies Gas, das als Nullwert für die Kalibrierung dient.

Die Nullpunktkalibrierung wird von modernen Geräten in kurzen Abständen (ca. 2–4mal pro h) während des Betriebs automatisch durchgeführt. Eine 2-Punkt-Kalibrierung mit Hilfe eines Eichgases, das CO_2 in definierter Konzentration enthält, muß in Wochenabständen vom Anwender selbst vorgenommen werden.

Prinzipiell wird bei der Infrarotkapnometrie die Anzahl der CO_2-Moleküle im Verhältnis zur Gesamtzahl aller gasförmigen Moleküle gemessen. Die CO_2-Konzentration wird dann als prozentualer Anteil (FCO_2; Vol.-%) angegeben. Nach dem Dalton-Gesetz kann leicht auf den CO_2-Partialdruck (PCO_2; mmHg) umgerechnet werden. Viele Geräte können alternativ beide Werte anzeigen.

Meßorte

Unterschiede bestehen bei den einzelnen Gerätetypen hinsichtlich des Meßorts. Grundsätzlich ist eine Messung im **Haupt- oder Nebenstrom** des Atemgases möglich, wobei beide Methoden charakteristische Vor- und Nachteile haben. Klinisch werden am häufigsten im Nebenstrom messende Kapnometer verwendet.

Hauptstromkapnometer messen die CO_2-Konzentration *patientennah*, d. h. direkt zwischen Y-Stück und Endotrachealtubus. Der Vorteil ist hierbei eine Messung ohne Verzögerung. Von Nachteil ist aber der relativ voluminöse Meßkopf (→ Dekonnexionsgefahr), der neben Lichtquelle und Detektor auch immer eine Heizung enthalten muß, um ein Beschlagen der Küvette mit Wasserdampf zu verhindern, was zu falsch hohen CO_2-Werten führen würde.

Nebenstromkapnometer saugen mit unterschiedlicher Geschwindigkeit ein definiertes Probevolumen über einen Konnektor oder den Beatmungsfilter (der zwischen Endotrachealtubus oder Maske und Y-Stück positioniert ist) an und messen die CO_2-Konzentration *patientenfern* im Gerät selbst. Hierdurch wird naturgemäß die Analyse etwas verzögert. Um ein störendes Eindringen von Feuchtigkeit in die Meßzelle zu verhindern, sollte die Konnexionsstelle mit dem Gasprobenschlauch immer nach oben zeigen. Darüber hinaus wird Wasserdampf durch Wasserfallen, spezielle Filter oder wasserresorbierendes Schlauchmaterial entfernt. Das angesaugte Gas wird nach der Analyse entweder in das Narkosegasabsaugsystem oder häufiger wieder in das Atemsystem des Narkosegeräts geleitet. Bei *externen* Geräten entweicht es allerdings in die Raumluft.

3.5.2 Meßgenauigkeit

Die Genauigkeit der Nebenstrommethode beträgt *ca. ± 2 mmHg* in einem Meßbereich des PCO_2 von 40–60 mmHg. Die Nebenstromkapnometrie ist prinzipiell auch beim spontan atmenden, nicht intubierten Patienten möglich. Bei flacher und schneller Spontanatmung ist die Verläßlichkeit der Meßwerte allerdings stark eingeschränkt. Folgende Faktoren beeinflussen die **Meßgenauigkeit:**

- Druck: Atmosphärendruck, Beatmungsdruck
- Zusammensetzung der Gasprobe: H_2O; N_2O, volatile Anästhetika; O_2
- Größe der Atemgasprobe
- Ansprechzeit des Kapnometers

Veränderungen des **Atmosphärendrucks** (P_B) führen zu einer *gleichgerichteten* Änderung der PCO_2-Meßwerte, falls keine Korrektur auf den aktuellen Barometerstand vorgenommen wird. Moderne Nebenstromgeräte können den P_B direkt messen, was die Kalibrierung erleichtert. Mit steigendem **PEEP** nimmt der gemessene PCO_2 zwar geringfügig, aber für die klinische Praxis vernachlässigbar zu.

Wasserdampf, $\mathbf{N_2O}$ und in geringerem Maße auch **volatile Anästhetika** führen wie CO_2 zu einer Absorption von infrarotem Licht, so daß bei ihrer Anwesenheit *falsch hohe* PCO_2-Werte gemessen werden. Höhere $\mathbf{O_2}$**-Konzentrationen** lassen dagegen den PCO_2 *unterschätzen*. Eine Fehlerkorrektur ist möglich, wenn die Konzentration der betreffenden Gase ebenfalls vom Gerät gemessen wird. Zur Eliminierung des H_2O-Einflusses auf den Meßvorgang wird die Gasprobe vor der Analyse bei Nebenstromkapnometern *getrocknet*. Da sich dann aber das CO_2 aufgrund des fehlenden Wasserdampfs in der Gasprobe konzentriert, wird der PCO_2 um ca. 2 mmHg überschätzt, falls der P_{H2O} nicht entsprechend korrigiert wird.

Das Analyseergebnis wird prinzipiell um so genauer, je *größer* die entnommene **Atemgasprobe** ist. Ein verzögertes **Ansprechen** ist nur ein Problem der Nebenstromkapnometrie. Hier muß die Gasprobe erst über einen Schlauch, der üblicherweise 1,5–3 Meter lang ist, zur Meßkammer transportiert werden, was bei hohen Atemfrequenzen ungünstige Auswirkungen auf die Meßgenauigkeit hat.

MERKE
Nebenstromgeräte liefern bei Säuglingen aufgrund der längeren methodisch bedingten Ansprechzeiten bei höheren Atemfrequenzen weniger zuverlässige Meßwerte als Hauptstromgeräte!

3.5.3 Aussagekraft

Mit der Kapnometrie/-graphie lassen sich grundsätzlich 3 physiologische Prozesse qualitativ und z.T. auch quantitativ beurteilen:

1. die CO_2-Abatmung (Ventilation),
2. die zelluläre CO_2-Produktion (Stoffwechsel) sowie
3. der CO_2-Transport im Blut und damit das HZV (Hämodynamik).

Ventilation. Durch die Kapnometrie/-graphie läßt sich feststellen, ob überhaupt eine Beatmung oder Atemtätigkeit stattfindet. Eine fehlende CO_2-Kurve gilt als schnellstes und zuverlässigstes Kriterium einer *ösophagealen* Fehlintubation oder akzidentellen Tubusdislokation bzw. Extubation. Nur bei seltenem hohen CO_2-Gehalt des Magens sind initial auch hohe CO_2-Werte nach Intubation des Ösophagus meßbar („Cola-Effekt"), die dann aber sehr schnell durch Auswaschung abnehmen. Eine ebenfalls seltene extreme *Bronchospastik* nach Intubation kann dazu führen, daß auch bei endotrachealer Tubuslage kein Kapnogramm erscheint. Eine einseitige Beatmung nach *endobronchialer* Fehlintubation oder Tubusdislokation ist dagegen nicht mit Hilfe der Kapnometrie/-graphie diagnostizierbar, weil bei unveränderter Beatmungseinstellung, d. h. bei unverändertem Atemminutenvolumen, über die andere Lunge CO_2 entsprechend vermehrt eliminiert werden kann. In dieser Situation wird eher der Beatmungsdruck ansteigen und bei niedriger inspiratorischer O_2-Konzentration die $pSaO_2$ abfallen.

Stoffwechsel. Die CO_2-Produktion repräsentiert die aerobe metabolische Situation. Ein ansteigender Metabolismus, z. B. bei abflachender Narkose, führt bei konstanter Ventilation zu einer entsprechenden Erhöhung des $PECO_2$. Ein plötzlicher, massiver Anstieg des $PECO_2$ kann dagegen Ausdruck einer *Malignen-Hyperthermie-Krise* sein.

Hämodynamik. Zur Einschätzung der Kreislaufsituation mit der Kapnometrie/-graphie werden der $PECO_2$ und der $PaCO_2$ benötigt. Am Ende einer normalen Exspiration wird nur noch alveoläre Luft ausgeatmet, so daß der $PECO_2$ dem (mittleren) alveolären CO_2-Partialdruck ($PACO_2$) entspricht. Werden nun einzelne Lungenareale nicht mehr perfundiert, aber weiterhin belüftet (alveoläre oder *funktionelle* „Totraumventilation"), dann findet hier auch keine CO_2-Elimination mehr statt, mit dem Ergebnis, daß der $PACO_2$ und infolgedessen der $PECO_2$ abfällt, der $PaCO_2$ hingegen ansteigt. Die Auswirkungen sind um so größer, je stärker das HZV und damit die Lungen-

Tabelle 10 Differentialdiagnose bei erhöhter arterioendexspiratorischer PCO_2-Differenz

Vergrößerung des $P_{a-E}CO_2$ durch:	Ursachen
Verdünnung des angesaugten Gases	Leckage oder Tubusundichtigkeit
Atemzugvolumen < anatomischer Totraum (→ Alveolargas gelangt nicht bis zur CO_2-Meßstelle)	Hochfrequenzbeatmung; Nichtanpassung des AZV bei erheblichem künstl. Totraum zwischen Tubus und Y-Stück (z. B. Erwachsenenbeatmungsfilter bei Kindern); flache, schnelle Spontanatmung, so daß kein Alveolargas, sondern nur Totraumgas ausgeatmet wird
zu hohe Gasansaugrate für die $PECO_2$-Messung (→ Ansaugen von Frischgas möglich)	falsche Geräteeinstellung (z. B. bei Säuglingen)
pathologisches Ventilations-Perfusions-Verhältnis	kardiovaskulär (pulmonale Hypoperfusion bei HZV-Abnahme) ▪ Lungenembolie! ▪ Schock ▪ myokardiale Dekompensation ▪ Kreislaufstillstand ▪ Sonderfälle: Vitien mit Rechts-links-Shunt, Ballonverschluß einer Pulmonalarterie pulmonal ▪ Totalatelektase einer Lunge (endobronchiale Fehlintubation): $P_{a-E}CO_2$ nur gering erhöht! ▪ chronische Lungenerkrankungen ▪ ARDS

perfusion vermindert wird (z. B. Schock). Mit der Differenz zwischen dem *arteriellen* und dem *endexspiratorischen* PCO_2 ($P_{a-E}CO_2$) können also nicht nur pulmonal bedingte Ventilations-Perfusions-Störungen aufgedeckt werden, sondern indirekt auch *Veränderungen des HZV* erkannt werden (Tab. **10**). Bei Lungengesunden beträgt der $P_{a-E}CO_2$ 3–4 mmHg, was durch eine geringgradig inhomogene (lagerungsabhängige) Abstimmung von Ventilation und Perfusion zustande kommt. Änderungen des *anatomischen* Totraums haben, i. Ggs. zum alveolären Totraum, – innerhalb bestimmter Grenzen – keinen Einfluß auf den $PECO_2$, da die Luft aus dem anatomischen Totraum ja bereits zu Beginn der Exspiration ausgeatmet wird. Unter physiologischer Spontanatmung ist das Atemzugvolumen mindestens 3–4 mal, unter maschineller Beatmung i. d. R. sogar 5 mal größer als der anatomische Totraum (ca. 2 ml/kg KG), so daß endexspiratorisch bereits eine ausreichende „Auswaschung" eingetreten ist.

Definition des Totraums:

Physiologischer Totraum = anatomischer Totraum + alveolärer (= funktioneller) Totraum

MERKE

Die arterio-endexspiratorische PCO_2-Differenz ($P_{a-E}CO_2$) gilt als Maß für den *funktionellen* Totraum.

3.5.4 Kapnographie

Erst durch die graphische Darstellung des PCO_2 über den *gesamten* Atemzyklus können die Möglichkeiten des CO_2-Monitorings optimal genutzt und die Ursachen von Störungen differenziert werden. Es lassen sich 4 typische Phasen im Kapnogramm unterscheiden (Abb. **6** und **7**):

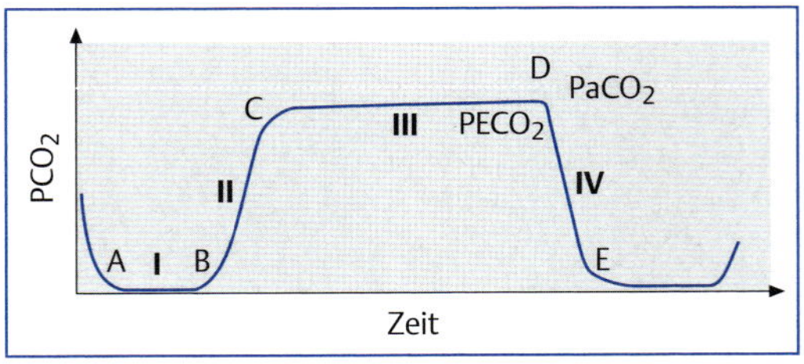

Abb. 6 Beispiel eines typischen normalen Kapnogramms (nach *Pasch*). Erläuterungen siehe Text

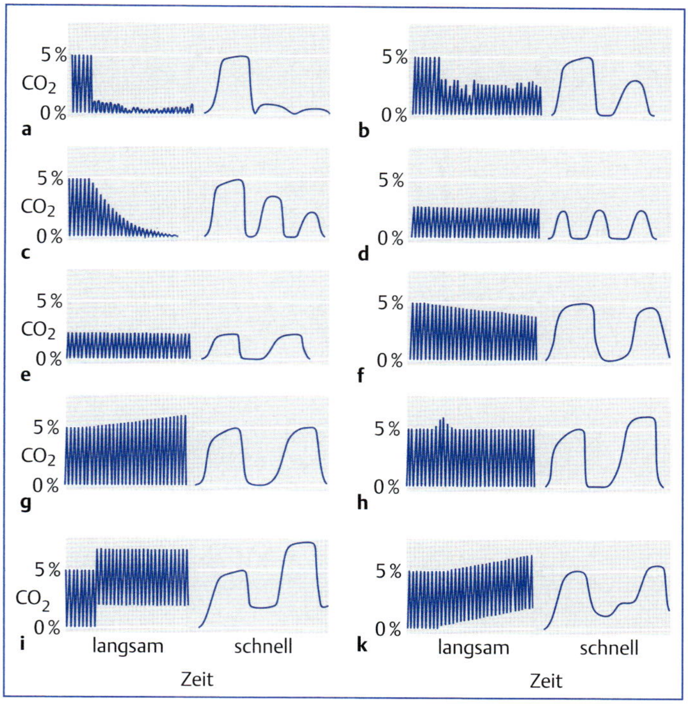

Abb. 7 a–k Differentialdiagnose bei pathologischen Kapnogrammen (mod. nach *Swedlow*)
a Sistieren der Ventilation
b Leck oder partielle Obstruktion im Atemsystem
c Sistieren der Lungendurchblutung
d unvollständige Erfassung des Atemgases
e Hyperventilation oder Totraumventilation
f Abnahme der CO_2-Produktion oder der Lungendurchblutung
g Hypoventilation oder Anstieg der CO_2-Produktion oder vermehrte CO_2-Resorption (Laparoskopie)
h erhöhter CO_2-Transport zur Lunge
i verschmutzte Meßkammer
k Rückatmung von CO_2

Phase I

normalerweise CO_2-freies **Inspirationsgas:** Eine erhöhte Basislinie deutet auf eine *CO_2-Rückatmung* hin (z. B. defekte Ventile, falsch zusammengebautes Schlauchsystem, verbrauchter CO_2-Absorberkalk).

Phase II

Beginn der **Exspirationsphase:** normalerweise steiler Anstieg des PCO_2. Ein verzögerter PCO_2-Anstieg findet sich bei *Obstruktion* der tiefen (Asthma bronchiale) oder bei Verlegung der oberen Atemwege (z. B. Tubusabknickung) oder bei zu langer Ansprechzeit des Kapnometers im Verhältnis zur Atemfrequenz.

Phase III

Plateauphase: Phase der *alveolären* CO_2-Ausatmung. Der maximale PCO_2-Wert wird endexspiratorisch (endtidal) erreicht (Punkt D in Abb. **6**) und digital angezeigt: $PetCO_2$ oder $PETCO_2$ oder **$PECO_2$.** Der $PECO_2$ entspricht normalerweise dem *mittleren* alveolären PCO_2 ($PACO_2$; s. o.). Voraussetzung dafür, daß der $PECO_2$ dem $PaCO_2$ nahekommt und parallel dazu verläuft, ist aber ein klar erkennbares Plateau! Ein kontinuierlicher oder treppenförmiger PCO_2-Anstieg spricht für eine *Obstruktion* in den oberen oder unteren Atemwegen oder für eine tracheobronchiale Sekretansammlung; kurze Abfälle deuten bei kontrollierter Beatmung auf *Spontanatmungsversuche* des Patienten hin.

Phase IV

Beginn der **Inspirationsphase:** steiler Abfall des PCO_2. Ein verzögerter PCO_2-Abfall kann durch *Obstruktion* der Atemwege bei deutlich erniedrigtem Inspirationsflow, durch zu langsames Ansaugen des Gases oder ein undichtes Inspirationsventil verursacht sein.

MERKE
Die **Kapnographie** ist auch zur groben Beurteilung der **Effektivität einer kardiopulmonalen Reanimation** geeignet.

Tabelle 11 Faktoren, die den $PECO_2$ beeinflussen

$PECO_2$	Einflußfaktoren			
	CO_2-Abgabe	Lungenperfusion	Alveoläre Ventilation	Gerätefehler
erhöht	Fieber, MH[1]-Krise	HZV erhöht	endobronchiale Intubation[2]	Frischgasflow zu niedrig
	Natriumhydrogencarbonat	Blutdruck erhöht	(CO_2-)Rückatmung	CO_2-Absorber verbraucht
	Tourniquetlösung		Hypoventilation	Ventil defekt
	CO_2-Lungenembolie			
erniedrigt oder gleich null	Hypothermie	HZV erniedrigt	Hyperventilation	Dekonnexion
		Hypotension	Apnoe	Ansaugschlauch undicht
		Hypovolämie	totale Atemwegsobstruktion	
		Lungenembolie	partielle Atemwegsobstruktion	
		Herzstillstand	akzidentelle Extubation	

[1] maligne Hyperthermie; [2] $PECO_2$ nur gering erhöht!

Tabelle 12 Wichtigste Informationen aus der Kapnometrie/-graphie

Diagnose	Kriterium
Nichtbeatmung	fehlende CO_2-Kurve
Lungenembolie	unmittelbarer Abfall des $PECO_2$ (und Anstieg des $PaCO_2$)
Maligne-Hyperthermie-Kirise	exzessiver Anstieg des $PECO_2$
HZV-Abnahme	Abfall des $PECO_2$ bei unveränderter Ventilation
Kreislaufstillstand	fehlende CO_2-Kurve

3.6 Zentralvenöser Druck

Der zentralvenöse Druck (ZVD) ist definitionsgemäß der Druck in der **V. cava superior** im Bereich ihrer Einmündung in den rechten Vorhof. Er wird dort über einen Katheter gemessen. In flacher Rückenlage entspricht der Druck in der oberen und in der unteren, oberhalb des Zwerchfells gelegenen Hohlvene dem Druck im rechten Vorhof. Der rechtsatriale Druck wiederum kann mit dem **(end)diastolischen Druck im rechten Ventrikel** gleichgesetzt werden, sofern keine Trikuspidalstenose vorliegt. Das bedeutet, daß mit dem ZVD idealerweise, d. h. unter Berücksichtigung bestimmter noch näher zu erläuternder Voraussetzungen, der rechtsventrikuläre Füllungszustand und damit auch die sog. Vorlast abgeschätzt werden können. Eine Korrelation mit der linksventrikulären Füllung gelingt hingegen höchstens bei ungestörter Funktion des linken Ventrikels (Ejektionsfraktion > 50%).

3.6.1 Meßprinzip

Der ZVD kann mit einem wassergefüllten Steigrohr in „cmH_2O“ oder besser noch elektronisch in „mmHg“ gemessen werden (1 mmHg = 1,36 cmH_2O oder 1 cmH_2O = 0,74 mmHg). Bei elektronischer Messung läßt sich, analog zum MAP, der *mittlere* ZVD *kontinuierlich* erfassen. Zudem kann der ZVD graphisch als fortlaufende Kurve dargestellt werden (Abb. **8**). Um den Einfluß einer kontrollierten Beatmung (s. u.) zu eliminieren oder soweit wie möglich zu reduzieren, sollte der ZVD *endexspiratorisch* aus der Kurve abgelesen werden. So kann am ehesten erwartet werden, daß er den *transmuralen* rechtsventrikulären Füllungsdruck widerspiegelt (s. u.). Bei einem 3-Lumen-Katheter sollte immer das *distale* Lumen zur Messung verwendet werden.

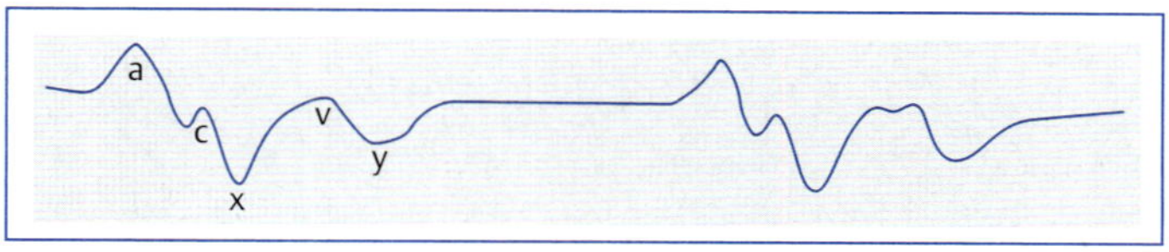

Abb. 8 Charakteristischer Verlauf der normalen ZVD-Kurve
a-Welle: Kontraktion des rechten Vorhofs (späte Diastole)
c-Welle: Vorwölben der Trikuspidalklappe in den Vorhof zu Beginn der Ventrikelkontraktion Anspannungsphase)
x-Welle: Abwärtsbewegung der Trikuspidalklappe (Austreibungsphase)
v-Welle: Vorhoffüllung bei geschlossener Trikuspidalklappe (Endsystole)
y-Welle: Öffnen der Trikuspidalklappe und Bluteinstrom in den Ventrikel (frühe Diastole)

3.6.2 Aussagekraft

Transmuraler Füllungsdruck

Mit dem ZVD wird nur der *intravasale Druck* gemessen. Dieser sagt aber zunächst nichts über das intravasale Volumen aus, da z. B. ein hoher von außen auf das Gefäß einwirkender Druck einen hohen ZVD, aber nur eine geringe Gefäßfüllung widerspiegelt. Erst wenn man vom ZVD den Umgebungsdruck abzieht, erhält man einen mit dem Füllungsvolumen korrelierenden Druckwert. Er wird als transmuraler Füllungsdruck bezeichnet. Der *Umgebungsdruck* entspricht dem intrathorakalen bzw. intrapleuralen Druck. Unter Spontanatmung ist der Pleuradruck während der Inspiration negativ, unter Beatmung dagegen positiv. Das bedeutet, daß z. B. beim Übergang von Spontanatmung auf Beatmung nur durch Erhöhung des Umgebungsdrucks der ZVD ansteigt, obwohl das kardiale Füllungsvolumen abnimmt. Dieser Effekt wird durch einen PEEP noch verstärkt. Die Messung des Umgebungsdrucks ist klinisch nicht praktikabel. Am *Ende der Exspiration* kommt der Umgebungsdruck jedoch dem Luftdruck (Referenzdruck) am nächsten, so daß diese Phase für die ZVD-Messung am geeignetsten erscheint. Bei modernen Monitoren läßt sich deshalb der Meßpunkt im Verhältnis zur Atemphase und zum Herzzyklus durch einen Cursor festlegen.

> **MERKE**
> Transmuraler Füllungsdruck = Intravasaldruck (ZVD) – Umgebungsdruck (Pleuradruck)

Rechtsventrikuläre Compliance

Auch bei korrekter Ermittlung des transmuralen Füllungsdrucks kann nicht ohne weiteres auf das rechtsventrikuläre enddiastolische Volumen geschlossen werden. Hierzu müßte idealerweise die *individuelle* ventrikuläre „Volumendehnbarkeit“ (Compliance = Volumen-Druck-Beziehung) bekannt sein. Die Compliance ist jedoch keine statische Größe. Sie wird durch chronische Erkrankungen des Myokards (z. B. Hypertrophie), aber auch durch akut auftretende Faktoren vermindert (z. B. Myokardischämie, Lungenembolie, Perikardtamponade, Pneumothorax, PEEP-Beatmung, Erhöhung des abdominellen Drucks). Die gemessenen ZVD-Werte reflektieren dann eine *geringere* rechtsventrikuläre Füllung als unter physiologischen Verhältnissen.

Synopsis der **Faktoren**, die den ZVD bestimmen:

- Menge des zirkulierenden intravasalen Volumens
- Rechtsherzfunktion
- Venentonus
- systemischer Gefäßwiderstand (SVR; bei hoher SVR kommt es zur Zentralisation des Blutvolumens und demgemäß zum Ansteigen des ZVD und umgekehrt)
- intrathorakaler Druck
- Lagerung des Patienten

Differentialdiagnose bei ZVD-Veränderungen

- erhöhter ZVD
  - Hypervolämie
  - Rechtsherzinsuffizienz/-hypertrophie
  - pulmonale Hypertonie
  - Lungenembolie
  - Linksherzdekompensation
  - Perikardtamponade
  - Obstruktionen proximal des Meßorts (Kavastenose, Trikuspidalstenose, rechter Vorhoftumor etc.)
  - Pneumothorax
  - PEEP-Beatmung
  - Erhöhung des abdominellen Drucks (z. B. massiver Aszites)
- erniedrigter ZVD
  - absolute oder relative Hypovolämie

„Normalwert" des ZVD

Als *Normalwertbereich* werden für den ZVD 4–8 cmH_2O oder 3–6 mmHg angegeben. Diese Werte spiegeln die Verhältnisse beim flach auf dem Rücken liegenden, spontan atmenden Patienten wider, der keine kardiopulmonalen Erkrankungen aufweist. Eine solche Ausgangssituation ist aber bei der *intraoperativen* ZVD-Messung kaum vorzufinden (OP-Lagerung, [PEEP-]Beatmung). Außerdem kann nach den obigen Erläuterungen ein *einmalig* gemessener ZVD zur Beurteilung des intravasalen Füllungszustands ohne Würdigung der Umgebungsbedingungen völlig wertlos sein oder schlimmer noch zu einer Fehlinterpretation mit gravierenden Folgen führen.

3.6.3 Praktisches Vorgehen

1. Der ZVD wird stets in der **aktuellen Körperposition** gemessen. Dies gilt nicht nur für die Operationssituation, sondern auch und ganz besonders für Patienten mit *akuter Linksherzinsuffizienz*. Bei ihnen könnte eine Flachlagerung zum ZVD-Messen im schlimmsten Fall eine Dekompensation durch kardiale Überfüllung auslösen; aber auch sonst ließen sich so keine für die Therapie repräsentativen Werte bestimmen.
2. Um die gemessenen Werte miteinander vergleichen zu können, wird jede Messung auf das Vorhofniveau (in etwa mittleres Herzniveau) bezogen. Bei elektronischer Messung wird auf dieser Höhe der **„Nullpunktabgleich"** durchgeführt, beim Steigrohrverfahren wird hierauf die Schublehre ausgerichtet.
3. Die Interpretation der ZVD-Werte sollte sich weniger an dem oben angegebenen Normalwertbereich orientieren, sondern mehr am **Trend** und dabei die individuelle Situation des Patienten einschließlich der Umgebungsfaktoren berücksichtigen.
4. Die Darstellung der **ZVD-Kurve** auf dem Monitor ist nützlich, um Fehler durch Anliegen oder Verstopfen des Katheters unmittelbar erkennen und falsche Schlüsse vermeiden zu können.
5. Bei **Fehllage der ZVK-Spitze in einer zentralen Vene** (z. B. V. jugularis interna/externa) ist der dort gemessene Druck trotzdem verwertbar. Er repräsentiert normalerweise mit klinisch akzeptabler Genauigkeit den ZVD, indem er nur geringfügig über diesem liegt.

MERKE
Da der ZVD mannigfaltigen Einflüssen unterliegt, darf nicht ein einzelner Meßwert für sich betrachtet werden. Aussagekräftiger sind **trendmäßige ZVD-Veränderungen im Zusammenhang mit anderen hämodynamischen Parametern** wie Blutdruck und Herzfrequenz (s. hierzu „Volumenbelastungstest" in Kap. 4.1.1).

3.7 Pulmonalkapillarer Verschlußdruck

Mit Hilfe eines Pulmonalis-(PA-)Katheters kann u. a. der pulmonalkapillare Verschlußdruck (PCWP; auch Wedge-Druck) gemessen werden. Der PCWP entspricht unter physiologischen Bedingungen und bei geöffneter Mitralklappe dem **linksventrikulären enddiastolischen Druck** (LVEDP; „Prinzip der kommunizierenden Röhren"; Abb. **9**). Befindet sich jedoch auf der Strecke zwischen pulmonalem Kapillarbett und linkem Ventrikel ein **mechanisches Hindernis,** wie z. B.

- eine Pulmonalvenenstenose,
- ein Tumor im linken Vorhof oder
- eine Mitralstenose,

dann ist der PCWP nicht mehr mit dem LVEDP gleichzusetzen. In einem solchen Fall wird der PCWP i. d. R. *höher* gemessen als der LVEDP. Das gilt aufgrund des systolischen Blutrefluxes auch für die *Mitralinsuffizienz*. Anders sind die Verhältnisse bei der *Aorteninsuffizienz*. Hier kommt es infolge der diastolischen Regurgitation zu einem verfrühten Schluß der Mitralklappe, so daß der LVEDP den linksatrialen Druck und damit den PCWP übersteigen kann.

Wie mit dem ZVD eine Aussage zur rechtsventrikulären Vorlast möglich ist (Abschn. 3.6), kann unter idealen Bedingungen der PCWP zur groben Abschätzung der linksventrikulären Vorlast herangezogen werden. Als *Normalwertbereich* werden für den PCWP 6–12 mmHg angegeben. Für die Interpretation der Meßwerte gelten allerdings ähnliche Einschränkungen wie beim ZVD. Bei folgenden Erkrankungen wird zwar der LVEDP durch die Messung des PCWP korrekt erfaßt, es herrschen aber aufgrund einer **verminderten linksventrikulären Compliance** unphysiologische Volumen-Druck-Beziehungen, so daß mit dem PCWP keine oder nur eine eingeschränkte Aussage über die linksventrikuläre Vorlast getroffen werden kann:

Abb. 9 Prinzip der Messung des pulmonalkapillaren Verschlußdrucks
RA = rechter Vorhof
RV = rechter Ventrikel
PA = Pulmonalarterie
PV = Pulmonalvene
LA = linker Vorhof
LV = linker Ventrikel

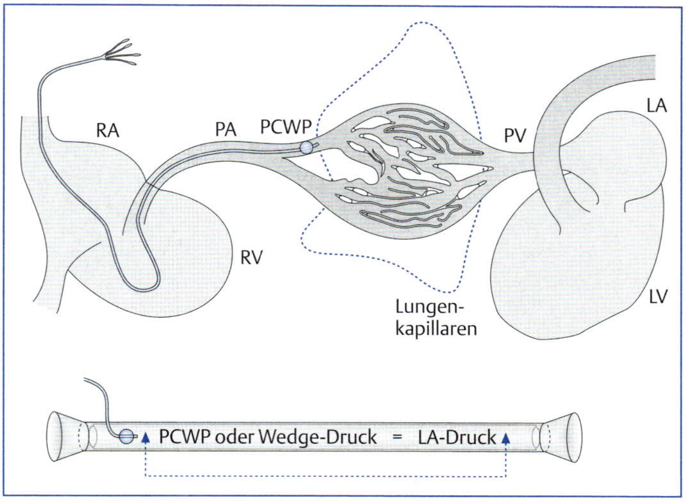

- Linksherzhypertrophie
- Aortenstenose
- Myokardischämie/-infarkt
- Lungenembolie
- Perikardtamponade

Die gemessenen PCWP-Werte spiegeln in diesen Fällen eine *geringere* linksventrikuläre Füllung wider als unter physiologischen Verhältnissen.

Außerdem kann der PCWP durch **kontrollierte Beatmung,** vor allem mit PEEP, beeinflußt werden. Grundsätzlich sollte er deshalb – wie der ZVD – *endexspiratorisch* gemessen werden (Abschn. 3.6). Bei Anwendung eines PEEP ist ferner anzustreben, daß die Katheterspitze in einer Pulmonalarterie zu liegen kommt, die möglichst wenig durch den PEEP komprimiert wird (→ dorsale Unterlappenarterie [Zone 3 nach *West*]). Bei PEEP-Werten *größer als 10 cm*H_2O wird allerdings – bei normaler pulmonaler Compliance – auch in der Zone 3 die Beeinflussung des PCWP durch den PEEP größer, so daß der Verschlußdruck nicht mehr mit ausreichender Genauigkeit den LVEDP wiedergibt. Die Auswirkungen einer Beatmung auf den PCWP sind insgesamt um so größer, je *höher die pulmonale* und je *niedriger die thorakale Compliance* ist, weil unter solchen Bedingungen die alveolären Drücke leichter auf das pulmonale Kapillarbett übertragen werden.

Der **diastolische pulmonalarterielle Druck** entspricht normalerweise dem PCWP. Er kann i. Ggs. zum PCWP kontinuierlich gemessen werden. Für den Fall, daß er *höher* als der PCWP ist, kann von einer pulmonalen Vasokonstriktion ausgegangen werden, was ein Hinweis auf eine *pulmonale Widerstandshypertonie* ist. Eine pulmonalvaskuläre Hypertonie läßt sich auch noch auf andere Weise diagnostizieren. Hierzu bildet man den *Quotienten aus dem mittleren systemarteriellen Druck und dem mittleren pulmonalarteriellen Druck.* Physiologisch sollte der Quotient mehr als 4 betragen, mindestens aber 3. Ist er *kleiner als 3*, so spricht dies ebenfalls für einen erhöhten Gefäßwiderstand im kleinen Kreislauf. Läßt sich der Widerstand nicht selektiv senken (z. B. durch Hyperoxie [Kap. 31.5]), dann liegt eine *fixierte pulmonale Hypertonie* vor.

3.8 Herzzeitvolumen

Die Standard- und Referenzmethode zur Bestimmung des Herzzeitvolumens (HZV) ist in der klinischen Anästhesie nach wie vor das **Thermodilutionsverfahren** unter Verwendung eines Pulmonaliskatheters. Daneben findet in jüngerer Zeit zunehmend die **Pulskonturanalyse** (PiCCO-System) Verbreitung.

3.8.1 Thermodilutionsverfahren

Die Thermodilution beruht auf dem Prinzip der Indikatorverdünnung. Zur **intermittierenden Messung des Herzzeitvolumens** wird eine eisgekühlte Lösung (am besten NaCl 0,9%) von bekannter Menge

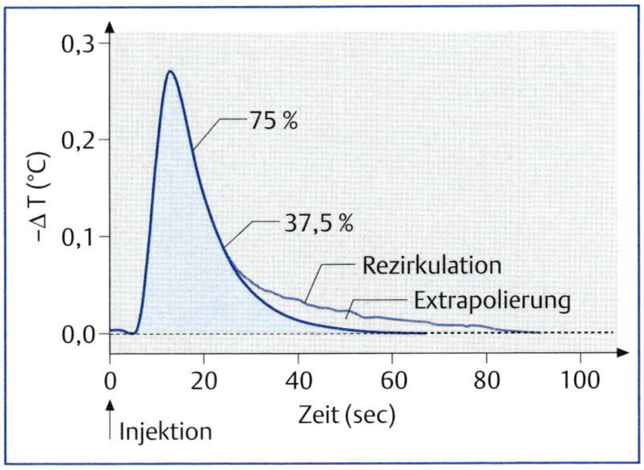

Abb. 10 Berechnung des Herzzeitvolumens aus der Thermodilutionskurve
Flächenberechnung bis zum „37,5%-Wert" und Extrapolierung der Restfläche, um so den Rezirkulationseffekt, der sich durch das wiederholte Vorbeiströmen des Bluts am Meßort ergibt, zu eliminieren

und Temperatur zügig in den rechten Vorhof injiziert (proximale Öffnung des PA-Katheters). Dieser „Kältebolus" durchmischt sich mit dem vorbeiströmenden Blut. Die Bluttemperatur wird von dem in einem Pulmonalarterienast liegenden Thermistor anhand der Änderungen des elektrischen Widerstands kontinuierlich erfaßt. Die graphische Darstellung der Temperaturänderung über die Zeit ergibt eine typische Kurve auf dem Monitor (Abb. **10**). Aus der Integration der Fläche unter dieser Kurve wird dann nach der *Stewart/Hamilton-Gleichung* das Herzzeitvolumen in „l/min" ermittelt. Hierbei gilt, daß sich das HZV umgekehrt proportional zur Größe der Fläche verhält. Je höher nämlich das HZV und damit die Blutströmungsgeschwindigkeit ist, um so schneller wird der Kältebolus verdünnt, und um so geringer fällt folglich die Erniedrigung der Bluttemperatur aus. Mit zunehmender Passagegeschwindigkeit verflacht also die Temperaturkurve, und die Fläche darunter verkleinert sich. Bei geringem HZV gilt entsprechend das Umgekehrte.

Folgende Grundsätze sollten zur **Verbesserung der Meßgenauigkeit** beachtet werden:

- am Monitor *Korrekturfaktor* für spezifische Wärmeleitfähigkeit des Katheters (abhängig von Katheterlänge und -innendurchmesser sowie Wärmeleitfähigkeit der Katheterwand) und *Injektatmenge* eingeben
- Vermeidung von „spontanen" Temperaturschwankungen in der A. pulmonalis, z. B. durch schnell laufende („kalte") Infusionen während des Meßvorgangs (hierdurch zumeist *Unterschätzen* des HZV)[7]
- möglichst *eisgekühlte* Lösung zur Injektion verwenden
- direkte Messung der Injektattemperatur (vor der Spritze)
- Injektatmenge: 10 ml bei Erwachsenen, 5 ml bei Kindern
- vor der ersten Messung einer Serie proximalen Katheterschenkel mit eisgekühlter Injektatlösung auffüllen!
- *zügige* Injektion (< 4 sec) des Kältebolus (zur Vermeidung einer relevanten Injektaterwärmung im Katheter):
  - Methode A: 3 Messungen jeweils *endinspiratorisch* (zur systematischen Berücksichtigung des Einflusses der Beatmung auf das HZV) und Errechnung des Mittelwerts (hierbei auf geringe Streuung der Werte achten!) → am besten geeignet zur Ermittlung des „HZV-Trends"
  - Methode B: 3–4 Messungen mit *zufälliger* Verteilung auf den Atemzyklus, hierdurch bessere Reflexion des HZV im zeitlichen Mittel: Abweichung vom „wahren" HZV < 10% → am besten geeignet zur Ermittlung des „absoluten HZV"

MERKE
Unter Injektion des Kältebolus können *Bradykardien* oder *Vorhofflimmern* auftreten (selten)!

Die Verwendung eines speziellen Katheters (CCO-[„continuous cardiac output"-]Katheter; Kap. 2.4.1) erlaubt die quasi **kontinuierliche Ermittlung des Herzzeitvolumens.** Im Gegensatz zur konventionellen Kälteverdünnung werden hierbei von einem in den Katheter integrierten Thermofilament in schneller, unregelmäßiger Folge *Wärmeimpulse* von ca. 44 °C an das Blut abgegeben. Ein Fast-response-Thermistor mißt die Bluttemperaturänderungen in der Pulmonalarterie. Mit einem komplizierten mathematischen Verfahren (*Kreuzkorrelation* der ausgesendeten Impulse mit den detektierten Signalen) kann dann, ähnlich wie bei der Kälteverdünnung, das HZV kalkuliert werden. Der angezeigte Wert repräsentiert das *mittlere* HZV der vorausgegangenen 3 min, wobei die Einzelwerte alle 30–60 sec neu bestimmt werden. Diese Methode bietet Vorteile bei Operationen, bei denen sich die hämodynamischen

7 Atmungsbedingte Temperaturänderungen in der Pulmonalarterie (bis zu 0,06 °C) sind i. d. R. unvermeidbar. Sie werden durch Schwankungen im Verhältnis des Blutzuflusses aus der unteren und oberen Hohlvene verursacht.

Verhältnisse abrupt und gravierend ändern können (z. B. Lebertransplantation). Trotzdem müssen bei plötzlichen Änderungen der Bluttemperatur (z. B. in den ersten Minuten der Reperfusion bei Lebertransplantation) die Meßwerte mit einer gewissen Zurückhaltung interpretiert werden. Meßtechnische Probleme ergeben sich ebenfalls bei hohem HZV und hoher Körpertemperatur (z. B. Sepsis). In diesem Fall werden die meßbaren Temperaturdifferenzen so gering, daß die Fehlerbreite deutlich zunimmt.

Bei folgenden Erkrankungen ist eine hinreichend genaue Ermittlung des Herzzeitvolumens mit Hilfe der **Thermodilutionstechnik** aus methodischen Gründen **nicht möglich**:

- intrakardialer Shunt (Rezirkulieren oder Abströmen des Injektats)
- Trikuspidalinsuffizienz (HZV durch Pendelfluß des Injektats *falsch hoch* gemessen)

3.8.2 Pulskonturanalyse

Aus der Form der peripheren Druckpulskurve läßt sich unter bestimmten Voraussetzungen das **Herzschlagvolumen** bestimmen („Pulskonturanalyse"). Physiologische Grundlage dafür ist die allgemein bekannte Tatsache, daß die Druckamplitude in einer proportionalen Beziehung zum Schlagvolumen steht. Mit dem Integral der Druckänderung über die Zeit vom Beginn der Diastole bis zum Ende der Systole kann die Fläche, die sich zwischen diastolischem und systolischem Druck aufspannt, während eines Druckzyklus berechnet und damit das Schlagvolumen quantifiziert werden. Multipliziert mit der Pulsfrequenz, ergibt sich dann das **Herzzeitvolumen**. Da die Flächengröße bei gleichen Schlagvolumina jedoch in Abhängigkeit von der aortalen Impedanz variiert, muß zunächst eine *Kalibrationsmessung* durchgeführt werden. Hierzu wird das HZV mit einer anderen Methode (z. B. Thermodilution) ermittelt.

PiCCO-Technik

PiCCO steht für die **kontinuierliche Ermittlung des HZV mit Hilfe der Pulskonturanalyse** (PiCCO = „pulse [i] continuous cardiac output") Die notwendigen Parameter werden mit einem beliebigen zentralvenösen Katheter und einem speziellen arteriellen Katheter erfaßt. Der arterielle Katheter ist in verschiedenen Größen zur Einführung in die A. femoralis (Erwachsene: 5F, 20 cm; Kinder: 3F, 7 cm lang), A. axillaris, A. brachialis oder A. radialis verfügbar. Am häufigsten wird die A. femoralis genutzt. In den Katheter ist ein hochempfindlicher Thermistor zur Messung auch kleinster Bluttemperaturänderungen integriert. Erst dies macht es möglich, das System durch transpulmonale Thermodilution zu kalibrieren. Hierzu wird zu Beginn dreimal hintereinander ein Kältebolus zentralvenös injiziert und jeweils die arterielle Thermodilutionskurve aufgezeichnet. Der Mittelwert dient dann als Referenz. Die Genauigkeit dieser Methode ist vergleichbar der HZV-Messung mit einem PA-Katheter. Von Vorteil ist, daß die transpulmonale Thermodilution nicht respiratorischen Einflüssen unterliegt und sie damit einfacher handhabbar ist. Nach der Kalibrierung kann das Schlagvolumen kontinuierlich („Schlag für Schlag") aus der Druckpulskurve errechnet werden. Schwankungen im Druckpulsverlauf können anhand der Schlagvolumenvarianz quantifiziert werden. Sie repräsentiert die Änderung des Schlagvolumens über einen Zeitraum von 30 sec und kann z. B. eine Hypovolämie anzeigen (Abschn. 3.3.2). Aus der transpulmonalen Thermodilution lassen sich (diskontinuierlich) weitere volumetrische Parameter ableiten, wie

- das intrathorakale Blutvolumen (ITBV; Volumen des kleinen Kreislaufs u. des gesamten Herzens),
- das globale enddiastolische Volumen (GEDV; enddiastolisches Volumen aller 4 Herzkammern, steht in fester Beziehung zum ITBV und macht ziemlich genau 80% des ITBV aus) und
- das extravaskuläre Lungenwasser (EVLW).

Das GEDV gibt Aufschluß über den enddiastolischen Füllungszustand des ganzen Herzens und spiegelt damit sehr gut die *Vorlast* wider. Das GEDV ist z. Zt. der beste bettseitig verfügbare Vorlastparameter.

! Für eine möglichst korrekte HZV-Bestimmung mit dem PiCCO-System ist die *Qualität der arteriellen Druckkurve* maßgeblich (*cave*: Dämpfung!; s. Abschn. 3.3.2)!

Tabelle 13 Vergleich von PA-Katheter (CCO) und PiCCO-System

	Pulmonalis-(PA-)Katheter	PiCCO-System
Instrumentierung	zentralvenöse PAK-Schleuse + CCO-Katheter + arterielle Kanüle	ZVK + arterieller Thermodilutionskatheter
Gemessene Parameter	RAP (ZVD), PAP, PCWP; $Sv_{gem}O_2$	PF (HF); ZVD, MAP; SvO_2
Errechnete Parameter	HZV (CCO), SV	SV, SVV, HZV (CCO)
Abgeleitete Parameter	SVR, PVR; VO_2	SVR; ITBV, GEDV, EVLW
Aussagekraft	bislang Referenzmethode für HZV-Bestimmung; Diagnose einer pulmonalvaskulären Hypertonie und akuten Rechtsherzbelastung möglich	Bestimmung des antegraden, d. h. effektiven HZV (→ intrakardialer Shunt, Klappenfehler); gute Abschätzung der Vorlast mit Hilfe des GEDV
Nachteile	HZV-Bestimmung nicht möglich bei intrakardialem Shunt und bei Trikuspidalinsuffizienz; bei Aorten- oder Mitralinsuffizienz keine Bestimmung des antegraden HZV; höheres Komplikationsrisiko als PiCCO-System	kein Erkennen einer pulmonalvaskulären Hypertonie und akuten Rechtsherzbelastung
Liegedauer	2–3 Tage	ggf. Wochen (weniger invasiv als PA-Katheter)
Indikationen	dekompensierte Herzinsuffizienz linksführende Herzinsuffizienz septischer Schock ARDS akute Lungenembolie pulmonalvaskuläre Hypertonie Lebertransplantation	dekompensierte Herzinsuffizienz links- oder rechtsführende Herzinsuffizienz Sepsis (auch im Verlauf) ARDS (auch im Verlauf) HZV-Monitoring bei Shuntvitien oder Klappenfehlern
Kosten (pro Patienten)	ca. € 180–200.– (PAK-Schleuse, CCO-Katheter, arterielle Kanüle)	ca. € 150.– (arterieller Thermodilutionskatheter, 1-Lumen-ZVK)

RAP = rechtsatrialer Druck; SVR = systemischer Gefäßwiderstand; PVR = pulmonaler Gefäßwiderstand; $Sv_{gem}O_2$ = gemischtvenöse O_2-Sättigung; VO_2 = O_2-Verbrauch; PF = Pulsfrequenz; SV(V) = Schlagvolumen(varianz)

3.9 Gemischt- und zentralvenöse Sauerstoffsättigung

3.9.1 Fick-Prinzip

Da der O_2-Verbrauch (VO_2) des menschlichen Organismus unter physiologischen Bedingungen nur 25–30% des O_2-Angebots (DO_2) ausmacht (s. auch Kap. 4.1.2), sind im **gemischtvenösen Blut der A. pulmonalis** normalerweise noch 70–75% des ursprünglich im arterialisierten Blut enthaltenen O_2 vorhanden. Dementsprechend beträgt die O_2-Sättigung des Hämoglobins im gemischtvenösen Blut ($Sv_{gem}O_2$) 70–75%. Die O_2-Ausschöpfung unterscheidet sich in den einzelnen Organen und Geweben z. T. erheblich. Eine vollständige Durchmischung des venösen Bluts aus allen Körperregionen (obere und untere Hohlvene, Koronarvenen) kommt erst in der A. pulmonalis zustande.

Unter physiologischen Bedingungen entspricht der O_2-Verbrauch dem O_2-Bedarf, und die $Sv_{gem}O_2$ ist eine konstante Größe, denn ein gesteigerter O_2-Bedarf der Gewebe führt in einem Regelkreis nicht zu einer Erhöhung der O_2-Ausschöpfung des vorbeiströmenden Bluts, sondern über eine Sympathikusstimulierung zu einer Steigerung des HZV und damit der Durchblutung. Erst wenn die Grenzen der HZV-Steigerung überschritten werden, nimmt die O_2-Extraktion zu, und die $Sv_{gem}O_2$ fällt entsprechend ab. Umgekehrt bedeutet dieses, daß bei konstantem O_2-Verbrauch Veränderungen der $Sv_{gem}O_2$ auf (unphysiologische) Veränderungen des HZV schließen lassen (z. B. Erniedrigung des HZV und der $Sv_{gem}O_2$ im Schock). Diese Zusammenhänge werden nach ihrem Erstbeschreiber als **Fick-Prinzip** bezeichnet:

$$Sv_{gem}O_2 \sim HZV$$
$$\sim 1/VO_2$$
($\sim$: proportional)

Hiernach ist die gemischtvenöse O_2-Sättigung um so größer, je höher das Herzzeitvolumen und je niedriger der O_2-Verbrauch ist. Mit der Bestimmung der $Sv_{gem}O_2$ ist es infolgedessen möglich, ohne das HZV und den O_2-Verbrauch messen zu müssen, eine Beziehung zwischen diesen beiden Größen herzustellen, wobei sich je nach Ausfall der $Sv_{gem}O_2$ eine der **3 Kernaussagen** machen läßt:

1. Bei *normaler* $Sv_{gem}O_2$ sind HZV und VO_2 physiologisch aufeinander abgestimmt.
2. Bei *erniedrigter* $Sv_{gem}O_2$ ist das HZV im Verhältnis zum VO_2 zu gering (z. B. Schock).
3. Bei *erhöhter* $Sv_{gem}O_2$ ist das HZV im Verhältnis zum VO_2 zu hoch (z. B. hyperdyname Phaseeiner Sepsis, Katecholaminüberdosierung oder zu großzügige Volumentherapie).

Bevor nun aber eine definitive Aussage über das Herzzeitvolumen und den O_2-Verbrauch anhand der gemischtvenösen O_2-Sättigung getroffen werden kann, müssen noch folgende Faktoren, die einen **Einfluß auf die $Sv_{gem}O_2$** haben, berücksichtigt werden (s. auch Abb. **4**):

- PaO_2 und SaO_2
- Hb-Konzentration
- pH-Wert des Bluts
- Körpertemperatur
- erythrozytärer 2,3-Diphosphoglycerat-Gehalt
- Hämoglobinderivate (z. B. COHb, MetHb) und Hämoglobinopathien
- Cyanide
- Bilirubin (> 30 mg/dl im Serum): Interferenz mit der Meßmethode

Hiervon sind der PaO_2, die SaO_2 und die Hb-Konzentration normalerweise am wichtigsten.

MERKE
Bei konstantem O_2-Verbrauch (und konstanten Einflußfaktoren) ist die **$Sv_{gem}O_2$ ein semiquantitativer Indikator für das Herzzeitvolumen**, d. h., mit der $Sv_{gem}O_2$ gelingt eine grobe Abschätzung der Makrohämodynamik. Dies gilt allerdings nicht bei Herzvitien, die mit einem Links-rechts- oder Rechts-links-Shunt einhergehen.

3.9.2 Kritische Erniedrigung der gemischtvenösen O_2-Sättigung

Bei Unterschreiten von Grenzwerten der $Sv_{gem}O_2$ (Tab. **14**) ist mit einer Gewebehypoxie zu rechnen. In einem solchen Fall sinkt auch der O_2-Verbrauch unter den eigentlichen O_2-Bedarf, weil die O_2-Ausschöpfung des Bluts nicht mehr adäquat gesteigert werden kann. Richtungweisend ist hierfür die Konstellation

- einer kritisch erniedrigten $Sv_{gem}O_2$ in Kombination mit
- einer Zunahme der $avDCO_2$ und
- einer hypoxisch bedingten Laktatazidose.

Unter aerober Glykolyse ist der gemischt- bzw. zentralvenöse CO_2-Partialdruck ca. 5 mmHg höher als der arterielle ($PaCO_2$ ≈ 40 mmHg, $PvCO_2$ ≈ 45 mmHg). In hypoxisch-ischämischen Zuständen steigt diese Differenz, die **$avDCO_2$**, jedoch an, weil unter anaerober Glykolyse vermehrt saure Valenzen anfallen. Diese H+-Ionen werden durch Hydrogencarbonat gepuffert, wobei CO_2 freigesetzt wird, so daß – unabhängig von der Ventilation – der $PvCO_2$ stärker als der $PaCO_2$ ansteigt. Der Anstieg der $avDCO_2$ setzt vor der Entwicklung einer Laktatazidose ein!

3.9.3 Zentralvenöse O_2-Sättigung

Da i. d. R. gleichsinnige Änderungen der gemischt- und der zentralvenösen O_2-Sättigung (SvO_2) auftreten, ist es klinisch im allgemeinen ausreichend, **zentralvenöses Blut** aus der V. cava superior für die Analyse zu benutzen und damit die SvO_2 zur Abschätzung des Herzzeitvolumens heranzuziehen. Hierfür müssen jedoch folgende **Voraussetzungen** erfüllt sein:

- korrekte Katheterlage in der V. cava superior
- keine Migration des Katheters zwischen den Messungen

Eine *Aberration* der Katheterspitze in Richtung des Sinus coronarius im rechten Vorhof oder selten auch in eine Lebervene läßt vorwiegend venöses Blut aus den betreffenden Teilkreisläufen entnehmen, wobei vor allem das koronarvenöse Blut deutlich stärker O_2-entsättigt ist (O_2-Sättigung nur ca. 40%!).

Tabelle 14 Normal- und Grenzwerte der $Sv_{gem}O_2$ und SvO_2

	Normalwert (in Ruhe)	Kritische Grenzwerte	
		bei *akuter* Hypoxämie	bei *chronischer* Hypoxämie
$Sv_{gem}O_2$ bzw. SvO_2	70–75%	50%	30%

Einschränkungen. Bei Prozessen, die den O_2-Verbrauch oder die Durchblutung in der oberen und der unteren Körperhälfte unterschiedlich beeinflussen (z. B. Schock [bes. septisch-toxisch], Peritonitis, Clamping/Declamping größerer Arterien) können in der V. cava superior deutlich *höhere* O_2-Sättigungen gemessen werden als in der A. pulmonalis. Bei Anwendung volatiler Anästhetika in höherer Konzentration kommt es zu einer Zunahme der Hirndurchblutung bei gleichzeitiger Abnahme des zerebralen O_2-Verbrauchs, so daß auch hier die SvO_2 höher als die $Sv_{gem}O_2$ ist. Allerdings bleibt dabei i. d. R. die Trendkorrelation zwischen $Sv_{gem}O_2$ und SvO_2 erhalten.

3.9.4 Probenentnahme und Analysemethoden

$Sv_{gem}O_2$ und SvO_2 sind Parameter, die nur invasiv zu ermitteln sind. Beim herkömmlichen Vorgehen wird eine Blutprobe über einen PA-Katheter oder ZVK entnommen und anschließend in vitro analysiert. Die genauesten Werte liefert hierbei die **Messung** der O_2-Sättigung mit einem Mehrwellenoxymeter. Die **Berechnung** (Ermittlung anhand von Nomogrammen der O_2-Hb-Bindungskurve) berücksichtigt dagegen manchmal wesentliche Faktoren wie den 2,3-DPG-Gehalt der Erythrozyten (Veränderungen z. B. durch Massivtransfusion) und Dyshämoglobine nicht. Bei der Probenentnahme aus der **A. pulmonalis** muß unbedingt beachtet werden, daß das Blut langsam aspiriert wird und der PA-Katheter nicht in Wedge-Position liegt. Nur so kann eine Entnahme pulmonalkapillaren Bluts vermieden werden, was falsch hohe Werte der O_2-Sättigung ergeben würde. Neben der diskontinuierlichen In-vitro-Analyse besteht auch die Möglichkeit, die O_2-Sättigung kontinuierlich mit Hilfe eines in den Katheter integrierten fiberoptischen Meßsystems zu erfassen und damit Änderungen sofort zu erkennen.

3.10 Urinausscheidung

Eine adäquate Spontandiurese ist nicht nur Zeichen einer intakten Nierenfunktion, sondern auch eines suffizienten Kreislaufs. Perioperativ wird ein **Harnzeitvolumen von ≥ 1 ml/kg/h** angestrebt. Hierfür müssen folgende **Voraussetzungen** erfüllt sein:

- ausreichendes intravasales Volumen
- ausreichendes HZV
- ausreichender renaler Perfusionsdruck (MAP > 80 mmHg)
- kein postrenales Abflußhindernis

Grundsätzlich sollte **kein Dopamin** mehr in sog. Nierendosis zur Verbesserung der Nierenperfusion und Urinausscheidung eingesetzt werden. Einschlägige Untersuchungen haben nämlich gezeigt, daß mit Dopamin ein akutes Nierenversagen nicht zu verhindern ist, wohl aber, daß im Einzelfall Nebenwirkungen wie bedrohliche Herzrhythmusstörungen auftreten können (s. auch Kap. 6.1.3).

Die Anwendung von **Furosemid** (z. B. Lasix®; Kap. 6.1.8) beeinflußt nur die Wasserbilanz, nicht aber die Elimination harnpflichtiger Substanzen. Deshalb sollte die Indikation auf *Hyperhydratationszustände* beschränkt bleiben. Nur bei Patienten mit unklarer Nierenfunktion mag aus diagnostischen Gründen die Gabe einer Testdosis (10–20 mg i. v.) gerechtfertigt sein.

3.11 Körpertemperatur

3.11.1 Hypo- und Hyperthermie

Unter Narkosen und rückenmarknahen Regionalanästhesien ist die physiologische Temperaturregulation eingeschränkt oder ausgeschaltet, so daß die Körpertemperatur direkt von der Umgebungstemperatur abhängt. Am ehesten besteht hierbei die Gefahr einer **Hypothermie.** Als Ursachen kommen dafür folgende Mechanismen in Frage:

- Konvektion (Wärmeabgabe an die vorbeiströmende Luft; *cave*: Zugluft!)
- Radiation (Wärmeabstrahlung an die Umgebung)
- Evaporation (z. B. Flüssigkeitsverdunstung über dem Operationsgebiet; Hautdesinfektion mit kalten, alkoholischen Lösungen; Beatmung mit trockenen, kalten [Narkose-]Gasen)
- Konduktion (Wärmeabgabe an Gegenstände, mit denen der Körper direkten Kontakt hat)

Bereits die Anästhesieeinleitung führt durch die hierbei auftretende periphere Vasodilatation zur Blutumverteilung und damit zu geringen Wärmeverlusten.

Tabelle 15 Anästhesierelevante Auswirkungen der Hypothermie

Unmittelbar	Mittelbar
Periphere Vasokonstriktion	→ Steigerung der linksventrikulären Nachlast
Sequestration intravasaler Flüssigkeit nach extravasal	→ Anstieg der Blut- und Plasmaviskosität und damit Verschlechterung der Mikrozirkulation
Verminderung der myokardialen Kontraktilität	→ Reduktion des Schlagvolumens
Senkung der Flimmerschwelle am Myokard	→ Begünstigung oder Auslösung von Arrhythmien
Allgemeine Stoffwechselreduktion	→ Senkung des O_2-Verbrauchs und der CO_2-Produktion, verlangsamter Abbau von Pharmaka
Veränderungen der Pharmakodynamik	→ verminderte Ansprechbarkeit auf Katecholamine
Abfall des $PaO_{2/50}$*	→ Linksverschiebung der O_2-Hb-Bindungsskurve mit verschlechterter O_2-Abgabe an das Gewebe
ADH-Hemmung	→ kälteinduzierte Diurese trotz Verminderung der GFR**
Verminderung des intrahepatischen Blutflusses	→ Einschränkung der Leberfunktion
Hypokoagulabilität des Bluts bei T < 32 °C	→ vermehrte chirurgische Blutung

* der PaO_2, bei dem die Hälfte des Hämoglobins mit O_2 gesättigt ist (Halbsättigungsdruck), ** glomeruläre Filtrationsrate

Besonders aber muß bei großen und langen Operationen mit ausgedehnten Wundflächen und erheblichen Volumenverschiebungen (z. B. Massivtransfusion), bei laparoskopischen Eingriffen mit hohem CO_2-Umsatz und generell bei Kindern in den ersten Lebensjahren (relativ größere Körperoberfläche) mit deutlicher Auskühlung gerechnet werden. Eine Hypothermie kann in Abhängigkeit von ihrer Ausprägung zu schwerwiegenden Beeinträchtigungen der Homöostase führen (Tab. **15**) Am bedeutendsten sind dabei die *kardiozirkulatorischen* Veränderungen.

Eine **Hyperthermie** entwickelt sich dagegen deutlich seltener. Als Ursachen kommen hier in Betracht:
- Wärmestau, reduzierte Schweißabgabe (z. B. Atropin bei Kleinkindern)
- Dehydratation (bes. bei Kindern)
- pyrogenhaltige In-/Transfusionen
- Manifestation eines zuvor larvierten Infekts
- Sepsis
- endokrine Ursachen wie Thyreotoxikose od. Phäochromozytom
- Maligne-Hyperthermie-Krise
- malignes neuroleptisches Syndrom
- malignes Dopa-Entzugssyndrom
- zentralnervöse Störungen (bes. bei intrakraniellen Eingriffen oder zerebralen Erkrankungen)

3.11.2 Prophylaxe und Therapie der Hypothermie

Hypotherme Patienten sind im Anschluß an eine Narkose durch die dann wieder einsetzenden Frierreaktionen („Kältezittern") gefährdet, weil diese zu einem drastischen Anstieg des myokardialen O_2-Verbrauchs führen können (bis zu 400%!). Außerdem muß bedacht werden, daß die durch die Vasokonstriktion verschleierten Volumendefizite durch die Wiedererwärmung demaskiert werden (Gefahr des deutlicheren Blutdruckabfalls).

MERKE
Zur Vermeidung von **Frierreaktionen** sollte eine intraoperative Auskühlung durch geeignete Maßnahmen von vornherein verhindert werden. Die Körperkerntemperatur sollte vor Narkoseausleitung bei allen Patienten **über 36 °C** betragen (ggf. Wiedererwärmung); bei **kardiovaskulären Risikopatienten** sollte Normaltemperatur erreicht sein.

Abgestuft können folgende Maßnahmen zur **Prävention der intraoperativen Auskühlung** eingesetzt werden:
- Wärmeisolierung des Patienten mit Folie und Tüchern
- Benutzung eines Beatmungsfilters
- Low-flow- oder Minimal-flow-Beatmung
- Verwendung einer Heizmatte (Erwärmung auf Maximum einstellen, z. T. bis 42 °C mögl.) oder Warmluftapplikation über spezielle Decken
- apparative Erwärmung von Infusionen und Transfusionen
- Erhöhung der Umgebungstemperatur (max. 30 °C; grundsätzlich bei Neugeborenen u. Säuglingen)

3.11.3 Artifizielle Hypothermie

Bei bestimmten Operationen oder krankhaften Zuständen kann eine **milde Hypothermie (34–35 °C) zur Erhöhung der Ischämietoleranz** des zentralen Nervensystems eingesetzt werden:
- intrakranielle Operationen
- Eingriffe am Rückenmark
- Eingriffe mit Rückenmarkischämie (z. B. Bauchaortenaneurysma)
- schweres SHT

Der Wirkungsmechanismus wird nicht mehr nur in einer Reduktion des zerebralen Funktions- und Strukturstoffwechsels und damit des O_2-Bedarfs gesehen, sondern darüber hinaus auch in einer Verminderung exzitatorischer Neurotransmitter wie Glutamat und Aspartat und in weiteren Faktoren, wie z. B. einer Hemmung der Membranlipidperoxidation.

3.12 Neuromuskuläre Funktion

Der Relaxierungsgrad der Skelettmuskulatur kann sowohl *qualitativ* anhand klinischer Zeichen als auch *quantitativ* nach elektrischer Nervenstimulation und Aufzeichnung der hierdurch induzierten Muskelzuckungen („Relaxometrie/-graphie“) erfaßt werden. Da die klinische Einschätzung i. d. R. zu ungenau ist, sollte generell eine *apparative Überwachung* angestrebt werden. In bestimmten Fällen ist diese sogar unerläßlich (Abschn. 3.12.2). Mit Hilfe der Relaxometrie/-graphie ist es nicht nur möglich, die individuell optimale Dosis zu finden, sondern auch den bestgeeigneten Zeitpunkt
- für die Intubation und Extubation sowie
- für die intraoperative Repetition des Relaxans („Nachrelaxierung“)

zu bestimmen.

3.12.1 Klinische Beurteilung

Klinische Zeichen einer **intraoperativ** nachlassenden Muskelrelaxierung sind vor allem:
- spontane Bewegungen des Patienten und Rückkehr seiner Spontanatmung (→ Kapnographie)
- Ansteigen des Beatmungsdrucks
- Anspannen der Bauchdeckenmuskulatur

Postoperativ gelten als Kriterien für die Wiedererlangung der groben Muskelkraft und damit als Voraussetzungen für die **Extubation**, daß der Patient über mindestens 10 sec
- die Augen öffnen,
- den Kopf heben,
- die Zunge herausstrecken,
- die Hand drücken,
- den gestreckten Arm heben kann und

daß sein Atemzugvolumen größer als 500 ml ist. Hiervon ist das *Kopfheben* der sensibelste Parameter (s. auch Abschn. 3.12.2).

3.12.2 Relaxometrie/-graphie

Die neuromuskuläre Blockade kann durch wiederholte elektrische Reizung eines gemischten peripheren Nervs (N. ulnaris, N. peronaeus, N. tibialis, N. facialis) und Beobachtung oder Aufzeichnung des motorischen Reizergebnisses *objektiviert* werden. Klinisch wird am häufigsten die sog. **Akzeleromyographie** angewendet. Hierbei handelt es sich um eine vereinfachte Weiterentwicklung der evozierten Mechanomyographie (eMMG). Zumeist wird der *N. ulnaris* für die Relaxometrie benutzt. Er wird über bipolare Elektroden am Ellbogen (Pluspol) und Handgelenk (Minuspol) stimuliert und die darauf folgende *Kontraktionsbeschleunigung* des Daumens (M. adductor pollicis) mit Hilfe eines am Daumenendglied befestigten miniaturisierten Sensors erfaßt. Für die Stimulation des N. peronaeus werden die Elektroden am Fibulaköpfchen und oberhalb des Außenknöchels plaziert. Die Reizantwort besteht hier in einer Kontraktion der Fußstrecker (Dorsalflexion des ganzen Fußes). Die einfachste, aber nur *semiquantitative* Möglichkeit der Überwachung der neuromuskulären Funktion ist die *visuelle* oder *taktile* Beurteilung der evozierten Muskelkontraktionen. Mit den genannten Techniken können sowohl die *Ausprägung* als auch der *Typ* der neuromuskulären Blockade ermittelt werden. Zum sicheren Erzielen maximaler Muskelkontraktionen und damit reproduzierbarer Ergebnisse muß der Nerv *supramaximal* stimuliert werden (→ gleichzeitige Kontraktion aller Fasern eines Muskels). Durch Muskelrelaxanzien vermindert sich die Kontraktionsamplitude *do-*

sisabhängig bis zum Ausbleiben einer Reizantwort. Hieraus können Rückschlüsse auf das Ausmaß der neuromuskulären Blockade gezogen werden. Beachtet werden muß jedoch, daß mehr als 70% der Rezeptoren von einem Relaxans besetzt sein müssen, ehe nach Einzelreizen überhaupt eine Verminderung der Kontraktionskraft zu messen ist. Bei über 95%iger Rezeptorbesetzung sistiert dann die Einzelreizantwort. Die Erholung läuft den umgekehrten Weg. Wiederum können bei voll meßbarer Muskelaktivität noch 70–75% der Rezeptoren blockiert sein!

Stimulationsarten

Die in der Klinik gebräuchlichsten **Stimulationsmuster** sind

- die Einzelreizung (Twitch) und
- die Vierfachreizung (Train of four, TOF).

Für eine supramaximale Stimulation wird die Reizintensität (mA) 10–20% höher gewählt, als es für eine maximale Muskelkontraktion notwendig wäre. In der Praxis sind dafür meist *40 mA* ausreichend. Zu hohe Stromstärken sollten unbedingt vermieden werden, weil sie zu einer *direkten* Muskelstimulation führen und somit das Ergebnis verfälschen! Weiterhin sollen noch die *Double burst stimulation* (DBS) und für spezielle Fragestellungen die *tetanische Stimulation mit posttetanischer Einzelreizung* (Posttetanic count, PTC) erwähnt werden.

Grundeinstellung des Nervenstimulators

Stromstärke:	40 mA (bei Säuglingen 20–40 mA)
Einzelreize (ER):	Frequenz 0,1 Hz (bei Dauerbetrieb), Reizdauer 0,1–0,2 msec
Train of four (TOF):	Reizfrequenz 2 Hz (4 Stimuli über 2 sec), Einzelreizdauer 0,1–0,2 msec, Abstand zwischen 2 Reizserien mindestens 10 sec)
Tetanus*	Frequenz 50 Hz, Reizdauer 5 sec (max. alle 5 min)
Posttetanische ER:	Frequenz 1 Hz

*(schmerzhaft, deshalb nicht am wachen Patienten!)

Train of four. Im Vergleich zur Einzelreizung ist die TOF-Stimulation deutlich sensibler und ermöglicht auch eine Differenzierung zwischen der Wirkung nichtdepolarisierender und depolarisierender Relaxanzien. Es werden 4 supramaximale Reize mit einer Frequenz von 2 Hz appliziert. Das Verhältnis der vierten zur ersten Zuckungsamplitude (TOF-Ratio oder TOF-Quotient) und das sukzessive Verschwinden der vierten bis zur ersten Reizantwort (T4-Zahl) gelten als Maß für die neuromuskuläre Blockade durch nichtdepolarisierende Relaxanzien (Tab. **16**). Der Test erfordert keinen präoperativen Kontrollwert und ist, solange die Stromstärke nicht über 40 mA angehoben wird, nicht schmerzhaft. Zu bedenken ist aber, daß selbst bei 70–75%iger Blockade der Rezeptoren noch eine normale TOF-Ratio vorliegen kann (s. o.).

Mit zunehmendem Blockierungsgrad nach Gabe **nichtdepolarisierender** Relaxanzien (Kap. 8.5.1) ändern sich die Reizantworten in charakteristischer Weise („kompetitive Blockade"; Abb. **11**). Zuerst vermindert sich die vierte Antwort, bis sie schließlich nicht mehr meßbar ist („Ermüdungsphänomen"). Auch die anderen Antworten werden nach und nach abgeschwächt und dann aufgehoben, bis bei vollständiger Blockade überhaupt keine mehr nachweisbar ist. Das Verschwinden der vierten Antwort entspricht einer Verminderung der Zuckungsamplitude um 75% bei Einzelreizung. Ein Verlust der dritten und der zweiten Antwort tritt auf, wenn die Zuckungsamplitude nach Einzelreizung um 80% bzw. 90% reduziert ist. Bei kompletter Blockade fehlen dann alle TOF-Antworten (T4-Zahl = 0).

Nach **depolarisierenden** Relaxanzien (Succinylcholin; Kap. 8.5.1) wird dagegen im Normalfall kein unterschiedliches Verhalten der 4 Muskelantworten gesehen. Es findet sich eine gleich ausgeprägte Verminderung *aller* Amplituden. Die TOF-Ratio ist also, solange noch Kontraktionen auslösbar sind, idealerweise immer gleich 1.

Tabelle 16: Quantifizierung der neuromuskulären Blockade durch nichtdepolarisierende Relaxanzien für klinische Zwecke

Muskuläre Reizantwort	Relaxometrie	Klinische Bedeutung
= 90%	TOF-Ratio = 0,9	„Seufzeratmung", kräftiger Hustenstoß → Extubation
≥ 70%	TOF-Ratio ≥ 0,7	ausreichende Spontanatmung, aber noch Aspirationsgefahr*
≈ 50%	TOF-Ratio = 0,5	Atemzugvolumen deutl. vermindert → oberflächliche Eingriffe
< 25%	T4-Zahl ≤ 3	Relaxation der Bauchdeckenmuskulatur → Oberbaucheingriffe
≤ 5%	T4-Zahl = 0	Relaxation der Larynxmuskulatur → endotracheale Intubation

* Extubation nur in bestimmten Fällen (Vermeidung von Husten, z. B. nach intraokularen Eingriffen oder bei Asthmatikern)

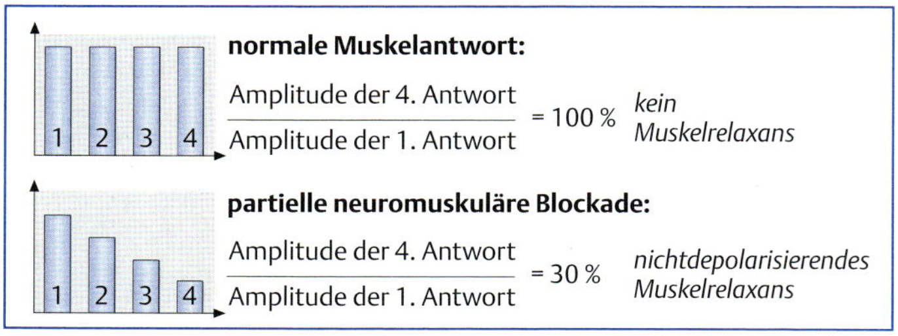

Abb. 11 Ergebnisse der TOF-Stimulation

Unter bestimmten Umständen können sich die blokkierenden Eigenschaften von Succinylcholin im Verlauf ändern, und unter TOF-Stimulation tritt dann ein Reaktionsmuster gleich dem der nichtdepolarisierenden Relaxanzien auf („Dualblock"; Kap. 8.5.4).

Double burst stimulation. Die Double burst stimulation ist eine TOF-Variante. Hier folgt der zweite Reiz so eng auf den ersten und der vierte so eng auf den dritten, daß eine zwischenzeitliche Erschlaffung des Muskels nicht mehr möglich ist. Es kommt dann zu einer Superponierung, weshalb insgesamt 2 verstärkte Reizerfolge registriert werden können.

Posttetanic count. Durch eine tetanische Stimulation wird eine über die gesamte Reizdauer anhaltende Muskelkontraktion ausgelöst. Deren Amplitude ist aufgrund der Summation größer als die nach Einzelreizen. Eine sich daran direkt anschließende *Einzelreizung* läßt bei sehr tiefen kompetitiven Blockaden, bei denen unter TOF-Stimulation bereits keine Reizantworten mehr nachzuweisen sind, anhand der Anzahl dann noch auslösbarer Kontraktionen eine Aussage darüber zu, wann wieder mit einem Reizerfolg gerechnet werden kann und wann eine Antagonisierung Aussicht auf Erfolg hat. Unter nichtdepolarisierenden Relaxanzien führen außerdem die ersten Einzelreize nach tetanischer Stimulation typischerweise zu einer verstärkten Muskelantwort, was als *posttetanische Potenzierung* bezeichnet wird. Diese fehlt hingegen bei einem Depolarisationsblock. Die tetanische Stimulation ist schmerzhaft und darf deshalb nicht am wachen Patienten durchgeführt werden.

Hinweise für die Praxis

Die **Indikation für eine Relaxometrie/-graphie** besteht

- bei allen Eingriffen, bei denen eine komplette Relaxierung für die technische Durchführung oder für die Sicherstellung des Ergebnisses essentiell ist;
- beim Einsatz von Relaxanzien an Pat. mit gestörter neuromuskulärer Funktion (z. B. Myasthenie);
- beim Einsatz von Relaxanzien an Patienten mit erheblicher Adipositas oder einer Schlafapnoe;
- bei eingeschränkter Elimination von Relaxanzien (Leber-, Nierenerkrankungen);
- zur Diagnostik und Differenzierung des Blockadetyps bei unklarer Relaxierung;
- zur Quantifizierung eines postoperativen Relaxansüberhangs.

Wie eingangs erwähnt, lassen sich mit Hilfe der Relaxometrie/-graphie der Intubations- und der Extubationszeitpunkt nahezu ideal festlegen, genauso wie der Zeitpunkt, zu dem intraoperativ ein Muskelrelaxans nachgegeben werden sollte.

Intubation. Die Intubationsbedingungen sind in jeden Fall dann optimal, wenn am M. adductor pollicis keine Kontraktionen mehr auszulösen sind (T4-Zahl = 0). Da die Larynxmuskulatur jedoch bereits kurz vor der Daumenmuskulatur relaxiert wird, kann die Intubation auch schon etwas früher durchgeführt werden (T4-Zahl = 1).

Extubation. Im Regelfall soll erst dann extubiert werden, wenn nicht nur die Spontanatmung ausreichend wiederhergestellt ist, sondern auch die oberen Atemwege aktiv offengehalten werden können und die Schutzreflexe so weit zurückgekehrt sind, daß eine pulmonale Aspiration nicht mehr auftreten kann. Das setzt voraus, daß sich auch die grobe Kraft der Atemmuskulatur erholt haben muß, denn nur so ist ein entsprechend kraftvolles Abhusten gewährleistet. Dieser Zustand ist erst dann erreicht, wenn die am M. adductor pollicis ermittelte *TOF-Ratio 0,9* ist. Unter einer TOF-Ratio von 0,7, die früher als Extubationskriterium galt, ist zwar die Spontanatmung schon wieder suffizient, die anderen Bedingungen werden jedoch nicht in ausreichendem Maße erfüllt. Im Gegensatz zur apparativen Überwachung sind klinische Parameter insgesamt nicht zuverlässig genug, um die Restitution der Muskelkraft sicher beurteilen zu können. Unter jenen ist lediglich der „Kopfhebetest" geeignet, neuromuskuläre Restblockaden mit akzeptabler Genauigkeit zu erkennen oder auszuschließen. Erst wenn der Kopf länger als 10 (!) sec angehoben werden kann, ist davon auszugehen, daß die TOF-Ratio 0,8 oder mehr beträgt.

Nachrelaxierung. Bei operativen Eingriffen, bei denen eine *komplette Muskelrelaxation* notwendig ist (z. B. Oberbaucheingriffe), wird i. d. R. eine Reduktion der Kontraktionsamplitude um 95% angestrebt (ED_{95}). Hier sollte spätestens „nachrelaxiert" werden (mit ca. 1/4 der Ausgangsdosis des jeweiligen Relaxans), sobald mit der TOF-Stimulation wieder 3 Zuckungen auszulösen sind, was einer Erholung der Muskelkraft auf ungefähr 20% des Ausgangswerts entspricht. In diesem Bereich kehrt die Bauchdeckenspannung allmählich zurück, wodurch das chirurgische Vorgehen bei abdominellen Eingriffen behindert werden kann.

Treten unter der Operation *Spontanbewegungen* des Patienten auf, so ist dieses weniger Zeichen einer unzureichenden oder fehlenden Relaxierung als vielmehr Hinweis auf eine ungenügende Narkosetiefe mit mangelhafter Reflexdämpfung. Ein Patient ist nämlich bei zu flacher Narkose sehr wohl zu spontaner Bewegung fähig, auch dann, wenn mit der TOF-Stimulation kaum noch eine oder gar keine Muskelantwort mehr hervorzurufen ist. Der Grund für solche Diskrepanzen zwischen relaxometrisch ermittelter Blockadetiefe und klinischer Einschätzung der Muskelrelaxation liegt darin, daß Nervenimpulse von muskulären Willküraktionen eine Frequenz von 50 Hz haben, die Reizfrequenz bei TOF-Stimulation aber nur 2 Hz beträgt. Diese gewissermaßen tetaniforme Eigeninnervation führt zu einer viel stärkeren ACh-Freisetzung als die transkutane Einzel-, TOF- oder DB-Stimulation, was die Möglichkeit entsprechender Muskelaktionen eröffnet, ohne daß dies durch die genannten Verfahren angezeigt wird.

Hinweise für die Praxis

1. **Muskelrelaxanzien** sollen, den operativen Bedürfnissen angepaßt, grundsätzlich so niedrig wie möglich dosiert werden.
2. Muskelrelaxanzien sind lediglich **Adjuvanzien** einer Narkose. Sie sollen niemals eine zu flache Anästhesie kaschieren. Ein Patient, der sich in Narkose bewegt, benötigt primär eine Vertiefung der Narkose!
3. Eine **TOF-Ratio von 0,9** gilt zwar als Indikator für eine adäquate Wiederherstellung der neuromuskulären Funktion. Dennoch muß man sich darüber im klaren sein, daß auch hierbei eine wenn auch nur geringe Restwirkung des Relaxans besteht und somit noch keine klinische Vollerholung erreicht ist.
4. Da auch bei einer Vollerholung der Muskelkraft immer noch bis zu 75% der Rezeptoren durch das Relaxans blockiert sein können, muß im Aufwachraum während der frühen Phase jederzeit mit einer **erneuten Funktionsverschlechterung** gerechnet werden (vor allem durch Medikamenteninteraktionen, aber auch durch andere Einflußfaktoren bedingt; s. Kap. 8.5.5).

! Nervenstimulatoren können theoretisch bei **Schrittmacherpatienten** zu Beeinträchtigungen der SM-Funktion führen. In der Praxis scheint dies aber bei aggregat- und kabelfernem Einsatz des Stimulators wegen der nur minimalen Stromstärken nicht relevant zu werden (s. auch Kap. 29.3.1).

3.13 Hirndruck

Die **Indikation** für eine Hirndruckmessung zur Kalkulation des zerebralen Perfusionsdrucks besteht bei
- schwerem SHT oder
- Eingriffen an komatösen Patienten (z. B. Leberversagen).

Am verbreitetsten sind mittlerweile Systeme, die den intrakraniellen Druck (ICP) **intraparenchymatös** messen. Hierzu wird eine fiberoptische Sonde – nach In-vitro-Kalibrierung – in einem neurochirurgischen Eingriff etwa 13–14 mm tief ins Hirngewebe eingeführt, und zwar wenn möglich immer auf der Seite der morphologisch größten Läsion. Der Meßfühler detektiert das Licht, das von einem Spiegel reflektiert wird. Der Spiegel bewegt sich in Abhängigkeit von ICP-Änderungen. Die Lichtsignale werden dann in einem Transducer in Drucksignale umgewandelt, wobei die detektierte Lichtmenge der Höhe des ICP proportional ist. Druckkurve und Druckwerte werden auf einem Monitor dargestellt.

Vorteile:
- sehr genaue Messung
- einfache Implantation
- Dekonnexion der Sonde möglich, ohne daß die Nullpunktkalibrierung verlorengeht

Nachteile:
- keine Möglichkeit der Nachkalibrierung in vivo

Die Nullpunktdrift ist allerdings minimal (ca. 1–2 mmHg pro Tag) und i. d. R. ohne klinische Relevanz.

Komplikationen:
- Blutungen
- Infektionen

Kontraindikationen für die Sondenanlage:
- Gerinnungsstörungen

MERKE
1. Die ICP-Meßwerte sollten grundsätzlich nur im Zusammenhang mit der entsprechenden Druckkurve interpretiert werden. Hierdurch lassen sich meist **Fehlinterpretationen** bei nicht regulärer Sondenposition vermeiden.
2. Zur **Ermittlung des zerebralen Perfusionsdrucks** (CPP = MAP – ICP) sollte der Nullpunktabgleich für das arterielle Druckmeßsystems am besten auf Höhe des Meatus acusticus externus durchgeführt werden.

Zur *Pathophysiologie des erhöhten Hirndrucks* s. Kap. 22.2.3.

4 Infusion und Transfusion

4.1 Hämodynamische Homöostase ▸ 59
4.1.1 Grundzüge der Organdurchblutung ▸ 59
4.1.2 Grundzüge der zellulären O_2-Versorgung ▸ 60
4.1.3 Perioperativer Flüssigkeitsbedarf ▸ 61
4.2 Kristalloide ▸ 62
4.2.1 Perioperative Flüssigkeitssubstitution ▸ 62
4.2.2 Pharmakokinetik ▸ 63
4.2.3 Nebenwirkungen ▸ 64
4.3 Kolloide ▸ 65
4.3.1 Hydroxyethylstärke ▸ 65
4.3.2 Natürliche Kolloide ▸ 67
4.3.3 Nebenwirkungen ▸ 68
4.4 Primärer Volumenersatz bei ausgeprägter Hypovolämie ▸ 70
4.4.1 Kristalloide oder Kolloide? ▸ 70
4.4.2 Hypertone Kolloidpräparationen ▸ 70
4.4.3 Empfehlungen für den primären Volumenersatz ▸ 71
4.5 Bluttransfusion ▸ 71
4.5.1 Vorbereitung und Durchführung ▸ 71
4.5.2 Notfalltransfusion ▸ 73
4.5.3 Blutkomponenten ▸ 73
4.5.4 Indikationen ▸ 75
4.5.5 Massivtransfusion ▸ 76
4.5.6 Autologe Transfusion ▸ 77
4.5.7 Transfusionsverweigerer ▸ 78
4.6 Schnellinfusion und -transfusion ▸ 78
4.7 Infusions- und Transfusionserwärmung ▸ 79

4.1 Hämodynamische Homöostase

Im Zentrum der anästhesiologischen Tätigkeit steht die Aufrechterhaltung der hämodynamischen Homöostase, d. h. die Sicherstellung einer **bedarfsgerechten Perfusion aller Organe.** In kritischen Situationen benötigen zumindest die Vitalorgane Gehirn, Herz und Lunge eine adäquate (Minimal-)Versorgung mit Sauerstoff. Das therapeutische Repertoire umfaßt neben allgemeinen Maßnahmen wie O_2-Therapie zur Erhöhung des (myokardialen) O_2-Angebots, Analgosedierung oder Narkosevertiefung zur Reduktion des O_2-Bedarfs und Lagerungsmaßnahmen zur Optimierung der kardialen Vorlast

- die Infusions- und Transfusionstherapie,
- die Applikation kardiovaskulotroper Pharmaka (Kap. 6.1) und
- den Einsatz kreislaufunterstützender mechanischer Systeme (Kap. 27.6.4).

4.1.1 Grundzüge der Organdurchblutung

Die Organdurchblutung ist unter klinischen Bedingungen nicht meßbar und damit nicht direkt beurteilbar. Sie wird in erster Linie durch den regionalen Perfusionsdruck und Gefäßwiderstand geregelt. Zu diesen Größen besteht folgende Beziehung:

Die **Organdurchblutung** ist nach dem Hagen/Poiseuille-Gesetz

- direkt proportional zum Perfusionsdruck (= Einstromdruck minus Ausstromdruck) und
- umgekehrt proportional zum Gefäßwiderstand.

Bei konstantem Gefäßwiderstand ist der Perfusionsdruck direkt vom Herzschlagvolumen abhängig, und die Organdurchblutung hängt unmittelbar vom *Herzzeitvolumen* (HZV) ab (makrohämodynamische Komponente). Ändert sich hingegen der *lokale Gefäßwiderstand* (mikrohämodynamische Komponente), so ändert sich umgekehrt proportional auch der Anteil am HZV, mit dem ein Organ perfundiert wird.

Eine **Steigerung der Durchblutung eines Organs** kann demnach auf 2 Wegen erreicht werden:

1. durch Steigerung des HZV oder
2. durch Steigerung des HZV-Anteils, mit dem das betreffende Organ perfundiert wird.

Die Messung des HZV ist aufwendig (z. B. Thermodilution mit Hilfe eines Pulmonaliskatheters). Das HZV steht aber zum arteriellen Mitteldruck (MAP) und systemischen Gefäßwiderstand (SVR) in einer festen Beziehung:

$$\text{MAP} = \text{HZV} \times \text{SVR} \text{ oder } \text{HZV} = \text{MAP}/\text{SVR}$$

Hieraus ergibt sich, daß aus einer Steigerung des MAP auf eine Steigerung des HZV geschlossen werden kann, wenn die SVR unverändert bleibt. Es folgt aber auch, daß der MAP – bis auf einige Ausnahmen (Kap. 6.1.10) – nicht durch Vasopressoren (→ SVR-Steigerung!) angehoben werden soll, sondern entsprechend dem Frank/Starling-Mechanismus durch **Optimierung des intravasalen Volumenstatus,** genauer gesagt der Vorlast (→ Volumenbelastungstest; s. u.).

Hinweise für die Praxis

1. Das **Herzzeitvolumen** ist die entscheidende *makrohämodynamische* Größe und der maßgebliche Angriffspunkt der Volumen(ersatz)therapie. Durch einen adäquaten Volumenersatz lassen sich nicht nur Störungen der Makrozirkulation vermeiden, sondern in vielen Fällen auch der Mikrozirkulation (z. B. beim hypovolämischen Schock).
2. Die anästhesiologischen Maßnahmen müssen in der perioperativen Phase darauf abzielen, zur Gewährleistung eines den Erfordernissen entsprechenden zellulären O_2-Angebots **normale bis leicht supranormale HZV-Werte** sicherzustellen. Hierzu wird eine *Normovolämie* bis hin zur leichten Hypervolämie angestrebt, wenn letztere von seiten der Herz- und Nierenfunktion akzeptabel erscheint. Katecholamine sollten zur HZV-Steigerung erst in zweiter Linie verwendet werden (Kap. 6.1.10). Der Effekt der angewandten Maßnahmen auf das HZV läßt sich relativ einfach anhand der Veränderungen der SvO_2 überprüfen (Kap. 3.9).

Volumenbelastungstest

Zur groben Einschätzung der *individuellen* Frank/Starling-Verhältnisse dient der sog. Volumenbelastungstest. Hierzu werden 100–250 ml einer kristalloiden Lösung innerhalb von ca. 10 min unter Beobachtung des idealerweise online aufgezeichneten zentralvenösen und arteriellen Drucks infundiert. Die Ergebnisse können wie folgt interpretiert werden:

- ZVD und MAP steigen unter der Infusion nur gering an, erreichen aber unmittelbar nach Infusionsende wieder die Ausgangswerte:
  Zeichen der Hypovolämie (→ aufsteigender Schenkel der Frank/Starling-Kurve)
- Der ZVD steigt unter der Infusion deutlich an, während der MAP gleichbleibt oder nur gering steigt; der ZVD fällt nach Infusionsende nur langsam wieder ab: *ausreichendes intravasales Volumen* (→ kurz vor dem Gipfel der Frank/Starling-Kurve)
- Der ZVD steigt unter der Infusion erheblich an, während der MAP abfällt; der ZVD bleibt nach Infusionsende zunächst unverändert:
  Zeichen der *Hypervolämie* (→ abfallender Schenkel der Frank/Starling-Kurve)
  → vorlastsenkende Therapie erforderlich (als erstes Volumenzufuhr stoppen und, wenn möglich, Oberkörper aufrichten)

Alternativ zur intravenösen Volumenbelastung kann die Lagerung des Patienten durch Kippen des Operationstisches verändert werden. Eine leichte Kopftieflage (10–20°) führt zu einem erhöhten venösen Rückstrom aus der unteren Körperhälfte und damit zu einem ähnlichen Effekt.

4.1.2 Grundzüge der zellulären O_2-Versorgung

Das **O_2-Angebot**[8] (DO_2) an die Organe ist abhängig vom O_2-Gehalt des arteriellen Bluts (CaO_2) und dem HZV, und zwar in folgender Weise:

$$DO_2 = CaO_2 \times HZV$$ [ml/min; *Normalwert:* ≈ 1000 ml/min]

Der **arterielle O_2-Gehalt** wird überwiegend durch den *chemisch* ans Hämoglobin gebundenen Sauerstoff bestimmt, nur eine sehr geringe O_2-Menge ist physikalisch im Blut gelöst. Er kann wie folgt berechnet werden:

$$CaO_2 = [Hb] \times SaO_2 \times 1{,}39 + PaO_2 \times 0{,}003$$ [ml/dl Blut; *Normalwert:* ≈ 20 ml/dl]

[Hb] = Hämoglobinkonzentration im Blut; SaO_2 = (gemessene) arterielle O_2-Sättigung (in der Formel als Fraktion verwendet); 1,39 = *theoretische* Hüfner-Zahl (gibt die spezifische O_2-Bindungsfähigkeit des Hämoglobins an: 1 g Hb bindet 1,39 ml O_2); PaO_2 = arterieller O_2-Partialdruck; 0,003 = rechnerische Konstante für den physikalisch gelösten O_2-Anteil

Bei ansteigendem peripheren O_2-Bedarf verändert sich zunächst nicht die O_2-Ausschöpfung (Extraktion) durch die Gewebe, sondern nur das HZV. Es steigt an, was bedeutet, daß ein erhöhter O_2-Bedarf durch ein erhöhtes O_2-Angebot gedeckt wird. Erst wenn der Organismus nicht mehr in der Lage ist, das

8 auch als O_2-Transportkapazität des Bluts bezeichnet

HZV in dem Maße zu steigern, wie es der O_2-Bedarf erfordern würde, nimmt die O_2-Extraktion in der Peripherie zu, global erkennbar an einem Abfall der gemischt- und der zentralvenösen O_2-Sättigung unter den Normalwert von ca. 70% (Kap. 3.9.1). Wird dagegen das HZV durch einen pathologischen Prozeß vermindert (z. B. Hypovolämie, Myokardinfarkt), so muß die O_2-Extraktionsrate zunehmen, damit der zelluläre O_2-Bedarf weiterhin gedeckt werden kann.

Die **O_2-Extraktionsrate** (ERO_2) gibt den prozentualen O_2-Anteil an, der dem vorbeiströmenden Blut im Gewebe von den Zellen entnommen wird. Sie errechnet sich aus der Beziehung:

$ERO_2 = VO_2/DO_2$ [%; *Normalwert*: 25%]

VO_2 = O_2-Verbrauch (*Normalwert in Ruhe*: ≈ 250 ml/min)

Unter physiologischen Bedingungen wird genau so viel Sauerstoff entnommen, wie benötigt wird; der O_2-Verbrauch entspricht also exakt dem O_2-Bedarf. Vermindert sich jedoch mit abfallendem HZV das O_2-Angebot unter 500 ml/min, erreicht die O_2-Extraktionsrate ihren kritischen Grenzwert, der zwischen 50 und 70% liegt, und kann nicht weiter gesteigert werden. Hier nun ist der Punkt erreicht, wo der O_2-Bedarf den O_2-Verbrauch übersteigt. Von da an entwickelt sich folglich eine Gewebehypoxie. Sie führt zu anaerober Glykolyse mit Bildung von Milchsäure und entsprechend zur metabolischen Azidose, was den Boden für ein Organversagen bereitet.

Isovolämische Hämodilution

Eine isovolämische Hämodilution, also der volumenmäßig äquivalente Ersatz von Blut durch eine nichterythrozytenhaltige Flüssigkeit, senkt die Blutviskosität. Hierdurch werden die Fließeigenschaften des Bluts („Hämorheologie") verbessert. Infolgedessen nimmt der Strömungswiderstand ab und das HZV zu. Eine isovolämische Hämodilution läßt nun aber nicht nur das HZV ansteigen, sondern in einem Hämatokritbereich zwischen 30 und 35% sogar die O_2-Transportkapazität des Bluts. Die maximale O_2-Transportleistung, das O_2-Transportoptimum, wird also bei einem Hämatokrit erreicht, der unterhalb seines physiologischen Werts liegt.

Hinweise für die Praxis

1. Bei normaler Herzfunktion führt eine **Volumenzufuhr** zur **Steigerung des Herzzeitvolumens** (zunächst sogar überproportional!).
2. Das **O_2-Transportoptimum** des Bluts liegt beim Herzgesunden in einem Hämatokritbereich von 30–35%.
3. Ein **Volumenverlust** ist für den Organismus (innerhalb bestimmter Grenzen) gefährlicher als ein Erythrozytenverlust.

4.1.3 Perioperativer Flüssigkeitsbedarf

Für den **basalen Flüssigkeitsersatz,** d. h. zum Ausgleich sensibler und insensibler Verluste an Extrazellulärflüssigkeit unter Grundumsatzbedingungen, können folgende Anhaltswerte zugrunde gelegt werden:

- Frühgeborene: 6 ml/kg KG/h
- Neugeborene und Säuglinge: 5 ml/kg KG/h
- Kleinkinder: 4 ml/kg KG/h
- Kinder: 3 ml/kg KG/h
- Erwachsene: 1,5 ml/kg KG/h

Für den **intraoperativen Flüssigkeitsersatz** gelten, zusätzlich (!) zum aufgeführten Basalbedarf, eingriffsabhängige empirische Richtwerte:

- oberflächlicher Eingriff 0–1 ml/kg KG/h
- kleiner Eingriff (z. B. Tonsillektomie, Adenotomie) 2 ml/kg KG/h
- mittlerer Eingriff (z. B. Appendektomie, Thorakotomie) 4–6 ml/kg KG/h
- großer Eingriff (z. B. Kolonresektion) 8–10 ml/kg KG/h
- Oberbaucheingriff, Ileus, Peritonitis 10–15 ml/kg KG/h

Der **erhöhte intra- und postoperative Flüssigkeitsbedarf** kommt hauptsächlich durch

- Sequestration von Flüssigkeit in das Wundgebiet (Transsudation → interstitielles Ödem) und
- Flüssigkeitsverdunstung über dem Operationsgebiet (Evaporation)

zustande. Die körpereigene hormonelle Umstellung (vermehrte ADH- und Aldosteronsekretion) reicht nicht aus, um eine Dehydrierung zu verhindern. Sie fördert aber die intrazelluläre Wasseraufnahme und trägt so zur Entwicklung von Wundödemen bei, denn weil mehr Wasser als Natrium retiniert wird, vermindert sich die Plasmaosmolarität. Außerdem werden aldosteronbedingt renale Kaliumverluste begünstigt.

4.2 Kristalloide

Die perioperative Infusionstherapie mit Kristalloiden dient der Erhaltung oder Wiederherstellung des physiologischen Gleichgewichts im Flüssigkeits- und Elektrolythaushalt. In Abhängigkeit von der Dauer der präoperativen Flüssigkeitskarenz kommen die Patienten mit einem nach den obigen Anhaltszahlen zu kalkulierenden, unterschiedlich ausgeprägten (extrazellulären) Flüssigkeitsdefizit zur Anästhesieeinleitung. Mit dessen Ausgleich sollte bereits frühzeitig, d. h. vor Anästhesiebeginn, angefangen werden (*cave*: Patienten mit manifester Herzinsuffizienz oder terminaler Niereninsuffizienz [zu letzterer s. Kap. 35.8]!).

4.2.1 Perioperative Flüssigkeitssubstitution

Generell sollen zum Ersatz isotoner Körperflüssigkeit nur isotone oder annähernd **isotone Vollelektrolytlösungen** (z. B. Sterofundin®; Tab. **17**) verwendet werden, weil hierdurch die Isotonie in allen Flüssigkeitskompartimenten gewahrt bleibt. Dies gilt auch für die Flüssigkeitssubstitution in der perioperativen Phase, wenngleich hier – besonders intraoperativ – auch größere Mengen elektrolytfreien Wassers verlorengehen können (z. B. durch Flüssigkeitsverdunstung über dem Operationsgebiet). In seinem Bestreben, die Flüssigkeitshomöostase aufrechtzuerhalten, schüttet der Organismus, wie schon erwähnt, zunächst vermehrt antidiuretisches Hormon (ADH) aus. Aufgrund dessen wird (natrium)-freies Wasser retiniert, und die Plasmaosmolarität sinkt. Es entwickelt es sich eine *osmotische Hypotonie*. Diese nun stimuliert die Aldosteroninkretion („sekundärer Hyperaldosteronismus"), was aber nicht ausreicht, die Natriumkonzentration im Serum wieder in den physiologischen Bereich anzuheben („Flüssigkeitshomöostase geht vor Natriumhomöostase!"). Aus diesem Grund werden perioperativ *natriumreiche* Lösungen, also Vollelektrolyte (Natriumanteil 120–160 mmol/l), bevorzugt.

MERKE
Ein **hoher Natriumgehalt** der perioperativ eingesetzten Infusionslösungen unterstützt die körpereigenen Kompensationsmechanismen und hilft eine osmotische Hypotonie vermeiden.

Die meisten dieser Lösungen enthalten zudem Kalium, und zwar in einer Konzentration wie das Plasma. Eine darüber hinausgehende **Kaliumzufuhr** wird nur bei Kaliummangel oder bei umfangreichen Eingriffen erforderlich, insbesondere bei kardialen Risikopatienten, um Komplikationen wie Herzrhythmusstörungen vorzubeugen. Hier sollten unter wiederholten Laborkontrollen hochnormale Serumkaliumspiegel (4,5–5,0 mmol/l) angestrebt werden. Je ausgeprägter ein Kaliummangel ist, desto langsamer sollte er behoben werden (möglichst nicht mehr als 20 mmol Kalium pro h [max. 40 mmol/h!]). Zunächst beschränke man sich auf die Korrektur des extrazellulären Defizits.

Berechnung des extrazellulären Kaliumdefizits:

Kaliumbedarf (mmol) = 0,2 × (K^+-Soll-Wert i. Serum – Ist-Wert) × kg KG

0,2 = ungefährer Anteil des Extrazellulärraums am Körpergewicht bei Erwachsenen (zur Berechnung des Gesamtdefizits an Kalium statt dessen den Faktor 0,6 benutzen)

Vollelektrolytlösungen mit reduziertem Chloridanteil (alle außer NaCl 0,9%) enthalten zum Ladungsausgleich **metabolisierbare Anionen**, und zwar zumeist **Laktat**. Derartige Lösungen sind im Hinblick auf den Säure-Basen-Haushalt für den Flüssigkeitsersatz gegenüber NaCl 0,9% von Vorteil (s. u.), solange die Anionen verstoffwechselt werden können. Ihr Einsatz ist damit an eine intakte Leberfunktion gebunden. Bei einer *Leberinsuffizienz* dürfen sie nicht verwendet werden. Das gilt unabhängig von deren Genese, also sowohl für die (dekompensierte) Leberzirrhose als auch für die sekundären Formen, wie z. B. den Schock, die ausgeprägte Hypothermie oder die anhepatische Phase der Lebertransplantation. Hier können solche Lösungen *prolongierte Azidosen* erzeugen (Abschn. 4.2.3). Laktathaltige Lösungen haben zudem den speziellen Nachteil, die Diagnose einer regionalen oder generalisierten Gewebehypoxie anhand der Plasmalaktatkonzentration zu behindern. Dies ist ein weiterer Grund, sie nicht bei einer *Laktatazidose* anzuwenden.

Weitere Lösungen

Isotone Kochsalzlösung. Isotone Kochsalzlösung (NaCl 0,9%) wird irreführenderweise auch als „physiologische Kochsalzlösung" bezeichnet. Die Zusammensetzung ist aber alles andere als physiologisch. Abgesehen davon, daß andere Kationen fehlen und der Natriumgehalt mit 154 mmol/l leicht überhöht ist (Na^+ i. S. 135–145 mmol/l), liegt das in erster Linie an

Tabelle 17 Zusammensetzung von kristalloiden Lösungen (Auswahl)

Lösungen	Kationen (mmol/l)				Anionen (mmol/l)				BE_{pot}	KH (g/l)	Osmolarität
	Na^+	K^+	Ca^{2+}	Mg^{2+}	Cl^-	PO_4^{3-}	Laktat	Acetat		Glukose	
Vollelektrolyte (Na^+ = 120–160 mmol/l)											
NaCl 0,9%	154				154				−24		isoton
Ringer	147,5	4	2,25		156				−24		isoton
Ringerlaktat	130	5,4	1,8		112		27		+ 3		leicht hypoton
Ringerlaktat nach Hartmann	130	5	1	1	112		27		+ 3		leicht hypoton
Sterofundin®	140	4	2,5	1	106		45		+21		isoton
Thomaejonin® G5	140	4	2,5	1	108		45		+21	50	hyperton
Halbelektrolyte (Na^+ = 60–90 mmol/l)											
Jonosteril® HD 5	68,5	2	0,8	0,6	73				−24	50	hyperton
Jonosteril® päd III	74	2	1,1		78				−24	25	hypoton
Anelektrolyte											
Glukose 5%									−24	50	leicht hypoton

BE_{pot} = potentieller Baseüberschuß („base excess") in mmol/l, berechnet aus der Gesamtkonzentration der metabolisierbaren Anionen (mA) abzüglich der physiologischen HCO_3^--Plasmakonzentration („Standardbicarbonat" = +24 mmol/l), also: BE_{pot} = [mA] − 24 (weitere Erläuterungen s. Abschn. 4.2.3); KH = Kohlenhydrate

dem mit ebenfalls 154 mmol/l viel zu hohen Chloridanteil (Cl^- i. S. 98–110 mmol/l). Physiologisch ist lediglich die Konzentration der beiden Elektrolyte (308 mval/l), denn sie entspricht genau der Summe der Kationen- und Anionenkonzentrationen im Plasma (je 154 mval/l). Bei Infusion größerer Mengen NaCl 0,9% besteht die Gefahr der Natrium-, vor allem aber der Chloridüberladung mit konsekutiver *hyperchlorämischer Azidose* (s. u.). Aus diesem Grund gibt es für isotone Kochsalzlösung nur wenige Indikationen:

- perioperativer Flüssigkeitsersatz bei
  - terminaler Niereninsuffizienz (keine Kaliumzufuhr)
  - terminaler Leberinsuffizienz (keine Laktatzufuhr)
- gastrointestinale Sekretverluste
- hypochlorämische Alkalose
- Hyponatriämie
- Infusion von Medikamenten (als Trägerlösung)

Glukoselösungen. Glukose ist in 5%iger Lösung schon per se *gering plasmahypoton* und bewirkt, weil sie schnell von den Zellen aufgenommen und metabolisiert wird, überdies die Zufuhr von elektrolytfreiem Wasser. Sie sollte deshalb nur bei *hypertoner Dehydratation* oder *Hypoglykämien* (hier am besten in höherprozentigen Zubereitungen) angewendet werden. Bei hypertoner Dehydratation, insbesondere bei ausgeprägter Hyperosmolarität, ist darauf zu achten, diese nicht zu schnell wieder zu normalisieren. Sonst können Zellödeme entstehen (*cave*: Hirnödem!), weil die erhöhte intrazelluläre Osmolarität nicht so schnell abfallen kann wie die extrazelluläre („Dysäquilibriumsyndrom").

Glukosehaltige Halbelektrolytlösungen. Nur bei Kindern in den ersten Lebensjahren dürfen für *kurze Eingriffe* ausschließlich glukosehaltige Halbelektrolytlösungen (z. B. Jonosteril® päd III) eingesetzt werden. Bei Infusion größerer Mengen besteht die Gefahr von *Hyperglykämie*, *Hyponatriämie* und *Hypoosmolarität* (→ erhöhte Krampfneigung). Lediglich bei Früh- und Neugeborenen ist die perioperative Zufuhr von Glukose zur Vermeidung einer Hypoglykämie wirklich notwendig, wobei ein Glukosezusatz in einer Konzentration von 2,5 Vol.-% in den meisten Fällen bereits ausreichend ist. Weiteres zur *Infusionstherapie bei Kindern* s. Kap. 25.2.3.

4.2.2 Pharmakokinetik

Für Kristalloide ist das Kapillarendothel mit seinen interzellulären Poren oder Fenstern kein Diffusionshindernis. Das bedeutet, daß sie sich schon kurz nach der Infusion auch im Interstitium verteilen. Das Verteilungsverhältnis entspricht dabei dem Größenverhältnis von Interstitium zu Intravasalraum (beim Erwachsenen 3:1, bei Säuglingen ca. 6:1). Infolgedessen bleibt *beim Erwachsenen nur ca. 1/4 des Infusionsvolumens intravasal*, und das auch nur für kurze Zeit, da ja parallel mit der Verteilung auch die Elimination über die Nieren einsetzt. Bei den Lösungen, die einen geringeren Elektrolytanteil als das Plasma aufweisen, insbesondere bei den elektrolytfreien (Glukose-)Lösungen, kommt noch ein Weiteres hinzu. Mit der Metabolisierung der Glukose sinkt die extrazelluläre Osmolarität, so daß „freies" Wasser entsprechend dem osmotischen Gradienten in die Zellen diffundiert. Derartige Lösungen sind also geeignet, auch den *Intrazellulärraum* zu (re)hydrieren, begünstigen aber die Entwicklung eines intrazellulären Ödems.

4.2.3 Nebenwirkungen

Bei der Anwendung kristalloider Lösungen können folgende **allgemeine Nebenwirkungen** auftreten:
- Dilutionshypoproteinämie
- Dilutionsazidose
- Postinfusionsalkalose (Rebound-Alkalose)

Dilutionshypoproteinämie. Kristalloide Lösungen führen dosisabhängig durch Verdünnung des Plasmas zu einer Hypoproteinämie. Hierdurch sinkt der kolloidosmotische Druck, was die Extravasation von Flüssigkeit begünstigt und bei entsprechend großen Infusionsvolumina die Gefahr von *Ödemen* (erst interstitiell, dann aber auch intrazellulär) und sich hieraus entwickelnden Organfunktionsstörungen birgt (z. B. Gasaustauschstörungen beim Lungenödem). Während bei Vollelektrolytlösungen nur das Risiko einer solchen hypoproteinämischen Überwässerung mit vor allem interstitieller Ödembildung besteht, bewirken Lösungen, die „freies" Wasser enthalten, zusätzlich bzw. stärker einen Flüssigkeitsshift nach intrazellulär. Sie vergrößern das Zellvolumen und können schließlich sogar einen Zellhydrops auslösen.

Dilutionsazidose. Allen kommerziell angebotenen kristalloiden Infusionslösungen fehlt aus galenischen Gründen die physiologische Pufferbase Hydrogencarbonat (HCO_3^-). Sie führen deshalb zu einer Verdünnung der HCO_3^--Konzentration im Extrazellulärraum und können so eine Dilutionsazidose erzeugen. Die Entstehung dieser Azidose ist damit unabhängig von den jeweils zugesetzten Anionen (Chlorid, Laktat, Acetat etc.). Ob eine solche Azidose allerdings manifest wird bzw. wie lange sie bestehenbleibt, hängt ab von der
- Infusionsmenge und Infusionsgeschwindigkeit,
- Nierenfunktion (Wasserausscheidung, HCO_3^--Rückresorption),
- Leberfunktion (Metabolisierung verstoffwechselbarer Anionen) und
- Art und Konzentration der zugeführten Anionen (verstoffwechselbar – nicht verstoffwechselbar).

Am nachhaltigsten kann eine Verdünnungsazidose bei Verwendung von Lösungen ausfallen, die als Anion ausschließlich Cl^- enthalten (z. B. NaCl 0,9%), während bei denjenigen, denen auch verstoffwechselbare Anionen beigemengt sind (z. B. Ringerlaktat), schon nach kurzer Zeit (i. d. R. innerhalb Minuten) die Azidose kompensiert werden oder sogar überschießend in eine Alkalose umschlagen kann. Dies soll exemplarisch anhand einer Ringerlaktatlösung erklärt werden. Unter der Voraussetzung einer intakten Leberfunktion kann das Anion **Laktat** als Milchsäure hepatisch verstoffwechselt werden (entweder Glukoneogenese oder Oxidation zu CO_2 + H_2O), mit dem Ergebnis, daß sich der abgesunkene pH-Wert rasch wieder normalisiert. In beiden Fällen wird pro Mol Laktat 1 Mol H^+ benötigt, damit die verstoffwechselbare Milchsäure entstehen kann. Dieses H^+ entstammt bei physiologischem pH-Wert dem Bicarbonatpuffersystem oder anders gesagt der Kohlensäure (H_2CO_3). Somit führt die Metabolisierung von aus Laktat entstandener Milchsäure zugleich zu einer äquimolaren Freisetzung von HCO_3^-. Dies ist der Grund, warum der pH-Wert wieder ansteigt. Ringerlaktat ist in bezug auf die HCO_3^--Konzentration des Plasmas, die 24 mmol/l beträgt, bilanzmäßig nahezu ausgeglichen, denn es enthält 27 mmol Lakat pro Liter. Damit kann 1 l Ringerlaktatlösung HCO_3^- in einem geringen Überschuß von 3 mmol entstehen lassen. Man könnte also auch sagen, der potentielle Baseüberschuß (BE_{pot}) dieser Lösung beträgt +3 mmol/l.

Hinweis: Früher war man der Auffassung, Laktat könne im Organismus als Puffer wirken, d. h. *direkt* mit H^+ im Extrazellulärraum reagieren. Diese Vorstellung ist insofern unrealistisch, als die Milchsäure (pK_S = 3,7) bei physiologischem pH-Wert – i. Ggs. zum Bicarbonatpuffersystem – fast ausschließlich in dissoziierter Form, also H^+ und Laktat, vorliegt. Das bedeutet, daß aus exogen zugeführtem Laktat im Extrazellulärraum keine (ungeladene) Milchsäure entstehen kann, zumindest nicht in quantitativ auch nur annähernd relevanter Menge. Dieses wäre allenfalls bis zu einem pH-Wert von 5,7 möglich ($pH = pK_S + 2$). Vom Grundsatz her gilt das gleichermaßen für die anderen organischen Säuren wie Essigsäure, Apfelsäure, Citronensäure etc., deren verstoffwechselbare Anionen sich ebenso in Infusionslösungen (als Acetat u. Malat) oder gefriergetrocknetem Plasma (als Citrat) finden lassen.

MERKE

1. In der Praxis tritt eine **Dilutionsazidose nur bei großen Infusionsvolumina** auf (Größenordnung: mehrere Liter innerhalb 1–2 Stunden).
2. Lösungen, die **metabolisierbare Anionen** in einer Konzentration enthalten, die der HCO_3^--Konzentration im Plasma entspricht, verhalten sich unter physiologischen Stoffwechselbedingungen in bezug auf den extrazellulären pH-Wert im Endeffekt neutral.

Postinfusionsalkalose. Während der geringe Baseüberschuß in Ringerlaktat noch keine meßbare Alkalisierung im Extrazellulärraum nach sich zieht, ist dies bei Lösungen mit einem deutlich höheren BE_{pot} anders (z. B. Sterofundin®: Laktat 45 mmol/l → BE_{pot} +21 mmol/l). Sie können nach passagerer Azidifizierung über den oben beschriebenen Mechanismus der Laktatverstoffwechselung sehr wohl zu einer metabolischen Alkalose führen. Allgemein gesagt, muß immer dann mit einer Postinfusionsalkalose oder Rebound-Alkalose gerechnet werden, wenn eine Infusionslösung metabolisierbare Anionen in einer Konzentration enthält, die die ansäuernde Wirkung durch fehlendes HCO_3^- quantitativ erheblich übersteigt. Eine Postinfusionsalkalose kann auch erst mit stärkerer Verzögerung (d. h. nach Stunden) in Erscheinung treten, dann nämlich, wenn die Leberfunktion *vorübergehend* gestört ist (z. B. durch Ischämie, Hypoxie oder Hypothermie). Gerade intraoperativ ist der Leberstoffwechsel reduziert. Unter solchen Umständen kann die Zufuhr von z. B. (stark) laktathaltigen Lösungen postoperativ eine Alkalose bewirken, die dann nicht selten fehlinterpretiert wird.

MERKE

Iatrogene (Postinfusions-)Alkalosen sind kein seltenes Phänomen in der operativen Medizin, und sie sind auch keineswegs immer harmlos (→ Verminderung der peripheren Durchblutung und O_2-Abgabe, kompensatorische Hypoventilation unter Spontanatmung, Abnahme des ionisierten Calciums u. a.m.).

4.3 Kolloide

Hydrophile Kolloide (Hydrokolloide) sind Makromoleküle, die wegen ihrer großen Oberfläche zahlreiche polare Gruppen tragen und deshalb sehr gut Wasser binden können.[9] Sie sind *onkotisch* wirksam und dienen in erster Linie dem zügigen Volumenersatz bei akuten Verlusten von Plasma oder Blut, um die Herz-Kreislauf-Funktion zu stabilisieren und einer Minderperfusion lebenswichtiger Organe vorzubeugen. Aus Verfügbarkeits- und Kostengründen sollen dafür künstliche Kolloide gegenüber natürlichen, albuminhaltigen Präparationen bevorzugt werden. Da in Deutschland am häufigsten *Hydroxyethylstärke* benutzt wird, wird im nachfolgenden auf eine Beschreibung von Gelatinepräparaten und den kaum noch verwendeten Dextranen verzichtet.

4.3.1 Hydroxyethylstärke

Hydroxyethylstärke (HES) ist ein pflanzliches Kolloid und besteht in der Grundstruktur hauptsächlich aus Amylopectin, einem Polysaccharid mit überwiegend α-1,4-glykosidisch verbundener D-Glukose.

Chemische Grundcharakteristika (Tabelle 18)

Mittlere Molmasse. Alle HES-Präparationen sind *polydispers*. Sie bestehen nämlich (i. Ggs. zu Humanalbumin) aus einem extrem heterogenen Gemisch von Molekülen unterschiedlicher Größe. Zur Deklarierung der einzelnen Präparate wird immer die mittlere Molmasse (Mw) angegeben. Hiernach werden hoch-, mittel- und niedermolekulare HES-Präparate unterschieden:

- niedermolekular: Mw < 100.000 Dalton
- mittelmolekular: Mw = 100.000–300.000 Dalton
- hochmolekular: Mw > 300.000 Dalton

Substitutionsgrad. Stärkemoleküle werden im Organismus normalerweise rasch durch die endogene α-Amylase („Serumamylase") gespalten. Um den Abbauvorgang zu verzögern, werden bestimmte Kohlenstoffatome der Glucosebausteine „hydroxyethyliert" (Ersatz der Hydroxyl- durch eine Hydroxyethylgruppe). Das Ausmaß dieser Hydroxyethylierung wird mit dem Substitutionsgrad wiedergegeben. Je höher dieser ist, um so länger ist die intravasale

9 Bei der Hydratation entstehen strenggenommen keine Lösungen, sondern kolloidaldisperse oder kurz kolloidale Systeme, sog. Lyosole.

Tabelle 18 Zusammensetzung einiger Kolloidpräparationen

	Kolloid-gehalt (g/dl)	C_2/C_6-Verhältnis[1]	Molmasse (10^3 Dalton)	Kationengehalt (mmol/l)			Anionengehalt (mmol/l)			BE_{pot}[4]
				Na^+	K^+	Ca^{2+}	Cl^-	HCO_3^-	Laktat	
HA 5%	5		66[2]	120–160			100–150			–24
HES										
Rheohes®	6/0,5[3]	4:1	70	154			154			–24
Expafusin®	6/0,5[3]	4:1	70	138	4	1,5	125		20	– 4
Voluven®	6/0,4[3]	9:1	130	154			154			–24
HAES-steril® 3%	3/0,5[3]	5:1	200	154			154			–24
HAES-steril® 6%	6/0,5[3]	5:1	200	154			154			–24
HAES-steril® 10%	10/0,5[3]	5:1	200	154			154			–24
HyperHAES®	6/0,5[3]	5:1	200	1232			1232			–24
Plasmasteril®	6/0,7[3]	5:1	450	154			154			–24

HA = Humanalbumin; HES = Hydroxyethylstärke; [1] Substitutionsmuster; [2] bezieht sich auf das Monomer und ist damit einheitlich; [3] Substitutionsgrad; [4] potentieller Baseüberschuß („base excess") in mmol/l

Halbwertszeit und Volumenwirkung der HES-Präparation. Der Substitutionsgrad der handelsüblichen HES-Präparate liegt zwischen 0,4 und 0,7.

C_2/C_6-Verhältnis. Hydroxyethylgruppen können das C_2-, C_3- oder C_6-Atom besetzen, wobei jedoch das C_2-Atom die größte Affinität zeigt. C_2-positionierte Hydroxyethylgruppen hemmen aufgrund einer sterischen Behinderung den Abbau durch die Serumamylase am stärksten. Die einzelnen HES-Präparate sind deshalb hinsichtlich ihres C_2/C_6-Verhältnisses deklariert. Hiermit wird angegeben, in welchem Verhältnis zueinander die betreffenden Kohlenstoffatome hydroxyethyliert sind. Je größer das C_2/C_6-Verhältnis ist, um so mehr wird die enzymatische Spaltbarkeit verzögert. Das C_2/C_6-Verhältnis der gängigen HES-Präparationen bewegt sich zwischen 4:1 und 9:1.

Volumeneffekt

Hydrokolloide verteilen sich zunächst nur im Intravasalraum. Für ihren Einsatz als Plasmaersatzmittel ist allerdings nicht nur ihre **initiale Volumenwirkung** von Bedeutung, sondern auch, wie lange ein bestimmter Volumeneffekt im Plasma aufrechterhalten wird (Tab. **19**). Diese sog. **Volumenwirkdauer** beschreibt den Zeitraum, in dem entweder ein 100%iger Volumeneffekt nicht unterschritten wird, oder bei den Präparaten mit einem geringeren initialen Volumeneffekt, wie lange dieser in etwa bestehenbleibt.

Das **Wasserbindungsvermögen** eines Kolloids ist
- direkt proportional zu dessen Konzentration und
- umgekehrt proportional zu dessen Molmasse.

Kleine Moleküle können *relativ* mehr Wasser binden als große, denn bei gleicher Konzentration zweier Kolloide ist bei demjenigen mit der geringeren Molmasse die Zahl der onkotisch aktiven Teilchen größer und infolgedessen auch deren hydratisierbare Oberfläche. Erst wenn die Moleküle eine bestimmte kolloidspezifische Größe unterschreiten, können sie ins Interstitium abdiffundieren oder werden über die Nieren ausgeschieden. Das Besondere bei HES nun ist die intravasale Spaltung durch die α-Amylase. Hierdurch entstehen ständig neue kleinere Moleküle, die den Verlust nach extravasal über eine gewisse Zeit ausgleichen können. Für diese Zeitspanne bleibt der Volumeneffekt in etwa konstant. Es entsteht also ein „Plateaueffekt", der typisch ist für HES. Auch im weiteren Verlauf nimmt die Volumenwirkung nur langsam ab, was ebenfalls damit zu erklären ist, daß die Ausgangsmolmasse von HES intravasal Schritt für Schritt vermindert wird

Hinweis: Kolloidpräparationen, die *hyperonkotisch* sind, erhöhen den kolloidosmotischen Druck des Plasmas und bewirken folglich einen Wassereinstrom aus dem Interstitium in den Intravasalraum. Ihr Volumeneffekt übersteigt also das eigentliche Infusionsvolumen (= 100%). Nur in einem solchen Fall, also wenn der Volumeneffekt einer Kolloidpräparation größer als 100% ist, spricht man definitionsgemäß von einer Plasmaexpansion bzw. von einem Plasmaexpander.

Einfluß auf die Blut- und Plasmaviskosität

HES-Präparate senken als Folge ihres hämodiluierenden Effekts die Vollblutviskosität und auf diese Weise die kardiale Nachlast. Sie können aber darüber hinaus auch die Plasmaviskosität vermindern und so die Fließeigenschaften des Bluts speziell im kapillaren Stromgebiet verbessern. Dies betrifft nicht nur die niedermolekularen Präparate, die schon von vornherein eine geringere Viskosität als das Plasma aufweisen (Tab. **19**), sondern im Prinzip alle. Der Grund liegt auch hier in der allmählichen intravasalen Verringerung der Molmasse, so daß der Anteil niedermolekularer HES-Fragmente zunimmt und die Plasmaviskosität abnimmt. Daß auch tatsächlich die Organperfusion unter HES ansteigen kann, ließ sich u. a. in klinischen Untersuchungen an septischen Patienten zeigen.

Indikationen für HES-Präparate:
- primärer Volumenersatz bei intravasalem Defizit, z. B. aufgrund von Blut- oder Plasmaverlusten, schwerer Exsikkose oder eines hypovolämisch-hämorrhagischen Schocks
- iso- oder hypervolämische Hämodilution
- Verbesserung der Mikrozirkulation bei verminderter Fluidität des Bluts, Mikroangiopathien oder prolongiertem Schock

Kontraindikationen:
- bekannte allergische Reaktion (sehr selten; Abschn. 4.3.3)
- dekompensierte Herzinsuffizienz
- hämorrhagische Diathese (→ niedermolekulares HES-Präparat; Abschn. 4.3.3)
- fortgeschrittene Niereninsuffizienz (→ Dosisreduktion; Abschn. 4.3.3)
- ausgeprägte Hypernatriämie (→ ggf. natriumfreies HES-Präparat)

Kurzcharakteristik von HES 130/0,4 6% (Voluven®):
1. Das Wasserbindungsvermögen von Voluven® entspricht dem des Plasmas. Voluven® ist demzufolge isoonkotisch und ist somit kein Plasmaexpander.
2. Der Natrium- und Chloridgehalt entspricht dem von isotoner Kochsalzlösung. Voluven® ist also isoosmolar.
3. Die Volumenwirkdauer beträgt 3–4 Stunden.
4. Voluven® führt zur Hämodilution und senkt so die Vollblutviskosität. Zusätzlich wird nach intravasaler Spaltung der größeren Moleküle die Plasmaviskosität herabgesetzt und damit die Mikrozirkulation verbessert.
5. Gerinnungsstörungen (Abschn. 4.3.3) müssen unter Voluven® so gut wie nicht befürchtet werden.
6. Die maximal zulässige Tagesdosis beträgt 50 ml/kg KG.
7. Die Anwendung von Voluven® ist bei Kindern zugelassen, auch im 1. Lebensjahr.

4.3.2 Natürliche Kolloide

Humanalbumin

Humanalbumin (HA) wird aus dem gepoolten Plasma gesunder Spender gewonnen. Für die Spenderauswahl gelten die für jede Blutspende üblichen Kriterien. Durch verschiedene Aufbereitungsschritte

Tabelle 19 Pharmakologische Eckdaten einiger Kolloidpräparationen

	Volumeneffekt (%)	**Volumenwirkdauer** (h)	η[1]	**Tageshöchstdosis** (ml/kg KG)
Humanalbumin 5%	70–100	3	1,2	∅[2]
Hydroxyethylstärke				
Rheohes®	70–100	3	1,7	20
Expafusin®	70–100	3	1,7	20
Voluven®	100	3–4		50
HAES-steril® 3%	60	1–2		66
HAES-steril® 6%	100	3–4		33
HAES-steril® 10%	130	3–4	5,1	20
HyperHAES®	500–700 (!)	0,5–1,0[3]		4[4]
Plasmasteril®	100	6–8	4,5	20

[1] relative Viskosität (bezogen auf Wasser = 1; i. Vgl. Vollblut ≈ 4 [bei Hkt 40%], Plasma ≈ 2); [2] Dosierung nur durch den Hämodilutionseffekt begrenzt; [3] ungefähre Zeit bis zum Erreichen des 100%-Werts; [4] nur einmaliger Bolus (Abschn. 4.4.2)

sollen humanpathogene Erreger inaktiviert werden. Zudem ist wie bei gefriergetrocknetem Plasma eine Sperrfrist vor Freigabe der Präparate einzuhalten („Quarantänelagerung"; Abschn. 4.5.3). Der Reinheitsgrad eines HA-Präparats, d. h. der Anteil an *Albuminmonomeren*, muß mindestens 95% betragen; die Präparate müssen frei von Isoagglutininen und Gerinnungsfaktoren sein.

HA-Präparate enthalten herstellungsbedingt geringe Mengen an *Aluminium*. Der Grenzwert für den Aluminiumgehalt ist auf 200 μg/l festgelegt worden und entspricht damit dem als toxisch angesehenen Plasmagrenzwert. Er ist ungefähr 20mal höher als die normale Aluminiumkonzentration im Plasma.

Wegen hoher Kosten und beschränkter Verfügbarkeit ist die Indikation für einen *Volumenersatz* mit Humanalbumin (z. B. HA 5%) erst gegeben, wenn bei HES das Dosislimit erreicht ist oder schwerwiegende Kontraindikationen bestehen (Abschn. 4.3.3). Höherprozentige HA-Zubereitungen (z. B. HA 20%) dienen ausschließlich der *Albuminsubstitution* bei einer therapiebedürftigen Hypalbuminämie (Albumingehalt < 2,5 g/dl bzw. Plasmaproteingehalt < 4,5 g/dl ohne Kapillarlecksyndrom).

Fresh frozen plasma (s. auch Abschn. 4.5.3)

Fresh frozen plasma (FFP) enthält alle Plasmakomponenten (Albumin ebenso wie Gerinnungsfaktoren und -inhibitoren etc.) in weitgehend nativer Form. Wegen des Risikos einer Übertragung von Infektionskrankheiten (z. B. Hepatitis, Aids) ist die Indikation aber streng zu stellen (z. B. Massivtransfusion mit Verdünnungs- oder Verbrauchskoagulopathie).

MERKE
Eine alleinige Hypovolämie ist niemals Indikation für die Gabe von FFP! FFP ist nur dann zum Volumenersatz einzusetzen, wenn gleichzeitig Gerinnungsstörungen vorliegen oder verhindert werden sollen (z. B. bei einer Massivtransfusion). Die hämostatisch wirksame Dosis beträgt dann 10–15 ml/kg KG.

4.3.3 Nebenwirkungen

Allgemeine Nebenwirkungen

Volumenüberladung. Die Gefahr einer Kreislaufüberladung durch Kolloide ist abhängig von der Infusionsmenge und -geschwindigkeit sowie vom plasmaexpansiven Effekt der eingesetzten Substanz. Sie betrifft insbesondere Patienten mit eingeschränkter kardiovaskulärer Kompensationsbreite (Herzinsuffizienz etc.).

Veränderungen des Elektrolyt- und Säure-Basen-Haushalts. Die kommerziell verfügbaren HES- und HA-Präparate können eine *Dilutionsazidose* auslösen, da sie keine verstoffwechselbaren Anionen enthalten (Abschn. 4.2.3). Der hohe Natriumgehalt der meisten Präparate kann zudem eine *Hypernatriämie* bewirken oder verstärken. Für Patienten mit (ausgeprägter) Hypernatriämie stehen deshalb einige wenige Präparate zur Verfügung, die elektrolytfrei sind und statt dessen Glukose enthalten. Bei deren Einsatz ist jedoch darauf zu achten, daß die Natriumkonzentration im Plasma nicht zu schnell absinkt, um keine pontine Myelinolyse zu provozieren.

Anaphylaktoid-anaphylaktische Reaktionen. Unverträglichkeitsreaktionen auf HES und HA sind insgesamt sehr selten (HES ca. 0,05%, HA ca. 0,1%); nur vereinzelt sind schwere Zwischenfälle beschrieben worden (ca. 1:10.000).

Bei HA liegen wohl im wesentlichen Antigen-Antikörper-Reaktionen zugrunde (Sensibilisierung durch IgA-Mangel beim Empfänger, der dann Anti-IgA-Antikörper (der Klasse IgG) bildet, was bei IgA-Anteilen im HA-Präparat zur entsprechenden Reaktion führen kann) Für HES ist der Mechanismus weitgehend ungeklärt. Hier sind nur 2 Fälle mit Antikörpernachweis bekannt, davon einer mit schwerer Unverträglichkeitsreaktion.

Spezielle Nebenwirkungen

Störungen der Blutgerinnung. Grundsätzlich bestehen folgende Möglichkeiten, wie Kolloide in das Gerinnungssystem eingreifen können:
- durch ihren Hämodilutionseffekt (betrifft alle Kolloide),
- durch eine Beeinträchtigung der plasmatischen Gerinnung sowie
- durch eine Benetzung und Umhüllung der Thrombozyten („Coating").

Während hochmolekulare oder schwer spaltbare HES-Präparationen (Molmasse > 300.000 Dalton, Substitutionsgrad > 0,5, C_2/C_6-Verhältnis > 6:1) zu einer über den Verdünnungseffekt hinausgehenden, dosisabhängigen Verminderung der Aktivität von *Gerinnungsfaktoren* führen (besonders Faktor VIII/Willebrand-Faktor → erworbenes Willebrand/Jürgens-Syndrom, Typ 1), ist speziell bei HES 200/0,5, HES 130/0,4 und HES 70/0,5 mit keiner nennenswerten Beeinträchtigung der plasmatischen Gerinnung zu rechnen. Die durch den *Coating-Effekt* entstehende funktionelle Thrombozytenaggregationsstörung wurde hinsichtlich ihrer Auswirkung auf die Gerinnung in der Vergangenheit überschätzt. Aus diesem Grunde wurde bereits 1993 nach einer Konsensuskonferenz das **Dosislimit** für schnell spaltbare mittelmolekulare **HES 200/0,5** von 1,2 auf 2,0 g pro kg KG und Tag heraufgesetzt (das entspricht **bei einer 6%igen Präparation 33 ml/kg/d**). Für **HES 130/0,4 6%** wurde die Grenze nochmals angehoben; sie beträgt für dieses Präparat sogar **50 ml/kg/d**. Unter den genannten Dosierungen darf erwartet werden, daß der Gerinnungsablauf nicht negativ beeinflußt wird. Gleiches müßte aus pharmakologischer Sicht eigentlich auch für niedermolekulare HES 70/0,5 gelten, wenngleich hier das Dosislimit (aus für die Autoren unverständlichen Gründen) bislang nicht formal angepaßt wurde.

Störungen der Nierenfunktion. Kolloide können die Nierenfunktion einerseits verbessern, indem sie den durch eine prärenal bedingte Beeinträchtigung (Hypovolämie, Hypotension, Schock) verminderten renalen Perfusionsdruck wieder anheben. Andererseits können sie unter bestimmten Umständen aber auch eine Verschlechterung hervorrufen. Hierfür werden u. a. folgende Pathomechanismen diskutiert:

- direkte Toxizität durch Kolloidspeicherung in Tubuluszellen („osmotische Nephrose") und
- ein intratubuläres Hyperviskositätssyndrom.

Alle kolloidalen Volumenersatzmittel (auch HA!) können zur osmotischen Nephrose führen. Die Substanzen werden glomerulär filtriert (Molmasse < 50.000–70.000 Dalton [substanzabhängig]) und zu einem gewissen Teil tubulär reabsorbiert. Hierbei kommt es in den proximalen Tubuli *passager* zu Schwellungen der Epithelzellen, was aber in aller Regel ohne pathologische Bedeutung bleibt. Das Ausmaß der tubulären Absorption ist abhängig von der Kolloidkonzentration im Primärfiltrat und damit auch von der Filtratmenge. Das heißt, die Speicherung ist bei mangelhafter Hydratation am ausgeprägtesten. Grundsätzlich sollten deshalb Kolloide nicht zum alleinigen Volumenersatz verwendet werden. Dies gilt in besonderem Maße bei *Dehydratationszuständen*. Hier müssen zur Aufrechterhaltung der Nierenfunktion zusätzlich immer ausreichend kristalloide Lösungen appliziert werden. Eine Zunahme der Urinviskosität ist vor allem für Dextrane beschrieben. Sie haben eine hohe Eigenviskosität und können den Urinfluß im Extremfall bis zur Anurie drosseln. Diese Gefahr besteht bei HES höchstwahrscheinlich nicht, zumindest dann nicht, wenn eine Dehydratation vermieden wird. Bei *fortgeschrittener* Niereninsuffizienz mit Oligoanurie sollte jedoch auch die Gabe von HES, einschließlich niedermolekularer Präparate, unter Kontrolle der Retentionswerte eingeschränkt und ggf. ganz unterlassen werden. Exakte Grenzwerte der Nierenfunktionsparameter lassen sich dazu allerdings nicht angeben. Bei *Anurie* kann HES durch Hämofiltration rasch entfernt werden, wohingegen die Elimination bei klassischer Hämodialyse deutlich langsamer abläuft (molekulare Trenngrenze bei Hämofiltration ca. 50.000 Dalton, bei Hämodialyse ca. 10.000 Dalton).

MERKE

1. **Kolloide** sollen **nicht zum alleinigen Volumenersatz** verwendet werden. Vielmehr ist *parallel* auf eine ausreichende Zufuhr kristalloider Lösungen (Vollelektrolyte) zu achten.
2. Die Anwendung von **HES** ist bei **Nierenspendern und -empfängern nicht kontraindiziert**. Zumindest die schneller eliminierbaren 6%igen Präparationen von HES 70/0,5, HES 130/0,4 und HES 200/0,5 verschlechtern die Transplantatfunktion nicht.
3. Bei **dialysepflichtiger Niereninsuffizienz** sollen – wenn überhaupt – nicht mehr als *einmal 500 ml HES* (eines niedermolekularen oder schnell spaltbaren mittelmolekularen Präparats) zugeführt werden.

Speicherung im mononukleären phagozytierenden System (MPS; früher: retikuloendotheliales System (RES)**.** Alle Kolloide werden – in allerdings unterschiedlichem Ausmaß – in den Zellen des MPS (gewebsständige Makrophagen und zirkulierende Monozyten) abgebaut. Bei den künstlichen Kolloiden beschränkt sich dieser Abbau auf die Anteile, die von ihrer Größe her oberhalb der „Nierenschwelle" liegen und die nicht durch zirkulierende Enzyme wie die Serumamylase gespalten werden können. Hiermit ist eine vorübergehende lysosomale Speicherung der entsprechenden Kolloidfraktionen verbunden, was ähnlich wie in der Niere zu einer Vakuolisierung und Zellschwellung führen kann. Die längste Speicherdauer haben hochmolekulare und hochsubstituierte HES-Präparationen. Eine Beeinträchtigung des MPS (z. B. Immunsuppression, Leberfunktionsstörungen) ist jedoch zumindest bei niedermolekularer und schnell spaltbarer mittelmolekularer HES unter der Voraussetzung einer normalen Nierenfunktion nicht zu erwarten, denn hier kommt es nur zu kurzfristiger Einlagerung relativ geringer Mengen. Negative Auswirkungen einer Akkumulation großer Mengen HES im MPS beschränken sich auf einen *Pruritus* und eine *Hepatosplenomegalie*.

Pruritus ist vor allem bei der Hämodilutionstherapie des Hörsturzes nach häufig wiederholter Anwendung von HES zu beobachten (bei bis zu 50 [!]% der Patienten) und therapeutisch kaum zu beeinflussen. Die kumulative Schwellendosis wird in einer Größenordnung von 200–300 g HES angesiedelt, wobei sie bei langsam eliminierbarer HES auch niedriger, bei schneller eliminierbarer HES auch höher sein kann. Der Juckreiz beginnt gewöhnlich Tage bis Wochen nach der HES-Applikation und tritt paroxysmal auf Die Juckreizattacken können mit allmählich abnehmender Intensität und Frequenz über einen Zeitraum von mehreren Monaten wiederkehren. Eine **Hepatosplenomegalie** wurde nur im Zusammenhang mit hochdosierter HES-Zufuhr bei dialysepflichtiger Niereninsuffizienz gesehen. Unter dieser Voraussetzungen kann es zu massiver, länger anhaltender Speicherung von HES im MPS von Leber, Milz und anderen Organen kommen. Auch bei kontinuierlicher Hämofiltration ist eine vermehrte Zwischenspeicherung von HES im MPS zu beobachten. Das Ausmaß bleibt allerdings deutlich hinter dem bei Hämodialyse zurück.

Infektionsrisiko. Das von den Kolloidpräparaten ausgehende Infektionsrisiko ist äußerst gering. Von akzidenteller Kontamination einmal abgesehen, beschränkt es sich im wesentlichen auf die Übertragung der *bovinen spongiformnen Enzephalopathie (BSE).* Das theoretische Risiko (für HES gleich Null) wird für HA auf unter 1: 1 Mio. geschätzt. Bei HA kommt hinzu, daß bestimmte Viren möglicherweise nicht ausreichend inaktiviert werden (v.a. Parvovirus B19).

4.4 Primärer Volumenersatz bei ausgeprägter Hypovolämie

4.4.1 Kristalloide oder Kolloide?

Kristalloide verteilen sich schnell im gesamten Extrazellulrraum, und es resultiert nur ein geringer und kurzer intravasaler Volumeneffekt. Zur Substitution von 1 ml Plasma müssen 3–4 ml kristalloide Lösung infundiert werden, wodurch der kolloidosmotische Druck des Plasmas rasch abnimmt und Flüssigkeit von intravasal ins Interstitium verschoben wird. Die passagere Stabilisierung des Plasmavolumens geht somit bei größeren Infusionsvolumina zwangsläufig mit einer Gewebeödembildung einher. Bei normaler Nierenfunktion werden Wasser und Elektrolyte rasch eliminiert, so daß ein anhaltender kristalloider Volumeneffekt im Plasma nur durch eine kontinuierliche Infusion aufrechtzuerhalten wäre, was allerdings mit der Gefahr einer hypoproteinämischen Überwässerung verbunden ist. Aus diesen Gründen eignen sich Kristalloide nicht zum akuten Volumenersatz bei größeren Blut- oder Plasmaverlusten.

MERKE
Nach 30–60 min befinden sich nur noch ca. 10 (!)% der ursprünglich infundierten Menge isotoner kristalloider Lösungen im Intravasalraum!

Vor diesem Hintergrund sind bei normaler Kapillarpermeabilität natürliche wie auch künstliche **Kolloide** den Kristalloiden in der Primärtherapie eines intravasalen Volumendefizits überlegen. Da sie den Intravasalraum nur langsam verlassen können, ist ihr Volumeneffekt von längerer Dauer als der von Kristalloiden. Sie lassen eine effektivere und nachhaltigere hämodynamische Wirkung ohne wesentliche Ödembildung erzielen.

4.4.2 Hypertone Kolloidpräparationen

Je schneller und effektiver bei einem hypovolämischen Schock das intravasale Volumendefizit ausgeglichen werden kann, um so besser sind die Erfolgsaussichten, die Körperfunktionen wieder zu normalisieren. Hierzu eignet sich am besten die Bolusapplikation einer *hypertonen Kochsalzlösung mit oder ohne Kolloidzusatz* (z. B. HyperHAES®: enthält 7,2% NaCl + 6% HES 200/0,5; Osmolarität im Bereich von 2500 [!] mosmol/l). Aufgrund der ausgeprägten Hyperosmolarität genügen bereits kleine Volumina (ca. 4 ml/kg KG), um bei zügiger Infusion die Plasmaosmolarität schlagartig und deutlich zu erhöhen. Hierdurch wird ein osmotischer Gradient aufgebaut, der Wasser rasch und in erheblichem Umfang aus dem Interstitium und dem Intrazellulärraum (Erythrozyten, Endothelzellen) in den Intravasalraum diffundieren läßt. Im einzelnen ergeben sich daraus folgende **Wirkungen:**

- Zunahme des Plasmavolumens,
- Reduktion der Strömungswiderstände und
- Verbesserung der Mikrozirkulation.

In klinischen Untersuchungen konnten Blutverluste bis zum Siebenfachen, tierexperimentell sogar bis zum Zehnfachen der Infusionsmenge kompensiert werden. Die schnelle Wiederherstellung der Makro- und Mikrozirkulation durch kleine Mengen stark hypertoner Lösungen wird als **„Small volume resuscitation“** (SVR) bezeichnet. Der volumenmobilisierende Effekt solcher Lösungen ist dynamisch ausgelegt. Er findet sich um so ausgeprägter, je stärker das intravasale Volumen „kontrahiert“ und je stärker die hypoxiebedingte Schwellung der Endothelzellen ist.

Ist dagegen das Ausmaß der Hypovolämie geringer, so wird die Lösung in der Zirkulation stärker verdünnt, und entsprechend geringer fällt ihre Volumenwirksamkeit aus. Dies ist dann von Vorteil, wenn man den Volumenverlust einmal überschätzt haben sollte.

Indikationen:
- initialer Volumenersatz beim hypovolämisch-hämorrhagischen Schock
- hyperdyname Phase des septisch-toxischen Schocks (wegen Kapillarleck aber nur kurzer Effekt)
- adjuvant zu Adrenalin beim anaphylaktischen Schock (noch nicht untersucht)
- polytraumatisierte Pat. mit schwerem SHT (deutliche Zunahme des zerebralen Perfusionsdrucks durch Blutdrucksteigerung und gleichzeitige Hirndrucksenkung) – aber nicht beim isolierten SHT
- ggf. bei rekonstruktiver Aortenchirurgie oder bei Lebertransplantationen

Nebenwirkungen:
- wirkungsbedingt: passagere Hyperosmolarität, Hypernatriämie und Hyperchlorämie
- evtl. erhöhter Blutverlust im Falle einer fortbestehenden unkontrollierten Blutung
- selten: Hämolyse und Hämoglobinurie (durch Dehydrierung der Erythrozyten)

MERKE
Stark hypertone Lösungen sind die effektivsten Volumenersatzmittel in der Primärtherapie des hypovolämischen Schocks. Hier sind sie der alleinigen Gabe von Kolloiden eindeutig überlegen. Ihr Einsatz muß aber so früh wie möglich durch Zufuhr von Kolloiden (v.a. bei anhaltenden Blut- bzw. Volumenverlusten) und Kristalloiden ergänzt werden.

4.4.3 Empfehlungen für den primären Volumenersatz

1. Liegen keine Erkrankungen mit gesteigerter Kapillarpermeabilität vor, so kann während operativer Eingriffe bei entsprechendem kardiovaskulären Monitoring ein Blutverlust in weiten Bereichen durch Kolloide ersetzt werden (unter zusätzlicher Infusion von Kristalloiden). Letztlich limitiert das Ausmaß der Hämodilution den quantitativen Einsatz von Kolloiden. Insgesamt können **Blutverluste** mindestens **bis zu 25% des Blutvolumens bei Erwachsenen** und **bis zu 20% bei Kindern** mit **kolloidalen Volumenersatzmitteln** ausgeglichen werden.
2. **Hypertone Kolloidpräparationen** sind indiziert, wenn *erhebliche* Volumenverluste *schnellstmöglich* kompensiert werden sollen.
3. Beim **hypovolämischen Schock** empfiehlt sich die Anwendung folgenden Stufenschemas:
   - zuerst SVR → primäre Normalisierung der Makro- und Mikrozirkulation
   - dann Kolloide → nachhaltige Stabilisierung des intravasalen Volumens
   - zuletzt Kristalloide → Restitution der interstitiellen Flüssigkeit (Rehydratation)
4. Krankheitsbilder mit erhöhter Kapillarpermeabilität (z. B. Sepsis) werden durch die Infusion von Kolloiden (neben Kristalloiden) nur z. T. vorteilhaft beeinflußt. Hier muß beachtet werden, daß sich Kolloide aufgrund der erleichterten Membranpassage auch im Interstitium ablagern und sich von dort nur schwerer mobilisieren lassen als Kristalloide.
5. Natürliche Kolloide sollten aus Gründen begrenzter Verfügbarkeit, hoher Kosten und des möglichen Infektionsrisikos (FFP) nicht initial zur Volumentherapie eingesetzt werden.

4.5 Bluttransfusion

Die „Richtlinien zur Gewinnung von Blut und Blutbestandteilen und zur Anwendung von Blutprodukten (Hämotherapie)“, aufgestellt vom Wissenschaftlichen Beirat der Bundesärztekammer und dem Paul-Ehrlich-Institut, wurden zuletzt im Jahr 2005 fortgeschrieben. Sie regeln die rechtliche Verantwortlichkeit bei der Bluttransfusion zwischen dem Hersteller und dem Anwender (Arzt) gegenüber dem Patienten und dem Spender. Sie sind für jeden Arzt verbindlich! Im folgenden sollen kurz die für den anästhesiologischen Bereich wesentlichen Gesichtspunkte dargestellt werden.

4.5.1 Vorbereitung und Durchführung

Blut und Blutbestandteile sind verschreibungspflichtige Arzneimittel. Deshalb fallen die Durchführung und Überwachung einer Transfusion immer in die Verantwortung eines Arztes. Vor der Transfusion sind die allgemeinen Regeln der ärztlichen Aufklärung zu beachten. Vor elektiven Eingriffen ist außerdem die Möglichkeit einer autologen Transfusion zu prüfen, und der Patient ist hierüber ebenfalls zu informieren und zu beraten (Kap. 13.6.4).

Organisation und Ablauf

- Die Entnahme der Blutprobe (8–10 ml „Nativblut", bei Kleinkindern nur 2 ml) zur Blutgruppenbestimmung und zur Sicherung der Identität des Empfängers unterliegt der ärztlichen Verantwortung und Aufsichtspflicht. Das Blut zur Durchführung der Kreuzprobe (gleiche Menge) sollte hiervon zeitlich getrennt abgenommen werden, um das Verwechslungsrisiko zu minimieren.
- Die **blutgruppenserologische Untersuchung** umfaßt:
  - die Bestimmung der AB0-Merkmale und des Rhesusfaktors
  - einen Antikörpersuchtest (zum Auffinden *irregulärer* Antikörper)
  - eine mehrstufige serologische Verträglichkeitsprobe („Kreuzprobe"): Empfängerserum + Spendererythrozyten (früher als „Majortest" bezeichnet)

  Hinweis: Blutkonserven sind nur während der ersten 72 Stunden nach Abschluß der Verträglichkeitsprobe als kompatibel anzusehen. Nicht abgerufene Konserven werden deshalb nach Ablauf dieser Frist von der Blutbank aussortiert und umgekreuzt, so daß dann ggf. eine Neuanforderung erforderlich wird. Bei *negativem* Ausfall des Antikörpersuchtests beim Empfänger („keine irregulären Antikörper vorhanden") und relativ unwahrscheinlichem perioperativen Transfusionsbedarf kann zunächst auf eine Kreuzprobe verzichtet werden. Es ist dann ausreichend, Konserven verfügbar zu halten und im Bedarfsfall unverzüglich zu kreuzen („type and screen").

- Die Identität von Empfänger, Blutprobe und Konserven muß auch im Notfall überprüft werden:
  - Vergleich der Blutgruppe des Empfängers (Originalbefund) mit der Blutgruppenbeschriftung auf der zu transfundierenden Konserve
  - abschließende Identitätssicherung: Vergleich der Patientendaten mit den Konservendaten und dem Ergebnis des AB0-Bedsidetests

AB0-Bedside-Test. Bei *Fremdbluttransfusionen* ist nur die *Empfängertestung im AB0-System* zwingend vorgeschrieben, um so Verwechslungen und damit schwere hämolytische Transfusionsreaktionen auszuschließen. Hierzu werden die Erythrozytenmerkmale des Empfängers mit Anti-A- und Anti-B-Testseren bestimmt. Darüber hinaus kann die Rhesusidentität mit Anti-D-Serum überprüft werden. Bei *Retransfusion* von Blut, das dem Patienten präoperativ entnommen und in der Blutbank zwischengelagert wird, muß hingegen auch eine *Bedside-Testung der Konserven* vorgenommen werden, weil die Blutbank in diesem Fall keine Kreuzprobe durchführt.

MERKE

1. Eine Transfusion muß immer von einem Arzt eingeleitet werden! Nach unkomplizierter Initialphase kann die weitere Überwachung qualifiziertem Pflegepersonal übertragen werden, wenn der Arzt jederzeit verfügbar ist, um bei Komplikationen umgehend intervenieren zu können.
2. Treten unter der Transfusion Zeichen einer Unverträglichkeitsreaktion auf, so muß die Transfusion unverzüglich abgebrochen werden!

Akute Unverträglichkeit. Es muß bedacht werden, daß die Symptome einer hämolytischen Transfusionsreaktion beim narkotisierten Patienten zunächst nur in abgeschwächter Form klinisch in Erscheinung treten und erst mit zunehmendem Schweregrad deutlicher werden.

- Allgemeinsymptome:
  - Kreuz- und Lendenschmerzen
  - Übelkeit/Erbrechen
  - Hitzegefühl
  - Juckreiz
  - kalter Schweiß
  - Blässe
  - Schüttelfrost
  - Engegefühl im Brustkorb mit Atemnot
- Symptome bei zunehmendem Schweregrad:
  - urtikarielle Exantheme
  - Bronchospasmus
  - Tachykardie
  - arterieller Hypotonie
  - Schocksymptome
  - akutes Nierenversagen
  - hämorrhagische Diathese (Verbrauchskoagulopathie)

Nach Eintritt eines Transfusionszwischenfalls ist neben der symptomorientierten Notfallbehandlung eine dringliche Abklärung der Ursache erforderlich:

- sofortige Entnahme einer Blutprobe beim Empfänger (Nachweis oder Ausschluß einer Hämolyse)
- schnellstmögliche Kontrolluntersuchung von Blutprobe und Konserve in der zuständigen Blutbank.

Bluttransfusionsfilter:

Makrofilter (Porengröße 170–230 µm): für Buffycoat-freie Erythrozytenkonzentrate, für FFP und Thrombozytenkonzentrate

Weitere Sorgfaltsregeln:

1. Es muß darauf geachtet werden, daß auch bei nicht transfundierten Erythrozytenkonzentraten die Kühlkette nicht unterbrochen wird (→ Lagerung bei +4 °C). Die Kühlkette gilt als unterbrochen, wenn die Konserventemperatur auf +8 °C angestiegen ist, was schon nach 15- bis 30-minütiger Aufbewahrung bei Zimmertemperatur eintreten kann (→ vermehrte Hämolyse und Kaliumfreisetzung).
2. Vor Transfusion sind die Gültigkeit der Kreuzprobe, das Haltbarkeitsdatum auf dem Konservenaufdruck und die Unversehrtheit der Blutbeutel zu überprüfen.
3. Gefilterte oder gewaschene Erythrozytenkonzentrate, FFP und Thrombozytenkonzentrate sollten nach Ausgabe durch die Blutbank möglichst umgehend, spätestens aber nach 6 Stunden transfundiert werden.
4. „Angestochene" Konserven sollten ebenfalls innerhalb von 6 Stunden verwendet werden.
5. Zur Verdünnung von Erythrozytenkonzentraten darf, falls für erforderlich gehalten, nur isotone Kochsalzlösung verwendet werden. Keinesfalls dürfen dazu glucose- oder calciumhaltige Lösungen benutzt werden (Gefahr der Hämolyse bzw. Gerinnungsaktivierung)!
6. Erythrozytenkonzentrate und FFP sollen möglichst voneinander getrennt transfundiert werden, weil schon bei geringer Mischung durch mögliche Aggregat- und Koagelbildung wertvolle Gerinnungsaktivität verlorengehen kann.
7. Gebrauchte Transfusionsbeutel müssen 24 Stunden lang steril verschlossen im Kühlschrank bei +4 °C aufbewahrt werden, damit im Falle von Unverträglichkeitsreaktionen der Restinhalt zur Ursachenklärung nachuntersucht werden kann.
8. Nicht gebrauchte Konserven müssen an die Blutbank zurückgegeben werden.

Dokumentation. Die Transfusion von Blut, Blutbestandteilen (inkl. Humanalbumin) oder gentechnisch hergestellten Gerinnungsproteinen erfordert aus Gründen der Rückverfolgbarkeit („look back") eine exakte Dokumentation der *Konservenidentifizierungs- bzw. Chargennummern*, einerseits im Anästhesieprotokoll („patientenbezogen") und andererseits auf einem separaten Formblatt („produktbezogen"). Konservenbegleitscheine sollen in der Krankenakte aufbewahrt werden. Außerdem müssen anwendungsbezogene Wirkungen durch geeignete Parameter, wie z. B. Hb-Konzentration oder Thrombozytenzahl, nachgewiesen werden. Die Aufzeichnungen sind mindestens 15 Jahre aufzuheben.

4.5.2 Notfalltransfusion

In akut lebensbedrohlichen Situationen gelten **Sonderregeln.** Der behandelnde Arzt ist hier zur Abwendung der Lebensgefahr berechtigt, eine Erythrozytentransfusion ohne vorherige Kreuzprobe durchzuführen. Es bestehen dabei 2 Verfahrensmöglichkeiten:

1. Ist die Blutgruppe des Empfängers unbekannt, so können zur Erstversorgung bis zum Eintreffen des Blutgruppenbefunds (plasma- und damit hämolysinfreie) Rhesus-negative und Kell-negative Erythrozytenkonzentrate der Blutgruppe 0 transfundiert werden: **„0 Rh neg. (ccddee) Kell neg."**. Dieses ist die absolut *einzige* Ausnahme, in der ein Bedside-Test beim Empfänger unterbleiben darf!
2. Bei bekannter Blutgruppe dürfen kompatible Erythrozytenkonzentrate ohne Abwarten des Ergebnisses der Kreuzprobe transfundiert werden: **„ungekreuzte Konserven"**.

4.5.3 Blutkomponenten

Heutzutage werden keine Vollblutkonserven mehr transfundiert, sondern die einzelnen Blutkomponenten (Erythrozyten, gerinnungsaktives Plasma, Thrombozyten, Gerinnungsfaktoren u. a.) werden gezielt zugeführt („Hämotherapie nach Maß").

Erythrozytenpräparationen

Ein Erythrozytenkonzentrat (EK) enthält dieselbe Menge an roten Blutkörperchen wie Vollblut, jedoch deutlich weniger Plasmabestandteile und mittlerweile kaum noch Leukozyten. Es wird klassisch aus *einer* humanen Blutspende (Ausgangsvolumen 450 ± 45 ml) durch Zentrifugierung hergestellt. Eine alternative Methode ist die Hämapherese. Nach Separierung des (thrombozytenreichen) Plasmaanteils (→ Aufbereitung z. B. als FFP; s. u.), einschließlich des größten Teils der CPDA1- (= Citrat + Phosphat + Dextrose + Adenin) oder ACD- (= Acidum citricum + Dextrose) **Stabilisatorlösung** (entfällt bei Hämapherese), werden die Erythrozyten in unterschiedlicher **Additivlösung** (z. B. SAG-M, PAGGS-M, ADSOL) resuspendiert. Die weitestgehende Entfernung der Leukozyten wird durch Zytapherese oder kontaminationssichere Filtration erreicht. Sie hat den Vorteil, daß eine HLA-Sensibilisierung wie auch die Bildung von leukozytären Antikörpern beim Empfänger vermieden wird. Die Haltbarkeit solcher (leukozytendepletierten) Standard-Erythrozytenkonzentrate beträgt je nach verwendetem Additiv zwischen 42 und 49 Tage bei sachgemäßer Lagerung im erschütterungsfreien Kühlschrank und einer Temperatur von +4 ± 2 °C. Nach dieser Zeit ist der Anteil der noch 24 Stunden nach Transfusion funktionsfähigen Erythrozyten („recovery rate") auf ca. 75% der Ausgangsmenge abgesunken. Die mittlere Überlebenszeit dieser Erythrozyten beträgt ca. 60 Tage.

Standard-Erythrozytenkonzentrat (EK)

- leukozytendepletiert
- Hkt ca. 70%
- Erythrozytenvolumen ca. 160 ml
- Additivlösung ca. 80 ml

Indikation: akute und chronische substitutionsbedürftige Anämie

MERKE
Zur notfallmäßigen Transfusion wird immer das Standard-Erythrozytenkonzentrat eingesetzt!

Gewaschenes Erythrozytenkonzentrat

- plasmaproteinfrei durch 3maliges Waschen mit NaCl 0,9%
- 6 Stunden bei Raumtemperatur lagerfähig

Indikationen:
- Plasmaproteinunverträglichkeit
- autoimmunhämolytische Anämie
- paroxysmale nächtliche Hämoglobinurie
- kongenitaler IgA-Mangel

Gerinnungsaktives Plasma

Gefrorenes Frischplasma
(Fresh frozen plasma [FFP])

- Volumen 200–250 ml, davon Frischplasma 160–200 ml und Stabilisatorlösung (CPDA1 od. ACD) 40–50 ml
- Konzentration der Gerinnungsfaktoren und Inhibitoren im aufgetauten Präparat mindestens 70% der Ausgangswerte
- weitestgehend zellfrei
- 1 Jahr bei ca. –30 °C lagerfähig
- Restlaufzeit nach Auftauen 6 Stunden

Indikationen:
- Verdünnungskoagulopathie bei Massivtransfusion
- drohende oder manifeste Blutung bei komplexen Gerinnungsstörungen (Verbrauchskoagulopathie, Synthesestörungen)
- Plasmaaustausch und Plasmapherese
- Substitution von Faktor V und XI (da hierfür keine Konzentrate verfügbar)

Kontraindikationen:
- *absolut* bei Patienten mit Antikörpern gegen IgA (dann b. Bed. Faktorenkonzentrate einsetzen)
- *relativ* bei kongenitalem IgA-Mangel

Zur Reduktion des Virusübertragungsrisikos wird FFP während der ersten 6 Monate **„quarantänegelagert"** (sog. Q-Plasma) und erst dann freigegeben, wenn bei einer Nachuntersuchung des Spenders keine klinischen und serologischen Hinweise auf eine Infektion, insbesondere mit Hepatitis- oder HI-Viren, gefunden werden (HBsAg; HCV-Ag, HCV-Ak; HIV1-Ag, HIV-1/2-Ak – alle negativ!). Hierdurch konnte das Risiko um ca. 90% i. Vgl. zur Situation davor und gegenüber der Transfusion zellulärer Blutprodukte vermindert werden.

Eine Alternative zum Quarantäneplasma ist das **virusinaktivierte Plasma** (in Deutschland nur SD-Plasma ["solvent detergent"] zugelassen, z. B. Octaplas®). Hierbei handelt es sich um *gepooltes* Plasma (jeweils 1000 Spender), das einer speziellen Behandlung zur Virusinaktivierung unterzogen wird. Die Zusammensetzung entspricht grundsätzlich der des Q-Plasmas, wobei durch das Pooling interindividuelle Schwankungen der Konzentration von Gerinnungsfaktoren und Inhibitoren vermieden werden.

MERKE
Grundsätzlich wird **FFP** nicht in einem fixen Verhältnis zu EKs, sondern in Abhängigkeit von der (angestrebten) Gerinnungsaktivität transfundiert. Bei gegebener Indikation sollten zügig mindestens 10–15 ml/kg KG verabreicht werden. Die Albuminsubstitution ist keine primäre Indikation für die FFP-Gabe, sondern nur ein willkommener Nebeneffekt!

Thrombozytenpräparationen

Zur Thrombozytensubstitution werden nur noch leukozytendepletierte **Thrombozytenkonzentrate** eingesetzt. Es handelt sich entweder um gepoolte Konzentrate (bestehend aus 4–6 blutgruppengleichen Einzelkonzentraten aus jeweils einer 450-ml-Blutspende) oder um hochkonzentrierte Zytapheresepräparate (TKZ). Die. Zytapheresekonzentrate werden durch Zellseparation von einem Spender gewonnen und enthalten i. Vgl. zum Einzelkonzentrat (TK1) die 4- bis 6fache Menge an Thrombozyten. Sie sind unter hämatologisch-immunologischen Gesichtspunkten zu bevorzugen.

Pool- oder Zytapherese-Thrombozytenkonzentrat

- Thrombozyten 2–4 × 10^{11} pro Einheit
- Gesamtvolumen ca. 225 ml, davon Frischplasma ca. 180 ml
- CPDA1- oder ACD-Stabilisatorlösung ca. 45 ml
- weitestgehend frei von Erythrozyten und Leukozyten
- maximal 5 Tage bei +22 ± 2 °C lagerfähig (Thrombozytenkonzentrate dürfen nicht gekühlt gelagert werden!)
- Restlaufzeit nach Ausgabe durch die Blutbank 6 Stunden (bei Raumtemperatur)

Indikation:
- manifeste oder drohende thrombozytär bedingte Blutung

Kontraindikationen:
- Überempfindlichkeit auf thrombozytäre, leukozytäre oder plasmatische Blutbestandteile
- IgA-Mangel (s. o.) Immunthrombozytopenie

Thrombozyten tragen ABH-Antigene, wenn auch nur in schwacher Ausprägung, hingegen keine Rh-Antigene. Sie sollten deshalb **AB0-blutgruppenidentisch** oder zumindest -kompatibel transfundiert werden. Bei Rh-negativen Frauen im gebärfähigen Alter und bei Kindern sollten wegen der Gefahr einer Alloimmunisierung durch den Restbestand an Erythrozyten außer in lebensbedrohlichen Situationen keine Rh-positiven Thrombozytenpräparate verwendet werden. Außerdem befinden sich HLA-Klasse-I-Antigene auf Thrombozyten, so daß es sich insbesondere bei chronischer Substitution oder bei Organtransplantationen empfiehlt, HLA-verträgliche Präparationen nach entsprechender Typisierung zu benutzen.

Die kritische Schwelle für eine Blutungsgefährdung aufgrund eines Thrombozytenmangels wird in der Literatur unterschiedlich beurteilt. Die Angaben reichen von 30.000–90.000/µl. Patienten mit einer Thrombozytenzahl von 10.000–30.000/µl sollen im Alltag vor Spontanblutungen weitestgehend geschützt sein, wenn nicht gleichzeitig eine Thrombozytopathie vorliegt. Während der **perioperativen Phase** (bis wenigstens zum 4. postoperativen Tag) sollten in Abhängigkeit von der Größe des Eingriffs **Thrombozytenzahlen von ≥ 50.000/µl, bei Patienten mit schwerem SHT oder nach intrakraniellen Eingriffen ≥ 90.000/µl**, als Zielwerte angesehen werden. Bei gleichzeitiger Thrombozytenfunktionsstörung (z. B. durch Urämie, Leberinsuffizienz, Medikamente, extrakorporale Zirkulation) müssen individuell höhere Werte angestrebt werden.

Radioaktive Bestrahlung

Bei immunsupprimierten oder immundefizienten Patienten, bei Patienten mit malignen Tumoren sowie bei Neugeborenen und Säuglingen sollten Blutprodukte mit mindestens 30 Gy bestrahlt werden, um die immunkompetenten T-Lymphozyten abzutöten oder proliferationsunfähig zu machen und so eine Graft-versus-host-Reaktion beim Empfänger zu verhindern.

Anti-CMV-negative Blutprodukte

Zur Vermeidung einer transfusionsinduzierten Zytomegalie bei immunsupprimierten oder -defizienten Patienten sowie bei Neugeborenen und Säuglingen sollten – wenn möglich – Anti-CMV-negative Blutprodukte eingesetzt werden.

4.5.4 Indikationen

Bei jedem Blutverlust genießt zunächst der Volumenersatz zur Sicherstellung der **Normovolämie** die höchste Priorität (Abschn. 4.4). Was die Erythrozytensubstitution angeht, so muß unterschieden werden, ob ein akuter oder ein chronischer Blutverlust vorliegt. Im letzteren Fall können bei voll ausgeprägten körpereigenen Adaptationsmechanismen die Grenzwerte für eine Bluttransfusion niedriger angesetzt werden. In jedem Fall jedoch muß sichergestellt sein, daß die Vorteile einer Transfusion gegenüber den Risiken überwiegen.

Akute Blutverluste

Blutverluste ziehen aufgrund des kompensatorischen Einstroms von interstitieller Flüssigkeit eine zunehmende *Blutverdünnung* nach sich. Die zeitliche Verzögerung beträgt dabei mehrere Stunden. Laborparameter wie die Hb-Konzentration können somit in der Akutphase ausgesprochen irreführend sein.

Die Indikation für eine Erythrozytensubstitution besteht grundsätzlich erst, wenn die O_2-Transportkapazität des Bluts in kritische Bereiche abgesunken ist. Das bedeutet, daß der Verlust von Sauerstoffträgern nicht mehr durch ein weiter steigerbares Herzzeitvolumen kompensiert werden kann (z. B. anhaltender Abfall der zentralvenösen O_2-Sättigung auf unter 70%; s. Kap. 3.9). Bei einer Bluttransfusion handelt es sich somit stets um eine „Einzelfallentscheidung". Allgemein verbindliche Richtwerte lassen sich folglich nicht aufstellen, zur groben Orientierung können aber gewisse **Anhaltswerte** gegeben werden:

1. Bei akuten Blutverlusten sollte eine **Transfusion frühestens bei einer Hb-Konzentration von ≤ 8–10 g/dl** (oder einem Hämatokrit von ≤ 25–30%) erwogen werden.
   Hierbei gilt als *Faustregel*, daß 3 ml EK pro kg KG den Hb-Gehalt um ca. 1 g/dl erhöhen.
2. Bei Patienten mit kardiovaskulären oder pulmonalen Vorerkrankungen oder Polyglobulie müssen diese Anhaltswerte ggf. individuell *höher* angesetzt werden, weil bei ihnen die Fähigkeit zur kompensatorischen Steigerung des Herzzeitvolumens oder der Sauerstoffaufnahme herabgesetzt ist.
3. Bei Patienten mit chronischer, kompensierter Anämie (z.B. terminale Niereninsuffizienz) können im Einzelfall auch *niedrigere* Werte toleriert werden.
4. Bestehen keine wesentlichen Vorerkrankungen und werden intraoperativ keine größeren Blutverluste erwartet, so können Anästhesien bei einer präoperativen Hb-Konzentration von ≥ 8–10 g/dl unter strikter Erhaltung der **Normovolämie** und ausreichender Oxygenierung bei Einsatz geeigneter Überwachungsverfahren sicher durchgeführt werden.

Aufgrund des nicht unbedeutenden Risikos der Übertragung von Viren durch Bluttransfusionen wird die Transfusionsindikation heutzutage erheblicher strenger gestellt als noch vor einigen Jahren. Das **Virusübertragungsrisiko** beträgt bei *zellulären* Blutkomponenten aktuell im einzelnen:

- Hepatitis C < 1:10 Mio.
- Hepatitis B < 1:200.000
- HIV < 1:1,5 Mio.

Die Übertragung des Erregers der **„bovinen spongiformen Enzephalopathie“** (BSE), einer neuen Variante der Creutzfeldt-Jakob-Krankheit (CJD), durch Blut oder Blutprodukte kann nach wie vor nicht sicher ausgeschlossen werden, muß aber als sehr unwahrscheinlich angesehen werden. Bislang konnten keine Prionen im menschlichen Blut nachgewiesen werden, und bis jetzt sind lediglich 2 Fälle bekannt, in denen der Blutspender an CJD erkrankt war und beim Empfänger postmortal ebenfalls CJD diagnostiziert wurde. Ein Kausalzusammenhang läßt sich daraus nicht ableiten.

4.5.5 Massivtransfusion

Die **Zufuhr exzessiver Blutmengen innerhalb kürzester Zeit** kann bei Notoperationen, aber auch bei geplanten großen Eingriffen (z.B. Lebertransplantation, Gefäßchirurgie, Wirbelsäulenoperationen) oder bei (poly)traumatisierten Patienten notwendig werden. Die Massivtransfusion wird in der Literatur unterschiedlich definiert:

- Transfusionsvolumen > 1,5 ml Blut/kg KG/min oder > 2/3 des Soll-Blutvolumens
- Transfusion von mehr als 6 Erythrozytenkonzentraten innerhalb von 60 min bei Erwachsenen

Folgende **Voraussetzungen** müssen für die Durchführung einer Massivtransfusion geschaffen werden:

- mehrere großlumige venöse Zugänge
- Monitoring:
  - ZVD u. SvO_2
  - invasive arterielle Druckmessung
  - ggf. PA-Drücke u. HZV
  - engmaschige Laboranalysen (Hb, Na^+, K^+, Ca^{2+} [ionisiertes!], BZ, Gerinnung)
  - Diurese (Blasenkatheter)
  - Körpertemperatur
- Verwendung von Apparaten, die eine zügige Transfusion erlauben (Abschn. 4.6)
- Verwendung von Durchlauferwärmern (Abschn. 4.7)

Auch bei „optimaler“ Massivtransfusion können **Nebenwirkungen oder Komplikationen** eintreten:

Gerinnungsstörungen. Sie entstehen bei Ausbleiben einer Verbrauchsreaktion durch *Verlust und Verdünnung des Gerinnungspotentials*, so daß ein rechtzeitiger Ersatz zu empfehlen ist:

- bei Absinken der Faktorenaktivität auf 35%, das entspricht unter physiologischen Ausgangsbedingungen einem Blutverlust von ca. 80–90%:
  → Gabe von FFP in einer hämostatisch wirksamen Dosierung von ≥ 10–15 ml/kg KG
- bei Verminderung der Thrombozytenzahl auf 30.000–50.000/μl, entsprechend einem Blutverlust von 130–140%[10] bei normalen Ausgangsverhältnissen:
  → Gabe von 1 TKZ oder 4–6 TK1 (jeweils nur bei Erwachsenen)
  Als Faustregel gilt, daß 1 TK1 pro 10 kg KG die Thrombozytenzahl um ca. 50.000/μl anhebt.

10 bei splenektomierten Patienten schon bei ca. 100% Blutverlust, da das lineale Pooling entfällt und somit Thrombozyten akut nicht in dem Maße in die Zirkulation freigesetzt werden können!

Faktorenkonzentrate sollten generell gezielt, d. h. erst nach Gerinnungsanalyse, zugeführt werden. Eine „Blindsubstitution" sollte auf *Antithrombin III* beschränkt bleiben, ausgenommen solche Situationen, in denen das Ergebnis der Gerinnungsanalyse nicht abgewartet werden kann (zu Einzelheiten s. Kap. 5.3).

Hyperkaliämie. Ältere Erythrozytenkonzentrate enthalten höhere Anteile an Kalium und freiem Hämoglobin aus untergegangenen Erythrozyten. Durch einmaliges Waschen der Erythrozyten vor Ausgabe durch die Blutbank läßt sich der Plasmaüberstand weitgehend entfernen und damit der Kaliumgehalt deutlich reduzieren.

2,3-DPG-Verarmung. Mit zunehmender Lagerungsdauer fallen die Konzentration von 2,3-Diphosphoglycerat und der pH-Wert in den Erythrozyten ab. Hierdurch nimmt deren O_2-Affinität zu, so daß die O_2-Abgabe an das Gewebe erschwert wird („Valtis/Kennedy-Effekt"). Allerdings kommt es nach Transfusion zu einer schnellen In-vivo-Neusynthese von 2,3-DPG (innerhalb von 6–12 Stunden).

Citratüberladung. Der Citratanteil ist besonders hoch in FFP. Bei normaler Stoffwechsellage wird Citrat jedoch rasch in der Leber metabolisiert. Erst Störungen der Leberfunktion (z. B. bei Leberzirrhose, hämorrhagischem Schock oder Hypothermie) führen zu erhöhter Citratkonzentration im Plasma. Das nicht mehr ausreichend metabolisierte Citrat bindet Calciumionen, so daß eine *ionisierte* Hypokalzämie (bei normalem Gesamtcalcium[11]!) entsteht (s. auch Kap. 35.11.4).

Ionisierte Hypokalzämie. Die Beeinträchtigung der *kardiovaskulären* Funktion (Abnahme der Myokardkontraktilität und des Gefäßtonus) beginnt bei einem Abfall des ionisierten Serumcalciums auf unter 0,8 mmol/l, eine deutliche Kreislaufdepression zeigt sich bei Werten von ca. 0,5 mmol/l, Störungen der *Blutgerinnung* treten dagegen erst auf, wenn das ionisierte Serumcalcium auf unter 0,3 mmol/l gesunken ist. Die Therapie (und Prophylaxe) besteht in der Calciumsubstitution entsprechend dem Serumspiegel.

Hypothermie. Sie resultiert, wenn große Mengen an nicht körperwarmem Blut transfundiert werden.

4.5.6 Autologe Transfusion

Die autologe Transfusion ermöglicht es, die meisten gravierenden Risiken der Fremdblutübertragung, wie Virusübertragung, immunologische Unverträglichkeit und Immunsuppression zu vermeiden. Ihr Einsatz wird deshalb zunehmend auch aus forensischer Sicht gefordert (Kap. 13.6.4). Zu den **fremdblutsparenden Maßnahmen** gehören die

- maschinelle Autotransfusion,
- präoperative Eigenblutspende und
- präoperative isovolämische Hämodilution.

Maschinelle Autotransfusion

Die maschinelle Autotransfusion (MAT) kann bei Patienten eingesetzt werden, die keine Kontamination des Operationsgebietes mit Bakterien (wie z. B. bei enoralen, transurethralen oder darmeröffnenden Eingriffen) oder malignen Zellen aufweisen. Im letzteren Fall ist die Benutzung der MAT jedoch dann möglich, wenn durch γ-Bestrahlung des Retransfusats (mit 30–50 Gy) die malignen Zellen abgetötet oder in ihrer Proliferationsfähigkeit irreversibel gehemmt werden. Bei *tumorfernen* Operationen wird dagegen mehrheitlich auch ohne Bestrahlung keine Kontraindikation für die MAT gesehen. Das gilt genauso für Patienten mit Leukämien oder malignen Lymphomen, da bei ihnen von vornherein eine hämatogene Aussaat besteht. Eine Bestrahlung ist hier ebensowenig erforderlich. Die Anwendung der MAT bei Kindern ist technisch möglich.

Technik. Das aus dem Operationsgebiet abgesaugte Blut wird bei der MAT in einem Reservoir aufgefangen und heparinisiert (tropfenweise Zufuhr von z. B. 500 ml NaCl 0,9% + 15.000 IE Heparin). Zelldetritus, Fett und Plasma (inkl. Heparin) werden durch Zentrifugierung und einen Waschvorgang (mit NaCl 0,9%, ca. 1–2 l pro EK) abgetrennt. Das so gewonnene Erythrozytenkonzentrat ist mittelgradig konzentriert (Hkt 45–55%) und kann über einen Makrofilter (Porengröße 170–230 µm) retransfundiert werden. Um eine bakterielle Kontamination zu verhindern, ist die Verwendbarkeit laut Richtlinien auf 6 Stunden begrenzt.

11 Calcium liegt im Plasma normalerweise zu etwa 50% ionisiert, 40% proteingebunden und 10% komplexgebunden vor.

Bewertung. Durch die MAT lassen sich durchschnittlich 50% der perioperativ verlorengegangenen Erythrozyten wiederaufbereiten (bei heftigen Blutungen auch deutlich mehr). Bei Einbeziehung der unmittelbar postoperativen Blutverluste in den Aufbereitungsprozeß läßt sich die Rückgewinnungsrate z. T. beträchtlich steigern. Die retransfundierten Erythrozyten zeigen eine unbeeinträchtigte Funktions- und Überlebensfähigkeit. Die Überlebensfähigkeit ist sogar noch leicht erhöht, weil vor allem ältere Erythrozyten den Waschprozeß nicht überstehen. Die MAT kann auch in Notsituationen schnell eingesetzt werden.

Präoperative Eigenblutspende

Die präoperative Eigenblutspende (EBS) sollte unter Beachtung der Kontraindikationen (s. u.) vor solchen *elektiven* Operationen durchgeführt werden, die regelmäßig mit größeren Blutverlusten einhergehen. Sie ist prinzipiell bei Patienten mit einem Körpergewicht von *mindestens 30 kg* möglich. Entsprechend der Haltbarkeit der Erythrozytenkonzentrate von z. B. höchstens 49 Tagen in PAGGS-Mannit-Lösung kann ca. 6 Wochen vor dem Eingriff mit den Blutentnahmen begonnen werden. Bei Erwachsenen können so bis zu 6 EK und 6 FFP gewonnen werden („Bocksprungverfahren"). Durch die wiederholten Blutentnahmen wird eine intensive, anhaltende Blutneubildung im Knochenmark angeregt, was auch in der postoperativen Phase von großem Vorteil ist. Eine begleitende perorale Eisenapplikation (bis zu 300 mg Fe^{2+}/d) kann sinnvoll sein. Einige Autoren empfehlen zudem die Gabe von rekombinantem Erythropoetin (z. B. Erypo®) zur Unterstützung der Erythropoese.

Präoperative isovolämische Hämodilution. Die unmittelbar präoperative isovolämische Hämodilution (IHD) ist in ihrem Nutzen umstritten. Sie kann im Einzelfall von Vorteil sein, wenn der zu erwartende *Blutverlust größer als 500–1000 ml* ist. Eine Hypovolämie muß unbedingt vor Beginn der Blutentnahme ausgeglichen werden. Praktisch werden über einen großlumigen venösen Zugang (z. B. G16- oder G14-Kanüle in einer Ellenbeugevene) unter ständigem Schwenken 500–1500 ml Vollblut entnommen (spezielle CPDA1-Beutel) und durch Infusion von z. B. HES streng isovolämisch ersetzt. Nach der Hämodilution sollten der arterielle Blutdruck, die Herzfrequenz und der zentralvenöse Druck unverändert sein. Der Hämatokrit sollte optimal bei 25–28% liegen. Die IHD-Konserven müssen exakt mit den Patienten- und den Entnahmedaten beschriftet (Aufkleber) und bei Zimmertemperatur (zur Verbesserung der Thrombozytenüberlebensrate) gelagert werden. Gelegentliches Schwenken verhindert die Aggregation der Thrombozyten. IHD-Blut soll zur Schonung der Thrombozyten *nur mit Makrofiltern* retransfundiert werden, wenn möglich erst nach chirurgischer Blutstillung, um den maximalen (hämostatischen) Effekt zu erzielen. Es darf nicht mit auf die Krankenstation gegeben werden und sollte aus Gründen potentieller Verkeimung bei Nichtverwendung spätestens nach 6 Stunden verworfen werden.

Kontraindikationen für Eigenblutspende und IHD sind:

- schwere KHK
- Myokardinfarkt in den vorausgegangenen 3 Monaten
- manifeste Herzinsuffizienz
- ausgeprägte Lungenfunktionsstörungen
- Anämie (Hb ≤ 11 g/dl)
- systemische Infektionen

4.5.7 Transfusionsverweigerer

Siehe Kap. 13.6.5.

4.6 Schnellinfusion und -transfusion

Zur Schnellinfusion oder -transfusion bei akuter Hypovolämie oder Hämorrhagie stehen folgende **Methoden** zur Verfügung:

- einfache pneumatische Manschetten, die manuell aufgepumpt werden (max. Druck 300 mmHg)
- apparativ-pneumatische Systeme, bei denen der Insufflationsdruck (ebenfalls max. 300 mmHg) von einem Kompressor generiert wird
- Pumpensysteme (z. B. Rollerpumpen)

Der Nachteil **manuell aufzupumpender Manschetten** liegt darin, daß sich der Druck unter der In-/Transfusion verringert. Außerdem sind die meisten Manschetten fehlerhaft konstruiert, so daß entweder das Einspannen der In-/Transfusats unpraktisch ist und zu lange dauert oder die Kunststoffflasche bzw. der Konservenbeutel nicht ganz ausgedrückt wird. Bei den **apparativ-pneumatischen Systemen** wird der Druck zwar während der In-/Transfusion konstant gehalten, trotzdem gelingt auch hiermit nicht immer eine komplette Entleerung. Bei Verwendung solcher drucklimitierten Systeme ist die Zufuhrrate nur vom Durchflußwiderstand abhängig, d. h. in erster Linie vom Venen- und Kanülendurchmesser sowie von der Viskosität der zugeführten Flüssigkeit. **Pumpensysteme** ermöglichen dagegen auch über kleinkalibrige Venen und Kanülen relativ hohe Durchflußraten, weil ihr Abschaltdruck im Bereich mehrerer bar liegt. Allerdings wächst mit steigendem Druck die Gefahr der Bluttraumatisierung (→ Hämolyse).

MERKE
Bei Verwendung von einfachen oder apparativ-pneumatischen Manschetten sollten Erythrozytenkonzentrate zur zügigen Transfusion vorher mit isotoner Kochsalzlösung aufgeschwemmt werden. Dies ist bei Benutzung von Pumpensystemen nicht erforderlich.

Komplikationen der Schnellinfusion und -transfusion

- Luftembolie (bei Pumpensystemen Luftfalle und Luftsensor mit Alarmfunktion und Abschaltautomatik notwendig)
- Auskühlung des Patienten (→ Erwärmung des In-/Transfusats; s. Abschn. 4.7)

Hinweise für die Praxis

1. Bei möglicher intraoperativer **Massivblutung** (z. B. abdominelle od. zerebrale Aneurysmen, Leberresektionen od. -transplantationen, Radikaloperation von abdominellen Malignomen) sollten **apparative Systeme** zur Schnellinfusion und -transfusion verwendet werden.
2. In solchen Fällen empfiehlt es sich nachhaltig, das Gerät vorher fertig aufzubauen und seine Funktion zu überprüfen (mit NaCl 0,9%). Ferner ist darauf zu achten, daß der Schlauch und der (sorgfältig fixierte) venöse Zugang sicher und spannungsfrei miteinander verbunden sind.
3. Es sollte unbedingt ein **venöser Zugang** benutzt werden, der **im Blickfeld des Anästhesisten** liegt und im Falle einer Dekonnexion oder Paravasation (peripherer Zugang) für diesen gut zugänglich ist.
4. Vor Beginn des Eingriffs sollten die **hämodynamischen Ausgangswerte** (ZVD, SvO_2 etc.) erhoben werden, ggf. ergänzt durch einen **Volumenbelastungstest** (Abschn. 4.1.1).

4.7 Infusions- und Transfusionserwärmung

Um eine Auskühlung der Patienten so gut wie möglich zu vermeiden, ist bei langen Operationen und bei großen Volumenumsätzen eine apparative, möglichst patientennahe Erwärmung des In-/Transfusats erforderlich. Sie kann nach folgenden **Prinzipien** durchgeführt werden:
- Durchlauferwärmung
- Gegenstromerwärmung
- Kombination beider Verfahren

Mit Hilfe der **Durchlauferwärmung** lassen sich prinzipiell *hohe Flußraten* realisieren. Hierbei ist jedoch folgendes zu berücksichtigen:

1. Je niedriger Flußrate und Umgebungstemperatur sind und je länger das Infusionssystem nach dem Wärmeaustauscher ist, desto stärker nimmt die Temperatur des In-/Transfusats auf dem Weg zum Patienten ab.
2. Eine geringe Ausgangstemperatur des In-/Transfusats reduziert im hohen Flußbereich die Effektivität des Wärmers.

Bei der **Gegenstromerwärmung** wird das In-/Transfusat auf seinem Weg zum Patienten in einem speziellen dreilumigen Schlauchsystem bis zur venösen Kanüle mit Heizwasser umspült und dadurch erwärmt. Die Gegenstromerwärmung arbeitet am effektivsten im Bereich *niedriger Flußraten*.

5 Besondere Aspekte der Blutgerinnung

5.1 Gerinnungsanalyse ▸ *80*
5.2 Gerinnungsaktive Substanzen ▸ *81*
5.3 Gerinnungssubstitution ▸ *83*
5.4 Perioperative Blutstillung ▸ *84*
5.5 Heparininduzierte Thrombozytopenie ▸ *85*

5.1 Gerinnungsanalyse

Die **Standardgerinnungsanalyse** (aus Citratblut bzw. -plasma) umfaßt folgende globale Parameter:

- aPTT („aktivierte" partielle Thromboplastinzeit),
- Thromboplastinzeit nach Quick,
- TZ (Thrombinzeit),
- Thrombozytenzahl

sowie mancherorts das

- Fibrinogen.

In **Blutungssituationen** ist die Bestimmung weiter Parameter von Bedeutung:

- AT III (Antithrombin III)
- RZ (Reptilasezeit: heparinunabhängige TZ)
- D-Dimere (fibrinspezifische D-Spaltprodukte)

■ Diagnostischer Stellenwert

Antithrombin III ist der wichtigste natürliche Gerinnungsinhibitor. Die AT-III-Wirkungen laufen spontan nur langsam ab, werden aber durch Heparin erheblich beschleunigt („Heparin-AT-III-Komplex"). Die **Reptilase** ist ein thrombinähnliches Enzym, das allerdings nicht von Heparin beeinflußt wird. Deshalb können mit der parallelen Bestimmung von RZ und TZ Heparineffekte von Hyperfibrino(geno)lysen unterschieden werden. Bei den **D-Dimeren** handelt es sich um plasmininduzierte Fibrinspaltprodukte (i. Ggs. zu Fibrinogenspaltprodukten), die eine Fibrinolyse von einer Fibrinogenolyse differenzieren lassen. Der Nachweis erhöhter Plasmakonzentrationen von D-Dimeren bedeutet nämlich, daß neben der Plasmin- auch eine Thrombinbildung stattgefunden hat („sekundäre Hyperfibrinolyse").

Mit den **globalen Tests** werden grob alle Faktoren außer Faktor XIII erfaßt (Tab. **20**). Faktor XIII ist für die stabile Quervernetzung von Fibrin erforderlich und muß ggf. separat bestimmt werden. Für eine detaillierte Beurteilung der Blutgerinnung können eine Einzelfaktorenanalyse und die Ermittlung der In-vitro-Thrombozytenaggregation oder der In-vitro-Blutungszeit nötig werden. Die in vivo gemessene Blutungszeit (z. B. subaqual nach *Marx*) ist dagegen relativ ungenau und eignet sich nur zur Orientierung.

■ Blutentnahme

Zur Vermeidung einer *artifiziellen* Aktivierung des Gerinnungs- oder Fibrinolysesystems muß bei der Blutentnahme folgendes beachtet werden:

- möglichst kurze venöse Stauung
- zügige Blutabnahme mit möglichst geringem Sog
- bei peripherer Punktion Benutzen einer dicklumigen Kanüle (Nr. 1)

Wenn Blut über Katheter abgenommen wird, muß unbedingt darauf geachtet werden, daß das Katheterlumen und der Katheteransatz nicht mit Heparin benetzt sind. Außerdem muß bei der Blutentnahme aus Kathetern mindestens die Blutmenge verworfen werden, die dem *3fachen Systemtotraumvolumen* entspricht, d. h. bei Radialiskathetern wenigstens 2 ml und beim ZVK bis zu 5 ml. Hierdurch sollen Verdünnungsfehler und bei Kathetern, die mit heparinhaltiger Lösung durchgespült werden (z. B. A. radialis), auch Heparineffekte vermieden werden.

■ Natriumcitrat

Für Gerinnungsanalysen wird Blut bzw. Plasma benötigt, das mit Natriumcitrat versetzt ist. Citrat bewirkt durch die Bindung von Ca^{2+} eine reversible Antikoagulation. Hierbei muß unbedingt das richtige **Mischungsverhältnis** von 3,8%iger Natriumcitratlösung und Blut in der Probe eingehalten wer-

Tabelle 20 Normalwerte und Aussagekraft wichtiger Gerinnungstests

	Normalbereich	Erfassung
Partielle Thromboplastinzeit (PTT)	35–40 sec	endogenes System: Faktor XII, XI, IX, VIII, X, V, II, I
Thromboplastinzeit nach Quick	70–100%	exogenes System: Faktor VII, X, V, II, I
Thrombinzeit (TZ)	17–22 sec	Faktor I und Fibrinbildung
Reptilasezeit (RZ)	17–22 sec	wie TZ, aber heparinunabhängig
Thrombozytenzahl	150.000–400.000/µl	
Fibrinogen (Faktor I)	200–400 mg/dl	
Antithrombin III	70–100%	
D-Dimere	< 0,5 µg/ml	fibrinspezifische D-Spaltprodukte

den. Dieses beträgt zumeist 1:9. In jedem Fall müssen die entsprechenden Blutröhrchen ganz mit Blut gefüllt werden, um falsche Ergebnisse zu vermeiden. **Verlängerte Gerinnungszeiten** ergeben sich bei:

- Unterfüllung der Probe mit Blut
- Polyglobulie (ab Hkt > 60%)

EDTA

Bei Verwendung von EDTA als Antikoagulans können die Thrombozyten gelegentlich falsch niedrig ausgezählt werden, weil EDTA Thrombozyten in vitro aggregieren läßt (→ **Pseudothrombozytopenie**). Es handelt sich hierbei also um einen Laborartefakt. Der Fehler kann dadurch aufgedeckt werden, daß die Auszählung unter Verwendung von Citratblut wiederholt wird.

5.2 Gerinnungsaktive Substanzen

FFP	Fresh frozen plasma; enthält in *physiologischer* Konzentration sämtliche Faktoren und Inhibitoren des Gerinnungssystems sowie Plasminogen und die Fibrinolyseinhibitoren (Indikationen und weitere Einzelheiten s. Kap. 4.5.3)
AT III	Antithrombin-III-Konzentrat (z. B. Kybernin®, Atenativ®; enthalten beide kein Heparin und sind damit bei HIT II anwendbar [Abschn. 5.4]); AT III ist der wichtigste physiologische Inhibitor der Blutgerinnung und *Heparin-Kofaktor*, d. h., die Reaktion wird durch Heparin stark beschleunigt (um mehr als das 1000fache). **Indikation**: Verhinderung oder Unterbrechung einer Verbrauchskoagulopathie
Protein C	Protein-C-Konzentrat (CEPROTIN®); Vitamin-K-abhängiger Gerinnungsinhibitor **Indikation**: Operationen bei schwerem kongenitalen Protein-C-Mangel (→ Verhinderung von Thromboembolien)
PPSB	Prothrombinkomplex-Konzentrat (z. B. Beriplex®); enthält die Faktoren II, VII, IX und X, ferner Protein C sowie als Stabilisatoren in geringer Menge Heparin und AT III, **Indikation**: lebens- oder organbedrohliche Blutungen unter Cumarinen oder bei Leberinsuffizienz
F. XIII	Faktor-XIII-Konzentrat (z. B. Fibrogammin®); führt zur Quervernetzung von Fibrin und stabilisiert so das Fibringerinnsel, F. XIII wird durch globale Gerinnungstests inkl. TZ und RZ nicht erfaßt! **Indikation**: nach Primärtherapie (FFP/AT III) fortbestehende Blutungen bei Verlust- oder Verbrauchskoagulopathie oder Leberinsuffizienz
Fibrinogen	Human-Fibrinogen-Konzentrat (Faktor I, z. B. Haemocompletan®) **Indikation**: Blutungen bei Hypofibrinogenämie

F. VIII

Konzentrate in verschiedenen Reinigungsstufen verfügbar; Haemate® (mittelhoch gereinigt) enthält neben Faktor VIII:C[12] (→ Hämophilie A) auch WF:RCo[13] und ist deshalb ein *spezifisches* Therapeutikum bei schwerem Willebrand/Jürgens-Syndrom.

F. VIIa

Faktor-VIIa-Konzentrat (NovoSeven®); enthält *aktivierten* F. VII

Indikation: zugelassen für lebens- oder organbedrohliche Blutungen bei Hemmkörperhämophilie (Antikörper gegen F. VIII oder F. IX, z. B. als Folge einer Langzeitsubstitution dieser Faktoren, Umgehung der F.-VIII- und F.-IX-abhängige Gerinnungsaktivierung durch Gabe von F. VIIa); evtl. auch als „Heilversuch" bei anderweitig nicht oder kaum beherrschbaren Blutungen (z. B. Massivtransfusion bei Polytrauma)

Nebenwirkungen

- Virusübertragung (bei Faktoren- und Inhibitorkonzentraten mittlerweile sehr unwahrscheinlich, aber auch bei sachgerechter Durchführung der Inaktivierungsverfahren nicht völlig auszuschließen)
- unerwünschte Gerinnungsaktivierung mit disseminierter intravasaler Koagulation, z. B. bei Überdosierung oder zu schneller Applikation von Faktorenkonzentraten (heute selten, weil viele Präparate Heparin und AT III enthalten; neben F. VIIa am ehesten noch bei PPSB)
- vereinzelt allergische Reaktionen bis hin zum anaphylaktischen Schock

MERKE

Die Thrombogenität von Faktorenkonzentraten ist grundsätzlich größer als die von FFP!

Heparin

unfraktioniert und aus Schweinemukosa hergestellt (deshalb kein BSE[14]-Übertragungsrisiko); beschleunigt die AT-III-Wirkung (ohne das stöchiometrische Verhältnis der Reaktion [1:1] zu verändern), abgeschwächte Heparinwirkung bei erniedrigten AT-III-Plasmaspiegeln

Protamin

Protaminchlorid; antagonisiert die Heparinwirkung durch Komplexbildung im Verhältnis 1:1 (vollständige Antagonisierung bei unfraktioniertem, nur partielle [ca. 50%] bei niedermolekularem Heparin), hemmt die Fibrinpolymerisation und wirkt dadurch selbst *antikoagulatorisch* (*cave*: Überdosierung!, DD: Protamin verlängert die TZ und RZ, Heparin nur die TZ!); weitere Nebenwirkungen: Anaphylaxie, negative Inotropie; wegen möglicher Kreislaufdepression nur langsame i. v.-Injektion oder Infusion (z. B. verdünnt in 100 ml NaCl 0,9%)

Aprotinin

Trasylol®; hemmt die Plasminwirkung direkt und außerdem die Kontaktaktivierung; Indikation nur bei Blutung und laborchemischen Zeichen der *primären* Hyperfibrinolyse (verlängerte RZ, erhöhte D-Dimere), zurückhaltender Einsatz bei *sekundärer* Hyperfibrinolyse; Initialdosis 0,5–1,0 Mio. KIE[15], anschließend 50.000–100.000 KIE/h; BSE-Übertragung prinzipiell nicht sicher ausschließbar, weil Aprotinin aus Rinderlungen gewonnen wird

Tranexamsäure

Cyklokapron®; hemmt die Umwandlung von Plasminogen zu Plasmin, deshalb langsamerer Wirkungseintritt als Aprotinin; Dosierung: 4mal 0,5–1,0 g/d i. v.

Desmopressin

Vasopressinanalogon DDAVP (Minirin®); aktiviert die Faktor-VIII-Untereinheiten; Indikation bei leichteren Formen der Hämophilie A und des Willebrand/Jürgens-Syndroms, *unspezifisch* auch bei Thrombozytopathien (z. B. ASS-induziert); Kurzinfusion (0,4 μg/kg KG innerhalb von ca. 30 min), dadurch Zunahme der Faktor-VIII-

12 Faktor-VIII-Aktivität (C = „clotting activity")
13 WF = Willebrand-Faktor; RCo = Ristocetinkofaktor
14 bovine spongiforme Enzephalopathie
15 Kallikrein-Inhibitor-Einheiten

	Aktivität auf ca. das Dreifache des Ausgangswerts, Wirkungsmaximum nach 30–120 min, Wirkungsdauer ca. 12 Stunden (entsprechend der Halbwertszeit von F. VIII), Wirkungsabschwächung bei wiederholter Anwendung; Nebenwirkungen: Hypervolämie, Hyponatriämie, leichte Hyperfibrinolyse (durch Freisetzung von t-PA aus dem Endothel)
Calcium	z. B. Calciumchlorid oder -gluconat; Calciumionen sind zur Aktivierung der Gerinnungsfaktoren notwendig; verminderte Blutgerinnbarkeit jedoch erst, wenn *ionisiertes* Calcium i. S. < 0,3 mmol/l, Calciumsubstitution nach Serumspiegel (z. B. bei Citratüberladung; s. Kap. 4.5.5)

5.3 Gerinnungssubstitution

Eine Substitution von Gerinnungsfaktoren oder Thrombozyten ist wegen der damit verbundenen Risiken **nur bei bereits bestehenden oder sicher zu erwartenden Hämostasestörungen** indiziert. Sofern kein Notfall vorliegt, sollte ausschließlich gezielt nach Analyse des Gerinnungsablaufs und möglichst erst nach Ausschaltung der Ursache (z. B. chirurgische Blutstillung) substituiert werden. In einer akut lebensbedrohlichen Situation dagegen darf die Therapie nicht wegen ausstehender Labordaten, die zudem dem aktuellen Stand immer hinterherhinken, verzögert werden (→ „Blind- bzw. *kalkulierte* Substitution").

Dosisberechnungen

Der Substitutionsbedarf für **Gerinnungsfaktoren und -inhibitoren** (z. B. AT III) läßt sich nach Bestimmung deren Aktivität im Plasma auf der Grundlage folgender Regel ermitteln:

> 1 Einheit (IE) eines Faktors od. Inhibitors pro kg KG erhöht die Aktivität im Plasma um ca. 1%.

Legt man für die Aktivität einen Normalwert von mindestens 70% zugrunde, dann ergibt sich als Faustformel:

> Substitutionsbedarf (IE) = (70% – gemessene Aktivität) × kg KG

1 IE eines Faktors oder Inhibitors entspricht derjenigen Aktivität, die auch in 1 ml eines Frischplasmapools enthalten ist. Das bedeutet, daß idealerweise mit jeder Einheit FFP ca. 200 IE Faktoren und Inhibitoren zugeführt werden. Bei den Konzentraten ist die Aktivität vom Hersteller deklariert.

Zur Berechnung des Bedarfs an **Fibrinogen** kann ebenfalls eine Faustformel herangezogen werden:

> Erforderliche Fibrinogendosis (g) = erwünschter Anstieg (g/l) × Plasmavolumen (l)

Hierbei errechnet sich das Plasmavolumen (PV) aus der Beziehung: PV (l) = kg KG × 0,04.

Kalkulierte Substitution

1. Bei massiven Blutungen werden neben Erythrozytenkonzentraten zunächst **FFP und Thrombozytenkonzentrate** zur Aufrechterhaltung der Blutgerinnung transfundiert (Kap. 4.5.5).
2. Vor Gabe von Faktorenkonzentraten muß bei unklarer AT-III-Plasmaaktivität unbedingt **Antithrombin III** in rechnerisch adäquater Dosierung zugeführt werden. Es dient hier auch der Prävention einer sekundären Hyperfibrinolyse.
3. Die Applikation von **PPSB und Fibrinogen** erfordert immer physiologische AT-III-Plasmaspiegel, um eine unmittelbare Aktivierung der zugeführten Faktoren im Sinne einer disseminierten intravasalen Koagulation zu verhindern.
4. Bei nicht ausreichendem hämostatischen Effekt der vorgenannten Maßnahmen muß auch an einen **Faktor-XIII**-Mangel gedacht und ggf. auf Verdacht substituiert werden.
5. Bei normalisierter plasmatischer Gerinnung und ausreichenden Thrombozytenzahlen muß bei fortbestehender Blutung eine Thrombozytenfunktionsstörung in Betracht gezogen werden (z. B. Stoffwechselstörungen bei Nieren- oder Leberinsuffizienz, Sepsis, Medikamente, extrakorporale Zirkulation, Willebrand/Jürgens-Syndrom). Hier ist unter Umständen ein Therapieversuch mit **Desmopressin** erfolgreich.
6. Zur Normalisierung einer gesteigerten fibrinolytischen Aktivität kann **Aprotinin** eingesetzt werden, auch dies allerdings nur unter der Voraus-

setzung normaler AT-III-Plasmaspiegel. Sonst besteht die Gefahr, eine intravasalen Thrombenbildung auszulösen oder zu verstärken.
7. Bei Erfolglosigkeit der genannten Maßnahmen oder möglicherweise auch in von vornherein aussichtslos erscheinenden Situationen mag ein Therapieversuch mit **Faktor VIIa** gerechtfertigt sein.

Hinweis: Bleibt der kalkulierte Plasmaspiegelanstieg aus, so muß an einen erhöhten Faktorenumsatz durch anhaltenden Verlust oder Verbrauch gedacht werden.

MERKE
Antithrombin III führt auch bei extrem überhöhten Plasmaspiegeln nicht zu einer Verlängerung der Gerinnungszeiten. Blutungen sind deshalb bei Überdosierungen nicht zu befürchten, es sei denn, daß in dieser Situation zusätzlich **Heparin** zugeführt wird. Dies gilt es bei deutlich supranormalen AT-III-Plasmaspiegeln unbedingt zu vermeiden!

Die Applikation von gerinnungsaktiven Substanzen unterliegt dem Transfusionsgesetz: Hieraus leitet sich die Pflicht zur **Dokumentation** folgender Daten ab:
- Patientenidentität
- Präparatename mit Herstellerangabe
- Chargennummer
- Menge und Stärke des Präparats
- Datum und Uhrzeit der Anwendung

5.4 Perioperative Blutstillung

Für eine ausreichende perioperative Blutstillung werden folgende **Voraussetzungen** als notwendig angesehen:
1. PTT und TZ normal, Fibrinogen > 100 md/dl, Quick > 50%
2. Thrombozyten:
   ≥ 50.000/µl bis wenigstens zum 4. postoperativen Tag (*cave*: gleichzeitige Thrombozytopathie!)
   ≥ 90.000/µl bei und besonders nach intrakraniellen Eingriffen sowie bei schwerem SHT
3. Einzelfaktorenaktivität > 50% bei großen Operationen bis zum Abschluß der Wundheilung (empirische Empfehlung, da prospektive Untersuchungen fehlen)

Bei Patienten mit **Gerinnungsdefekten** (z. B. Hämophilie) müssen im Einzelfall in enger Absprache mit dem Gerinnungsphysiologen exakte perioperative Substitutionspläne aufgestellt werden.

Ein differenziertes Vorgehen ist bei Patienten erforderlich, die unter einer Dauertherapie mit **oralen Antikoagulanzien** vom Cumarin-Typ (überwiegend *Phenprocoumon* [Marcumar®]) stehen. Wird bei ihnen ein operativer Eingriff notwendig, so empfiehlt sich nach Prüfung der Indikation folgende Verfahrensweise:
1. Wenn genügend Zeit bleibt, wird das Cumarin abgesetzt, und man wartet die **Spontanerholung** des Quick-Werts auf über 50% unter gleichzeitiger Low-dose-Heparinisierung ab (ca. 1 Woche bei Phenprocoumon).
2. Eine Halbierung dieser Zeitspanne kann durch wiederholte Gabe von **Vitamin K_1** (Konakion®) erreicht werden: 2 mal 10–20 mg/d p.o. (Wirkungseintritt frühestens nach 6–10 h). Bei entsprechender Dringlichkeit kann Konakion® i.v. zugeführt werden: max. 20 mg pro Einzeldosis (Wirkungseintritt nach ca. 3 h).
3. Eine gleichzeitige Gabe von **PPSB** (initial 1.000–3.000 IE, weitere Korrekturen ca. 6–8 stdl. nach Gerinnungsstatus) ist dem absoluten Notfall vorbehalten (z. B. Soforteingriff bei intrakranieller Blutung), weil die hierdurch ausgelöste abrupte Korrektur der Gerinnungsverhältnisse mit deutlich erhöhter Thromboemboliegefahr einhergeht.

Heparin hemmt die *thrombininduzierte* Thrombozytenaggregation und wird bei Thrombozytopenie (Verminderung des Heparinantagonisten Plättchenfaktor 4) geringer inaktiviert. Deshalb muß die Heparindosis, insbesondere in der postoperativen Phase, der Thrombozytenzahl angepaßt werden. Bei sonst intakter Thrombozytenfunktion kann nach folgendem Schema vorgegangen werden:
- Thrombozyten < 100.000/µl → 1/2 der Heparindosis
- Thrombozyten < 50.000/µl → 0–1/4 der Heparindosis (am besten kein Heparin und nur AT-III-Plasmapiegel im Normalbereich halten)

Zum perioperativen Umgang mit Thrombozytenaggregationshemmern s. Kap. 1.8.

5.5 Heparininduzierte Thrombozytopenie

Es werden 2 Formen der heparininduzierten Thrombozytopenie (HIT) unterschieden:

Typ I milder Verlauf (Thrombozyten i.d.R. nicht unter 100.000/µl), Auftreten zu Beginn einer Heparintherapie bei ca. 20% der Patienten, spontane Normalisierung der Thrombozytenwerte trotz weiterer Heparingabe; Ursache unklar

Typ II schwerer Verlauf (Abfall der Thrombozyten i.d.R. um mehr als 50%, z.T. auf unter 50.000/µl, aber nur sehr selten unter 20.000/µl), Thrombozytensturz meist zwischen dem 5. und 21. Tag nach Therapiebeginn (bei Reexposition schon nach 1–2 Tagen), Auftreten bei ca. 2–3% der mit unfraktioniertem Heparin (UFH) behandelten Patienten (bei niedermolekularen Heparinen [NMH] wohl deutlich seltener, ohne daß genaue Zahlen vorliegen), Erholung nur nach Absetzen von Heparin; Immunmechanismus

Beim **Typ II** finden sich Antigen-Antikörper-Komplexe auf den Thrombozyten. Die Thrombozyten werden in der Folge aktiviert, so daß sie vermehrt aggregieren. Da die Antikörper auch gegen Endothelzellen gerichtet sind, kommt es zusätzlich zu einer Endothelschädigung, und es können sich thrombotische Gefäßverschlüsse entwickeln. Man geht davon aus, daß ungefähr 0,5% der mit UFH behandelten Patienten *venöse oder arterielle Thrombosen* erleiden. Das Letalitätsrisiko wird mit etwa 30% angegeben (Lungenembolien, Verschlüsse der distalen Aorta, Nebennierenrindennekrose). Blutungen als Folge der Thrombozytopenie sind dagegen weitaus seltener, was daran liegen dürfte, daß die Thrombozytopenie das Ergebnis einer gesteigerten prokoagulatorischen Aktivität ist.

■ Diagnose von HIT II

1. Thrombozytenzählung
   - vor Beginn einer Heparinbehandlung (Referenzwert)
   - bei Erstanwendung von Heparin 2tägige Verlaufskontrollen zwischen dem 5. und 21. Tag nach Behandlungsbeginn, danach 1–2mal pro Woche
   - bei erneuter Anwendung von Heparin 2tägige Verlaufskontrollen ab dem 1. Tag (präformierte Antikörper)
2. Ausschluß anderer Ursachen bei Feststellen eines Thrombozytensturzes: Pseudothrombozytopenie (Meßartefakt bei Verwendung von EDTA-Blut → statt dessen Citratblut benutzen), Verdünnungseffekt, posttransfusionelle Purpura, Immunthrombozytopenie durch andere Medikamente, Verbrauchskoagulopathie, Sepsis, Knochenmarkaplasie, hämolytisch-urämisches Syndrom oder M. Moschcowitz
3. Bestimmung heparinspezifischer Antikörper bei Abfall der Thrombozyten um ≥ 50% oder bei Hinweisen auf Thromboembolien oder Bypassverschlüsse oder beim Auftreten von Hautnekrosen

■ Therapeutisches Vorgehen bei HIT II

1. schon bei Verdacht sofortiges **Absetzen von Heparin** (*cave*: Heparin in Spüllösungen, heparinbeschichtete Katheter, heparinhaltige Präparate von Gerinnungsfaktoren [PPSB] oder Inhibitoren [z.T. AT III] o.ä.!), Diagnosesicherung durch Antikörpernachweis
2. Umstellung der Antikoagulation auf ein **Heparinoid oder Hirudin** (langfristig → orales Antikoagulans)
3. bei lebensbedrohlicher Blutung oder bei Organgefährdung hochdosierte Gabe von **IgG-Antikörpern** (1 g/kg KG p. inf.), hierdurch kompetitive Blockade der thrombozytären Fc-Bindungsstellen und so Verhinderung der Aktivierung weiterer Thrombozyten
4. nur im äußersten Notfall **Thrombozytensubstitution** (HIT-Antikörper können sich ebenfalls gegen die transfundierten Thrombozyten richten, so daß dann das Geschehen verschlimmert wird!)

MERKE

1. Bei jeder unter Heparin neu auftretenden thromboembolischen Komplikation muß an eine HIT II gedacht werden.
2. Patienten nach einer HIT II dürfen nie wieder Heparin (UFH und NMH) erhalten!

6 Anästhesieassoziierte Pharmakologie

6.1 Kardiovaskulotrope Pharmakotherapie ▸ 86
6.1.1 Atropin und Orciprenalin ▸ 86
6.1.2 Einfache Vasopressoren ▸ 86
6.1.3 Katecholamine ▸ 87
6.1.4 β-Rezeptoren-Blocker ▸ 89
6.1.5 Clonidin ▸ 90
6.1.6 Vasodilatatoren ▸ 91
6.1.7 Phosphodiesterase-III-Hemmer ▸ 93
6.1.8 Schleifendiuretika ▸ 94
6.1.9 Antiarrhythmika ▸ 94
6.1.10 Hinweise für die Praxis ▸ 94
6.2 Pufferung einer metabolischen Azidose ▸ 95
6.2.1 Natriumhydrogencarbonat ▸ 95
6.2.2 Tris-Puffer ▸ 96
6.2.3 Hinweise für die Praxis ▸ 96
6.3 Emesisprophylaxe und -therapie ▸ 97
6.4 Perioperative Antibiotikaprophylaxe ▸ 98
6.4.1 Durchführung ▸ 98
6.4.2 Endokarditisprophylaxe ▸ 99
6.5 Perioperative Glukokortikoidsubstitution ▸ 100
6.6 Kontrollierte Hypotension ▸ 100

6.1 Kardiovaskulotrope Pharmakotherapie

6.1.1 Atropin und Orciprenalin

Atropin und Orciprenalin (Alupent®) werden zur symptomatischen Therapie akuter *bradykarder* Rhythmusstörungen eingesetzt:

- Atropin: 0,005–0,01 mg/kg Kg i. v. (s. auch Kap. 1.7.2)
- Orciprenalin: fraktioniert 1–2 ml einer 1: 10 verdünnten Lösung i. v. bei Erwachsenen (1 Amp. [1 ml] Alupent® enthält 0,5 mg Orciprenalin)

Die i. v.-Gabe des Parasympatholytikums Atropin kann initial die Bradykardie durch Stimulierung der muskarinergen Rezeptoren verstärken. Das β-Sympathomimetikum Orciprenalin stimuliert vor allem β_1-Rezeptoren und wird dann verwendet, wenn die Blockade von Muskarinrezeptoren durch Atropin keinen ausreichenden Erfolg zeigt oder von vornherein keine Wirksamkeit zu erwarten ist (z. B. kardiale Denervation nach Herztransplantation, AV-Block III. °). Bei ungenügender Pharmakawirkung ist eine Schrittmacherstimulation erforderlich (über thorakale Elektroden oder transvenöse Ventrikelsonde).

Bradykardien oder Bradyarrhythmien lassen sich durch Atropin nur beheben, wenn sie auf *Vorhofebene* entstanden sind, nicht dagegen, wenn sie ventrikulären Ursprungs sind. Deshalb gelingt es bei einem *AV-Block III.°* auch nur dann, die Kammerfrequenz mit Atropin direkt (!) zu erhöhen, wenn das Ersatzzentrum im unteren Teil des AV-Knotens oder im His-Bündel liegt (was seltener der Fall ist). Orciprenalin dagegen stimuliert auch tiefer liegende Ersatzzentren. Es kann damit die Kammerfrequenz direkt anheben, allerdings auch ventrikuläre Extrasystolen und Tachyarrhythmien bis hin zum Kammerflimmern auslösen. Unter höheren Dosen von Orciprenalin und bei längerer Anwendung können sich außerdem eine Natrium- und Wasserretention sowie eine Hypokaliämie entwickeln. Sie sind typische Nebenwirkungen der β_1- und wohl auch der β_2-Stimulation und entstehen als Folge einer hierdurch ausgelösten Aktivierung des Renin-Angiotensin-Aldosteron-Systems.

6.1.2 Einfache Vasopressoren

Bei den sog. einfachen Vasopressoren handelt es sich um Substanzen, die den arteriellen Blutdruck ausschließlich oder überwiegend durch eine *Steigerung des peripheren Gefäßwiderstands* erhöhen. In diese Gruppe gehören indirekt und direkt wirkende Sympathomimetika (z. B. Ephedrin, Akrinor®).

Indirekte Sympathomimetika führen zu einem Anstieg der Konzentration von Noradrenalin (NA) im synaptischen Spalt. Dem können folgenden Wirkungsmechanismen zugrunde liegen:

- vermehrte NA-Freisetzung aus präsynaptischen Speichern,
- Hemmung der neuronalen und extraneuronalen NA-Wiederaufnahme und
- Hemmung des enzymatischen NA-Abbaus.

Die Wirkung indirekter Sympathomimetika ist also an das Vorhandensein von NA gekoppelt und beschränkt sich damit auf *α- und β_1-Rezeptoren*. Hieraus erklären sich auch die fehlende Wirkung bei entleerten NA-Speichern (z. B. dekompensierter Schock) und die Tachyphylaxie bei wiederholtem Gebrauch. Während der Blutdruck primär als Folge der Vasokonstriktion (α-Rezeptoren-Stimulation) ansteigt, kann die Herzfrequenz trotz der β_1-Stimulation reflektorisch abfallen (Barorezeptorenreflex).

Ephedrin

Zusammensetzung:	1 Amp. (1 ml) enthält 50 mg Ephedrin
Indikation:	symptomatische (überbrückende) Behandlung des akuten Blutdruckabfalls zur Sicherstellung der koronaren und zerebralen Perfusion
Dosierung:	12,5–25 mg i. v. (z. B. 0,5–1,0 ml einer 1:1 verdünnten Lsg.)
Wirkungsart:	indirekt und direkt sympathomimetisch
Wirkeintritt:	1–2 min
Wirkdauer:	30–60 min
Nebenwirkungen:	Tachykardie (wg. direkter β_1-Stimulation), zentrale Erregung (wg. Liquorgängigkeit)
Besonderheit:	nur über eine internationale Apotheke zu beziehen (→ Haftungsrisiko beim Anwender)

Akrinor®

Zusammensetzung:	1 Amp. (2 ml) enthält 200 mg Cafedrin und 10 mg Theodrenalin
Indikation:	wie Ephedrin
Dosierung:	0,5–1,0 ml i. v.
Wirkungsart:	indirekt und direkt sympathomimetisch
Wirkung:	0,5 ml i. v.: Blutdruck- und Herzfrequenzanstieg (Stimulation von β_1-, geringer auch von β_2-Rezeptoren) 1,0 ml i. v.: Blutdruckanstieg, Abfall der Herzfrequenz (zusätzliche Stimulation von α-Rezeptoren)
Wirkeintritt:	1–2 min
Wirkdauer:	15–30 min
Nebenwirkungen:	Tachykardie (selten)

6.1.3 Katecholamine

Katecholamine sind *direkte* Sympathomimetika. Sie wirken an *adrenergen* (α_1, α_2, β_1, β_2) und z. T. auch an *dopaminergen* (D_1, D_2) Rezeptoren. Die Wirkungscharakteristik der einzelnen Substanzen hängt von deren Affinität zu den unterschiedlichen Rezeptoren ab (Tabelle **21**). Hieraus ergibt sich, bei welcher Art der Herz-Kreislauf-Beeinträchtigung sie eingesetzt werden können. Voraussetzung für ihre differenzierte Anwendung ist ein entsprechendes Monitoring (minimal: neben EKG invasive Blutdruckmessung und ZVD; ggf. PA-Drücke, intrathorakales Blutvolumen und HZV). Die typischen Eigenschaften der verfügbaren Wirkstoffe werden im folgenden kurz dargestellt (Dosierung und kinetische Daten s. Tabelle **22**).

Noradrenalin

Noradrenalin (Norepinephrin) stimuliert überwiegend *α-Rezeptoren*. Dadurch führt es zu einem Anstieg des peripheren Gefäßwiderstands und so zu einer Blutdruckerhöhung. Die Durchblutung von Myokard und Gehirn nimmt durch Blutumverteilung aus den vasokonstringierten Bereichen zu. Das HZV wird allerdings durch Noradrenalin i. d. R. nicht gesteigert. Die Herzfrequenz kann reflektorisch abfallen (Barorezeptorenreflex).

Tabelle 21 Rezeptoraffinität der gebräuchlichen Katecholamine

	α_1	α_2	β_1	β_2	D_1	D_2
Noradrenalin	+++	+++	+/++	(+)	∅	∅
Adrenalin	++	++	+++	+++	∅	∅
Dopamin	++	++	++	(+)	+++	++
Dobutamin	+	∅	+++	+/++	∅	∅
Dopexamin	∅	∅	+	+++	++	+

Tabelle 22 Dosierung und kinetische Daten der gebräuchlichen Katecholamine

	Noradrenalin	Adrenalin	Dopamin	Dobutamin	Dopexamin
Handelspräparat	Arterenol®	Suprarenin®		Dobutrex®	Dopacard®
Dosierung i.v.					
– Bolus[1]	5–10 µg	5–10 µg[2]	∅	∅	
– kontinuierlich	1–20 µg/min[1]	1–20 µg/min[1]	2–15 µg/kg/min	2–15 µg/kg/min	0,5–4,0 µg/kg/min
Wirkeintritt	30–60 sec[3]	30–60 sec[3]	20–30 min[4]	8–10 min[4]	
Wirkdauer	bei allen nur wenige Minuten				

[1] bei Erwachsenen; [2] bei Herzstillstand 1 mg (endotracheal: 3 mg [auf 10 ml NaCl 0,9%])!; [3] bei Bolusgabe; [4] Zeitspanne, bis sich bei Zufuhr der Erhaltungsdosis ein Verteilungsgleichgewicht einstellt und die *maximale* Wirkung erreicht ist

Indikation: Blutdrucksteigerung zur Verbesserung der Koronar- und Hirnperfusion, vor allem bei *erniedrigtem peripheren Gefäßwiderstand* (septisch-toxischer oder spinaler Schock), aber auch bei sonst *therapieresistenter arterieller Hypotonie* (z. B. massive Lungenembolie, schwerer hypovolämischer Schock)

Adrenalin

Adrenalin (Epinephrin) wirkt von allen Katecholaminen *am ausgewogensten* auf die einzelnen Adrenozeptoren. Nur in niedriger Dosierung überwiegt die β-Stimulation. Sie ist am Herzen die Grundlage eines positiv ino-, chrono-, dromo-, bathmo- und lusitropen[16] Effekts. Aus der β_2-Erregung erklärt sich die periphere Vasodilatation, die allerdings mit zunehmender Dosis schnell in den Hintergrund tritt. Dann dominiert der α-mimetische Effekt mit entsprechender Vasokonstriktion. Das HZV steigt unter Adrenalin über den gesamten Dosisbereich an, ebenfalls die Herzfrequenz. Allerdings ist damit eine überproportionale Zunahme des myokardialen O_2-Verbrauchs verbunden. Infolgedessen verschlechtert sich der Wirkungsgrad des Herzens, und bei disponierten Patienten kann sich eine kritische Myokardischämie entwickeln.

Dosis-Wirkungs-Bereiche (Erwachsene):
- 1–2 µg/min: primär β-Stimulation
- 2–10 µg/min: gemischte α- und β-Stimulation
- > 10 µg/min: α-Stimulation im Vordergrund

Indikationen: kardiopulmonale Reanimation (Steigerung des diastolischen Aortendrucks!), anaphylaktischer Schock (jeweils Mittel der 1. Wahl)

Dopamin

Dopamin ist die Vorstufe von Noradrenalin und stimuliert dosisabhängig *dopaminerge, β_1- und α-Rezeptoren.* In einer Dosierung bis zu 4 µg/kg/min, der sog. Nierendosis, steht die Erregung der postsynaptisch gelegenen D_1-Rezeptoren im Vordergrund. Dies führt zu einer Dilatation der Splanchnikusgefäße. Infolgedessen nimmt die Nierendurchblutung und auch die Diurese zu. Mit steigender Dosis tritt die β_1- und dann die α-Wirkung hinzu. Der α-mimetische Effekt kommt nicht nur direkt, sondern durch vermehrte NA-Freisetzung auch indirekt zustande.

Nierendurchblutung. Lange Zeit wurde Dopamin routinemäßig bei Patienten mit verminderter Nierendurchblutung (z. B. Langzeitbeatmung, Sepsis) in „Nierendosis" eingesetzt. Neuere Untersuchungen haben jedoch ergeben, daß Dopamin nicht geeignet ist, ein akutes Nierenversagen zu verhindern; wohl aber können auch in dieser niedrigen Dosis bereits Nebenwirkungen wie Tachykardie, Arrhythmie oder

16 Beschleunigung und Verbesserung der Myokardrelaxation

Vasokonstriktion auftreten, denn die Dosis-Wirkungs-Beziehung ist nicht starr, sondern zeigt fließende Übergänge.

Dosis-Wirkungs-Bereiche

- 2–4 µg/kg/min: primär D_1-Stimulation
- 4–10 µg/kg/min: gemischte D_1-, β_1- und α-Stimulation
- > 10 µg/kg/min: α-Stimulation im Vordergrund

Indikationen: heutzutage so gut wie keine mehr!

Dobutamin

Dobutamin ist ein synthetisches Dopaminderivat mit hauptsächlicher Wirkung auf *β-Rezeptoren*. Im Vordergrund steht die β_1-Stimulation. Zu der positiven Inotropie gesellt sich so ein positiv lusitroper Effekt. Die β_2-vermittelte periphere Vasodilatation führt zur Abnahme vor allem der Nachlast, aber auch der Vorlast. Das bedeutet, daß der Auswurfwiderstand und die kardialen Füllungsdrücke gesenkt werden. Infolgedessen wird die myokardiale O_2-Bilanz durch Dobutamin nicht verändert oder mitunter sogar leicht verbessert, was einen wichtigen Unterschied zu Noradrenalin, Adrenalin und Dopamin ausmacht. Allerdings darf hierzu der Blutdruck nicht allzusehr abnehmen und die Herzfrequenz nicht allzusehr zunehmen. Ein deutlicherer Blutdruckabfall und ein stärkerer Herzfrequenzanstieg sind jedoch im wesentlichen nur bei einer *Hypovolämie* zu befürchten, die es dementsprechend zu vermeiden gilt.

Dosis-Wirkungs-Bereiche:

- bis 7,5 µg/kg/min: primär β_1-Stimulation
- 5–10 µg/kg/min: zusätzlich β_2-Stimulation
- > 10 µg/kg/min: zusätzlich geringe α-Stimulation

Indikation. Dobutamin ist das Katecholamin der 1. Wahl bei der *akuten Linksherzdekompensation*, die durch Vasodilatatoren und Diuretika allein nicht (ausreichend) gebessert wird oder bei der die Schocksymptomatik im Vordergrund steht. Bei ausgeprägter arterieller Hypotonie (MAP < 65 mmHg) muß es allerdings mit Noradrenalin kombiniert werden.

Dopexamin

Dopexamin ist ebenfalls ein synthetisches Dopaminderivat. Es stimuliert vor allem *β_2-Rezeptoren* und daneben auch D_1-Rezeptoren. Die HZV-Steigerung ist damit überwiegend Folge der Nachlastsenkung. Dopexamin verbessert die myokardiale O_2-Bilanz, wenn eine Tachykardie und arterielle Hypotonie vermieden werden können. Im Splanchnikusgebiet wird die Durchblutung gesteigert, was jedoch weniger auf einer selektiven Vasodilatation beruht als vielmehr auf dem erhöhten HZV.

Indikation: akute Linksherzdekompensation (besonders wenn die Stauungssymptomatik im Vordergrund steht)

Hinweise für die Praxis

Für die kontinuierliche Zufuhr von Adrenalin oder Noradrenalin hat sich folgende einheitliche Verdünnung bewährt: Es werden *jeweils 3 mg Adrenalin oder Noradrenalin auf 50 ml NaCl 0,9%* aufgezogen („einfache Konzentration"). Dies erleichtert die Umrechnung der zugeführten Menge in „µg/min" ganz erheblich. 1 ml der Lösung enthält nämlich 60 µg Substanz, so daß die Infusionsgeschwindigkeit in „ml/h" der Substanzmenge in „µg/min" entspricht. Werden bei einem Patienten für längere Zeit höhere Dosen benötigt, so kann ein Vielfaches der angegeben Mengen aufgezogen werden und damit die Konzentration verdoppelt, verdreifacht usw. werden.

Nebenwirkungen von Katecholaminen

- Sinustachykardie (kaum bei Noradrenalin)
- Tachyarrhythmien/Extrasystolen (am wenigsten bei Dopexamin und Noradrenalin)
- Imbalance zwischen Koronardurchblutung und myokardialem O_2-Verbrauch mit Verschlechterung der myokardialen O_2-Bilanz (v.a. Adrenalin und Dopamin)
- Minderperfusion von Niere, Leber, Darm und Akren (v.a. Noradrenalin und Adrenalin sowie Dopamin in hoher Dosierung)
- Hypokaliämie (als Folge der durch β-Stimulation ausgelösten Aktivierung des Renin-Angiotensin-Aldosteron-Systems)
- Toleranzerhöhung bei kontinuierlicher Gabe (durch Down-Regulation der kardialen β-Rezeptoren; schon nach 48–72 Stunden)

6.1.4 β-Rezeptoren-Blocker (s. auch Kap. 35.2, 35.3 u. 35.4)

Die Wirkungen von β-Sympathomimetika lassen sich *kompetitiv* durch sog. β-Rezeptoren-Blocker (kurz β-Blocker; auch β-[Adrenozeptor-]Antagonisten, β-Sympatho- oder β-Adrenolytika genannt) aufheben. β-Blocker reagieren sowohl mit β_1- als auch mit β_2-Rezeptoren. Die gewünschten Effekte ergeben sich jedoch hauptsächlich aus der *Ausschaltung der β_1-Rezeptoren* und bestehen in einer Reduktion vor allem des kardialen Sympathikotonus. Hieraus erklärt sich die negativ chrono-, dromo-, bathmo-, ino- und lusitrope Wirkung der β-Blocker. Durch die Reduktion der Herzleistung sinkt der myokardiale O_2-Verbrauch entsprechend ab. Die Auswirkungen einer β-Blockade sind generell um so ausgeprägter, je höher der Sympathikotonus ist.

An dieser Stelle sollen nur kurz die Aspekte der (intravenösen) **Akuttherapie** erläutert werden. Die hierzu am häufigsten eingesetzten Substanzen sind *Metoprolol* und *Esmolol*. Oftmals wird Esmolol bevorzugt, weil es von allen β-Blockern die kürzeste Halbwertszeit hat und daher am besten steuerbar ist.

Akute Indikationen für β-Rezeptoren-Blocker:
- (perioperative) Abschirmung des Herzens gegen adrenerge Reize
- supraventrikuläre Tachykardien oder Tachyarrhythmien

MERKE
Vor der Anwendung von β-Rezeptoren-Blockern müssen andere Ursachen einer adrenergen Reaktion wie ungenügende Narkosetiefe, mangelhafte Analgesie und im Falle von Tachykardien vor allem eine **Hypovolämie** ausgeschlossen oder behandelt werden.

Esmolol

Brevibloc®:	1 Amp. (10 ml) enthält 100 mg Esmolol
Dosierung:	0,5–1,0 mg/kg i. v. als Bolus, dann ggf. 50–100 μg/kg/min p. inf.
Wirkprofil:	β_1-prävalente Rezeptorblockade
Wirkeintritt:	ca. 1 min
Plasma-HWZ:	8–10 min (Esterhydrolyse)

Metoprolol

Beloc®:	1 Amp. (5 ml) enthält 5 mg Metoprolol
Dosierung:	1–5 mg/kg i. v.
Wirkprofil:	β_1-prävalente Rezeptorblockade
Wirkeintritt:	1–2 min
Plasma-HWZ:	3–4 h (hepatische Elimination)

Kontraindikationen für β-Rezeptoren-Blocker:
- Hypovolämie
- Herzinsuffizienz NYHA III oder IV
- bradykarde Rhythmusstörungen (*cave*: höhergradige AV-Blockierungen!)
- Vorhofflimmern bei Präexzitationssyndromen (1:1-Überleitung und damit Kammerflimmern möglich; s. auch Kap. 35.4)
- obstruktive Atemwegserkrankungen
- Kombination mit Calciumantagonisten vom Verapamil-Typ oder mit Herzglykosiden

6.1.5 Clonidin (s. auch Kap. 1.7.2)

Der *intravenöse* Einsatz von Clonidin beschränkt sich, was die Anästhesie angeht, auf die Behandlung
- des postoperativen Muskelzitterns (Kap. 12.3.4 u. 12.3.5) und
- der hypertensiven Krise (heute kaum noch von Bedeutung).

Clonidin

Catapresan®:	1 Amp. (1 ml) enthält 150 μg Clonidin
Dosierung:	bei Muskelzittern max. 150 μg fraktioniert i. v. (bei hypertensiver Krise 150–450 μg)
Wirkprofil:	Stimulation von α_2-Rezeptoren und Imidazolinrezeptoren
Wirkeintritt:	ca. 5 min (max. antihypertensive Wirkung nach 20–30 min)

Plasma-HWZ:	8–12 h
Nebenwirkungen:	passagerer Anstieg des Blutdrucks bei Bolusinjektion (periphere α_1-Erregung); Bradykardien, AV-Blockierungen, arterielle Hypotonie; Sedierung
Kontraindikationen:	s. Kap. 1.7.4

6.1.6 Vasodilatatoren

Vasodilatatoren werden zur *Senkung der kardialen Vor- und/oder Nachlast* eingesetzt, je nachdem auf welche Gefäße sie einwirken. Im Akutbereich beschränkt sich ihre Anwendung im wesentlichen auf

- die hypertensive Krise,
- die Linksherzdekompensation und
- die Myokardischämie.

Die Substanzen, die im nachfolgenden besprochen werden, entstammen verschiedenen chemischen Gruppen und weisen charakteristische Unterschiede in ihrer Wirkung auf (Dosierung und kinetische Daten s. Tabelle **23**).

Glyceroltrinitrat (s. auch Kap. 35.2 u. 35.3)

Glyceroltrinitrat (GTN; inkorrekt auch als „Nitroglycerin" bezeichnet) gehört zu den Nitrovasodilatatoren. Aus dem Molekül wird *Stickstoffmonoxid*, der eigentliche Wirkstoff, abgespalten. GTN führt zu einer Erschlaffung der glatten Gefäßmuskulatur vor allem im *venösen*, weniger im arteriellen Bereich. Infolgedessen wird der venöse Rückstrom vermindert, und der linksventrikuläre enddiastolische Druck nimmt ab („Vorlastsenkung"). In geringerem Maße sinkt auch der periphere Gefäßwiderstand („Nachlastsenkung"). Das HZV wird lediglich dann gesteigert, wenn deutlich erhöhte Vorlasten reduziert werden („abfallender Schenkel der Frank/Starling-Kurve"). Anderenfalls kann es abfallen, was vor allem davon abhängt, inwieweit die Herzfrequenz kompensatorisch zunimmt.

Indikationen. Myokardischämien, akute Linksherzinsuffizienz mit Lungenstauung, hypertensive Krise mit Linksherzinsuffizienz, intraoperatives Abklemmen der thorakalen oder abdominalen Aorta

Nebenwirkungen. Blutdruckabfall/Reflextachykardie, Tachyphylaxie (schon nach 24 Stunden deutliche Wirkungsabschwächung)

Nifedipin (s. auch Kap. 35.2)

Nifedipin ist der Calciumantagonist mit der stärksten vasodilatatorischen Potenz. Es reduziert vor allem den *arteriellen Gefäßtonus*. Die deutliche Nachlastsenkung kompensiert in den meisten Fällen die nur gering ausgeprägte negativ inotrope Wirkung. Beim Herzgesunden nimmt das Schlagvolumen sogar zu. Nur bei dekompensierter oder grenzwertig kompensierter Herzinsuffizienz fällt die nifedipininduzierte Verminderung der Myokardkontraktilität ins Gewicht.

Tabelle 23 Dosierung und kinetische Daten gebräuchlicher Vasodilatatoren

	Glyceroltrinitrat	Nifedipin	Urapidil	Dihydralazin
Handelspräparat (Bsp.)	Nitrolingual®	Adalat®	Ebrantil®	Nepresol®
Zusammensetzung	1 ml enthält 1 mg Glyceroltrinitrat	1 Flasche (50 ml) enthält 5 mg Nifedipin	1 Amp. (10 ml) enthält 50 mg Urapidil	25 mg Trockensubstanz ad 2 ml Aqua ad inject.[1]
Dosierung[2]				
– sublingual (Einzeldosis)	0,4–1,2 mg	10–20 mg	∅	∅
– i.v. Bolus	20–50 µg	0,01 mg/kg (über 30 sec)[3]	10–25 mg	12,5–25 mg
– kontinuierlich	1–6 (10) mg/h	0,01–0,03 mg/kg/h	evtl. 5–10 mg/h[4]	evtl. ca. 5–10 mg/h[4]
Wirkeintritt (Bolus)	1–2 min (auch s.l.)	2–5 min/s.l. 5–10 min)	2–5 min	2–5 min (max. ca. 15 min)
Eliminations-HWZ	2 min	2–3 h	2–3 h	4–5 h

[1] od. NaCl 0,9%; [2] bei Erwachsenen; [3] bei hypertensiver Krise oder zur kontrollierten Hypotension; [4] nur selten notwendig

Indikationen. Hypertensive Krise mit oder ohne Linksherzinsuffizienz (Mittel der 1. Wahl), (koronare) Vasospasmen, kontrollierte Hypotension bei bestimmten Operationen (Abschn. 6.6)

Nebenwirkungen. Überschießender Blutdruckabfall, Reflextachykardie

Urapidil

Urapidil ist ein besonderer α-Rezeptoren-Blocker. Neben einer selektiven Blockade von *peripheren*, postsynaptisch gelegenen α_1-Rezeptoren werden *zentral* präsynaptische Serotoninrezeptoren vom 5-HT_{1A}-Typ stimuliert. Aufgrund der α_1-Blockade kommt es zur Vasodilatation mir entsprechender *Abnahme des arteriellen Blutdrucks* (die Nachlast wird stärker gesenkt als die Vorlast). Eine Reflextachykardie bleibt jedoch aus, weil durch die Stimulation der 5-HT_{1A}-Rezeptoren der Sympathikotonus reduziert wird (ähnlich wie bei einer Erregung zentraler α_2-Rezeptoren). Dies trägt außerdem zur Abnahme des peripheren Gefäßwiderstands bei.

Indikationen. Symptomatische Behandlung akuter Blutdruckanstiege, hypertensive Krise (Mittel 1. Wahl, bes. bei Patienten mit erhöhter intrakranieller Elastance [s. Kap. 22.4.6])

Nebenwirkung. Überschießender Blutdruckabfall

Dihydralazin

Dihydralazin rechnet zu den direkten Vasodilatatoren. Der molekulare Wirkungsmechanismus ist allerdings nicht bekannt. Dihydralazin dilatiert in klinisch üblicher Dosierung *ausschließlich arterielle Gefäße*, wobei die Wirkung an den Arteriolen des großen Kreislaufs ganz im Vordergrund steht. Die blutdrucksenkende Wirkung ist stark ausgeprägt und zudem schlecht steuerbar.

Indikation. Hypertensive Krise (bes. bei EPH-Gestose[17], sonst nur Reservemedikament)

Nebenwirkung. Überschießender Blutdruckabfall, Reflextachykardie

Nitroprussidnatrium

Nitroprussidnatrium (NPN) ist zwar wie Glyceroltrinitrat ein Nitrovasodilatator, hat aber deutlich stärkere vasodilatierende Eigenschaften. Sie betreffen den arteriellen und venösen Schenkel ungefähr in gleicher Ausprägung (arteriell etwas stärker als venös). NPN darf nur *kontinuierlich* intravenös zugeführt werden.

Indikationen. Akute Linksherzinsuffizienz (bes. bei arterieller Hypertonie), Low-output-Syndrom nach Abgang von der Herz-Lungen-Maschine, intraoperatives Abklemmen der thorakalen oder abdominalen Aorta, operative Entfernung eines Phäochromozytoms, therapieresistente hypertensive Krise (Reservemedikament), kontrollierte Hypotension bei bestimmten Operationen (s. Abschn. 6.6)

Nebenwirkungen. Überschießender Blutdruckabfall mit Reflextachykardie (*cave*: Hypovolämie!), Coronary-steal-Phänomen bei schwerer KHK (wegen koronararteriolärer Dilatation; s. Kap. 8.1.5), Rebound-Hypertension (nach abruptem Absetzen), Cyanidintoxikation (→ Blockade der Atmungskette; v.a. bei längerer Anwendung höherer Dosen [> 2 μg/kg/min], *cave*: Leber- oder Niereninsuffizienz!)

Galenik. NPN ist in wäßriger Lösung nicht stabil und zerfällt besonders bei Licht- und Wärmeeinwirkung. Die Infusionslösung wird daher erst unmittelbar vor der Anwendung hergestellt und sollte vor Licht geschützt werden. Es werden zunächst 60 mg NPN (1 Amp.) in 3 ml Natriumcitrat aufgelöst („Stammlösung"). Die Stammlösung wird dann so weit verdünnt (aus Kompatibilitätsgründen nur mit Glukose 5%!), daß eine 0,1%ige NPN-Konzentration entsteht (d. h. 2,5 ml der Stammlsg. auf 50 ml G 5%, 1 ml dieser Lsg. enthält dann 1 mg NPN).

Dosierung. NPN muß einschleichend dosiert werden, um eine überschießende Blutdrucksenkung zu verhindern:

- initial 0,2 μg/kg/min (oder 10 μg/min bei Erwachsenen; Wirkeintritt innerhalb einer Kreislaufzeit, Wirkdauer 1–2 min)
- Steigerung der Dosis bis zum Eintritt der gewünschten Wirkung alle 3–5 min

Zumeist reicht eine Erhaltungsdosis von *0,5–2,0 μg/kg/min* aus (od. ca. 50–150 μg/min). Die Maximaldosis beträgt 10 μg/kg/min (od. 800 μg/min). Die Anwendung von NPN erfordert immer ein invasives Druckmonitoring (mind. MAP u. ZVD).

Pharmakologische Soforttherapie bei Cyanid-intoxikation:

1. Hydroxycobalamin (0,1 mg/kg KG i. v.) als nierengängiger Komplexbildner für CN^-
2. Natriumthiosulfat (100 mg/kg KG i. v.) als Schwefeldonator zur Bildung des weniger toxischen Thiocyanats, infundiert über 15 min

17 Die Bevorzugung von Dihydralazin während der Schwangerschaft liegt vor allem darin begründet, daß hierfür – i. Ggs. zu neueren Substanzen wie Urapidil – traditionell eine Zulassung besteht und somit entsprechende Erfahrung vorhanden ist.

Tabelle 24 Dosierung und kinetische Daten gebräuchlicher PDE-III-Hemmer

	Enoximon	Milrinon
Handelspräparat	Perfan®	Corotrop®
Zusammensetzung	1 Amp. (20 ml) enthält 100 mg Enoximon und 9,8 Vol.-% Ethanol[1]	1 Amp. (10 ml) enthält 10 mg Milrinon
Dosierung		
– Bolus	0,5 mg/kg	50 µg/kg
– kontinuierlich[2]	5–10 µg/kg/min[3]	0,375–0,75 µg/kg/min[3]
Wirkungseintritt (Bolus)	5–10 min	
Eliminations-HWZ[4]	4–6 h	1–2 h
Maximale Anwendungsdauer[5]	48 h	5 d

[1] nur mit NaCl 0,9% kompatibel; [2] immer nur nach Bolusaufsättigung; [3] Dosisreduktion bei Niereninsuffizienz; [4] HWZ bei Herzinsuffizienz wegen verminderter Leber-/Nierenperfusion verlängert (z. T. deutlich); [5] gemäß Zulassung

3. evtl. 4-DMAP[18] (4-Dimethylaminophenol) als Methämoglobinbildner (Dosis: 3–4 mg/kg KG i. v.)

6.1.7 Phosphodiesterase-III-Hemmer

Hemmstoffe der Phosphodiesterase (PDE) III wie *Enoximon* und *Milrinon* (Tab. **24**) erhöhen über eine Verminderung des cAMP-Abbaus den intrazellulären cAMP-Gehalt. In der Herzmuskelzelle hat dies eine Zunahme, in der Gefäßmuskelzelle eine Abnahme der Ca^{2+}-Konzentration zur Folge. Hieraus läßt sich das typische **Wirkungsspektrum** ableiten:

- positive Inotropie und Lusitropie,
- positive Chronotropie,
- systemische und pulmonale Vasodilatation.

Im Vordergrund steht der gefäßdilatierende Effekt. Er resultiert in einer Verminderung der kardialen Nachlast, des arteriellen Blutdrucks und der Vorlast. Die Inotropiesteigerung fällt ebenso wie die positiv chronotrope Wirkung nur gering aus. Eine Tachykardie unter PDE-III-Hemmern ist mehr das Ergebnis der reflektorischen Antwort auf die Blutdrucksenkung und meist Ausdruck einer Hypovolämie. Die myokardiale O_2-Bilanz wird, sofern keine Hypotonie und Tachykardie auftritt, nicht verschlechtert. Kontrovers ist, ob sie ähnlich wie unter Dopexamin (Abschn. 6.1.3) auch verbessert werden kann.

Da die myokardialen Wirkungen von PDE-III-Hemmern i. Ggs. zu den Katecholaminen rezeptorunabhängig ablaufen, bleiben sie bei Down-Regulation[19] der β-Rezeptoren besser erhalten. Allerdings ist auch die Therapie mit PDE-III-Hemmern nicht frei von dem Phänomen einer *erhöhten Toleranz*. Sie entsteht auf Postrezeptorebene durch Zunahme inhibitorischer G-Proteine am chronisch insuffizienten Myokard oder bei längerer Anwendung von PDE-III-Hemmern. Ein grundsätzlicher Nachteil sind die *relativ langen Halbwertszeiten*. Sie liegen im Bereich von einer bis zu mehreren Stunden und schränken die Steuerbarkeit der Effekte nicht unerheblich ein.

Indikationen. Akute katecholaminrefraktäre Herzinsuffizienz, Low-output-Syndrom nach Abgang von der Herz-Lungen-Maschine (oftmals einmaliger Bolus ausreichend), pharmakologisches Bridging vor Herztransplantationen

Nebenwirkungen. Überschießender Blutdruckabfall mit Reflextachykardie (*cave*: Hypovolämie!), Arrhythmien (selten), Thrombozytopenie (sehr selten)

Hinweise für die Praxis

1. Aufgrund der kürzesten Plasmahalbwertszeit sollte **Milrinon** zur PDE-III-Hemmung bevorzugt werden.
2. Die Einleitung einer Therapie mit der Erhaltungsdosis, also ohne **Aufsättigungsbolus**, ist in Akutfällen sinnlos, denn therapeutische Plasmaspiegel werden aufgrund der langen Halbwertszeit von PDE-III-Hemmern so erst nach etlichen Stunden erreicht.
3. Zur Vermeidung eines abrupten Blutdruckabfalls sollte die Sättigungsdosis eines PDE-III-Hemmers statt als Bolusinjektion als **Kurzinfusion** über 5–10 min verabreicht werden.

18 4-DMAP wandelt einen Teil des Hb in MetHb um, so daß sich CN- mit MetHb zum ungiftigen Cyanmethämoglobin verbinden kann. Die Gabe von 4-DMAP ist entbehrlich, wenn Hydroxycobalamin in der angeführten hohen Dosierung verwendet wird.

19 verminderte Rezeptorempfindlichkeit und/oder -zahl bei längerer Katecholamintherapie oder chronischer Herzinsuffizienz

6.1.8 Schleifendiuretika

Perioperativ werden ausschließlich Schleifendiuretika und davon in erster Linie *Furosemid* verwendet. Sie sind die am stärksten wirksamen Diuretika; ihre Wirkung hält allerdings nur kurz an. Mit ihrer Hilfe können dosisabhängig über 30% des Primärfiltrats ausgeschieden werden, denn sie verhindern die *Natrium- und Wasserrückresorption* im gesamten Bereich der aufsteigenden Henle-Schleife bis einschließlich des frühdistalen Tubulus. Schleifendiuretika werden auch als *High-ceiling-Diuretika* bezeichnet, weil sie über einen weiten Dosisbereich eine annähernd lineare Dosis-Wirkungs-Beziehung zeigen. Ihre Effektivität hängt allerdings ab

- von der Perfusion der Nephrone,
- der Natriumkonzentration im Plasma und
- vom Ausmaß der Natrium- und Wasserrückresorption im proximalen Tubulus.

Diese kann bei Erkrankungen mit stark verringertem zirkulierenden Blutvolumen deutlich zunehmen (z. B. Herzinsuffizienz mit Ödemen, Leberzirrhose mit Aszites), so daß das Natriumangebot an die distalen Nephronabschnitte vermindert und die Wirksamkeit der Schleifendiuretika entsprechend eingeschränkt wird. Schleifendiuretika fördern neben der Ausscheidung von Na^+ die Exkretion von Cl^-, K^+, H^+, Mg^{2+} sowie von Ca^{2+} und PO_4^{2-}. Furosemid im speziellen führt zusätzlich, noch bevor die diuretische Wirkung einsetzt, zu einer, wenn auch nur geringen, Dilatation prä- und postkapillarer Gefäße.

Indikationen. Links- und/oder Rechtsherzinsuffizienz mit Stauungszeichen („hydropische Herzinsuffizienz"), iatrogene Überwässerung, hyperkalzämische Krise (hohe Dosen erforderlich, z. B. Furosemid bis zu 100 mg/h i.v)

Nebenwirkungen. Hypovolämie/Hypotonie, Hämokonzentration mit Verschlechterung der Mikrozirkulation, Hypokaliämie/Hypomagnesiämie, metabolische Alkalose, Verstärkung der Nephrotoxizität von Aminoglykosiden, Beeinträchtigung des Hörvermögens (*cave*: gleichzeitige Gabe ototoxischer Antibiotika wie Vancomycin oder Aminoglykoside!), Rebound-Effekt mit verstärkter Natrium- und Wasserrückresorption (→ sekundärer Hyperaldosteronismus)

MERKE
Schleifendiuretika führen nicht zu einer substantiellen Verbesserung der Nierenfunktion. Es werden nämlich nicht vermehrt harnpflichtige Substanzen ausgeschieden, sondern lediglich Elektrolyte und Wasser. Die gesteigerte Exkretion extrazellulärer Flüssigkeit zieht zwangsläufig eine vorübergehende Verminderung des Plasmavolumens nach sich, so daß der renale Plasmafluß und demzufolge die glomeruläre Filtrationsrate abnehmen. Lediglich bei Furosemid kann dieser Effekt dadurch ausgeglichen werden, daß es das Vas afferens dilatiert. Im besten Fall kann die GFR dann leicht zunehmen.

Furosemid

Lasix®:	1 Amp. (2 ml) enthält 20 mg Furosemid
Dosierung:	10–20 mg i. v. als Bolus
Wirkeintritt:	10–15 min
Wirkdauer:	2–3 h

6.1.9 Antiarrhythmika (s. Kap. 35.4)

6.1.10 Hinweise für die Praxis

1. Bei **kritischem Blutdruckabfall** werden bis zur Beseitigung der Ursache *Vasopressoren* eingesetzt (z. B. Ephedrin, bei unzureichender Wirkung Noradrenalin; ggf. Adrenalin, wenn Frequenz- und Inotropiesteigerung erforderlich), um die koronare und zerebrale Perfusion aufrechtzuerhalten.
2. Zur **perioperativen Optimierung des O_2-Angebots** muß – eine ausreichende pulmonale O_2-Aufnahme vorausgesetzt – zunächst der *intravasale Volumenstatus* optimiert werden, was in den meisten Fällen eine Volumenzufuhr bedeutet. Erst wenn dadurch der gewünschte Effekt nicht zu

erreichen ist, wird – im wesentlichen auf Risikopatienten (v.a. Herzinsuffizienz, Sepsis) beschränkt – der Einsatz von *Katecholaminen* notwendig. Hierunter gilt es, eine Tachykardie zu vermeiden, um den O_2-Verbrauch nicht unnötig zu erhöhen.

3. Bei **septischen Patienten** mit niedrigem peripheren Gefäßwiderstand, hohem HZV und kapillarem Leck sollte nach Volumenauffüllung frühzeitig *Noradrenalin* zur Widerstandserhöhung appliziert werden. Eine alleinige, übermäßige Volumenzufuhr ist nicht ratsam, weil dies aufgrund der gesteigerten Gefäßpermeabilität zu massiven Ödemen führt.
4. Vor jeder kontinuierlichen Gabe von Katecholaminen sollte immer eine **Hypovolämie** ausgeschlossen oder beseitigt werden. Bei **unzureichender Katecholaminwirkung** müssen folgende Ursachen in Betracht gezogen werden:
   - (fortbestehende) massive Hypovolämie
   - ausgeprägte Azidose (pH < 7,2)
   - ionisierte Hypokalzämie
   - Hypothermie
   - Down-Regulation kardialer β-Rezeptoren
   - absoluter oder relativer Cortisolmangel
   - Mangel an Schilddrüsenhormonen
   - erhebliche Reduktion kontraktilen Myokards (z. B. ausgedehnter Vorderwandinfarkt, Kardiomyopathie im Endstadium)
5. Bei einer **Bedarfstachykardie** (z. B. Hypovolämie, Herzinsuffizienz) dürfen keine Substanzen verwendet werden, die β-Rezeptoren blockieren.

6.2 Pufferung einer metabolischen Azidose

6.2.1 Natriumhydrogencarbonat

Die Gabe von Natriumhydrogencarbonat ($NaHCO_3$) zum Ausgleich einer metabolischen Azidose ist prinzipiell eine *symptomatische* Maßnahme. Sie kommt deshalb nur in Betracht, wenn eine ursächliche Therapie nicht unmittelbar möglich oder erfolgversprechend ist. Die Notwendigkeit einer Pufferung besteht erst dann, wenn sich eine bedrohliche Azidose entwickelt hat. Das ist frühestens bei einem **pH-Wert unterhalb von 7,2** der Fall (→ hämodynamische Relevanz einer Azidose mit Verminderung der Myokardkontraktilität, Rhythmusinstabilität, eingeschränkter Wirksamkeit von Katecholaminen). *Chronische metabolische Azidosen* (z. B. bei terminaler Niereninsuffizienz) sind i. d. R. respiratorisch kompensiert. Bei einer kontrollierten Beatmung sollte diesem Umstand durch entsprechende Anpassung des Atemminutenvolumens Rechnung getragen werden. Die Indikation für einen medikamentösen Azidoseausgleich ist demzufolge hier besonders streng zu stellen.

Natriumhydrogencarbonat wird als **1 molare, d. h. 8,4%ige Lösung** (1 ml enthält je 1 mmol Na^+ und HCO_3^-) nach folgender **Faustformel** zur Korrektur eines *extrazellulären* HCO_3^--Defizits eingesetzt:

$$NaHCO_3\text{-Bedarf (mmol)} = 0{,}2 \times \text{negativer „base excess" (BE)} \times \text{kg KG}$$

0,2: ungefährer Anteil des Extrazellulärraums am Körpergewicht (bei Erwachsenen)

Die *Reaktionsgleichung*, die die Pufferwirkung von $NaHCO_3$ beschreibt, lautet:

$$NaHCO_3 + H^+ \Leftrightarrow Na^+ + H_2CO_3 \Leftrightarrow H_2O + CO_2$$

Nach Möglichkeit sollte *gezielt* substituiert werden, d. h. durch Berechnung der erforderlichen Dosis entsprechend dem Ergebnis der Blutgasanalyse. Hierbei wird i. d. R. primär nur die Hälfte der errechneten Menge verwendet, um Überkorrekturen zu vermeiden. Aus demselben Grund sollte möglichst auch auf eine „Blindpufferung" verzichtet werden. Ausnahmen von dieser Regel sind lediglich die prolongierte Reanimation und die Maligne-Hyperthermie-Krise (in beiden Fällen max. 1 mmol $NaHCO_3$/kg KG). Doch auch bei der Reanimation sollte Zurückhaltung geübt werden. Solange der Eigenkreislauf nicht wiederhergestellt ist, werden nämlich nur verhältnismäßig geringe Mengen saurer Valenzen in die Zirkulation eingeschwemmt. Beachtet werden muß generell, daß die Gabe von $NaHCO_3$ bei nicht angepaßter, d. h. nicht gesteigerter, maschineller Ventilation zu einem Anstieg der CO_2-Konzentration – auch intrazellulär! – führt, was die Azidose dann zunächst sogar noch verstärkt („paradoxe intrazelluläre Azidose") und entsprechend negative Auswirkungen auf die Zellfunktionen hat (v.a. im Nervengewebe und Myokard). Wegen ihrer ausgeprägten *Hyperosmolarität* sollte $NaHCO_3$-Lösung – wenn möglich – über einen ZVK appliziert werden, sonst am besten verdünnt (mindestens 1:1) und langsam peripher-venös. Zu berücksichtigen ist ferner der *hohe Natriumgehalt* (1 mmol/ml). Bei Patienten mit Hypernatriämie sollte deshalb Tris-Puffer bevorzugt werden (Abschn. 6.2.2).

Kontraindikationen für $NaHCO_3$
- Hyperkapnie unter Spontanatmung (alveoläre Hypoventilation)
- nicht zu beherrschende Hyperkapnie unter Beatmung (z. B. MH-Krise)
- Hypernatriämie (Na^+ i. S. > 150 mmol/l)
- (Hypervolämie)

6.2.2 Tris-Puffer (Trishydroxymethylaminomethan [THAM], Trometamol)

Tris ist als **3 molare, d. h. 36,34%ige Lösung** im Handel und sollte vor seiner Anwendung verdünnt werden (üblicherweise 1: 10 mit Glukose 5%). Für die dann **0,3 molare Lösung** errechnet sich der **Bedarf** wie folgt:

0,3 molares Tris (ml) = negativer BE × kg KG

Auch hiervon wird zunächst nur die Hälfte infundiert. Die *Reaktionsgleichung*, die die Pufferwirkung von Tris beschreibt, lautet:

$$\text{Tris} + H_2CO_3 \Leftrightarrow \text{Tris-}H^+ + HCO_3^-$$

Hier zeigt sich ein zweifacher Effekt: zum einen die wichtigere *Neubildung von HCO_3^-*, zum anderen auch die Neutralisierung von CO_2. Letzteres reicht aber nicht, um längerfristig eine *respiratorische* Azidose zu puffern. Das Reaktionsgleichgewicht ist zur rechten Seite hin verschoben. So sind ungefähr 70% von Tris bei physiologischem pH-Wert ionisiert, und dieser Anteil steigt mit zunehmender Azidose weiter an.

Tris-H^+ wird rasch renal eliminiert. Es besteht daher Kumulationsgefahr bei *Oligoanurie*. Der nichtionisierte Anteil kann nur langsam intrazellulär vordringen. Die intrazelluläre Wirkung von Tris ist damit nicht viel schneller und besser als die von $NaHCO_3$. Tris-Puffer bewirkt zudem dosisabhängig eine *Atemdepression*, die dann durch den $PaCO_2$-Anstieg der Pufferwirkung zuwiderläuft. Bei primär intakter Atmung muß ab ca. 500 ml 0,3 molarem Tris mit einer deutlichen Hypoventilation gerechnet werden. Besondere Vorsicht ist daher bei nichtbeatmeten Patienten mit noch kompensierter respiratorischer Insuffizienz geboten. Bei versehentlicher paravasaler Zufuhr der stark alkalischen Tris-Lösung (pH ≈ 10) können schwere *Gewebenekrosen* auftreten, so daß sich unbedingt die Zufuhr über einen ZVK empfiehlt. Gegenüber $NaHCO_3$ bestehen keine grundsätzlichen Wirkungsvorteile. Es läßt sich lediglich eine zusätzliche Natriumgabe bei Hypernatriämie und Hyperosmolarität vermeiden. Als Maximaldosis werden 750 ml einer 0,3 molaren Tris-Lösung angegeben (die Infusionsgeschwindigkeit sollte hierbei 10 ml/min nicht überschreiten).

Indikationen für Tris:
- metabolische Azidose bei:
  - Hypernatriämie, die eine Kontraindikation für $NaHCO_3$ ist
  - Hyperkapnie, die durch Beatmung nur schwer beherrschbar ist (z. B. MH-Krise)
- krisenhaft gesteigerter Hirndruck (ICP-Senkung wohl durch passagere Verminderung des $PaCO_2$)

Kontraindikationen für Tris:
- Niereninsuffizienz mit Oligoanurie
- Ateminsuffizienz

6.2.3 Hinweise für die Praxis

1. Bei Pufferung einer metabolischen Azidose muß zusätzlich immer nach der **Azidoseursache** gesucht werden, um möglichst auch eine kausale Therapie einleiten zu können.
2. Puffersubstanzen sollten wenn möglich nur gezielt nach dem Ergebnis der **Blutgasanalyse** eingesetzt werden (zur Vermeidung einer Überkorrektur primär nur die Hälfte der errechneten Dosis).
3. Unter Applikation von $NaHCO_3$ steigt der $PaCO_2$, so daß die **Ventilation** bei beatmeten Patienten entsprechend erhöht werden muß, um einen unmittelbaren Azidoseausgleich zu erreichen.
4. Bei spontan atmenden, nicht intubierten Patienten mit kombinierter *respiratorisch-metabolischer Azidose* ist die Gabe von $NaHCO_3$ ebenso wie von Tris **absolut kontraindiziert** (Gefahr der „CO_2-Narkose" bei $PaCO_2$ > 70 mmHg)!
5. Bei **Hypernatriämie** (Na^+ i. S. > 150 mmol/l) sollte statt $NaHCO_3$ **Tris-Puffer** verwendet werden.
6. Eine pufferinduzierte **pH-Erhöhung** um 0,1 im Extrazellulärraum hat durch extra-/intrazelluläre Umverteilung eine **Abnahme der Kaliumkonzentration** im Serum um ca. 0,5 mmol/l zur Folge. Gegebenenfalls muß Kalium substituiert werden (Kap. 4.2.1).
7. $NaHCO_3$ sollte wie auch Tris nach Möglichkeit über einen **ZVK** zugeführt werden.

6.3 Emesisprophylaxe und -therapie

Übelkeit und Erbrechen entstehen nach sensorischer oder pharmakologischer Stimulation des Brechzentrums in der Formatio reticularis des Rhombenzephalons. Die postoperative Häufigkeit beträgt im Durchschnitt 20–30% (bei allerdings hoher Variabilität), das Maximum liegt in den ersten 2–3 Stunden nach einer Operation. Als Ursachen spielen neben patientenabhängigen Faktoren vor allem **Inhalationsanästhetika und Opioide** (Reizung chemosensibler Rezeptoren im Bereich der Area postrema) eine Rolle, weniger der chirurgische Eingriff selbst (Tab. **25**). PONV („postoperative nausea and vomiting") beeinträchtigt nicht nur das Wohlbefinden des Patienten, sondern kann zu Komplikationen führen, die den Operationserfolg oder den Patienten gefährden (Tab. **26**). In der Vermeidung derartiger Komplikationen liegt das Hauptziel präventiver und therapeutischer antiemetischer Maßnahmen, wovon die spezifische Pharmakotherapie (Tab. **27**) nur einen kleinen, aber nicht unbedeutenden Teil ausmacht.

> **MERKE**
> PONV scheint auf dem Boden patientenbedingter Risikofaktoren in erster Linie durch **volatile Inhalationsanästhetika** ausgelöst zu werden.

Präoperative Prädiktion von PONV

Abhängig von *anamnestischem Erbrechen*, *Geschlecht* und *Nikotinabusus* läßt sich das PONV-Risiko der Patienten bereits präoperativ grob quantifizieren:

- PONV-Ereignis od. Reisekrankheit: 20%
- weibliches Geschlecht: 20%
- Nichtrauchen: 20%
- alle Patienten (postop. Opioide): 20%

Tabelle 25 Risikofaktoren für PONV

Patientenbedingt	Anästhesiebedingt	Operationsbedingt	Sonstige
Lebensalter: Kinder/Jugendliche	Narkose-/Eingriffsdauer (> 2 h)	Notfalleingriffe (fehlende Nüchternheit, Aufregung)	zu kurze oder zu lange präop. Nüchternheit (< 6 h, > 14–16 h)
Geschlecht: Frauen[1]	*Anästhetika:* – volatile Anästhetika (!) – Opioide – N_2O (nur Kofaktor) *Adjuvanzien:* – Cholinesterasehemmer (?)	Strumaoperationen (?)	postop. Einsatz von Opioiden
individuelle Prädisposition: Übelkeit/Erbrechen nach früheren Narkosen oder Neigung zur „Reisekrankheit"[2]	arterielle Hypotension (bei rückenmarknaher Regionalanästhesie)		postop. Bewegungsreize, z. B. Umlagern (?)
„Nichtraucherstatus"			mechanische Pharynxreizung (in der postop. Phase)

[1] PONV 2–3 mal so häufig wie bei Männern (wohl *zyklusunabhängig*, da auch noch nach der Menopause evident); [2] PONV-Risiko auf das 2–3fache erhöht

Tabelle 26 Medizinische Risiken von PONV

Pulmonal	Kardiovaskulär	Operativ	Sonstige
Aspiration[1] (→ Atemwegsobstruktion, Pneumonie/-itis)	Herzfrequenz-/Blutdrucksteigerung Imbalancen im Flüssigkeits-, Elektrolyt- und Säure-Basen-Haushalt[4]	Nahtdehiszenz/Blutung[2]: – Abdominalchirurgie – Ophthalmochirurgie – Oralchirurgie	ICP[3]-Anstieg bei disponierten Patienten (z. B. intrakranielle Operationen) druckbedingt[2]: – gastrale Blutung[5] – Ösophagusruptur[6]

[1] bei noch ungenügenden Schutzreflexen; [2] bei starkem Erbrechen; [3] intrakranieller Druck; [4] betrifft vor allem Kinder und geriatrische Patienten; [5] Mallory-Weiss-Syndrom; [6] Boerhaave-Syndrom

Tabelle 27 Pharmaka zur Prophylaxe und Therapie von PONV

	Handelsname	Substanzklasse	Effektivität	Dosierung i.v.
Dimenhydrinat	Vomex A®	H_1-Rezeptor-Antagonist	gut	62 mg
Clemastin + Ranitidin	Tavegil® + Zantic®	H_1/H_2-Rezeptor-Antagonist	sehr gut	je 2 Amp.[1] als Kurzinfusion
Haloperidol	Haldol®	D_2-Rezeptor-Antagonist[2]	gut	1–2 mg
Metoclopramid	Paspertin®	D_2-Rezeptor-Antagonist[3]	mäßig	20–50 (!) mg
Ondansetron	Zofran®	5-HT_3-Rezeptor-Antagonist	gur, aber sehr teuer[4]	4 mg
Dexamethason	Fortecortin®	Glukokortikoid	nur präventiv in Kombination	4 mg

[1] = 4 mg Clemastin + 100 mg Ranitidin; [2] gehört zu den Butyrophenon-Neuroleptika; [3] beschleunigt zusätzlich die Magenentleerung; [4] 1 Einzeldosis kostet ca. €25.–! Jetzt als Generikum verfügbar und damit deutlich billiger

Hinsichtlich einer **PONV-Prophylaxe** kann dann wie folgt vorgegangen werden:

1. Patienten mit *geringem* Risiko (20%) und generell Patienten vor einer *Regionalanästhesie* benötigen keine medikamentöse Prophylaxe.
2. Patienten mit *mittlerem* Risiko (40–60%) erhalten zur Narkoseeinleitung 62 mg des H_1-Antihistaminikums Dimenhydrinat i. v. (= 10 ml Vomex® A).
3. Patienten mit *hohem* Risiko (80%) erhalten vor einer *Narkose* eine kombinierte Prophylaxe, bestehend aus H_1- und H_2-Rezeptor-Antagonisten. Außerdem sollte bei ihnen Propofol (Kap. 8.2.2) verwendet werden, am besten im Zusammenhang mit einer TIVA. Auf volatile Anästhetika soll möglichst verzichtet werden. Die Anwendbarkeit von N_2O wird nicht einheitlich beurteilt.

Allgemeine oder adjuvante Maßnahmen zur Vermeidung von PONV

- ausreichend lange, aber nicht zu lange präoperative Nüchternheit
- Vermeidung von Angst und Schmerzen (→ anxiolytische Prämedikation, suffiziente Schmerztherapie)
- Vermeidung von Hypoxie und Hypotension
- Magensonde bei Allgemeinanästhesien (→ kontinuierliche Magenentleerung, Effektivität umstritten)

MERKE

Vor dem therapeutischen Einsatz von Antiemetika müssen als **unspezifische Auslöser** von Übelkeit und Erbrechen immer eine **Hypoxie, Hypotension** und nach intrakraniellen Eingriffen oder bei Patienten mit Schädelhirntrauma auch eine **Hirndrucksteigerung** ausgeschlossen werden.

6.4 Perioperative Antibiotikaprophylaxe

Die gern geübte Praxis einer perioperativen Antibiotikaprophylaxe orientiert sich leider nicht immer an rationalen Aspekten. Zum Teil fehlt es an kontrollierten Studien, die den Effekt oder die Notwendigkeit perioperativer Antibiotikagaben belegen. Die wichtigste Maßnahme zur postoperativen Infektionsverhütung ist nach wie vor aber eine sorgfältige anti- bzw. aseptische chirurgische Vorgehensweise!! Nur in wenigen Fällen ist zusätzlich eine Antibiotikaprophylaxe erforderlich (Tab. **28**).

6.4.1 Durchführung

Unter einer perioperativen Antibiotikaprophylaxe versteht man die *einmalige Antibiotikagabe kurz vor oder während eines operativen Eingriffs*, eventuell ergänzt um eine weitere Gabe bei langer Eingriffsdauer (> 3 h) oder in speziellen Fällen, wenn Erreger die Abwehrbarriere des Organismus schon überwunden haben, noch bevor das Antibiotikum eingesetzt werden kann. Ein über 24 Stunden hinausgehender Einsatz von Antibiotika erfüllt nicht mehr die Kriterien einer Prophylaxe. Hier handelt es sich bereits um eine Frühtherapie.

Tabelle 28 Perioperative Antibiotikaprophylaxe

Gesicherte Indikationen	Wahrscheinliche Indikationen	Gesicherte Nichtindikationen
Eingriffe am offenen Herzen	kolorektale Eingriffe (inkl. Appendektomie)	Traumatologie (außer bei massiv kontaminierten oder bereits infizierten Wunden, z. B. offene Fakturen II.° od. III.° > 2 h nach Verletzung, Schuß-, Stich- od. Bißverletzungen[1], fäkale Kontamination)
Endokarditisprophylaxe bei Risikopatienten[2]	vaginale Hysterektomie	alle Eingriffe, bei denen keine bakteriell-infektiösen Prozesse od. physiologischen Erregerreservoire eröffnet werden, z. B. i. d. R. Osteotomien, Endoprothetik, Fremdkörperimplantationen, Thorakotomien, Laparotomien, Kraniotomien
Splenektomie oder Eingriffe bei Z. n. Splenektomie[3]	Ösophagektomie, komplizierte Gallenwegschirurgie	

[1] besondere Gefahr des Gasbrands; [2] s. Abschn. 6.4.2; [3] besondere Gefahr für Pneumokokkeninfektionen

Bei der **Auswahl des Antibiotikums** ist das typische Erregerspektrum, das erreicht werden soll, zu berücksichtigen. Der Erfolg scheint jedoch nicht davon abzuhängen, daß ein Antibiotikum gegen sämtliche in Frage kommenden obligat oder fakultativ pathogenen Keime wirksam ist. Im *Regelfall* genügen

- eine gute Aktivität gegen grampositive Kokken und
- eine subinhibitorische Aktivität gegen gramnegative Stäbchen.

Diese Bedingungen werden vollauf von **Cephalosporinen der 1. Generation** (z. B. Cefazolin – Elzogram®) erfüllt. Sie sollten deshalb Mittel der Wahl sein. Bei einmaliger Applikation wählt man eine Dosis, die der **unteren vom Hersteller empfohlenen Tagesnormdosis** entspricht (z. B. 2 g Cefazolin). Bei geplanter Darmöffnung mag die Kombination mit einem umfangreich gegen Anaerobier wirkenden Antibiotikum (z. B. 500 mg Metronidazol) sinnvoll sein, was aber nicht zweifelsfrei belegt ist. Für die Endokarditisprophylaxe bei Risikopatienten gelten gesonderte Empfehlungen (Abschn. 6.4.2). Der **Zeitpunkt** der Antibiotikagabe (i. v., am besten als *Kurzinfusion* über 15–30 min) sollte, um ausreichende Gewebespiegel zu erzielen, idealerweise *30–60 min vor Eingriffsbeginn* (i. d. R. also während der Anästhesieeinleitung) liegen.

Sehr wichtig, im Einzelfall aber schwierig ist die Entscheidung, ob noch eine Antibiotikaprophylaxe ausreicht oder bereits besser eine intensive Frühtherapie (über mehrere Tage) gegen eine klinisch noch kaum evidente, de facto aber schon manifeste Infektion durchgeführt werden sollte. Eine **Frühtherapie** ist generell dann vorzuziehen,

- wenn bereits eine Infektion im Wundgebiet vorliegt, die auch tiefere Schichten erreicht (z. B. perityphlitischer Abszeß), oder
- wenn eine massive Kontamination, insbesondere mit Fäkalkeimen, besteht (z. B. Darmperforation; hier zunächst Kombination des Basisantibiotikums mit z. B. Metronidazol).

6.4.2 Endokarditisprophylaxe

Abnorme, turbulente Blutströmungsverhältnisse, wie sie im Herzen oder in den großen herznahen Gefäßen als Folge von angeborenen oder erworbenen Herzfehlern oder nach Herzklappenersatz entstehen, können Endokard- bzw. Endothelläsionen verursachen. Diese bereiten über die Bildung thrombotisch-fibrotischer Auflagerungen den Boden für eine bakterielle Besiedelung. Derartig vorbelastete Patienten sind durch transiente Bakteriämien bei invasiven diagnostischen oder therapeutischen Eingriffen in erheblichem Maße gefährdet, eine bakterielle Endokarditis zu erleiden. Bei den Erregern handelt es sich in erster Linie um *grampositive Kokken* (hauptsächlich α-hämolysierende Streptokokken [Viridans-Gruppe], β-hämolysierende Streptokokken der Gruppe A, Staphylokokken und Enterokokken). Diese Keime zeigen eine besondere Affinität zu geschädigtem Endokard. Da die Letalität einer infektiösen Endokarditis auch heutzutage bei optimaler Antibiotikatherapie immer noch bis zu 20% betragen kann, ist eine Antibiotikaprophylaxe bei prädisponierten Patienten vor entsprechenden Eingriffen unbedingt erforderlich (Tab. **29**).

Prädispositionen (erhöhtes Endokarditisrisiko, von oben nach unten abnehmend)

- Z. n. Herzklappenersatz
- Z. n. Konduitimplantation
- Z. n. infektiöser Endokarditis
- Herz- bzw. Herzklappenfehler
- weniger als 6 Wochen zurückliegender herzchirurgischer Eingriff

Tabelle 29 Endokarditisprophylaxe in Abhängigkeit von Eingriffsort und Erregerspektrum

Eingriffsort	Wichtigste Erreger	Antibiotikum[1]	
		1. Wahl	bei Penicillinallergie
Mund-Nasen-Rachen-Raum oder Respirationstrakt	Streptokokken	Penicillin G 50.000 IE/kg (max. 2 Mio.)	Clindamycin 15 mg/kg (max. 600 mg) oder Erythromycin 20 mg/kg (max. 1 g)
Gastrointestinal- od. Urogenitaltrakt	Enterokokken	Ampicillin 50 mg/kg (max. 2 g)	Vancomycin 20 mg/kg (max. 1 g)
Haut	S. aureus und S. epidermidis	Flucloxacillin 50 mg/kg (max. 2 g)[2]	Clindamycin 15 mg/kg (max. 600 mg)[3]

[1] bei besonders hohem Endokarditisrisiko (die ersten 3 Punkte unter den Prädispositionen) jeweils Kombination mit Gentamicin: 2 mg/kg Kg (max. 80 mg) und Zweitgabe nach 8 Stunden; [2] bei entsprechender regionaler Resistenzlage statt dessen 1 g Vancomycin; [3] alternativ 2 g Cefazolin, wenn Kreuzallergie gegen Penicillin ausgeschlossen werden kann

- Ductus Botalli apertus
- Aortenisthmusstenose
- hypertrophisch-obstruktive Kardiomyopathie
- Mitralklappenprolaps mit systolischem Geräuschs
- weniger als 6 Monate zurückliegender herzchirurgischer Eingriff

MERKE
Bei unkomplizierter orotrachealer Intubation ist – nur aus Gründen der Intubation – keine Endokarditisprophylaxe erforderlich.

Kein erhöhtes Endokarditisrisiko und damit keine Notwendigkeit einer Antibiotikaprophylaxe liegt vor bei:
- Vorhofseptumdefekt vom Sekundum-Typ
- Mitralklappenprolaps ohne systolisches Geräusch
- Aortensklerose
- koronarer Herzkrankheit
- Z. n. Herzschrittmacherimplantation
- vollständig korrigierten Herzfehlern (Wiederherstellung der normalen Strömungsdynamik)
- Z. n. Koronarbypassoperation

6.5 Perioperative Glukokortikoidsubstitution

Siehe Kap. 35.11.2.

6.6 Kontrollierte Hypotension

Bei einigen Operationen wird unter der Vorstellung, den intraoperativen Blutverlust zu vermindern und dadurch auch die Operationsbedingungen zu verbessern, manchmal eine kontrollierte Blutdrucksenkung durchgeführt, so z. B. bei
- Wirbelsäulenkorrekturen,
- Oberkieferosteotomien,
- plastischen Operationen,
- Operationen von Basilarisaneurysmen oder zerebralen Angiomen,
- Tumoroperationen (HNO, MKG, Auge).

An **Kontraindikationen** sind zu beachten:
- Herzinsuffizienz
- koronare Herzkrankheit
- arterieller Hypertonus
- zerebrovaskuläre Erkrankungen
- erhöhter Hirndruck
- Nieren-, Leberinsuffizienz
- Anämie (Hb < 10 g/dl)

Durchführung

Um kritische Ischämien zu vermeiden, sollte der **arterielle Mitteldruck nicht längerfristig unter 60 mmHg** (und keinesfalls unter 50 mmHg) gesenkt werden, d. h., er soll die untere zerebrovaskuläre Autoregulationsschwelle nicht unterschreiten (Kap. 22.2.1). Damit die körpereigenen Regulationsmechanismen wirksam werden können, darf der

Druck nur schrittweise vermindert werden. Außerdem ist die Hypotensionsphase auf das operativ notwendige Minimum zu beschränken. Zur Drucksenkung können Substanzen wie **Nifedipin**, aber auch Anästhetika mit besonderer vasodilatatorischer Potenz wie **Isofluran** eingesetzt werden. Die Anwendung von Nitroprussidnatrium ist wegen der möglichen Cyanidanreicherung problematisch (Abschn. 6.1.6). Es empfiehlt sich, das Operationsgebiet wenn möglich über Herzniveau anzuheben, um so den venösen Abfluß zu verbessern. Bei der kontrollierten Beatmung gilt es, niedrige Atemwegsdrücke zu erreichen (→ kein PEEP während der Hypotension). Unabdingbar ist die Aufrechterhaltung einer **Normovolämie.** Vor Beendigung der Operation ist der Blutdruck rechtzeitig wieder in den Normalbereich anzuheben, um damit die Blutstillung für den Operateur zu erleichtern und die Gefahr von Nachblutungen zu verringern.

Essentielles Monitoring bei kontrollierter Hypotension

- EKG mit ST-Strecken-Analyse
- Pulsoxymetrie, Kapnometrie
- invasive Druckmessung; ZVD, SvO_2 (→ Erfassung des Volumenstatus, Trendbeurteilung des HZV)
- Urinausscheidung, Temperaturmessung

Komplikationen

- Reflextachykardie (nach ausreichender Volumenzufuhr ggf. vorsichtige β-Rezeptoren-Blockade, z. B. mit Esmolol [Brevibloc®])
- Rebound-Hypertension bei abruptem Beenden der Hypotension

7 Narkosetechniken

7.1 Maskennarkose ▸ 102
7.1.1 Allgemeines ▸ 102
7.1.2 Larynxmaske ▸ 103
7.1.3 Intubationslarynxmaske ▸ 106
7.2 Endotracheale Intubation ▸ 107
7.2.1 Indikationen ▸ 107
7.2.2 Einschätzung der Intubationsbedingungen ▸ 107
7.2.3 Endotrachealtuben ▸ 109
7.2.4 Intubationstechnik bei direkter Laryngoskopie ▸ 109
7.2.5 Kontrolle der Tubuslage ▸ 110
7.2.6 Nasotracheale Intubation ▸ 110
7.2.7 Schwierige Intubation ▸ 111
7.2.8 Fiberendoskopische Intubation ▸ 111
7.2.9 Management des schwierigen Atemwegs („difficult airway management") ▸ 112
7.2.10 Intubationskomplikationen ▸ 113
7.2.11 Extubationskriterien ▸ 114
7.3 Präoxygenierung ▸ 114
7.4 Narkoseeinleitung und pulmonale Aspiration ▸ 115
7.4.1 Magenentleerung ▸ 115
7.4.2 Narkoseeinleitung bei nichtnüchternen Patienten ▸ 115
7.4.3 Pulmonale Aspiration ▸ 116
7.5 Besonderheiten der Narkosebeatmung ▸ 117
7.5.1 Durchführung der maschinellen Beatmung ▸ 117
7.5.2 Vergleich von volumen- und druckkontrollierter Beatmung ▸ 118
7.5.3 Niedrigflußnarkosen ▸ 118
7.5.4 Beatmungsfilter ▸ 120
7.5.5 Atemkalk ▸ 121
7.6 Eine-Lunge-Anästhesie ▸ 122

7.1 Maskennarkose

7.1.1 Allgemeines

Die konventionelle **Gesichtsmaske** ist nur für Narkosen bei kurzen Eingriffen bis zu einer Dauer von ca. 30 min geeignet. Hierzu zählen z. B.:

- Abszeßspaltungen
- Repositionen von Frakturen oder Luxationen
- schmerzhafte Verbandswechsel
- Gipswechsel bei Kleinkindern
- Entnahme von Gewebeproben
- Elektrokrampftherapie
- Kardioversion

Demgegenüber kann die **Larynxmaske** (LMA) auch bei längeren Operationen eingesetzt werden.

Maskennarkosen dürfen grundsätzlich nur bei **nüchternen Patienten** und in Rückenlage (LMA auch in Seitenlage) durchgeführt werden. Während einer Maskennarkose wird der Patient entweder manuell (assistierend) beatmet, oder man läßt ihn während kurzer Eingriffe – bei suffizienter Eigenatmung (Apnoe-Monitoring!) – spontan atmen. Bei Verwendung einer LMA ist auch eine maschinelle Beatmung möglich, sogar mit einem geringen PEEP bis zu 5 cmH_2O. Der inspiratorische Druck sollte dann auf ca. 20 cmH_2O begrenzt werden (z. B. Überdruckventil). Durch die richtige Beatmungstechnik kann das Risiko der Gasinsufflation in den Magen und damit der Regurgitation beim vermeintlich nüchternen Patienten minimiert werden. Hierzu sollte der Beatmungsdruck 20–25 cmH_2O nicht übersteigen (gastroösophagealer Verschlußdruck in Ruhe ca. 28 cmH_2O, in Narkose geringer). Für eine sichere Beatmung mit Maske muß bei **Vollbartträgern** darauf bestanden werden, daß der Bart im Zweifelsfall präoperativ auf ein vertretbares Maß gestutzt wird. Dies gilt im Prinzip vor Durchführung jeder Form der Anästhesie!

■ Gefahren und Komplikationen der Maskenbeatmung

allgemein:

- Gasinsufflation in den Magen
- pulmonale Aspiration
- bei zu flacher Narkose:
  - Husten, Würgen, Erbrechen
  - Laryngo-, Bronchospasmus
- Kontamination der Raumluft mit Narkosegasen

Gesichtsmaske
- schwierige Handhabbarkeit (zahnlose Patienten, Gesichtsanomalien)
- Hypoventilation und Hypoxie (Nebenluft, unbemerktes Nachlassen der Muskelkraft, Obstruktion)
- Verletzung von Ästen des N. trigeminus und N. facialis (bei exzessivem Druck)
- Verletzung der Augen: Lidödem, Chemosis, Hornhauterosion oder -ulzeration
- HWS-Distraktion (durch forcierte Reklination)
- Kontaktdermatitis im Auflagebereich, anaphylaktische Reaktionen (Latexmasken, Desinfektionsmittelreste)

Larynxmaske (Abschn. 7.1.2)

Kontraindikationen für Maskenarkosen

- Nichtnüchternheit
- Bauchlage
- Steinschnitt-Trendelenburg-Lagerung
- Seitenlage (Ausnahme: LMA)
- Adipositas (niemals bei Adipositas permagna!)
- Eingriffslokalisation
  - Laparotomie/Laparoskopie
  - Thorakotomie/Thorakoskopie
  - Eingriffe im Kopf-Hals-Bereich (mit LMA möglich, aber strenge Indikation nötig!)
- Eingriffsdauer > 30 min (Ausnahme: LMA)
- lockere Frontzähne
- Vollbart, Gesichtsanomalien (Ausnahme: LMA)
- Z. n. Unterkieferresektion
- Risikoklasse ≥ ASA III (Ausnahme: LMA)

7.1.2 Larynxmaske

Bei der Kehlkopf- oder. Larynxmaske (engl.: „laryngeal mask airway" = LMA) handelt es sich im Prinzip um einen *oropharyngealen Tubus* mit distaler Manschette (Cuff), die im aufgeblasenen Zustand den Larynxeingang wie eine Maske umschließt. Ursprünglich mehr als Alternative zur Gesichtsmaske gedacht, hat sich der Indikationsbereich mit zunehmender Erfahrung auch auf das Management des schwierigen Atemwegs ausgedehnt.

Indikationen für die Larynxmaske

- Eingriffe, bei denen eine endotracheale Intubation nicht erforderlich oder erwünscht und eine Gesichtsmaske nicht zweckmäßig ist
- Operationsdauer > 15 min und < 2–3 h
- ambulante Eingriffe
- Augen-, Ohroperationen
- Narkosen bei Sängern
- unerwartet schwierige Intubationen (als Leitschiene für die Tubusplazierung)
- Notfallbeatmung

Maskentypen

Die Larynxmaske wird aus Silikon für die Mehrfachanwendung oder aus PVC (Polyvinylchlorid) für den Einmalgebrauch gefertigt. Sie ist in unterschiedlichen Ausführungen und Größen verfügbar (Tab. **30**). Standardtyp ist das Modell mit *starrem* Schaft. Daneben gibt es eine *flexible* Variante mit spiraldrahtverstärktem Schaft. Sie ist für den Einsatz bei Eingriffen im Kopf-Hals-Schulter-Bereich vorgesehen (besseres Ableiten, kein Abknicken). Da in diesen Fällen aber die Interventionsmöglichkeiten intraoperativ eingeschränkt sind, muß die Indikation streng gestellt werden. Generell ist die flexible LMA etwas schwieriger zu plazieren. Ein weiteres Modell enthält einen Kanal, über den bei Bedarf eine *Magensonde* eingeführt werden kann (ProSeal®). Eine speziell modifizierte LMA erleichtert das Einführen eines Endotrachealtubus über die LMA. Sie wird deshalb als *Intubationslarynxmaske* bezeichnet wird (Abschn. 7.1.3).

Die wiederverwendbare LMA muß nach Gebrauch sofort sorgfältig ausgewaschen und im geblockten Zustand in die Desinfektionslösung eingelegt werden. Die Wiederaufbereitung in Form einer Dampfsterilisation (Autoklavieren) ist im entblockten Zustand durchzuführen. Nach Empfehlung des Herstellers kann die wiederverwendbare LMA bis zu 40mal eingesetzt werden.

Als **Besonderheiten** sind zu beachten, daß
- die endotracheale Absaugung erschwert bis unmöglich ist (*cave*: lange Narkosen!) und

Tabelle 30 Übersicht über die verschiedenen LMA-Größen

Größe	Anwendung bei:	Cuff-Füllvolumen (max.)
1	Säuglingen bis 6,5 kg	5 ml
2	Kleinkindern bis 20 kg	10 ml
2,5	Kindern (20–30 kg)	15 ml
3	Kindern (30–50 kg)	20 ml
4	Erwachsenen	30 ml
5	großen Erwachsenen (> 90 kg) oder schlechtem Sitz der Größe 4	40 ml

- außer bei der ProSeal®-LMA eine Magensonde bei liegender LMA nur schwer zu plazieren ist (LMA dafür entblocken).

Grundsätzliches zum Einsatz der Larynxmaske

Position. Aufgrund ihrer angepaßten Form gleitet die LMA normalerweise leicht in ihre Position auf bzw. hinter das knorpelige Kehlkopfskelett. Die Erfolgsquote liegt bei über 95% und ist nach kurzer Zeit auch für Neuanwender zu erreichen.

Fiberendoskopische Untersuchungen haben gezeigt, daß nur in ca. 60% der Fälle die LMA zentral dem Kehlkopf anliegt. In 40% ist sie nach lateral, ventral oder dorsal disloziert. Ventrale Fehllagen können durch forcierte Reklination des Kopfes während des Einführvorgangs provoziert werden. In über 80% der Fälle findet sich ein unterschiedlich ausgeprägter Epiglottisvorfall zwischen LMA und Kehlkopfeingang. Allerdings führt die hierdurch induzierte Lumeneinengung nur in den wenigsten Fällen zu einer relevanten Verringerung des Atemwegsquerschnitts. Erstaunlicherweise üben diese häufigen Fehllagen zumeist keinen Einfluß auf die Dichtigkeit aus und beeinträchtigen nur sehr selten die Ventilation.

Dichtigkeit und Aspirationsrisiko. Bei Beatmungsdrücken bis zu 20 cmH_2O schließen über 70% aller Larynxmasken dicht ab. In 50% der Fälle werden auch Spitzendrücke von 30 cmH_2O toleriert, ohne daß Nebenluft auftritt. Bei Drücken von mehr als 20 cmH_2O ist allerdings eine **Gasinsufflation in den Magen,** verbunden mit erhöhtem Regurgitations- und Aspirationsrisiko, nicht auszuschließen. Ein Nachblocken bei Undichtigkeit führt nur selten zu einer Verbesserung; die LMA sollte in diesen Fällen neu plaziert werden. Ein erhöhtes Aspirationsrisiko bei Anwendung der LMA an nüchternen Patienten läßt sich nicht erkennen. Bei fehlender Nüchternheit hingegen darf die LMA nicht eingesetzt werden, weil sie hier keinen ausreichenden Schutz vor einer Aspiration bietet. Das gilt selbstverständlich auch dann, wenn eine Magensonde gelegt wird (z. B. in Verbindung mit der ProSeal®-LMA)!

Postoperative Beschwerden. Im Gegensatz zum Endotrachealtubus, durch den es zwangsläufig zur Irritation empfindlicher Atemwegsstrukturen, wie Stimmbänder und Trachealschleimhaut, und zur Verringerung des Atemwegsquerschnitts kommen muß, stülpt sich die LMA lediglich dem Eingang der Trachea über und verlängert so den natürlichen Atemweg. Bei *idealem* Sitz bleibt daher der Atemwegsquerschnitt unverändert. Wegen der fehlenden transglottischen Penetration entfallen Probleme wie Heiserkeit, Halsschmerzen, Husten, Laryngospasmus, Stimmbandreizung oder Ödem von Larynx und Trachea postoperativ fast völlig. Die LMA kann deshalb eine Alternative bei Patienten mit Stimmbandschäden oder Neigung zu stärkeren laryngealen oder trachealen Beschwerden nach endotrachealer Intubation sein. Aufgrund der geringen bis fehlenden Traumatisierung der Atemwege bietet sich ihr Einsatz geradezu bei ambulanten Eingriffen an.

Praktischer Umgang mit der Larynxmaske

Vorbereitung. Die LMA wird nach Testung auf Dichtigkeit und Formstabilität im sorgfältig entblockten Zustand mit z. B. Lidocaingel an der Ventral- und Dorsalseite des Cuffs lubriziert. Zahnprothesen müssen wie vor jeder Narkose entfernt werden. Eine **ausreichende Mundöffnung** ist unabdingbare Voraussetzung für die Einführung.

> **MERKE**
> Bei Patienten mit **marodem Gebiß,** vor allem bei lockeren Schneidezähnen, darf keine Larynxmaske benutzt werden!

Narkose. Entscheidend für den Gebrauch der LMA ist eine ausreichend tiefe Narkose. Dies gilt nicht nur für das Einführen der LMA, sondern auch während der Operation. Dadurch lassen sich Probleme wie Laryngospasmus, Husten und Pressen sowie intraoperativ unbefriedigende Ventilation in den meisten Fällen vermeiden. Eine Muskelrelaxierung zum Einführen der LMA ist i. d. R. nicht erforderlich, bei Ventilationsproblemen kann sie aber nützlich sein. Die Vorweggabe einer geringen Dosis Atropin verhindert eine übermäßige Salivation und pharyngeale Schleimansammlung im Verlauf der Narkose. Als ideales Einleitungshypnotikum wird wegen der guten Dämpfung der pharyngolaryngealen Reflexe **Propofol** angesehen. Grundsätzlich kommen aber – bis auf Ketamin – auch alle anderen i. v.-Hypnotika in Betracht. Sowohl die balancierte Anästhesie als auch die TIVA sind zur Aufrechterhaltung der Narkose geeignet.

Häufigste Einführtechnik. Die Führungshand umfaßt den Schaft der LMA, wobei der Zeigefinger von Anfang bis Ende des Einführvorgangs – also ohne dazwischen umgesetzt zu werden – auf dem eigentlichen Maskenansatz ruht („Bleistiftgriff"). Er dirigiert die LMA mit konstantem, geringem Druck zuerst über den harten, dann über den weichen Gaumen in ihre Endposition, die Tiefe des Hypopharynx. Mundboden- und Tracheaeingangsebene liegen in einem spitzen Winkel zueinander, was das Vorschieben der LMA problematisch machen kann. Bei einem Umschlagen der relativ weichen Maskenspitze besteht die Gefahr einer Fehllage mit hochgradiger Undichtigkeit, so daß der Patient nicht erfolgreich zu beatmen ist. Hier kann der Einsatz eines Laryngoskops nützlich sein.

Folgende **Kunstgriffe** können zur leichteren und besseren Positionierung angewendet werden:

- Einführen einer leicht *geblockten* LMA
- Einführen der LMA in den Mundbodenbereich zunächst *falsch* herum (180° gedreht, Öffnung nach dorsal zeigend), dann Drehung in die richtige Position
- Die LMA wird über den vorher tief in den Rachen eingeführten *gestreckten Zeigefinger* geführt. Dies verhindert das Umschlagen der Maskenspitze.

Fixierung. Die LMA wird mit einer Gazerolle als *Beißschutz* am besten mit zwei Pflasterstreifen fixiert. Besonderes Augenmerk ist auf die *spannungsfreie* Aufhängung der Beatmungsschläuche zu legen, um Zug oder seitliche Verdrehungen am Ansatzstück der LMA zu verhindern. Anderenfalls können Undichtigkeiten entstehen, und im schlimmsten Fall kann die Maske aus der Ebene des knorpeligen Kehlkopfskeletts herausluxieren.

Entfernen der Larynxmaske. Mit dem Entfernen der LMA sollte (wegen der meist fehlenden „üblichen" Extubationskriterien wie Husten und Würgen) so lange gewartet werden, bis der Patient ansprechbar ist. Bei Kindern sollte für wenigstens 2 min eine ausreichend tiefe und ungestörte Spontanatmung vorhanden sein, bevor die LMA dann ebenfalls problemlos herausgezogen werden kann. Sie wird immer im *entblockten* Zustand entfernt; anschließend wird b. Bed. oropharyngeal abgesaugt.

Einsatz der Larynxmaske bei Kindern

Die LMA bietet sich auch für Kurznarkosen bei Kleinkindern und Kindern an. Sie verringert bei richtiger Handhabung insbesondere in der Ausleitungsphase Probleme wie Husten, Würgen und Stridor (Laryngospasmus). Die Größen 2, 2,5 und 3 sind gut und sicher zu plazieren. Schwierigkeiten können aber mit der Größe 1 (Säuglinge) auftreten (in ca. 1/4 der Fälle ungenügender Sitz und größere „Leckagen", höhere Dislokationsgefahr). Die dabei entstehenden Ventilationsbeeinträchtigungen können gerade bei Säuglingen schnell zu kritischen Zuständen führen.

MERKE
Die Positionierung der **Larynxmaske #1** ist technisch schwierig!

Larynxmaske bei erschwerter oder unmöglicher Intubation

Bei zu erwartenden oder bereits aufgetretenen Intubationsschwierigkeiten kann die LMA als Hilfsinstrument dienen, die oberen Atemwege zu sichern und die Beatmung des Patienten zu gewährleisten. Außerdem läßt sich ein Tubus endotracheal über die LMA einführen. Hierzu sollte am besten die spezielle **Intubationslarynxmaske** (ILMA; s. Abschn. 7.1.3) benutzt werden. Es läßt sich folgendes festhalten:

1. Die Größen 3, 4 und 5 der Standard-LMA erlauben die Passage eines Endotrachealtubus bis zu einem Innendurchmesser (ID) von 6,5 mm, die gleichen Größen der ILMA sogar bis zu einem ID von 8,0 mm (→ Spezialtubus). Bei der Standard-LMA müssen der Konnektor und evtl. auch die Silikonstege für die Tubuspassage entfernt werden.
2. Der Tubus kann prinzipiell „blind" oder mit Hilfe eines Fiberendoskops über die LMA eingeführt werden, wobei aber die Blindplazierung über die Standard-LMA – i. Ggs. zur ILMA – nur selten erfolgreich ist.
3. Die Blindintubation über die LMA muß äußerst vorsichtig durchgeführt werden. Hierbei wird die Erfolgschance durch Anteflexion des Kopfes erhöht, durch Thyreoiddruck (mit Dorsalverlagerung des Kehlkopfs) dagegen erniedrigt.
4. Die LMA erleichtert eine fiberendoskopische Intubation (Vorgehen s. Abschn. 7.2.8).

Gefahren und Komplikationen der Larynxmaske

- Fehlplazierung mit Atemwegsobstruktion
- Dislokation (z. B. Umschlagen des Cuffs, Rotation der Maske) durch Bewegen des Kopfes, Schlucken, Beißen auf den Tubus
- Druckschäden (z. B. durch exzessiv zu hohen Cuffdruck)
  - Epiglottisödem, Ödem der hinteren Rachenhinterwand
  - Hämatom im Larynxeingang
- Verletzung der Uvula und der Tonsillen
- Ödem der Zunge
- Hypoglossusparese

Tabelle 31 Vorteile der Larynxmaske

Gegenüber der Gesichtsmaske	Gegenüber dem Endotrachealtubus
Geringere Gefahr der Hypoventilation und Raumluftkontamination	Geringere hämodynamische Stimulation
Maschinelle Beatmung möglich (sogar mit geringem PEEP von ≤ 5 cmH_2O)	Keine Irritation von Stimmbändern und Trachealschleimhaut
	Niedrigere postoperative Inzidenz von Halsschmerzen und Heiserkeit
	Schutz vor Barotrauma bei maschineller Beatmung

Kontraindikationen für die Larynxmaske

- deutlich eingeschränkte Mundöffnung (z. B. Ankylose)
- lockere Frontzähne
- Nichtnüchternheit bzw. erhöhtes Aspirationsrisiko
- Bauchlagerung
- intraabdominelle, intrathorakale oder intrakranielle Eingriffe
- Erfordernis hoher Beatmungsdrücke (z. B. Lungenerkrankungen)
- Adipositas
- Erkrankungen im Mund-, Pharynx- oder Larynxbereich
- Tonsillenhypertrophie
- fehlende Erfahrung des Anwenders

7.1.3 Intubationslarynxmaske

Die Intubationslarynxmaske (ILMA; Fastrach®) ist speziell für die „blinde" oder fiberendoskopische Intubation bei schwierigen Intubationsbedingungen entwickelt worden, kann aber auch wie die Standardlarynxmaske als eigenständiger Luftweg benutzt werden. Sie ist in den 3 Größen erhältlich (Tab. **32**) und weist einige besondere Konstruktionsmerkmale auf. An ihrem proximalen Schaftende befindet sich ein *zungenförmiger Metallhandgriff*, der das Einführen erleichtert. Die endständigen Stege sind durch eine *dreieckige Gummilippe* ersetzt, die beim Durchschieben eines Endotrachealtubus die Epiglottis aufrichten soll, um den Kehlkopfeingang für die Passage des Tubus frei zu machen. Die ILMA wird in Kombination mit einem *Spezialtubus* ausgeliefert (atraumatische, weiche Spitze mit Murphy-Auge, spiralisierter Schaft, abnehmbarer Konnektor).

Tabelle 32 Übersicht über die verschiedenen ILMA-Größen

Größe	Anwendung bei:	Cuff-Füllvolumen (max.)	Spezialtubus
3	Kindern (30–50 kg)	20 ml	ID 7,0 mm
4	Erwachsenen	30 ml	ID 7,5 mm
5	großen Erwachsenen (> 90 kg)	40 ml	ID 8,0 mm

Nach der Intubation wird der Konnektor vom Tubus vorübergehend abgezogen, und die ILMA kann über den liegenden Tubus entfernt werden.

Stellenwert

Seit Einführung der ILMA wurden zahlreiche Erfahrungsberichte und prospektive Studien zu ihrem klinischen Einsatz veröffentlicht. Die Ergebnisse zeigen, daß in fast allen Fällen eine Beatmungsmöglichkeit gegeben war. Als Hilfsmittel zur – zumindest vorübergehenden – Beatmung ist sie der Standard-LMA gleichwertig, die ja bereits fester Bestandteil im Management des schwierigen Atemwegs ist (Abschn. 7.2.9). Die Rate an erfolgreichen „Blindintubationen" wird, in Abhängigkeit von der Übung des Anwenders und der Zahl der durchgeführten Korrekturmanöver, mit 85–100% angegeben.

Spezielle Risiken und Komplikationen

Postoperative Heiserkeit und Halsschmerzen sowie Schleimhautverletzungen zählen zu den allgemeinen Risiken der endotrachealen Intubation. Sie werden begünstigt, wenn der Tubus bei Anwendung der ILMA ohne Sicht auf die Stimmbandebene eingeführt wird. Ein vorübergehendes Anschwellen der Epiglottis, auch durch die anhebende Gummilippe, ist zwar denkbar, scheint aber in der Praxis keine Bedeutung zu haben. Dies ist wohl mit darauf zurückzuführen, daß nicht ein konventioneller, relativ steifer Tubus verwendet wird, sondern einer mit atraumatischer, weicher Spitze.

Wird stark durchblutetes und leicht verletzliches Gewebe, wie z. B. Tumorgewebe, mechanisch irritiert, so kann beim Vorschieben eines Tubus eine stärkere Blutung (→ z. B. Atemwegsobstruktion) ausgelöst werden. Deshalb sind maligne Tumoren im Bereich des Larynxeingangs allgemein als Kontraindikation für „blinde" Intubationsversuche anzusehen.

7.2 Endotracheale Intubation

7.2.1 Indikationen

allgemein:
- Schutz vor pulmonaler Makroaspiration
- Erfordernis einer kontrollierten Beatmung
- Bedarf einer kompletten Muskelrelaxation

speziell:
- Eingriffe
  - intrathorakal
  - intraabdominell
  - 2-Höhlen-Eingriffe
  - im Kopf-Hals-Bereich
  - bei aspirationsgefährdeten Patienten
  - mit langer Dauer (> 3–4 h)
- OP-Lagerung
  - sitzende Position
  - Bauchlage
  - Seitenlage, bes. „Nierenlagerung“
  - intrakraniell
- Säuglinge < 6 Monate
- akute respiratorische Insuffizienz
- Langzeitbeatmung
- Einlungenbeatmung (Doppellumentubus)

7.2.2 Einschätzung der Intubationsbedingungen

Die Intubationsbedingungen sollen bereits während der Prämedikationsvisite eingeschätzt werden. Hierbei sind folgende Erkrankungen und Faktoren zu beachten bzw. zu prüfen:
- Anomalien, Fehlbildungen, Raumforderungen, frühere Operationen und Bestrahlungen im Bereich von Gesicht und Hals
- Mundöffnung (normal ≥ 4 cm)
- Größe und Beweglichkeit der Zunge
- Zahnstatus (*cave*: lockere Schneidezähne, Prognathie, Retrogenie!)
- Mallampati-Klasse (s. u.)
- mentothyreoidaler Abstand (→ Patil-Test; s. u.)
- HWS-Beweglichkeit
- Kehlkopfverschieblichkeit
- Struma
- Sprechqualität (→ Stimmbandfunktion, Rekurrensparese)
- inspiratorischer Stridor
- Tracheadeviation/-stenose → Röntgenthorax, ggf. Tracheazielaufnahme oder CT

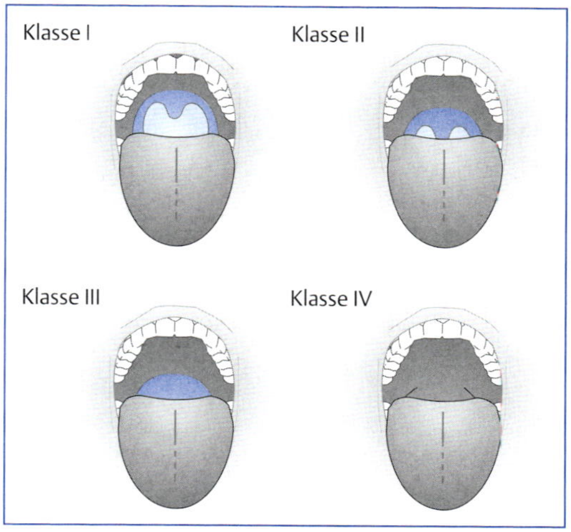

Abb. 12 Sichtbarkeit von Oropharyngealstrukturen nach *Mallampati*

Klassifikation nach *Mallampati*

Zur Prädiktion der Intubationsbedingungen wird häufig die Mallampati-Klassifikation herangezogen. Nach Mallampati korreliert bei der Inspektion der Mundhöhle der Grad der Erkennbarkeit enoraler und oropharyngealer Leitstrukturen mit der Einsehbarkeit des Larynxeingangs und der Glottis bei der direkten Laryngoskopie. Die graduelle Einteilung (MP-Klasse I–III) richtet sich danach, inwieweit der Zungengrund die Sicht auf die Pharynxhinterwand und die Gaumenanteile behindert (Abb. **12**). Für die Beurteilung spielt die Mundöffnung eine wesentliche Rolle. Der Befund soll am aufrecht sitzenden Patienten mit maximal geöffnetem Mund und mit herausgestreckter Zunge ohne Phonation erhoben werden.

MERKE
Je ausgeprägter oropharyngeale Strukturen durch die Zungenbasis verdeckt werden, um so weniger wird die Stimmritze bei direkter Laryngoskopie einsehbar sein (*Mallampati* et al. 1985).

Mallampati-Klassifikation:

Klasse I	Pharynxhinterwand, Uvula, Gaumenbogen und weicher Gaumen sichtbar
Klasse II	Uvulaspitze durch Zungenbasis verdeckt; Gaumenbogen und weicher Gaumen sichtbar
Klasse III	nur weicher Gaumen sichtbar
Klasse IV*	nur noch harter Gaumen sichtbar

*(Modifikation nach *Samsoon und Young*)

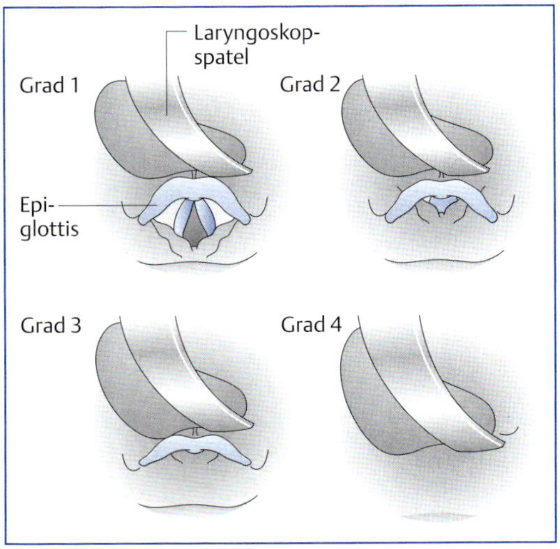

Abb. 13 Sichtbarkeit laryngealer Strukturen bei direkter Laryngoskopie nach *Cormack/Lehane*

Praktische Bedeutung. Bei MP-Klasse I kann zumeist von normalen Intubationsbedingungen ausgegangen werden. Die MP-Klasse III ist dagegen oft und die Klasse IV fast immer mit einer erschwerten, nicht selten auch konventionell unmöglichen Intubation verbunden. Hier muß damit gerechnet werden, daß die Epiglottis durch das Laryngoskop nicht aufzurichten ist und damit die Stimmritze nicht einsehbar oder erkennbar sein wird (Grad 3 u. 4 nach *Cormack/Lehane*; s. u.). Bei MP-Klasse II ist keine individuelle Vorhersage möglich. Insgesamt liegt der statistische Vorhersagewert für eine schwierige Intubation allerdings nur bei etwa 50%, d. h., daß ca. die Hälfte der als MP III/IV klassifizierten Patienten doch problemlos zu intubieren ist. Kritisch muß auch angemerkt werden, daß die Mallampati-Klassifikation nur die funktionalen anatomischen Beziehungen zwischen Mundboden und Oropharynx auf der einen und Hypopharynx und Larynx auf der anderen Seite berücksichtigt. Unberücksichtigt bleiben dagegen stenosierende raumfordernde Prozesse im Bereich des Larynx und HWS-Bewegungseinschränkungen, die beide die konventionelle Intubation erheblich erschweren oder auch unmöglich machen können. Dies schränkt die Aussagekraft einer unkompliziert zu erwartenden Intubation für die MP-Klasse I ein.

Cormack/Lehane-Klassifikation

Die Einteilung von Cormack und Lehane dient zur Beurteilung des Schwierigkeitsgrades der endotrachealen Intubation in Abhängigkeit vom Befund der direkten Laryngoskopie (Abb. **13**). Hierbei werden 4 Grade unterschieden:

Grad 1	Glottis frei einsehbar
Grad 2	nur hinteres Drittel der Glottis und hintere Kommissur sichtbar
Grad 3	Glottis völlig verdeckt; nur Epiglottis erkennbar
Grad 4	wie III, zusätzlich aber auch Epiglottis durch Mundbodenstrukturen überlagert

Praktische Bedeutung. Es hat sich gezeigt, daß die Grade 1 und 2 dem durchschnittlich erfahrenen Anästhesisten so gut wie keine Schwierigkeiten bei der Intubation bereiten. Bei Grad 3 ist die Anwendung von Spezialmanövern (manuelle Kehlkopfverschiebung durch Druck auf das Thyreoid: BURP ["backward, upward, right-sided pressure] oder OELM ["optimal external laryngeal manipulation"]) und ggf. zusätzlicher Hilfsmittel, wie z. B. eines Führungsstabs, häufig für eine erfolgreiche Intubation ausreichend. Eine Intubation unter direkter Laryngoskopie ist dagegen bei Grad 4 i. d. R. nicht möglich, so daß hier spezielle Techniken, wie z. B. die fiberendoskopische Intubation (Abschn. 7.2.8), eingesetzt werden müssen.

Test nach *Patil*

Als Kriterium für eine unter direkter Sicht durchführbare Intubation kann auch der Abstand zwischen Kinnspitze und Prominentia laryngica am Schildknorpel („Adamsapfel") benutzt werden („mentothyreoidaler Abstand"). Dieser sollte unter maximaler Reklination des Kopfes gemessen werden und *mehr als 6,5 cm* betragen. Ein Abstand zwischen 6 und 6,5 cm macht die direkte Laryngoskopie schwierig, ein Abstand unter 6 cm (weniger als etwa 3 Querfinger) i. d. R. unmöglich.

7.2.3 Endotrachealtuben

Es lassen sich folgende Tubustypen unterscheiden:
- bananenartig gekrümmte PVC-Tuben (sog. Magill-Tuben)
- speziell für die orale oder nasale Passage vorgeformte PVC-Tuben
- Tuben mit Spiralgerüst aus Stahldraht (sog. Spiraltuben)
- Spezialtuben, z. B.:
  - Laryngektomietubus, Lasertubus (Kap. 20.5.9), Jet-Tubus
  - Doppellumentubus (Kap. 26.2.4)

Reine **Kunststofftuben** haben – i. Ggs. zu den meisten Spiraltuben – i. d. R. ein sog. **Murphy-Auge.** Hiermit kann eine *exspiratorische Ventilstenose*, d. h. eine Behinderung der Ausatmung,[20] vermieden werden. Außerdem ermöglicht das Murphy-Auge oftmals auch noch eine Beatmung beider Lungen, wenn die Tubusspitze bereits zu tief in einem Hauptbronchus liegt.

Spiraltuben verhindern ein Abknicken oder eine Kompression des Tubus. Sie sind deshalb bei intrakraniellen Eingriffen, bei anderen Operationen im Kopf-Hals-Bereich und bei Bauchlagerung indiziert.

Der **Tubuscuff** (heutzutage Niederdruckmanschette = High-volume/low-pressure-Cuff) sollte nur mit so viel Luft „geblockt" werden, daß eine Makroaspiration sicher verhindert kann (Kriterium: gerade keine Nebenluft mehr bei Beatmung!). Der Füllungszustand sollte – auch bei Kurzzeitintubationen – mit Hilfe eines Manometers wiederholt überprüft und ggf. korrigiert werden. Ein primär niedriger Druck kann bei Verwendung von N_2O durch dessen Diffusion in die Manschette im Laufe der Zeit deutlich ansteigen, was insbesondere durch die großvolumigen Cuffs begünstigt wird. Bei Drücken von mehr als 20 mmHg besteht die Gefahr einer Minderperfusion der Trachealschleimhaut, sie sollen deshalb nicht längerfristig überschritten werden. Dies gilt im besonderen für Patienten mit Makro- oder Mikrozirkulationsstörungen (z. B. Sepsis, Schock, Diabetes mellitus).

Wahl der Tubusgröße

Um einerseits die Strömungswiderstände in den Atemwegen nicht allzusehr zu erhöhen, anderseits aber auch eine Schädigung von Larynx und Trachea zu vermeiden, soll der Tubus mit dem größten Innendurchmesser gewählt werden, der noch ohne Schwierigkeiten durch den Kehlkopf vorgeschoben werden kann. Bei **Erwachsenen** werden am häufigsten Tuben mit einem **ID von 7,5–8,5 mm** verwendet, was einem Außenumfang von 31–35 Charrière[21] entspricht (zur Tubuswahl bei Kindern s. Kap. 25.6.1).

Lubrizierung von Endotrachealtuben

Da Lösungen, die Lidocain als Base enthalten (z. B. Xylocain®-Spray), bei Aufbringen auf PVC-Cuffs manchmal schon nach kurzer Einwirkzeit zu einer Cuffleckage führen können, sollen sie nicht zur *äußeren* Lubrizierung verwendet werden. Sie können aber zur Benetzung der Tubusinnenseite benutzt werden, z. B. bei Einsatz eines Führungsstabs oder eines Fiberendoskops. Für die äußere Lubrizierung von nasal einzubringenden Tuben oder auch von Larynxmasken (Cuff) und Magensonden etc. empfiehlt sich die Verwendung von **Lidocaingel.** Dieses enthält Lidocain als PVC-inertes Hydrochlorid und nicht als Base.

7.2.4 Intubationstechnik bei direkter Laryngoskopie

Um die „konventionelle" Intubation (= Intubation unter direkter Laryngoskopie) so einfach wie möglich zu gestalten, sollte der Kopf grundsätzlich ca. 10 cm erhöht in Neutralposition gelagert werden. Hierdurch wird die Halswirbelsäule gering nach vorn gebeugt und der Kopf im Atlantookzipitalgelenk etwas überstreckt (*cave*: HWS-Trauma!). Diese Lagerung wird als angehobene Reklination oder Jackson-Position oder auch „Schnüffelstellung" („sniffing po-

20 z. B. bei Cuffherniierung über die Tubusöffnung oder bei Tracheadeviation, wenn die Tubusöffnung der Trachealwand aufliegt

21 3 Ch. = 1 mm Innenumfang

sition") bezeichnet. Sie läßt eine nahezu gerade Verbindungslinie zwischen Mundhöhle-Pharynx-Larynx und Trachea entstehen und verkürzt so den Abstand zwischen Zahnreihe und Kehlkopfeingang auf ein Minimum.

MERKE

1. Beim **Öffnen des Mundes** dürfen die Zähne des Patienten nicht berührt, geschweige denn zur Durchführung des enoralen „Kreuzgriffes" als Stütze verwendet werden! Aus diesem Grund sollte eine **extraorale** Öffnungstechnik bevorzugt werden.
2. Der **Anfänger** darf die **Intubation nur unter Sicht**, d. h. bei vollständiger Einsehbarkeit der Stimmritze, vornehmen!

7.2.5 Kontrolle der Tubuslage

Die **korrekte Tubusposition** ist **beim Erwachsenen** erreicht, wenn die **proximale Cuffbegrenzung ca. 2 cm unterhalb der Glottis** zu liegen kommt. Bei einigen Tubusmodellen dient ein äußerer Farbring, der die damit korrespondierende Glottishöhe markiert, als Orientierungshilfe für die Intubation unter direkter Sicht auf die Stimmritze. Da die Trachea beim Erwachsenen 12–14 cm lang ist, befindet sich die Tubusspitze dann ca. 4–5 cm oberhalb der Bifurkation. Bei einem Abstand zwischen vorderer Zahnreihe und der Stimmritze von 10–14 cm beträgt die Intubationstiefe so ca. 20–22 cm, was an der Längenmarkierung des Tubus auf Höhe des Mundwinkels abzulesen ist.

Wenn die **Intubation nicht unter Sicht** durchgeführt werden konnte oder wenn Zweifel an der trachealen Tubuslage bestehen, muß unter *manueller* Beatmung eine **Auskultation** vorgenommen werden. Unter diesen Umständen ist es sinnvoll, zunächst das *Epigastrium* abzuhören, um zu prüfen, ob Luft in den Magen gelangt („ösophageale Tubusfehllage"). Erst danach sollten die *Lungen* abgehorcht werden, und zwar jeweils links und rechts über dem *lateralen* Thorax, um auch eine einseitige Beatmung aufgrund zu tiefer Intubation erkennen zu können („bronchiale Tubusfehllage").

MERKE

Eine **ösophageale Tubusfehllage** kann durch Auskultation nicht in jedem Fall einwandfrei erkannt werden. Wenn eine direkte Laryngoskopie nicht möglich ist und ein Fiberendoskop nicht unmittelbar zur Verfügung steht, ist die beste Methode, die dies umgehend und mit „absoluter" Sicherheit gewährleistet, die Ventilationskontrolle mit der **Kapnographie** (Einzelheiten s. Kap. 3.5.4)! Damit kann zwar eine ösophageale, nicht aber eine bronchiale Fehllage ausgeschlossen werden.

Daneben gelten auch **respirationssynchrone Bewegungen der infraklavikulären Thoraxpartien** (sog. *Schara-Dreiecke*) als indirekte Zeichen der korrekten endotrachealen Plazierung des Tubus. Nach Abschluß der Tubusfixierung (z. B. mit intraoraler Gazerolle und Halteband oder Heftpflaster) muß die Lage erneut kontrolliert werden (Überprüfung der Längenmarke in Korrespondenz mit der Auskultation seitengleicher Atemgeräusche).

7.2.6 Nasotracheale Intubation

Indikationen

- Eingriffe, bei denen ein oraler Tubus hinderlich wäre (Einzelheiten s. Kap. 19.3.1 u. 20.5.4)
- orale Intubationshindernisse, Kiefergelenkdystrophien
- evtl. bei schwieriger oraler Intubation

Vorgehensweise in der Praxis

Konventionelle nasale Intubation:

1. Gabe abschwellender Nasentropfen (z. B. Xylometazolin 0,1 % [Otriven®-Einzeldosispipetten]) in beide Nasenlöcher ca. 5 min vor der Einleitung
2. Auswahl des geeigneten Tubus (ca. ID 8,0 mm für Männer, ca. ID 7,5 mm für Frauen) u. Lubrizierung mit Lidocaingel
3. Narkoseeinleitung (nur wenn direkte Laryngoskopie möglich erscheint; sonst fiberendoskopische Intubation des wachen Patienten [Abschn. 7.2.8])
4. vorsichtiges (!) Vorschieben des Tubus durch den unteren Nasengang bis in den Oropharynx (bei Widerstand an der Rachenhinterwand leichte Retroflexion des Kopfes)
5. tracheales Einführen des Tubus unter Sicht (Laryngoskop), entweder durch manuelles Dirigieren (vorsichtige Drehbewegungen, ggf. unter Anteflexion des Kopfes) oder mit Hilfe einer Magill-Zange, wobei deren Branchen nicht am Cuff ansetzen dürfen

MERKE

Der Tubus darf nicht forciert um die eigene Achse gedreht werden, weil er hierdurch verdreht und so das Lumen verlegt werden kann!

Spezielle Komplikationen

- Blutungen (vor allem bei der Nasenpassage; *cave*: Gerinnungsstörungen!)
- Perforation der Rachenhinterwand (bei Gewaltanwendung)
- submuköses Vorschieben des Tubus (Schleimhautvorwölbung im Bereich des Hypopharynx)

7.2.7 Schwierige Intubation

Schwierige Intubationsbedingungen bestehen dann, wenn für einen erfahrenen Anästhesisten bei der direkten Laryngoskopie unter korrekter, erhöhter Kopflagerung die Stimmritze nicht einsehbar oder erkennbar ist. Definitionen, die nur die Anzahl der Intubationsversuche berücksichtigen, nutzen wenig (z. B. nach ASA: mehr als 3 Intubationsversuche erforderlich).

Ist eine schwierige Intubation zu erwarten oder stellt sich eine Intubation unerwartet als schwierig heraus, so können folgende Maßnahmen das **konventionelle Vorgehen** erleichtern:

- weitere Erhöhung der Jackson-Position, die immer schon primär angewendet werden sollte!
- manuelle Optimierung der Kehlkopflage (BURP- oder OELM-Manöver; Abschn. 7.2.2)
- Sondierung der Stimmritze mit dem weichen Ende eines Führungsstabs
- weitere Maßnahmen:
  - ggf. längerer oder gerader Laryngoskopspatel
  - ggf. nasale Intubation (→ Magill-Zange)
  - ggf. Laryngoskop mit McCoy-Spatel zur besseren Aufrichtung der Epiglottis
  - ggf. bei kurzem, dickem Hals *maximale* Reklination („überhängender Kopf", wie zur starren Bronchoskopie)

7.2.8 Fiberendoskopische Intubation

Wenn zusätzlich zu erschwerten Intubationsbedingungen Schwierigkeiten bei der Maskenbeatmung zu befürchten sind oder eine konventionelle Intubation von vornherein unmöglich erscheint, dann ist die fiberoptische endotracheale Intubation die Methode der Wahl zur Sicherung der Atemwege. Sie sollte in diesen Fällen immer geplant **am wachen, spontan atmenden Patienten** unter Lokalanästhesie der Schleimhäute und ggf. leichter Sedierung durchgeführt werden und nicht unter bereits eingeleiteter Narkose als Ultima ratio fungieren. Sie ist *transnasal* (technisch einfacheres und häufigeres Verfahren) oder *transoral* anwendbar. In jedem Fall gilt es, so schonend wie möglich vorzugehen, um Blutungen, die zu deutlicher Sichtbehinderung führen können, zu vermeiden. Die Oxygenierung sollte dabei immer pulsoxymetrisch überwacht werden, ggf. ist – über eine Präoxygenierung hinaus – eine intermittierende oder kontinuierliche nasale O_2-Applikation erforderlich. Bei nicht möglicher konventioneller Intubation des bereits narkotisierten Patienten kann zunächst eine Larynxmaske eingeführt werden, über die dann der Tubus fiberendoskopisch, evtl. sogar „blind", plaziert werden kann. Alternativ ist eine fiberendoskopische Intubation unter Narkosebedingungen auch über eine konventionelle Gesichtsmaske mit Hilfe des „Mainzer Universaladapters" durchführbar. Hierbei läßt sich die Apnoephase so kurz wie möglich halten.

Die **Fiberendoskope** stehen, um Tuben in jeder Altersgruppe einführen zu können, in 3 verschiedenen Größen (nach Außendurchmesser, AD) zur Verfügung:

- AD 2,7 mm: für Tuben ab ID 3,5 mm (kein Absaugkanal!)
- AD 3,5 mm: für Tuben ab ID 4,5 mm
- AD 5,0 mm: für Tuben ab ID 6,0 mm (Univent® ab 8,5)

Vorgehen bei Wachintubation

- Gabe abschwellender Nasentropfen bei nasaler Intubation (Abschn. 7.2.6)
- Schleimhautanästhesie entweder durch Aufsprühen oder Injizieren einer hochprozentigen (≥ 8%), sterilen Lidocainlösung (max. 3 mg/kg KG) durch das Lig. cricothyreoideum („transkrikoidale Block"; s. u.)
- bei Bedarf milde, kooperationserhaltende Sedierung mit Midazolam (fraktioniert 0,5–1,0 mg i. v.), möglichst keine Opioide!

Zur Oberflächenanästhesie kann alternativ das Lokalanästhetikum auch inhalativ (z. B. Lidocain 8%) durch Einspritzen der Lösung durch den Arbeitskanal des Endoskops (am Ende der Exspiration) oder aber über einen Ultraschallvernebler (Dauer ca. 5 min) zugeführt werden. Dadurch können Komplikationen vermieden werden, wie sie beim transkrikoidalen Block durch Fehlinjektion in die Trachealschleimhaut oder in ein Stimmband (→ Atemwegsobstruktion!) oder durch ösophageale Perforation auftreten können. Grundsätzlich sei hier angemerkt, daß eine Lokalanästhesie bei richtiger Technik so durchgeführt werden kann, daß die Intubation vom wachen Patienten auch ohne zusätzliche Sedierung gut, d. h. ohne Husten, toleriert wird. Im Zweifelsfall (unmögliche Maskenbeatmung) hat immer die Sicherheit des Patienten Vorrang vor seinem Komfort!

Tabelle 33 Größenverhältnisse von Standardlarynxmaske, Endotrachealtubus und Fiberendoskop

LMA (Nr.)	ID (mm)	Länge (mm)	ETT (ID; mm)	FO (AD; mm)
1	5,25	100	3,5	2,7
2	7	120	4,5	3,5
2,5	8,4	135	5	4
3	10	175	6,5	5
4	12	175	6,5	5
5	12	190	6,5	5

LMA =Larynxmaske, ID = Innendurchmesser, AD = Außendurchmesser, ETT = Endotrachealtubus; FO = Fiberendoskop
Hinweis: Die Tabelle zeigt, mit welchem Fiberendoskop der passende Tubus über die jeweilige Standard-LMA plaziert werden kann. Bei Benutzung der ILMA kann ein Spezialtubus bis zu einem ID von 8,0 mm bei allen verfügbaren ILMA-Größen (3, 4, 5) eingeführt werden.

Vorgehensweise in der Praxis

Transkrikoidaler Block

1. Penetration des Lig. cricothyreoideum mit Kanüle #1 (niedriger Injektionswiderstand!) und aufgesetzter Spritze
2. Aspiration von Luft!
3. zügige Injektion des Lokalanästhetikums (LA) im exspiratorischen Atemstillstand (damit der Patient nicht husten kann und das LA während der folgenden Inspiration die Trachealschleimhaut ausreichend benetzt) und umgehende Entfernung der Kanüle (durch die dann folgenden Hustenstöße wird das LA auch über die gesamte Mund-Pharynx-Schleimhaut verteilt)

Inhalationsanästhesie

Bei Säuglingen und Kleinkindern sollte eine fiberendoskopische Intubation nur unter Allgemeinanästhesie vorgenommen werden. Hierzu wird die Narkose – wenn anatomisch möglich – über eine Maske eingeleitet (FIO_2 1,0!), und nach i. v.-Kanülierung wird in tiefer Inhalationsanästhesie unter erhaltener Spontanatmung die Intubation durchgeführt. Sollten in dieser Phase funktionelle Atemwegsprobleme auftreten, so kann die Narkose ohne Schaden für den Patienten infolge der schnellen Abflutung des volatilen Anästhetikums jederzeit beendet werden.

Fiberendoskopische Intubation über eine Larynxmaske

Bei geistig behinderten Erwachsenen oder bei Patienten, bei denen sich erst nach Narkoseeinleitung herausstellt, daß sie konventionell nicht zu intubieren sind, besteht die Möglichkeit, die Intubation über eine Larynxmaske vorzunehmen, entweder „blind“ oder unter fiberoptischer Sicht. Hierbei geht man folgendermaßen vor:

Vorgehensweise in der Praxis

Intubation über eine Larynxmaske

1. LMA (am besten ILMA [Abschn. 7.1.3]) einführen, blocken und nach Sicherstellung der Beatmung fixieren
2. Blindintubation versuchen (nur über die ILMA)
3. bei Mißerfolg oder Verwenden einer Standard-LMA Fiberendoskop mit Spiraltubus armieren (möglichst Tubus mit abziehbarem Konnektor verwenden; Größenverhältnisse s. Tab. **33**)
4. Konnektor von der Standard-LMA abziehen (bei ILMA nicht erforderlich)
5. translaryngeales Einführen des Endoskops über die LMA und Vorschieben bis zur Bifurkation
6. Abstreifen des Tubus und Lageoptimierung unter fiberendoskopischer Kontrolle
7. Konnektor vom Tubus zum Entfernen der LMA kurz abziehen

Falls ein Tubus ohne abziehbaren Konnektor verwendet wird und es von der Lokalisation des Eingriffs her möglich ist, kann die LMA zunächst in situ verbleiben, um dann postoperativ zusammen mit dem Tubus entfernt zu werden. Sonst muß sie längs aufgeschnitten werden. Am besten ist es aber, von vornherein einen Spiraltubus zu benutzen, bei dem der Konnektor abgenommen werden kann. Ein solcher Tubus ist in dem ILMA-Set bereits enthalten. Ein weiterer Vorteil der ILMA liegt darin, daß ein Tubus mit größerem Innendurchmesser eingeführt werden kann (s. u.).

MERKE
Bei **Patienten mit lockeren oberen oder unteren Schneidezähnen**, bei denen man eine komplette Zahnluxation während konventioneller Intubation nie sicher ausschließen kann, müssen vor planbaren Eingriffen entweder die Zähne von einen MKG-Konsiliar geschient werden, oder es muß eine **nasale fiberendoskopische Intubation** durchgeführt und während der Prämedikationsvisite mit dem Patienten besprochen werden.

7.2.9 Management des schwierigen Atemwegs („difficult airway management“)

Ein „schwieriger Atemweg“ liegt in der klinischen Situation vor, in der ein geübter und erfahrener Anästhesist Probleme mit der Maskenbeatmung und/oder der konventionellen endotrachealen Intubation

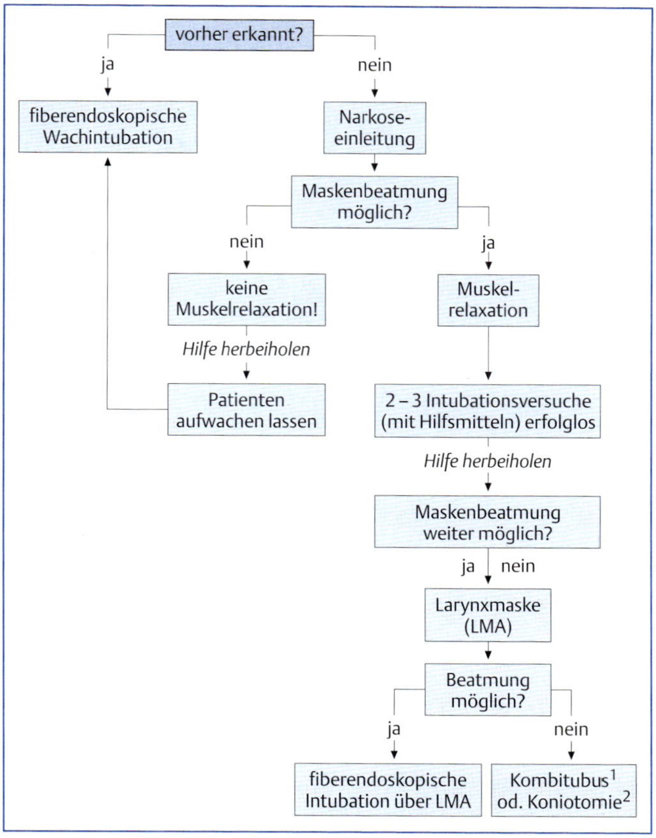

Abb. 14 Algorithmus zum Management des schwierigen Atemwegs

[1] ösophagotrachealer Doppellumentubus, der transoral „blind" vorgeschoben wird und mit der einen Öffnung in der Trachea und mit der anderen im Ösophagus zu liegen kommt;

[2]Notfallkoniotomie siehe Kap. 20.5.10

bekommt. Man schätzt das Auftreten einer unerwartet schwierigen Intubation auf ca. 1:100 bis 1:1000 und die Häufigkeit, einen Patienten weder intubieren noch mit der Maske beatmen zu können, auf ca. 1:10.000. Jeder Anästhesist muß deshalb mit den Maßnahmen und Möglichkeiten vertraut sein, wie im Falle des unerwarteten Mißlingens von Intubation und Beatmung des narkotisierten Patienten („can´t intubate – can´t ventilate") die Situation zu beherrschen ist. Hierbei kann z. B. nach dem in Abb. **14** dargestellten Algorithmus verfahren werden.

7.2.10 Intubationskomplikationen

unter der Intubation:
- Zahnschäden
- Blutungen
- Larynxverletzungen (z. B. Aryknorpelluxation)
- Tracheaperforation
- pulmonale Aspiration
- ösophageale Intubation
- (einseitige) bronchiale Intubation
- Reflexstimulation (Laryngo-, Bronchospasmus; adrenerg – vagal)
- Rückenmarkverletzungen bei HWS-Trauma

bei liegendem Tubus:
- Tubusobstruktion
- Cuffleckage/Cuffhernie
- akzidentelle Extubation (z. B. Umlagerung)
- Tubusdislokation in einen Bronchus (Kopftieflage, Zwerchfellhochstand)
- Bronchospasmus
- Pneumothorax (Barotrauma)
- pulmonale Aspiration (v. a. Mikroaspiration)

nach der Extubation:
- Frühkomplikationen
  - Laryngo- u. Bronchospasmus
  - pulmonale Aspiration
  - Glottis- bzw. subglottisches Ödem oder Hämatom (bis zu 24 h)
  - Pharyngitis/Laryngitis (bis zu 50%!)

- Kiefergelenkbeschwerden
- Stimmbandlähmung (sehr selten; Mechanismus unbekannt)
- Spätkomplikationen
  - Ulzerationen/Nekrosen
  - Stimmbandgranulome
  - Tracheastenose aufgrund einer Tracheomalazie

7.2.11 Extubationskriterien

Die Extubation des Patienten erfordert:
- eine suffiziente Spontanatmung (AZV > 500 ml oder 8 ml/kg KG, AF = 10–15/min [Erwachsene], $FIO_2 < 0{,}5$)
- wiederhergestellte pharyngeale und laryngeale Schutzreflexe (Schluckreflex, Hustenreflex)
- Kontaktfähigkeit (z. B. Augenöffnen od. Händedrücken auf Aufforderung)
- Körpertemperatur > 35 °C (bei Risikopatienten ≥ 36,5 °C)
- stabiler Kreislauf, keine größeren Blutverluste; kein erhöhter Hirndruck

MERKE
Eine **ideale Narkoseausleitung** liegt vor, wenn der Patient nicht gegen den Tubus hustet oder preßt, ruhig und tief spontan atmet, zur Extubation kontaktfähig und schmerzfrei ist und Muskelzittern vermieden werden kann.

7.3 Präoxygenierung

Die Präoxygenierung durch kurzfristiges Atmen von 100%igem Sauerstoff vor Einleitung einer Narkose dient dazu, die funktionelle Residualkapazität (FRC) der Lungen zu denitrogenieren (Auswaschen von Stickstoff) und mit O_2 aufzufüllen, um während der narkotika- oder relaxansinduzierten Apnoe vor Intubation und Beatmung des Patienten eine Hypoxie zu vermeiden („hyperoxische Apnoe"). Über eine völlig dicht abschließende Gesichtsmaske kann eine 90%ige Denitrogenierung innerhalb von ca. 5 min erreicht werden, wobei tiefe Atemzüge diesen Prozeß beschleunigen. Nach idealer Präoxygenierung soll die tolerable Apnoezeit bei lungengesunden Erwachsenen nach *Zander* rechnerisch bis zu 10 min betragen (bei Kindern in den ersten Lebensjahren wegen der besonderen Atmungsphysiologie [Kap. 25.2.1] allerdings nur maximal 3 min). Es gelten unterschiedliche Kriterien für die technische Durchführung, abhängig davon, ob es sich um einen Normal- oder einen Risikopatienten handelt. Bei Risikopatienten ist eine optimale Präoxygenierung zu fordern, z. B. in der unten beschriebenen Art und Weise. Der während der Apnoe eintretende PCO_2-Anstieg im Blut (1. Minute bis zu 10 mmHG, dann ca. 3–4 mmHg pro min) ist bei normalen Ausgangswerten und physiologischen Hirndruckverhältnissen klinisch nicht von Bedeutung.

Vorgehensweise in der Praxis

Methoden der Präoxygenierung

Vorgehen bei Normalpatienten:
1. Kreisteil für ca. 10 sec mit O_2 „flushen" (Flow 30–50 l/min; nicht am Patienten!), hierzu Überdruckventil öffnen und Y-Stück verschließen
2. unter Spontanatmung (SPA) bei geöffnetem Ventil: Maske locker über das Gesicht halten (O_2-Flow mind. 10 l/min), Patienten zum langsamen, tiefen Durchatmen auffordern
3. Gabe des i. v.-Hypnotikums
4. festes Aufsetzen der Maske und assistierende Beatmung erst, wenn der Patient eingeschlafen ist

Vorgehen bei Risikopatienten:
1. Kreisteil für ca. 30 sec mit O_2 „flushen"
2. unter SPA möglichst in 45° Oberkörperhochlagerung (Verbesserung der FRC) Patienten zum einmaligen Husten od. zur forcierten Exspiration auffordern, Maske aufsetzen und dicht halten (keine Nebenluft!, O_2-Flow > 10 l/min), anschließend Patienten für 3–5 min langsam und tief durchatmen lassen (Hyperventilation vermeiden!); alternativ im Notfall (z. B. „Cito-Sectio") 4–8 tiefe Atemzüge
3. Gabe des i. v. Hypnotikums
4. beim nüchternen Patienten assistierende Beatmung, sonst apnoische Oxygenierung („Diffusionsatmung", effektiv nur bei offenen oberen Atemwegen)

Maskeneinleitung bei Kindern:
1. Maske beim wachen Kind fest aufsetzen
2. 3–4 Atemzüge mit 6 l O_2/min (partielle Denitrogenierung), beim Risikokind mind. 1 min O_2-Atmung!
3. volatiles Anästhetikum in steigender Konzentration hinzufügen
4. nach Durchlaufen des Exzitationsstadiums – falls möglich – O_2-Anteil auf 33% reduzieren (+ 66% N_2O)
5. assistierende Beatmung sobald erforderlich
6. nach Anlage des i. v.-Zugangs weitere Maskenbeatmung (O_2-Flow 6 l/min) über mind. 3 min unter bedarfsangepaßter Zufuhr des volatilen Anästhetikums (kein N_2O mehr bis zur Intubation!)

Risikofaktoren, die eine optimale Präoxygenierung erfordern

Erhöhtes Aspirationsrisiko:
- Nichtnüchternheit
- akutes Abdomen (Ileus, Subileus)
- gastroösophagealer oder duodenogastraler Reflux, z. B.:
  - Hiatushernie, Ulcus ventriculi/duodeni
  - Z. n. Billroth-OP oder Gastrektomie oder Ösophagektomie
  - Z. n. Vagotomie mit Pyloroplastik
  - vegetative Neuropathie mit Gastroparese (z. B. bei Diabetes mellitus)
- Stenosen im Bereich Ösophagus – Magen – Magenausgang – Duodenum
- obere gastrointestinale Blutung
- ösophagotracheale Fistel
- Adipositas (> 30% über dem Normalgewicht)
- Schwangerschaft ab Mitte des 2. Trimenons
- massiver Aszites, große Oberbauchtumoren
- Oberbaucheingriffe
- Notfalleingriffe
- Bewußtseinseinschränkung
- Bulbärparalyse (Schädigung der dorsalen Hirnnervenkerne)

Respiratorische und andere Faktoren:
- eingeschränkte Lungenfunktion ($pSaO_2 < 95\%$)
- ausgeprägtes Lungenemphysem (Thoraxrigidität)
- zu erwartende Schwierigkeiten bei der Maskenbeatmung oder Intubation
- pathologische Veränderungen im Bereich der oberen Atemwege
- Risikoklasse ≥ ASA III

7.4 Narkoseeinleitung und pulmonale Aspiration

Da die pulmonale Aspiration von Mageninhalt bei narkotisierten Patienten eine nach wie vor gefürchtete, wenn auch seltene Komplikation ist (durchschnittliche Häufigkeit ca. 1:3000), dürfen prinzipiell keine Narkosen bei nichtnüchternen Patienten für elektive oder verschiebbare Eingriffe durchgeführt werden. Dies gilt auch für regionalanästhesiologische Verfahren, weil hier nicht sicher auszuschließen ist, daß auf eine Allgemeinanästhesie gewechselt werden muß.

MERKE
Vor elektiven oder aufschiebbaren Eingriffen ist vom Patienten eine Nahrungskarenz einzuhalten, die mindestens 6 Stunden für feste Nahrungsbestandteile und 2 Stunden für (klare) Flüssigkeiten betragen soll!

7.4.1 Magenentleerung

Die physiologische Magenentleerungszeit beträgt nach einer gemischten Mahlzeit unter Ruhebedingungen ca. 4 Stunden. Trotzdem bietet die Einhaltung auch einer 6stündigen Nahrungskarenz keine Gewähr für einen leeren Magen, denn die Nahrungsverweildauer kann durch mannigfaltige Faktoren z. T. recht deutlich verlängert werden. Auch bei Patienten mit übermäßig langer Nahrungskarenz (> 14–16 h) werden aufgrund vermehrter Nüchternsekretion oftmals erhöhte Magensaftvolumina vorgefunden.

Faktoren, die die Magenentleerung verzögern:
- Art und Menge der aufgenommenen Nahrung (schwer Verdauliches und große Mengen)
- vegetative, psychische und funktionelle Einflüsse, z. B.:
  - Trauma/Schmerzen/Streß (erhöhter Sympathikotonus)
  - gastroösophagealer oder duodenogastraler Reflux (Abschn. 7.3)
- Wirkung von Medikamenten, z. B.:
  - Alkohol, Sedativa, Opioide, Anticholinergika (z. B. Atropin)
- paralytischer Ileus
- anatomische Hindernisse im Magendarmtrakt
  - Stenosen im Bereich Magen – Magenausgang – Duodenum
  - mechanischer Ileus/Subileus
- erhöhter intraabdomineller Druck
  - abdominelle Raumforderungen (z. B. große Oberbauchtumoren)
  - ausgeprägter Aszites
- Adipositas (> 30% über dem Normalgewicht)
- gesteigerter Hirndruck
- Schwangerschaft ab Mitte des 2. Trimenons (anatomische u. hormonelle Faktoren)

7.4.2 Narkoseeinleitung bei nichtnüchternen Patienten

Zur Minimierung des Aspirationsrisikos sind verschiedene erfolgreiche Vorgehensweisen für die sog. Nicht-nüchtern-Einleitung („rapid sequence induction", Crash-Einleitung, Blitzeinleitung, Ileuseinleitung) mit zügiger Intubation des aspirationsgefährdeten Patienten beschrieben. Ihnen ist gemeinsam, daß die endotracheale Intubation nach zügiger Einleitung **ohne interponierte Maskenbeatmung** vorgenommen wird. Im folgenden wird exemplarisch ein bewährtes Verfahren im Detail vorgestellt.

Vorgehensweise in der Praxis

Nicht-nüchtern-Einleitung

1. Oberkörperhochlagerung (40–50°)
2. evtl. 30 ml 0,3 molarer Citratpuffer p.o. (zur Magensäureneutralisierung)[1]
3. Einführen einer Magensonde am wachen Patienten, ggf. unter milder Sedierung (1–2 mg Midazolam i.v.), und Absaugen von flüssigem Mageninhalt (zur Reduktion des Magensaftvolumens)
4. Präoxygenierung mit 100% O_2 über dicht abschließende Gesichtsmaske für 3–5 min (s. Abschn. 7.3)
5. Entfernen der Magensonde als möglicher Leitschiene unter erneutem Absaugen
6. Versehen des angeschalteten Absauggeräts mit dicklumigem Absaugkatheter
7. intubationsgerechte Lagerung des Kopfes
8. unter weiterer Präoxygenierung zügige Narkoseeinleitung i.v.:
   - „Präkurarisierung" (s. Kap. 8.5.5)
   - Opioid
   - errechnete Hypnotikumdosis im Bolus
   - Succinylcholin[2] (1–1,5 mg/kg KG) ebenfalls im Bolus
9. nach Einschlafen des Patienten Krikoiddruck durch Helfer (Sellick-Handgriff; zum Verschließen des oberen Ösophagus)[3]
10. apnoische Oxygenierung bis zum Eintritt der kompletten Relaxation
11. zügige, primär orotracheale Intubation (führungsstabarmierter Tubus, möglichst unter Fortführung des Krikoiddrucks)
12. nach endotrachealer Tubusplazierung sofortiges und ausreichendes Blocken des Cuffs
13. nach Entfernen des Führungsstabs und Fixierung des Tubus erneutes Legen einer Magensonde und Absaugen

[1] **Citratpuffer** sollte möglichst 10–15 min vor Einleitungsbeginn verabreicht werden. Allerdings gewährleistet auch dies nicht in jedem Fall eine ausreichende Säureneutralisierung. Zudem bietet Citratpuffer keinen Schutz bei der partikulären oder galligen Aspiration.

[2] Bei **absoluten Kontraindikationen für Succinylcholin** (Kap. 8.5.3) kann auch ein nichtdepolarisierendes Relaxans in sog. Intubationsdosis (2 x ED_{95}) verwendet werden (ED_{95} = Dosis für eine 95%ige Muskelerschlaffung). Unter diesen zeichnet sich Rocuronium (Esmeron®) durch den schnellsten Wirkungseintritt aus. Zur Wirkungsbeschleunigung sollte vorweg eine subrelaxierende Dosis (ca. 1/4 der einfachen ED_{95}) gegeben werden (→ Absättigung von 70–75% der neuromuskulären Acetylcholinrezeptoren; sog. Priming-Verfahren) und unmittelbar nach Narkoseeinleitung unter apnoischer Oxygenierung der Rest der errechneten Vollwirkdosis.

[3] Der **Sellick-Handgriff** wird kontrovers beurteilt. Er kann bei korrekter Ausführung nur eine Regurgitation verhindern. Bei aktivem Erbrechen muß er gelockert werden, weil sonst sehr hohe Drücke im verschlossenen Ösophagus entstünden, was mit der Gefahr einer Ösophagusruptur verbunden wäre. Außerdem soll durch den Krikoiddruck der Tonus des unteren Ösophagussphinkters absinken, was eine Regurgitation begünstigen würde.

Alternativ zur Intubation in Narkose kommt eine **Wachintubation** in Frage (Abschn. 7.2.8). Sie sollte grundsätzlich dann vorgenommen werden, wenn bei nichtnüchternen Patienten Intubationsschwierigkeiten zu erwarten sind. Sie wird am gar nicht oder nur mäßig sedierten Patienten unter Lokalanästhesie der Schleimhäute durchgeführt, entweder unter direkter oder indirekter (fiberendoskopischer) Laryngoskopie. Auf eine zu ausgiebige Anästhesie der Trachealschleimhaut sollte dabei verzichtet werden, um den Hustenreflex nicht zu stark zu unterdrücken.

7.4.3 Pulmonale Aspiration

Schon die Aspiration geringerer Mengen (≥ 25 ml beim Erwachsenen) sauren Magensafts (pH < 2,5) kann akut zu einer hämorrhagischen Tracheobronchitis mit schwerer bronchospastischer Reaktion führen und innerhalb weniger Stunden zu einem bedrohlichen toxischen Lungenödem auf der Grundlage einer chemischen **Pneumonitis** („Mendelson-Syndrom"). Im weiteren Verlauf kann sich ein Lungenversagen (ARDS) entwickeln. Die Letalität betrug früher bis zu 50%, unter konsequenter Therapie liegt sie heutzutage zwischen 5 und 10%. Bei erfolgreicher (Beatmungs-)Therapie bilden sich die Veränderungen i.d.R. nach 3–5 Tagen zurück. Je höher der pH-Wert des Aspirats ist, desto eher ist dieses bakteriell kontaminiert. In solchen Fällen bleibt eine Aspiration zunächst klinisch asymptomatisch („stille Aspiration"), kann aber später in eine **Pneumonie** münden. Werden Fremdkörper oder grobe Nahrungspartikel aspiriert, so kommt es kurz danach größenabhängig zu mechanisch bedingten und entzündlich reaktiven **Atelektasen.** Bei komplettem Verschluß der Trachea durch einen Speisebolus besteht bei nicht umgehender Entfernung mit Hilfe eines starren Bronchoskops akute Erstickungsgefahr („Bolustod").

Verhalten nach Aspiration

Nach gesicherter Aspiration von Magen- und/oder Darminhalt oder bei begründetem Verdacht muß der Patient zunächst (re)intubiert und mit PEEP (initial 5–10 cmH_2O) beatmet werden, anfangs mit 100% O_2 zur **Vermeidung einer Hypoxie.** Nach der Intubation sollte nach Möglichkeit sofort, d. h. noch vor der Beatmung, „blind" endotracheal abgesaugt werden. Aus dem Bronchialsekret wird ebenso wie aus dem Magensaft der pH-Wert bestimmt. Bronchialsekret wird außerdem zur mikrobiologischen Untersuchung eingeschickt.

Die routinemäßige Gabe von **Glukokortikoiden** wird nicht mehr empfohlen. Sie sind, zusammen mit **Bronchodilatatoren,** lediglich zur Behandlung eines Bronchospasmus indiziert. **Antibiotika** werden primär nur nach Aspiration von Darminhalt und auch hier erst nach Sekretgewinnung für die bakteriologische Diagnostik eingesetzt (z. B. Kombination von Cefotiam [Spizef®] und Metronidazol), sonst nur bei Entwicklung pneumonischer Zeichen, und dann gezielt nach Antibiogramm.

Die Anfertigung einer **Röntgenthoraxaufnahme** nach mutmaßlicher oder gesicherter Aspiration ist obligat. Aspirationsbedingte pulmonale Schädigungen (z. B. Atelektasen, Ödem) können innerhalb der ersten 6 Stunden nach dem Ereignis radiologisch nachgewiesen werden.

Bei klinischem Verdacht auf eine Aspiration fester Nahrungsbestandteile wird entweder gleich oder nach Anfertigung des Röntgenbilds eine **Bronchoskopie,** ggf. mit gezielter Lavage, zur Entfernung der Partikel vorgenommen. Eine Bronchoskopie nach flüssiger Aspiration ist i. d. R. sinnlos, weil sie zu spät kommt, um das schädigende Agens noch entfernen zu können.

MERKE
Bei asymptomatischem Verlauf muß der Patient über mindestens 6 Stunden nach dem „Aspirationsereignis" lückenlos pulsoxymetrisch überwacht werden (z. B. im AWR). Patienten mit Symptomen im Sinne einer Aspiration werden zur Weiterbehandlung so früh wie möglich auf eine Intensivstation verlegt.

7.5 Besonderheiten der Narkosebeatmung

Moderne mikroprozessorgesteuerte Narkoserespiratoren erlauben eine Beatmung sowohl im *volumenkontrollierten* (VCV) als auch im *druckkontrollierten* (PCV) Modus. Sie sind außerdem nicht nur für Erwachsene, sondern auch für Früh- und Neugeborene sowie für Intensivpatienten mit deutlich eingeschränkter Lungenfunktion geeignet. Zudem ermöglichen sie Niedrigflußnarkosen bis hin zur Minimalflow-Anästhesie. Zur Vereinfachung der Narkoseausleitung ist zumeist auch ein SIMV-Modus implementiert (synchronisierte assistierende und kontrollierte Beatmung).

7.5.1 Durchführung der maschinellen Beatmung

Folgende **Parameter** charakterisieren den Beatmungszyklus und bestimmen die intrapulmonale Volumen-Druck-Beziehung in ihrem zeitlichen Verlauf:

- die Atemfrequenz (AF)
- das Atemzug- oder Tidalvolumen (AZV) bzw. das Atemminutenvolumen (AMV)
- das Verhältnis von Inspirations- zu Exspirationszeit (I:E; Atemzeitverhältnis)
- der Inspirationsflow und -druck
- bei Bedarf ein positiver endexspiratorischer Druck (PEEP)

Welche der genannten Größen vom Anwender eingestellt werden können oder müssen und welche sich dann daraus ergeben, hängt vom Beatmungsmodus (volumen- oder druckkontrolliert) und von der Ausstattung des Geräts ab.

Grundeinstellung des Narkoserespirators für lungengesunde Erwachsene:

- Atemzugvolumen: 10–12 ml/kg KG
- Beatmungsfrequenz: 10–12/min
- Atemzeitverhältnis: 1:1 bis 1:2
- Inspirationsflow (bei VCV): 30 l/min
- Inspirationsdruck (bei PCV): 20 cmH_2O
- inspiratorische Druckbegrenzung (P_{max}): 25 cmH_2O
- positiver endexspiratorischer Druck (PEEP): 5 cmH_2O
- inspiratorische O_2-Konzentration (FIO_2): 30% (0,3)

Tabelle 34 Beziehung zwischen FIO_2 und PaO_2 bei ungestörter Oxygenierung

FIO_2 (%)	PaO_2 (mmHg)
30	> 150
40	> 200
50	> 250
75	> 400
100	> 600

Hinweise für die Praxis

1. Die **Ventilationsgrößen** sind am Respirator so einzustellen, daß beim **„Normalpatienten"** ein PaO_2 von 80–100 mmHg und ein $PaCO_2$ von 35–40 mmHg erreicht werden. Zur Beurteilung der pulmonalen O_2-Aufnahme kann die bei ungestörtem Gasaustausch geltende Beziehung zwischen FIO_2 und PaO_2 herangezogen werden (Tab. **34**).
2. Für Kinder in den ersten Lebenswochen, insbesondere aber für **Frühgeborene**, gelten niedrigere PaO_2-Zielwerte (Gefahr der *retrolentalen Fibroplasie*; Kap. 25.2.1).
3. Individuell *höhere* $PaCO_2$-Werte sollen bei Patienten mit **COPD** (→ respiratorische Azidose), *niedrigere* bei Patienten mit **chronischer Niereninsuffizienz** (→ respiratorisch kompensierte metabolische Azidose) toleriert bzw. angestrebt werden.
4. Bei **Intensivpatienten** mit eingeschränkter Lungenfunktion und bei Patienten mit **schwerem Schädelhirntrauma** soll das Beatmungsmuster möglichst beibehalten werden.

Respiratorisches Monitoring

Siehe Kap. 3.1.

Verhinderung des Alveolarkollapses

Unter Narkose und Beatmung ist auch bei lungengesunden Patienten ein Kollaps kleiner Atemwege zu beobachten, besonders in den abhängigen Lungenpartien. Früher ging man davon aus, einen Alveolarkollaps durch Beatmung mit **PEEP** verhindern zu können. Mehrere Untersuchungen konnten allerdings zeigen, daß selbst ein höherer PEEP (≥ 10 cmH_2O) die Bildung von Mikroatelektasen überwiegend nicht reduziert und eher die unerwünschten Nebenwirkungen wie Kreislaufinstabilität, Beeinträchtigung der Nieren- und Leberfunktion etc. zunehmen. Bei Lungengesunden wird deshalb mehrheitlich empfohlen, ein PEEP-Niveau von 5 cmH_2O während der Anästhesie nicht zu überschreiten.

Als effektiv zur Öffnung von (Mikro-)Atelektasen („Recruitment") und zum längeren Offenhalten der kleinen Atemwege hat sich ein **manuelles Hyperinflationsmanöver** erwiesen. Hiermit wird der inspiratorische Druck *für ca. 15 sec bis auf 40 cmH_2O* erhöht. Der Recruitmenteffekt soll für mindestens 40 min erhalten bleiben, wenn eine FIO_2 von 0,4 nicht überschritten wird. Bei längeren Narkosen sollte dieses Manöver ***stündlich*** wiederholt und insbesondere auch noch einmal *kurz vor der Extubation* durchgeführt werden. Eine relative Kontraindikation besteht bei Patienten mit COPD oder Lungenemphysem wegen der möglichen Auslösung eines Barotraumas und bei Patienten mit erhöhtem ICP.

Daneben gilt es, eine **Denitrogenierung** zu vermeiden, weil sie zur Bildung sog. Resorptionsatelektasen führen kann. Stickstoff dient neben dem Surfactant zur Stabilisierung der Alveolarwände, so daß die Alveolen bei zu geringem N_2-Anteil und N_2O-freien Narkosen, besonders aber beim Fehlen von N_2 (FIO_2 = 1,0) entsprechend ihrer Oberflächenspannung leichter kollabieren können. Aus diesem Grunde soll der O_2-Anteil – außer in Notsituationen – zur Präoxygenierung und zur Narkoseausleitung, so gewählt werden, daß ein „normaler" PaO_2 aufrechterhalten wird.

7.5.2 Vergleich von volumen- und druckkontrollierter Beatmung

Siehe Tab. **35**.

7.5.3 Niedrigflußnarkosen

Zur Kostenersparnis und zur Verminderung der Umweltbelastung sollte bei längeren Narkosen der Frischgasfluß (FGF) im Steady state zumindest auf Werte zwischen 1 und 2 l/min unter sorgfältiger Beachtung der erforderlichen Sicherheitsstandards abgesenkt werden (Voraussetzungen: Prüfung der Dichtigkeit des Narkosegeräts mit exakter Ermittlung des Leckagevolumens, Leckagevolumen < 1/3 des eingestellten FGF, Messung der FIO_2, Pulsoxymetrie, Kapnometrie). Dagegen erfordert die Durchführung von Low-flow- und Minimal-flow-Anästhesien (FGF 1,0–0,5 l/min) speziell ausgerüstete Narkosegeräte.

Low-flow- und Minimal-flow-Anästhesien

Definition:

- „low flow": FGF ca. 1, 0 l/min, hiervon 0,5 l O_2 u. 0,5 l N_2O
- „minimal flow": FGF ca. 0,5 l/min, hiervon 0,3 l O_2 u. 0,2 l N_2O

Tabelle 35 Unterschiede zwischen volumen- und druckkontrollierter Beatmung

	volumenkontrolliert	druckkontrolliert
Einstellgrößen	AZV, AF, I: E, Flow*	Druck, AF, I: E
Abhängige Variable	Beatmungsdruck	AZV u. AMV, Flow (dezelerierend)
Vorteile	relativ volumenkonstant bei Änderung von Compliance und Resistance	Teilkompensation von Leckagen od. Nebenluft; gleichmäßigere intrapulmonale Gasverteilung, auch bei morphologisch veränderten Arealen (durch dezelerierenden Flow)
Nachteile	Volumenverlust bei Leckagen od. Nebenluft, ungleiche Gasverteilung auf Lungenabschnitte mit unterschiedlicher Dehnbarkeit und unterschiedlichen Flußwiderständen	Veränderung des AMV bei Änderung von Compliance und Resistance
Indikationen	Standard beim lungengesunden Erwachsenen	Patienten mit Lungenschädigungen, bes. mit bronchopleuraler Fistel; Früh-, Neugeborene und Säuglinge (Gewährleistung minimaler Hubvolumina)

* deshalb eigentlich „volumen-flow-kontrolliert“

Tabelle 36 Vor- und Nachteile von Low-flow- und Minimal-flow-Anästhesien

Vorteile	Nachteile
geringerer Narkosemittelverbrauch – geringere Kosten – geringere Umweltbelastung	Entwicklung eines hypoxischen Gasgemisches bei: – plötzlichen Systemleckagen – Zunahme des O_2-Verbrauchs – Abnahme der N_2O-Aufnahme – Akkumulation von „Fremdgasen“*
bessere Atemgasklimatisierung (Anfeuchtung, Erwärmung)	schlechtere Narkosesteuerbarkeit

* N_2, CO, Aceton, Ethanol, Argon, (Methan, H_2), Compound A (bei Sevofluran)

Apparative Voraussetzungen

- hohe Dichtigkeit des Beatmungssystems
- exakte Ermittlung des Leckagevolumens
- exakte Frischgasdosierung auch im Niedrigflußbereich (→ „Frischgasentkopplung“ erforderlich)
- exakte, verzögerungsfreie, patientennahe in- und exspiratorische Messung der Konzentration von O_2, CO_2, N_2O und dem volatilen Anästhetikum

Frischgasentkopplung. Unter Frischgasentkopplung versteht man, daß das Frischgas, das entsprechend der eingestellten Rate sowohl in der Inspiration als auch in der Exspiration fließt, nicht direkt oder unmittelbar ins Kreissystem eingespeist wird, sondern während der Inspiration zunächst in einem Reservoir, z.B. dem Beatmungsbeutel, gesammelt wird. Während der Exspiration gelangt es dann in den Beatmungsbalg oder -kolben (bei geringem Frischgasanteil zusammen mit Exspirationsgas des Patienten) und wird mit dem folgenden Beatmungshub in den Patienten transportiert. Dies hat den Vorteil, daß das am Gerät eingestellte Hubvolumen ziemlich genau dem Atemzugvolumen entspricht. Bei Geräten ohne Frischgasentkopplung hingegen gelangt Frischgas auch während der Inspiration in das Kreissystem und erhöht entsprechend das Zugvolumen. Frischgasentkoppelte Beatmungsgeräte gewährleisten also i.Ggs. zu nichtentkoppelten eine **volumenkonstante Beatmung.** Sie ist unabhängig vom eingestellten Frischgasfluß, sobald dieser den minimal erforderlichen Bedarf (= Verbrauch durch den Patienten + Leckagevolumen des Systems) überschreitet.

Vorgehensweise in der Praxis

- in der Initialphase für ca. 15–20 min hoher FGF (4–6 l O_2 od. N_2-freies Gasgemisch pro min)
- Vermeidung (patientennah gemessener) inspiratorischer O_2-Konzentrationen von unter 30%
- ca. 1–2 stdl. kurzes Spülen des Systems mit hohem FGF (bei „minimal flow“)
- zur raschen Anpassung der Narkosetiefe nicht nur Veränderung der Anästhetikumkonzentration, sondern auch kurzfristige Erhöhung des FGF auf 4–6 l/min erforderlich
- Narkoseausleitung
  - Beendigung der Zufuhr des volatilen Anästhetikums 10–30 min vor OP-Ende
  - Erhöhung des FGF auf 6 l O_2 pro min 5–10 min vor OP-Ende

Durch den initial hohen Frischgasfluß soll eine vollständige Denitrogenierung der Atemgase und eine Auswaschung größerer Mengen von N_2 aus den Körperspeichern erreicht werden, um so eine protrahierte N_2-Akkumulation im Kreissystem zu vermindern. Außerdem soll die Anflutung des volatilen Anästhetikum beschleunigt werden (schnelleres Erreichen der gewünschten alveolären Konzentration). Bei längeren Minimal-flow-Anästhesien, besonders unter Verwendung von Sauerstoff-Luft-Gemischen, ist zu bedenken, daß sich diverse Fremdgase (s. o.) im Patientensystem anhäufen können. Zu deren Eliminierung oder Reduzierung sollte das System deshalb wiederholt für jeweils 3–5 min mit hohem Fluß „durchgespült" werden. Ferner ist zu beachten, daß schnelle Änderungen der alveolären Anästhetikakonzentrationen immer eine vorübergehende Erhöhung des Frischgasflusses erfordern.

MERKE
Aus Sicherheitsgründen sollte die eingestellte FIO_2 bei „low flow" grundsätzlich nicht unter 0,5 und bei „minimal flow" nicht unter 0,6 betragen. Zudem ist zu berücksichtigen, daß die Konzentration des volatilen Anästhetikums dem niedrigen Flow und dem hohen Rückatmungsanteil angepaßt werden muß.

Keine Low-flow- oder Minimal-flow-Anästhesien sollten durchgeführt werden bei:
- starken Rauchern (Anreicherung von CO)
- Patienten mit dekompensiertem Diabetes mellitus (Anreicherung von Aceton)
- Patienten mit akuter Alkoholintoxikation (Anreicherung von Ethanol)
- niereninsuffizienten Patienten und Anwendung von Sevofluran (Anreicherung von Compound A)

Geschlossenes Narkosesystem. Ein geschlossenes Narkosesystem ist dann erreicht, wenn ausschließlich der Bedarf des Patienten an O_2, N_2O und dem volatilen Anästhetikum gedeckt wird, ohne daß ein Überschuß an Gasen vorhanden wird („quantitative Anästhesie"). Da hierzu ein sehr hoher Meß-, Rechen- und Kontrollaufwand erforderlich ist, hat sich diese Technik bislang für die Praxis nicht durchsetzen können, auch wenn sie den niedrigsten Frischgasverbrauch und damit die geringste Umweltbelastung durch Inhalationsanästhetika verspricht. Die Low-flow- und vor allem die Minimal-flow-Anästhesie kommt allerdings diesem Anspruch auch schon recht nahe.

7.5.4 Beatmungsfilter

Beatmungsfilter dienen der
- Kontaminationsprophylaxe (Retention von Bakterien und Viren [bis zu 99,99%]) und
- Atemgasklimatisierung (Befeuchtung und Erwärmung der Einatemluft).

Am effektivsten sind Filter mit **hydrophober Membran.** Sie lassen Wasser als Aerosol passieren, nicht aber als Kondensat. Hierdurch wird eine gute (Rück-) Befeuchtung ermöglicht. Sie ist um so höher, je geringer der Frischgasfluß ist. Trotzdem werden physiologische Verhältnisse i. d. R. nicht erreicht.

Weitere **Anforderungen,** die ein Beatmungsfilter erfüllen soll, sind:
- nur minimale Erhöhung des anatomischen Totraums
- Verfügbarkeit unterschiedlicher Größen für Neugeborene, Säuglinge, Kinder und Erwachsene
- Gewährleistung hoher Gasflüsse
- Wasserundurchlässigkeit (auch bei hohen Beatmungsdrücken)
- keine relevante Strömungsbehinderung (z. B. durch Wasseraufnahme), die zur Steigerung des Atemwegswiderstands führen würde
- abgerundete Form, zumindest beim patientenseitigen Filter (→ geringere Verletzungsgefahr)
- Anschluß für Gasprobenansaugleitung (CO_2, O_2, Narkosegase) wobei ein schräger Stutzen ein Abknicken des Schlauchs, z. B. durch aufliegende OP-Tücher, verhindert
- keine Veränderung der Gasmeßwerte

Ein Beatmungsfilter wird *patientennah* (zwischen Tubus und Y-Stück), ein weiterer *gerätenah* (am Exspirationsstutzen) angebracht. Das Wechselintervall für den Gerätefilter beträgt 48 Stunden (Fa. Pall), während patientenseitige Filter selbstverständlich von Patient zu Patient ausgetauscht werden müssen. Dies ermöglicht, die Beatmungsschläuche nur noch einmal täglich zu wechseln.

MERKE
In den Filtern kann sich **Kondensationswasser** ansammeln, das bei Ansaugung in die Gasmeßzellen zur Dysfunktion führt. Deshalb soll die Konnexionsstelle immer nach oben zeigen.

Kontraindikationen für den patientennahen Filter

- Lungenödem
- Lungenblutung
- massive Hyper- oder Dyskrinie

7.5.5 Atemkalk

Bei Narkosen mit Rückatmungstechnik besteht die Notwendigkeit, das anfallende CO_2 zu entfernen. Hierzu sind spezielle Behälter in den Inspirationsschenkel des Narkosegeräts integriert, die mit sog. Atemkalk gefüllt werden („CO_2-Absorber"). Atemkalk ist pelletiert und besteht aus 3–6 mm großen, weißen Granula, die zur Absorptionsverbesserung eine rauhe, unregelmäßige Oberfläche aufweisen. In Deutschland wird ausschließlich **Natronkalk** verwendet (in den USA dagegen Bariumkalk). Natronkalk enthält 75–85% $Ca(OH)_2$,1–4% NaOH und 4–18% H_2O. Zudem ist ein Farbindikator beigegeben (in Deutschland Ethylviolett), der die Erschöpfung des Atemkalks sichtbar machen soll (Farbumschlag von weiß nach blauviolett). Allerdings ist zu bedenken, daß der Farbumschlag nach längerem Gebrauch des Atemkalks und stärkerer Lichteinwirkung völlig ausbleiben kann. Die Absorption von CO_2 verläuft als exotherme Reaktion, wobei als Endprodukte $CaCO_3$ und H_2O entstehen und NaOH „zurückgewonnen" wird. Der Absorber befindet sich immer im Inspirationsschenkel hinter der Frischgaszuleitung, um so auch eine Anfeuchtung und Erwärmung des ursprünglich trockenen und kalten Frischgases zu ermöglichen. Unter optimalen Bedingungen können 100 g Atemkalk ca. 26 l CO_2 binden.

> **MERKE**
> Die einzig sichere Methode zur Überwachung der Absorptionskapazität von Atemkalk ist die Messung der CO_2-Konzentration im Atemgas, und zwar auch inspiratorisch.

Austrocknung von Atemkalk

Da die CO_2-Absorptionsleistung stark vom Wassergehalt des Atemkalks abhängt, muß ein Austrocknen unbedingt verhindert werden. Ausgetrockneter Atemkalk kann in Kombination mit einigen volatilen Anästhetika außerdem zur Bildung von Kohlenmonoxid oder potentiell nephrotoxischem Compound A führen (Einzelheiten s. Kap. 8.1.7 u. 8.1.8). Die Haltbarkeit von Atemkalk in der ungeöffneten Originalverpackung beträgt je nach Hersteller zwischen 2 und 4 Jahren. Nach Öffnung soll der Atemkalk sofort, zumindest aber in einem Zeitraum von 4 Wochen verbraucht werden. Danach muß er verworfen werden, auch aus hygienischen Gründen.

Gefahren durch ausgetrockneten Atemkalk (< 5% Restfeuchte):
- verminderte CO_2-Absorption
- Absorption und ggf. Zersetzung von Inhalationsanästhetika
  - → Verringerung der Narkosetiefe
  - → CO-Bildung: Desfluran > Isofluran; nur sehr gering bei Sevofluran
  - → Entstehen potentiell toxischer Stoffe (z. B. Atemwegsreizung, stechender Geruch)
  - → blauviolette Verfärbung des Indikators (mit obigen Einschränkungen)

Zeichen der Austrocknung sind:
- Farbumschlag des Indikators, plötzliche starke Erwärmung des Atemkalks (unsichere Zeichen)
- minutenlanges Ausbleiben des Anstiegs der inspiratorischen Anästhetikumkonzentration trotz geöffneten Vapors
- Anstieg der inspiratorischen CO_2-Konzentration (sicherste Methode; die exspiratorische CO_2-Konzentration steigt dagegen erst verzögert an)

Empfehlungen zum Umgang mit Atemkalk und Narkosegeräten (DGAI 1999)

- Wechsel des Atemkalks:
  - sofort bei Erschöpfung: d. h. inspiratorische CO_2-Konzentration ≥ 1% bzw. 7 mmHg, Indikatorfarbumschlag (max. bis zu 2/3 der Füllhöhe möglich), plötzliche starke Erwärmung
  - regelmäßig, d. h. zumindest im Wochenabstand (montags!), bei täglich eingesetzten Narkosegeräten
  - bei nicht täglich eingesetzten Narkosegeräten:
  - Füllen des Absorbers mit Atemkalk erst vor dem Einsatz
  - nach Gebrauch den Absorber aus dem Atemsystem herausnehmen und mit luftundurchlässigen Kappen verschließen
  - routinemäßiger Wechsel zumindest im Monatsabstand
- Dokumentation des Atemkalkwechsels: Datum der Neubefüllung auf dem Absorbergehäuse
- keine Neubefeuchtung ausgetrockneten Atemkalks!
- komplettes Abdrehen der Frischgaszufuhr nach Narkoseende!
- Durchführung von Niedrigflußnarkosen (< 2 l/min) zur Feuchtigkeitskonservierung, wodurch zwar die

„Belastung" des Atemkalks mit CO_2 ansteigt, aber bei den gebräuchlichen Doppel- oder Jumboabsorbern mit bis zu 2 kg Inhalt i.d.R. eine suffiziente CO_2-Absorption über 7 Tage sichergestellt ist

7.6 Eine-Lunge-Anästhesie

Siehe Kap. 26.2.

8 Anästhetika und Adjuvanzien

8.1 Inhalationsanästhetika ▸ 123
8.1.1 Pharmakodynamik ▸ 123
8.1.2 Stellenwert gebräuchlicher Substanzen ▸ 124
8.1.3 Übersicht über die Haupt- und Nebenwirkungen ▸ 126
8.1.4 Inhalationsanästhetika und zerebrale Homöostase ▸ 126
8.1.5 Inhalationsanästhetika bei Herzerkrankungen ▸ 128
8.1.6 Volatile Anästhetika bei Lebererkrankungen ▸ 128
8.1.7 Volatile Anästhetika bei Nierenerkrankungen ▸ 128
8.1.8 Kohlenmonoxid-Intoxikation ▸ 129
8.2 Intravenöse Hypnotika ▸ 130
8.2.1 Dämpfung zerebraler Funktionen ▸ 130
8.2.2 Stellenwert gebräuchlicher Substanzen ▸ 131
8.2.3 Übersicht über die Haupt- und Nebenwirkungen ▸ 135
8.2.4 Total intravenöse Anästhesie ▸ 135
8.3 Unterschiede zwischen Inhalations- und intravenösen Anästhesien ▸ 137
8.4 Opioide ▸ 137
8.4.1 Pharmakodynamik ▸ 137
8.4.2 Pharmakokinetik ▸ 139
8.4.3 Stellenwert der „Narkose-Opioide“ ▸ 139
8.4.4 Nebenwirkungen ▸ 140
8.4.5 Naloxon ▸ 142
8.5 Muskelrelaxanzien ▸ 143
8.5.1 Pharmakodynamik ▸ 143
8.5.2 Pharmakokinetik ▸ 145
8.5.3 Stellenwert gebräuchlicher Muskelrelaxanzien ▸ 147
8.5.4 Nebenwirkungen ▸ 150
8.5.5 Interaktionen ▸ 152
8.5.6 Neostigmin ▸ 153
8.6 Intraoperative Wachphänomene ▸ 154
8.7 Zentralanticholinerges Syndrom ▸ 155
8.8 Lokalanästhetika ▸ 156
8.8.1 Empfohlene Grenzdosis ▸ 157
8.8.2 Kombination von Lokalanästhetika ▸ 157
8.8.3 Zusatz von Vasokonstriktoren ▸ 158
8.8.4 Übersicht über die gebräuchlichen Lokalanästhetika ▸ 158
8.8.5 Allgemeine Nebenwirkungen ▸ 158

8.1 Inhalationsanästhetika

Inhalationsanästhetika sind entweder leicht flüchtige Flüssigkeiten mit Siedepunkt knapp oberhalb der Raumtemperatur (dampfförmige bzw. volatile Anästhetika) oder Gase wie *Stickoxydul* (Distickstoffmonoxid, Lachgas, N_2O) und Xenon, das sich allerdings klinisch noch nicht hat durchsetzen können. Die Gruppe der volatilen Anästhetika umfaßt chemisch weiterentwickelte ätherartige Substanzen wie *Isofluran* (Forene®), *Sevofluran* (Sevorane®) und *Desfluran* (Suprane®). Halothan und Enfluran werden in Deutschland nicht mehr eingesetzt.

8.1.1 Pharmakodynamik

Inhalationsanästhetika bewirken eine reversible Hemmung der neuronalen Aktivität in sämtlichen Regionen des zentralen Nervensystems (ZNS). Sie beeinträchtigen den Einstrom und die Verarbeitung sensorischer Informationen, die Generierung und Weiterleitung motorischer Impulse sowie die Steuerung autonomer Körperfunktionen. Auf diese Weise können sie

- das Bewußtsein (Sensorium),
- die Schmerzwahrnehmung und -verarbeitung,
- die Muskelspannung sowie
- die Abwehr- und vegetativen Reflexe

vermindern bis aufheben, was als Narkose verstanden wird. Da die einzelnen Hirnzellverbände unterschiedlich empfindlich auf Inhalationsanästhetika reagieren, entwickelt sich Narkose nicht nach dem „Alles-oder-nichts-Prinzip“, sondern entsteht dosis- bzw. konzentrationsabhängig, wobei aus der Reihenfolge der Ausschaltung zentralnervöser Funktionen eine gewisse topographische Zuordnung zu den verantwortlichen anatomischen Strukturen hergestellt werden kann (Tab. **37**).

Tabelle 37 Konzentrationsabhängige Wirkungen von Inhalationsanästhetika am ZNS

	Hirnregion (Aktivitätsdämpfung)	Klinisches Korrelat
Konzentration (von oben nach unten zunehmend)	(Neo-)Kortex, Formatio reticularis	Bewußtseinsausschaltung
	subkortikale Schaltstellen der Schmerzverarbeitung	Analgesie Dämpfung vegetativer Reflexe
	motorische Kerngebiete u. Bahnen Vorderhornzellen des Rückenmarks	Muskelrelaxation

Inhalationsanästhetika oder Narkotika allgemein wirken nicht isoliert auf das ZNS, sondern beeinflussen grundsätzlich alle Zellen des Organismus. Hirnzellen reagieren jedoch am empfindlichsten, so daß narkotische Wirkungen i. d. R. vor relevanten Funktionsstörungen anderer Organe eintreten.

Wirkungsstärke

Das Erreichen einer bestimmten Narkosetiefe mit einen Inhalationsanästhetikum hängt von dessen Konzentration bzw. Partialdruck im Gehirn ab. Da hier jedoch die Konzentration nicht gemessen werden kann, behilft man sich mit einem indirektem Maß, der alveolären Konzentration bzw. dem alveolären Partialdruck. Dies ist deshalb möglich, weil im Gleichgewichtszustand (Steady state) einer Narkose der Partialdruck eines Anästhetikums in den Alveolen und im Hirngewebe gleich ist. Darüber hinaus entspricht in dieser Situation der alveoläre Partialdruck dem klinisch einfach zu ermittelnden endexspiratorischen Partialdruck. Um in einem Patientenkollektiv eine definierte Narkosetiefe hervorzurufen, wird eine bestimmte Mindestkonzentration eines Inhalationsanästhetikums benötigt, die sog. **minimale alveoläre Konzentration** (MAC). Sie ist ein Maß für die dosisabhängige Wirkungsstärke der Inhalationsanästhetika. Anhand der MAC läßt sich die klinische Wirksamkeit der einzelnen Substanzen miteinander vergleichen. Am gebräuchlichsten ist der MAC_{50}-Wert. Er dient auch als grober Parameter für die Steuerung der Narkosetiefe.

MERKE
Die **MAC_{50}** ist definiert als diejenige alveoläre bzw. endexspiratorische Konzentration eines Inhalationsanästhetikums im Steady state, bei der 50% der Patienten auf eine Hautinzision nicht mehr mit Abwehrbewegungen reagieren.

8.1.2 Stellenwert gebräuchlicher Substanzen

Isofluran

Isofluran hat die beste muskelrelaxierende Wirkung unter den volatilen Anästhetika. Zu berücksichtigen ist aber die deutliche Verminderung des peripheren Gefäßwiderstands mit den Folgen von Blutdruckabfall und kompensatorischer Tachykardie. Einem Coronary-steal-Phänomen kommt in der Praxis keine Bedeutung zu (Abschn. 8.1.5). Isofluran wirkt schleimhautreizend und ist daher weniger für eine Inhalationseinleitung geeignet. Eine Hepatotoxizität im Sinne einer Überempfindlichkeitsreaktion ist sehr unwahrscheinlich, eine Nephrotoxizität kann ausgeschlossen werden. Eine Zunahme der Hirndurchblutung tritt wie unter Sevofluran erst bei Konzentrationen über 1 MAC in Erscheinung (s. Kap. 22.3.2).

Indikationen. Balancierte Anästhesien (auch bei intrakraniellen Operationen sowie Leber- und Nierenerkrankungen), therapierefraktärer Status asthmaticus (zur Bronchodilatation)

Sevofluran

Die fehlende Schleimhautirritation und der angenehme Geruch sowie die i. Vgl. zu Isofluran erheblich schnellere Anflutung machen Sevofluran für die Inhalationseinleitung besonders bei Kindern, aber sogar bei Erwachsenen interessant (z. B. geistig Behinderte, Patienten mit einer Obstruktion im Bereich der oberen Atemwege). Hierzu trägt auch der Umstand bei, daß der Blut-Gas-Verteilungskoeffizient von Sevofluran i. Ggs. zu Isofluran im Kindes- und Erwachsenenalter gleich ist. Die hämodynamischen Veränderungen unter Sevofluran sind nur gering ausgeprägt. So sinkt der periphere Widerstand i. Vgl. zu Isofluran deutlich weniger, die negativ inotropen Eigenschaften sind allerdings etwas stärker. Die Zunahme der Hirndurchblutung soll noch geringer als unter Isofluran ausfallen (Kap. 22.3.2). Es besteht jedoch, zumindest theoretisch, das geringe Risiko einer Nephrotoxizität (Abschn. 8.1.7).

Indikationen. Balancierte Anästhesien (auch bei Herz- und intrakraniellen Operationen, Leberschäden), Kinderanästhesie (Kap. 25.3.1). Einleitung von Narkosen bei Erwachsenen (z. B. mit der „vital-capacity-single-breath"-Methode, d. h. O_2/Luft + 7,5 Vol.-% Sevofluran → Bewußtseinsverlust nach im Mittel 41 sec; kaum Unterschiede im Einleitungs- und Ausleitungsverhalten zwischen Sevofluran und Propofol), therapierefraktärer Status asthmaticus (zur Bronchodilatation)

Desfluran

Desfluran nimmt von seiten der Pharmakokinetik unter den volatilen Anästhetika insofern eine Sonderstellung ein, als es die geringste Blutlöslichkeit hat. Der Blut-Gas-Verteilungskoeffizient liegt sogar noch knapp unter demjenigen von Stickoxydul. Das bedeutet für die Praxis, daß die anästhetischen Wirkungen von Desfluran ähnlich schnell an- und abfluten. Von Nachteil sind allerdings der hohe MAC-Wert und der niedrige, ungefähr bei Zimmertemperatur liegende Siedepunkt, der den Einsatz spezieller, beheizter Vaporen (→ Temperaturkonstanz wg. Verdunstungskälte) für die exakte Dosierung der hohen Konzentrationen erforderlich macht. Die rasche Anflutung von Desfluran wird kontrastiert durch die schleimhautirritierende Wirkung, die eine Anwendung zur Narkoseeinleitung bei Kindern nicht empfehlenswert macht.

Die Metabolisierungsrate von Desfluran ist zwar äußerst niedrig. Da aber als Zwischenprodukt wohl auch Trifluoracetylchlorid (Abschn. 8.1.6) entstehen kann, sind schwere Leberschädigungen theoretisch nicht auszuschließen, bislang jedoch nicht beschrieben worden. Gravierender ist möglicherweise die Bildung von Kohlenmonoxid, das durch Reaktion von Desfluran mit trockenem Atemkalk entsteht. Diese Reaktion kann zwar bei auch bei anderen volatilen Anästhetika auftreten, ist aber bei Desfluran am stärksten ausgeprägt (Abschn. 8.1.8).

Problematisch ist der klinische Einsatz von Desfluran auch aus einem weiteren Grund. Bei Beginn der Zufuhr und bei jeder deutlicheren Dosiserhöhung kommt es über einen kurzen Zeitraum (ca. 10 min) zu einer adrenergen Stimulation, d. h., Herzfrequenz und Blutdruck steigen vorübergehend an. Das schließt einerseits den Gebrauch bei kardiovaskulären Risikopatienten aus und führt andererseits zu einem *anästhesiologischen Paradoxon*. Für die meisten anästhetisch wirksamen Substanzen ist typisch, daß Dosissteigerung zu einer Dämpfung der sympathischen Aktivität führen. Dieses Verhalten wird auch zur Abschätzung und Steuerung der Narkosetiefe herangezogen. Unter Erhöhung der Desflurankonzentration hingegen wird die Beziehung zwischen Narkosetiefe und Sympathikusaktivität passager entkoppelt („Desfluran-Paradoxon"), was in Phasen zunehmender chirurgischer Stimulation die Narkoseführung beeinträchtigt.

Schließlich ist der Gebrauch von Desfluran wegen des höheren Narkosemittelverbrauchs und der teuren Spezialvaporen auch unter ökonomischen Aspekten nicht sinnvoll. Die hohen Kosten lassen sich zwar durch konsequente Durchführung von Niedrigflußnarkosen reduzieren, was aber natürlich für die Anwendung preiswerterer Substanzen, wie z. B. Isofluran, gleichermaßen gilt. Außerdem sind Minimal-flow-Anästhesien mit Desfluran, was die Vermeidung hypoxischer Gasgemische angeht, nicht ganz unproblematisch, da die Substanz in hohen Konzentrationen zugeführt werden muß.

Resümee. Für Desfluran läßt sich nach den bisherigen Untersuchungsergebnissen keine rational vertretbare Indikationsnische erkennen.

Stickoxydul (Distickstoffmonoxid, Lachgas, N_2O)

N_2O weist gute analgetische, aber schlechte hypnotische und gar keine muskelrelaxierenden Wirkungen auf. Von Nachteil sind die *hirndurchblutungssteigernde* Wirkung (Kap. 22.3.2) und die *Diffusion* in geschlossene lufthaltige Räume, z. B. Pneumothorax, Pneumenzephalus, Luftembolus, gashaltige Darmabschnitte (Ileus), Mittelohr, aufgeblasene Manschette von Endotrachealtubus oder Larynxmaske, was zu erheblicher Volumen- bzw. Druckerhöhung führen kann. Letzterem liegt eine physikalische Interferenz mit Stickstoff zugrunde. Aufgrund der Tatsache, daß N_2O ca. 30 mal besser blutlöslich ist als N_2, diffundiert N_2O viel schneller aus dem Blut in einen luftgefüllten (Hohl-)Raum hinein, als umgekehrt N_2 diesen verlassen kann. N_2O sollte deshalb auch nicht beim bullösen Lungenemphysem eingesetzt werden (Gefahr der Ruptur von Emphysemblasen!). Ferner muß bei herzinsuffizienten Patienten die *negative Inotropie* der Substanz und bei Patienten mit Cor pulmonale oder bestimmten Herzklappenfehlern die *Steigerung des pulmonalen Gefäßwiderstands* unter N_2O berücksichtigt werden.

Des weiteren kann bei der Narkoseausleitung eine sog. *Diffusionshypoxie* auftreten. Wegen der schlechten Blutlöslichkeit gelangt das im Organismus gespeicherte N_2O bei Narkoseende rasch in die Alveolen und reichert sich hier überproportional an. Wird dann nur Raumluft eingeatmet, so können der alveoläre und der arterielle PO_2 in hypoxische Bereiche abfallen. Dies läßt sich jedoch dadurch vermeiden,

Tabelle 38 Eigenschaften und biophysikalische Daten gebräuchlicher Inhalationsanästhetika

	Isofluran	Sevofluran	Desfluran	Stickoxydul
Geruch	ätherisch	„mild“	ätherisch	geruchlos
Siedepunkt (°C)	48,5	58,5	22,8	−88,5
Aggregationszustand bei 20 °C	dampfförmig	dampfförmig	dampfförmig	gasförmig
Dampfdruck bei 20 °C (mmHg)	240	160	669	P_{atm}[1]
Verteilungskoeffizienten bei 37 °C – Blut/Gas – Gehirn/Blut – Fett/Blut	 1,40 1,6 45	 0,65 1,7 47	 0,46 1,3 27	 0,47 1,1 2,3
MAC_{50} in 100% O_2 (Vol.-%) bei 37 °C[2]	1,2	2,0	6,0	104[3]
MAC_{50} in 70% N_2O (Vol.-%) bei 37 °C[2]	0,6	1,1	2,8	
Metabolisierungsrate (%)	< 1	2–5	< 0,1	0
Metaboliten	Trifluoracetat	Fluoridionen	Trifluoracetat, Fluoridionen	∅
Explosibilität	∅	∅	∅	∅
Zerstörung der Ozonschicht	gering	sehr gering	sehr gering	gering[4]
Stabilität in Atemkalk	bedingt	∅	∅	ja

[1] atmosphärischer Druck; [2] Erwachsene mittleren Lebensalters; [3] theoretischer Wert; [4] aber ausgeprägter Treibhauseffekt

daß nach Beendigung der Zufuhr von N_2O für einige Minuten 100% O_2 zugeführt wird.

Dem N_2O kommt außerdem ein *emesisförderndes* Potential zu, so daß es bei Risikopatienten möglichst nicht benutzt werden sollte. Bei längerer oder wiederholter Anwendung von N_2O scheint ebenfalls Vorsicht angebracht, weil N_2O mit dem Vitamin-B_{12}-Stoffwechsel interferiert und besonders bei prädisponierten Patienten eine *Knochenmarkdepression* hervorrufen kann (s. u.).

In der klinischen Praxis wird N_2O gern zusammen mit einem volatilen Anästhetikum eingesetzt. Hierdurch ergänzen sich seine gute analgetische Wirkung und der hypnotische Effekt des volatilen Anästhetikums (→ deutliche MAC-Reduktion). Die inspiratorische Beimischung sollte jedoch 70% N_2O nicht überschreiten, um einen ausreichenden O_2-Anteil zu gewährleisten (z. B. zur Verhinderung des „Konzentrationseffekts“).

Indikation. Analgetische Supplementierung balancierter Anästhesien

■ Interferenz von N_2O mit Vitamin B_{12}

Irreversible Oxidierung von Vitamin B_{12} durch N_2O:
→ Hemmung der Methioninsynthase → Mangel an Tetrahydrofolsäure und Methionin → Störungen der DNA-Synthese (verminderte Thymidinbildung) → Knochenmarkdepression mit Panzytopenie; Neuropathie (funikuläre Myelose), potentielle Embryotoxizität

Klinische Konsequenzen:

- keine relevanten Auswirkungen von N_2O bei Patienten ohne Vitamin-B_{12}-Mangel und Anwendung über kurzen Zeitraum
- *cave*: Anwendung von N_2O über längere Zeit (> 12 h) od. häufig wiederholt, bei Vitamin-B_{12}-Mangel, schweren Neutropenien, Zytostatikatherapie (auch noch Wochen danach) und bei Intensivpatienten!

8.1.3 Übersicht über die Haupt- und Nebenwirkungen

Siehe Tab. **39**.

8.1.4 Inhalationsanästhetika und zerebrale Homöostase

Siehe Kap. 22.3.2.

Tabelle 39 Wirkungen gebräuchlicher Inhalationsanästhetika

	Isofluran	Sevofluran	Desfluran	Stickoxydul
Hauptwirkungen				
– Hypnose, Amnesie	++	++	++	(+)
– Analgesie	+	+	+	+
– Muskelrelaxation	+	+	+	∅
Atmung und Atemwege				
– Atemdepression	++	+	++	(+)
– Bronchodilatation	+	+	(+)	∅
– Schleimhautreizung	ja	∅	ja	∅
– Eignung zur Narkoseeinleitung	bedingt	ja	∅	ja[1]
Herz und Kreislauf				
– Myokardkontraktilität	(↓)	↓	↓	±0/(↓)
– Herzzeitvolumen	↓	(↓)	(↑)	±0
– peripherer Gefäßwiderstand	↓↓	↓	↑[2]	(↑)[3]
– mittlerer arterieller Druck	↓↓	↓	↑[2]	±0
– Herzfrequenz	↑↑	↑	↑[2]	±0
– Arrhythmogenität[4]	(+)	(+)	+	∅
– myokardialer O_2-Verbrauch	(↓)	↓	↑	±0
– Koronardilatation	++	+	+	∅
– Myokardperfusion	(↑)[5]	(↑)[5]	↑	±0
Wirkung auf andere Organe				
– Hirndurchblutung/-druck	bis 1 MAC ±0	bis 1 MAC ±0	↑	↑
– Leberdurchblutung/-funktion	±0?	±0?	±0?	∅
– Hepatotoxizität	∅	∅	∅	∅
– Nierendurchblutung/-funktion	±0?	±0?	±0?	∅
– Nephrotoxizität	∅	(+)[6]	∅	∅
– Uterusaktivität[7]	> 0,5 MAC ↓	> 0,5 MAC ↓	> 0,5 MAC ↓	±0
– Augeninnendruck	↓	↓	↓	±0
Varia				
– Auslösung von Übelkeit/Erbrechen	++	++	++	+
– Stickstoffinterferenz	∅	∅	∅	ja
– Knochenmarkdepression	∅	∅	∅	bei Langzeiteinsatz mögl.
– Triggerung einer MH-Krise	+	+	+	∅
– Triggerung einer Porphyriekrise	eher nein	eher nein	eher nein	∅
– Reaktion mit (trockenem) Atemkalk	+	+	++	∅

[1] nur in Komb. mit volatilem A.; [2] durch passagere Sympathikusaktivierung; [3] durch geringe indirekt sympathomimetische Wirkung; [4] Sensibilisierung für Katecholamine; [5] relative Zunahme; [6] denkbar, aber nicht nachgewiesen; [7] Einzelheiten s. Kap. 24.3.1;? wahrscheinlich ohne relevanten Einfluß

8.1.5 Inhalationsanästhetika bei Herzerkrankungen

Hinweise für die Praxis

1. Isofluran kann in (endexspiratorischen) Konzentrationen bis zu 1 MAC und Sevofluran bis zu 1,5 MAC auch bei Patienten mit KHK sicher angewendet werden, d. h., ohne daß ein **Coronary-steal-Phänomen**[1] befürchtet werden muß.
2. Bei **KHK** ist eine günstige Wirkung volatiler Anästhetika, d. h. eine Verminderung des myokardialen O_2-Bedarfs, am ehesten zu erwarten, wenn primär erhöhte Blutdruck- und Herzfrequenzwerte auf leicht subnormale Werte gesenkt werden. (Eine Absenkung dieser Werte um mehr als 20–30% des für den einzelnen Patienten als „normal" zu betrachtenden Ausgangsniveaus ist jedoch ebenso wie eine reflektorische Tachykardie zu vermeiden, um keine myokardiale Ischämie mit kritischer Reduktion des myokardialen O_2-Angebots zu induzieren.)
3. Isofluran ist wegen seiner vasodilatatorischen Eigenschaften besonders effektiv zur Kreislaufsteuerung bei **arterieller Hypertonie**.
4. Bei **schwerer Herzinsuffizienz** sollten wegen der negativ inotropen Wirkung prinzipiell gar keine volatilen Anästhetika und auch kein Stickoxydul zugeführt werden.
5. Bei **Schockzuständen** sollen unabhängig von der Genese keine Inhalationsanästhetika eingesetzt werden, volatile nicht, weil sie den peripheren Gefäßwiderstand und die Myokardkontraktilität reduzieren, Stickoxydul nicht, weil es eine Oxygenierung mit 100% O_2 verhindert.
6. **Desfluran** ist aufgrund seiner passager sympathomimetischen Wirkungen bei rascher Steigerung der Konzentration für Patienten mit erhöhtem kardiovaskulären Risiko ungeeignet.

[1] koronare Minderdurchblutung durch Blutumverteilung aus minderperfundierten hin zu ausreichend perfundierten Myokardarealen unter der Voraussetzung, daß sich die allgemeinen hämodynamischen Bedingungen nicht verändern (Konstanz von Herzfrequenz, Blutdruck und kardialen Füllungsdrücken).

8.1.6 Volatile Anästhetika bei Lebererkrankungen

Im Zusammenhang mit dem früher verwendeten **Halothan** sind schwere Leberschäden bis hin zum **fulminanten Leberversagen** beschrieben. Hierbei handelte es sich höchstwahrscheinlich um allergisch-toxische Reaktionen, ausgelöst durch Zwischenmetaboliten aus dem Halothanstoffwechsel (vor allem Trifluoracetylchlorid). Zwischen Halothan und den heute eingesetzten volatilen Anästhetika kann – zumindest theoretisch – die Möglichkeit einer *Kreuzreaktivität* nicht ausgeschlossen werden, zumal dann nicht, wenn bei der Metabolisierung ähnliche oder gleiche Zwischenprodukte entstehen (z. B. Trifluoracetylchlorid beim Abbau von Isofluran und Desfluran). Aus der Praxis sprechen allerdings 2 gewichtige Argumente dagegen:

1. Eine schwere Leberschädigung, vergleichbar derjenigen unter Halothan, findet sich bei anderen volatilen Anästhetika, wenn überhaupt, nur als extrem seltenes Ereignis.
2. In Kasuistiken wurde von Hepatitiden nach Halothannarkosen berichtet, nicht aber nach späterer Anwendung anderer volatiler Anästhetika bei denselben Patienten.

Hinweise für die Praxis

1. Bei Hinweisen auf eine frühere **„Halothanhepatitis"** sollen aus Sicherheitsgründen keine anderen volatilen Anästhetika zu Narkosezwecken eingesetzt werden.
2. Eine **Leberschädigung aus anderer Ursache** ist keine Kontraindikation für den Gebrauch von Isofluran, Sevofluran oder Desfluran. Inhalationsanästhetika allgemein haben bei eingeschränkter Leberfunktion sogar Vorteile, wie den einer (weitestgehend) leberunabhängigen Elimination.

8.1.7 Volatile Anästhetika bei Nierenerkrankungen

Direkte nephrotoxische Wirkungen können für die heute verwendeten Inhalationsanästhetika so gut wie sicher verneint werden. Lediglich bei **Sevofluran** bestehen gewisse Vorbehalte. Bei dessen Metabolisierung werden nämlich *Fluoridionen* freigesetzt, die, wie früher im Zusammenhang mit Methoxyflurannarkosen nachgewiesen werden konnte, konzentrations- und zeitabhängig ein irreversibles polyurisches Nierenversagen herbeiführen können. Im Gegensatz zu Methoxyfluran sind die Fluoridplasmaspiegel unter Sevofluran allerdings nicht nur deutlich niedriger und fallen unmittelbar nach Expositionsende wieder ab, sondern die *intrarenale* Entstehung von Fluorid – die mittlerweile als hauptverantwortlicher Pathomechanismus der Nephrotoxizität ausgemacht wurde – ist vernachlässigbar gering. In kontrollierten klinischen Untersuchungen, auch an Patienten mit renaler Vorschädigung, konnte demgemäß kein vermehrtes Auftreten von

Nierenfunktionsstörungen unter Sevofluran beobachtet werden.

Durch chemische Interaktion mit trockenem Atemkalk in CO_2-Absorbern (vor allem Bariumkalk[22]) bildet sich bei Verwendung von Sevofluran eine Vinyletherverbindung, das sog. *Compound A*, das experimentell an Ratten nephrotoxische Wirkungen zeigte. Mittlerweile kann es jedoch als nahezu sicher gelten, daß die erforderlichen Schwellendosen beim Menschen nicht erreicht werden. Da sich Compound A aber u. U. bei Niedrigflußnarkosen im Beatmungssystem anreichern kann, gilt z. Zt. noch die Einschränkung, **keine Niedrigflußnarkosen (< 1 l/min) mit Sevofluran bei Patienten mit eingeschränkter Nierenfunktion** durchzuführen (wird derzeit erst in kontrollierten Studien untersucht).

Ein nicht gänzlich ausschließbares **„renales Restrisiko"** für Sevofluran verbleibt auch beim Zusammentreffen mehrerer Faktoren, die synergistisch die Nierenfunktion beeinträchtigen können, wie:

- prolongierte Sevofluranexposition,
- (hepatische und) renale Enzyminduktion mit vermehrter Fluoridentstehung,
- nephrotoxische Begleitmedikation und
- bereits bestehende Nierenschädigung.

8.1.8 Kohlenmonoxid-Intoxikation

Volatile Anästhetika können unter bestimmten Bedingungen durch chemische Reaktionen mit dem CO_2-Absorberkalk („Atemkalk") zersetzt werden. Dabei kann u. a. Kohlenmonoxid (CO) entstehen. Als wesentliche Voraussetzung hierfür gilt, daß es sich um verbrauchten, trockenen Atemkalk handeln muß. Am ausgeprägtesten verläuft die CO-Bildung bei **Desfluran,** gefolgt von Isofluran, während sie bei Sevofluran zu vernachlässigen ist.

MERKE

Klinisch relevante CO-Konzentrationen durch Zersetzung volatiler Anästhetika werden nur bei Verwendung von **erheblich ausgetrocknetem Atemkalk** erreicht! Hierbei wurden allerdings in Einzelfällen CO-Sättigungen des Hämoglobins von über 30 % gemessen.

Folgende Bedingungen begünstigen die CO-Bildung:

- hohe Konzentration des volatilen Anästhetikums
- hohe Temperatur des Atemkalks
- basisches Milieu
- Verwendung von Bariumkalk anstelle von (in Deutschland üblichem) Natronkalk

Unter Low- oder Minimal-flow-Bedingungen wird zwar die CO-Bildung infolge besserer Feuchtigkeitskonservierung verringert, allerdings kann sich – vor allem bei Minimal-flow-Anästhesien oder Narkosen im geschlossenen System – einmal gebildetes CO im Kreissystem und damit auch im Patienten anreichern. Aus den vorliegenden Untersuchungen kann eine relevante CO-Bildung bei den beiden letztgenannten Anästhesieformen verneint werden, wenn vor der Narkose eine Austrocknung des Atemkalks ausgeschlossen wird.

MERKE

Eine Austrocknung des Atemkalks kann und muß durch geeignete Vorsorge vermieden werden (Kap. 7.5.5).

Bei Narkosen mit vorschriftsmäßig angewendetem Atemkalk ist dagegen der **Patient** die „Hauptquelle" für Kohlenmonoxid:

- starke Raucher (bis zu 20 % COHb!)
- exogenes CO aus der Umwelt (Verbrennungsvorgänge, Rauchgasinhalation/-intoxikation)
- endogenes CO aus dem Hämoglobinstoffwechsel (Freisetzung von CO bei Spaltung von Häm zu Biliverdin) → COHb 0,5–1,0 % (erhöht bei Bluttransfusionen)

■ CO-Intoxikation in der Kurzübersicht

Mechanismus:	Hypoxie durch reversible Bindung von CO ans Hämeisen (COHb), wegen ca. 200fach höherer Affinität von CO „Verdrängung" von O_2 aus der Hämoglobinbindung; zusätzlich Linksverschiebung der O_2-Hb-Bindungskurve mit Verminderung der peripheren O_2-Abgabe

22 in Deutschland nicht gebräuchlich

Symptome (bei normalem Hb und vorher Gesunden):	▪ bei COHb < 10%: keine ▪ bei COHb zw. 10 u. 20%: leichte ▪ bei COHb > 30%: bedrohliche ▪ bei COHb > 50% u. Dauer > 1 h: Exitus letalis
Diagnostik:	Die Pulsoxymetrie mißt kein CO (→ normale $pSaO_2$), eine Zyanose tritt nicht auf („CO-Blut" ist hellrot). → unspezifische Zeichen: Myokardhypoxie (ST-Strecken-Veränderungen, Arrhythmien etc.), metabolische Azidose → bei Verdacht In-vitro-Analyse einer Blutprobe mit einem CO-Oxymeter!
Therapie:	symptomatisch, d. h. Beatmung mit 100% O_2!, Hyperventilation, evtl. Bluttransfusion/-austausch

8.2 Intravenöse Hypnotika

Zu den hypnotisch wirksamen Substanzen, die bei Narkosen verwendet werden, gehören:

- die Barbiturate Thiopental (Trapanal®) und Methohexital (Brevimytal®)
- das Alkylphenolderivat Propofol (Disoprivan®, Propofol-Lipuro®)
- das Imidazolinderivat Etomidat (Etomidat-Lipuro®)[23]
- das Benzodiazepin Midazolam(Dormicum®)
- das Cyclohexanonderivat Ketamin und S(+)-Ketamin (Ketanest® S)

Sie zeigen bis auf Ketamin, das eine gewisse Sonderstellung einnimmt, alle gute *hypnotische* Wirkungen. Unterschiede bestehen vor allem in der Wirkungsdauer und im Nebenwirkungsspektrum (Tab. **40** und **41**). Während *jede* der erwähnten Substanzen zur *Narkoseeinleitung* eingesetzt werden kann, ist *Propofol* aufgrund der besten Steuerbarkeit (kürzeste Elimination, geringste Kumulationsgefahr) das einzige Hypnotikum, das sich nahezu uneingeschränkt auch für die *kontinuierliche* Zufuhr eignet (→ TIVA).

8.2.1 Dämpfung zerebraler Funktionen

Narkose ist das Ergebnis einer generalisierten Dämpfung der Aktivität des zentralen Nervensystems. Die Vorstufen der Narkose sind die **Sedierung,** ein Zustand psychomotorischer Indifferenz, in dem Schlaf ermöglicht wird, der Patient aber ansprechbar oder weckbar bleibt, und die **Hypnose,** ein Zustand erzwungenen Schlafs, während dessen der Patient nicht mehr durch äußere Reize geweckt werden kann. Für den Zeitraum der Hypnose und noch für gewisse Zeit danach fehlt i. d. R. die Erinnerung („anterograde Amnesie"); dies trifft oft auch schon für eine stärkere Sedierung zu. Zumeist geht ebenso die Erinnerung an Sinneseindrücke verloren, die in die Phase unmittelbar vor Eintritt der Hypnose fallen („retrograde Amnesie"). Beiden Zuständen, Sedierung wie Hypnose, fehlt im Unterschied zur Narkose die somatische Komponente der Analgesie. Durch eine Sedierung wird lediglich der psychische, angstbezogene Schmerzanteil ausgeschaltet („Anxiolyse"), durch eine Hypnose auch die an das Bewußtsein gekoppelte Schmerzwahrnehmung. Schmerzinduzierte Abwehrbewegungen und Kreislaufreaktionen können aber in beiden Fällen weiterhin auftreten. Erst die **Narkose** führt zur Analgesie mit entsprechender vegetativer und motorischer Dämpfung. Sedierung oder Hypnose läßt sich sowohl durch spezifisch wirkende Substanzen herbeiführen (→ Benzodiazepine, i. v. Hypnotika) als auch durch Narkotika (→ volatile Inhalationsanästhetika, mit Einschränkung auch Barbiturate). Narkotika wirken hierbei dosisabhängig und erzeugen zunächst Sedierung, dann Hypnose und schließlich Narkose. Umgekehrt gilt dies allerdings nicht, d. h., reine Sedativa oder Hypnotika haben keine narkotische Wirkung!

---

23 Die wäßrige Lösung, Hypnomidate®, ist stark venenreizend.

Begriffsübersicht

Sedierung:	Schlafermöglichung (1. Vorstufe der Narkose)
Hypnose:	Schlaferzwingung (2. Vorstufe der Narkose)
Narkose:	Synonym für Allgemeinanästhesie, umfaßt immer Hypnose und Analgesie
Anxiolyse:	Zustand der Angstbefreiung und „psychovegetativen Entkopplung", der strenggenommen als Vorstufe der Sedierung anzusehen ist, in der Praxis aber i. d. R. nicht von der Sedierung zu trennen ist
Amnesie:	Zustand der Erinnerungslosigkeit, der natürlich Narkose und Hypnose kennzeichnet, oftmals jedoch auch schon unter Sedierung eintritt

8.2.2 Stellenwert gebräuchlicher Substanzen

Siehe Tab. **40.**

Barbiturate

Barbiturate führen dosisabhängig zu *zentraler Atemdepression* bis hin zum *Atemstillstand*. Hierbei wird die ventilatorische Antwort auf CO_2 und Hypoxie zunächst vermindert und schließlich aufgehoben. In flacheren Narkosestadien besteht eine Hyperreaktivität der Atemwege, die sich als Husten, Niesen oder z. T. hartnäckiger Singultus bemerkbar machen kann. Von besonderer praktischer Bedeutung ist, daß mechanische Stimulationen leicht einen *Laryngo-* oder *Bronchospasmus* auslösen können.

Die kardiovaskulären Wirkungen der Barbiturate sind komplex. Im Vordergrund steht die *Reduktion des Herzzeitvolumens*. Ursächlich sind neben einer Venodilatation, die ein „Blutpooling" in den betroffenen Gefäßgebieten mit Verminderung des venösen Rückstroms bewirkt, ihre ausgeprägten direkt negativ inotropen Effekte. Die Herzfrequenz kann reflektorisch zunehmen und der myokardiale O_2-Verbrauch dadurch deutlich ansteigen. Die Symptomatik kann durch eine dosisabhängige, unspezifische *Histaminfreisetzung* überlagert bzw. verstärkt werden.

Bei den *exzitatorischen Phänomenen*, die unter der Injektion der Barbiturate, aber auch der anderen Hypnotika auftreten können, handelt es sich um unwillkürliche Muskelbewegungen (z. B. Myokloni). Sie gelten als „Exzitationsäquivalent" und sind Folge einer passageren Enthemmung subkortikaler Hirnstrukturen. Sie weisen kein EEG-Korrelat im Sinne einer Krampfaktivität auf. Barbiturate wirken vielmehr *antikonvulsiv* und sind potente Mittel zur Therapie zerebraler Krampfanfälle bis hin zur Unterbrechung eines Status epilepticus. Eine versehentliche arterielle oder paravenöse Injektion kann, abhängig von Konzentration und injizierter Menge der stark alkalischen Lösungen (pH ≈ 10–11), *Gewebenekrosen* bis hin zur Gangrän verursachen (Kap. 2.1.3).

Propofol

Unter den Nebenwirkungen von Propofol sind nach den typischen atemdepressorischen die kardiovaskulären am wichtigsten. Da Propofol sowohl vasodilatierende als auch negativ inotrope Eigenschaften hat, kann es zu einer ausgeprägten *Verminderung des arteriellen Blutdrucks* kommen (*cave*: Hypovolämie!). Vor der Anwendung sollte daher generell auf einen ausreichenden Volumenvorlauf geachtet werden: 500–1000 ml z. B. einer Vollelektrolytlösung. Das Verhalten der Herzfrequenz ist nicht sicher vorhersehbar. Während normalerweise ein Blutdruckabfall zu einer kompensatorischen Herzfrequenzsteigerung führt, sind unter Propofol häufiger auch *Bradykardien* beobachtet worden, z. T. sogar extremen Ausmaßes. Dieses scheint allerdings in erster Linie Patienten unter β-Blocker-Therapie oder in hohem Alter zu betreffen. Offenbar verstärken sich bei ihnen der zentral sympatholytische Effekt von Propofol und die kardiale β-Rezeptoren-Blockade oder im anderen Fall die eingeschränkte Frequenzadaptation.

Propofol wirkt im Unterschied zu den anderen Hypnotika möglicherweise *antiemetisch*. Bei Patienten mit hohem Erbrechensrisiko zeigte sich eine deutliche Abnahme der Häufigkeit von Übelkeit und Erbrechen in der postoperativen Phase nach Durchführung einer TIVA mit Propofol als Hypnotikum.

Etomidat

Etomidat hat unter den Injektionshypnotika die *beste* Kreislaufverträglichkeit und wird deshalb bevorzugt bei kardiovaskulären Risikopatienten eingesetzt. Die so gut wie fehlende hämodynamische Depression bedeutet aber umgekehrt, daß die kardiovaskulären Reaktionen, z. B. auf den Intubationsreiz,

Tabelle 40 Pharmakologische Daten und Eigenschaften gebräuchlicher Injektionshypnotika

	Thiopental	Methohexital	Propofol	Etomidat	Midazolam	S(+)-Ketamin
Zubereitung	Trockensubstanz + Lösungsmittel	Trockensubstanz + Lösungsmittel	Sojaöl-Emulsion LCT od. MCT/LCT[1]	Sojaöl-Emulsion MCT/ LCT[1]	Lösung (Hydrochlorid)	Lösung (Hydrochlorid)
Lösungskonzentration	–	–	10 od. 20 mg/ml	2 mg/ml	1 od. 5 mg/ml	5 od. 25 mg/ml
Hypnose						
– Einleitungsdosis	3–7 mg/kg	1–2 mg/kg	1,5–2,5 mg/kg	0,15–0,3 mg/kg	0,15–0,2 mg/kg	0,5–1,0 mg/kg
– Erhaltungsdosis (TIVA)	–	–	2–6 mg/kg/h	0,1–0,15 mg/kg/h	1–3 mg/kg/h	–
Sedierung						
– Einleitungsdosis	–	0,5 mg/kg	0,5–1,0 mg/kg	–	0,05–0,1 mg/kg	0,25 mg/kg
– Erhaltungsdosis	–	1–2 mg/kg/h	–	0,05 mg/kg/h	0,5 mg/kg/h	–
Wirkungseintritt	15–45 sec	15–45 sec	15–45 sec	15–45 sec	45–90 sec	45–90 sec
Dauer der *hypnotischen* Wirkung	5–15 min	5–10 min	5–10 min	5–10 min	15–30 min	10–15 min
Eliminations-HWZ	5–10 h	2–3 h	ca. 1 h	2–3 h	2–3 h	ca. 2 h
Wirkungsüberhang	deutlich	deutlich	gering	minimal Euphorie mögl.	deutlich	deutlich Halluzinationen mögl.
Verwendbarkeit						
– Narkoseeinleit.	ja	ja	ja	ja	ja	ja[2]
– TIVA	∅	∅	ja	∅[3]	möglich[4]	möglich[5]
– i. v. Kurznarkose[6] (< 15 min)	bedingt	bedingt	ja	ja	bedingt[4]	bedingt[2]
– Analgosedierung	bedingt[6]	bedingt[6]	ja[7]	∅	ja[7]	ja[5]

[1] MCT = mittelkettige, LCT = langkettige Triglyceride; [2] immer in Komb. mit Midazolam; [3] *cave*: mögl. NNR-Suppression!; [4] in Komb. mit S(+)-Ketamin; [5] in Komb. mit Midazolam oder Propofol; [6] in Komb. mit Opioid; [7] in Komb. mit Opioid oder S(+)-Ketamin

nicht gedämpft werden. Hierfür ist zwingend die Kombination mit einem Opioid erforderlich.

Ein möglicher Nachteil ist die dosisabhängige, reversible Unterdrückung der *Cortisolsynthese* durch eine substanzspezifische Enzymhemmung in der Nebennierenrinde (NNR). Allerdings soll der Effekt einer Einzeldosis ohne klinische Relevanz sein. Zwar bewirken auch die anderen Hypnotika und die Opioide wie letztlich jede Narkose ein Absinken des Cortisolplasmaspiegels, hier liegt die Ursache jedoch in einer Verminderung der ACTH-Produktion bzw. Sekretion; die streßvermittelte NNR-Stimulation wird dadurch nicht oder nur wenig beeinträchtigt.

Benzodiazepine (s. auch Kap. 1.7.2)

Hauptwirkungen. Benzodiazepine wirken als *indirekte, allosterische GABA-Agonisten* am $GABA_A$-Rezeptorkanal und verstärken so physiologische Hemmechanismen. Man geht davon aus, daß die Effekte vom Grad der Rezeptorbesetzung abhängen, also dosisabhängig sind:

- 20–30%ige Rezeptorbesetzung → Anxiolyse
- 30–50%ige Rezeptorbesetzung → Sedierung
- ca. 60%ige Rezeptorbesetzung → Bewußtseinsverlust (Hypnose)

Eine *Amnesie* tritt oft schon bei einer sedierenden Dosierung ein. Sie ist i. d. R. anterograd, bei höherer Dosierung häufig aber auch retrograd und schließt dann unmittelbar vorausgegangene Sinneseindrücke ein.

Nebenwirkungen. Die unter Benzodiazepinen zu beobachtende *Atemdepression* ist i. d. R. nicht zentral, sondern *peripher* durch eine Obstruktion der Atemwege bedingt. Ursächlich ist eine Tonussenkung der Zungengrundmuskulatur, wodurch beim nichtintubierten Patienten in Rückenlage die Zunge gegen die Pharynxhinterwand zurückfallen kann. Daneben spielt auch die Reduktion der Kontraktionskraft der Atemmuskulatur eine Rolle. Die Verminderung des Skelettmuskeltonus kommt durch eine Hemmung polysynaptischer Rückenmarkreflexe zustande *(zentrale Myotonolyse)*. Auf diese Weise wird die Wirkung von Muskelrelaxanzien verstärkt. Bei Erkrankungen mit eingeschränkter Muskelkraft, z. B. Myasthenia gravis, dürfen Benzodiazepine nicht angewendet werden. Wegen ausgeprägter *antikonvulsiver* Eigenschaften empfiehlt sich ihr Einsatz aber bei Patienten mit Krampfleiden, sowohl zur Prophylaxe als auch zur Therapie epileptischer Anfälle. In seltenen Fällen, besonders im höheren Alter, können *paradoxe zentralnervöse Reaktionen* (Unruhe, Agitiertheit etc.) auftreten. Sie sind oft Ausdruck eines zentralanticholinergen Syndroms (Abschn. 8.7).

Midazolam. Midazolam als Hydrochlorid ist das bislang einzige *wasserlösliche* Benzodiazepin. Seine daraus resultierende gute Venenverträglichkeit, die gute hypnotische Wirksamkeit und die kurze Plasmahalbwertszeit machen es zu dem für Narkosezwecke bevorzugten Benzodiazepin. Es wird außerdem nur zu einer einzigen Substanz, nämlich Hydroxymidazolam, metabolisiert, die schwächer und kürzer wirksam als die Muttersubstanz ist (Plasma-HWZ ca. 1 h, Midazolam 2–3 h). Dies verhindert eine Metabolitenakkumulation. Im Dosierungsbereich von 0,05–0,1 mg/kg KG i. v. wirkt Midazolam *sedierend*, ab ca. 0,15 mg/kg *hypnotisch*. Nach intravenöser Gabe von Benzodiazepinen und besonders von Midazolam kann es zu einem allmählichen *Blutdruckabfall* kommen, der aber nur selten bedrohliche Ausmaße annimmt (*cave*: Hypovolämie!). Er beruht neben der zentralen Sympathikushemmung („Streßreduktion") auch auf einer geringen direkten Vasodilatation.

Da Midazolam auch nach *intramuskulärer* Injektion schnell resorbiert wird, kann es auf diesem Weg zur Therapie eines Status epilepticus oder anderer Krämpfe eingesetzt werden, wenn ein venöser Zugang nicht vorhanden ist. Hierzu beträgt die Dosierung 0,2–0,3 mg/kg KG. Der Wirkungseintritt einer solchen Dosis liegt im Bereich weniger Minuten. Auf die gleiche Weise kann Midazolam in bestimmten Fällen zur Narkoseeinleitung verwendet werden, so z. B. bei unkooperativen Patienten. Nach intramuskulärer Applikation ist allerdings mit einer erheblich verlängerten Wirkungsdauer zu rechnen.

Flumazenil. Für die Benzodiazepine ist i. Ggs. zu den anderen Hypnotika mit Flumazenil ein spezifischer, d. h. kompetitiv wirkender **Antagonist** verfügbar. Er kann bei Benzodiazepinüberdosierung oder -intoxikation eingesetzt werden. Aufgrund der gegenüber Benzodiazepinen kürzeren Wirkungsdauer besteht allerdings die Gefahr einer erneuten Sedierung (Rebound-Effekt), so daß eine Repetition oder kontinuierliche Zufuhr von Flumazenil notwendig werden kann. Die bei manchen Patienten unter Benzodiazepinen auftretenden Erregungs- und Verwirrtheitszustände oder Angstreaktionen lassen sich ebenfalls durch Flumazenil beseitigen. Wenn sie auf einem zentralanticholinergen Syndrom beruhen, ist auch Physostigmin (Anticholium®) therapeutisch wirksam (s. Abschn. 8.7), was den Vorteil hat, daß die unangenehmen Erscheinungen verschwinden und anschließend die gewünschte sedierende oder hypnotische Wirkung eintritt.

Flumazenil:

Anexate®:	1 Amp. (5 ml) enthält 0,5 mg Flumazenil
Dosierung:	initial 0,2 mg i. v., b. Bed. alle 60 sec 0,1 mg repetitiv (max. Gesamtdosis 1 mg)
Wirkeintritt:	1–3 min
Wirkdauer:	30–60 min

Ketamin

Ketamin hat chemische Ähnlichkeit mit *Halluzinogenen* wie Phencyclidin und LSD. Hieraus leiten sich die besonderen psychotropen Effekte ab. Unter Ketamin in anästhetischer Dosierung (1–2 mg/kg KG i. v.) kommt es zu einer Bewußtseinsveränderung mit ausgeprägter Analgesie, ohne daß jedoch ein richtiger Schlafzustand erreicht wird. Dieses Bild wird als **„dissoziierte oder dissoziative Anästhesie"** bezeichnet und ähnelt mit z. T. furchterregenden Träumen bis hin zu deliranten Zuständen (vor allem in der Aufwachphase) dem kataleptischen Zustand psychotischer Patienten. Es ist außerdem geprägt von

- Nystagmen,
- Erweiterung der Pupillen,
- gesteigerter Tränen-, Speichel- und Bronchialsekretion,
- spontanen Muskelbewegungen bei erhöhtem Skelettmuskeltonus und
- einem Anstieg von Blutdruck und Herzfrequenz.

Die Schutzreflexe wie Husten- und Schluckreflex sind hierbei oftmals erhalten. Durch Vorweggabe eines *Benzodiazepins* können, bis auf die Hypersalivation, diese unerwünschten Wirkungen verhindert oder zumindest abgeschwächt werden. Zu Anästhesiezwecken empfiehlt sich aufgrund ähnlicher Halbwertszeiten die Kombination mit Midazolam (alternativ evtl. Propofol). Zur Salivationshemmung sollte ein *Parasympatholytikum* wie Atropin benutzt werden. Hierbei muß Atropin nicht zwingend vor Ketamin gegeben werden. Auch die gleichzeitige Anwendung, sogar mit Mischung in einer Spritze, ist möglich und effektiv. Dieses Vorgehen ist besonders praktisch bei der intramuskulären Applikation (Kap. 25.6.2).

Subanästhetische Dosen von Ketamin (bis zu 0,5 mg/kg KG i. v. od. 1,0 mg/kg i. m.) oder S(+)-Ketamin (die Hälfte der erwähnten Dosen; s. u.), auch als Low-dose-Ketamin bezeichnet, lassen das Bewußtsein i. d. R. unbeeinträchtigt und führen nur zur Analgesie. In diesen Dosen kann Ketamin oder S(+)-Ketamin daher zur Schmerzbehandlung bei traumatisierten Patienten am Unfallort verwendet werden.

Ein Großteil der zentralen Wirkungen von Ketamin wird mit Interaktionen am *NMDA-(N-Methyl-D-aspartat-)Rezeptorkanal* erklärt. NMDA-Rezeptoren sind wesentlicher Bestandteil des exzitatorischen neuronalen Systems. In dieses System greift Ketamin hemmend als *nichtkompetitiver Antagonist* ein.

Nebenwirkungen. Als Folge der Hypersalivation besteht, besonders bei Kindern, eine erhöhte Neigung zu *Laryngospasmen*. Aus diesem Grund soll Ketamin nicht bei Eingriffen im Rachen- und Kehlkopfbereich eingesetzt werden. Die atemdepressorische Wirkung von Ketamin ist nur gering ausgeprägt. Außer bei individueller Empfindlichkeit kommt es erst bei hohen Dosen oder in Kombination mit anderen Hypnotika zu einer *Apnoe*. Ketamin führt zu einer *Relaxation der Bronchialmuskulatur*. Dies kann z. B. bei Asthmatikern therapeutisch genutzt werden. Hohe Dosen von Ketamin oder S(+)-Ketamin (bis zu 5 bzw. 2,5 mg/kg KG i. v.) sind geeignet, einen sonst therapierefraktären Status asthmaticus zu „durchbrechen".

Die *kardiovaskulär stimulierenden Wirkungen* unterscheiden Ketamin von den anderen Hypnotika und können sich für Narkosen bei Patienten im hypovolämischen Schock als nützlich erweisen, verbieten jedoch den Gebrauch von Ketamin bei koronarer Herzkrankheit, Hypertonus etc. Sie entstehen vermutlich in erster Linie durch eine zentrale Steigerung der Sympathikusaktivität und überspielen bzw. maskieren die negativ inotrope Eigenwirkung, die Ketamin wie nahezu alle Hypnotika, Opioide und Inhalationsanästhetika an isolierten Herzmuskelpräparaten zeigt.

Im Gegensatz zu den anderen Hypnotika stimuliert Ketamin auch die zerebrale Hämodynamik. Hier bewirkt es dosisabhängig eine Vasodilatation mit Zunahme der Hirndurchblutung und führt dementsprechend bei Patienten mit gesteigerter intrakranieller Elastance zu einer *Hirndruckerhöhung* (s. auch Kap. 22.3.1). Daher darf Ketamin nicht bei Patienten mit intrakraniellen raumfordernden Prozessen (Tumoren, Hämatome, Ödeme) angewendet werden. Die Auswirkungen von Ketamin auf die *hirnelektrische Aktivität* sind uneinheitlich. Während die elektrische Tätigkeit des Kortex gedämpft wird, ist für subkortikale Strukturen eine Aktivierung nachweisbar. Ein Burst-suppression-Muster kann also unter Ketamin nicht entstehen (s. auch Kap. 22.3.1). Einige Autoren berichten sogar über epileptiforme EEG-Veränderungen. Gleichwohl ist Ketamin in der Lage, einen Status epilepticus zu unterbrechen, so daß zumindest die Annahme einer allgemeinen epileptogenen Potenz von Ketamin nicht haltbar ist.

Kontraindikationen für Ketamin:
- absolut
  - KHK
  - nicht eingestellter oder schwerer Hypertonus
  - manifeste Herzinsuffizienz
  - nicht eingestellte Hyperthyreose
  - Phäochromozytom
  - Aorten- oder Mitralstenose
  - Aneurysmen (zerebral, Aorta)
  - schweres Schädelhirntrauma oder erhöhter intrakranieller Druck (*cave*: Eklampsie!)
  - perforierende Augenverletzungen oder intraokulare Eingriffe (wg. Kontraktion der äußeren Augenmuskeln)
  - drohende Uterusruptur oder Nabelschnurvorfall (wg. Erhöhung des Uterotonus)
- relativ
  - Eingriffe im Rachen-, Kehlkopf und Bronchialbereich
  - ambulante Eingriffe
  - Psychosen
  - Temporallappenepilepsie (?)

S(+)-Ketamin. Das klassische Ketamin ist ein *Razemat* und besteht aus den Enantiomeren S(+)- und R(-)-Ketamin im Verhältnis von 1:1. Die Hauptwirkung wird allerdings im wesentlichen von S(+)-Ketamin bestimmt. S(+)-Ketamin zeichnet sich i. Vgl. zum Razemat, in dem es ja nur in halber Konzentration vorliegt, durch eine ungefähr ***doppelt so hohe Affinität*** zu NMDA-Rezeptoren aus, d. h., die analgetische und „hypnotische" Wirkung setzen schon bei der Hälfte der Dosis ein. Die Elimination läuft etwas schneller ab als beim Razemat. Die Aufwachzeit ist entsprechend kürzer; das Aufwachen wird außerdem weniger von psychischer und vegetativer Stimulierung begleitet.

8.2.3 Übersicht über die Haupt- und Nebenwirkungen

Siehe Tab. **41**.

8.2.4 Total intravenöse Anästhesie

Bei der total intravenösen Anästhesie (TIVA) wird völlig auf Inhalationsanästhetika verzichtet (also auch kein N_2O!). Hypnotika, Opioide und Muskelrelaxanzien werden nach einem mathematischen, an der Pharmakokinetik orientierten Modell und Dosierungsregime verabreicht. Ziel ist es, die Substanzen so zu dosieren, daß möglichst rasch ein pharmakokinetischer *Gleichgewichtszustand*, ein Steady state, mit konstanten Substanzplasmaspiegeln erreicht wird. Darüber hinaus sollte die Höhe der Plasmaspiegel zügig zu verändern sein, um die Narkosetiefe der jeweiligen Operationsphase unmittelbar anpassen zu können. Hierzu werden Substanzen mit der schnellstmöglichen Elimination benötigt. Zur Zeit sind dies:
- als Hypnotikum Propofol,
- als Opioid Remifentanil und
- als Muskelrelaxans Mivacurium.

Das Konzept der TIVA erfordert initial eine *Bolusaufsättigung* und anschließend eine *kontinuierliche* Substanzzufuhr. Das Verfahren ist besonders für *längere Operationen* mit gleichförmiger chirurgischer Stimulation und dementsprechend gleichbleibendem Anästhetikabedarf geeignet (z. B. „minimalinvasive" Chirurgie). Da die Patienten nach Beendigung einer TIVA i. d. R. schnell und schmerzfrei aufwachen, werden raschere Operationswechsel sowie ein kürzerer Aufenthalt der Patienten im Aufwachraum ermöglicht. Hierdurch bietet sich dieses Verfahren auch und gerade für ambulante Eingriffe an.

Trotz höherer Kosten für die Anästhetika sprechen folgende Faktoren für eine TIVA:
- sehr gute Anästhesiequalität
- erniedrigte postoperative Inzidenz von Übelkeit und Erbrechen
- keine Arbeitsplatz- und Umweltbelastung durch Inhalationsanästhetika
- keine Verwendung von Substanzen, die eine maligne Hyperthermie auslösen können

Zur besseren Steuerbarkeit einer TIVA werden *spezielle Infusionspumpen* benötigt, bei denen lediglich das Körpergewicht, die Konzentration des Medikaments und die gewünschte Dosierung (pro kg KG und Zeiteinheit [min od. h]) eingegeben werden muß und bei denen eine Bolusfunktion vorhanden ist.

Tabelle 41 Wirkungen gebräuchlicher Injektionshypnotika

	Thiopental	Methohexital	Propofol	Etomidat	Midazolam	Ketamin
Hauptwirkungen						
– Hypnose, Amnesie	++	++	++	++	+	+
– Analgesie	(+)[1]	(+)[1]	∅	∅	∅	++
– Muskelrelaxation	∅	∅	∅	∅	(+)	∅
Atmung und Atemwege						
– Atemdepression	++	++	++	+	(+)	(+)
– Bronchodilatation	∅	∅	∅	∅	∅	+
Herz und Kreislauf						
– Myokardkontraktilität	↓	↓	↓	±0	±0	↓
– Herzzeitvolumen	↓	↓	(↓)	±0	±0/(↓)	↑
– peripherer Gefäßwiderstand	variabel	variabel	↓↓	±0	(↓)	↑
– mittlerer arterieller Druck	↓	↓	↓↓	±0	(↓)	↑↑
– Venodilatation (→ venöses Pooling)	++	++	++	∅	+	∅
– Herzfrequenz	↑	↑↑	↓	±0	(↓)	↑↑
– myokardialer O_2-Verbrauch	↑	↑	↓	±0	±0/(↓)	↑↑
Wirkung auf andere Organe						
– Hirndurchblutung/-druck[2]	↓↓	↓↓	↓↓	↓↓	↓	↑
– Leberdurchblutung/-funktion	↓	↓	(↓)	±0	±0	±0
– Nierendurchblutung/-funktion	↓	↓	(↓)	±0	±0	±0
– Augeninnendruck	↓	↓	↓	↓	↓	↑
Varia						
– Antikonvulsion	++	++	+	+	++	(+)
– Antiemesis	∅	∅	wahrscheinlich	∅	∅	∅
– Venenreizung	ja	ja	ja	gering[3]	∅	∅
– Gewebenekrosen nach Fehlinjektion	ja	ja	∅	∅	∅	∅
– Histaminfreisetzung	ja	ja	∅	∅	∅	∅
– NNR-Suppression	(+)	(+)	(+)	+	(+)	∅
– Triggerung einer Porphyriekrise	ja	ja	eher nein[4]	eher ja	?	eher nein

[1] unspezifisch und nur bei hoher, narkotisch wirksamer Dosis; [2] Einzelheiten s. Kap. 22.3; [3] gilt nur für die Fettemulsion; [4] Propofol gilt als sicher für die Narkoseeinleitung.

Propofol steht als 1%ige und 2%ige Lösung zur Verfügung, was einer Konzentration von 10 bzw. 20 mg/ml entspricht. Im Falle der Kombination mit Remifentanil ist unabhängig von dessen Trockensubstanzmenge (1, 2 od. 5 mg) die Zubereitung einer Konzentration von 50 µg/ml sinnvoll, weil hierdurch die gleiche Verdünnung wie beim ungefähr äquipotenten Fentanyl erreicht wird.

8.3 Unterschiede zwischen Inhalations- und intravenösen Anästhesien

Siehe Tab. **42**.

Tabelle 42 Vor- und Nachteile inhalativer und intravenöser Anästhesien

	Inhalationsanästhesie	Intravenöse Anästhesie
Narkoseeinleitung	mäßig geeignet	gut geeignet
– Exzitation	ja	nein
– Aspirationsgefahr	grundsätzlich ja	gering
– Indikation	Säuglinge/Kleinkinder ohne i. v. Zugang	alle anderen; immer bei Nichtnüchternheit!
– Kontraindikation	Nichtnüchternheit	
Steuerbarkeit	gut	immer noch nicht genausogut
Metabolisierung	gering	hoch
Kumulationsgefahr	gering	höher, bes. bei Leber-/Niereninsuffizienz
Postop. Analgesie	schlecht (wg. schneller Abflutung)	gut bei länger wirkenden Opioiden (Fentanyl, Sufentanil)
Postop. Atemdepression	selten	eher bei länger wirkenden Opioiden
Postop. Shivering	häufig	selten
Kosten	niedrig bei „low/minimal flow"	höher
Umweltbelastung	Ozonzerstörung, Treibhauseffekt	Abwasserbelastung mit Abbauprodukten, wie z. B. Phenole (aus Propofol)

8.4 Opioide

Der Begriff „Opioide" wird als Oberbegriff für nativ vorkommende (= Opiate) und synthetisch hergestellte Substanzen mit morphinartiger Wirkung verwendet. Kennzeichnend für die Opioide ist eine weitgehend *selektive* Analgesie, d. h., andere Sinnesqualitäten werden kaum beeinträchtigt.

Bei **Narkosen und Analgosedierungen** sind heutzutage folgende Opioide gebräuchlich:
- Fentanyl
- Sufentanil (Sufenta®)
- Alfentanil (Rapifen®)
- Remifentanil (Ultiva®)

Sie werden im weiteren kurz als „Narkose-Opioide" bezeichnet. Alle genannten Substanzen werden vollsynthetisch hergestellt und sind reine Rezeptoragonisten; sie unterscheiden sich vor allem in pharmakokinetischer Hinsicht (Tab. **46** u. **47**).

8.4.1 Pharmakodynamik

Opioide interagieren mit speziellen Rezeptoren, den **Opioidrezeptoren**, für die auch körpereigene Liganden bekannt sind (Endorphine, Dynorphine, Enkephaline). Zur Zeit werden 3 Hauptrezeptortypen (μ, κ, δ) mit dem komplexen Wirkungsmuster der Opioide in Verbindung gebracht („multiple receptor theory"; Tab. **43**). Hiervon ist der μ-Rezeptor der wichtigste. Die Rezeptoren lassen sich noch weiter in Subtypen einteilen. Am bedeutsamsten ist dabei die Unterscheidung von μ_1- und μ_2-Subtypen, weil sie wesentliche, aber ganz unterschiedliche pharmakologische Effekte vermitteln.

Die σ-Rezeptoren zählt man mittlerweile nicht mehr zu den Opioidrezeptoren, weil hauptsächlich andere Pharmaka, z. B. Ketamin, mit ihnen reagieren und die Effekte nicht durch Opioidantagonisten aufzuheben sind.

Tabelle 43 Rezeptorspezifische Opioidwirkungen

Rezeptortyp	Wirkungen
μ	supraspinale (μ_1), spinale (μ_2) u. periphere Analgesie, Atemdepression (μ_2), antitussive Wirkung, Thoraxrigidität, Bradykardie u. Hypotonie, Miosis, Obstipation, Euphorie (μ_2) u. Abhängigkeit
κ	supraspinale u. spinale Analgesie, Sedierung, Dysphorie
δ	streßinduzierte Analgesie, endokrine Regulation, Modulation μ-Rezeptor-vermittelter Effekte, (Atemdepression)
σ*	Exzitation, Halluzinationen, Dysphorie, Tachykardie u. Hypertonie, Mydriasis

* Wirkung von Opioiden hier kaum vorhanden

Tabelle 44 Verteilungsdichte von Opioidrezeptoren im ZNS

	μ	κ	δ
Kortex	++	+++	+
Limbisches System	+++	++	+
Thalamus			
Hirnstamm	+++	++	+
Rückenmark			

Rezeptorwirkungen und Rezeptorverteilung

Mit der Stimulierung von Opioidrezeptoren in bestimmten Arealen des ZNS lassen sich die meisten Wirkungen und Nebenwirkungen der Opioide erklären. Für die Opioideffekte bei einer Narkose ist vor allem der μ-Rezeptor, daneben auch der κ-Rezeptor von Interesse. Die Erregung von **μ-Rezeptoren** führt zu ausgeprägter *Analgesie* (vorrangig μ_1), aber auch zu *Atemdepression* (μ_2) und *Euphorie* (μ_2). Bis heute ist es noch nicht gelungen, selektive μ_1-Rezeptor-Agonisten herzustellen, die analgetische Wirkungen ohne begleitende Atemdepression erzeugen. Die Stimulation der μ-Rezeptoren vermittelt entsprechend dem topographischen Verteilungsmuster dieses Rezeptortyps (Tab. **44**) analgetische Effekte sowohl *supraspinal-subkortikal* (Schmerzumschaltstellen im Stammhirn; μ_1) als auch spinal (Substantia gelatinosa im Rückenmark; μ_2) und in geringem Maße auch peripher im Bereich der Nervenendigungen („Nozizeptoren"). Die Erregung von **κ-Rezeptoren** führt zu vergleichsweise geringerer *supraspinaler* und *spinaler Analgesie*, wegen der hohen Rezeptordichte im Kortex als Nebeneffekt aber zu stärkerer *Sedierung*, die jedoch bei einer Narkose durchaus erwünscht ist.

„Narkose-Opioide"

Fentanyl, Sufentanil, Alfentanil und Remifentanil unterscheiden sich in ihrer Wirkung auf die Opioidrezeptoren nicht hinsichtlich der intrinsischen Aktivität; sie sind alle reine, relativ selektive **μ-Agonisten** (Tab. **45** u. **46**). Beträchtliche Unterschiede bestehen aber z. T. in der μ-Affinität. So sind z. B. die analgetisch *äquieffektiven* Dosen, bezogen auf Fentanyl, von Remifentanil ungefähr gleich, von Alfentanil 5–10 mal so groß; von Sufentanil wird dagegen nur 1/10 bis 1/5 der Fentanyldosis benötigt. Die Stimulation von *κ-Rezeptoren* trägt bei reinen Opioid-

Tabelle 45 Rezeptorspezifische Aktivität und Affinität von Opioidagonisten und -antagonisten

Gruppe	Beispiele	μ	κ	δ
Reine Agonisten	Morphin, Piritramid, Fentanyl, Sufentanil, Alfentanil, Remifentanil	Ag Affinität hoch	Ag Affinität niedrig	Ag Affinität niedrig
Partielle (Ant-)Agonisten	Buprenorphin	pAg Affinität sehr hoch	Ag Affinität sehr hoch	Ag Affinität hoch
Reine Antagonisten	Naloxon	Ant Affinität hoch	Ant Affinität hoch	Ant Affinität hoch

Ag = Agonist; Ant = Antagonist; p = partieller

Tabelle 46 Physikochemische Daten der „Narkose-Opioide"

	Fentanyl	Sufentanil	Alfentanil	Remifentanil
pK_S	8,4	8,0	6,5	7,1
Ionisierter Anteil bei pH 7,4 (%)	91	80	11	33
Lipidlöslichkeit*	816	1.727	129	18
Plasmaproteinbindung (%)	85	93	92	70

* Octanol/Wasser-Verteilungskoeffizient

agonisten nur wenig zur analgetischen Wirkung bei. Hier können allerdings ebenfalls substanzspezifische Unterschiede in der Affinität bestehen. So soll die κ-Affinität von Sufentanil höher sein als von Fentanyl, Alfentanil und Remifentanil, was bei äquieffektiver Dosierung – bezogen auf die μ-Wirkung – zusätzliche und damit doch (etwas) bessere analgetische Eigenschaften sowie die ausgeprägtere Sedierung unter Sufentanil erklären würde. Wirkungen auf δ- und σ-Rezeptoren sind bei reinen Agonisten klinisch von untergeordneter Bedeutung bzw. gar nicht vorhanden.

MERKE
Durch die analgetisch-sedative Wirkung der „Narkose-Opioide" kann die MAC volatiler Anästhetika deutlich gesenkt werden.

8.4.2 Pharmakokinetik

Fentanyl und **Sufentanil** zeichnen sich durch starke Lipophilie aus. Die relativ kurze Wirkungsdauer ist deshalb Folge einer schnellen Umverteilung aus dem Gehirn in die Skelettmuskulatur und das Fettgewebe. Wegen der ausgeprägten Lipophilie haben allerdings beide Substanzen ein großes Verteilungsvolumen, so daß bei wiederholten Gaben aufgrund der allmählichen Sättigung der tiefen Kompartimente ein deutlicher postoperativer Wirkungsüberhang auftreten kann.

Alfentanil hat zwar eine deutlich geringere Lipophilie, liegt allerdings bei physiologischem pH-Wert weitestgehend in undissoziierter Form vor (pK_S nur 6,5). Aus diesem Grund passiert es schnell die Blut-Hirn-Schranke. Da Alfentanil außerdem wegen der schwächeren Lipophilie nur sehr gering unspezifisch im Hirngewebe gebunden wird, ist die maximale Wirkung bereits nach etwa 1 min erreicht. Alfentanil neigt bei wiederholter Gabe wegen seines geringeren Verteilungsvolumens weniger zur Kumulation als Fentanyl und Sufentanil, es eignet sich deshalb sowohl für kürzere als auch für längere Eingriffe.

Remifentanil ist das Opioid mit dem schnellsten Wirkungseintritt und der kürzesten Wirkungsdauer. Die nur sehr geringe Lipidlöslichkeit, die aber immer noch für eine gute Penetration der Blut-Hirn-Schranke ausreicht, führt zu einem kleinen Verteilungsvolumen, die schnelle Inaktivierung im Blut und Gewebe durch unspezifische Esterasen zu hoher Clearance, was eine gute Steuerbarkeit ohne Kumulationseffekte nach sich zieht. Die sog. *kontextsensitive Halbwertszeit*, also die Zeitspanne von der Beendigung einer kontinuierlichen Substanzzufuhr bis zum Erreichen der 50%igen Plasmakonzentration, ist mit 3–4 min ausgesprochen kurz und zudem unabhängig von der Infusionsdauer. Remifentanil ist das erste und bislang einzige Opioid mit einer von der Infusionsdauer unabhängigen kontextsensitiven Halbwertszeit. Der bei der Esterhydrolyse entstehende Metabolit ist pharmakologisch nahezu inaktiv. Die überaus schnelle Elimination führt allerdings auch zu einem schlagartigen Wirkungsende, so daß mit einer postoperativen Schmerztherapie rechtzeitig begonnen werden muß.

8.4.3 Stellenwert der „Narkose-Opioide"

Opioide wie Fentanyl, Sufentanil, Alfentanil oder Remifentanil sind die **Standardanalgetika** für moderne *Narkosen*, sei es in Form balancierter Anästhesien oder rein intravenöser Regime, sowie für die *Analgosedierung* (Tab. **47**). Sie führen zwar zu ausgeprägter Analgesie, die Induktion von Hypnose und Amnesie gelingt aber selbst bei hochdosierter Anwendung (z.B. in der Kardioanästhesie) nicht sicher. Zur Aufrechterhaltung einer Narkose ist deshalb die Kombination mit intravenösen Hypnotika oder mit Inhalationsanästhetika unverzichtbar. Des weiteren können Opioide bei *Regionalanästhesien* eingesetzt werden: entweder zur intravenösen Supplementierung einer nicht ganz ausreichenden regionalen Analgesie oder rückenmarknah (Sufentanil; s. Kap. 9.1.8 u. 9.2.1) zur Verstärkung der Wirkung von Lokalanästhetika.

Tabelle 47 Pharmakologische Daten und Eigenschaften der „Narkose-Opioide"

	Fentanyl	Sufentanil	Alfentanil	Remifentanil
Zubereitung	Lösung (Hydrogencitrat)	Lösung (Hydrogencitrat)	Lösung (Hydrochlorid)	Trockensubstanz + Lösungsmittel
Lösungskonzentration	0,05 mg/ml	0,005 od. 0,05 mg/ml	0,5 mg/ml	–
Narkose				
– Bolusdosis[1]	1–4 µg/kg	0,2–0,5 µg/kg	10–20 µg/kg	1–2 µg/kg
– Erhaltungsdosis (TIVA)	–	ca. 0,5 µg/kg/h	3–5 µg/kg/min	0,1–0,3 µg/kg/min
Analgosedierung				
– Bolusdosis	1–2 µg/kg	0,1–0,2 µg/kg	5–7 µg/kg	0,5–0,75 µg/kg
– Erhaltungsdosis	0,5–1,0 µg/kg	0,05–0,1 µg/kg	0,5–1,0 µg/kg/min	0,025–0,1 µg/kg/min
Anschlagzeit[2]	4–5 min	2–3 min	1–1,5 min	1–1,5 min
Dauer der *operativ-analgetischen* Wirkung[3]	20–30 min	ca. 30 min	10–15 min	5–10 min
Dauer der Gesamtanalgesie[4]	1–2 h	ca. 2 h	30–60 min	ca. 20 min
Eliminations-HWZ	3–4 h	2–3 h	1,5 h	5–15 min
Kontextsensitive HWZ	–	–	–	3–4 min (konstant!)
Kumulation/Wirküberhang	deutlich	deutlich	mäßig	∅
Indikationen				
– endotracheale Intubation	ja	ja	ja	ja
– balancierte Anästhesie	ja	ja	ja	∅[5]
– TIVA	∅	∅	ja	ja
– i. v. Kurznarkose (< 15 min)[5]	∅	∅	ja	ja
– Analgosedierung[6]	ja	ja	ja	v.a. Kurzeingriffe
– Supplementierung von Regionalanästhesien	ja	∅	∅	∅
– intrathekal/epidural	möglich	möglich[7]	∅	∅[8]

[1] zur Unterdrückung der Intubationsreaktion (immer zusammen mit i. v. Hypnotikum) bzw. zur primären Analgesie bei balancierten Anästhesien; [2] Zeit bis zur *maximalen* Wirkung; [3] entspricht der Dauer der *maximalen* Analgesie; [4] umfaßt die analgetische Maximal- und Restwirkung; [5] nur On-top-Gabe bzw. als Bolus; [6] in Komb. mit Sedativum; [7] Zulassung nur für *epidurale* Anwendung; [8] enthält potentiell neurotoxisches Glycin als Hilfsstoff

Vegetative Dämpfung. Bei der *endotrachealen Intubation* werden die heftigen sympathikotonen hämodynamischen Reaktionen, die bei alleiniger Gabe von Hypnotika und Relaxanzien aufträten, durch Opioide verhindert oder mindestens abgeschwächt. Besonders bei kardiovaskulären Risikopatienten ist die unter Opioiden i. Vgl. zu Inhalationsanästhetika geringere hämodynamische Beeinflussung vorteilhaft. Bei *sehr starken operativen Schmerzreizen* (z. B. Sternotomie) ist allerdings eine Kombination mit Inhalationsanästhetika vorzuziehen, denn hier können weder Opioide (i. d. R. auch nicht Sufentanil) noch Inhalationsanästhetika allein eine zufriedenstellende Dämpfung vegetativer Reflexe herbeiführen.

Zeitliche Aspekte der Analgesie. Die analgetischen Wirkungen der länger wirkenden Substanzen Fentanyl und Sufentanil können bis in die postoperative Phase hineinreichen und so den Schmerzmittelverbrauch im Aufwachraum senken („präventive Analgesie"; s. Kap. 12.4.3). Dagegen zeigt Remifentanil einen raschen postoperativen Wirkverlust (sog. On-off-Eigenschaft), so daß frühzeitig eine adäquate Schmerztherapie eingeleitet werden muß. Andererseits ist Remifentanil bei weitem das am besten steuerbare Opioid. Es eignet sich deshalb, zusammen mit Propofol, hervorragend für eine TIVA. Bei balancierten Anästhesien kann es in der letzten Phase der Operation zugeführt werden, um kurzfristig die Analgesie zu vertiefen, ohne eine postoperative Atemdepression befürchten zu müssen (sog. On-top-Gabe).

8.4.4 Nebenwirkungen

Die Nebenwirkungen der Opioide werden überwiegend *zentral* und größtenteils durch *rezeptorabhängige* Interaktionen vermittelt (Tab. **48**).

Hirndurchblutung

Siehe Kap. 22.3.3.

Atmung

Atemdepression. Im Vordergrund der Opioidnebenwirkungen steht die Atemdepression. Sie ist eng an den μ-analgetischen Effekt gekoppelt und wird damit bereits in klinischen Dosen relevant. Sie beruht auf einer verringerten CO_2-Empfindlichkeit des Atemzentrums. Die besondere Gefahr, gerade in der postoperativen Phase, liegt hierbei darin, daß sich mit steigendem arteriellen CO_2-Gehalt schließlich eine „*CO_2-Narkose*" ($PaCO_2$ > 70 mmHg) entwickeln kann, die bei unzureichender Überwachung im Atemstillstand und „silent death" endet.

> **MERKE**
> Mit einer signifikanten Atemdepression ist unter Opioiden immer dann zu rechnen, wenn
> 1. die analgetische Wirkung vollständig ist (oder schon primär keine Schmerzen bestehen) und
> 2. zusätzlich die Vigilanz so weit gedämpft wird, daß Schlaf eintritt (*cave*: Sedativa!).

Antitussive Wirkung. Durch Dämpfung des Hustenzentrums wird der Hustenreflex abgeschwächt, so daß z. B. der Endotrachealtubus besser toleriert wird. Effektiv ist die antitussive Wirkung allerdings nur bei reinen Agonisten, denn sie wird über μ-Rezeptoren vermittelt. Zu beachten ist, daß die Bolusinjektion eines „Narkose-Opioids", wohl aufgrund passagerer Vaguserregung, initial einen *Hustenstoß* auslösen kann.

Thoraxrigidität. Die vor allem bei älteren Patienten und nach Bolusinjektionen höherer Opioiddosen zu beobachtende Skelettmuskelrigidität wird durch eine Imbalance zwischen dopaminerger und cholinerger Aktivität im extrapyramidalmotorischen System mit Überwiegen der cholinergen Komponente erklärt („Parkinson-Äquivalent"). Auch sie ist abhängig von der Opioidaktivität am μ-Rezeptor. Die Rigidität kann alle Muskelgruppen betreffen; klinisch bedeutsam ist jedoch in erster Linie die Thoraxrigidität, weil hierdurch die Atmung oder Beatmung erschwert wird. Im Extremfall ist eine Beatmung unmöglich, was eine umgehende Muskelrelaxation (z. B. mit Succinylcholin) notwendig macht.

Bronchokonstriktion. Hohe Dosen von „Narkose-Opioiden" steigern durch Vagusstimulation den Tonus der Bronchialmuskulatur und damit den Atemwegswiderstand; sie sollten deshalb bei Patienten mit Asthma bronchiale vermieden werden.

Herz und Kreislauf

Alles in allem führen Opioide in klinisch üblicher Dosierung, solange eine Hypovolämie vermieden wird, kaum zu einer Beeinträchtigung des kardiovaskulären Systems. Die Effekte beschränken sich im wesentlichen auf eine durch zentrale, μ-Rezeptorabhängige Sympathikusinhibition und Vagusstimulation ausgelöste *geringe Abnahme der Herzfrequenz, des Blutdrucks und des Venentonus*. Bei hoher bis sehr hoher Dosierung werden diese Symptome durch eine Sympathikusstimulation (!) überspielt. Sie kommt dadurch zustande, daß Opioide in geringem Maße Katecholamine freisetzen. Die zwar am isolierten Papillarmuskel zu beobachtende Herabsetzung der Kontraktionskraft tritt erst weit oberhalb „therapeutischer" Dosierung ein und spielt deshalb klinisch für die Myokardfunktion keine Rolle.

Varia

Zu den **peripheren** Nebenwirkungen der Opioide gehört die Erregung der glatten Eingeweidemuskulatur, was u. a. einen Druckanstieg im Gallengangsystem hervorruft und die Magenentleerung, Darmmotilität (→ spastische Obstipation) und Blasenentleerung hemmt. Unspezifische, d. h. **nichtrezeptorabhängige** Nebenwirkungen umfassen die *Histaminfreisetzung*, die *emetogene* Wirkung und den *Juckreiz* (Pruritus), wobei jedoch die beiden letzteren z. T. auch rezeptorabhängig sein sollen. Übelkeit und Erbrechen werden überwiegend durch Stimulation der Area postrema im Hirnstamm hervorgerufen. Die „Narkose-Opioide" setzen, wenn überhaupt, erst bei extrem hoher Dosierung Histamin frei. Pruritus kann nach systemischer, aber auch nach rückenmarknaher Gabe von Opioiden auftreten. Im ersten, selteneren Fall beruht er auf einer Histaminfreisetzung, im zweiten Fall ist die Ursache noch nicht aufgeklärt.

Sucht. Das suchtauslösende Potential der Opioide spielt bei ihrer Anwendung zur Narkose ebenso wie zur Behandlung des postoperativen oder posttraumatischen Schmerzes bei Nichtabhängigen keine Rolle. Bei ehemals Süchtigen sollten allerdings nach Möglichkeit keine Opioide eingesetzt werden, um nicht eine erneute Abhängigkeit zu provozieren. Dies gilt nicht für *Remifentanil*, weil sich hier durch zeitgerechte Applikation eine postnarkotische Euphorie verhindern läßt. Bei bekanntem Opioidabusus ist zu beachten, daß wegen einer gesteigerten Toleranz von vornherein deutlich höhere Dosen benötigt werden.

Tabelle 48 Nebenwirkungen der „Narkose-Opioide“

	Rezeptorvermittelt	Unspezifisch	Zentral	Peripher	Relevanz
Sedierung	√		√		+
Atmung und Atemwege					
– Atemdepression	√		√		++
– Dämpfung des Hustenreizes	√		√		+
– Thoraxrigidität	√		√		+
– Bronchokonstriktion	√		√		(+)
Herz und Kreislauf					
– Bradykardie	√		√		+
– Blutdrucksenkung	√		√		+
– Venodilatation	√		√		+
– negative Inotropie		√		√	∅
Varia					
– Hemmung der Blasenentleerung	√		√		+
– Obstipation	√			√	∅
– Übelkeit/Erbrechen	(√)	√	√	(√)	+
– Pruritus	(√)	√		√	(+)[1]
– Suchtauslösung	√		√		∅[2]
– Hypothermie	√		√		+
– Miosis	√		√		∅
– Verminderung des Plasmacortisols	√		√		∅

[1] nur bei intrathekaler oder epiduraler Gabe; [2] nur bei ehemals Abhängigen

Hypothermie. Durch Stimulierung von μ-Rezeptoren im Hypothalamus können Opioide dosisabhängig die zentrale Temperaturregulation ausschalten. Hierdurch wird der Soll-Wert gelöscht, so daß die Körpertemperatur dann wesentlich von der Umgebungstemperatur mitbestimmt wird, der Organismus wird auf diese Weise *poikilotherm*.

Miosis. Die unter Opioiden auftretende Pupillenverengung wird durch eine μ-agonistische Wirkung in den Okulomotoriuskernen verursacht. Typisch für hohe Dosen von Opioiden sind die *stecknadelkopfkleinen* Pupillen. Unter schwerer Hypoxie verschwindet die Miosis jedoch wieder, und die Pupillen erweitern sich.

Endokrinium. Opioide führen zu einer *Abnahme der Plasmaspiegel von Cortisol*, indem sie die ACTH-Freisetzung aus dem Hypophysenvorderlappen vermindern. Überwiegend geschieht dieses *indirekt* als Folge der Schmerzausschaltung. Der Regelkreis bleibt intakt, und eine Cortisolausschüttung ist bei entsprechender Reizeinwirkung weiterhin möglich.

8.4.5 Naloxon

Die rezeptorabhängigen Opioidwirkungen lassen sich *kompetitiv* durch reine Antagonisten wie Naloxon aufheben. Dies ermöglicht eine rasche Beseitigung der opioidinduzierten Atemdepression, z. B. als Folge eines postoperativen Wirkungsüberhangs. Da jedoch mit Naloxon eine *komplette* Antagonisierung, also auch der analgetischen Komponente, möglich ist, verbunden mit der Gefahr von Tachykardie und überschießendem Blutdruckanstieg, muß die Zufuhr titriert werden. Auf diese Weise kann nur die atemdepressive Wirkung aufgehoben werden, und die Analgesie bleibt erhalten. Hierbei ist aber die nur kurze Wirkungsdauer von Naloxon zu beachten (ca. 30 min). Mit dem Abklingen der Naloxonwirkung kann nämlich erneut eine Atemdepression auftreten, sofern der ursprünglich applizierte Agonist noch in ausreichender Plasmakonzentration vorhanden ist („Rebound-Effekt“). Zu beachten ist ferner, daß mit Naloxon bei Opioidsüchtigen eine perakute Entzugssymptomatik ausgelöst werden kann.

Naloxon:

Narcanti®:	1 Amp. (1 ml) enthält 0,4 mg Naloxon
Dosierung:	0,04–0,08 mg fraktioniert i. v. (max. 0,4 mg)
Wirkeintritt:	1–2 min
Wirkdauer:	ca. 30 min
Indikationen:	postoperativer Opioidüberhang, akute Opioidintoxikation
Nebenwirkungen:	akuter Opioidentzug mit Tachykardie und Hypertonus; Opioid-Rebound
Kontraindikationen:	schwere Hypertonie, KHK oder Herzinsuffizienz; fixierte pulmonale Hypertonie; Opioidsucht

8.5 Muskelrelaxanzien

Die spezifischen Muskelrelaxanzien unterbrechen selektiv-reversibel die synaptische Übertragung der Nervenimpulse an der motorischen Endplatte und rufen so eine schlaffe Lähmung der Skelettmuskulatur hervor. Sie werden u. a. zur Erleichterung der endotrachealen Intubation und des operativen Vorgehens eingesetzt. Sie sind lediglich Adjuvanzien einer Narkose, doch niemals Ersatz für Narkosemittel, z. B. bei zu flacher Anästhesie.

MERKE
Muskelrelaxanzien bewirken keine Bewußtseins- und Schmerzausschaltung und müssen deshalb immer mit Narkotika oder Hypnotika und Analgetika kombiniert werden! Außerdem führen sie zu einer Lähmung der Atemmuskulatur, was eine künstliche Beatmung erforderlich macht.

8.5.1 Pharmakodynamik

Die Schnittstelle der neuromuskulären Impulsübertragung ist die sog. **motorische Endplatte** (Abb. **15**). Hier werden die Signale motorischer Nerven durch den endogenen Transmitter **Acetylcholin** (ACh) auf die Skelettmuskelfasern übergeleitet. Ankommende Nervenimpulse triggern die calciumabhängige Freisetzung von ACh in den synaptischen Spalt, das dann mit den *nikotinergen Rezeptoren* der postsynaptischen Membran reagiert. Dadurch wird die Na^+-Leitfähigkeit der Membran erhöht und ein Endplattenpotential erzeugt. Dies wiederum führt zur Auslösung eines Muskelaktionspotentials und schließlich zu einer Muskelkontraktion. In unmittelbarer Rezeptornähe befindet sich das membranständige, nahezu spezifische Enzym *Acetylcholinesterase*.

Es ist in der Lage, ACh innerhalb kürzester Zeit (nur wenige msec) durch hydrolytische Spaltung zu inaktivieren, so daß eine anhaltende Depolarisation der postsynaptischen Membran verhindert wird.

Wirkungsweise der Muskelrelaxanzien

Muskelrelaxanzien konkurrieren mit ACh um die Bindungsstellen an den nikotinergen Rezeptoren und können bei Besetzung einer ausreichenden Zahl die synaptische Transmission blockieren. Nach der Wirkungsweise am Rezeptor werden

- depolarisierende und
- nichtdepolarisierende Relaxanzien

unterschieden.

Depolarisierende Relaxanzien. Klassischer und einziger klinischer Vertreter der depolarisierenden Relaxanzien ist **Succinylcholin** (= Suxamethonium; Pantolax®, Lysthenon®). Ebenso wie ACh bindet es an den nikotinergen Rezeptor und wirkt hier zunächst *agonistisch* (Abb. **15**). Dies führt jedoch im Unterschied zu ACh zu einer länger anhaltenden Membrandepolarisation („Depolarisationsblock" oder „Phase-I-Block"). Nach Auslösung der Depolarisation haftet Succinylcholin nämlich noch einige Zeit an den Rezeptorbindungsstellen, weil es i. Ggs. zu ACh nur durch die in der Leber synthetisierte und ausschließlich im Plasma vorkommende unspezifische *Pseudocholinesterase* (Syn.: Plasma- oder Serumcholinesterase, unspezifische Cholinesterase) gespalten werden kann. Solange Succinylcholin an den Rezeptor gebunden bleibt, kann keine neue Erregung entstehen; Succinylcholin wirkt in dieser Phase also *antagonistisch*. Klinisch zeigt sich ein Depolarisationsblock initial mitunter in feinen, unkoordinierten, kurzen Muskelzuckungen (Faszikulationen) und darauf folgender schlaffer Lähmung.

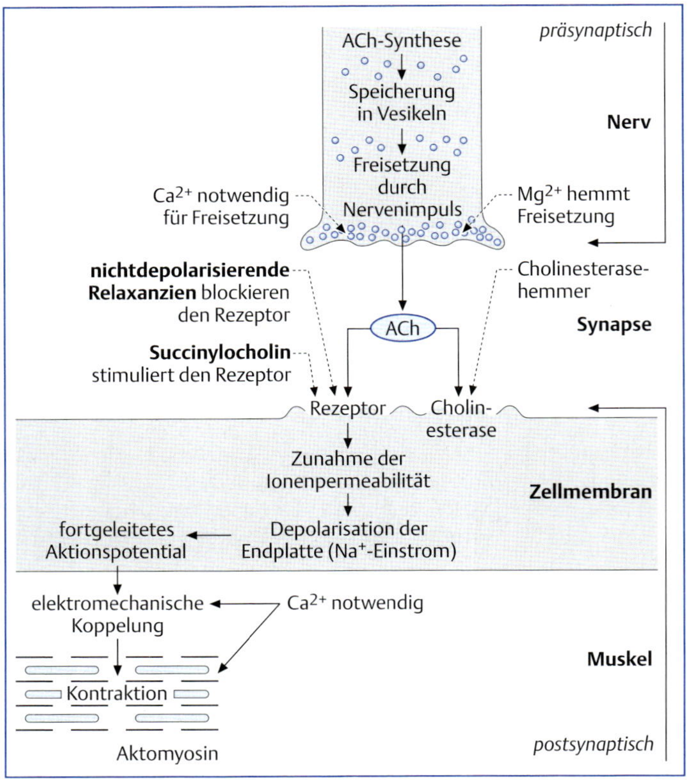

Abb. 15 Neuromuskuläre Übertragung

Nichtdepolarisierende Relaxanzien. Nichtdepolarisierende Relaxanzien lagern sich ebenfalls dem nikotinergen Rezeptor an, ohne jedoch eine Depolarisation auszulösen („Nichtdepolarisationsblock"; Abb. **15**). Gegenüber ACh wirken sie als *kompetitive Antagonisten* und verursachen deshalb eine rein schlaffe Lähmung. Sie lassen sich nach ihrer chemischen Grundstruktur in 2 Gruppen unterteilen:

1. die Benzylisochinoline Atracurium (Tracrium®), cis-Atracurium (Nimbex®), Mivacurium (Mivacron®)
2. die Aminosteroide Pancuronium, Vecuronium (Norcuron®), Rocuronium (Esmeron®)

MERKE
Die Wirkung von Muskelrelaxanzien ist auf die Endplatten begrenzt. Eine *direkte* Erregung der Muskulatur (z. B. durch elektrischen Strom) wird somit *nicht* verhindert.

Dosis-Wirkungs-Beziehung

Die neuromuskuläre Übertragung wird erst dann meßbar beeinträchtigt, wenn *mehr als 70% der Rezeptoren* besetzt sind (s. auch Kap. 3.12.2). Dies zeigt die große physiologische Sicherheitsbreite.

Quantifizierung der Wirkung von Muskelrelaxanzien. Zur Quantifizierung der neuromuskulär blockierenden Potenz eines Muskelrelaxans wird zumeist die **ED_{95}** verwendet. Hierunter versteht man die Dosis, die für eine 95%ige, also nahezu vollständige Muskelerschlaffung erforderlich ist. Als zur Intubation geeignet wird i. d. R. die *doppelte* ED_{95}, die sog. *Intubationsdosis*, angesehen. Als **„Referenzmuskel"**, an dem die ED_{95} für die einzelnen Relaxanzien mechanomyographisch bestimmt wird oder werden sollte, dient der *M. adductor pollicis* (Kap. 3.12.2).

Muskuläre Empfindlichkeit. Die Empfindlichkeit auf Relaxanzien ist nicht in allen Skelettmuskelgruppen gleich ausgeprägt. Am empfindlichsten reagieren die kleinen, dicht innervierten Muskeln von Fingern, Zehen, Augen (Ausnahme: M. orbicularis oculi), Zunge, Zungengrund, Pharynx und Kiefer. Es folgen die Extremitäten-, Rumpf-, Hals- und dann die Kehlkopfmuskeln. Am resistentesten sind der M. orbicularis oculi sowie die Atem- und Atemhilfsmuskeln (vor allem das Zwerchfell). Dennoch tritt die neuromuskuläre Blockade nicht in dieser Reihenfolge ein, sondern paradoxerweise in etwa umgekehrt zur Empfindlichkeit der einzelnen Muskeln. Auf die Gründe kann hier nicht eingegangen werden.

Die typische **Reihenfolge der neuromuskulären Blockade** sieht wie folgt aus:

1. Als erstes werden gelähmt: das Zwerchfell, die Interkostalmuskeln und der M. orbicularis oculi (für deren vollständige Lähmung ist jedoch, bezogen auf den M. adductor pollicis, die 1,5–2fache ED_{95} erforderlich!).
2. Es folgen die Kehlkopfmuskeln.
3. Erst danach werden die peripheren Muskeln (wie der M. adductor pollicis u. der M. flexor hallucis) relaxiert, in etwa zeitgleich zur Kiefermuskulatur (M. masseter).
4. Kurz darauf folgt auch die Lähmung der Pharynx- und Zungengrundmuskulatur (z. B. M. geniohyoideus).

Die neuromuskuläre Blockade bildet sich in der gleichen (!) Reihenfolge zurück.

8.5.2 Pharmakokinetik

Die Wirkung eines Muskelrelaxans im zeitlichen Verlauf kann mit den Begriffen *Anschlagzeit*, *Wirkungsdauer* und *Erholungsindex* beschrieben werden (Tab. **49** u. **54**, Abb. **16**).

Klinische Bedeutung der einzelnen Parameter

Die **Anschlagzeit** ist der Gradmesser für die Durchführbarkeit der *endotrachealen Intubation*. Gute Intubationsbedingungen dürfen spätestens dann erwartet werden, wenn die Reizantwort am M. adductor pollicis vollständig unterdrückt ist (s. auch Kap. 3.12.2).

Die **klinische Wirkungsdauer** (DUR_{25}) markiert die Zeitspanne, in der für die meisten *operativen Eingriffe* eine ausreichende Muskelerschlaffung besteht. Muskelrelaxanzien werden nach der klinischen Wirkungsdauer der einfachen (!) ED_{95} in *kurz* (< 10 min), *mittellang* (10–30 min) und *lang* (> 30 min) wirkende Substanzen eingeteilt (Tab. **50**).

Der **Erholungsindex** gibt Aufschluß über die Geschwindigkeit, mit der die Wirkung von Relaxanzien abklingt. In der Phase, in der sich die neuromuskuläre Funktion von 25% bis auf 75% des Ursprungswerts erholt, reicht der Relaxationsgrad für operative Bedürfnisse i. d. R. allerdings nicht mehr aus; jedoch ist die (Spontan-)Atmung hier noch erheblich beeinträchtigt.

Die **Gesamtwirkungsdauer** (DUR_{90}) spiegelt die Zeit bis zur nahezu vollständigen Erholung der Muskelkraft wider. Sie entspricht etwa der *doppelten* DUR_{25} und korreliert klinisch mit einer suffizienten Eigenatmung und der Extubierbarkeit der Patienten.

Die einzelnen Zeitparameter sind *dosisabhängig*. Hierbei gilt, daß höhere Relaxansdosen die Anschlagzeit verkürzen und die Wirkungsdauer verlängern. Eine Ausnahme davon macht lediglich der Erholungsindex bei Mivacurium, Atracurium und cis-Atracurium; er bleibt über einen größeren Dosisbereich nahezu konstant.

Elimination der Muskelrelaxanzien

Hydrolyse durch die Pseudocholinesterase. Succinylcholin wird so gut wie vollständig und **Mivacurium** zum überwiegenden Teil durch die im Plasma befindliche Pseudocholinesterase (PChE) hydrolytisch gespalten und auf diese Weise inaktiviert. Damit ist die Wirkungsdauer dieser Relaxanzien in er-

Tabelle 49 Parameter zur Beurteilung des zeitlichen Ablaufs einer neuromuskulären Blockade

Parameter	Definition[1]
Anschlagzeit	Zeitspanne von der Bolusinjektion[2] eines MR bis zur *95%igen* Unterdrückung der Reizantwort, d. h. bis zum Eintritt der submaximalen Wirkung
Wirkungsdauer	
– klinisch (DUR_{25})	Zeitspanne von der Bolusinjektion[2] eines MR bis zur Erholung der neuromuskulären Übertragung bzw. der Muskelkraft auf *25%* des Ausgangswerts
– gesamt (DUR_{90})	Zeitspanne von der Bolusinjektion[2] eines MR bis zur *90%igen*, also nahezu kompletten Wiederherstellung der Muskelkraft
Erholungsindex	Zeitspanne zwischen *25- und 75%iger* Erholung der Muskelkraft

[1] nach den Empfehlungen einer Konsensuskonferenz zur Standardisierung der wissenschaftlichen Untersuchungen von Muskelrelaxanzien; [2] exakt: vom Beginn der Injektion, wobei für die Bolusinjektion eine Injektionsdauer von ca. 5 sec zugrunde gelegt wird. MR = Muskelrelaxans; DUR = „duration“

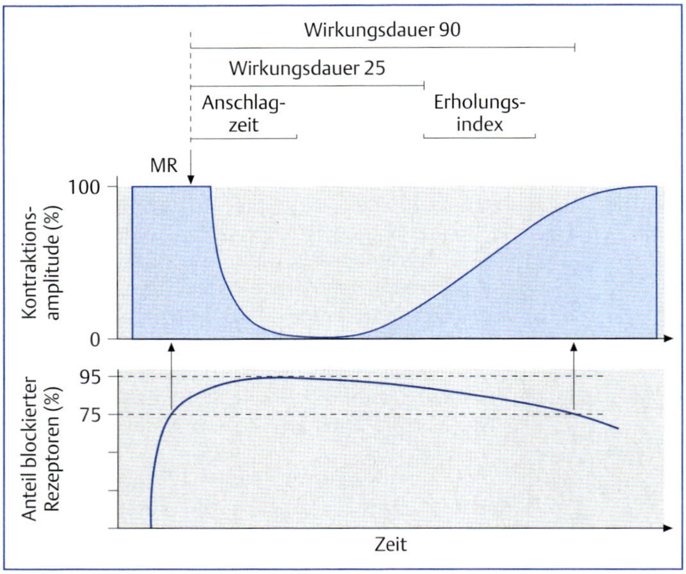

Abb. 16 Zeitlicher Verlauf einer neuromuskulären Blockade, dargestellt anhand der Veränderung der muskulären Einzelreizantworten und der korrespondierenden Rezeptorblockade

MR = Muskelrelaxans

Tabelle 50 Einteilung der Muskelrelaxanzien nach Wirkungsdauer

Wirkungsdauer	Depolarisierend	Nicht depolarisierend
kurz	Succinylcholin	
kurz bis mittellang		Mivacurium
mittel		Atracurium, cis-Atracurium, Vecuronium, Rocuronium
lang		Pancuronium

ster Linie eine Funktion der Konzentration und Aktivität dieses Enzyms. Da die Hydrolysierungskapazität der PChE ausgesprochen hoch ist, erreicht von beiden Substanzen überhaupt nur ein kleiner Teil der injizierten Menge den Extrazellulärraum und somit die motorische Endplatte. Erst eine **Abnahme der PChE-Aktivität** um mehr als 80% äußert sich in einem deutlich verlängerten neuromuskulären Block nach einer Normdosis von Succinylcholin oder Mivacurium (Tab. **51**). Eine solch hochgradige Verminderung bis hin zum völligen Fehlen der PChE-Aktivität findet sich nur bei **homozygoten genetischen Defekten**. Die Häufigkeit der homozygoten Fehlanlage mit Bildung einer „atypischen PChE" wird mit ca. 1:2500 angegeben, die des völligen Fehlens des PChE-Gens mit 1:100.000 („silent gene"). Unter diesen Umständen ist die Elimination von Succinylcholin und Mivacurium erheblich verlangsamt. Die relaxierende Wirkung einer Normdosis kann dann mehrere Stunden anhalten. Eine physiologische Funktion der PChE ist nicht bekannt, so daß die Träger des Defekts keine Ausfallerscheinungen zeigen. Sie werden daher oftmals erst zufällig an der verlängerten neuromuskulären Blockade nach der üblichen Dosis von Succinylcholin oder Mivacurium erkannt. Therapeutisch kann zwar mit größeren Mengen gefriergetrocknetem Plasma (ab 4–6 Einheiten FFP) PChE substituiert werden; hierbei sind allerdings das Virusübertragungsrisiko und die Volumenbelastung zu berücksichtigen. Am besten ist es, die Spontanerholung unter apparativ unterstützter Beatmung und ausreichender Sedierung des Patienten abzuwarten. Die Diagnose einer prolongierten Wirkung von Succinylcholin oder Mivacurium sollte mit Hilfe der Relaxometrie/-graphie gesichert werden. Bei Verdacht auf einen genetischen PChE-Defekt ist der Patient darüber zu informieren, vorzugsweise in Form eines ärztlichen Attests. Da die hydrolytische Aktivität der PChE vom Genotyp abhängt, sollte zudem eine humangenetische Untersuchung erwogen werden.

Hofmann-Reaktion. Atracurium und **cis-Atracurium** unterliegen bei physiologischem pH-Wert und normaler Körpertemperatur hauptsächlich ei-

Tabelle 51 Zustände mit verminderter Aktivität der Pseudocholinesterase

Ursachen	**Aktivität der Pseudocholinesterase**
Physiologisch	
– Neugeborene, Greise	↓
– Spätschwangerschaft	↓
Erkrankungen	
– Hypothyreose	↓
– schwere Lebererkrankungen	↓↓
– dialysepflichtige Niereninsuffizienz	↓↓
– Malignome	↓↓
– schwere Malnutrition	↓v
– Verbrennungskrankheit	↓↓
Medikamente	
– Kontrazeptiva	↓
– Glukokortikoide	↓
– Zytostatika (z. B. Cyclophosphamid)	↓↓
– Cholinesterasehemmer	↓↓↓*
– Alkylphosphate	↓↓↓*
Plasmapherese	↓↓↓*
Genetisch	
– atypische Pseudocholinesterase/ „silent gene"	↓↓↓↓*

↓ gering vermindert; ↓↓ mäßig bis stark vermindert; ↓↓↓ sehr stark vermindert; ↓↓↓↓ sehr stark vermindert bis völlig fehlend; * klinische Relevanz in Form einer deutlich verlängerten Wirkung von Succinylcholin und Mivacurium

nem spontanen, nichtenzymatischen Zerfall („Hofmann-Reaktion"). Ein kleiner Anteil wird durch unspezifische Esterasen gespalten, nicht aber durch die PChE. Die Elimination ist damit also weitgehend unabhängig von der Leber- und Nierenfunktion. Nur der aus der Hofmann-Reaktion entstehende Hauptmetabolit *Laudanosin* wird renal ausgeschieden. Er hat selbst aber keine neuromuskulär blockierenden Eigenschaften, sondern wirkt strychninartig und kann deshalb prinzipiell zu exzitatorischen Nebenwirkungen im zentralen Nervensystem führen.

Leber und Niere. Rocuronium wird so gut wie nicht metabolisiert, hier steht die biliäre Ausscheidung der unveränderten Substanz im Vordergrund, während **Pancuronium** im wesentlichen renal eliminiert wird. **Vecuronium** wird teils hepatisch metabolisiert, teils unverändert biliär und renal ausgeschieden.

8.5.3 Stellenwert gebräuchlicher Muskelrelaxanzien

Succinylcholin

Succinylcholin ist nach wie vor das Muskelrelaxans mit dem *schnellsten* Wirkungseintritt und der *kürzesten* Wirkungsdauer (Tab. **52.1**). Die kurze Anschlagzeit wird jedoch auch mit einem Kunstgriff erreicht, dadurch nämlich, daß für die Intubation mit der ungefähr 4fachen ED_{95} eine höhere Dosis als bei den nichtdepolarisierenden Relaxanzien gewählt wird. Wegen der im Einzelfall nicht immer vorhersehbaren, z. T. deletären Komplikationen (Maligne-Hyperthermie-Krise [Kap. 36.2], hyperkaliämischer Herzstillstand [Abschn. 8.5.4]) ist die Indikation für Succinylcholin allerdings äußerst streng zu stellen (Tab. **52.2**).

Leitsätze zum Gebrauch von Succinylcholin

1. Der Einsatz von Succinylcholin ist bei **primären Myopathien** (Tab. **56**) *absolut* kontraindiziert.
2. Die weiteren in Tab. **56** aufgeführten Prädispositionen für succinylcholininduzierte Hyperkaliämien sind ebenfalls als *absolute* Kontraindikationen anzusehen, zumindest dann, wenn die pathologischen Veränderungen **größere Muskelgruppen** betreffen und seit mindestens **48 Stunden** bestehen.
3. Succinylcholin sollte bei **elektiven Eingriffen** nur dann verwendet werden, wenn eine primäre Myopathie ausgeschlossen ist.

Nichtdepolarisierende Relaxanzien

Nichtdepolarisierende Relaxanzien führen außer der Atemlähmung i. d. R. nicht zu bedrohlichen Komplikationen. Sie gelten deshalb bei allen Eingriffen, die an nüchternen Patienten vorgenommen werden und länger als 15 min dauern, als **Standardsubstanzen**, wenn eine Relaxation benötigt wird. Mit dem sog. **Priming-Prinzip** läßt sich ihr Wirkungseintritt be-

Tabelle 52.1 Anschlagzeit und Wirkungsdauer von Succinylcholin

Intubationsdosis	**Anschlagzeit**	**DUR_{25}[1]**	**DUR_{90}[2]**
1–1,5 mg/kg KG i. v.[3]	30–60 sec	ca. 5 min	10–12 min
3–4 mg/kg KG i. m.	3–4 min	ca. 20 min	30–40 min

[1] klinische Wirkungsdauer; [2] Gesamtwirkungsdauer;
[3] ≈ 4fache ED_{95}

Tabelle 52.2 Indikationen und Kontraindikationen für Succinylcholin

Indikationen	Kontraindikationen:	
	absolut	*relativ*
Notintubation	Maligne-Hyperthermie-Disposition	pathologisch erhöhter Hirndruck[1]
„Blitzeinleitung" bei nichtnüchternen Patienten	angeborene Muskeldystrophien	erhöhter Augeninnendruck/perforierende Augenverletzung[1,2]
Kurzeingriffe (< 15 min) mit kompletter Relaxierung, z. B.: – Tonsillektomie, Adenotomie – Mikrolaryngoskopien – Repositionen	alle Erkrankungen mit Hyperkaliämiegefahr (s. Tab. **56**)	Myasthenien (z. T. deutlich erhöhte Empfindlichkeit)
Elektrokrampftherapie	myotonische Erkrankungen[3]	atypische Pseudocholinesterase[4]
Laryngospasmus[5]	Succinylcholinallergie	terminale Niereninsuffizienz (s. Kap. 35.8)

Erläuterungen: [1] „Präkurarisierung" nötig; [2] Bei erhöhtem Augeninnendruck oder perforierenden Augenverletzungen sollte Succinylcholin nicht eingesetzt werden, auch wenn in diesem Zusammenhang keine Publikation existiert, in der über den Verlust von Bulbusinhalt berichtet wurde. [3] Gefahr von succinylcholininduzierten (generalisierten) Kontrakturen (z. B. Masseter-, Laryngospasmus); [4] wenn doch, dann Dosisreduktion auf ca. 0,05 mg/kg KG i. v. (bzw. 5 mg als Gesamtdosis); [5] niedrige Dosis ausreichend: ca. 0,2 mg/kg KG i. v.

schleunigen (Tab. **53**). Hierbei wird zunächst eine *subrelaxierende* Dosis der betreffenden Substanz injiziert, wodurch bereits ein Großteil der Rezeptorbindungsstellen besetzt wird, ohne daß dies die Muskelfunktion im Idealfall beeinträchtigt. Meist genügt dazu bereits 1/4 der *einfachen* ED_{95}; in der Praxis wird jedoch oft eine etwas höhere Dosis eingesetzt. Wenige Minuten später wird dann die Vollwirkdosis zur Blockade der restlichen Bindungsstellen appliziert. Auf diese Weise läßt die Anschlagzeit von **Rocuronium** (in allerdings 3facher ED_{95}) so verkürzen, daß sie in den Bereich von Succinylcholin gelangt. Durch diese hohe Dosis verlängert sich allerdings die DUR_{25} auf über eine und die DUR_{90} auf über zwei Stunden.

Mivacurium ist das am kürzesten wirkende nichtdepolarisierende Relaxans. Es eignet sich auch für die *kontinuierliche Zufuhr*, z. B. einer TIVA. Bereits nach kurzer Zeit lassen sich konstante Plasmaspiegel erreichen. Allerdings sollte in diesen Fällen die neuromuskuläre Funktion zwingend relaxometrisch überwacht werden, um Überdosierungen sicher vermeiden zu können. Von Nachteil ist bei Mivacurium die überwiegend PChE-abhängige Inaktivierung und die damit fehlende Antagonisierbarkeit durch Cholinesterasehemmer (Abschn. 8.5.6).

Das Enantiomer **cis-Atracurium** gilt als Nachfolger des Razemats Atracurium, weil es i. Ggs. zum Gemisch kein Histamin freisetzt und die Bildung von Laudanosin um 80–90% geringer ausfällt. Klinisch relevante Laudanosineffekte sind daher nicht zu erwarten. Nachteilig sind allerdings bei cis-Atracurium die relativ lange Anschlagzeit und die i. Vgl. zu Atracurium längere Wirkung. Die Anwendung des ausgesprochen lange wirkenden **Pancuroniums** sollte auf die Fälle begrenzt werden, in denen postoperativ eine Nachbeatmung geplant ist oder zumindest möglich ist.

Tabelle 53 Anwendung nichtdepolarisierender Relaxanzien nach dem Priming-Prinzip

Relaxans	Priming-Dosis (mg/kg KG)	Intubationsdosis gesamt (mg/kg KG)	Wirkungseintritt (sec)	Klinische Wirkungsdauer (DUR_{25}; min)
Rocuronium	0,1	**0,9**[1]	**60**	50–60
Rocuronium	0,1	0,6	75	30–40
Vecuronium	0,02	0,1	90	30–40
Atracurium	0,1	0,6	90	30–40
cis-Atracurium	0,02	0,1	120	40–50
Mivacurium	0,03	0,2[2]	120	ca. 20

[1] 3fache ED_{95}; [2] 2,5fache ED_{95}

Tabelle 54 Pharmakologische Daten und Eigenschaften gebräuchlicher Muskelrelaxanzien

	Succinylcholin	Mivacurium	Atracurium	cis-Atracurium	Vecu ronium	Rocuronium	Pancuronium
Zubereitung	Lösung (Chlorid)	Lösung (Chlorid)	Lösung (Besilat)	Lösung (Besilat)	Pulver + Lsg.-mittel	Lösung (Bromid)	Lösung (Bromid)
Lösungskonzentration	10 od. 20 mg/ml	2 mg/ml	10 mg/ml	2 mg/ml	–	10 mg/ml	2 mg/ml
ED_{95}	0,3 mg/kg	0,06–0,08 mg/kg	0,2–0,25 mg/kg	0,05 mg/kg	0,05 mg/kg	0,3 mg/kg	0,05 mg/kg
Intubationsdosis (2fache ED_{95})	1–1,5 mg/kg[1]	0,15–0,2 mg/kg	0,5–0,6 mg/kg	0,1 mg/kg	0,1 mg/kg	0,6 mg/kg	0,1 mg/kg
Repetitionsdosis	–	0,03 mg/kg	0,1 mg/kg	0,02 mg/kg	0,02 mg/kg	0,1 mg/kg	0,02 mg/kg
Erhaltungsdosis (kontinuierlich)	–	4–6 μg/kg/min[2]	–	1–2 μg/kg/min[2]	–	–	–
Anschlagzeit[3] bei 2facher ED_{95}	30–60 sec[1]	2,5–3,5 min	1,5–2,5 min	3–4 min	2–3 min	1–2 min	3–4 min
DUR_{25}[4] bei ED_{95}		ca. 10 min	ca. 20 min	ca. 25 min	ca. 20 min	ca. 20 min	ca. 30 min
DUR_{25}[4] bei 2facher ED_{95}	ca. 5 min[1]	15–20 min	30–40 min	40–50 min	30–40 min	35–45 min	90–100 min
Erholungsindex[5] bei 2facher ED_{95}	ca. 5 min[1]	ca. 10 min[6]	ca. 15 min[6]	ca. 15 min[6]	ca. 15 min	ca. 20 min	30–40 min
Elimination	PChE[7]-Hydrolyse	PChE[7]-Hydrolyse, Esterhydrolyse	Hofmann-Reaktion, Esterhydrolyse	Hofmann-Reaktion	Leber (Niere)	Leber	Niere (Leber)
Kumulation	–	∅	∅	∅	mäßig	mäßig	deutlich
Indikationen	–	–	–	–	–	–	–
– endotracheale Intubation	ja	ja	ja	ja	ja	ja	ja
– „Blitzeinleitung"	ja	∅	∅	∅	∅	bedingt	∅
– operative Eingriffe	∅	ja	ja	ja	ja	ja	ja
– TIVA	∅	ja	bedingt	∅	∅	∅	∅

[1] ≈ 4fache ED_{95}; [2] zur Aufrechterhaltung einer ca. 95%igen neuromuskulären Blockade (die geringere Dosis gilt für eine balancierte Anästhesie mit volatilen Anästhetika, die höhere für eine TIVA); [3] gute Intubationsverhältnisse (*ohne* Priming); [4] klinische Wirkungsdauer; [5] entspricht dem Repetitionsintervall; [6] dosisunabhängig!; [7] PChE = Plasmacholinesterase

Hinweise: Die in der Tabelle angegebenen Dosen und Zeiten sind Mittelwerte. Sie beziehen sich auf die i. v. Applikation und wurden ohne Anwesenheit wirkungsverstärkender bzw. -verlängernder volatiler Anästhetika ermittelt. – Bei fortgeschrittener *Leber- oder Niereninsuffizienz* und auch bei der schweren *Herzinsuffizienz* muß generell mit einem deutlich verzögerten Wirkungseintritt gerechnet werden, weil das Verteilungsvolumen bei diesen Erkrankungen erhöht ist. Bei der Herzinsuffizienz kommt noch die aufgrund des verminderten Herzzeitvolumens verlängerte Kreislaufzeit hinzu.

Neuromuskuläre Erkrankungen. Bei den meisten neuromuskulären Erkrankungen (Muskeldystrophien, Muskelatrophien, Myasthenien) besteht für nichtdepolarisierende Relaxanzien eine z.T. erheblich gesteigerte Empfindlichkeit. Ihr Einsatz erfordert deshalb eine entsprechende Dosisreduktion und eine relaxometrische Kontrolle.

8.5.4 Nebenwirkungen

Die wichtigste Nebenwirkung, die **Lähmung der Atemmuskulatur**, erklärt sich aus der Hauptwirkung *aller* Muskelrelaxanzien. Sie ist unter klinischen Dosen unvermeidbar.

MERKE
Vor Anwendung von Muskelrelaxanzien ist grundsätzlich zu prüfen, ob der Patient mit Maske beatmet werden kann. Ausnahme hiervon ist nur die Nicht-nüchtern-Einleitung.

Herz und Kreislauf

Grundsätzlich können Muskelrelaxanzien mit sämtlichen Bindungsstellen im vegetativen Nervensystem reagieren, für die ACh der physiologische Transmitter ist. Durch Interaktion mit *nikotinergen* (ganglionären) und *muskarinergen* (postganglionären) Rezeptoren werden vegetative Reaktionen entweder stimuliert oder inhibiert. Am bedeutendsten sind hierunter die kardiovaskulären Effekte. Die Blockade nikotinerger Rezeptoren autonomer Ganglien („Ganglioplegie") führt zu einer *Blutdrucksenkung*, die Blockade kardialer muskarinerger Rezeptoren – wie bei Atropin – zu einer *Tachykardie*.

Rezeptorabhängige Nebenwirkungen sind jedoch bei den modernen nichtdepolarisierenden Relaxanzien zu vernachlässigen; sie spielen nur bei Succinylcholin eine Rolle. Unter **Succinylcholin** kommt es nicht selten zu Symptomen, die aus einer muskarinergen Stimulation entstehen: *Sinusbradykardie* (bis hin zum Sinusknotenstillstand) oder *Knotenersatzrhythmen*. Weitaus seltener kann auch eine *Tachykardie* auftreten. Sie erklärt sich aus einer nikotinergen Erregung, die im Nebennierenmark eine vermehrte Ausschüttung von Adrenalin und Noradrenalin bewirken kann. In beiden Fällen, d.h. bei nikotinerger oder muskarinerger Stimulation, sind *ventrikuläre Arrhythmien* möglich.

MERKE
Muskarinerge kardiale Nebenwirkungen (wie eine Bradykardie) treten unter **Succinylcholin** gehäuft auf, wenn die Substanz in kurzen Abständen wiederholt zugeführt wird, bei Kleinkindern und digitalisierten Patienten auch schon nach der ersten Injektion. Sie können durch vorherige Verabreichung von Atropin vermindert oder verhindert werden.

Histaminfreisetzung

Unter klinisch üblichen Dosierungen setzen die heute gebräuchlichen Relaxanzien nicht oder nur selten relevante Mengen Histamin frei (Tab. **55**). Während es sich hierbei vor allem um eine *unspezifische* Degranulation von Mastzellen handelt, die relativ häufig bei Atracurium und Mivacurium in Form lokaler Erytheme o.ä. zu beobachten ist, zumal nach zügiger Injektion, sind echte *allergische* Reaktionen mit schwerer hämodynamischer und bronchospastischer Symptomatik nur in Einzelfällen für Relaxanzien beschrieben, am häufigsten noch für Succinylcholin. Steroidrelaxanzien, insbesondere Vecuronium, führen in klinischer Dosierung nicht zu einer unspezifischen Histaminfreisetzung. Vecuronium und wohl auch Rocuronium können aber, bereits in diesem Dosisbereich beginnend, die Histamin-N-Methyltransferase in der Leber hemmen und so den Abbau von Histamin beeinträchtigen.

Tabelle 55 Nikotinerge, muskarinerge und unspezifische histaminerge Wirkungen von Relaxanzien

Relaxans	Autonome Ganglien	Muskarinerge Rezeptoren	Unspezifische Histaminfreisetzung
Succinylcholin	Stimulation	Stimulation	geringfügig
Mivacurium	∅	∅	geringfügig
Atracurium	∅	∅	geringfügig
cis-Atracurium	∅	∅	∅
Vecuronium	∅	∅	∅
Rocuronium	∅	∅	∅
Pancuronium*	∅	mäßige Blockade	∅

* Pancuronium wirkt außerdem indirekt sympathomimetisch, indem es die Freisetzung von Noradrenalin im Bereich der postganglionären sympathischen Nervenendigungen fördert und die Wiederaufnahme hemmt.

Intrakranieller und intraokularer Druck

Während nichtdepolarisierende Relaxanzien den intraokularen und intrakraniellen Druck leicht senken können, kann *Succinylcholin* zu einer vorübergehenden, mäßigen Steigerung beider Drücke führen (Kap. 21.2.2 u. 22.3.4).

Besondere Nebenwirkungen unter Succinylcholin

Muskelschmerzen. Muskelschmerzen, der sog. Muskelkater, treten nach Gabe von Succinylcholin vor allem bei jungen Leuten auf. Die Pathogenese ist noch nicht eindeutig geklärt. Man vermutet heute den Grund in muskulären Mikroverletzungen, die im Zusammenhang mit den durch Succinylcholin ausgelösten Fibrillationen stehen sollen. Damit einhergehende Muskelschmerzen treten verzögert in Erscheinung, d. h. frühestens einige Stunden nach der Narkose, ihr Höhepunkt ist zumeist nach 1–3 Tagen erreicht. Sie bilden sich über einen Zeitraum von maximal einer Woche spontan zurück. Durch eine „Präkurarisierung" lassen sie sich zwar nicht immer verhindern, zumindest aber doch vermindern.

Hyperkaliämie. Bei bestimmten Erkrankungen oder Veränderungen, die primär oder sekundär die Skelettmuskulatur betreffen (Tab. **56**), kann Succinylcholin eine exzessive Steigerung der Kaliumkonzentration im Plasma hervorrufen. Während es normalerweise durch die succinylcholininduzierte postsynaptische Depolarisation lediglich im Bereich der motorischen Endplatte zu einem Kaliumaustritt aus der Muskelzelle kommt und dadurch der Plasmakaliumspiegel nur kurzfristig um ca. 0,5–1,0 mmol/l ansteigt, ändert sich die Situation, wenn die Skelettmuskulatur generalisiert oder doch zumindest in größeren Anteilen geschädigt ist oder (genetisch bedingte) Anomalien aufweist. Hier bilden sich ACh-Rezeptoren auch *extrasynaptisch*, also außerhalb der Endplatten, und zwar entlang der gesamten Muskelmembran („Up-Regulation"). Das hat zur Folge, daß eine Normdosis Succinylcholin nicht nur im Bereich der Endplatte wirksam wird, sondern über die gesamte Membran hinweg einen *generalisierten* Kaliumausstrom bewirkt, der erhebliche Ausmaße annehmen kann. Die ganze Muskelmembran reagiert gewissermaßen „endplattenartig". Die Folge einer solchen massiven Kaliumfreisetzung sind exzessive Hyperkaliämien, die zu bedrohlichen **Arrhythmien** bis hin zum hyperkaliämischen **Herzstillstand** führen können (Kaliumspiegel von 10 (!) mmol/l und mehr sind keine Seltenheit).

Im Hinblick auf den Schweregrad der Reaktionen sind die **progressiven Muskeldystrophien** (insbesondere vom Typ Duchenne) und die (subklinische) Myopathie, die zur Entwicklung einer **malignen Hyperthermie** disponiert, bei weitem am gefährlichsten (Rhabdomyolyse bzw. MH-Krise!). In diesen Fällen ist die abnorme Empfindlichkeit auf Succinylcholin außerdem von vornherein vorhanden und bleibt lebenslang bestehen. Bei den *erworbenen* Muskelschädigungen entwickelt sie sich dagegen erst allmählich mit dem Einsetzen der Rezeptorveränderungen, meist innerhalb von 2–3 Tagen nach Eintritt der Läsion (nach Immobilisierung wohl erst nach 1 Woche), erreicht nach ungefähr 1 Woche ihren Höhepunkt und hält dann für mindestens 6–12 Monate an. In Einzelfällen kann sie wahrscheinlich auch hier lebenslang persistieren (z. B. Querschnittsyndrom).

MERKE
Die bei disponierten Patienten durch Succinylcholin auslösbare exzessive Hyperkaliämie läßt sich durch eine „Präkurarisierung" nicht verhindern!

Tabelle 56 Prädispositionen für succinylcholininduzierte Hyperkaliämien

Primäre Myopathien	Muskelatrophien	Sekundäre Myopathien	Direkte Muskelläsionen
▪ alle Formen der progressiven Muskeldystrophie (bes. Typ Duchenne, aber auch Typ Becker/Kiener und Typ Erb) ▪ Sonderfall „Maligne-Hyperthermie-Disposition"	▪ Muskeldenervierung: – Querschnittsyndrom – Verbrennungen III.° – fortgeschrittene Polyneuropathie (z. B. bei Diabetes mellitus) – spinale Muskelatrophie (Werdnig-Hoffmann) ▪ Muskelinaktivierung: lange Immobilisierung (z. B. Intensivpatienten)	▪ Sepsis ▪ schwere intraabdominelle Infektionen	▪ ausgeprägte Weichteiltraumen (z. B. Polytrauma) ▪ großflächige Radiotherapie

Intragastraler Druck. Als Folge der durch Succinylcholin hervorgerufenen Faszikulationen und einer dadurch bedingten abdominellen Kompression kann der intragastrale Druck leicht ansteigen, was möglicherweise eine Regurgitation und Aspiration von Mageninhalt begünstigt. Jedoch kann faszikulationsbedingt ebenfalls der Verschlußdruck des gastroösophagealen Sphinkters zunehmen, was wiederum einer Regurgitation vorbeugen würde. Ungeachtet dessen lassen sich Faszikulationen i. d. R. durch eine „Präkurarisierung“ verhindern, auf die deshalb nicht verzichtet werden sollte, wenn Succinylcholin zur „Blitzeinleitung“ beim nichtnüchternen Patienten eingesetzt wird.

Dualblock. *Repetitive* Gaben von Succinylcholin können ebenso wie eine *kontinuierliche* Zufuhr die blockierenden Eigenschaften der Substanz verändern (die hierzu erforderliche kumulative Dosis soll ca. 5–10 mg/kg KG betragen). Aus einem zunächst nur verlängerten Depolarisationsblock (Phase-I-Block) entwickelt sich dann eine Art langanhaltender Nichtdepolarisationsblock (Phase-II- oder Dualblock). Der genaue Mechanismus ist nicht bekannt. Ein Dualblock entsteht auch, wenn Succinylcholin bei *atypischer Pseudocholinesterase* nicht hydrolysiert werden kann und so im synaptischen Spalt kumuliert (Abschn. 8.5.2). Die beiden Blockformen können nur relaxographisch, nicht aber klinisch unterschieden werden (Kap. 3.12.2). Der Dualblock soll i. Ggs. zum Depolarisationsblock partiell durch Cholinesterasehemmer (Abschn. 8.5.6) antagonisierbar sein.

8.5.5 Interaktionen

Am wichtigsten sind diejenigen Interaktionen, die sich aus der Kombination von Muskelrelaxanzien untereinander oder mit volatilen Anästhetika ergeben (Tab. **57**).

Kombination verschiedener Muskelrelaxanzien

Nichtdepolarisierendes Relaxans + Succinylcholin. Diese Kombination wird *am häufigsten* praktiziert, und zwar in Form der sog. **Präkurarisierung.** Hierbei wird kurz vor Succinylcholin ein nichtdepolarisierendes Relaxans in geringer, subrelaxierender Dosis (ca. 1/4 der ED_{95}) injiziert. Auf diese Weise lassen sich die meisten Begleiterscheinungen und Nebenwirkungen von Succinylcholin (Abschn. 8.5.4), die sich aus seiner depolarisierenden Wirkung ergeben, verhindern oder zumindest abschwächen. Allerdings wird der Wirkungseintritt von Succinylcholin dadurch leicht verzögert, und dessen Dosis muß geringfügig erhöht werden. Die Intubationsdosis von Succinylcholin wiederum verstärkt die Wirkung anschließend applizierter nichtdepolarisierender Relaxanzien.

Nichtdepolarisierendes + nichtdepolarisierendes Relaxans. Eine Kombination dieser Art führt oftmals zu *synergistischen* Effekten (gegenseitige Wirkungsverstärkung und -verlängerung). Für die Praxis bedeutet dies, daß mit der Applikation eines kurzwirkenden nichtdepolarisierenden Relaxans (z. B. Mivacurium) nach einem langwirkenden (z. B. Pancuronium) zum Ende einer Operation nicht eine Wirkungsverkürzung, sondern genau das Gegenteil erreicht werden kann. Dieses Vorgehen sollte deshalb unterbleiben.

Volatile Inhalationsanästhetika

Volatile Anästhetika wirken zwar vor allem *zentral* muskelrelaxierend, üben in geringem Maße aber auch direkt einen hemmenden Einfluß auf die muskelzelluläre Membran aus. Sie verstärken und verlängern konzentrationsabhängig die neuromuskuläre Wirkung nichtdepolarisierender Relaxanzien, so daß deren zur Erzielung eines bestimmten Relaxationsgrads nötige Dosis reduziert werden kann.

> **MERKE**
> Ein volatiles Anästhetikum *vermindert* in einer endexspiratorischen Konzentration von 1 MAC den Verbrauch nichtdepolarisierender Relaxanzien um ca. 30%.

Varia

Andere Pharmaka. Einige *Antibiotika*, vor allem die Aminoglykoside, können ebenso wie *Lokalanästhetika*, *Antiarrhythmika*, *Calciumantagonisten*, *Schleifendiuretika*, wie z. B. Furosemid (Lasix®), und *Lithium* die Wirkung von Relaxanzien verstärken und verlängern. Dagegen können *Antikonvulsiva* wie Phenobarbital (Luminal®), Phenytoin (Phenhydan®) oder Carbamazepin (Tegretal®) die Wirkung von Steroidrelaxanzien verkürzen, so daß hiervon häufigere Repetitionsdosen benötigt werden. Die klinische Relevanz ist jedoch in allen Fällen eher gering einzuschätzen.

Allgemeine Einflußfaktoren. Zu einer Wirkungsverlängerung bzw. -verstärkung von Relaxanzien führen *Hypothermie*, Störungen im *Säure-Basen-Haushalt* und *Elektrolytverschiebungen* wie Hypermagnesiämie, Hypokalzämie oder Hypokaliämie.

Tabelle 57 Interaktionen mit Muskelrelaxanzien

	Relaxanswirkung	Mechanismus
Volatile Anästhetika	↑↑↑	zentral, peripher*; Verzögerung der Elimination bei Verminderung der Leber- und Nierendurchblutung
N_2O	kein Effekt	–
Antibiotika	(↑)-↑↑	verschieden (prä- und postsynaptische Angriffspunkte)
Lokalanästhetika	↑↑	Verminderung der membranalen Na^+-Leitfähigkeit
Antiarrhythmika	↑	Klasse-I-Substanzen: Verminderung der Na^+-Leitfähigkeit
Calciumantagonisten	↑	prä- und postsynaptische Blockierung von Ca^{2+}-Kanälen
Schleifendiuretika	↑	Hemmung des präsynaptischen Ca^{2+}-Einstroms (?)
Lithium	↑	?
Antikonvulsiva	↓↓	hepatische Enzyminduktion (?)
Hypermagnesiämie	↑↑	Hemmung der präsynaptischen ACh-Freisetzung
Hypokalzämie	↑	Hemmung der präsynaptischen ACh-Freisetzung
Hypokaliämie	↑	Senkung des Ruhemembranpotentials
Azidose/Alkalose	(↑)	?
Hypothermie	↑↑	Verlangsamung physikalischer und biochemischer Membranprozesse

↑ verstärkt/verlängert; ↓ abgeschwächt/verkürzt; * geringe oder fragliche klinische Relevanz

8.5.6 Neostigmin

Die Wirkung der meisten **nichtdepolarisierenden Relaxanzien** kann durch Cholinesterasehemmer wie Neostigmin antagonisiert werden. Die Substanz bindet dosisabhängig und reversibel an die *Acetylcholinesterase* und hemmt damit den Abbau von Acetylcholin. Hierdurch steigt dessen Konzentration im synaptischen Spalt der motorischen Endplatte an, so daß die Relaxanswirkung an den Rezeptoren kompetitiv aufgehoben werden kann.

Neben der Wirkung an der motorischen Endplatte üben Cholinesterasehemmer jedoch auch Effekte an *nikotinergen Rezeptoren* autonomer Ganglien und an *muskarinergen Rezeptoren* des Herzens, der glatten Muskelzellen und der exokrinen Drüsen aus. Typische **parasympathomimetische Nebenwirkungen** lassen sich allerdings dadurch verhindern, daß Neostigmin in Verbindung mit Atropin appliziert wird. Hierbei können beide Substanzen gemeinsam in einer Spritze verabreicht werden („klassisches" Mischungsverhältnis 2: 1), denn die „protektive" Wirkung von Atropin tritt auch so vor der von Neostigmin ein.[24]

Ein **Depolarisationsblock** kann durch Neostigmin nicht antagonisiert werden. Im Gegenteil – die Wirkung wird sogar verlängert, weil auch die Aktivität der Pseudocholinesterase und so der Abbau von Succinylcholin gehemmt wird. Aus demselben Grund ist die Gabe von Neostigmin zur Aufhebung eines durch **Mivacurium** induzierten Nichtdepolarisationsblocks nicht sinnvoll, denn Mivacurium wird ja ebenfalls durch die Pseudocholinesterase inaktiviert. Die trotzdem z. T. in der Literatur empfohlenen Antagonisierungsversuche erscheinen deshalb sehr fragwürdig.

Ein **Dualblock**, der sich infolge absoluter oder relativer Überdosierung von Succinylcholin aus einem Depolarisationsblock entwickelt (Abschn. 8.5.4), soll i. Ggs. zu diesem teilweise auf Cholinesterasehemmer ansprechen.

MERKE
Eine Antagonisierung sollte bei einem Überhang der Wirkung nichtdepolarisierender Relaxanzien – wenn überhaupt – erst vorgenommen werden, nachdem die Spontanatmung bereits wieder eingesetzt hat. Hierdurch wird sichergestellt, daß der Relaxanswirkspiegel schon deutlich abgefallen ist. Auf diese Weise kann am ehesten ein Rebound-Effekt aufgrund unterschiedlicher Halbwertszeiten von Agonist und Antagonist und somit eine erneute Relaxierung verhindert werden.

24 Statt Atropin kann auch das länger wirkende Glycopyrronium (Robinul®) verwendet werden. Da dessen Wirkung allerdings langsamer als die von Atropin einsetzt, muß Glycopyrronium zwingend vor Neostigmin injiziert werden.

Neostigmin:

Zusammensetzung:	1 Amp. (1 ml) enthält 0,5 mg Neostigmin
Dosierung:	0,015–0,07 mg/kg, immer plus Atropin (0,007–0,015 mg/kg)
Wirkeintritt:	1–2 min (max. Wirkung erst nach 5–10 min)
Wirkdauer:	45–60 min
Nebenwirkungen:	Bradyarrhythmien, Bronchokonstriktion, Hypersalivation, Schweißausbruch, Miosis, gastrointestinale Hyperperistaltik, Harnblasenkontraktion, Relaxans-Rebound
Kontraindikationen	Vollrelaxierung; bradykarde Rhythmusstörungen (z. B. AV-Block II.°/III.°), arterielle Hypotonie, COPD, lumeneröffnende Eingriffe am Gastrointestinaltrakt (mögl. Gefahr der Anastomoseninsuffizienz)

8.6 Intraoperative Wachphänomene

Aufgrund der Verwendung zunehmend selektiv wirkender Substanzen gilt bei der Durchführung von Allgemeinanästhesien heutzutage die Hauptsorge nicht mehr so sehr der Gefahr einer etwaigen Überdosierung von Anästhetika, sondern eher dem Phänomen einer möglichen intraoperativen Wachheit. Was den **intraoperativen Bewußtseinszustand** angeht, lassen sich 4 Stufen unterscheiden:

1. keine Wachheit (angestrebter Idealzustand)
2. unbewußte Wachheit
3. bewußte Wachheit mit Amnesie
4. bewußte Wachheit ohne Amnesie
   - mit Erleben von Schmerz
   - ohne Erleben von Schmerz

Am schlimmsten und bedrohlichsten für den Patienten ist hierunter selbstverständlich die **bewußte Wachheit,** verbunden mit der Fähigkeit, intraoperative Ereignisse und Schmerzen wahrzunehmen („awareness") und sich an diese postnarkotisch zu erinnern („recall"). Aus der Tatsache, daß sich die Narkosetiefe aus der Wechselwirkung der zentral dämpfenden Wirkung der eingesetzten Anästhetika mit der Summe aller auf den Patienten einwirkenden exzitatorischen Reize (operative und manipulative Stimuli) ergibt, erwächst die Schwierigkeit, ein stabiles, gleichförmig tiefes Narkoseniveau über den gesamten operativen Verlauf sicherzustellen. Bei *unzureichender* Narkosetiefe besteht die Möglichkeit, daß sensorische Reize, im besonderen *akustischer* Art, wahrgenommen werden und ins Kurzzeitgedächtnis gelangen. Bei längerer Einwirkung (≥ 45 sec) können sich die Reize gewissermaßen konsolidieren, was die Voraussetzung für eine Speicherung im Langzeitgedächtnis als Grundlage für dann i. d. R. traumatisierende, angstbesetzte Erinnerungen schafft.

■ Häufigkeit

Die durchschnittliche Inzidenz von „awareness" und „recall" soll 0,2–2,0% betragen, wobei die Häufigkeit jedoch in speziellen Patientengruppen oder Arbeitsbereichen deutlich höher liegen kann (z. B. bis zu ca. 30% bei geburtshilflichen Anästhesien und sogar bis über 40% bei Polytraumatisierten). Was die Anästhesieregime angeht, so sind die *hypnotikumfreien* Techniken, z. B. Monoanästhesien mit Opioiden oder Stickoxydul, am stärksten mit intraoperativen Wachphänomenen belastet und sollten deshalb möglichst vermieden werden.

■ Prophylaxe

Da nach wie vor kein verläßliches Überwachungsverfahren – auch kein elektrophysiologisches – existiert, das im Einzelfall eine „awareness" sicher erkennen oder vorhersehen läßt, ist größter Wert auf eine *Primärprophylaxe* mit geeigneten Hypnotika wie Thiopental, Methohexital, Propofol, Etomidat, Midazolam oder volatilen Anästhetika in adäquater, empirisch bewährter Dosierung zu legen. Dies gilt um so mehr bei relaxierten Patienten. Mit der klinischen Verbreitung der Muskelrelaxanzien in den 40er und 50er Jahren des 20. Jahrhunderts häuften sich denn auch die Berichte über das Auftreten intraoperativer Wachheitszustände.

> **MERKE**
> Die Zeichen einer ungenügenden Relaxierung (z. B. Abwehrbewegungen) sind nicht die Ursache einer zu flachen Narkose sind, sondern deren Folge!

Beim geringsten Verdacht, daß ein Patient intraoperativ Reize wahrnimmt, muß deshalb die Narkose *umgehend* auch mit einen Hypnotikum vertieft werden. So kann zumeist eine Reizspeicherung im Langzeitgedächtnis und damit ein postoperatives Erinnern verhindert werden *(„Sekundärprophylaxe“).* Nur wenn hierdurch die Sicherheit des Patienten gefährdet wird, ist sein Komfort nachrangig, wie z. B. im hämorrhagischen Schock oder bei Polytraumatisierten. Intraoperative Wachheit ist nicht nur für den Patienten in höchstem Maße belastend, sondern kann auch für den beteiligten Anästhesisten medikolegale Konsequenzen wie Schadensersatzforderungen nach sich ziehen.

Zeichen zu flacher und zu tiefer Narkose

- zu flach
  - Tachykardie, Blutdruckanstieg
  - Schwitzen, Tränenfluß
  - Pupillenerweiterung (*cave*: Hypoxie!)
  - nur beim *nichtrelaxierten* Patienten: Abwehr-/Augenbewegungen, Husten, Blinzeln, Bulbidivergenz, Lidreflex
- zu tief
  - Bradykardie, Blutdruckabfall
  - Pupillenerweiterung (Lähmung der Okulomotoriuskerne)
  - Nullinien-EEG

Maßnahmen zur Prävention von „awareness“

- Prämedikation mit einem Benzodiazepin (anterograd amnestische Wirkung)
- Benutzung von Substanzen mit guter hypnotischer Wirksamkeit:
  - Thiopental, Methohexital, Propofol, Etomidat, Midazolam; volatile Anästhetika
- keine Monoanästhesien mit Opioiden, N_2O oder Ketamin
- umgehende Narkosevertiefung bei zu flacher Anästhesie mit
  - volatilem Anästhetikum oder Opioid + i. v. Hypnotikum
- Einsatz von Muskelrelaxanzien nur bei ausreichender Narkosetiefe

8.7 Zentralanticholinerges Syndrom

Das zentralanticholinerge Syndrom (ZAS) wird **medikamentös** ausgelöst und beruht auf einer Blockade muskarinerger Rezeptoren oder einer Abnahme der Acetylcholinkonzentration im Bereich zentraler Synapsen. Neben den typischen Anticholinergika wie Atropin kommen auch Inhalationsanästhetika, Hypnotika, Opioide und Benzodiazepine als Auslöser in Betracht. Die Häufigkeit eines ZAS nach Narkosen wird mit 2–5% angegeben.

Symptomatik

Man unterscheidet nach der klinischen Symptomatik eine *exzitatorische* von einer *depressorischen* Form. Das exzitatorische Bild ist durch *agitiertes Verhalten* mit Hyperaktivität, Affektlabilität, Halluzinationen und Koordinationsstörungen gekennzeichnet, während sich die depressorische Variante als *Somnolenz* bis hin zum *Koma* äußern kann. In der Regel wird das ZAS von einem *Temperaturanstieg* begleitet. Er ist Folge einer zentralen Störung der Temperaturregulation und einer verminderten Wärmeabgabe über die Haut. Beide Formen der ZAS gehen mit einer Amnesie einher. Daneben finden sich in unterschiedlicher Ausprägung *periphere* Symptome wie bei einer atropininduzierten Blockade muskarinerger Rezeptoren.

Symptomatik des ZAS:
- zentral
  - *exzitatorisch*: Desorientiertheit, Agitiertheit bis hin zum Delir
  - *depressorisch*: Stupor, Somnolenz bis hin zum Koma; Atemdepression
  - evtl. Hyperthermie
  - Hautrötung
  - Harnretention
- peripher
  - tachykarde Rhythmusstörungen
  - Mydriasis
  - Mundtrockenheit

Diagnose

Die Diagnostizierung eines ZAS ist schwierig, weil die einzelnen Symptome durchaus auch andere Störungen anzeigen können. Deshalb müssen zunächst Zustände wie
- Hypoxie und Hyperkapnie,
- ein Überhang von Anästhetika oder Relaxanzien,
- Störungen des Wasser- und Elektrolythaushalts sowie
- des Glukosestoffwechsels

ausgeschlossen werden. Weitere, aber seltenere Ursachen können hirnorganische Schädigungen wie

Hirnödem, Hirninfarkt oder Hirnblutung und endokrine Entgleisungen wie Addison- oder thyreotoxische Krise sein. Häufig bestätigt sich die Diagnose eines ZAS erst ex juvantibus.

Therapie

Falls sich ein ZAS nicht oder nur zögerlich spontan zurückbildet, ist besonders bei der i. d. R. für den Patienten gefährlicheren *exzitatorischen* Form eine pharmakologische Therapie angezeigt. Hiermit soll die ACh-Konzentration an den zentralen Synapsen erhöht werden. Medikament der Wahl ist dazu der Cholinesterasehemmer **Physostigmin.** Die Substanz vermag als tertiäres Amin die Blut-Hirn-Schranke zu überwinden (was sie z. B. von dem quartären Amin Neostigmin unterscheidet). Bei erwünschter Wirkung ist der Patient wach, kontaktfähig, kooperativ und orientiert. Er sollte aber weiterhin über einen Zeitraum von 2–3 Stunden überwacht werden, weil die Wirkung von Physostigmin nur kurz anhält und dann die Symptome des ZAS erneut auftreten könnten. Die Nebenwirkungen von Physostigmin entsprechen denen eines peripheren und zentralen Überangebots an ACh. Um sie zu vermeiden oder so gering wie möglich zu halten, sollte Physostigmin unbedingt langsam injiziert werden. Überdosierungserscheinungen lassen sich durch Atropin oder, wenn die peripheren parasympathomimetischen Wirkungen im Vordergrund stehen, besser durch Glycopyrronium (Robinul®) beseitigen, denn Glycopyrronium dringt als quartäres Amin nicht ins Hirngewebe vor.

Physostigmin:

Anticholium®:	1 Amp. (5 ml) enthält 2 mg Physostigmin
Dosierung:	0,03–0,04 mg/kg KG langsam i. v. (max. 2 mg)
Wirkeintritt:	2–5 min
Wirkdauer:	ca. 30 min
Nebenwirkungen:	*zentral:* Krämpfe, Verstärkung extrapyramidaler Symptome (z. B. beim Parkinson-Syndrom), Übelkeit/Erbrechen; Rebound-Effekt *peripher:* wie Neostigmin (s. Abschn. 8.5.6)
Kontraindikationen:	absolut: Intoxikationen mit irreversiblen Cholinesterasehemmern; Myotonien, Parkinson-Syndrom relativ: wie Neostigmin (Abschn. 8.5.6)
Antidote:	Atropin (antagonisiert periphere Symptome, aber ggf. auch die zentrale Hauptwirkung); Glycopyrronium (beseitigt nur die peripheren Wirkungen)

8.8 Lokalanästhetika

Lokalanästhetika (LA) sind Substanzen, die bei topischer Anwendung eine reversible, *regional* begrenzte Blockade der neuralen Erregungsleitung ermöglichen. Die *analgetische* Wirkung kommt durch eine Unterbrechung der Impulsfortleitung in schmerzleitenden unmyelinisierten (C-Fasern) und schwach myelinisierten (Aδ-)Nervenfasern zustande. Wirkorte sind das Rückenmark und die Spinalganglien (z. B. Spinal-, Epiduralanästhesie [Kap. 9]), periphere Nerven (z. B. Plexus-brachialis-Anästhesie [Kap. 10.8]) oder die Nervenendigungen (z. B. Infiltrations-, Oberflächenanästhesie; intravenöse Regionalanästhesie [Kap. 10.11]). Es können sämtliche Qualitäten im Innervationsgebiet gemischter Nerven ausgeschaltet werden (Sensibilität, Motorik, vegetative Funktionen) oder mit Einschränkungen nur gewisse Teilqualitäten (z. B. Sympathikusblockade, Epiduralanalgesie). Andere Regionen und Funktionen des Organismus sind i. d. R. nicht betroffen; das Bewußtsein bleibt erhalten.

Anästhesiologischerseits werden nur **Lokalanästhetika vom Amid-Typ** verwendet. Hierzu zählen
- die mittellang (1–3 h) wirksamen Substanzen Lidocain (Xylocain®), Prilocain (Xylonest®) und Mepivacain (Scandicain®) sowie
- die lang (> 3 h) wirksamen Substanzen Bupivacain (Carbostesin®) und Ropivacain (Naropin®).

Amid-LA haben gegenüber Ester-LA eindeutige Vorteile im Wirkungs-Nebenwirkungs-Profil.

8.8.1 Empfohlene Grenzdosis

Angaben zu zulässigen Höchstdosen von LA (Tab. **58**) dürfen nur als grober Anhalt verstanden werden. Die systemische Toxizität unterliegt großen Schwankungen, abhängig vom Grad der Vaskularisierung des Applikationsortes und von individuellen Faktoren (Abschn. 8.8.5). Die sog. empfohlene Grenzdosis ist, wenn nicht anders spezifiziert, immer auf die subkutane Infiltration bezogen. Als *absolute* Grenzdosis bezeichnet sie die LA-Menge, die – hier injiziert – beim gesunden Erwachsenen mit einem Körpergewicht von 70 kg keine toxischen Plasmaspiegel entstehen lassen sollte; für die *relative* Grenzdosis gilt das gleiche, mit dem einzigen Unterschied, daß sie pro kg Körpergewicht angegeben wird. Daneben werden Grenzdosen auch für die Anwendung von LA in Gebieten mit hoher Durchblutung und entsprechend schneller Resorption, wie z. B. in Schleimhäuten der Fall, ausgewiesen.

Intravenöse „Grenzdosis“

Als Faustformel kann gelten, daß ca. 25 % der für eine subkutane Infiltration angegebenen Grenzdosis normalerweise intravenös vertragen werden, ohne daß Intoxikationszeichen auftreten. Das sind z. B. für Lidocain 100 mg, eine Dosis also, in der diese Substanz auch intravenös als Antiarrhythmikum eingesetzt wird.

MERKE
Die Grenzdosis für die Anwendung von Lokalanästhetika in Schleimhautbereichen beträgt ca. 1/2, für die intravenöse (Fehl-)Injektion ca. 1/4 der subkutan zulässigen Höchstdosis.

Anmerkung zur Tumeszenz-Lokalanästhesie

Bei der Tumeszenz-Lokalanästhesie (TLA) handelt es sich um eine Sonderform der subkutanen Infiltrationsanästhesie mit z. T. extrem hohen Dosen von LA (hierzulande meist Prilocain), denen – ebenfalls sehr hoch dosiert – Adrenalin beigemischt wird. Die TLA wird vor allem zur Fettabsaugung aus plastisch-kosmetischen Gründen eingesetzt; ihre Durchführung ruht ausschließlich in der Hand des Operateurs. Was die Dosierung der LA und von Adrenalin angeht, so ist in beiden Fällen die Dosis oftmals um ein Vielfaches höher als die aus toxikologischer Sicht unbedenkliche Grenzdosis. Dem wird von den Verfechtern der TLA, den plastischen Chirurgen, entgegengehalten, daß durch die sehr niedrige Konzentration der Substanzen (LA < 0,1 %, Adrenalin 1: 1 Mio.), den hohen Gewebedruck, der durch das große Volumen der Trägerlösung (3–6 l NaCl 0,9 %) zustande kommt und durch den die Kapillaren komprimiert werden sollen, und den vasokonstriktorischen Effekt von Adrenalin die systemische Resorption deutlich verlangsamt werde und somit keine toxischen Plasmakonzentrationen entstehen könnten. Den Beweis dafür ist man jedoch bisher schuldig geblieben. Ein weiterer komplikationsträchtiger Faktor ist das große Lösungsvolumen. Hier besteht die Gefahr einer intravasalen Flüssigkeitsüberladung bei entsprechender Resorption. Als Anästhesist für ein Stand-by bei Eingriffen in TLA hinzugezogen, sollte man folgende **Sicherheitsregeln** beachten:

- keine Sedierung oder Kombination der TLA mit einer Allgemeinanästhesie,
- äußerst restriktive intravasale Flüssigkeitszufuhr zur Vermeidung eines Lungenödems
- verlängerte postoperative Überwachung (bis zu 24 h), bei Verwendung von Prilocain wiederholte Messung des MetHb-Spiegel (in vitro, da durch Pulsoxymetrie nicht erfaßt!)

Todesfälle, die bislang im Zusammenhang mit der TLA bekanntwurden, ereigneten sich ausschließlich bei gleichzeitiger Sedierung des Patienten, in einer Situation also, in der die präkonvulsive ZNS-Symptomatik einer LA-Intoxikation aufgehoben war. Diesen Zustand gilt es unter allen Umständen zu vermeiden. Unabhängig davon muß man damit rechnen, daß sich maximale LA-Plasmaspiegel (ebenso wie MetHb-Spiegel) erst mit erheblicher Verzögerung, d. h. im Laufe vieler Stunden, einstellen, was bei der Planung der Patientenüberwachung zu berücksichtigen ist.

8.8.2 Kombination von Lokalanästhetika

Eine häufig geübte Praxis bei Nervenblockaden ist, ein schnell wirkendes Lokalanästhetikum mit einem lange wirkenden zu kombinieren (z. B. Mepivacain mit Bupivacain bei Spinalanästhesien; Prilocain mit Bupivacain oder Ropivacain bei peripheren Nervenblockaden, insbesondere Plexusanästhesien). Hiermit ist nicht nur die Hoffnung verbunden, daß sich die Wirkungsprofile der einzelnen LA ergänzen (Verkürzung des Wirkungseintritts, Verlängerung der Wirkungsdauer; Verbesserung der Blockadequalität), sondern bei den peripheren Nervenblockaden verspricht man sich auch eine Verminderung der Toxizität durch entsprechende Reduktion der Dosis der Einzelkomponenten. Klinische Vorteile dieses empirisch begründeten Vorgehens sind wissenschaftlich aber nicht zweifelsfrei belegt. Wenn doch eine Kombination angestrebt wird, so sollten aus pharmakokinetischer Sicht solche Substanzen bevorzugt werden, die sich möglichst wenig in ihrem pK_S-Wert und dem pH-Wert ihrer Lösungen unterscheiden. Für periphere Nervenblockaden empfiehlt sich daher die Kombination von Prilocain 1% mit Bupivacain 0,5% oder Ropivacain 0,75%. Hierbei sollte die schneller wirkende Substanz (Prilocain) zuerst injiziert werden, damit die Wirkorte nicht frühzeitig vom lange wirkenden Anästhetikum besetzt werden. Ist von vornherein eine beliebig lange Wirkungsdauer gewünscht oder kann die Eingriffsdauer nicht eingeschätzt werden, empfiehlt sich die Verwendung eines Katheters.

8.8.3 Zusatz von Vasokonstriktoren

Durch eine lokale Vasokonstriktion soll der Abtransport des LA über den Blutweg verzögert und die LA-Konzentration am Wirkort erhöht werden. Hiermit wird zugleich der lokal (!) vasodilatierenden Eigenwirkung der LA entgegengewirkt. Im einzelnen sind folgende **Zielvorstellungen** mit der Vasokonstriktion verknüpft:

- Beschleunigung und Intensivierung der Nervenblockade,
- Verlängerung der Anästhesie und
- Verminderung systemisch toxischer LA-Nebenwirkungen.

Als weiterer Effekt, für den Operateur bedeutsam, kann bei einer *Infiltrationsanästhesie* durch Vasokonstriktorzusatz die Blutungsneigung im Operationsgebiet reduziert und so hier die Übersicht verbessert werden.

Die Effekte eines Vasokonstriktors in bezug auf die Lokalanästhesie hängen jedoch einerseits vom Grad der Vaskularisierung des Injektionsortes und andererseits von den physikochemischen Eigenschaften des jeweiligen LA ab. Sie sind um so ausgeprägter, je schneller das LA ins Blut aufgenommen wird, d. h., je höher die Durchblutung am Injektionsort ist und je geringer die Lipidlöslichkeit des LA ist. Bei sehr lipophilen LA (vor allem Bupivacain) gelingt hingegen kaum eine Verzögerung der systemischen Resorption, da sie ja schon primär stark an Gewebestrukturen gebunden werden.

Heutzutage wird als Vasokonstriktorzusatz nur noch **Adrenalin** (Suprarenin®) benutzt (in Konzentrationen von 1:200.000 oder 1:100.000). Als *Höchstdosis* werden *0,25 mg bei Erwachsenen* angesehen. An *systemischen Nebenwirkungen* können bei absoluter oder relativer Überdosierung tachykarde Rhythmusstörungen, krisenhafte Blutdruckanstiege und Myokardischämien auftreten; *lokal* kann es zu einer Gewebeischämie oder durch Konstriktion der Vasa nervorum zu neuraler Ischämie kommen. Hiermit steigt das Risiko einer Nervenschädigung. Aus den potentiellen Nebenwirkungen ergeben sich folgende **Kontraindikationen** für die Verwendung von Adrenalin bei Nervenblockaden:

- koronare Herzkrankheit
- arterielle Hypertonie
- Hyperthyreose
- Mikroangiopathien (z. B. bei Diabetes mellitus) → Gefahr der Gangrän
- Injektion in Endstromgebiete (z. B. Akren) → Gefahr der Gangrän
- Behandlung mit trizyklischen Antidepressiva → Verstärkung der Adrenalinwirkung

Hinweise für die Praxis

Da Lokalanästhetika bei Nervenblockaden in nur verhältnismäßig gering vaskularisierte Gebiete injiziert werden und Substanzen sowohl mit ausreichend langer Wirkungsdauer als auch mit genügender kardiovaskulärer Sicherheit zur Verfügung stehen, erscheint es ratsam, unter diesen Gesichtspunkten auf den Zusatz von Vasokonstriktoren zu verzichten.

8.8.4 Übersicht über die gebräuchlichen Lokalanästhetika

Siehe Tab. **58**.

8.8.5 Allgemeine Nebenwirkungen

Nebenwirkungen von Lokalanästhetika können *toxisch* oder *allergisch* bedingt sein. Da Allergien gegen Amid-LA äußerst selten sind, gilt das Hauptaugenmerk den systemisch toxischen Effekten.

Systemisch toxische Effekte

Schweregrad und Verlauf toxischer Reaktionen werden nicht nur von der absoluten Höhe der LA-Plasmakonzentration, sondern mehr noch von der Geschwindigkeit des Konzentrationsanstiegs bestimmt. Eine intravenöse (Fehl-)Injektion eines LA birgt somit ein deutlich größeres Risiko als z. B. nur eine Gewebeinfiltration mit der gleichen Dosis. Entsprechend den Durchblutungsverhältnissen nimmt die **Resorptionsrate** und damit die Plasmakonzentration eines LA in folgender Reihe zu: intrathekal → subkutan → Plexus brachialis → epidural → kaudal → interkostal → interpleural → Schleimhäute (hier ent-

Tabelle 58 Physikalisch-pharmakologische Daten und Eigenschaften gängiger Lokalanästhetika

	Lidocain	Prilocain	Mepivacain	Bupivacain	Ropivacain
Zubereitung	alle als Hydrochlorid				
pK_S-Wert bei 25 °C	7,9	7,9	7,7	8,1	8,1
Fett/Wasser-Verteilungskoeffizient	2,9	0,9	0,8	27,5	6,7
Plasmaproteinbindungsrate[1]	64%	55%	78%	96%	95%
Plasma-HWZ	1,6 h	1,6 h	1,9 h	2,7 h	1,8 h
Wirkungsdauer[2]	1–2 h	1–3 h	1–3 h	2–8 h	2–6 h
Maximale Dosen[3]					
– bezogen auf kg KG	6 (7)[4] mg	8 mg	6 (7)[5] mg	2 mg	3,5 mg
– absolut (Erwachsene)	400 (500)[4] mg	600 mg	400 (500)[5] mg	150 mg	250 mg
Anwendung					
– intrakutan	0,5 ml 1%	(0,5 ml 1%)	(0,5 ml 1%)	∅	∅
– Infiltration	ja	ja	ja	(∅)	(∅)
– Schleimhaut	Höchstdosis 200 mg bzw. 3 mg/kg!	∅	∅	∅	∅
– epikutan	ja	nur EMLA®[6]	∅	∅	∅
– periphere Nerven	ja	ja	ja	ja	ja
– spinal	1,5–2,0 ml 5% (hyperbar)	∅	1,5–2,0 ml 4% (hyperbar)	2–4 ml 0,5% (iso-/hyperbar)	2–4 ml 0,5% (isobar)
– epidural		wenig gebräuchlich		ja	ja
– intravenös[5]	∅	bis 50 ml 0,5%	∅	∅	∅

[1] Hauptbindungspartner der LA im Plasma ist das saure α_1-Glykoprotein. [2] verfahrensabhängig (ebenso wie der Wirkungseintritt); [3] Die *maximal empfohlene* Dosis ist die LA-Menge, bei der – eine Resorption wie bei subkutaner Infiltration zugrunde gelegt – keine toxischen Nebenwirkungen zu erwarten sind. Sie ist bezogen auf einen 70 kg schweren, gesunden Patienten. Bei Anwendung im Bereich *gut durchbluteter* Gewebe (z. B. Schleimhäute) gilt ca. die *Hälfte* der angegebenen Mengen als Höchstdosis. [4] *mit* Adrenalinzusatz; [5] spezielles Verfahren (s. Kap. 10.11)!; [6] s. Kap. 25.4

spricht das Resorptionsverhalten bereits einer langsamen i. v. Injektion!).

Die LA-Toxizität wird durch weitere Faktoren gefördert, wie:

- Dehydratation (→ Abnahme des Verteilungsvolumens und dadurch Zunahme der LA-Konzentration in Plasma und Gewebe)
- (chronische) Hypoproteinämie (→ Zunahme des nicht proteingebundenen LA-Anteils im Gewebe)
- Azidose oder Hypoxie (→ intrazelluläre Zunahme des wirksamen, ionisierten LA-Anteils)

Wenn die Plasmakonzentration eines LA nur *langsam* ansteigt, wie es normalerweise bei der Resorption aus einem Gewebedepot der Fall ist, und hierbei toxische Spiegel erreicht werden, zeigt sich eine charakteristische **Abfolge der Symptomatik** (Tab. **59**). In solchen Fällen treten zentralnervöse Effekte i. d. R. vor kardiovaskulären auf, d. h. bereits bei niedrigeren Plasmaspiegeln. Anders jedoch bei intravenöser Injektion: Hier kann der Plasmaspiegel so schnell ansteigen, daß zerebrale und kardiovaskuläre Symptome zeitgleich auftreten.

Prophylaxe und Therapie. Die Basismaßnahmen, die bei den ersten Anzeichen einer LA-Intoxikation ergriffen werden sollten, umfassen folgendes:

- die O_2-Applikation zur Vermeidung einer zerebralen Hypoxie (ohne Einfluß auf die Krampfschwelle!)
- die Hyperventilation (zur Reduktion der zerebralen Durchblutung und damit der LA-Anflutung im Hirngewebe sowie zur intrazellulären Verminderung des ionisierten LA-Anteils)
- die Sedierung mit einem Benzodiazepin (z. B. Midazolam fraktioniert i. v.) zur Anhebung der Krampfschwelle (*cave*: keine Barbiturate wegen ihrer kardiodepressiven Wirkung!)

Tabelle 59 Systemisch toxische Nebenwirkungen von Lokalanästhetika

	Grad	zentralnervös	kardiovaskulär
Plasmakonzentration (von oben nach unten zunehmend)	I	kortikale Hemmung → flüchtige Somnolenz	∅
	II	subkortikale Enthemmung	zentrale Sympathikusstimulation
	IIa	→ präkonvulsive Warnzeichen*	→ Herzfrequenzanstieg, Blutdruckanstieg
	IIb	→ generalisierter Krampfanfall	beginnende direkt kardiotoxische Wirkungen
	III	Hirnstammlähmung → Koma, Atemstillstand	zentrale Sympathikolyse + direkte Wirkung an Herz und Gefäßen → Bradykardie, AV-Block, ventrikuläre Arrhythmie (v.a. Bupivacain!), Blutdruckabfall; Herzstillstand

* Unruhe, Schwindel, Euphorie; Übelkeit/Erbrechen; Muskelzittern; verwaschene Sprache, Nystagmus, Ohrensausen; Taubheit und Kribbeln von Zunge und perioraler Region (pathognomonisches Zeichen!), metallischer Geschmack

Das weitere Vorgehen ist vom Verlauf abhängig und wird symptomatisch ausgerichtet, insbesondere wenn kardiovaskuläre Reaktionen hinzutreten.

Hinweise für die Praxis

1. Außer bei Intrakutananästhesien o. ä. ist vor der Gabe von Lokalanästhetika ein venöser Zugang zu legen und eine **EKG-Überwachung** zu installieren.
2. Das Risiko der versehentlichen intravasalen Applikation eines LA kann durch sorgfältige **Aspiration** (möglichst in 2 Ebenen) und **fraktionierte Injektion** minimiert werden. Vor einer absoluten Überdosierung schützt i. d. R. das **Einhalten der empfohlenen Grenzdosis**.
3. Unter **Sedierung** sind die zentralnervösen Warnzeichen einer LA-Intoxikation maskiert. Deshalb sollten Sedativa (zum Zwecke des Patientenkomforts) bei Regionalanästhesien, bei denen LA-Dosen zum Einsatz kommen, die oberhalb der intravenös verträglichen Menge liegen, möglichst erst zugeführt werden, nachdem der maximale LA-Plasmaspiegel erreicht ist (bei peripheren Nervenblockaden und bei Epiduralanästhesien i. d. R. nach ca. 15–30 min). Dagegen wird eine prophylaktische Sedierung unverzüglich bei Auftreten erster präkonvulsiver Prodromi erforderlich.
4. **Benzodiazepine** erhöhen zwar die Krampfschwelle des Gehirns, das bedeutet aber auch, daß mit dem Unterdrücken der ZNS-Prodromi kardiotoxische Symptome ohne Vorankündigung auftreten können.
5. **Lokalanästhetika** wirken **in niedriger Dosis antikonvulsiv**, so daß ihre Anwendung bei Epilepsie nicht kontraindiziert ist, wenn die Grenzdosen eingehalten werden.
6. **Bupivacain** hat unter den LA aufgrund der längsten Rezeptorbindung die größte **Kardiotoxizität**. Zudem ist der Abstand zwischen zerebro- und kardiotoxischer Schwellenkonzentration nur gering Eine Überdosierung oder intravasale Fehlinjektion kann vor allem bei Patienten mit ausgeprägter Hypoproteinämie (GE < 5 g/dl) oder Dehydratation deletäre Folgen haben.

Allergische Reaktionen

Auch wenn Allergien gegen Amid-LA extrem selten sind, so können doch einige der z. T. in den Lösungen enthaltenen Zusatzstoffe eine allergische Reaktion auslösen. In erster Linie ist hier das antimikrobielle Konservierungsmittel **Methylparaben** (p-Hydroxybenzoesäuremethylester) zu nennen. Es ist den Handelspräparaten zugesetzt, die für eine Mehrfachentnahme vorgesehen sind („Durchstechflaschen"). Methylparaben gehört zu den sog. Para-Stoffen und darf bei Patienten mit Paragruppen-Allergie, zu der auch die Allergie gegen Ester-LA gehört, nicht verwendet werden (→ Anamnese, Allergiepaß). Kreuzallergien zwischen Ester-LA und (nativen) Amid-LA nicht sind bekannt, so daß Lösungen von Amid-LA ohne derartige Zusätze sehr wohl bei einer Paragruppen-Allergie eingesetzt werden können.

MERKE
Lösungen von Amid-LA, denen Methylparaben zugesetzt ist, dürfen bei Patienten mit Paragruppen-Allergie nicht angewendet werden.

Sonderfall „Methämoglobinämie"

Prilocain hat zwar die größte therapeutische Breite unter den LA, als Nebenwirkung kann allerdings bei höheren Dosen (> 10 mg/kg KG) eine relevante Methämoglobinämie (MetHb > 10%) auftreten. Sie wird nicht durch Prilocain selbst, sondern durch den Metaboliten *o-Toluidin* verursacht. Die MetHb-Konzentration steigt nur langsam an, der maximale Plasmaspiegel wird erst nach ca. 4 Stunden erreicht, da Prilocain zuvor ja nicht nur systemisch resorbiert, sondern auch zu o-Toluidin metabolisiert werden muß. Eine Lippenzyanose ist bereits bei einem MetHb-Gehalt von ca. 4–5% zu beobachten. Der Zeitpunkt ihres Auftretens kann damit herangezogen werden, um die Dynamik einer MetHb-Bildung besser abzuschätzen. In diesem Zusammenhang sei nochmals bemerkt, daß MetHb von den klinisch gebräuchlichen Pulsoxymetern nicht erfaßt wird, d. h., sie zeigen in einem solchen Fall falsch niedrige oder falsch hohe Werte für O_2Hb (Kap. 3.4.1 u. 3.4.4).

Risikopatienten. Während eine MetHb-Konzentration im Bereich von 10% Patienten normalerweise nicht gefährdet, ist die Situation anders, wenn Risikofaktoren hinzutreten, wie

- eine ausgeprägte Anämie (Hb < 10 g/dl),
- ein deutlich eingeschränkter pulmonaler Gasaustausch oder
- eine (fortgeschrittene) KHK.

Hier sollte Prilocain nicht angewendet werden. Dies gilt ebenso

- für die geburtshilfliche Anästhesie und
- bei Kindern während der ersten 5 Lebensmonate,

denn in diesem Alter sind die MetHb-reduzierenden Enzymsysteme noch nicht ausgereift, so daß mit einem stärkeren und länger anhaltenden MetHb-Anstieg gerechnet werden müßte.

Therapie. Durch die Redoxsysteme *Toluidinblau* (3 mg/kg KG i. v.) oder *Methylenblau* (1–2 mg/kg KG i. v., *cave*: Blutdruckabfall!, deshalb langsame Injektion über 10–20 min) kann Methämoglobin wieder in Hämoglobin zurückverwandelt werden.

9 Rückenmarknahe Regionalanästhesien

9.1 Spinalanästhesie ▸ 162
9.1.1 Anästhesieausdehnung ▸ 162
9.1.2 Vorbereitung ▸ 163
9.1.3 Durchführung ▸ 164
9.1.4 Indikationen ▸ 164
9.1.5 Kontraindikationen für rückenmarknahe Regionalanästhesien ▸ 164
9.1.6 Nebenwirkungen und Komplikationen ▸ 165
9.1.7 Kontinuierliche Spinalanästhesie ▸ 166
9.1.8 Intrathekale Applikation von Sufentanil oder Clonidin ▸ 167
9.2 Epiduralanästhesie ▸ 167
9.2.1 Anästhesieausdehnung und -qualität ▸ 167
9.2.2 Vorbereitung und Überwachung ▸ 168
9.2.3 Durchführung ▸ 169
9.2.4 Indikationen und Kontraindikationen ▸ 170
9.2.5 Nebenwirkungen und Komplikationen ▸ 170
9.3 Kaudalanästhesie ▸ 170
9.4 Blutgerinnung und rückenmarknahe Regionalanästhesien ▸ 171

9.1 Spinalanästhesie

Bei der Spinalanästhesie wird ein Lokalanästhetikum (LA) zumeist auf Höhe $L_{3/4}$ subarachnoidal (= intrathekal) injiziert, um die Erregungsleitung in Spinalnervenwurzeln zu blockieren. Damit gelingt es, unterschiedlich große Köperareale vorübergehend sensibel und motorisch auszuschalten. Durch die Spinalnadel kann alternativ zur einmaligen Injektion des LA („Single-shot-Methode") auch ein dünner Kunststoffkatheter im Subarachnoidalraum plaziert werden. Der Katheter ermöglicht repetitive Anästhetikagaben, z. B. bei längeren Eingriffen, und kann auch zur postoperativen Analgesie genutzt werden („kontinuierliche Spinalanästhesie"; s. Abschn. 9.1.7). Die Spinalanästhesie ist i. Vgl. zur Epiduralanästhesie einfacher durchzuführen, was die Versagerquote entsprechend verringert. Außerdem ist die Anschlagzeit kürzer (ca. 5–10 min), und eine operativ oftmals erforderliche motorische Blockade kann besser erreicht werden.

9.1.1 Anästhesieausdehnung

Für die Ausbreitung einer Spinalanästhesie spielt neben der Höhe des Punktionsortes *Menge und Dichte* des LA sowie *Injektionsvolumen und -geschwindigkeit* (Tab. **60**), bei nichtisobaren Lösungen auch die *Lagerung* des Patienten eine wichtige Rolle. Man unterscheidet nach Anästhesieniveau:

- einen Sattelblock: bis L_5/S_1
  → Eingriffe im äußeren Genital-/Analbereich
- einen tiefen Spinalblock: bis L_1
  → Operationen an den unteren Extremitäten
- einen mittleren Block: bis Th_8
  → Unterbaucheingriffe
- einen hohen Block: bis Th_4
  → Oberbaucheingriffe und Sectio caesarea

Die Ausdehnung der Blockade nimmt mit der LA-Menge, dem Injektionsvolumen und der Injektionsgeschwindigkeit zu. Im Gegensatz zur Verwendung isobarer Lösungen muß der Patient nach der Injektion einer *hyperbaren* Lösung[25] innerhalb der ersten 5–10 min (Wirkungseintritt) bis zur sog. Fixation des LA an den Nervenwurzeln entsprechend der gewünschten Anästhesieausbreitung gelagert werden. Hyperbare Lösungen steigen bei Oberkörpertieflagerung nach kranial auf und umgekehrt. Deshalb wird der Patient z. B. für einen Sattelblock aufgesetzt, für einen tiefen Spinalblock horizontal gelagert und zur Erzielung höherer Anästhesieniveaus in etwa 5–10° Kopftieflage gebracht. Wird bei Eingriffen an einer unteren Extremität eine *unilaterale* Analgesie angestrebt, um die hämodynamischen Auswirkungen so

25 Bei einer hyperbaren Lösung ist die Dichte höher als die des Liquors, z. B. Mepivacain 4% (hyperbar durch Zusatz von Glukose 10%).

Tabelle 60 Anwendung von Lokalanästhetika zur Spinalanästhesie (Punktionshöhe $L_{3/4}$)

Medikament	Fixationszeit	Wirkdauer	Dosis (ml)	Ausdehnung	Maximaldosis
Mepivacain 4% – hyperbar –	5–10 min	45–60 min (bis 120 min)	0,6–0,8 0,8–1,2 1,0–1,4 1,4–1,8	Sattelblock (S_{1-5}) bis L_1 bis Th_{10} bis Th_5	80 mg = 2 ml
Bupivacain 0,5% – hyperbar –	10–30 min	≈ 150 min (bis 240 min)	0,5–1,0 1,0–1,5 1,5–2,0 2,0–4,0	Sattelblock (S_{1-5}) bis L_1 bis Th_{10} bis Th_5	20 mg = 4 ml
Bupivacain 0,5% Ropivacain 0,5% – isobar –	10–30 min	≈ 150 min (bis 240 min)	2,0–4,0	abhängig von Barbotage* und Injektionsgeschwindigkeit	20 mg = 4 ml

* Barbotage: wiederholte Aspiration von Liquor in die LA-gefüllte Spritze zur besseren Verteilung des LA im Liquorraum

gering wie möglich zu halten (einseitige Sympathikusblockade; Abschn. 9.1.6), dann muß der Patient bis zur Fixation auf der zu operierenden Seite gelagert werden.

Die **Analgesiehöhe** kann anhand der anästhesierten Dermatome durch Prüfung der Empfindungsqualitäten „kalt/warm" oder „spitz/stumpf" eingeschätzt werden. Hierbei entspricht in etwa:

- Leiste: Th_{12}/L_1
- Nabel: Th_{10}
- Rippenbogen: Th_8
- Xyphoid: Th_6
- Mamillen: Th_4

Die Grenze der motorischen Blockade liegt ungefähr 2 Segmente tiefer als die der sensiblen, der sympathische Block dagegen 1–2 Segmente darüber. Dies hängt damit zusammen, daß die *präganglionären* Sympathikusfasern am empfindlichsten auf LA reagieren (bessere Penetration) und deshalb auch vor den sensiblen und motorischen Fasern ausgeschaltet werden. Das führt umgekehrt dazu, daß beim Abklingen der Anästhesie die Motorik sich als erstes erholt, dann folgt die Sensibilität, und erst als letztes kehren die autonomen Funktionen zurück.

9.1.2 Vorbereitung

Vor einer Spinalanästhesie sollten nach Möglichkeit ca. 1000 ml einer kristalloiden Lösung infundiert werden (zum Ausgleich des präoperativen Flüssigkeitsdefizits und zur Expansion des Intravasalraums). Für den Fall, daß es aufgrund einer ausgeprägten Sympathikolyse zu einer Kreislaufdepression mit deutlichem Blutdruck- und ggf. auch Herzfrequenzabfall kommt, müssen Atropin und ein „einfacher" Vasopressor wie Ephedrin als Notfallmedikamente aufgezogen bereitliegen. Daneben müssen die Vorbereitungen für die Behandlung einer Ateminsuffizienz getroffen sein (Beatmungsgerät mit Maske, O_2-Quelle, Absaugung etc.; Intubationsbesteck mit Tuben versch. Größen, Laryngoskop, Magill-Zange; Narkosemedikamente).

Spinalanästhesie-Set

- **Materialien** (steril verpackt)
  - Spinalnadel, Introducer
  - Unterlage, Abdecktuch, transparente Lochklebefolie, Pflaster
  - Lösung zur Hautdesinfektion
  - Injektionszubehör
- **Medikamente**
  - Mepivacain 1% zur LA von Haut und Stichkanal
  - Mepivacain 4% oder Bupivacain 0,5%
  - ggf. NaCl 0,9% zur Verdünnung und Sufentanil (z.B. geburtshilfliche Spinalanästhesie; s. Kap. 24.4.3)

Überwachung des Patienten

Während und nach Durchführung einer Spinalanästhesie ist ein sorgfältiges Monitoring nach den üblichen anästhesiologischen Grundsätzen unabdingbar (minimal: Kontrolle des Bewußtseins, EKG-Überwachung, [automatische] nichtinvasive Blutdruckmessung [NIBP; initial alle 3 min], Pulsoxymetrie). Daneben muß selbstverständlich die Ausbreitung der Regionalanästhesie kontrolliert werden.

9.1.3 Durchführung

Vorgehensweise in der Praxis

Spinalanästhesie

1. Anlage eines großlumigen periphervenösen Zugangs (in LA), Infundieren von z. B. 1.000 ml Sterofundin®
2. Bereitstellung und Überprüfung von Narkosegerät und Notfallausrüstung
3. Vorbereitung der Spinalanästhesie
4. Lagerung des Patienten entweder im Sitzen (Assistenzpersonal!) oder in Seitenlage
5. Installation des Monitorings (EKG, NIBP, $pSaO_2$)
6. Markierung der Cristae iliacae und der Punktionsstelle
7. sorgfältige Hautdesinfektion nach Unterschieben einer sterilen Vorlage
8. Anbringen der Klebefolie (Öffnung auf Höhe $L_{2/3}$ u. $L_{3/4}$)
9. Lokalanästhesie mit 3–5 ml Mepivacain 1 %, anschließend Einführen des Introducers
10. Einführen und vorsichtiges Vorschieben der mit Mandrin* armierten Spinalnadel, evtl. unter leichten Drehbewegungen
11. Identifizierung des Spinalraums durch den Widerstandsverlust nach Duraperforation
12. Entfernen des Mandrins und Überprüfung des freien Abflusses klaren Liquors in 2 Ebenen, ggf. Liquoraspiration
13. langsame Injektion des LA und danach umgehendes Entfernen der Kanüle, ohne den Wirkungseintritt abzuwarten
14. steriles Abkleben der Punktionsstelle
15. Protokollierung (u. a. Liquorabfluß, Parästhesien, Blutung, Probleme)

Hinweis: Unruhige, aber schmerzfreie Patienten können nach Fixierung der Spinalanästhesie und nach Ausschluß einer Hypoxie leicht sediert werden (Erwachsene z. B. mit 2–3 mg Midazolam i. v.).

* zur Verhinderung einer Einschleppung von ausgestanzten Gewebezylindern

9.1.4 Indikationen

Unter der Voraussetzung, daß der Patient wach bleiben soll oder möchte, kann die Spinalanästhesie bei Eingriffen eingesetzt werden, die in Rücken- oder Seitenlage an der unteren Extremität vorgenommen werden, bei Operationen im Unter- oder Mittelbauch und bei der Sectio caesarea. Im Einzelfall kann eine Spinalanästhesie bei Patienten mit bestimmten Begleiterkrankungen oder besonderen Begleitumständen von Vorteil sein.

Indikationen für rückenmarknahe Regionalanästhesien

- Eingriffslokalisation
  - Hüft- und Oberschenkelchirurgie
  - Eingriffe am Fuß, Unterschenkel oder Knie
  - transurethrale Prostataresektion
  - kleinere Eingriffe im Unter- bis Mittelbauch (z. B. Leistenhernie)
  - Gefäßeingriffe an der unteren Extremität und im Beckenbereich
  - Amputationen (präventive Analgesie und Reduktion von Phantomschmerzen)
  - Sectio caesarea
- Begleiterkrankungen
  - respiratorische Erkrankungen
  - kardiovaskuläre Erkrankungen
  - zerebrale Arteriosklerose
  - metabolisch-endokrine Erkrankungen (z. B. schwer einstellbarer Diabetes mellitus)
  - Prädisposition zur malignen Hyperthermie
  - erhöhtes Aspirationsrisiko
  - Intubationshindernisse (z. B. kraniofaziale Fehlbildungen, Tracheastenose)

9.1.5 Kontraindikationen für rückenmarknahe Regionalanästhesien

- absolut
  - Gerinnungsstörungen (Quick < 50 %, PTT > 40 sec, TZ > 20 sec, Thrombozytenzahl < 100.000/µl)
  - therapeutische Antikoagulation[26]
  - hypovolämischer Schock
  - manifeste Herzinsuffizienz, exzessiver Hypertonus, instabile Angina pectoris
  - höhergradige Aorten- oder Mitralstenose
  - Hirndruckerhöhung bei gleichzeitiger Liquorzirkulationsstörung oder unklare Hirndruckverhältnisse (z. B. SHT)
  - Rückenmarktumoren (Gefahr der Massenverschiebung bei abrupter Änderung des Liquordrucks)

26 Nicht als Kontraindikationen gelten: Low-dose-Heparin (≤ 200 IE unfrakt. Heparin/kg/d) und Low-dose-ASS (≤ 100 mg/d);

- extrem unphysiologische Operationslagerungen (z. B. Bauchlage, extreme Kopftieflage)
- Infektion im Bereich der Punktionsstelle
- Allergie gegen verwendete Lokalanästhetika (gegen Säureamide extrem selten!)
- Ablehnung des Verfahrens durch den Patienten

- relativ
  - neurologische Erkrankungen (z. B. Querschnitt, multiple Sklerose, Syringomyelie)[27]
  - Bandscheibenprolaps[27]
  - Sepsis (Gefahr der intrathekalen Keimeinschleppung bei blutiger Punktion mit möglicher Meningitis)
  - erhebliche anatomische Deformierung im Bereich der Punktionsstelle
  - Kinder, unkooperative Patienten

MERKE
Vor Durchführung einer **rückenmarknahen Regionalanästhesie** ist unbedingt eine **orientierende Gerinnungsanalyse** (Quick, PTT, [TZ], Thrombozytenzahl) erforderlich!

9.1.6 Nebenwirkungen und Komplikationen

Nebenwirkungen und Komplikationen einer **rückenmarknahen Regionalanästhesie** umfassen:

- Störungen der Herz-Kreislauf-Tätigkeit
- Störungen der Atmung
- postspinale Kopfschmerzen
- neurologische Störungen und Schädigungen
  - postoperative Blasenentleerungsstörungen durch Blockade sakraler Parasympathikusfasern (reversibel, aber mit bis zu 50% sehr häufig; ggf. einmalige Blasenkatheterisierung erforderlich)
  - Rückenschmerzen durch Überdehnung des Bandapparats als Folge der Muskelrelaxierung (genauso häufig wie nach Allgemeinanästhesien, z. T. bis zu 40%)
  - direkte Schädigung des Rückenmarks oder der Spinalnervenwurzeln durch die Punktionsnadel (bei Punktionen unterhalb von $L_{2/3}$ sehr selten)[28]
  - neurologische Ausfälle (bis hin zur Paraplegie) durch Hämatomkompression bei Verletzung von Epiduralgefäßen (→ chirurgische Dekompression erforderlich; Häufigkeit ca. 1: 200.000)
  - entzündliche Veränderungen (z. B. epiduraler Abszeß, adhäsive Arachnoiditis)

MERKE
Irreversible neurologische Schäden nach rückenmarknahen Regionalanästhesien sind extrem selten!

Herz und Kreislauf

Besonders bei hohem Anästhesieniveau kann die begleitende ausgedehnte Blockade präganglionärer Sympathikusfasern („Sympathikolyse") zu einer ausgeprägten *Vasodilatation* (arteriell und venös) mit Abnahme von HZV und Blutdruck führen (*cave*: Hypovolämie!). Bei einer Ausschaltung der Nn. accelerantes (Th_{1-4}) kann außerdem eine *Bradykardie* auftreten. Eine vorab nicht ausgeglichene Hypovolämie (z. B. Exsikkose) begünstigt die Entwicklung einer Kreislaufdekompensation ganz erheblich.

Therapie:

- Vasopressoren (z. B. Ephedrin 25 mg i. v.), ggf. repetitiv; b. Bed. zusätzlich Atropin (0,5 mg i. v.)
- zügige Volumengabe (z. B. 1000 ml HES 130/0,4 6%)
- evtl. fraktioniert Noradrenalin od. Adrenalin 1:10 verdünnt (100 µg/ml)
- supportiv O_2-Insufflation bis hin zur Beatmung mit 100% O_2

Atmung

Das Gefühl der Atemnot kann sich bereits bei Ausfall der Bauchmuskulatur und damit der exspiratorischen Atemhilfsmuskulatur einstellen. Tritt eine Lähmung der Interkostalmuskulatur hinzu, so wird auch die „Seufzeratmung" unmöglich. Zu einer Ateminsuffizienz kommt es dagegen meist erst bei einer Anästhesiehöhe oberhalb von Th_4. Ursächlich ist am häufigsten eine *Minderperfusion des Atemzentrums* als Folge der Kreislaufinsuffizienz (s. o.). Eine Hemmung der Zwerchfellatmung aufgrund einer Phrenikusparese tritt erst bei Ausschaltung der Segmente C_{3-5} ein und ist dementsprechend selten.

Therapie:

- zunächst O_2-Insufflation unter pulsoxymetrischer Kontrolle
- bei zunehmender Hypoxie Intubation u. Beatmung (*cave*: zusätzlich Blutdruckabfall durch Narkose!)

27 mehr aus forensischen und psychologischen Gründen als aus medizinischen (→ Dokumentation des Ausgangsbefunds!)
28 Das Rückenmark endet beim Erwachsenen normalerweise auf Höhe $L_{1/2}$, bei bis zu ca. 5% reicht es jedoch bis $L_{2/3}$.

Postspinaler Kopfschmerz

Nach einer Spinalanästhesie können in einer Häufigkeit von 1–10% Kopfschmerzen auftreten. Hierfür werden folgende Ursachen verantwortlich gemacht:
- mechanisches Geschehen: Liquorverlust, der zu einer zerebralen Vasodilatation mit Erhöhung des intrakraniellen Blutvolumens führt, wodurch der Druck im Liquorraum zwar konstant gehalten wird, aber Schmerzen aufgrund der Gefäßdehnung entstehen können
- chemisch-entzündlicher Prozeß: Bildung von Mediatoren am Punktionsort, die mit dem Liquor nach kranial transportiert werden und dort zu einer Reizung von Nervenstrukturen führen sollen

Beim postspinalen (postpunktionellen) Kopfschmerz (PSK) handelt es sich um einen lageabhängigen, orthostatischen Kopfschmerz. Er kann frontal (N. trigeminus), okzipital (N. glossopharyngeus, N. vagus) oder nuchal (C_{1-3}) lokalisiert sein. Jüngere Patienten sind häufiger betroffen als ältere (Altersgipfel zwischen 20 und 40 Jahren). Außerdem tritt er eher bei Frauen auf, vor allem während der Schwangerschaft oder im Wochenbett. Prädisponierend wirken anscheinend auch eine Migräne und gesteigerte Vasomotorenreaktionen (z. B. auf Kälte).

Prophylaxe und Therapie. Die PSK-Rate hängt im besonderen vom Durchmesser und Schliff der Spinalnadel ab. Je dünner die Nadel ist, d. h., je kleiner die Duraperforation ist, desto geringer ist das Risiko. Rotationssymmetrisch geschliffene, sog. *atraumatische Spinalnadeln nach Sprotte* minimieren das Punktionstrauma im Bereich der Dura, was sich in einer sehr niedrigen PSK-Häufigkeit von z. T. unter 1% niederschlägt. Standardmäßig sollten G24-Nadeln verwendet werden. Für besondere Fälle, wie z. B. die Migräne, empfiehlt sich der Gebrauch nach dünnerer Modelle (G27). Nur bei Katheterverfahren (Abschn. 9.1.7) oder im Einzelfall bei alten Patienten mit schwierigen Punktionsverhältnissen muß bzw. kann eine G22-Nadel benutzt werden.

Die früher zur PSK-Prophylaxe übliche Praxis, die Patienten nach einer Spinalanästhesie für mindestens 24 Stunden zu immobilisieren und die Flüssigkeitszufuhr zu steigern, hat sich, bestätigt durch die Ergebnisse größerer Studien, als nicht erfolgreich erwiesen. Aus heutiger Sicht lassen sich folgende **Empfehlungen** aussprechen:
- Bettruhe bis zum vollständigen Abklingen der Spinalanästhesie
- danach Frühmobilisation möglich, wenn keine operativen Kontraindikationen bestehen
- keine Flachlagerung und keine prophylaktische Erhöhung der Flüssigkeitszufuhr erforderlich

Erst wenn Kopfschmerzen auftreten, ist Bettruhe einzuhalten (Flachlagerung zur Verminderung der Liquorleckage) und die tägliche Flüssigkeitsaufnahme auf über 3 l beim Erwachsenen zu steigern (→ Erhöhung der Liquorproduktion). Zusätzlich werden b. Bed. Nicht-Opioid-Analgetika verabreicht.

Bei **persistierenden postspinalen Kopfschmerzen** gelten als Verfahren der Wahl:
1. epidurale Injektion von NaCl 0,9%: 4 x 20–30 (max. 50) ml/d
   - Sofortwirkung (Druckerhöhung im Epiduralraum führt zur Liquorverschiebung nach kranial, hierdurch Kompression zerebraler Gefäße und Abnahme oder Sistieren der Dehnungsschmerzen)
2. ggf. autologer epiduraler Bloodpatch: 1–2 x 10 ml Eigenblut
   - Sofortwirkung (möglicherweise Bindung von Mediatoren), vor allem aber Spätwirkung (Verklebung des Duralecks)

Komplikationen des Bloodpatch (sehr selten):
- epiduraler Abszeß
- adhäsive Arachnoiditis
- Obliteration des Epiduralraums

9.1.7 Kontinuierliche Spinalanästhesie

Bei allen für eine Spinalanästhesie in Frage kommenden Operationen mit voraussichtlichen Eingriffszeiten von über 120 min kann – besonders bei Risikopatienten – die Anlage eines Spinalkatheters (SPK) von Nutzen sein. Ein Spinalkatheter bietet folgende Vorteile:
- geringere Gefahr des Blutdruckabfalls durch fraktionierte Injektion des LA
- Anästhesiedauer durch LA-Repetition quasi unbegrenzt verlängerbar

Vorgehensweise in der Praxis

Kontinuierliche Spinalanästhesie
1. grundsätzliche Vorbereitung wie bei Single-shot-Spinalanästhesie (Abschn. 9.1.3)
2. nach Lokalanästhesie des Stichkanals und Einführen des Introducers (üblicherweise auf Höhe $L_{3/4}$) Punktion des Subarachnoidalraums (SAR) mit einer G22-Sprotte-Spinalnadel

Hinweis: Bei langsamem Vorschieben der Nadel ist das Erreichen des SAR durch Überwinden eines leichten Widerstands zu spüren. Anschließend sollte die Nadel noch 1–2 mm weitergeschoben werden, weil der Katheter die Nadel etwas proximal der Spitze verläßt. Bei zu weitem Vorschieben kann das Einführen des SPK unmöglich werden, weil der Katheter gegen die Vorderwand des SAR stößt. Bei korrekter Punktion muß klarer Liquor abtropfen.

3. Arretierung des Introducers am Ansatz der Spinalnadel
4. Einführen des G28-Teflonkatheters durch die Einführhilfe (grün) und Nadel in den SAR

Hinweis: Der Katheter wird mit dem Ende, wo sich die Markierungen (blau) befinden, zuerst eingeführt. Beim Verlassen der Nadel ist ein leichter Ruck zu spüren; dann sollte der Katheter noch 2–3 cm weiter vorgeschoben werden. Tiefere Lagen sind zu vermeiden, weil sie oft zu Dislokationen und damit zu schlechterer Analgesie führen. Lagekorrekturen sind bei Verwendung einer Sprotte-Nadel ohne Gefahr der Katheterabscherung möglich (hierfür aber unbedingt den Introducer arretieren!).

5. gemeinsames Entfernen von Nadel und Introducer (hierbei den Katheter nicht „nachstopfen")
6. nach sicherer Fixierung des Katheters Aufschrauben des Konnektors und eines Bakterienfilters
7. Aspiration von Liquor (dies kann 30–40 sec dauern, weil der Katheter extrem dünn ist)
8. nach Auffüllen des Filters je nach gewünschter Analgesiehöhe fraktionierte Injektion des Lokalanästhetikums in den SPK

Hinweis: Es sollten nur *isobare* LA-Lösungen verwendet werden (z. B. Bupivacain 0,5% od. Mepivacain 2%), weil bei hyperbaren, hochkonzentrierten Lösungen eine Neurotoxizität nicht sicher auszuschließen ist.

9. steriles Abkleben der Punktionsstelle und Katheterfixierung
10. Protokollierung (u. a. Punktions- u. Kathetertiefe, Liquorabfluß, Parästhesien, Blutung, Probleme)

9.1.8 Intrathekale Applikation von Sufentanil oder Clonidin

Bei einer Single-shot-Spinalanästhesie kann mit Sufentanil oder auch Clonidin, intrathekal verabreicht, die Wirkung des Lokalanästhetikums verstärkt und verlängert werden. **Clonidin** führt in einer Dosierung von ca. **0,5 μg/kg KG** etwa zu einer Verdoppelung der Wirkungsdauer einer üblichen Bupivacaindosis. Zur Verwendung von **Sufentanil** s. Kap. 24.4.3. Anzumerken ist jedoch, daß beide Substanzen nicht für die intrathekale Gabe zugelassen sind. Die Verantwortung liegt hier also ganz allein beim Anwender.

9.2 Epiduralanästhesie

Unter einer Epiduralanästhesie (Syn.: Periduralanästhesie) versteht man je nach Indikation die Blockade thorakaler, lumbaler und/oder sakraler Segmente durch Injizieren eines Lokalanästhetikums in den Epiduralraum, entweder in Single-shot-Technik oder aber bevorzugt über einen Katheter. Hauptwirkort sind die Wurzeln der Spinalnerven, die allerdings erst nach der Diffusion des LA durch die Dura erreicht werden. Aus diesem Grund tritt die Wirkung einer Epiduralanästhesie i. Vgl. zur Spinalanästhesie langsamer ein (20–30 min). Außerdem werden deutlich höhere LA-Dosen benötigt, denn das Anästhetikum fließt z. T. über die Foramina intervertebralia ab (→ paravertebrale Nervenblockade) und wird z. T. über die epiduralen Venenplexus ins Blut aufgenommen (→ systemische Wirkungen).

9.2.1 Anästhesieausdehnung und -qualität

Folgende Faktoren beeinflussen die Anästhesieausbreitung:

- Menge und Konzentration des LA
- Injektionsort und Injektionsgeschwindigkeit
- Größe, Gewicht und Alter des Patienten
- Schwangerschaft
- Arteriosklerose
- Lagerung des Patienten (kontrovers)

Die Ausdehnung der Blockade nimmt mit der LA-Menge, dem Injektionsvolumen und der Injektionsgeschwindigkeit zu. Erwachsene benötigen unter Berücksichtigung der Punktionshöhe 1,0–1,5 ml LA für jedes zu anästhesierende Segment (Tab. **61**). Bei alten Patienten mit Verkleinerung der Intervertebralräume und abnehmender Resorptionsfähigkeit der venösen Plexus (Arteriosklerose) muß die LA-Dosis pro Segment auf ca. 0,5–1,0 ml reduziert werden, um eine zu weite Ausbreitung der Anästhesie zu verhindern. Das gleiche gilt für Adipöse und Schwangere. Bei ihnen ist der Epiduralraum wegen des erhöhten intraabdominellen Druck eingeengt (Anschwellen der Venenplexus). Eine Arteriosklerose vermindert die Gefäßpermeabilität, so daß weniger LA systemisch resorbiert wird und dementsprechend mehr für die Diffusion an die Wirkorte zur Verfügung steht.

Tabelle 61 Altersabhängiger Lokalanästhetikabedarf bei der Epiduralanästhesie

Alter (in Jahren)	Dosisbedarf* (ml pro Segment)
20	1,5
30	1,4
40	1,3
50	1,15
60	1,0
70	0,9
80	0,7

* Bei Adipositas, Schwangerschaft oder Arteriosklerose muß die Dosis um ca. 25% reduziert werden.

Differenzierte Blockade

Mit der Epiduralanästhesie läßt sich, abhängig von der *Konzentration des verwendeten LA* und der *Dicke der zu anästhesierenden Nervenwurzeln* eine differenzierte Nervenblockade erreichen. Niedrige LA-Konzentrationen lassen die Wirkung auf die sympathischen Nervenfasern beschränken, mittlere führen zusätzlich zu einer sensorischen Blockade, und erst hohe blockieren auch die motorischen Faseranteile (Tab. **62**). Zu berücksichtigen ist, daß sich in den Segmenten L_5 und S_1 besonders dicke Nervenwurzeln befinden. Sie können nicht immer ganz ausgeschaltet werden.

Sufentanil

Durch epidurale Kombination eines Lokalanästhetikums mit Sufentanil können Menge und Konzentration des LA reduziert werden (→ Verringerung von Sympathikolyse und systemischer Toxizität). Der Wirkungseintritt wird beschleunigt, die Wirkungsdauer verlängert und die Analgesiequalität verbessert. Aufgrund der ausgeprägten Lipophilie von Sufentanil und der demzufolge geringen kranialen Ausbreitung im Liquor muß bei epiduralen Dosen bis zu **0,5 µg/kg KG** kaum mit einer relevanten Atemdepression gerechnet werden. Sufentanil ist für die epidurale Applikation zugelassen und kann dem LA in Konzentrationen von 0,5–1,0 µg pro ml LA beigemischt werden (Kap. 24.4.1 u. 24.4.2). Als *Nebenwirkungen* können Pruritus, Übelkeit und Erbrechen sowie Harnretention auftreten (Kap. 8.4.4).

9.2.2 Vorbereitung und Überwachung

Vorbereitung und Überwachung des Patienten bei der Epiduralanästhesie entsprechen dem Vorgehen bei der Spinalanästhesie (Abschn. 9.1.2 u. 9.1.3).

Epiduralanästhesie-Set

- **Materialien** (steril verpackt)
  - Epiduralnadel, Katheter mit Bakterienfilter, Introducer
  - Unterlage, Abdecktuch, transparente Lochklebefolie, Pflaster
  - Lösung zur Hautdesinfektion
  - Zubehör für Injektionen und Katheteranlage
- **Medikamente**
  - Mepivacain 1% zur LA von Haut und Stichkanal
  - Bupivacain (0,25% od. 0,5%) oder Ropivacain (0,2%, 0,75% od. 1%)
  - ggf. NaCl 0,9% zur Verdünnung und Sufentanil (z. B. geburtshilfliche Epiduralanalgesie; s. Kap. 24.4.1)

Tabelle 62 Anwendung von Lokalanästhetika zur Epiduralanästhesie

Medikament	Wirkeintritt (min)	Fixationszeit[1] (min)	Wirkdauer (min)	Repetition[2] (min)	Blockadequalität	Maximaldosis (mg)
Mepivacain – 2%	5	20	≈ 90	≈ 60	komplett	400
Bupivacain – 0,1% – 0,25% – 0,5%	5–10	20–30	150–240	90–120	sympathisch[3] + sensorisch + motorisch	150
Ropivacain – 0,1–0,2% – 0,75% – 1%	5–10	20–30	150–240	90–120	sympathisch[3] + sensorisch + motorisch	250

[1] Zeit, nach der die *maximale* Wirkung erreicht ist („Latenzzeit"); [2] Nachinjektion der *halben* Initialdosis wegen nachlassender Wirkung erforderlich; [3] in Komb. mit epiduralem Sufentanil auch *analgetisch* (Kap. 24.4.1)

Epiduralnadel und -katheter

Wegen geringerer Komplikationen nach versehentlicher Duraperforation wird von vielen Anästhesisten mittlerweile die *Sprotte-Spezialnadel* der herkömmlichen Tuohy-Nadel für die epidurale Punktion vorgezogen (Abschn. 9.2.5). Die Sprotte-Spezialnadel ist, ähnlich einer Stopfnadel, atraumatisch geformt und ermöglicht das Einführen eines Katheters. Standardmodell ist die G18-Nadel zur Einführung eines G20-Katheters (daneben G19,5- und G20-Versionen für spezielle Fälle). Der Katheter hat ebenfalls eine atraumatische Spitze und außerdem nur eine Öffnung, die endständig angebracht ist. Ein Mandrin erhöht die Steifigkeit und erleichtert so das Vorschieben des Katheters und das Entfernen der Punktionskanüle. Der Mandrin endet ca. 1 cm vor dem distalen Katheterende.

9.2.3 Durchführung

Vorgehensweise in der Praxis

Katheterepiduralanästhesie

1. Anlage eines großlumigen periphervenösen Zugangs (in LA), Infundieren von 500–1.000 ml Sterofundin®
2. Bereitstellung und Überprüfung von Narkosegerät und Notfallausrüstung
3. Vorbereitung der Epiduralanästhesie
4. Lagerung des Patienten entweder im Sitzen (Assistenzpersonal!) oder in Seitenlage
5. Installation des Monitorings (EKG, NIBP, $pSaO_2$)
6. Markierung der Punktionsstelle
7. sorgfältige Hautdesinfektion nach Unterschieben einer sterilen Vorlage
8. Anbringen der Klebefolie (Öffnung auf Höhe des Punktionsortes)
9. Lokalanästhesie mit 3–5 ml Mepivacain 1%, anschließend kleine Hautinzision und Einführen des Introducers
10. Einführen der Epiduralnadel zwischen den Dornfortsätzen (zumeist $L_{3/4}$ od. $L_{2/3}$) und ca. 1–2 cm tiefes Vorschieben, dann Entfernen des Mandrins und Aufsetzen einer mit NaCl 0,9% gefüllten 10-ml-Spritze (leicht gleitender Kolben!)
11. vorsichtiges weiteres Vorschieben und Identifizierung des Epiduralraums mit Hilfe der Loss-of-resistance-Technik* (falls erforderlich Drehen der Nadel mit der Öffnung nach kranial)
12. Arretierung des Introducers am Ansatz der Epiduralnadel
13. Einführen des Katheters 2–3 cm tief in den Epiduralraum

Hinweis: Lagekorrekturen sind bei Verwendung einer Sprotte-Nadel ohne Gefahr der Katheterabscherung möglich (hierfür aber unbedingt den Introducer arretieren!).

14. Überprüfung der Beweglichkeit des Mandrins, anschließend Entfernen von Nadel und Introducer, ohne den Katheter „nachzustopfen" (Abknickgefahr!), dann des Mandrins und zuletzt Anschrauben des Spannadapters

Hinweis: Die Verbindung des Spannadapters mit dem Katheter ist optimal, wenn beim Anspritzen eine Leckage am Adapterkonus gerade eben vermieden wird.

15. nach Aufschrauben eines Bakterienfilters Aspirationskontrolle und Injektion einer Testdosis, z. B. 2–3 ml Bupivacain 0,5% (s. unten)
16. steriles Abkleben der Punktionsstelle und Katheterfixierung
17. nach Ausschluß einer intrathekalen Fehlapplikation fraktionierte Gabe der Wirkdosis
18. Protokollierung (u. a. Punktions- u. Kathetertiefe, Parästhesien, Blutung, Duraperforation, Probleme)

***Loss-of-resistance-Methode:** Während zur Vermeidung von ruckartigen Bewegungen die eine Hand am Rücken abgestützt wird, übt die andere beim Vorschieben der Nadel einen leichten kontinuierlichen Druck auf den Spritzenkolben aus. Nach Penetration des Lig. flavum tritt die Kanülenspitze in den Epiduralraum ein, was durch einen plötzlichen Widerstandsverlust am Spritzenkolben erkennbar wird.

Aspirationskontrolle und Testdosis

Bei der Single-shot-Technik ebenso wie bei der Kathetermethode muß vor der Applikation einer größeren LA-Dosis eine *Fehllage der Kanülen- bzw. Katheterspitze* ausgeschlossen werden. Während die Aspirationskontrolle eine subarachnoidale oder intravasale Fehllage erkennen lassen soll (Aspiration von Liquor oder Blut), dient die Testdosis (z. B. 2–3 ml Bupivacain 0,5%) dem Ausschluß einer subarachnoidalen Aberration (Ausbleiben einer schnell eintretenden, ausgedehnteren Analgesie und eines Blutdruckabfalls). Zur Beurteilung einer intravasalen Fehllage kommt auch die Injektion von 10–20 μg Adrenalin über den Katheter in Frage. Eine intravasale Injektion dieser Dosis würde innerhalb weniger Sekunden zu einem Herzfrequenzanstieg führen. Falls auf eine Testung mit Adrenalin verzichtet wird, darf die Vollwirkdosis nur fraktioniert verabreicht werden.

MERKE

1. Eine negative Aspirationskontrolle schließt eine intrathekale oder intravasale Fehllage der Epiduralnadel bzw. des Katheters nicht sicher aus!
2. Sowohl vor der ersten als auch vor jeder weiteren Injektion über einen Epiduralkatheter müssen eine subarachnoidale und intravasale Fehllage ausge-

schlossen werden (mögliche Dislokation der Katheterspitze im Verlauf!).
3. Schon die Testdosis von 2–3 ml Bupivacain 0,5% kann bei intrathekaler Injektion im Einzelfall eine hohe Spinalanästhesie hervorrufen.
4. Es sollen nur einlumige Katheter für die Epiduralanästhesie verwendet werden. Mehrlumige erhöhen das Risiko partieller Fehlapplikationen.

Hinweise für die Praxis

1. nach negativer Aspirationskontrolle Gabe einer Testdosis von 2–3 ml Bupivacain 0,5% (oder Ropivacain 0,75%) über den Katheter zur Überprüfung einer intrathekalen Fehllage
2. anschließend fraktionierte Applikation der errechneten Gesamtdosis (5-ml-Schritte im Abstand von wenigen Minuten), um eine intravasale Fehllage frühzeitig erkennen zu können

Verzicht auf eine Testdosis. Wird **Bupivacain oder Ropivacain** in einer Größenordnung von **10 ml 0,1%iger Lösung** verwendet („Epiduralanalgesie"; s. Kap. 24.4.1), so ist die Gabe einer vorherigen Testdosis nicht erforderlich. Hier ist die Gesamtmenge zu niedrig, um systemisch toxische Nebenwirkungen bei intravasaler Fehlapplikation hervorzurufen. Eine versehentliche intrathekale Injektion würde zu einer „Spinalanalgesie" mit ähnlich hohem Blockadeniveau wie bei der Epiduralanalgesie führen, aber nicht zu einer totalen Spinalanästhesie.

9.2.4 Indikationen und Kontraindikationen

Die Indikationen und Kontraindikationen für eine Epiduralanästhesie entsprechen grundsätzlich denen für die Spinalanästhesie (Abschn. 9.1.4 u. 9.1.5). Für die **Katheterepiduralanästhesie** bestehen darüber hinaus folgende weitere oder besondere Indikationen:

- lange operative Eingriffe (> 120 min), ggf. in Kombination mit einer Allgemeinanästhesie
- Geburtserleichterung
- postoperative Schmerztherapie
- chronische Schmerztherapie
- gezielte segmentale Blockaden (thorakal), z. B. bei Rippenserienfrakturen

9.2.5 Nebenwirkungen und Komplikationen

Die wichtigste Nebenwirkung der epiduralen Punktion ist mit einer Häufigkeit von 0,15–1,5% die akzidentelle **Duraperforation.** Hiernach ist laut Literaturangaben bei Benutzung einer Tuohy-Nadel in bis zu 85% der Fälle mit der Entwicklung von Kopfschmerzen zu rechnen. Im eigenen Patientengut konnte demgegenüber durch den Einsatz der Sprotte-Spezialnadel die Kopfschmerzrate auf deutlich unter 10% reduziert werden.

Da der Epiduralraum von kranial nach kaudal an Breite zunimmt, ist die Gefahr einer unbeabsichtigten Duraperforation beim lumbalen Zugang geringer als beim thorakalen. Lumbal beträgt der Abstand zwischen Dura und Lig. flavum beim Erwachsenen immerhin ca. 5–6 mm (thorakal nur 1–2 mm). Bei sagittaler Punktion des Epiduralraums ist zu beachten, daß die Dornfortsätze im Lumbalbereich annähernd horizontal übereinanderliegen, im Thorakalbereich dagegen, speziell zwischen Th_5 und Th_9, dachziegelartig schräg nach kaudal verlaufen, was hier die Punktion erschwert.

Komplikationen der Epiduralanästhesie

- subarachnoidale Penetration des Epiduralkatheters (bei Injektion entsprechender LA-Volumina Gefahr der hohen oder sogar totalen Spinalanästhesie mit schwerer Kreislaufdepression, Atemlähmung, tonisch-klonischen Krämpfen und zerebraler Hypoxie [→ sofortige Intubation, Beatmung und Schocktherapie!])
- intravasale Penetration des Epiduralkatheters (→ Gefahr der systemischen LA-Intoxikation)
- hohe Epiduralanästhesie
- allergische (Kreislauf-)Reaktionen (extrem selten bei Amid-LA, hier zumeist verursacht durch antimikrobielle Zusätze wie Methylparaben zu LA-Lösungen in Flaschen für die Mehrfachanwendung [Kap. 8.8.5])
- Kopfschmerzen nach akzidenteller Duraperforation (Abschn. 9.1.6)
- neurologische Komplikationen wie bei der Spinalanästhesie (Abschn. 9.1.6)
- Katheterabriß (i. d. R. ohne Folgen)

9.3 Kaudalanästhesie

Bei der Kaudalanästhesie handelt es sich um eine Sonderform der Epiduralanästhesie. Hierbei wird das Lokalanästhetikum in den Sakralkanal injiziert. Eine Kaudalanästhesie mit Hilfe eines Katheters sollte bei **Kindern und Säuglingen** in Verbindung mit einer Allgemeinanästhesie erwogen werden, wenn für die postoperative Schmerztherapie vor allem eine Blockade der sakralen und tiefen lumbalen Segmente benötigt wird (z. B. Umstellungsosteotomien am Oberschenkel oder Klumpfußoperationen). Die Kombination läßt außerdem die Narkose deutlich flacher halten.

Vorgehensweise in der Praxis

Kaudalanästhesie

1. nach Narkoseeinleitung Lagerung des Patienten auf die Seite mit gebeugten Beinen
2. nach Unterschieben einer sterilen Vorlage besonders sorgfältige Hautdesinfektion (Rima ani!)
3. Ertasten der Cornua sacralia, die die Öffnung des Hiatus sacralis markieren, und Anbringen einer Lochklebefolie
4. Punktion des Hiatus sacralis, z. B. mit einer G18-Kurzschliffkanüle, von kaudal nach kranial in einem Winkel von ca. 60° zur Haut
5. nach Penetration der Membrana sacralis (deutlicher Widerstand!) Erreichen des Epiduralraums in 5–10 mm Tiefe
6. weiteres Vorschieben der Kanüle (ca. 5 mm) bis zum Knochenkontakt (Os sacrum), dann etwas zurückziehen, auf ca. 10° zum Hautniveau absenken und noch ca. 1 cm weiter vorschieben
7. nach Entfernen der Nadel Injektion von 2 ml Luft durch die Kunststoffkanüle (bei subkutaner Fehllage Bildung eines tastbaren Hautemphysems)
8. bei epiduraler Lage Einführen des Katheters durch die Kanüle ca. 2 cm tief in den Kaudalraum
9. Entfernen der Kunststoffkanüle, ohne den Katheter „nachzustopfen" (Abknickgefahr!)
10. nach Aufschrauben eines Bakterienfilters Aspirationskontrolle und Injektion einer altersgerechten Testdosis
11. steriles Abkleben der Punktionsstelle und Katheterfixierung
12. Zurücklagerung des Patienten
13. nach Ausschluß einer intrathekalen Fehlapplikation (Blutdruck!) fraktionierte Gabe der Wirkdosis
14. Protokollierung (u. a. Punktions- u. Kathetertiefe, Blutung, Duraperforation, Probleme)

Faustformel für initiale LA-Dosis:

0,1 ml Bupivacain 0,5% isobar für jedes zu blockierende Segment und jedes Lebensjahr

Die errechnete Dosis soll nicht auf einmal, sondern nur fraktioniert verabreicht werden, um gravierende Komplikationen bei intrathekaler oder intravasaler Katheterfehllage zu vermeiden. Repetitionsdosen sind mit ca. 50% der Primärdosis zu veranschlagen. Bei Anwendung von Bupivacain muß intraoperativ ca. alle 2 Stunden nachinjiziert werden. Für die postoperative Analgesie genügen i. d. R. gleiche Volumina von Bupivacain 0,25%.

Komplikationen

- totale Spinalanästhesie
- systemische LA-Intoxikation
- arterielle Hypotension und Bradykardie bei ausgeprägter aufsteigender Sympathikolyse
- postoperative Blasenfunktionsstörungen
- Rektumperforation bei ventralem Vorschieben der Kanüle
- Katheterabriß

9.4 Blutgerinnung und rückenmarknahe Regionalanästhesien

Zur Durchführung rückenmarknaher Regionalanästhesien sind folgende **Gerinnungswerte** zu fordern:

- partielle Thromboplastinzeit (PTT): normal
- Thromboplastinzeit nach Quick: > 50%
- Thrombozytenzahl: ≥ 100.000/μl
- ggf. Thrombinzeit (TZ): normal
- ggf. Blutungszeit: < 5 min

MERKE

Bei **Blutgerinnungsstörungen** oder unter einer **Antikoagulanzientherapie** dürfen zur Verhinderung verfahrensbedingter spinaler oder epiduraler Hämatome grundsätzlich keine rückenmarknahen Leitungsanästhesien durchgeführt werden. Als Ausnahmen gelten unter bestimmten Kautelen (Tab. **63**)

- die Low-dose-Heparinisierung (≤ 200 IE unfraktioniertes Heparin pro kg KG und Tag) und
- die Gabe von Low-dose-ASS (≤ 1,0–1,5 mg Acetylsalicylsäure pro kg KG und Tag).

Low-dose-Heparinisierung

Auch bei Anwendung von Heparinen in niedriger Dosis soll aus Sicherheitsgründen vermieden werden, daß eine rückenmarknahe Manipulation in den Zeitraum der maximalen Heparinplasmaspiegel fällt. Dies kann durch Einhaltung bestimmter Zeitintervalle erreicht werden, die für unfraktionierte und niedermolekulare Präparate entsprechend deren unterschiedlicher Eliminationshalbwertszeiten verschieden ausfallen (Tab. **63**).

Hinweise für die Praxis

1. Bei **Low-dose-Heparinisierung (UFH)** ist im Falle von **dringlichen Eingriffen** ein Unterschreiten des 4-Stunden-Intervalls für die Durchführung einer rückenmarknahen Anästhesie unter sorgfältiger Nutzen-Risiko-Abwägung möglich. Hierbei sollte jedoch eine *Single-shot-Spinalanästhesie* bevorzugt werden. Außerdem sind postoperativ engmaschige *neurologische Kontrollen* erforderlich, um ein rückenmarknahes Hämatom frühzeitig erkennen zu können.
2. Bei Verabreichung von **Low-dose-Acetylsalicylsäure** gilt eine **Spinalanästhesie** nicht als kontraindiziert. Epiduralanästhesien, insbesondere als Katheterverfahren, sollten allerdings ebenfalls nur unter sorgfältiger Nutzen-Risiko-Abwägung und denselben Kautelen vorgenommen werden. Dies gilt gleichermaßen für eine rückenmarknahe Anästhesie unter einer **Kombination von Low-dose-ASS mit Low-dose-Heparin (UFH)**.
3. Nach **blutiger Spinal- oder Epiduralpunktion** sollte bis zu *12 Stunden* kein Heparin zugeführt werden. Falls intraoperativ also eine Heparinisierung notwendig ist, muß von vornherein die Möglichkeit gegeben sein, den Eingriff entsprechend zu verschieben.
4. Bei den **GP-IIb/IIIa-Rezeptor-Antagonisten** (z. Zt. Abciximab [ReoPro®], Eptifibatid [Integrelin®], Tirofiban [AGGRASTAT®]) könnte zwar aus theoretischer Sicht
   - im Falle von Abciximab wie bei Clopidogrel,
   - im Falle von Eptifibatid und Tirofiban wie bei niedermolekularen Heparinen

   verfahren werden. Hierbei ist allerdings zu berücksichtigen, daß die Substanzen immer kombiniert mit *Heparin* und i. d. R. auch mit *Acetylsalicylsäure* angewendet werden, was dann ein rückenmarknahes Anästhesieverfahren gänzlich ausschließt.

Tabelle 63 Empfohlene Zeitintervalle zwischen Antikoagulanziengabe und rückenmarknahen Punktionen oder dem Entfernen rückenmarknaher Katheter (mod. nach *Gogarten et al.* 2003)

Medikament	vor Punktion/Katheterentfernung	nach unblutiger Punktion/Katheterentfernung[1]
Unfraktioniertes Heparin		
– „low dose" (≤ 200 IE/kg/d)	4 h	1 h
– „high dose" (400 IE/kg/d)	4 h[2]	1–2 h
Niedermolekulare Heparine	mindestens 10–12 h	2–4 h
Danaparoid (Orgaran®)	> 24 h[3]	2–4 h
Fondaparinux (Arixtra®)	20–24 h[3]	2–4 h
Hirudine (Lepirudin, Desirudin)	8–10 h[2]	2–4 h
Ximelagatran/Melagatran (Exanta®)	8–10 h[2]	2–4 h
Acetylsalicylsäure > 100 mg/d	72 h[4]	unmittelbar anschließend
Acetylsalicylsäure ≤ 100 mg/d	keine Therapieunterbrechung nötig[5]	unmittelbar anschließend
Nichtsteroidale Antiphlogistika		
reversible nichtselektive COX-Hemmer	24 h	unmittelbar anschließend
selektive COX_2-Hemmer	keine Therapieunterbrechung nötig	unmittelbar anschließend
ADP-Rezeptor-Antagonisten		
– Clopidogrel (Plavix®, Iscover®)	≥ 7 Tage[6]	unmittelbar anschließend
– Ticlopidin (Tiklyd®)	≥ 10 Tage[6]	unmittelbar anschließend
Vitamin-K-Antagonisten	mehrere Tage[7]	unmittelbar anschließend

COX = Cyclooxygenase; [1] Gemeint ist die erneute Gabe nach Unterbrechung der Therapie. Die Erstgabe ist dagegen unmittelbar im Anschluß möglich. Lediglich bei High-dose-Heparin sollte auch hier ein Sicherheitsabstand von 1–2 Stunden eingehalten werden. [2] Voraussetzung: PTT u. TZ normal; [3] bei eingeschränkter Nierenfunktion (Kreatinin-clearance < 50 ml/min) 36–48 Stunden; [4] bei normaler Blutungszeit auch eher; [5] normale Blutungszeit vorausgesetzt; [6] zuvor Bestimmung der Thrombozytenzahl; [7] Voraussetzung: Quick > 50%

10 Periphere Nervenblockaden

10.1. Grundsätzliches ▸ 173
10.1.1 Charakteristika peripherer Nervenblockaden ▸ 173
10.1.2 Allgemeine Indikationen und Kontraindikationen ▸ 173
10.2 Vorbereitung des Patienten ▸ 173
10.3 Vorbereitung der Nervenblockade ▸ 174
10.4 Elektrische Nervenstimulation ▸ 175
10.5 Ultraschallgesteuerte Punktion ▸ 176
10.6 Verwendete Lokalanästhetika ▸ 176
10.7 Sedierung und Augmentation ▸ 177
10.8 Blockaden des Plexus brachialis ▸ 178
10.8.1 Axilläre Plexusblockade ▸ 178
10.8.2 Vertikal infraklavikuläre Plexusblockade ▸ 180
10.8.3 Interskalenäre Plexusblockade ▸ 181
10.9 Nervenblockaden an der unteren Extremität ▸ 182
10.9.1 Ischiadikusblockaden ▸ 183
10.9.2 3-in-1-Blockade ▸ 184
10.10 Kontinuierliche Blockadetechniken ▸ 186
10.11 Intravenöse Regionalanästhesie ▸ 186

10.1. Grundsätzliches

Periphere Nervenblockaden (PNB) nehmen einen festen Platz im anästhesiologischen Repertoire ein. Sie dienen nicht nur zur Durchführung chirurgischer Eingriffe, sondern auch zur Behandlung chronischer Schmerzen. Im operativen Bereich können besonders Risiko- und geriatrische Patienten, z. T. auch ambulante Patienten von diesen Verfahren profitieren.

10.1.1 Charakteristika peripherer Nervenblockaden

- Vorteile
  - selektive Analgesie bei erhaltenem Bewußtsein
  - postoperativ länger anhaltende Analgesie
  - Sympathikolyse (→ Durchblutungsverbesserung)
  - Vitalfunktionen i. d. R. nicht beeinträchtigt
  - erhaltene Schutzreflexe der Atemwege
  - ökonomisch
  - schnellerer OP-Wechsel
  - kürzerer Aufenthalt der Patienten im Aufwachraum
  - umweltfreundlich
- Nachteile
  - z. T. längere Einleitungszeiten
  - unterschiedliche Erfolgsquoten

10.1.2 Allgemeine Indikationen und Kontraindikationen

Die **Indikationen** für eine PNB ergeben sich
- aus der Lage des Operationsgebietes und der Operationsdauer sowie
- dem Gesundheitszustand, dem Wunsch und der Kooperationsfähigkeit des Patienten.

Als **absolute Kontraindikationen** gelten
- Infektionen im Punktionsgebiet,
- (gesicherte) Allergien gegen die verwendeten Pharmaka,
- Blutgerinnungsstörungen bei bestimmten Blockadeverfahren (z. B. infraklavikuläre Plexusblockade, tiefe Ischiadikusblockaden)
- und die Ablehnung des Verfahrens durch den Patienten.

Neurologische Ausfälle im zu anästhesierenden Gebiet werden nur als *relative* Kontraindikationen betrachtet. Sie müssen sorgfältig und gründlich untersucht werden, und der Befund ist unbedingt vor Durchführung einer Nervenblockade schriftlich niederzulegen.

MERKE
Wenn eine Blutstillung durch digitale Kompression erwartungsgemäß nicht möglich sein sollte (zu tief liegende Gefäße), müssen unbedingt physiologische Gerinnungsverhältnisse vorliegen!

10.2 Vorbereitung des Patienten

Bei der Prämedikationsvisite muß über das übliche Vorgehen (Kap. 1) hinaus

- die für die PNB vorgesehene Punktionsstelle inspiziert und palpiert die
- Durchführbarkeit der erforderlichen Lagerung abgeklärt werden.

Für interskalenäre oder infraklavikuläre Plexusblockaden sollten die globalen Gerinnungsparameter (Quick, PTT) inkl. Thrombozytenzahl bestimmt werden und im Normalbereich liegen. Hier ist außerdem eine Röntgenthoraxaufnahme anzufertigen, wenn der klinische Verdacht auf schwere Lungenveränderungen oder einen Zwerchfellhochstand (z. B. Phrenikusparese, Relaxatio diaphragmatica) besteht.

Der Patient ist insbesondere über den Ablauf des Verfahrens, inklusive der Verwendung eines Nervenstimulators zum Aufsuchen des optimalen Injektionspunktes, zu informieren. Bei Verordnung einer anxiolytischen Prämedikation ist zu beachten, daß die Kooperationsfähigkeit des Patienten zunächst erhalten bleiben muß.

MERKE
Vor Wahleingriffen müssen die üblichen präoperativen **Nahrungskarenzzeiten** (Kap. 1.4.2) eingehalten werden, um bei Versagen der PNB jederzeit eine Allgemeinanästhesie durchführen zu können.

10.3 Vorbereitung der Nervenblockade

Auch periphere Nervenblockaden erfordern einen vollständig ausgerüsteten Anästhesiearbeitsplatz mit der Möglichkeit der umgehenden Intubation und Beatmung. Aus Sicherheitsgründen muß stets ein i. v. Zugang gelegt werden. Das apparative Monitoring hat minimal EKG und nichtinvasive Blutdruckmessung zu umfassen.

Lagerung des Patienten und Markierung der Leitpunkte

Für die erfolgreiche Durchführung einer PNB ist neben der optimalen Lagerung des Patienten die Erfassung und Markierung der anatomischen Leitpunkte von entscheidender Bedeutung. Hierdurch wird das Aufsuchen der Punktionsstelle wesentlich erleichtert oder überhaupt erst ermöglicht.

Sterile Kautelen

Zu jeder PNB gehört die Einhaltung hygienischer Vorsichtsmaßnahmen:

- Säuberung der Punktionsstelle, anschließend Hautdesinfektion (Mindesteinwirkzeit: 1 min!)
- „hygienische Händedesinfektion" und Tragen steriler Handschuhe
- Abdecken der Punktionsstelle mit einem sterilen Lochtuch (zumindest bei Kathetertechniken)

Kanülen

Zur Minimierung des Risikos von Nervenläsionen sollten nur rotationssymmetrisch geschliffene, sog. *atraumatische Kanülen nach Sprotte* eingesetzt werden. Bei Blockaden von Nerven mit einer Faszienscheide gelingt es auch hiermit oftmals, das Penetrieren der bindegewebigen Hülle durch einen Widerstandsverlust („Klickphänomen") zu spüren. Die *Kanülenlänge* richtet sich nach der Lage des Injektionsortes:

- 2,5–4 cm für subkutane Lokalanästhesien oder oberflächliche Blockaden
- 5–12 cm für tiefe Blockaden (12 cm z. T. für Ischiadikusblockaden).

Immobile Kanüle. Üblicherweise wird die Kanüle für eine PNB mit einer flexiblen Schlauchzuleitung versehen (auch bei Einsatz eines Nervenstimulators). Diese „immobile Kanüle" minimiert das Risiko, daß die Kanülenposition aus Versehen verändert wird, und verbessert damit die Erfolgsaussichten für die Blockade. Außerdem wird die Gefahr traumatischer Nervenläsionen herabgesetzt. Zur Injektion des Lokalanästhetikums braucht man allerdings einen Helfer.

Unipolare Stimulationskanüle. Wird ein Nervenstimulator benutzt, so werden spezielle Kanülen benötigt, bei denen nur die Spitze Strom leiten darf. Ihr Schaft ist durch einen Teflonüberzug elektrisch isoliert. Neben der flexiblen Zuspritzleitung ist ein Stimulationskabel angeschweißt, um die Verbindung mit dem Stimulator herstellen zu können.

Stimulationskanüle für kontinuierliche (Plexus-) Anästhesien. Für kontinuierliche Blockaden muß ein Katheter durch die Kanüle hindurchgeschoben werden können. Wenn zudem eine Nervenstimulation möglich sein soll, benötigt man eine stumpf geschliffene Teflonkanüle mit speziellen Stahlmandrin (z. B. „Büttner-Nadel": G18, 51 mm lang). Der Mandrin wird an den Stimulator angeschlossen und nach korrekter Positionierung der Kanüle entfernt. Anschließend kann der Katheter eingeführt werden.

10.4 Elektrische Nervenstimulation

Die elektrische Stimulation peripherer Nerven dient bei der Durchführung von Leitungsanästhesien nicht nur der eindeutigen Identifizierung neuraler Strukturen, sondern auch der **Verhinderung mechanischer Nervenläsionen,** und zwar dadurch, daß sich beim Aufsuchen eines Nervs ein direkter Kontakt mit der Kanülenspitze vermeiden läßt. Dennoch kann die Injektionskanüle so nah wie möglich an den zu blockierenden Nerv herangebracht werden, d. h. exakt *perineural* positioniert werden, was die Blockadequalität und Erfolgsrate deutlich steigert. Im einzelnen sprechen folgende **Vorteile** für die Nervenstimulation:

- objektive Beurteilbarkeit der Position der Kanülenspitze
- höhere Sicherheit
  - keine Auslösung von Parästhesien notwendig
  - Nervenläsionen und Verletzung benachbarter Strukturen deutlich unwahrscheinlicher
- auch bei unkooperativen Patienten und unter Allgemeinanästhesie durchführbar
- hohe Erfolgsquote

MERKE

1. Die **elektrische Nervenstimulation** oder die **ultraschallgesteuerte Punktion** (s. Abschn. 10.5) wird mittlerweile von zahlreichen Autoren als **obligat** angesehen bei allen tiefen Blockaden und ferner dann, wenn Nerven nicht in lockerem Bindegewebe verlaufen, also nicht der Kanülenspitze ausweichen können.
2. Das absichtliche **Auslösen mechanischer Parästhesien** bei der Durchführung peripherer Nervenblockaden geht mit einer erhöhten Rate postanästhetischer Dysästhesien und Neuralgien einher und birgt ein geringes Risiko von Nervenverletzungen. Es sollte deshalb heutzutage als **obsolet** gelten.

Funktionsprinzip des Nervenstimulators

Der mit dem Nervenstimulator erzeugte Rechteckstromimpuls löst an gemischten peripheren Nerven typische Reizantworten aus. Abhängig von der gewählten Reizdauer (Impulsbreite, Chronaxie) können unterschiedliche Nervenfasertypen stimuliert werden (Tab. **64**). Um nur motorische Fasern zu erregen und keine Schmerzsensationen hervorzurufen, sollte die **Reizdauer 0,1 msec** betragen. Hierdurch und durch ein engbegrenztes Stromfeld an der Kanülenspitze steigt die notwendige Reizstromstärke (Impulsamplitude) mit der Entfernung zum Nerv so stark an, daß eine eindeutige Diskriminierung zwischen Nerv und umgebendem Gewebe möglich wird. Die unipolare **Stimulationskanüle** sollte immer **am negativen Pol** (Kathode) angeschlossen werden, weil sonst höhere Stromstärken aufgrund einer initialen Hyperpolarisation der Nervenzellmembran benötigt werden. Die Stimulationskanüle dient als differente Elektrode, während als indifferente eine (Einmal-)Klebeelektrode verwendet wird. Die **Stimulationsfrequenz** beträgt **2 Hz.** Dadurch wird die Strecke, die die Kanülenspitze zwischen zwei Impulsen zurücklegt, kurz gehalten. Nach Annäherung der Kanülenspitze an die motorischen Nervenanteile werden der Stimulationsfrequenz entsprechend **rhythmische Muskelkontraktionen** induziert. Der größtmögliche Kontakt zum Nerv ist dann erreicht, wenn bei einer **Stromstärke** von **≤ 0,3 mA** gerade noch Kontraktionen entstehen.

Hinweise für die Praxis

Handhabung des Nervenstimulators

1. Überprüfung der Gerätefunktion und der Hautelektrode, deren Gel nicht eingetrocknet sein darf
2. Lagerung des Patienten, Lokalanästhesie des Stichkanals
3. Anbringen der Elektroden: **K**athode (Minuspol) → **K**anüle, Anode (Pluspol) → Haut
4. Einschalten des Geräts und Einstellen der Funktionsbereiche:
   Impulsamplitude: initial 1 mA, Impulsdauer: 0,1 msec, Impulsfrequenz: 2 Hz
5. langsames Vorschieben der Stimulationskanüle in Richtung auf den gesuchten Nerv
6. bei Auftreten von Muskelzuckungen Stromstärke so weit reduzieren, daß diese gerade noch sichtbar sind

7. weiteres Vorschieben der Kanüle bis zum Wiederauftreten stärkerer Muskelzuckungen
8. Optimierung der Kanülenposition: Reizstromschwelle ≤ 0,3 mA
9. Gabe einer Testdosis (1–2 ml LA) zur Sicherstellung der korrekten Position der Kanüle
10. Verabreichung der kalkulierten LA-Dosis, wobei nach jeweils 5 ml LA eine Aspirationskontrolle erfolgen sollte

Hinweis: Der Nervenstimulator wird von einem Helfer bedient, der auch die Lokalanästhetika injiziert.

Tabelle 64 Chronaxie für verschiedene Nervenfasertypen

Nervenfaser	myelinisiert	Chronaxie (μs)	Funktion
A-Typ			
α	+++	50–100	Motorik, Propriozeption
δ	+	150	Schmerz, Temperatur
C-Typ	∅	400	u. a. Schmerz, Temperatur

MERKE
Nervenstimulatoren können theoretisch bei **Schrittmacherpatienten** zu Beeinträchtigungen der SM-Funktion führen. In der Praxis scheint dies aber bei aggregat- und kabelfernem Einsatz des Stimulators wegen der nur minimalen Stromstärken nicht relevant zu werden (s. auch Kap. 29.3.1).

10.5 Ultraschallgesteuerte Punktion

Alternativ zur Nervenstimulation besteht die Möglichkeit, die Kanüle ultraschallgesteuert zu positionieren. Moderne, hochauflösende Schallköpfe können Strukturen mit einer Größe von wenigen Millimetern sichtbar machen und erlauben mittlerweile eine ziemlich zuverlässige Unterscheidung von Gefäßen, Muskeln und Nerven. In einem Frequenzbereich zwischen 7 und 15 MHz lassen sich Nerven und ihre Begleitstrukturen bis in eine Tiefe von ca. 5 cm darstellen. Somit sind die meisten Nervenstämme und -geflechte mit der Sonographie zu erkennen.

Die Bildgebung bietet i. Vgl. zur Nervenstimulation folgende zusätzliche **Informationen**:

1. Alle wesentlichen Begleitstrukturen, die in unmittelbarer Nähe der Nerven verlaufen, sind für den Anwender sichtbar. Dadurch läßt sich die Wahrscheinlichkeit von Komplikationen (z. B. Gefäß- od. Pleuraverletzungen) noch weiter reduzieren.
2. Das injizierte Lokalanästhetikum stellt sich sonographisch als schwarze Fläche dar. Nach bzw. unter der Injektion umfließt es die anatomischen Strukturen und verteilt sich überall dort, wo Faszien oder Bindegewebe keine Barriere bildet. Dadurch ist es möglich, schon während der Injektion zu überprüfen, ob die Zielnerven vom Lokalanästhetikum erreicht werden.

10.6 Verwendete Lokalanästhetika

Für periphere Nervenblockaden werden **Amid-Lokalanästhetika** mit *mittellanger* (Prilocain, Mepivacain) oder *langer* Wirkungsdauer (Bupivacain, Ropivacain) verwendet (Kap. 8.8). Hiervon zeichnet sich **Prilocain** durch eine kurze Anschlagzeit, eine sehr gute Blockade sensibler wie motorischer Fasern und die größte therapeutische Breite aller Lokalanästhetika aus. Es wird deshalb bevorzugt eingesetzt. Als Nebenwirkung kann allerdings unter höheren Dosen eine *Methämoglobinämie* auftreten, so daß bei Risikopatienten auf Mepivacain ausgewichen werden sollte (Kap. 8.8.5). Zur Verlängerung der Blockade bietet sich **Bupivacain** oder **Ropivacain** an. Wegen fast identischer pK_S-Werte (Bupivacain/Ropivacain 8,1, Prilocain 7,9) können sie jeweils gut mit Prilocain kombiniert werden, was die schnell einsetzende Wirkung von Prilocain mit der langen Wirkungsdauer von Bupivacain oder Ropivacain verbinden soll. Für Ropivacain spricht die gegenüber Bupivacain geringere Kardiotoxizität. Was die Dosierung angeht, so haben neuere Untersuchungen gezeigt, daß die empfohlenen Grenzdosen für Lokalanästhetika bei peripheren Nervenblockaden generell höher als früher üblich angesetzt werden können (Tab. **65**).

Tabelle 65 Single-shot-Dosierung von Lokalanästhetika für einzelne periphere Nervenblockaden

Blockade	OP-Dauer < 3 h	OP-Dauer 3–5 h
Plex. brachialis axillär	40–60 ml Prilocain 1%	20–40 ml Prilocain 1% + 20 ml Bupivacain 0,5%
Plex. brachialis vertikal infraklavikulär	30–50 ml Prilocain 1%	20 ml Prilocain 1% + 20 ml Bupivacain 0,5%
Plex. brachialis interskalenär	40 ml Prilocain 1%	20 ml Prilocain 1% + 20 ml Bupivacain 0,5%
3-in-1-Block	30–40 ml Prilocain 1%	20 ml Prilocain 1% + 20 ml Bupivacain 0,5%
N. ischiadicus	20 ml Prilocain 1%	10 ml Prilocain 1% + 10 ml Bupivacain 0,5%
N. musculocutaneus	5 ml Prilocain 0,5%	5 ml Bupivacain 0,25%
N. intercostobrachialis	5 ml Prilocain 0,5%	5 ml Bupivacain 0,5%

Hinweis: Statt Bupivacain 0,5% kann Ropivacain 0,75% verwendet werden.

■ Kombination mit Opioiden oder Clonidin

Der generelle Nutzen einer zusätzlichen Verwendung von Opioiden (besonders Sufentanil) oder Clonidin bei peripheren Leitungsanästhesien läßt sich nicht sicher einschätzen. Kombinationen, die in Einzelfällen vorteilhaft sein mögen, sollten auf solche beschränkt bleiben, zumal die Substanzen für diese Indikation nicht zugelassen sind.

■ Zusatz von Vasokonstriktoren

Unter bestimmten Voraussetzungen können Vasokonstriktoren wie Adrenalin die Wirkung von Lokalanästhetika verlängern (Kap. 8.8.5). Da jedoch bei peripheren Nervenblockaden in nur verhältnismäßig gering vaskularisierte Gebiete injiziert wird (Risiko einer ischämischen Nervenschädigung bei Konstriktion der Vasa nervorum) und außerdem mit Prilocain eine Substanz mit hoher kardiovaskulärer Sicherheit zur Verfügung steht, kann und sollte aus Sicht der Autoren auf derartige Kombinationen gänzlich verzichtet werden. Eine Verlängerung der Wirkungsdauer ist zudem durch die Kombination mit Bupivacain oder Ropivacain verläßlicher und sicherer zu erreichen

MERKE
Bei allen Regionalanästhesien muß eine **ständige Beobachtung des Patienten** zur Beurteilung seines Zustands, des Analgesiegrads und zum sofortigen Erkennen von Nebenwirkungen gewährleistet sein!

10.7 Sedierung und Augmentation

Nach Durchführung einer PNB muß deren Ausbreitung überprüft werden. Hierzu werden die Hautinnervationsgebiete der betreffenden Nerven entweder durch Testen der Temperaturempfindung (kalt – warm) oder mit einer Nadel (spitz – stumpf; „Pinprick-Methode") untersucht. Falls die notwendige Anästhesie nicht erreicht ist und weiteres Abwarten nicht erfolgversprechend scheint, ist eine Nachblockade oder eine intravenöse Supplementierung der Analgesie mit einem Opioid zu erwägen. Sind ganze Innervationsgebiete der zu blockierenden Nerven nicht betäubt, kommt nur eine Nachblockade in Frage, oder man führt gleich eine Allgemeinanästhesie durch. Lediglich eine in umschriebenen Bezirken unvollständige Analgesie rechtfertigt den Versuch, die Analgesie mit Hilfe eines Opioids systemisch zu komplettieren (z. B. fraktionierte i. v. Gabe von Fentanyl: bei Erwachsenen 0,05–0,1 mg initial, b. Bed. weitere 0,05-mg-Boli bis zu einer Gesamtdosis von max. 0,2 mg; „balancierte Regionalanästhesie"). Hierbei dürfen aber wegen der gegenseitigen Verstärkung der atemdepressorischen Effekte keinesfalls Benzodiazepine zusätzlich intravenös verabreicht werden oder worden sein. Falls bei ausreichender (!) Analgesie eine Sedierung für erforderlich gehalten oder vom Patienten gewünscht wird, empfiehlt sich die Gabe von Midazolam (i. v. Titration, z. B. mit 1-mg-Boli bei Erwachsenen).

Optionen bei inkompletter Nervenblockade:
- Analgesielücke im OP-Gebiet → lokales Umspritzen mit LA durch den Operateur
- fehlende Blockade eines Nervs → proximale oder selektive distale Nachblockade
- im OP-Verlauf nachlassende Analgesie → frühzeitige Nachblockade, ggf. Allgemeinanästhesie
- unzureichende Analgesie für Tourniquet → i.v. Supplementierung durch ein Opioid

Hinweise für die Praxis

1. Grundsätzlich soll die Schwelle, bei einer inkompletten Nervenblockade auf eine **Allgemeinanästhesie** zu wechseln, aus Gründen des Patientenkomforts niedrig angesetzt werden.
2. Eine **Nachblockade** in einem teilanästhesierten Gebiet ist nur unter Verwendung einer atraumatischen Kanüle erlaubt.
3. Der Einsatz von **Sedativa** bei inkompletter Analgesie ist nicht zweckmäßig.

10.8 Blockaden des Plexus brachialis

Um sämtliche **Operationen im Schulter-Arm-Bereich** in Regionalanästhesie durchführen zu können, genügen insgesamt 3 Techniken, um den Plexus brachialis in seinem Verlauf auf unterschiedlicher Höhe zu blockieren: die **axilläre**, die **vertikal infraklavikuläre** (VIP) und die **interskalenäre** Blockade (Tab. **66**). Diese Verfahren werden im folgenden eingehend erläutert. Die supraklavikulären Methoden, z. B. nach *Kulenkampff* oder nach *Winnie*, sind wegen höherer Komplikationsraten (Pneumothorax in 1–10%!) größtenteils verlassen worden.

Tabelle 66 Operationsbereiche bei unterschiedlicher Blockade des Plexus brachialis

Operationen im Bereich	Axillär	VIP	Interskalenär
Unterarm/Hand	+	(+)	
Ellbogen	+	+	
Oberarm		+	
Schulter		(+)	+
Klavikula			+

MERKE
Supra- und infraklavikuläre Plexusanästhesien dürfen wegen der möglichen Verursachung eines Pneumothorax **nicht bei ambulanten Patienten** durchgeführt werden!

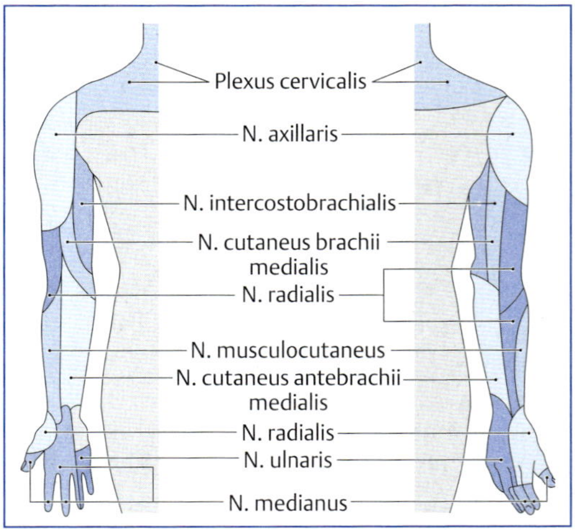

Abb. 17 Innervation der oberen Extremität (anterior und posterior)

10.8.1 Axilläre Plexusblockade

Die Blockade des Plexus brachialis über den axillären Zugang ist die technisch einfachste, risikoärmste und deshalb am meisten verbreitete Methode.

Anatomie

In der Achselhöhle verläuft lateral des M. coracobrachialis eine Gefäßnervenscheide. Sie enthält neben der i. d. R. gut zu tastenden A. axillaris die V. axillaris sowie den N. medianus, N. radialis und N. ulnaris. Der N. musculocutaneus verläuft auf dieser Höhe meist schon außerhalb im M. coracobrachialis und muß daher gesondert blockiert werden. Auch der N. intercostobrachialis, der aus dem ersten Interkostalnerv hervorgeht und separat subkutan verläuft, wird durch die axilläre Plexusblockade nicht erfaßt und muß extra ausgeschaltet werden.

Tabelle 67 Sensible und motorische Versorgungsgebiete einzelner Nerven der oberen Extremität

Nerv	Leitmuskeln	Hautareal
N. medianus	Mm. flex. digitorum	palmarer Unterarm, palmare Hand, D_{1-4} palmar
N. radialis	Mm. ext. carporum	dorsaler Unterarm, D_{1-3} dorsal
N. ulnaris	M. adductor pollicis	ulnarer Unterarm, D_{3-5} dorsal, D_{4-5} palmar
N. musculocutaneus	M. coracobrachialis	radialer Unterarm, Tabatiere
N. intercostobrachialis	∅	medialer Oberarm

Technik

Vorbereitung. Zur axillären Plexusblockade wird der Arm in der Schulter rechtwinklig ausgelagert und im Ellbogen gebeugt, so daß die Hand ungefähr auf Kopfhöhe des Patienten liegt. In der Achselhöhle ist nun die **A. axillaris** als Leitstruktur gut zu tasten (Abb. **18**). Nach Rasur und Hautdesinfektion wird die intrakutane Lokalanästhesie durchgeführt und die Haut mit einer scharfen Kanüle vorgestanzt. Nach erneuter Desinfektion wird die Gefäßnervenscheide mit einer i. d. R. immobilen, 25 mm langen atraumatischen Kanüle punktiert. Die Verwendung eines Nervenstimulators oder der Sonographie ist nicht obligat.

Methode mit Nervenstimulator. Hierbei wird die A. axillaris möglichst weit proximal mit Zeige- und Mittelfinger der linken Hand getastet und die Kanüle zwischen den Fingerkuppen in einem Winkel von 45° zur Haut nach proximal auf den Oberrand der Arterie zu geführt (→ N. medianus). Die Penetration der Gefäßnervenscheide ist i. d. R. als deutlicher „Klick" zu spüren. Das Auslösen von Kontraktionen der Fingerbeuger zeigt die unmittelbare Nähe des N. medianus an. Durch vorsichtiges weiteres Vorschieben der Kanüle wird die Lage zum Nerv optimiert (Reizstromstärke ≤ 0,3 mA). Nach der Aspirationskontrolle wird eine Testdosis von 2 ml LA injiziert. Sie muß sich leicht einspritzen lassen. Hoher Kraftaufwand und Injektionsschmerzen deuten auf eine mögliche intraneurale Lage hin. Die Kanüle muß dann etwas zurückgezogen und neu optimiert werden. Bei korrekter Lage erlischt die Muskelkontraktion unmittelbar nach Gabe der Testdosis. Kehrt sie innerhalb von ca. 15 sec nicht zurück, so wird die Vollwirkdosis des LA in 5-ml-Schritten unter intermittierender Aspirationskontrolle injiziert. Um die Ausbreitung des LA nach proximal zu fördern, sollte die Gefäßnervenscheide dabei distal der Kanüle digital komprimiert werden (evtl. unterstützt durch eine leichte Massage der Punktionsstelle). Zum Abschluß wird die Punktionsstelle mit sterilem Pflaster abgeklebt und der Arm wieder angelagert.

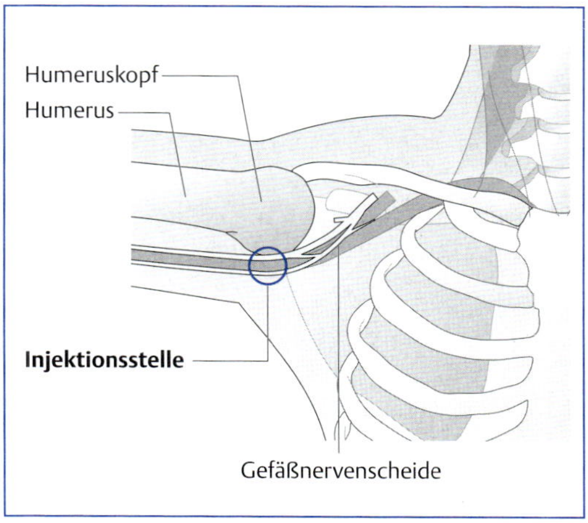

Abb. 18 Axillärer Zugang zum Plexus brachialis

MERKE
Auch eine in 2 Ebenen negative Aspirationskontrolle schließt eine intravasale Kanülenfehllage nicht mit letzter Sicherheit aus!

Methode ohne Nervenstimulator. Bei dieser Technik wird die Gefäßnervenscheide einige Zentimeter weiter distal punktiert. Nach Penetration der Faszie wird die Kanüle losgelassen. Sie sollte nun pulssynchron oszillieren. Das LA wird dann, nach Aspirationskontrolle, jeweils zur Hälfte ober- und unterhalb der A. brachialis ebenfalls fraktioniert injiziert.

MERKE
Pulssynchrone Bewegungen der Punktionskanüle sind nicht beweisend für eine intrafasziale Kanülenlage. Sie können auch auftreten, wenn die Kanüle außerhalb auf der Gefäßnervenscheide liegt.

Besonderheiten. Die Nervenblockade breitet sich innerhalb von 20–30 min aus, aufgrund der speziellen Faseranordnung allerdings **von proximal nach distal.**[29] Zur Blockade des meist nicht miterfaßten **N. musculocutaneus** sollten zusätzlich etwa 5 ml LA in den M. coracobrachialis injiziert werden. Er ist als etwa fingerdicker Muskel oberhalb der A. axillaris gut zu tasten. Damit die Blutsperre besser toleriert wird, sollte die untere Axilla mit ebenfalls 5 ml LA ringförmig subkutan infiltriert werden. Dies dient der Ausschaltung des **N. intercostobrachialis.**

Dosierung. Siehe Tab. **65**.

Indikationen
- chirurgische Eingriffe an Hand, Unterarm und Ellbogen

Insbesondere in der Gefäßchirurgie ist die verfahrenstypische Sympathikolyse von Vorteil (z. B. bessere Durchblutung im Bereich von Anastomosen).

Komplikationen (selten bis sehr selten)
- intravasale Injektion des LA (A. od. V. axillaris)
- Punktion der A. axillaris mit Hämatombildung und Gefahr von Nervendruckschäden
- intraneurale Injektion mit langfristiger Störung der Nervenfunktion

Spezielle Kontraindikationen
- Vorschädigung des Plexus brachialis
- distale Lymphangitis
- vorangegangene Mastektomie mit axillärer Lymphadenektomie auf der zu anästhesierenden Seite

!

Fehlinjektionen in die A. axillaris können – vor allem bei höherem Stempeldruck – zum retrograden Einströmen von LA in die A. vertebralis führen und schon bei geringen Mengen massive **zentralnervöse Nebenwirkungen** auslösen (Krampfanfälle, Bewußtseinsverlust, Atemlähmung)!

10.8.2 Vertikal infraklavikuläre Plexusblockade

Die vertikal infraklavikuläre Plexusblockade (VIP) ist einfacher durchzuführen als die traditionellen supraklavikulären Techniken. Demzufolge ist auch die

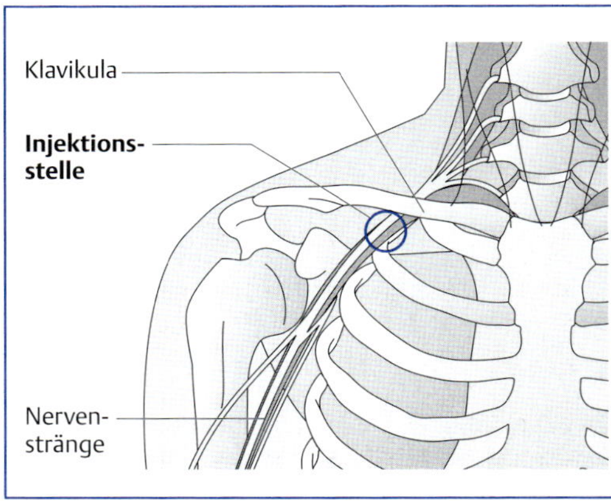

Abb. 19 Infraklavikulärer Zugang zum Plexus brachialis

Komplikationsrate erheblich geringer. Bei korrekter Durchführung läßt sich ein Pneumothorax nahezu sicher vermeiden.

Anatomie

Als knöcherne Leitpunkte dienen die **Fossa jugularis** und das **Akromion**. Die Einstichstelle liegt infraklavikulär genau auf halber Strecke dazwischen (Abb. **19**). Computertomographische Bilder haben gezeigt, daß sich der Punktionsort deutlich lateral der Pleurakuppel befindet und so ein Pneumothorax vermieden werden kann, wenn eine exakt lotrechte Stichrichtung eingehalten wird. Auch die V. und die A. subclavia liegen medial des Plexus. In einer durchschnittlichen Tiefe von 3,3 cm unterhalb der Haut trifft man auf die 3 Faszikel des Plexus. Der N. musculocutaneus ist hier noch nicht abgezweigt und kann deshalb ebenso sicher mitblockiert werden wie der N. axillaris.

Technik

Vorbereitung. Der Patient liegt auf dem Rücken, der zu anästhesierende Arm ist angelagert. Der Anästhesist steht auf derselben Seite. Mit einem Faserstift werden die beiden Leitpunkte markiert und zu einer Linie verbunden. Dabei ist unbedingt darauf zu achten, daß das Akromion nicht mit dem medial liegenden Processus coracoideus verwechselt wird. Der Abstand der Punkte wird mit einem flexiblen Lineal

29 Das LA dringt erst in die äußeren Anteile des Nervs (Mantelfasern) ein und dann in die inneren (Kernfasern). Aufgrund der somatotopischen Gliederung bedeutet dies, daß die proximalen, von den Mantelfasern versorgten Areale (einer Extremität) stets vor den distalen, von den Kernfasern versorgten anästhesiert werden.

ausgemessen. Die Streckenhälfte markiert den Punktionsort. Er befindet sich direkt an der Klavikulaunterkante. Nach der Hautdesinfektion wird eine Lokalanästhesie der Haut, des Stichkanals und des Klavikulaperiosts durchgeführt. Die Haut wird mit einer scharfen Kanüle vorgestanzt. Anschließend wird erneut desinfiziert und mit einem sterilen Lochtuch abgedeckt. Zur Punktion wird eine 80 mm lange atraumatische Stimulationskanüle benutzt. Die Verwendung eines Nervenstimulators oder der Sonographie ist obligat.

Vorgehen. Zeige- und Mittelfinger der Tasthand liegen beidseits des Stichkanals, wobei medial die zweite Rippe gefühlt werden kann. Mit der Führungshand wird die Kanüle langsam und **streng lotrecht** vorgeschoben, bis in einer Tiefe von zumeist 3–4 cm Muskelzuckungen am Unterarm ausgelöst werden. Nach Optimierung der Kanülenposition (Reizstromstärke ≤ 0,3 mA) und negativer Aspirationskontrolle wird eine Testdosis von 2 ml LA injiziert. Hiernach müssen die Zuckungen umgehend aufhören. Anschließend wird die Vollwirkdosis des LA fraktioniert in üblicher Weise verabreicht (Abschn. 10.8.1).

Dosierung. Siehe Tab. **65**.

Indikationen

- alle Operationen distal der Schulter

Schultereingriffe selbst sind wegen der fehlenden Ausschaltung des **N. suprascapularis** i. d. R. nicht möglich. Die VIP bietet sich aber bei Verletzungen an, die eine Lagerung des betreffenden Arms zur axillären Plexusblockade unmöglich machen. Wegen der sicheren Blockade des **N. musculocutaneus.** kann die VIP besonders vorteilhaft für Operationen im Bereich der radialen Unterarmseite eingesetzt werden. Auch für Shuntanlagen ist sie hier besser geeignet als die axilläre Plexusblockade.

Komplikationen

- Gefäßpunktionen (ca. 10%)
  - Hämatombildung
  - toxische LA-Nebenwirkungen nach Fehlinjektion
- Horner-Syndrom (5–10%)
- Hämato- oder Pneumothorax
- Nervenläsionen

Spezielle Kontraindikationen

- kontralaterale Phrenikusparese
- schwere Lungenfunktionsstörungen
- Gerinnungsstörungen

10.8.3 Interskalenäre Plexusblockade

Der interskalenäre Zugang ermöglicht die am weitesten proximale Blockade des Plexus brachialis. Die Nähe zu besonders empfindlichen Strukturen erfordert aber eine exakte anatomische Orientierung und sehr umsichtige Durchführung der Punktion.

Anatomie

Bei der interskalenären Plexusblockade werden die Nerven, die den Wurzeln C_{5-8} und Th_1 entspringen, direkt nach ihrer Vereinigung zu den Trunci sup., med. und inf. auf Höhe des 6. Halswirbels ausgeschaltet. Hier treten sie durch einen Spalt zwischen M. scalenus ant. und med., die **hintere Skalenuslücke,** hindurch (Abb. **20**). In unmittelbarer Nähe liegen die A. vertebralis und der Spinalkanal. Der N. phrenicus befindet sich auf dem M. scalenus ant. und der N. recurrens in einer Rinne zwischen Trachea und Ösophagus.

Technik

Vorbereitung. Der Kopf des Patienten wird leicht zur Gegenseite gedreht. Der Anästhesist steht auf der zu anästhesierenden Seite. Zur besseren Abgrenzung des lateralen Rands des M. sternocleidomastoideus kann man den Patienten bitten, den Kopf kurz etwas anzuheben. Dann läßt man die Finger der Tasthand in den Spalt hinter diesem Muskel gleiten, so daß den Fingerkuppen der M. scalenus ant. anliegt. Rollt man nun mit den Fingerkuppen hin und her, so wird die sich nach kaudal verbreiternde Skalenuslücke tastbar. Häufig ist an ihrem Boden auch die A. sub-

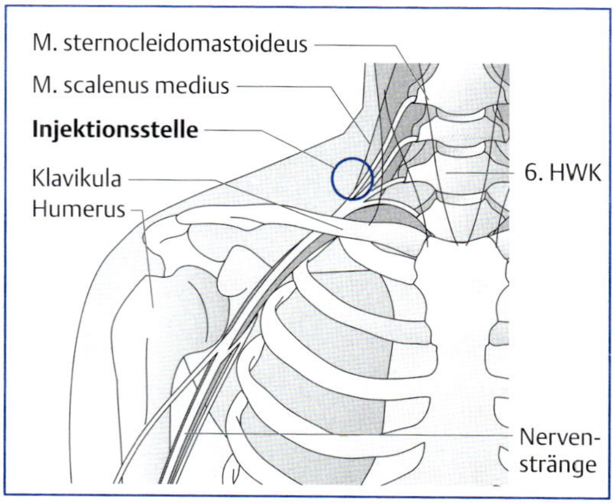

Abb. 20 Interskalenärer Zugang zum Plexus brachialis

clavia gut zu fühlen. Medial davon kann man als festen Widerstand den Querfortsatz des 6. Halswirbels spüren. Auf Höhe des 6. Halswirbels liegt der Ringknorpel. Er dient als Leitpunkt für die Einstichhöhe. Nach der Hautdesinfektion wird eine Lokalanästhesie der Haut und des Stichkanals durchgeführt. Die Haut wird mit einer scharfen Kanüle vorgestanzt. Anschließend wird erneut desinfiziert und mit einem sterilen Lochtuch abgedeckt. Zur Punktion wird eine 40 mm lange atraumatische Stimulationskanüle benutzt. Die Verwendung eines Nervenstimulators oder der Sonographie ist obligat.

Vorgehen. Die Skalenuslücke wird mit Zeige- und Mittelfinger der Tasthand so fixiert, daß zwischen den beiden Fingern etwa 1 cm frei bleibt. So kann die Kanüle bei korrekter Lage optimal mit der anderen Hand fixiert werden. Um das Risiko einer Punktion der A. vertebralis und des Spinalkanals zu minimieren, sollte eine Stichrichtung von 45° **nach dorsokaudal** eingehalten werden. Nach Penetration der intermuskulären Faszie können in 1,5–2,5 cm Tiefe Muskelzuckungen am Oberarm ausgelöst werden. Sobald die Kanülenlage optimiert ist (Reizstromstärke ≤ 0,3 mA), wird nach negativer Aspirationskontrolle eine Testdosis von 2 ml LA injiziert. Daraufhin müssen die Zuckungen sofort aufhören. Treten keine Zeichen einer zervikalen Spinalanästhesie auf, so wird anschließend die Vollwirkdosis des LA fraktioniert in üblicher Weise verabreicht (Abschn. 10.8.1). Um die Ausbreitung auf den distalen Anteil des Plexus zu fördern, kann die Nervenscheide proximal der Punktionsstelle digital leicht komprimiert werden.

Dosierung. Siehe Tab. **65**.

Besonderheiten. Bei den in Tab. **65** angegebenen Dosierungen wird der **Plexus cervicalis superficialis** (→ sensible Versorgung von Hals und Klavikularegion) regelmäßig mitanästhesiert. Für eine komplette motorische Blockade der Schulter muß zusätzlich der **N. accessorius** ausgeschaltet werden. Dies gelingt mit einer flächenförmigen Injektion von 5 ml LA zwischen oberem und mittlerem Drittel des lateralen M. sternocleidomastoideus.

Indikationen

- chirurgische Eingriffe: Schulter-Oberarm-Klavikula-Bereich (Ausnahme: Oberarminnenseite)
- Reposition: Schultergelenkluxation
- Schmerztherapie: Schmerzen im Schulter-Arm-Bereich (z. B. Arthrose, reflexdystrophisches Syndrom, Gefäßerkrankungen, postoperative Schultermobilisierung)

Während die Nervenwurzeln C_{5-8} über den interskalenären Zugang sicher anästhesiert werden können, gilt dies nicht immer für die tieferen Wurzeln C_8 und Th_1, aus denen u. a. der **N. ulnaris** hervorgeht. Operationen an der Oberarm- und Unterarminnenseite sind daher zumeist nicht möglich. Da Teile der Muskulatur der Rotatorenmanschette nicht miterfaßt werden, kann bei ausgedehnten Schultereingriffen die zusätzliche Blockade des **N. accessorius** oder die Kombination mit einer Intubationsnarkose notwendig sein, um eine vollständige Relaxierung zu erreichen.

Nebenwirkungen, Komplikationen und spezielle Kontraindikationen

- **Nebenwirkungen**
  - Horner-Syndrom
  - Phrenikusparese
  - Rekurrensparese
  - Vagusblockade
- **Komplikationen**
  - Pneumothorax
  - Spinal- od. Epiduralanästhesie
  - Hämatom, intravasale LA-Injektion
  - Bronchospasmus
- **Kontraindikationen**
  - kontralateraler Pneumothorax
  - kontralaterale Phrenikusparese
  - kontralaterale Rekurrensparese
  - schwere Lungenfunktionsstörungen

Aufgrund der Nähe zum *N. phrenicus* (C_4-Wurzel) kam es früher ohne Benutzen eines Nervenstimulators sehr häufig (bis zu 80%!) zu einer Mitblockade mit entsprechender Parese und Zwerchfellhochstand. Eine unilaterale Phrenikusparese ist bei pulmonal gesunden Patienten ohne Belang. Bei bekannter kontralateraler Phrenikusparese oder deutlich eingeschränkter pulmonaler Leistungsfähigkeit darf allerdings keine Interskalenusblockade durchgeführt werden. Über die Hälfte aller Patienten entwickelt als Folge einer Stellatumblockade ein passageres *Horner-Syndrom.* Bei Patienten mit Kopfverletzungen und der Notwendigkeit von Pupillenkontrollen ist dies zu berücksichtigen. Bei Asthmatikern ist vereinzelt über das Auftreten eines *Bronchospasmus,* ebenfalls bedingt durch die Sympathikusblockade, berichtet worden. In ca. 10–15% der Fälle wird auch der *N. recurrens* anästhesiert (→ Heiserkeit!). Die kontralaterale Rekurrensparese ist daher eine *absolute* Kontraindikation für eine Interskalenusblockade (Gefahr des kompletten Glottisverschlusses bei beidseitiger Rekurrensparese!). Unbedingt vermieden werden muß eine Injektion in die *A. vertebralis* (zu weit mediale Punktion), da schon kleinste Mengen LA (1–2 ml!) unmittelbar schwerste toxische zerebrale Reaktionen hervorrufen können (Krampfanfall etc.). Ähnlich gefährlich ist eine Injektion in den *Spinal- oder Epiduralraum.* Bei zu weit kaudaler Punktion besteht die Möglichkeit einer Pleurapunktion mit Bildung eines *Pneumothorax.*

MERKE

Postoperativ muß nach einer **infraklavikulären oder interskalenären Plexusblockade** grundsätzlich ein verfahrensbedingter **Pneumothorax** ausgeschlossen werden.

10.9 Nervenblockaden an der unteren Extremität

Wie die obere Extremität wird auch die untere von einem Nervenplexus versorgt. Mit der Kombination aus einer hohen **Ischiadikus-** und einer **3-in-1-Blockade** kann das Versorgungsgebiet des gesamten Plexus lumbosacralis anästhesiert werden. Dies ermöglicht sämtliche **Operationen an der unteren Extremität** distal des Leistenbands.

10.9.1 Ischiadikusblockaden

Der N. ischiadicus (L_4-S_3) wird aus den ventralen Ästen des Plexus sacralis gebildet. Er tritt durch das Foramen infrapiriforme in die Glutäalregion aus. Noch bevor er unter der Faszie des M. glutaeus maximus zu liegen kommt, hat sich meistens der rein sensible N. cutaneus femoris post. bereits abgespalten. Der N. ischiadicus versorgt sensibel die Oberschenkelrückseite, die laterale Unterschenkelseite, das hintere und äußere Sprunggelenk sowie den Fuß und motorisch vor allem die Streckmuskeln von Unterschenkel, Sprunggelenk, Fuß und Zehen. Er kann an verschiedenen Stellen in seinem Verlauf blockiert werden. Zur Festlegung des Einstichortes dienen gut tastbare knöcherne Leitpunkte. Leitmuskel für die Nervenstimulation ist jeweils der M. gastrocnemius.

■ Dorsolateraler Zugang nach *Winnie*

Über diesen hohen Zugang wird auch der **N. cutaneus femoris posterior** ausgeschaltet, was bei einer Kombination mit der 3-in-1-Blockade für das Tolerieren eines Tourniquets am Oberschenkel wichtig ist.

Vorbereitung. Der Patient liegt auf der Gegenseite. Das zu anästhesierende Bein wird in der Hüfte etwa 45° und im Knie etwa 90° gebeugt, so daß die Ferse auf dem unten liegenden Knie ruht. Das andere Knie wird mit einer Lagerungshilfe unterpolstert, um eine Adduktion und Innenrotation des Femurs zu verhindern. Mit einem Faserstift werden der **Trochanter major**, die **Spina iliaca post. sup.** und der **Hiatus sacralis** als Leitpunkte markiert (Abb. **21**). Trochanter und Spina werden zu einer Linie verbunden, ebenso Trochanter und Hiatus. Die Trochanter-Spina-Linie wird halbiert. Vom Halbierungspunkt ausgehend, wird mit der Senkrechten die andere Linie gekreuzt. Der Schnittpunkt kennzeichnet die Einstichstelle. Nach der Hautdesinfektion wird eine Lokalanästhesie der Haut und des Stichkanals durchgeführt. Die Haut wird mit einer scharfen Kanüle vorgestanzt. Anschließend wird erneut desinfiziert und mit einem sterilen Lochtuch abgedeckt. Zur Punktion wird eine 120 mm lange atraumatische Stimulationskanüle benutzt. Die Verwendung eines Nervenstimulators oder der Sonographie ist obligat.

Vorgehen. Die Kanüle wird senkrecht zur Haut vorgeschoben. In 5–8 cm Tiefe wird der N. ischiadicus erreicht. Kontraktionen der Wadenmuskulatur zeigen die richtige Position der Kanülenspitze an. Bei Knochenkontakt merkt man sich die Einstichtiefe, um bei der dann erforderlichen Richtungskorrektur, für die die Kanüle immer bis zur Haut zurückgezogen werden muß, nicht versehentlich durch das Foramen infrapiriforme ins kleine Becken zu gelangen. Bei optimaler Kanülenlage sollte die Muskelantwort noch bei Stromstärken von ≤ 0,3 mA sichtbar sein. Nach negativer Aspirationskontrolle wird eine Testdosis von 2 ml LA injiziert, woraufhin die Zuckungen sofort aufhören müssen. Ein hoher Injektionswiderstand oder starke Injektionsschmerzen können durch eine intraneurale Lage bedingt sein. Die Kanüle muß dann etwas zurückgezogen und neu positioniert werden. Die Vollwirkdosis des LA wird fraktioniert in üblicher Weise verabreicht (Abschn. 10.8.1).

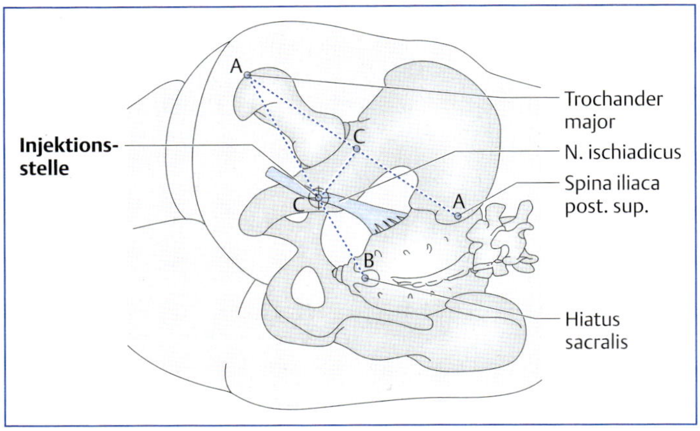

Abb. 21 Ischiadikusblockade nach *Winnie*
A–A Linie zwischen Spina iliaca posterior superior und Trochanter major
A–B Linie zwischen Hiatus sacralis und Trochanter major
C–C Linie senkrecht vom Mittelpunkt von A–A auf A–B

Dorsoposteriorer Zugang nach *Raj*

Hierbei bleibt der Patient auf dem Rücken liegen. Ein Helfer hält das zu anästhesierende Bein, das in Hüfte und Knie rechtwinklig gebeugt wird. Der Oberschenkel wird etwa 10° abduziert. Aufgrund des distaleren Zugangs wird der N. cutaneus femoris post. manchmal nicht mitblockiert. Der N. ischiadicus selbst liegt in diesem Bereich oberflächlicher, was bei adipösen Patienten von Vorteil ist. Als Leitpunkte dienen der **Trochanter major** und das **Tuber ischiadicum.** Die Verbindungslinie dazwischen muß bei richtiger Identifizierung der Leitpunkte von innen nach außen ansteigen. Der Halbierungspunkt markiert die Einstichstelle. Hier ist deutlich eine Muskellücke zu tasten. Nach Hautdesinfektion und Lokalanästhesie wird eine Stimulationskanüle senkrecht zur Haut und parallel zum OP-Tisch vorgeschoben. Der Nerv wird in 4–6 cm Tiefe erreicht. Optimierung der Kanülenspitze und Injektion erfolgen in üblicher Weise.

Distaler Zugang nach *Meier*

Der N. ischiadicus kann auch kurz vor seiner Aufzweigung in den N. peronaeus und N. tibialis oberhalb der Kniekehle blockiert werden (Abb. **22**).

Vorbereitung. Der Patient liegt auf der Gegenseite, das untere Bein wird in Hüfte und Knie gebeugt, das obere, zu anästhesierende gestreckt. Zwischen die Beine wird ein Kissen gelegt. Leitpunkte sind die **Epikondylen.** Sie werden von dorsal mit Daumen und Mittelfinger ertastet. Zusammen mit dem Zeigefinger wird dann ein Dreieck nach kranial gebildet. Die Zeigefingerspitze entspricht dabei in etwa der oberen Begrenzung der Kniekehle ca. 6–8 cm proximal der Kniekehlenfalte. Die Einstichstelle befindet sich 1–2 cm lateral der Dreiecksspitze unmittelbar medial der Sehne des M. biceps femoris. Sie wird mit einem Faserstift markiert. Nach der Hautdesinfektion wird eine Lokalanästhesie der Haut und des Stichkanals durchgeführt. Die Haut wird mit einer scharfen Kanüle vorgestanzt. Anschließend wird erneut desinfiziert. Zur Punktion wird eine 80 mm lange atraumatische Stimulationskanüle benutzt. Die Verwendung eines Nervenstimulators oder der Sonographie ist obligat.

Vorgehen. Die Kanüle wird im Winkel von 30–40° zur Haut nach kranial und etwas nach medial vorgeschoben. Nach 4–7 cm findet sich eine Reizantwort (entweder Dorsalflexion [N. peronaeus] oder Plantarflexion [N. tibialis]). Anschließend wird die Kanülenlage optimiert (Reizstromstärke ≤ 0,3 mA). Nach negativer Aspirationskontrolle wird eine Testdosis von 2 ml LA injiziert, woraufhin die Zuckungen sofort aufhören müssen. Die Vollwirkdosis des LA wird fraktioniert in üblicher Weise verabreicht.

Dosierung für Ischiadikusblockaden. Siehe Tab. **65**.

Indikationen für Ischiadikusblockaden

- Operationen am seitlichen Unterschenkel und am Fuß (ohne Blutsperre)

10.9.2 3-in-1-Blockade

Mit der 3-in-1-Blockade werden die 3 Hauptnerven des Plexus lumbalis anästhesiert: **N. femoralis** (L_{2-4}), **N. cutaneus femoris lateralis** ($L_{2/3}$) und **N. obturatorius** (L_{2-4}). Der Plexus lumbalis entspringt den ventralen Ästen der Spinalnerven Th_{12} bis L_4 und zieht in einer Faszienloge zwischen dem M. psoas major und dem M. iliacus. bis zur Leiste. Distal des Leistenbands setzt sich die Gewebescheide fort.

Hierin verläuft der N. femoralis zusammen mit der V. und der A. femoralis (**i**nnen **V**ene, dann **A**rterie, außen **N**erv). Über diese Scheide kann das Lokalanästhetikum retrograd zum Plexus aufsteigen (Abb. **23**). Die Ausbreitung ist damit volumenabhängig. Der Plexus lumbalis versorgt sensibel die unteren Abschnitte der Bauchwand, den vorderen und seitlichen Oberschenkel sowie den vorderen und inneren Unterschenkel und den Innenknöchel, motorisch die Bauchmuskulatur, die Adduktoren und die Kniestrecker. Leitmuskel für die Nervenstimulation ist der M. quadriceps femoris.

Technik

Vorbereitung. Der Patient liegt auf dem Rücken. Durch Lagerungshilfen wird eine Außenrotation des zu anästhesierenden Beins verhindert. Der Anästhesist steht auf der anderen Seite. Das Leistenband wird mit einem Faserstift markiert. Direkt unterhalb davon wird die A. femoralis mit Zeige- und Mittelfinger quer zu ihrem Verlauf palpiert. Der Einstichort liegt 1–2 cm lateral der Arterie. Nach Hautdesinfektion und Lokalanästhesie wird die Haut mit einer scharfen Kanüle vorgestanzt. Zur Punktion wird eine 40 mm lange atraumatische Stimulationskanüle benutzt.

Vorgehen. Die Kanüle wird etwa 45° zur Haut nach kranial vorgeschoben. Kontraktionen des M. quadriceps bei einer Reizstromstärke von ≤ 0,3 mA zeigen die optimale Lage der Kanülenspitze an. Nach negativer Aspirationskontrolle wird eine Testdosis von 2 ml LA injiziert, woraufhin die Zuckungen sofort aufhören müssen. Anschließend wird die Vollwirkdosis des LA fraktioniert in üblicher Weise verabreicht (Abschn. 10.8.1). Entscheidend für den Blockadeerfolg ist neben der sicheren Fixierung der Kanüle, daß die Gefäßnervenscheide während der Injektion distal der Einstichstelle digital komprimiert wird.

Dosierung. Siehe Tab. **65**.

Indikationen

- Operationen am vorderen und seitlichen Oberschenkel

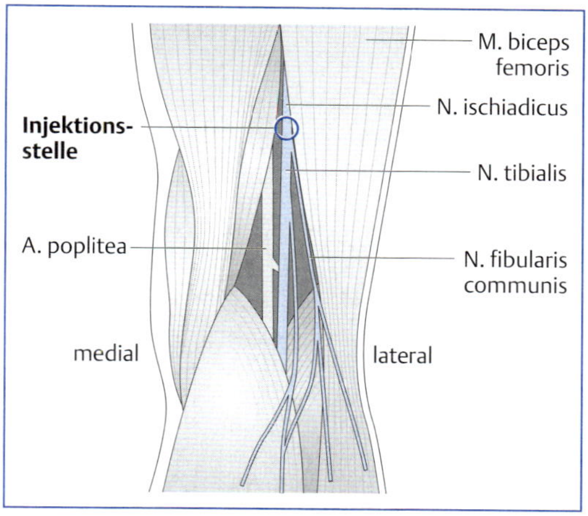

Abb. 22 Distale Ischiadikusblockade nach *Meier*

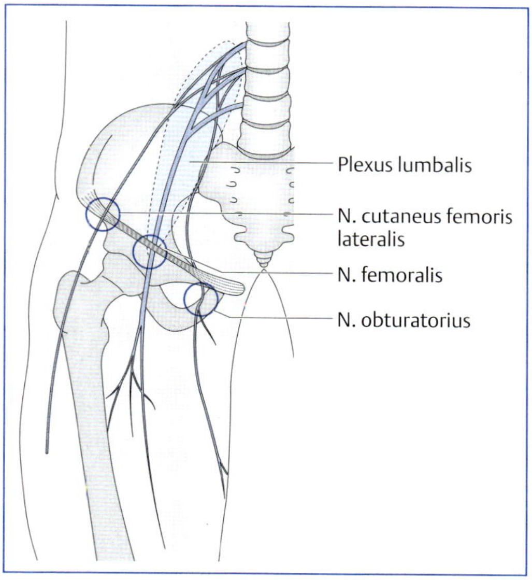

Abb. 23 3-in-1-Blockade
Das Lokalanästhetikum fließt bei distaler Kompression nach kranial und erfaßt so den gesamten Plexus lumbalis.

10.10 Kontinuierliche Blockadetechniken

Mit Hilfe von Kathetern lassen sich die Anästhesie- und Analgesiezeiten bei regionalanästhesiologischen Verfahren quasi unbegrenzt ausdehnen. Dies ermöglicht

- die Durchführung sehr langer Eingriffe (z.B. Replantationschirurgie) und
- die Fortführung der Analgesie in der postoperativen Phase.

Letzteres erleichtert z.B. Übungsbehandlungen ganz erheblich. Die neben der Analgesie erzielte Sympathikolyse führt zu einer besseren Durchblutung im Operationsgebiet und reduziert Vasospasmen, was sich besonders im Bereich von Gefäßanastomosen günstig auswirken kann.

Technik

Regionalanästhesiekatheter werden unter den üblichen sterilen Kautelen ebenfalls mit Hilfe eines Nervenstimulators oder der Sonographie gelegt. Hierzu werden spezielle Stimulationskanülen benötigt (Abschn. 10.3). Die Katheter bestehen aus Teflon. Sie werden an ihrem proximalen Ende mit einem Injektionsfilter (Bakterienfilter) versehen.

Obere Extremität. An der oberen Extremität wird i.d.R. der **axilläre Zugang** bevorzugt. Die spezielle Stimulationskanüle mit stumpfem Stahlmandrin wird in typischer Weise in die Gefäßnervenscheide zum Aufsuchen des N. medianus eingeführt. Sobald die optimale Lage der Kanülenspitze erreicht ist, wird der Mandrin ca. 0,5 cm zurückgezogen. Dann wird die Kanüle abgesenkt und axial in die Gefäßnervenscheide in toto vorgeschoben. Dies muß ohne Widerstand möglich sein. Der Mandrin verhindert dabei ein Abknicken der Teflonkanüle. Nach erneutem Vorschieben des Mandrins muß wiederum der N. medianus stimulierbar sein. Anschließend wird der Mandrin entfernt. Nun kann entweder die Erstdosis des LA direkt über die Kanüle verabreicht oder erst der Katheter eingeführt werden. Der Katheter muß sich ohne Widerstand vorschieben lassen. Je tiefer er plaziert werden kann (mitunter 10–15 cm), um so eher können auch der **N. axillaris** und des **N. musculocutaneus** mitblockiert werden. Er wird mit zwei etwa 1 cm voneinander entfernten Nähten fixiert, wodurch ein Abknicken verhindert wird.

Erhaltung der operativen Anästhesie: z.B. 30 ml Bupivacain 0,375% ca. alle 3 Stunden.

Postoperative Analgesie: 0,75–1,0 ml Bupivacain 0,25% pro 10 kg KG und Stunde (→ Spritzenpumpe).

Untere Extremität. An der unteren Extremität wird der Katheter besonders zur kontinuierlichen 3-in-1-Blockade eingesetzt, besonders zur Schmerztherapie und Übungsbehandlung nach großen Knieoperationen. Das Vorgehen ist identisch.

> **MERKE**
> Katheter und Einstichstelle müssen regelmäßig, d.h. täglich, inspiziert werden. Zur Betreuung und Nachsorge ist speziell geschultes Personal erforderlich.

10.11 Intravenöse Regionalanästhesie

Eine Regionalanästhesie kann auch durch intravenöse Injektion eines Lokalanästhetikums in einer durch Tourniquet okkludierten, blutleeren Extremität herbeigeführt werden. Hierbei ist allerdings besonderes Augenmerk auf die LA-Toxizität zu richten, denn bei versehentlicher vorzeitiger Öffnung der Staubinde können größere LA-Mengen abrupt in den Kreislauf gelangen. Für die intravenöse Applikation dürfen nur **Prilocain**, **Mepivacain oder Lidocain in 0,5%iger Lösung** ohne Vasokonstriktorzusatz verwendet werden. Die Blutleere sollte zur Vermeidung von ischämischen Gewebeschäden eine Dauer von 2 Stunden nicht überschreiten. Bei der Eingriffsplanung ist zu berücksichtigen, daß die Analgesie nur so lange anhält, wie die Stauung aufrechterhalten wird.

Technik

In ausreichender Entfernung zum Operationsgebiet wird zunächst eine Hautvene kanüliert, die Kanüle zugestöpselt und fixiert. Die Extremität wird angehoben und dann mit einer elastischen Gummibinde „ausgewickelt", um sie blutleer zu machen. Anschließend wird eine pneumatische **Doppelkammermanschette** angelegt und mit deren Hilfe die Blutleere aufrechterhalten. In der proximalen Manschette wird dazu der Staudruck auf einen Wert von ca. 50 mmHg oberhalb des systolischen Blutdrucks eingestellt. Anschließend wird das Lokalanästhetikum injiziert. Die Anästhesie tritt i. d. R. nach 5–10 min ein. Sie breitet sich **von distal nach proximal** aus, weil hier i. Ggs. zu den üblichen peripheren Nervenblockaden zuerst die Kernfasern der Nerven erreicht werden. Sobald es stauungsbedingt zu Schmerzen kommt, wird die distale Manschette aufgeblasen (ebenfalls ca. 50 mmHg oberhalb des systolischen Blutdrucks) und danach die proximale entleert. Nach dem Operationsende wird das Lokalanästhetikum durch intermittierendes Absenken des Staudrucks langsam ausgewaschen.

MERKE

Eine **Stauzeit von 15 min** sollte zur Vermeidung systemisch toxischer LA-Wirkungen bei der intravenösen Regionalanästhesie nicht unterschritten werden. Nach dieser Zeit ist die Verteilung des LA abgeschlossen, und es befinden sich ca. 2/3 der Dosis im Gewebe.

Dosierung

- obere Extremität: 30–40 ml Prilocain 0,5 %, Mepivacain 0,5 % oder Lidocain 0,5 %
- untere Extremität: 50–60 ml Prilocain 0,5 %, Mepivacain 0,5 % oder Lidocain 0,5 %

Indikationen

- kleinere Eingriffe an Hand, Unterarm oder Unterschenkel

11 Operationslagerung

11.1 Lagerungsformen ▸ 188
11.1.1 Rückenlage ▸ 188
11.1.2 Bauchlage ▸ 188
11.1.3 Seitenlage ▸ 189
11.1.4 Steinschnittlage ▸ 189
11.1.5 Sitzende Position ▸ 189
11.2 Physiologische Veränderungen ▸ 190
11.2.1 Herz und Kreislauf ▸ 190
11.2.2 Lunge ▸ 190
11.3 Nervenschäden ▸ 190
11.4 Medikolegale Aspekte ▸ 192

11.1 Lagerungsformen

Der Begriff „Operationslagerung" bezeichnet diejenige Körperposition des Patienten, die dem Operateur den bestmöglichen Zugang zum Operationsgebiet verschafft. Während so zwar das operative Vorgehen erleichtert und der Ablauf beschleunigt wird, können lagerungsbedingt Komplikationen entstehen, vor allem dann, wenn kardiorespiratorische Größen in stärkerem Maße verändert werden. Außerdem können bei nicht sachgemäßer Lagerung durch Druck auf anatomische Strukturen, bevorzugt periphere Nerven, im ungünstigsten Fall irreversible Schäden hervorgerufen werden. Deshalb ist es wichtig, die anatomischen und physiologischen Besonderheiten der verschiedenen Lagerungsformen zu kennen und zu berücksichtigen.

Für die meisten (abdominellen) Operationen ist, ebenso wie für die Einleitung einer Allgemeinanästhesie, die **Rückenlage** das Standardverfahren; für viele Eingriffe sind jedoch Modifikationen oder auch gänzlich andere Lagerungen erforderlich, z. B.:

- Steinschnittlagerung in der Gynäkologie, Urologie und Proktologie
- Bauchlagerung in der Orthopädie und Neurochirurgie
- Flankenlagerung in der Urologie
- sitzende Position in der Neurochirurgie

MERKE

1. Die endgültige Lagerung des Patienten für die Operation sollte aus medizinischen und medikolegalen Gründen immer unter Federführung des Operateurs oder seines Vertreters stattfinden.
2. Da intraoperativ die Lagerung häufiger verändert wird, muß der Patient ausreichend auf dem Operationstisch fixiert werden.
3. Lagerungsmaßnahmen, inkl. Lageänderungen und Besonderheiten, sowie deren (wiederholte) Überprüfung müssen im Anästhesieprotokoll hinreichend dokumentiert werden.

11.1.1 Rückenlage

Die horizontale oder flache Rückenlagerung ist für die meisten operativen Eingriffe ausreichend. Modifikationen bestehen in einer leichten Kopftieflage um 10–20° („Trendelenburg-Position"), diskreten seitlichen Neigung des Operationstisches, geringfügigen Oberkörperaufrichtung oder einer Auslagerung eines, selten beider Arme. Bei der Armauslagerung ist vor allem der **Plexus brachialis** gefährdet, weshalb eine Abduktion um mehr als 90° und eine Außenrotation ebenso wie eine Drehung des Kopfes zur Gegenseite vermieden werden müssen. Am besten wird der Kopf in der sog. Neutralstellung gelagert und durch Unterlegen eines weichen Gummirings oder durch speziell geformte Schaumstoffkissen in dieser Position gesichert. Der **N. ulnaris** kann bei seitlicher Armanlagerung in seinem Sulkus geschädigt werden, wenn der Ellbogen einer harten Unterlage ungepolstert aufliegt.

11.1.2 Bauchlage

Die Bauchlagerung ist vor allem bei Eingriffen an der **Wirbelsäule** erforderlich (Modifikation: „Hockerstellung" für lumbale Bandscheibenoperationen). Neben dem Schutz des Plexus brachialis, N. radialis und N. ulnaris gilt hier das besondere Augenmerk dem Kopf des Patienten. Da für Eingriffe in Bauchlage typischerweise eine Allgemeinanästhesie durchgeführt wird und hierbei Lid- und Sekretionsreflex ausgeschaltet sind, müssen die **Augen** zur Verhütung von Hornhauterosionen, wie generell üblich, mit Augensalbe versehen, darüber hinaus aber auch mit dünnem Papierpflaster zugeklebt werden. Ein Druck auf die Bulbi muß ebenfalls unbedingt vermieden werden, damit die retinale Durchblutung nicht beeinträchtigt wird. Sonst droht im schlimmsten Fall die Thrombosierung der A. centralis retinae mit irreversibler Erblindung. Bei nasaler Intubation muß mit Hilfe einer Gazerolle oder Mullbinde die **Zunge** im Mund fixiert werden. Anderenfalls kann sie hydrostatisch bedingt enorm an Größe zunehmen, was nach der Extubation die Atmung erheblich erschweren würde und eine primäre Extubation unmöglich macht. Von besonderer Bedeutung ist eine „freie" Lagerung von **Kehlkopf** und **Abdomen,** letzteres, um einerseits die Zwerchfellbeweglichkeit nicht einzuschränken und andererseits den venösen Rückfluß nicht zu behindern („Kavakompression" mit Blutdruckabfall u. verstärkter [venöser] Blutung im OP-Gebiet). Außerdem muß eine Hyperextension der Halswirbelsäule verhindert werden (bes. bei der Hockerstellung).

11.1.3 Seitenlage

Die Seitenlagerung wird oftmals für Eingriffe im Bereich des **Thorax** oder der **Nieren** angewandt. Die besonderen Risiken bestehen hier in

- einer Verschlechterung der zerebralen Blutversorgung (durch Kompression der Aa. vertebrales und der Jugularvenen),
- einer Schädigung von Spinalnerven (durch Kompression in den Foramina intervertebralia bei Abknickung oder Hyperextension der Halswirbelsäule),
- Druckschäden an den unteren Extremitäten und
- Druckschäden der Armplexus.

Der Plexus brachialis des unten liegenden Arms kann verletzt werden, wenn der Oberkörper auf die Achsel drückt. Zur Entlastung wird z. B. ein zusammengerolltes Tuch unter diese Thoraxseite gelegt. Damit die Halswirbelsäule nicht abknickt, muß der Kopf achsengerecht auf einem Kissen gelagert werden. Der oben liegende Arm wird meistens „aufgehängt", um auch hier den Plexus vor Druck und Zug zu schützen. Ein Kissen zwischen den leicht gebeugten Knien verringert den Druck auf das unten liegende Bein.

Eine spezielle Form der Seitenlagerung ist die sog. **Flankenlagerung** oder auch **seitliche Taschenmesserposition** für bestimmte Eingriffe an der Niere. Hierfür wird der Patient zunächst auf die Seite gedreht, dann werden Kopf- und Fußende des Operationstisches so weit abgesenkt, daß die Flanke am höchsten zu liegen kommt.

11.1.4 Steinschnittlage

Die Steinschnittlagerung ist wie die Flankenlagerung und die sitzende Position eine extreme Lagerungsvariante, was die **kardiorespiratorischen Auswirkungen** angeht (Abschn. 11.2). Sie wird zudem oft mit einer leichten Kopftieflage kombiniert. Neben den Vorsichtsmaßnahmen, die für die Rückenlage zu beachten sind, ist hier für den Schutz des **N. peronaeus** im Bereich des Fibulaköpfchens zu sorgen.

Wie Untersuchungen bei Narkosen mit Larynxmasken gezeigt haben, erhöht die Steinschnittlagerung allein das **Regurgitationsrisiko** nicht. Anders verhält es jedoch bei zusätzlicher Kopftieflagerung.

MERKE
Bei kombinierter **Steinschnitt-Trendelenburg-Lagerung** wird bei einer Allgemeinanästhesie grundsätzlich endotracheal intubiert. Zusätzlich wird immer eine Magensonde gelegt. Maskennarkosen, einschließlich der Larynxmaske, gelten als kontraindiziert.

11.1.5 Sitzende Position

Die sitzende Position ist nur für **bestimmte intrakranielle Operationen** notwendig (Kap. 22.4.5). Neben einer möglichen Schädigung der Nn. ischiadici in den Foramina infrapriformia sind es vorrangig 2 Faktoren, die diese Lage risikoreich machen:

- ein HZV- und Blutdruckabfall durch Verminderung des venösen Rückstroms, verbunden mit der Gefahr eines kritischen Abfalls der Hirndurchblutung, und
- die Möglichkeit einer lebensbedrohlichen Luftembolie bei akzidenteller Eröffnung intrakranieller Venen oder von Durasinus (hierzu s. Kap. 22.8).

Um die Verminderung des venösen Rückstroms in Grenzen zu halten, soll der Patient nur schrittweise unter kontinuierlicher Blutdruck- und Herzfrequenzüberwachung nach Bandagieren der Beine mit elastischen Binden und nach Auffüllen des intravasalen Volumens aufgesetzt werden. Aus demselben Grund empfiehlt es sich, die Beine so hoch wie möglich zu lagern. Das Bandagieren der Beine dient außerdem der Verhinderung von Thrombosen. Um für einen ungestörten hirnvenösen Abfluß zu sorgen, soll eine extreme Beugung der Halswirbelsäule vermieden werden. Der arterielle Mitteldruck muß intraoperativ hoch genug sein, um einen ausreichenden zerebralen Perfusionsdruck zu gewährleisten. Gegebenenfalls müssen hierzu auch Vasopressoren eingesetzt werden.

Die **intraoperative Überwachung** hat den besonderen Gefahren Rechnung zu tragen. Sie umfaßt über die Standardmaßnahmen (inkl. Kapnographie!) hinaus daher immer die invasive Messung des arteriellen und zentralvenösen Drucks sowie zur Detektion intravasaler Luft die präkordiale Dopplersonographie oder transösophageale Echokardiographie.

11.2 Physiologische Veränderungen

11.2.1 Herz und Kreislauf

Im Vordergrund stehen die **Veränderungen des venösen Rückstroms** (Tab. **68**). Beim Absenken der Beine unter Herzniveau (z. B. sitzende Position, Flankenlagerung) wird der venöse Blutfluß aus den abhängigen Körperpartien zum Herzen vermindert, was i. d. R. das Herzzeitvolumen und den arteriellen Blutdruck abfallen läßt. Werden die Beine dagegen über Herzniveau angehoben (z. B. Steinschnitt-, Kopftieflagerung), so wird der venöse Rückfluß deutlich gesteigert. Bei herzinsuffizienten Patienten kann hierdurch eine myokardiale Volumenüberlastung entstehen. Eine zusätzliche Kopftieflagerung behindert den Blutabfluß aus dem Gehirn.

MERKE
Die Beine dürfen beim anästhesierten Patienten nur langsam aus der Steinschnittlagerung zurückverlagert werden, um einen Kreislaufkollaps zu verhindern. Dies gilt wegen der Sympathikusblockade vor allem bei rückenmarknahen Regionalanästhesien.

11.2.2 Lunge

Je nach Körperlage verringern sich, abhängig von der Verschiebung des Zwerchfells nach kranial, die **funktionelle Residualkapazität** (FRC) und die **thorakale Compliance** (Tab. **68**). Am ungünstigsten wirkt sich in diesem Sinne eine Kombination aus Kopftief- und Steinschnittlage aus. Kommen weitere Faktoren hinzu, wie z. B. eine Adipositas oder bei laparoskopischen Eingriffen ein Kapnoperitoneum, so werden die Auswirkungen verstärkt. Die vermehrte Bildung von Mikroatelektasen (bevorzugt in den unten liegenden Lungenabschnitten) kann dann leicht zu einer arteriellen Hypoxie und Hyperkapnie führen. Bei beatmeten Patienten läßt sich dies durch große Atemzugvolumina, einen PEEP und langsamen inspiratorischen Gasfluß weitgehend vermeiden. Aufgrund der verminderten Compliance müssen dabei allerdings höhere Beatmungsdrücke in Kauf genommen werden. In diesem Zusammenhang ist vor allem bei der Bauchlage darauf zu achten, eine abdominelle Kompression mit entsprechender Beeinträchtigung der Zwerchfellbewegungen zu verhindern.

11.3 Nervenschäden

Da die Schutzreflexe unter Allgemeinanästhesien generell und unter Regionalanästhesien lokal ausgeschaltet sind, besteht die Gefahr, daß anatomische Strukturen unbemerkt geschädigt werden. Auch bei sorgfältigster Durchführung der Lagerung ist der Eintritt von Nervenläsionen, Gewebenekrosen oder eines Kompartmentsyndroms nie ganz auszuschließen.

Tabelle 68 Lagerungsbedingte physiologische Veränderungen

	FRC/ Compliance	Venöser Rückstrom	Besonderheiten
Rücken-, Seitenlage	↓	±0	
Kopftieflage	↓↓	↑	Behinderung des hirnvenösen Abflusses, Erhöhung des intragastralen Drucks und damit erhöhtes Aspirationsrisiko, Gefahr der Tubusdislokation in einen Bronchus
Bauchlage	(↓)	±0	Gefahr der Kavakompression
Steinschnittlage	↓	↑	
Sitzende Position	(↓)	↓↓	Gefahr der Luftembolie

FRC = funktionelle Residualkapazität; Compliance = thorakale Compliance

Tabelle 69 Übersicht über die verschiedenen Schweregrade der Nervenschädigung

	Neurapraxie	Axonotmesis	Neurotmesis
Schädigungsform	Commotio nervi ohne Kontinuitätsunterbrechung	lokale Zerstörung von Axonen und Markscheiden	subtotale oder totale Nervendurchtrennung
Ursachen	Prellung, Druck, Ödem, Hämatom	Quetschung	Schnittverletzung, schwerste Quetschung
Elektromyogramm	keine Denervierungszeichen	passagere Denervierung	nach 1–2 Wochen typische Denervierungspotentiale
Nervenleitungsgeschwindigkeit	leicht vermindert	erheblich vermindert oder aufgehoben	keine Nervenleitung
Therapie	konservativ	konservativ	operativ (Nervennaht)
Regeneration	rasch und vollständig	protrahiert, aber i. d. R. vollständig	ohne Operation unvollständig

Pathogenese

Nerven können in ihrem Verlauf besonders dann geschädigt werden, wenn sie knöchernen Strukturen direkt aufliegen und als Folge unsachgemäßer Lagerung **Druck** auf diesen Bereich ausgeübt wird (z. B. N. radialis, N. ulnaris, N. peronaeus, N. facialis). Demgegenüber kann starker **Zug** zu einer Nervenüberdehnung bis hin zum Wurzelausriß führen (z. B. Plexusläsion bei Herunterfallen eines Arms). Bei einer Überdehnung besteht die Gefahr, daß kleinere Nervengefäße rupturieren und sich intraneural Hämatome bilden. Das pathogenetische Substrat derartiger Schädigungen ist eine kompressionsbedingte **Ischämie der Vasa nervorum.** Je nach Ausmaß wird hierdurch nur der Funktions- oder auch der Strukturstoffwechsel der Nervenzellen gestört. Wird der Strukturstoffwechsel längere Zeit beeinträchtigt, so entwickeln sich Nekrosen.

Besonderheiten unter der Anästhesie. Bei allen Methoden der Schmerzausschaltung, also sowohl bei allgemein- als auch bei regionalanästhesiologischen Verfahren, können Patienten sonst für sie unangenehme und schmerzhafte Positionen einzelner Körperpartien nicht mehr wahrnehmen. Bei nichtanästhesierten Patienten treten dagegen bereits nach wenigen Minuten Schmerzen auf, wenn z. B. der Arm um mehr als 90° abduziert wird (häufig ist dabei auch der Radialispuls nicht mehr zu fühlen). Schon 30–40 min in einer solchen Lage können ausreichen, um einen Nerven ernsthaft zu schädigen.

Prädispositionen

Unter den Faktoren, die eine Nervenschädigung begünstigen, finden sich angeborene Anomalien ebenso wie erworbene Erkrankungen. Während bei ersteren die sog. **Engpaßsyndrome** dominieren (z. B. Hypertrophie des M. scalenus anterior und medius, Existenz einer Halsrippe, anomaler Ursprung des Plexus brachialis), handelt es sich bei letzteren überwiegend um primäre oder sekundäre **Störungen der Mikrozirkulation**. Neben schon vorhandenen Mikroangiopathien (z. B. bei Diabetes mellitus) können aber auch erst im Verlauf einer Operation auftretende kardiozirkulatorische Veränderungen (z. B. Schock, disseminierte intravasale Koagulation oder ausgeprägte Hypothermie) den Blutfluß in den Vasa nervorum reduzieren. Bei einer Kachexie fehlen den Patienten die subkutanen Fettpolster, was sie anfälliger für druckbedingte Nervenschäden macht.

Schweregrade

Nervenverletzungen können in 3 Schweregrade eingeteilt werden: Neurapraxie, Axonotmesis und Neurotmesis (Tab. **69**). Während es sich bei der **Neurapraxie** nur um eine funktionelle Schädigung mit völliger Rückbildung von Sensibilitätsstörungen und ggf. leichten Paresen innerhalb weniger Tage handelt, finden sich bei der Axonotmesis und vor allem bei der Neurotmesis strukturelle Läsionen. Bei der **Axonotmesis** bleiben die bindegewebigen Nervenhüllstrukturen (Epi-, Peri-, Endoneurium) als Leitschiene für die Regeneration erhalten; bei der **Neurotmesis** hingegen sind sämtliche Nervenanteile betroffen, so daß eine Restitutio. ad integrum i. d. R. nicht möglich ist. Hierzu ist eine Reanastomosierung der Nervenenden notwendig.

Prävention und Therapie von Nervenschäden

Durch Vermeidung extremer Lagerungen, weiche Unterpolsterung von aufliegenden nervenführenden Knochenstrukturen und nicht einschnürende Fixierung von Extremitäten lassen sich Nervenschäden in den allermeisten Fällen verhindern, zumindest dann, wenn risikoerhöhende Faktoren fehlen. Kommt es dennoch zu einer Schädigung, so ist eine fachneurologische Begutachtung zur exakten Befunderhebung und Einleitung der notwendigen therapeutischen Maßnahmen erforderlich. Bei kompletter Durchtrennung eines Nervs ist immer eine neurochirurgisch-operative Behandlung anzustreben.

11.4 Medikolegale Aspekte

Siehe Kap. 13.8.1.

12 Postoperative Versorgung

12.1	Aufwachraum	▸ 193
12.2	Überwachung	▸ 194
12.3	Komplikationen	▸ 194
12.3.1	Respiratorisches System	▸ 194
12.3.2	Herz-Kreislauf-System	▸ 195
12.3.3	Zentrales Nervensystem	▸ 196
12.3.4	Hypo- und Hyperthermie	▸ 196
12.3.5	Muskelzittern	▸ 197
12.3.6	Übelkeit und Erbrechen	▸ 197
12.3.7	Spezielle chirurgische Aspekte	▸ 197
12.4	Schmerztherapie	▸ 197
12.4.1	Opioide	▸ 198
12.4.2	Nicht-Opioid-Analgetika	▸ 198
12.4.3	Schmerztherapiekonzepte	▸ 200
12.5	Patientenverlegung	▸ 202

12.1 Aufwachraum

Die unmittelbar postoperative Phase ist für den Patienten besonders kritisch, weil die körpereigenen Regulations- und Kompensationsmechanismen aufgrund des operativen Traumas und der anästhesiebedingten Nachwirkungen i. d. R. noch nicht völlig wiederhergestellt sind. In dieser Phase ist eine sorgfältige und lückenlose Überwachung der Vitalfunktionen notwendig, um Komplikationen zu vermeiden oder sofort therapieren zu können. Als Organisationseinheit dient dazu der „Aufwachraum" oder auch die mancherorts schon etablierte „perioperative Anästhesiestation". Überwachung und Therapie sollen hier wie dort nach den Grundsätzen und mit den Mitteln der modernen Intensivmedizin möglich sein.

Übergabe des Patienten

Zu Beginn des Aufenthalts im Aufwachraum wird der Patient vom bisher betreuenden Anästhesisten an die Pflegekraft übergeben. Hierbei ist die Weitergabe folgender **Informationen** essentiell:

- Name und Alter des Patienten
- durchgeführte Operation und Anästhesie
- intraoperative Komplikationen
- aktuelle Vitalparameter
- Verlust und Ersatz von Körperflüssigkeiten und Blut
- Anzahl und Art der Katheter, Drainagen und Sonden
- Vor- bzw. Begleiterkrankungen
- besondere Risiken (z. B. Nichtnüchternheit)
- Anordnungen zur Schmerztherapie
- spezielle Anordnungen
  - besondere Überwachungsparameter
  - Untersuchungen (z. B. Laborwerte, Röntgen)
  - Medikamente (z. B. Heparin, Antibiotika)
  - Bluttransfusion

Allgemeine Maßnahmen

- Lagerung (i. d. R. leichte Oberkörperaufrichtung), abhängig von:
  - kardiopulmonaler Funktion
  - durchgeführtem Eingriff (Anweisung des Operateurs)
- O_2-Applikation (immer nach Allgemeinanästhesien)
- Kontrolle der Vitalfunktionen (Abschn. 12.2)
- Fortführung der Infusionstherapie (Ausnahme: Kurzeingriffe)
- Applikation von Medikamenten (bes. zur Schmerztherapie oder -prophylaxe)
- Bluttransfusion
- Ableitung von Drainagen, Urin und Magensaft
- Flüssigkeitsbilanzierung
- Wärmeapplikation (bes. nach größeren und längeren Eingriffen)
- Dokumentation („Aufwachraumprotokoll")

Spezielle Maßnahmen

- Messung des zentralvenösen Drucks
- invasive Blutdruckmessung
- Pulmonaliskatheter
- Nachbeatmung

12.2 Überwachung

Grundsätzlich unterscheidet sich die Überwachung des postoperativen Patienten nicht von der intraoperativen Vorgehensweise (Kap. 3.1). Das Ausmaß des Monitorings richtet sich ebenfalls nach den Vorerkrankungen und dem Alter des Patienten sowie nach Art und Dauer des operativen Eingriffs, dem anästhesiologischen Verfahren und etwaigen Komplikationen.

Postoperative Überwachungsmaßnahmen (obligate Minimalüberwachung *kursiv)*

klinisch:
- *Bewußtsein*
  - Pupillenreaktion (intrakranielle Eingriffe)
- *Atmung*
- Puls
  - gefäßchirurgische Eingriffe
  - Operationen von Extremitätenfrakturen
- *Hautfarbe/-temperatur*
- Sensibilität
  - Regionalanästhesien
  - gefäßchirurgische Eingriffe
  - Operationen von Extremitätenfrakturen
  - Eingriffe am ZNS
- Motorik/Muskelkraft
  - intraoperative Muskelrelaxation
  - Regionalanästhesien
  - Eingriffe am ZNS
- *Blasenfüllung/Spontanurin*
- *Blut-/Sekretverluste* über Drainagen u. Verbände

apparativ:
- *EKG*, ggf. ST-Strecken-Analyse
- *arterieller Blutdruck* (ggf. invasiv)
- zentralvenöser Druck
- *Pulsoxymetrie*
- Kapnometrie/-graphie[30]
  - obligat bei Nachbeatmung
- Körpertemperatur
- Diurese
- Röntgenthorax[31]

laborchemisch
- Hb od. Hkt
- Na^+, K^+, (Ca^{2+} [ggf. auch ionisiertes!])
- BZ
- Gerinnung
- SvO_2
- arterielle Blutgase

12.3 Komplikationen

12.3.1 Respiratorisches System

Im Mittelpunkt des Spektrums postoperativer Komplikationen im Aufwachraum stehen die Störungen der Atmung. Sie können unbehandelt rasch zu einer **respiratorischen Insuffizienz** führen.

Respiratorische Komplikationen im Überblick

- Atemwegsobstruktion
  - Tonusverlust der Zungengrundmuskulatur
  - chirurgischer Eingriff, z. B.:
    - Ödem oder Blutung nach Karotis- oder Halsoperationen
    - Rekurrensparese nach Strumektomie
  - Laryngospasmus
  - Larynxödem
  - Bronchospasmus, bes. in der Narkoseausleitungsphase bei prädisponierten Patienten:
    - Asthma bronchiale
    - starke Raucher mit chronischer Bronchitis

30 Die **Messung der endexspiratorischen CO_2-Konzentration** am nichtintubierten Patienten ist zwar prinzipiell auch über (halboffene) Gesichtsmasken oder O_2-Insufflationskatheter möglich, bietet aber nur eine eingeschränkte Meßgenauigkeit (Nebenluft). Sie kann dennoch bei Risikopatienten sinnvoll sein, um z. B. bei schwerer COPD die O_2-Therapie zu optimieren, ohne daß es hierbei zu einer weiteren CO_2-Retention kommt.

31 Eine **Röntgenaufnahme des Thorax** ist bei Verdacht auf pulmonale und/oder kardiale Komplikationen indiziert. Auf diese Weise können z. B. ein Pneumothorax, Pleuraerguß, Lungenödem oder Atelektasen objektiviert werden. Sie dient außerdem zur Kontrolle eines ZVK oder PA-Katheters. Sie ist entbehrlich, falls der ZVK mit Hilfe der intraatrialen EKG-Ableitung korrekt plaziert wurde, es sei denn, es wurden die A. subclavia oder tiefe Halsvenen punktiert. Hierbei besteht die Gefahr einer Pleuraverletzung, so daß immer ein Pneumothorax ausgeschlossen werden muß.

- Hypoventilation
  - zentrale Atemlähmung
  - periphere Atemlähmung
- Atelektasen
  - Thorax-, Oberbaucheingriffe
  - chronische Lungenerkrankungen
  - erhebliches Übergewicht
- pulmonale Aspiration
- Pneumo-/Hämatothorax
  - Thoraxoperationen, Strumektomien, Eingriffe am Zwerchfell, Nierenoperationen
  - laparoskopische Chirurgie (Kapnothorax)
  - zentralvenöse Punktionen
- Lungenödem
- Lungenembolie
- gesteigerter Sauerstoffbedarf
  - Muskelzittern
  - Fieber

Laryngospasmus

Beim Laryngospasmus handelt es sich um einen akuten Verschluß des Kehlkopfs durch eine anhaltende Kontraktion der supraglottischen (quergestreiften) Kehlkopfmuskulatur. Er kann durch Stimulation oder Irritation des Larynx, z. B. während der Narkoseausleitung, entstehen. Auslöser sind Manipulationen im Bereich der oberen Atemwege oder Sekret- bzw. Blutansammlungen. Ein Laryngospasmus tritt deutlich häufiger bei Säuglingen und Kleinkindern als bei Erwachsenen auf. Wenn er nicht durch *Maskenbeatmung mit 100% O_2* beherrscht werden kann, ist zusätzlich die Gabe kleiner Dosen von *Succinylcholin* (ca. 0,2 mg/kg KG i. v.) erforderlich.

Larynxödem

Beim Larynxödem liegt eine ödematöse Schwellung der Glottis und z. T. auch der subglottischen Region vor. Neben entzündlichen und allergischen Ursachen spielen in der Anästhesie vor allem instrumentelle Traumatisierungen des Larynx eine Rolle (z. B. traumatische Intubation). Während sich ein Laryngospasmus unmittelbar im Anschluß an die Irritation entwickelt, tritt ein Larynxödem erst mit gewisser Verzögerung in Erscheinung (z. T. bis zu 24 - Stunden!). Therapeutisch sind zumeist *Glukokortikoide* i. v. (z. B. 250 mg Prednisolon [Solu-Decortin H®]) oder die Inhalation einer vernebelten *Micronephrin®-Lösung* (razemisches Adrenalin) erfolgreich. Nur in schweren Fällen, d. h. bei ausgeprägtem Ödem mit erheblicher Dyspnoe o. ä., wird eine künstliche Atemwegssicherung notwendig. Falls eine herkömmliche endotracheale Intubation mit einem dünnen Tubus (z. B. ID 6,0 mm) nicht möglich sein sollte, muß umgehend eine Konio- oder Tracheotomie vorgenommen werden (Kap. 20.5.10).

Hypoventilation

Ein Überhang an *Narkotika* (vor allem Opioide, aber auch volatile Anästhetika) kann eine zentrale Atemlähmung bewirken. Die besondere Gefahr liegt darin, daß ein Ansteigen des arteriellen CO_2-Partialdrucks keine adäquate Ventilationssteigerung nach sich zieht. Dadurch wird verhindert, daß der Patient das subjektive Gefühl der Dyspnoe entwickelt. Mit zunehmender CO_2-Retention entwickelt sich schließlich eine „CO_2-Narkose“ ($PaCO_2$ > 70 mmHg), die unbemerkt im Atemstillstand und „silent death“ enden kann. Nachwirkende *Muskelrelaxanzien* können eine periphere Atemlähmung verursachen. Komplikationen des operativen Eingriffs, (z. B. Phrenikusparese) oder Erkrankungen der Skelettmuskulatur (z. B. Myasthenia gravis) sind ebenfalls in der Lage, die Atmung postoperativ erheblich zu beeinträchtigen.

12.3.2 Herz-Kreislauf-System

Hypoxämie, Hyperkapnie, Schmerzen, Unterkühlung, Harnverhaltung sowie Störungen des Blut- und Plasmavolumens bewirken eine erhöhte Sympathikusaktivität. Hieraus können sich in der unmittelbar postoperativen Phase kardiovaskuläre Komplikationen wie *Hyper- oder Hypotension*, *Arrhythmien*, eine *Herzinsuffizienz*, ein *Myokardinfarkt* und schlimmstenfalls ein *Herz-Kreislauf-Stillstand* entwickeln. Am stärksten gefährdet sind Patienten mit kardiozirkulatorischen Vorerkrankungen. Bei ihnen ist neben der Prävention ein subtiles Monitoring nötig, um unverzüglich und angemessen therapieren zu können.

Herz-Kreislauf-Komplikationen

- arterielle Hypertension
  - Hypoxämie
  - Hyperkapnie
  - Schmerzen
  - Hypothermie
  - Harnverhaltung
  - Hypervolämie
  - Sepsis (z. B. nach Abszeßsanierung)
- Herzrhythmusstörungen
  - Elektrolytimbalancen, bes. Hypokaliämie
  - Hypoxämie
  - Hyperkapnie
  - metabolische Azidose oder Alkalose
  - Digitalisintoxikation
  - Myokardischämie

- arterielle Hypotension
  - Hypovolämie
  - Nachblutung
  - Herzinsuffizienz
  - Perikardtamponade
    - Thorax-/Oberbaucheingriffe
    - ZVK-Anlage
  - Nebennierenrindeninsuffizienz
    - chronische Glukokortikoidmedikation
    - nach Hypophysektomien, Nephrektomien, Adrenalektomien
- Myokardinfarkt
- Lungenembolie (im Aufwachraum selten)
- Herz-Kreislauf-Stillstand

12.3.3 Zentrales Nervensystem

Zerebrale Komplikationen

- verzögertes Aufwachen
  - Narkoseüberhang
  - exzessive Hyperventilation
  - Hypoglykämie
  - Addison-Krise
- Agitiertheit
  - Hypoxämie
  - Schmerzen
  - Harnverhaltung (z. B. Blasenkatheterobstruktion)
  - Dehydratation (bes. bei älteren Patienten)
  - Hyponatriämie (z. B. TUR-Syndrom)
  - Delir (Medikamenten- od. Alkoholentzug)
  - thyreotoxische Krise
- zentralanticholinerges Syndrom (Kap. 8.7)
- hirnorganische Schädigungen

Verzögertes Aufwachen

Ein verzögertes Aufwachen aus der Narkose ist am häufigsten durch einen *Narkoseüberhang* verursacht. Diese Patienten müssen postoperativ oftmals nachbeatmet werden. Wenn Opioide oder Benzodiazepine als Auslöser in Frage kommen, ist prinzipiell eine medikamentöse Antagonisierung möglich. Beachtet werden muß allerdings, daß es hierbei zu überschießenden Kreislaufreaktionen mit Tachykardie und Blutdruckanstieg kommen kann. Außerdem sind Rebound-Phänomene möglich, wenn aufgrund unterschiedlicher Halbwertszeiten die Wirkung des Antagonisten früher nachläßt als die des Agonisten.

Eine exzessive intraoperative *Hyperventilation* kann durch eine respiratorische Alkalose zu einer zerebralen Vasokonstriktion und Ischämie und damit auch zu einer Vigilanzminderung führen. Infolge der Entleerung der „CO_2-Speicher" ist außerdem der Atemantrieb vermindert oder sogar aufgehoben.

MERKE
Postoperative Erregungszustände werden zwar häufig durch Schmerzen verursacht, dennoch muß immer und als erstes eine **Hypoxämie** ausgeschlossen werden!

12.3.4 Hypo- und Hyperthermie

Störungen der Temperaturregulation treten besonders nach langdauernden, thorakalen oder abdominellen Operationen auf. Hierbei kann es zu ausgeprägten Wärmeverlusten kommen (Kap. 3.11.1). Die **Hypothermie** führt postoperativ zu Muskelzittern („postoperative shivering" [POS]). Dadurch können Grundumsatz und O_2-Verbrauch bis auf das Vierfache ansteigen, was vor allem Patienten mit kardiovaskulären Vorerkrankungen gefährdet.

Therapie. Das Kältezittern läßt sich pharmakologisch aufheben oder zumindest abschwächen. Hierzu dienen
- Pethidin (Dolantin®) in subanalgetischer Dosierung (25 mg i. v.),
- Clonidin (z. B. Catapresan®; fraktioniert 150 µg i. v. [Kap. 1.7.2 u. 6.1.5]) oder
- Physostigmin (Anticholium®; fraktioniert bis zu 2 mg i. v. [s. Kap. 8.7]).[32]

Zusätzlich müssen die Patienten mit Hilfe physikalischer Maßnahmen wiedererwärmt werden. Für Risikopatienten gilt, daß sie bis zum Erreichen der Normaltemperatur analgosediert und nachbeatmet werden müssen (Kap. 3.11.2).

Eine postoperative **Hyperthermie** beruht meistens auf einer harmlosen Verstellung des Körpertemperatur-Soll-Werts durch Narkose und Operation. Sie kann aber auch Ausdruck einer Septikämie oder in seltenen Fällen sogar einer (abortiven) malignen Hyperthermie sein.

32 Es wird vermutet, daß der Wirkungsmechanismus wie bei Clonidin so auch bei Pethidin in einer Stimulation zentraler α_2-Rezeptoren liegt. Es hat sich nämlich zeigen lassen, daß die µ-agonistische Wirkung POS zwar verhindern kann, aber allein nicht ausreicht, um bereits eingetretenes POS wirksam zu behandeln. So ist z. B. Sufentanil nicht gut zur Therapie des POS geeignet.

12.3.5 Muskelzittern

Postoperatives Muskelzittern kann als Reaktion auf intraoperative Wärmeverluste auftreten (Abschn. 12.3.4). Es kann aber auch bei **normothermen** Patienten beobachtet werden, und zwar besonders nach Inhalationsanästhesien. Der genaue Entstehungsmechanismus ist noch nicht bekannt. Vorstellbar ist eine unterschiedlich schnelle Abflutung des Anästhetikums aus kortikalen und subkortikalen Regionen. Auch in diesen Fällen kann die Anwendung von *Pethidin, Clonidin oder Physostigmin* erfolgreich sein.

12.3.6 Übelkeit und Erbrechen

Siehe Kap. 6.3.

12.3.7 Spezielle chirurgische Aspekte

Chirurgische Komplikationen

- Nachblutungen
- Spannungspneumothorax
  - Oberbauch-, Nieren-, thorakale Operationen
  - laparoskopische Eingriffe
- Kompressionsphänome bis hin zum Kompartmentsyndrom
  - Frakturversorgungen mit Gipsanlage
- Gefäßverschlüsse nach desobliterierenden Eingriffen
  - venös (Stauungssymptomatik)
  - arteriell (Ischämiesymptomatik)

Nachblutungen

Bei Nachblutungen sind nicht nur Menge und Geschwindigkeit des Blutverlustes wichtig, sondern auch die Lokalisation der Blutung. So kann z. B. nach einer Strumaresektion schon eine geringe Nachblutung durch Kompression der Trachea und die hieraus resultierende Hypoxie deletäre Folgen haben. Nachblutungen sind nicht immer am Blutfluß über die Drainagen erkennbar, da diese verstopfen oder dislozieren können.

12.4 Schmerztherapie

Schmerzen sind nur dann physiologisch sinnvoll, wenn sie auf eine bislang unerkannte Organschädigung oder -dysfunktion hinweisen. Diese Warnfunktion erfüllt der postoperative Wundschmerz gemeinhin nicht. Er ist ausschließlich Folge des chirurgischen Traumas, also der Erregung von Schmerzrezeptoren (Nozizeptoren) im Operationsgebiet.

Potentiell gefährlich für den Organismus werden Schmerzen durch die **Stimulation des sympathischen Nervensystems** (→ Steigerung von Herzfrequenz, links- und rechtsventrikulärer Nachlast; Abb. **24**). Der O_2-Verbrauch des (Gesamt-)Organismus nimmt entsprechend zu, und das in einer Situation, in der er als Folge des Postaggressionsstoffwechsels sowieso schon unphysiologisch gesteigert ist. Die präkapillare Vasokonstriktion kann zudem die zelluläre O_2-Versorgung in einzelnen Organen gefährden. Dies kann bei disponierten Patienten zu Komplikationen führen:

- Myokardischämien bis hin zum Myokardinfarkt
- hypertensive Krise
- akute Links- und/oder Rechtsherzdekompensation

Zusätzlich können Schmerzen, vor allem nach Thorax- oder Oberbaucheingriffen, durch Schonatmung und mangelhaftes Abhusten die Bildung von Atelektasen begünstigen und dadurch den pulmonalen Gasaustausch im Sinne einer *alveolären Hypoventilation* beeinträchtigen. Weitere schmerzbedingte Veränderungen, die den Heilungsverlauf verzögern und komplizieren können, sind eine Hemmung der Motilität des Gastrointestinal- und Urogenitaltrakts (→ Übelkeit/Erbrechen, Subileus; Harnretention), ein erhöhtes Thromboserisiko und allgemein die Stoffwechselkatabolie.

Der **postoperative Wundschmerz** ist ein Ruheschmerz. Seine Intensität ist allgemein um so größer, je ausgedehnter die operative Gewebeverletzung und damit die Erregung von Nozizeptoren ist. Besonders ausgeprägt sind Schmerzen nach

- Thorax-, Oberbauch- und Niereneingriffen sowie nach
- umfangreichen Eingriffen an Gelenken, Knochen und speziell der Wirbelsäule.

Psychische Faktoren modulieren das subjektive Schmerzerleben, indem sie es verstärken oder ab-

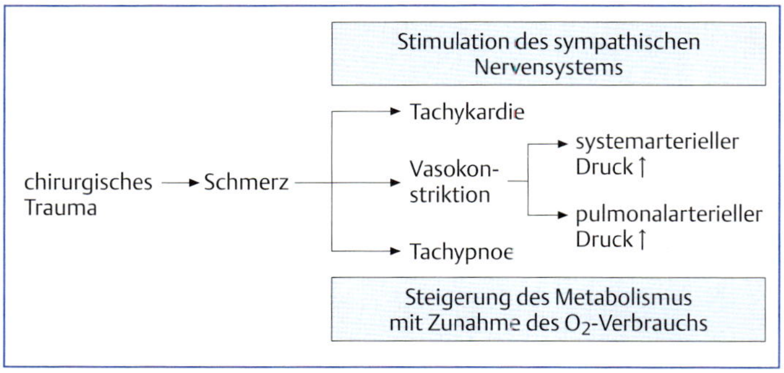

Abb. 24 Akute Auswirkungen des postoperativen Wundschmerzes

schwächen können. Auch das Anästhesieverfahren spielt eine Rolle. Nach Inhalationsanästhesien ist der postoperative Wundschmerz stärker als z. B. nach intravenösen Verfahren mit noch anhaltender Opioidwirkung. Die Schmerzintensität verringert sich naturgemäß mit zunehmendem zeitlichen Abstand zur Operation.

Die Indikation für eine symptomatische **postoperative Schmerztherapie** ergibt sich dann, wenn kausal zu behandelnde Ursachen ausgeschlossen werden können. Folgende Verfahren stehen zur Verfügung und sind Bestandteil eines multimodalen Konzepts:

- i. v. Injektion von Opioiden und/oder Nicht-Opioid-Analgetika
- patientenkontrollierte Analgesie
- Applikation von Lokalanästhetika (und ggf. auch Opioden) über Regionalanästhesiekatheter

12.4.1 Opioide

Zur systemischen Behandlung *starker Schmerzen* werden i. d. R. Opioide eingesetzt. Hiervon sollten reine Agonisten mit mittellanger Wirkungsdauer bevorzugt werden, z. B. **Piritramid** (Tab. **72**). Die sedierende Komponente ist dabei zumeist nützlich. Auch Kindern dürfen Opioide postoperativ nicht vorenthalten werden, wenn von Nicht-Opioid-Analgetika keine ausreichende Wirksamkeit zu erwarten ist.

MERKE
Bei i. v. Gabe von Piritramid dauert es ca. 5 min bis zum Wirkungseintritt und ca. 15 min bis zum Erreichen der Maximalwirkung!

Vermeidung einer Atemdepression

Schmerz und Vigilanz sind die physiologischen Antagonisten der Atemdepression. Um eine Atemdepression zu verhindern, soll die Zufuhr von Piritramid beim spontan atmenden, nicht intubierten Patienten titriert werden (Vorgehen s. Abschn. 12.4.4). Ziel hierbei ist es, die Schmerzwahrnehmung gerade eben ausreichend zu unterdrücken und so keine tiefere Sedierung auszulösen („ein ansprechbarer Patient atmet auch!“).

MERKE
Eine Atemdepression durch Opioide ist immer Folge deren analgetischer Überdosierung, niemals aber deren adäquater Dosierung!

Kontraindikationen. Ehemals Opioidabhängige, ambulante Patienten, möglichst nicht bei geriatrischen Patienten

12.4.2 Nicht-Opioid-Analgetika

Nicht-Opioid-Analgetika (Tab. **70**) haben i. Vgl. zu Opioiden den Vorteil fehlender Atemdepression. Bei *leichten oder mittleren Schmerzen* kann ihre alleinige Gabe ausreichend sein; bei starken Schmerzen können sie mit Piritramid kombiniert werden (Tab. **71**). Für den i. v. Einsatz sind folgende Substanzen verfügbar:

- aus der Gruppe der nichtsteroidalen Antiphlogistika (NSAID)
  - der nichtselektive, irreversible COX-Hemmer Acetylsalicylsäure
  - der selektive COX_2-Hemmer Parecoxib
- das Anilinderivat Paracetamol
- das Pyrazolderivat Metamizol

Nichtsteroidale Antiphlogistika (Tab. 72)

NSAID führen durch Hemmung der Cyclooxygenase (COX) zu einer Reduktion der Synthese von Prostaglandinen (v.a. PGE_2), primär *peripher* im Wundgebiet, aber auch *zentral* in Gehirn und Rückenmark. Sie wirken so nicht nur *analgetisch (und antihyperalgetisch)*, sondern aufgrund ihres peripheren Angriffs auch *antiphlogistisch* (Tab. **70**). NSAID sind deshalb besonders effektiv bei Schmerzen, die nach ausgedehnter Gewebezerstörung auftreten.

Acetylsalicylsäure. Wegen der *Hemmung der Thrombozytenaggregation* und einer damit möglicherweise einhergehenden gesteigerten Blutungsneigung im Operationsgebiet ist die Indikation für die klassischen NSAID und besonders für ASS in der unmittelbar postoperativen Phase mit Bedacht zu stellen. ASS hemmt nämlich die COX *irreversibel*. Da Thrombozyten als fragmentierte, kernlose Zellen aber nicht in der Lage sind, COX nachzubilden, bedeutet dies, daß die COX-induzierte Thromboxansynthese über die gesamte Lebensdauer der betroffenen Thrombozyten ausfällt und somit die Aggregation dauerhaft beeinträchtigt wird. Demgegenüber hemmen die anderen nichtselektiven NSAID die COX reversibel, so daß sich die Thrombozytenaggregation, abhängig von der Eliminationshalbwertszeit der verwendeten Substanz, entsprechend schnell wieder erholen kann. Dennoch wird auch die hemmende Wirkung von ASS auf die Blutstillung im allgemeinen überschätzt. Eine klinische Relevanz im Sinne einer Blutungsneigung kommt ihr in den allermeisten Fällen erst dann zu, wenn weitere Störungen der Hämostase hinzutreten. Nicht selten handelt es sich dabei um zuvor asymptomatische Thrombozytopathien wie das Willebrand/Jürgens-Syndrom, die erst durch ASS dekuvriert werden.

Nebenwirkungen klassischer NSAID:

- Übelkeit und Erbrechen
- Hemmung der Thrombozytenaggregation (*cave*: ASS bei Thrombozytopathien!)
- Magen- oder Duodenalulzera
- (okkulte) gastrointestinale Blutungen
- Verminderung der Nierendurchblutung (*cave*: Hypovolämie Nierenvorschädigung, gleichzeitige Gabe potentiell nephrotoxischer Pharmaka wie Schleifendiuretika, ACE-Hemmer, einige Antibiotika!)
- Bronchokonstriktion (bes. bei intrinsischem Asthma bronchiale [Kap. 35.6])
- Beeinträchtigung der Früh- und Spätschwangerschaft

Bei Kindern vor der Pubertät sind außerdem nach Gabe von ASS im Zusammenhang mit Varizellen- und Influenzainfektionen vereinzelt Fälle von *akutem Leberversagen* mit ausgeprägtem Hirnödem (Reye-Syndrom, Letalität bis zu 50%!) beschrieben. Bei Kindern bis zum 12. Lebensjahr darf ASS deshalb bei viralen Infekten nicht angewendet werden.

Tabelle 70 Wirkqualität und -quantität der wichtigsten Gruppen der Nicht-Opioid-Analgetika

	analgetisch	**antipyretisch**	**antiphlogistisch-antiödematös**	**spasmolytisch**
NSAID	+++	++	+++	∅
Anilinderivate	++	++	∅	∅
Pyrazolderivate	++++	+++	(+)	+++

Tabelle 71 Schema zur perioperativen Anwendung von Nicht-Opioid-Analgetika und Opioiden

	präventiv	**reaktiv**
Eingriffe an der Körperoberfläche	ASS (od. Metamizol)	Metamizol
Muskuloskelettale Eingriffe	ASS od. Metamizol	Metamizol u./od. Piritramid
Enorale Eingriffe	ASS (antiödematöse Wirkung)	Metamizol
Laparoskopische Eingriffe	Metamizol	Metamizol u./od. Piritramid
Eingriffe am Gastrointestinal- oder Urogenitaltrakt	Metamizol (Spasmolyse)	Metamizol u./od. Piritramid
Ambulante Eingriffe*	ASS od. Metamizol	Metamizol
Eingriffe bei geriatrischen Patienten[1]	Metamizol	Metamizol (u. ASS)
Eingriffe bei Patienten mit Adipositas (permagna)[1]	Metamizol	Metamizol (u. ASS)
Eingriffe bei ehemals Opioidabhängigen	Metamizol	Metamizol (u. ASS)
Kleinere Eingriffe an Kleinkindern	Diclofenac-Supp. zur Einleitung[2]	Piritramid titriert

[1] Vermeidung einer Atemdepression durch Opioide, Vigilanzerhaltung; [2] alternativ Paracetamol

Parecoxib. Selektive COX_2-Hemmer wie Parecoxib führen nicht zu einer Hemmung, sondern höchstwahrscheinlich zu einer *Förderung (!) der Thrombozytenaggregation*. Jedenfalls konnte bei längerer Anwendung eine erhöhte Rate thromboembolischer und kardiovaskulärer Komplikationen beobachtet werden. Auch für den perioperativen Kurzeinsatz scheint deshalb Vorsicht geboten, ganz abgesehen einmal vom hohen Preis der Substanzen. Selektive COX_2-Hemmer haben die großen Erwartungen nicht erfüllen können.

Spezielle Kontraindikationen. Pat. mit kardiovaskulären Erkrankungen, nach Koronarbypassoperationen

Paracetamol (Tab. 72)

Paracetamol übt nur eine relativ schwache analgetische Wirkung aus (Tab. **70**). Sie soll ausschließlich *zentral* vermittelt werden (evtl. hier Supprimierung der Prostaglandinsynthese), denn Paracetamol reichert sich als nichtsaure Substanz nicht im Entzündungsgebiet an. Es wirkt daher zwar nicht antiphlogistisch, beeinflußt aber auch nicht die Blutgerinnung und ruft keine Läsionen am Magendarmtrakt hervor. In hoher Dosis wirkt Paracetamol jedoch *leberschädigend* bis hin zur akuten Lebernekrose. Aus diesem Grund darf eine Tagesgesamtdosis von 60 mg/kg KG bei Erwachsenen und 100 mg/kg KG bei Kindern keinesfalls überschritten werden.

Kontraindikationen. Leberparenchymerkrankungen, Niereninsuffizienz

Metamizol (Tab. 72)

Bei den Pyrazolderivaten sind die Mechanismen, die zur Analgesie führen, nach wie vor nicht geklärt. Diskutiert wird eine Aktivierung deszendierender schmerzhemmender Bahnen in Hirnstamm und Rückenmark. Sicher ist aber, daß eine antiphlogistische Wirkung fehlt. Dafür ist der *analgetische Effekt deutlich stärker* ausgeprägt als bei den anderen Nicht-Opioid-Analgetika (Tab. **70**). Als Äquivalenzdosis zu 10 mg Morphin können ungefähr 2,0–2,5 g Metamizol veranschlagt werden. Aufgrund seiner zusätzlichen *spasmolytischen* Wirkung ist Metamizol besonders bei viszeralen und kolikartigen Schmerzen indiziert. Wegen seltener, im Einzelfall aber schwerwiegender Nebenwirkungen ist allerdings von einem unkritischen Gebrauch abzuraten.

Nebenwirkungen:
- Blutdruckabfall bei rascher i. v. Injektion (aufgrund direkter Vasodilatation; *cave*: Hypovolämie!)
- anaphylaktische Reaktionen bis hin zum Kreislaufzusammenbruch (extrem selten)
- Agranulozytosen (Inzidenz ca. 5:1 Mio.)

MERKE
1. Zur Vermeidung eines Blutdruckabfalls sollte Metamizol als **Kurzinfusion** (z. B. in 250 ml NaCl 0,9%) über 10–15 min zugeführt werden.
2. Da die **metamizolinduzierte Agranulozytose nicht toxisch** bedingt ist, ist eine Leukozytopenie oder eine Knochenmarkdepression keine Kontraindikation für den Gebrauch von Metamizol.

Spasmolytika

Als Spasmolytika werden Pharmaka bezeichnet, die den Tonus glatter Muskulatur herabsetzen und so schmerzhafte Spasmen im Bereich der abdominalen Hohlorgane lösen können. Auf diese Weise wirken Spasmolytika *indirekt* analgetisch. Sie werden zur symptomatischen Therapie von Koliken eingesetzt, die vom Magendarmtrakt, von der Gallenblase, den ableitenden Harnwegen o. ä. ausgehen. In erster Linie benutzt man dazu *atropinartig* wirkende Substanzen, also solche, die an den Muskarinrezeptoren des parasympathischen Nervensystems antagonistisch wirken. Sie unterscheiden sich aber von Atropin u. a. dadurch, daß ihre Wirkung auf kardiale Muskarinrezeptoren geringer ausfällt, die Herzfrequenz also nicht so stark ansteigt. Als Referenzsubstanz kann **N-Butylscopolamin** gelten (Tab. **72**). Es ist als *quartäres* Amin nicht liquorgängig und hat somit keine zentralen Nebenwirkungen. Unter N-Butylscopolamin können typische parasympatholytische Nebenwirkungen auftreten (Tachykardie, verminderte Speichelsekretion etc.). Eine *Tachykardie* muß insbesondere bei Patienten mit KHK vermieden werden, was durch Titration der Dosis zu erreichen ist.

12.4.3 Schmerztherapiekonzepte

Das traditionelle Konzept, postoperative Schmerzen lediglich zu therapieren, ist überholt („reaktiver Ansatz"). Heutzutage gilt der Grundsatz, den Einsatz von Analgesieverfahren und Analgetika so zu planen, daß Schmerzen in dieser Phase möglichst erst gar nicht auftreten („präventiver Ansatz").

Präventive Analgesie

Die präventive Analgesie beginnt nicht erst im Aufwachraum, sondern schon intraoperativ, manchmal sogar präoperativ (z. B. wenn Nicht-Opioid-Analgetika mit zur Prämedikation oder nach der Narkoseeinleitung verabreicht werden). Bei Allgemeinanästhesien läßt sich mit der intraoperativen Verwendung von *Opioiden* in höherer Dosierung bereits ein Teil der postoperativ erforderlich werdenden Analgesie vorwegnehmen (auch als „präemptive Analgesie" bezeichnet), dann nämlich, wenn postoperativ noch wirksame Opioidplasmaspiegel vorhanden sind („Basisanalgesie"). Ein weiterer Grund für den postoperativ reduzierten Analgetikabedarf liegt darin, daß Opioide – ebenso wie NSAID – eine Schmerzhypersensibilisierung verhindern helfen („antihyperalgetischer Effekt"). Besonders erfolgreich ist unter diesem Gesichtspunkt auch der Einsatz *regionalanästhesiologischer Verfahren*. Sie kön-

Tabelle 72 Pharmakologische Daten und Eigenschaften einiger postoperativer Analgetika

Substanz	Handelsname	Substanzklasse	Applikation	Einzeldosis[1]	Wirkeintritt	Wirkdauer
Piritramid	Dipidolor®	Opioid	i. v.	0,1 mg/kg	5 (15)[2] min	4–6 h
Lysinacetyl-salicylat	Aspirin® i. v.[3]	nichtselektiver COX-Hemmer	i. v.	10–20 mg/kg	15–20 min	3–4 h
Diclofenac	Voltaren®		i. m./s.c.[4], rektal	0,5–1,0 mg/kg	15–30 min	1–2 h
Parecoxib	Dynastat®	selektiver COX_2-Hemmer	i. v./i. m.	20–40 mg	15–30 min[5]	8–12 h
Paracetamol	ben-u-ron®/ i. v. Perfalgan®[6]	Anilinderivat	rektal/i. v.	10–20 mg/kg	15–30 min	2–3 h
Metamizol	Novalgin®	Pyrazolderivat	i. v., p. inf.	10–20 mg/kg	15–20 min	3–5 h
N-Butylsco-polamin[7]	Buscopan®	Spasmolytikum	i. v., p. inf.	10–20 mg	5 min	3–4 h

[1] Die *mittleren* Einzeldosen dürfen maximal *4mal pro die* appliziert werden (bei Piritramid auch mehr). [2] in Klammern die Zeitdauer bis zur Entfaltung der maximalen Wirkung; [3] 1 Fläschchen Aspirin® i. v. mit 1 g Trockensubstanz enthält 0,5 g ASS. [4] nicht für den i. v. Einsatz zugelassen (enthält u. a. Benzylalkohol u. venenreizendes Propylenglycol); [5] *i. m.* 45–60 min; [6] nicht für den Einsatz bei Kindern *unter 10 kg KG* zugelassen; [7] nur *indirekt* analgetisch wirksam

nen z. B. sehr effektiv die Bildung von Schmerzengrammen und damit die Rate von Phantomschmerzen nach Amputationen verringern. Gleichfalls im präventiven Sinn wirksam ist die Gabe von *Metamizol* kurz vor der Narkoseausleitung, was wegen möglicher gravierender Nebenwirkungen allerdings nicht routinemäßig und unkritisch praktiziert werden sollte.

MERKE
Es ist sinnvoller und auch einfacher, Schmerzen durch eine ausreichende vorzeitige nozizeptive Blockade zu verhindern, als sie zu behandeln.

Balancierte Analgesie

Postoperativ bietet sich eine Kombination von *Nicht-Opioid-Analgetika* untereinander und vor allem mit *Opioiden* an, und zwar dann, wenn mit einer Substanzgruppe allein keine hinreichende Schmerzfreiheit zu erzielen ist. Dies gilt besonders für osteogene Schmerzen. Hier gelingt es mit Opioiden nicht immer, eine komplette Analgesie herbeizuführen. Die Kombination sollte in solchen Fällen frühzeitig erwogen werden und nicht erst nach dem Einsatz bereits größerer Mengen an Opioiden. So läßt sich am ehesten eine opioidinduzierte Atemdepression vermeiden.

Sinnvolle Substanzkombinationen. ASS + Piritramid, Metamizol + Piritramid, ASS + Metamizol

Patientenkontrollierte Analgesie

Programmierbare, mikroprozessorgesteuerte Infusionspumpen ermöglichen es, einen Teil der Analgesie „aus der Hand des Arztes in die Hand des Patienten zu legen". Die Methode der „patientenkontrollierten Analgesie" ist **intravenös** mit Opioiden (PC[I]A), **epidural** mit Lokalanästhetika und/oder Opioiden (PCEA) oder auch **subarachnoidal** anwendbar. Die Programmierung erfolgt von ärztlicher Seite und umfaßt neben einer kontinuierlichen Abgaberate für die *Basisanalgesie* einen *Bolus*, der vom Patienten bedarfsweise abgerufen werden kann. Hierbei muß jedoch sichergestellt werden, daß bestimmte, ebenfalls ärztlich vorzugebende Höchstmengen nicht überschritten werden können (Sperrintervall für die Bolusapplikation sowie 4-Stunden-Maximaldosis). Die Vorteile der PCA-Technik bestehen in

- der relativen Unabhängigkeit des Patienten von Schwester und Arzt bei Analgetikabedarf,
- der individuellen, bedarfsadaptierten Dosierung der Schmerzmittel und
- bei richtiger Handhabung einer hohen Sicherheit des Verfahrens hinsichtlich einer Atemdepression.

In Tab. **73** sind beispielhaft 3 Dosierungsregime für eine postoperative PCA aufgeführt.

Tabelle 73 Dosierungsregime für PCA

	Piritramid i. v.[1]	Bupivacain epidural[2]	Bupivacain intrathekal[2]
Dosis pro ml	1,5 mg	1,25 mg (evtl. + 0,5 µg Sufentanil)[3]	1,25 mg
Primärbolus	0–5 ml (0–7,5 mg)	fraktioniert 8–10 ml (10–12,5 mg)	0–4 ml (0–5 mg)
Basalrate	0,66 ml/h (1 mg/h)	4 ml/h (5 mg)	0,5 ml/h (0,625 mg/h)
Patientenbolus	1 ml (1,5 mg)	4 ml/h (5 mg)	1 ml (1,25 mg)
Sperrintervall	15 min	30 min	30 min
4-h-Max.imaldosis	10 ml (15 mg)	20 ml (25 mg)	5 ml (6,25 mg)

[1] 3 Amp. Dipidolor® (45 mg Piritramid) + 27 ml NaCl 0,9%; [2] 15 ml Bupivacain 0,25% + 15 ml NaCl 0,9%; [3] Bei Kombination mit Sufentanil muß die Möglichkeit einer *frühen Atemdepression* bedacht werden.

Hinweise für die Praxis

1. wenn irgend möglich präventive Analgesie
2. Opioide bei Allgemeinanästhesien: intraoperativ am Anfang viel – am Ende wenig!
3. Analgesie nach *Allgemeinanästhesien* mit Nicht-Opioid-Analgetika u./od. Opioiden, nach *Regionalanästhesien* bei noch liegendem Katheter *primär* mit Lokalanästhetika u./od. Opioiden
4. frühzeitige Kombination von Nicht-Opioid-Analgetika und Opioiden: Basisanalgesie mit Nicht-Opioid-Analgetika, Supplementierung dann mit Opioiden (→ Vermeidung einer Atemdepression)
5. Applikationsort: außer bei Regionalanästhesiekathetern möglichst i. v. (bei Kindern, die Diclofenac oder Paracetamol rektal erhalten, sollte es bei kurzen Eingriffen zur Narkoseeinleitung, bei längeren Operationen in der Ausleitungsphase verabreicht werden)
6. Nicht-Opioid-Analgetika nach Möglichkeit bereits kurz vor dem Operationsende applizieren
7. Von den Nicht-Opioid-Analgetika ist nur Metamizol auch als Monoanalgetikum bei stärkeren Schmerzen geeignet.
8. Paracetamol nur bei Kontraindikationen für NSAID
9. keine Opioide bei ambulanten Patienten und möglichst nicht *primär* bei geriatrischen Patienten
10. Titration von Piritramid: Beginn spätestens beim geringsten Einsetzen von Schmerzen mit einer Loading-Dosis (z. B. 0,1 mg/kg KG), Nachinjektionen von 1/4 bis 1/2 der Ausgangsdosis frühestens alle 5 min (jeweils nach Befragung des Patienten zum Schmerzverlauf und unter Beachtung, daß die maximale Wirkung erst später erreicht wird!)
11. Beim schwer therapierbaren postoperativen Schmerz müssen folgende Fragen geklärt werden:
    - Sind das Medikament und seine Applikationsform richtig gewählt?
    - Reicht die Dosierung aus?
    - Ist der Schmerz Ausdruck einer Komplikation (operativ – nicht operativ)?

12.5 Patientenverlegung

Über die **Verlegung** aus dem Aufwachraum entscheidet der zuständige Anästhesist, nachdem er den Patienten *persönlich* in Augenschein genommen hat. Der frisch operierte Patient bleibt postanästhetisch so lange im Aufwachraum, bis er wieder im Vollbesitz seiner Schutzreflexe ist und keine unmittelbaren Komplikationen von seiten der Atmung und des Kreislaufs oder als Folge der Operation zu erwarten sind. Erst dann darf er auf eine allgemeine Krankenstation verlegt werden.

Kriterien für Verlegung auf die Allgemeinstation

- suffiziente Spontanatmung (ohne Atemwegshilfen)
- stabiler Gasaustausch (ohne O_2-Insufflation)
- stabile Herz-Kreislauf-Funktion
- klares Bewußtsein
- völlig wiederhergestellte Schutzreflexe
- kein Kältezittern, möglichst Normothermie
- abgeklungene oder deutlich nachlassende Nervenblockade nach Regionalanästhesien (RM-nah: sensible Blockade < Th_{12})

- keine wesentlichen Nachblutungen oder sonstigen operativen Komplikationen

Die Entscheidung über die **Entlassung** ins häusliche Umfeld **nach ambulanten Operationen** wird gemeinsam von Operateur und Anästhesist getroffen. Als Kriterium gilt i. d. R. die Wiedererlangung der sog. Straßenfähigkeit, d. h., der Patient muß geistig und motorisch in der Lage sein, sich unter Begleitung nach Hause zu begeben. Er erhält schriftliche Verhaltensregeln für die folgenden 24 Stunden (Kap. 34.3.2), und es wird ihm eine Telefonnummer für den Notfall angegeben.

Kriterien für Entlassung nach ambulanten Operationen

Zusätzlich zu den Kriterien für die Verlegung auf eine Allgemeinstation gelten:
- völlige Orientiertheit (zu Person, Ort und Zeit)
- möglichst wiederhergestellte Gehfähigkeit
- keine oder nur minimale orthostatische Beschwerden (Schwindel)
- keine oder nur minimale Übelkeit
- keine Nachblutungen
- Schmerzfreiheit oder mit Nicht-Opioid-Analgetika (oral/rektal) beherrschbare Schmerzen
- orale Flüssigkeitsaufnahme wird vertragen (umstritten)
- spontanes Wasserlassen muß möglich sein (umstritten)

Instabile Vitalfunktionen, erhebliche Begleiterkrankungen oder Verletzungen machen ebenso wie ausgedehnte, langwierige Eingriffe eine Überwachung oder Therapie auf einer **Intensivstation** erforderlich.

Kriterien für Verlegung auf die Intensivstation

- instabile Atmung (z. B. Nachbeatmung, Thoraxtrauma)
- instabiler Kreislauf (z. B. Katecholaminpflichtigkeit)
- komatöser Zustand (z. B. bei Schädelhirntrauma)
- beeinträchtigte Schutzreflexe (z. B. nach Eingriffen am Hirnstamm)
- erhebliche Unterkühlung
- intraoperative Maligne-Hyperthermie-Krise
- Z. n. Massivtransfusion
- ausgedehnte oder sehr lange Eingriffe (z. B. Ösophagektomie, Whipple-OP, Lebertransplantation)
- größere intrakranielle Eingriffe (z. B. Angiome, Aneurysmen, Tumoren)
- Polytrauma
- schwere Begleiterkrankungen (z. B. Herzinfarkt innerhalb von 6 Monaten präoperativ, instabile Angina pectoris, schwere COPD, schwer einstellbarer Diabetes mellitus, Myasthenia gravis, Peritonitis)

13 Medikolegale Aspekte

13.1	Anästhesieeinwilligung ▸ *204*
13.1.1	Selbstbestimmungsrecht des Patienten ▸ *204*
13.1.2	Einwilligungsfähigkeit und Aufklärungsart ▸ *205*
13.1.3	Aufklärungsgespräch ▸ *205*
13.2	Maßnahmen vor Anästhesiebeginn ▸ *206*
13.3	Patientenüberwachung ▸ *207*
13.4	Notfallbehandlung ▸ *207*
13.5	Patiententestament, Vorsorgevollmacht und Betreuungsverfügung ▸ *207*
13.6	Bluttransfusion ▸ *208*
13.6.1	Aufklärung ▸ *208*
13.6.2	Durchführung ▸ *208*
13.6.3	Dokumentation ▸ *208*
13.6.4	Autologe Transfusion ▸ *208*
13.6.5	Umgang mit Transfusionsverweigerern ▸ *209*
13.7	Organtransplantation ▸ *210*
13.8	Interdisziplinäre Zusammenarbeit ▸ *210*
13.8.1	Patientenlagerung ▸ *211*
13.8.2	Stand-by ▸ *211*
13.8.3	Postoperative Schmerztherapie ▸ *211*
13.8.4	Patientenverlegung aus dem Aufwachraum ▸ *212*
13.8.5	Konsiliarische ZVK-Anlage ▸ *212*
13.8.6	Anwesenheit von Vätern bei Sectio caesarea ▸ *212*
13.9	Arzneimittel und ärztliche Therapiefreiheit ▸ *212*
13.10	Arzthaftung ▸ *214*
13.10.1	Zivilrechtliche Aspekte ▸ *214*
13.10.2	Strafrechtliche Aspekte ▸ *214*
13.11	Berufshaftpflichtversicherung ▸ *215*
13.12	Leichenschauschein ▸ *215*
13.13	Standards, Leitlinien und Richtlinien ▸ *215*
13.13.1	Definitionen und Intentionen ▸ *215*
13.13.2	Leitlinien der DGAI ▸ *216*

13.1 Anästhesieeinwilligung

Damit ein **körperlicher Eingriff** Rechtmäßigkeit erlangt, müssen folgende Voraussetzungen erfüllt sein:

- medizinisch begründete Indikation
- umfassende, sachgemäße Aufklärung des Patienten
- Einwilligung des Patienten (Schriftform wünschenswert zur Beweissicherung)
- sachgerechte, sorgfältige und schonende Ausführung

13.1.1 Selbstbestimmungsrecht des Patienten

Da unerlaubte invasive medizinische Maßnahmen strafrechtlich eine Körperverletzung sind, ist vor deren Durchführung die Einwilligung des Patienten zwingend erforderlich. Die deutsche Rechtsordnung räumt dem Selbstbestimmungsrecht des Patienten Verfassungsrang ein. Das bedeutet, daß im Spannungsfeld

> „Salus aegroti suprema lex! – Voluntas aegroti suprema lex!"

im Zweifelsfall letzteres den Vorrang hat: Der Arzt hat also die freie Willensäußerung des Patienten zu respektieren, auch wenn diese im Einzelfall mit seiner berufsethischen Auffassung nicht im Einklang stehen mag (keine alleinige „Therapieautorität" des Arztes).

Die **Einwilligung in die Anästhesie** hat grundsätzlich nur dann rechtswirksamen Charakter, wenn der Patient zuvor hinreichend und in angemessener Form über

- Art und Inhalt der geplanten Maßnahmen informiert wurde und er deren
- Wesen, Bedeutung und Tragweite

in ihren Grundzügen erkennen und begreifen konnte. Dies setzt eine Aufklärung über

- methodentypische Risiken sowie
- Vor- und Nachteile alternativ in Betracht kommender Verfahren

voraus. Art und Umfang der Aufklärung sind abhängig

- von Dringlichkeit und Risiko des Eingriffs sowie
- vom Bildungs- und Wissensstand des Patienten.

ES GILT:
Je weniger dringlich und je risikoreicher ärztliche Maßnahmen sind, um so umfangreicher und nachhaltiger ist der Patient aufzuklären!

13.1.2 Einwilligungsfähigkeit und Aufklärungsart

Die Einwilligung in ärztliche Maßnahmen ist keine rechtsgeschäftliche Willenserklärung und erfordert deshalb – i. Ggs. z. B. zum Abschluß eines Behandlungsvertrags – nicht die volle Geschäftsfähigkeit des Patienten, sondern nur seine **natürliche Einsichts- und Willensfähigkeit.** Ist sie gegeben, was vor der Anästhesieaufklärung zu überprüfen ist, so gilt uneingeschränkt das Selbstbestimmungsprinzip. Fehlt sie, dann muß entweder die Einwilligung eines legitimierten Vertreters eingeholt oder eine richterliche Verfügung beim Vormundschaftsgericht erwirkt werden. In einem Notfall allerdings kann (und muß) der Arzt nach dem Prinzip der „Geschäftsführung ohne Auftrag" verfahren (Abschn. 13.4).

Ein *Aufklärungsverzicht* von seiten des Patienten ist möglich, im anderen Extrem kann er aber auch eine *Totalaufklärung* über sämtliche Risiken einfordern. Normalerweise wird die sog. **Stufenaufklärung** nach *Weißauer* angewendet, d. h., nach Ansprechen der üblichen Risiken entscheidet der Patient, welche Bereiche vertieft werden sollen. In der Rechtsprechung findet sich auch der Begriff des *„wissenden Patienten"*. Hiermit sind solche Patienten gemeint, die medizinische Vorkenntnisse haben oder sich einer ähnlichen Behandlung schon einmal unterzogen haben. Bei ihnen kann die Aufklärung deutlich abgekürzt werden, wenn sich der aufklärende Arzt vom Kenntnisstand des Patienten überzeugt hat. Dieses ist, ebenso wie ein Aufklärungsverzicht, zu protokollieren und vom Patienten gegenzuzeichnen. Ein *therapeutisches Privileg zur Nichtaufklärung*, z. B. aus psychologischen Gründen, wird dem Arzt in Deutschland generell nicht zugestanden und kann schon gar nicht für die anästhesiologische Aufklärung beansprucht werden.

13.1.3 Aufklärungsgespräch

Das anästhesiologische Aufklärungsgespräch muß im einzelnen umfassen:

- Darstellung des Ablaufs des für den Eingriff vorgesehenen Anästhesieverfahrens sowie der prä- und postoperativen Maßnahmen (Nahrungs- u. Nikotinkarenz, Prämedikation, Nachbeatmung, Intensivhandlung etc.)
- Erläuterung alternativer Verfahren, falls solche in Betracht kommen, und deren Vor- und Nachteile
- Auswahl des geeigneten Verfahrens unter Beachtung etwaiger Kontraindikationen und größtmöglicher Berücksichtigung der Patientenwünsche
- Aufklärung über die verfahrenstypischen Risiken unabhängig von deren Häufigkeit (atypische Risiken müssen nur dann erläutert werden, wenn sie entsprechenden Statistiken zufolge in einer Häufigkeit von > 1:1000 zu erwarten sind)
- Aufklärung über generelle Risiken nur, wenn sie im Einzelfall nicht als bekannt vorausgesetzt werden können

Herausragende zivilrechtliche Bedeutung hat die ärztliche **Dokumentation** (→ Beweissicherung). Bei mangelhafter oder fehlender Dokumentation kommt es im Zivilverfahren zu einer Umkehr der Beweislast (Abschn. 13.10.1). Für den Anästhesisten empfiehlt es sich deshalb nachdrücklich, die vom Berufsverband Deutscher Anästhesisten (BDA) geprüften Anamnese- und Aufklärungsbogen zu verwenden und ggf. durch handschriftliche Vermerke zum Aufklärungsgespräch zu ergänzen.

Für die Aufklärung und Einwilligung ergeben sich **Besonderheiten:**

1., wenn der Patient **nicht einwilligungsfähig** ist:

- bei Erfordernis einer *notfallmedizinischen* Versorgung
  - Bei *Bewußtlosigkeit oder Bewußtseinsstörung* handelt der betreuende Arzt grundsätzlich unter dem Aspekt der „Geschäftsführung ohne Auftrag", d. h., er wird seine Hilfeleistung nach dem mutmaßlichen Willen des Patienten zu dessen Besten ausführen.
- bei *aufschiebbaren* Eingriffen
  - Besteht eine *Geisteskrankheit* oder *Unmündigkeit*, so ist die Einwilligung des gesetzlichen Vertreters (gerichtlich bestellter Betreuer oder persönlich Bevollmächtigter) notwendig. Handelt es sich um einen das Leben des Patienten gefährdenden Eingriff, dann muß überdies die Zustimmung des Vormundschaftsgerichts eingeholt werden.
  - Bei neu aufgetretener, akut zur Einwilligungsunfähigkeit führender *geistiger Verwirrung* muß eine richterliche Verfügung erwirkt werden.
  - Steht der Patient unter dem Einfluß von *Pharmaka*, die die Geschäftsfähigkeit beeinträchtigen (Sedativa, Alkohol etc.), so muß bis zum Abklingen deren Wirkung abgewartet werden.
  - Erhebliche *Schmerzen* müssen vor dem Einwilligungsgespräch durch Analgetika beseitigt

werden, die aber ihrerseits nicht die Einwilligungsfähigkeit beeinträchtigen dürfen.
- Bei Patienten, die die *deutsche Sprache* nicht beherrschen, muß das Einwilligungsgespräch mit Hilfe eines Dolmetschers geführt werden. Dieser hat mit seiner Unterschrift die richtige Übersetzung zu bestätigen.
- Bei *Blinden* muß zur korrekten Dokumentation der Einwilligungserklärung eine Person ihres Vertrauens anwesend sein.

2., wenn es sich um **Minderjährige** handelt:
- Bei Kindern unter 14 Jahren sollten *beide* Eltern einem planbaren Eingriff zustimmen. Im einzelnen gilt:
  - bei kleinen Routineeingriffen: Einwilligung eines Elternteils ausreichend
  - bei mittleren und großen Eingriffen: Einwilligung beider Eltern erforderlich
  - bei dringlichen Eingriffen: Einwilligung eines Elternteils ausreichend
- Bei mittleren und großen Eingriffen kann ein Elternteil den anderen zur Entscheidung ermächtigen. Jedoch muß sich der Arzt bei *mittleren* Eingriffen vergewissern, ob eine solche Ermächtigung besteht („glaubhafte Versicherung"), bei *großen, risikoreichen* Eingriffen davon überzeugen (z. B. persönliche Nachfrage, schriftliche Vollmacht).
- Bei Verweigerung der elterlichen Zustimmung zu einem *lebensrettenden Eingriff* liegt nach allgemeiner Auffassung ein Sorgerechtsmißbrauch vor. Zur Umgehung der elterlichen Verfügungsgewalt kann (und muß) dann umgehend eine richterliche Genehmigung eingeholt werden. Wenn dazu keine Zeit bleibt, handelt der Arzt wiederum unter dem Gesichtspunkt der „Geschäftsführung ohne Auftrag" (Abschn. 13.4).
- Jugendliche können vom vollendeten 14. Lebensjahr an ggf. *selbst* rechtswirksam in einen Eingriff einwilligen, dann nämlich, wenn sie dessen Bedeutung und Tragweite als Voraussetzung für ihre Willensbildung voll erfassen können.

MERKE
Bei fehlender Einsichts- und Willensfähigkeit eines Patienten dürfen seine **Angehörigen** ihn nur dann vertreten, wenn sie dazu legitimiert sind (als gerichtlich bestellter Betreuer, als durch den Patienten Bevollmächtigter oder als Eltern minderjähriger Kinder).

Aufklärungszeitpunkt bei planbaren Eingriffen

Der Zeitpunkt des Aufklärungsgesprächs muß so gewählt werden, daß dem Patienten genügend Zeit bleibt, die für seine Einwilligungserklärung relevanten Faktoren in Ruhe abwägen zu können. In der Regel ist deshalb bei planbaren Eingriffen davon auszugehen, daß das Gespräch **spätestens am Vorabend der Operation** stattfinden muß. Ausnahmen können für ambulante Patienten gelten. Sie dürfen auch noch am Operationstag über die Anästhesie aufgeklärt werden, vorausgesetzt, die Aufklärung über die Operation ist bereits erfolgt (und zwar möglichst am Vortag oder früher), es liegen keine risikoerhöhenden Begleiterkrankungen vor und es ist gewährleistet, daß der Patient sein Einverständnis in freier Selbstbestimmung erteilen kann. Eine **Aufklärung auf dem Operationstisch** unmittelbar vor Beginn der anästhesiologischen und operativen Maßnahmen erfüllt diese Bedingung nicht, sie ist **rechtsunwirksam** und daher nicht statthaft!

Zur *Aufklärung über die geburtshilfliche Epiduralanalgesie* s. Kap. 24.4.1.

13.2 Maßnahmen vor Anästhesiebeginn

Vor jeder Anästhesie hat sich der zuständige Anästhesist zweifelsfrei von der Identität des Patienten zu überzeugen. Weiterhin hat er durch Befragen des Patienten zu prüfen, ob offenkundige Diskrepanzen zwischen Diagnose und beabsichtigter Operation bestehen. Schließlich muß er die Krankenpapiere auf Vollständigkeit der anästhesierelevanten Befunde hin kontrollieren und sich insbesondere vergewissern, daß eine Einwilligungserklärung vorhanden ist und welches Anästhesieverfahren hiernach ausgewählt wurde. In seine Verantwortung fällt darüber hinaus die persönliche (!) Überprüfung der Funktionsfähigkeit der am Patienten eingesetzten medizinischen Apparate (Narkose-, Überwachungsgeräte etc.) sowie die Kontrolle der pflegerischen Maßnahmen zur Vorbereitung der Anästhesie und des Anästhesiearbeitsplatzes.

Eventuell noch nicht abgelegte Wertgegenstände wie Uhren, Ringe etc. sowie noch nicht entfernte Zahnprothesen sind unmittelbar nach Übernahme des Patienten in den Operationstrakt an das Pflegepersonal der betreffenden Station gegen Quittierung auf dem Anästhesieprotokoll zurückzugeben.

13.3 Patientenüberwachung

Es gilt allgemein verbindlich, daß ein anästhesierter Patient niemals (!) – auch nicht kurzfristig – unbeaufsichtigt bleiben darf. Überwachungslücken müssen immer vermieden werden, denn absolute Priorität vor allen anderen Erwägungen, im speziellen ökonomisch-organisatorische Aspekte, haben der Schutz und die Sicherheit des Patienten. Die Überwachung ist dabei in erster Linie Aufgabe des Anästhesisten. Eine Überwachung durch Anästhesiepflegepersonal ist nur zulässig, wenn sich der Anästhesist in unmittelbarer Nähe (Rufweite!) aufhält und erforderlichenfalls unverzüglich eingreifen kann. Bei kritischen Patienten (z. B. akute Atem- oder Kreislaufstörung) oder in kritischen Operationsphasen muß der Anästhesist jedoch immer persönlich anwesend sein.

Vor Beginn jeder Anästhesie ist eine geeignete apparative Überwachung am Patienten zu installieren. Als unverzichtbare **Basismaßnahmen des hämodynamisch-respiratorischen Monitorings** vor, während und nach einer Anästhesie gelten

- die kontinuierliche EKG-Ableitung,
- die zumindest nichtinvasive Messung des arteriellen Blutdrucks in kurzen, angemessenen Zeitabständen (intraoperativ bei stabilem Kreislauf alle 5 min) und
- die Pulsoxymetrie.

Vor der Einleitung sind die **Ausgangswerte** zu bestimmen und im Anästhesieprotokoll zu vermerken.

13.4 Notfallbehandlung

Wenn bei einem nicht geschäftsfähigen Patienten (Bewußtlose, Geisteskranke, Minderjährige ohne erreichbare Sorgeberechtigte) eine unaufschiebbare medizinische Behandlung erforderlich wird, sieht die deutsche Rechtsordnung für den Arzt eine sog. Garantenstellung vor, d. h., der Arzt handelt nach dem Prinzip der **„Geschäftsführung ohne Auftrag“**. Dies bedeutet, daß ärztliche Hilfe nach dem mutmaßlichen Patientenwillen und -interesse geleistet wird. Bei erkennbarer Einsichts- und Einwilligungsfähigkeit hingegen ist immer der Wille des Patienten zu respektieren. Eine Ausnahme besteht nur beim *Suizid(versuch)*, der vom deutschen Rechtssystem mißbilligt wird, allerdings ohne Androhung von Strafverfolgung.

13.5 Patiententestament, Vorsorgevollmacht und Betreuungsverfügung

Die Instrumente „Patiententestament, Vorsorgevollmacht und Betreuungsverfügung“ verfolgen alle denselben Zweck, nämlich die Wünsche und Vorstellungen eines Patienten im Falle seiner Einwilligungsunfähigkeit soweit wie möglich berücksichtigen zu können. Damit erleichtern sie in einer solchen Situation die Klärung des mutmaßlichen Patientenwillens ganz erheblich. Man unterscheidet:

Betreuungsverfügung	Bestellung eines oder mehrerer Betreuer durch das Vormundschaftsgericht nach eingehender Prüfung auf Antrag des Betroffenen (auch bei dessen Geschäftsunfähigkeit möglich) oder von Amts wegen und Festlegung des Aufgabenbereichs; zeitaufwendiges, mit Kosten verbundenes Verfahren; bei kurzfristigem Entscheidungsbedarf nicht geeignet (hier kann das Gericht allerdings auch unmittelbar – ggf. sogar telefonisch – entscheiden!)
Vorsorgevollmacht	Bevollmächtigung einer Vertrauensperson durch den Betroffenen im Zustand seiner vollen Entscheidungsfähigkeit (formloses Schreiben genügt); einfache, kostengünstige und jederzeit praktikable Lösung

Patienten-testament	schriftliche Willenserklärung, mit der vorsorglich bestimmte medizinische Maßnahmen erlaubt oder abgelehnt werden; bindende (!) Handlungsanweisung für Betreuer, Bevollmächtigte und behandelnde Ärzte; im Grunde die beste Möglichkeit, von seinem Selbstbestimmungsrecht Gebrauch zu machen; allerdings besteht Auslegungsspielraum

Der Arzt hat zu prüfen, ob im konkreten Fall die Voraussetzungen für die Anwendung der im Patiententestament getroffenen Entscheidungen vorliegen. Eine Kombination von Patiententestament und Vorsorgevollmacht kann nützlich sein, um Interpretationsprobleme oder Fragen, die sich aus dem Patiententestament ergeben, zu klären.

MERKE
Bei **Risikoeingriffen** ist die Einwilligung eines Betreuers oder Bevollmächtigten – außer in Eilfällen – nicht ausreichend. Zusätzlich ist die Genehmigung des **Vormundschaftsgerichts** erforderlich!

13.6 Bluttransfusion

13.6.1 Aufklärung

Nach den zuletzt im Jahr 2005 fortgeschriebenen „Richtlinien zur Hämotherapie", herausgegeben vom Wissenschaftlichen Beirat der Bundesärztekammer und dem Paul-Ehrlich-Institut, muß ein Patient vor operativen Eingriffen, die mit einer *mindestens 10%igen Wahrscheinlichkeit einer homologen Transfusion* einhergehen (hauseigene Statistik), eingehend darüber aufgeklärt werden. Die Aufklärung ist primär Aufgabe des Operateurs. Aus der Tatsache aber, daß der Anästhesist intra- und postoperativ die Indikation für eine Bluttransfusion stellt, ergibt sich für ihn die Notwendigkeit, während des Prämedikationsgesprächs zu prüfen, ob der Patient bereits über eine bei ihm in Frage kommende Transfusion und deren typische Risiken aufgeklärt wurde. Falls nicht, ist die Aufklärung vom Anästhesisten nachzuholen.

13.6.2 Durchführung

Vor jeder Transfusion von Blutkomponenten (Erythrozyten, Thrombozyten, Plasma) muß unter Verantwortung des transfundierenden Arztes ein AB0-Identitätstest (Bedsidetest) beim Empfänger durchgeführt werden. Das Ergebnis ist zu dokumentieren (z. B. Anästhesieprotokoll, Krankenakte). Nur bei Verwendung von Erythrozytenkonzentraten der Blutgruppe „0/Rh neg." in einer akut lebensbedrohlichen Situation darf der Bedsidetest beim Empfänger unterbleiben. Da Blutkonserven Arzneimittel im Sinne des Arzneimittelgesetzes (AMG) sind, ist keine zusätzliche Testung durch den Anwender nötig; hier garantiert der Hersteller für den Inhalt („Produkthaftung"; Ausnahme s. Abschn. 13.6.4).

MERKE
Eine Bluttransfusion muß immer von einem Arzt eingeleitet werden! Nach unkomplizierter Initialphase kann die weitere Überwachung an qualifiziertes Pflegepersonal delegiert werden, wobei der Arzt jederzeit verfügbar sein muß, um bei Komplikationen umgehend intervenieren zu können. Weiteres s. Kap. 4.5.1.

13.6.3 Dokumentation

Siehe Kap. 4.5.1.

13.6.4 Autologe Transfusion

Entsprechend den Richtlinien muß vor planbaren chirurgischen Eingriffen *bei einer Transfusionswahrscheinlichkeit von mindestens 10%* (hauseigene Statistik) frühestmöglich die Durchführbarkeit einer autologen Transfusion geprüft werden. Kommt diese ernsthaft in Betracht, so ist der Patient über das oder die in seinem Fall anwendbaren Verfahren aufzuklären (präoperative Eigenblutspende, präoperative isovolämische Hämodilution [IHD], maschinelle Autotransfusion [MAT]; s. Kap. 4.5.6). Aufklärungspflicht und Organisation liegen hierbei wiederum primär beim Operateur. Für den Anästhesisten empfiehlt es sich aber nachdrücklich, die in seiner Hand liegenden Verfahren wie IHD und MAT nochmals gesondert während der Prämedikationsvisite anzusprechen. Erfährt der Patient überhaupt erst dadurch von der Möglichkeit einer präoperativen Eigenblutspende und nimmt er diese für sich in Anspruch, so müssen elektive Eingriffe entsprechend verschoben werden (ca. 4–6 Wochen).

Für die Herstellung und Lagerung von Eigenblutkonserven oder -komponenten ist nach dem Arzneimittelgesetz keine besondere Erlaubnis nötig. Es besteht lediglich Anzeigepflicht, falls die Retransfusion von demselben Arzt oder auch (nach Auffassung von *Weißauer*) von einem Kollegen derselben Fachabteilung vorgenommen wird. Für die unmittelbar präoperative Eigenblutspende sowie für die intra- und postoperative Autotransfusion entfällt auch die Anzeigepflicht. Neben der Kennzeichnung der Konserven zur eindeutigen Identifizierung (Beschriftung als Eigenblut mit Vor- und Zuname, Geburtsdatum und Blutgruppe des Patienten sowie Identifikationsnummer) ist über die Empfängertestung hinaus jedoch auch ein *Bedsidetest des Konserveninhalts* zwingend erforderlich, wenn nicht der Arzt retransfundiert, der das Blut entnommen hat.

13.6.5 Umgang mit Transfusionsverweigerern

Nach *Weißauer* lassen sich für die Vorgehensweise bei Transfusionsverweigerern (z. B. Zeugen Jehovas) 3 Fallgruppen bilden:

1. Auf Eingriffe, bei denen eine Bluttransfusion *zwingend* erforderlich ist, muß der Arzt verzichten; sie sind beim Zeugen Jehovas *kontraindiziert*.
2. Ist der Eingriff *vital indiziert und dringend* und ist trotz Verweigerung der Bluttransfusion eine *positive Nutzen-Risiko-Bilanz* gegeben, so ist der Eingriff mit der Einwilligung des über das erhöhte Risiko voll informierten Patienten durchzuführen, wenn anderweitige ärztliche Hilfe nicht erreichbar ist (allgemeine Hilfeleistungspflicht des Arztes in Notfällen nach dem StGB und bei übernommener Behandlung aus seiner „Garantenstellung“).
   Bietet nur eine *sofortige* Operation die Chance einer Lebensrettung, so ist sie auch dann vorzunehmen, wenn mit hoher Wahrscheinlichkeit eine Bluttransfusion notwendig werden wird.
   Die Entscheidung, ob eine notfallmäßige (!) Operation trotz Verweigerung der Bluttransfusion indiziert ist, liegt beim *Operateur*; der Anästhesist muß ihn auf die aus seiner Sicht kontraindizierenden Faktoren hinweisen und an dem Eingriff mitwirken.
3. *Elektive* oder *geplante* Eingriffe mit einer positiven Nutzen-Risiko-Bilanz sind trotz Verweigerung der Bluttransfusion zulässig, der Arzt ist jedoch in seiner Entscheidung zur Durchführung oder Mitwirkung frei.

■ Würzburger Konzept

An der Klinik und Poliklinik für Anästhesiologie der Universität Würzburg wird wie folgt vorgegangen: Keinem Patienten wird zugesichert, daß er, falls eine Bluttransfusion notwendig würde, *keine* Blutprodukte erhalten werde. Für die Praxis bedeutet das:

1. Anästhesien für Eingriffe, bei denen nach billigem Ermessen keine Transfusionsnotwendigkeit zu erwarten ist, werden durchgeführt.
2. Anästhesien für Eingriffe, bei denen davon auszugehen ist, daß eine Transfusion unerläßlich sein wird, unterbleiben. Dies gilt auch für Eingriffe, die mit hoher Wahrscheinlichkeit eine Transfusion erforderlich machen, ausgenommen, es handelt sich um einen vital indizierten, dringenden oder notfallmäßigen Eingriff. Ergibt sich hier intraoperativ die Situation, daß nur durch eine Transfusion das Leben des Patienten gerettet werden kann, so steht die Gewissensentscheidung des Arztes gegen diejenige des Patienten, und es herrscht „Rechtsgütergleichheit“. In diesem Notstand darf der Arzt nach seinem Gewissen handeln.
3. Anästhesien für planbare Eingriffe mit einer positiven Nutzen-Risiko-Bilanz werden unter bestimmten Voraussetzungen trotz Verweigerung der Transfusion durchgeführt. Hierzu gehört, dem Patienten in einem vertrauenbildenden Gespräch ausdrücklich zuzusichern, daß alles medizinisch Mögliche getan werde, um ohne eine Transfusion auszukommen, und daß man bei ihm die Grenzen des Machbaren sehr weit stecken werde. Für den Fall jedoch, daß diese Grenzen erreicht würden und drohten überschritten zu werden, muß er dem behandelnden Anästhesisten, was die Gabe oder Verweigerung von Blut oder Blutprodukten angeht, eine *persönliche Gewissensentscheidung* zubilligen. Nimmt der Patient dieses Angebot an (unmißverständliche Dokumentation und schriftliches Einverständnis!), so wird die Anästhesie durchgeführt, lehnt er es ab, so unterbleibt sie.

Bei jeder Vorbereitung eines Transfusionsverweigerers auf eine Anästhesie wird ein anästhesiologischer Oberarzt hinzugezogen. Dieser stimmt das Vorgehen mit allen an der Behandlung des Patienten Beteiligten ab.

13.7 Organtransplantation

Organentnahme und -transplantation sind im Transplantationsgesetz geregelt. An dieser Stelle sollen kurz die wichtigsten straf- und zivilrechtlichen Gesichtspunkte dargestellt werden.

Organentnahme am Lebenden

- Einwilligung von Spender und Empfänger erforderlich
- Entscheidung durch gutachterliche Kommission
- kein „übergesetzlicher Notstand" möglich

Der Lebendspender muß mit dem Empfänger verwandt sein oder ihm in besonderer Verbundenheit sehr nahestehen. Nur bei paariger Organanlage darf überhaupt ein Organ entnommen werden. Von solitären Organen dürfen nur Organsegmente transplantiert werden. Falls es sich um eine notfallmäßig indizierte Transplantation handelt und der Empfänger nicht einwilligungsfähig ist, kann der behandelnde Arzt das Prinzip der „Geschäftsführung ohne Auftrag" für sich reklamieren (Abschn. 13.4).

Organentnahme am Toten

- zweifelsfreie Hirntodbestimmung
- Einwilligung des Verstorbenen zu Lebzeiten oder der Angehörigen im Sinne des Verstorbenen („erweiterte Zustimmungslösung")
- „übergesetzlicher Notstand" möglich, wenn sofortiges Handeln erforderlich ist
- Verbot des Organhandels (Strafandrohung für Verkäufer, Implanteur und Empfänger des Organs)

Medizinische und rechtliche Voraussetzung für die Organentnahme am Toten ist das eindeutig gesicherte (und dokumentierte) Vorliegen des Hirntods entsprechend den Richtlinien des Wissenschaftlichen Beirats der Bundesärztekammer (Kap. 39.1.1). Rechtlich unproblematisch wird das weitere Vorgehen, wenn der Verstorbene zu seinen Lebzeiten einer Organentnahme zugestimmt hat. Fehlt diese Einwilligung, so sollen die gesetzlich nächsten Angehörigen nach dem mutmaßlichen Willen des Verstorbenen entscheiden – nicht aber, ob sie selbst einer Organentnahme zustimmen. Eine Transplantation auch gegen den ausdrücklichen Willen der Angehörigen hat zwar keine strafrechtlichen Konsequenzen, sie sollte aber trotzdem vermieden werden. Es können sich nämlich zivilrechtliche Folgen ergeben. So sind Schadensersatzansprüche bei Organentnahme ohne Einwilligung denkbar, weil Angehörigen in bezug auf den Leichnam ein Aneignungsrecht zugestanden wird. Besteht jedoch ein übergesetzlicher Notstand, dann kann nach der Feststellung des Hirntods die Organentnahme ohne weitere Schritte eingeleitet werden.

13.8 Interdisziplinäre Zusammenarbeit

Zwischen dem BDA und sämtlichen Berufsverbänden der operativen Disziplinen existieren schriftliche Vereinbarungen, die die interdisziplinäre Zusammenarbeit und Kompetenzverteilung regeln. Hierdurch sollen Unstimmigkeiten und Zuständigkeitskonflikte zwischen Anästhesist und Ärzten der betreffenden Fächer vermieden werden. Die interdisziplinäre Zusammenarbeit fußt auf den Prinzipien

- strikte horizontale Arbeitsteilung,
- Methodenfreiheit und
- gegenseitiges Vertrauen.

Daraus folgt, daß es zwischen Anästhesist und Operateur weder Weisungsrechte noch wechselseitige Überwachungspflichten gibt. Es handelt sich um jeweils selbständige und rechtlich eigenverantwortliche Disziplinen.

Obliegenheiten, Zuständigkeiten und Verantwortlichkeiten

Operateur

- Notwendigkeit und Zeitpunkt des Eingriffs sowie Art des operativen Vorgehens
- Operationslagerung
- Aufklärung über Bluttransfusion und Bereitstellung von Blut(produkten) (Transfusionswahrscheinlichkeit ≥ 5%)
- allgemeine Krankenstation und fachgebundene Intensivstation

Anästhesist
- Entscheidung über die Anästhesiefähigkeit[33] und Auswahl des Anästhesieverfahrens
- intraoperative Sicherstellung der Vitalfunktionen
- Lagerung der für Anästhesiezwecke benötigten Körperregionen
- Indikation für intraoperative Bluttransfusion und deren Durchführung
- Aufwachraum (Wiederherstellung der Vitalfunktionen, Überwachung, Lagerung, Schmerztherapie)

Es können selbstverständlich durch **dokumentierte Absprache** die Vereinbarungen in einzelnen Punkten, wie z. B. Zuständigkeit im Aufwachraum, modifiziert werden, wenn sich dadurch Arbeitsabläufe besser und effektiver strukturieren lassen. Auch individuelle Absprachen in besonders gelagerten Einzelfällen sind ohne weiteres möglich. Fehlt es jedoch an speziellen Abmachungen, dann gelten *subsidiär* die von den beteiligten Berufsverbänden getroffenen Vereinbarungen.

13.8.1 Patientenlagerung

Die Zuständigkeiten und Verantwortlichkeiten für die Patientenlagerung sind in einer speziellen Vereinbarung zwischen dem BDA und dem Berufsverband Deutscher Chirurgen im Grundsatz geregelt.

Zuständigkeitsbereiche

Anästhesist
- präoperative Phase (Anästhesieeinleitung): Gesamtlagerung
- intraoperative Phase
  - Lagerung der Extremitäten, die für anästhesiologische Meßzwecke sowie die Applikation von Medikamenten und Infusionen benötigt werden
  - sonst Lagerung (inkl. Kontrolle) nur der Körperteile innerhalb seines Blickfelds
  - Kontrolle von Umlagerungsmaßnahmen hinsichtlich der Auswirkungen auf sein Fachgebiet
- Umlagerung des Patienten vom Operationstisch ins Bett!
- Lagerung im Aufwachraum, wenn dieser unter anästhesiologischer Aufsicht steht

Chirurg
- Anfangslagerung zur Operation und intraoperative Lagerungskontrolle[34]
- intraoperative Umlagerung(en)

Essentiell ist die **Dokumentation der Lagerungsmaßnahmen** im Operationsbericht und im Anästhesieprotokoll. Hierbei genügen im Regelfall stichwortartige Angaben zur Lagerung (und ggf. intraoperativen Umlagerung) und das Vermerken von Lagerungskontrollen. Wenn nicht standardgemäß vorgegangen wird oder werden kann, ist allerdings eine dezidierte Beschreibung erforderlich.

13.8.2 Stand-by

Patienten mit erheblichen Begleiterkrankungen werden oftmals in Lokalanästhesie unter anästhesiologischem Stand-by operiert. Für die Lokalanästhesie ist der Operateur zuständig, der Anästhesist nur für die intraoperative Überwachung und Aufrechterhaltung der Vitalfunktionen. Die präoperative Vorbereitung entspricht derjenigen bei einer Allgemeinanästhesie. Werden aus anästhesiologischer Sicht erforderliche Voruntersuchungen vom Operateur verweigert, so ist der Anästhesist nicht verpflichtet, am Eingriff mitzuwirken. Eine anxiolytische Prämedikation steht im Ermessen des Anästhesisten. Das intraoperative Monitoring umfaßt das EKG, die (automatische) nichtinvasive Blutdruckmessung und die Pulsoxymetrie. Ein venöser Zugang ist obligat, eine O_2-Insufflation wird bedarfsweise durchgeführt.

13.8.3 Postoperative Schmerztherapie

Unter ethischen wie auch juristischen Gesichtspunkten hat jeder Patient Anrecht auf eine ausreichende Schmerztherapie. Eine schuldhafte Verletzung dieser ärztlichen Pflicht kommt einem Behandlungsfehler

33 Die Prüfung der Anästhesiefähigkeit obliegt ausschließlich dem Anästhesisten und nicht etwa den zu Voruntersuchungen oder weiterführenden Untersuchungen hinzugezogenen Fachkonsiliaren anderer Disziplinen (z. B. Internisten, Pädiater). Bestehen aus anästhesiologischer Sicht Zweifel an der Anästhesiefähigkeit, so hat der Anästhesist den Operateur davon in Kenntnis zu setzen. Diesem fällt dann, falls sich keine Einigung erzielen läßt, unter Abwägung der indizierenden und kontraindizierenden Faktoren die letztliche Entscheidung zu, ob, wann und wie der Eingriff durchgeführt wird.

34 Der Anästhesist hat den Operateur auf aus der Sicht seines Fachgebiets risikoerhöhende oder kontraindizierende Faktoren hinzuweisen. Der Operateur darf sich darüber hinwegsetzen. In diesem Fall übernimmt er die volle ärztliche und rechtliche Verantwortung!

gleich, was Schadensersatz- und Schmerzensgeldansprüche sowie strafrechtliche Sanktionen wegen unterlassener Hilfeleistung oder Körperverletzung nach sich ziehen kann. Theoretisch könnte im Einzelfall sogar eine Strafverfolgung wegen eines Tötungsdelikts drohen, falls sich die Unterlassung schmerztherapeutischer Maßnahmen nachweislich lebensverkürzend auswirkt.

13.8.4 Patientenverlegung aus dem Aufwachraum

Siehe Kap. 12.5.

13.8.5 Konsiliarische ZVK-Anlage

Handelt es sich bei einer ZVK-Anlage um eine explizit formulierte Auftragsleistung, so hat der anfordernde Arzt – der auch die Eingriffsindikation stellt – die Verpflichtung, den Patienten über die Notwendigkeit des ZVK aufzuklären. Für die spezielle, detaillierte Risikoaufklärung ist dagegen der Anästhesist zuständig. Dieser hat die ZVK-Anlage angemessen zu dokumentieren (inkl. Position, Funktion und Fixierung des Katheters; s. Kap. 2.2.6). Für die anschließend ordnungsgemäße Verwendung des ZVK ist der anfordernde Arzt verantwortlich.

13.8.6 Anwesenheit von Vätern bei Sectio caesarea

Siehe Kap. 24.5.1.

13.9 Arzneimittel und ärztliche Therapiefreiheit

In der Anästhesie werden zugelassene Medikamente oftmals auch **nicht bestimmungsgemäß** angewendet („Off-label-Gebrauch"). Diese Art der Anwendung erstreckt sich auf den
- Indikationsbereich,
- Applikationsmodus und
- Altersbereich (vor allem das frühe Kindesalter).

Ein derartiger Gebrauch von Arzneimitteln ist grundsätzlich nur **zulässig,** wenn es sich um
- einen sog. Heilversuch im Einzelfall (→ ärztliche Therapiefreiheit) oder
- eine klinische Arzneimittelprüfung

handelt. Formal bestimmt der Arzneimittelhersteller nach der Zulassungserteilung durch das Bundesinstitut für Arzneimittel und Medizinprodukte den Anwendungsbereich und haftet dementsprechend auch nur bei bestimmungsgemäßem Gebrauch („Produkthaftung"). Außerhalb dieses Bereichs trägt der Anwender das alleinige Haftungsrisiko (Behandlungsfehler, ärztliche Eigenmacht).

MERKE
Bei einem **Heilversuch** handelt es sich um eine „innovative" Variante einer Standardbehandlung oder die erstmalige Anwendung einer neuen Methode. Der Heilversuch hebt auf die konkreten Umstände des Einzelfalls ab. Voraussetzungen sind die Einwilligung des Patienten nach umfassender Aufklärung, eine individuelle Nutzen-Risiko-Abwägung und die Prüfung der Behandlungsalternativen.

Problemstellung in der klinischen Anästhesie

Im Bereich der Anästhesie ist das Hauptproblemfeld der Einsatz von für Erwachsene zugelassenen Medikamenten bei Kindern, besonders in den ersten Lebensjahren. Für dieses Lebensalter fehlt es zumeist an Alternativen, da hier kaum eine Substanz zugelassen ist (Tab. **74**). Dies ist aber nicht automatisch mit einem höheren Gefährdungspotential und schon gar nicht mit einer fehlenden Wirksamkeit dieser Substanzen gleichzusetzen. In den meisten Fällen wurde von den Herstellern einfach nur keine Zulassung beantragt, um aufwendigen klinischen Prüfungen in dieser Altersklasse aus dem Weg zu gehen und das Haftungsrisiko bei einer in den meisten Fällen doch möglichen Übertragung der Ergebnisse

Tabelle 74 Zulassungsbeschränkungen für anästhesiologisch wichtige Medikamente

Substanz	Lebensalter (nicht zugelassen)	Applikationsart (nicht zugelassen)	Indikation (nicht zugelassen)
Hypnotika			
– Etomidat	< 6 Monate		
– Propofol	< 1 Monat	Nausea, Emesis	
– Midazolam	< 4 Monate	rektal	Sedierung bei Kindern
Opioide			
– Fentanyl	< 1 Jahr	epidural, spinal	
– Alfentanil	< 1 Jahr	epidural, spinal	
– Sufentanil	< 1 Jahr	spinal	
– Remifentanil	< 1 Jahr	epidural, spinal (Glycin)	
– Piritramid	< 1 Jahr	epidural, spinal	
Muskelrelaxanzien			
– Succinylcholin	*keine* Beschränkung		
– Vecuronium	*keine* Beschränkung		Relaxierung bei Schwangeren
– Rocuronium	Früh-/Neugeborene		Relaxierung bei Schwangeren
– Atracurium	Früh-/Neugeborene		Relaxierung bei Schwangeren
– cis-Atracurium	< 1 Monat		Relaxierung bei Schwangeren
– Mivacurium	< 2 Monate		Relaxierung bei Schwangeren
Lokalanästhetika			
– Prilocain	< 6 Monate (MetHb)		LA bei Schwangeren (MetHb)
– Ropivacain	< 12 Jahre		
Nicht-Opioid-Analgetika			
– Acetylsalicylsäure	*keine* Anwendung als Mittel der 1. Wahl bei Kindern mit fieberhaften Erkrankungen (Reye-S.)		
– Diclofenac	< 1 Jahr	i. v.	
– Paracetamol	*keine* Beschränkung bei rektaler Applikation, i. v. *nicht* zugelassen bei Kindern unter 10 kg		
– Metamizol	< 3 Monate		
Clonidin		epidural, spinal	Analgesie, Shivering

aus dem Erwachsenenbereich auf das Kindesalter auszuschließen. Aus Mangel an wirklichen Alternativen (z. B. sind für Säuglinge als i. v. Analgetikum nur Pentazocin und als Narkosemittel nur die Inhalationsanästhetika, Thiopental und Ketamin zugelassen) ist man als Anästhesist nicht nur berechtigt, sondern sogar aufgefordert, für diese Altersgruppe nicht zugelassene, aber in der Erwachsenenanästhesie bewährte Medikamente zur sicheren Narkosedurchführung und zur Gewährleistung ausreichender intra- und postoperativer Analgesie anzuwenden. Hierauf gründet die paradoxe Entwicklung, daß bei häufigem Gebrauch von Pharmaka außerhalb des zugelassenen (Alters-)Bereichs schließlich empirische Erkenntnisse – auch auf internationaler Ebene – deren Anwendung gewissermaßen zum Standardverfahren werden lassen.

MERKE
Die fehlende Zulassung eines Medikaments entbindet den Arzt bei Mangel an Alternativen nicht von einer notwendigen Therapie (Urteil vom OLG-Köln vom 30.5.90, 27 U169/87)!

Trotzdem bleiben 2 **Probleme** bestehen:
1. der systematische nichtbestimmungsgemäße Einsatz von Medikamenten
2. die Art der Aufklärung des Patienten bzw. der Eltern

Was die Aufklärung angeht, so wurde inzwischen ein allgemeiner Passus in die Informations- und Aufklärungsbogen eingefügt. Ob hiermit allerdings den juristischen Anforderungen an eine angemessene (individuelle) Aufklärung Genüge getan wird, muß offenbleiben.

13.10 Arzthaftung

Haftungsrechtlich besteht seit Jahren eine paradoxe Entwicklung von medizinischem Risiko für den Patienten und forensischem Risiko für den Anästhesisten. Trotz ständig verbesserter anästhesiologischer Verfahren und Überwachungsmöglichkeiten ist die Zahl der Zivilprozesse gegen Anästhesisten im vergangenen Jahrzehnt sprunghaft gestiegen. Aus diesem Grund werden im nachfolgenden die wesentlichen zivil- und strafrechtlichen Aspekte ärztlicher Tätigkeit zusammengefaßt.

Zivil- und strafrechtlich haftet der Arzt nicht für den Erfolg seiner Behandlung, sondern nur für die **fahrlässige Schädigung** von Leib und Leben des Patienten (Voraussetzungen: schuldhafter Behandlungsfehler, d. h. nicht sachgerechte Behandlung aufgrund einer Außerachtlassung der erforderlichen Sorgfalt und anerkannter medizinischer Standards; Nachweis des Kausalzusammenhangs zwischen Fehler und eingetretenem Schaden).

MERKE
Der Arzt haftet nicht für **schicksalhaft eingetretene Komplikationen** und deren Folgeschäden bei indizierten und lege artis durchgeführtem medizinischen Maßnahmen, in die der Patient rechtswirksam eingewilligt hat!

13.10.1 Zivilrechtliche Aspekte

Das Zivilrecht hebt auf den „objektiven Schuldbegriff" ab. Hier wird beim Vorwurf eines ärztlichen Behandlungsfehlers immer geprüft, ob eine **Verletzung der berufsüblichen Sorgfaltspflichten** vorliegt. Haftungsansprüche des Patienten können aus der Durchführung unerlaubter Handlungen („Haftung wegen schuldhafter ärztlicher Eigenmacht") oder aus dem Vertrag abgeleitet werden, der zwischen Patient und Krankenhausträger oder Arzt geschlossen wird („Vertragshaftung").

MERKE
Unter **berufsspezifischer (= objektiver) Sorgfalt** versteht man das Verhalten des gewissenhaften, durchschnittlich qualifizierten Arztes (Facharzt!) in der fiktiv gleichen Situation (gutachterliche Beurteilung aus der Sicht ex ante, d. h., es werden die medizinischen Standards zur Zeit der Behandlung des Patienten, also vor Eintritt des Schadens, zugrunde gelegt).

Eine **unerlaubte Handlung** kann aus *Aufklärungsmängeln* resultieren (ca. 2/3 aller Haftpflichtverfahren). Beim Vorwurf mangelhafter ärztlicher Aufklärung kommt es zu einer Beweislastumkehr, d. h., nicht der Patient (Kläger) muß nachweisen, daß er nicht ordnungsgemäß aufgeklärt wurde, sondern der Arzt muß glaubhaft machen, daß er ordnungsgemäß aufgeklärt hat. In diesem Zusammenhang kann gar nicht deutlich genug betont werden, wie wichtig eine sorgfältige Dokumentation ist. Sie dient nicht nur dazu, die adäquate Aufklärung des Patienten nachzuweisen, sondern ist auch ein unentbehrliches Instrument, um den Arzt im Klagefall vom Anschein fehlerhafter Behandlung zu befreien. Eine Schadensersatzpflicht besteht grundsätzlich jedoch nur für tatsächlich eingetretene aufklärungspflichtige Risiken. Der Patient muß zudem bei Aufklärungsmängeln einen echten Gewissenskonflikt plausibel machen und darlegen können, daß er bei richtiger oder vollständiger Kenntnis das Verfahren abgelehnt hätte („Nutzen-Risiko-Abwägung").

Kommt eine **fehlerhafte Behandlung** in Betracht, so genügt zur Beweiserleichterung auf seiten des Klägers der Anscheinsbeweis („Prima-facie-Beweis"), d. h., es reicht der Anschein eines Kausalzusammenhangs zwischen ärztlicher Handlung und eingetretenem Schaden, falls der Arzt nicht nachweisen kann, daß er die berufs- und fachspezifischen Sorgfaltsregeln eingehalten hat.

Hinweis: Zivilrechtlich haftet der Arzt auch für *Dritte* („Erfüllungsgehilfen"), und zwar dann, wenn er sich bei prinzipiell zulässiger Übertragung einzelner ärztlicher Aufgaben an nichtärztliche Personen (z. B. Pflegekräfte) nicht mit der erforderlichen Sorgfalt von deren korrektem Handeln überzeugt hat.

13.10.2 Strafrechtliche Aspekte

Das Strafrecht kennt i. Ggs. zum Zivilrecht nur den „subjektiven Schuldbegriff". Im Strafprozeß wird untersucht, ob sich ein Arzt einer **Körperverletzung** schuldig gemacht hat, entweder wegen einer unerlaubten Handlung (mangelhafte Aufklärung des Patienten, nicht rechtswirksame Einwilligung) oder wegen einer fehlerhaften Behandlung. Hierbei wird immer die *Individualschuld* des Angeklagten unter Berücksichtigung seiner persönlichen Kenntnisse und Fähigkeiten geprüft. Sollte sich dabei herausstellen, daß ihm eine ärztliche Tätigkeit übertragen wurde, die er aufgrund seines Kenntnisstands eigentlich nicht hätte durchführen dürfen, so kann er wegen eines *Übernahmeverschuldens* verurteilt werden, der die Organisationsverantwortung tragende Arzt dagegen wegen eines *Organisationsverschuldens*. Im Strafrecht gilt der Grundsatz „in dubio pro reo“, d.h., die Beweislast trägt ausschließlich der Kläger (keine Beweislastumkehr!). Eine Haftung für Dritte kommt strafrechtlich nicht in Betracht.

13.11 Berufshaftpflichtversicherung

Jedem Anästhesisten ist nachdrücklich anzuraten, für seine berufliche Tätigkeit eine Haftpflichtversicherung abzuschließen, es sei denn, daß – im Falle der Nichtselbständigkeit – der Arbeitgeber oder Dienstherr eine solche für ihn abschließt oder rechtsverbindlich erklärt, ihn bei einem Haftpflichtschaden nicht in Regreß zu nehmen. In öffentlichen Krankenhäusern wird i.d.R. nur auf einen Regreß verzichtet, wenn bei einem Behandlungsfehler leichte oder mittlere Fahrlässigkeit vorliegt, nicht jedoch, wenn es sich um *grobe* Fahrlässigkeit handelt. Unter diesen Umständen genügt es natürlich, nur das Risiko „ärztliche Fehlbehandlung aus grober Fahrlässigkeit“ zu versichern. Als *Mindestversicherungssumme* werden mittlerweile – wenigstens für Fachärzte – *5 Mio. Euro* pauschal für Personenschäden empfohlen. Bei Mitgliedschaft im BDA besteht die Möglichkeit, einem „Rahmenversicherungsvertrag“ beizutreten. Dieser ist so gestaltet, daß über Einzelvertragsabschlüsse das individuelle Haftpflichtrisiko differenziert und preisgünstig abgesichert werden kann. Außerdem genießt man als BDA-Mitglied über einen Gruppenvertrag *Strafrechtsschutz*.

13.12 Leichenschauschein

Zu den ärztlichen Aufgaben und Pflichten gehört die Feststellung des Todes und die Ausstellung einer Bescheinigung über die Leichenschau. Eine Leichenschau „in eigener Sache“ (z.B. Exitus in tabula) darf der Arzt ablehnen, nicht aber die bloße Todesfeststellung.

Der **Leichenschauschein** muß enthalten:
- Angaben zur Person
- den exakten Todeszeitpunkt (→ ggf. erb- und versicherungsrechtliche Relevanz)
- Todesursache (Darstellung der „Kausalkette“)
- Todesart
  - natürlich (schicksalhaft)
  - nicht natürlich (z.B. Fremdeinwirkung, Suizid, Spättod als Unfallfolge)
  - nicht aufgeklärt (z.B. Exitus in tabula)

MERKE

Ein **nichtnatürlicher oder nichtaufgeklärter Tod** muß der Staatsanwaltschaft oder Kriminalpolizei gemeldet werden. Sämtliche Zugänge (Endotrachealtubus, Katheter, Sonden etc.) müssen bis zum Abschluß der Ermittlungen oder bis zur endgültigen Feststellung der Todesart in der Leiche bleiben („Veränderungsverbot“).

13.13 Standards, Leitlinien und Richtlinien

13.13.1 Definitionen und Intentionen

Standards, Leitlinien und Richtlinien sind Instrumente der ärztlichen Qualitätssicherung. Die Definition und Anwendung der einzelnen Begriffe ist allerdings national und international uneinheitlich (Tab. **75**). In Deutschland haben nur die von der Bundesärztekammer (BÄK) oder einer ihrer Vertreterinstitutionen erlassenen Richtlinien rechtlich bindenden Charakter, nicht dagegen Leit- oder Richtlinien von wissenschaftlichen Fachgesellschaften oder Berufsverbänden.

Tabelle 75 Definition ärztlicher Regeln (gemäß BÄK, mod. nach *Selbmann und Heerklotz*)

Begriff	Berufsrechtliche Bedeutung
Memorandum	Information, Handreichung
Empfehlung/ Stellungnahme	Information, Handlungsvorschlag
Leitlinie	Standard, Norm (Ergebnis einer Konsensuskonferenz)
Richtlinie	rechtsverbindliche Regel der ärztlichen Kunst, Handlungsanweisung („lege artis", „state of the art")

Die Begriffe **„Standard"** und **„Leitlinie"** werden im deutschsprachigen Raum oftmals synonym verwendet. Hierunter versteht man Kunstregeln, die für „Standardsituationen" gelten und deren Einhaltung vom durchschnittlich qualifizierten Arzt oder Facharzt erwarten werden kann. Standards reflektieren die *„communis opinio doctorum"* und sollen, ohne die ärztliche Methodenfreiheit grundsätzlich einzuschränken, zu einer

- Verbesserung der Prozeß- und Ergebnisqualität,
- Steigerung der Wirtschaftlichkeit (Ressourcenschonung, gezielte Verteilung der Mittel) und
- Erhöhung der Rechtssicherheit für den Anwender

führen. In diesem Sinne sind auch die fachübergreifenden Vereinbarungen zwischen den Berufsverbänden zur Regelung interdisziplinärer Zuständigkeiten zu verstehen.

Bei den **Richtlinien** handelt es sich dagegen um strikte Handlungsanweisungen. Sie lassen sich nur dann rechtfertigen, wenn standardisierte Verfahren ihre Überlegenheit eindeutig erwiesen haben oder wenn bestimmte Vorsichtsmaßnahmen zur Wahrung der Patientensicherheit unerläßlich sind (z. B. „Richtlinien zur Hämotherapie").

13.13.2 Leitlinien der DGAI

Die von der Deutschen Gesellschaft für Anästhesiologie und Intensivmedizin (DGAI) herausgegebenen Leitlinien entsprechen **Empfehlungen** und richten sich primär an die Mitglieder. Sie sind, weil die DGAI ein privatrechtlicher Verein ist, nicht rechtsverbindlich. Sie werden in Zusammenarbeit mit dem BDA auf der Grundlage wissenschaftlicher Evidenz erarbeitet und können somit als wichtiger Bestandteil des anästhesiologischen Qualitätsmanagements angesehen werden Hieraus ergibt sich die Konsequenz, daß Abweichungen davon begründbar sein sollten und der Patient entsprechend aufgeklärt werden sollte.

Anästhesie in Fachgebieten und Spezialbereichen

14 Allgemein- und Gefäßchirurgie

14.1	Allgemeinchirurgische Eingriffe ▸ 219
14.1.1	Ösophagus ▸ 219
14.1.2	Magen ▸ 221
14.1.3	Darm ▸ 223
14.1.4	Leber, Gallenblase und Gallenwege ▸ 226
14.1.5	Pankreas ▸ 228
14.1.6	Splenektomie ▸ 229
14.1.7	Endokrin aktive Tumoren ▸ 230
14.1.8	Relaxatio diaphragmatica ▸ 231
14.1.9	Laparoskopische Eingriffe ▸ 231
14.1.10	Endoskopien ▸ 233
14.1.11	Kleinere Eingriffe ▸ 234
14.1.12	Schilddrüse und Nebenschilddrüse ▸ 239
14.1.13	Neck-dissection ▸ 241
14.1.14	Besonderheiten und Probleme ▸ 242
14.2	Gefäßchirurgische Eingriffe ▸ 243
14.2.1	Abdominelles Aortenaneurysma ▸ 243
14.2.2	Chronische arterielle Verschlußkrankheit ▸ 245
14.2.3	Tiefe Bein- und Beckenvenenthrombose ▸ 248
14.2.4	Varizenoperation ▸ 249
14.2.5	Arteriovenöse Shunts ▸ 250
14.2.6	Karotisdesobliteration ▸ 250
14.3	Notfall- und dringliche Eingriffe ▸ 250
14.4	Eingriffe bei Intensivpatienten ▸ 255

14.1 Allgemeinchirurgische Eingriffe

Das allgemeinchirurgische Patientengut ist hinsichtlich Altersspektrum, Allgemein- und Ernährungszustand sowie Begleiterkrankungen ausgesprochen heterogen. Patienten mit *malignen Tumoren* haben im fortgeschrittenen Stadium zumeist ein sehr hohes Anästhesierisiko, zumal wenn komplikationsträchtige Radikaloperationen erforderlich werden. Hier ist eine umfassende präoperative Vorbereitung und sorgfältige Planung des anästhesiologischen Vorgehens notwendig. Allgemeinchirurgische Eingriffe werden überwiegend in Allgemeinanästhesie mit kompletter Muskelrelaxation durchgeführt. Besonders vor Abdominaloperationen muß in diesem Zusammenhang die Frage nach einem *erhöhten Aspirationsrisiko* gestellt werden, auch dann, wenn die zu fordernde Nahrungskarenz eingehalten wird.

14.1.1 Ösophagus

■ Ösophagektomie

Hauptindikation:	Ösophaguskarzinom (Erkrankungsgipfel im 5.–7. Dezennium; 90% Plattenepithelkarzinome, 10% Adenokarzinome; Lokalisation: überwiegend mittleres u. unteres Drittel, frühzeitiger Lymphknotenbefall)
Vorbereitung:	ggf. präop. Radiatio od. neoadjuvante Chemotherapie; Lungenfunktionsanalyse
Besonderheiten:	1. reduzierter Allgemeinzustand der Pat., häufig Kachexie, Nikotin- u. Alkoholabusus 2. 2-Höhlen-Eingriff
OP-Verfahren:	radikale subtotale Ösophagektomie mit Lymphadenektomie u. Rekonstruktion der Passage durch Magenhochzug (am häufigsten), Dünndarm- od. Koloninterponat (z. B. bei Vor-OP am Magen)

OP-Ablauf: zunächst Lymphknoten-PE (subkardial, zöliakal, zervikal), hierzu mediane Oberbauchlaparotomie u. linksseitiger Halsschnitt, weiteres Vorgehen abhg. vom Schnellschnittergebnis:

1. kuratives Vorgehen bei Tumorfreiheit:
   Ösophagusresektion mit Lymphknotenexstirpation über *rechtslaterale Thorakotomie* (5. ICR); Plazierung des Ösophagusersatzes zumeist im alten Ösophagusbett, alternativ retro- od. prästernal (subkutan); Anastomosierung mit dem proximalen Ösophagus entweder intrathorakal oder zervikal; Pleuradrainage rechts
2. palliatives Vorgehen:
   stumpfe Ösophagusdissektion u. -resektion ohne Thorakotomie; Magenhochzug durch das Ösophagusbett u. kollare Anastomosierung

in beiden Fällen Anlage einer perkutanen jejunalen Ernhrungssonde

OP-Dauer: 6–8 h

Lagerung: Rückenlage, Arme ausgelagert; Linksseitenlage bei Thorakotomie

Ausrüstung: 2–3 großlumige i. v. Zugänge, 3-Lumen-ZVK (bei kollarer Anastomosierung nur *rechter* Hals!), kontinuierliche ZVD-Messung, art. Zugang, 5-Pol-EKG mit ST-Strecken-Analyse, Magensonde (*cave*: Tumorarrosion, -stenose!), Blasenkatheter, Temperatursonde, Auskühlungsschutz (Wärmedecke, Infusionswärmer etc.), Transfusionspumpe o. ä., Relaxometrie

Blutkonserven: 6 EK

Anästhesie: Intubationsnarkose mit balancierter Anästhesie u. kompl. Muskelrelaxation; bei Thorakotomie (linksführender) Doppellumentubus (bronchoskopische Lagekontrolle obligat; s. Kap. 26.2.4), Umintubation mit konventionellem Tubus vor Verlegung

Einleitung: Nicht-nüchtern-Einleitung bei Stenosesymptomatik

Besonderheiten:
1. passagere Eine-Lunge-Anästhesie (Kap. 26.2)
2. intraop. Umlagerung

Komplikationen:
1. Gasaustauschstörungen infolge der Einlungenbeatmung
2. mechanisch bedingte Kreislaufdepression/Arrhythmie (Kavakompression, Manipulation am Herzen)
3. massive Blutungen

Nachbetreuung: Intensivstation (Nachbeatmung)

■ Ösophagusdivertikel

Nosologie:
1. Pulsationsdivertikel (Zenker-Divertikel):
   Ausstülpung der Mukosa u. Submukosa („Pseudodivertikel") im Bereich des pharyngoösophagealen Übergangs als Folge einer muskulären Wandschwäche, dyskinesiebedingte Enge der Pars cricopharyngea; häufiger als Traktionsdivertikel
2. Traktionsdivertikel:
   ösophageale Ausziehung, die alle Wandschichten betrifft; entsteht durch Narbenzug bei chronischen Entzündungen in der näheren Umgebung (z. B. Tbc); bevorzugt im mittleren Ösophagusdrittel

OP-Verfahren: kollare Freilegung des Divertikels (von links) u. Abtragung

Besonderheiten: fakultativ vor OP-Beginn Ösophagoskopie (Abschn. 14.1.10) u. innere Schienung mit speziellem, dickem Schlauch (nach Ansage des Operateurs)

OP-Dauer: 2–3 h

Lagerung:	Rückenlage, linker Arm angelagert, Kopf nach rechts gedreht
Ausrüstung:	1–2 großlumige i. v. Zugänge, ggf. ZVK (nur *rechter* Hals); primär keine Magensonde (Perforationsgefahr!), erst intraop. nach Absprache mit dem Operateur; evtl. Blasenkatheter; Temperatursonde, Auskühlungsschutz (Wärmedecke, Infusionswärmer etc.), Relaxometrie
Blutkonserven:	i. d. R. keine, aber Blutgruppe u. Antikörpersuchtest
Anästhesie:	Intubationsnarkose mit balancierter Anästhesie u. kompl. Muskelrelaxation
Einleitung:	Nicht-nüchtern-Einleitung
Komplikationen:	Ösophagusperforation, Blutungen
Nachbetreuung:	Aufwachraum

Achalasie

Nosologie:	fehlende Erschlaffung des Ösophagus-Kardia-Sphinkters nach Degeneration des submukösen Nervengeflechts in diesem Bereich, infolgedessen Bildung eines (atonischen) Megaösophagus mit z. T. pergamentartig dünner Wand
OP-Indikation:	wiederholte, erfolglose pneumatische Dilatationsversuche
OP-Verfahren:	extramuköse Myotomie im Sphinkterbereich (transabdominal od. -thorakal), i. d. R. zusätzl. Antirefluxoperation (Semifundoplicatio; s. Abschn. 14.1.9) wegen des häufig gestörten Sphinkterschlusses (→ Regurgitation); mittlerweile Bevorzugung der laparoskopischen, seltener auch der thorakoskopischen OP-Technik
OP-Dauer:	2–3 h
Lagerung:	Rückenlage, Arme ausgelagert
Ausrüstung:	1–2 großlumige i. v. Zugänge, ggf. ZVK bei endoskopischem Vorgehen; primär keine Magensonde (Perforationsgefahr!), erst intraop. nach Absprache mit dem Operateur; evtl. Blasenkatheter; Temperatursonde, Auskühlungsschutz (Wärmedecke, Infusionswärmer etc.), Relaxometrie
Blutkonserven:	i. d. R. keine, aber Blutgruppe u. Antikörpersuchtest
Anästhesie:	Intubationsnarkose mit balancierter Anästhesie u. kompl. Muskelrelaxation
Einleitung:	Nicht-nüchtern-Einleitung
Komplikationen:	Ösophagusperforation
Nachbetreuung:	Aufwachraum

14.1.2 Magen

Gastrektomie

Hauptindikation:	Magenkarzinom (Erkrankungsgipfel im 5.–7. Dezennium, 90% Adenokarzinome)
Besonderheiten:	häufig reduzierter Allgemein- u. Ernährungszustand der Pat.
OP-Verfahren:	radikale totale Magenresektion unter Mitnahme des großen u. kleinen Netzes sowie der regionalen Lymphknoten, evtl. auch Splenektomie (Abschn. 14.1.6), Rekonstruktion („Ersatzmagen") meist durch End-zu-End-Ösophagojejunostomie (Y-Roux, 2 Anastomosen)
Besonderheiten:	bei Inoperabilität nur Gastroenterostomie zum Erhalt der Nahrungspassage od. Anlage einer Ernährungsfistel
OP-Dauer:	3–5 h
Lagerung:	Rückenlage, Arme ausgelagert

Ausrüstung:	2 großlumige i.v. Zugänge, ZVK (evtl. 3lumig), ggf. art. Zugang; Magensonde, Blasenkatheter, Temperatursonde, Auskühlungsschutz (Wärmedecke, Infusionswärmer etc.), Relaxometrie
Blutkonserven:	4 EK
Anästhesie:	Intubationsnarkose mit balancierter Anästhesie u. kompl. Muskelrelaxation
Einleitung:	Nicht-nüchtern-Einleitung bei Stenosesymptomatik
Komplikationen:	Eventerationsreaktion (Abschn. 14.1.14), Blutungen
Nachbetreuung:	Intensivstation

Magenteilresektionen

Indikationen:	Magen- od. Duodenalulzera, Zollinger-Ellison-Syndrom, rezidivierende gastroduodenale Erosionsblutungen
OP-Verfahren:	1. Billroth I: distale 2/3-Resektion des Magens mit End-zu-End-Gastroduodenostomie (nur bei ausreichender Mobilisierbarkeit des Duodenalstumpfs durchführbar) 2. Billroth II: distale 2/3-Resektion, ursprüngl. mit End-zu-Seit-Gastrojejunostomie (Fußpunktanastomose nach Braun, retro- od. seltener antekolisch), alternativ mit End-zu-End-Gastrojejunostomie (Y-förmig nach Roux)
OP-Dauer:	3–4 h
Lagerung:	Rückenlage, Arme ausgelagert
Ausrüstung:	2 großlumige i.v. Zugänge, ZVK, ggf. art. Zugang; Magensonde, Blasenkatheter, Temperatursonde, Auskühlungsschutz (Wärmedecke, Infusionswärmer etc.), Relaxometrie
Blutkonserven:	4 EK
Anästhesie:	Intubationsnarkose mit balancierter Anästhesie u. kompl. Muskelrelaxation
Einleitung:	Nicht-nüchtern-Einleitung bei Regurgitations- od. Stenosesymptomatik
Komplikationen:	Eventerationsreaktion (Abschn. 14.1.14), Blutungen
Nachbetreuung:	Aufwachraum, ggf. Intensivstation

Gastroenterostomie

Indikationen:	Magenausgangsstenose bei inoperablen Magen-, Duodenal- od. Pankreastumoren
Besonderheiten:	häufig Tumorkachexie u. -anämie
OP-Verfahren:	palliative Umgehung des Magenausgangs mit Hilfe einer Seit-zu-Seit-Gastrojejunostomie (Fußpunktanastomose nach Braun)
OP-Dauer:	2–3 h
Lagerung:	Rückenlage, Arme ausgelagert
Ausrüstung:	2 großlumige i.v. Zugänge, ZVK, selten art. Zugang, Magensonde, Blasenkatheter, Temperatursonde, Auskühlungsschutz (Wärmedecke, Infusionswärmer etc.), Relaxometrie
Blutkonserven:	2–4 EK
Anästhesie:	Intubationsnarkose mit balancierter Anästhesie u. kompl. Muskelrelaxation
Einleitung:	Nicht-nüchtern-Einleitung
Nachbetreuung:	Aufwachraum

Fundoplicatio

Siehe Abschn. 14.1.9.

14.1.3 Darm

Dünndarmteilresektion

Indikationen:	Dünndarmtumoren (z. T. endokrin aktiv, wie z. B. das Karzinoid [Abschn. 14.1.7]), M. Crohn, Strangulationsileus od. Volvulus, Ischämie od. Nekrose bei Mesenterialarterienembolie od. -venenthrombose, Perforation (iatrogen, traumatisch)
Besonderheiten:	1. Flüssigkeits-, Elektrolyt- u. Säure-Basen-Verschiebungen (bes. Hypokaliämie) bei Ileussymptomatik 2. häufig Vorhofflimmern bei Mesenterialarterienembolie 3. oft Kortikoiddauermedikation bei chronisch entzündlichen Darmerkrankungen
OP-Ablauf:	Laparotomie (längs od. quer) mit Resektion des betroffenen Areals, End-zu-End-Anastomosierung, ggf. zwei- od. auch dreizeitiges Vorgehen mit temporärem Stoma
OP-Dauer:	2–3 h
Lagerung:	Rückenlage, Arme ausgelagert
Ausrüstung:	2 großlumige i. v. Zugänge, ZVK, ggf. art. Zugang (immer bei endokrin aktiven Tumoren); Magensonde, Blasenkatheter, Temperatursonde, Auskühlungsschutz (Wärmedecke, Infusionswärmer etc.), Relaxometrie
Blutkonserven:	4 EK
Anästhesie:	Intubationsnarkose mit balancierter Anästhesie u. kompl. Muskelrelaxation
Einleitung:	Nicht-nüchtern-Einleitung bei Akutindikation
Besonderheiten:	ggf. periop. Glukokortikoidsubstitution (Schema s. Kap. 35.11.2)
Komplikationen:	1. Kreislaufdepression – Eventerationsreaktion (Abschn. 14.1.14) – Septikämie/Toxinämie – Einschwemmung vasoaktiver Substanzen (Karzinoidsyndrom; Abschn. 14.1.7) 2. Peritonitis 3. Blutungen
Nachbetreuung:	Aufwachraum, ggf. Intensivstation (z. B. bei Peritonitis)

Abdominelle Adhäsiolyse

Indikationen:	„Verwachsungsbauch" nach mehrfachen Laparotomien od. rezidivierenden intraabdominellen Entzündungen, Brideneileus
Besonderheiten:	Akutindikation bei Ileussymptomatik
OP-Verfahren:	offene od. laparoskopische Abtragung der Verwachsungsstränge
OP-Dauer:	je nach Befund
Lagerung:	Rückenlage, Arme ausgelagert
Ausrüstung:	1–2 großlumige i. v. Zugänge, ggf. ZVK (immer bei Ileussymptomatik), Magensonde, Blasenkatheter, Temperatursonde, Auskühlungsschutz (Wärmedecke, Infusionswärmer etc.), Relaxometrie
Blutkonserven:	4 EK
Anästhesie:	Intubationsnarkose mit balancierter Anästhesie u. kompl. Muskelrelaxation

Einleitung:	Nicht-nüchtern-Einleitung bei Ileus- od. Subileussymptomatik
Komplikationen:	Eventerationsreaktion (Abschn. 14.1.14), Blutungen, Darmperforation
Nachbetreuung:	Aufwachraum

Hemikolektomie, Sigmaresektion, Transversumresektion

Indikationen:	Adenome, Papillome, Karzinome, Sarkome; Divertikulose/Divertikulitis; Colitis ulcerosa, M. Crohn (selten); toxisches Megakolon (s. auch Abschn. 14.3); Perforation (iatrogen, traumatisch)
Vorbereitung:	Darmreinigung (Abschn. 14.1.14) vor geplanter OP
Besonderheiten:	1. Flüssigkeits-, Elektrolyt- u. Säure-Basen-Verschiebungen (bes. Hypokaliämie) bei Ileus 2. oft Kortikoiddauermedikation bei chronisch entzündlichen Darmerkrankungen
OP-Ablauf:	mediane Unterbauchlaprotomie, Resektion des entsprechenden Areals unter Mitnahme des großen Netzes u. der regionalen Lymphknoten, End-zu-End-Anastomosierung, ggf. zwei- od. auch dreizeitiges Vorgehen mit Anlage eines temporären Anus praeter („Hartmann-Operation“)
OP-Dauer:	3–4 h
Lagerung:	Rückenlage, Arme ausgelagert; evtl. Steinschnittlage Ausrüstung: 2 großlumige i. v. Zugänge, ZVK, ggf. art. Zugang; Magensonde, Blasenkatheter, Temperatursonde, Auskühlungsschutz (Wärmedecke, Infusionswärmer etc.), Relaxometrie
Blutkonserven:	4 EK
Anästhesie:	Intubationsnarkose mit balancierter Anästhesie u. kompl. Muskelrelaxation
Einleitung:	Nicht-nüchtern-Einleitung bei Perforationssymptomatik
Besonderheiten:	1. periop. Antibiotikaprophylaxe (z. B. 2 g Cefotiam + 500 mg Metronidazol) 2. ggf. periop. Glukokortikoidsubstitution (Schema s. Kap. 35.11.2)
Komplikationen:	Eventerationsreaktion (Abschn. 14.1.14), Blutungen, Darmperforation
Nachbetreuung:	Aufwachraum

Subtotale Kolektomie

Indikationen:	fam. Adenomatosis, fam. Polyposis; Colitis ulcerosa, M. Crohn (sehr selten); toxisches Megakolon (s. auch Abschn. 14.3)
Vorbereitung:	Darmreinigung (Abschn. 14.1.14) vor geplanter OP
Besonderheiten:	oft Kortikoiddauermedikation bei chronisch entzündlichen Darmerkrankungen
OP-Ablauf:	mediane Unterbauchlaparotomie, subtotale Kolonresektion unter Mitnahme der regionalen Lymphknoten, End-zu-End-Ileorektostomie u. Anlage eines temporären Ileostomas
OP-Dauer:	3–4 h
Lagerung:	Steinschnittlage, Arme ausgelagert
Ausrüstung:	2 großlumige i. v. Zugänge, ZVK, ggf. art. Zugang; Magensonde, Blasenkatheter, Temperatursonde, Auskühlungsschutz (Wärmedecke, Infusionswärmer etc.), Relaxometrie
Blutkonserven:	4 EK
Anästhesie:	Intubationsnarkose mit balancierter Anästhesie u. kompl. Muskelrelaxation

Besonderheiten:	1. periop. Antibiotikaprophylaxe (z. B. 2 g Cefotiam + 500 mg Metronidazol) 2. ggf. periop. Glukokortikoidsubstitution (Schema Kap. 35.11.2)
Komplikationen:	Eventerationsreaktion (Abschn. 14.1.14), Blutungen, Darmperforation
Nachbetreuung:	Aufwachraum, ggf. Intensivstation

Anteriore Rektumresektion

Indikation:	hohes, oberhalb 5 cm ab ano sitzendes Rektumkarzinom (Erkrankungsgipfel im 5.–7. Dezennium, überwiegend Adenokarzinome)
Vorbereitung:	Darmreinigung (Abschn. 14.1.14)
OP-Ablauf:	mediane Unterbauchlaparotomie, radikale „Kontinuitätsresektion" des Rektums (→ Erhaltung der Sphinkterfunktion) unter Mitnahme der regionalen Lymphknoten, evtl. Kolon-Pouch zur Reservoirbildung („Neorektum")
OP-Dauer:	4–6 h
Lagerung:	Steinschnittlage, Arme ausgelagert
Ausrüstung:	2 großlumige i. v. Zugänge, ZVK, art. Zugang, Magensonde, Blasenkatheter, Temperatursonde, Auskühlungsschutz (Wärmedecke, Infusionswärmer etc.), Transfusionspumpe o. ä., Relaxometrie
Blutkonserven:	4–6 EK
Anästhesie:	Intubationsnarkose mit balancierter Anästhesie u. kompl. Muskelrelaxation (zusätzl. evtl. thorakaler Epiduralkatheter für die postop. Analgesie)
Besonderheiten:	periop. Antibiotikaprophylaxe (z. B. 2 g Cefotiam + 500 mg Metronidazol)
Komplikationen:	1. Eventerationsreaktion (s. Abschn. 14.1.14) 2. massive Blutungen bei Tumormobilisation im kleinen Becken 3. Darmperforation
Nachbetreuung:	i. d. R. Intensivstation

Rektumexstirpation nach *Miles*

Indikation:	tiefes, unterhalb 5 cm ab ano sitzendes Rektumkarzinom
Vorbereitung:	Darmreinigung (Abschn. 14.1.14)
OP-Verfahren:	radikale abdominoperineale Entfernung des Rektums, Anlage eines endständigen Anus praeter sigmoideus
OP-Dauer:	ca. 3 h
Lagerung:	Steinschnittlage, Arme ausgelagert
Ausrüstung:	2 großlumige i. v. Zugänge, ZVK, art. Zugang, Magensonde, Blasenkatheter, Temperatursonde, Auskühlungsschutz (Wärmedecke, Infusionswärmer etc.), Transfusionspumpe o. ä., Relaxometrie
Blutkonserven:	4–6 EK
Anästhesie:	Intubationsnarkose mit balancierter Anästhesie u. kompl. Muskelrelaxation
Besonderheiten:	periop. Antibiotikaprophylaxe (z. B. 2 g Cefotiam + 500 mg Metronidazol)
Komplikationen:	1. Eventerationsreaktion (Abschn. 14.1.14) 2. massive Blutungen bei Tumormobilisation im kleinen Becken 3. Darmperforation
Nachbetreuung:	i. d. R. Aufwachraum

14.1.4 Leber, Gallenblase und Gallenwege

Zur *Pathophysiologie und Anästhesie bei gestörter Leberfunktion* s. Kap. 35.7.

■ Leberteilresektionen

Indikationen:	hepatozelluläre Karzinome, cholangiozelluläre Karzinome (z. B. Klatskin-Tumor), isolierte Metastasen (bes. bei kolorektalen Karzinomen), benigne Lebertumoren (Adenome, Hämangiome), Echinokokkuszysten, Leberruptur (s. auch Abschn. 14.3)
Vorbereitung:	Einschätzung der Leberfunktion (Gerinnungsanalyse!)
Besonderheiten:	bei hepatozellulären Karzinomen oft begleitende Leberzirrhose (evtl. mit Aszites)
OP-Verfahren:	mediane Oberbauchlaparotomie, dann je nach Befund: Hemihepatektomie (Links- od. Rechtsresektion) od. Segmentresektion od. atypische oberflächliche Resektion
OP-Ablauf:	1. z. T. temporäres Abklemmen der A. hepatica/V. portae 2. b. Bed. Rekonstruktion der Gallenwege durch Hepatikocholedochostomie mit T-Drainage od. Hepatikojejunostomie nach Roux (biliodigestive Anastomose) od. Jejunuminterponat 3. evtl. Portimplantation in die A. hepatica zur adjuvanten Chemotherapie
OP-Dauer:	3–6 h
Lagerung:	Rückenlage, Arme ausgelagert (evtl. nach oben)
Ausrüstung:	2–3 großlumige i. v. Zugänge (alternativ Shaldon-Katheter, 2- od. 3lumig); ZVK (ggf. 3lumig), art. Zugang, 5-Pol-EKG mit ST-Strecken-Analyse, Magensonde (Vorsicht bei Ösophagusvarizen!), Blasenkatheter, Temperatursonde, Auskühlungsschutz (Wärmedecke, Infusionswärmer etc.), Transfusionspumpe o. ä., Cell-saver bei benignen Prozessen, Relaxometrie
Blutkonserven:	6 EK
Anästhesie:	Intubationsnarkose mit balancierter Anästhesie u. kompl. Muskelrelaxation
Einleitung:	Nicht-nüchtern-Einleitung bei großem raumfordernden Prozeß u./od. ausgeprägtem Aszites
Besonderheiten:	1. Anpassung der verwendeten Medikamente an den reduzierten Leberstoffwechsel (z. B. volatiles Anästhetikum, Fentanyl, cis-Atracurium) 2. ZVD während der Präparation wenn möglich im unteren Normalbereich halten, weil ein höherer ZVD stauungsbedingt den Blutverlust steigert (Voraussetzungen: $SvO_2 \geq 70\%$, sofortige Massivtransfusion möglich, ausreichende Erfahrung des Anwenders!) 3. tolerable warme Ischämiezeit der Leber ca. 30 min bei Abklemmen der A. hepatica
Komplikationen:	1. massive Blutungen (bes. bei Hemihepatektomie) 2. Tumorembolie bei in die V. cava eingewachsenen Tumoren 3. Leberfunktionsstörungen in Abhängigkeit vom Ausmaß der Resektion: Gerinnungsstörungen, Hypoglykämie etc.
Nachbetreuung:	Intensivstation (außer bei geringfügigen Resektionen)

■ Lebertransplantation

Siehe Kap. 39.6.

Portosystemischer Shunt

Indikation:	rezidivierende Ösophagusvarizenblutungen bei portaler Hypertension
Verfahren:	Mittlerweile wird statt der risikoreichen Operation ein deutlich risikoärmeres interventionelles Verfahren bevorzugt („transjugulärer intrahepatischer portokavaler Shunt" = TIPS). Hierbei wird ohne Narkose und ohne anästhesistisches Zutun mit Hilfe einer in die Jugularvene eingeführten Spezialsonde eine Stentverbindung zwischen Portal- u. Lebervene geschaffen.

Denver-Shunt (peritoneovenöser Shunt)

Indikation:	therapieresistenter Aszites
Vorbereitung:	Einschätzung der Leberfunktion
OP-Verfahren:	Aszitesableitung aus der Peritonealhöhle i. d. V. cava superior, meist perkut. über rechtsseitige V. jugularis externa
OP-Dauer:	ca. 2 h
Lagerung:	Rückenlage, Arme ausgelagert
Ausrüstung:	1–2 großlumige i. v. Zugänge, ZVK (kontralaterale Halsseite!), Magensonde (Vorsicht bei Ösophagusvarizen!), Blasenkatheter fakultativ, Relaxometrie
Blutkonserven:	keine
Anästhesie:	Intubationsnarkose mit balancierter Anästhesie
Einleitung:	Nicht-nüchtern-Einleitung
Komplikationen:	1. Hypervolämie bei Drainage großer Aszitesmengen 2. Hyperfibrinolyse, disseminierte intravasale Koagulation 3. septischer Schock bei infiziertem Aszites
Nachbetreuung:	Intensivstation

Cholezystektomie

Indikationen:	Cholezystitis, Cholezystolithiasis, Gallenblasenkarzinom, Gallenblasenpapillom
Vorbereitung:	zumeist präop. ERC (endoskopische retrograde Cholangioskopie) zur Beurteilung der Durchgängigkeit des Ductus choledochus
OP-Verfahren:	1. offen: Rippenbogenrandschnitt rechts, vom Gefäßpol ausgehende Präparation u. Herauslösung der Gallenblase aus dem Leberbett 2. laparoskopisch (mittlerweile Standardverfahren)
OP-Dauer:	1–2 h
Lagerung:	Rückenlage, Arme ausgelagert
Ausrüstung:	1–2 großlumige i. v. Zugänge, ggf. ZVK;, Magensonde, evtl. Blasenkatheter; Temperatursonde, Relaxometrie
Blutkonserven:	2 EK
Anästhesie:	Intubationsnarkose mit balancierter Anästhesie u. kompl. Muskelrelaxation
Einleitung:	Nicht-nüchtern-Einleitung bei Adipositas, ggf. Wachintubation (bei erheblicher Adipositas)
Komplikationen:	Gallenblasenperforation, gallige Peritonitis, Blutungen (bes. bei Verletzung der A. cystica)
Nachbetreuung:	Aufwachraum

14.1.5 Pankreas

Whipple-Operation

Indikationen:	Pankreaskopf-, Papillen-, Duodenumkarzinom
Besonderheiten:	Leberfunktionsstörungen bei cholestatischem Ikterus
OP-Ablauf:	1. Phase: mediane Oberbauchlaparotomie, Cholezystektomie, Duodenohemipankreatektomie mit regionaler Lymphadenektomie 2. Phase: Rekonstruktion mit Hilfe einer hochgezogenen Jejunumschlinge (End-zu-End-Anastomosierung des Pankreasschwanzes, End-zu-Seit-Choledochojejunostomie, End-zu-Seit-Gastrojejunostomie nach Billroth [Abschn. 14.1.2]) alternativ zu B II Erhaltung des Pylorus u. End-zu-Seit-Duodenojejunostomie
OP-Dauer:	5–6 h
Lagerung:	Rückenlage, Arme ausgelagert
Ausrüstung:	2–3 großlumige i. v. Zugänge, ZVK (evtl. 3lumig), art. Zugang, Magensonde, Blasenkatheter, Temperatursonde, Auskühlungsschutz (Wärmedecke, Infusionswärmer etc.), Transfusionspumpe o. ä., Relaxometrie
Blutkonserven:	4–6 EK
Anästhesie:	Intubationsnarkose mit balancierter Anästhesie u. kompl. Muskelrelaxation (zusätzl. evtl. thorakaler Epiduralkatheter für die postop. Analgesie)
Einleitung:	Nicht-nüchtern-Einleitung bei Duodenalobstruktion
Besonderheiten:	Gabe von Octreotid (Sandostatin®), einem synthetischen Somatostatinanalogon, in einer Dosierung von 200 µg s.c. zur Sekretionshemmung ca. 30 min vor Durchtrennung des Pankreas
Komplikationen:	Eventerationsreaktion (Abschn. 14.1.14), massive Blutungen bei Verletzung großer Gefäße
Nachbetreuung:	Intensivstation

Pankreaslinksresektion

Indikation:	Pankreasschwanzkarzinom
OP-Ablauf:	mediane Oberbauchlaparotomie, Korpus-Schwanz-Splenopankreatektomie, Rekonstruktion durch End-zu-End-Pankreatikojejunostomie (Y-förmig nach Roux)
OP-Dauer:	ca. 4 h
Lagerung:	Rückenlage, Arme ausgelagert
Ausrüstung:	2–3 großlumige i. v. Zugänge, ZVK, art. Zugang, Magensonde, Blasenkatheter, Temperatursonde, Auskühlungsschutz (Wärmedecke, Infusionswärmer etc.), Transfusionspumpe o. ä., Relaxometrie
Blutkonserven:	4–6 EK
Anästhesie:	Intubationsnarkose mit balancierter Anästhesie u. kompl. Muskelrelaxation
Einleitung:	Nicht-nüchtern-Einleitung bei Duodenalobstruktion
Komplikationen:	Eventerationsreaktion (Abschn. 14.1.14), massive Blutungen bei Verletzung großer Gefäße
Nachbetreuung:	Aufwachraum, ggf. Intensivstation

Duodenumerhaltende Pankreaskopfresektion

Indikation:	therapieresistente chronische Pankreatitis
Besonderheiten:	Leberfunktionsstörungen bei cholestatischem Ikterus
OP-Ablauf:	1. Phase: mediane Oberbauchlaparotomie; Cholezystektomie; Freipäparation, Durchtrennung u. Resektion des Pankreaskopfes über der V. portae 2. Phase: Rekonstruktion durch End-zu-End-Pankreatikojejunostomie (Y-förmig nach Roux)
OP-Dauer:	ca. 4 h
Lagerung:	Rückenlage, Arme ausgelagert
Ausrüstung:	2–3 großlumige i. v. Zugänge, ZVK, art. Zugang, Magensonde, Blasenkatheter, Temperatursonde, Auskühlungsschutz (Wärmedecke, Infusionswärmer etc.), Transfusionspumpe o. ä., Cell-saver (nur Reservoir), Relaxometrie
Blutkonserven:	4–6 EK, präop. Eigenblutspende, maschinelle Autotransfusion
Anästhesie:	Intubationsnarkose mit balancierter Anästhesie u. kompl. Muskelrelaxation
Einleitung:	Nicht-nüchtern-Einleitung bei Duodenalobstruktion
Komplikationen:	Eventerationsreaktion (Abschn. 14.1.14), massive Blutungen bei Verletzung großer Gefäße od. aus dem entzündlich veränderten Pankreaskopf
Nachbetreuung:	Aufwachraum, ggf. Intensivstation

Pankreastransplantation

Siehe Kap. 39.3.

14.1.6 Splenektomie

Indikationen:	idiopathische thrombozytopenische Purpura (M. Werlhof), Hyperspleniesyndrom (Milzvenenthrombose, Lebererkrankungen mit portaler Hypertension), Milzarterienthrombose/-embolie, bestimmte Formen hämolytischer Anämien, Tumoren (bes. Lymphome, Hämangiome), traumatische Milzruptur (s. auch Abschn. 14.3)
Besonderheiten:	1. M. Werlhof: ausgeprägte Thrombozytopenie, oft < 30.000/μl 2. Hyperspleniesyndrom: hämolytische Anämie, Thrombozytopenie 3. Milzarterienthrombose/-embolie: eher Thrombozytose (fehlendes Pooling von Thrombozyten aufgrund des prälienalen Umgehungskreislaufs)
OP-Verfahren:	1. offen: Rippenbogenrandschnitt links, Präparation des Gefäßpols, Unterbindung der A. u. V. lienalis, Milzexstirpation 2. laparoskopisch
OP-Dauer:	1–2 h
Lagerung:	Rückenlage, Arme ausgelagert; Rechtsseitenlage bei laparoskopischem Vorgehen
Ausrüstung:	1–2 großlumige i. v. Zugänge, ggf. ZVK (*cave*: ausgeprägte Thrombozytopenie!), Magensonde (*cave*: Blutung bei Thrombozytopenie!), Relaxometrie
Blutkonserven:	4 EK; bei Thrombozytopenie zusätzl. 1 TKZ
Anästhesie:	Intubationsnarkose mit balancierter Anästhesie u. kompl. Muskelrelaxation
Einleitung:	Nicht-nüchtern-Einleitung bei erheblicher Raumforderung

Besonderheiten:	1. periop. Antibiotikaprophylaxe (z. B. 5 g Mezlocillin od. 2 g Cefotiam) u. Vakzinierung gegen Hämophilus der Gruppe B u. Pneumokokken (bereits auf Station) zur Verhinderung des „overwhelming post-splenectomy infection syndrome“ (OPSI) 2. TKZ-Gabe möglichst erst nach Ligatur der A. lienalis, um lienalen Thrombozytenabbau zu verhindern
Komplikationen:	Blutungen
Nachbetreuung:	Aufwachraum

14.1.7 Endokrin aktive Tumoren

Karzinoid

Nosologie:	vorwiegend im terminalen Ileum lokalisierter, spät metastasierender, von enterochromaffinen Zellen ausgehender endokrin aktiver Tumor (Erkrankungsgipfel im 4.–5. Dezennium)
Besonderheiten:	„Karzinoidsyndrom“ infolge von Freisetzung größerer Mengen vasoaktiver Substanzen (Serotonin, Histamin, Kallikrein) in den großen Kreislauf erst bei Metastasierung (ca. 5%), wenn die Leber nicht mehr in der Lage ist, diese Substanzen in ausreichendem Maße zu inaktivieren
Karzinoidsyndrom:	1. Flush (initial nur Gesicht u. Hals betroffen) 2. Bronchokonstriktion 3. supraventrikuläre Tachyarrhythmien, arterielle Hypotension (Bradykinin) 4. Hyperglykämie
Vorbereitung:	Bestimmung der 5-Hydroxyindolessigsäure im 24-h-Urin
OP-Verfahren:	Resektion des betroffenen Darmabschnitts mit regionaler Lymphadenektomie, End-zu-End-Anastomosierung
OP-Dauer:	2–3 h
Lagerung:	Rückenlage, Arme ausgelagert
Ausrüstung:	2 großlumige i. v. Zugänge, ZVK, art. Zugang, Magensonde, Blasenkatheter, Temperatursonde, Auskühlungsschutz (Wärmedecke, Infusionswärmer etc.), Relaxometrie
Blutkonserven:	4 EK
Anästhesie:	Intubationsnarkose mit balancierter Anästhesie u. kompl. Muskelrelaxation
Einleitung:	Nicht-nüchtern-Einleitung bei Störungen der Magendarmmotorik
Besonderheiten:	1. Gabe von H_1- u. H_2-Antihistaminika während der Einleitung (z. B. Clemastin u. Ranitidin, je 2 Amp. ad 500 ml Sterofundin®) zur Verhinderung od. Verminderung histaminvermittelter Wirkungen 2. ausreichende Volumenzufuhr vor Beginn der Tumorpräparation 3. Gabe von Octreotid (Sandostatin®), in einer Dosierung von je 50 µg i. v. u. s.c. unmittelbar vor Tumorpräparation (HWZ nur wenige Minuten!), hierdurch Hemmung der Freisetzung vasoaktiver Substanzen aus dem Tumor
Komplikationen:	intraop. Karzinoidsyndrom bei Tumormanipulationen (Therapie: 50–100 µg Octreotid i. v.; s. oben)
Nachbetreuung:	i. d. R. Intensivstation

Phäochromozytom

Siehe Kap. 35.11.5.

14.1.8 Relaxatio diaphragmatica

Nosologie:	angeborener, extremer, meist linksseitiger Zwerchfellhochstand (deutl. höher als bei Phrenikusparese)
Therapie:	Operation bei Ateminsuffizienz infolge von Lungenkompression u. Mediastinalverdrängung
OP-Verfahren:	i. d. R. transthorakale Zwerchfellfaltung, bei zu dünner Zwerchfellmembran Muskelplastik; ipsilaterale Pleuradrainage
OP-Dauer:	abhängig vom Procedere, i. d. R. mehrere Stunden
Lagerung:	Rückenlage, Arme ausgelagert
Ausrüstung:	2 großlumige i. v. Zugänge, ZVK, art. Zugang, Magensonde, Blasenkatheter, Temperatursonde, Auskühlungsschutz (Wärmedecke, Infusionswärmer etc.), Transfusionspumpe o. ä., Relaxometrie
Blutkonserven:	4 EK
Anästhesie:	Intubationsnarkose mit balancierter Anästhesie u. kompl. Muskelrelaxation; (linksführender) Doppellumentubus (bronchoskopische Lagekontrolle obligat; Kap. 26.2.4); Umintubation mit konventionellem Tubus, wenn Nachbeatmung erforderlich
Besonderheiten:	passagere Eine-Lunge-Anästhesie (Kap. 26.2)
Komplikationen:	1. Gasaustauschstörungen infolge der Einlungenbeatmung 2. massive Blutungen 3. Verletzung des N. phrenicus
Nachbetreuung:	i. d. R. Aufwachraum, ggf. Intensivstation (Nachbeatmung)

14.1.9 Laparoskopische Eingriffe

An dieser Stelle werden nur die Besonderheiten einiger Eingriffe erläutert. Zum *grundsätzlichen Vorgehen bei Laparoskopien und den typischen Komplikationen*, die durch ein Kapnoperitoneum etc. hervorgerufen werden können, s. Kap. 15.

Fundoplicatio

Indikationen:	Refluxösophagitis III.°, Hiatusgleithernie mit gastroösophagealem Reflux
OP-Ablauf:	Anschlingen des unteren Ösophagus samt Kardia, Bildung einer Fundusmanschette, Herstellung der Kardiakontinenz durch Fundoplikation
Besonderheiten:	innere Kardiaschienung mit speziellem, dickem Schlauch (nach Ansage des Operateurs)
OP-Dauer:	ca. 2 h
Lagerung:	Rückenlage, Arme ausgelagert, Beine gespreizt
Ausrüstung:	1–2 großlumige i. v. Zugänge, ggf. ZVK; Magensonde, Relaxometrie
Blutkonserven:	i. d. R. keine, aber Blutgruppe u. Antikörpersuchtest
Anästhesie:	Intubationsnarkose mit balancierter Anästhesie u. kompl. Muskelrelaxation
Einleitung:	Nicht-nüchtern-Einleitung
Komplikationen:	1. Blutungen 2. speziell bei laparoskopischem Vorgehen: – Weichteilemphysem, Mediastinalemphysem, Pneumo-/Kapnothorax – Magenverlagerung nach intrathorakal (durch erhöhten Intraabdominaldruck)
Nachbetreuung:	Aufwachraum

Gastric banding

Indikation:	„diätresistente" extreme Adipositas
Vorbereitung:	1. mind. ab 50% Übergewicht zurückhaltender Einsatz von Sedativa in der Prämedikation, keine Sedativa bei Schlaf-Apnoe-Syndrom! 2. Lungenfunktionsanalyse bei Adipositas permagna
OP-Ablauf:	Gastroplastie mit anpaßbarem Silikonband, das den Magenfundus direkt unterhalb der Kardia umschlingt (ein in das Band eingelassener zirkulärer Ballon kann zur Änderung der Bandweite über ein subkutanes Portsystem aufgeblasen werden)
OP-Dauer:	2–3 h
Lagerung:	Rücken, Arme ausgelagert, Beine gespreizt
Ausrüstung:	1 großlumiger i. v. Zugang, ggf. ZVK; Magensonde, Relaxometrie
Blutkonserven:	keine
Anästhesie:	Intubationsnarkose mit balancierter Anästhesie u. kompl. Muskelrelaxation
Einleitung:	Nicht-nüchtern-Einleitung, ggf. Wachintubation
Besonderheiten:	Pathophysiologie der Adipositas permagna (Kap. 35.12)
Komplikationen:	Beatmungsprobleme b. massivem Abfall der thorak. Compliance (Kapnoperitoneum)
Nachbetreuung:	Aufwachraum, ggf. Intensivstation (z. B. Schlaf-Apnoe-Syndrom)

Cholezystektomie

Siehe Abschn. 14.1.4.

Splenektomie

Siehe Abschn. 14.1.6.

Appendektomie

Siehe Abschn. 14.1.11.

Herniotomie

Siehe Abschn. 14.1.11.

AP-Anlage

Siehe Abschn. 14.1.11.

Adhäsiolyse

Siehe Abschn. 14.1.3.

Explorative Laparoskopie

Indikationen:	z. B. Tumor- od. Abszeßsuche, akutes Abdomen
OP-Dauer:	abhängig vom weiteren operativen Vorgehen
Lagerung:	Rückenlage, Arme ausgelagert
Ausrüstung:	abhg. von Allgemeinzustand u. Begleiterkrankungen des Pat., mind. aber 1 großlumiger i. v. Zugang, Magensonde u. Relaxometrie
Blutkonserven:	abhg. vom Allgemeinzustand u. von Begleiterkrankungen des Pat.
Anästhesie:	Intubationsnarkose mit balancierter Anästhesie u. kompl. Muskelrelaxation
Einleitung:	Nicht-nüchtern-Einleitung bei Abszeßverdacht od. akutem Abdomen
Nachbetreuung:	abhängig vom operativen Procedere

14.1.10 Endoskopien

Ösophagoskopie

Indikationen:	Diagnostik, Fremdkörpersuche
Dauer:	5–15 min
Lagerung:	Rückenlage, ein Arm ausgelagert
Ausrüstung:	1 peripherer i. v. Zugang
Anästhesie:	Intubationsnarkose (z. B. Etomidat, Remifentanil, Succinylcholin), Spiraltubus
Einleitung:	Nicht-nüchtern-Einleitung bei Notfallindikation
Besonderheiten:	sichere Tubusfixierung in einem Mundwinkel
Komplikationen:	Tubusdislokation, Ösophagusperforation, Arrosionsblutung
Nachbetreuung:	Aufwachraum

Laserendoskopische Ösophagustumorabtragung

Indikation:	palliativ bei inoperablem stenosierenden Tumor
OP-Dauer:	15–30 min
Lagerung:	Rückenlage, ein Arm ausgelagert
Ausrüstung:	1 großlumiger i. v. Zugang
Blutkonserven:	i. d. R. keine, aber Blutgruppe u. Antikörpersuchtest
Anästhesie:	Intubationsnarkose (z. B. Etomidat, Remifentanil, Succinylcholin), Spiraltubus
Einleitung:	Nicht-nüchtern-Einleitung
Besonderheiten:	sichere Tubusfixierung in einem Mundwinkel, zur Laseranwendung s. Kap. 20.5.9
Komplikationen:	Tubusdislokation, Ösophagusperforation, Blutung
Nachbetreuung:	Aufwachraum

Ösophagustubuseinlage

Indikation:	palliativ bei inoperablem stenosierenden Tumor
Verfahren:	endoskopisch kontrollierte Plazierung eines Silikontubus
Dauer:	ca. 30 min
Lagerung:	Rückenlage, ein Arm ausgelagert
Ausrüstung:	1 großlumiger i. v. Zugang
Anästhesie:	Intubationsnarkose (z. B. Etomidat, Remifentanil, Succinylcholin), Spiraltubus
Einleitung:	Nicht-nüchtern-Einleitung
Besonderheiten:	sichere Tubusfixierung in einem Mundwinkel
Komplikationen:	Tubusdislokation, Ösophagusperforation, Arrosionsblutung
Nachbetreuung:	Aufwachraum

Ösophagusvarizensklerosierung

Siehe Abschn. 14. 3.

Gastroskopie

Indikationen:	Diagnostik, Polypenabtragung, Fremdkörpersuche
Dauer:	ca. 5–30 min
Lagerung:	Rückenlage, ein Arm ausgelagert
Ausrüstung:	1 großlumiger i. v. Zugang
Anästhesie:	selten Intubationsnarkose (z. B. Etomidat, Remifentanil, Succinylcholin), Spiraltubus
Besonderheiten:	sichere Tubusfixierung in einem Mundwinkel
Komplikationen:	Tubusdislokation, Ösophagus- od. Magenperforation, Arrosionsblutung
Nachbetreuung:	Aufwachraum

Kolo-/Rektoskopie

Indikationen:	Diagnostik; Polypen-, Adenomabtragung
Dauer:	ca. 5–30 min
Lagerung:	Steinschnittlage, ein Arm ausgelagert
Ausrüstung:	1 großlumiger i. v. Zugang, ggf. Magensonde
Anästhesie:	selten Intubationsnarkose (z. B. Etomidat, Remifentanil, Succinylcholin, ggf. vol. Anästh.)
Komplikationen:	Darmperforation, Arrosionsblutung
Nachbetreuung:	Aufwachraum

14.1.11 Kleinere Eingriffe

Appendektomie

Indikation:	meist Appendicitis acuta (Sonderformen: Alters- u. Schwangerschaftsappendizitis)
Besonderheiten:	i. d. R. dringliche Indikation, Bild eines akuten Abdomens
OP-Verfahren:	1. offen: Wechselschnitt im rechten Unterbauch, Präparation u. Abtragung der Appendix vermiformis, Exploration: Meckel-Divertikel (Häufigkeit ca. 1 %) 2. laparoskopisch (postop. vorteilhaft nur bei Adipositas)
OP-Dauer:	15–30 min (laparoskopisch bis 60 min)
Lagerung:	Rückenlage, Arme ausgelagert
Ausrüstung:	1 großlumiger i. v. Zugang, Magensonde
Anästhesie:	Intubationsnarkose mit balancierter Anästhesie u. kompl. Muskelrelaxation
Einleitung:	Nicht-nüchtern-Einleitung
Komplikationen:	Perforation, Peritonitis
Nachbetreuung:	Aufwachraum

Hernien

Leistenhernie (Inguinalhernie)

Nosologie:	angeborener od. erworbener Vorfall von Anteilen der Baucheingeweide durch den Leistenkanal
OP-Indikationen:	rasche Größenzunahme, Gefahr der Inkarzeration; dringlich bei Inkarzeration
OP-Verfahren:	1. offen (extraperitoneal): Leistenschnitt, Freilegung u. Eröffnung des Bruchsacks, Reposition des Inhalts, Abtragung des Bruchsacks, Raffung des Leistenrings, evtl. Einnähen eines Netzes 2. laparoskopisch (intraperitoneal, kein operativer Vorteil)
OP-Dauer:	30–60 min (laparoskopisch bis zu 100 min)
Lagerung:	Rückenlage, Arme ausgelagert
Ausrüstung:	1 großlumiger i. v. Zugang, Magensonde
Blutkonserven:	keine
Anästhesie:	Intubationsnarkose mit balancierter Anästhesie u. kompl. Muskelrelaxation; bei offenem Vorgehen Spinalanästhesie möglich, ggf. sogar Lokalanästhesie!
Einleitung:	Nicht-nüchtern-Einleitung bei inkarzerierter Hernie
Komplikationen:	Blutungen
Nachbetreuung:	Aufwachraum

Schenkelhernie

Nosologie:	Vorfall von Baucheingeweideanteilen durch die Lacuna vasorum
Therapie:	Herniotomie u. Fasziennaht, evtl. Fasziendopplung
OP-Dauer:	30–60 min
Lagerung:	Rückenlage, Arme ausgelagert
Ausrüstung:	1 großlumiger i. v. Zugang, Magensonde
Anästhesie:	Intubationsnarkose mit balancierter Anästhesie u. kompl. Muskelrelaxation; Spinalanästhesie möglich
Einleitung:	Nicht-nüchtern-Einleitung bei inkarzerierter Hernie
Komplikationen:	Blutungen (aus der „Corona mortis“)
Nachbetreuung:	Aufwachraum

Epigastrische Hernie

Nosologie:	Vorfall von Baucheingeweideanteilen durch Faszienlücken in der Linea alba zwischen Xyphoid u. Nabel
Therapie:	Herniotomie u. Fasziennaht, evtl. Fasziendopplung
OP-Dauer:	30–60 min
Lagerung:	Rückenlage, Arme ausgelagert
Ausrüstung:	1 großlumiger i. v. Zugang, Magensonde
Anästhesie:	Intubationsnarkose mit balancierter Anästhesie u. kompl. Muskelrelaxation
Einleitung:	Nicht-nüchtern-Einleitung bei inkarzerierter Hernie
Nachbetreuung:	Aufwachraum

Nabelhernie

Vorgehen wie bei epigastrischer Hernie

Narbenhernie

Nosologie:	Fasziendehiszenz im Bereich einer OP-Narbe
Therapie:	Fasziendopplung, evtl. Einnähen eines Dakronnetzes
OP-Dauer:	30–60 min
Lagerung:	Rückenlage, Arme ausgelagert
Ausrüstung:	1 großlumiger i. v. Zugang, Magensonde
Anästhesie:	Intubationsnarkose mit balancierter Anästhesie u. kompl. Muskelrelaxation; Spinalanästhesie möglich, abhg. von der Lokalisation
Einleitung:	Nicht-nüchtern-Einleitung bei inkarzerierter Hernie
Nachbetreuung:	Aufwachraum

Anus-praeter-(AP-)Anlage

Lagerung:	Rückenlage, Arme ausgelagert
Indikationen:	1. dauerhafter AP: palliativ bei inoperablen Malignomen 2. temporärer AP: bei Gefahr von Anastomoseninsuffizienzen (z. B. Ileus od. Darmperforation)
OP-Verfahren:	offene, palliativ auch laparoskopische Anlage eines einläufig-endständigen Sigmoideo-, Deszendens- od. Transversostomas
OP-Dauer:	60–90 min
Lagerung:	Rückenlage, Arme ausgelagert
Ausrüstung:	1 großlumiger i. v. Zugang, ggf. ZVK; Magensonde
Blutkonserven:	i. d. R. keine
Anästhesie:	Intubationsnarkose mit balancierter Anästhesie u. kompl. Muskelrelaxation
Einleitung:	Nicht-nüchtern-Einleitung in Abhängigkeit von der Grunderkrankung
Nachbetreuung:	Aufwachraum

Innere Hämorrhoiden

Nosologie:	ausgeweitete, hypertrophierte Arterien u. Venen des Corpus cavernosum recti
Therapie:	Hämorrhoidektomie ab Stadium II
OP-Dauer:	30–60 min
Lagerung:	Steinschnittlage, ein Arm ausgelagert
Ausrüstung:	1 großlumiger i. v. Zugang
Blutkonserven:	i. d. R. keine
Anästhesie:	Intubationsnarkose (mit balancierte Anästhesie) od. Spinalanästhesie (Sattelblock)
Besonderheiten:	manchmal Gewebeinfiltration mit adrenalinhaltiger Lokalanästhetikumlösung
Komplikationen:	Blutungen, Darmperforation, adrenalininduzierte Kreislaufreaktionen (Kap. 8.8.3)
Nachbetreuung:	Aufwachraum

Analfissur/-ulkus

OP-Verfahren:	Exzision, submuköse laterale Sphinkterotomie
OP-Dauer:	30 min
Lagerung:	Steinschnittlage, ein Arm ausgelagert
Ausrüstung:	1 peripherer i. v. Zugang
Anästhesie:	Gesichts- od. Larynxmaske od. Spinalanästhesie (Sattelblock)
Komplikationen:	Laryngospasmus bei Sphinkterdehnung (nur in Narkose)
Nachbetreuung:	Aufwachraum

Periproktitischer Abszeß, Analfistel, Pilonidalsinus

OP-Verfahren:	Abszeßspaltung bzw. Fistelexzision u. Einlegen einer Lasche od. Tamponade
OP-Dauer:	15–30 min
Lagerung:	Steinschnittlage, ein Arm ausgelagert
Ausrüstung:	1 peripherer i. v. Zugang, Magensonde bei Nichtnüchternheit
Anästhesie:	Gesichts- od. Larynxmaske (nur bei Nüchternheit) od. Spinalanästhesie (Sattelblock)
Nachbetreuung:	aus hygienischen Gründen nach Möglichkeit auf peripherer Station

Steißbeinfistel

OP-Verfahren:	Fistelexzision
OP-Dauer:	60–90 min
Lagerung:	Bauchlage, ein Arm ausgelagert
Ausrüstung:	1 peripherer i. v. Zugang, Ösophagusstethoskop, Magensonde
Anästhesie:	Intubationsnarkose (Spiraltubus) mit balancierter Anästhesie
Nachbetreuung:	Aufwachraum

Ösophagusbougierung

Indikation:	Strikturen durch Verätzung
Verfahren:	Einführen von Bougierstäben in zunehmender Größe
Dauer:	5–15 min
Lagerung:	Rückenlage, ein Arm ausgelagert
Ausrüstung:	1 peripherer i. v. Zugang
Blutkonserven:	keine
Anästhesie:	Intubationsnarkose (Spiraltubus) mit balancierter Anästhesie
Einleitung:	ggf. Nicht-nüchtern-Einleitung
Besonderheiten:	sichere Tubusfixierung in einem Mundwinkel
Komplikationen:	Ösophagusperforation, Blutung
Nachbetreuung:	Aufwachraum

CAPD[35]-Katheter

Indikation:	Einbau: dialysepflichtige Niereninsuffizienz Ausbau: Z. n. Nierentransplantation, Katheterinfektion od. -fehlfunktion
Vorbereitung:	Einschätzung der Niereninsuffizienz, präop. Dialyse (z. B. am Vortag), aktuelle Laborwerte: Serumelektrolyte (K^+ < 5,5 mmol/l), BZ, Gerinnung
OP-Verfahren:	Minilaparotomie
OP-Dauer:	30–40 min
Lagerung:	Rückenlage, ein Arm ausgelagert
Ausrüstung:	1 peripherer i. v. Zugang, Magensonde
Blutkonserven:	i. d. R. keine
Anästhesie:	Intubationsnarkose mit balancierter Anästhesie u. kompl. Muskelrelaxation
Besonderheiten:	Pathophysiologie der chronischen Niereninsuffizienz (Kap. 35.8)
Nachbetreuung:	Aufwachraum

Portkatheter/Hickman-Katheter

Indikationen:	Chemotherapie bei Malignomen, häufiger Transfusionsbedarf
Besonderheiten:	häufig Anämie u. Thrombozytopenie
OP-Verfahren:	Inzision des rechten M. pectoralis major (selten des linken), Einführen des Katheters in die V. axillaris im Bereich des M. deltoideus (bei schlechten Gefäßverhältnissen in die V. jugularis interna), Untertunnelung der Haut
OP-Dauer:	ca. 30 min
Lagerung:	Rückenlage, Kopf überstreckt u. zur Gegenseite gedreht, ipsilateraler Arm angelagert
Ausrüstung:	1 peripherer i. v. Zugang, Magensonde
Blutkonserven:	abhängig vom Ausgangs-Hb-Wert
Anästhesie:	Intubationsnarkose mit balancierter Anästhesie
Besonderheiten:	1. Beatmung mit PEEP (Vermeidung einer Luftembolie, Erleichterung des chirurgischen Vorgehens) 2. intraop. Röntgenkontrolle der Katheterlage, postop. Anspülen des Systems mit heparinisierter Kochsalzlösung
Komplikationen:	Blutungen, Luftembolie
Nachbetreuung:	Aufwachraum

Amputationen

Siehe Abschn. 14.2.2.

35 chronische ambulante Peritonealdialyse

14.1.12 Schilddrüse und Nebenschilddrüse (s. auch Kap. 35.11.3)

Thyreoidektomie

Indikationen: eu-, hypo- od. hyperthyreote Schilddrüsenvergrößerung; „kalter“ Knoten, Karzinom

Vorbereitung:
1. Abklärung der Schilddrüsenfunktion (minimal: Bestimmung von T3, T4 u. TSH), für OP Euthyreose erforderlich (entsprechende Einstellung einer Hyperthyreose dauert ca. 2 Wochen)!
2. Röntgenthorax (in 2 Ebenen), ggf. Tracheazielaufnahme zum Erkennen einer Tracheadeviation u. -kompression
3. HNO-Konsil (Stimmbandbefund bei Heiserkeit od. Stridor)
4. Lungenfunktionsanalyse (inkl. Flow-Volumen-Kurve) bei Stridor (soweit möglich), Riesenstruma, retrosternaler Struma od. V. a. Tracheomalazie
5. keine sedierende Prämedikation bei Pat. mit Stridor!, dagegen stärkere sedierende Prämedikation bei Pat. mit hyperthyreoter Struma
6. Klärung, ob intraoperativ „Rekurrens-Monitoring“ geplant ist

OP-Ablauf: kollarer Querschnitt (bei retrosternal-intrathorakalen Strumen mediane Sternotomie):
1. subtotale Thyreoidektomie bei Struma, Adenom od. „kaltem“ Knoten
2. totale Thyreoidektomie mit regionaler Lymphadenektomie bei Karzinom, ggf. Neck-dissection (Abschn. 14.1.13)

OP-Dauer: ca. 2–3 h

Lagerung: Rückenlage, aufblasbare Schulterrolle für Kopfüberstreckung, ein Arm ausgelagert

Ausrüstung: 1–2 großlumige i. v. Zugänge (ggf. mit Heidelberger Verlängerung), ggf. ZVK (V. basilica od. V. femoralis), Gefäßzugänge möglichst im Blickfeld des Anästhesisten (z. B. ausgelagerter Arm, Fußrücken)!, Ösophagusstethoskop, Augenklappen, Magensonde, Relaxometrie; bei Neck-dissection (s. Abschn. 14.1.13) zusätzl. Blasenkatheter u. Temperatursonde

Blutkonserven: 2 EK f. totale Thyreoidektomie; sonst keine, aber Blutgruppe u. Antikörpersuchtest

Anästhesie: Intubationsnarkose (Spiraltubus od. nasal vorgeformter Tubus; Spezialtubus bei „Rekurrens-Monitoring“) mit balancierter Anästhesie u. kompl. Muskelrelaxation

Einleitung:
1. fiberendoskopische Wachintubation bei stärkerer Tracheastenose, immer bei Stridor od. Gefahr des Mediastinal-mass-Syndroms (Kap. 26.2.1)!
2. Tubusgröße: ID 7,0 bei Frauen, 7,5 bei Männern; dünnere Tuben bereithalten
3. achsengerechte Plazierung des Tubus, Tubuscuff distal der Stenose
4. sichere Tubusfixierung mit Pflaster

Besonderheiten:
1. Beatmung mit PEEP zur Vermeidung einer Luftembolie (unter ausreichender Volumensubstitution langsam bis auf ca. 7,5 cmH_2O steigern)
2. komplette Relaxation bei Tracheapräparation (Hustenreiz!)
3. grobe Kontrolle der Stimmbandfunktion bei Extubation: entweder Extubation in tiefer Narkose unter Spontanatmung u. direkter Stimmbandinspektion oder In-/Exspirationskontrolle u. Phonationsprüfung unmittelbar nach Extubation des wachen Pat. unter Reintubationsbereitschaft (Heiserkeit spricht für einseitige, Stridor für beidseitige Stimmbandlähmung)!
4. evtl. „Rekurrens-Monitoring“ (z. B. Karzinom)
   Hierbei wird unter elektrischer Stimulation des N. recurrens die Stimmbandfunktion anhand von EMG-Potentialen überprüft. Man benötigt dazu einen speziellen Endotrachealtubus, in den Metalldrähte zur Ableitung der Potentiale des M. vocalis integriert sind.

Komplikationen:

1. Mediastinal-mass-Syndrom bei großer retrosternaler Struma
2. exspiratorische Ventilstenose durch Aufsitzen der Tubusspitze auf der Trachealschleimhaut (→ giemende od. brummende Nebengeräusche im Exspirium, Anstieg des Beatmungsdrucks; DD: Cuffhernie!)
3. ein- od. beidseitige Rekurrensparese (bes. bei Karzinomresektionen, die über die dorsale Schilddrüsenkapsel hinausgehen, od. bei voroperierten Pat.)
4. Verletzung der Trachea (→ Mediastinal-, Weichteilemphysem u. Pneumothorax)
5. Verletzung der Pleura (→ Pneumothorax)
6. Blutungen (bes. bei Verletzung der A. carotis)
7. Luftembolie (bei Eröffnung großer Halsvenen; sehr selten)
8. akzidentelle Entfernung aller (!) Epithelkörperchen (selten, am ehesten bei Karzinomen) mit postop. Hypokalzämie
9. postop. Hämatom od. Larynxödem

Nachbetreuung:

1. Aufwachraum (mind. 2 h), vor Verlegung Kontrolle des Lokalbefunds auf Ödem/Nachblutung!, ggf. Röntgenthorax u. Kontrolle des Serumcalciums
2. bei Tracheomalazie od. beidseitiger Rekurrensparese immer Nachbeatmung auf Intensivstation

Parathyreoidektomie/Epithelkörperchenexstirpation

Indikationen: Hyperplasie, Adenom od. Malignom der Nebenschilddrüse; sekundärer od. tertiärer Hyperparathyreoidismus (HPT), oft fortgeschrittene od. terminale Niereninsuffizienz

Vorbereitung: Kontrolle der Serumelektrolyte (Na+, K+, Ca^{2+}): Ca^{2+} < 3,5 mmol/l, K+ < 5,5 mmol/l, bei terminaler Niereninsuffizienz präop. Dialyse (z. B. am Vortag); sonst wie bei Thyreoidektomie

Besonderheiten: Hyperkalzämie mit kardiovaskulärer, gastrointestinaler u. muskulärer Symptomatik (Kap. 35.11.4)

OP-Ablauf: kollarer Querschnitt:

1. subtotale Entfernung der Nebenschilddrüse bei Adenom, sek. od. tert. HPT
2. totale Entfernung der Nebenschilddrüse bei Karzinom

evtl. Reimplantation eines Epithelkörperchens in eine Loge des M. brachioradialis am Unterarm (dann hier keine Zugänge!)

OP-Dauer: 1–2 h

Lagerung: Rückenlage, aufblasbare Schulterrolle für Kopfüberstreckung, ein Arm ausgelagert

Ausrüstung: 1–2 großlumige i. v. Zugänge (ggf. mit Heidelberger Verlängerung), ggf. ZVK (V. basilica od. V. femoralis), Gefäßzugänge möglichst nicht am Implantationsarm u. niemals am Shuntarm, sondern am ausgelagerten Arm od. am Fuß!, Ösophagusstethoskop, Augenklappen, Magensonde, Relaxometrie

Blutkonserven: 2 EK für totale Parathyreoidektomie, sonst keine, aber Blutgruppe u. Antikörpersuchtest

Anästhesie: Intubationsnarkose (Spiraltubus od. nasal vorgeformter Tubus) mit balancierter Anästhesie u. kompl. Muskelrelaxation

Einleitung: Nicht-nüchtern-Einleitung bei Regurgitationssymptomatik, sonst wie bei Thyreoidektomie

Besonderheiten:

1. Flüssigkeitszufuhr mit calciumfreien Lösungen (z. B. NaCl 0,9%)
2. evtl. erhöhte Empfindlichkeit auf Muskelrelaxanzien (präop. Muskelschwäche)
3. Vermeidung respiratorischer u. metabolischer Azidose (sonst weiterer Anstieg des ionisierten Serumcalciums), Hyperventilation dagegen senkt den ionisierten Anteil

	4. Serumkalium hochnormal halten (Kalium antagonisiert die Calciumwirkung an der Zellmembran) 5. ggf. Pathophysiologie der chronischen Niereninsuffizienz (Kap. 35.8) sonst wie bei Thyreoidektomie
Komplikationen:	wie bei Thyreoidektomie
Nachbetreuung:	wie bei Thyreoidektomie (6stdl. Kontrolle des Serumcalciums)

14.1.13 Neck-dissection (ND)

Indikation:	zervikale Lymphknotenmetastasen z. B. eines Schilddrüsenkarzinoms
OP-Verfahren:	Ausräumung der Halsweichteile inkl. Lymphknoten u. -gefäßen adjuvant zur Entfernung des Primärtumors: 1. radikal-kurativ: Entfernung von V. jugularis interna/externa, M. sternocleidomastoideus, Fettgewebe, N. accessorius; Erhaltung der A. carotis u. des N. vagus; Radikaloperationen nur einseitig, um den hirnvenösen Abfluß nicht zu gefährden!) 2. funktionell-palliativ: Schonung von V. jugularis interna u. Muskulatur, ein- od. beidseitiges Vorgehen mögl.
OP-Dauer:	pro Seite ca. 1–2 h
Lagerung:	Rückenlage, Kopf überstreckt, erhöht u. leicht zur Gegenseite gedreht (einseitige ND), ipsilateraler Arm angelagert (*notabene:* max. nur ein Arm angelagert!)
Ausrüstung:	2 großlumige i. v. Zugänge (ggf. mit Heidelberger Verlängerung), ZVK (V. basilica od. V. femoralis), ggf. art. Zugang, Gefäßzugänge möglichst im Blickfeld des Anästhesisten (z. B. ausgelagerter Arm, Fußrücken)!, Ösophagusstethoskop mit Temperatursensor, Augenklappen, Magensonde, Blasenkatheter, Auskühlungsschutz (Wärmedecke, Infusionswärmer etc.), Relaxometrie
Blutkonserven:	pro Seite 2 EK
Anästhesie:	Intubationsnarkose (Spiraltubus od. nasal vorgeformter Tubus) mit balancierter Anästhesie u. kompl. Muskelrelaxation
Besonderheiten:	abhg. von Primärtumor (z. B. veränderte Larynxanatomie) u. Begleiterkrankungen
Komplikationen:	1. Reflexbradykardien (Irritation des Karotissinus) → ggf. prophylaktische Blockade des Karotissinus mit Lokalanästhetikum (durch den Operateur), sonst Unterbrechen des Stimulus u. ggf. Atropin 0,5 mg i. v. 2. Blutungen (bes. nach Radiatio) 3. Luftembolien (bei Eröffnung größerer Venen) → prophylaktische Beatmung mit PEEP (ca. 7,5 cmH_2O) 4. Pneumothorax 5. postop. Schwellungen über 48–72 h (→ selten Kompression der Atemwege, in erster Linie bei beidseitiger ND; dann Tubus belassen od. präventive Tracheotomie, wird intraop. von Anästhesist u. Operateur gemeinsam in Abhängigkeit vom Lokalbefund entschieden)
Nachbetreuung:	1. Aufwachraum (mind. 2 h), vor Verlegung Kontrolle des Lokalbefunds auf Ödem/Nachblutung!, Röntgenthorax (z. B. Pneumothorax) 2. bei erheblicher Schwellung od. bei Schwellungsgefahr (bes. radikale od. beidseitige ND) Nachbeatmung auf Intensivstation

14.1.14 Besonderheiten und Probleme

Darmreinigung

Orthograde Darmspülungen werden vor abdominellen Eingriffen kaum noch durchgeführt, weil die Darmmukosa – zumindest bei Verwendung größerer Spülmengen (> 5 l) – ödematös werden kann und hierdurch neugesetzte Darmanastomosen gefährdet würden. Man beschränkt sich heutzutage meist auf die Verabreichung einfacher (salinischer) Abführmittel zur Darmentleerung am Vortag der Operation.

Perioperative Antibiotikaprophylaxe
(Kap. 6.4)

Angaben zur perioperativen Antibiotikaprophylaxe werden bei den einzelnen Eingriffen nur dann gemacht, wenn sie aus medizinischer Sicht unerläßlich erscheint. In den anderen Fällen kann etwaigen Wünschen des Operateurs nach Ausschluß von Kontraindikationen entsprochen werden.

Nicht-nüchtern-Einleitung

Siehe Kap. 7.4.2.

Flüssigkeits- und Elektrolytsubstitution

Zur Flüssigkeits- und Elektrolytsubstitution sollten nur *isotone Vollelektrolytlösungen* eingesetzt werden. (Kap. 4.2.1). Man beachte den z. T. erheblichen intraoperativen Flüssigkeitsbedarf (Kap. 4.1.3).

Eventerationsreaktion

Bei der manuellen Exploration des Abdomens muß mit typischen Kreislaufreaktionen gerechnet werden. Diese sog. Eventerationsreaktion entsteht bei Manipulationen am Darm (bes. bei Mobilisation von Verwachsungen) und wird als Folge der damit einhergehenden passageren Ischämie gedeutet. Die *Symptomatik* kann umfassen:
- Flush der Gesichtshaut
- periphere Vasodilatation mit Blutdruckabfall
- PaO_2- und. SaO_2-Abfall

Als verantwortlicher Mediator wird mehrheitlich *Prostacyclin* angesehen. Die symptomatische *Therapie* besteht in
- zügiger Volumenzufuhr und
- ggf. der Gabe von Vasopressoren (z. B. Ephedrin).

Reflexbradykardie und Sympathikusstimulation

Kreislaufreaktionen können bei abdominellen Eingriffen auch durch vegetative Stimulation bedingt sein. So kann der *Zug am Mesenterium* – besonders bei zu flacher Narkose – zu einer über den N. vagus vermittelten reflektorischen Bradykardie führen oder aber sympathikusvermittelt einen Anstieg von Herzfrequenz und Blutdruck auslösen. Ersteres kann durch Atropin (0,5 mg i. v.), letzteres durch Vertiefung der Narkose, z. B. mit einem volatilen Anästhetikum, kupiert werden.

Singultus

Manchmal tritt, besonders bei Oberbaucheingriffen, ein hartnäckiger Singultus auf. Er ist Folge einer *Irritation des N. phrenicus* und kann das chirurgische Vorgehen beeinträchtigen. Zur Beseitigung kommen in Frage:
- Vertiefung der Narkose
- Mageninhalt absaugen u. ggf. Lage der Magensonde korrigieren
- Infiltration vagaler Nervenäste mit einem Lokalanästhetikum (durch den Operateur)
- (Nach-)Relaxierung (problematisch in der Endphase der Operation)

Die z. T. empfohlene Gabe von Promethazin (Atosil®; 25 mg i. v.) ist nur sehr selten erfolgreich.

Hypothermie

Siehe Kap. 3.11.

Laborkontrollen

Intraoperative Laborkontrollen wie
- die Bestimmung von Hb (od. Hkt), Serumelektrolyten (bes. Na^+, K^+, Ca^{2+} [bei Massivtransfusion auch ionisiertes!]), Blutzucker, zentral- oder gemischtvenöser O_2-Sättigung sowie
- die Analyse der Blutgase, inkl. Säure-Basen-Status, und der Blutgerinnung

erfolgen in Abhängigkeit vom Krankheitszustand des Patienten und vom operativen Verlauf.

14.2 Gefäßchirurgische Eingriffe

Bei Patienten mit Gefäßerkrankungen handelt es sich sehr häufig um multimorbide, ältere Menschen, was für die Planung des perioperativen Vorgehens wichtig ist. An *Begleiterkrankungen* dominieren:
- arterielle Hypertonie
- koronare Herzkrankheit
- Myokardinfarkt in der Vorgeschichte
- Herzinsuffizienz
- chronische obstruktive Lungenerkrankung
- Diabetes mellitus
- Adipositas
- Störungen der Nierenfunktion

Für periphere Eingriffe können *Regionalanästhesien* von Vorteil sein, wenn Art und Ausprägung von Begleiterkrankungen sowie die besonderen intraoperativen Umstände (z. B. Heparinisierung, kardiale Auswirkungen beim Abklemmen von Gefäßen) berücksichtigt werden.

Zu den *Operationen an der thorakalen Aorta* s. Kap. 28.

14.2.1 Abdominelles Aortenaneurysma

Nosologie:	umschriebene Erweiterung der Bauchaorta aufgrund angeborener od. erworbener Wandveränderungen
Epidemiologie:	Inzidenz 1–4% (bei Hypertonus bis zu 10%), Erkrankungsgipfel im 7.–8. Dezennium, m:w > 5:1
Ätiopathogenese:	1. heutzutage fast ausschließlich arteriosklerotisch bedingt Eine schwere ulzeröse Arteriosklerose führt zu Medialäsionen. Die elastischen Wandbestandteile werden durch Narbengewebe ersetzt, das auf Dauer der arteriellen Druckwelle immer weniger Widerstand entgegenzusetzen hat, so daß sich das Gefäßlumen allmählich erweitert, während die Wanddicke abnimmt. 2. selten entzündlich bedingt od. angeborene Disposition (z. B. Marfan-Syndrom)
Einteilung:	nach Form, Wandbeschaffenheit u. Lokalisation
Lokalisation:	> 90% infrarenal
Klinik:	1. unspezifische Frühsymptome 2. Spätsymptome: – anfallartig auftretende, in Rücken u./od. Oberschenkel ausstrahlende Schmerzen – urologische Symptomatik durch Kompression der Ureteren – manchmal pulsierender Tumor
OP-Indikationen:	1. prophylaktisch-elektiv: bis zum 80. Lj. bei einem Aneurysmadurchmesser > 4–5 cm u. vertretbarem OP-Risiko 2. aufgeschoben dringlich: symptomatische Aneurysmen 3. Notfall: gedeckt od. frei rupturierte Aneurysmen (Abschn. 14.3)
Besonderheiten:	i. d. R. generalisierte Arteriosklerose mit entsprechenden Organmanifestationen
Vorbereitung:	1. Einschätzung der kardiovaskulären Belastbarkeit (z. B. [Streß-]Echokardiographie), ggf. Koronarangiographie (z. B. bei Angina pectoris, nach Myokardinfarkt) 2. ggf. neurologisches Konsil (evtl. mit Dopplersonographie der Halsgefäße, transkranieller Dopplersonographie, Erfassung der zerebrovaskulären Reservekapazität)
OP-Verfahren:	1. Aneurysmaresektion u. Ersatz durch Rohr- od. Y-prothese[36] 2. alternativ in bestimmten Fällen endovaskulär-interventionelle Therapie (Stentprothese)

36 Indikation für Y-Prothese: In ca. 20% der Fälle setzt sich ein abdominelles Aortenaneurysma in die Iliakalarterien fort und muß dann aortobiiliakal od. -bifemoral überbrückt werden. Eine weitere Indikation besteht bei einem Leriche-Syndrom (Aortenbifurkationsverschluß). In diesem Fall wird das kraniale Ende der Prothese ventral auf die Aorta aufgenäht.

OP-Ablauf:

1. Phase (Präparation):
mediane Laparotomie, Mobilisierung des gesamten Darms u. Freilegung des Retroperitoneums, Präparation der Aorta u. der großen Gefäße
2. Phase (Clamping):
proximales Abklemmen der Aorta, möglichst *unterhalb* der Nierenarterien, distales Abklemmen entweder oberhalb der Aortenbifurkation (Rohrprothese) oder im Bereich der Iliakal- od. Femoralarterien (Y-Prothese)
Notabene: Dauer u. Höhe des Abklemmens müssen protokolliert werden (Ischämietoleranz von Rückenmark, Niere u. Leber < 30 min, der unteren Extremitäten ca. 6 h;)!
3. Phase (Resektion und Anastomosierung):
Aneurysmaresektion; Einnähen der Prothese (Inlay-Technik); dabei zuerst Fertigstellung der *oberen* Anastomose, die nach distalem Abklemmen der Prothese freigegeben wird (Dichtigkeitsprüfung); dann Einsetzen des unteren Prothesenendes ins Gefäß u. Vernähung des Aneurysmaendothels über der Prothese (bei Beteiligung der Nierenarterien werden diese an die Prothese angeschlossen)
4. Phase (Declamping und Reperfusion):
Freigabe der *unteren* Anastomose(n), bei Einbau einer Y-Prothese sequentiell
5. Phase: Bauchverschluß

OP-Dauer: 3–5 h (abhg. davon, ob eine Rohr- od. Y-Prothese eingesetzt wird)

Lagerung: Rückenlage, Arme ausgelagert

Ausrüstung: 2–3 großlumige i. v. Zugänge (alternativ Shaldon-Katheter, 2- od. 3lumig); ZVK (ggf. 3lumig), kontinuierliche ZVD-Messung, art. Zugang, zusätzl. PA-Katheter od. TEE bei eingeschränkter Ventrikelfunktion, 5-Pol-EKG mit ST-Strecken-Analyse, Magensonde, Blasenkatheter, Temperatursonde, Auskühlungsschutz (Wärmedecke, Infusionswärmer etc.), Transfusionspumpe o. ä., Cell-saver (nur Reservoir), Relaxometrie

Medikamente:

1. Noradrenalin u. Adrenalin, je 1:10 u. 1:100 verdünnt sowie im Perfusor (3 mg ad 50 ml NaCl 0,9%)
2. Glyceroltrinitrat 1:10 u. 1:100 verdünnt sowie im Perfusor (50 mg ad 50 ml NaCl 0,9%)

Blutkonserven: 8 EK (im OP!)

Anästhesie: Intubationsnarkose mit balancierter Anästhesie u. kompl. Muskelrelaxation; keine rückenmarknahe Regionalanästhesie (→ eingeschränkte [kardio]vaskuläre Kompensation von Blutverlusten)

Einleitung: Medikamente dem Risikoprofil des Pat. entsprechend (z. B. Fentanyl, Midazolam, Etomidat)

Besonderheiten:

1. ausreichend tiefe Narkose für die endotracheale Intubation
→ Vermeidung von Blutdruckspitzen, Husten u. Pressen (Rupturgefahr!)
2. Vermeidung intraop. Blutdruckschwankungen von > ± 20% der Ausgangswerte
→ Kontrolle des Blutdrucks in erster Linie mit volatilem Anästh. (z. B. Isofluran)
3. vor dem Clamping:
   - restriktive Volumenzufuhr, Blutdruck im unteren Normalbereich halten
   - evtl. Induktion einer milden Hypothermie (34–35 °C) zur Erhöhung der Ischämietoleranz des Rückenmarks während der Abklemmphase (→ Verzicht auf wärmeerhaltende Maßnahmen)
4. Clamping:
Es kommt zu folgenden Veränderungen:
   - Linksherzbelastung mit z. T. erheblichem Blutdruckanstieg
   - Abnahme des venösen Rückstroms mit Verminderung des HZV
   - Ischämie der unteren Körperhälfte (→ u. a. metabolische Azidose)

Hieraus ergeben sich an therapeutischen Konsequenzen:
- Blutdruckanstiege mit volatilem Anästh., ggf. mit Glyceroltrinitrat therapieren
- ausreichend hoher Perfusionsdruck zur Steigerung der Kollateraldurchblutung besonders des Rückenmarks
- ausreichende Volumenzufuhr vor dem Declamping (ZVD/PCWP hochnormal!)
- nach Möglichkeit Hyperventilation zum Azidoseausgleich ($pH \geq 7{,}2$) bis auf einen $PaCO_2$ von minimal 30 mmHg (Kontraindikation: zerebrovaskuläre u./od. koronare Insuffizienz!), Einsatz von $NaHCO_3$ erst, wenn SB < 16 mmol/l Calciumsubstitution entsprechend dem ionisierten Serumcalcium

5. Declamping (Reperfusion):
   Es kommt zu folgenden Veränderungen:
   - deutlicher Abfall des peripheren Gefäßwiderstands u. des arteriellen Blutdrucks, besonders nach Einbau einer Rohrprothese
   - Abnahme des venösen Rückstroms durch vermehrtes venöses Pooling
   - Anstieg d. pulmonalen Gefäßwiderstands (Einschwemmung saurer Metaboliten)
   - Anstieg des Serumkalium- u. -lactatspiegels

   Hieraus ergeben sich an therapeutischen Konsequenzen:
   - Beenden einer Vasodilatatortherapie rechtzeitig vor der Reperfusion
   - Reduktion der Konzentration des volatilen Anästhetikums
   - Hyperventilation kurzfristig bis auf einen $PaCO_2$ von 25 mmHg, ggf. $NaHCO_3$ nach Säure-Basen-Status
   - ausreichende Volumenzufuhr während der Reperfusion
   - b. Bed. Noradrenalin, Adrenalin, Calcium
6. intraop. Heparinisierung (ca. 50 IE UFH/kg KG i.v. im Bolus, nach Ansage des Operateurs)
7. evtl. periop. Antibiotikaprophylaxe (z. B. 2 g Cefotiam)

Komplikationen:

1. intraoperativ:
   - massive Blutungen (Aneurysmaruptur!)
   - Clamping-Phase: Linksherzdekompensation, Myokardischämie u. -infarkt
   - Declamping-Phase: massiver Blutdruckabfall
   - Eventerationsreaktion (Abschn. 14.1.14)
   - Verletzung benachbarter Organe
2. postoperativ:
   Nachblutungen, akutes Nieren- u./od. Leberversagen, Querschnittlähmung (Paraplegie), Mesenterialinfarkt, Ischämie der unteren Extremitäten, Protheseninsuffizienz od. -infektion

Nachbetreuung: Intensivstation (Nachbeatmung); Kontrolle der peripheren Pulse, der Sensibilität u. Motorik in den unteren Extremitäten sowie der Diurese, Kontrolle auf Nachblutungen

Überlebensrate: bei der elektiven Operation 95%

14.2.2 Chronische arterielle Verschlußkrankheit

Die arterielle Verschlußkrankheit (AVK) entsteht fast immer auf dem Boden einer Arteriosklerose. Die Arteriosklerose ist zumeist generalisiert ausgeprägt ist, so daß i. d. R. auch andere Organe, wie z. B. Herz und Gehirn, betroffen sind.

Einteilung der AVK nach Lokalisation:
- Becken-Typ: Aorta abdominalis, A. iliaca int.
- Oberschenkel-Typ: A. femoralis profunda
- Unterschenkel-Typ: A. poplitea mit Trifurkation (A. tibialis ant., A. tibialis post., A. fibularis)

Einteilung der AVK in Stadien (nach *Fontaine*):
- **Stadium 1:** Stenosen/Verschlüsse ohne Beschwerden, distale Pulslosigkeit i. d. betroff. Extremitäten

- **Stadium 2a:** Claudicatio intermittens (Gehstrecke > 100 m)
- **Stadium 2b:** Claudicatio intermittens (Gehstrecke < 100 m)
- **Stadium 3:** Ruheschmerzen, Nachtschmerzen
- **Stadium 4:** Nekrose, Gangrän, Sekundärinfektionen

Aortoiliakale Eingriffe

Indikationen:	1. AVK vom Becken-Typ (ab Stadium II) 2. akuter Verschluß (Rekanalisierung innerhalb 6-h-Frist!)
Besonderheiten:	i. d. R. generalisierte Arteriosklerose mit entsprechenden Organmanifestationen
Vorbereitung:	1. Koronarangiographie (z. B. bei Angina pectoris, nach Myokardinfarkt) 2. Lokalisierung der Quelle bei einer Embolie (z. B. Thrombus bei Vorhofflimmern, künstliche Herzklappen, Endokarditis, Aorta) mit Hilfe der Echokardiographie 3. ggf. neurologisches Konsil (evtl. mit Dopplersonographie der Halsgefäße, transkranieller Dopplersonographie, Erfassung der zerebrovaskulären Reservekapazität)
OP-Verfahren:	Thrombendarteriektomie („Becken-TEA"), ggf. aortofemoraler Bypass
OP-Ablauf:	Freilegung u. Eröffnung zumeist beider Aa. femorales von den Leisten aus, Eingehen mit einem „Ringstripper" u. Ausschälen des arteriosklerotischen Materials zwischen Intima u. Media nach kranial (Thrombendarteriektomie); bei Nichtentfernbarkeit Gefäßresektion mit Implantation einer Y-Prothese (Abschn. 14.2.1)
OP-Dauer:	3–4 h
Lagerung:	Rückenlage, Arme ausgelagert
Ausrüstung:	2–3 großlumige i. v. Zugänge (alternativ Shaldon-Katheter, 2- od. 3lumig); ZVK (ggf. 3lumig), kontinuierliche ZVD-Messung, art. Zugang, ggf. PA-Katheter od. TEE, 5-Pol-EKG mit ST-Strecken-Analyse, Magensonde, Blasenkatheter, Temperatursonde, Auskühlungsschutz (Wärmedecke, Infusionswärmer etc.), Transfusionspumpe o. ä., Cell-saver (nur Reservoir), Relaxometrie
Medikamente:	1. Noradrenalin u. Adrenalin, je 1:10 u. 1:100 verdünnt 2. Glyceroltrinitrat 1:10 u. 1:100 verdünnt
Blutkonserven:	6 EK (im OP!)
Anästhesie:	Intubationsnarkose mit balancierter Anästhesie u. kompl. Muskelrelaxation; keine rückenmarknahe Regionalanästhesie (→ eingeschränkte [kardio]vaskuläre Kompensation von Blutverlusten)
Einleitung:	1. Medikamente dem Risikoprofil des Pat. entsprechend (z. B. Fentanyl, Midazolam, Etomidat) 2. Nicht-nüchtern-Einleitung bei Akutverschluß
Besonderheiten:	intraop. Heparinisierung (ca. 50 IE UFH/kg KG i. v. im Bolus) nach Anastomosierung
Komplikationen:	massive Blutungen (z. B. bei Gefäßperforation)
Nachbetreuung:	Aufwachraum, ggf. Intensivstation (z. B. bei großem Blutverlust od. Implantation einer Y-Prothese); Kontrolle der peripheren Pulse, Kontrolle auf Nachblutungen

Eingriffe an peripheren Gefäßen

Indikationen:	1. AVK vom Oberschenkel- od. Unterschenkeltyp (ab Stadium II) 2. akuter Arterienverschluß (Rekanalisierung innerhalb 6-h-Frist!)
Besonderheiten:	i. d. R. generalisierte Arteriosklerose mit entsprechenden Organmanifestationen

Vorbereitung:	1. Einschätzung der kardiovaskulären Belastbarkeit (z. B. [Streß-]Echokardiographie) 2. ggf. neurologisches Konsil (evtl. mit Dopplersonographie der Halsgefäße, transkranieller Dopplersonographie, Erfassung der zerebrovaskulären Reservekapazität)
OP-Verfahren:	iliakofemoraler Bypass, femorale Profundaplastik, femoropopliteale r od. femorokruraler Bypass, Thrombendarteriektomie od. Embolektomie
OP-Dauer:	2–3 h
Lagerung:	Rückenlage, Arme ausgelagert
Ausrüstung:	1. 2 großlumige i. v. Zugänge; bei Allgemeinanästhesie Magensonde; Auskühlungsschutz (Wärmedecke, Infusionswärmer etc.) 2. jeweils abhg. vom Zustand des Pat.: ZVK, art. Zugang, Blasenkatheter
Blutkonserven:	4 EK
Anästhesie:	Intubationsnarkose mit balancierter Anästhesie, alternativ Katheterspinalanästhesie (verbesserte periphere Durchblutung)
Besonderheiten:	intraop. Heparinisierung (ca. 50 IE UFH/kg KG i. v. im Bolus) nach Anastomosierung
Komplikationen:	Blutungen
Nachbetreuung:	i. d. R. Aufwachraum; Kontrolle der peripheren Pulse, Kontrolle auf Nachblutungen

Lumbale Sympathektomie

Indikation:	AVK vom Becken-, Oberschenkel- od. Unterschenkeltyp (bis Stadium III)
Besonderheiten:	i. d. R. generalisierte Arteriosklerose mit entsprechenden Organmanifestationen
Vorbereitung:	1. Einschätzung der kardiovaskulären Belastbarkeit (z. B. [Streß-]Echokardiographie) 2. ggf. neurologisches Konsil (evtl. mit Dopplersonographie der Halsgefäße, transkranieller Dopplersonographie, Erfassung der zerebrovaskulären Reservekapazität)
OP-Verfahren:	ein- od. beidseitige transperitoneale Resektion der Ganglien L1–3
OP-Dauer:	2–3 h
Lagerung:	Rückenlage, Arme ausgelagert
Ausrüstung:	2 großlumige i. v. Zugänge, ZVK, ggf. art. Zugang; Magensonde, Blasenkatheter, Temperatursonde, Auskühlungsschutz (Wärmedecke, Infusionswärmer etc.), Relaxometrie
Blutkonserven:	4 EK
Anästhesie:	Intubationsnarkose mit balancierter Anästhesie u. kompletter Muskelrelaxation
Komplikationen:	Blutungen, Eventerationsreaktion (Abschn. 14.1.14)
Nachbetreuung:	i. d. R. Aufwachraum

Amputationen an der unteren Extremität

Indikation:	AVK im Stadium 4 mit schwersten trophischen Störungen und nicht mehr zu verbessernder Durchblutung
Besonderheiten:	i. d. R. multimorbide Patienten
OP-Dauer:	30–60 min
Lagerung:	Rückenlage, Arme ausgelagert
Ausrüstung:	1 großlumiger i. v. Zugang, ggf. ZVK; bei Allgemeinanästhesie Magensonde
Blutkonserven:	2–4 EK (bei Amputationen im Bereich Unterschenkel, Knie od. Oberschenkel)

Anästhesie:	1. nach Möglichkeit Regionalanästhesie (→ seltener Phantomschmerzen!) mit zusätzl. Sedierung (z. B. Midazolam): Spinalanästhesie, bei Vorfußamputation Poplitealblock möglich 2. ggf. Allgemeinanästhesie (z. B. Larynxmaske)
Besonderheiten:	keine Spinalanästhesie bei Sepsis (Gefahr der epiduralen Abszeßbildung) od. hochdosierter Heparinisierung!
Komplikationen:	Blutungen, septisch-toxische Einschwemmung mit Kreislaufdepression (bei feuchter Gangrän)
Nachbetreuung:	Aufwachraum

14.2.3 Tiefe Bein- und Beckenvenenthrombose (TBVT)

Ursachen

- Mangel an physiologischen Inhibitoren der Blutgerinnung (z. B. AT III, Protein C u. S)
- Faktor-XII-Mangel
- verminderte fibrinolytische Aktivität
- Vorhandensein sog. Lupusinhibitoren
- heparininduzierte Thrombozytopenie (Typ II)
- (idiopathische) Thrombozytose
- erhöhte Blutviskosität (z. B. Polyglobulie)
- venöse Blutzirkulationsstörungen (Immobilisation, Varikosis, Beinparesen)
- Adipositas permagna, Kachexie
- Gravidität, Puerperium
- Östrogentherapie
- paraneoplastisch

Thrombektomie

Indikation:	TBVT, wenn Lysetherapie kontraindiziert ist od. erfolglos war
Besonderheiten:	z. T. Rechtsherzbelastung wegen bereits abgelaufener kleinerer Lungenembolien, deshalb präop. Echokardiographie
OP-Ablauf:	1. Eröffnung einer od. beider Vv. femorales auf Leistenhöhe, nach Möglichkeit Einführen eines Fogarty-Katheters in die nichtthrombosierte Vene zur Blockade der V. cava inferior 2. Thrombenentfernung mit einem in die thrombosierte Vene eingeführtem Fogarty-Katheter 3. bei Beinvenenthromben intraop. „Auswickeln" der betroffenen Extremität(en) zum Auspressen der Thromben 4. ggf. Anlage einer arteriovenösen Fistel in der Leistenregion zur Prävention einer erneuten Thrombosierung 5. vor OP-Ende Kontrollphlebographie
OP-Dauer:	ca. 2 h
Lagerung:	Rückenlage, Arme ausgelagert; Fußbrett zur Fixierung des Pat. bei intraop. Aufrichtung
Ausrüstung:	2–3 großlumige i. v. Zugänge (alternativ Shaldon-Katheter, 2- od. 3lumig); ZVK, art. Zugang, Magensonde, Blasenkatheter, Temperatursonde, Auskühlungsschutz (Wärmedecke, Infusionswärmer), Transfusionspumpe o. ä., Cell-saver (nur Reservoir)
Medikamente:	1. Noradrenalin u. Adrenalin, je 1:10 u. 1:100 verdünnt 2. Heparin 3. rt-PA („recombinant tissue plasminogen activator"; im OP-Kühlschrank zur evtl. Lysetherapie bei Lungenembolie)
Blutkonserven:	4–6 EK (im OP!)

Anästhesie:	Intubationsnarkose mit balancierter Anästhesie
Besonderheiten:	1. ausreichende Volumensubstitution vor dem Aufrichten des Pat. (nur schrittweise!) 2. Emboliephylaxe in der Phase der Thrombektomie durch Verminderung des venösen Rückstroms → manuelles Blähen der Lunge mit hohem PEEP (ca. 10 cmH_2O) → bei Extraktion endinspiratorischer Atemstillstand (FIO_2 1,0!) 3. zusätzl. zur Kapnometrie kontinuierliche ZVD-Messung (bessere Emboliedetektion!) 4. frühzeitige Heparinisierung
Komplikationen:	1. Lungenembolie infolge Absprengens von Thrombusanteilen 2. massive Blutungen, vor allem in der Phase eines hohen PEEP 3. möglicher Blutdruckabfall bei Anlage einer arteriovenösen Fistel infolge der Erniedrigung des peripheren Gefäßwiderstands
Nachbetreuung:	Aufwachraum, ggf. Intensivstation (z. B. nach massiven Blutungen od. intraop. Lungenembolie)

Therapie der intraoperativen Lungenembolie

- Beatmung mit reinem Sauerstoff ohne PEEP
- symptomatische Kreislauftherapie mit Katecholaminen: bevorzugt Noradrenalin (→ Erhöhung des rechtskoronaren Perfusionsdrucks und damit Verbesserung der rechtsventrikulären Kontraktilität!)
- ggf. Lysetherapie mit rt-PA (Alteplase [Actilyse®]): initial 10–20 mg als Bolus über den ZVK injizieren, ggf. nach 5–10 min wiederholen (kein Heparin gleichzeitig!)

Kavaschirmimplantation

Indikationen:	rezidivierende Lungenembolien aus den Becken- od. Beinvenen, Thrombose der V. cava inferior
Verfahren:	heutzutage transfemoral ohne Narkose und ohne anästhesistisches Zutun

14.2.4 Varizenoperation

Indikation:	Varizen der V. saphena magna u./od. parva
OP-Ablauf:	1. Exhärese der V. saphena magna u./od. parva nach Babcock mit Hilfe einer Sonde („Varizenstripping“) 2. Ligatur insuffizienter Vv. perforantes
OP-Dauer:	2–3 h
Lagerung:	Rückenlage, Arme ausgelagert; manchmal Bauchlage
Ausrüstung:	2 großlumige i. v. Zugänge, ggf. ZVK; bei Allgemeinanästhesie Magensonde; Blasenkatheter, Temperatursonde, Auskühlungsschutz (Wärmedecke, Infusionswärmer etc.)
Blutkonserven:	2 EK
Anästhesie:	Intubationsnarkose mit balancierter Anästhesie (immer bei Bauchlage), alternativ Katheterspinal- od. -epiduralanästhesie
Besonderheiten:	sehr starker Schmerzreiz beim „Durchziehen“ der Sonde kurz vor OP-Ende
Komplikationen:	Blutungen
Nachbetreuung:	Aufwachraum

14.2.5 Arteriovenöse Shunts

Für die Anlage von Dialyseshunts am Unter- oder Oberarm ist die **Plexusanästhesie** das Verfahren der Wahl (bevorzugt als vertikal infraklavikuläre Blockade; s. Kap. 10.8.2). Hierunter sind die operativen Ergebnisse besser als unter einer Allgemeinanästhesie (höhere Shuntperfusion, seltener Gefäßspasmen, weniger Thrombosierungen). Allerdings ist folgendes zu beachten:

1. Außer bei einer axillären Plexusblockade sind physiologische Gerinnungsverhältnisse erforderlich.
2. Bei urämischen Patienten sollte die Lokalanästhetikadosis um bis zu 25 % reduziert werden, weil eine metabolische Azidose die Wirksamkeit und Toxizität der Lokalanästhetika erhöht (intrazelluläre Zunahme der wirksamen, ionisierten LA-Form).
3. Auf den Zusatz von Vasokonstriktoren sollte verzichtet werden, weil unter einer Azidose eher Herzrhythmusstörungen auftreten können.

■ Shuntanlage

Indikation:	dialysepflichtige Niereninsuffizienz
Vorbereitung:	Einschätzung der Niereninsuffizienz, präop. Dialyse (z. B. am Vortag), aktuelle Laborwerte: Serumelektrolyte (K^+ < 5,5 mmol/l), BZ, Gerinnung
OP-Verfahren:	Cimino-Shunt (Fistel zw. A. radialis u. V. cephalica), Oberarmshunt; Shuntrevision (z. B. Thrombektomie)
OP-Dauer:	1–2 h
Lagerung:	Rückenlage, Arme ausgelagert
Ausrüstung:	1 großlumiger i. v. Zugang; bei Allgemeinanästhesie Magensonde
Blutkonserven:	i. d. R. keine, aber Blutgruppe u. Antikörpersuchtest
Anästhesie:	möglichst Plexusanästhesie (z. B. VIP), ggf. Allgemeinanästhesie (z. B. Larynxmaske)
Besonderheiten:	1. Pathophysiologie der chronischen Niereninsuffizienz (Kap. 35.8) 2. kardiale Volumenbelastung infolge hoher Shuntdurchblutung (ca. 0,5–1,0 l/min)
Komplikationen:	Blutungen
Nachbetreuung:	Aufwachraum

14.2.6 Karotisdesobliteration

Siehe Kap. 22.5.3.

14.3 Notfall- und dringliche Eingriffe

■ Ösophagusperforation

Ursachen:	spontane (postemetische) Ruptur (Boerhaave-Syndrom), traumatisch (instrumentell, unfallbedingt), ulzerierende Prozesse
Therapie:	dringliche Operation
Besonderheiten:	1. Boerhaave-Syndrom – häufig Alkoholabusus – oft zusätzl. Einrisse in der Kardiaschleimhaut mit z. T. ausgeprägten Blutungen (Mallory-Weiß-Syndrom) – Mediastinal- u. Weichteilemphysem, häufig (linksseitiger) Pneumothorax 2. evtl. 2-Höhlen-Eingriff

OP-Verfahren:	rechtslaterale Thorakotomie, weiteres Vorgehen je nach Befund: 1. einzeitig: Übernähung des Defekts u. Einführen einer Saug-Spül-Drainage ins Mediastinum, Anlage eines Pleuradrainage; 2. zweizeitig: bei nicht rechtzeitiger Intervention nur Drainage der Perforationsstelle, zervikale Ösophagostomie sowie Gastrostomie, definitive Versorgung erst später bei zusätzl. Mallory-Weiß-Syndrom Umstechungsligaturen nach Gastrotomie
OP-Dauer:	abhängig vom operativen Procedere
Lagerung:	Rückenlage, Arme ausgelagert; „Wechselkipplagerung" für die Thorakotomie
Ausrüstung:	2–3 großlumige i.v. Zugänge, 3-Lumen-ZVK, kontinuierliche ZVD-Messung, art. Zugang, 5-Pol-EKG mit ST-Strecken-Analyse, Magensonde möglichst erst intraop. unter Sicht des Operateurs, Blasenkatheter, Temperatursonde, Auskühlungsschutz (Wärmedecke, Infusionswärmer etc.), Relaxometrie
Blutkonserven:	6 EK
Anästhesie:	Intubationsnarkose mit balancierter Anästhesie u. kompl. Muskelrelaxation; möglichst (linksführender) Doppellumentubus (bronchoskopische Lagekontrolle obligat; s. Kap. 26.2.4), Umintubation mit konventionellem Tubus vor Verlegung; N_2O nur bei drainiertem Pneumothorax!
Einleitung:	Nicht-nüchtern-Einleitung
Besonderheiten:	1. Rehydratation u. ggf. Transfusion vor od. bei Narkoseeinleitung 2. periop. Antibiotikaprophylaxe (z. B. 2 g Cefotiam + 500 mg Metronidazol) 3. passagere Eine-Lunge-Anästhesie (Kap. 26.2) 4. ggf. intraop. Umlagerung
Komplikationen:	1. Gasaustauschstörungen infolge der Einlungenbeatmung 2. Kreislaufdepression (mechanisch [Kavakompression, Manipulation am Herzen], hämorrhagisch, septisch-toxisch) 3. Mediastinitis, Pleuraempyem
Nachbetreuung:	Intensivstation (Nachbeatmung)

Trachea- und Bronchusperforation

Siehe Kap. 26.5.2.

Ösophagusvarizensklerosierung

Indikation:	dringlich, bei blutenden Ösophagusvarizen Notfall
Vorbereitung:	aktuelles Labor inkl. Gerinnungsstatus, Blutgruppe, Kreuzblut
Besonderheiten:	evtl. hämorrhagischer Schock
OP-Ablauf:	endoskopische Lokalisierung der Blutungsquelle, dann entweder Varizenligatur mit Gummiband oder Verödung u. Sklerosierung z. B. durch Um- u. Unterspritzung mit Polidocanol (Aethoxysklerol®), wodurch eine lokale Entzündung u. Vernarbung ausgelöst wird
OP-Dauer:	variabel
Lagerung:	Rückenlage, Arme ausgelagert
Ausrüstung:	1. initial 2–3 großlumige i. v. Zugänge (ggf. Shaldon-Katheter), Transfusionspumpe o. ä., Magensonde, Relaxometrie 2. erst nach Stabilisierung: ZVK (ggf. 3lumig), art. Zugang 3. Blasenkatheter

Blutkonserven:	6–10 EK, ggf. ungekreuzt (bei bekannter Blutgruppe) od. 0/Rh neg.; FFP b. Bed.
Anästhesie:	Intubationsnarkose mit balancierter Anästhesie
Einleitung:	Nicht-nüchtern-Einleitung
Besonderheiten:	1. sichere Tubusfixierung in einem Mundwinkel 2. vorsichtige Dosierung der Anästhetika (bes. bei Schocksymptomatik)
Komplikationen:	1. hämorrhagischer Schock, Verbrauchskoagulopathie 2. pulmonale Mikroembolien bei akzidenteller intravasaler Injektion von Polidocanol 3. Ösophagusnekrosen, -perforation
Nachbetreuung:	Intensivstation (Nachbeatmung)

■ Akute gastrointestinale Blutungen

Ursachen:	Fundusvarizen, Ulcus ventriculi od. duodeni, Tumoren
Therapie:	endoskopische Blutstillung (Umspritzung mit Adrenalin od. Thrombin, bei massiver Blutung Clipping); falls nicht möglich dringliche od. notfallmäßige Operation
Vorbereitung:	aktuelles Labor inkl. Gerinnungsstatus, Blutgruppe, Kreuzblut
Besonderheiten:	evtl. hämorrhagischer Schock
OP-Verfahren:	Laparotomie, Umstechung (ggf. Ligatur) zuführender Gefäße u. Resektion des betroffenen Magendarmabschnitts
OP-Dauer:	abhängig vom Procedere
Lagerung:	Rückenlage, Arme ausgelagert
Ausrüstung:	1. initial 2–3 großlumige i. v. Zugänge (ggf. Shaldon-Katheter), Transfusionspumpe o. ä. 2. erst nach Stabilisierung bzw. zur OP: ZVK (ggf. 3lumig), art. Zugang, Magensonde, Blasenkatheter, Temperatursonde, Auskühlungsschutz (Wärmedecke, Infusionswärmer etc.), evtl. Cell-saver; Relaxometrie
Blutkonserven:	6–10 EK, ggf. ungekreuzt (bei bekannter Blutgruppe) od. 0/Rh neg.; FFP b. Bed.
Anästhesie:	Intubationsnarkose mit balancierter Anästhesie u. kompl. Muskelrelaxation
Einleitung:	Nicht-nüchtern-Einleitung
Besonderheiten:	vorsichtige Dosierung der Anästhetika (bes. bei Schocksymptomatik)
Komplikationen:	hämorrhagischer Schock, Verbrauchskoagulopathie
Nachbetreuung:	Intensivstation (Nachbeatmung)

■ Leberruptur, Milzruptur

Ursachen:	traumatisch (instrumentell, unfallbedingt); Zysten-, Tumorperforation
Therapie:	dringliche od. notfallmäßige Operation
Vorbereitung:	aktuelles Labor inkl. Gerinnungsstatus, Blutgruppe, Kreuzblut
Besonderheiten:	evtl. hämorrhagischer Schock
OP-Verfahren:	Laparotomie, Übernähung, ggf. Leberteilresektion (Abschn. 14.1.4) od. Splenektomie (Abschn. 14.1.6)
OP-Dauer:	abhängig vom Procedere
Lagerung:	Rückenlage, Arme ausgelagert

Ausrüstung:	1. initial 2–3 großlumige i. v. Zugänge (ggf. Shaldon-Katheter), Transfusionspumpe o. ä. 2. Magensonde 3. erst nach Stabilisierung: ZVK (ggf. 3lumig), art. Zugang, Blasenkatheter, Temperatursonde, Auskühlungsschutz (Wärmedecke, Infusionswärmer etc.), evtl. Cell-saver; Relaxometrie
Blutkonserven:	6–10 EK, ggf. ungekreuzt (bei bekannter Blutgruppe) od. 0/Rh neg.; FFP b. Bed.
Anästhesie:	Intubationsnarkose mit balancierter Anästhesie u. kompl. Muskelrelaxation
Einleitung:	Nicht-nüchtern-Einleitung
Besonderheiten:	vorsichtige Dosierung der Anästhetika (bes. bei Schocksymptomatik)
Komplikationen:	hämorrhagischer Schock, Verbrauchskoagulopathie, Leberfunktionsstörungen
Nachbetreuung:	Intensivstation (Nachbeatmung)

Zwerchfellruptur

Ursachen:	traumatisch (instrumentell, unfallbedingt [> 90% linksseitig])
Therapie:	dringliche od. notfallmäßige Operation
Vorbereitung:	aktuelles Labor inkl. Gerinnungsstatus, Blutgruppe, Kreuzblut
Besonderheiten:	evtl. schwere Hypoxie bei Prolaps von Baucheingeweiden in den Thorax (Sogeffekt durch negativen Pleuradruck!, Lungenkollaps)
OP-Verfahren:	Laparotomie, Reposition vorgefallener Eingeweide, Resektion inkarzerierter Anteile, Zwerchfellnaht, ipsilaterale Pleuradrainage
OP-Dauer:	abhängig vom Procedere, i. d. R. mehrere Stunden
Lagerung:	Rückenlage, Arme ausgelagert
Ausrüstung:	1. initial 2 großlumige i. v. Zugänge 2. Magensonde 3. erst nach Stabilisierung: ZVK (ggf. 3lumig), art. Zugang, Blasenkatheter, Temperatursonde, Auskühlungsschutz (Wärmedecke, Infusionswärmer etc.), evtl. Cell-saver; Relaxometrie
Blutkonserven:	6–10 EK, ggf. ungekreuzt (bei bekannter Blutgruppe) od. 0/Rh neg.; FFP b. Bed.
Anästhesie:	Intubationsnarkose mit balanc. Anästhesie u. kompl. Muskelrelaxation; kein N_2O!
Einleitung:	Nicht-nüchtern-Einleitung
Besonderheiten:	FIO_2 zunächst 1,0
Komplikationen:	hämorrhagischer Schock, Verbrauchskoagulopathie, Leberfunktionsstörungen
Nachbetreuung:	Intensivstation (Nachbeatmung)

Ileus

Indikation:	dringliche Operation
Ursachen:	1. mechanisch: z. B. Briden, Tumoren 2. paralytisch: z. B. Magendarmperforation, toxisches Megakolon, Abszesse 3. Mischformen: z. B. Strangulation, Volvulus, inkarzerierte Leistenhernie
Pathophysiologie:	Flüssigkeits-, Elektrolyt- u. Säure-Basen-Verschiebungen (bes. Hypokaliämie) mit z. T. ausgeprägter Hypovolämie u. erheblichen Eiweißverlusten; Schwere der Symptomatik abhg. von der Höhe u. Dauer des Darmverschlusses

OP-Verfahren:	evtl. explorative Laparoskopie, sonst Laparotomie (längs od. quer), weiteres Vorgehen je nach Befund: 1. Adhäsiolyse (evtl. laparoskopisch) 2. manuelle Dekompression des überblähten Darms nach oral, evtl. Einführen einer speziellen Dünndarmsonde (z. B. Dennis®-Sonde) 3. Anlage eines temporären Ileo- od. Kolostomas zur Entlastung bei Ileus od. Darmperforation oder eines dauerhaften Stomas als Palliation bei Tumoren 4. Übernähung einer Perforation 5. Abszeßeröffnung u. -drainage 6. Resektion von geschädigten Darmabschnitten; bei toxischem Megakolon subtotale Kolektomie (2–3zeitiges Vorgehen) 7. 4-Quadranten-Drainage bei diffuser Peritonitis
OP-Dauer:	abhängig vom operativen Procedere
Lagerung:	Rückenlage, Arme ausgelagert
Ausrüstung:	2 großlumige i. v. Zugänge, ZVK, ggf. art. Zugang; 5-Pol-EKG mit ST-Strecken-Analyse, Magensonde, Blasenkatheter, Temperatursonde, Auskühlungsschutz (Wärmedecke, Infusionswärmer etc.), Relaxometrie
Blutkonserven:	4 EK
Anästhesie:	Intubationsnarkose mit balancierter Anästhesie u. kompl. Muskelrelaxation; eher kein N_2O bei Darmdistension
Einleitung:	Nicht-nüchtern-Einleitung
Besonderheiten:	1. möglichst Rehydratation vor od. bei Narkoseeinleitung 2. periop. Antibiotikaprophylaxe od. Therapieeinleitung (z. B. 2 g Cefotiam + 500 mg Metronidazol) 3. Extubation nur, wenn Pat. völlig wach (Schutzreflexe!); zuvor gründliches Absaugen des Magens
Komplikationen:	1. Kreislaufdepression (hypovolämisch, Eventeration [Abschn. 14.1.14], sept.-tox.) 2. Blutungen 3. Peritonitis
Nachbetreuung:	Aufwachraum, ggf. Intensivstation (immer bei diffuser Peritonitis)

Perforiertes Bauchaortenaneurysma und traumatische Aortenruptur

Am häufigsten ist die Ruptur in das *Retroperitoneum*, gefolgt von der in die Bauchhöhle. Eine Ruptur in den Magendarmkanal oder in die V. cava inferior ist selten. Man unterscheidet die *gedeckte* von der *freien* Perforation. Letztere geht immer mit einem schweren hämorrhagischen Schock einher. Bei einer Blutung ins Retroperitoneum tritt häufig eine Selbsttamponade auf, und es kommt zu einem zweizeitigen Verlauf. Dies erklärt, warum hier z. T. auch noch nach 12–24 Stunden eine Operation möglich ist.

Ursachen:	s. Abschn. 14.2.1
Therapie:	notfallmäßige Operation, bei der freien Perforation unverzüglich!
Vorbereitung:	aktuelles Labor inkl. Gerinnungsstatus, Blutgruppe, Kreuzblut
Besonderheiten:	i. d. R. hämorrhagischer Schock, z. T. mit beginnender Verbrauchskoagulopathie
OP-Verfahren:	s. Abschn. 14.2.1
OP-Dauer:	3–5 h
Lagerung:	Rückenlage, Arme ausgelagert
Ausrüstung:	1. initial 2–3 großlumige i. v. Zugänge (alternativ Shaldon-Katheter, mögl. 3lumig); mögl. ZVK (ggf. 3lumig); art. Zugang, Transfusionspumpe o. ä., Cell-saver

	2. erst nach Stabilisierung: Magensonde, Blasenkatheter, Temperatursonde, Wärmeschutz (Wärmedecke, Infusionswärmer etc.), Relaxometrie
Medikamente:	1. Noradrenalin u. Adrenalin, je 1:10 u. 1:100 verdünnt sowie im Perfusor (3 mg ad 50 ml NaCl 0,9%) 2. Glyceroltrinitrat 1:10 u. 1:100 verdünnt sowie im Perfusor (50 mg ad 50 ml NaCl 0,9%)
Blutkonserven:	initial 10 EK, ggf. ungekreuzt (bei bek. Blutgruppe) od. 0/Rh neg.; 10 FFP, 1 TKZ
Anästhesie:	Intubationsnarkose mit balancierter Anästhesie
Einleitung:	Nicht-nüchtern-Einleitung, allerdings Magensonde erst danach!
Besonderheiten:	1. Priorität: Anlage großlumiger Gefäßzugänge u. umgehende Volumenzufuhr! 2. Anstreben eines arteriellen Blutdrucks von ca. 80 mmHg systolisch, bis die proximale Aortenklemme gesetzt ist 3. möglichst Anlage des art. Zugangs vor Narkoseeinleitung 4. Intubation im OP-Saal, und zwar erst nach Hautdesinfektion u. sterilem Abdecken des OP-Felds! 5. Relaxierung möglichst nur mit Succinylcholin und nur zur Intubation, weil durch die Relaxierung der Muskeltonus der Bauchdecken verlorengeht und dadurch der Prozeß der Selbsttamponade der Blutung unterbrochen wird! 6. kontrollierte Beatmung ohne PEEP mit 100% O_2 bis zur nachhaltigen hämodynamischen Stabilisierung 7. ZVK od. Shaldon-Katheter erst nach der Einleitung (*cave*: Fehlpunktion der A. carotis, wenn diese nicht tastbar ist!, dann ultraschallgesteuerte Punktion od. Punktion der V. subclavia) 8. Isofluran zur Steuerung des arteriellen Blutdrucks 9. Anstreben eines Sinusrhythmus (Normokaliämie!) 10. kontinuierliche ZVD-Messung, um den ZVD besser als Trendparameter für den intravasalen Volumenstatus nutzen zu können 11. „Blindsubstitution" von ca. 2.000–3.000 IE AT III zur Verhinderung od. Unterbrechung einer Verbrauchskoagulopathie 12. bei nicht beherrschbarer Blutung evtl. Faktor-VIIa-Konzentrat (NovoSeven®) Weiteres s. Abschn. 14.2.1.
Komplikationen:	Verblutungsschock; sonst s. Abschn. 14.2.1
Nachbetreuung:	Intensivstation (Nachbeatmung); Kontrolle der peripheren Pulse, der Sensibilität u. Motorik in den unteren Extremitäten sowie der Diurese, Kontrolle auf Nachblutungen
Überlebensrate:	beim rupturierten Aneurysma nur ca. 20%

Akuter Arterienverschluß

Siehe Abschn. 14.2.2.

14.4 Eingriffe bei Intensivpatienten

Bei den Eingriffen, die an Intensivpatienten vorgenommen werden, handelt es sich im wesentlichen um:

- Second-look-Laparotomien (z. B. Etappenlavage bei Anastomoseninsuffizienz, Abszeßsuche)
- rekonstruktive Operationen nach Polytrauma
- Notfalleingriffe bei Blutungen od. Gefäßverschlüssen
- dringliche Eingriffe bei Ileus, intraabdominellen Organperforationen od. Abszessen

Von herausragender Bedeutung ist die Weitergabe sämtlicher **patientenrelevanter Informationen:**

- Patientenidentität (Vor- u. Nachname, Geburtsdatum)
- Aufnahme- u. Verlaufsdiagnosen

- Vor- bzw. Begleiterkrankungen (soweit möglich)
- aktueller Zustand (bes. Kreislauf- u. Beatmungsstatus) inkl. Medikation (Perfusoren!)
- Instrumentierung (Pleuradrainagen nicht vergessen!)
- aktuelle Laborwerte (bes. Hb, Na^+, K^+, Ca^{2+}, BZ, Gerinnung, BGA)
- Blutgruppe, ggf. Anzahl gekreuzter Blutkonserven

Etappenlavage

Indikation:	4-Quadranten-Peritonitis
Vorbereitung:	aktuelle Laborwerte
Besonderheiten:	i. d. R. „Geschäftsführung ohne Auftrag" (Kap. 13.4)
OP-Ablauf:	intraabdominelle Exploration, Débridement (Entfernung von Fibrinbelegen, Lösung von Verklebungen im Bereich der Darmschlingen, Nekrosektomie), Abstriche aus dem Wundgebiet für die mikrobiologische Untersuchung, peritoneale Lavage mit 5–10 l 0,9%iger NaCl- od. 0,1%iger Tosylchloramidlösung (Chloramin T®), Korrektur od. Neuanlage von Drainagen, temporärer Hautverschluß
Besonderheiten:	Mitgabe der Abstriche u. Sekrete auf die Intensivstation zum Versand von dort aus
OP-Dauer:	30–60 min
Lagerung:	Rückenlage, Arme ausgelagert
Ausrüstung:	Pat. ist i. d. R. bereits komplett instrumentiert (1 Volumenzugang, 3-Lumen-ZVK, [manchmal PA-Katheter], art. Zugang, 5-Pol-EKG mit ST-Strecken-Analyse, Magensonde, Blasenkatheter); zusätzl. Temperatursonde; Auskühlungsschutz (Wärmedecke, Infusionswärmer etc.) nur bei Normo- od. Hypothermie
Blutkonserven:	4 EK, ggf. FFP
Anästhesie:	Intubationsnarkose mit balancierter Anästhesie u. kompl. Muskelrelaxation; eher kein N_2O (Förderung der Darmdistension, Hemmung der Leukopoese bei Langzeitanwendung); TIVA bei SHT
Besonderheiten:	1. Aufrechterhaltung, ggf. Anpassung der differenzierten Beatmung (FIO_2, Atemzeitverhältnis, PEEP), initiale Beatmung aber immer mit FIO_2 1,0 bis zur Überprüfung der Oxygenierung (z. B. pulsoxymetrisch) 2. korrekte Ableitung evtl. vorhandener Pleuradrainagen 3. b. Bed. Fortführung einer Katecholamintherapie (Perfusor!) 4. so bald wie möglich Kontrolle von BGA, Hb, Serumelektrolyten u. BZ (Tendenz zur Hypoglykämie, wenn zuvor Insulin zugeführt wurde) 5. nicht selten intravasales Volumendefizit 6. häufig Fieber 7. oft akutes Nierenversagen
Komplikationen:	Blutung, septisch-toxische Kreislaufdepression
Nachbetreuung:	Rückverlegung auf die Intensivstation

15 Laparoskopische Eingriffe

15.1 Allgemeine Bemerkungen ▸ 257
15.2 Technische Voraussetzungen ▸ 258
15.3 Physiologische und pathophysiologische Besonderheiten ▸ 258
15.3.1 Kohlendioxid ▸ 258
15.3.2 Atemmechanik und Gasaustausch ▸ 259
15.3.3 Hämodynamik ▸ 259
15.3.4 Auswirkungen des Kapnoperitoneums im Überblick ▸ 260
15.3.5 Auswirkungen der Lagerung ▸ 260
15.4 Anästhesiologisches Vorgehen ▸ 260
15.4.1 Anästhesierelevante Begleiterkrankungen ▸ 260
15.4.2 Instrumentierung und Monitoring ▸ 260
15.4.3 Anästhesieverfahren ▸ 261
15.5 Komplikationen ▸ 261
15.5.1 Gasembolie ▸ 261
15.5.2 Varia ▸ 262
15.6 Postoperative Schmerztherapie ▸ 263

15.1 Allgemeine Bemerkungen

Ursprünglich als diagnostisches Verfahren entwickelt, hat sich die videoassistierte Laparoskopie mittlerweile auch zur Durchführung operativer Eingriffe etabliert. Ihre Vorteile liegen vor allem in der Reduzierung des postoperativen Risikos. Bei einigen Operationen wie der Cholezystektomie ist inzwischen das konventionelle, offene chirurgische Vorgehen durch diese neue, sog. *minimalinvasive* Technik völlig in den Hintergrund gedrängt worden.

Überblick über laparoskopisch durchführbare abdominelle Eingriffe (Auswahl)

- Cholezystektomie/Choledochusrevision (mittlerweile Standard)
- Appendektomie (vorteilhaft nur bei Adipositas)
- Herniotomie (komb. intra- u. extraperitoneales Vorgehen → kein operativer Vorteil)
- Fundoplicatio, Gastric banding
- Splenektomie, Leberzystenresektion, Adrenalektomie
- kolorektale Resektionen, Kolostomie
- abdominelle Lymphadenektomie
- intraabdominelle Adhäsiolyse

Vorteile der laparoskopischen Operationstechnik

- intraoperativ:
  - bessere Visualisierung einzelner anatomischer Strukturen (Vergrößerungseffekt)
  - verminderte Gewebetraumatisierung
- postoperativ:
  - Verminderung des postoperativen Wundschmerzes (→ frühere Mobilisation)
  - kürzere u. geringere Einschränkung der Lungenfunktion (i. d. R. max. bis 72 h)
  - raschere Normalisierung der gastrointestinalen Funktion (→ schnellere Nahrungsaufnahme)
  - potentiell: weniger Pneumonien u. nosokomiale Infektionen. seltener tiefe Beinvenenthrombosen
- ökonomisch:
  - kürzere stationäre Behandlung
  - schnellere Arbeitsfähigkeit
- kosmetisch: kleinere Narben
- langfristig: deutlich geringere Inzidenz von Inzisionshernien und intraabdominellen Verwachsungen (Adhäsionsileus)

Allgemeine Kontraindikationen für laparoskopische Eingriffe

- dekompensierte Herzinsuffizienz, instabile Angina pectoris
- latent offenes Foramen ovale od. kardialer Rechts-links-Shunt
- in den ersten 3 Monaten nach Myokardinfarkt
- vor und unmittelbar nach Herzoperationen
- restriktive u. obstruktive Lungenerkrankungen (FEV_1 < ca. 1.000 ml)
- erhöhter Hirndruck
- kompensierte Niereninsuffizienz
- portale Hypertension, Leberzirrhose (Child B u. C)
- Blutgerinnungsstörungen

- Voroperationen mit ausgedehnten Adhäsionen
- Hiatusgleithernie (außer bei Fundoplicatio)
- Schwangerschaft (in Einzelfällen erfolgreiche Durchführung beschrieben)

15.2 Technische Voraussetzungen

Zur Visualisierung der anatomischen Strukturen wird bei einer Laparoskopie i. d. R. ein Gas, zumeist Kohlendioxid[37] (CO_2), in die Bauchhöhle insuffliert, und es entsteht ein sog. **Kapnoperitoneum.** Zu dessen Aufbau werden durchschnittlich 3–5 l CO_2 nach „Blindpunktion" über einen Trokar („Verres-Nadel") eingeleitet. Um zu hohe intraabdominelle Drücke, die die Respiration und Hämodynamik beeinträchtigen würden, zu vermeiden, wird am Gerät eine Druckbegrenzung von 8–12 mmHg eingestellt (max. 15 mmHg). Die Vorteile von CO_2 als Insufflationsgas liegen in seiner hohen Blutlöslichkeit (→ geringere Gefahr einer Gasembolie) und der fehlenden Explosibilität.

Die meisten laparoskopischen Eingriffe werden in **Rückenlage** vorgenommen (Ausnahmen: Splenektomie in Rechtsseitenlage, Adrenalektomie in Links- oder Rechtsseitenlage). Zum Einführen des Trokars wird zunächst eine Trendelenburg-Position benötigt; bei Oberbaucheingriffen muß der Oberkörper anschließend hoch gelagert werden.

15.3 Physiologische und pathophysiologische Besonderheiten

Eine Laparoskopie führt durch das Kapnoperitoneum und die Lagerung zu Veränderungen physiologischer Variabler. In erster Linie betreffen die Auswirkungen das kardiorespiratorische System. Vor allem bei Risikopatienten sind hier Beeinträchtigungen zu erwarten.

15.3.1 Kohlendioxid

Ein nicht unbeträchtlicher Teil des in die Bauchhöhle insufflierten CO_2 wird in die Blutbahn resorbiert. Am größten ist die intraoperative Resorption in den Phasen der Insufflation und Desufflation, während dazwischen deutlich weniger CO_2 aufgenommen wird, weil die Kapillaren durch den erhöhten Intraabdominaldruck komprimiert werden. Nach Ablassen des Kapnoperitoneums entweicht ca. die Hälfte des CO_2 nach außen, der Rest wird nach und nach im Laufe der ersten postoperativen Stunden resorbiert und muß durch Mehrventilation entfernt werden. Resorbiertes CO_2 reichert sich – bei unveränderter Ventilation – in den Körperkompartimenten an. Um dem vorzubeugen, sollte die Ventilation bereits intraoperativ dem erhöhten CO_2-Anfall angepaßt werden.

Zusammenfassung der perioperativen CO_2-Kinetik

1. Etwa 50% des CO_2 werden resorbiert, davon 15–25% intraoperativ und 30–40% postoperativ.
2. 40–50% des CO_2 entweichen bei der Desufflation.
3. Bei langen Eingriffen oder Leckagen werden große Mengen an CO_2 benötigt, z. T. bis zu mehreren hundert Litern über die Gesamtdauer.

MERKE

1. Zur Eliminierung des aus dem Kapnoperitoneum resorbierten CO_2 muß die maschinelle **Ventilation** normalerweise um nicht mehr als **30–40%** gesteigert werden. Werden höhere Atemminutenvolumina benötigt, so muß an eine Komplikation (s. Abschn. 15.5) oder eine begleitende Lungenerkrankung (Totraumvergrößerung) gedacht werden!
2. Eine Spontanatmung verbietet sich selbstverständlich während laparoskopischer Eingriffe mit Kapnoperitoneum.

Differentialdiagnose bei intraoperativer $PaCO_2$-Zunahme

- vermehrte CO_2-Resorption
- protrahierte CO_2-Embolie
- Kapnothorax od. CO_2-Weichteilemphysem (Vergrößerung der CO_2-Resorptionsfläche!)

37 Die Verwendung von Luft ist obsolet (Luftembolie erheblich gefährlicher als CO_2-Embolie!).

- zu geringe Narkosetiefe
- vergrößerter Totraum

15.3.2 Atemmechanik und Gasaustausch

Aufgrund der Kapnoperitoneum-induzierten Zunahme des intraabdominellen Drucks (IAP) kommt es zu einem deutlichen Abfall der thorakalen Compliance und der funktionellen Residualkapazität. Die Auswirkungen auf die Oxygenierung fallen unter kontrollierter Beatmung jedoch interessanterweise relativ gering aus. So steigt die $AaDO_2$ (alveoloarterielle O_2-Partialdruckdifferenz) zwar geringfügig an, der PaO_2 bleibt jedoch nahezu unverändert. Ebensowenig ändert sich der Totraumquotient (V_D/V_T), zumindest bei Patienten ohne pulmonale Begleiterkrankungen. Der $PaCO_2$ nimmt, wenn das Atemminutenvolumen (AMV) nicht erhöht wird, infolge der vermehrten CO_2-Resorption um ca. 10 mmHg zu.

MERKE

Auch wegen der als Folge der intraabdominellen Druckerhöhung beeinträchtigten Atemmechanik sollen bei laparoskopischen Operationen grundsätzlich keine Anästhesieverfahren mit erhaltener Spontanatmung zum Einsatz kommen. Das **Anästhesieverfahren der Wahl** ist **die Intubationsnarkose mit kontrollierter Beatmung** des Patienten.

MERKE

1. Zur **Vermeidung überhöhter Beatmungsdrücke** (Spitzendruck > 30 cmH_2O) sollte das AMV durch **Steigerung der Atemfrequenz** und nicht durch Erhöhung des Zugvolumens angepaßt werden. Ein PEEP sollte primär nicht angewendet werden. Statt dessen empfiehlt sich zur Verbesserung der Oxygenierung b. Bed. die Veränderung des Atemzeitverhältnisses zugunsten der Inspiration.
2. Bei **erheblicher Steigerung des $PaCO_2$ und Erfordernis einer extremen AMV-Erhöhung** muß an eine protrahierte CO_2-Embolie, einen Kapnothorax oder ein CO_2-Weichteilemphysem gedacht und die Ursache ausgeschaltet werden.

15.3.3 Hämodynamik

Die mit dem Kapnoperitoneum verbundene IAP-Steigerung beeinflußt die Hämodynamik auf verschiedene Weise. Die Auswirkungen im Einzelfall hängen von der Höhe des Drucks und vom kardiovaskulären Ausgangszustand des Patienten ab. Nach Untersuchungen am Tier und z.T. auch am Menschen läßt sich folgendes festhalten:

1. Bei **niedrigem IAP** (< 20 mmHg) sollen die peritonealen Kapillaren komprimiert werden, was die kardiale Vorlast ansteigen läßt. Dies führt bei Herzgesunden zu einer Steigerung des HZV, während bei Herzinsuffizienten das HZV abnehmen kann (abfallender Schenkel der Frank/Starling-Kurve).
2. Bei **hohem IAP** (> 20 mmHg) soll die Verminderung der Blutflußgeschwindigkeit in der V.cava inf. in den Vordergrund treten, so daß der venöse Rückstrom und damit die Vorlast abnehmen. Herzgesunde reagieren darauf mit einem HZV-Abfall, während bei Herzinsuffizienten das HZV zunehmen kann (ansteigender Schenkel der Frank/Starling-Kurve).
3. Die Erhöhung des IAP zieht immer eine Steigerung des intrathorakalen Drucks nach sich. Hierdurch steigt der zentralvenöse Druck, während der transmurale rechtsventrikuläre Füllungsdruck abfällt.
4. Die IAP-Steigerung führt auf der arteriellen Seite zu einer Erhöhung des Gefäßwiderstands (z.T. durch Gefäßkompression, z.T. durch neurohumorale Mechanismen[38]). Hierdurch steigen die kardiale Nachlast und der arterielle Blutdruck (jedoch nicht als Ausdruck eines höheren Schlagvolumens).
5. Die Herzfrequenz bleibt – außer bei vagalen Reaktionen – i.d.R. unverändert.

Bei laparoskopischen Eingriffen mit Kapnoperitoneum ist aus hämodynamischer Sicht zu bedenken:

1. Der **ZVD** ist kein zuverlässiger Parameter zur Abschätzung der rechtsventrikulären Vorlast.
2. Der **arterielle Blutdruck** korreliert nicht ausreichend mit dem linksventrikulären Schlagvolumen.
3. **Hypovolämie** und gleichzeitige Beatmung mit **PEEP** (→ Verminderung des venösen Rückstroms) sollten vermieden werden.
4. Bei **kardiovaskulären Risikopatienten** (höhergradige Herzinsuffizienz, fortgeschrittene KHK etc.) muß im Einzelfall das intraoperative hämodynamische Monitoring erweitert werden: ST-Strecken-Analyse, ZVD und SvO_2, invasive Blutdruckmessung, ggf. auch PA-Katheter oder TEE.

38 Anstieg der zirkulierenden Katecholamine, vermehrte ADH-Sekretion (Erregung von intraabdominellen Druck- und Dehnungsrezeptoren), Stimulation des Renin-Angiotensin-Aldosteron-Systems

Der **IAP** sollte bei diesen Patienten **so niedrig wie möglich** gewählt werden, und extreme Lagerungen müssen vermieden werden.

15.3.4 Auswirkungen des Kapnoperitoneums im Überblick

- Anstieg des PCO_2
- Anstieg des arteriellen Blutdrucks
- Anstieg des ZVD, aber Verminderung der transmuralen kardialen Füllungsdrücke
- Verminderung des hirnvenösen Blutabflusses, ggf. Zunahme des Hirndrucks
- Reduktion der mesenterialen Durchblutung
- Abnahme der Urinausscheidung

15.3.5 Auswirkungen der Lagerung

Die **Trendelenburg-Position** führt zu einer
- Verstärkung der Kapnoperitoneum-induzierten respiratorischen Veränderungen und
- Vermehrung des venösen Rückstroms,

während die **Oberkörperhochlagerung** das Gegenteil bewirkt:
- Abschwächung der respiratorischen Veränderungen und
- Verminderung des venösen Rückstroms.

15.4 Anästhesiologisches Vorgehen

15.4.1 Anästhesierelevante Begleiterkrankungen

Folgende Erkrankungen spielen bei laparoskopischen Eingriffen mit Kapnoperitoneum eine besondere Rolle:
- Adipositas (permagna)
- restriktive und obstruktive Lungenerkrankungen
- Herz-Kreislauf-Erkrankungen (arterieller Hypertonus, KHK, Herzinsuffizienz [ab NYHA III], Herzrhythmusstörungen, Vorhof- oder Ventrikelseptumdefekt, latent offenes Foramen ovale)

Während bei Adipositas oder begleitenden Lungenerkrankungen die Kapnoperitoneum-induzierten Veränderungen der Lungenfunktion nur im Einzelfall kritische Ausmaße annehmen, sind Patienten mit Herz-Kreislauf-Erkrankungen durch die verfahrensassoziierten Auswirkungen auf die Hämodynamik generell stärker bedroht. Beim *Vorhof- oder Ventrikelseptumdefekt* kann bei einer Gasembolie aufgrund der dann erhöhten rechtsatrialen Drücke ein Links-rechts-Shunt in einen Rechts-links-Shunt umschlagen, ein latent offenes *Foramen ovale* kann in dieser Situation wieder geöffnet werden (s. auch Kap. 22.8). In beiden Fällen ist damit die Gefahr einer paradoxen Embolie (im Hirn- und Koronarkreislauf) verbunden.

MERKE
Bei Herzvitien mit bereits bestehendem oder drohendem **Rechts-links-Shunt** sind laparoskopische Eingriffe mit Kapnoperitoneum absolut kontraindiziert. Gleiches gilt für Patienten mit **erhöhtem Hirndruck** oder gesteigerter intrakranieller Elastance (z. B. SHT), weil bei ihnen ein PCO_2-Anstieg vermieden werden muß und der hirnvenöse Abfluß nicht behindert werden darf.

15.4.2 Instrumentierung und Monitoring

Standard
- i. v. Zugang
- EKG, oszillometrische Blutdruckmessung
- Pulsoxymetrie, Kapnometrie/-graphie
- Überwachung der üblichen Beatmungsparameter
  - Beatmungsdruck, exspiratorisches Atemminutenvolumen
  - inspiratorische Konzentration von O_2 und den Narkosegasen
- Cuffdruckmessung
- Magensonde
  → Verminderung der Regurgitations- u. Aspirationsgefahr
  → Reduktion der Gefahr der Eingeweideperforation bei Einführung des Trokars
  → bessere laparoskopische Übersicht
- Blasenkatheter (nach den üblichen Kriterien; s. Kap. 2.6)
- Messung der Körpertemperatur bei längeren Eingriffen

- Relaxometrie (bes. wichtig bei Adip. permagna, um postop. eine kompl. Erholung der neuromusk. Fkt. sicherzustellen)

Erweiterungen bei Risikopatienten
- ST-Strecken-Analyse
- ZVK (→ ZVD u. SvO_2)
- arterieller Zugang u. invasive Blutdruckmessung
- PA-Katheter, evtl. TEE
- evtl. präkordiale Dopplersonographie od. TEE zur Emboliedetektion

15.4.3 Anästhesieverfahren

Das Standardanästhesieverfahren für laparoskopische Eingriffen mit Kapnoperitoneum ist die **Intubationsnarkose mit kontrollierter Beatmung und kompletter Muskelrelaxation.** Die Narkose kann als total intravenöse Anästhesie (TIVA), z. B. mit Propofol und Alfentanil oder Remifentanil, oder als balancierte Anästhesie durchgeführt. Die Anwendung von **N_2O** wird nach wie vor kontrovers diskutiert. Mögliche Nachteile bestehen in
- der Verstärkung der Auswirkungen einer Gasembolie (Vergrößerung eines Luftembolus, verzögerte Auflösung eines CO_2-Embolus!) und
- der Bildung eines explosiblen Methan-N_2O-Gasgemisches nach Darmläsion und Einströmen größerer Mengen von Darmgas in die Bauchhöhle

Eine relevante Darmdistension durch N_2O konnte dagegen nicht beobachtet werden.

Zur **Muskelrelaxation** werden mittellang wirkende nichtdepolarisierende Relaxanzien bevorzugt. Hier empfiehlt sich erster Linie die Verwendung von Atracurium, cis-Atracurium oder Mivacurium.

MERKE
Eine **respiratorische Azidose**, z. B. bei postoperativer Hyperkapnie, kann eine neuromuskuläre Blockade deutlich verlängern.

Hinweise für die Praxis

Narkosebeatmung
1. IPPV ohne PEEP durchführen
2. AZV: initial 10 ml/kg KG bei Normalgewichtigen, 7–8 ml/kg KG bei Adipösen; bei zu hohem Beatmungsdruck absenken (Spitzendruck < 30 cmH_2O)
3. AMV-Steuerung durch Änderung der Atemfrequenz entsprechend dem $PECO_2$-Verlauf
4. I:E-Verhältnis: initial 1:1, bei problematischer Oxygenierung 2:1

15.5 Komplikationen

15.5.1 Gasembolie (s. auch Kap. 22.8)

Relevante CO_2-Embolien sind in weniger als. 0,01 % der laparoskopischen Eingriffe mit Kapnoperitoneum zu beobachten. Bei Patienten ohne kardiopulmonale Vorerkrankungen soll erst das akute Eindringen von etwa 1 l CO_2 in den Kreislauf zum Tod führen. Eine Gasembolie kann mit Hilfe der *Kapnometrie/-graphie* frühzeitig erkennt werden, die daher bei solchen Eingriffen unentbehrlich ist. Zur Vermeidung einer paradoxen Embolie, bei der schon kleine bis kleinste Gasmengen deletäre Folgen haben können, müssen Patienten mit bekanntem *Rechts-links-Shunt* von laparoskopischen Operationsverfahren ausgenommen werden, wenn eine Gasinsufflation in die Bauchhöhle dabei unverzichtbar ist.

Als **Pathomechanismen** einer Gasembolie kommen
- eine direkte intravenöse Gasinjektion und
- ein Eindringen von Gas in operativ eröffnete Venen

in Frage. Am gefährlichsten ist selbstverständlich die CO_2-Insufflation direkt in eine Vene. Die Gefahr besteht initial bei der „Blindpunktion" mit der Verres-Nadel und dem dann folgenden Aufbau des Kapnoperitoneums. Hierbei können umgehend größere Gasmengen in den Kreislauf gelangen. Durch vorherige Aspirationskontrolle kann diese Komplikation aber i. d. R. verhindert werden.

Prädisponierende Faktoren

- Höhe des IAP (→ Drucklimitierung von 10–15 mmHg)
- CO_2-Menge
- N_2O (Abschn. 15.4.3)

Prophylaxe

- IPPV (PEEP sinnlos!)
- kein N_2O!
- Monitoring zur Früherkennung ($PECO_2$)!

15.5.2 Varia

Herzrhythmusstörungen

Besonders bei Patienten mit kardiovaskulären Begleiterkrankungen muß intraoperativ mit Herzrhythmusstörungen, in erster Linie Sinusbradykardien und ventrikuläre Extrasystolen (bis hin zum Bigeminus), gerechnet werden. Mögliche **Auslöser** sind:

- eine Hypoxämie u./od. Hyperkapnie (i. d. R. vermeidbar!),
- der Aufbau des Kapnoperitoneums und
- chirurgische Manipulationen.

Tubusdislokation

Durch den erhöhten IAP wird das Zwerchfell und dementsprechend auch die Trachealbifurkation nach kranial verschoben. Ein zuvor grenzwertig tief eingeführter Endotrachealtubus kann dadurch nach endobronchial abgleiten, so daß im ungünstigsten Fall nur noch eine Lunge belüftet wird. Deshalb sollte der Tubus am besten unter Sicht eingeführt und nur so weit vorgeschoben werden, daß die proximale Begrenzung des Cuffs ca. 1–2 cm unterhalb der Stimmritze zu liegen kommt.

Regurgitation/Aspiration

Mit dem gesteigerten IAP erhöht sich auch intragastrale Druck. Hierdurch wird die Magenpassage beeinträchtigt, so daß Magensaft regurgitiert und schlimmstenfalls aspiriert werden kann. Um das zu verhindern, muß eine Magensonde gelegt und der Tubuscuff ausreichend geblockt werden (Cuffdruckmessung!).

Weichteilemphysem

Weichteilemphyseme treten in einer Häufigkeit von 2–3% auf. Sie bestehen aus dem Insufflationsgas und können mitunter erhebliche Ausmaße annehmen. Das darin enthaltene Gas wird protrahiert resorbiert und dann pulmonal eliminiert. Im Falle der Anwendung von CO_2 steigt dabei der $PECO_2$ an (abhängig von der Größe der Resorptionsfläche), und das Atemminutenvolumen muß zur CO_2-Elimination entsprechend erhöht werden.

Hypothermie

Werden große Mengen an CO_2 zur Füllung der Bauchhöhle benötigt (z. B. lange Eingriffsdauer Leckagen) und strömt das Gas mit Umgebungstemperatur ein, so kann die Körpertemperatur deutlich abfallen. Bei laparoskopischen Eingriffen sollte deshalb die Körpertemperatur kontrolliert werden und unabhängig von der Dauer immer eine Wärmedecke o. ä. benutzt werden.

CO_2-Retention

Die in den ersten postoperativen Stunden stattfindende Resorption nicht unerheblicher Restmengen von CO_2 aus der Bauchhöhle (Abschn. 15.3.1) kann zu einer Hyperkapnie führen, wenn die Atmung nicht adäquat gesteigert werden kann. Aus diesem Grund muß eine Atemdepression (z. B. als Folge eines Narkose- oder Opioidüberhangs) in dieser Phase vermieden werden.

Übelkeit und Erbrechen

Nach laparoskopischen Operationen mit Kapnoperitoneum muß nach Literaturangaben in bis zu 50% der Fälle mit dem Auftreten von Übelkeit und Erbrechen gerechnet werden, wenn auf eine medikamentöse Prophylaxe verzichtet wird. Zur Prävention scheint die kombinierte Gabe von H_1- und H_2-Antihistaminika (z. B. Clemastin u. Ranitidin) während der Narkoseeinleitung sowie die Durchführung einer TIVA mit Propofol als Hypnotikum am erfolgversprechendsten zu sein (Kap. 6.3).

Sehr seltene Komplikationen

- Kapno-/Pneumothorax als Folge
  - einer operativen Verletzung von Zwerchfell u. Pleura (v.a. bei Fundoplicatio u. Gastric banding)
  - eines Barotraumas der Lungen
  - eines Kapno-/Pneumomediastinums
  - angeborener anomaler pleuroperitonealer Verbindungen
- Kapno-/Pneumoperikard
- Amotio retinae
  - stauungsbedingt bei extremer Kopftieflage

Chirurgische Komplikationen

Chirurgische Komplikationen, die i. d. R. eine offene Revision (Laparotomie) notwendig machen, sind:

- massive (Nach-)Blutungen
- Perforation von Eingeweiden

15.6 Postoperative Schmerztherapie

Nach laparoskopischen Eingriffen ist der Analgetikabedarf deutlich geringer als nach vergleichbaren konventionellen Operationen. In ca. 10% der Fälle werden allerdings neben den typischerweise abdominell lokalisierten Schmerzen auch solche im Bereich der Schulter angegeben. Sie werden auf eine intraoperative Reizung des N. phrenicus zurückgeführt und sprechen gut auf Nicht-Opioid-Analgetika an (bes. Metamizol; s. Kap. 12.4.2).

16 Urologie

16.1 Allgemeine Bemerkungen ▸ 264
16.2 Chronische Niereninsuffizienz ▸ 264
16.3 Offene Eingriffe ▸ 265
16.3.1 Niere, Nebenniere und Harnleiter
16.3.2 Blase, Prostata und Harnröhre ▸ 268
16.3.3 Retroperitoneale Lymphadenektomie ▸ 270
16.3.4 Kleinere Eingriffe ▸ 270
16.4 Transurethrale Eingriffe ▸ 271
16.4.1 Transurethrale Prostataresektion ▸ 271
16.4.2 Transurethrale Blasentumorresektion ▸ 272
16.4.3 Komplikationen ▸ 272
16.5 Extrakorporale Stoßwellenlithotrypsie ▸ 273
16.6 Ureterorenoskopie ▸ 275

16.1 Allgemeine Bemerkungen

Urologische Operationen werden oft im frühen Kindesalter und bei älteren Patienten vorgenommen. Dementsprechend muß man als Anästhesist mit den kinderanästhesiologischen Besonderheiten und den Begleiterkrankungen des fortgeschrittenen Lebensalters vertraut zu sein. Die meisten urologischen Eingriffe sind jedoch planbar, so daß ausreichend Zeit für die Vorbereitung bleibt. Neben der üblichen Vorbereitung gilt die besondere Aufmerksamkeit Störungen der Nierenfunktion mit entsprechenden Veränderungen im Wasser-, Elektrolyt- und Säure-Basen-Haushalt. Wegen der häufig erforderlichen speziellen Lagerungen mit z. T. erheblicher Beeinträchtigung des kardiopulmonalen Systems werden Allgemeinanästhesien bevorzugt und i. d. R. als Intubationsnarkosen durchgeführt. Die Anwendung rückenmarknaher Anästhesien beschränkt sich im wesentlichen auf transurethrale Eingriffe.

■ Spezielle Lagerungen
(Einzelheiten s. Kap. 11)

- Trendelenburg-Lagerung: bei offenen Eingriffen an Prostata und Harnblase
- Steinschnittlagerung: bei endourologischen Eingriffen
- Flankenlagerung: bei Nephrektomie (retroperitonealer Zugang), Nephrolithotomie, Nierenbeckenplastik

■ Intraoperative Kontrolle der Urinausscheidung

Die Anlage eines Blasenkatheters (transurethral oder suprapubisch) sollte i. d. R. dem Urologen überlassen werden. Bei Operationen an der Prostata und Harnblase sowie bei künstlicher Harnableitung ist eine Kontrolle der Urinausscheidung nur möglich, wenn vom Operateur Ureterenkatheter gelegt und nach außen abgeleitet werden.

16.2 Chronische Niereninsuffizienz

Siehe Kap. 35.8.

16.3 Offene Eingriffe

16.3.1 Niere, Nebenniere und Harnleiter

Nephrektomie

Indikationen:	Nierentumoren, funktionslose Niere, Nierenzertrümmerung
OP-Verfahren:	Entfernung der Niere entweder transperitoneal (Tumoren) oder retroperitoneal
OP-Dauer:	1–2 h
Lagerung:	bei transperitonealem Zugang Rückenlage, bei retroperitonealem Zugang Flankenlagerung
Ausrüstung:	1–2 großlumige i. v. Zugänge, ggf. ZVK (z. B. Tumoren); Magensonde, Temperatursonde, Auskühlungsschutz (Wärmedecke, Infusionswärmer etc.), Transfusionspumpe o. ä., Relaxometrie (bei transperitonealem Zugang)
Blutkonserven:	2 EK
Anästhesie:	Intubationsnarkose mit balancierter Anästhesie u. kompl. Muskelrelaxation
Komplikationen:	1. massive Blutungen aus dem Nierengefäßstiel, der V. cava inferior od. Aorta (sehr selten) 2. Pneumothorax (bei instrumenteller Pleuraverletzung) 3. Lungenembolie (Tumorfragmente, Luft)
Nachbetreuung:	Aufwachraum

Nierentumorenukleation

Indikation:	solitäre Nierentumoren
OP-Dauer:	2–3 h
Lagerung:	Flankenlagerung, manchmal Rückenlage (für transperitonealen Zugang)
Ausrüstung:	1–2 großlumige i. v. Zugänge, ggf. ZVK; Magensonde, Temperatursonde, Auskühlungsschutz (Wärmedecke, Infusionswärmer etc.)
Blutkonserven:	4 EK
Anästhesie:	Intubationsnarkose mit balancierter Anästhesie u. kompl. Muskelrelaxation
Komplikationen:	Blutungen, Pneumothorax
Nachbetreuung:	Aufwachraum

Nephroureterektomie

Indikation:	Urothelkarzinome
OP-Dauer:	2–3 h
Lagerung:	zuerst Flankenlagerung, später Umlagerung auf den Rücken
Ausrüstung:	1 großlumiger i. v. Zugang, ggf. ZVK; Magensonde, Temperatursonde, Auskühlungsschutz (Wärmedecke, Infusionswärmer etc.)
Blutkonserven:	2 EK
Anästhesie:	Intubationsnarkose mit balancierter Anästhesie u. kompl. Muskelrelaxation
Komplikationen:	wie bei Nierentumorenukleation
Nachbetreuung:	Aufwachraum

Perkutane Nephrolitholapaxie

Indikation:	größerer Nierenbecken(ausguß)stein
OP-Verfahren:	offene Steinzertrümmerung u. -absaugung unter kontinuierlicher Spülung mit NaCl 0,9%, (mitunter große Mengen: 10–15 l)
OP-Dauer:	2–4 h
Lagerung:	Bauchlage, ein Arm angelagert
Ausrüstung:	1 großlumiger i.v. Zugang, ZVK!, Magensonde, Temperatursonde, Auskühlungsschutz (Wärmedecke, Infusionswärmer etc.)
Blutkonserven:	keine
Anästhesie:	Intubationsnarkose (Spiraltubus) mit balancierter Anästhesie
Komplikationen:	1. Hypervolämie bei Einschwemmung größerer Mengen von Spülflüssigkeit 2. Hypothermie 3. Pneumothorax; Nierenbecken- u. Ureterperforation 4. retroperitoneale Einblutungen 5. selten: Verletzungen benachbarter Organe (Leber, Milz, Kolon, Aorta) 6. Bakteriämie, bes. durch Manipulationen an infizierten Konkrementen
Nachbetreuung:	Aufwachraum

Nephropyelolithotomie

Indikation:	anderweitig nicht mögliche Sanierung von (großen) Nierenbeckenausgußsteinen (mit Kelchbeteiligung)
OP-Verfahren:	offene Steinentfernung
OP-Dauer:	3–5 h
Lagerung:	Flankenlagerung
Ausrüstung:	1–2 großlumige i.v. Zugänge, ggf. ZVK; Magensonde, Temperatursonde, Auskühlungsschutz (Wärmedecke, Infusionswärmer etc.), Relaxometrie
Blutkonserven:	2–4 EK
Anästhesie:	Intubationsnarkose mit balancierter Anästhesie u. kompl. Muskelrelaxation
Komplikationen:	Blutungen, Pneumothorax, Hypothermie
Nachbetreuung:	Aufwachraum, ggf. Intensivstation (z. B. Nachbeatmung)

Nierenbeckenplastik

Indikation:	kongenitale Ureterabgangsstenose
Besonderheiten:	i. d. R. Kleinkinder
OP-Dauer:	2–3 h
Lagerung:	Flankenlagerung
Ausrüstung:	1–2 „großlumige" i.v. Zugänge, ggf. ZVK; Magensonde, Temperatursonde, Auskühlungsschutz (Heizmatte, Infusionswärmer etc.)
Blutkonserven:	2 EK
Anästhesie:	Intubationsnarkose mit balancierter Anästhesie u. kompl. Muskelrelaxation
Besonderheiten:	latexfreie Anästhesie erforderlich (Kap. 35.18)
Komplikationen:	Blutungen
Nachbetreuung:	Aufwachraum

Ureterneuimplantation

Indikationen:	Ureterstenosen, vesikoureteraler Reflux
Besonderheiten:	i. d. R. Kleinkinder
OP-Verfahren:	submuköse Verlagerung des Harnleiters, ggf. Neuanastomosierung
OP-Dauer:	ca. 2 h
Lagerung:	Rückenlage, Arme ausgelagert
Ausrüstung:	1–2 „großlumige“ i. v. Zugänge, ggf. ZVK; Magensonde, Temperatursonde, Auskühlungsschutz (Heizmatte, Infusionswärmer etc.)
Blutkonserven:	2 EK
Anästhesie:	Intubationsnarkose mit balancierter Anästhesie u. kompl. Muskelrelaxation
Besonderheiten:	latexfreie Anästhesie erforderlich (Kap. 35.18)
Komplikationen:	Blutungen
Nachbetreuung:	Aufwachraum

Künstliche Harnableitung

Indikationen:	neurogene, entzündliche od. tumorbedingte Blasenentleerungsstörungen; kongenitale Fehlbildungen; Schrumpfblase
OP-Verfahren:	1. inkontinente Ableitung: Einpflanzung des Harnleiters in ein ausgeschaltetes Darmsegment (Ileum-Conduit ["Bricker-Blase"] od. seltener Kolon-Conduit) 2. kontinente Ableitungen: – Implantation eines od. beider Harnleiter ins Sigma unter Bildung eines antirefluxiven submukösen Tunnels (Ureterosigmoideostomie nach *Coffey*) – Sigma-Rektum-Pouch zur Refluxverhinderung mit ebenfalls gemeinsamer Entleerung von Stuhl u. Urin über den Anus – weitere Verfahren s. Abschn. 16.3.2 unter radikaler Zystektomie
OP-Dauer:	3–6 h
Lagerung:	Rückenlage, Arme ausgelagert
Ausrüstung:	2 großlumige i. v. Zugänge, ZVK, ggf. art. Zugang; Magensonde, Temperatursonde, Auskühlungsschutz (Wärmedecke, Infusionswärmer etc.), Relaxometrie
Blutkonserven:	4 EK
Anästhesie:	Intubationsnarkose mit balancierter Anästhesie u. kompl. Muskelrelaxation
Besonderheiten:	periop. Antibiotikaprophylaxe (z. B. 2 g Cefotiam + 500 mg Metronidazol)
Komplikationen:	Blutungen, Hypothermie, hyperchlorämische Azidose bei NH_4Cl-Resorption aus dem Urin
Nachbetreuung:	Aufwachraum, ggf. Intensivstation (z. B. Nachbeatmung)

Phäochromozytom

Siehe Kap. 35.11.5.

Nierentransplantation

Siehe Kap. 39.2.

16.3.2 Blase, Prostata und Harnröhre

Radikale Zystektomie

Indikation:	maligne, infiltrierende Blasentumoren
OP-Verfahren:	beim Mann Entfernung von Harnblase, Prostata, Samenblase u. evtl. der prostatischen Harnröhre; bei der Frau Entfernung von Harnblase, Uterus, vorderer Vaginalwand u. der Adnexe; pelvine Lymphadenektomie, Ersatz des unteren Harntrakts mit einer der folgenden Techniken: – ileozökale Ersatzblase mit kontinentem Stoma in der Nabelgrube – intestinaler Blasenersatz mit Urethraanschluß, am häufigsten als „Ileum-Neoblase" – rektosigmoidealer Pouch (Abschn. 16.3.1: „Künstliche Harnableitung")
OP-Dauer:	6–7 h
Lagerung:	Rückenlage, evtl. rechter Arm angelagert (nicht zur Instrumentierung benutzen!)
Ausrüstung:	2 großlumige i. v. Zugänge, ZVK, art. Zugang, Magensonde, Temperatursonde, Auskühlungsschutz (Wärmedecke, Infusionswärmer etc.), Transfusionspumpe o. ä., Relaxometrie
Blutkonserven:	4 EK
Anästhesie:	Intubationsnarkose mit balancierter Anästhesie u. kompl. Muskelrelaxation (zusätzl. evtl. thorakaler Epiduralkatheter für die postop. Analgesie)
Besonderheiten:	1. periop. Antibiotikaprophylaxe (z. B. 2 g Cefotiam + 500 mg Metronidazol) 2. nur eingeschränkte Kontrolle der intraop. Urinausscheidung (s. o.)
Komplikationen:	massive Blutungen, Hypothermie, hyperchlorämische Azidose bei NH_4Cl-Resorption aus dem Urin
Nachbetreuung:	Aufwachraum, ggf. Intensivstation (z. B. Nachbeatmung)

Inkontinenzoperation

Siehe Kap. 23.4.2.

Plastische Rekonstruktion bei Blasenekstrophie

Besonderheiten:	i. d. R. Kleinkinder
OP-Verfahren:	Rekonstruktion der Harnableitung, am häufigsten durch Sigma-Rektum-Pouch
OP-Dauer:	6–8 h
Lagerung:	Rückenlage, Arme ausgelagert
Ausrüstung:	2 „großlumige" i. v. Zugänge, ZVK, Magensonde, Temperatursonde, Auskühlungsschutz (Heizmatte, Infusionswärmer etc.), Relaxometrie
Blutkonserven:	4 EK
Anästhesie:	Intubationsnarkose mit balancierter Anästhesie u. kompl. Muskelrelaxation
Besonderheiten:	1. latexfreie Anästhesie erforderlich (Kap. 35.18) 2. periop. Antibiotikaprophylaxe (z. B. 2 g Cefotiam)
Komplikationen:	Blutungen, Hypothermie
Nachbetreuung:	Aufwachraum, ggf. Intensivstation (z. B. Nachbeatmung)

Radikale (retropubische) Prostatektomie

Indikation:	maligne Prostatatumoren
OP-Dauer:	3–4 h
Lagerung:	Rückenlage, evtl. linker Arm angelagert (nicht zur Instrumentierung benutzen!)
Ausrüstung:	2 großlumige i. v. Zugänge, ZVK (evtl. 3lumig), art. Zugang, Magensonde, Temperatursonde, Auskühlungsschutz (Wärmedecke, Infusionswärmer etc.), Relaxometrie
Blutkonserven:	4 EK
Anästhesie:	Intubationsnarkose mit balancierter Anästhesie u. kompl. Muskelrelaxation
Besonderheiten:	1. periop. Antibiotikaprophylaxe (z. B. 2 g Cefotiam) 2. nur eingeschränkte Kontrolle der intraop. Urinausscheidung
Komplikationen:	Blutungen, Hypothermie
Nachbetreuung:	Aufwachraum

Transvesikale (suprapubische) Prostatektomie

Indikation:	großes Prostataadenom (Gewicht > 100 g)
OP-Dauer:	1–2 h
Lagerung:	Rückenlage, Arme ausgelagert
Ausrüstung:	1 großlumiger i. v. Zugang, ggf. ZVK; Magensonde, Temperatursonde, Auskühlungsschutz (Wärmedecke, Infusionswärmer etc.)
Blutkonserven:	2 EK
Anästhesie:	Intubationsnarkose mit balancierter Anästhesie u. kompl. Muskelrelaxation; Spinalanästhesie möglich
Komplikationen:	Blutungen
Nachbetreuung:	Aufwachraum

Plastische Rekonstruktion bei Epi- oder Hypospadie

Besonderheiten:	i. d. R. Schulkinder
OP-Verfahren:	Wiederherstellung der Harnröhre und der Kontinenz
OP-Dauer:	2–3 h
Lagerung:	Rückenlage, Arme ausgelagert
Ausrüstung:	2 „großlumige" i. v. Zugänge, ZVK, Magensonde, Temperatursonde, Auskühlungsschutz (Heizmatte, Infusionswärmer etc.)
Blutkonserven:	2 EK
Anästhesie:	Intubationsnarkose mit balancierter Anästhesie
Besonderheiten:	1. latexfreie Anästhesie erforderlich (Kap. 35.18) 2. periop. Antibiotikaprophylaxe (z. B. 2 g Cefotiam) 3. Peniswurzelblock zur postop. Analgesie vor Ausleitung empfehlenswert (Kap. 25.10.1)
Komplikationen:	Blutungen
Nachbetreuung:	Aufwachraum

16.3.3 Retroperitoneale Lymphadenektomie

Indikation:	metastasierende Malignome des Urogenitaltrakts
Besonderheiten:	meist junge, sonst gesunde Männer
OP-Verfahren:	Tumorentfernung und Lymphknotenausräumung
OP-Dauer:	3–4 h
Lagerung:	Rückenlage, Arme ausgelagert
Ausrüstung:	2 großlumige i. v. Zugänge, ZVK, art. Zugang, Magensonde, Temperatursonde, Auskühlungsschutz (Wärmedecke, Infusionswärmer etc.), Transfusionspumpe o. ä., Relaxometrie
Blutkonserven:	4 EK
Anästhesie:	Intubationsnarkose mit balancierter Anästhesie u. kompl. Muskelrelaxation
Komplikationen:	massive Blutung bei Tumorexstirpation, Hypothermie
Nachbetreuung:	Aufwachraum

16.3.4 Kleinere Eingriffe

■ Varikozele

Nosologie:	abnorme Erweiterung u. krampfaderartige Schlängelung der Venen des Samenstrangs mit Überwärmung des Hodens (→ Fertilitätsstörungen)
OP-Verfahren:	Ligatur od. Resektion der Vv. testiculares über einen Leistenschnitt (alternativ: Varizensklerosierung mit Polidocanol [Aethoxysklerol®])
OP-Dauer:	ca. 30 min
Lagerung:	Rückenlage, Arme ausgelagert
Ausrüstung:	1 peripherer i. v. Zugang
Anästhesie:	Intubationsnarkose (od. Larynxmaske) mit balancierter Anästhesie; Spinalanästhesie möglich
Nachbetreuung:	Aufwachraum

■ Hodentorsion

OP-Indikation:	dringlich (innerhalb 6-h-Frist), wenn manuelles Redressement nicht gelingt
OP-Verfahren:	offenes Redressement mit beidseitiger Orchidopexie, bei Hodennekrose Orchiektomie erforderlich
OP-Dauer:	ca. 1 h
Lagerung:	Rückenlage, Arme ausgelagert
Ausrüstung:	1 peripherer i. v. Zugang, Magensonde
Anästhesie:	Intubationsnarkose mit balancierter Anästhesie
Einleitung:	Nicht-nüchtern-Einleitung
Nachbetreuung:	Aufwachraum

Reflexinkontinenz der Harnblase

OP-Verfahren:	Implantation eines Neurostimulators zur Verbesserung der Blasenentleerung
OP-Ablauf:	perkutanes Einführen von Nadelelektroden in die dorsalen Foramina sacralia des S_3-Segments; Überprüfen der korrekten Plazierung anhand der motorischen Antwort nach Stimulation oder mit Röntgendurchleuchtung; Anschließen eines externen Impulsgebers, der nach erfolgreicher Testphase subkutan im Hypogastrium od. glutäal implantiert wird
OP-Dauer:	i. d. R. max. 1 h
Lagerung:	Bauchlage, ein Arm angelagert
Ausrüstung:	1 peripherer i. v. Zugang, Ösophagusstethoskop, Magensonde
Anästhesie:	Intubationsnarkose (Spiraltubus) mit balancierter Anästhesie (selten erforderlich, weil der Eingriff meist in Lokalanästhesie durchgeführt werden kann)
Komplikationen:	Verletzung von Nerven u. Gefäßen mit den Nadelelektroden
Nachbetreuung:	Aufwachraum

16.4 Transurethrale Eingriffe

16.4.1 Transurethrale Prostataresektion (TURP)

Indikation:	Blasenhalsobstruktion bei Prostatahypertrophie od. -adenom (Gewicht < 100 g)
Besonderheiten:	oft alte Pat. mit kardiopulmonalen Vorerkrankungen
OP-Verfahren:	videoassistierte Elektroresektion von Prostatagewebe unter kontinuierlicher Spülung mit einer hypotonen, elektrisch nichtleitenden (elektrolytfreien) Flüssigkeit (z. B. Purisole®[39]) über das Resektoskop (die Spülung erfolgt entweder unter Hoch- oder unter Niederdruck, wobei für letzteres ein Rückflußresektoskop, eine suprapubische Blasenfistel oder ein Trokar benötigt wird)
OP-Dauer:	nicht länger als 1 h (sonst droht ein TUR-Syndrom; s. Abschn. 16.4.3)
Lagerung:	Steinschnittlage, Arme ausgelagert
Ausrüstung:	1 großlumiger i. v. Zugang, bei Allgemeinanästhesie Relaxometrie
Blutkonserven:	2 EK
Anästhesie:	möglichst Spinalanästhesie (Analgesieniveau bis mind. Th_{10}) um eine Bewußtseinskontrolle zu ermöglichen; alternativ Intubationsnarkose (od. Larynxmaske) mit balancierter Anästhesie u. kompl. Muskelrelaxation
Besonderheiten:	Husten und Pressen sowie Bewegungen des Patienten müssen wegen der Gefahr der Perforation mit dem Resektoskop unbedingt vermieden werden!
Komplikationen:	TUR-Syndrom, Blutung, Perforation der Prostatakapsel, Hypothermie
Nachbetreuung:	Aufwachraum; postop. Dauerspülung über transurethralen Katheter für 24–48 h

39 enthält 27 g Sorbit u. 5,4 g Mannit ad 1 l

16.4.2 Transurethrale Blasentumorresektion (TURB)

Indikationen:	benigne Blasentumoren, -papillome etc.
OP-Verfahren:	videoassistierte Elektroresektion von Fremdgewebe wie bei TURP
OP-Dauer, Lagerung, Ausrüstung, Blutkonserven, Anästhesie, Besonderheiten etc.:	wie bei TURP
Komplikationen:	Blasenperforation; sonst wie bei TURP

16.4.3 Komplikationen

■ Transurethrales Resektionssyndrom (TUR-Syndrom, Einschwemmsyndrom)

Der Begriff beschreibt einen neurologisch-kardiovaskulären Symptomenkomplex, der durch eine **hypotone Hyperhydratation** entsteht. Eine hypotone Hyperhydratation kann bei transurethralen Elektroresektionen als Folge eines übermäßigen Übertritts hypoosmolarer Spülflüssigkeit in den Kreislauf auftreten, entweder bedingt durch direkte Flüssigkeitseinschwemmung über operativ eröffnete Venen des Plexus prostaticus oder durch protrahierte Flüssigkeitsresorption über die Blasenschleimhaut. Unbehandelt können sich ein Hirn- und Lungenödem entwickeln. Mit einem TUR-Syndrom muß nach Literaturangaben in einer Häufigkeit von 2–10% gerechnet werden.

Begünstigende Faktoren:
- Resektionszeit > 60 min, Druck der Spülflüssigkeit > 60 cmH_2O
- großes Adenom
- hohes Alter der Patienten, Vorerkrankungen
- Einschwemmrate (Volumen pro Zeiteinheit)

Gefahren:
- Hirnödem durch intrazelluläre Hyperhydratation (Na^+ < 120 mmol/l)
- Linksherzdekompensation mit Lungenödem
- intravasale Hämolyse
  → disseminierte intravasale Gerinnung (Gewebethrombokinase aus zerstörten Erythrozyten)
  → akutes Nierenversagen (freies Hämoglobin)

Symptome:
- Unruhe, Verwirrtheit, Bewußtseinstrübung → Krampfanfälle
- Hypertension → Hypotension, Tachykardie → Bradykardie
- Abfall der $pSaO_2$
- gestaute Halsvenen

Differentialdiagnose:
- zentralanticholinerges Syndrom

Laborchemische Befunde:
- Verdünnungshyponatriämie
  - leicht: Na^+ = 125–135 mmol/l
  - mittel: Na^+ = 120–125 mmol/l
  - schwer: Na^+ < 120 mmol/l
- Plasmahypoosmolarität

Therapie:
- möglichst rasche Beendigung des Eingriffs
- erweitertes hämodynamisches Monitoring (ZVK zur ZVD-Messung; ggf. invasiver Blutdruck)
- Diuresesteigerung mit Schleifendiuretika unter häufiger Kontrolle der Serumelektrolyte
- ggf. langsamer Ausgleich der Hyponatriämie durch hypertone NaCl-Lsg. nach folgender Formel: Natriumbedarf (mmol) = 0,2 × (Na^+-Soll-Wert i. Serum – Ist-Wert) × kg KG
- bei Lungenödem: Vorlastsenkung mit Nitraten, Inotropiesteigerung mit Dopamin/Dobutamin
- bei respiratorischer Insuffizienz: frühzeitige Intubation und Beatmung
- bei Gerinnungsstörungen: zunächst Substitution des Inhibitorpotentials (AT III ≥ 70%)
- Urinalkalisierung mit $NaHCO_3$ zur Verhinderung des Nierenversagens
- Intensivüberwachung

! Eine zu schnelle Normalisierung der Natriumkonzentration i. S. birgt die Gefahr eines osmotischen Dysäquilibriums und damit verbunden der Entwicklung einer **pontinen Myelinolyse** (Kap. 39.6.7). Deshalb sollte die Natriumkonzentration i. S. um nicht mehr als 1 mmol/l/h angehoben werden.

Prophylaxe. Die klinischen Zeichen eines TUR-Syndroms wie Unruhe und Verwirrtheit sind nur beim wachen Patienten zu erkennen. Aus diesem Grund soll bevorzugt eine **Spinalanästhesie** durchgeführt und hierbei möglichst auf eine Sedierung verzichtet werden. Eine übermäßige Volumensubstitution zum Ausgleich der durch die Sympathikolyse bedingten relativen Hypovolämie soll ebenfalls vermieden werden, wenn nötig ist die Applikation eines Vasopressors vorzuziehen. Die Resektionszeit muß auf maximal eine Stunde begrenzt werden. Der Operateur ist ggf. verschärft darauf hinzuweisen. Nach jeder TUR, im Zweifel aber auch schon intraoperativ, sollten folgende Laborwerte bestimmt werden: Hb, Na^+, K^+, globale Gerinnungsparameter (inkl. Thrombozyten). Einige Autoren empfehlen zudem einen sog. **Alkoholeinschwemmtest,** insbesondere bei Allgemeinanästhesien. Hierbei wird Ethanol der Spülflüssigkeit zugegeben und anschließend intermittierend der Alkoholgehalt der Ausatemluft bestimmt, so daß man Aufschluß über die Einschwemmenge erhält.

Blasenperforation

Sowohl bei der Resektion selbst[40] als auch durch Überladung der Blase mit Spülflüssigkeit kann es zu einer Perforation der Blase kommen (Inzidenz ca. 1%). Das Auftreten von Symptomen, die auf eine Blasenperforation hindeuten, ist dem Operateur sofort mitzuteilen, damit er ggf. die Indikation für eine unverzügliche offene Revision stellen kann, die dann in Intubationsnarkose vorgenommen wird.

Symptome:
- Übelkeit, Erbrechen
- bei extraperitonealer Perforation (häufigerer): suprapubische (periumbilikale) Schmerzen
- bei intraperitonealer Perforation (seltenerer): diffuse abdominelle Schmerzen (→ „bretthartes Abdomen"), evtl. mit Ausstrahlung in die Schulter
- Kreislaufreaktionen bis hin zur Schocksymptomatik

Prophylaxe der muskulären Kontraktion bei lateralem Tumorsitz:
- bei Allgemeinanästhesie: komplette Muskelrelaxation
- bei Spinalanästhesie: zusätzl. (einseitige) Ausschaltung des N. obturatorius (Erfordernis im Einzelfall mit dem Operateur klären) durch 3-in-1-Blockade od. Obturatoriusblock (jeweils nur mit Nervenstimulator od. ultraschallgesteuert)

Blutung und Verbrauchskoagulopathie

Die Abschätzung des Blutverlustes während und nach transurethralen Eingriffen ist extrem schwierig, weil sich das austretende Blut mit der Spülflüssigkeit vermischt. Eine Korrelation mit der Resektionszeit (2–5 ml/min) und dem Resektionsgewicht (20–50 ml/g) ist im Einzelfall unsicher. Blutdruckabfall, Tachykardie und Unruhe des Patienten sind erst späte und unspezifische Zeichen (DD: z. B. TUR-Syndrom). Aus diesen Gründen muß im Zweifelsfall bereits intraoperativ der Hb-Wert kontrolliert werden, ggf. auch mehrfach.

Prostatagewebe enthält sowohl reichlich Plasminogenaktivator als auch Thromboplastine. Eine primäre Hyperfibrinolyse tritt jedoch nur so selten in Erscheinung, daß eine antifibrinolytische Prophylaxe nicht für erforderlich gehalten wird.

Hypothermie

Die Anwendung größerer Mengen bei Raumtemperatur gelagerter Spülflüssigkeit während transurethraler Eingriffe kann mit nicht unerheblichen Wärmeverlusten einhergehen. Deshalb sind die üblichen Vorkehrungen zur Verhinderung einer Auskühlung zu treffen (Kap. 3.11.2).

16.5 Extrakorporale Stoßwellenlithotrypsie

Mit Hilfe der extrakorporalen Stoßwellenlithotrypsie (ESWL) lassen sich bestimmte Formen der Urolithiasis behandeln (Nierenbecken-, Kelch-, Harnleitersteine, z.T. auch Ausgußsteine). Dazu werden hochenergetische Schallwellen (Stoßwellen) röntgen- oder ultraschallkontrolliert auf die Konkremente fokussiert, die dann durch repetitive Applikation der Stoßwellen zertrümmert werden können (i. d. R. 2.000–3.000 Impulse während einer Sitzung). Die dabei entstehenden Fragmente gehen anschlie-

40 Direkte Reizung der beidseits lateral der Blase verlaufenden Nn. obturatorii führt zu einer Kontraktion der Mm. adductores, was eine Perforation der Blasenwand mit dem Resektoskop nach sich ziehen kann.

ßend meist auf natürlichem Weg ab. Heutzutage genügt für die Durchführung der ESWL eine **Analgosedierung** (s. u.).

Absolute verfahrensbedingte Kontraindikationen

- Gerinnungsstörungen
- Einnahme von Thrombozytenaggregationshemmern
- Schwangerschaft

Verfahrensbedingte Komplikationen

- stoßwelleninduzierte Herzrhythmusstörungen
- stoßwelleninduzierte Lungenkontusion

Die energiereichen Stoßwellen können, wenn sie in die *vulnerable Phase* der elektrischen Herzaktion fallen, bedrohliche ventrikuläre Arrhythmien auslösen. Durch Synchronisierung des Stoßwellenaustritts mit dem QRS-Signal *(R-Zacken-Triggerung)* läßt sich das i. d. R. jedoch vermeiden. Unter dieser Voraussetzung ist eine ESWL auch nicht bei Trägern eines künstlichen Herzschrittmachers oder automatischen Defibrillators kontraindiziert.

Urologische Besonderheiten

„Push and smash". Beim „push and smash" werden Konkremente aus dem oberen Ureter mit Hilfe einer Schlinge unter Sicht (Zystoskopie) ins Nierenbecken hochgeschoben, um hier anschließend von außen zertrümmert zu werden. Auch hierfür reicht i. d. R. eine Analgosedierung aus.

Doppel-J-Katheter. Beim Doppel-J-Katheter handelt es sich um einen speziellen Ureterenkatheter. Er dient zur inneren Urinableitung und wird präventiv vor Zertrümmerung größerer Steine oder bei Harnleiterstenosen zystoskopisch eingeführt. Manchmal ist hierfür eine Analgosedierung erforderlich.

Nephrostomie. Eine Nierenfistelung (Einführen eines Katheters ins Nierenbecken von außen) ist bei postrenaler Obstruktion indiziert, um eine Hydronephrose zu verhindern oder zu entlasten. Sie wird in Bauchlage durchgeführt, wobei im Normalfall eine Analgosedierung genügt.

Lagerung des Patienten für die ESWL
- zumeist Rückenlage
- Bauchlage nur bei Konkrementen im mittleren Ureter

Anästhesiologisches Vorgehen. Das **Schmerzerleben** während der ESWL ist abhängig
- vom präoperativen Sedierungsgrad,
- von der Dauer der ESWL (i. d. R. 30–45 min),
- von Größe und Anatomie der Durchtrittszone für die Stoßwellen (schlanke Patienten → höherer Analgetikabedarf!) sowie
- vom Frequenzspektrum der Wellen, von der Energiedichte und der Gesamtenergiemenge.

Konzepte zur Analgosedierung

Boluskonzept:
1. mindestens 15 min vor Beginn der ESWL: 3,75–7,5 mg Piritramid (Dipidolor®)
2. ca. 5 min vor Beginn der ESWL: 1–2 mg Midazolam (Dormicum®)

Bei nicht ausreichender Analgesie kann zusätzlich Fentanyl appliziert werden, titriert mit 0,05-mg-Boli.

Perfusorkonzepte:
1. Propofol: Perfusor mit 1%iger Lsg.; initial 0,5 mg/kg, danach 1 mg/kg/h[41]
   – plus –
2. a) Alfentanil: Perfusor mit 25 mg ad 50 ml NaCl 0,9%; initial 0,5 mg i. v., danach 50 µg/kg/h*
   – oder
   b) Remifentanil: Perfusor mit 1,5 mg ad 50 ml NaCl 0,9%; initial 0,05 mg i. v., danach 3 µg/kg/h*

Standardmonitoring und weiteres Vorgehen

- EKG, (automatische) nichtinvasive Blutdruckmessung (mind. alle 5 min), Pulsoxymetrie
- Nach Bestimmung der $pSaO_2$ unter Außenluft werden 6 l O_2 über eine Nasensonde oder halboffene Gesichtsmaske insuffliert.
- Bei Obstruktion der oberen Atemwege (z. B. bei zu starker Sedierung) wird ein Wendl-Tubus eingeführt (ggf. auch Esmarch-Handgriff notwendig).
- Bei opioidinduzierter Atemdepression wird der Patient ggf. energisch angesprochen. Weiterführende Maßnahmen sind die Einführung eines Wendl-Tubus (auch zur Stimulation der Atemtätigkeit) und ggf. die Durchführung des Esmarch-Handgriffs. Bei Erfolglosigkeit muß der Patient vorübergehend mit

41 entspricht „KG ÷ 10 = ml/h"

Maske beatmet werden (möglichst keine Antagonisierung!).

Förderung der Diurese

Bei der ESWL sind hohe Harnflußraten erwünscht, um den Abgang der zertrümmerten Konkremente zu erleichtern. Nach ausreichender Volumenzufuhr (z. B. 500–1000 ml Sterofundin®) kann zu diesem Zweck – nach Absprache mit dem Urologen – Furosemid (Lasix®) in geringer Dosis (10–20 mg i. v.) angewandt werden. Diuretika dürfen aber nicht vor der intravenösen Gabe eines Kontrastmittels verabreicht werden, weil sie dessen Ausscheidung beschleunigen und so die radiologische Steindarstellung behindern können.

16.6 Ureterorenoskopie

Indikation:	Extraktion oder Zertrümmerung von Konkrementen, die einer externen Lithotrypsie aufgrund ihrer Lage, Zahl oder Größe nicht zugänglich sind („intrakorporale Lithotrypsie"); Behandlung von Harnleitertumoren und -strikturen
Dauer:	i. d. R. max. 1 h
Lagerung:	Steinschnittlage, Arme ausgelagert
Ausrüstung:	1 großlumiger i. v. Zugang
Blutkonserven:	keine
Anästhesie:	Intubationsnarkose (od. Larynxmaske) mit balancierter Anästhesie
Besonderheiten:	1. "Relaxierung" des Ureters und damit Erleichterung des urologischen Vorgehens durch Injektion von N-Butylscopolamin (Buscopan® Dosis: 10–20 mg i. v., b. Bed. mehrfach, Begrenzung erst durch Tachykardie; keine Gefahr des zentralanticholinerges Syndrom, weil die Substanz nicht die Blut-Hirn-Schranke passiert [s. auch Kap. 12.4.2]) 2. Vermeidung von Husten u. Pressen sowie Bewegungen des Pat. durch adäquate Narkosetiefe (Relaxierung aber i. d. R. nicht nötig)
Komplikationen:	Ureterverletzung/-perforation
Nachbetreuung:	Aufwachraum

17 Unfallchirurgie

17.1 Allgemeine Bemerkungen ▸ 276
17.2 Mediale Schenkelhalsfrakturen ▸ 276
17.3 Per-/subtrochantäre Femurfrakturen ▸ 277
17.4 Verletzungen im Beckenbereich ▸ 278
17.5 Eingriffe an der Wirbelsäule ▸ 278
17.6 Blutsperre/Blutleere ▸ 280

17.1 Allgemeine Bemerkungen

Das unfallchirurgische Krankengut umfaßt Patienten aller Altersgruppen. Im hohen Lebensalter ergeben sich Besonderheiten für die anästhesiologische Versorgung, bedingt sowohl durch die physiologische Altersinvolution als auch durch die oftmals vorhandene Multimorbidität (Einzelheiten s. Kap. 38). Die Problematik wird noch verstärkt, wenn solche Patienten möglichst bald nach dem Unfall – meist am darauffolgenden Tag – operativ versorgt werden sollen, um Komplikationen als Folge einer Immobilisierung vorzubeugen. Für eine optimale Vorbereitung bleibt dann im allgemeinen keine ausreichende Zeit. Die folgenden Ausführungen beschränken sich im wesentlichen auf die Beschreibung großer oder risikoreicher Operationen.

17.2 Mediale Schenkelhalsfrakturen (SHF)

Vorbereitung:	möglichst keine sedierende Prämedikation bei geriatrischen Pat. (oft paradoxe Wirkung), ggf. Analgesie zur Umlagerung beim Einschleusen
Besonderheiten:	reduzierter Allgemeinzustand bei geriatrischen Pat., häufig auch Exsikkose u. Herzinsuffizienz
OP-Verfahren:	1. Einbau einer (zementierten) totalen Endoprothese (TEP) 2. evtl. nur Schraubenosteosynthese (i. d. R. Pat. unter 65 Jahren, keine Arthrose; OP innerhalb von 6–8 h, sonst droht Hüftkopfnekrose)
OP-Ablauf „TEP“:	1. Entfernen des Hüftkopfs 2. Ausfräsen der Hüftpfanne 3. Einzementieren od. Einschrauben der Prothesenpfanne 4. Vorbereitung des Markraums („Raspeln“) 5. Einsetzen der Probeprothese u. Reposition 6. Einzementieren des Schafts u. Reposition
OP-Dauer:	1–2 h
Lagerung:	Rücken- od. Seitenlage (hierbei ein Arm am „Narkosebügel“ fixiert)
Ausrüstung:	1–2 großlumige i. v. Zugänge (möglichst an dem der verletzten Seite gegenüberliegenden Arm), ZVK, ggf. art. Zugang (z. B. absolute Arrhythmie); bei Allgemeinanästhesie Magensonde u. Relaxometrie; Blasenkatheter, Temperatursonde, Auskühlungsschutz (Wärmedecke, Infusionswärmer etc.), ggf. Reservoir für Cell-saver
Blutkonserven:	4 EK bei TEP, bei Schraubenosteosynthese ggf. nur 2 EK

Anästhesie: Intubationsnarkose mit balancierter Anästhesie u. kompl. Muskelrelaxation; Spinalanästhesie möglich (bei Hüft-TEP aber vorzugsweise Intubationsnarkose, weil dabei im Falle einer ausgeprägten Kreislaufdepression [s. u.] die Möglichkeit zur sofortigen, maximalen Oxygenierung besteht)
Hinweise zur Spinalanästhesie: Zur Durchführung wird der Patient entweder auf die unverletzte Seite gelagert oder aufgesetzt. Hierbei sollte ein Helfer das betroffene Bein zur Schmerzlinderung extendieren. Bei heftigen Schmerzen kann vor der Umlagerung eine 3-in-1-Blockade nützlich sein, was aber sehr aufwendig ist.

Einleitung: evtl. Nicht-nüchtern-Einleitung (dringliche Operation, geriatrische Pat.)

Besonderheiten:

1. vor Anästhesiebeginn unbedingt *Normovolämie* anstreben (vorsichtige Rehydrierung: zunächst mit isotoner Vollelektrolytlösung, bei ausgeprägter Hypovolämie auch kolloidales Volumenersatzmittel → Hämodilution mit Hb-Abfall!)
2. direkt nach ZVK-Anlage Messung des ZVD und Entnahme einer zentralvenösen Blutprobe zur Bestimmung folgender Werte: SvO_2, $PvCO_2$, Hb, Na^+, K^+, BZ
   Hinweise: Der Ausgangs-ZVD dient als Referenz für die weitere Volumenzufuhr. Der Hb-Gehalt kann aufgrund einer Nachblutung oder zwischenzeitlicher Rehydrierung deutlich unter dem Vortags- oder Aufnahmewert liegen. Eine streß- und traumainduzierte Hypokaliämie ist ebenfalls häufig. Noch vor Operationsbeginn sollte diese Werte dann zumindest partiell korrigiert werden.
3. komplette Muskelrelaxation für Repositionsmanöver erforderlich

Komplikationen:

1. Kreislaufdepression (bei TEP)
   - Einzementieren des Prothesenschafts
   - Blutungen (v.a. bei Präparation des Markraums)
2. Tubusdislokation (Zug am Pat. bei Reposition des Hüftgelenks)

Hinweise zur Kreislaufdepression: Beim Einzementieren der Pfanne und noch weitaus stärker beim Einzementieren des Schafts besteht die Möglichkeit einer *Embolisierung* von Partikeln (Thromben, Knochenzement), Fett (aus dem Knochenmark) oder Luft in die Lungenstrombahn. Differentialdiagnostisch muß eine *anaphylaktoide Reaktion* auf den Knochenzement Polymethylacrylat (Palacos®) erwogen werden. Histaminvermittelte kardiovaskuläre Reaktionen lassen sich durch prophylaktische Gabe von H_1- und H_2-Rezeptor-Antagonisten (z. B. Clemastin u. Ranitidin, je 2 Amp. ad 500 ml Sterofundin®) deutlich vermindern.
In diesen Phasen sind folgende Maßnahmen angezeigt:
Blutdruckmessung im Minutenabstand
möglichst kontinuierliche ZVD-Messung
Beobachtung, ob und wie sich der $PECO_2$ ändert!
Beatmung mit 100% O_2 (ggf. N_2O 10 min zuvor abstellen)

Ausleitung: präventive Analgesie, z. B. mit 1,5–2,5 g Metamizol p. inf. (keine Beeinträchtigung der Vigilanz, Vermeidung überschießender hypertensiver Reaktionen)

Nachbetreuung: Aufwachraum (mind. 2 h; Laborkontrollen, bei Nachblutung ggf. Anlegen eines Druckverbands durch den Chirurgen)

17.3 Per-/subtrochantäre Femurfrakturen

Vorbereitung: wie bei SHF

Besonderheiten: wie bei SHF

OP-Verfahren:

1. pertrochantär: Versorgung mit dynamischer Hüftschraube od. mit Winkelplatte
2. subtrochantär: Markraumnagelung (z. B. Verriegelungs- od. γ-Nagel)

OP-Ablauf:	wiederholte Repositionsmanöver, mehrfache Röntgendurchleuchtung
OP-Dauer:	ca. 1 h
Lagerung:	Rückenlage, Extensionstisch (nur Flachlagerung möglich!), ein Arm am „Narkosebügel" fixiert
Ausrüstung:	wie bei SHF
Blutkonserven:	2–4 EK
Anästhesie:	Intubationsnarkose mit balancierter Anästhesie u. kompl. Muskelrelaxation, alternativ Spinalanästhesie (kompl. Relaxierung der Hüftmuskulatur erforderlich)
Einleitung:	wie bei SHF
Besonderheiten:	wie bei SHF
Komplikationen:	1. Blutungen (bei Markraumnagelung, hier evtl. Cell-saver-Reservoir) 2. Fettembolien
Ausleitung:	wie bei SHF
Nachbetreuung:	wie bei SHF

17.4 Verletzungen im Beckenbereich

OP-Indikationen:	Rupturen von Symphyse u. Ileosakralgelenk, Azetabulum- od. dislozierte Frakturen
Besonderheiten:	1. präop. Blutverlust (z. T. mehrere Liter!) 2. evtl. Subileussymptomatik bei retroperitonealem Hämatom
OP-Verfahren:	Schrauben- od. Plattenosteosynthesen
OP-Dauer:	variabel (bis zu mehreren Stunden)
Lagerung:	variabel (abhg. von Operation u. operativem Zugang); evtl. intraop. Umlagerung
Ausrüstung:	2–3 großlumige i. v. Zugänge (alternativ Shaldon-Katheter), ZVK, art. Zugang, Magensonde, Blasenkatheter, Temperatursonde, Auskühlungsschutz (Wärmedecke, Infusionswärmer etc.), Cell-saver, Relaxometrie
Blutkonserven:	4 EK (im OP)
Anästhesie:	Intubationsnarkose mit balancierter Anästhesie u. kompl. Muskelrelaxation
Einleitung:	evtl. Nicht-nüchtern-Einleitung
Komplikationen:	1. stärkere Blutungen aus Beckengefäßen 2. Verletzung von Blase, Urethra, Darm u. Nerven
Nachbetreuung:	Aufwachraum; ggf. Intensivstation

17.5 Eingriffe an der Wirbelsäule

Indikationen:	Frakturen od. Tumoren der Wirbelsäule[42] (HWS, BWS, LWS)
Vorbereitung:	1. Besprechung eines etwaigen intraoperativen Aufwachtests mit dem Pat. 2. zurückhaltende Verordnung einer sedierenden Prämedikation bei Pat. mit (peripherer) Atemstörung

42 Zu den pathophysiologischen Grundlagen der Rückenmarkläsion siehe Kap. 35.10.4.

Umlagerung: Zur Vermeidung einer (zusätzlichen) Schädigung des Rückenmarks müssen bei Instabilität der Wirbelsäule Bewegungen und Belastungen auf ein Minimum begrenzt werden. Für die Umlagerung des Patienten auf den OP-Tisch werden daher wenigstens 6 Personen benötigt (mind. auch ein Chirurg!). Der Einsatz von Hilfsmitteln (z. B. „Schaufeltrage") ist sinnvoll. Eine evtl. vorhandene Extension („Crutchfield-Klemme") muß von einem weiteren Helfer exakt in der Körperlängsachse unter Spannung gehalten werden.

OP-Verfahren: ventrale, dorsale od. laterale Spondylodese (partielle Versteifung der Wirbelsäule)

OP-Ablauf:

1. Ausräumung von verletztem od. tumorösem Gewebe, ggf. Entfernung von Wirbelbogen u. kleiner Wirbelgelenke
2. bei Frakturen Defektauffüllung mit Spongiosa (aus dem Beckenkamm), bei Tumoren evtl. Ersatz durch einen „Wirbelkörperplatzhalter"
3. Stabilisierung durch Platten- od. Schraubenosteosynthese od. Fixateur interne
4. Pleuradrainage bei ventralen BWS-Operationen

Besonderheiten:

1. wiederholte Röntgendurchleuchtung
2. evtl. intraop. Aufwachtest zur Überprüfung der Motorik (z. B. nach Reposition)

OP-Dauer: variabel (mehrere Stunden)

Lagerung: Rücken-, Bauch- od. (Rechts-)Seitenlage

Ausrüstung: 2 großlumige i. v. Zugänge, ZVK, art. Zugang; bei Bauchlage od. HWS-Eingriffen Ösophagusstethoskop u. Augenklappen; Magensonde, Blasenkatheter, Temperatursonde, Auskühlungsschutz (Wärmedecke, Infusionswärmer etc.), Transfusionspumpe o. ä., Cell-saver (bei malignen Tumoren nur, wenn das Retransfusat bestrahlt wird), Relaxometrie

Blutkonserven: 4 EK bei Frakturen, bei Tumoroperationen 8–10 EK (bei Autotransfusion nur 4 EK) u. b. Bed. FFP

Anästhesie: Intubationsnarkose mit balancierter Anästhesie u. kompl. Muskelrelaxation; bei ventraler (transthorakaler) BWS-Spondylodese evtl. Doppellumentubus (bronchoskopische Lagekontrolle obligat [Kap. 26.2.4]; Umintubation mit konventionellem Tubus vor Verlegung, wenn Nachbeatmung erforderlich), sonst Spiraltubus; bei intraop. Aufwachtest TIVA mit Propofol u. Remifentanil vorteilhaft (Kap. 18.4)

Hinweis: Bei HWS-Eingriffen mit Röntgendurchleuchtung stören herkömmliche Spiraltuben den Strahlengang. Hier sollte ein Tubus verwendet werden, der proximal aus PVC und distal aus spiraldrahtverstärktem Gummi besteht. Damit kann eine extraorale Abknickung verhindert werden, ohne daß die Durchleuchtungsqualität beeinträchtigt wird.

Einleitung:

1. kein Succinylcholin bei spinaler Verletzung (exzessive [!] Kaliumfreisetzung möglich; s. Kap. 8.5.4)!
2. fiberendoskopische (Wach-)Intubation bei instabiler HWS (s. auch Kap. 7.2.8)
   Bei instabiler HWS wird – außer in Notfällen – eine fiberendoskopische Wachintubation angestrebt. Sie kann unter Lokalanästhesie der Schleimhäute und ggf. milder Sedierung vorgenommen werden. Nur bei unkooperativen Patienten wird erst nach der Narkoseeinleitung intubiert, möglichst unter erhaltener Spontanatmung, evtl. über eine Gesichtsmaske mit Hilfe des Mainzer Universaladapters. Dabei ist zu beachten, daß auch die Maskenbeatmung nur mit größter Vorsicht – also absolut ohne Kopfbewegungen (ggf. vorhandene Halsmanschette belassen!) – durchgeführt werden darf.
   Hinweis: Nur im *äußersten Notfall* (z. B. fehlende Spontanatmung und unmögliche Maskenbeatmung) darf eine Intubation auch unter direkter Laryngoskopie versucht werden. Hierbei dürfen selbstverständlich keine Kopfbewegungen auftreten. Ein Helfer muß daher den extendierten Kopf fixieren. Ist die Intubation so nicht möglich, dann muß unverzüglich *koniotomiert* werden.

Besonderheiten:	1. möglichst kein N_2O, weil es den O_2-Verbrauch u. die Durchblutung des ZNS steigern kann (Kap. 22.3.2)! 2. evtl. passagere Eine-Lunge-Anästhesie (Kap. 26.2)
Komplikationen:	1. starke Blutungen (v.a. bei Tumoroperationen) 2. Hyper- od. Hypotension, Tachy- od. Bradykardie bei vegetativer Dysregulation (Kap. 35.10.4) 3. Hypothermie (aufgehobene od. beeinträchtigte Temperaturregulation, bedingt durch die Narkose und ggf. auch durch eine Rückenmarkläsion) 4. bei ventralen BWS-Operationen: Traumatisierung der Lunge (z. B. Atelektase) 5. bei ventralen LWS-Operationen: Pneumothorax 6. bei HWS-Operationen Perforation der Trachea u./od. des Ösophagus, Verletzung des N. recurrens
Nachbetreuung:	Aufwachraum; ggf. Intensivstation (z. B. Nachbeatmung) **Hinweis**: Postoperativ besteht bis zu 72 Stunden die Gefahr, daß sich schleichend, meist als Folge einer Ödembildung im Operationsgebiet, eine *spinale Funktionsstörung*, entwickelt. Nach zervikalen Eingriffen können auch die Hirnstammfunktionen betroffen sein (Schlucken, Husten, Atemantrieb).

17.6 Blutsperre/Blutleere

Eingriffe an den Extremitäten werden oft in „Blutsperre“ oder „Blutleere“ vorgenommen. Hierzu wird eine pneumatische Manschette nach kurzer Hochlagerung der betreffenden Extremität auf einen Druck von ca. 300 mmHg am Oberschenkel oder 200 mmHg am Oberarm aufgeblasen (alternativ: 200 bzw. 100 mmHg oberhalb des systolischen Blutdrucks). Eine Blutleere kann durch vorheriges „Auswickeln“ der hochgelagerten Extremität mit Hilfe einer elastischen Gummibinde erreicht werden. Da die Blutzufuhr zur Vermeidung ischämischer Schäden (v.a. Nervenläsionen!) nicht länger als 2 Stunden unterbrochen werden soll, sollte der Operateur nach ca. 60, 90 und 120 min informiert werden. Anfangs- und Endzeit sind exakt im Anästhesieprotokoll zu vermerken, ebenso, daß der Operateur zu den angegebenen Zeiten unterrichtet wurde.

Komplikationen

Mit der Reperfusion kommt es zu einer reaktiven Hyperämie und Verminderung des peripheren Gefäßwiderstands. Bei kreislaufinstabilen Patienten kann dadurch – allerdings nur nach einer Oberschenkelblutsperre oder -blutleere – ein therapiebedürftiger **Blutdruckabfall** entstehen. Differentialdiagnostisch muß eine Lungenembolie bei nicht erkannter tiefer Beinvenenthrombose (z. B. Traumapatienten) in Betracht gezogen werden. Sie ist jedoch in diesem Zusammenhang eher selten. Je länger eine (Oberschenkel-)Blutsperre oder -leere besteht, um so eher ist bei der Reperfusion ferner mit einer Einschwemmung von H^+- und K^+-Ionen zu rechnen. Die Erhöhung der extrazellulären Kaliumkonzentration kann in seltenen Fällen zu **Herzrhythmusstörungen** und anderen EKG-Veränderungen führen. Die Pufferung der H^+-Ionen durch das endogene Bicarbonatsystem läßt den $PECO_2$ sprunghaft ansteigen. Soll der $PECO_2$ konstant gehalten werden, so muß das Atemminutenvolumen für ca. 5 min entsprechend erhöht werden. Andererseits kann man sich am Operationsende aber auch bei nicht mehr relaxierten Patienten einen erhöhten $PECO_2$ zur Einleitung der Spontanatmung zunutze machen.

Bei Patienten mit arteriellen Durchblutungsstörungen oder mit Polyneuropathien (z. B. Diabetes mellitus, chronischer Alkoholabusus) kann es trotz eingehaltener 2-Stunden-Grenze zu **Läsionen peripherer Nerven** kommen. Im weiteren Verlauf können sich außerdem trophische Störungen der Haut entwickeln.

18 Orthopädie

18.1 Allgemeine Bemerkungen ▸ 281
18.2 Besonderheiten der präoperativen Vorbereitung ▸ 281
18.3 Eingriffe ▸ 282
18.3.1 Repositionen, Arthroskopie/-tomie, Osteotomie am Fuß oder Sprunggelenk, ME ▸ 282
18.3.2 Mobilisation oder Débrisement des Schultergelenks ▸ 283
18.3.3 Endoprothetik der Schulter ▸ 283
18.3.4 Hüftumstellungsosteotomien ▸ 284
18.3.5 Klumpfußoperation ▸ 284
18.3.6 Lumbale Bandscheibenoperationen ▸ 284
18.3.7 Endoprothetik der Hüfte ▸ 285
18.3.8 Endoprothetik des Knies ▸ 285
18.3.9 Laminektomie bei Spinalkanalstenose ▸ 285
18.3.10 Wirbelsäulenstabilisierung ▸ 286
18.3.11 Wirbelsäulenkorrektur bei Skoliose ▸ 287
18.3.12 Hüft- oder Knie-TEP-Wechsel ▸ 287
18.3.13 Femurersatz, Beckenteilersatz, Os-sacrum-Teilresektion ▸ 288
18.4 Besonderheiten und Probleme ▸ 288

18.1 Allgemeine Bemerkungen

Das orthopädische Krankengut umfaßt Patienten aller Altersgruppen. Zahlreiche Korrekturoperationen werden mittlerweile bereits im frühen Kindesalter durchgeführt. Hier sieht man sich als Anästhesist z. T. mit seltenen Syndromen und speziellen Problemen konfrontiert. Ein nicht unerheblicher Teil der Eingriffe entfällt zudem auf alte und sehr alte Patienten, bei denen sich chronische Erkrankungen häufen. Orthopädische Eingriffe sind allerdings i. d. R. planbar, so daß ausreichend Zeit für die Vorbereitung bleibt. In vielen Fällen kommt alternativ eine Allgemein- oder Regionalanästhesie in Betracht. Für die Auswahl geben dann die spezifischen Umstände des Einzelfalls den Ausschlag. Auch kombinierte Allgemein- und Regionalanästhesien sind möglich.

18.2 Besonderheiten der präoperativen Vorbereitung

■ Präoperative Visite

In der Vorbereitung auf orthopädische Operationen muß einigen Besonderheiten Rechnung getragen werden. Hierzu gehört die Abklärung

1. des operativen Zugangs und der sich daraus ergebenden Lagerung (v.a. bei Becken- od. Wirbelsäulenoperationen),
2. von Einschränkungen, die die Lagerung erschweren und das Risiko von Lagerungskomplikationen erhöhen (Gelenkveränderungen, Kontrakturen o. ä.),
3. des Erfordernis einer Blutsperre oder Blutleere und
4. der Notwendigkeit eines intraoperativen Aufwachtests bei Wirbelsäulenoperationen (→ Aufklärung des Patienten).

■ Einschätzung der Patienten

Bei immobilisierten Patienten dürfen bronchopulmonale Infekte und die Zeichen einer Herzinsuffizienz nicht übersehen werden. Skelettanomalien und eingeschränkte Mobilität gehen nicht selten mit einer Adipositas, restriktiven Ventilationsstörungen sowie arteriellen und venösen Durchblutungsstörungen einher. Bei Patienten mit chronischen Schmerzen ist gezielt nach den Folgen eines möglichen Analgetika- und Alkoholabusus sowie einer Glukokortikoiddauermedikation zu suchen (Leber- u. Nierenschädigung, NNR-Insuffizienz, Osteoporose etc.).

Auswahl des Anästhesieverfahrens

Regionalanästhesiologische Verfahren (Spinal-, Epidural- od. Kaudalanästhesie; s. Kap. 9), besonders in Kathetertechnik, sind zu bevorzugen, wenn postoperativ neben einer adäquaten Überwachung sichergestellt ist, daß die zur Schmerztherapie erforderlichen Nachinjektionen nur von qualifiziertem Personal vorgenommen werden.

Regionalanästhesie. Bei geplanter Regionalanästhesie muß der Punktionsbereich zuvor sorgfältig inspiziert und palpiert werden, um hier Infektionen ausschließen und eine möglicherweise schwierige Punktion schon im Vorfeld erkennen zu können. Außerdem müssen Lagerungshindernisse oder -einschränkungen erkannt und vor rückenmarknahen Anästhesien Gerinnungsstörungen ausgeschlossen werden.

Intubationsverhältnisse. Mit erschwerten Intubationsbedingungen ist zu rechnen:
- bei Deformitäten der Kopf-Hals-Region (z. B. Pierre-Robin-Syndrom),
- bei Erkrankungen oder Anomalien der Halswirbelsäule oder der Kiefergelenke (z. B. Ankylosen bei chronischer Polyarthritis od. M. Bechterew) und
- bei einer HWS-Stabilisierung durch eine Crutchfield-Extension.

In diesen Fällen ist eine *fiberendoskopische (Wach-) Intubation* in Betracht zu ziehen (Kap. 7.2.8) und der Patient entsprechend aufzuklären.

Autologe Bluttransfusion

Bei planbaren Operationen, die mit einer mindestens 10%igen Wahrscheinlichkeit einer Fremdbluttransfusion einhergehen (hauseigene Statistik), ist zum frühestmöglichen Zeitpunkt (primär vom Orthopäden) zu prüfen, ob eine autologe Transfusion bei dem Patienten möglich erscheint. Der Patient ist hierüber aufzuklären (Einzelheiten s. Kap. 13.6.4).

18.3 Eingriffe

Die orthopädischen Operationen lassen sich in kleine, mittlere und große Eingriffe einteilen:

Kleine Eingriffe
- Repositionen
- Arthroskopie/-tomie
- Osteotomie am Fuß od. Sprunggelenk
- Mobilisation od. Débrisement des Schultergelenks
- Materialentfernungen (ME)

Mittlere Eingriffe
- Endoprothetik der Schulter
- Hüftumstellungsosteotomien
  - Salter-Operation
  - IVDO (intraartikuläre Varisierungs-Derotations-Osteotomie)
- Klumpfußkorrektur
- lumbale Bandscheibenoperationen
- Endoprothetik der Hüfte (TEP, HEP)
- Endoprothetik des Knies (Schlitten- u. Rotationsendoprothese)

Große Eingriffe
- Laminektomie bei Spinalkanalstenose
- Wirbelsäulenstabilisierung bei Spondylitis od. Tumoren
- Wirbelsäulenkorrektur bei Skoliose (z. B. Harrington-Operation)
- TEP-Wechsel
- Femurteil- od. -komplettersatz
- Beckenteilersatz
- Os-sacrum-Teilresektion

18.3.1 Repositionen, Arthroskopie/-tomie, Osteotomie am Fuß oder Sprunggelenk, ME

OP-Dauer:	5–10 min bei geschlossenen Repositionen, in den anderen Fällen bis zu 2 h
Lagerung:	Rückenlage
Ausrüstung:	1 großlumiger i. v. Zugang
Blutkonserven:	keine

Anästhesie:	Single-shot-Spinalanästhesie bei kleineren Eingriffe an der unteren Extremität in Rücken- od. Seitenlage; sonst Allgemeinanästhesie (z. B. Larynxmaske), bevorzugt als TIVA mit Propofol und Alfentanil od. Remifentanil (Muskelrelaxation nur für Repositionen erforderlich); bei Repositionen Maskennarkose mit z. B. Propofol, Remifentanil u. Succinylcholin
Besonderheiten:	evtl. Blutsperre od. Blutleere (außer bei Repositionen)
Komplikationen:	1. Luftembolie bei Arthroskopien, wenn bei einem traumatischen Hämarthros das Gelenk zur besseren Visualisierung mit Luft statt mit Flüssigkeit gefüllt wird (einzelne Berichte von massiven Lungenembolien trotz Blutsperre!) 2. Einströmen von H^+- u. K^+-Ionen nach Öffnen der Blutsperre/-leere (Kap. 17.6)
Nachbetreuung:	Aufwachraum

18.3.2 Mobilisation oder Débrisement des Schultergelenks

Definition:	1. Mobilisation: geschlossenes Durchbewegen 2. Débrisement: operative Freilegung u. Lösung von Verwachsungen der Sehnen
Dauer:	5–90 min
Lagerung:	Rückenlage; sitzende Position für Débrisement
Ausrüstung:	1 großlumiger i. v. Zugang
Blutkonserven:	keine
Anästhesie:	1. für Mobilisation: Maskennarkose (z. B. Propofol + Remifentanil) mit kompl. Muskelrelaxation (z. B. Succinylcholin) 2. für Débrisement: Intubationsnarkose mit balancierter Anästhesie u. kompl. Muskelrelaxation, alternativ interskalenäre Plexusanästhesie (vorteilhaft für postop. Krankengymnastik)
Komplikationen:	bei sitzender Position Blutdruckabfall (*cave*: Hypovolämie!) u. extrem selten Luftembolie
Nachbetreuung:	Aufwachraum

18.3.3 Endoprothetik der Schulter

Indikationen:	Omarthrose, Humeruskopf- od. -schaftfraktur
Besonderheiten:	häufig alte Pat. mit Begleiterkrankungen
OP-Verfahren:	Implantation einer Schaftprothese (mit od. ohne Knochenzement), Raffung der Rotatorenmanschette
OP-Dauer:	2–3 h
Lagerung:	sitzende Position
Ausrüstung:	2 großlumige i. v. Zugänge, evtl. Blasenkatheter; Temperatursonde, Auskühlungsschutz (Wärmedecke, Infusionswärmer etc.), Cell-saver (nur Reservoir)
Blutkonserven:	2 EK
Anästhesie:	Intubationsnarkose mit balancierter Anästhesietechnik, zusätzl. interskalenärer Plexuskatheter (vorteilhaft auch für postop. Krankengymnastik)
Komplikationen:	Blutdruckabfall (*cave*: Hypovolämie!) u. extrem selten Luftembolie (sitz. Position)
Nachbetreuung:	Aufwachraum

18.3.4 Hüftumstellungsosteotomien

Indikationen:	Hüftdysplasien, M. Perthes, spastische Paresen o. ä.
Besonderheiten:	1. zumeist Kinder 2. Beteiligung anderer Organe bei Syndromerkrankungen
OP-Verfahren:	1. Salter-Operation bei M. Perthes 2. IVDO (intraartikuläre Varisierungs-Derotations-Osteotomie)
OP-Dauer:	2–3 h
Lagerung:	Rückenlage; häufige intraop. Umlagerungen bei IVDO (z. T. Bauchlagerung)
Ausrüstung:	2 „großlumige" i. v. Zugänge, evtl. ZVK; Magensonde, Blasenkatheter, Temperatursonde, Auskühlungsschutz (Heizmatte, Infusionswärmer etc.), evtl. Relaxometrie
Blutkonserven:	2 EK für IVDO, 3 EK für Salter-OP
Anästhesie:	Intubationsnarkose (evtl. Spiraltubus bei IVDO) mit balancierter Anästhesie u. kompl. Muskelrelaxation, zusätzl. evtl. Katheterkaudal- od. -epiduralanästhesie (bes. für die postop. Analgesie)
Besonderheiten:	1. kein Succinylcholin bei Syndromerkrankungen, spastischen Paresen etc. 2. aufwendige Gipsanlage (in Narkose)
Komplikationen:	Blutungen
Nachbetreuung:	Aufwachraum

18.3.5 Klumpfußoperation

OP-Dauer:	45–60 min (pro Seite)
Lagerung:	i. d. R. Rückenlage
Ausrüstung:	1 großlumiger i. v. Zugang, Magensonde, Blasenkatheter, Temperatursonde, Auskühlungsschutz (Wärmedecke, Infusionswärmer etc.)
Blutkonserven:	keine
Anästhesie:	Intubationsnarkose mit balancierter Anästhesie, zusätzl. evtl. Katheterkaudal- od. -epiduralanästhesie (bes. für die postop. Analgesie); bei Erwachsenen Spinalanästhesie möglich
Besonderheiten:	aufwendige Gipsanlage (in Narkose)
Nachbetreuung:	Aufwachraum

18.3.6 Lumbale Bandscheibenoperationen

Indikation:	Bandscheibenvorfall
OP-Verfahren:	Nukleotomie
OP-Dauer:	45–120 min
Lagerung:	Hockerstellung (Abschn. 18.4), Arme nach oben ausgelagert (Armhalterung)
Ausrüstung:	1–2 großlumige i. v. Zugänge, Ösophagusstethoskop, Magensonde, Relaxometrie
Blutkonserven:	i. d. R. keine, aber Blutgruppe u. Antikörpersuchtest
Anästhesie:	Intubationsnarkose (Spiraltubus) mit balancierter Anästhesie u. kompl. Muskelrelaxation
Besonderheiten:	aufwendige Lagerung
Komplikationen:	selten Blutungen (bei Rezidiv- od. Mehretagenoperationen)
Nachbetreuung:	Aufwachraum

18.3.7 Endoprothetik der Hüfte (s. auch Kap. 17.2)

Indikation:	Coxarthrose
Vorbereitung:	möglichst Eigenblutspende (2–4 EK)
Besonderheiten:	häufig alte Pat. mit Begleiterkrankungen
OP-Verfahren:	TEP (kompletter Ersatz von Hüftkopf u. -pfanne) od. HEP (nur Hüftkopfersatz in bestimmten Fällen) mit od. ohne Polymethylacrylat (Palacos®) als Knochenzement
OP-Dauer:	1–3 h
Lagerung:	Rücken- od. Seitenlage
Ausrüstung:	2 großlumige i. v. Zugänge, ZVK, evtl. art. Zugang; bei Allgemeinanästhesie Magensonde u. Relaxometrie; Blasenkatheter, Temperatursonde, Auskühlungsschutz (Wärmedecke, Infusionswärmer etc.), Cell-saver
Blutkonserven:	2–4 EK, wenn möglich auch präop. Hämodilution
Anästhesie:	Intubationsnarkose mit balancierter Anästhesie u. kompl. Muskelrelaxation, alternativ (Katheter-)Spinalanästhesie (auch für die postop. Analgesie)
Komplikationen:	1. Embolisierung von Knochenzement, Markrauminhalt od. Luft in die Lunge 2. Blutungen (v.a. aus dem Markraum)
Nachbetreuung:	Aufwachraum

18.3.8 Endoprothetik des Knies

Indikation:	Gonarthrose
Vorbereitung:	möglichst Eigenblutspende (2 EK)
Besonderheiten:	häufig alte Pat. mit Begleiterkrankungen
OP-Verfahren:	z. B. Schlitten- od. Rotationsendoprothese mit od. ohne Knochenzement
OP-Dauer:	2–3 h
Lagerung:	Rückenlage
Ausrüstung:	2 großlumige i. v. Zugänge, ZVK, evtl. art. Zugang; bei Allgemeinanästhesie Magensonde u. Relaxometrie; Blasenkatheter, Temperatursonde, Auskühlungsschutz (Wärmedecke, Infusionswärmer etc.), Cell-saver (nur Reservoir)
Blutkonserven:	2 EK, wenn möglich auch präop. Hämodilution
Anästhesie:	Intubationsnarkose mit balancierter Anästhesie u. kompl. Muskelrelaxation, alternativ (Katheter-)Spinalanästhesie (auch für die postop. Analgesie)
Besonderheiten:	i. d. R. Blutsperre od. Blutleere
Komplikationen:	1. Einströmen von H^+- u. K^+-Ionen nach Öffnen der Blutsperre/-leere (Kap. 17.6) 2. Blutungen nach Öffnen der Blutsperre/-leere
Nachbetreuung:	Aufwachraum

18.3.9 Laminektomie bei Spinalkanalstenose

Besonderheiten:	häufig alte Pat. mit Begleiterkrankungen, evtl. auch beginnendes Querschnittsyndrom
OP-Verfahren:	Dekompression des Spinalkanals durch Entfernung von Wirbelbogen (Laminektomie)
OP-Dauer:	ca. 2–5 h

Lagerung:	HWS: Bauchlage, BWS/LWS: Hockerstellung (Abschn. 18.4)
Ausrüstung:	2 großlumige i. v. Zugänge, ZVK, art. Zugang, Ösophagusstethoskop mit Temperatursensor, Augenklappen, Magensonde, Blasenkatheter, Auskühlungsschutz (Wärmedecke, Infusionswärmer etc.), Transfusionspumpe o. ä., Cell-saver, Relaxometrie
Blutkonserven:	4–6 EK, wenn möglich auch präop. Hämodilution; FFP b. Bed.
Anästhesie:	Intubationsnarkose (Spiraltubus) mit balancierter Anästhesie u. kompl. Muskelrelaxation (Besonderheiten beim Querschnittsyndrom s. Kap. 35.10.4)
Einleitung:	evtl. fiberendoskopische Wachintubation bei Pat. mit Stenose im Bereich der HWS
Komplikationen:	1. Blutungen (bes. direkt nach Freilegung des Durasacks; kompl. Blutstillung häufig nicht möglich, weil dann Durchblutungsstörungen des Rückenmarks drohen) 2. Hypothermie 3. postop. Ödem im Spinalkanal
Nachbetreuung:	Aufwachraum

18.3.10 Wirbelsäulenstabilisierung (s. auch Kap. 17.5)

Indikationen:	Spondylitiden od. Tumoren
Besonderheiten:	häufig (deutlich) reduzierter Allgemeinzustand der Pat., evtl. auch beginnendes Querschnittsyndrom
OP-Verfahren:	ventrale, dorsale od. laterale Spondylodesen (HWS, BWS, LWS)
OP-Ablauf:	1. Ausräumung von infiziertem od. tumorösem Gewebe, ggf. Entfernung von Wirbelbogen u. kleiner Wirbelgelenke 2. Defektauffüllung mit Spongiosa (aus dem Beckenkamm), bei Tumoren evtl. Ersatz durch einen „Wirbelkörperplatzhalter" 3. Wirbelsäulenversteifung (z. B. durch Stahlstäbe) 4. evtl. intraop. Aufwachtest zur Überprüfung der Motorik (Abschn. 18.4) 5. Pleuradrainage bei ventralen BWS-Operationen
OP-Dauer:	2–8 h
Lagerung:	Rücken-, Bauch- od. (Rechts-)Seitenlage
Ausrüstung:	2–3 großlumige i. v. Zugänge (alternativ Shaldon-Katheter), ZVK, art. Zugang; bei Bauchlage od. HWS-Eingriffen Ösophagusstethoskop u. Augenklappen; Magensonde, Blasenkatheter, Temperatursonde, Auskühlungsschutz (Wärmedecke, Infusionswärmer etc.), Transfusionspumpe o. ä., Cell-saver (nicht bei bakterieller Kontamination des OP-Gebiets!), Relaxometrie
Blutkonserven:	6–8 EK, wenn möglich präop. Hämodilution; FFP b. Bed.
Anästhesie:	Intubationsnarkose mit balancierter Anästhesie u. kompl. Muskelrelaxation (Besonderheiten beim Querschnittsyndrom s. Kap. 35.10.4); bei ventraler (transthorakaler) BWS-Spondylodese evtl. Doppellumentubus (bronchoskopische Lagekontrolle obligat [Kap. 26.2.4]; Umintubation mit konventionellem Tubus vor Verlegung, wenn Nachbeatmung erforderlich), sonst Spiraltubus; bei intraop. Aufwachtest TIVA mit Propofol u. Remifentanil vorteilhaft (Abschn. 18.4)
Einleitung:	fiberendoskopische Wachintubation bei Pat. mit instabiler HWS
Besonderheiten:	1. evtl. passagere Eine-Lunge-Anästhesie (Kap. 26.2) 2. evtl. Antibiotikatherapie (erst nach Entnahme von Material für die mikrobiologische Untersuchung)
Komplikationen:	1. erhebliche Blutungen während der gesamten Operation möglich (entzündliches od. tumoröses Gewebe), häufig keine kompl. Blutstillung möglich (Durchblutungsstörungen des Rückenmarks)

	2. Hypothermie 3. bei ventralen BWS-Operationen: Traumatisierung der Lunge (z. B. Atelektase) 4. bei ventralen LWS-Operationen: Pneumothorax 5. bei HWS-Operationen Perforation der Trachea u./od. des Ösophagus, Verletzung des N. recurrens 6. postop. Ödem im Spinalkanal
Nachbetreuung:	Aufwachraum; ggf. Intensivstation (z. B. Nachbeatmung)

18.3.11 Wirbelsäulenkorrektur bei Skoliose

Indikation:	bei Skoliosewinkeln ab 60°
Vorbereitung:	Lungenfunktionsanalyse (inkl. art. BGA); möglichst Eigenblutspende (4–6 EK)
Besonderheiten:	1. vor allem Jugendliche 2. z. T. erhebliche Einschränkung der Lungenfunktion (VC < 50% des Soll-Werts!) 3. oft Begleiterkrankungen (z. B. an der Skelettmuskulatur, spezielle Syndrome)
OP-Ablauf:	1. Aufrichtung der Wirbelsäule u. Stabilisierung (z. B. mit Harrington-Stäben) von ventral (transthorakal od. transabdominal), dorsal od. lateral 2. Auffüllung knöcherner Defekte mit Spongiosa (aus dem Beckenkamm) 3. evtl. intraop. Aufwachtest zur Überprüfung der Motorik (Abschn. 18.4)
OP-Dauer:	4–8 h
Lagerung:	Rücken-, Bauch- od. (Rechts-)Seitenlage
Ausrüstung:	2–3 großlumige i. v. Zugänge (alternativ Shaldon-Katheter), ZVK, art. Zugang; bei Bauchlage Ösophagusstethoskop u. Augenklappen; Magensonde, Blasenkatheter, Temperatursonde, Auskühlungsschutz (Wärmedecke, Infusionswärmer etc.), Transfusionspumpe o. ä., Cell-saver, Relaxometrie
Blutkonserven:	4–6 EK, wenn möglich präop. Hämodilution
Anästhesie:	Intubationsnarkose mit balancierter Anästhesie u. kompl. Muskelrelaxation; bei ventraler (transthorakaler) BWS-Spondylodese evtl. Doppellumentubus (bronchoskopische Lagekontrolle obligat [Kap. 26.2.4]; Umintubation mit konventionellem Tubus vor Verlegung, wenn Nachbeatmung erforderlich), sonst Spiraltubus; bei intraop. Aufwachtest TIVA mit Propofol u. Remifentanil vorteilhaft (Abschn. 18.4)
Besonderheiten:	1. evtl. passagere Eine-Lunge-Anästhesie (Kap. 26.2) 2. evtl. kontrollierte Hypotension (Kap. 6.6)
Komplikationen:	1. Blutungen (z. B. permanente Sickerblutung) 2. Pneumothorax
Nachbetreuung:	Aufwachraum; ggf. Intensivstation (z. B. Nachbeatmung)

18.3.12 Hüft- oder Knie-TEP-Wechsel

Indikation:	Prothesenlockerung
Vorbereitung:	möglichst Eigenblutspende (max. 6 EK)
Besonderheiten:	häufig alte Pat. mit Begleiterkrankungen
OP-Verfahren:	kompletter od. isolierter Wechsel von Prothesenpfanne u. -schaft
OP-Dauer:	3–6 h (kürzer nur bei isoliertem Pfannenwechsel)
Lagerung:	Rücken- od. Seitenlage

Ausrüstung:	3 großlumige i. v. Zugänge (alternativ Shaldon-Katheter), ZVK, evtl. art. Zugang; bei Allgemeinanästhesie Magensonde u. Relaxometrie; Blasenkatheter, Temperatursonde, Auskühlungsschutz (Wärmedecke, Infusionswärmer etc.), Transfusionspumpe o. ä., Cell-saver
Blutkonserven:	Hüfte: 6 EK (nur 2 EK bei isoliertem Pfannenwechsel), Knie: 4 EK; wenn möglich präop. Hämodilution
Anästhesie:	Intubationsnarkose mit balancierter Anästhesie u. kompl. Muskelrelaxation, alternativ Katheterspinalanästhesie (bei langer OP-Dauer als alleiniges Verfahren aber problematisch, bes. in Seitenlage)
Komplikationen:	1. Embolisierung von Knochenzement, Markrauminhalt od. Luft in die Lunge 2. Blutungen (v.a. aus dem Markraum u. bei Entfernung des alten Knochenzements)
Nachbetreuung:	Aufwachraum; ggf. Intensivstation (z. B. Nachbeatmung)

18.3.13 Femurersatz, Beckenteilersatz, Os-sacrum-Teilresektion

Indikation:	i. d. R. Destruktionen durch Tumoren od. Tumormetastasen
Besonderheiten:	häufig deutlich reduzierter Allgemeinzustand der Pat., Tumoranämie u. Begleiterkrankungen
OP-Ablauf:	1. Ausräumung von tumorösem od. anderweitig verändertem Gewebe 2. Defektauffüllung mit Spongiosa (aus dem Beckenkamm) 3. Stabilisierung durch Osteosynthese
OP-Dauer:	4–8 h (z. T. auch deutlich länger)
Lagerung:	variabel (abhg. von OP u. Zugang), evtl. intraop. Umlagerung
Ausrüstung:	3 großlumige i. v. Zugänge (alternativ Shaldon-Katheter), ZVK, art. Zugang, Magensonde, Blasenkatheter, Temperatursonde, Auskühlungsschutz (Wärmedecke, Infusionswärmer etc.), Transfusionspumpe o. ä., Cell-saver (bei malignen Tumoren nur, wenn das Retransfusat bestrahlt wird!), Relaxometrie
Blutkonserven:	8–10 EK, FFP u. evtl. auch TKZ b. Bed.
Anästhesie:	Intubationsnarkose mit balancierter Anästhesie u. kompl. Muskelrelaxation (evtl. lumbaler Spinal- od. Epiduralkatheter für die postop. Analgesie)
Besonderheiten:	i. d. R. erhöhter Analgetikabedarf (Vormedikation)
Komplikationen:	1. exzessive Blutverluste (v.a. bei Metastasen [z. B. Hypernephrom], in Einzelfällen bis zu 50 EK!) 2. Fettembolie
Nachbetreuung:	Aufwachraum; ggf. Intensivstation (z. B. Nachbeatmung)

18.4 Besonderheiten und Probleme

■ Palliativoperation Schwerstkranker

Nicht selten werden in der Orthopädie Malignompatienten wegen Skelettmetastasen palliativ operiert (z. B. bei Mamma- od. Prostatakarzinom, Hypernephrom, Plasmozytom). Bei Wirbelmetastasen soll eine Operation entweder ein Querschnittsyndrom beseitigen bzw. verhindern oder die Lebensqualität der Patienten durch Tumor- und Schmerzreduktion verbessern. Die Patienten befinden sich als Folge ihrer konsumierenden Erkrankung oftmals in einem (sehr) schlechten Allgemeinzustand, haben einen deutlich erhöhten Analgetikabedarf (Vormedikation) und benötigen postoperativ intensive (anästhesiologische) Betreuung.

Hoher Analgetikabedarf

Operationen am Knochensystem können zu starken Schmerzen führen. Deshalb sollte eine Regionalanästhesie bevorzugt werden. Bei Verwendung eines Spinal-, Epidural- oder Kaudalkatheters kann nicht nur intraoperativ, sondern auch postoperativ Lokalanästhetikum nachinjiziert und so der Katheter zur längerfristigen Schmerztherapie benutzt werden (Kap. 12.4.3). Bei einer Allgemeinanästhesie sollten Opioide, insbesondere zur Einleitung, in höherer Dosis verabreicht werden. Hier empfiehlt sich außerdem die Applikation von Nicht-Opioid-Analgetika zur präventiven Analgesie bereits bei der Ausleitung.

Großer Blutverlust

Da degenerative, entzündliche und tumoröse knöcherne Veränderungen meist von einer intensiven Kapillarisierung begleitet werden, ist bei entsprechenden Operationen mit größeren Blutverlusten zu rechnen. Der Einsatz von Fremdblut sollte hierbei aber unter konsequenter Anwendung aller fremdblutsparenden Maßnahmen vermieden oder so gering wie möglich gehalten werden (Kap. 4.5.6). Auch die kontrollierte Hypotension kann in Einzelfällen zur Verminderung operativer Blutverluste beitragen (Kap. 6.6).

Intraoperative Lungenembolie

Bei Operationen an langen Röhrenknochen kann unter ungünstigen Umständen Knochenmark in eröffnete Gefäße eingeschwemmt und dann in die Lungenstrombahn embolisiert werden („Fettembolie"). Außerdem besteht bei Eröffnung von gelenknahen Knochengefäßen die Möglichkeit von Luftembolien. Die Einzementierung von Endoprothesen (v.a. an der Hüfte) birgt zusätzlich die Gefahr der Embolisierung von Fremdmaterial. Die anästhesiologische Vorgehensweise muß darauf abgestimmt werden (Kap. 17.2).

Hypothermie

Siehe Kap. 3.11.

Intraoperativer Aufwachtest

Während Operationen zur Stabilisierung der Wirbelsäule ist es manchmal notwendig, daß die Patienten vor dem Wundverschluß kurz aufwachen, um Lähmungen im Bereich der unteren Extremitäten als Folge von Durchblutungsstörungen des Rückenmarks (Kompression durch das eingesetzte Material) erkennen oder ausschließen zu können. In diesen Fällen ist die Durchführung einer TIVA mit Propofol und Remifentanil vorteilhaft. Die Zufuhr von Propofol muß rechtzeitig, d. h. ca. 15 min vor dem Aufwachtest, unterbrochen werden. Bei Remifentanil reicht i. d. R. eine Dosisreduktion aus. Ein intraoperativer Aufwachtest muß mit dem Patienten während der Prämedikationsvisite besprochen werden.

Bauchlagerung und Hockerstellung

Operationen an der Wirbelsäule, der Achillessehne oder den Bandscheiben werden i. d. R. in Bauchlagerung oder Hockerstellung durchgeführt. Die Patienten sollten hierzu eine Intubationsnarkose unter Verwendung eines Spiraltubus erhalten. Dieser muß besonders sorgfältig fixiert werden, weil eine Dislokation intraoperativ deletäre Folgen haben kann (Reintubation bei Bauchlagerung i. d. R. nicht möglich!). Zusätzlich werden ein Ösophagusstethoskop (zur besseren Auskultation der Lungen bei Beatmungsproblemen), eine Magensonde und bei längeren Wirbelsäuleneingriffen ein Blasenkatheter gelegt. Zu den *Besonderheiten der Lagerung* s. Kap. 11.1.2. Vor der Umlagerung muß eine etwaige Hypovolämie korrigiert, und sämtliche Gefäßzugänge müssen sicher zugestöpselt werden Die Patienten werden mit einem PEEP von 5 cmH_2O beatmet. Um Atelektasen zu verhindern, sollten die Lungen wiederholt manuell gebläht werden (Kap. 7.5.1). Dies ist besonders kurz vor der Extubation wichtig. Die Narkose wird erst nach Zurücklagerung des Patienten auf den Rücken ausgeleitet.

Blutsperre/Blutleere

Siehe Kap. 17.6.

Gipsanlage

Zur Sicherung des Operationsergebnisses wird nach bestimmten Eingriffen (Osteosynthese, Bandnaht od. -plastik) ein Gips angelegt. Patienten, bei denen eine Allgemeinanästhesie durchgeführt wurde, sollen, um störende Bewegungen zu vermeiden, erst nach Aushärten des Gipses aufwachen.

19 Mund-Kiefer-Gesichts-Chirurgie

19.1 Allgemeine Bemerkungen ▸ 290
19.2 Besonderheiten der präoperativen Vorbereitung ▸ 290
19.3 Anästhesieverfahren ▸ 290
19.3.1 Allgemeinanästhesie ▸ 290
19.3.2 Lokalanästhesie ▸ 291
19.4 Tumorchirurgie ▸ 291
19.4.1 Zungen-, Mundboden- und Pharynxkarzinome ▸ 291
19.4.2 Hämangiome ▸ 293
19.5 Kieferumstellungsosteotomien ▸ 293
19.6 Gesichtstraumen ▸ 294
19.7 Lippen-Kiefer-Gaumen-Spalten ▸ 295
19.8 Abszesse ▸ 296
19.9 Zahnsanierungen ▸ 297
19.10 Tracheotomie und Koniotomie ▸ 297

19.1 Allgemeine Bemerkungen

Die besondere anästhesiologische Herausforderung in der MKG-Chirurgie besteht in der Nähe des operativen Arbeitsgebietes zu dem vom Anästhesisten zu sichernden Atemweg. Während des Eingriffs ist der Kopf des Patienten nicht zugänglich, z. T. nicht einmal sichtbar. Außerdem ist häufig die Funktion oder Anatomie von Mund, Nase, Kiefer, Kiefergelenken, Pharynx oder Glottis pathologisch verändert.

19.2 Besonderheiten der präoperativen Vorbereitung

Das Hauptaugenmerk gilt den oberen Atemwegen und etwaigen Intubationshindernissen (s. auch Kap. 7.2.2). Auf eine sedierende Prämedikation sollte bei Patienten mit obstruierenden Atemwegsveränderungen verzichtet werden. Patienten mit Schluckstörungen erhalten die Prämedikation entweder über eine bereits liegende Magensonde oder subkutan. Als Alternative bieten sich Substanzen mit sublingualer Resorption an (z. B. Lorazepam als Tavor® Expidet 2,5 mg). Die Indikation für die intravenöse Gabe von Atropin oder Glycopyrronium (Robinul®) zur Antisalivation kurz vor der Narkoseeinleitung ist bei allen Operationen mit Mund-Pharynx-Beteiligung großzügig zu stellen.

19.3 Anästhesieverfahren

19.3.1 Allgemeinanästhesie

Die **Intubationsnarkose** ist das Standardverfahren für die meisten MKG-chirurgischen Eingriffe. In Abhängigkeit von der Eingriffslokalisation wird die Intubation *oro- oder nasotracheal* oder auch über ein bereist vorhandenes *Tracheostoma* vorgenommen.

Differentialindikationen für die endotracheale Intubation

- orotracheal
  - Eingriffe an Nase, Oberlippe, Oberkiefer, Mittelgesicht od. Gaumen
  - schwere Mittelgesichtsfrakturen
  - rhinobasale Liquorfistel
  - nasale Intubationshindernisse
- nasotracheal
  - Eingriffe an Ober- od. Unterkiefer, Mundboden, Zunge od. Unterlippe
  - Eingriffe zur Verbesserung od. mit Kontrolle der Okklusion
  - Unterkieferfrakturen
  - Eingriffe mit intermaxillärer Verdrahtung
  - Zahnsanierung (bes. mit Okklusionsprüfung)
  - orale Intubationshindernisse, Kiefergelenkdystrophien
  - Neck-dissection

Zu berücksichtigen ist, daß es sowohl bei der Intubation oder dem Intubationsversuch als auch intraoperativ zu **Atemwegsproblemen** kommen kann (intraoperativ vor allem durch Tubusverlegung oder -dislokation). Bei den MKG-Patienten ist die Präoxygenierung vor der Einleitung mit besonderer Sorgfalt durchzuführen (3–5 min, wenn möglich über dicht aufsitzende Gesichtsmaske; Einzelheiten s. Kap. 7.3). In den Fällen, wo nicht nur Schwierigkeiten bei der Intubation, sondern auch bei der Maskenbeatmung zu erwarten sind, ist eine fiberendoskopische Intubation angezeigt (Kap. 7.2.8). Als **Endotrachealtuben** werden entweder speziell für die orale oder nasale Passage vorgeformte PVC-Tuben oder aber Spiraltuben (z. B. für die fiberendoskopische Intubation) verwendet. Sie sollten wenn nötig auch bei Kindern geblockt werden (bei PVC-Tuben ab ID 3,0 mm, bei Spiraltuben ab ID 3,5 mm möglich). Tubus und Tubusverbindungen müssen durch Verklebung mit Pflaster sicher fixiert und so plaziert werden, daß sie den Operateur bei seiner Arbeit möglichst nicht behindern. Meist wird deshalb zwischen Tubus und Y-Stück ein kurzer, flexibler Spiralschlauch („Gänsegurgel") eingesetzt, der allerdings zur Vergrößerung des anatomischen Totraums führt (→ Erhöhung des Atemzugvolumens erforderlich). Bei längeren Eingriffen wird die Beatmung mit einem PEEP von 5 cmH_2O durchgeführt. Um Atelektasen zu verhindern, sollten die Lungen außerdem wiederholt manuell gebläht werden (Kap. 7.5.1), im besonderen kurz vor der Extubation.

Um bei Eingriffen im Mund-Pharynx-Bereich zu verhindern, daß Blut in den Magen oder die Lungen gelangt, wird nach der Intubation – auch bei geblockten Tuben – eine **Rachentamponade** gelegt (i. d. R. durch den Operateur). Es darf nicht vergessen werden, sie vor der Extubation wieder zu entfernen. Als Hinweis darauf, daß eine Tamponade liegt, sollte eine Markierung, z. B. am Narkosegerät, angebracht werden. Besondere Sorgfalt gilt dem **Schutz der Augen.** Neben der Verwendung von Augensalbe werden die Augenlider mit Papierpflaster zugeklebt. Alternativ können Augenklappen benutzt werden. Nach endoluminalen Tumoroperationen wird eine **Magensonde** zur enteralen Ernährung benötigt. Sie muß, um eine Tumorarrosion zu vermeiden, sehr vorsichtig und unter Sicht gelegt werden (ggf. erst intraoperativ durch den Operateur).

Die **Extubation** sollte bei Eingriffen im Bereich der oberen Luftwege erst dann vorgenommen werden, wenn die Patienten wach sind und ihre Schutzreflexe wiedererlangt haben. Zuvor müssen Mundhöhle und Rachen sorgfältig abgesaugt werden, um Schleim und Blut zu entfernen.

Bei der postoperativen Überwachung ist zu berücksichtigen, daß in Abhängigkeit von Art und Lokalisation des Eingriffs **Nachblutungen** und stärkere **Schwellungen** auftreten können. Im Zweifelsfall ist es daher ratsam, den Tubus vorübergehend zu belassen. Bei Patienten mit **intermaxillärer Verdrahtung** muß immer eine Drahtschere am Patientenbett griffbereit sein, um im Notfall, z. B. für eine Reintubation, die Verdrahtung sofort lösen zu können.

19.3.2 Lokalanästhesie

Zahnärztliche Eingriffe können zumeist in Lokalanästhesie durchgeführt werden. Bei vielen anderen MKG-Eingriffen werden Lokalanästhetika zusätzlich zur Allgemeinanästhesie topisch appliziert. Die dabei verwendeten Lösungen enthalten zur Erzeugung eines möglichst blutarmen Operationsgebietes (→ Verbesserung der Übersicht) **Adrenalin** in einer Konzentration von 1: 200.000 oder 1: 100.000 als Vasokonstriktorzusatz (s. auch Kap. 8.8.3). Als Lokalanästhetikum wird wegen seiner guten Knochengängigkeit **Articain** (Ultracain®) bevorzugt, und zwar in 4%iger Zubereitung. Articain gehört zu den Amid-Lokalanästhetika. Es ist lipophil, seine Wirkung setzt schnell ein (2–3 min) und hält verhältnismäßig lange an (2–3 h). Die Maximaldosis beträgt 4 mg/kg KG ohne und 7 mg/kg KG mit Adrenalinzusatz.

19.4 Tumorchirurgie

19.4.1 Zungen-, Mundboden- und Pharynxkarzinome

OP-Vorbereitung:	möglichst exakte Erfassung des Lokalbefunds (z. B. Röntgen- u. CT-Bilder)
Besonderheiten:	1. sehr häufig alkohol- u./od. nikotinabhängige Pat. mit Herz-, Gefäß-, Lungen- u. Leberveränderungen 2. mögl. Behinderung der Atmung u. Intubation durch den Tumor od. als Bestrahlungsfolge

OP-Verfahren:	1. nur Tumorresektion 2. radikale Tumorresektion u. Neck-dissection 3. zusätzl. Defektdeckung durch plastische Rekonstruktion (Haut- od. Myokutanlappen, Beckenkammspongiosa, Knochenstücke [z. B. Fibula] etc.)
OP-Dauer:	sehr variabel (bis zu 12 h bei aufwendigen Defektdeckungen)
Lagerung:	Rückenlage; ggf. intraop. Umlagerung (z. B. bei „Skapulalappen")
Ausrüstung:	2–3 großlumige i. v. Zugänge, ZVK (V. basilica od. V. femoralis!), art. Zugang, Magensonde, Blasenkatheter, Temperatursonde, Auskühlungsschutz (Wärmedecke, Infusionswärmer etc.), Transfusionspumpe o. ä., Relaxometrie
Besonderheiten:	1. bei geplanter Rekonstruktion keine Gefäßpunktionen im Entnahmebereich od. an der betroffenen Extremität! 2. Cell-saver nur bei extraoralen Eingriffen, wenn das Retransfusat bestrahlt wird (nicht bei Eingriffen mit oraler od. pharyngealer Beteiligung [Keimkontamination!])
Blutkonserven:	4–8 EK, FFP b. Bed.
Anästhesie:	Intubationsnarkose (Spiraltubus od. nasal vorgeformter Tubus) mit balancierter Anästhesie u. kompl. Muskelrelaxation
Einleitung:	nasale fiberendoskopische Wachintubation (Kap. 7.2.8) bei zu erwartenden Intubationsschwierigkeiten: – eingeschränkte Kiefer- od. HWS-Beweglichkeit – Fixierung von Zunge u. Mundboden – orale od. pharyngeale Raumforderung (Sichtbehinderung) – nach Radiatio (Narbenzug) od. Voroperation **Hinweise:** Wenn Unklarheit darüber besteht, ob eine Maskenbeatmung möglich sein wird, darf nur eine Wachintubation durchgeführt werden. In diesen Fällen muß immer die Möglichkeit der sofortigen *Koniotomie* (durch den Anästhesisten) oder *Tracheotomie* (durch den Chirurgen) bestehen. Während der Intubation kann die Sicht durch Schleim (→ Atropin in adäquater Dosis i. v. vorweg) oder Blutungen, die schon bei leichter Berührung des Tumors entstehen können, extrem behindert werden.
Ausleitung:	i. d. R. keine primäre Extubation (wg. möglicher Ödembildung u. Nachblutung)
Besonderheiten:	1. häufig Tracheotomie zur postop. Sicherung der Atemwege, sonst Verlegung des noch intubierten Pat. auf die Intensivstation (Extubation hier erst, wenn keine relevante Schwellung aufgetreten ist [→ Probelaryngoskopie], i. d. R. frühestens nach 24 Stunden unter Reintubations- und Tracheotomiebereitschaft!) 2. evtl. Antibiotikaprophylaxe (z. B. 2 g Cefotaxim) u. Ödemprävention mit Glukokortikoid (z. B. 1 g Methylprednisolon) 3. bei rekonstruierenden Eingriffen: Einleitung einer Low-dose-Heparinisierung vor dem Abklemmen der Gefäße (→ Vermeidung einer Thrombosierung im Anastomosenbereich): z. B. 1000 IE UFH i. v. als Bolus, anschl. 200 IE/kg KG über 24 h 4. Verbesserung der Perfusion in Lappentransplantaten durch: – Optimierung der O_2-Transportkapazität: Normo- bis leichte Hypervolämie, Hkt 30–35%, PaO_2 ca. 100 mmHg, SvO_2 > 70% – Normotonie (MAP 80–100 mmHg) ohne Einsatz von Vasokonstriktoren – Normothermie – Hochlagerung des Operationsgebiets, um den venösen Abfluß zu verbessern – mikrozirkulationsverbessernde Kolloide (z. B. HES 130/0,4 6%)
Komplikationen:	Blutungen
Nachbetreuung:	i. d. R. Intensivstation (Nachbeatmung)

19.4.2 Hämangiome

Vorkommen:	vor allem bei Kindern und Jugendlichen
OP-Vorbereitung:	möglichst exakte Erfassung von Lage u. Ausmaß des Tumors
Besonderheiten:	mögliche Kreislaufbelastung durch arteriovenöse Shunts bei großen Hämangiomen
OP-Verfahren:	Resektion des Hämangioms od. Embolisation mit Fibrinkleber od. Kombination beider Maßnahmen od. Kryotherapie
OP-Dauer:	bei alleiniger Embolisation < 1 h
Lagerung:	Rückenlage
Ausrüstung:	2 großlumige i. v. Zugänge, evtl. ZVK, evtl. art. Zugang; Magensonde, bei längeren Eingriffen zusätzl Blasenkatheter, Temperatursonde u. Auskühlungsschutz (Heizmatte/Wärmedecke, Infusionswärmer etc.)
Blutkonserven:	bei Resektionen 2–4 EK
Anästhesie:	Intubationsnarkose (z. B. Spiraltubus) mit balancierter Anästhesie u. ggf. kompl. Muskelrelaxation
Einleitung:	1. möglichst i. v., um Blutungen durch die Maske zu vermeiden 2. Laryngoskopie und Intubation ebenfalls nur mit großer Vorsicht!
Komplikationen:	1. beim Einspritzen von Fibrinkleber: – anaphylaktoid-anaphylaktische Reaktion – Lungenembolie („Fibrinverschleppung“) 2. postop. erhebliche Schwellung möglich (Gefahr der Ateminsuffizienz!)
Nachbetreuung:	Aufwachraum (mind. 2 h)

19.5 Kieferumstellungsosteotomien

Indikationen:	Kieferfehlstellungen, am häufigsten Progenie (Vorverlagerung des Unterkiefers)
Vorbereitung:	1. Beachtung anatomischer Besonderheiten, die zu Intubationsschwierigkeiten führen können (z. B. extrem nach hinten verlagertes Kinn [Retrogenie]) 2. möglichst Eigenblutspende, zumindest für Oberkieferosteotomien (2–4 EK)
Besonderheiten:	keine (i. d. R. junge, gesunde Erwachsene)
OP-Ablauf:	Knochenspaltung od. -resektion, anschl. Schrauben- od. Miniplattenosteosynthese (ggf. mit Beckenkammspongiosa); oft intermaxilläre Verdrahtung
OP-Dauer:	2–3 h für Unterkieferosteotomien, 3–5 h für Oberkieferosteotomien
Lagerung:	Rückenlage
Ausrüstung:	2 großlumige i. v. Zugänge, Magensonde, Blasenkatheter, Temperatursonde, Auskühlungsschutz (Wärmedecke, Infusionswärmer etc.); bei Oberkieferosteotomien zusätzl ZVK, bei kontrollierter Hypotension (Kap. 6.6) auch art. Zugang, Relaxometrie
Blutkonserven:	2–4 EK, bei Oberkieferosteotomien wenn möglich auch präop. Hämodilution
Anästhesie:	Intubationsnarkose (Spiraltubus od. nasal vorgeformter Tubus) mit balancierter Anästhesie u. kompl. Muskelrelaxation
Intubation:	meist nasal (hierbei muß der Tubus ohne Zug oder Spannung auf der Nase fixiert werden, weil sonst Verziehungen das Operationsergebnis verschlechtern können)

Besonderheiten:

1. Vermeidung von postop. Shivering u. PONV
   Durch Zusammenpressen der Zähne wird die Osteosynthese belastet, was das Operationsergebnis beeinträchtigen kann. Erbrechen kann bei intermaxillärer Draht- oder Gummifixierung zur Aspiration führen. Zur Verhinderung von Shivering dienen Opioide in intraoperativ angemessener Dosierung. Zusätzlich kann Clonidin (Catapresan®, 150 µg i.v.) verabreicht werden. Zur PONV-Prophylaxe eignen sich eine propofolgestützte TIVA und die Gabe eines Antiemetikums, z.B. Dimenhydrinat (Vomex A®, 62 mg i.v.).
2. evtl. Antibiotikaprophylaxe (z.B. 2 g Cefotaxim u. Ödemprävention mit Glukokortikoid (z.B. 1 g Methylprednisolon)

Komplikationen: Blutungen; postop. Schwellung u. Nachblutung

Nachbetreuung: Aufwachraum (Drahtschere griffbereit bei intermaxillärer Verdrahtung!)

19.6 Gesichtstraumen

OP-Indikationen: Gesichtsschädelfrakturen, Skalpierungs- u. Schnittverletzungen, (Tier-)Bißwunden

Die **Mittelgesichtsfrakturen** werden nach *LeFort* in 3 Typen eingeteilt:

LeFort I transversale Fraktur im Bereich des unteren Oberkiefers mit Beteiligung von Kieferhöhlen, Nasenboden, hartem Gaumen und Alveolarfortsätzen; evtl. frei bewegliches palatinales Oberkiefersegment
→ i.d.R. keine Schwierigkeiten bei der Sicherung der Atemwege und der Intubation

LeFort II zusätzl. Beteiligung von Orbitaboden und Rhinobasis, evtl. auch der Schädelbasis

LeFort III vollständiger Abriß des Mittelgesichts von der Schädelbasis mit Beteiligung der Orbitae und der nasoethmoidalen Region; geschwollene Augenlider, häufig stärkere Blutungen aus der Nase, Doppelbilder, Geruchsstörungen und in ca. 25% Liquorfistel. Das gesamte Mittelgesicht ist mobil und kann nach hinten verschoben werden.
→ mögliche Verlegung der Atemwege und schwierige Intubation!

OP-Vorbereitung:

1. sorgfältige Inspektion u. Einschätzung der Atemwege (z.B. mechanische Kieferklemme, mobiles Segment, Blutungen)
2. Erhebung des Zahnstatus (oft gelockerte, z.T. auch aspirierte Zähne!)
3. Einschätzung des präop. Blutverlustes (z.B. starke Blutung bei Weichteilverletzungen am Schädel)
4. Suche nach Begleitverletzungen: z.B. SHT, HWS-Trauma
5. Beurteilung des Aspirationsrisikos: bei Operationen von Frakturen mit Anschluß an die Mund-Rachen-Höhle in der Akutphase erhöht (Verschlucken von Blut!)

OP-Verfahren: Reposition, anschl. Miniplattenosteosynthese, i.d.R. intermaxilläre Verdrahtung

OP-Dauer: 1–6 h

Lagerung: Rückenlage

Ausrüstung: abhg. vom Verletzungsausmaß (max. 2–3 großlumige i.v. Zugänge, ZVK u. art. Zugang, Magensonde (*cave*: Via falsa!), Blasenkatheter, Temperatursonde, Auskühlungsschutz (Wärmedecke, Infusionswärmer etc.), Relaxometrie, bei schwerem SHT intrakranielle Drucksonde

Blutkonserven: abhg. vom Verletzungsausmaß (bei größeren Verletzungen 4–6 EK)

Anästhesie:	Intubationsnarkose (Spiraltubus od. vorgeformter Tubus) mit balancierter Anästhesie (od. TIVA [z. B. SHT]) u. kompl. Muskelrelaxation
Intubation:	je nach Verletzung oral od. nasal
Einleitung:	Wachintubation (s. Kap. 7.2.8) bei: – oraler Blutung (Aspirationsgefahr!) – lockeren Schneidezähne (Fiberendoskop!) – HWS-Verletzungen (Fiberendoskop!) – mutmaßlich unmöglicher Maskenbeatmung (Fiberendoskop!) – aus anderen Gründen zu erwartenden Intubationsschwierigkeiten **Hinweise**: Blutungen können durch die Sichtbehinderung eine fiberendoskopische Intubation erheblich erschweren und z. T. unmöglich machen. Hier empfiehlt sich die konventionelle Laryngoskopie. Bei schweren Mittelgesichtstraumen darf der Tubus nicht nasal eingeführt werden (z. B. mobiles Segment, rhinobasale Liquorfistel). Wenn eine orale Intubation wegen einer Kieferklemme nicht in Betracht kommt, muß unter Lokalanästhesie primär tracheotomiert werden.
Ausleitung:	1. Extubation nur im Wachzustand bei völlig wiederhergestellten Schutzreflexen 2. keine primäre Extubation bei schweren Mittelgesichtsfrakturen (→ Nachbeatmung auf Intensivstation)
Besonderheiten:	1. Vermeidung von postop. Shivering u. PONV (Abschn. 19.5) 2. bei SHT Vermeidung von ICP-Anstiegen (Kap. 22.4.6) 3. evtl. Antibiotikaprophylaxe, bes. bei Bißverletzungen (z. B. 2 g Cefotaxim), u. Ödemprävention mit Glukokortikoid (z. B. 1 g Methylprednisolon)
Komplikationen:	Blutungen; postop. Schwellung u. Nachblutung
Nachbetreuung:	abhg. vom Verletzungsmuster

19.7 Lippen-Kiefer-Gaumen-Spalten

Die operative Versorgung von Lippen-Kiefer-Gaumen-(LKG-)Spalten beginnt schon sehr früh, d. h. im Alter von einigen Monaten. Im weiteren Verlauf erforderliche Korrekturen werden mit zunehmendem Lebensalter operativ wie anästhesiologisch weniger aufwendig und problematisch.

Es werden folgende **Spaltformen** unterschieden:

- Lippen-Kiefer-Gaumen-Spalten (mit ca. 50% am häufigsten)
- isolierte Gaumenspalten (ca. 30%)
- Lippen-Kiefer-Spalten und isolierte Lippenspalten (zusammen ca. 20%)

Die Spalten treten bevorzugt einseitig auf und überwiegend links. Sie können mit weiteren Fehlbildungen (z. B. Pierre-Robin-Syndrom, M. Down) assoziiert sein.

Pierre-Robin-Syndrom

- LKG-Spalte
- Mikrogenie, Retrogenie („fliehendes Kinn“)
- Glossoptose (evtl. Verwachsung des Zungenkörpers mit dem Mundboden)
- Atemstörungen (Verlegung der Atemwege)
- evtl. zusätzl. Herzfehler

Morbus Down (Trisomie 21)

- LKG-Spalte
- häufig subklinische Hypothyreose → erhöhte Anästhetikaempfindlichkeit
- Makroglossie, hyperplastische Tonsillen u. Adenoide → Atemstörungen
- nicht selten subglottische Stenosen → dünnerer Endotrachealtubus
- manchmal Instabilität des Atlantoaxialgelenks (Lagerung!)
- in ca. ⅓ der Fälle Herzfehler wie VSD u. AV-Kanal (Kap. 30.8.5)

OP-Vorbereitung: exakte Einschätzung der anatomischen Veränderungen (Intubationsschwierigkeiten sind nicht nur bei Pierre-Robin-Syndrom oder M. Down zu erwarten, sondern auch bei nach vorn verlagertem („herausgedrehtem") Oberkiefer, besonders bei doppelseitigen Spalten)

Besonderheiten:
1. häufig chronische Erkältungen
   Die dadurch bedingte Hyperreagibilität der Atemwege erhöht die Gefahr eines Laryngo- und Bronchospasmus unter der Narkose. Der Eingriff sollte deshalb – wenn irgend möglich – im infektfreien Intervall stattfinden. Ausschlußkriterium ist in jedem Fall eine floride Bronchitis mit Fieber und eitrigem Auswurf!
2. bei geplanter i. v. Einleitung präop. EMLA®-Pflaster (Kap. 25.4)

OP-Verfahren: ein- od. mehrzeitiger plastischer Verschluß:
- bei einseitiger Spalte Lippen- u. Kieferverschluß im Alter von 4–6 Monaten, bei doppelseitiger Spalte Verschluß der anderen Seite ca. 6 Wochen später
- Verschluß des harten u. des weichen Gaumens im Alter von 2–3 Jahren
- Velopharyngoplastik im Alter von 5–6 Jahren

OP-Dauer: 2–3 h bei ausgedehnten Korrekturen

Lagerung: Rückenlage

Ausrüstung: 1 peripherer i. v. Zugang (zweiter, großlumiger Zugang bei größeren Korrekturen), präkordiales Stethoskop (bei Säuglingen), Magensonde, Temperatursonde, Auskühlungsschutz (Heizmatte od. Wärmedecke, bei Säuglingen auch Wärmestrahler u. Aluminiumfolie; Infusionswärmer etc.)

Blutkonserven: i. d. R. keine; für ausgedehnte Korrekturen aber Blutgruppe u. Antikörpersuchtest

Anästhesie: Intubationsnarkose (i. d. R. oral vorgeformter Tubus) mit balancierter Anästhesie u. kompl. Muskelrelaxation

Einleitung:
1. i. d. R. in üblicher Weise i. v. od. per inhalationem
2. bei erheblichen Deformitäten per inhalationem, aber zuvor Anlage der i. v. Kanüle (wegen zu erwartender schwieriger Maskenbeatmung)
3. bei Pierre-Robin-Syndrom o. ä. per inhalationem, anschl. fiberendoskopische Intubation (hierzu Säuglingsfiberendoskop erforderlich; s. Kap. 7.2.8)

Ausleitung: Extubation erst bei völliger Wachheit (bei behinderter Spontanatmung wegen veränderter Luftwege Wendl-Tubus, bei Erfolglosigkeit Reintubation!)

Besonderheiten: evtl. Antibiotikaprophylaxe (z. B. Cefotaxim in altersgerechter Dosierung)

Komplikationen:
1. Tubusdislokation/-kompression
   - beim Kieferabdruck vor der Operation
   - intraop. durch Mundsperrer od. chirurgische Manipulationen
2. Blutungen bei ausgedehnten Korrekturen

Nachbetreuung: Aufwachraum

19.8 Abszesse

Lokalisation: sub- od. perimandibulär, para- od. retropharyngeal

OP-Indikation: dringlich (6-h-Frist kann aber zumeist abgewartet werden)

Vorbereitung: Einschätzung der Intubationsbedingungen
Die Mundöffnung ist häufig schmerzbedingt eingeschränkt. Eine solcherart reflektorische Kieferklemme läßt unter Narkose und Relaxation nach und ist damit

unproblematisch. Wenn jedoch Schmerzen und Probleme bei der Mundöffnung schon über mehrere Tagen bestehen, kann die Klemme auch mechanisch fixiert sein.

OP-Verfahren:	Abszeßeröffnung u. -drainage, Spülung, Einführen einer Lasche
OP-Dauer:	10–15 min
Lagerung:	Rückenlage
Ausrüstung:	1 peripherer i. v. Zugang, Magensonde
Anästhesie:	Intubationsnarkose mit balancierter Anästhesie
Einleitung:	1. Nicht-nüchtern-Einleitung (auch außerhalb der 6-h-Frist) mit Propofol (od. Etomidat), Remifentanil u. Succinylcholin (bei unmöglicher Laryngoskopie läßt man den Patienten aufwachen und führt dann eine fiberendoskopische Intubation durch) 2. fiberendoskopische Wachintubation bei bereits fixierter Kieferklemme od. in Zweifelsfällen (z. B. ausgedehnte submandibuläre od. peritonsilläre Abszesse, hier Gefahr der versehentlichen Abszeßeröffnung bei konventioneller Laryngoskopie mit schwallartiger Eiterentleerung, was die Intubation unmöglich machen und zur Aspiration führen kann)
Ausleitung:	Extubation nur im Wachzustand bei völlig wiederhergestellten Schutzreflexen
Besonderheiten:	Fortführung od. Einleitung einer Antibiotikatherapie
Komplikationen:	pulmonale Aspiration von Blut, Eiter od. Zähnen
Nachbetreuung:	septischer Aufwachraum, sonst mind. 30 min unter anästhesiologischer Überwachung

19.9 Zahnsanierungen

Zahnsanierungen können üblicherweise in Lokalanästhesie vorgenommen werden. Nur bei kleinen Kindern oder behinderten Erwachsenen wird ebenso wie auf Wunsch des Patienten eine Allgemeinanästhesie mit dann zumeist nasotrachealer Intubation durchgeführt. Außer bei Fokussanierungen vor Herzoperationen sind i. d. R. keine besonderen Probleme zu erwarten.

19.10 Tracheotomie und Koniotomie

Siehe Kap. 20.5.10.

20 Hals-Nasen-Ohren-Chirurgie

20.1	Allgemeine Bemerkungen ▸ *298*	**20.5.8**	Starre Tracheo- und Bronchoskopie ▸ *305*
20.2	Besonderheiten der präoperativen Vorbereitung ▸ *298*	**20.5.9**	Endolaryngeale und endotracheale Laserchirurgie ▸ *305*
20.3	Allgemeinanästhesie ▸ *298*	**20.5.10**	Tracheotomie und Koniotomie ▸ *306*
20.4	Spezielle Medikamente ▸ *299*	**20.5.11**	Frühe akustisch evozierte Potentiale ▸ *307*
20.5	Eingriffe ▸ *299*	**20.6**	Notfall- und dringliche Eingriffe ▸ *307*
20.5.1	Ohr und Mastoid ▸ *299*	**20.6.1**	Massive Epistaxis ▸ *307*
20.5.2	Nase ▸ *300*	**20.6.2**	Blutung nach Tonsillektomie ▸ *308*
20.5.3	Nasennebenhöhlen ▸ *300*	**20.6.3**	Peritonsillar-, Retro- und Parapharyngealabszeß ▸ *308*
20.5.4	Enorale Eingriffe ▸ *301*	**20.6.4**	Fremdkörperaspiration ▸ *308*
20.5.5	Tumoren ▸ *302*		
20.5.6	Eingriffe an der Trachea ▸ *303*		
20.5.7	Mikrolaryngoskopien ▸ *303*		

20.1 Allgemeine Bemerkungen

In der HNO-Chirurgie muß aufgrund der Nähe des Operationsgebietes zu den Atemwegen mit ähnlichen Besonderheiten wie in der MKG-Chirurgie gerechnet werden (Kap. 19).

20.2 Besonderheiten der präoperativen Vorbereitung

Von entscheidender Bedeutung ist die Beurteilung von Beschaffenheit und Funktion der oberen Atemwege. Auch im HNO-Bereich muß immer wieder mit Intubationsschwierigkeiten gerechnet werden, die in aller Regel jedoch bereits präoperativ erkannt werden können (s. auch Kap. 7.2.2). Vor operativen Eingriffen am Kehlkopf muß dem Anästhesisten auch der (aktuelle) HNO-ärztliche Spiegelbefund bekannt sein. Zur *Prämedikation* s. Kap. 19.2.

20.3 Allgemeinanästhesie

Bei HNO-Eingriffen, die nicht in Lokalanästhesie vorgenommen werden (können), wird i. d. R. eine **Intubationsnarkose** durchgeführt (orale oder nasal vorgeformte PVC-Tuben oder Spiraltuben). Wegen der hohen Innervationsdichte der Schleimhäute sind für Operationen in diesem Bereich tiefe Narkosen erforderlich. Nur so lassen sich die autonomen Reflexe adäquat unterdrücken. Zur Verminderung der Salivation empfiehlt sich bei intra- oder transoralen Eingriffen die Gabe von Atropin oder Glycopyrronium (Robinul®) i. v. zur Narkoseeinleitung.

Zu den Besonderheiten bei der Verwendung von **Endotrachealtuben** und möglichen intraoperativen **Atemwegsproblemen** s. Kap. 9.3.1.

Für viele Eingriffe genügt als venöser Zugang eine **periphere Kanüle.** Eine **Rachentamponade** wird gelegt, wenn das Abfließen von Blut, Sekret oder Eiter entlang dem Tubus in die Trachea und den Magen verhindert werden soll. Sie muß unbedingt vor der Extubation wieder entfernt werden. Ferner ist für einen **Schutz der Augen** zu sorgen (Augensalbe, Zukleben der Augenlider mit Papierpflaster). Ausnahme hierfür sind Eingriffe, bei denen der Operateur intraoperativ die Okulomotoriusfunktion überprüfen können muß (z. B. Siebbeinausräumung) oder endonasale Eingriffe, bei denen die Orbitahöhle perforiert werden kann).

Bei Operationen, die mit größeren Blutverlusten einhergehen können, werden neben 2 großlumigen venösen Zugängen ein **ZVK** (i. d. R. V. basilica [ggf. V. femoralis] → ZVD- u. SvO_2-Messung) und eine **arterielle Kanüle** (→ invasive Blutdruckmessung) gelegt. Auch bei kardiovaskulären Risikopatienten ist das Monitoring den Erfordernissen entsprechend zu erweitern.

Die Kontrolle der **Urinausscheidung** und der **Körpertemperatur** wird vor allem bei längeren und ausgedehnten Eingriffen notwendig (OP-Dauer > 2–3 h; bei Eingriffen ohne größere Volumenverschiebungen erst ab ca. 4 h). Dann ist auch für einen angemessenen **Auskühlungsschutz** zu achten (Wärmedecke od. Heizmatte, Infusionswärmer etc.). Bei Säuglingen sollte die Temperatur intraoperativ grundsätzlich gemessen und eine Heizmatte benutzt werden. Bei ihnen wird außerdem ein **präkordiales Stethoskop** zur besseren respiratorischen Überwachung verwendet.

Patienten, die nach Tumorresektionen postoperativ nicht schlucken können, benötigen eine **Magensonde** für die enterale Ernährung. Sie wird unter Sicht gelegt, i. d. R. nach der Narkoseeinleitung, ggf., wenn die Gefahr einer Tumorarrosion bei unkontrolliertem Vorschieben besteht, durch den Operateur.

20.4 Spezielle Medikamente

Zur Erzeugung eines möglichst blutarmen Operationsgebietes werden vom Operateur oft Vasokonstriktoren topisch appliziert (bes. bei mikrochirurgischen Eingriffen an Ohr und Nase). Hierbei handelt es sich um **Adrenalin** (in einer Konzentration von 1:200.000 oder 1:100.000; s. Kap. 8.8.3) als Zusatz zu Lokalanästhetikalösungen oder um α-Sympathomimetika wie **Naphazolin,** die vor allem direkt auf die Schleimhäute aufgebracht werden. Naphazolin (Privin®) wird bei Erwachsenen in 0,1%iger Lösung eingesetzt (1 ml = 1 mg). Hiervon sollten nicht mehr als 2 ml auf einmal verwendet werden. Bei Kindern unter 12 Jahren müssen stärker verdünnte Lösungen benutzt werden (6–12 Jahre: 0,05%; < 6 Jahre: 0,025%). Die systemischen Nebenwirkungen bei Dosisüberschreitung bestehen in Blutdruckanstieg, Bradykardie und zerebraler Stimulation (amphetaminartige Wirkung) oder Depression (zentraler α_2-Agonismus).

20.5 Eingriffe

20.5.1 Ohr und Mastoid

■ Äußeres Ohr

Operation:	Otoplastik
OP-Dauer:	30–60 min
Besonderheiten:	keine

■ Mittelohr

Operationen:

1. Parazentese des Trommelfells od. Einlegen von Paukenröhrchen zum Sekretabfluß bei Otitis media (OP-Dauer: 5–10 min)
2. Tympanoplastik (TPL) bei (einfachen) Trommelfelldefekten (OP-Dauer: ca. 1 h)
3. Stapesplastik bei Otosklerose (OP-Dauer: 30–60 min)
4. zweizeitige Sanierung eines (Pseudo-)Cholesteatoms (chronische Osteomyelitis der Gehörknöchelchen):
   - (radikale) Ausräumung (OP-Dauer: 2–3 h)
   - plastischer Ersatz (OP-Dauer: 2–3 h)

Besonderheiten:

1. Maskennarkose bei Parazentese od. Einlegen von Paukenröhrchen ausreichend
2. bei beeinträchtigter Funktion der Tuba Eustachii möglichst keine Verwendung von N_2O (wegen Interferenz mit N_2; Ausnahme: Parazentese o. ä.), spätestens aber bei Über- od. Unterdruckerscheinungen Beendigung der N_2O-Zufuhr (sonst z. B. Dislozierung des Transplantats bei Tympanoplastik)
3. bei Cholesteatomsanierung intraop. Elektrostimulation zur Identifizierung des N. facialis (in dieser Phase Vermeidung einer [kompletten] Relaxierung → zunächst nur Intubationsdosis eines nichtdepolarisierenden Relaxans [möglichst Mivacurium], Relaxometrie)
4. ggf. lokale Vasopressorapplikation zur Herstellung eines möglichst blutarmen OP-Felds (bes. bei Tympano- u. Stapesplastik), dann keine hochdosierte Anwendung vasodilatiernder und damit potentiell durchblutungsfördernder volatiler Anästhetika

Innenohr

Operationen:

1. Labyrinthektomie (Eröffnung u. Eiterausräumung bei fortgeschrittener Labyrinthitis; OP-Dauer: 1–2 h)
2. Kochleaimplantation bei Innenohrtaubheit (OP-Dauer: 3–4 h)

Besonderheiten: lokale Vasopressorapplikation, bei Kochleaimplantationen möglichst blutarmes OP-Feld (wie bei Mittelohroperationen)

Mastoidektomie

Indikationen: Mastoiditis (Ausräumung des Eiterherds), beginnende Labyrinthitis (Entlastung des Innenohrs)

Besonderheiten: lokale Vasopressorapplikation, Bereitstellung von Blutkonserven nur bei Kindern, intraop. Elektrostimulation zur Identifizierung des N. facialis (s. o.)

20.5.2 Nase

Operationen:

1. Polypektomie (OP-Dauer: ca. 15 min)
2. Muschelkappung/Konchotomie (OP-Dauer: ca. 30 min)
3. Septumkorrektur/-plastik (OP-Dauer: ca. 45 min)
4. Rhinoplastik (OP-Dauer: 1–2 h)
5. laterale Rhinotomie (bei Tumoren, bes. Fibromen; OP-Dauer: 3–4 h)

Anästhesie:

1. Narkose mit oraler Intubation (bei 1–4 auch Larynxmaske möglich)
2. Extubation erst bei völliger Wachheit des Pat. (Husten- u. Schluckreflexe!) u. nach kompletter Blutstillung (*notabene*: festes Aufsetzen der Gesichtsmaske vermeiden, wegen austamponierter Nase nur Mundatmung möglich!)

Besonderheiten:

1. z. T. lokale Vasopressorapplikation
2. für laterale Rhinotomie Bereitstellung von 2–4 EK
3. bei juvenilen Angiofibromen präop. Embolisation notwendig, um intraop. nicht stillbare Blutung zu vermeiden

20.5.3 Nasennebenhöhlen

Operationen: endonasale Eingriffe an Kiefer-, Stirn- od. Keilbeinhöhle od. Siebbeinzellen

OP-Verfahren: Ausräumung der Schleimhaut in der Nebenhöhle und Schaffung einer dauerhaften, breiten Verbindung zwischen Neben- und Nasenhöhle

OP-Dauer:	1–2 h
Anästhesie:	1. Narkose mit oraler Intubation 2. Extubation (Abschn. 20.5.2)
Besonderheiten:	oft Pat. mit allergischer Disposition
Komplikationen:	1. Blutungen (selten) 2. Perforation der Orbitahöhle od. des Neurokraniums (sehr selten)

20.5.4 Enorale Eingriffe

■ Tonsillektomie (TE)

Indikationen:	chronische Tonsillitiden, rezidivierende Anginen, Peritonsillarabszeß
Lagerung:	Kopf rekliniert
OP-Ablauf:	halbscharfes Herauspräparieren der Gaumenmandeln aus ihrem Bett, Extraktion mit Hilfe einer Schlinge, Blutstillung (Elektrokoagulation, ggf. Umstechungsligaturen)
OP-Dauer:	15–30 min
Anästhesie:	1. bei kooperativen Pat. Lokalanästhesie möglich (aber selten praktiziert) 2. i. d. R. Narkose mit oraler Intubation (vorgeformter Tubus, der mittig abgeleitet werden muß) 3. Intubation entweder in tiefer Inhalationsanästhesie (z. B. Kinder) oder nach Relaxierung mit Mivacurium (*notabene*: hyperplastische Mandeln als Intubationshindernis!) 4. Extubation erst bei völliger Wachheit des Pat. (Husten- u. Schluckreflexe!) u. nach kompletter Blutstillung (pharyngeale Inspektion u. vorsichtiges orales Absaugen)
Besonderheiten:	bei stärkerer Blutung ggf. topische Applikation von Naphazolin
Komplikationen:	1. Tubusdislokation (endobronchial od. pharyngeal) od. Tubuskompression/-abknickung durch speziellen HNO-Mundspatel („Boyle-Davis-Spatel"), der zur maximalen Öffnung u. zum Offenhalten des Mundes benötigt wird 2. Blutungen 3. Herzrhythmusstörungen durch Pharynx- od. Larynxstimulation 4. Laryngospasmus nach der Extubation
Nachbetreuung:	Aufwachraum (mind. 2 h wegen möglicher Nachblutung (Abschn. 20.6.2) mit Atemwegsverlegung)

■ Adenotomie (AT)

Indikation:	Rachenmandelhyperplasie mit entsprechenden Symptomen
Lagerung:	Kopf rekliniert
OP-Verfahren:	Abtragen der Rachenmandel mit einem Ringmesser
OP-Dauer:	5–10 min
Anästhesie:	1. Narkose mit oraler Intubation (vorgeformter Tubus, mittig abgeleitet) 2. Intubation in tiefer Inhalationsanästhesie od. nach Relaxierung, wegen der Kürze des Eingriffs möglichst mit Succinylcholin 3. Extubation erst bei völliger Wachheit des Pat. (Husten- u. Schluckreflexe!) u. nach kompletter Blutstillung (pharyngeale Inspektion u. transnasales Absaugen des hinteren Pharynx zur Entfernung lockeren Adenoidgewebes)
Besonderheiten:	bei stärkerer Blutung ggf. topische Applikation von Naphazolin

Komplikationen:	wie bei TE
Nachbetreuung:	Aufwachraum

Uvulopalatopharyngoplastik

Indikation:	Beseitigung von schnarchbedingter Obstruktion der oberen Atemwege bei Schlaf-Apnoe-Syndrom (in ca. 10% der Fälle Adipositas permagna [hierzu s. Kap. 35.12])
Schlafapnoe:	Obstruktion der oberen Atemwege und zentrale Atemregulationsstörung Die Verminderung des Muskeltonus durch Schlaf oder Sedierung läßt die Zunge und den weichen Gaumen zurücksinken und die seitlichen Pharynxwände während der Inspiration kollabieren. Eine dadurch ausgelöste Apnoe führt zum $PaCO_2$-Anstieg, der aber – i. Ggs. zum Gesunden – beim Schlafapnoiker von dessen Atemzentrum wegen einer pathologischen Verminderung der CO_2-Empfindlichkeit nicht adäquat beantwortet werden kann. Das hat zur Folge, daß sich eine arterielle Hypoxie entwickeln kann, die schließlich den Patienten aufwachen läßt. Gehäufte Apnoeepisoden im Schlaf sind dann die Grundlage für die Entstehung kardiovaskulärer Erkrankungen (arterielle Hypertonie, Arrhythmien, in fortgeschrittenen Fällen KHK u. Cor pulmonale).
Vorbereitung:	bei Adipositas permagna Lungenfunktionsanalyse
Besonderheiten:	keine sedierende Prämedikation (sonst droht anhaltende Atemwegsobstruktion)!
OP-Verfahren:	Resektion überschüssiger Velum- u. Uvulaschleimhaut; oft in Kombination mit TE
OP-Dauer:	ca. 30–45 min
Anästhesie:	1. Narkose mit bevorzugt nasaler Intubation (oral: Spiraltubus ID 7,0 mm) 2. häufiger schwierige Intubationsverhältnisse (Wachintubation [Kap. 7.2.8] bei Adipositas permagna!) 3. balancierte Anästhesie, wobei Opioide u. Relaxanzien zurückhaltend und zur Vermeidung eines Überhangs möglichst nur bei der Einleitung verwendet werden sollen (Ausnahmen: Remifentanil; Mivacurium) 4. Relaxometrie (Vermeidung eines Relaxansüberhangs)
Nachbetreuung:	möglichst Intensivstation (24 h); postop. Analgesie nur mit Nicht-Opioid-Analgetika

20.5.5 Tumoren

Parotidektomie

OP-Verfahren:	1. Radikaloperation (Malignome) 2. konservativer, d. h. den N. facialis erhaltender Eingriff (benigne Tumoren, meist pleomorphe Adenome)
OP-Dauer:	2–3 h
Blutkonserven:	i. d. R. keine
Besonderheiten:	bei konservativer Parotidektomie intraop. Elektrostimulation zur Identifizierung des N. facialis (in dieser Phase Vermeidung einer [kompletten] Relaxierung → zunächst nur Intubationsdosis eines nichtdepol. Relaxans [mögl. Mivacurium], Relaxometrie)

Neck-dissection

Siehe Kap. 14.1.13.

Mundboden- und Pharynxkarzinome

Siehe Kap. 19.4.1.

■ Larynxkarzinom

OP-Vorbereitung:	HNO-Befund der Kehlkopfspiegelung *Notabene*: Die Durchführbarkeit einer indirekten Laryngoskopie läßt keine Rückschlüsse auf die Intubierbarkeit des Patienten unter direkter Sicht zu!
Besonderheiten:	1. sehr häufig alkohol- u./od. nikotinabhängige Pat. mit Herz-, Gefäß-, Lungen- u. Leberveränderungen 2. mögl. Behinderung der Atmung u. Intubation durch den Tumor od. als Bestrahlungsfolge 3. keine sedierende Prämedikation bei Stridor!
OP-Verfahren:	radikale Laryngektomie
OP-Ablauf:	1. vor Beginn der eigentlichen Operation, auf jeden Fall aber vor Durchtrennung der Trachea, Anlage eines Tracheostomas, über das ein sog. Laryngektomietubus (s. u.) eingeführt wird 2. Absetzen des Kehlkopfs vom Hypopharynx und von der oberen Trachea, Vernähung des Tracheastumpfs mit der Haut als permanentes Tracheostoma, anschließend Entfernung des Kehlkopfs, i. d. R. mit Neck-dissection beidseits 3. Wechsel des Laryngektomietubus gegen Trachealkanüle
OP-Dauer:	3–6 h
Ausrüstung:	2–3 großlumige i. v. Zugänge, ZVK (V. basilica od. V. femoralis), art. Zugang, Gefäßzugänge möglichst im Blickfeld des Anästhesisten (z. B. ausgelagerter Arm, Fußrücken)!, Augenklappen, Magensonde (unter Sicht, ggf. durch den Operateur), Blasenkatheter, Temperatursonde, Auskühlungsschutz, Relaxometrie
Blutkonserven:	4 EK
Anästhesie:	Intubationsnarkose mit balancierter Anästhesie u. kompl. Muskelrelaxation
Besonderheiten:	1. zunächst nasale Intubation (Spiraltubus od. nasal vorgeformter Tubus), ggf. fiberendoskopische Wachintubation (Kap. 7.2.8); intraop. Wechsel auf Laryngektomietubus (speziell gekrümmter Spiraltubus, der nach kaudal abgeleitet werden kann) *Notabene*: Um eine endobronchiale Fehllage zu erkennen, müssen unmittelbar nach Einführen des Laryngektomietubus beide Lungen auskultiert werden! 2. bei ausgeprägter Atemwegsobstruktion (Stridor!) statt dessen primäre Tracheotomie am wachen, nicht sedierten Pat. in Lokalanästhesie
Komplikationen:	Tubusdislokation, Blutungen, Pneumothorax/-mediastinum
Nachbetreuung:	i. d. R. Intensivstation (Nachbeatmung)

■ Lappenplastik

Siehe Kap. 19.4.1.

■ Obere Ösophagektomie

Sehr selten; s. Kap. 14.1.

20.5.6 Eingriffe an der Trachea

Siehe Kap. 26.3.3.

20.5.7 Mikrolaryngoskopien

Laryngoskopien unter mikroskopischer Sicht (Mikrolaryngoskopien, ML) werden i. d. R. in Allgemeinanästhesie vorgenommen. Standard ist eine **TIVA** mit Propofol und Remifentanil. Dies gewährleistet eine gute Steuerbarkeit der Narkose und meistens auch hämodynamische Stabilität. Um die Sicht des Untersuchers möglichst wenig zu behindern, wird ein **dünnlumiger Endotrachealtubus** gewählt (ID ca. 5,0 mm bei Erwachsenen). Auf diese Art lassen sich über 90% der Eingriffe bewerkstelligen. Wenn allerdings ein völlig freies Blickfeld benötigt wird (z. B. bei ausgedehnteren endolaryngealen Eingriffen, bes. im Bereich der hinteren Kommissur), muß auf einen Tubus verzichtet werden. Statt dessen wird ein **spezielles Laryngoskoprohr** benutzt („Stützautoskop" nach *Kleinsasser*), über das im Nebenschluß eine Jet-Ventilation durchgeführt werden kann (s. u.). Da es sich i. d. R. nur um sehr kurze Eingriffe handelt, kann zur Muskelrelaxierung – unter Beachtung der Kontraindikationen – **Succinylcholin** verwendet werden, ggf. auch repetitiv. Ein Dualblock muß bei einer kumulativen Dosis von unter 5 mg/kg KG und normaler Aktivität der Pseudocholinesterase nicht befürchtet werden (Kap. 8.5.4). Zur Vermeidung, zumindest aber Abschwächung von Bradykardien empfiehlt sich die vorherige Gabe von Atropin (0,01 mg/kg KG i. v.). Bei Kontraindikationen kann auf **Mivacurium** ausgewichen werden. Hierbei ist allerdings ein Relaxansüberhang oft nicht zu vermeiden (→ Antagonisierung erforderlich, allerdings möglichst erst nach wieder einsetzender Spontanatmung!):

Besonderheiten

Da die Patienten meist chronisch entzündliche oder tumoröse Veränderungen am Kehlkopf aufweisen, muß präoperativ immer auf die Zeichen einer partiellen **Obstruktion der oberen Atemwege** geachtet werden. In solchen Fällen sollte der Operateur schon bei Narkosebeginn anwesend sein. Bei schwerer Obstruktion mit Stridor muß der Patient vor der ML in Lokalanästhesie tracheotomiert werden (Abschn. 20.5.10).

Hypertensive Kreislaufreaktionen bei den überwiegend älteren oder alkoholabhängigen Patienten sollten bei adäquater Narkosetiefe durch ein schnell wirkendes Antihypertensivum, z. B. Urapidil (Ebrantil®), kupiert werden. Bei Alkoholabusus kann eine adjuvante perorale Prämedikation mit Clonidin (z. B. Catapresan®) die adrenergen Reaktionen deutlich vermindern (s. Kap. 1.7.2).

Anästhesiologisches Vorgehen bei Mikrolaryngoskopien

- mit Intubation:
  1) i. v. Hypnotikum + Opioid
  2) a. Maskenbeatmung möglich → Relaxierung mit Succinylcholin u. anschließend Intubation
     b. Maskenbeatmung nicht möglich → Intubation ohne Relaxierung unter erhaltener Spontanatmung in Inhalationsanästhesie od. im Wachzustand
     Hinweis: Bei extrem schwieriger Intubation ist im Anschluß an die ML eine Tracheotomie zu erwägen!
- ohne Intubation:
  1) i. v. Hypnotikum + Opioid
  2) a. Maskenbeatmung möglich → Relaxierung mit Succinylcholin u. Einführen des Stützautoskops, Jet-Ventilation
     b. Maskenbeatmung nicht möglich → probatorische Laryngoskopie, bei unmöglich erscheinender Intubation Pat. aufwachen lassen und vor ML in Lokalanästhesie tracheotomieren

Supraglottische Jet-Ventilation

Die Jet-Ventilation ermöglicht eine Beatmung des allgemeinanästhesierten Patienten ohne störenden Endotrachealtubus. Hierzu benötigt man einen speziellen Jet-Ventilator. Mit dessen Hilfe wird unter hohem Druck stehendes Gas (O_2 od. O_2/Luft) über eine Injektorkanüle, die seitlich am Autoskop befestigt wird, in die Trachea geleitet. Die Abstrahlöffnung der Kanüle liegt dabei supraglottisch. Das Gas erzeugt an der Austrittsstelle einen Sog, wodurch zusätzlich Umgebungsluft (Raumluft) mitgerissen wird (Venturi-Effekt, Entrainment). Dies führt dazu, daß auch bei Verwendung von reinem Sauerstoff als Injektionsgas die FIO_2 immer kleiner als 1,0 bleibt, ohne daß sie exakt zu ermitteln wäre. Die Oxygenierung ist jedoch für gewöhnlich kein Problem, manchmal hingegen die CO_2-Elimination. Zur Ruhigstellung des Operationsgebietes werden bei mikrolaryngealen Eingriffen meistens kurze Apnoephasen benötigt. Hierbei sollte die $pSaO_2$ nicht unter 90% fallen.

Grundeinstellung des Jet-Ventilators:
- Gasmischereinstellung: 100% O_2 (Reduktion bei Laseranwendung; s. Abschn. 20.5.9)
- Arbeitsdruck: 1,5 bar (→ bei korrektem Kanülensitz bis auf 2 bar zu erhöhen)
- Frequenz: 20/min
- Inspirationszeit: 30%

Monitoring. Atemwegsdrücke und inspiratorische O_2-Konzentration können bei der Jet-Ventilation nicht sicher überwacht werden. Die trachealen Drücke sollen jedoch nach einschlägigen Untersuchungen bei korrekter, mittiger Ausrichtung des Jet-Strahls i. d. R. 10 cmH_2O nicht überschreiten. Anhand der Thoraxbewegungen kann der Arbeitsdruck angepaßt werden. Neben der unverzichtbaren **Pulsoxymetrie** (FIO_2 nicht bekannt, wiederholte Apnoephasen) kann mit Hilfe der transkutanen CO_2-Messung ($PtcCO_2$) die CO_2-Elimination abgeschätzt werden.

Gefahren. Durch die Jet-Ventilation können im Einzelfall bedrohlich **hohe Atemwegsdrücke** entstehen. Dies betrifft nicht nur die Inspiration, sondern auch die Exspiration, denn mit zunehmender Jet-Frequenz und/oder Einatmungszeit nimmt die Ausatmungszeit ab, bis schließlich keine vollständige Exspiration mehr zustande kommt und sich ein sog. Auto- oder intrinsischer PEEP („Staudruck“) entwickelt. Zur Vermeidung eines Barotraumas der Lunge (z. B. Pneumothorax, auch beidseits!) müssen bei Jet-Ventilation folgende Vorsichtsmaßnahmen getroffen und eingehalten werden:

- Ausrichtung des Jet-Strahls exakt in der zentralen Längsachse der Trachea und
- Ermöglichung einer ungehinderten Exspiration (ganz geöffnete Stimmritze → Relaxierung!).

Des weiteren kann **Luft in den Magen** gelangen, die dann über eine Magensonde abgesaugt werden muß. Bei Tumorbiopsien besteht zudem die Möglichkeit, daß **tumoröses Material** in die tiefen Atemwege verschleppt wird, ebenso wie natürlich **Blut.** Grundsätzlich muß bei der Jet-Ventilation mit Frequenzen unter 60/min davon ausgegangen werden, daß bei Regurgitation von Mageninhalt **kein Aspirationsschutz** besteht. Erst bei höheren Frequenzen bildet sich in der Exspiration als Folge des Staudrucks ein nach außen gerichteter Gasstrom, was die Aspirationsgefahr vermindert. Zu berücksichtigen ist ferner die fehlende Anfeuchtung der Atemgase. Allerdings muß erst bei längerer Anwendung der Jet-Ventilation mit einer relevanten **Austrocknung der Schleimhäute** gerechnet werden.

Kontraindikationen für die Jet-Ventilation:

- Stenose der oberen Atemwege größer als 80–90% (→ inspiratorischer Stridor!)
- Blutungen im Bereich der oberen Atemwege
- mittel- bis hochgradige COPD
- einseitige Lungenerkrankung
- Adipositas permagna
- erhebliche Einschränkung der Lungenfunktion

20.5.8 Starre Tracheo- und Bronchoskopie (s. auch Kap. 26.4.3)

Tracheo- und Bronchoskopien mit starren Systemen werden i. d. R. in **Allgemeinanästhesie** durchgeführt. Die Narkose wird – nach ausgiebiger Präoxygenierung! – mit einem kurzwirkenden Hypnotikum und Opioid (z. B. Propofol + Remifentanil) i. v. eingeleitet und b. Bed. durch Nachinjektionen aufrechterhalten (bei Säuglingen und Kleinkindern auch Inhalationseinleitung, jedoch nur mit Sauerstoff und volatilem Anästhetikum). Wenn eine Maskenbeatmung möglich ist, wird anschließend mit Succinylcholin relaxiert. Dann wird das Bronchoskop eingeführt (durch den HNO-Kollegen). Das Bronchoskop hat seitlich einen Anschluß, für die Beatmungsschläuche. Der Patient wird hierüber manuell mit 100% O_2 beatmet („Beatmungsbronchoskopie“). Da Frischgas seitlich zwischen Bronchoskop und Trachealschleimhaut nach außen verlorengeht, muß für einen hohen Frischgasfluß gesorgt werden (> 10 l/min). Zur Kontrolle der Oxygenierung ist die Pulsoxymetrie unerläßlich. Die Ventilation wird anhand der Thoraxbewegungen überwacht, ggf. auch mit der transkutanen CO_2-Messung. Eine gewisse CO_2-Retention ist jedoch i. d. R. nicht zu vermeiden. Inhalationsanästhetika dürfen wegen der Raumluftkontamination selbstverständlich nicht angewendet werden.

20.5.9 Endolaryngeale und endotracheale Laserchirurgie

Die Laserbehandlung dient vorwiegend der Entfernung benigner Gewebewucherungen (z. B. Papillome, Granulome, Polypen, Hyperkeratosen) aber auch des isolierten, streng einseitigen Stimmbandkarzinoms („Laser-Chordektomie“). Das Prinzip besteht in einer relativ punktgenauen thermischen Zerstörung des pathologischen Gewebes. Das hat den Vorteil, daß sich nur eine begrenzte Entzündungsreaktion entwickelt und postoperativ allenfalls geringe Schmerzen auftreten. Nur in Einzelfällen ist im Anschluß an laryngeale Lasereingriffe mit einem Glottis- oder subglottischen Ödem zu rechnen. Diese Patienten erhalten nach Absprache mit dem Operateur zur Prophylaxe bereits intraoperativ ein Glukokortikoid (z. B. 250 mg Methylprednisolon i. v.) und müssen länger im Aufwachraum (mind. 2 h) im Hinblick auf die Einwicklung eines Stridors überwacht werden.

■ Anästhesie und Beatmung

Laserchirurgische Eingriffe werden in Allgemeinanästhesie durchgeführt, entweder mit endotrachealer Intubation und konventioneller Beatmung oder unter Jet-Ventilation.

Intubationsnarkose. Native Kunststoff- oder Gummituben würden bei Auftreffen eines Laserstrahls zerstört oder entzündet werden. Sie müssen daher durch sorgfältige Umwicklung mit einer **metallisierten Schutzfolie** geschützt werden. Dabei ist zu berücksichtigen, daß infolgedessen der Außendurchmesser des Tubus um ca. 2 mm zunimmt.

Alternativ können spezielle **Lasertuben aus Edelstahl** verwendet werden (z. B. ID 4,5 mm, flexibel, PVC-Spitze, keine Längenmarkierung). Ihre mattierte Oberfläche soll gewährleisten, daß der Laserstrahl diffus reflektiert und zerstreut wird. Eine doppelkammerige Cuffmanschette (allerdings aus PVC!) wird zum Blocken mit Kochsalzlösung gefüllt. Im Falle eines Entflammens der proximalen Kammer soll so der Brand sofort gelöscht werden, und die distale Kammer könnte dann die Tracheaabdichtung weiter aufrechterhalten. Von Nachteil sind jedoch neben dem sehr hohen Preis die relativ geringe Wärmekapazität und -leitfähigkeit derartiger Tuben, so daß z. B. bei starken lokalen Aufheizungen die endoluminal verlaufenden Cuffzuleitungen verpuffen oder entflammen könnten. Neben der fehlenden Tracheaabdichtung könnten dann toxische Pyrolyseprodukte freigesetzt werden und in die tiefen Atemwege gelangen.

Jet-Ventilation. Falls der Tubus den Eingriff behindert, kann alternativ eine Jet-Ventilation durchgeführt werden. Hierbei sind folgende **Sicherheitsmaßnahmen** zum Schutze des Patienten und des Personals zu ergreifen:

- lasersichere Brillen fürs Personal
- kochsalzgetränkter Augenverband für den Patienten
- Schutz des benachbarten Gewebe durch feuchte Gaze
- sichere Vermeidung von Bewegungen des Pat. (komplette Relaxierung, Relaxometrie)
- möglichst Beatmung mit Raumluft (max. 40% O_2, sonst Brandgefahr, bes. bei Jet-Ventilation)
- kein N_2O (unterhält Verbrennungsvorgänge)!
- keine volatilen Anästhetika (potentiell toxische Pyrolyseprodukte)

Gefahren der Laserbehandlung

- Schleimhautläsionen im benachbarten Gewebe
- Perforationen (Pneumothorax/-mediastinum, tracheoösophageale Fistel)
- Tubusbrand
- Knallgasexplosion
- lokales Ödem, selten Glottis- od. subglottisches Ödem

Maßnahmen beim Tubusbrand

1. sofortiges Unterbrechen des Eingriffs und Löschen des Brands durch Instillation von NaCl 0,9%
2. Extubation
3. Beatmung mit 100% O_2, zunächst über Maske, nach Reintubation über großlumigen Tubus
4. inhalative Applikation von Glukokortikoiden (z. B. Beclomethason [Sanasthmax®]), bei schwerer Schädigung zusätzl. bis zu 1 g Methylprednisolon i. v.
5. flexible Bronchoskopie zur Einschätzung des Schädigungsausmaßes
6. bei ausgeprägter Schleimhautschädigung Tubus belassen, Beatmung mit PEEP (5–10 cmH_2O) u. Intensivbehandlung mit tgl. bronchoskopischer Kontrolle
7. keine ungezielte Antibiotikabehandlung!

20.5.10 Tracheotomie und Koniotomie

Geplante Tracheotomie

Lagerung:	maximale Überstreckung der HWS (Schulterrolle!)
Anästhesie:	i. d. R. Intubationsnarkose
Besonderheiten:	1. Tubuscuff möglichst distal des OP-Gebiets plazieren, um so zu verhindern, daß er bei Inzision der Trachea beschädigt werden kann (→ sorgfältige Auskultation zur Vermeidung einer einseitigen Lungenbelüftung!) 2. Beatmung zur Sicherheit schon vor der Tracheaeröffnung mit 100% O_2
OP-Ablauf:	1. Präparation des Stomas 2. vorsichtiges Zurückziehen des (zur Vermeidung von Blut- und Sekretaspiration) geblockten Tubus bis auf Kehlkopfniveau dicht oberhalb des Stomas 3. Einführen der Trachealkanüle u. Beatmung (→ Kapnographie, Auskultation) 4. Entfernen des Tubus unter Absaugung des sub- und supraglottischen Sekrets
OP-Dauer:	30–45 min
Komplikationen:	Pneumothorax/-mediastinum
Nachbetreuung:	Aufwachraum (Röntgenthorax: Kontrolle der Kanülenlage; Komplikationen)

Nottracheotomie

Indikation:	drohende komplette mechanische Verlegung der oberen Atemwege durch Ödem, Trauma, Fremdkörper, Tumoren, Infektionen od. Verbrennungen bei nicht mehr möglich erscheinender fiberendoskopischer Intubation
Besonderheiten:	Patienten mit hochgradiger Einengung der oberen Atemwege haben i. d. R. einen *inspiratorischen Stridor* und dürfen auf gar keinen Fall medikamentös sediert werden, auch wenn sie ängstlich, tachypnoisch, tachykard und hyperton sind! Sie sind vital auf den maximalen Einsatz sämtlicher Atemmuskeln angewiesen, um das Atemwegshindernis in der Inspiration überwinden zu können.
Lagerung:	Oberkörperhochlage
Anästhesie:	nur Lokalanästhesie (keine Sedativa!; O_2-Insufflation über dichtsitzende Maske)
OP-Dauer:	wenige Minuten

MERKE
1. Eine suffiziente Maskenbeatmung ist bei Patienten mit inspiratorischem Stridor i. d. R. nicht möglich.
2. Eine Nottracheotomie darf nur unter Lokalanästhesie am nicht medikamentös sedierten Patienten vorgenommen werden.

Notkoniotomie

Falls die Zeit für eine Tracheotomie nicht ausreicht, muß umgehend koniotomiert werden. Hierzu sollte immer ein Spezialset verfügbar sein. Man geht dann folgendermaßen vor:
1. Längsinzision der Haut zwischen Schild- und Ringknorpel
2. Punktion der Membrana cricothyreoidea
3. Einführen des Seldinger-Drahts durch die Kanüle in die Trachea
4. kurzes Aufbougieren
5. Einführen der gekrümmten Kunststoffkanüle über den Draht (ID 4,0 mm)

Über die Koniotomiekanüle kann bei vorhandener Spontanatmung O_2 insuffliert werden oder aber bei Apnoe über einen Adapter überbrückend eine manuelle Beatmung mit Atembeutel durchgeführt werden. Damit steht genügend Zeit für die definitive Versorgung in Form einer Tracheotomie zur Verfügung.

20.5.11 Frühe akustisch evozierte Potentiale

Indikation:	Objektivierung von Innenohrschwerhörigkeit od. genaue Lokalisierung
Verfahren:	Ableitung der elektrischen Antwort auf evozierte auditive Signale (Ableitpunkte im Bereich der Signalgenerierung [Kochlea] u. der frühen Weiterleitung in den aufsteigenden akustischen Bahnen)
Anästhesie:	bei Kindern od. unkooperativen Patienten Sedierung, manchmal auch Narkose (z. B. Larynxmaske) erforderlich, wobei die gängigen Anästhetika die Diagnostik nicht zu beeinflussen scheinen
Dauer:	ca. 1 h

20.6 Notfall- und dringliche Eingriffe

20.6.1 Massive Epistaxis

Indikation:	bei sonst nicht beherrschbarem Nasenbluten (Notmaßnahme: Nasen-Rachen-Tamponade nach *Bellocq*)
Besonderheiten:	1. Nichtnüchternheit (infolge Verschluckens größerer Blutmengen) 2. Anämie und Hypovolämie (→ aktueller Hb)

OP-Verfahren:	Unterbindung der A. maxillaris od. A. ethmoidalis
OP-Dauer:	30–45 min
Ausrüstung:	2 großlumige i. v. Zugänge, Magensonde, Infusionswärmer, Transfusionspumpe o. ä.
Blutkonserven:	2–4 EK
Anästhesie:	Intubationsnarkose mit balancierter Anästhesie
Einleitung:	Nicht-nüchtern-Einleitung
Besonderheiten:	1. vor Anästhesiebeginn Ausgleich des intravasalen Volumendefizits mit kolloidalem Volumenersatzmittel (z. B. HES 130/0,4 6%) 2. unmittelbar vor der Einleitung Freisaugen des Magens von Blut
Komplikation:	stärkere Blutung bei der Entfernung einer hinteren Nasentamponade

20.6.2 Blutung nach Tonsillektomie

Blutungen nach Tonsillektomien sind zumeist Sickerblutungen. Man erkennt sie daran, daß die Patienten immer wieder hellrotes Blut ausspucken. Verdächtig ist ein ständiges Schlucken nach dem Eingriff. Kreislaufveränderungen im Sinne einer Hypovolämie sind dagegen kein frühes Zeichen und sollten abgewartet werden, um die Indikation für eine operative Revision zu stellen. Das Ausmaß der Blutung wird oft unterschätzt, weil i. d. R. größere Blutmengen verschluckt werden, die dann schwallartig erbrochen werden können. Für die Anästhesie gelten die oben dargelegten Prinzipien (Abschn. 20.6.1).

20.6.3 Peritonsillar-, Retro- und Parapharyngealabszeß

Bei großen Abszessen besteht die Gefahr, daß sie durchbrechen und große Eitermengen die Atemwege akut verlegen. Aus diesem Grund werden sie zunächst unter Sedierung punktiert und durch Aspiration von Eiter soweit wie möglich verkleinert. Die eigentliche Abszeßspaltung wird dann in Intubationsnarkose vorgenommen. Mitunter besteht eine schmerzbedingte Kieferklemme. Sie löst sich für gewöhnlich in Narkose. Erst dann darf relaxiert werden, wobei nach Möglichkeit nur Succinylcholin benutzt werden sollte. Die Intubation muß behutsam mit einem dünnen Tubus durchgeführt werden. Die Indikation für eine fiberendoskopische Wachintubation ist eher großzügig zu stellen, z. B. immer dann, wenn eine Kieferklemme Progredienz zeigt (s. auch Kap. 19.8).

20.6.4 Fremdkörperaspiration

Bei Verdacht auf eine tracheobronchiale Fremdkörperaspiration (am häufigsten im Kindesalter) wird eine starre Bronchoskopie in Narkose durchgeführt (Abschn. 20.5.8). Bestätigt sich der Verdacht, so wird der Fremdkörper mit Hilfe einer Faßzange entfernt. Präoperativ bestehen oft Dyspnoe, Tachypnoe, Husten, Heiserkeit, und man findet inspiratorische Einziehungen des Thorax. Häufig sind die Patienten nicht nüchtern, so daß vor Narkosebeginn ein i. v. Zugang gelegt und der Magen über eine Sonde entleert werden muß. In jedem Fall ist vor der Einleitung Tracheotomiebereitschaft durch den HNO-Kollegen zu gewährleisten. Für den Eingriff ist eine komplette Muskelrelaxation erforderlich.

Vorgehensweise in der Praxis

1. bei mäßig- bis mittelgradiger Obstruktion: Inhalationseinleitung in Oberkörperhochlagerung (O_2 + volatiles Anästhetikum), bei ausreichender Narkosetiefe, aber noch unter Spontanatmung Relaxierung mit Succinylcholin, dann Einführung des Bronchoskops (möglichst ohne vorherige Maskenbeatmung, um den Fremdkörper nicht tiefer in die Atemwege zu befördern), Beatmung mit 100% O_2 über das Bronchoskop, Narkose b. Bed. i. v. vertiefen, nach Fremdkörperextraktion Bronchoskop mit dem Wiedereinsetzen der Spontanatmung entfernen
2. bei schwerer Obstruktion (Stridor!): Laryngoskopie in Lokalanästhesie und erst, wenn sicher ist, daß das Bronchoskop einzuführen ist, Narkose i. v. einleiten, weiteres Vorgehen wie oben

20.6.5 Nottracheotomie/-koniotomie

Siehe Abschn. 20.5.10.

21 Ophthalmochirurgie

21.1 Allgemeine Bemerkungen ▸ 309
21.2 Pathophysiologische Besonderheiten ▸ 309
21.2.1 Okulokardialer Reflex ▸ 309
21.2.2 Intraokularer Druck
21.3 Besonderheiten der präoperativen Vorbereitung ▸ 311
21.4 Allgemeinanästhesie ▸ 312
21.5 Spezielle Medikamente ▸ 312
21.6 Eingriffe ▸ 312
21.6.1 Exenteratio, Enucleatio und Evisceratio orbitae ▸ 312
21.6.2 Lidchirurgie ▸ 313
21.6.3 Tränenwege und Tränendrüse ▸ 313
21.6.4 Keratoplastik ▸ 313
21.6.5 Katarakt ▸ 314
21.6.6 Glaukom ▸ 314
21.6.7 Iristumoren ▸ 314
21.6.8 Vitrektomie ▸ 314
21.6.9 Amotio oder Ablatio retinae ▸ 315
21.6.10 Perforierende Augenverletzungen ▸ 315
21.6.11 Strabismus ▸ 315
21.6.12 Augenuntersuchungen im Kindesalter ▸ 315
21.6.13 Elektroretinogramm ▸ 316
21.7 Stand-by ▸ 316

21.1 Allgemeine Bemerkungen

Das operative Patientengut in der Augenklinik umfaßt Kinder mit angeborener Einschränkung der Sehfunktion oder mit Augenmuskelfehlstellungen (Strabismus), alte Patienten mit erworbenen Veränderungen des Sehapparats und Patienten mit perforierenden Augenverletzungen. In der Ophthalmochirurgie können nahezu alle Eingriffe in Lokalanästhesie (Retrobulbäranästhesie), ggf. mit anästhesiologischem Stand-by, durchgeführt werden. Trotzdem bietet eine Allgemeinanästhesie in bestimmten Fällen Vorteile. Sie ist indiziert

- bei Wunsch des Patienten und des Operateurs;
- bei eingeschränkter Kooperationsfähigkeit des Patienten;
- bei Kindern;
- bei langen Eingriffen, wenn eine völlige Ruhigstellung des Operationsgebietes notwendig ist;
- wenn es sich um das „letzte" Auge handelt (Gefahr der Erblindung durch Ischämie der A. centralis retinae bei einer Retrobulbäranästhesie in einer Häufigkeit von ca. 1:5.000);
- bei therapiepflichtigen Begleiterkrankungen (z. B. KHK, COPD), bei denen die Allgemeinanästhesie eine bessere Streßabschirmung gewährleistet;
- bei Patienten, die schlecht auf dem Rücken liegen können (M. Bechterew, Kyphoskoliose etc.) und
- bei Unfallpatienten.

Die Zusammenarbeit zwischen Anästhesist und operativ tätigem Ophthalmologen wird durch eine Empfehlung der Fachverbände geregelt. Hiernach ist – anders als in den sonstigen interdisziplinären Vereinbarungen – Einvernehmen über das Betäubungsverfahren zwischen den Beteiligten erforderlich, es sei denn, der Eingriff findet ohne Beteiligung des Anästhesisten in Lokalanästhesie und damit in alleiniger Verantwortung des Ophthalmologen statt.

21.2 Pathophysiologische Besonderheiten

21.2.1 Okulokardialer Reflex

Der okulokardiale Reflex kann durch Zug an den äußeren Augenmuskeln, Bulbusdruck oder andere Manipulationen am Auge ausgelöst werden. Die Afferenzen verlaufen über den N. trigeminus zum Hirnstamm, die Efferenzen über den N. vagus zum Herzen. Die häufigste Rhythmusstörung ist eine **Sinusbradykardie**, aus der sich jedoch im ungünstigsten Fall ein Sinusknotenstillstand entwickeln kann. Seltener finden sich ein Bigeminus, Knotenrhythmen oder AV-Blockierungen. Der okulokardiale Reflex tritt häufiger bei Kindern als bei Erwachsenen auf. Begünstigend wirken eine Hypoxie, Hyperkapnie, (zu) flache Narkose und ein erhöhter Vagotonus. Bislang ist kein tödlicher Ausgang im Zusammenhang mit einem okulokardialen Reflex bekanntgeworden. Therapeutisch vorrangig ist das sofortige **Unterbrechen jeder Stimulation** am Auge. In der Regel sistiert hiernach das Reflexgeschehen innerhalb weniger Sekunden. Ist dies nicht der Fall, so muß **Atropin** injiziert werden (0,01 mg/kg KG i.v.). Tritt bei erneuten Manipulationen der Reflex wieder auf, dann ist ebenfalls die Injektion von Atropin zu empfehlen. Die prophylaktische Verabreichung von Atropin zu Operationsbeginn ist jedoch nicht sinnvoll, weil sich der okulokardiale Reflex nicht bei allen Patienten zeigt.

21.2.2 Intraokularer Druck

Der intraokulare Druck (IOP) ist definiert als der Druck, den der Inhalt des Bulbus auf die korneosklerale Hülle ausübt. Er ist eine Funktion von Innendruck und äußerem Gegendruck. Der Innendruck wird von den Komponenten Kammerwasser und chorioideales Blutvolumen als dynamischen Größen sowie vom Glaskörpervolumen und von den osmotischen Druckgradienten als vorwiegend statischen Größen beeinflußt. Unter physiologischen Bedingungen ist der Flüssigkeitswechsel im Auge der entscheidende Faktor, und der IOP ist als Resultat der ständigen Neubildung und des gleichzeitigen Abflusses von Kammerwasser anzusehen. Bei vermehrter Produktion oder erschwertem Abfluß steigt der IOP an.

Am **geschlossenen Auge** beträgt der IOP normalerweise **10–22 mmHg** (im Mittel 16 mmHg). Er nimmt mit fortschreitendem Lebensalter langsam zu. Der IOP ist zirkadianen Schwankungen unterworfen und kann morgens bis zu 4 mmHg höher sein als abends. Glaukomverdacht besteht bei Druckwerten zwischen 22 und 26 mmHg; ein wiederholt gemessener IOP von über 26 mmHg ist immer pathologisch.

■ IOP-Erhöhung

Ein pathologisch erhöhter IOP, wie er z. B. beim **Glaukom** (Abschn. 21.6.6) vorkommt, führt zu einer Reduktion des okularen Perfusionsdrucks und damit zu einer Minderdurchblutung des Sehnervs. Der okulare Perfusionsdruck (OPP) ergibt sich aus dem mittleren arteriellen Blutdruck (MAP) und dem intraokularen Druck:

$$OPP = MAP - IOP$$

Eine chronisch zu hoher IOP kann eine Hornhauttrübung und irreversible Papillenschädigung hervorrufen, ein zu niedriger IOP dagegen eine Netzhautablösung und Glaskörpereinblutung.

Anästhesiologisch-operative Relevanz. Wird die vordere Augenkammer operativ oder traumatisch (perforierende Verletzung) eröffnet, so fällt der IOP auf 0 mmHg ab, und die Durchblutung der Chorioidea nimmt abrupt zu. Die druckpassive Erhöhung des Blutvolumens in den hinteren Bereichen („Vis a tergo") bewirkt am **offenen Auge** in leichteren Fällen nur eine Vorwölbung der hinteren Linsenkapsel, bei stärkerer Volumenzunahme jedoch einen Irisprolaps oder sogar einen Glaskörperverlust und im Extremfall eine Gefäßzerreißung mit expulsiver Blutung (→ Amaurose).

■ Einflußfaktoren

Arterieller Blutdruck. Während die retinale Durchblutung über einen weiten Bereich des OPP bzw. MAP, vergleichbar der Autoregulation der Hirndurchblutung (Kap. 22.2.1), durch selbstregulierende Mechanismen unter physiologischen Bedingungen konstant gehalten wird, muß dies für die *chorioideale Durchblutung* bezweifelt werden. Sie macht ungefähr 85% der Blutversorgung des Auges aus und übertrifft damit die retinale Durchblutung um etwa das 20-fache. Chorioideale Durchblutung und chorioideales Blutvolumen scheinen sich in direkter Abhängigkeit vom OPP zu ändern. Da aber das chorioideale Blutvolumen (i. Ggs. zum retinalen) eine wesentliche Determinante des IOP ist, müssen Blutdruckänderungen zu entsprechenden IOP-Änderungen führen. Die chorioideale Durchblutung unterliegt wohl keiner druckabhängigen Autoregulation, wird aber durch vegetative Impulse moduliert. So führt eine Steigerung des Sympathikotonus zu einer chorioidealen Vasokonstriktion und deutlichen Abnahme des Blutflusses, während eine Verminderung der sympathischen Aktivität den umgekehrten Effekt hat. Dies ließe sich als Mechanismus zum Schutz gegen Hyper- und Hypoperfusion interpretieren. So könnte in Streßsituationen (z. B. zu flache Narkose) der Einfluß einer Blutdrucksteigerung auf den IOP durch die Zunahme der Sympathikusaktivität gemildert werden.

Hieraus folgt:

1. Der IOP ist durch Blutdruckänderungen zu beeinflussen.
2. Abrupte und krisenhafte Blutdruckanstiege müssen bei intraokularen Eingriffen, perforierenden Augenverletzungen und bei Patienten mit Glaukom unbedingt vermieden werden.

3. Eine kontrollierte Hypotension führt zwar zu einer Abnahme des IOP, birgt jedoch die Gefahr einer okularen Minderperfusion.
4. Eine Blutdrucksenkung durch Vasodilatatoren mit direkter Wirkung auf die Chorioideagefäße kann über eine Zunahme des Blutvolumens zu einem „paradoxen" Anstieg des IOP führen.

Zentralvenöser Druck. Ein Anstieg des ZVD führt zu einer Zunahme des venösen Blutvolumens im Auge und kann den IOP erheblich steigern. In diesem Sinne wirksam sind Husten, Pressen, Würgen, Erbrechen, Atemanhalten, hohe Beatmungsdrücke, Überwässerung, Rechtsherzinsuffizienz und Kopftieflage.

Atmung/Beatmung. Eine Überdruckbeatmung, besonders mit PEEP, erhöht den intrathorakalen Druck und damit den ZVD, so daß der IOP ebenfalls ansteigt. Daher sollte bei intraokularen Eingriffen möglichst auf einen PEEP verzichtet werden.

Hyper-/Hypokapnie und Hypoxämie. Hyperkapnie steigert, Hypokapnie senkt den IOP. Eine kontrollierte Hyperventilation ($PaCO_2 \approx 30$ mmHg) ist ein effektives Mittel, um den IOP zu vermindern. Eine Hypoxämie dagegen führt zu einer Zunahme des IOP.

Anästhetika. Alle volatilen Anästhetika senken ebenso wie Thiopental, Methohexital, Propofol, Etomidat und Benzodiazepine dosisabhängig den IOP. Eine tiefe Narkose vermindert den IOP um ca. 10 mmHg. **Ketamin** hingegen läßt den IOP leicht ansteigen, wahrscheinlich kompressionsbedingt durch Zunahme des Tonus der äußeren Augenmuskeln, möglicherweise aber auch als Folge der kreislaufstimulierenden Wirkung. Opioide sollen den IOP unverändert lassen. **N_2O** hat zwar keinen direkten Einfluß auf den IOP, bei intraokularen Eingriffen ist jedoch zu berücksichtigen, daß sich nach dem Nahtverschluß im Auge zurückbleibende Luftblasen durch die Diffusion von N_2O in luftgefüllte Räume rasch auf ein Vielfaches des ursprünglichen Volumens ausdehnen können und es so zu einem IOP-Anstieg kommen kann.

Muskelrelaxanzien. Nichtdepolarisierende Relaxanzien vermindern den IOP durch Relaxierung der äußeren Augenmuskeln und Senkung der Beatmungsdrücke. **Succinylcholin** dagegen erhöht, vor allem bei zügiger Injektion, den IOP, möglicherweise durch die passagere Kontraktion der quergestreiften Augenmuskulatur. Der IOP-Anstieg kann bis zu 10 mmHg ausmachen und einige Minuten anhalten. Inwieweit die Vorinjektion eines nichtdepolarisierenden Relaxans dies verhindern kann, ist nach wie vor umstritten. In tiefer Narkose soll eine IOP-Zunahme nicht oder nur abgeschwächt auftreten. Bei erhöhtem IOP oder perforierenden Augenverletzungen sollte Succinylcholin gleichwohl möglichst nicht eingesetzt werden, auch wenn bis heute keine Publikation existiert, in der in Zusammenhang mit der Anwendung von Succinylcholin bei einer perforierenden Augenverletzung ein Verlust von Bulbusinhalt beschrieben worden wäre.

Atropin. Atropin steigert bei systemischer (!) Gabe den IOP nicht und kann daher wenn nötig in den üblichen Dosen gefahrlos zugeführt werden.

Bei topischer Applikation hingegen bewirkt Atropin eine Erschlaffung des M. sphincter pupillae (→ Pupillendilatation) und des M. ciliaris (→ Akkommodationslähmung). Folge ist eine Verengung des Schlemm-Kanals, was den Abfluß des Kammerwassers behindert. Bei disponierten Patienten (Engwinkelglaukom) kann es so zu einer bedrohlichen Erhöhung des IOP kommen.

Laryngoskopie und Intubation. Laryngoskopie und Intubation können bei zu flacher Narkose den IOP deutlich erhöhen. Husten und Pressen während der Intubation verstärken den Druckanstieg nochmals. Durch eine tiefe Narkose und ggf. systemische Gabe von *Lidocain* (1,0–1,5 mg/kg KG i. v., ca. 90 sec vor der Intubation) kann der Druckanstieg verhindert oder zumindest begrenzt werden.

Äußerer Druck aufs Auge. Äußerer Druck aufs Auge, z. B. durch die Atemmaske oder die Hände des Anästhesisten, führt ebenfalls zu einem Anstieg des IOP und muß nach Möglichkeit vermieden werden.

21.3 Besonderheiten der präoperativen Vorbereitung

Die präoperative Vorbereitunge ophthalmochirurgischer Patienten richtet sich nach den üblichen Standards. Für ein anästhesiologisches Stand-by gelten grundsätzlich dieselben Kriterien wie für eine Allgemeinanästhesie. Die Notwendigkeit zusätzlicher Untersuchungen ergibt sich jedoch nicht aus dem operativen Eingriff, sondern ausschließlich aus Begleiterkrankungen.

21.4 Allgemeinanästhesie

Falls eine Augenoperation nicht in Retrobulbäranästhesie durchgeführt wird, ist die **Intubationsnarkose** das Verfahren der Wahl. Die Intubation wird *orotracheal*, i. d. R. mit entsprechend vorgeformten PVC-Tuben oder mit Spiraltuben, vorgenommen. Wichtig ist dabei auch, den Tubus und die Tubusverbindungen sicher durch Verklebung mit Pflaster zu fixieren. Bei mikrochirurgischen und ganz besonders bei intraokularen Eingriffen muß das Auge völlig ruhiggestellt sein, und Bewegungen des Patienten müssen sicher verhindert werden. Hierzu ist eine **komplette Muskelrelaxation** notwendig, die mit Hilfe der **Relaxometrie** überwacht werden sollte.

In der Regel ist eine **Venenkanüle** (aber nach Möglichkeit mindestens G18) ausreichend, weil es während der Eingriffe nicht zu nennenswerten Volumenverschiebungen kommt. Meist genügt zur Überwachung das **Basismonitoring** (Kap. 3.1). Wenn eine **Magensonde** erforderlich wird, sollte sie in das dem zu operierendem Auge gegenüberliegende Nasenloch eingeführt werden. Bei Säuglingen wie auch bei längeren Eingriffen (> 2–3 h) wird die **Körpertemperatur** gemessen. Bei Säuglingen wird außerdem zur besseren respiratorischen Überwachung ein **präkordiales Stethoskop** benutzt. Blasenkatheter, ZVK, invasive Blutdruckmessung PA-Katheter etc. bleiben speziellen patientenbedingten Indikationen vorbehalten.

Die **Extubation nach intraokularen Eingriffen** sollte bei fehlenden Kontraindikationen (z. B. Nichtnüchternheit) in tiefer Narkose am spontan atmenden Patienten erfolgen, um so Husten und Pressen zu vermeiden. Um den Hustenreiz auch in dieser Phase adäquat zu unterdrücken, empfiehlt sich vorher, die Narkose ausreichend mit Opioiden zu supplementieren. Die alleinige Anwendung inhalativer Anästhetika ist nicht sinnvoll. Bei nur mäßigem Husten und Pressen während der Ausleitung dürfte bei den heutigen Nahtmaterialien und -techniken keine Gefahr einer Nahtdehiszenz bestehen.

MERKE
Nach **intraokularen Eingriffen** müssen starkes Husten und Pressen sowie Erbrechen unbedingt vermieden werden, denn sie können zu Wunddehiszens, Irisprolaps und intraokularen Blutungen führen!

21.5 Spezielle Medikamente

Acetazolamid (Diamox®) kann bei operativer Notwendigkeit eingesetzt werden, um den IOP zu senken (Indikationsstellung durch den Ophthalmologen). Acetazolamid hemmt die Carboanhydrase, was zu einer Verminderung der Kammerwasserproduktion und damit des IOP führt. Die Dosierung beträgt 250–500 mg i. v. Die Wirkung setzt nach 10–15 min ein. Als Nebenwirkung kann eine alkalische Diurese mit Natrium- und Kaliumverlusten auftreten (→ ggf. Hypokaliämie u. metabolische Azidose!).

Mannitol reduziert über den Aufbau eines osmotischen Gefälles ebenfalls den IOP (s. auch Kap. 22.3.5). Es wird als 10- oder 20%ige Lösung in einer Dosierung von 0,25–0,5 g/kg KG über 5–15 min p. inf. zugeführt. Mannitol kann, wenn nötig, mit Acetazolamid kombiniert werden.

21.6 Eingriffe

21.6.1 Exenteratio, Enucleatio und Eviscaratio orbitae

OP-Verfahren:	Exenteration: Entfernung des gesamten Orbitainhalts (häufig bei Tumoren) Enukleation: Entfernung des Bulbus (ohne Adnexe) u. Ersatz durch Augenprothese Eviszeration: Entfernung nur des Bulbusinhalts (ohne Sklera)
OP-Dauer:	45–90 min
Besonderheiten:	keine

21.6.2 Lidchirurgie

Indikationen:	Verletzungen, Tumoren, Ptosis
OP-Verfahren:	häufig plastische Deckungen
OP-Dauer:	bis zu 2 h
Anästhesie:	bei langer OP-Dauer möglichst Allgemeinanästhesie
Besonderheiten:	keine

21.6.3 Tränenwege und Tränendrüse

Tränenwegsstenosen

OP-Indikation:	Obstruktion des Ductus nasolacrimalis durch persistierende Membran
Besonderheiten:	Säuglinge und Kleinkinder (i. d. R. zwischen 10 und 14 Monate alt)
OP-Verfahren:	Sondierung des Tränenpünktchens und Überdruckspülung
OP-Dauer:	1–5 min
Anästhesie:	immer Intubationsnarkose (zur sicheren Vermeidung einer Aspiration von Schleim- u. Eiterpfröpfchen od. Spülflüssigkeit [Fluorescein])
Besonderheiten:	1. Einleitung am besten per inhalationem, aber anschl. Anlage eines i. v. Zugangs! 2. ausreichend tiefe Narkose notwendig, weil die Sondierung schmerzhaft ist 3. Eingriff im Normalfall ambulant durchführbar

Chronische Dakryozystitis

Nosologie:	chronische Entzündung des Tränensacks als Folge einer infrasakkalen Stenose mit Abflußbehinderung
OP-Verfahren:	Dakryozystorhinostomie nach *Toti* (Verbindung zwischen Tränensack und Nase)
OP-Dauer:	ca. 30 min
Besonderheiten:	keine

21.6.4 Keratoplastik

Indikationen:	1. optisch (nur zur Verbesserung des Sehvermögens): Keratokonus, Hornhautnarben 2. kurativ: Hornhautulzerationen od -einschmelzungen Besonderheiten: bedingt dringliche Indikation (Hornhäute nur begrenzt haltbar: max. 4 Wochen in der Konservierungslösung, nur noch bis zu 12 Stunden nach Entnahme aus der Lösung)
OP-Verfahren:	Hornhautersatz durch Leichenhornhaut
OP-Dauer:	1–2 h
Besonderheiten:	Anstieg der Vis a tergo unbedingt vermeiden (→ tiefe Narkose mit kompl. Muskelrelaxation, evtl. kontrollierte Hyperventilation; art. Blutdruck im Bereich der unteren zerebrovaskulären Autoregulationsschwelle halten [Kap. 22.2.1]), Blutdruckspitzen verhindern, Kopf zur Verbesserung des okularvenösen Abflusses erhöht lagern, Extubation möglichst in tiefer Narkose)

21.6.5 Katarakt

Nosologie:	Trübung der Augenlinse (grauer Star) 1. angeboren: häufig mit anderen Fehlbildungen verbunden (z. B. Trisomie 21) 2. erworben: z. B. Altersstar, Diabetes mellitus, Kontusionsverletzungen, Medikamente (z. B. Steroidkatarakt)
OP-Verfahren:	am häufigsten extrakapsuläre Kataraktextraktion u. Ersatz durch eine künstliche Linse
OP-Ablauf:	1. Eröffnung der Bindehaut u. des Bulbus 2. Eröffnung der vorderen Linsenkapsel, Entfernung des getrübten Linsenkerns, evtl. Implantation einer Kunststofflinse 3. Iridektomie und Naht
OP-Dauer:	30–45 min
Besonderheiten:	Anstieg der Vis a tergo unbedingt vermeiden (Abschn. 21.6.4)

21.6.6 Glaukom

Nosologie:	Erhöhung des IOP (grüner Star; s. Abschn. 21.2.2) 1. Altersglaukom: vor allem chronische Druckerhöhung (weiter Kammerwinkel) 2. Engwinkelglaukom: krisenhafte IOP-Anstiege (auf ein Vielfaches des Normalwerts) bei Behinderung der Zirkulation od. des Abflusses des Kammerwassers (z. B. bei Pupillenerweiterung)
OP-Verfahren:	Goniotrepanation (Anlage einer Fistel zischen vorderer Augenkammer und Episkleralraum, durch die das Kammerwasser subkonjunktival abfließen kann)
OP-Dauer:	60–90 min
Besonderheiten:	Anstieg der Vis a tergo unbedingt vermeiden (Abschn. 21.6.4)

21.6.7 Iristumoren

OP-Verfahren:	Blockexzision der Iris (seltener Eingriff)
OP-Dauer:	ca. 3 h
Anästhesie:	möglichst Allgemeinanästhesie wegen langer OP-Dauer
Besonderheiten:	1. Anstieg der Vis a tergo unbedingt vermeiden (Abschn. 21.6.4) 2. evtl. kontrollierte Hypotension zur Erleichterung des operativen Vorgehens (dann ZVK, art. Zugang u. Blasenkatheter erforderlich; s. Kap. 6.6)

21.6.8 Vitrektomie

Indikationen:	schwere entzündliche Glaskörperveränderungen, Glaskörpereinblutungen, vitroretinale Proliferationen
OP-Verfahren:	partielle oder komplette Entfernung des Glaskörpers
OP-Ablauf:	1. stumpfes Ablösen u. dann Absaugen des betroffenen Glaskörperanteils, Beseitigung von Proliferationen (z. B. mit Laser) 2. Auffüllen des Defekts mit Ringerlösung, hochgereinigtem Silikonöl od. Gas (SF_6 = Schwefelhexafluorid), dadurch Wiederanlegen abgehobener Netzhaut
OP-Dauer:	45–60 min
Anästhesie:	möglichst Allgemeinanästhesie zur völligen Ruhigstellung des Operationsgebietes

Besonderheiten:	1. Anstieg der Vis a tergo unbedingt vermeiden (Abschn. 21.6.4) 2. N_2O-Zufuhr spätestens 15 min vor dem Einsatz von SF_6 beenden, weil sonst Schrumpfungsphänomenen auftreten könnten, denn N_2O würde postoperativ schnell wieder aus der SF_6-Gasblase hinausdiffundieren

21.6.9 Amotio oder Ablatio retinae

Nosologie:	Ablösung der sensorischen Netzhaut vom darunter liegenden Pigmentepithel
Ursachen:	Kurzsichtigkeit, Aphakie; stumpfe od. perforierende Traumen, Retinopathien u. a.
OP-Verfahren:	Tamponade der Öffnungsstelle durch eine auf die Sklera aufgenähte Silikonplombe od. zirkulär um den Bulbus geführte Silikoncerclage
OP-Dauer:	1–2 h
Anästhesie:	möglichst Allgemeinanästhesie zur völligen Ruhigstellung des Operationsgebietes
Besonderheiten:	Anstieg der Vis a tergo unbedingt vermeiden (Abschn. 21.6.4)

21.6.10 Perforierende Augenverletzungen

OP-Indikation:	dringlich (6-h-Frist kann aber zumeist abgewartet werden)
Besonderheiten:	evtl. weitere Verletzungen des Gesichtsschädels und Neurokraniums
OP-Verfahren:	abhg. von der Verletzung
OP-Dauer:	abhg. von der Verletzung (i. d. R. 60 min)
Anästhesie:	immer Intubationsnarkose (völlige Ruhigstellung des Operationsgebietes)
Einleitung:	Nicht-nüchtern-Einleitung (auch außerhalb der 6-h-Frist)
Besonderheiten:	1. Anstieg der Vis a tergo unbedingt vermeiden (Abschn. 21.6.4) 2. möglichst kein Succinylcholin (Abschn. 21.2.2)!; statt dessen z. B. Rocuronium 0,6 mg/kg KG bei zu erwartender OP-Dauer von 30–45 min, 0,9 mg/kg KG bei zu erwartender OP-Dauer von mehr als 45 min 3. kein N_2O (wegen N_2-Interferenz; Abschn. 21.2.2)! 4. verletztes Auge nicht berühren (z. B. bei der Präoxygenierung)

21.6.11 Strabismus

Vorkommen:	i. d. R. bei Kindern und Jugendlichen im Alter zwischen 3 und 17 Jahren
OP-Verfahren:	Korrektur einer Fehlstellung der äußeren Augenmuskulatur
OP-Dauer:	20–60 min (abhg. von der Anzahl der zu korrigierenden Augenmuskeln)
Anästhesie:	i. d. R. Allgemeinanästhesie
Besonderheiten:	okulokardialer Reflex häufiger als bei den anderen Augenoperationen

21.6.12 Augenuntersuchungen im Kindesalter

Dauer:	5–10 min
Anästhesie:	Allgemeinanästhesie od. (Analgo-)Sedierung
Besonderheiten:	1. Einleitung per inhalationem (ggf. auch i. v.), aber immer Anlage eines i. v. Zugangs! 2. Untersuchung im Normalfall ambulant durchführbar

Spezialfall „Tonometrie“

Einige Ophthalmologen wünschen bei der Tonometrie bewußt den Verzicht auf IOP-senkende Anästhetika, um falsch niedrige Meßwerte sicher zu vermeiden. In solchen Fällen wird eine Analgosedierung mit **Midazolam** (0,5 mg/kg KG rektal) und **Ketamin** (initial 1 mg/kg KG i.v.) durchgeführt. Unter Ketamin kommt es allerdings mitunter zu Faszikulationen der Augenmuskeln (z.B. Nystagmus, Blepharospasmus), was die Untersuchung behindern kann.

21.6.13 Elektroretinogramm

Verfahren:	Ableitung der elektrischen Antworten der Netzhaut auf einen kurzen Lichtblitz
Dauer:	15–30 min
Anästhesie:	Inhalationsnarkose bei sehr kleinen Kindern (z.B. Larynxmaske), sonst Sedierung
Besonderheiten:	1. Inhalationsanästhetika beeinflussen die Netzhautpotentiale nicht oder allenfalls gering. Die Untersuchung ist nicht schmerzhaft. 2. völlig abgedunkelter Untersuchungsraum erforderlich 3. Während der Applikation des Lichtblitzes dürfen keine elektrischen Geräte am Stromnetz angeschlossen sein (Wechselstrominterferenz; deshalb EKG, Blutdruckautomat und Pulsoxymeter über Akku betreiben).

21.7 Stand-by (s. auch Kap. 13.8.2)

Patienten mit relevanten Begleiterkrankungen (vor allem kardiovaskulärer oder respiratorischer Art) werden, wenn sie in Retrobulbäranästhesie operiert werden sollen, oftmals dem Anästhesisten zum Stand-by vorgestellt. Während der Augenarzt sich um die Anästhesie kümmert, beschränkt sich die Aufgabe des Anästhesisten auf die **intraoperative Überwachung und Aufrechterhaltung der Vitalfunktionen.** Die präoperative Vorbereitung unterscheidet sich jedoch nicht von der bei einer Allgemeinanästhesie. Eine anxiolytische Prämedikation liegt im Ermessen des Anästhesisten. Das intraoperative Monitoring umfaßt das EKG, die (automatische) nichtinvasive Blutdruckmessung und die Pulsoxymetrie. Eine Venenkanüle ist bei allen Eingriffen obligat, ebenso wie eine O_2-Insufflation. Sofern keine potentiell atemdepressorisch wirkenden Medikamente gegeben wurden und keine Komplikationen im weiteren Verlauf zu erwarten sind, kann der Patient direkt nach dem Eingriff auf die periphere Station zurückverlegt werden.

22 Neurochirurgie und Neuroradiologie

22.1 Allgemeine Bemerkungen ▸ 317
22.2 Physiologische und pathophysiologische Besonderheiten ▸ 317
22.2.1 Zerebrovaskuläre Autoregulation ▸ 318
22.2.2 CO_2-Reaktivität der Hirngefäße ▸ 319
22.2.3 Intrakranieller Druck ▸ 319
22.2.4 Hirnödem ▸ 321
22.3 Pharmakologie ▸ 321
22.3.1 Hypnotika ▸ 322
22.3.2 Inhalationsanästhetika ▸ 323
22.3.3 Opioide ▸ 323
22.3.4 Muskelrelaxanzien ▸ 324
22.3.5 Varia ▸ 324
22.4 Allgemeine Neuroanästhesie ▸ 325
22.4.1 Präoperative Vorbereitung ▸ 325
22.4.2 Allgemeine Hinweise ▸ 325
22.4.3 Flüssigkeitsersatz ▸ 326
22.4.4 Spezielle Medikamente ▸ 326
22.4.5 Operationslagerung ▸ 326
22.4.6 Narkoseführung ▸ 327
22.5 Spezielle Neuroanästhesie ▸ 328
22.5.1 Supratentorielle Tumoren ▸ 328
22.5.2 Transsphenoidale Hypophysenoperationen ▸ 329
22.5.3 Gefäßerkrankungen ▸ 330
22.5.4 Eingriffe in (halb)sitzender Position ▸ 333
22.5.5 Infratentorielle Eingriffe ▸ 334
22.5.6 Shuntanlage/-revision ▸ 334
22.5.7 Trigeminusneuralgie ▸ 335
22.5.8 Stereotaktische Eingriffe ▸ 336
22.5.9 Wirbelsäule und Rückenmark ▸ 336
22.5.10 Besondere Eingriffe bei Kindern ▸ 337
22.6 Stand-by ▸ 339
22.7 Notfall- und dringliche Eingriffe ▸ 339
22.8 Luftembolie ▸ 340
22.9 Neuroradiologische Untersuchungen und Interventionen ▸ 340
22.9.1 Grundsätzliches ▸ 340
22.9.2 Zerebrale Angiographie ▸ 341
22.9.3 Endovaskuläre Embolisation ▸ 341
22.9.4 Aneurysma-Coiling ▸ 342
22.9.5 Lysetherapie ▸ 342
22.9.6 Karotisangioplastie ▸ 342
22.9.7 Zerebrale Magnetresonanztomographie ▸ 343

22.1 Allgemeine Bemerkungen

Neurochirurgische Operationen umfassen Eingriffe am zentralen und am peripheren Nervensystem. Anästhesiologische Besonderheiten ergeben sich jedoch im wesentlicen nur bei intrakraniellen Eingriffen („Kraniotomien"). Im Zentrum der Anästhesieführung steht hier die **Aufrechterhaltung der zerebralen Homöostase.** Zu diesem Zweck dient vorrangig die Erhaltung der zellulären Oxygenierung und Substratversorgung. Die eingehende Kenntnis der physiologischen Grundlagen von Hirndurchblutung, Hirnstoffwechsel und Hirndruck sowie der mit den einzelnen Erkrankungen verbundenen pathophysiologischen und pharmakologischen Besonderheiten bilden die Voraussetzung für das sichere Beherrschen der Neuroanästhesie.

22.2 Physiologische und pathophysiologische Besonderheiten

Die maßgebliche Stellgröße der zerebralen Oxygenierung ist die **Hirndurchblutung** (zerebraler Blutfluß; CBF)[43]. Unter physiologischen Bedingungen wird sie stoffwechselabhängig gesteuert und unterliegt einer druckabhängigen Autoregulation (Abb. **25**).

43 Ruhewert: ca. 50–60 ml/100 g Hirngewebe/min

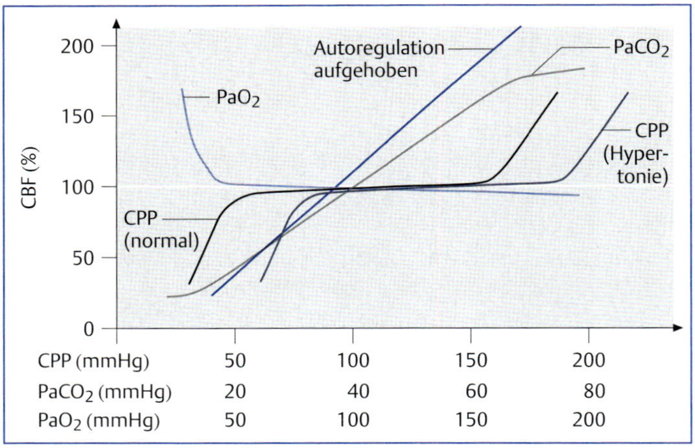

Abb. 25 Autoregulation der Hirndurchblutung

22.2.1 Zerebrovaskuläre Autoregulation

In einem Bereich des zerebralen Perfusionsdrucks (CPP) von **60–150 mmHg** wird der CBF normalerweise durch autoregulative Veränderungen des Durchmessers pialer Arterien konstant gehalten. Der CPP ist abhängig vom arteriellen Mitteldruck (MAP), intrakraniellen Druck (ICP) und außerdem vom zentralvenösen Druck (ZVD), wenn dieser höher als der ICP ist. Der CPP errechnet sich wie folgt:

$$CPP = MAP - ICP$$

Eine Zunahme des CPP führt nur zu einer kurzfristigen Steigerung des CBF. Durch myogene Vorgänge, die wahrscheinlich NO-vermittelt sind, kommt es nämlich bei passiver Dehnung der größeren Hirnarterien (als Folge der CPP-Erhöhung) innerhalb von 1–2 min zu einer zerebralen Vasokonstriktion („Bayliss-Effekt"), wodurch eine länger anhaltende CBF-Zunahme vermieden wird. Umgekehrt entwickelt sich bei Abfall des CPP eine Vasodilatation, die eine Abnahme des CBF verhindert. Erst bei Über- oder Unterschreiten der autoregulatorischen Grenzen folgt die zerebrale Durchblutung direkt dem Perfusionsdruck („druckpassive Durchblutung").

MERKE
Änderungen des **CPP** innerhalb des Autoregulationsbereiches führen unter physiologischen Bedingungen zu direkt proportionalen Änderungen des zerebralen Gefäßwiderstands, was den CBF konstant hält!

Physiologische Bedeutung

Die zerebrovaskuläre Autoregulation kann als zweckmäßiger Schutzmechanismus des Organismus aufgefaßt werden. Sie dient bei Abfall des CPP der Verhinderung einer Hirnischämie und bei seinem Anstieg der Verhinderung eines Hirnödems. Als **kritische Grenzwerte des CPP**, unterhalb deren eine zerebrale Ischämie zu erwarten ist, gelten
- ca. 40 mmHg bei Gesunden und
- 60–70 mmHg bei pathologischer intrakranieller Hämodynamik (z. B. ICP-Steigerung, zerebrovaskuläre Insuffizienz).

Beeinträchtigung der druckabhängigen Autoregulation

Die zerebrovaskuläre Autoregulation ist äußerst anfällig gegen Veränderungen des physiologischen Milieus. Durch Störgrößen wie **Ischämie, Hypoxie und Hyperkapnie** werden die Regulationsvorgänge ebenso wie durch **Trauma** oder **zerebral vasoaktive Pharmaka** beeinträchtigt und können sogar ganz aufgehoben werden. Unter solchen Bedingungen wird das Gehirn nur noch druckpassiv durchblutet.

Bei **chronischer arterieller Hypertonie** ist die Autoregulationskurve nach rechts verschoben. Das bedeutet, daß einerseits ein höherer CPP zur Verhinderung einer zerebralen Ischämie erforderlich ist, andererseits aber höhere arterielle Drücke toleriert werden, ohne daß es zu einem hyperämischen Hirnödem kommt.

22.2.2 CO_2-Reaktivität der Hirngefäße

Änderungen des $PaCO_2$ führen zu gleichgerichteten Änderungen der zerebralen Perfusion. Eine Zunahme des $PaCO_2$ von 20 bis 80 mmHg bewirkt eine annähernd lineare Steigerung des CBF, während eine Abnahme den umgekehrten Effekt hat (die Änderung des CBF beträgt bei Änderung des $PaCO_2$ um 1 mmHg, ca. 1–2 ml pro 100 g Hirngewebe und min).

Heutzutage wird folgender **Mechanismus** angenommen: Die H^+-Konzentration in der Extrazellulärflüssigkeit und Gefäßmuskulatur beeinflußt über eine Veränderung der Membranpermeabilität für bestimmte Ionen den Aktivitätszustand der Gefäßmuskelzelle. Eine Azidose führt zu einer Vasodilatation, eine Alkalose zu einer Vasokonstriktion. Bei aerober Glykolyse entstehen als Endprodukte CO_2 und H_2O. Die dadurch induzierte Zunahme der H^+-Konzentration reguliert in der beschriebenen Art den zerebralen Vasomotorentonus. Auf diese Weise kann der CBF dem jeweiligen zellmetabolischen Bedarf zügig angepaßt werden. Da die kleinen Widerstandsarterien und die Arteriolen am stärksten auf wechselnde CO_2-Blutspannungen reagieren, werden außerdem regionale Durchblutungsanpassungen ermöglicht.

Da CO_2 – i. Ggs. zu HCO_3^- – als Gas Membranen frei durchdringen kann, führen Änderungen des $PaCO_2$ – auch unabhängig vom zerebralen Metabolismus – zu einer Zu- oder Abnahme der extrazellulären H^+-Konzentration. Das bedeutet, daß iatrogen durch **Änderung ventilatorischer Größen** zielgerichtet Einfluß auf die Hirndurchblutung und damit den Hirndruck (Abschn. 22.2.3) genommen werden kann. Bei einer **kontrollierten Hyperventilation** nimmt allerdings infolge allmählicher kompensatorischer Verminderung der HCO_3^--Konzentration im Liquor und in der Extrazellulärflüssigkeit der pH-Wert wieder ab, und damit wird der CBF – trotz fortgesetzter Hyperventilation – innerhalb von ca. 24 Stunden wieder auf sein Ausgangsniveau angehoben.

MERKE
Änderungen des **$PaCO_2$** beeinflussen die Hirndurchblutung durch umgekehrt proportionale Änderungen des zerebralen Gefäßwiderstands!

Physiologische Bedeutung

Durch die CO_2-Regulation der Hirngefäße werden Durchblutung und metabolische Aktivität des Gehirns eng aufeinander abgestimmt. So läßt eine Zunahme des Hirnstoffwechsels die zerebrale Perfusion ansteigen, um den höheren O_2- und Substratbedarf zu decken, und umgekehrt.

Veränderung der CO_2-Reaktivität

Die zerebrovaskuläre CO_2-Reaktivität ist weniger störanfällig als die druckabhängige Autoregulation. Sie wird durch eine **metabolische Azidose** (z. B. als Folge hypoxisch-ischämischer Zustände) oder **arterielle Hypotension** (MAP < 50 mmHg) beeinträchtigt und schließlich außer Kraft gesetzt.

Die Ausprägung der CO_2-Antwort scheint generell vom **Ausgangstonus der Hirngefäße** abzuhängen. So konnte gezeigt werden, daß die CO_2-Reagibilität unter zerebral vasokonstriktorischen intravenösen Anästhetika vermindert ist, während sie durch volatile Anästhetika, die zu einer Dilatation der Hirngefäße führen, verstärkt wird.

Anästhesiologische Relevanz

Jede Art von Zellhypoxie, bedingt z. B. durch Gefäßerkrankungen, Hirntumoren, Entzündungen oder Traumen, führt über eine zunehmende Laktatazidose in den betroffenen Organbezirken zunächst zu einer Verminderung und schließlich zu einer kompletten Aufhebung der CO_2-gesteuerten Gefäßreagibilität mit dem Ergebnis einer maximalen Vasoparalyse. Da es sich in solchen Fällen vielfach um **fokale hypoxische oder inkomplette ischämische** Veränderungen handelt, kann man sich die in intakten Gefäßprovinzen erhaltene CO_2-Reaktivität für die anästhesiologische Praxis zunutze machen. So soll z. B. die kontrollierte Hyperventilation bei pathologisch erhöhtem Hirndruck die Durchblutung in minderperfundierten Arealen verbessern („inverser Steal-Effekt" od. „Robin-Hood-Phänomen"). Damit dieser Effekt auftreten kann, muß die CO_2-Reaktivität jedoch in den „gesunden" Gefäßgebieten unbedingt erhalten bleiben.

22.2.3 Intrakranieller Druck

Der intrakranielle Druck (ICP) wird durch die Volumina der Flüssigkeitskompartimente im knöchernen Schädel bestimmt:
- intrazelluläre und interstitielle Flüssigkeit (ca. 80%)
- zerebrales Blutvolumen (ca. 12%)
- Liquor cerebrospinalis (ca. 8%)

Der ICP beträgt physiologisch **0–15 mmHg** (Messung s. Kap. 3.13). Eine Zunahme des CBF geht mit einer Erhöhung des zerebralen Blutvolumens (CBV) ein-

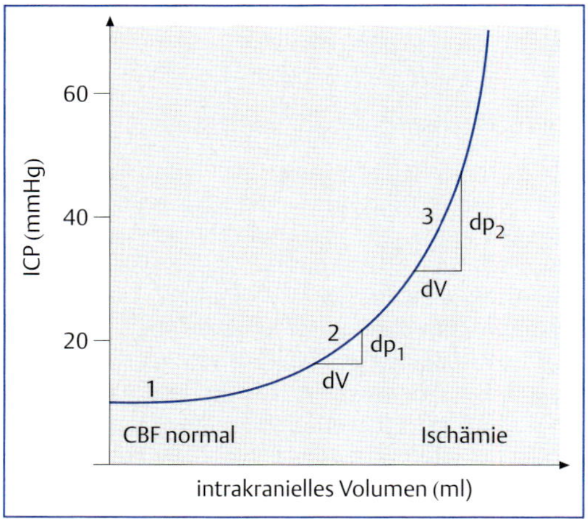

Abb. 26 Intrakranielle Druck-Volumen-Beziehung
Eine Volumenzunahme bewirkt je nach Ausgangswert des ICP einen unterschiedlich starken ICP-Anstieg:
1 normaler CBF und ICP
2 noch ausreichender CBF bei leicht erhöhtem ICP
3 kritisch erniedrigter CBF, bedingt durch erheblichen ICP-Anstieg

her. Da das Gehirn jedoch in einem halbgeschlossenen, nicht expansiblen Raum, dem Schädel, eingebettet ist, muß eine CBV-Zunahme – nach Erschöpfen der physiologischen Kompensationsmechanismen – zwangsläufig eine Steigerung des ICP zur Folge haben (Abb. **26**). Änderungen des intrakraniellen Drucks als Folge von Änderungen des intrakraniellen Volumens werden als Druck-Volumen-Beziehung mit der sog. **Elastance** (E) beschrieben[44]:

$$E = dP/dV$$

Normale und erhöhte ICP-Werte

- 0–15 mmHg: normal
- 15–30 mmHg: leicht erhöht
- 30–50 mmHg: stark erhöht
- > 50 mmHg: akute Einklemmungsgefahr!

Erst wenn ein ICP-Anstieg längere Zeit bestehenbleibt und sich nicht spontan normalisiert, spricht man von einer **pathologischen ICP-Erhöhung.** Überschreitet der ICP dabei 20–25 mmHg, so sollte therapeutisch interveniert werden.

Mögliche Auswirkungen eines pathologischen ICP-Anstiegs
- Abnahme des zerebralen Perfusionsdrucks mit zerebraler Ischämie (global – regional)
- Herniation von Hirnanteilen
  - obere Einklemmung: Temporallappen im Tentoriumschlitz (→ Kompression d. N. oculomotorius)
  - untere Einklemmung: Kleinhirntonsillen im Foramen magnum (→ Hirnstammkompression!)

Klinische **Zeichen der Einklemmung** sind:
- Bewußtlosigkeit u. Erlöschen der Schmerzreaktionen → drastische Reduktion des Narkosemittelbedarfs
- maximale Miosis od. Mydriasis (Kompression des N. oculomotorius)
- Streckstellung der Extremitäten (beim nichtrelaxierten Patienten)
- Zusammenbruch der Atem- u. Herz-Kreislauf-Tätigkeit (Bradykardie, Hypertonie → Asystolie)

Differentialdiagnostisch muß ein **akutes Mittelhirn- oder Bulbärhirnsyndrom** bei primärer Hirnstammschädigung erwogen werden.

Folgende Zustände, die zu einer **ICP-Erhöhung** führen können, sind klinisch bedeutsam:
- Hyperkapnie
- Hypoxämie
- Blutdruckanstieg (z. B. bei zu flacher Narkose)
  - über die obere Autoregulationsschwelle
  - bei gestörter Autoregulation
- Anstieg des ZVD (→ Verminderung des hirnvenösen Blutabflusses)
  - Husten u. Pressen
  - Trendelenburg-Lagerung
  - erhöhter intrathorakaler od. -abdomineller Druck
  - PEEP-Beatmung
- Hyperthermie
- Hyperhydratation
- raumfordernde intrakranielle Prozesse (Tumoren, Blutungen, Abszesse, Hirnödem)

Die meisten davon können durch das anästhesiologische Regime beeinflußt werden.

44 Da nur der Druck gemessen werden kann, sollte der reziproke Wert der Elastance, die Compliance, nicht mehr zur Charakterisierung der intrakraniellen Druck-Volumen-Beziehung benutzt werden.

22.2.4 Hirnödem

Unter einem Hirnödem versteht man die pathologische Zunahme des intra- und/oder extrazellulären Wassergehalts des Gehirns. Hauptursachen dafür sind Ischämie, Trauma, Tumoren, Infektionen und die hypertensive Krise. Folgende Formen des Hirnödems können unterschieden werden:

- **vasogenes Hirnödem:**
  bedingt durch Störungen der Blut-Hirn-Schranke, gekennzeichnet durch Zunahme des extrazellulären Wassergehalts, *z. B.: Trauma, Tumoren, Infektionen, hypertensive Krise*
- **ischämisches Hirnödem:**
  bedingt durch hypoxisch-ischämische Zellschädigung; gekennzeichnet primär durch Zunahme des intrazellulären Wassergehalts, bei sekundärer Störung der Blut-Hirn-Schranke schließlich auch des extrazellulären Wassergehalts, *z. B.: ischämischer Insult (= Hirninfarkt)*
- **postischämisches Hirnödem** (= Reperfusionsödem)
- **zytotoxisches Hirnödem**:
  oft synonym für ischämisches Ödem verwendet, strenggenommen aber ein intrazelluläres Ödem durch Einwirken von Toxinen
- **osmotisches Hirnödem**:
  entsteht bei intakter Blut-Hirn-Schranke, wenn die Osmolarität des Plasmas geringer als die des Hirngewebes ist; gekennzeichnet durch Zunahme des intrazellulären Wassergehalts, *z. B.: exzessive Zufuhr hypoosmolarer Infusionen, Dysäquilibriumsyndrom (z. B. zu schnelle Senkung der Plasmaglukose durch Insulintherapie od. des Plasmaharnstoffs durch Hämodialyse), Schwartz-Bartter-Syndrom (gesteigerte ADH-Sekretion), Pseudotumor cerebri*
- **mechanisch bedingtes Ödem** (Kompressions- od. Okklusionsödem):
  bedingt durch Unterbrechung des Liquor(ab)flusses, gekennzeichnet durch Zunahme des extrazellulären Wassergehalts, *z. B.: intrakranielle Massenzunahme, Verschiebung od. Herniation von Hirnanteilen, Hydrocephalus occlusus*

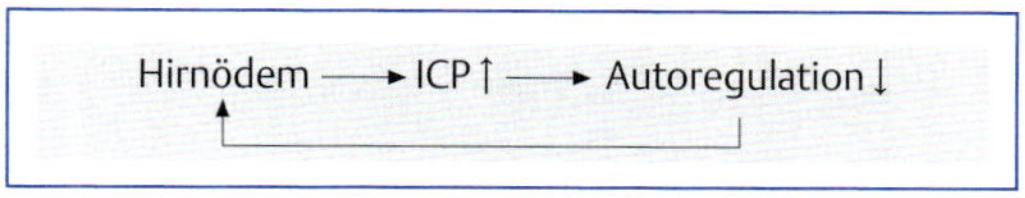

Abb. 27 Circulus vitiosus bei Hirnödem

Auswirkungen eines Hirnödems

Durch die Ausbreitung der Ödemflüssigkeit im Gewebe steigt hier der Druck allmählich an, so daß die Durchblutung vermindert und als Folge davon der Zellstoffwechsel beeinträchtigt wird. Außerdem wird die Autoregulation in den ischämischen Arealen aufgehoben, so daß diese nur noch druckpassiv durchblutet werden. Bei kritischer ICP-Zunahme besteht die Gefahr der Einklemmung von Hirnanteilen mit lebensbedrohlicher Kompression des Hirnstamms (Abschn. 22.2.3).

CPP bei Hirnödem und erhöhtem ICP. Ein Abfall des CPP (durch Abnahme des MAP oder Zunahme des ICP) führt zu einer autoregulatorischen Dilatation der Hirngefäße in den ödemfernen Regionen, während die Autoregulation in den geschädigten Gebieten vermindert oder aufgehoben ist. Infolgedessen nimmt das CBV zu und damit auch der ICP. Der ICP-Anstieg wiederum führt zu einer weiteren CPP-Abnahme, was die Vasodilatation verstärkt, bis schließlich der CBF bei maximaler Vasodilatation und höchsten ICP-Werten sistiert (Abb. **27**). Umgekehrt bewirkt eine Zunahme des CPP (Anstieg des MAP oder Abfall des ICP) eine zerebrale Vasokonstriktion mit Abnahme des CBV und ICP, und zwar so lange, bis eine maximale Vasokonstriktion und der niedrigstmögliche ICP erreicht sind. Gestützt auf diese Überlegungen, wird ein **hoher CPP (> 60–70 mmHg)** zur Behandlung des erhöhten ICP angestrebt, um so eine autoregulatorische zerebrale Vasokonstriktion mit Abnahme des CBV und ICP hervorzurufen. Dieses Vorgehen setzt allerdings eine zumindest partiell intakte Autoregulation der Hirndurchblutung voraus.

22.3 Pharmakologie

Bei intrakraniellen Eingriffen ist es von besonderer Bedeutung, daß die eingesetzten Anästhetika, Hypnotika, Opioide und Muskelrelaxanzien die physiologische Homöostase zwischen zerebralem Sauerstoffverbrauch ($CMRO_2$), Hirndurchblutung und intrakraniellem Druck nicht beeinträchtigen (Tab. **76**).

Gemeinsames Charakteristikum aller **zentral dämpfenden Pharmaka** ist, daß sie die $CMRO_2$ reduzieren. Bei den meisten intravenösen Hypnotika ist dies mit einer Abnahme des CBF und folglich auch des ICP verbunden, während unter volatilen Inhalations-

Tabelle 76 Einflüsse von Anästhetika, Hypnotika, Opioiden und Relaxanzien auf die zerebrale Homöostase

Substanz	$CMRO_2$	CBF, ICP	Druckabhängige Autoregulation	CO_2-Regulation	Burst-suppression-EEG	Krampfaktivität
Thiopental	↓↓	↓↓	↔	↓	ca. 5–7 mg(kg KG)	↓↓
Methohexital	↓↓	↓↓	↔	↓	ca. 1–2 mg(kg KG)	↓↓
Propofol	↓↓	↓↓	↔	↓	ca. 3 mg(kg KG)	↓
Etomidat	↓↓	↓↓	↔	↓	ca. 0,3 mg(kg KG)	↓
„Narkose-Opioide"	↔/↓	↔/↓	↔	↔	nein	↔
Midazolam	↓	↓	↔ ?	↔	nein	↓↓
Ketamin > 1 mg/kg	↔[1]	↑	↓	?	nein	(↓)
Isofluran	↓↓	bis 1 MAC ±0	> 1 MAC ↓	↑	> 2 MAC	↓
Sevofluran	↓↓	bis 1 MAC ±0	> 1 MAC ↓	↑	> 2 MAC	↓
Desfluran	(↑)?	↑	↓	↔	kontrovers	(↓)?
N_2O	↑	↑	erhalten[2]	↔	nein	↔
Succinylcholin	(↑)	(↑)	↔	↔	↔	↔
Nichtdepol. MR	↔	↔	↔	↔	↔	↔

$CMRO_2$ = zerebraler Sauerstoffverbrauch, CBF = zerebraler Blutfluß, ICP = intrakranieller Druck, MR = Muskelrelaxanzien; ↓↓ starke Abnahme, ↓ Abnahme, ↑↑ starke Zunahme, ↑ Zunahme, ↔ unverändert; [1] bezieht sich nur auf den globalen O_2-Verbrauch; [2] Verschiebung auf höheres CBF-Niveau

anästhetika der CBF und damit auch der ICP paradoxerweise zunehmen können.

Für eine pharmakologische Beeinflussung der **intrakraniellen Hämodynamik** bestehen prinzipiell folgende Möglichkeiten:

- direkte Veränderung des Durchmessers zerebraler Gefäße (z. B. volatile Anästhetika)
- indirekte Veränderung der Gefäßweite durch Beeinflussung des zerebralen (Funktions-)Stoffwechsels oder der Atmung ($PaCO_2$)
- Absenkung des CPP unter die untere oder Anhebung über die obere Autoregulationsschwelle

Veränderungen des ICP ergeben sich ausschließlich sekundär, vor allem als Folge medikamentöser Wirkungen auf den CBF, daneben auch auf die Liquorproduktion und -resorption.

22.3.1 Hypnotika

Thiopental, Methohexital, Propofol und Etomidat

Thiopental, Methohexital, Propofol und Etomidat reduzieren dosisabhängig den zerebralen Funktionsstoffwechsel. Da die physiologische Kopplung von $CMRO_2$ und CBF erhalten bleibt, kommt es dem Grad der *Stoffwechseldepression* entsprechend zu einer zerebralen Vasokonstriktion und damit zu einer *proportionalen Abnahme des CBF.* Die Maximalwirkung zeigt sich mit Erreichen eines Burst-suppression- oder isoelektrischen EEG (50–60%ige Senkung der $CMRO_2$, bezogen auf die Ruhewerte [ca. 3,5 ml O_2/100 g Hirngewebe/min]). An dieser Stelle ist der Funktionsstoffwechsel erloschen, und es bleibt nur noch der Strukturstoffwechsel für die Erhaltung der Zellintegrität übrig. Da die Reduktion des CBF mit einer Verminderung des CBV einhergeht, können diese Substanzen zur **Senkung eines erhöhten ICP** benutzt werden. Hierbei muß allerdings eine arterielle Hypotension vermieden werden, damit der CPP nicht abfällt (dies betrifft vor allem Propofol wegen seiner peripher vasodilatierenden Wirkung), und ebenso natürlich eine Hyperkapnie, die das CBV und damit auch den ICP wieder erhöhen würde.

Midazolam

Während für die meisten Benzodiazepine keine oder nur eine minimale Abnahme von CBF und ICP gefunden wurde, führt Midazolam zu einer *gering- bis mittelgradigen Verminderung des CBF* als Folge einer entsprechenden Abnahme des zerebralen Metabolismus. Demgemäß wird auch, was die Supprimierung der hirnelektrischen Aktivität angeht, kein Burst-suppression-EEG erreicht.

Ketamin

Die Wirkungen von Ketamin und S(+)-Ketamin auf die zerebrale Hämodynamik stehen im Gegensatz zu denen der bisher beschriebenen Hypnotika. Ketamin führt dosisabhängig zu einer *zerebralen Vasodilatation* mit Zunahme des CBF und dementsprechend zu einer ICP-Erhöhung bei Patienten mit gesteigerter intrakranieller Elastance. Der Mechanismus ist nicht ganz geklärt. Die $CMRO_2$ jedenfalls bleibt global unverändert. Dennoch kann der O_2-Verbrauch in subkortikalen Regionen aufgrund der dissoziierten Wirkung von Ketamin ansteigen. Dieses Verhalten korrespondiert auch mit den Veränderungen im EEG. Die elektrische Tätigkeit des Kortex wird durch Ketamin gedämpft, wohingegen für subkortikale Areale eine Aktivierung nachweisbar ist. Ein Burst-suppression-Muster kann also unter Ketamin nicht entstehen.

Nach einschlägigen Untersuchungen soll lediglich analgetisch wirksames *Low-dose-Ketamin* (0,5 mg/kg KG i.v., von S(+)-Ketamin die Hälfte) dann nicht zu einer ICP-Zunahme führen, wenn die Patienten zuvor hyperventiliert werden. Bei *höherer* Dosierung muß jedoch von einer Verschlechterung einer intrakraniellen Hypertension durch Ketamin ausgegangen werden. Daher darf es nicht bei Patienten mit entsprechender intrakranieller Raumforderung (Tumor, Hämatom, Ödem) angewendet werden. Das gilt ebenso für die Präeklampsie und Eklampsie.

22.3.2 Inhalationsanästhetika

Volatile Inhalationsanästhetika

Volatile Anästhetika führen zu einer dosisabhängigen *Entkopplung von CBF und $CMRO_2$*. Trotz Abnahme der $CMRO_2$ nimmt der CBF zu, und zwar aufgrund einer direkten zerebral vasodilatierenden Wirkung dieser Substanzen. Als Folge der Vasodilatation wird sukzessive die zerebrovaskuläre Autoregulation vermindert, bis zu dem Punkt, wo das Gehirn nur noch druckpassiv durchblutet wird. Bei Patienten mit gesteigerter intrakranieller Elastance können sich deshalb unter volatilen Anästhetika bedrohliche ICP-Anstiege entwickeln. Zwischen den einzelnen Vertretern dieser Gruppe bestehen allerdings quantitative Unterschiede. Am stärksten sind die vasodilatierenden Eigenschaften bei Desfluran ausgeprägt, geringer bei Isofluran und am geringsten bei Sevofluran.

Stickoxydul (Lachgas, N_2O)

N_2O steigert regional den Hirnstoffwechsel und damit *indirekt* die Hirndurchblutung. Bei Patienten mit erhöhter intrakranieller Elastance kann der ICP zunehmen. N_2O nimmt, was den Einfluß auf den CBF und ICP angeht, eine Mittelstellung zwischen Desfluran und Isofluran ein.

Hinweise für die Praxis

Die Inhalationsanästhetika, die sich am besten für den neuroanästhesiologischen Gebrauch eignen, sind **Isofluran** und **Sevofluran**. Für diese beiden Substanzen gilt, daß sie

- zumindest bei Hirngesunden in endexspiratorischen Konzentrationen von bis zu 1 MAC weder den CBF ansteigen lassen noch die zerebrovaskuläre Autoregulation beeinträchtigen,
- CO_2-gesteuerte Änderungen der zerebralen Gefäßweite nicht nur zulassen, sondern in ihrer Intensität sogar eher steigern und
- in endexspiratorischen Konzentrationen über 2 MAC zu einer kompletten Unterdrückung des funktionellen Hirnstoffwechsels führen, korrespondierend mit einem Burst-suppression- oder isoelektrischen EEG.

Unter entsprechender Anästhesieführung mit Aufrechterhaltung des CPP und kontrollierter Hyperventilation scheint dem Einsatz von Isofluran und Sevofluran in Konzentrationen von $\leq$ 1 MAC auch bei Patienten mit **gesteigerter intrakranieller Elastance** nichts entgegenzustehen. Bei dekompensierter intrakranieller Hypertension oder schwerem Schädelhirntrauma mit Verlust der zerebrovaskulären Autoregulation und Schädigung der Blut-Hirn-Schranke sollten jedoch auch Isofluran und Sevofluran nicht verwendet werden.

Die **anderen volatilen Anästhetika sowie N_2O** sollten dagegen nicht eingesetzt werden,

- wenn eine Beeinträchtigung der CBF-Regulationsmechanismen oder
- eine Zunahme der intrakraniellen Elastance angenommen

werden muß. Für N_2O gilt als weitere Einschränkung, daß es wegen seiner physikalischen Interferenz mit Stickstoff bei Eingriffen in (halb)sitzender Position (→ Luftembolie) nicht zugeführt werden sollte.

22.3.3 Opioide

Die Wirkungen der Opioide auf den CBF und ICP fallen, solange eine Hyperkapnie vermieden wird, kaum ins Gewicht. Lediglich die **„Narkose-Opioide“** (Fentanyl, Sufentanil, Alfentanil, Remifentanil) führen in *höherer* Dosierung, korrespondierend mit der Vigilanzdämpfung, zu einer geringfügigen Reduktion des Hirnstoffwechsels und konsekutiv des CBF. Die CBF-Regulation bleibt unter Opioiden intakt. Eine **Hyperkapnie** infolge opioidinduzierter Atemdepression kann allerdings eine erhebliche Zunahme des CBF und CBV bewirken. Bei Patienten mit gesteigerter intrakranieller Elastance kann dies eine bedrohliche ICP-Erhöhung zur Folge haben. Ebenso wie eine Hyperkapnie muß bei solchen Patienten eine Erniedrigung des CPP, wie sie besonders bei der Anwendung von Opioiden in Verbindung mit volatilen Anästhetika oder intravenösen Hypnotika auftreten kann, vermieden werden.

Obwohl für **Sufentanil** sogar eine signifikante Abnahme der $CMRO_2$ und nachfolgend des CBF nachgewiesen werden konnte, wurden auf der anderen Seite experimentell und auch klinisch ICP-Anstiege gesehen. Der Mechanismus hierfür ist nicht eindeutig geklärt. Möglicherweise liegt der Grund in einer zerebralen Vasodilatation mit Zunahme des CBV bei noch partiell erhaltener zerebrovaskulärer Autoregulation. Hierfür könnte sprechen, daß es nämlich nur dann zum ICP-Anstieg kam, wenn gleichzeitig der MAP abgefallen war. Neuere Studien lassen dementsprechend auch erkennen, daß bei Vermeidung einer arteriellen Hypotension keine Erhöhung des ICP unter Sufentanil eintritt.

22.3.4 Muskelrelaxanzien

Muskelrelaxanzien üben selbst keine Wirkungen auf das zerebrale Gefäßsystem aus. Sie können aber durch Beeinflussung des Skelettmuskeltonus, des vegetativen Nervensystems oder durch Histaminfreisetzung die Hirndurchblutung verändern.

Succinylcholin

Während der ICP durch nichtdepolarisierende Relaxanzien leicht gesenkt werden kann, kann er unter Succinylcholin vorübergehend leicht ansteigen. Dies wird mit einer *geringfügigen Zunahme des CBF* in Verbindung gebracht. Man geht davon aus, daß die durch Succinylcholin ausgelöste Zunahme der motorischen Aktivität über afferente Bahnen zu einer zerebralen Stimulation führt. Der ICP-Anstieg kann durch vorherige Injektion eines nichtdepolarisierenden Relaxans in subrelaxierender Dosis vermindert, oftmals auch verhindert werden. Für die **„Blitzeinleitung"** bei nichtnüchternen Patienten oder die Intubation bei respiratorischen Notfällen kann es deshalb unter Beachtung der Kontraindikationen verwendet werden (Kap. 8.5.3).

22.3.5 Varia

Lidocain

Lidocain kann dazu beitragen, die *intubationsbedingten sympathikotonen Reaktionen* und deren Auswirkungen auf den CBF und ICP zu unterdrücken. Hierzu muß es ca. 90 sec vor der Intubation in einer Dosierung von 1,0–1,5 mg/kg KG i. v. verabreicht werden. Dieses Vorgehen ist besonders bei intrakraniellen Blutungen zu empfehlen.

Vasoaktive Pharmaka

Pharmaka, die den Gefäßtonus verändern (z. B. Glyceroltrinitrat, Nifedipin), können den CBF *direkt* und/oder *indirekt* beeinflussen. Für eine direkte Wirkung an zerebralen Gefäßen, müssen sie die Blut-Hirn-Schranke überwinden können. Davon unabhängig können sie bei eingeschränkter oder. aufgehobener zerebrovaskulärer Autoregulation den dann perfusionsdruckabhängigen CBF indirekt verändern, indem sie den MAP erhöhen oder erniedrigen.

Diuretika

Diuretika können den ICP durch Verminderung des CBV senken. Bei krisenhaften ICP-Anstiegen sind jedoch nur die **Osmodiuretika** (z. B. Mannitol) geeignet, den Druck rasch und effektiv zu reduzieren. Ihre Wirkung ergibt sich daraus, daß sie nach zügiger Infusion in Gefäßbezirken mit intakter Blut-Hirn-Schranke einen osmotischen Gradienten aufbauen, an dem entlang Wasser aus dem Interstitium in die Blutgefäße einströmen kann. Dieses Wasser wird dann mit der verstärkt einsetzenden Diurese aus der Zirkulation eliminiert. Einschränkend ist jedoch zweierlei anzumerken:

1. Mit dem vermehrten Wassereinstrom kann vorübergehend eine Zunahme des CBV verbunden sein, so daß sich der maximale ICP-senkende Effekt erst mit der Diuresesteigerung entfaltet.
2. In Regionen mit gestörter Blut-Hirn-Schranke können Osmodiuretika ins Hirngewebe vordringen und Wasser mitziehen. Hiermit erklärt man sich einen mitunter zu beobachtenden raschen Wiederanstieg des ICP nach Anwendung von Osmodiuretika („Rebound-Effekt").

Mannitol wird in Dosen von 0,25–0,5 g/kg KG als 10- oder 20%ige Lösung verabreicht. Die Wirkung setzt innerhalb von 5–10 min ein und kann 2–3 Stunden anhalten.

Schleifendiuretika (z. B. Furosemid) reduzieren den ICP zunächst durch eine Verminderung des zirkulierenden und damit auch des zerebralen Blutvolumens. Davon abgesehen, daß dieser Effekt nicht ganz so schnell eintritt wie der der Osmodiuretika, ergibt sich hieraus ein wesentlicher Nachteil. Denn die *Plasmaviskosität* wird nicht unerheblich erhöht, so daß sich die Mikrozirkulation verschlechtert. Das hat zur Folge, daß die Perfusion in ischämischen Hirnregionen noch weiter abnimmt. Erst danach stellt sich der dehydrierende Effekt ein, zu dem noch eine Drosselung der Liquorproduktion hinzukommt. Schleifendiuretika erscheinen damit für Therapie einer Hirndruckkrise wenig geeignet, wohl aber, um bei einem Hirnödem *subakut* das intrakranielle Volumen zu verringern.

MERKE
Schleifendiuretika sollten nicht zur akuten Senkung des ICP verwendet werden.

22.4 Allgemeine Neuroanästhesie

22.4.1 Präoperative Vorbereitung

Grundvoraussetzung für jeden neurochirurgischen, insbesondere intrakraniellen Eingriff ist neben der üblichen Vorbereitung die präoperative Erhebung des **neurologischen Status,** was jedoch in den Aufgabenbereich des Neurochirurgen fällt. Besondere Beachtung muß dem Bewußtseinsgrad, einem etwaig erhöhten ICP und dem Ausmaß möglicher fokaler neurologischer Defizite geschenkt werden. Darüber hinaus hat sich der Anästhesist anhand der bereits vorliegenden **Untersuchungsbefunde** einen Überblick über morphologische Veränderungen und raumfordernde Effekte (z. B. CCT, MRT) und vor Gefäßeingriffen über die intrakraniellen Durchblutungsverhältnisse (z. B. Dopplersonographie, Angiographie) zu verschaffen. Außerdem muß Klarheit über die **Operationslagerung** bestehen.

Wache und ängstliche Patienten benötigen abends und morgens vor der Operation eine anxiolytische **Prämedikation** (z. B. Midazolam p.o.). Lethargische und bewußtseinsgetrübte Patienten dürfen dagegen, um eine Hypoxie zu vermeiden, präoperativ keine atemdepressorisch wirksamen Medikamente erhalten.

Zu beachten sind ferner folgende weitere **Besonderheiten:**

1. Eine Therapie mit Antikonvulsiva, Glukokortikoiden, Antihypertensiva oder Antianginosa wird perioperativ nicht unterbrochen. Gerade die Fortführung einer antikonvulsiven Therapie ist sehr wichtig, denn unter (flacherer) Narkose könnten sonst „Krampfäquivalente" auftreten, die die $CMRO_2$ erhöhen würden.
2. Ein gestörter Wasser-, Elektrolyt- und Säure-Basen-Haushalt ist möglichst vor der Narkoseeinleitung zu normalisieren.

22.4.2 Allgemeine Hinweise

Bei Narkosen für **intrakranielle Eingriffe** sollte folgendes beachtet werden:

- für Operationen in Bauchlage EKG-Elektroden von vornherein auf den Rücken kleben
- Die Position des Anästhesisten befindet sich seitlich des Operationstisches oder am Fußende. Deshalb sollen i. v. Zugänge (inkl. ZVK) und der arterielle Zugang möglichst auf der dem Anästhesisten zugewandten Seite plaziert werden. Außerdem sind lange Beatmungsschläuche und ggf. auch lange Infusionsleitungen erforderlich, es sei denn, es wird in sitzender Position operiert.
- Indikationen für invasive Blutdruckmessung:
  - intra- u. extrakranielle Eingriffe an Gefäßen (Aneurysmen, Angiome, A. carotis) od. gefäßreichen Tumoren
  - (halb)sitzende Position (z. B. Gefahr der Luftembolie)
  - infratentorielle Eingriffe (mögliche Hirnstammirritationen)
  - kardiopulmonale Begleiterkrankungen des Patienten
- i. d. R. einen zentralvenösen Katheter legen (bevorzugt über die V. jugularis externa; Punktion der V. jugularis interna am besten ultraschallgesteuert, um eine Fehlpunktion der A. carotis sicher zu vermeiden)
- für den Fall eines Defekts der invasiven Druckmessung immer am kontralateralen (angelagerten) Arm eine Blutdruckmanschette anlegen
- zur Intubation Spiraltuben verwenden und diese möglichst unter Sicht ohne Führungsstab plazieren
  - exakte Positionierung nötig, weil eine spätere Korrektur unmöglich ist (die proximale schwarze Tubusmarkierung soll auf Höhe der Stimmritze zu liegen kommen)
  - Tubus „absolut" sicher mit intraoraler Gazerolle und Pflaster fixieren
- zur Auskultation von Atemgeräusch und Herztönen ein Ösophagusstethoskop benutzen (bei längeren Eingriffen am besten mit integriertem Temperatursensor) und dessen Position optimieren
- Augensalbe verwenden und Augenklappen (od. Augenlider mit Pflaster „zuziehen")
- Magensonde bei Bauchlage, Kindern, nichtnüchternen Patienten oder wenn die Gefahr besteht,

daß postoperativ die Schutzreflexe der oberen Atemwege beeinträchtigt sind
- für die Relaxometrie N. peronaeus stimulieren (Kap. 3.12.2)

MERKE
1. Bei der **ZVK-Anlage** muß eine **Fehlpunktion der A. carotis** unbedingt vermieden werden, wenn die intrakranielle Hämodynamik beeinträchtigt ist. Insbesondere bei ein- oder beidseitiger Karotisstenose könnte die zerebrale Perfusion sonst kompressions- oder hämatombedingt kritisch vermindert werden.
2. Bei **Eingriffen in (halb)sitzender Position** sollte zur **Kalkulation des CPP** der Nullpunktabgleich für die arterielle Druckmessung auf Höhe des Foramen Monroi (Schädelbasis) durchgeführt werden. Der auf diesem Referenzniveau gemessene MAP entspricht bei eröffneter Dura dem CPP (ICP = 0 unter diesen Bedingungen). Bei Patienten mit kardiovaskulären Begleiterkrankungen empfiehlt sich die Verwendung einer weiteren Druckmessung, diesmal mit Nullreferenz auf Vorhofhöhe zur groben **Abschätzung der kardialen Nachlast.**

22.4.3 Flüssigkeitsersatz

Nach einer präoperativen Flüssigkeitsrestriktion (z. B. zur Hirnödembehandlung) muß vor der Narkoseeinleitung das intravasale Volumen wieder aufgefüllt werden, um einen Blutdruckabfall in dieser Phase zu verhindern. Hierzu sollen allerdings **keine glukosehaltigen Lösungen** verwendet werden, denn sie können ein Hirnödem verstärken (Kap. 4.2.2) und außerdem die Laktatbildung in ischämischen Regionen fördern und so den Zellschaden vergrößern. Statt dessen sind isotone Vollelektrolytlösungen (z. B. Sterofundin®) zu bevorzugen (Kap. 4.2.1). Zum zügigen Volumenersatz können Kolloide eingesetzt werden (z. B. HES 130/0,4 6%). Glukose, in konzentrierten Lösungen, dient lediglich der Korrektur von Hypoglykämien.

22.4.4 Spezielle Medikamente

Nach Absprache mit dem Operateur oder auf dessen Bitte werden folgende Medikamente verabreicht:
- Glukokortikoide zur Ödemprophylaxe bei zahlreichen intrakraniellen Eingriffen (bes. Tumorentfernungen): z. B. Dexamethason (Fortecortin®) 40 mg i. v. initial (dann 4mal 8 mg/d über 3 Tage, dann 4mal 4 mg/d und ausschleichen)
- Antikonvulsiva zur Prophylaxe von Krampfanfällen (überhaupt nur bei supratentoriellen Eingriffen erforderlich): z. B. Phenytoin (Phenhydan®) 3mal 250 mg i. v. od. p. inf. am 1. Tag (dann 3mal 125 mg/d)
- Hormone zur Substitution bei Patienten mit partieller oder kompletter Hypophyseninsuffizienz (bei Hypophysenoperationen wegen den perioperativen Hormonspiegelbestimmungen nur nach Absprache mit dem Operateur!)

22.4.5 Operationslagerung

(s. auch Kap. 11)

Die Lagerung des Patienten bei intrakraniellen Operationen muß den speziellen pathophysiologischen Aspekten der zerebralen Durchblutung Rechnung tragen. So wird in jedem Fall der Kopf erhöht gelagert, um den hirnvenösen Abfluß zu verbessern und damit den ICP zu senken. Hierdurch wird zudem die Blutungstendenz im Operationsgebiet vermindert, so daß sich die Übersicht für den Neurochirurgen verbessert, was besonders bei mikrochirurgischen Eingriffen nützlich ist. Der Kopf wird zur völligen Ruhigstellung mit Hilfe besonderer Halterungssysteme fixiert (z. B. Mayfield-Klemme).

In Abhängigkeit von der Lokalisation des Operationsgebietes ergeben sich für die einzelnen Lagerungsarten folgende **Indikationen:**
- **Rückenlage:** supratentorielle Eingriffe, d. h. Eingriffe im Bereich der vorderen u. mittleren Schädelgrube; Operationen an der Halswirbelsäule, wenn ein ventraler Zugang erforderlich ist
- **Bauchlage:** infratentorielle Eingriffe, d. h. Eingriffe im Bereich der hinteren Schädelgrube (Kleinhirn, Hirnstamm); Operationen am Rückenmark od. an der Wirbelsäule mit dorsalem Zugang; Operationen im Bereich der Lendenwirbelsäule („Hockerstellung“)
- **Seitenlage:** alternativ zur Bauchlage bei infratentoriellen Eingriffen
- **sitzende Position:** Operationen an mesenzephalen od. dienzephalen Strukturen (z. B. Pinealistumoren); alternativ zur Bauchlage bei infratentoriellen Eingriffen

Sitzende Position

Aus neurochirurgischer Sicht ist die sitzende Position nur bei *mesenzephalen und dienzephalen* Eingriffen zwingend erforderlich. Mancherorts wird sie jedoch auch bei Eingriffen in der hinteren Schädelgrube gegenüber der Bauch- oder Seitenlagerung bevorzugt. Die Vorteile aus operativer Sicht wie reduzierte Blutungsneigung im Operationsgebiet und besserer Zugang zu den Hirnstrukturen liegen zwar auf der Hand, in bezug auf die Vitalfunktionen ist die sitzende Position jedoch die komplikationsträchtigste Lagerungsform (Kap. 11.1.5).

22.4.6 Narkoseführung

Die **Narkoseeinleitung** bei Patienten mit gesteigerter intrakranieller Elastance, erhöhtem Hirndruck oder rupturiertem Aneurysma sollte unter Beachtung folgender Besonderheiten ablaufen:

1. leichte Oberkörperhochlagerung (15–30°) bei erhöhtem ICP
2. ausgiebige Präoxygenierung über Maske
3. vor Laryngoskopie und Intubation Induktion einer tiefen Narkose mit entsprechenden Dosen ICP-senkender Hypnotika und Opioide (ggf. zusätztl. Lidocain 1,0–1,5 mg/kg KG i. v.)
4. bei Nicht-nüchtern-Einleitung Relaxierung mit Succinylcholin möglich (Abschn. 22.3.4), bei Kontraindikationen Rocuronium (Esmeron®; 0,9 mg/kg KG); sonst nur Verwendung nichtdepolarisierender Relaxanzien (bei intrakraniellen Eingriffen mit Nachbeatmung auch Pancuronium)
5. Vermeidung einer längeren Apnoephase (*cave*: hyperkapniebedingter ICP-Anstieg!)

Narkoseaufrechterhaltung

Schmerzhafte oder reizintensive (Operations-) Phasen sind:

- Einspannen des Kopfes in die Mayfield-Klemme
- Hautschnitt
- Trepanation
- Manipulationen am Hirnstamm
- Stimulation des N. trigeminus

In diesen Phasen ist eine tiefe Narkose notwendig. Welche Anästhetika dabei eingesetzt werden können, richtet sich auch nach den individuellen pathophysiologischen Gegebenheiten (Tab. **77**). Zur Verhinderung unwillkürlicher Muskelbewegungen (Husten, Kopfbewegungen) mit negativen Auswirkungen auf den ICP wird eine komplette Muskelrelaxation mit nichtdepolarisierenden Relaxanzien angestrebt (→ Relaxometrie/-graphie). Nach Eröffnung der Dura ist wegen der fehlenden sensiblen Innervierung des Gehirns i. d. R. mit keinen größeren Schmerzsensationen zu rechnen, und die Anästhesie kann flacher gehalten werden (Ausnahme: Eingriffe in der Nähe des Ganglion Gasseri oder einiger Hirnnerven).

Evozierte Potentiale. Mitunter wird intraoperativ ein neurophysiologisches Monitoring mit Hilfe evozierter Potentiale durchgeführt. Da volatile Anästhetika und N_2O die Ableitung somatosensorisch evozierter Potentiale (SEP) beeinträchtigen, sollen sie in diesen Fällen nicht eingesetzt werden. Die Ableitung motorisch evozierter Potentiale (MEP) wird dagegen durch Muskelrelaxanzien gestört. Hier soll außer zur Intubation auf eine Relaxation verzichtet werden.

Tabelle 77 Auswahl der Anästhetika bei intrakraniellen Eingriffen

Intrakranielle Elastance	Einsetzbare „Anästhetika"
normal	alle Anästhetika (bis auf N_2O in [halb]-sitzender Position)
gesteigert	Verzicht auf Ketamin, N_2O u. volatile Anästhetika bis auf Iso- od. Sevofluran (≤ 1 MAC)
Hypertension	immer $CMRO_2$-Senkung durch i. v. Hypnotika u. Opioide anstreben, kein Iso- od. Sevofluran!

Kontrollierte Hyperventilation. Nach der Intubation wird die maschinelle Beatmung für die meisten intrakraniellen Eingriffe so eingestellt, daß ein **$PaCO_2$ von 32–34 mmHg** resultiert. Die kontrollierte Hyperventilation dient dabei

- der akuten Senkung des ICP, um eine Herniation von Hirnanteilen bei Duraeröffnung zu verhindern,
- der Verminderung des Hirnvolumens (→ geringere chirurgische Traumatisierung) und
- der Verringerung der Blutungsneigung (→ bessere Sicht für den Operateur).

Bei einer $PaCO_2$-Änderung von 1 mmHg ändert sich der CBF um ca. 4%. Die Hyperventilation ist jedoch nur bei (partiell) erhaltener CO_2-Reaktivität der Gefäße effektiv. Vasoparalytische Hirnregionen (z. B. bei Ischämie, Trauma, Tumor, Infektion) können nur indirekt über eine Blutumverteilung aus nicht geschädigten Arealen profitieren.

PEEP-Beatmung. Unter Beatmung mit PEEP ist nur dann ein ICP-Anstieg zu befürchten, wenn bei bereits gesteigerter intrakranieller Elastance der PEEP den ZVD übersteigt, so daß der venöse Abfluß aus dem Gehirn behindert wird. Davon unabhängig kann durch den PEEP das HZV vermindert werden, was eine Einschränkung des zerebralen O_2-Angebots nach sich zieht. Ein **PEEP bis zu 10 cmH_2O** führt jedoch bei entsprechender Lagerung (Oberkörperhochlagerung), entsprechendem Volumenstatus und Monitoring (SvO_2, invasive Blutdruckmessung etc.) meist zu keiner signifikanten ICP-Zunahme und HZV-Abnahme. Bei Eingriffen in (halb)sitzender Position sollte sogar grundsätzlich eine Beatmung mit PEEP durchgeführt werden, um das Risiko einer Luftembolie zu verringern (zur Kreislaufadaptation Volumenzufuhr und langsame Steigerung des PEEP bis auf maximal 10 cmH_2O; Abschn. 22.8).

Intrakranielle Hämodynamik. Zur Verhütung von zerebralen Ischämien, Ödemen und Blutungen ist die Aufrechterhaltung eines **adäquaten CPP** von entscheidender Bedeutung. Ausgeprägte Blutdruckabfälle rufen durch Verminderung des CPP besonders in schon geschädigten Bezirken eine Ischämie hervor und müssen entsprechend verhindert und behandelt werden (Narkoseführung; Volumensubstitution, Vasopressoren, Katecholamine). Auf der anderen Seite kann eine arterielle Hypertension bei eingeschränkter Autoregulation und Störung der Blut-Hirn-Schranke ein Hirnödem verstärken oder eine intrakranielle Blutung auslösen. Zur Behandlung hypertensiver Episoden bieten sich α-Rezeptor-Antagonisten wie Urapidil (Ebrantil®) an, ggf. in Kombination mit ß-Rezeptor-Antagonisten wie Esmolol (Brevibloc®) oder Metoprolol (Beloc®). Diese Substanzen führen zu einer Blutdrucksenkung, ohne nennenswert den CBF direkt zu beeinflussen.

Kontrollierte Hypothermie. Schon eine leichte Absenkung der Hirntemperatur auf **ca. 34 °C** soll bei Eingriffen am zentralen Nervensystem (also Gehirn und Rückenmark) für einen gewissen Schutz vor ischämisch bedingten neuronalen Schäden sorgen. Im Gegensatz zu Pharmaka, deren Wirkung auf den neuronalen Funktionsstoffwechsel beschränkt ist, kann durch eine Hypothermie ein darüber hinausgehender protektiver Effekt erreicht werden (u. a. Reduktion des Strukturstoffwechsels und Verminderung exzitatorischer Neurotransmitter). Zur Senkung der Körpertemperatur um lediglich 2–3 °C unterhalb des Normalwerts reicht i. d. R. schon der Verzicht auf einen Ausgleich der intraoperativen Wärmeverluste (Kap. 3.11.1).

Narkoseausleitung

Die Narkose muß so sanft wie möglich ausgeleitet werden. Husten, Pressen und stärkere Körperbewegungen müssen dabei ebenso wie eine arterielle Hypertension unbedingt vermieden werden, denn sie können intrakranielle Blutungen oder ein Hirnödem auslösen. Bei stabilen Kreislaufverhältnissen kann zur Verhinderung eines Blutdruckanstiegs Urapidil fraktioniert intravenös injiziert werden.

Extubation. Prinzipiell ist bei allen neurochirurgischen Patienten nach Beendigung des Eingriffs eine Überprüfung der Bewußtseinslage und Motorik anzustreben (ggf. nach Rücksprache mit dem Operateur), um neurologische Defizite oder Ausfälle sofort erkennen zu können. Danach wird entschieden, ob eine unmittelbare Extubation möglich ist oder angestrebt wird. Sie muß unterbleiben:
- bei Fortbestehen eines Hirnödems (→ tiefe Analgosedierung und milde Hyperventilation)
- bei inadäquater Bewußtseinslage
- bei Behinderung der Atemwege
- nach intraoperativen Manipulationen an vitalen Hirnstammstrukturen (eingeschränkte Schutzreflexe der oberen Atemwege, zentrale Störungen der Atmung)

22.5 Spezielle Neuroanästhesie

22.5.1 Supratentorielle Tumoren

Klassifikation:	maligne u. benigne Gliome, Meningeome, Ventrikeltumoren, Hirnmetastasen
Pathophysiologie:	Erhöhung von intrakran. Elastance u. ICP aufgrund raumfordernder Effekte mit Massenverschiebung u./od. Kompression liquorableitender Wege
OP-Verfahren:	Kraniotomie, Tumorentfernung
OP-Dauer:	sehr variabel (2–6 h)
Lagerung:	i. d. R. Rückenlage, selten Seitenlage
Ausrüstung:	2 großlumige i. v. Zugänge, ZVK, ggf. art. Zugang; Ösophagusstethoskop mit Temperatursensor, Augenklappen, Blasenkatheter, Relaxometrie
Blutkonserven:	2–4 EK
Anästhesie:	Intubationsnarkose (Spiraltubus) mit balancierter Anästhesie u. kompl. Muskelrelaxation (Einsatz von Iso- od. Sevofluran mögl., max. 1 MAC endexsp. nach Eröffnung der Dura (ICP = 0) unter milder Hypokapnie); kontroll. Hyperventilation

Einleitung:	tiefe Narkose mit ICP-senkenden Anästhetika
Besonderheiten:	Vermeidung von Blutdruckanstiegen u. -abfällen
Komplikationen:	1. äußere od. innere Herniation von Hirnanteilen nach Duraeröffnung 2. Blutungen bei stark vaskularisierten Tumoren (z. B. Meningeome), Ummauerung von größeren Gefäßen od. Infiltration der hirnvenösen Sinus
Nachbetreuung:	Intensivstation (evtl. Nachbeatmung)

22.5.2 Transsphenoidale Hypophysenoperationen

Indikationen:	1. endokrin aktive Adenome (z. B. bei Akromegalie, M. Cushing) 2. endokrin inaktive Tumoren: chromophobes Adenom, Kraniopharyngeom, Meningeom Notfall: Sehstörungen durch Kompression des Chiasma opticum
OP-Verfahren:	transnasale Tumorentfernung (Kraniotomie nur bei großen Tumoren mit supra- od. retrosellärer Ausdehnung erforderlich [5–10%])
OP-Dauer:	2–4 h
Lagerung:	Rückenlage
Ausrüstung:	1 großlumiger i. v. Zugang, ZVK, Ösophagusstethoskop mit Temperatursensor, Augenklappen, Blasenkatheter, Relaxometrie
Blutkonserven:	2 EK
Anästhesie:	Intubationsnarkose (Spiraltubus) mit balancierter Anästhesie (Iso- od. Sevofluran) u. kompl. Muskelrelaxation; Normoventilation
Akromegalie:	1. Einleitung: – bei nur mäßig ausgeprägten akromegalen Veränderungen: Versuch der direkten laryngoskopischen Inspektion (Spatel #4 od. 5) unter Lokalanästhesie u. leichter Analgosedierung möglich, um die Frage der konventionellen Intubierbarkeit zu klären; im positiven Fall nach ausgiebiger Präoxygenierung evtl. Intubation in Narkose – bei ausgeprägten akromegalen Veränderungen und in jedem Zweifelsfall: (transorale) fiberendoskopische Intubation im Wachzustand (Kap. 7.2.8) 2. Ausleitung: wegen der Makroglossie Extubation nur am völlig wachen Pat. (sonst erhebliche Behinderung der Spontanatmung zu befürchten)
Besonderheiten:	1. Einlegen einer Rachentamponade, um zu verhindern, daß Blut in die Trachea und den Magen gelangt 2. bei endokrin aktiven Tumoren wiederholtes Bestimmen von Hormonspiegeln (Blutentnahme), um beurteilen zu können, ob der Tumor in toto exstirpiert wurde
Komplikationen:	1. Diabetes insipidus (< 1%, selten schon intraop. beginnend) → Flüssigkeitssubstitution (evtl. Halbelektrolytlsg.), Desmopressin (Minirin®; 1–2 μg i. v.) 2. SIADH („syndrome of inappropriate secretion of ADH"; selten) mit vermehrter ADH-Ausschüttung u. hypotoner Hyperhydratation → Flüssigkeitsrestriktion, evtl. Furosemid u. gezielte Natriumsubstitution 3. arterielle Hypotension bei Addison-Krise → evtl. Hormonsubstitution (nur nach Absprache mit dem Operateur) 4. Blutungen (selten)
Nachbetreuung:	Intensivstation (möglichst extubiert)

22.5.3 Gefäßerkrankungen

Zerebrale Aneurysmen

Nosologie:	umschriebene sack- od. spindelförmige Erweiterungen von Hirngefäßen, bevorzugt an Bifurkationen u. Gefäßabgängen im Bereich der A. communicans ant. u. der A. cerebri med., seltener der intrakran. A. carotis int. u. sehr selten der A. basilaris (ursächlich: anlagebedingte Gefäßwandschwäche od. arteriosklerotische Wandschädigung)
Komplikation:	Ruptur mit Subarachnoidalblutung (SAB), evtl. auch ventrikuläre u. parenchymatöse Einblutung
Pathophysiologie:	bei SAB in ca. 70% der Fälle zerebrale Vasospasmen (vom 2. od. 3. bis zum 14. Tag nach der Blutung, Maximum 6. bis 8. Tag), oft zerebrovaskuläre Autoregulation u. CO_2-Reaktivität gestört, Neigung zur (zentralen) Hyperthermie u. zur Hyperkoagulabilität, vermehrt Herzrhythmusstörungen u. ST-Strecken-Veränderungen, neurogenes Lungenödem mit respiratorischer Insuffizienz möglich
OP-Indikation:	1. vor der ersten Ruptur präventiv 2. nach der ersten Ruptur Frühoperation innerhalb der ersten 72 h zur: – Minimierung des Risikos einer Zweitblutung – Prävention von Vasospasmen (s. u.) **Hinweis**: Die Frühoperation ist wegen der meist vorhandenen Hirnschwellung und des frischen Bluts im Subarachnoidalraum technisch schwierig und aufwendig. 3. Spätoperation nach Beendigung der Vasospasmusphase (heute selten) Notfall: umgehende operative Versorgung bei blutungsbedingter intrakran. Raumforderung (hierbei möglichst auch Clipping nichtrupturierter Aneurysmen)
Vorbereitung:	möglichst „Triple-H-Therapie" (Hypervolämie, Hypertonie, Hämodilution)
OP-Verfahren:	1. Kraniotomie, Dissektion (evtl. unter temporärer Abklemmung zuführender Gefäße) u. anschließend Clipping des Aneurysmas 2. bei großen Aneurysmen evtl. dauerhaftes Ausschalten des zuführenden Gefäßes erforderlich (wegen Gefahr der zerebralen Infarzierung erst probatorisch unter Messung des Gewebe-PO_2 u. dopplersonographischer Kontrolle!) 3. Lavage der basalen Zisternen zur Eliminierung der Blutkoagel (→ Verhinderung od. Beseitigung von Liquorzirkulationsstörungen, Prävention von Vasospasmen)
OP-Dauer:	sehr variabel (2–6 h)
Lagerung:	Rückenlage; bei Basilarisaneurysmen Bauchlage
Ausrüstung:	2–3 großlumige i. v. Zugänge, ZVK, art. Zugang (evtl. schon vor der Einleitung), 5-Pol-EKG mit ST-Strecken-Analyse, Ösophagusstethoskop mit Temperatursensor, Augenklappen, Blasenkatheter, Transfusionspumpe o. ä., Cell-saver (Reservoire für beide OP-Sauger), Relaxometrie
Blutkonserven:	4–6 EK (im OP!)
Medikamente:	1. 50 mg Urapidil (Ebrantil®) 2. Noradrenalin 1:10 u. 1:100 verd. sowie im Perfusor (3 mg ad 50 ml NaCl 0,9%)
Anästhesie:	Intubationsnarkose (Spiraltubus), je nach intrakran. Elastance als TIVA (immer bei SAB in der Akutphase) od. balancierte Anästhesie (Iso- od. Sevofluran), kompl. Muskelrelaxation; kontroll. (milde) Hyperventilation nur bei erhöhtem ICP od. Hirnödem
Einleitung:	1. tiefe Narkose mit ICP-senkenden Anästhetika, ggf. zusätzl. Lidocain i. v. 2. ggf. Nicht-nüchtern-Einleitung z. B. bei erhöhtem ICP (Somnolenz etc.)
Besonderheiten:	1. Blutdruckabfälle u. ausgeprägte Blutdruckanstiege (> 20%) vermeiden 2. Normo- bis leichte Hypervolämie anstreben

	3. evtl. milde Hypothermie zur „Zerebroprotektion" (s. Abschn. 22.4.6) 4. ca. 5 min vor dem Clamping Beatmung mit 100% O_2 und Vertiefung der Narkose, z. B. mit Thiopental (5–7 mg/kg KG), um die $CMRO_2$ maximal zu senken; Ansagen u. Protokollieren der Abklemmzeit, die möglichst 5 min nicht überschreiten sollte 5. bei *Basilarisaneurysmen*kein Clamping möglich (→ möglichst interventionell-radiologische Therapie; s. Abschn. 22.9), bei Operation kontroll. Hypotension in der Clipping-Phase (MAP minimal 50 mmHg) nach Absprache mit dem Operateur
Komplikationen:	massive Blutung bei Aneurysmaruptur/-verletzung od. Sinusverletzung
Nachbetreuung:	Intensivstation (evtl. Nachbeatmung)

Zerebrale Angiome

Nosologie:	kongenitale arteriovenöse Malformationen, die aus einem Gefäßknäuel bestehen, das von einer od. mehreren Arterien gespeist und von einer od. mehreren Venen drainiert wird, aber keine Kapillaren enthält; zumeist supratentoriell u. oberflächlich gelegen
OP-Indikationen:	1. subarachnoidale od. intrazerebrale Blutungen 2. fokale zerebrale Ischämie aufgrund arteriovenöser Kurzschlüsse od. Raumforderung 3. zerebrale Krampfanfälle
Vorbereitung:	möglichst Embolisierung (Abschn. 22.9.3; auch nach vollständiger Embolisierung Angiomexstirpation wegen Neubildungsfähigkeit notwendig)
OP-Verfahren:	Kraniotomie, In-toto-Exstirpation des Angioms
OP-Dauer:	sehr variabel (2–8 h)
Vorgehen:	wie bei zerebralen Aneurysmen (außer 5-Pol-EKG mit ST-Strecken-Analyse)
Besonderheiten:	wie bei zerebralen Aneurysmen, evtl. präop. isovolämische Hämodilution
Komplikation:	massive Blutung bei Angiomruptur od. -verletzung
Nachbetreuung:	Intensivstation (möglichst extubiert)

Karotisdesobliteration

Indikation:	der heute seltene Fall einer nicht dilatierbaren hämodynamisch wirksamen Stenose der A. carotis int. (z. B. prophylaktisch nach TIA od. PRIND)
Pathophysiologie:	zerebrovaskuläre Insuffizienz (s. Kap. 35.9)
Vorbereitung:	1. apparative Untersuchungen, z. B. Dopplersonographie der Halsgefäße, transkranielle Dopplersonographie (TCD; z. B. Erfassung der zerebrovaskulären Reservekapazität), zerebrale Angiographie 2. internistische Abklärung kardiovaskulärer Begleiterkrankungen
Besonderheiten:	häufig zusätzl. Risikofaktoren wie KHK, COPD, Diabetes mellitus, hohes Alter
OP-Verfahren:	Thrombendarteriektomie u. Einnähen eines Kunststoff- od. autologen Venenpatches
OP-Ablauf:	1. lateraler Halsschnitt, Freipräparieren der A. carotis 2. ca. 5 min vor dem Abklemmen des Gefäßes: – Hyperoxygenierung (FIO_2 1,0) – max. Senkung der $CMRO_2$, z. B. durch Thiopental 5–7 mg/kg (*cave*: Blutdruckabfall!) – Anheben des MAP auf ≥ 100 mmHg od. > 10–20% der Ausgangswerte – 30–50 IE Heparin/kg KG i. v. 3. zumeist Anlage eines temporären Shunts zwischen A. carotis comm. u. A. carotis int. zur Aufrechterhaltung der zerebralen Durchblutung auf der operierten Seite 4. Ansagen u. Protokollieren der Abklemmzeit 5. evtl. TCD zum Erkennen von Hirnischämien u. -embolien

OP-Dauer:	90–120 min
Lagerung:	Rückenlage, Reklination u. Drehung des Kopfes zur Gegenseite
Ausrüstung:	1 großlumiger i. v. Zugang, ZVK (möglichst V. basilica; niemals am Hals auf der OP-Seite!; auch kontralaterale Karotispunktion vermeiden, weil meist auch hier eine Stenose besteht und eine Fehlpunktion dann Plaques ablösen könnte od. eine längere Kompression zur Hämatomverhinderung den CBF kritisch reduzieren könnte), art. Zugang, Ösophagusstethoskop, Augenklappen, Relaxometrie
Blutkonserven:	2 EK
Medikamente:	Noradrenalin 1:100 verdünnt u. im Perfusor (3 mg ad 50 ml NaCl 0,9%)
Anästhesie:	Intubationsnarkose (Spiraltubus) mit balancierter Anästhesie (Iso- od. Sevofluran max. 1 MAC endexsp.) u. kompl. Muskelrelaxation, alternativ Lokalanästhesie
Einleitung:	1. Anästhetika langsam nach Wirkung injizieren 2. kein Succinylcholin bei Pat. mit Paresen! 3. ausreichend tiefe Narkose für die endotracheale Intubation
Besonderheiten:	1. Blutdruckabfälle u. ausgeprägte Blutdruckanstiege (> 20%) vermeiden 2. Normoventilation (keine Hyperventilation wegen Gefahr der zerebralen Ischämie!) 3. Normo- bis leichte Hypervolämie anstreben 4. ggf. Hämorheologie verbessern (z. B. HES 130/0,4 6%) 5. Hb nicht unter 10 g/dl (od. Hkt nicht unter 30%) 6. Sevo- u. bes. Isofluran nicht höher als 1 MAC endexsp. (*cave:* intrakranielle Steal-Phänomene!) 7. immer (grobe) neurologische Kontrolle unmittelbar postop. anstreben
Komplikationen:	1. massive Blutungen bei Abklemmproblemen (selten) 2. Hirninfarkt (durch Ischämien od. Embolien) 3. reflektorische Bradykardie bei Präparation am Sinus caroticus (→ Infiltration mit Lokalanästhetikum durch den Operateur) 4. Nervenverletzungen (N. recurrens, N. hypoglossus) 5. postoperativ: – „Rekanalisationshypotonie“ (durch Gegenregulation über den Sinus caroticus) – Nachblutungen mit Kompression u. Verlagerung der oberen Atemwege → umgehende operative Revision (bei Stridor Wachintubation!)
Nachbetreuung:	Aufwachraum (extubiert)

Externa-Interna-Anastomose

Indikation:	Verschluß od. hochgradige Stenose intrakran. Anteile der A. carotis interna
OP-Verfahren:	Anlage eines extra-/intrakraniellen Gefäßbypasses zwischen den Kreisläufen der A. carotis ext. u. der A. carotis int. (z. B. transkranielle Anastomosierung eines Astes der A. temporalis superficialis mit einem kortikalen Ast der A. cerebri media)
OP-Dauer:	2–3 h
Lagerung:	Rückenlage
Ausrüstung:	wie bei Desobliteration (art. Zugang aber nicht in jedem Fall erforderlich)
Blutkonserven:	2 EK
Anästhesie:	Intubationsnarkose (Spiraltubus) mit balancierter Anästhesie (Iso- od. Sevofluran) u. kompl. Muskelrelaxation
Besonderheiten:	wie bei Desobliteration
Komplikation:	Hirninfarkt
Nachbetreuung:	Aufwachraum (extubiert)

22.5.4 Eingriffe in (halb)sitzender Position

Indikationen: Pinealistumoren (zwingend), infratentorielle Eingriffe (fakultativ; s. Abschn. 22.5.3)

OP-Verfahren: Kraniotomie, Tumorentfernung

OP-Dauer: 2–4 h

Ausrüstung: 2 großlumige i. v. Zugänge (davon einer im Drainagegebiet der V. cava inf.), art. Zugang, Ösophagusstethoskop mit Temperatursensor, Augenklappen, Blasenkatheter, Infusionspumpe o. ä. (Verbindung mit i. v. Zugang an unterer Extremität; s. Abschn. 22.8), Relaxometrie

Besonderheiten:

1. invasive Druckmessung:
   Als Nullreferenz dient die *Schädelbasis* und nicht, wie sonst üblich, das Herzniveau; evtl. wird aber ein zweiter Druckdom verwendet, dessen Nullreferenz die Herzhöhe ist (Abschn. 22.4.2).
2. Doppellumen-ZVK:
   Der Doppellumen-ZVK (8,5F, 25 cm lang, 2 G13-Lumina) wird mit der *distalen* Öffnung exakt im rechten Vorhof plaziert (EKG-gesteuert). Dieser Schenkel dient zur Luftaspiration im Falle einer Embolie, das *proximale* Lumen zur kontinuierlichen (!) ZVD-Messung. Postoperativ wird der Katheter, sobald keine Revision mehr zu erwarten ist (i. d. R. nach 12–24 h), so weit zurückgezogen, daß die Spitze dann in der V. cava sup. zu liegen kommt.
3. präkordiale Dopplersonde (alternativ TEE-Sonde):
   Die Dopplersonde dient der Detektion einer Luftembolie und wird nach Abschluß der Lagerung *rechts parasternal* entsprechend der besten Signalqualität plaziert. Zur Simulation des Geräusches einer Luftembolie wird ein Bolus von 10 ml NaCl 0,9% zügig über den Vorhofschenkel des ZVK injiziert [→ „Mühlradgeräusch"]). Die transösophageale Echokardiographie bietet zusätzlich die Möglichkeit, ein latent offenes Foramen ovale zu erkennen oder auszuschließen.
4. 5-Pol-EKG mit ST-Strecken-Analyse: auch zur Detektion einer Koronarembolie

Blutkonserven: bei Pinealistumoren i. d. R. keine, aber Blutgruppe u. Antikörpersuchtest

Medikamente: Noradrenalin/Adrenalin 1:10 u. 1:100 verdünnt sowie Noradrenalin im Perfusor (3 mg ad 50 ml NaCl 0,9%)

Anästhesie: Intubationsnarkose (Spiraltubus) als TIVA od. balancierte Anästhesie (Iso- od. Sevofluran, nicht bei Ableit. von SEP), kompl. Muskelrelaxation (außer bei Ableit. von MEP)

Besonderheiten:

1. Maßnahmen zur Verringerung des Risikos einer Luftembolie:
   - Volumenzufuhr zur Steigerung des ZVD (Schema für Erwachsene):
     - auf peripherer Station: ab ca. 12 h präop. 1.000 ml Sterofundin® o. ä., am OP-Morgen 500 ml HES 130/0,4 6% o. ä.
     - bei Narkoseeinleitung: mind. weitere 500 ml HES 130/0,4 6% o. ä.
   - Beatmung mit PEEP (langsam bis auf ca. 10 cmH_2O steigern), um den venösen Druck im Operationsgebiet zu erhöhen; Normoventilation
   - kein N_2O (Vergrößerung eines Luftembolus; s. Kap. 8.1.2)!
2. Beine mit elastischen Binden wickeln (Verminderung des venösen Pooling u. Thromboseprophylaxe)
3. zur Vermeidung von Blutdruckabfällen den Pat. nur schrittweise in die (halb)-sitzende Position bringen (kontinuierliche Blutdruckmessung!)

Komplikation: Blutdruckabfall ([halb]sitzende Position), Luftembolie (Abschn. 22.8)

Nachbetreuung: Intensivstation (evtl. Nachbeatmung)

22.5.5 Infratentorielle Eingriffe

Indikationen:	1. hauptsächlich Tumoren in der hinteren Schädelgrube (z. B. Akustikusneurinome, Kleinhirnbrückenwinkeltumoren [KHBW], Meningeome) 2. Trigeminusdekompression (Abschn. 22.5.7) 3. Basilarisaneurysmen (Abschn. 22.5.3)
OP-Verfahren:	Kraniotomie, Tumorentfernung
OP-Dauer:	2–4 h
Lagerung:	(halb)sitzende Position (anästhesiol. Vorgehen s. Abschn. 22.5.4) od. Bauchlage; bei Basilarisaneurysmen nur Bauchlage
Ausrüstung:	2 großlumige i. v. Zugänge, ZVK, art. Zugang, 5-Pol-EKG mit ST-Strecken-Analyse, Ösophagusstethoskop mit Temperatursensor, Augenklappen, Magensonde, Blasenkatheter, Relaxometrie
Blutkonserven:	2–4 EK
Anästhesie:	Intubationsnarkose (Spiraltubus) mit balancierter Anästhesie u. kompl. Muskelrelaxation (Einsatz von Iso- od. Sevofluran mögl., max. 1 MAC endexsp. nach Eröffnung der Dura (ICP = 0) unter milder Hypokapnie); kontroll. Hyperventilation
Einleitung:	tiefe Narkose mit ICP-senkenden Anästhetika
Besonderheiten:	1. keine Sofortextubation, weil die Gefahr einer durch den Eingriff od. durch ein postop. Ödem beeinträchtigten Funktion der kaudalen Hirnnerven (IX, X, XII) mit Abschwächung der pharyngealen, laryngealen u. trachealen Schutzreflexe besteht 2. bei Akustikusneurinom neurophysiologisches Monitoring durch Ableit. akustisch od. motorisch evozierter Potentiale (bei letzterem keine Muskelrelaxation!)
Komplikationen:	1. äußere od. innere Herniation von Hirnanteilen nach Duraeröffnung 2. Blutungen bei stark vaskularisierten Tumoren (z. B. Meningeome), Ummauerung von größeren Gefäßen od. Infiltration der hirnvenösen Sinus 3. Kreislaufirritationen durch Manipulation am Hirnstamm (Bradykardie u. Hypotension od. Tachykardie u. Hypertension)
Nachbetreuung:	Intensivstation (evtl. Nachbeatmung)

22.5.6 Shuntanlage/-revision

Indikation:	Liquorableitung bei Hydrozephalus
OP-Verfahren:	1. meist ventrikuloperitonealer, selten ventrikulo(rechts)atrialer Shunt 2. bei erhöhtem ICP zunächst Entlastung durch externe Ventrikeldrainage (Bohrloch)
OP-Dauer:	1–2 h
Lagerung:	Rückenlage
Ausrüstung:	1 großlumiger i. v. Zugang, ggf. ZVK; Ösophagusstethoskop, Augenklappen, Magensonde bei ventrikuloperitonealem Shunt
Besonderheiten:	1. obere EKG-Elektroden nicht auf den Thorax, sondern rechts u. links auf die Arme kleben 2. ZVK nur auf der kontralateralen Seite des Shunts
Anästhesie:	Intubationsnarkose (Spiraltubus), je nach intrakran. Elastance als TIVA od. balancierte Anästhesie (Iso- od. Sevofluran)

Einleitung:	ggf. Nicht-nüchtern-Einleitung, z. B. bei erhöhtem ICP (Somnolenz etc.)
Besonderheiten:	1. bei Eröffnung u. Verschluß des Peritoneums für ausreichende Relaxierung sorgen 2. Überprüfung der korrekten Position des Drainagekatheters im rechten Vorhof mit intraatrialer EKG-Ableitung (dafür vorübergehend Diathermie ausschalten)
Nachbetreuung:	Aufwachraum (extubiert)

22.5.7 Trigeminusneuralgie

■ Thermokoagulation des Ganglion Gasseri

Indikation:	pharmakoresistente idiopathische Trigeminusneuralgie
Ablauf:	perkutanes Aufsuchen des Ganglion Gasseri u. selektive Ausschaltung der schmerzleitenden Fasern bevorzugt des mittleren u. unteren Trigeminusastes durch elektrischen Strom
Dauer:	ca. 15 min
Lagerung:	Rückenlage
Ausrüstung:	1 peripherer i. v. Zugang; O_2-Insufflationskatheter im kontralateralen Nasenloch (Abstand Nasenflügel – Ohrläppchen = Einführlänge), Flow 2 l O_2/min
Anästhesie:	Propofol (initial 2 mg/kg KG) u. Remifentanil (initial 0,5 μg/kg KG) bolusweise i. v. (Repetitionsdosen 1/3–1/2 der Erstdosen)
Besonderheiten:	1. wiederholtes Aufwachen des Pat. erforderlich, um die Reizschwelle zu messen 2. massive Blutdruckanstiege durch Reizung des N. trigeminus (dann Unterbrechen der Manipulation od. Koagulation, ggf. 20–50 μg Glyceroltrinitrat 1:100 i. v.)
Nachbetreuung:	Aufwachraum

■ Trigeminusdekompression nach *Jannetta*

Indikation:	pharmakoresistente idiopathische Trigeminusneuralgie
OP-Verfahren:	Kraniotomie, Lösung von pathologischen Gefäßkontakten an der Trigeminuswurzel
OP-Dauer:	2–3 h
Lagerung:	(halb)sitzende Position (anästhesiol. Vorgehen s. Abschn. 22.5.4) od. Bauchlage
Ausrüstung:	2 großlumige i. v. Zugänge, ZVK, art. Zugang, 5-Pol-EKG mit ST-Strecken-Analyse, Ösophagusstethoskop mit Temperatursensor, Augenklappen, Magensonde bei Bauchlage, Blasenkatheter, Relaxometrie
Blutkonserven:	i. d. R. keine, aber Blutgruppe u. Antikörpersuchtest
Anästhesie:	Intubationsnarkose (Spiraltubus) mit balancierter Anästhesie (Iso- od. Sevofluran) u. kompl. Muskelrelaxation; kontroll. milde Hyperventilation
Komplikationen:	Kreislaufirritationen durch Manipulation am Hirnstamm, bes. aber massive Blutdruckanstiege durch Reizung des N. trigeminus)
Nachbetreuung:	Intensivstation (möglichst extubiert)

22.5.8 Stereotaktische Eingriffe

Indikationen:	1. Entnahme von Gewebeproben zur histologischen Untersuchung 2. gezielte Ausschaltung pathologischen Hirngewebes durch Hitze, Kälte, chemische Substanzen od. durch Exzision (z. B. bei epileptogenem Fokus)
OP-Ablauf:	zunächst Anlage eines Bohrlochs u. Befestigung des Stereotaxierahmens, dann kranielle Computertomographie zur Lokalisierung des Prozesses u. weiteres Vorgehen
OP-Dauer:	45–60 min
Lagerung:	Rückenlage
Ausrüstung:	1 peripherer i. v. Zugang
Anästhesie:	1. Intubationsnarkose (Spiraltubus), bei intrakran. Raumforderung und für den Transport als TIVA, sonst balancierte Anästhesie (Iso- od. Sevofluran) 2. Epilepsiechirurgie möglichst in Lokalanästhesie u. ggf. milder Sedierung (Standby), um eine anästhetikabedingte Suppression des Fokus zu vermeiden
Besonderheiten:	für die Stimulation u. Ausschaltung von Hirngewebe Aufwachen des Pat. notwendig
Nachbetreuung:	Aufwachraum (extubiert)

22.5.9 Wirbelsäule und Rückenmark

■ Diskusoperationen

HWS

OP-Verfahren:	Nukleotomie u. anschl. ventrale Fusion nach *Cloward*
OP-Dauer:	1,5–3 h
Lagerung:	Rückenlage, Arme beidseits am Körper angelegt
Ausrüstung:	1 großlumiger i. v. Zugang (nicht auf dem Handrücken, sondern möglichst am Unterarm mit Heidelberger Verlängerung u. 3-Wege-Hahn), ggf. zweiter i. v. Zugang am Fuß u. ZVK (nur V. basilica!); Ösophagusstethoskop, Augenklappen, ggf. Blasenkatheter u. Temperatursonde; Relaxometrie
Blutkonserven:	i. d. R. keine, aber Blutgruppe u. Antikörpersuchtest
Anästhesie:	Intubationsnarkose (Spiraltubus) mit balancierter Anästhesie u. kompl. Muskelrelaxation
Einleitung:	Lagerung des Kopfes zur Intubation nur am wachen Pat., um neurologische Irritationen od. Beeinträchtigungen bemerken zu können (bei neurologischen Ausfällen ggf. fiberendoskopische Wachintubation)
Besonderheiten:	Tubus (oral) über das Gesicht des Pat. kopfwärts abgeleitet (sichere Fixierung!)
Nachbetreuung:	Aufwachraum (extubiert)

LWS/BWS

OP-Verfahren:	Nukleotomie
OP-Dauer:	30–90 min
Lagerung:	Hockerstellung, beide Arme nach oben ausgelagert
Ausrüstung:	1 großlumiger i. v. Zugang, Ösophagusstethoskop, Augenklappen, Magensonde, Relaxometrie
Blutkonserven:	i. d. R. keine, aber Blutgruppe u. Antikörpersuchtest

Anästhesie:	Intubationsnarkose (Spiraltubus) mit balanc. Anästhesie u. kompl. Muskelrelaxation
Nachbetreuung:	Aufwachraum (extubiert)

Tumoren

Lokalisation:	Medulla oblongata, zervikales od. thorakales Rückenmark
OP-Verfahren:	Tumorexstirpation, oft mit Hilfe eines Lasers
OP-Dauer:	2–4 h
Lagerung:	Bauchlage, beide Arme angelagert
Ausrüstung:	2 großlumige i.v. Zugänge; ggf. ZVK u. art. Zugang; Ösophagusstethoskop mit Temperatursensor, Augenklappen, Magensonde, Blasenkatheter, Relaxometrie
Blutkonserven:	2–4 EK
Anästhesie:	Intubationsnarkose (Spiraltubus) als TIVA od. balancierte Anästhesie (bei Ableit. von SEP nur TIVA), kompl. Muskelrelaxation (außer bei Ableit. von MEP)
Intubation:	nasal bei Tumoren im Bereich der Medulla oblongata (Tubus wird postop. wegen möglicher Schluckstörungen belassen); dann intraorale Gazerolle erforderlich, um zu verhindern, daß die Zunge vorfällt und ödematös wird
Besonderheiten:	1. evtl. präop. isovolämische Hämodilution 2. bei Laseranwendung evtl. Beatmung mit höherer Frequenz u. niedrigerem Zugvolumen (Absprache mit dem Operateur); dann von vornherein keinen Beatmungsfilter benutzen, um so die Thoraxbewegungen zu verringern; während des Lasereinsatzes TOF = 0!
Komplikationen:	gelegentlich größere Blutverluste bei Meningeomen od. Knochenmetastasen
Nachbetreuung:	Aufwachraum (extubiert, außer bei Tumoren im Bereich der Medulla oblongata)

22.5.10 Besondere Eingriffe bei Kindern

Kraniosynostosen

Nosologie:	vorzeitige Verknöcherung einer od. mehrerer Schädelnähte (in ca. 50% der Fälle Sagittalnaht betroffen)
Besonderheiten:	Säuglinge und Kleinkinder, z. T. mit weiteren Fehlbildungen
OP-Verfahren:	lineare od. erweiterte Kraniektomie (zur Verhinderung eines zerebralen Minderwachstums)
OP-Dauer:	4–6 h
Lagerung:	i. d. R. Rückenlage (bei okzipitalen Eingriffen Bauchlage)
Ausrüstung:	2–3 „großlumige" i.v. Zugänge, 2-Lumen-ZVK (im 1. Lj. 4F, dann 5F), kontinuierliche (!) ZVD-Messung (der ZVD spiegelt so den Volumenstatus am besten wider), art. Zugang, Ösophagusstethoskop mit Temperatursensor, Augenschutz, Magensonde, Blasenkatheter, Auskühlungsschutz (Heizmatte, Infusionswärmer)
Besonderheiten:	1. Raumtemperatur auf mind. 25 °C erhöhen, Wärmestrahler zur Einleitung, Kind in Alufolie einwickeln o. ä. 2. orale Intubation (möglichst mit Spiraltubus); „Ulmer System" 3. zentralvenöse u. art. Punktionen möglichst nur ultraschallgesteuert 4. präkordiale Dopplersonde (zur Luftemboliedetektion)
Blutkonserven:	2–3 EK (im OP), 1–2 FFP
Anästhesie:	Intubationsnarkose (Spiraltubus), je nach intrakran. Elastance als TIVA od. balancierte Anästhesie (Iso- od. Sevofluran), kompl. Muskelrelaxation

Einleitung:	per inhalationem (Sevofluran) od. i. v.
Besonderheiten:	1. manchmal schwierige Intubation (bes. bei kraniofazialen Syndromen), dann ggf. fiberendoskopische Intubation (z. B. über Larynxmaske) 2. oft größere Blutverluste schon zu OP-Beginn (Blutstillung am Knochen schwierig), Blutverluste schwer abzuschätzen, deshalb häufige Kontrollen von Hb u. SvO_2 erforderlich, ggf. zusätzl. Gerinnungsstatus 3. manchmal erhöhter ICP (bes. bei multiplen Verknöcherungen)
Komplikationen:	Sinusverletzung mit massiver Blutung od. Luftembolie
Nachbetreuung:	Kinderintensivstation (i. d. R. Nachbeatmung)

Meningomyelozele, Meningozele und Enzephalozele

Nosologie:	anlagebedingter Neuralrohrdefekt mit Spaltbildungen u. neurologischen Funktionsstörungen; bei der *Meningomyelozele* äußere Vorwölbung von Rückenmarkanteilen samt Häuten, bei der *Meningozele* nur der Arachnoidea, jeweils ohne Hautbedeckung; Vorkommen in allen Rückenmarkabschnitten; bei der *Enzephalozele* Ausstülpung von Hirnsubstanz durch Schädellücken (frontal, okzipital)
Besonderheiten:	Früh- und Neugeborene
OP-Indikation:	wegen erheblicher Gefahr von ZNS-Infektionen innerhalb der ersten Lebenstage
OP-Verfahren:	1. Meningomyelozele/Meningozele: Reposition des Rückenmarks u. der Nervenwurzeln in den Spinalkanal, Verschluß des Spaltes in den Rückenmarkhäuten, dem Wirbelkanal u. der Haut 2. Enzephalozele: Reposition der Hirnanteile u. Verschluß der Häute
OP-Dauer:	2–3 h
Lagerung:	Bauchlage, bei frontaler Enzephalozele Rückenlage
Ausrüstung:	2 „großlumige" i. v. Zugänge, Ösophagusstethoskop mit Temperatursensor, Augenschutz, Magensonde, Blasenkatheter, Auskühlungsschutz (Heizmatte, Infusionswärmer)
Besonderheiten:	1. Raumtemperatur auf mind. 25 °C erhöhen (ideal 28–30°), Wärmestrahler zur Einleitung, Kind in Alufolie einwickeln o. ä. 2. orale od. nasale Intubation; „Ulmer System" 3. latexfreie Anästhesie erforderlich (Kap. 35.18)
Blutkonserven:	1–2 EK (im OP)
Anästhesie:	Intubationsnarkose mit balancierter Anästhesie (Sevofluran) u. kompl. Muskelrelaxation
Besonderheiten:	1. präop. steriles Abdecken des Wundbereichs 2. z. T. Lagerungsschwierigkeiten bei der Narkoseeinleitung (dann Unterpolsterung; evtl. Intubation in Seitenlage od. fiberendoskopische Intubation unter Sedierung) 3. Flüssigkeits- u. Wärmeverluste durch Verdunstung über dem OP-Gebiet 4. bei großen Defekten (Meningomyelozele) und deshalb schwierigem Hautverschluß Einschnürung von Thorax u. Abdomen möglich (→ Behinderung der Thoraxbewegungen u. der Zwerchfellatmung)
Komplikationen:	1. Blutungen 2. bei lumbalen od. thorakalen Meningomyelozelen durch intrathorakale od. -abdominelle Druckerhöhung erneute Öffnung des Foramen ovale u. des Ductus Botalli möglich (→ Rechts-links-Shunt!)
Nachbetreuung:	Kinderintensivstation (Nachbeatmung)

Arnold-Chiari-Syndrom

Nosologie:	Fehlbildung mit Verlagerung der Kleinhirntonsillen u. kaudaler Anteile der Medulla oblongata durch das Foramen magnum in den oberen Spinalkanal
Pathophysiologie:	zunehmende Behinderung des Liquorabflusses aus dem IV. Ventrikel, Entwicklung eines Hydrozephalus, ICP-Anstieg, allmähliche Kompression des Hirnstamms mit Atem- u. Kreislaufstörungen
Besonderheiten:	Säuglinge und Kleinkinder
OP-Verfahren:	Lösung von Verwachsungen u. Erweiterung des Foramen magnum
OP-Dauer:	ca. 4 h
Lagerung:	Bauchlage
Ausrüstung:	2 „großlumige" i. v. Zugänge, ZVK, art. Zugang, Ösophagusstethoskop mit Temperatursensor, Augenschutz, Magensonde, Blasenkatheter, Auskühlungsschutz (Heizmatte, Infusionswärmer)
Besonderheiten:	1. Raumtemperatur auf mind. 25 °C erhöhen, ggf. Wärmestrahler zur Einleitung und Kind in Alufolie einwickeln o. ä. 2. latexfreie Anästhesie erforderlich (Kap. 35.18)
Blutkonserven:	i. d. R. keine, aber Blutgruppe u. Antikörpersuchtest
Anästhesie:	Intubationsnarkose (Spiraltubus), je nach intrakran. Elastance als TIVA od. balancierte Anästhesie (Iso- od. Sevofluran), kompl. Muskelrelaxation
Einleitung:	1. sehr vorsichtige Intubation (Gefahr der Hirnstammkompression)! 2. ggf. Nicht-nüchtern-Einleitung (Schluckstörungen etc.)
Komplikationen:	Kreislaufirritationen durch Manipulation am Hirnstamm (Bradykardie u. Hypotension od. Tachykardie u. Hypertension)
Nachbetreuung:	Kinderintensivstation (evtl. Nachbeatmung)

22.6 Stand-by

Indikation:	externe Ventrikeldrainage (Bohrloch) in Lokalanästhesie
OP-Dauer:	ca. 30 min
Lagerung:	Rückenlage
Ausrüstung:	1 peripherer i. v. Zugang, O_2-Insufflationsmaske (Ansatz für Handbeatmungsbeutel am Narkosegerät verschließen); übliches Monitoring (EKG, [automatische] nichtinvasive Blutdruckmessung, Pulsoxymetrie)
Sedierung:	nur bei klarem Bewußtsein mit geringen Dosen von Midazolam (od. Propofol)

22.7 Notfall- und dringliche Eingriffe

Indikationen:	1. Ventrikeldrainage bei akuter ICP-Erhöhung 2. Hämatomausräumung bei akuter intrakranieller Blutung 3. Frühoperation nach Aneurysmaruptur 4. intrakranielle Tumoren mit drohender Einklemmung 5. Hypophysentumor mit Sehstörung durch Chiasmakompression 6. raumfordernde Prozesse im Bereich der Wirbelsule od. akuter Diskusprolaps mit beginnenden Lähmungserscheinungen

22.8 Luftembolie

Eine Luftembolie kann sich intraoperativ als **Lungenembolie** (deutlich häufiger) oder bei offenem Foramen ovale als **paradoxe Embolie** (im großen Kreislauf, bes. Hirn- u. Koronararterien) manifestieren. Voraussetzung sind in jedem Fall die Eröffnung von Durasinus oder nicht kollabierter Venen und ein subatmosphärischer Druck in diesen Gefäßen (Operation in [halb]sitzender Position; Abschn. 22.5.4). Das Auftreten einer Luftembolie wird demgemäß durch eine Hypovolämie (niedriger ZVD) begünstigt.

Symptome der Lungenembolie

- Tachykardie od. Tachyarrhythmie, selten primäre Bradykardie (prinzipiell aber alle Formen von Herzrhythmusstörungen möglich)
- arterielle Hypotonie
- Anstieg des ZVD
- plötzlicher Abfall des $PECO_2$ (diagnostisch wegweisend)
- Abfall der $pSaO_2$

Monitoring

- endexspiratorische Bestimmung der CO_2-Konzentration (in Form der Kapnographie): Detektion von intravasaler Luft ab 0,1–1,0 ml/kg KG (DD des plötzlichen $PECO_2$-Abfalls: akute Verminderung des HZV aus anderer Ursache, z. B. durch Hirnstammischämie)
- präkordiale Dopplersonde (plaziert über dem 4. od. 5. ICR rechts parasternal) od. TEE-Sonde: sensitiver u. spezifischer als Kapnographie, Detektion von intravasaler Luft bereits ab 0,01 ml/kg KG
- 5-Pol-EKG mit ST-Strecken-Analyse: Detektion einer Koronarembolie

Prophylaxe

- PEEP-Beatmung (kontrovers)
  Um sicher positive Drücke in den Hirnvenen zu erreichen, ist ein PEEP-Niveau von mehr als 20 cmH_2O notwendig, was aber kardiovaskulär nicht für längere Zeit toleriert wird. Zudem wird bei Patienten mit latent offenem Foramen ovale (20–25% der Bevölkerung!) aufgrund einer interatrialen Druckumkehr (Druck rechts höher als links) das Auftreten einer paradoxen Luftembolie begünstigt.
- strikte Vermeidung einer intraop. Hypovolämie (Anheben des ZVD in den oberen Normalbereich!)
- kein N_2O (Vergrößerung eines Luftembolus; Kap. 8.1.2)!

Therapie

- Beatmung mit FIO_2 1,0
- sofortiges Unterbinden des weiteren Lufteintritts durch den Neurochirurgen (z. B. Einlegen feuchter Tücher)
- ggf. Absenken des Operationsgebietes unter Herzniveau
- Absaugen von Luft über den Vorhofschenkel eines dicklumigen ZVK (Abschn. 22.5.4)
- Druckinfusion über eine im Abflußgebiet der V. cava inf. liegende Venenkanüle (hierdurch wird die Blutflußgeschwindigkeit in der V. cava inf. erhöht, was den Lufteintritt u -transport im Bereich der V. cava sup. verzögert)
- b. Bed. Noradrenalin nach Wirkung i. v., um den rechtskoronaren Perfusionsdruck anzuheben (hierdurch wird die Koronarperfusion im Bereich des rechten Ventrikels verbessert)

22.9 Neuroradiologische Untersuchungen und Interventionen

22.9.1 Grundsätzliches

Die Bedeutung der Neuroradiologie ist in den vergangenen Jahren ständig gewachsen, und das nicht nur in diagnostischer Hinsicht, sondern vor allem wegen der zunehmenden interventionellen Therapiemöglichkeiten. Interventionelle Eingriffe werden entweder in **Lokalanästhesie mit Sedierung** oder in **Allgemeinanästhesie** durchgeführt. Für eine Sedierung spricht, daß das Bewußtsein beurteilbar bleibt und neurologische Veränderungen unmittelbar erkannt werden können. Dies setzt natürlich die Ansprechbarkeit des Patienten während der Prozedur voraus, ebenso wie seine Kooperationsfähigkeit. Eine tiefe Sedierung muß aber auch deshalb vermieden werden, weil darunter die Gefahr einer Hypoventilation mit hyperkapniebedingter Zunahme des Hirndrucks besteht. Bei sehr langen Prozeduren, bei Kindern oder unkooperativen Patienten ist eine Allgemeinanästhesie mit endotrachealer Intubation vorzuziehen. Die dabei eingesetzten Anästhetika sollten eine möglichst rasche postoperative Funktionskontrolle ermöglichen.

22.9.2 Zerebrale Angiographie

Verfahren: Einführen eines Katheters i. d. R. über eine Femoralarterie für die Kontrastmitteldarstellung (KM) von Aortenbogen, Karotiden, Vertebral- u. intrakraniellen Arterien

Dauer: 1–2 h

Ausrüstung: 1 peripherer i. v. Zugang

Anästhesie:
1. meist Lokalanästhesie ohne anästhesiologisches Stand-by ausreichend
2. evtl. Intubationsnarkose mit balancierter Anästhesie (z. B. 4-Gefäß-Darstellungen, Kinder, unruhige Pat.)

Besonderheiten:
1. bei Allgemeinanästhesie kontrollierte Hyperventilation zur Verlängerung des KM-Transits, wodurch mehr Röntgenbilder angefertigt werden können
2. kontinuierliche u. bolusartige Spülung des Katheters mit heparinisierter Kochsalzlösung (→ Heparingesamtdosis im Anästhesieprotokoll vermerken, bei Kindern auch die z. T. erhebliche Menge an NaCl 0,9%)

Komplikationen:
1. während der KM-Injektion kardiovaskuläre Reaktionen (durch passagere Hirnstammischämie als Folge der schnellen Injektion)
2. KM-Unverträglichkeitsreaktionen (sofort, aber auch verzögert)

Nachbetreuung: Aufwachraum (nach Allgemeinanästhesie)

22.9.3 Endovaskuläre Embolisation

Indikationen:
1. zerebrale Aneurysmen, zerebrale u. spinale Angiome (Ziel: Obliteration; Reduktion von Shuntvolumina u. Blutungskomplikationen, z. T. als OP-Vorbereitung)
2. Durafisteln (pathologische Verbindungen zwischen Arterien und Sinus)
3. stark vaskularisierte Hirntumoren (nur als OP-Vorbereitung, um das Blutungsrisiko zu vermindern)

Verfahren: Katheterangiographie (s. Abschn. 22.9.2) u. Verschluß zerebraler Gefäße mit chemischen Lösungen (z. B. Ethibloc®, Histoacryl®), Fibrinkleber od. Coils (Abschn. 22.9.4)

Dauer: 1–3 h (außer Coiling)

Ausrüstung: 2 großlumige i. v. Zugänge, ZVK, art. Zugang, Blasenkatheter, Temperatursonde, ggf. Transportbeatmungsgerät

Anästhesie: Intubationsnarkose (ggf. Spiraltubus), je nach intrakran. Elastance als TIVA (immer bei SAB in der Akutphase) od. balancierte Anästhesie (Iso- od. Sevofluran); kontroll. Hyperventilation

Besonderheit: in seltenen Fällen direkt folgende Operation (dann evtl. präop. isovolämische Hämodilution)

Komplikationen:
1. KM-Reaktionen (Abschn. 22.9.2)
2. Lungenembolie durch Verschleppen von zur Embolisierung verwendeter Agenzien od. Materialien (abhg. von den Strömungsverhältnissen, der Größe der Fehlbildung u. der Lage des Katheters)
3. regionale Hirnschwellung nach Embolisierung (z. B. durch Blutumverteilung)
4. Embolisation von Trägergefäßen (→ Hirninfarkt) od. venösen Gefäße (→ Abflußbehinderung mit Stauungsödem u./od. Blutung)

Nachbetreuung: Intensivstation (ohne OP möglichst extubiert)

22.9.4 Aneurysma-Coiling

Indikationen:	1. Aneurysmen, die einem operativen Eingriff nicht zugänglich od. sich im hinteren Circulus Willisi befinden 2. zunehmend auch alternativ zur Frühoperation nach SAB, z. B. bei starker Hirnschwellung od. schlechtem klinischen Zustand (Sopor od. Koma)
Verfahren:	Katheterangiographie (Abschn. 22.9.2) u. transluminales Einführen von sog. Coils (Platindrahtspiralen), elektrolytische Ablösung der Coils im Aneurysmahals (Ziel: Verschluß des Aneurysmahalses unter Schonung der Trägerarterie)
Dauer:	2–4 h
Ausrüstung:	1 großlumiger i. v. Zugang, ggf. ZVK; ggf. Magensonde; Blasenkatheter
Anästhesie:	Intubationsnarkose, je nach intrakran. Elastance als TIVA (immer bei SAB in der Akutphase) od. balancierte Anästhesie (Iso- od. Sevofluran); kontroll. Hyperventilation
Einleitung:	1. b. Bed. tiefe Narkose mit ICP-senkenden Anästhetika, ggf. zusätzl. Lidocain i. v. 2. ggf. Nicht-nüchtern-Einleitung z. B. bei erhöhtem ICP (Somnolenz etc.)
Besonderheit:	bei Serienaufnahmen mit Hochgeschwindigkeitskamera kurze Apnoe erwünscht (→ Beatmung abstellen u. Überdruckventil öffnen)
Komplikationen:	s. Abschn. 22.9.3; zusätzl.: 1. Gefäßperforation mit schwerer intrakran. Blutung 2. Hypothermie bei langer Eingriffsdauer 3. postop. Thrombosierung distaler Hirngefäße (→ Antikoagulation)
Nachbetreuung:	Intensivstation (möglichst extubiert [Normothermie!])

22.9.5 Lysetherapie

Indikation:	akute intrakran. thromboembolische Gefäßverschlüsse
Verfahren:	Katheterangiographie (Abschn. 22.9.2) u. transluminale Injektion von rt-PA[45] (Alteplase [Actilyse®]) unmittelbar proximal des Verschlusses
Dauer:	1–2 h
Ausrüstung:	1 großlumiger i. v. Zugang, ggf. ZVK, ggf. Magensonde
Anästhesie:	Intubationsnarkose mit balancierter Anästhesie
Einleitung:	ggf. Nicht-nüchtern-Einleitung
Besonderheit:	möglichst Normoventilation, um die zerebrale Durchblutung nicht zu beeinträchtigen
Komplikationen:	1. KM-Reaktionen (Abschn. 22.9.2) 2. Einblutung ins reperfundierte Gewebe
Nachbetreuung:	Intensivstation (möglichst extubiert)

22.9.6 Karotisangioplastie

Indikationen:	extrakranielle Karotisstenose von mehr als 70% bei symptomatischen u. mehr als 80% bei asymptomatischen Pat. (in Konkurrenz zur Operation)
Vorteile:	1. am wachen Pat. durchführbar (→ neurologische Kontrolle) 2. unmittelbare angiographische Erfolgskontrolle 3. bei Eintritt eines embolisch bedingten neurologischen Defizits umgehender Lyseversuch möglich

45 „recombinant tissue plasminogen activator"

Verfahren:	Katheterangiographie (Abschn. 22.9.2) u. intraluminales Aufdehnen der Stenose mit einem Ballon, ggf. zusätzl. Einführen eines Stents
Dauer:	1–2 h
Ausrüstung:	1 peripherer i. v. Zugang, ggf. ZVK (V. basilica); O_2-Insufflationsmaske (Ansatz für Handbeatmungsbeutel am Narkosegerät verschließen); übliches Monitoring (EKG, [automatische] nichtinvasive Blutdruckmessung, Pulsoxymetrie)
Besonderheiten:	1. jederzeitige Intubationsbereitschaft 2. transthorakalen Herzschrittmacher in Bereitschaft halten (SM-Elektroden aber nicht aufkleben [sehr teuer!], sondern nur den Pat. im Elektrodenbereich rasieren u. die EKG-Elektroden so plazieren, daß sie nicht mit den SM-Elektroden interferieren)
Medikamente:	Atropin (2 mg), Orciprenalin (1:10 verd.); Noradrenalin u. Adrenalin (je 1:10 u. 1:100 verd.)
Anästhesie:	Lokalanästhesie u. milde Sedierung mit Midazolam (jederzeitige neurologische Überprüfbarkeit!)
Komplikationen:	1. Bradyarrhythmien bis hin zur Asystolie durch Irritation des Sinus caroticus (→ prophylaktisch Herzfrequenz durch fraktionierte i. v. Gabe von Atropin [max. 3 mg] auf Werte um 100/min anheben [ggf. auch Orciprenalin]; bei Asystolie oft präkordialer Faustschlag erfolgreich, kardiopulmonale Reanimation mit Intubation und transthorakaler Schrittmacherstimulation nur sehr selten notwendig) 2. prolongierter Blutdruckabfall nach Rekanalisation (Abschn. 22. 5.3) 3. fokales neurologisches Defizit (z. B. durch Embolie od. Blutung)
Nachbetreuung:	Intensivstation

22.9.7 Zerebrale Magnetresonanztomographie (s. Kap. 33)

23 Gynäkologie

23.1 Allgemeine Bemerkungen ▸ 344
23.2 Anästhesieverfahren ▸ 344
23.2.1 Allgemeinanästhesie ▸ 344
23.2.2 Regionalanästhesie ▸ 344
23.3 Spezielle Medikamente ▸ 344
23.4 Eingriffe ▸ 345
23.4.1 Kleine Eingriffe ▸ 345
23.4.2 Mittlere Eingriffe ▸ 346
23.4.3 Große Eingriffe ▸ 348
23.4.4 Endoskopien ▸ 350
23.5 Notfall- und dringliche Eingriffe ▸ 351

23.1 Allgemeine Bemerkungen

Zumeist handelt es sich bei den gynäkologischen Patientinnen um gesunde Frauen jüngeren und mittleren Alters. Im höheren Lebensalter sind die typischen Begleiterkrankungen zu erwarten. Wegen der oft notwendigen speziellen Lagerungen mit z. T. erheblicher Beeinträchtigung des kardiopulmonalen Systems werden Allgemeinanästhesien bevorzugt und außer bei Kurzeingriffen als Intubationsnarkosen durchgeführt.

Spezielle Lagerungen (Einzelheiten s. Kap. 11)

- Trendelenburg-Lagerung: Laparotomien, Laparo-/Pelviskopien, Hysteroskopien, vaginale Eingriffe
- Steinschnittlagerung: vor allem vaginale, z. T. auch abdominelle Eingriffe

Nicht selten ist eine kombinierte Steinschnitt- und Trendelenburg-Lagerung erforderlich.

23.2 Anästhesieverfahren

23.2.1 Allgemeinanästhesie

Für diagnostische oder therapeutische Kurzeingriffe genügt zumeist eine entsprechende Kurznarkose mit Propofol/Remifentanil und, wenn keine Kontraindikationen bestehen, als künstlicher Atemweg eine Larynxmaske. Sonst ist die Intubationsnarkose mit balancierter Allgemeinanästhesie und bedarfsgerechter Muskelrelaxation vorzuziehen. Bei kombinierter Steinschnitt-Trendelenburg-Lagerung sollte wegen der höheren Aspirationsgefahr grundsätzlich endotracheal intubiert und eine Magensonde gelegt werden.

23.2.2 Regionalanästhesie

Regionalanästhesien werden, abgesehen von den vom Gynäkologen selbst durchgeführten Infiltrationsanästhesien (z. B. Mamma-PE) oder Parazervikalblockaden (z. B. Follikelpunktion) nur sehr selten angewendet. Rückenmarknahe Verfahren kommen zwar prinzipiell für vaginale Eingriffe in Betracht, sollten jedoch wegen der z. T. extremen Operationslagerung nur zurückhaltend eingesetzt werden.

23.3 Spezielle Medikamente

■ Oxytocin und Methylergometrin

Oxytocin und Methylergometrin werden manchmal auch bei nichtgeburtshilflichen Eingriffen am Uterus verwendet, um eine Uteruskontraktion zu erreichen und so die Blutstillung zu erleichtern (Kap. 24.3.2).

■ Adrenalin

Siehe Kap. 20.4.

23.4 Eingriffe

Die gynäkologischen Operationen können in kleine, mittlere und große Eingriffe sowie Endoskopien eingeteilt werden:

- kleine Eingriffe
  - Mamma-PE
  - Abrasio od. Conisatio uteri
  - Interruptio graviditatis
  - Sterilisation
  - Follikelpunktion
  - intrauterine Strahlentherapie
  - Untersuchung der inneren Genitalien
- mittlere Eingriffe
  - Ablatio mammae mit od. ohne axilläre Lymphadenektomie
  - radikale Vulvektomie ohne inguinale Lymphadenektomie
  - Inkontinenzoperation
  - Scheiden-/Beckenbodenplastik
- große Eingriffe
  - Mammareduktions- od. -augmentationsplastik
  - radikale Vulvektomie mit inguinaler Lymphadenektomie
  - Hysterektomie (vaginal od. abdominal)
- Endoskopien
  - Laparo-/Pelviskopie
  - Hysteroskopie

23.4.1 Kleine Eingriffe

Mamma-PE

OP-Dauer:	20–30 min
Lagerung:	Rückenlage
Ausrüstung:	1 peripherer i. v. Zugang (G18 od. größer)
Anästhesie:	Larynxmaske mit N_2O-suppl. i. v.-Anästhesie (ggf. + vol. Anästh.)

Abrasio (Kürettage), Konisation

OP-Verfahren:	Ausschabung der Gebärmutter aus diagnostischen (z. B. Tumorverdacht) od. therapeutischen Gründen (z. B. Abortus incompletus, Interruptio); bei *Konisation* zusätzl. kegelförmiges Ausschneiden der Portio uteri (z. B. Carcinoma in situ)
OP-Dauer:	15–20 min
Besonderheiten:	evtl. Anämie bei Abortus incompletus
Lagerung:	Steinschnittlage
Ausrüstung:	1 peripherer i. v. Zugang (G18 od. größer), evtl. Magensonde
Anästhesie:	Larynxmaske mit N_2O-suppl. i. v.-Anästhesie (ggf. + vol. Anästh.); Spinalanästhesie möglich
Besonderheiten:	1. tiefe Narkose bei Zervixdehnung erforderlich, sonst Vagusreflexe möglich (→ Bradykardie, Husten, Laryngo- od. Bronchospasmus). 2. bei Schwangerschaftsabbruch Mitwirkungspflicht für den Anästhesisten (u. dessen Personal) nur bei medizinischer Indikation (Gefährdung der Mutter)

Sterilisation

OP-Verfahren:	zumeist laparoskopische Durchtrennung beider Tuben durch Elektrokoagulation (Abschn. 23.4.4), laparotomisch nur noch bei Sectio caesarea
OP-Dauer:	30 min

Follikelpunktion

OP-Verfahren:	transvaginale Punktion von Ovarialfollikeln, um befruchtungsfähige Eizellen für eine In-vitro-Fertilisation zu gewinnen
OP-Dauer:	20–30 min
Lagerung:	Steinschnittlage
Ausrüstung:	1 peripherer i. v. Zugang (G18 od. größer), evtl. Magensonde
Anästhesie:	wie bei Abrasio
Besonderheiten:	aus ethischen Gründen keine Mitwirkungspflicht für den Anästhesisten

Intrauterine Strahlentherapie („afterloading")

Indikation:	(neo)adjuvant bei Korpus- od. Zervixkarzinomen
Verfahren:	transvaginales Einführen des radioaktiven Materials (meist Iridium)
OP-Dauer:	15 min
Lagerung:	Steinschnittlage
Ausrüstung:	1 peripherer i. v. Zugang (G18 od. größer), evtl. Magensonde
Anästhesie:	Larynxmaske mit N_2O-suppl. i. v.-Anästhesie; Spinalanästhesie mögl.
Besonderheiten:	möglichst keine volatilen Anästhetika (evtl. Entstehen von toxischen Substanzen bei Zersetzung durch ionisierende Strahlen)

Untersuchung der inneren Genitalien

Indikationen:	geistig Behinderte, Kinder; Auftakt zu weiteren Untersuchungen (Endoskopie o. ä.)
Dauer:	5–10 min
Lagerung:	Steinschnittlage
Ausrüstung:	1 peripherer i. v. Zugang (G18 od. größer), evtl. Magensonde
Anästhesie:	Gesichtsmaske mit N_2O-suppl. i. v.-Anästhesie (ggf. + vol. Anästh.); evtl. Intubation (abhg. z. B. vom Folgeeingriff)

23.4.2 Mittlere Eingriffe

Ablatio mammae

Indikation:	Mammakarzinom
OP-Ablauf:	Schnellschnitt, bei Karzinomen dann i. d. R. auch axilläre Lymphadenektomie (LAD)
OP-Dauer:	1–2 h
Lagerung:	Rückenlage, ein Arm ausgelagert
Ausrüstung:	1 großlumiger i. v. Zugang, Ösophagusstethoskop u. Augenklappen bei eingeschränktem Zugang zum Kopf, Magensonde, Temperatursonde, Auskühlungsschutz (Wärmedecke, Infusionswärmer etc.)
Blutkonserven:	i. d. R. keine, aber Blutgruppe u. Antikörpersuchtest
Anästhesie:	Intubationsnarkose (evtl. Spiraltubus) mit balancierter Anästhesie (evtl. Spiral-LMA)

Besonderheiten:	1. Bei geplanter oder möglicher axillärer LAD ist der i. v. Zugang grundsätzlich am *kontralateralen* Arm zu legen, denn bei der Lymphknotenausräumung könnten axilläre Gefäße verletzt werden, was eine sichere Zufuhr von Medikamenten oder Volumen über einen ipsilateralen Zugang gefährden würde. Außerdem führt die Resektion der Lymphbahnen zu einer Störung des Lymphabflusses. An diesem Arm sollen Traumatisierungen, Injektionen etc. möglichst vermieden werden, um keine *Lymphödeme* zu provozieren. 2. Wenn eine axilläre LAD bereits auf der einen Seite stattgefunden hat und nun auch auf der anderen geplant ist, wird nach Möglichkeit zunächst ein i. v. Zugang *am Fuß* plaziert (alternativ: eine dünnlumige Kanüle für die ausschließliche [!] Verwendung zur Narkoseeinleitung am zu operierenden Arm). Nach der Einleitung wird dann eine großlumige Schleuse (z. B. G13) mit Ventil in eine V. jugularis externa gelegt, über die ggf. auch ein ZVK eingeführt werden kann. 3. Bei arteriellen Punktionen und bei der Blutdruckmessung mit Manschette ist entsprechend vorzugehen.
Komplikationen:	Blutungen bei LAD
Nachbetreuung:	Aufwachraum

Radikale Vulvektomie

Indikation:	Vulvakarzinom
Besonderheiten:	meist hohes Alter der Pat.
OP-Verfahren:	Vulvektomie mit od. ohne inguinale Lymphadenektomie, evtl. plastische Deckung
OP-Dauer:	ohne LAD ca. 1 h, mit LAD bis zu 3 h
Lagerung:	Steinschnittlage u. geringe Kopftieflage, Arme ausgelagert
Ausrüstung:	2 großlumige i. v. Zugänge, ZVK, ggf. art. Zugang; Magensonde, Blasenkatheter (durch Gynäkologen), bei LAD Temperatursonde, Auskühlungsschutz (Wärmedecke, Infusionswärmer etc.) u. Relaxometrie
Blutkonserven:	ohne LAD keine, mit LAD u./od. plastischer Deckung 4 EK
Anästhesie:	Intubationsnarkose mit balancierter Anästhesie u. ggf. kompl. Muskelrelaxation (LAD)
Komplikationen:	Blutungen bei LAD
Nachbetreuung:	Aufwachraum

Inkontinenzoperation

Indikation:	Streßinkontinenzblase bei Beckenbodendeszensus
Besonderheiten:	meist hohes Alter der Pat.
OP-Verfahren:	abdominale Kolpossuspension nach *Marshall-Marchetti* (vesikourethral) od. nach *Burch* (urethrovaginal am Cooper-Ligament)
OP-Dauer:	ca. 1 h
Lagerung:	Steinschnittlage u. geringe Kopftieflage, Arme ausgelagert
Ausrüstung:	1 großlumiger i. v. Zugang, Magensonde, Blasenkatheter (durch Gynäkologen; postop. belassen)
Blutkonserven:	i. d. R. keine, aber Blutgruppe u. Antikörpersuchtest
Anästhesie:	Intubationsnarkose mit balancierter Anästhesie u. kompl. Muskelrelaxation; Spinalanästhesie möglich

Komplikationen:	Blasenperforation (→ Hämaturie!), selten Blutungen
Nachbetreuung:	Aufwachraum

Scheiden-/Beckenbodenplastik

Indikationen:	1. vordere Plastik: Descensus vaginae anterior mit Zystozele (Einstülpung des Harnblasenbodens in die vordere Vaginalwand) u. Blasenentleerungsstörung 2. hintere Plastik: Descensus vaginae posterior mit Rektozele u. Defäkationsstörung 3. Sakropexie: Descensus vaginae
OP-Verfahren:	transvaginale Beseitigung der Zysto- od. Rektozele durch Raffen der Scheidenwände, Abtragung überschüssiger Scheidenanteile, Verstärkung des Beckenbodens durch Raffen des pararektalen Gewebes
OP-Dauer:	1–2 h
Lagerung:	Steinschnittlage u. geringe Kopftieflage, Arme ausgelagert
Ausrüstung:	1–2 großlumige i. v. Zugänge, Magensonde, Blasenkatheter (durch Gynäkologen)
Blutkonserven:	keine
Anästhesie:	Intubationsnarkose mit balancierter Anästhesie u. kompl. Muskelrelaxation; Spinalanästhesie möglich
Besonderheiten:	Anlage eines suprapubischen Blasenkatheters zum OP-Ende (durch Gynäkologen)
Komplikationen:	Blasenperforation (→ Hämaturie!), Darmperforation
Nachbetreuung:	Aufwachraum

23.4.3 Große Eingriffe

Mammareduktions- oder -augmentationsplastik

OP-Dauer:	3–6 h
Lagerung:	halbsitzende Position, ein Arm ausgelagert
Ausrüstung:	2 großlumige i. v. Zugänge u. ZVK (Heidelberger Verlängerungen bei Zugängen im Bereich der oberen Körperhälfte), kontinuierliche ZVD-Messung, art. Zugang, Ösophagusstethoskop mit Temperatursensor, Augenklappen bei eingeschränktem Zugang zum Kopf, Magensonde, Blasenkatheter, Auskühlungsschutz (Wärmedecke, Infusionswärmer etc.), Transfusionspumpe o. ä.
Blutkonserven:	wenn möglich Eigenblutspende u. präop. isovolämische Hämodilution, sonst 2–4 EK
Anästhesie:	Intubationsnarkose (evtl. Spiraltubus) mit balancierter Anästhesie
Besonderheiten:	1. Maßnahmen zur Verringerung des Risikos einer Luftembolie: – ausreichende Volumenzufuhr vor dem Aufsetzen der Pat. (mind. 1.000 ml) – Beatmung mit PEEP (langsam bis auf ca. 10 cmH_2O steigern), um den venösen Druck im Operationsgebiet zu erhöhen – kein N_2O (Vergrößerung eines Luftembolus; s. Kap. 8.1.2)! 2. Beine mit elastischen Binden wickeln (Verminderung des venösen Pooling u. Thromboseprophylaxe) 3. zur Vermeidung von Blutdruckabfällen die Pat. nur schrittweise in die halbsitzende Position bringen
Komplikationen:	Blutdruckabfall (halbsitzende Position), Blutungen, Luftembolie (Kap. 22.8)
Nachbetreuung:	Aufwachraum

Radikale Vulvektomie mit Lymphadenektomie

Siehe Abschn. 4.2.

Vaginale Hysterektomie

Indikationen:	Uterus myomatosus, Endometriosis uteri, Descensus uteri
OP-Ablauf:	1. Präparation der Zervixschleimhaut, Durchtrennung des Lig. supravaginale, Eröffnung der peritonealen Umschlagfalte (zervikal u. rektal) 2. Abpräparation des Uterus bis zu den Abgängen der Adnexe, Absetzen des Adnexbündels bds., Entfernung des Uterus 3. Verschluß des Douglas-Raums, evtl. „Peritonealisierung" zur Enterozelenprophylaxe, manchmal zusätzl. Scheidenplastik
OP-Dauer:	1–2 h
Lagerung:	Steinschnitt- u. Kopftieflage, Arme ausgelagert
Ausrüstung:	2 großlumige i. v. Zugänge, ggf. ZVK; Magensonde, Blasenkatheter (durch Gynäkologen), Temperatursonde, Auskühlungsschutz (Wärmedecke, Infusionswärmer etc.)
Blutkonserven:	i. d. R. keine, aber Blutgruppe u. Antikörpersuchtest
Anästhesie:	Intubationsnarkose mit balancierter Anästhesie u. kompl. Muskelrelaxation; Spinalanästhesie möglich
Besonderheiten:	periop. Antibiotikaprophylaxe (z. B. z. B. 2 g Cefotiam)
Komplikationen:	massive Blutungen aus Aa. u./od. Vv. ovaricae (→ ggf. laparotomisches Vorgehen), Verletzung von Nachbarorganen (Blase, Ureteren, Darm)
Nachbetreuung:	Aufwachraum

Abdominale Hysterektomie

Indikationen:	großer Uterus myomatosus, Korpus- u. Zervixkarzinome
OP-Ablauf:	1. Unterbauchquerschnitt, Abpräparation der Blase, Absetzen der uterinen Gefäße, Hysterektomie (i. d. R. unter Belassung der Ovarien) 2. Eröffnung des Douglas-Raums, Verschluß der Scheidenwand, hohe „Peritonealisierung" zur Enterozelenprophylaxe
OP-Dauer:	ca. 2 h
Lagerung:	Steinschnittlage u. zeitweise geringe Kopftieflage, Arme ausgelagert
Ausrüstung:	2 großlumige i. v. Zugänge, ggf. ZVK; Magensonde, Blasenkatheter (durch Gynäkologen), Temperatursonde, Auskühlungsschutz (Wärmedecke, Infusionswärmer etc.), Relaxometrie
Blutkonserven:	2 EK
Anästhesie:	Intubationsnarkose mit balancierter Anästhesie u. kompl. Muskelrelaxation
Komplikationen:	1. akzidentelle Unterbindung der Ureteren (→ Sistieren der Diurese!; der Operateur ist davon umgehend zu unterrichten, *cave*: „blind" Volumen od. Diuretika!) 2. Blasenperforation (→ Hämaturie!), Darmperforation
Nachbetreuung:	Aufwachraum

Erweiterte Hysterektomie[46]

Indikationen:	Korpus- u. Zervixkarzinome, disseminierte Ovarialkarzinome
OP-Verfahren:	Unterbauchquerschnitt, Hysterektomie, ggf. Adnexektomie bds., ggf. pelvine u./od. retroperitoneale Lymphadenektomie, bei peritonealer Aussaat Peritonektomie, b. Bed. Resektion infiltrierter Darmabschnitte; bei disseminiertem Tumorbefall od. Konglomerattumor ggf. vorzeitige Beendigung der Operation
OP-Dauer:	4–5 h
Lagerung:	Rückenlage, Arme ausgelagert
Ausrüstung:	2 großlumige i. v. Zugänge, ZVK, art. Zugang, Magensonde, Blasenkatheter (durch Gynäkologen), Temperatursonde, Auskühlungsschutz (Wärmedecke, Infusionswärmer etc.), Transfusionspumpe o. ä., Relaxometrie
Blutkonserven:	4 EK
Anästhesie:	Intubationsnarkose mit balancierter Anästhesie u. kompl. Muskelrelaxation (zusätzl. evtl. lumbaler Epiduralkatheter für die postop. Analgesie)
Besonderheiten:	1. präoperativ: manchmal großer Aszites (→ Nicht-nüchtern-Einleitung) 2. intraoperativ: großer Volumenumsatz, Auskühlung
Komplikationen:	1. massive Blutungen (→ ggf. passageres Abklemmen der Aorta) 2. Tumorembolie bei Mobilisation, Luftembolie bei Verletzung der V. cava inf. 3. Verletzung von Nachbarorganen, bes. der Ureteren
Nachbetreuung:	Intensivstation (bei jüngeren Pat. ohne Risikofaktoren nicht nötig)

23.4.4 Endoskopien

Laparo-/Pelviskopie

Zum *grundsätzlichen Vorgehen bei Laparoskopien und den typischen Komplikationen*, die durch ein Kapnoperitoneum etc. hervorgerufen werden können, s. Kap. 15.

Indikationen:	1. Überprüfung der Tubendurchgängigkeit (Chromolaparoskopie), evtl. auch Rekanalisierung 2. (V. a.) Extrauteringravidität (Abschn. 23.5) 3. Sterilisation 4. Punktion und Abtragung von Ovarialzysten, Ovariektomie 5. Abtragung einzelner Uterusmyomknoten 6. laparoskopisch assistierte vaginale Hysterektomie

46 früher: Wertheim-Operation

Hysteroskopie

Im Gegensatz zur Laparoskopie wird bei der Hysteroskopie auf eine Gasinsufflation verzichtet, nachdem wiederholt von massiven Gasembolien mit z. T. letalem Ausgang berichtet worden war. Zur Visualisierung der uterinen Strukturen wird statt dessen – wie bei transurethralen Resektionen – eine elektrisch nichtleitende Flüssigkeit (z. B. Purisole®) über das Endoskop eingespült (Kap. 16.4.1).

Indikationen:	diagnostisch (z. B. bei Abrasio) od. therapeutisch (Abtragung von Polypen, Verwachsungen od. Fehlbildungen)
OP-Dauer:	diagnostisch nur wenige Minuten, therapeutisch 30–60 min
Lagerung:	Steinschnitt u. Kopftieflage, Arme ausgelagert
Ausrüstung:	1 großlumiger i. v. Zugang
Blutkonserven:	keine
Anästhesie:	1. diagnostisch: Intubationsnarkose mit N_2O-suppl. i. v. Anästh. (ggf. + vol. Anästh.) 2. therapeutisch: primär Spinalanästhesie (Bewußtseinskontrolle!)
Komplikationen:	hypotone Hyperhydratation (wie bei TUR-Syndrom; s. Kap. 16.4.3), Uterusperforation
Nachbetreuung:	Aufwachraum

23.5 Notfall- und dringliche Eingriffe

Extrauteringravidität

Diagnostik:	Feststellen, ob eine Schwangerschaft besteht (ß-HCG[47]-Bestimmung), Sonographie
Besonderheiten:	Tubarruptur mit hämorrhagischen Schock (heutzutage extrem selten)
OP-Verfahren:	1. Laparoskopie, ggf. Ausschälung u. Entfernung 2. primäre Laparotomie nur bei Blutung od. im Notfall
OP-Dauer:	ca. 30 min bei unkomplizierten Verhältnissen
Lagerung:	Steinschnittlage u. evtl. leichte Kopftieflage, Arme ausgelagert
Ausrüstung:	2 großlumige i. v. Zugänge, bei hämorrhagischem Schock ZVK u. art. Zugang; Magensonde, Blasenkatheter (durch Gynäkologen); ggf. Auskühlungsschutz (Wärmedecke, Infusionswärmer etc.), Transfusionspumpe o. ä. u. Relaxometrie
Blutkonserven:	4 EK, ggf. ungekreuzt (bei bekannter Blutgruppe) od. 0/Rh neg.
Anästhesie:	Intubationsnarkose mit balancierter Anästhesie u. kompl. Muskelrelaxation
Einleitung:	im Notfall od. ab Mitte des 2. Trimenons Nicht-nüchtern-Einleitung
Besonderheiten:	Akzentuierung einer Hypovolämie durch das Kapnoperitoneum (→ kein PEEP!)
Komplikationen:	massive Blutung aus ovariellen Gefäßen bei Tubarruptur
Nachbetreuung:	Aufwachraum, nach hämorrhagischem Schock Intensivstation

47 humanes Choriongonadotropin

24 Geburtshilfe

24.1	Allgemeine Bemerkungen ▸ 352	**24.5.1**	Sectio caesarea ▸ 362
24.2	Physiologische Veränderungen während der Schwangerschaft ▸ 352	**24.5.2**	Manuelle Plazentalösung ▸ 362
24.2.1	Respirationstrakt ▸ 352	**24.6**	Komplikationen ▸ 363
24.2.2	Herz-Kreislauf-System ▸ 353	**24.6.1**	Aortokavales Kompressionssyndrom ▸ 363
24.2.3	Uteroplazentare Einheit ▸ 353	**24.6.2**	Pulmonale Aspiration ▸ 363
24.2.4	Gastrointestinaltrakt ▸ 354	**24.6.3**	Blutdruckabfall unter rückenmarknaher Regionalanästhesie ▸ 363
24.2.5	Intubationsbedingungen ▸ 354	**24.6.4**	Blutungen ▸ 363
24.2.6	Varia ▸ 355	**24.6.5**	Uterusruptur ▸ 364
24.3	Pharmakologie ▸ 355	**24.6.6**	Fruchtwasserembolie ▸ 364
24.3.1	Anästhetika ▸ 355	**24.7**	Besondere mütterliche Erkrankungen ▸ 365
24.3.2	Uterusaktive Substanzen ▸ 356	**24.7.1**	Präeklampsie und Eklampsie ▸ 365
24.4	Anästhesieverfahren ▸ 357	**24.7.2**	HELLP-Syndrom ▸ 366
24.4.1	Epiduralanalgesie ▸ 357	**24.7.3**	Herz-Kreislauf-Erkrankungen ▸ 367
24.4.2	Epiduralanästhesie ▸ 359	**24.7.4**	Asthma bronchiale ▸ 367
24.4.3	Spinalanästhesie ▸ 359	**24.7.5**	Intrakranielle Erkrankungen ▸ 368
24.4.4	Allgemeinanästhesie ▸ 360		
24.5	Besondere geburtshilfliche Eingriffe ▸ 362		

24.1 Allgemeine Bemerkungen

Bei geburtshilflichen Anästhesien müssen die schwangerschaftsphysiologischen Besonderheiten sowie die Auswirkungen der Anästhetika und Anästhesietechniken auf den Uterus, die Wehentätigkeit und den Fetus oder das Neugeborene berücksichtigt werden (s. auch Kap. 37). Spezielle anästhesiologische Herausforderungen ergeben sich bei begleitenden oder schwangerschaftsspezifischen Erkrankungen.

24.2 Physiologische Veränderungen während der Schwangerschaft

Während einer Schwangerschaft kommt es zu mannigfaltigen anästhesierelevanten physiologischen Veränderungen. Sie betreffen nahezu alle Organe. Art und Ausmaß dieser Veränderungen hängen überwiegend vom Schwangerschaftsalter ab und sind zumeist hormonell bedingt.

24.2.1 Respirationstrakt (Tab. 78)

Für eine adäquate O_2-Versorgung des Fetus muß die Mutter ihre **O_2-Aufnahme um bis zu 20% steigern**, was eine Zunahme des Atemminutenvolumens und vor allem der alveolären Ventilation bedingt. Hieraus resultiert eine geringe Zunahme des PaO_2 (→ Erhöhung des pulmonalen O_2-Diffusionsgradienten bei

Tabelle 78 Veränderungen wichtiger Atemparameter während der Schwangerschaft

Parameter	Veränderung
Atemminutenvolumen	+50%
– Atemzugvolumen	+40%
– Atemfrequenz	+10%
Alveoläre Ventilation	+70%
Vitalkapazität	±0
Funktionelle Residualkapazität	-20%
O_2-Diffusionskapazität	vermindert
Atemarbeit	erhöht
PaO_2	105–110 mmHg
$PaCO_2$	ca. 32 mmHg

allerdings aufgrund vermehrter interstitieller Wassereinlagerung verminderter O_2-Diffusionskapazität), während der $PaCO_2$ leicht abnimmt („physiologische Schwangerschaftshyperventilation"). Die funktionelle Residualkapazität fällt im Verauf der Schwangerschaft mit dem Höhertreten des Zwerchfells (Größenzunahme des graviden Uterus) langsam ab. Hierdurch wird die pulmonale O_2-Reserve erniedrigt, was zusammen mit dem erhöhten O_2-Verbrauch relativ rasch Hypoxämien entstehen lassen kann. Eine nur einminütige Apnoe bewirkt bei Schwangeren nach optimaler Präoxygenierung (theoretisch möglicher PAO_2 673 mmHg; Vorgehensweise s. Kap. 7.3 od. Abschn. 24.4.4) bereits einen Abfall des PaO_2 von ca. 150 mmHg (bei Nichtschwangeren von ca. 50 mmHg). Extreme Hyperventilation kann zu ausgeprägter Hypokapnie mit entsprechender Alkalose führen und so die Durchblutung der Plazenta vermindern. Infolgedessen kann die fetale O_2-Versorgung kritisch reduziert werden (→ fetale Hypoxie).

24.2.2 Herz-Kreislauf-System (Tab. 79)

Während der Schwangerschaft kommt es zu einer steroidbedingten Natrium- und Flüssigkeitsretention mit wachsender Neigung zu interstitieller Ödembildung. Da das Plasmavolumen bis zur Geburt stärker als das Erythrozytenvolumen zunimmt, entsteht eine Verdünnungsanämie („physiologische Schwangerschaftshämodilution"). Aufgrund des vergrößerten zirkulierenden Blutvolumens können Blutverluste von ca. 500–1.000 ml i. d. R. unter der Geburt gut toleriert werden, zumal wenn der sich kontrahierende Uterus eine „Autotransfusion" von ca. 500 ml Blut aus der Plazenta bewirkt. Der in der Schwangerschaft niedrigere systemarterielle Blut-

Tabelle 79 Veränderungen wichtiger Kreislaufparameter während der Schwangerschaft

Parameter	Veränderung
Blutvolumen	+35%
– Erythrozytenvolumen	+20–40%
– Plasmavolumen	+45%
Hämatokrit	35%
Herzzeitvolumen	+40%
Schlagvolumen	+30%
Herzfrequenz	+10%

druck (bes. diastolisch) ist durch einen verminderten peripheren Gefäßwiderstand infolge der Ausweitung des Gefäßbetts (uteroplazentare Einheit) und durch eine prostacyclininduzierte leichte Vasodilatation bedingt. Unterstützt durch das Absinken der Blutviskosität, führt dies zu einer **Steigerung des Herzzeitvolumens.** Sie ist die Voraussetzung dafür, daß der Fetus ausreichend mit Sauerstoff und Substraten versorgt wird.

MERKE
Bei einer Schwangeren im 3. Trimenon wird von einem **Bluthochdruck** gesprochen, wenn der diastolische Blutdruck höher als 85 mmHg ist.

24.2.3 Uteroplazentare Einheit

Uteroplazentare Durchblutung

Korrespondierend mit der fortschreitenden Zunahme des fetalen Metabolismus steigt die uteroplazentare Durchblutung. Da sie keiner vaskulären Autoregulation unterliegt, ist sie direkt vom uterinen Perfusionsdruck und Gefäßwiderstand abhängig. Für den **uterinen Perfusionsdruck** (P_{ut}) gilt:

$$P_{ut} = \text{MAP} - \text{intervillöser Druck}$$

Das hat zur Folge, daß eine Abnahme des systemischen Blutdrucks unmittelbar eine Verringerung der Uterusdurchblutung nach sich zieht, ebenso natürlich wie eine endo- oder exogen bedingte Konstriktion der Uterusgefäße (Katecholamine, Schmerzen). Uteruskontraktionen, vor allem bei hypertonen Wehenstörungen, und Beatmung, besonders mit höherem PEEP, gehen mit einem Anstieg des intervillösen Drucks einher und reduzieren so den uterinen Perfusionsdruck. Hypokapnie bzw. Alkalose bewirkt eine Kontraktion der uteroplazentaren Gefäße und infolgedessen eine Abnahme des villösen Blutflusses. Zusätzlich ist hierbei die O_2-Affinität des Hämoglobins erhöht, was den diaplazentaren O_2-Transfer weiter vermindert. Zur Beeinträchtigung der Uterusperfusion bei *aortokavaler Kompression* s. Abschn. 24.6.1.

MERKE
Durch **Abnahme der uteroplazentaren Durchblutung** besteht die Gefahr einer **fetalen Depression** mit Hypoxie, Azidose und Bradykardie. Aus diesem Grund müssen während der Anästhesie Blutdruckabfälle (unter 100 mmHg systolisch oder um mehr als 20% der Ausgangswerte) verhindert bzw. unverzüglich therapiert werden. Bei kontrollierter Beatmung soll der $PECO_2$ 30 mmHg nicht unter- und der PEEP i. d. R. 5 mmHg nicht überschreiten.

Diaplazentarer Übertritt von Medikamenten

Prinzipiell können alle bei einer Anästhesie eingesetzten Medikamente die Plazentaschranke überwinden und auf den Fetus übergehen. Wieviel von der Substanz letztlich den Fetus erreicht, hängt vor allem von der verabreichten Dosis und dem Zeitintervall zwischen Applikation und Entbindung ab. Solange jedoch bestimmte Grenzdosen nicht überschritten werden (Tab. **80**), muß im Normalfall nicht mit nachteiligen Auswirkungen auf das Neugeborene als Folge einer medikamenteninduzierten **Atemdepression** gerechnet werden.

Propofol, Etomidat und Ketamin sind nur als Hypnotika 2. Wahl anzusehen, weil sie möglicherweise das neonatale Outcome beeinträchtigen. Ketamin erhöht den Tonus der Skelettmuskulatur (*cave*: Rigidität des Neugeborenen!) und außerdem die Uterusaktivität. N_2O soll zwar keine fetale Depression hervorrufen, kann aber – zumindest theoretisch – eine Diffusionshypoxie beim Neonaten bewirken. Eine fetale Azidose und maternale Alkalose (Hyperventilation) sollen die Anreicherung von Lokalanästhetika und Opioiden im Fetus begünstigen, indem sie den dissoziierten LA-Anteil ansteigen lassen („Ion-trapping“).

Tabelle 80 Grenzdosen von Anästhetika, Hypnotika, Opioiden und Relaxanzien in der Geburtshilfe

Substanz	Dosis (pro kg KG)
Thiopental	5 mg
Propofol	2 mg
Etomidat	0,2 mg
Ketamin/S(+)-Ketamin	1,5 mg/0,75 mg
Fentanyl	1 µg
Isofluran	0,75 Vol.-%
Sevofluran	1,25 Vol.-%
Succinylcholin	1,5 mg
Atracurium	0,6 mg
Sufentanil epidural	0,5 µg
Bupivacain epidural	0,5 mg

24.2.4 Gastrointestinaltrakt

Durch den Druck des graviden Uterus wird der Magen nach kranial gedrängt. Hierdurch wird der Winkel des gastroösophagealen Übergangs verändert und zudem der Pylorus komprimiert, was das Auftreten von Hiatusgleithernien begünstigt. Hormonell bedingt sinkt der Tonus des unteren Ösophagussphinkters und wird die Magenentleerung verzögert. Die Magensaftproduktion ist während der Schwangerschaft gesteigert, und pH-Wert des Magensafts liegt oft unter 2,5. Bei einer Schwangeren muß zum Geburtstermin von einem erhöhten intragastralen Druck und einem erniedrigten Verschlußdruck des unteren Ösophagus ausgegangen werden, so daß die **Regurgitation erleichtert** und das pulmonale Aspirationsrisiko, besonders während der Ein- und Ausleitung einer Allgemeinanästhesie, gesteigert ist.

MERKE
Jede Schwangere ist spätestens ab der 20. Schwangerschaftswoche als nicht mehr nüchtern einzustufen!

24.2.5 Intubationsbedingungen

Mit zunehmendem Schwangerschaftsalter steigt die Wahrscheinlichkeit einer erschwerten endotrachealen Intubation. Dies ist nicht nur auf ein Anschwellen der Schleimhäute im Mund-Rachen-Raum und Kehlkopf (als Folge vermehrter Wassereinlagerung und Durchblutung) zurückzuführen, sondern auch auf die z. T. erhebliche Zunahme der Brustgröße und des anterior-posterioren Thoraxdurchmessers. Die Schleimhäute sind vulnerabler, und die Blutungsgefahr ist bei instrumenteller Traumatisierung (z. B. Laryngoskopie) entsprechend größer. Bei Schwangeren soll die Häufigkeit einer schwierigen Intubation i. Vgl. zu allgemeinchirurgischen Patienten um ein Mehrfaches höher liegen. Daher ist neben der routinemäßigen Verwendung dünnerer Endotrachealtuben (ID 7,0 mm) das komplette Instrumentarium für das Management des schwierigen Atemwegs (Kap. 7.2.9) vorzuhalten.

MERKE
Bei Schwangeren sollte immer mit einer schwierigen Intubation gerechnet werden!

24.2.6 Varia

Niere und Leber

Der renale Plasmafluß und die glomeruläre Filtrationsrate steigen im der Schwangerschaft parallel zum Herzzeitvolumen an. Trotzdem kommt es nicht zu übermäßigen Natrium- und Wasserverlusten, was u. a. durch eine gesteigerte Empfindlichkeit des tubuloglomerulären Rückkopplungsmechanismus[48] bedingt ist. Metabolismus und Elimination von Medikamenten können jedoch leicht verändert sein. Eine mäßig verminderte Leberfunktion findet sich regelmäßig, ebenso wie eine gering erniedrigte Aktivität der Plasmacholinesterase.

Blutgerinnung

Während der Schwangerschaft verändert sich das Hämostasegleichgewicht zugunsten der prokoagulatorischen Faktoren. Dies dient als Schutz vor stärkeren Blutverlusten unter der Geburt, erhöht jedoch das Risiko thromboembolischer Komplikationen.

24.3 Pharmakologie

24.3.1 Anästhetika

Volatile Inhalationsanästhetika

Während der Schwangerschaft ist der MAC[49]-Wert der volatilen Anästhetika um 20–40% reduziert. Davon unabhngig ist deren An- und Abfluten beschleunigt (→ raschere Narkoseeinleitung u. -ausleitung). Dies liegt an der erniedrigten funktionellen Residualkapazität und der erhöhten alveolären Ventilation.

Volatile Anästhetika führen i. Ggs. zu N_2O und den intravenösen Hypnotika konzentrationsabhängig zu einer **Uterusrelaxation.** Die einzelnen Substanzen sind dabei gleich effektiv. Die Dämpfung der Uterusaktivität beginnt bei ca. 0,5 MAC, ab ca. 0,8 MAC werden uterine Kontraktionen auch auf Oxytocin unterdrückt. Die Wirkungen sind reversibel, sie verschwinden rasch nach Beendigung der Anästhetikumzufuhr.

Hinweise für die Praxis

1. Mit Hilfe volatiler Anästhetika läßt sich eine **Ruhigstellung des Uterus** für intrauterine Manipulationen und für bestimmte geburtshilfliche Eingriffe wie Zangenextraktion oder manuelle Plazentalösung erreichen.
2. Bei einer Sectio caesarea muß bei Überschreiten der Grenzkonzentrationen (Tab. **81**) mit einer (lebensbedrohlichen) **atonischen Uterusblutung** gerechnet werden (Abschn. 24.6.4).

Tabelle 81 Grenzkonzentrationen von Isofluran und Sevofluran im Hinblick auf eine Uterusrelaxation

Inhalationsanästhetikum	Grenzkonzentration (Vol.-%)
Isofluran	0,75
Sevofluran	1,25

Ketamin

Ketamin erhöht den Tonus des Uterus und darf daher bei Vorfall der Nabelschnur oder drohender Uterusruptur nicht angewendet werden.

Lokalanästhetika

In der Schwangerschaft ist die Empfindlichkeit gegenüber Lokalanästhetika gesteigert. Das bedeutet, daß einerseits deren Bedarf und damit die erforderliche Dosis erniedrigt und andererseits deren Toxizität erhöht ist. Bei *epiduraler* Applikation wird die kraniale Ausbreitung der Anästhesie begünstigt. Das liegt an der stärkeren Füllung des Plexus venosus vertebralis internus (Umgehungskreislauf zwischen unterer und oberer Hohlvene) und der hierdurch bedingten Verkleinerung des Epiduralraums. Daher steigt das Risiko von Gefäßverletzungen, intravasalen Fehlinjektionen und Katheterfehllagen. *Intrathekale* Injektionen von Lokalanästhetika führen wegen des gesteigerten Liquordrucks vor allem in der zweiten Wehenphase (Austreibungsphase) zu einer höheren Anästhesieausbreitung.

48 Konstriktion des Vas afferens bei erhöhter Na^+-Konzentration in der Macula densa
49 minimale alveoläre Konzentration

Tabelle 82 Dosierung und kinetische Daten von Uterusstimulanzien

	Oxytocin	Methylergometrin	Prostaglandine (PG)		
			Dinoprost ($PGF_{2\alpha}$)	Dinoproston (PGE_2)	Sulproston (PGE_2-Derivat)
Handelsname	Syntocinon®[1], Orasthin®[2]	z. B. Methergin®	MINPROSTIN® $F_{2\alpha}$	MINPROSTIN® E_2	Nalador®
Wirkstärke	+	+++	++	++	++
estrogenabhängig	ja	ja	nein	nein	nein
Dosierung i. v.	3 IE im Bolus, dann bis zu 1 IE/h p. inf.	0,1 mg	ca. 0,5 mg/h	ca. 0,5 mg/h	ca. 50 µg/h
Eliminations-HWZ	ca. 5 min	30–120 min	30 sec	30 sec	60–120 min

[1] synthetisch hergestellt; [2] hochgereinigtes Extrakt

24.3.2 Uterusaktive Substanzen

Uterusstimulanzien

Uterusstimulanzien erhöhen die Uteruskontraktilität, indem sie die Intensität und Frequenz uteriner, d. h. myometrialer Kontraktionen steigern. Zu diesen Substanzen gehören

- das Hypophysenhinterlappenhormon Oxytocin,
- Methylergometrin, ein halbsynthetisches Derivat des Sekalealkaloids Ergometrin, und
- einige Prostaglandine (Tab. **82**).

Bei *Oxytocin und Methylergometrin* ist die Wirkungsstärke vom Ausmaß der Stimulation des Uterus durch Estrogene abhängig. Der nichtgravide Uterus reagiert daher kaum auf diese Substanzen. Im Verauf der Schwangerschaft nimmt seine Empfindlichkeit kontinuierlich zu und erreicht zum Geburtstermin ihren Höhepunkt. Im Gegensatz dazu ist der uterine Effekt von *Prostaglandinen* weitgehend unabhängig vom hormonellen Umfeld. Für all die genannten Wirkstoffe gilt, daß sie dosisabhängig zunächst *rhythmische Kontraktionen* auslösen, mit steigender Dosis jedoch zu einer *Dauerkontraktion*, einem Tetanus uteri, führen. Ein Tetanus uteri ist vor der Entbindung für den Fetus lebensbedrohlich, weil er die Plazentadurchblutung drastisch einschränkt. Außerdem besteht die Gefahr einer *Uterusruptur*. Ein Tetanus uteri muß deshalb unbedingt vermieden werden.

Indikationen:

- Oxytocin/Prostaglandine: Geburtseinleitung (nicht $PGF_{2\alpha}$![50]), Wehenschwäche, Uteruskontraktion nach Schnittentbindung, postpartale Uterusatonie (zur Blutstillung)
- Methylergometrin: nur postpartale Uterusatonie
- Prostaglandin E_2: Abortauslösung (Schwangerschaftsabbruch)

Nebenwirkungen:

- Oxytocin: bei hoher Dosierung Tetanus uteri; Diuresehemmung u. Blutdruckanstieg[51]
- Methylergometrin: Tetanus uteri (*cave*: Uterusruptur!), Blutdruckanstieg (selten bzw. gering)
- Prostaglandine: Übelkeit/Erbrechen, Diarrhoe, Bronchokonstriktion (nur bei Disposition), Blutdruckabfall unter PGE_2 (Vasodilatation), Blutdruckanstieg unter PGF_{2_α} (Vasokonstriktion), Tetanus uteri

Kontraindikationen:

- Oxytocin: hypertoner Uterus, mechanische Geburtshindernisse, Fetusquerlage, Nabelschnurkomplikationen, fetale Depression, drohende Uterusruptur, Abruptio placentae
- Methylergometrin: vor Abnabelung des Fetus; Leber-/Niereninsuffizienz (keine repetitive Gabe)
- Prostaglandine: wie Oxytocin

Tokolytika

Tokolytika dämpfen die Uterusaktivität. Hierzu gehören Substanzen wie

- das β_2-Sympathomimetikum Fenoterol,
- Magnesium und
- der Oxytocinrezeptorantagonist Atosiban (Tab. **83**).

50 Beeinträchtigung der Muttermundöffnung
51 adiuretin- bzw. vasopressinartiger Effekt

Tabelle 83 Dosierung und kinetische Daten gebräuchlicher Tokolytika

	Fenoterol	Magnesiumsulfat	Atosiban
Handelsname	Partusisten®	10/20/50%	Tractocile®
Dosierung i. v.			
– Bolus	25 µg	2 g (langsam)	7,5 mg
– kontinuierlich	0,5–1,0 µg/min (max. 3 µg/min)	bis zu 1 g/h*	300 µg/min über 3 h, dann 100 µg/min
Besonderheiten	–	mögl. in Komb. mit Fenoterol	sehr teuer
Eliminations-HWZ	ca. 3 h	–	ca. 1,5 h

* angestrebter Plasmaspiegel 2–4 mmol/l

Indikationen:
- Wehen- u. Geburtshemmung, Beseitigung hypertoner Uteruskontraktionen
- Ruhigstellung des Uterus bei Operationen während der (Spät-)Schwangerschaft (bei Verwendung volatiler Anästhetika, die ja selbst den Uterus relaxieren, i. d. R. nicht notwendig)

Nebenwirkungen:
- Fenoterol: Tachykardie/Arrhythmie, bei höher dosierter od. längerer Anwendung Hypokaliämie u. Lungenödem (durch Aktivierung des Renin-Angiotensin-Aldosteron-Systems)
- Magnesium: Hemmung der neuromuskulären Übertragung, Verstärkung von Relanxanswirkungen, Blutdruckabfall (Vasodilatation), ZNS-Depression bis hin zur „Magnesiumnarkose“[52]
- Atosiban: Reaktionen an der Injektionsstelle, Übelkeit/Erbrechen, Hyperglykämie, Diuresesteigerung (bis hin zur insipidoformen Polyurie)[53]

! Bei **Vorbehandlung mit Magnesiumsalzen** darf **keinesfalls eine „Präkurarisierung“ oder ein „Priming“** durchgeführt werden, denn die Gabe einer normalerweise noch nicht relaxierenden Dosis eines nichtdepolarisierenden Relaxans kann unter diesen Bedingungen zu einer kompletten Relaxierung der wachen Patientin führen!

24.4 Anästhesieverfahren

Das anästhesiologische Spektrum bei der Betreuung von Schwangeren umfaßt:
- die geburtshilfliche Epiduralanalgesie zur Wehenschmerzlinderung (→ vaginale Entbindung)
- die geburtshilfliche Regional- oder Allgemeinanästhesie (→ operative Entbindung)
- das Stand-by in besonderen geburtshilflichen Situationen (z. B. Beckenendlage, Mehrlings-SS)
- die geburtshilflichen Notfälle (z. B. Uterusatonie, Fruchtwasserembolie, Eklampsie, Nachräumung)
- die Anästhesie bei nichtgeburtshilflichen Eingriffen während der Schwangerschaft (Kap. 37.3)

24.4.1 Epiduralanalgesie

Die anästhesiologische Methode der Wahl zur *Linderung von Wehen- und Dehnungsschmerzen unter der Geburt* ist die Epiduralanalgesie mit Hilfe eines lumbal eingeführten Katheters (Grundlagen s. Kap. 9.2). Unter bestimmten Voraussetzungen kann eine **segmentale sensible Blockade** ohne nennenswerte Beeinträchtigung der Austreibungsmotorik erreicht werden.

Indikationen

- Geburtsschmerzen (allgemein)
- medikamentöse Geburtseinleitung, verzögerte Geburt, Dystokie
- fetal bedingt (Frühgeburt, Fehlbildungen, Beckenendlage, Mehrlingsschwangerschaft etc.)
- schwere mütterliche Begleiterkrankungen (z. B. Präeklampsie, Asthma bronchiale)

52 Antidot: Calcium i. v.
53 ADH-Antagonismus

Kontraindikationen

- allgemein (Kap. 9.1.5)
- speziell (geburtshilflich): Placenta praevia, Abruptio placentae, drohende Uterusruptur (bei früherer Schnittentbindung), Nabelschnurvorfall, fetale Asphyxie (in diesen Fällen rasche, zumeist operative Entbindung angezeigt)

Durchführung

(Technik und Ablauf s. Kap. 9.2.3)

Um eine differenzierte Nervenblockade zu erreichen, wird als Lokalanästhetikum (LA) *Bupivacain oder Ropivacain* in jeweils nur *0,1%iger* Konzentration verwendet und mit *Sufentanil* kombiniert (Erstdosis 1 µg/ml LA, Folgedosen 0,5 µg/ml LA; s. auch Kap. 9.2.1). In diesen Dosierungen muß i. d. R. keine neonatale Atemdepression befürchtet werden. Wegen möglicher additiver Effekte auf das kindliche Atemzentrum sollte Sufentanil jedoch nicht zusätzlich epidural appliziert werden (oder nur mit Zurückhaltung), wenn bereits ein Opioid systemisch vom Geburtshelfer verabreicht wurde. Für **vaginale Entbindungen** ist eine **Analgesiehöhe bis mindestens Th_{10}** notwendig. Zu berücksichtigen ist, daß die Segmente L_5 und S_1 wegen ihrer dickeren Nervenwurzeln nicht immer ausreichend blockiert werden können.

Eine geburtshilfliche Epiduralanalgesie kann mit *wiederholten Bolusinjektionen* (ca. 8–10 ml; je nach Bedarf etwa alle 1–2 h) oder mit *kontinuierlicher Applikation* über spezieller Perfusoren (PCEA)[54] erreicht werden. Bei der PCEA wird neben einer Basalrate (ca. 8–12 ml/h) die ein zusätzlicher, durch die Schwangere selbst durch Knopfdruck abrufbarer Bolus (ca. 5 ml) programmiert. Vorgegebene Höchstgrenzen und Zeitsperren müssen hierbei einen Schutz vor Überdosierungen gewährleisten.

Medikamente

- **Erstdosis:** 6 ml NaCl 0,9% + 2 ml Bupivacain od. Ropivacain 0,5% + 2 ml Sufenta® mite (10 µg)
- **Perfusorspritze:** 25 ml NaCl 0,9% + 20 ml Bupi- od. Ropivacain 0,25% + 5 ml Sufenta® mite (25 µg)

> **MERKE**
> Während des Auftretens von **Wehen** sollen **keine rückenmarknahen Punktionen und Injektionen** vorgenommen werden (erhöhte Verletzungsgefahr und höhere kraniale Anästhesieausbreitung)!

54 „patient controlled epidural analgesia“

Überwachung der Schwangeren. Während der Anlage eines Epiduralkatheters sowie der Injektion der Test- und Wirkdosis des LA ist ein Monitoring nach den üblichen anästhesiologischen Grundsätzen durchzuführen (Kap. 9.1.2). Die Überwachungsmaßnahmen müssen über einen angemessenen Zeitraum fortgeführt und im Anästhesieprotokoll dokumentiert werden (bei der Bolustechnik jedesmal für mind. 30 min). In dieser Zeit muß ein Anästhesist anwesend sein. Die Dokumentation unterliegt seiner Verantwortung, sie kann aber an die anwesende Hebamme delegiert werden.

Überwachung des Fetus. Mit der *Kardiotokographie* (CTG) kann nicht nur die mütterliche Wehentätigkeit, sondern auch die kindliche Herzfrequenz in utero überwacht werden. Ergänzend dazu kann mit einem speziellen O_2-Sensor, der durch den Geburtskanal eingeführt wird, die arterielle O_2-Sättigung beim Fetus gemessen werden *(„fetale Pulsoxymetrie“)*.

Die normale Herzfrequenz des Fetus liegt zwischen 120 und 160 Schlägen pro min. Eine fetale Depression zeigt sich in einer sog. Dezeleration (Abfall um mehr als 20 Schläge pro min). Eine *Spätdezeleration*, d. h. der Abfall der Herzfrequenz erst nach dem Wehenmaximum, ist i. Ggs. zur Frühdezeleration immer als pathologisch anzusehen.

> **MERKE**
> Während anästhesiologischer Maßnahmen an Schwangeren muß immer eine **Kardiotokographie** durchgeführt werden, um eine fetale Depression unverzüglich erkennen zu können!

Auswirkungen der Epiduralanalgesie auf den Geburtsverlauf

Bei Verwendung derart niedriger LA-Konzentrationen (0,1%) sind keine negativen Auswirkungen auf den Geburtsverlauf zu erwarten. Die Preßmotorik bleibt in vollem Umfang erhalten. Demgemäß wird die Rate instrumenteller Entbindungen nicht erhöht.

Lediglich der *Ferguson-Reflex* (aktives Mitpressen der Schwangeren und Zunahme der Wehentätigkeit bei zervikaler und vaginaler Dehnung, wenn der Fetus in den Geburtskanal eintritt) mag durch die Blockade des afferenten Schenkels unterdrückt werden, ohne daß dem aber von seiten der Geburtshelfer eine Relevanz beigemessen wird.

Medikolegale Aspekte

Aufklärung. Die Aufklärung von Schwangeren nach Einsetzen schmerzhafter Wehen und unmittelbar vor Durchführung eines Anästhesieverfahrens, das ausschließlich die Geburt erleichtern soll und somit keine Notfallindikation rechtfertigt, ist höchst problematisch, was die Rechtsgültigkeit angeht. Eine Epiduralanalgesie sollte in einer solchen Situation – wenn überhaupt – nur auf ausdrücklichen (!) Wunsch der Schwangeren vorgenommen werden (Dokumentation erforderlich!). Keinesfalls darf von anästhesiologischer Seite versucht werden, die Schwangere von der medizinischen Notwendigkeit dieser Methode zu überzeugen (die es im übrigen auch nicht gibt).

Um derartige Situationen für alle Beteiligten regelmäßig zu vermeiden, empfiehlt es sich, die Schwangere bereits zu einem früheren Zeitpunkt – als fester Bestandteil der geburtsvorbereitenden Maßnahmen – über die Möglichkeit einer Epiduralanalgesie zu informieren. Die eigentliche anästhesiologische Aufklärung sollte dann am besten in einer **Anästhesiesprechstunde** stattfinden, spätestens aber nach stationärer Aufnahme der Schwangeren, noch bevor die Wehen eingesetzt haben. Die Risikoaufklärung muß neben Kopfschmerzen nach akzidenteller Duraperforation auch seltene und irreversible Komplikationen, wie z. B. die Querschnittlähmung, umfassen.

Übergabe. Nach Anlage eines Katheters zur Epiduralanalgesie und exakter Dokumentation der Wirkung der Erstdosis LA sowie eventueller Besonderheiten kann die Schwangere, vorausgesetzt, sie befindet sich in einen stabilem Zustand, dem Geburtshelfer zur weiteren Behandlung und Betreuung übergeben werden. Im Anästhesieprotokoll ist der Übergabezeitpunkt zu vermerken. Von da an übernimmt der Geburtshelfer die volle rechtliche Verantwortung für eine angemessene Überwachung der Vitalfunktionen.

24.4.2 Epiduralanästhesie

(Grundlagen s. Kap. 9.2)

Wurde bereits ein Epiduralkatheter zur geburtshilflichen Analgesie gelegt, so kann dieser außer bei Notfalleingriffen selbstverständlich auch zur Durchführung einer Anästhesie benutzt werden.

Medikamente

- **Episiotomienaht:** 6–10 ml Bupivacain 0,5 % od. Ropivacain 0,75 %
- **Manuelle Plazentalösung:** 12–15 ml Bupivacain 0,5 % od. Ropivacain 0,75 %
- **Sectio caesarea:** 15–20 ml Bupivacain 0,5 % (od. Ropivacain 0,75 %) + 10–15 µg Sufentanil

MERKE
Das **Anästhesieniveau für eine Sectio caesarea** muß **mindestens bis Th_6** reichen (bevorzugte Punktionshöhe $L_{2/3}$)!

24.4.3 Spinalanästhesie

(Grundlagen s. Kap. 9.1)

Für eine *geplante* und häufig auch für eine *dringliche Sectio caesarea* ist bei fehlenden Kontraindikationen die Spinalanästhesie die Methode der Wahl. Dies gilt vor allem, wenn eine schwierige Intubation zu erwarten ist. Mit relativ niedrigen Dosen von Lokalanästhetika und Opioiden kann unter geringem Zeitaufwand i. d. R. eine gute Anästhesiequalität erzielt werden.

Besonderheiten

- vor Durchführung der Spinalanästhesie nach Möglichkeit intravasale Volumenzufuhr von ca. 1000 ml (am besten je 500 ml kristalloide und kolloidale Lösung)
- prophylakt. O_2-Applikation (6 l/min, z. B. über nasale Sonde) mind. bis zur Abnabelung des Fetus

Durchführung

(Technik und Ablauf s. Kap. 9.1.3)

Als Lokalanästhetikum dient *Bupivacain* oder *Ropivacain*. Es wird in nur *0,1- bzw. 0,15%iger* Lösung verwendet und dann mit 10 µg Sufentanil kombiniert, um die Anästhesiequalität zu verbessern (s. auch Kap. 9.1.8). Aufgrund der sehr niedrigen Dosis sind negative Opioideffekte auf den Fetus sehr unwahrscheinlich. Späte atemdepressorische Wirkungen bei der Mutter und dem Neugeborenem können allerdings in Einzelfällen nicht ausgeschlossen werden. Häufig hingegen muß bei intrathekaler Opioidanwendung mit Juckreiz, Übelkeit und Erbrechen gerechnet werden (15–100 %). Die Ursache des Juckreizes ist nach wie vor unbekannt. Wenn er sehr ausgeprägt ist, kann manchmal Naloxon (Narcanti®, 0,04 mg i. v.) eine Linderung bringen. Obwohl Histamin wahrscheinlich keine Rolle spielt, wurden auch H_1-Antihistaminika erfolgreich eingesetzt.

Medikamente

- **Sectio caesarea:** 6 ml NaCl 0,9% + 4 ml Bupivacain 0,25% + 10 μg Sufentanil (2 ml Sufenta® mite) od. 7 ml NaCl 0,9% + 3 ml Ropivacain 0,5% + 10 μg Sufentanil (2 ml Sufenta® mite)

24.4.4 Allgemeinanästhesie

Nur wenn Kontraindikationen oder besondere geburtshilfliche Umstände (z. B. Kürze der Zeit) gegen eine rückenmarknahe Anästhesie sprechen, sollte eine Allgemeinanästhesie durchgeführt werden. Hauptindikation ist die *„Not- oder Cito-Sectio"*. Weitere Indikationen sind die manuelle Plazentalösung, die Nachkürettage, die innere Wendung des Fetus und spezielle mütterliche Notsituationen. Sonst ist wegen des erhöhten mütterlichen Risikos bei der Narkoseeinleitung und -ausleitung (Aspirationsgefahr) eine Regionalanästhesie nach Möglichkeit vorzuziehen.

MERKE
Laut Vereinbarung zwischen den Berufsverbänden soll eine **Notsectio** nach der Indikationsstellung innerhalb von **20 min** durchgeführt werden können („Entschluß-Entwicklungs-Zeit").

Aspirationsrisiko

Ab der 20. Schwangerschaftswoche bis ca. 12 Stunden post partum ist grundsätzlich von einer Nichtnüchternheit der Patientinnen auszugehen, auch wenn eine Nahrungskarenz von mehr als 6 Stunden eingehalten wurde. Dementsprechend müssen Allgemeinanästhesien als **Intubationsnarkosen** durchgeführt und spezielle Maßnahmen zur **Senkung des Aspirationsrisikos** ergriffen werden (Kap. 1.7.4).

Narkoseeinleitung

Da maternale Hypoxämie und Hypokapnie die fetale O_2-Versorgung beeinträchtigen, ist größtmögliche Aufmerksamkeit darauf zu richten, derartige Zustände zu verhindern. Wegen des erhöhten Aspirationsrisikos wird außerdem eine „Blitzeinleitung" nach ausreichender Präoxygenierung (s. o.) durchgeführt, wobei immer mit Intubationsschwierigkeiten gerechnet werden muß (Vorgehen s. Kap. 7.2.9). Zumeist werden hierzu folgende Medikamente verwendet:

- als Hypnotikum Thiopental und
- als Relaxans Succinylcholin (Kap. 8.5.3).

Alternativ kann beim Vorliegen von Kontraindikationen mit Propofol, Etomidat oder Ketamin eingeleitet und mit einer nichtdepolarisierenden Substanz (z. B. Rocuronium) nach dem Priming-Prinzip (s. Kap. 8.5.3) relaxiert werden. Wurde die Patientin mit Magnesiumpräparaten vorbehandelt (z. B. bei einer [Präe-]Eklampsie), ist eine Wechselwirkung mit den Relaxanzien zu berücksichtigen (Wirkungsverstärkung u. -verlängerung). Hier muß eine „Präkurarisierung" oder ein „Priming" unbedingt vermieden werden. Auf ein Opioid wird außer bei schweren mütterlichen Erkrankungen (s. Abschn. 24.7) i. d. R. bis zur Abnabelung verzichtet. Allerdings ist eine Dosis von bis zu 0,1 mg Fentanyl im Hinblick auf eine fetale Atemdepression für gewöhnlich unproblematisch.

MERKE
Für die medizinische Versorgung des Neugeborenen liegt die rechtliche Verantwortung beim Geburtshelfer oder bei dem von ihm hinzugezogenen Neonatologen. Für den Anästhesisten hat im Zweifelsfall die Versorgung der Mutter Priorität.

Narkoseaufrechterhaltung

Zur Aufrechterhaltung der Narkose werden volatile Anästhetika (Isofluran od. Sevofluran) unter Einhaltung der Höchstdosen (Tab. **81**) bevorzugt. Bei den i. d. R. sehr kurzen Entwicklungszeiten sollte bis zur Abnabelung des Fetus auf N_2O – wie im übrigen auch auf jede nicht unbedingt nötige Medikation – verzichtet und mit 100% O_2 beatmet werden. Erst danach sollten Opioide (z. B. Fentanyl) und nichtdepolarisierende Relaxanzien (z. B. Atracurium) zugeführt werden. Bei Vorbehandlung mit Magnesiumpräparaten sind geringere Relaxansdosen ausreichend (→ neuromuskuläres Monitoring!).

Vorgehensweise in der Praxis

Sectio-Narkose

1. Aufklärung der Patientin, Verordnung der Prämedikation (z. B. Aspirationsprophylaxe)
2. Anlage eines großlumigen periphervenösen Zugangs (in LA), Infundieren von z. B. 1.000 ml Sterofundin®
3. Vorbereitung und Überprüfung des Narkosegeräts samt Zubehör (Sauger!), Einspannen einer 500-ml-HES-Infusion in eine Druckmanschette, die dann, bei verschlossenem Infusionsregler, auf einen Druck von 300 mmHg aufgepumpt wird
4. Bereitstellung der Anästhetika, Notfallmedikamente (Ephedrin, Atropin) u. Uterusstimulanzien (Oxytocin, Methylergometrin)

5. Lagerung der Patientin auf dem Rücken mit leicht erhöhtem Oberkörper, OP-Tisch ca. 15° nach links kippen
6. Installierung des Monitorings (EKG, NIBP, $pSaO_2$), im Notfall zunächst nur $pSaO_2$!
7. Präoxygenierung für 3–5 min über dichtsitzende Maske mit hohem O_2-Flow (> 10 l/min) unter ruhiger, tiefer Atmung der Patientin (Hyperventilation vermeiden!); im Notfall 4–8 tiefe Atemzüge
8. „Präkurarisierung" (z. B. mit Atracurium 0,1 mg/kg KG)
9. erst bei Schnittbereitschaft, d. h. nach Desinfektion des OP-Felds und Abdecken der Patientin, Einleitung der Narkose mit Thiopental (5 mg/kg KG) und unmittelbar (!) anschließend Relaxierung mit Succinylcholin (1,5 mg/kg KG), apnoische Oxygenierung bis zum Wirkungseintritt
10. Sellick-Handgriff (Krikoiddruck) durch Assistenzpersonal
11. Intubation (Tubus, ID 7,0 mm, mit Führungsstab versehen), Blocken des Cuffs, Beatmung mit 100% O_2, Tubuslagekontrolle (Kapnographie, Auskultation), Freigabe der Patientin zur OP, Tubusfixierung, OP-Tisch in Neutralposition bringen
12. bei voraussichtlich kurzer Entwicklungszeit weiter mit 100% O_2 beatmen, sonst Beimischung von 50% N_2O bis ca. 3 min vor Abnabelung möglich (stärkere Hyperventilation vermeiden [$PECO_2$ > 30 mmHg]!)
13. Narkoseaufrechterhaltung mit Isofluran (max. 0,75 Vol.-% endexsp.) oder Sevofluran (max. 1,25 Vol.-% endexsp.)
14. unmittelbar nach Entwicklung und Abnabelung des Neugeborenen Bolusgabe von 3 IE Oxytocin i. v. (*cave*: Mehrlingsschwangerschaft!), anschließend Dauerinfusion mit 10 IE in 500 ml Trägerlsg. (Dosierung nach Wirkung)
15. Fortführung der Narkose mit Isofluran od. Sevofluran u. N_2O/O_2, Vertiefung der Analgesie mit z. B. 0,1–0,2 mg Fentanyl
16. Relaxierung mit Atracurium nach Bedarf (max. 0,3 mg/kg KG)
17. Einführen einer Magensonde und Absaugen des Magensafts
18. adäquate Flüssigkeitssubstitution (*cave*: Hypo- od. Hypervolämie!; durchschnittl. Blutverlust bei Sectio 800–1.000 ml)
19. Komplikationen: am häufigsten (atonische) Blutungen (s. Abschn. 24.6)
20. Extubation (nur wenn die Patientin kardiopulmonal stabil und wach ist) und anschließend Übergabe an das Kreißsaalpersonal und den Geburtshelfer zur weiteren Überwachung und Betreuung

Hinweise: bei Risikopatientinnen oder besonderen Umständen ggf. primär opioidsupplementierte Anästhesie, erweitertes Monitoring und Nachbeatmung; exakte Dokumentation des Zeitpunkts der Narkoseeinleitung, des Operationsbeginns und der Abnabelung des Neugeborenen erforderlich

Vorgehensweise in der Praxis

Cito-Sectio

1. Verabreichung von Citratpuffer (durch die Hebamme), sobald die Indikation gestellt ist
2. Alarmierung des Anästhesisten durch (spezielles) Piepersignal
3. nach Unverträglichkeiten auf Medikamente und nach MH-Disposition fragen
4. Vorbereitung der Anästhesieausrüstung (s. o.)
5. Anlage eines großlumigen periphervenösen Zugangs (ohne LA)
6. Installierung des Monitorings (minimal: Pulsoxymetrie!)
7. Präoxygenierung so lange wie möglich (mind. aber 4 tiefe Atemzüge unter 100% O_2)
8. Informierung des Geburtshelfers, sobald Anästhesiebereitschaft (Einleitung und Intubation) besteht
9. Narkoseeinleitung[1,2] (Thiopental, Succinylcholin[3]; keine „Präkurarisierung"), Freigabe der Patientin zur OP nach Intubation und nach Blocken des Cuffs, Tubuslagekontrolle (Kapnographie, Auskultation) und Tubusfixierung
10. Beatmung mit 100% O_2 bis zur Abnabelung (max. 0,75 Vol.-% Isofluran od. 1,25 Vol.-% Sevofluran)[1,2]
11. ggf. Komplettierung des Monitorings (EKG, NIBP) u. Anlage eines zweiten i. v. Zugangs
12. b. Bed. Fenoterol i. v. zur Uterusrelaxierung (Ansage durch den Geburtshelfer)
13. Vorgehen nach Abnabelung (s. o.)

[1] Besonderheiten bei MH-Disposition: triggerfreie Anästhesie: z. B. Thiopental, Rocuronium, Fentanyl, N_2O (kein Succinylcholin, kein volatiles Anästhetikum!)

[2] Besonderheiten bei Porphyrie: einsetzbare Medikamente: Propofol, Succinylcholin, Atracurium, Rocuronium (?), Fentanyl, N_2O, Isofluran, Sevofluran (?) (kein Thiopental, kein Etomidat!)

[3] bei Kontraindikationen nichtdepol. Relaxans zur Intubation nach dem Priming-Prinzip (z. B. Rocuronium)

24.5 Besondere geburtshilfliche Eingriffe

24.5.1 Sectio caesarea

Indikationen

- zu enger Geburtskanal, fetale Malposition, Geburtsstillstand, Nabelschnurvorfall, fetale Asphyxie
- Übertragung (z. B. Diabetes mellitus)
- Placenta praevia, Abruptio placentae, Plazentainsuffizienz, Blutungen
- Eklampsie, HELLP-Syndrom
- Kardiomyopathien; Herzvitien mit Rechts-links-Shunt; Aorten-, Mitralstenose
- Rh-Immunisierung

Allgemein- oder rückenmarknahe Anästhesie

Untersuchungen haben gezeigt, daß Neugeborene bessere APGAR-Werte aufweisen, wenn die Sectio in rückenmarknaher Regionalanästhesie und nicht in Allgemeinanästhesie durchgeführt wird. Bei Inzision des Uterus sowie bei Manipulationen kommt es unter Allgemeinanästhesie zu einer reflektorischen uterinen Vasokonstriktion und damit zu einer Verschlechterung der fetalen O_2-Versorgung. Bei einer Regionalanästhesie dagegen bleibt die Reflexvasokonstriktion aufgrund der Sympathikolyse aus, was zu einem besseren neonatalen Outcome beiträgt.

MERKE
Für eine **Sectio caesarea** sollte eine **rückenmarknahe Regionalanästhesie** bevorzugt werden.

Voruntersuchungen

Bei normalem Schwangerschaftsverlauf sind die üblichen Laboruntersuchungen (Hb, Elektrolyte, Blutzucker, Gerinnungsstatus) ausreichend. Außerdem sollte die Blutgruppe bestimmt werden, und es sollten 2 Erythrozytenkonzentrate gekreuzt werden. Ein routinemäßiges Anfertigen eines EKG ist ebensowenig erforderlich wie eine Röntgenthoraxaufnahme (*notabene*: strengste Indikation wegen Strahlenbelastung!).

Anwesenheit von Vätern bei Sectio

Die ärztliche Berufsordnung erlaubt grundsätzlich nicht die Teilnahme nichtmedizinischen Personals an ärztlichen Tätigkeiten. Eine Ausnahme ist nur dann zulässig, wenn eine medizinische Notwendigkeit besteht. Diese läßt sich jedoch auch bei einer in Regionalanästhesie vorgenommenen Schnittentbindung i. d. R. nicht ableiten. Darüber hinaus muß zweifelsfrei im Vorwege geklärt sein, wer in einem solchen Falle die „Garantenstellung“ für den Vater übernimmt.

24.5.2 Manuelle Plazentalösung

Indikation:	unvollständige Plazentalösung vom Uterus (ca. 1% aller vaginalen Entbindungen)
OP-Dauer:	30–45 min
Lagerung:	Rückenlage
Ausrüstung:	1 großlumiger i. v. Zugang, Magensonde; übliches Monitoring (EKG, [automatische] nichtinvasive Blutdruckmessung, Pulsoxymetrie, Kapnometrie/-graphie)
Blutkonserven:	i. d. R. keine, aber Blutgruppe u. Antikörpersuchtest
Anästhesie:	Intubationsnarkose mit balancierter Anästhesie, alternativ Epiduralanästhesie über bereits liegenden Katheter (Abschn. 24.4.2)
Einleitung:	Nicht-nüchtern-Einleitung
Besonderheiten:	1. gute Uterusrelaxierung erforderlich (→ volatiles Anästhetikum; kein Ketamin!) 2. nach der Lösung Oxytocin zur Uteruskontraktion u. ggf. Methylergometrin od. Prostaglandine (Abschn. 24.3.2)
Komplikationen:	Blutungen, Uterusperforation
Nachbetreuung:	Kreißsaal

24.6 Komplikationen

24.6.1 Aortokavales Kompressionssyndrom

Ab der 20. Schwangerschaftswoche kann es in flacher Rückenlage durch den vergrößerten Uterus zu einer Kompression der unteren Aorta und/oder der V. cava inferior kommen.[55] Durch die Kavakompression wird der venöse Rückstrom zum Herzen vermindert, und es resultiert ein **Abfall des Herzzeitvolumens und arteriellen Blutdrucks**. Das Ausmaß ist abhängig vom intravasalen Volumenstatus (*cave*: Hypovolämie!) und von den körpereigenen Kompensationsmechanismen wie Erhöhung des Sympathikotonus (Tachykardie, Venokonstriktion etc.) und Steigerung der Kollateraldurchblutung über die V. azygos und epidurale Venen. Unter regionalanästhesiologischer Sympathikolyse sind die Auswirkungen einer aortokavalen Kompression daher generell deutlicher. Die Gefahr für den Fetus besteht in einer O_2-Mangelversorgung aufgrund ischämisch bedingter Plazentainsuffizienz. In diesem Zusammenhang ist es wichtig zu wissen, daß auch ohne Blutdruckabfall die uteroplazentare Perfusion kritisch vermindert werden kann, nämlich dann,

- wenn lediglich die Aorta komprimiert wird (→ poststenotische Drucksenkung), der venöse Rückstrom aber unverändert bleibt oder
- wenn durch direkte Kompression des Uterus der Bluteinstrom über die uterinen Arterien und der Rückstrom über die Venen reduziert werden.

MERKE
In der **Spätschwangerschaft** sollte eine Rückenlage der Schwangeren vermieden werden. Bei Verdacht auf ein aortokavales Kompressionssyndrom ist unverzüglich eine **linksuterine Schräglagerung** herzustellen; evtl. muß Volumen infundiert und ein Vasopressor (z. B. Ephedrin) gegeben werden.

24.6.2 Pulmonale Aspiration

Wegen der in der Schwangerschaft eingeschränkten pulmonalen Reserve (Abschn. 24.2.1) ist die mütterliche Letalität bei einer Aspiration erhöht (bis zu 30%). Aus diesem Grund müssen bei Allgemeinanästhesien geeignete prophylaktische Maßnahmen ergriffen werden (Blitzeinleitung, Gabe von Citratpuffer etc.).

24.6.3 Blutdruckabfall unter rückenmarknaher Regionalanästhesie

Ein Blutdruckabfall unter rückenmarknaher Anästhesie ist vor allem Folge einer durch die Sympathikusblockade ausgelösten peripheren Vasodilatation. Das Ausmaß ist abhängig von der Blockadehöhe und der Geschwindigkeit der Blockadeausbreitung. Es wird außerdem durch eine aortokavale Kompression erheblich verstärkt. Am meisten für eine Kreislaufdepression disponiert sind Patientinnen, die eine Spinalanästhesie zur Sectio erhalten. Wenn trotz prophylaktischer Maßnahmen wie Volumenzufuhr (ca. 1.000 ml für eine Spinalanästhesie bis Th_6) und Linksseiten- oder -schräglage unmittelbar nach Durchführung der Anästhesie **der systolische Blutdruck unter 100 mmHg oder unter 20% des Ausgangswerts** abfällt, muß unverzüglich ein Vasopressor (z. B. Ephedrin) zugeführt werden, um eine uteroplazentare Mangeldurchblutung und damit eine fetale Depression zu verhindern.

Ephedrin (Kap. 6.1.2) soll den Vorteil haben, daß es in niedriger Dosierung (bis ca. 12,5 mg i. v.) vor allem β_1-Rezeptoren stimuliert, aber noch keine α-Rezeptoren, und somit auch keine uterine Vasokonstriktion hervorruft. Die α-erregende Wirkung tritt erst bei den allerdings oft erforderlichen höheren Dosen auf. Substanzen mit ausschließlicher oder ganz überwiegender α-agonistischer Wirkung, wie z. B. auch Noradrenalin, sollten dagegen nicht primär eingesetzt werden.

24.6.4 Blutungen

Blutungen können präpartal (Placenta praevia, Abruptio placentae, Uterusruptur) und postpartal (Uterusatonie, Plazentareste, Zervix- und Vaginaeinrisse) auftreten. Postpartal sind vor allem die **atonischen Uterusblutungen** gefürchtet. Sie können durch

- volatile Inhalationsanästhetika,
- arterielle Hypotension,
- β-adrenerge Stimulation (z. B. Tokolytika),

55 Das aortokavale Kompressionssyndrom soll nicht im Sitzen und direkt unter der Geburt auftreten. In diesen Situationen scheint es durch regelmäßige uterine Kontraktionen verhindert zu werden.

- starke Schmerzen und
- Dihydralazin

mit verursacht oder gefördert werden. Die **Therapie** besteht in

- Ausschaltung der Blutungsursache (Nachräumung, Kompression; ggf. Hysterektomie),
- Volumenzufuhr sowie b. Bed. Bluttransfusion und Gerinnungssubstitution,
- bei Uterusatonie in pharmakologischer Stimulation (Oxytocin, Methylergometrin, Prostaglandine; s. Abschn. 24.3.2).

24.6.5 Uterusruptur

Eine Uterusruptur kommt in ca. 0,1% aller ausgetragenen Schwangerschaften vor. Sie entsteht am häufigsten durch

- ein Einreißen einer alten Uterusnarbe (z. B. nach früherer Sectio),
- übermäßige Oxytocinzufuhr,
- eine „Sturzgeburt" oder
- ein anatomisches Mißverhältnis zwischen Fetus und Geburtskanal.

Symptome sind

- erhebliche abdominelle Schmerzen mit Ausstrahlung in Rücken und Schulter (Larvierung durch Epiduralanalgesie!),
- eine arterielle Hypotonie bis hin zum Schock (peritoneale Reizung, Blutverlust) und
- eine fetale Depression im CTG.

Die **Therapie** besteht wenn möglich in einer Uterusnaht. Zumeist ist aber eine Hysterektomie erforderlich.

24.6.6 Fruchtwasserembolie

Die massive Fruchtwasserembolie gehört mit einer Inzidenz von ca. 1:50.000 zwar zu den seltenen Geburtskomplikationen, ist aber dafür auch heutzutage noch mit einer äußerst ungünstigen Prognose für Mutter und Kind verbunden (maternale Letalität ca. 60%, neonatale ca. 20%).

Pathophysiologie

Voraussetzung für eine Fruchtwasserembolie ist eine direkte Kommunikation zwischen Fruchthöhle bzw. Fruchtwasser und dem mütterlichen Venensystem. Damit Fruchtwasser übertreten kann, muß es außerdem unter einem gewissen Druck stehen.

Neben der rein mechanischen **Verlegung der Lungenstrombahn** kommt es reflektorisch zu einer pulmonalen Vasokonstriktion (Euler/Liljestrand-Mechanismus). Infolgedessen wird die Nachlast des rechten Ventrikels gesteigert (→ Gefahr des Rechtsherzversagens). Die Abnahme des rechtsventrikulären Schlagvolumens hat Auswirkungen auch auf das linke Herz. Hier werden ebenfalls Füllung und Auswurf vermindert, und die Koronarperfusion nimmt ab (→ Gefahr des Linksherzversagens). Die Verlegung der pulmonalen Strombahn führt ferner zu einer Perfusionsumverteilung in den Lungen. Areale mit normaler Belüftung werden nun vermehrt durchblutet, so daß eine volle Aufsättigung des vorbeifließenden Bluts mit Sauerstoff nicht mehr möglich ist. Es resultiert eine **Zunahme der venösen Beimischung** zum arterialisierten Blut („funktioneller Rechts-links-Shunt"). Auf der anderen Seite werden hinter dem Gefäßhindernis liegende, belüftete Lungenregionen vermindert oder gar nicht mehr durchblutet, so daß gleichzeitig der **Totraumanteil erhöht** ist („funktionelle Totraumventilation").

Durch die im Fruchtwasser reichlich vorhandene Gewebethrombokinase können **Gerinnungsstörungen** bis hin zur Verbrauchskoagulopathie ausgelöst werden. Sie unterhalten dann die Uterusblutung und begünstigen das Entstehen eines schweren hämorrhagischen Schocks. Als Folge der drastischen uteroplazentaren Minderperfusion kann sich eine massive **fetale Depression** mit Hypoxie, Azidose und Bradykardie entwickeln.

Prädisponierende Faktoren

- gesteigerte Wehentätigkeit (nach Blasensprung od. Gabe von Uterusstimulanzien)
- Uterusruptur, Abruptio placentae, hoher Zervixeinriß
- Sectio caesarea
- intrauteriner Fruchttod
- Multiparität
- Amniozentese

Symptomatik

Die Symptomatik ist typischerweise durch einen zweiphasigen Verlauf gekennzeichnet. Am Anfang stehen die kardiopulmonalen (und zerebralen) Auswirkungen der rechtsventrikulären Nachlasterhöhung:

- pulmonale Hypertonie
- Abnahme des Herzzeitvolumens und arterielle Hypotonie
- Hypoxämie und Hyperkapnie
  - Dyspnoe, Tachypnoe, Zyanose
  - Abfall von $pSaO_2$ und $PECO_2$

- generalisierter Krampfanfall (hypoxisch-ischämisch bedingt)

Die erste Phase dauert, wenn sie therapeutisch überbrückt werden kann, ca. 15–30 min. In der zweiten Phase dominieren dann die Zeichen der massiven Uterusblutung und der Gerinnungsstörungen.

Therapie

1. Intubation und kontrollierte Beatmung (FIO_2 1,0)
2. Anlage mehrerer großlumiger Venenkanülen und so bald wie möglich eines ZVK und arteriellen Zugangs
3. Kreislauf- und Gerinnungstherapie (Einzelheiten s. Kap. 4, 5 u. 6)
   - Volumenzufuhr
   - Katecholamine (bes. Noradrenalin zur Steigerung der rechtsventrikulären Koronarperfusion!)
   - Erythrozytenkonzentrate, Frischplasma
   - AT III, Gerinnungsfaktoren- und Thrombozytenkonzentrate
   - ggf. Aprotinin (Voraussetzung: ausreichendes Inhibitorpotential, v.a. AT III!)
4. Uterustonisierung (Oxytocin, Methylergometrin, Prostaglandine; s. Abschn. 24.3.2)
5. operative Maßnahmen
   - Nachräumung, Uteruskompression durch Einlegen einer Tamponade
   - Ultima ratio: Hysterektomie

24.7 Besondere mütterliche Erkrankungen

24.7.1 Präeklampsie und Eklampsie

Präeklampsie und Eklampsie gehören zu den sog. Gestosen, d. h. zu den in der Schwangerschaft erworbenen Erkrankungen. Sie gehen mit deutlich erhöhter maternaler und neonataler Letalität einher und erfordern ein spezielles geburtshilfliches und anästhesiologisches Vorgehen.

Pathophysiologie

Das pathophysiologische Substrat von Präeklampsie und Eklampsie ist eine Endothelschädigung unklarer Ätiologie. Sie ist Wegbereiter für **Mikrozirkulationsstörungen** in zahlreichen Organen. In erster Linie sind Plazenta, Niere, ZNS und Leber betroffen. Auffällig ist eine Imbalance im Prostaglandinstoffwechsel. So finden sich eine **Verminderung von Prostacyclin** und eine **Zunahme von Thromboxan A_2.** Dies führt zu einer Vasokonstriktion in Endstrombahnen und Steigerung der Thrombozytenaggregation, was die Bildung von Mikroaggregaten begünstigt. Aufgrund des höheren peripheren Gefäßwiderstands steigen der arterielle Blutdruck und der kapillare Filtrationsdruck, so daß vermehrt Flüssigkeit ins Interstitium übertritt und das Plasmavolumen abnimmt (Hypovolämie bei Zunahme des Gesamtkörperwassers). Die interstitielle Ödembildung wird durch eine Hypoproteinämie gefördert, die die Folge renaler Eiweißverluste ist.

Symptomatik

- Präeklampsie
  - arterielle Hypertonie, Proteinurie (> 300–500 mg/24 h), generalisierte Ödeme
- schwere Präeklampsie
  - systol. Blutdruck ≥ 160 mmHg od. diastol. Blutdruck ≥ 110 mmHg, Proteinurie (> 5 g/24 h) u. Oligurie
  - evtl. Lungenödem (neben generalisierten Ödemen)
  - ZNS-Symptome wie Unruhe, Schwindel, Kopfschmerzen, Sehstörungen, Übelkeit u. Erbrechen
  - evtl. HELLP-Syndrom (Abschn. 24.7.2)
- Eklampsie
  - zusätzl. Konvulsionen od. Koma (Hirnödem)

Komplikationen

- mütterlich
  - hypertensive Krise mit Linksherzversagen u. alveolärem Lungenödem
  - respiratorische Insuffizienz (z. B. interstitielles Lungenödem)
  - Hirnödem, Hirnblutungen
  - akutes Nieren- u. Leberversagen
  - disseminierte intravasale Koagulation
- kindlich
  - fetale Asphyxie durch Plazentainsuffizienz od. vorzeitige Plazentalösung

Diagnostik

- Blutdruck, EKG
- komplettes Labor (bes. Hb, Gerinnungsstatus [inkl. AT III])
- neurologischer Status
- CTG

Therapie und Vorbereitung bei Präeklampsie

- Blutdruckeinstellung
  - oral: z. B. Methyldopa (Presinol®)
  - i. v.: z. B. Dihydralazin (Nepresol®; s. Kap. 6.1.6)
- Korrektur des intravasalen Flüssigkeitsdefizits (ggf. unter ZVD-Kontrolle)
- Krampfprophylaxe mit Diazepam (Valium®), Clonazepam (Rivotril®) od. Magnesiumsulfat
- evtl. Low-dose-Acetylsalicylsäure (wegen Prostaglandinimbalance)

MERKE
Bei **Präeklampsie** wird eine **vaginale Entbindung in Epiduralanalgesie** angestrebt (*cave*: Gerinnungsstörungen!).

Therapie bei Eklampsie

- Krampftherapie mit Midazolam i. v. u./od. Magnesiumsulfat
- langsame, kontrollierte Blutdrucksenkung i. v. (z. B. Dihydralazin)
- langsame Korrektur des intravasalen Flüssigkeitsdefizits unter ZVD-Kontrolle
- ggf. Korrektur des Säure-Basen-Haushalts und von Gerinnungsstörungen

MERKE
Bei **Eklampsie** wird eine **unverzügliche Schnittentbindung in Allgemeinanästhesie** angestrebt.

Sectio caesarea bei Eklampsie

Vorbereitung:	aktuelles Labor (bes. Hb, Gerinnungsstatus [inkl. AT III])
Ausrüstung:	1–2 großlumige i. v. Zugänge, ZVK, möglichst art. Zugang, Magensonde, Blasenkatheter
Blutkonserven:	4 EK
Anästhesie:	Intubationsnarkose (Abschn. 24.4.4) mit balancierter Anästhesie od. TIVA (bei Hirnödem nur TIVA!)
Einleitung:	Nicht-nüchtern-Einleitung
Besonderheiten:	1. i. d. R. schwierige Intubation (z. B. Larynxödem) 2. bei vorheriger Magnesiumapplikation: – keine „Präkurarisierung“, kein „Priming“! – nichtdepol. Relaxanzien nach Entbindung in deutl. reduzierter Dosis 3. Vermeidung von Blutdruckspitzen (Opioid vor der Intubation, z. B. 0.2–0,3 mg Fentanyl!) 4. Vermeidung von ausgeprägten Blutdruckabfällen 5. i. d. R. Beatmung des Neugeborenen erforderlich (→ Neonatologe!)
Komplikationen:	hypertensive Krise, Blutungen, Schock, Verbrauchskoagulopathie etc. (s. o.)
Nachbetreuung:	Intensivstation (Nachbeatmung)

24.7.2 HELLP-Syndrom

Beim HELLP-Syndrom handelt es sich um eine Sonderform der schweren Präeklampsie. Es tritt mit einer Häufigkeit von 1:150 bis 300 Geburten auf. Das Akronym „HELLP“ steht für die Trias „hemolysis, elevated liver enzymes, low platelets“. Leitsymptom sind Schmerzen im rechten Oberbauch. Sie weisen auf eine **Leberstauung** hin (80–90%; → Sonographie), und können den laborchemischen Veränderungen um Tage, manchmal sogar Wochen vorausgehen. Daneben finden sich die üblichen Zeichen der Präeklampsie (Abschn. 24.7.1). Folgende Laborwerte kennzeichnen die Leberbeteiligung:

- erhöhte Transaminasen (auf das 2–3fache der Normalwerte),
- verminderte plasmatische Gerinnungsfaktoren und
- ein plötzlicher, deutlicher Abfall der Thrombozyten (i. d. R. < 100.000/μl).

Der **Thrombozytensturz** ist pathognomonisch. Zum typischen Bild gehört ferner die **intravasale Hämolyse.** Sie ist die Folge einer Fragmentierung von Erythrozyten in der Endstrombahn, nachdem sich hier Fibrin-Thrombozyten-Aggregate gebildet haben. Im Labor erkennt man eine intravasale Hämolyse
- am erniedrigten Haptoglobin sowie
- am erhöhten LDH und Bilirubin (vor allem indirektes).

Komplikationen

- subkapsuläre Leberhämatome
- Leberruptur (1–2%; hohe maternale und fetale Letalität)
- akutes Leberversagen
- disseminierte intravasale Koagulation

Differentialdiagnose

- Lebererkrankungen wie Schwangerschaftsfettleber od. -cholestase, akute Virushepatitis
- thrombotische Mikroangiopathien wie thrombotisch-thrombozytopenische Purpura, hämolytisch-urämisches Syndrom

MERKE
Beim **HELLP-Syndrom** wird eine **vaginale Entbindung** angestrebt. Kommt es zu einer foudroyanten Verschlechterung, so ist eine umgehende **Schnittentbindung in Allgemeinanästhesie** erforderlich.

Sectio caesarea bei HELLP-Syndrom

Vorbereitung:	aktuelles Labor (bes. Hb, Gerinnungsstatus [inkl. AT III])
Ausrüstung:	2 großlumige i. v. Zugänge (alternativ Shaldon-Katheter, 2- od. 3lumig), ZVK (ggf. 3lumig), art. Zugang, Magensonde, Blasenkatheter
Blutkonserven:	4–8 EK, FFP nach Bedarf, 1 TKZ (wenn Thrombozyten < 100.000/μl)
Anästhesie:	wie bei Eklampsie (s. Abschn. 24.7.1)
Einleitung:	Nicht-nüchtern-Einleitung
Besonderheiten:	wie bei Eklampsie (Abschn. 24.7.1)
Blutgerinnung:	1. zunächst gezielte Normalisierung des AT-III-Plasmaspiegels 2. FFP zur Substitution des restlichen Gerinnungspotentials 3. Thrombozytensubstitution, wenn Thrombozyten < 50.000/μl 4. kein Heparin, solange es blutet!
Komplikationen:	wie bei Eklampsie (Abschn. 24.7.1)
Nachbetreuung:	Intensivstation (Nachbeatmung)

24.7.3 Herz-Kreislauf-Erkrankungen

Bei Mitral- oder Aorteninsuffizienz und bei Herzvitien mit Links-rechts-Shunt sollte bei vaginaler Entbindung eine Epiduralanalgesie, bei Sectio eine Allgemeinanästhesie bevorzugt werden. Bei Mitral- oder Aortenstenose und bei Herzvitien mit Rechts-links-Shunt sollte dagegen immer die Allgemeinanästhesie favorisiert werden, weil bei diesen Erkrankungen der venöse Rückstrom und der periphere Widerstand nicht abfallen dürfen. Bei einer Allgemeinanästhesie muß für eine ausreichende Narkosetiefe, vor allem für die Intubation, gesorgt werden. Das erfordert den Einsatz von Opioiden bereits zur Einleitung, so daß man sich auf eine Beatmung des Neugeborenen einstellen muß (Neonatologe!). Postpartal sollte auch für die Mutter die Möglichkeit einer Intensivüberwachung bestehen.

24.7.4 Asthma bronchiale

Bei Asthma bronchiale sollte die Entbindung möglichst in rückenmarknaher Regionalanästhesie vorgenommen werden. Bei einer Allgemeinanästhesie ist von vornherein die Supplementierung mit Opioiden notwendig, um bonchospastische Reaktionen bei unzureichender Narkosetiefe zu verhindern. Auch in diesen Fällen muß die adäquate Versorgung des Neugeborenen sichergestellt sein.

24.7.5 Intrakranielle Erkrankungen

Patientinnen mit intrakraniellen Tumoren oder Gefäßerkrankungen (Aneurysmen, Angiome) sollen so schonend wie möglich entbunden werden. Wenn keine Zeichen des erhöhten Hirndrucks und einer gleichzeitigen Liquorzirkulationsstörung bestehen, kann eine Epiduralanalgesie oder -anästhesie durchgeführt werden. Anderenfalls verbietet sich dies, weil es nach akzidenteller spinaler Punktion aufgrund des Liquorverlustes zu intrakraniellen Massenverschiebungen bis hin zu einer lebensbedrohlichen Einklemmung kommen könnte. Postpartal muß ein Intensivsüberwachungsplatz für die Mutter bereitgehalten werden.

Zur *Allgemeinanästhesie bei Hirndrucksteigerung* s. Kap. 22.3 u. 22.4.

25 Kinderchirurgie

25.1	Allgemeine Bemerkungen ▸ 369	25.6	Allgemeine Kinderanästhesie ▸ 381
25.2	Anatomische und physiologische Besonderheiten ▸ 369	25.6.1	Narkosevorbereitung ▸ 381
25.2.1	Atemwege und Atmung ▸ 369	25.6.2	Narkosedurchführung ▸ 382
25.2.2	Herz und Kreislauf ▸ 372	25.7	Spezielle Kinderanästhesie ▸ 385
25.2.3	Niere, Flüssigkeits- und Elektrolythaushalt ▸ 372	25.7.1	Nekrotisierende Enterokolitis ▸ 385
25.2.4	Glukosestoffwechsel ▸ 373	25.7.2	Pylorusstenose ▸ 385
25.2.5	Blut ▸ 373	25.7.3	Omphalozele und Gastroschisis ▸ 386
25.2.6	Körpertemperatur ▸ 374	25.7.4	Kongenitale Zwerchfellhernie ▸ 387
25.2.7	Schmerzempfinden ▸ 375	25.7.5	Ösophagusatresie und tracheo-ösophageale Fistel ▸ 387
25.3	Pharmakologische Besonderheiten ▸ 375	25.7.6	Wilmstumor und Neuroblastom ▸ 388
25.3.1	Inhalationsanästhetika ▸ 375	25.7.7	Neurochirurgische Eingriffe ▸ 389
25.3.2	Hypnotika ▸ 376	25.7.8	Spezielle urologische Eingriffe ▸ 389
25.3.3	Opioide ▸ 376	25.7.9	Kleinere Eingriffe ▸ 389
25.3.4	Muskelrelaxanzien ▸ 377	25.8	Besonderheiten bei ambulanten Eingriffen ▸ 391
25.3.5	Varia ▸ 378	25.9	Postoperative Überwachung ▸ 391
25.4	Präoperative Vorbereitung ▸ 379	25.10	Postoperative Schmerztherapie ▸ 391
25.5	Instrumentierung und Monitoring ▸ 380	25.10.1	Regionalanästhesie ▸ 391
		25.10.2	Systemische Analgetika ▸ 392

25.1 Allgemeine Bemerkungen

Bei der Durchführung von Anästhesien im Kindesalter müssen die besonderen anatomischen, physiologischen und psychologischen Gegebenheiten in diesem Lebensalter berücksichtigt werden. Aus praktischen Gründen hat sich die Einteilung in Altersgruppen bewährt:

- Neugeborene: bis zum 28. Lebenstag
- Säuglinge: bis zum Ende des 1. Lebensjahres
- Kleinkinder: vom 2. bis 5. Lebensjahr
- Schulkinder: vom 6. bis 14. Lebensjahr
- Jugendliche: vom 15. bis 18. Lebensjahr

25.2 Anatomische und physiologische Besonderheiten

Die im folgenden beschriebenen anatomischen und physiologischen Besonderheiten werden i. Vgl. zum Erwachsenen um so ausgeprägter vorgefunden, je jünger das Kind ist. Sie gelten damit vor allem für **Neugeborene und Säuglinge.**

25.2.1 Atemwege und Atmung

Anatomische Besonderheiten im Bereich der oberen Atemwege

- großer Kopf und kurzer Hals
- große Zunge; lange, U-förmige Epiglottis
- hyperplastische Tonsillen und vergrößerte Adenoide
- höherer und ventraler Stand des Larynx

- kurze Trachea, gleichwinkliger Abgang des rechten und linken Hauptbronchus
- sehr empfindliche Schleimhäute (→ Ödembildung!)

MERKE
Die **engste Stelle der oberen Atemwege** liegt bis zum Alter von ca. 8–10 Jahren **subglottisch,** und zwar auf Höhe des Ringknorpels.

Physiologische Zahnentwicklung

- Milchzahndurchbruch vom 6. Monat an bis zum Alter von 2,5 Jahren
- ab 6 Jahren Entwicklung des bleibenden Gebisses

Hinweise für die Praxis

1. Die **endotracheale Intubation** ist vor allem bei Neugeborenen und Säuglingen **erschwert.**
2. Zur Intubationserleichterung soll immer die **angehobene Reklination*** des in Neutralstellung fixierten Kopfes (z. B. durch Schaumstoffkissen mit Aussparung) gewählt werden. Durch **leichten Thyreoiddruck,** z. B. mit dem kleinen Finger der linken Hand; läßt sich die Ventralisierung des Larynx aufheben.
3. Die Intubation muß so sanft wie möglich unter **Beachtung der subglottischen Engstelle** erfolgen.
4. Eine **endobronchiale Intubation** kann bei zu tiefem Einführen des Tubus – zumindest theoretisch – bei Kindern sowohl rechts als auch links auftreten. Deshalb sollte die schwarze Tubusmarke auf Höhe und der Cuff kurz unterhalb der Stimmritze zu liegen kommen.
5. Ab dem 7. Lebensjahr ist mit **wackligen Milchzähnen** zu rechnen und gezielt danach zu suchen (Anamnese und Inspektion).

* bei Säuglingen wegen des großen Hinterhaupts auch schon ohne Auflage gegeben

Atemmechanische Besonderheiten

- höhere thorakale Compliance (→ sehr elastischer knöcherner Thorax), aber niedrigere pulmonale Compliance; höhere Resistance
- geringe funktionelle Residualkapazität (FRC)
- Closing capacity[56] (Verschlußkapazität; CC) > FRC (bis zum Alter von ca. 6 Jahren)
- Atemzeitverhältnis: I:E = 1:1 (unter Spontanatmung)
- reine Zwerchfellatmung (*cave*: Zunahme des abdominellen Drucks!)

Hinweise für die Praxis

1. Wegen des elastischen Thorax kann es in den ersten Lebensjahren schon allein durch forcierte Spontanatmung zu einer **Obstruktion der oberen Atemwege** kommen. Man erkennt sie an **inspiratorischen Einziehungen des Sternums.**
2. Die über die FRC erhöhte CC bedeutet, daß bei kleinen Kindern bereits in ruhiger Atemmittellage die **Tendenz zum exspiratorischen Kollaps der kleinen peripheren Atemwege** besteht. Um dies zu verhindern, ist bei kontrollierter Beatmung ein geringer **PEEP** (5 cmH_2O) sinnvoll.
3. Eine **Behinderung der Zwerchfellatmung** (z. B. bei erhöhtem intraabdominellen Druck) kann besonders im 1. Lebensjahr rasch zu einer **respiratorischen Insuffizienz** führen.

Atemtätigkeit

Die Aufrechterhaltung der bei Kindern i. Vgl. zu Erwachsenen auf das Körpergewicht bezogenen höheren Stoffwechselrate und der damit verbundene **höhere O_2-Verbrauch** (bei Neugeborenen u. Säuglingen ca. 7 ml/kg/min)[57] setzen sowohl eine **Steigerung der Atmung als auch der Herz-Kreislauf-Tätigkeit** voraus. Hierbei ist zu berücksichtigen, daß die Zunahme der alveolären Ventilation ausschließlich über höhere Atemfrequenzen zustande kommt.

Neugeborene sind aus folgenden Gründen besonders gefährdet, eine **Hypoxämie** zu entwickeln:

1. Der relative O_2-Bedarf ist ca. doppelt so hoch wie beim Erwachsenen.
2. Die relative FRC, die als O_2-Puffer dient, ist kleiner als beim Erwachsenen (30 vs. 45 ml/kg KG).
3. Das Verhältnis der alveolären Ventilation zur FRC beträgt ca. 5:1 (Erwachsene 1,5:1).

Hinzu kommt, daß das in den ersten Lebensmonaten noch reichlich vorhandene fetale Hämoglobin (HbF; s. Abschn. 25.2.5) eine Linksverschiebung der O_2-Hb-Bindungskurve bewirkt, was zwar eine erleichterte O_2-Aufnahme in der Lunge, aber eine erschwerte O_2-Abgabe an das Gewebe zur Folge hat.

56 die kritische Lungenkapazität, bei deren Unterschreitung Teile der Luftwege kollabieren (setzt sich zusammen aus Closing volume und Residualvolumen)

57 Erwachsene: ca. 3,5 ml/kg/min

Anders als bei Erwachsenen tritt bei Kindern in den ersten Lebensjahren im Falle einer Hypoxämie keine oder nur eine geringe initiale (kompensatorische) Tachykardie auf; vielmehr kommt es i. d. R. gleich zu einer **Bradykardie** mit entsprechendem Abfall des Herzzeitvolumens. In den ersten Lebenswochen kann es bei einer Hypoxämie durch den ansteigenden pulmonalvaskulären Widerstand zu einer **erneuten Öffnung der fetalen Kurzschlüsse** (Ductus Botalli, Foramen ovale) und infolgedessen zu einem Rechts-links-Shunt kommen, wodurch die Hypoxämie weiter verstärkt und ein Circulus vitiosus in Gang gesetzt wird.

Hinweise für die Praxis

1. Jede **Bradykardie** bei Kindern ist bis zum Beweis des Gegenteils als Ausdruck einer respiratorisch bedingten **Hypoxämie** anzusehen!
2. Die **Apnoetoleranz** ist um so geringer, je jünger das Kind ist.
3. Die **hyperoxische Apnoetoleranz** (nach optimaler Präoxygenierung) beträgt unter idealen Bedingungen **rechnerisch maximal 3 min** (tatsächlich ist sie aber i. d. R. deutlich kürzer!).

Atemzentrum

Da die zentrale Atemregulation in den ersten Lebenswochen noch nicht ausgereift ist, findet man häufig periodische Atemmuster. Kinder reagieren zudem in diesem Alter deutlich empfindlicher auf atemdepressorische Medikamente. Zustände wie metabolische Azidose, Hypoglykämie und Hypothermie können unmittelbar zu einer Beeinträchtigung der Atemtätigkeit führen. Bei ehemaligen Frühgeborenen sind im 1. Lebensjahr öfter passagere Apnoeepisoden zu beobachten, die z. T. auch mit Bradykardien einhergehen. Hier besteht höchstwahrscheinlich ein Zusammenhang mit dem „plötzlichen Kindstod" in dieser Altersgruppe.

MERKE
Bei ehemaligen Frühgeborenen sollen bis zur 64. Woche (Gestationsalter[58]) keine ambulanten Narkosen durchgeführt werden. Außerdem muß postoperativ mindestens für die ersten 24 Stunden ein Apnoe-Monitoring und eine pulsoxymetrische Überwachung (auch nach Bagatelleingriffen) sichergestellt sein.

58 = postkonzeptionelles Alter

Tabelle 84 Atemparameter bei Kindern i. Vgl. zu Erwachsenen (bezogen auf kg KG)

Parameter	Veränderung
Atemminutenvolumen	höher
– Atemzugvolumen	gleich
– Atemfrequenz	s. Tab. **85**
Alveoläre Ventilation	höher
Vitalkapazität	gleich
Funktionelle Residualkapazität	kleiner
Closing capacity	höher
Atemarbeit	höher

Tabelle 85 Altersabhängige Atemfrequenzen

Altersgruppe	Atemfrequenz (1/min)
Frühgeborene	60
Neugeborene	40
Säuglinge	25–30
1–6 Jahre	20–25
7–14 Jahre	12–20
Erwachsene	8–12

Tabelle 86 Altersabhängige PaO_2- und $PaCO_2$-Werte

Altersgruppe	PaO_2 (mmHg)	$PaCO_2$ (mmHg)
Frühgeborene	50–60	32
Neugeborene	60–80	32–35
Säuglinge	ca. 85	35–40
1–10 Jahre	90	40
11–20 Jahre*	ca. 95	40

* Ab dem 3. Lebensjahrzehnt sinkt der PaO_2 um ca. 5 mmHg pro Dekade.

Retrolentale Fibroplasie

Bis zur 44. Woche (Gestationsalter), vor allem aber bei Frühgeborenen, kann sich unter einer **Hyperoxie** eine retrolentale Fibroplasie entwickeln (*cave*: Erblindungsgefahr!). Als Auslöser wird eine supranormale Steigerung des retinalen PaO_2 angesehen, wobei jedoch nicht nur die Höhe des PaO_2 maßgeblich ist, sondern auch die Dauer der Einwirkung. In Einzelfällen konnte eine retrolentale Fibroplasie sogar nach nur kurzfristiger, intraoperativer PaO_2-Erhöhung beobachtet werden (Tab. **86**).

Tabelle 87 Altersabhängige Herzfrequenzen und Blutdruckwerte (in Ruhe)

Altersgruppe	Herzfrequenz (1/min)		Systolischer Blutdruck (mmHg)
	Mittelwert	Streuung*	
Frühgeborene	140	100–180	50–60
Neugeborene	130	90–170	60–80
Säuglinge	120	80–160	80–90
1–6 Jahre	105	80–125	90–100
7–14 Jahre	90	70–110	100–110
Erwachsene	70	60–100	110–120

* = Interventionsschwellen

Tabelle 88 Flüssigkeitskompartimente in Abhängigkeit vom Lebensalter (bezogen auf KG)

Altersgruppe	Extrazellulärraum		Intrazellulärraum (%)
	Intravasalraum (%)	Interstitium (%)	
Frühgeborene	4	bis 55	30
Neugeborene	4	35	35
ab 1–2 Jahren	4	15–20	40
Erwachsene	4	15	40

Hinweise für die Praxis

1. Der **präduktale PaO_2** (gemessen am rechten Arm, entscheidend für Kopf, Gehirn, Auge u. Retina) soll **in den ersten Lebenswochen nicht für längere Zeit über 80 mmHg** ansteigen.
2. Demgemäß ist eine **$pSaO_2$ von ca. 90–95%** durch entsprechende Anpassung der FIO_2 anzustreben. Ausgenommen hiervon ist die **Präoxygenierung** bei der Narkoseeinleitung und -ausleitung.

25.2.2 Herz und Kreislauf

Die frühkindliche Herz-Kreislauf-Tätigkeit ist durch folgende **Besonderheiten** gekennzeichnet:

1. Da die Umstellung vom fetalen auf den extrauterinen Kreislauf lediglich funktioneller Natur ist, können sich beim Neugeborenen unter **Hypoxämie, Hyperkapnie, Azidose oder Hypothermie** die **fetalen Kurzschlüsse** (Ductus Botalli, Foramen ovale) **wieder öffnen** (→ Rechts-links-Shunt). Der Ductus Botalli verschließt sich definitiv erst nach 4–8 Lebenswochen und des Foramen ovale erst nach 3–12 Monaten. Bei 5–10% persistiert der Ductus Botalli und bei ca. 25% bleibt der morphologische Verschluß des Foramen ovale aus, es bleibt also latent geöffnet.
2. Da die myokardiale Compliance erheblich kleiner als beim Erwachsenen ist, wird das **Herzzeitvolumen** vor allem in den ersten Lebensmonaten hauptsächlich durch die **Herzfrequenz** gesteuert. Das ist der Grund dafür, daß schon die Ruhefrequenz höher ist und das HZV nur dann effektiv zunehmen kann, wenn die Herzfrequenz ansteigt. Dementsprechend führt eine (relative) **Bradykardie** immer zum HZV-Abfall.
3. Aufgrund des zunächst noch unreifen sympathischen Nervensystems ist die **kardiovaskuläre Kompensationsbreite** i. Vgl. zum Erwachsenen **deutlich eingeschränkt** (z.B. nur schwach ausgeprägter Barorezeptorenreflex).
4. Der **systolische Blutdruck** kann als semiquantitativer Parameter für das **Herzschlagvolumen** dienen (z.B. Hypovolämie).
5. Das Herz des kleinen Kindes ist deutlich **weniger „flimmeranfällig"** als das des Erwachsenen. Kammerflimmern ist daher eine extreme Rarität.

MERKE
Der **mittlere arterielle Blutdruck** sollte **50 mmHg bei reifen Neugeborenen** und **30 mmHg bei Frühgeborenen** nicht unterschreiten!

25.2.3 Niere, Flüssigkeits- und Elektrolythaushalt

Die Nierenfunktion ist erst im Alter von ca. einem Jahr voll entwickelt. Außerdem muß im 1. Lebensjahr ein weitaus größerer Extrazellulärraum von der Niere kontrolliert werden (Tab. **88**), und es fallen als Folge des höheren Grundumsatzes mehr harnpflichtige Substanzen zur Ausscheidung an. Dies beides bedingt bei Säuglingen einen deutlich höheren Wasserumsatz als bei Erwachsenen (Tab. **89**).

Die **Unreife der Nieren** betrifft die tubuläre Reabsorption und Sekretion stärker als die glomeruläre Filtration (auch wenn die GFR des Neugeborenen nur ca. 1/5 der des Erwachsenen beträgt). Sie zeigt sich in einer

- geringeren Konzentrationsfähigkeit, d.h., es wird ein größerer Anteil an „freiem" Wasser zur Elimination der harnpflichtigen Substanzen benötigt
  → raschere Dehydratation bei Flüssigkeitsverlusten oder Flüssigkeitsrestriktion;
- unzureichenden Ausscheidung von überschüssigem Wasser und Natrium
  → Neigung zur Wasserretention mit erhöhtem Ödemrisiko (bes. bei Neu- u. Frühgeborenen);

- geringeren Filtration höhermolekularer Substanzen (Trenngrenze zur Geburt bei ca. 15.000 Dalton) → stärkere Kumulation von z. B. HES.

Die tubuläre Unreife bedeutet andererseits einen gewissen Schutz vor nephrotoxischen Substanzen, weil diese weniger von den Tubuluszellen reabsorbiert werden können.

MERKE
Als **Mindesturinmenge** sind in den ersten Lebensjahren **1–2 ml/kg/h** zu veranschlagen.

Perioperativer Flüssigkeitsbedarf

Der perioperative Flüssigkeitsbedarf ist bei Kindern relativ größer als bei Erwachsenen. Dies erklärt sich aus dem **höheren Basalbedarf.** Ursächlich hierfür sind
- ein 2–3 mal höherer Grundumsatz,
- eine wegen der relativ größeren Körperoberfläche 3–4mal höhere Perspiratio insensibilis (ca. 2 ml/kg KG/h) und
- die geringere Konzentrationsfähigkeit der Nieren.

Der perioperative Flüssigkeitsbedarf umfaßt neben der Zufuhr des Basalbedarfs (Tab. **89**), wobei hierzu auch die Korrektur des **präoperativen Flüssigkeitsdefizits** gehört, den Ausgleich der **intra- und postoperativen Verluste,** die durch Transsudation und Evaporation entstehen (Kap. 4.1.3). Hierzu sollen vorrangig **isotone Vollelektrolytlösungen** (z. B. Sterofundin®; Kap. 4.1.3) benutzt werden. In den ersten 2–3 Lebensjahren können bei kurzen Eingriffen alternativ auch glukosehaltige Halbelektorlytlösungen verwendet werden (z. B. Jonosteril® päd III).

Faustregel zum Ausgleich des präoperativen Flüssigkeitsdefizits:

- 50% der benötigten Flüssigkeit in der 1. Stunde
- je 25% in der 2. und 3. Stunde

Faustformeln für den Ausgleich eines extrazellulären (!) Defizits im 1. Lebensjahr:

Bicarbonat: Defizit (mmol) = 0,4 × negativer „base excess" (BE) × kg KG
Kalium: Defizit (mmol) = 0,4 × (K^+-Soll-Wert i. Serum – Ist-Wert) × kg KG
Natrium: Defizit (mmol) = 0,4 × (Na^+-Soll-Wert i. Serum – Ist-Wert) × kg KG

0,4 = ungefährer Anteil des Extrazellulärraums am Körpergewicht

Tabelle 89 Altersabhängiger Basalbedarf an Flüssigkeit und Elektrolyten

Altersgruppe	H_2O (ml/kg/h)	Na^+ (mmol/kg/24 h)	K^+ (mmol/kg/24 h)
Frühgeborene	6	3	2
Neugeborene	5	2	2
Säuglinge	5	2	2
1–6 Jahre	4	1,5–2,0	1,5–2,0
7–10 Jahre	3	1–1,5	1–1,5
11–14 Jahre	2	1–1,5	1
Erwachsene	1,5	1	0,5

25.2.4 Glukosestoffwechsel

Besonders Neugeborene und noch stärker Frühgeborene neigen zu **Hypoglykämien**. Der untere Normalwert des Blutzuckers (BZ) liegt in diesem Alter bei ca. 40 mg/dl. Hypoglykämische Krämpfe zeigen sich ab etwa 20 mg/dl. Um Hypoglykämien zu verhindern, werden perioperativ zumindest im 1. Lebensjahr routinemäßig Infusionslösungen mit einem Glucoseanteil von 2,5–5% verwendet (s. Kap. 4.2.1). Bei längeren oder größeren Eingriffen sind regelmäßig in kürzeren Abständen (ca. alle 30–60 min) BZ-Kontrollen durchzuführen.

Täglicher Glukosebedarf:

- bei Neu- und Frühgeborenen: 5–10 g/kg KG
- bei Kleinkindern: 3–6 g/kg KG

25.2.5 Blut

Das neonatale Blut spiegelt noch die fetalen Verhältnisse wider (Tab. **90** u. **91**) und zeichnet sich i. Vgl. zum Erwachsenen durch die Möglichkeit einer größeren O_2-Aufnahme aus. Dies liegt an einer physiologischen **Polyglobulie** und dem hohen Anteil **fetalen Hämoglobins** (70–80% HbF beim Neugeborenen), das eine stärkere O_2-Affinität aufweist. Im Rahmen der postnatalen Umstellung wird die Blutproduktion gedrosselt (Hb-Abfall) und in den ersten 6 Lebensmonaten HbF durch „adultes" Hämoglobin (HbA_1 [97%] und HbA_2 [3%]) ersetzt (→ Rechtsverschiebung der O_2-Bindungskurve). Die Hb-Konzentration erreicht mit ca. 10–12 g/dl im 3. Lebensmonat ihren Tiefpunkt („physiologische Trimenonreduktion"; früher und ausgeprägter bei

Tabelle 90 Hämoglobin- und Hämatokritwerte bei Kindern

Altersgruppe	Hb (g/dl)	Hämatokrit (%)
Neu-/Frühgeborene	18–20	50–55
1 Monat	14	40
3 Monate	11	33
1–6 Jahre	12	35
7–14 Jahre	14	40

Tabelle 91 Altersabhängiges Blutvolumen

Altersgruppe	Blutvolumen (% KG)
Frühgeborene	8,5
Neugeborene	8,5
Säuglinge	8,5
1–6 Jahre	8,0
7–14 Jahre	7,5
Erwachsene	♂7,0; ♀7,5

Frühgeborenen), um danach erst allmählich wieder anzusteigen.

MERKE
Während der **Trimenonanämie** (3.–6. Monat) sollen **keine elektiven operativen Eingriffe** stattfinden!

Hinweise für die Praxis

1. **Akute Blutverluste** werden von Kindern, besonders im 1. Lebensjahr, schlecht toleriert.
2. Für Neu- und Frühgeborene gilt als unterer, möglicherweise **kritischer Grenzwert** ein Hb von ca. 12 g/dl (Hkt 35%), für Säuglinge von 10 g/dl (Hkt 30%) und für Kinder über 1 Jahr von 7–8 g/dl (Hkt ≈ 25%).
3. Kinder mit **schweren Begleiterkrankungen** (z. B. zyanotische Herzvitien) benötigen individuell höhere Hb/Hkt-(Minimal-)Werte.

Blutersatz

Blutverluste können bei Kindern mindestens bis zu 20% des Blutvolumens durch **kolloidale Volumenersatzmittel** (HES, HA 5%) ausgeglichen werden. In den ersten Lebensmonaten muß beim Einsatz von HES aufgrund der Nierenunreife mit einer z. T. deutlich längeren Verweildauer im Organismus gerechnet werden. Aus diesem Grund sind niedermolekulare bzw. schnell spaltbare Präparationen zu verwenden. Hierzu gehört *HES 130/0,4 6%* (Voluven®; s. Kap. 4.3.1). Der Gebrauch von Voluven® ist bei Kindern zugelassen, auch im 1. Lebensjahr. Eine **Bluttransfusion** ist frühestens indiziert

- bei akuten Blutverlusten von mehr als 20% des Blutvolumens oder
- bei Unterschreiten kritischer Hb/Hkt-Grenzwerte.

Zur **Einschätzung des intraoperativen Blutverlustes** dient

- das Absaugen des Bluts in Meßzylinder,
- das Wiegen der Tupfer (trocken – feucht),
- das Verhalten des systolischen Blutdrucks und
- ggf. die Bestimmung von Hb (od. Hkt).
- Vor Eingriffen mit der Möglichkeit größerer Blutungen sollte der „akzeptable" Blutverlust kalkuliert werden. Hierzu läßt sich folgende Faustformel verwenden:

„Akzeptabler" Blutverlust = [Blutvolumen × (Hkt-Ist-Wert – Soll-Wert)]/Hkt-Ist-Wert

MERKE
Die Transfusion von 3 ml/kg KG eines Erythrozytenkonzentrats hebt den Hb-Gehalt um ca. 1 g/dl!

Hinweise für die Praxis

Bluttransfusion:

1. Bis zur Vollendung des 1. Lebensjahres sollen nur **CMV-negative und bestrahlte Blutprodukte** eingesetzt werden.
2. Bei Neu- und Frühgeborenen sollten sog. **Satellitenkonserven** (Partitionierungen aus einer Blutspende) bevorzugt werden.
3. Um den **Blutersatz** exakt dosieren zu können, ist die Verwendung von **10- oder 20-ml-Spritzen** zumindest im 1. Lebensjahr zu empfehlen.
4. Eine **Eigenblutspende** kommt erst ab einem Körpergewicht von ca. 25–30 kg in Betracht.
5. Die Möglichkeit einer **maschinellen Autotransfusion** muß individuell geprüft werden.

25.2.6 Körpertemperatur (s. auch Kap. 3.11)

Die Neutral- und die kritische Temperatur sind bei Kindern höher als bei Erwachsenen (Tab. **92**). Je jünger die Kinder sind, um so stärker sind sie perioperativ durch **Auskühlung** bedroht. Die Ursachen dafür liegen in ihrer

- relativ größeren Körperoberfläche (→ vermehrte Wärmeabstrahlung),
- dünneren subkutanen Fettschicht (→ schlechtere Isolation) und ihrem

- höheren Atemminutenvolumen (→ stärkere Verdunstung).

Im 1. Lebensjahr ist außerdem die Temperaturregulation noch mangelhaft. In diesem Alter fehlen die Thermogenese durch Stoffwechselsteigerung und das Muskelzittern als typische Frierreaktion. Eine Hypothermie kann dann rasch zu einer **Zentralisation, Hypoglykämie und metabolischen Azidose** führen und mündet charakteristischerweise in eine **Hypoventilation.** Der aufgrund des gesteigerten Stoffwechsels erhöhte O_2-Bedarf birgt zusätzlich die Gefahr einer **Hypoxie.**

Um eine Hypothermie zu verhindern, müssen Vorkehrungen getroffen werden. Dazu gehört:
- Aufheizung des Operationssaals auf 24–30 °C (Abschn. 25.6.1)
- Lagerung auf einer Heizmatte oder Warmluftapplikation über spezielle Decken
- Wärmeisolierung mit Folie und Tüchern (auch während der Narkoseeinleitung und -ausleitung)
- Einsatz eines Infrarotstrahlers während der Narkoseeinleitung und -ausleitung (ausreichender Abstand, sonst Verbrennungsgefahr!)
- Anwärmen von Infusionslösungen und Blutkonserven
- Hautdesinfektion mit vorgewärmter Lösung

Eine **Kontrolle der Körpertemperatur** ist immer bei Kindern im 1. Lebensjahr notwendig und ebenso bei längeren oder größeren Eingriffen. **Narkoseausleitung und Extubation** erfordern eine **Normothermie,** d. h. eine Körperkerntemperatur von mehr als 36 °C. Anderenfalls sollen die Kinder bis zur Wiedererwärmung nachbeatmet werden.

Tabelle 92 Neutraltemperatur und kritische Temperatur

Altersgruppe	Neutral-temperatur[1] (°C)	Kritische Temperatur[2] (°C)
Frühgeborene	34	28
Termingeborene	32	23
Erwachsene	28	1

[1] Umgebungstemperatur, bei der am nackten Körper keine Wärmeaufnahme oder -abgabe stattfindet; [2] Umgebungstemperatur, bei der ohne Schutzmaßnahmen mit einer bedrohlichen Auskühlung des Organismus zu rechnen ist

25.2.7 Schmerzempfinden

Untersuchungen an Feten haben gezeigt, daß ca. **ab der 20. Schwangerschaftswoche** die anatomischen und physiologischen Voraussetzungen für die Empfindung von Schmerzen gegeben sind. Bei Neugeborenen und weitestgehend auch bei Frühgeborenen kann davon ausgegangen werden, daß sie ein funktionsfähiges schmerzleitendes und -verarbeitendes neuronales System besitzen. Hieraus ergibt sich die Forderung nach einer adäquaten Anästhesie bei schmerzhaften Eingriffen an Feten, Früh- und Neugeborenen und nach einer postoperativen Analgesie.

25.3 Pharmakologische Besonderheiten

25.3.1 Inhalationsanästhetika
(s. auch Kap. 8.1.2)

Zwei wesentliche pharmakodynamische und -kinetische Unterschiede kennzeichnen den Einsatz von Inhalationsanästhetika bei Kindern i. Vgl. zu Erwachsenen:
1. Die äquieffektiven Konzentrationen, d. h. die MAC-Werte, sind höher (Tab. **93**).
2. Aufgrund der größeren alveolären Ventilation kommt es zu einer schnelleren An- und Abflutung der Substanzen, d. h., die Narkoseeinleitung und -ausleitung ist kürzer.

Tabelle 93 Altersspezifische MAC_{50}*-Werte volatiler Anästhetika (gemessen in 100% O_2)

Altersgruppe	Isofluran (Vol.-%)	Sevofluran (Vol.-%)
Neugeborene	1,6	
bis 6 Monate	1,9	3,3
bis 2 Jahre	1,8	
bis 5 Jahre	1,6	2,5
bis 12 Jahre		2,3
Erwachsene	1,2	2,0

*alveoläre Konzentration, bei der 50% der Patienten auf den Hautschnitt nicht mehr mit Abwehrbewegungen reagieren

MAC-Werte

Klinische Untersuchungen haben gezeigt, daß der MAC-Wert in einem Alter von 1–6 Monaten am höchsten ist und dann kontinuierlich bis zum Erwachsenenalter abnimmt. Im 1. Lebensmonat ist er jedoch bei gesunden Neugeborenen um etwa 20% niedriger als in den Folgemonaten (bei Frühgeborenen abhängig vom postkonzeptionellen Alter noch niedriger). Die Gründe für dieses MAC-Verhalten sind noch ungeklärt.

Isofluran

Isofluran hat einen stechenden Geruch und reizt die Schleimhäute (es wird in dieser Hinsicht nur von Desfluran übertroffen). Deswegen ist es nicht oder nur mit Einschränkungen zur Narkoseeinleitung bei Kindern zu empfehlen (Gefahr von Husten, Laryngo- und Bronchospasmus), auch wenn sich die Atemwegsreizung durch Zugabe von N_2O mildern läßt. Unabhängig davon kann im Einzelfall die ausgeprägte Senkung des peripheren Gefäßwiderstands problematisch werden (Blutdruckabfall mit kompensatorischer Tachykardie).

Sevofluran

Sevofluran führt nicht zu einer Schleimhaut- und Atemwegsirritation, und es riecht angenehm. Der vasodilatatorische Effekt ist deutlich geringer als der von Isofluran. Außerdem macht der niedrige Blut/Gas-Verteilungskoeffizient, der nur geringfügig über dem von N_2O liegt, Sevofluran besser steuerbar als Isofluran. Hiermit sind folgende Vorteile verbunden:

- kürzere Narkoseeinleitung und -ausleitung,
- schnellere Veränderbarkeit der Narkosetiefe (selbst bei Low-flow-Anästhesie nutzbar) und
- höhere postoperative Vigilanz.

Die schnellere postnarkotische Abflutung bewirkt allerdings auch, daß früher Schmerzen auftreten. Mitunter kommt es während der Einleitung zu exzitatorischen Bewegungen. Sie lassen sich durch Zugabe von N_2O verhindern oder zumindest vermindern. Den unbestreitbaren medizinischen Vorteilen von Sevofluran steht allerdings der hohe Preis entgegen.

MERKE
Zur **Inhalationseinleitung** bei Kindern sollte standardmäßig **Sevofluran** benutzt werden.

25.3.2 Hypnotika (s. auch Kap. 8.2.2)

Bei Kindern bestehen i. Vgl. zu Erwachsenen folgende **pharmakokinetische Besonderheiten:**

- größerer Verteilungsraum (Extrazellulärraum)
- langsamere Elimination wegen funktioneller Leber- und Nierenunreife (→ längere Halbwertszeiten)

Beides findet sich um so ausgeprägter, je jünger die Kinder sind. Das macht eine **Dosisanpassung** wie folgt erforderlich:

- höhere Sättigungsdosis
- geringere Erhaltungsdosis

25.3.3 Opioide (s. auch Kap. 8.4.2 u. 8.4.3)

Fentanyl

Im 1. Lebensjahr bestehen i. Vgl. zum Erwachsenen folgende Unterschiede:

- größeres Verteilungsvolumen, geringere Plasmaclearance
  Eine Normdosis führt deshalb zu geringeren Plasmaspiegeln, aber zu einer längeren Eliminations-

Tabelle 94 Dosierung von Injektionshypnotika

Substanz	Handelsname	Dosierung zur Narkoseeinleitung		Zulassung
		i. v. (mg/kg KG)	i. m./rektal (mg/kg KG)	
Thiopental	Trapanal®	4–6		keine Altersbeschränkung
Methohexital	Brevimytal®	1–2	30 rektal*	
Propofol	Propofol-Lipuro®	2–3		ab 1 Monat
Etomidat	Etomidat-Lipuro®	0,15–0.3		ab 6 Monaten
Ketamin		1–2	5–7	keine Altersbeschränkung
S(+)-Ketamin	Ketanest® S	0,5–1,0	2,5–3,5	keine Altersbeschränkung
Midazolam	Dormicum®	0,05–0,15		ab 4 Monaten

* als 10%ige wäßrige Lösung

Tabelle 95 Dosierung von Opioiden und Antagonisten

Substanz	Handelsname	i. v. Dosierung (μg/kg KG)	Besonderheiten	Zulassung
Fentanyl		1–10		ab 1 Jahr
Sufentanil	Sufenta®	0,1–1,0		ab 1 Jahr
Alfentanil	Rapifen®	10–50	Bradykardien	ab 1 Jahr
Remifentanil	Ultiva®	Einleiung: 1–2; kont.: 0,1–0,2 μg/kg/min	Bradykardien, teuer	ab 1 Jahr
Piritramid	Dipidolor®	bis 0,1 mg/kg (Titration!)	postop. Analgesie	ab 1 Jahr
Naloxon	Narcanti®	initial 1,0 (Titration!)	Opioidantagonist	

Tabelle 96 Dosierung von Muskelrelaxanzien

Substanz	Handelsname	Intubation[1] i. v. (mg/kg KG)	Repetition (mg/kg KG)	Zulassung
Succinylcholin	z. B. Pantolax®	1,5–2,0[2] (i. m. 3–4)		keine Altersbeschränkung
Mivacurium	Mivacron®	0,2[2]	0,05	ab 2 Monaten
Atracurium	Tracrium®	0,5–0,6	0,1	ab 1 Monat
cis-Atracurium	Nimbex®	0,1	0,025	ab 1 Monat
Vecuronium	Norcuron®	0,1	0,025	keine Altersbeschränkung
Rocuronium	Esmeron®	0,6	0,1	ab 1 Monat

[1] 2fache ED_{95}; [2] ≈ 4fache ED_{95}; [3] 2,5fache ED_{95}

HWZ (ca. 18 h beim Frühgeborenen, 5–6 h beim Neugeborenen, zum Vergleich beim Erwachsenen 3–4 h). Ab dem 4. Lebensmonat sind die hepatischen Stoffwechselwege i. d. R. voll entwickelt, so daß sich die Eliminations-HWZ allmählich der des Erwachsenen annähert.

- stärkere atemdepressorische Wirkung
- ausgeprägtere Rebound-Phänomene

MERKE
Wegen der nur äußerst geringen negativ inotropen Wirkung eignet sich **Fentanyl** gut zum Einsatz bei **Frühgeborenen,** ggf. auch als Monoanästhetikum.

25.3.4 Muskelrelaxanzien

(s. auch Kap. 8.5.2 u. 8.5.3)

Der größere Extrazellulärraum führt bei Neugeborenen und Säuglingen zu einem entsprechend größeren Verteilungsvolumen für Muskelrelaxanzien. Aufgrund der Leber- und Nierenunreife wird außerdem die organabhängige Elimination verlängert. Eine Folge davon ist, daß die Wirkung von Steroidrelaxanzien wie Vecuronium und Rocuronium deutlich verlängert wird. Darüber hinaus hat die neuromuskuläre Übertragung in diesem Lebensalter nicht die Sicherheitsreserven wie bei Erwachsenen (s. Kap. 8.5.1), was die Gefahr von Relaxansüberhängen noch verstärkt. Daher sollten bei längeren Eingriffen, wenn eine Nachbeatmung vermieden werden soll, Substanzen aus der Gruppe der **Benzylisochinoline** (z. B. Atracurium) bevorzugt werden. Sie werden überwiegend organunabhängig eliminiert, so daß sich die Halbwertszeit bei Neugeborenen und Erwachsenen nicht wesentlich unterscheidet (Tab. **96**).

Succinylcholin

Wegen der im Einzelfall schwerwiegenden Nebenwirkungen ist die Indikation für Succinylcholin sehr streng zu stellen (Kap. 8.5.3 u. 8.5.4). Zuvor müssen immer absolute Kontraindikationen ausgeschlossen werden. Succinylcholin soll bis zu einem Alter von ca. 3 Jahren keine Faszikulationen auslösen, so daß auf eine „Präkurarisierung" verzichtet werden kann. Die Vorweggabe von Atropin (0,01 mg/kg i. v.) dient der Verhinderung oder zumindest Abschwächung succinylcholininduzierter Bradykardien, die bei Kindern häufiger und ausgeprägter auftreten als bei Erwachsenen.

Empfehlungen zum Einsatz von Muskelrelaxanzien in Abhängigkeit von der Eingriffsdauer:

- Eingriffsdauer ≤ 15 min: Succinylcholin
- Eingriffsdauer 15–60 min: Mivacurium
- Eingriffsdauer > 60 min: Atracurium od. cis-Atracurium

Tabelle 97 Dosierung von Neostigmin

Substanz	Handelsname	i. v. Dosierung (mg/kg KG)	Besonderheiten	Zulassung
Neostigmin		0,05	zusammen mit 0,01 mg/kg Atropin*	keine Altersbeschränkung

* zur Verhinderung bzw. Verminderung vegetativer Nebenwirkungen

Tabelle 98 Dosierung verschiedener Medikamente

Substanz	Handelsname	i. v. (mg/kg KG)	i. m. (mg/kg KG)	Besonderheiten
Atropin		0,01	0,01–0,02	
Orciprenalin	Alupent®	0,02		
Ephedrin		0,25–0,5		
Akrinor®		0,01 ml/kg		
Noradrenalin	Arterenol®	0,001–0,01		
Adrenalin	Suprarenin®	0,01 (0,1)[1]		Reanimationsdosis!
Adenosin	Adrekar®	0,25–0,5		extrem kurze HWZ
Esmolol	Brevibloc®	0,5–1,0		sehr kurze HWZ
Lidocain	Xylocain®	1		
Theophyllin	Bronchoparat®	2–3		
Prednisolon	Solu-Decortin® H	10		
Dexamethason	Fortecortin®	0,2		
Furosemid	Lasix®	0,25–0,5		
Phenytoin	Phenhydan®	1		
Calciumgluconat 10%		0,1 ml/kg (= 10 mg Ca^{2+})		
$NaHCO_3$ 8,4%		BE × kg KG × 0,3[2]		Bedarfsberechnung in „mmol“

[1] endotracheale Dosis bei fehlendem i. v. Zugang; [2] im 1. Lebensjahr „0,4“ u. 1 : 1 verdünnt (mit G 5% od. Aqua dest.)

25.3.5 Varia

Um Medikamente kindgerecht zu dosieren, bestehen verschiedene Möglichkeiten. Alternativ zur Dosierung nach Altersgruppen (Tab. **99**) kann man die Dosis individuell anhand folgender **Faustformel** grob berechnen:

Kinderdosis = [Körpergewicht des Kindes/70 kg] × Erwachsenendosis[59]

Je wirksamer bzw. potenter eine Substanz ist, um so eher sollte die Dosis individuell berechnet werden.

Tabelle 99 Faustregeln für die Dosierung von Pharmaka bei Kindern

Altersgruppe	Standarderwachsenendosis
Neugeborene	ca. 1/10
Säuglinge	ca. 1/8
1–6 Jahre	ca. 1/4
7–10 Jahre	ca. 1/2

59 Eine genaue Berechnung erfordert den Bezug auf die bei Kindern relativ größere Körperoberfläche.

25.4 Präoperative Vorbereitung

Anamnese und klinische Untersuchung

Anamnestisch muß folgendes abgeklärt werden:
- bei Säuglingen: Geburtstermin u. -alter, Geburtsverlauf
- bei Frühgeborenen: zusätzl. Gestationsalter, Apnoeepisoden
- bei allen Kindern: Infekte (bes. der oberen Luftwege); Pseudokrupp; Asthma bronchiale; Kinderkrankheiten; Schutzimpfungen; frühere Operationen u. Narkosen; Allergien u. Atopien; Entwicklungsverzögerungen; familiäre Muskelerkrankungen

Darüber hinaus ist eine gründliche klinische Untersuchung erforderlich. Sie sollte in den ersten Lebensjahren möglichst von einem Pädiater durchgeführt werden. Zur Vorbereitung gehört auch die Einschätzung der **Intubationsverhältnisse,** wobei besondere Aufmerksamkeit dem Zahnstatus zu widmen ist (z. B. lockere Milchzähne!).

Labordiagnostik und weitere Untersuchungen

Eine routinemäßige Labordiagnostik ist nicht erforderlich bei kleinen Eingriffen, wenn die Kinder anamnestisch und klinisch unauffällig sind. Eine Ausnahme sind Eingriffe in der Phase der Trimenonanämie (→ Hb-Bestimmung). Sonst werden Laboruntersuchungen wie im übrigen alle apparativen Untersuchungen in Abhängigkeit von Anamnese, klinischem Untersuchungsbefund sowie Art und Ausmaß des operativen Eingriffs vorgenommen.

MERKE

Narkosen für **planbare operative Eingriffe** sollten **nicht** durchgeführt werden:
1. bis zu 4 Wochen nach Abklingen akuter Atemwegsinfekte oder infektiöser Kinderkrankheiten;
2. bis zu 2 Wochen nach aktiven Immunisierungen mit Lebendimpfstoffen[1], bis zu 3 Tagen bei Verwendung von Totimpfstoffen;
3. bis zu 3 Monaten nach „komplizierten" Impfungen.[2]

[1] Masern, Mumps, Röteln, Polio, Varizellen, BCG, Gelbfieber, Typhus; [2] Ungenügende Impfwirkungen oder vermehrte Impfkomplikationen sind wissenschaftlich nicht belegt. Die Empfehlungen zu Punkt 2 und 3 beruhen daher auf theoretischen Überlegungen und sind als Vorsichtsmaßnahme zu verstehen.

Nahrungskarenz

Für die Nahrungskarenz vor planbaren Eingriffen gelten folgende Empfehlungen:
- 6 Stunden für feste Nahrung
- 4 Stunden für Milch (Neugeborene und Säuglinge können bis zu 4 Stunden vor Narkosebeginn gestillt werden oder Flaschennahrung erhalten)
- 2 Stunden für klare Flüssigkeiten

Prämedikation

- In den ersten 6 Lebensmonaten ist i. d. R. keine sedierende Prämedikation erforderlich.
- Bei Kindern ab 6 Monaten kann bis zu einem Körpergewicht von 39 kg die Prämedikation rektal mit 0,5%iger Dormicum®-Lösung (1 ml enthält 5 mg Midazolam) durchgeführt werden, danach mit Dormicum®-Tabletten (Tab. **100**).

Tabelle 100 Kinderprämedikationsschema für Midazolam

Gewicht (kg)[1]	Dosis (mg)	0,5%ige Lösung (ml)[2]
6	3	0,6
7	3,5	0,7
8	4	0,8
9	4,5	0,9
10	5	1,0
11	5,5	1,1
12	6	1,2
13	6,5	1,3
14	7	1,4
15	7,5	1,5
16	8	1,6
17	8,5	1,7
18	9	1,8
19	9,5	1,9
20	10	2,0
21	10,5	2,1
22	11	2,2
23	11,5	2,3
24	12	2,4
25–39	12,5	2,5
ab 40	1 Tbl. Dormicum® 7,5 mg	

[1] bis 24 kg 0,5 mg/kg KG Midazolam; [2] 1 ml enthält 5 mg Midazolam; **Hinweis**: Um zur Anästhesieeinleitung die maximale Wirkung zu gewährleisten, sollte die rektale Lösung mindestens 15–30 min, die Tablette 30–45 min vorher verabreicht werden.

- Risikokinder mit fortgeschrittenen kardiorespiratorischen Erkrankungen dürfen nur dann eine Prämedikation erhalten, wenn nach der Applikation eine lückenlose Überwachung gewährleistet ist.

Epikutane Lokalanästhesie

Eine epikutane Lokalanästhesie ermöglicht die schmerzfreie Durchführung der sonst **bei wachen Kleinkindern** problematischen Venenkanülierung. Hierzu müssen Lokalanästhetika in einer speziellen Zubereitung (EMLA®-Creme)[60] auf das betreffende Hautareal aufgetragen werden. Bei **EMLA®-Creme** handelt es sich um eine Öl-in-Wasser-Emulsion, die *je 2,5% Lidocain und Prilocain* enthält. Das Besondere an dieser Kombination ist deren niedriger Schmelzpunkt (+18 °C). Er ist die Voraussetzung für die Herstellung einer stabilen Emulsion mit hohem Anteil an freier LA-Base (ca. 80%). Der hohe Baseanteil ist notwendig, damit die Lokalanästhetika in genügender Menge zu ihren Zielorten, den Nervenendigungen in den tieferen Hautschichten, penetrieren können.

Anwendung. Nach Auftragen der Creme auf die Haut muß ein *Okklusivverband* hergestellt werden. Zu diesem Zweck wird die Creme kommerziell auch als fertiges Pflaster angeboten. Das Pflaster muß, um eine ausreichende Wirkung zu gewährleisten, *mindestens 60 min vor einer Venenpunktion* aufgeklebt werden. Es sollte dann kurz vor der Punktion (z.B. vor dem Transport in den Operationstrakt) entfernt werden, damit eine sonst mögliche, geringgradige LA-induzierte Venokonstriktion im Bereich der Punktionsstelle wieder abklingen kann. Die Analgesiedauer beträgt nach Entfernen des Pflasters und vorheriger einstündiger Applikation 20–30 min, nach zweistündiger Applikation 30–60 min. Die zweistündige Applikation schafft überdies nochmals verbesserte Punktionsbedingungen aufgrund einer tiefer gehenden Hautanalgesie (bis zu 0,5 cm Tiefe). Der Okklusivverband kann mehrere Stunden belassen werden, ohne daß die Wirkung verlorengeht. Maximale LA-Plasmaspiegel werden als Folge protrahierter systemischer Resorption erst nach ca. 4 Stunden erreicht. Einschlägige Untersuchungen konnten jedoch keine toxischen Plasmaspiegel nachweisen. Der MetHb-Anteil im Blut (Prilocain; s. Kap. 8.8.5) wird ebenfalls nicht signifikant erhöht. EMLA® ist deshalb auch für Neugeborene von der 37. Schwangerschaftswoche an zugelassen. Es sollte aber aus Sicherheitsgründen in den ersten 3 Lebensmonaten nur in reduzierter Dosis angewendet werden, weil MetHb in diesem Lebensalter wegen der noch geringen Aktivität der MetHb-Reduktase nur langsam wieder in Hämoglobin umgewandelt werden kann.

Dosierungsempfehlung für EMLA®

- in den ersten 3. Lebensmonaten: 0,5 g (max. 1 g) auf einem Areal von 5 cm^2
- vom 3. bis zum 12. Lebensmonat: bis zu 2 g auf einem Areal von 20 cm^2
- ab 1 Jahr: bis zu 0,5 g/kg KG

25.5 Instrumentierung und Monitoring

Standardmaßnahmen (ausreichend für kleine Eingriffe an Nichtrisikokindern):

- 1 periphervenöser Zugang (Kap. 25.6.2)
- EKG (3polig), nichtinvasive Blutdruckmessung, Pulsoxymetrie (keine Beeinflussung durch HbF)
- Kontrolle der Körpertemperatur (rektal od. ösophageal)
  - bei Frühgeborenen für jeden Eingriff
  - bei Neugeborenen u. Säuglingen für Eingriffe > 30 min
  - bei älteren Kindern für Eingriffe > 2 h
- bei Allgemeinanästhesien ergänzt durch:
  - Kapnometrie/-graphie, im 1. Lebensjahr zusätzl. Ösophagus- od. präkordiales Stethoskop[61]
  - Überwachung der typischen Beatmungsparameter (Kap. 3.1)
  - Cuffdruckmessung (ITN)
  - Magensonde (vgl. Kap. 2.5)

Erweiterte Maßnahmen (zusätzl. bei größeren od. speziellen Eingriffe od. bei Risikokindern)

- mehrere „großlumige“ i.v. Zugänge
- ZVK[62] (ZVD u. SvO_2)

60 EMLA = „eutectic mixture of local anaesthetics“

61 Die Auskultation dient der Beurteilung von Atmung und Kreislauf. Hierbei gilt vor allem im 1. Lebensjahr, daß der Blutdruck um so niedriger ist, je leiser die Herztöne sind.

62 Lagekontrolle möglichst mit intraatrialer EKG-Ableitung (s. Kap. 2.2.3)

- Pulmonaliskatheter (sehr selten nötig; möglich ab dem 4.–6. Lebensjahr [Kap. 2.4.1])
- arterieller Zugang (Säuglinge: G24, Kleinkinder: G22) für invasive Blutdruckmessung
- Kontrolle der Urinausscheidung
- Relaxometrie/-graphie
- Laborkontrollen: Hb, Na+, K+, Ca2 +, BZ, Gerinnung, Blutgasanalyse

MERKE
Im 1. Lebensjahr empfiehlt sich die ultraschallgesteuerte Punktion zentraler Venen und von Arterien.

25.6 Allgemeine Kinderanästhesie

25.6.1 Narkosevorbereitung

Medikamente

Die für die Anästhesie erforderlichen Medikamente müssen in Spritzen aufgezogen werden, und diese müssen eindeutig und unverwechselbar gekennzeichnet werden. Für Kinder im 1. Lebensjahr (od. bis zu einem Körpergewicht von 10 kg) werden hierzu i. d. R. 1-ml-Spritzen verwendet.

Wenn **Thiopental** zur Einleitung benutzt wird, sollte es in einer einheitlichen Konzentration (z. B. 25 mg/ml = 2,5%ige Lsg.) vorbereitet werden:
- bei Säuglingen: 2-ml-Spritze
- bei Kindern < 6 Jahre: 5-ml-Spritze
- bei Kindern ≥ 6 Jahre: 10-ml-Spritze

Für Narkosen bei Kindern in den ersten Lebensjahren sollte aus Sicherheitsgründen **Succinylcholin** aufgezogen bereitliegen (z. B. zur Beseitigung eines Laryngospasmus, für die zügige Reintubation), auch wenn der Einsatz nicht geplant ist. Das gilt für **Atropin** bei jeder Kinderanästhesie.

Endotrachealtuben und künstliche Atemwegshilfen

Zur Vorbereitung der Narkose gehört ferner die Bereitstellung passender Gesichtsmasken (mit minimalem Totraum: Rendell-Baker-Masken [#0, 1, 2 u. 3], ggf. Rundmasken für Früh- u. Neugeborene), Guedel-Tuben, Laryngoskopspatel (Tab. **101**), Endotrachealtuben (Tab. **102**) und flexibler Führungsstäbe (schwierige Intubation, Nicht-nüchtern-Einleitung) sowie einer Magill-Zange. Zur Narkoseausleitung muß ein Reintubationsset (inkl. der erforderlichen Medikamente) unmittelbar verfügbar sein.

Faustformel zur Tubuswahl ab dem 2. Lebensjahr:

Tubusgröße in Charrière (Ch.) = 18 + Lebensalter in Jahren

Tabelle 101 Laryngoskopspatel

Altersgruppe	Spatelgröße u. -typ
Frühgeborene	0 gerade/gebogen
Neugeborene	0–1 gerade/gebogen
Säuglinge	1 gebogen
Kleinkinder	2 gebogen

Tabelle 102 Endotrachealtuben

Altersgruppe	Innendurchmesser (mm)	Außenumfang (Ch.)
Frühgeborene	2,5	12
Neugeborene	3	13–14
1–6 Monate	3,5	15
6–12 Monate	4	17

Hinweis: Grundsätzlich soll ein Tubus mit möglichst großem Innendurchmesser (ID) gewählt werden.

Neben der errechneten Tubusgröße wird der jeweils nächstkleinere und -größere Tubus bereitgehalten.

MERKE
Es sollen, sofern möglich, nur **blockbare Tuben** verwendet werden (Cuff allerdings nur bei Nebenluft blocken)! PVC-Tuben sind ab einem ID von 3,0 mm, Spiraltuben (z. B. Bauchlage) ab einem ID von 3,5 mm mit aufblasbarer Manschette verfügbar. Beim Einsatz blockbarer Tuben muß wiederholt der **Cuffdruck** kontrolliert werden.

Tubusfixation. Der Tubus wird nach Einführen einer kleinen Gazerolle in den Mund mit Halteband oder spezieller Klebetechnik fixiert.

Tabelle 103 Allgemeine Richtwerte zur Intubationstiefe (nach *Larsen*)

Altersgruppe	Entfernung „Lippe – Tracheamitte" (cm)
Frühgeborene	10
Neugeborene	11
1–6 Monate	11
6–12 Monate	12
2 Jahre	13
4 Jahre	14
6 Jahre	15–16
8 Jahre	16–17
10 Jahre	17–18
12 Jahre	18–20
ab 14 Jahren	20–24

Tabelle 104 Larynxmasken (LMA)

Gewicht des Kindes (kg)	LMA-Größe	Cuffvolumen (ml)
< 6,5	1*	5
6,5–20	2	10
20–30	2,5	15
30–50	3	20

* technisch schwierig zu plazieren (s. Kap. 7.1.2)!

Tabelle 105 Dosierung einiger Analgetika zur postopera-

Magensonden

Auch bei Kindern sollen nur doppelläufige Magensonden verwendet werden (mögl. ab Ch. 8; s. Kap. 2.5).

Narkosegerät und Zubehör

Das Narkosegerät muß mit Beatmungsschläuchen in altersgerechter Größe versehen werden:
- dünne Schläuche[63]:
  bis 15 kg KG + 0,5-l-Beatmungsbeutel
- mittlere Schläuche:
  bis 30 kg KG + 1-l-Beatmungsbeutel

MERKE
Bereits die Prüfung des Narkosegeräts auf Dichtigkeit muß mit den passend ausgewählten Beatmungsschläuchen durchgeführt werden.

Beatmungsfilter. Tubusnahe Beatmungsfilter sind mittlerweile für alle Altersgruppen verfügbar. Grundsätzlich sollten hydrophobe Systeme mit Anschlußmöglichkeit für die Gasprobenansaugleitung bevorzugt werden (Kap. 7.5.4). Bei der Auswahl des Filters ist unbedingt auf eine altersentsprechende Größe zu achten, um den Filtertotraum so klein wie möglich zu halten.

Sekretabsaugung. Neben einer intakten Absaugquelle müssen Katheter für die endotracheale Absaugung in kindgerechten Größen (ab Ch. 8) bereitgehalten werden.

Auskühlungsschutz

Aufgrund der bei Kindern i. Vgl. zu Erwachsenen deutlich höheren Neutral- und kritischen Temperatur (Abschn. 25.2.6) wird vor pädiatrischen Eingriffen zum Schutz vor Auskühlung die **Raumtemperatur** erhöht:
- bei Früh- und Neugeborenen auf 28–30 °C,
- bei Säuglingen auf 26–28 °C und
- bei Kleinkindern auf 24–26 °C.

Zusätzlich werden verwendet:
- Watte od. Folie zum Einwickeln od. vorgewärmte Tücher zum Abdecken der Kinder;
- Heizmatte (immer bei Kindern < 10 kg KG od. bei längeren Eingriffen), ggf. Warmluftapplikation über spezielle Decken;
- Infrarotstrahler zur Ein- und Ausleitung (immer bei Kindern < 10 kg KG).

Bei längeren oder größeren Eingriffen sollen zudem Infusionen und Transfusionen angewärmt werden.

Infusionslösungen (s. Abschn. 25.2.3 u. 25.2.4)
- bis zum 3. Lebensjahr: z. B. Jonosteril® päd III (bis 10 kg KG im Perfusor), ggf. auch Sterofundin®
- ab dem 3. Lebensjahr: z. B. Sterofundin®

Monitoring (s. Abschn. 25.5)

25.6.2 Narkosedurchführung

Narkoseeinleitung

Eine Narkose kann bei Kindern intravenös, inhalativ, intramuskulär, rektal oder auch intraossär (s. Kap. 41.4.2) eingeleitet werden. Aus Sicherheitsgründen

63 z. B. Ulmer System: kleinlumig u. glattwandig (→ geringere Schlauchcompliance u. geringerer Schlauchtotraum)

wird – wenn möglich – auch im Kindesalter die **intravenöse Einleitung** bevorzugt. Sie ist obligat bei allen Risikopatienten und wünschenswert bei allen Kindern ab 6 Jahren (für die schmerzfreie Venenpunktion vorherige Applikation von EMLA®-Pflaster [Abschn. 25.4] oder, bes. bei älteren Kindern, die intrakutane Lokalanästhesie). Bei Nichtrisikokindern unter 6 Jahren sollte sie dagegen nur bei guter Kooperation der Kinder angewendet werden. Anderenfalls empfiehlt sich hier die Inhalationseinleitung über Maske.

Vorgehensweise in der Praxis

Inhalationseinleitung

1. Schaffen einer ruhigen Atmosphäre, der Anästhesist sitzt am Kopfende
2. Installierung des Monitorings am wachen Kind (bei schlechter Akzeptanz zunächst nur EKG und Komplettierung sobald wie möglich)
3. Narkosegerät kurz mit O_2 „flushen“, Maske aufsetzen (sie sollte möglichst dicht abschließen), einige Atemzüge mit 100% O_2 machen lassen (Flow 6–8 l/min), dann möglichst 50% N_2O zumischen (s. auch Kap. 7.3)
5. Zugabe des volatilen Anästhetikums u. langsam die Konzentration steigern:
   - Sevofluran in 1-Vol.-%-Schritten bis max. 5 Vol.-% (Isofluran in 1-Vol.-%-Schritten bis max. 3 Vol.-%)
6. Exzitationsstadium ohne unnötigen Manipulationen am Kind abwarten!
7. bei ausreichender Narkosetiefe Anlage der i. v. Kanüle
8. Präoxygenierung mit 100% O_2 für mind. 3 min unter weiterer Zufuhr des vol. Anästhetikums u. manueller Beatmung
9. Muskelrelaxierung
   - bei Verwendung von Succinylcholin (1,5–2,0 mg/kg KG i. v.) zuvor Atropin 0,01 mg/kg KG i. v.
   - nichtdepol. Relaxanzien bereits in der Präoxygenierungsphase zur Verkürzung der Anschlagzeit geben
10. zügige, aber behutsame endotracheale Intubation (Kopf in angehobener Reklination)
11. manuelle Beatmung u. Auskultationskontrolle (laterale Thoraxpartien zur Prüfung auf Seitengleichheit, bei V. a. Fehlintubation zuerst epigastral!)
12. maschinelle Beatmung, wobei der individuelle Beatmungsmodus (bes. das AZV!) bereits vorher grob eingestellt worden sein muß!

Alternative Einleitungsmethoden für Spezialfälle (z. B. sehr agitierte od. ängstliche Kinder)

1. intramuskulär: Ketamin 5–7 mg/kg KG + Atropin 0,01–0,02 mg/kg KG (Atropin zur Antisalivation), Injektion (Mischspritze) möglichst in den M. vastus lat. (geringste Gefahr von Nervenverletzungen!); Einschlafzeit ca. 5 min, anästhetische Wirkung ca. 30 min, Aufwachzeit ca. 60 min
2. rektal: Methohexital 30 mg/kg KG (max. Gesamtdosis 500 mg) oder Midazolam 0,6 mg/kg KG, Applikation z. B. über abgeschnittenen Absaugkatheter, danach Gesäßbacken für einige Minuten zusammendrücken; Einschlafzeit 10–15 min, Aufwachzeit ca. 60 min

Venöser Zugang. Auf einen venösen Zugang darf bei Kindern genausowenig verzichtet werden wie bei Erwachsenen. In den ersten Lebensjahren bieten sich für die Punktion vor allem die Venen im Bereich der Unterarminnenseite oder des Innenknöchels (Vv. saphenae) an; bei Neugeborenen und Säuglingen mit ausgeprägter subkutaner Fettschicht kommen auch die Kopfhautvenen und die Vv. jug. ext. in Frage. Es werden Kunststoffkanülen in altersgerechter Größe benutzt:

- Früh-/Neugeborene: G24 od. G26
- Säuglinge: G22 od. G24
- 1–6 Jahre: G20 od. G22
- ab ca. 6 Jahren: G20 od. G18

Intubation. Zur besseren Sicherung der Atemwege sollten *alle Säuglinge unter 6 Monaten* endotracheal intubiert werden. Hierdurch wird zudem der anatomische Totraum reduziert. Sonst gelten die auch bei Erwachsenen üblichen Intubationskriterien (Kap. 7.2.1).

MERKE
Bei aspirationsgefährdeten Früh- und Neugeborenen kann wegen des noch schwach ausgeprägten Hustenreflexes die Intubation, wenn nötig, auch im Wachzustand vorgenommen werden.

Larynxmaske. Die *Larynxmaske #1* sollte wegen der schwierigeren Handhabung und höheren Dislokationsgefahr nur zurückhaltend eingesetzt werden (Säuglinge ≤ 6,5 kg KG). Sonst entsprechen die Indikationen und Kontraindikationen denen bei Erwachsenen (Kap. 7.1.2).

Narkoseart

Bei Kindern können Narkosen wie bei Erwachsenen als **Inhalations-, balancierte oder intravenöse Anästhesien** durchgeführt werden. Bei kurzen Eingriffen und bei kleinen Kindern werden i. d. R. Inhalationsanästhesien bevorzugt; bei längeren Operationen oder bei Risikokindern empfehlen sich dagegen opioidsupplementierte oder rein intravenöse Verfahren. Nach Anwendung von Opioiden, vor allem in höherer Dosierung, oder nichtdepolarisierenden Muskelrelaxanzien ist jedoch in den ersten Lebensjahren eine besonders sorgfältige respiratorische Überwachung notwendig (Apnoe-Monitoring und Pulsoxymetrie ggf. auch auf der peripheren Station). Bei kurzen chirurgischen oder diagnostischen Eingriffen genügt oft eine **(Analgo-)Sedierung.** Hierfür können folgende Medikamente eingesetzt werden:

- Midazolam 0,05–0,1 mg/kg KG i. v., ggf. + Ketamin 0,5 mg/kg KG i. v. (dann zur Antisalivation Atropin 0,01 mg/kg KG i. v. vorweg), Repetition nach Bedarf;
- Thiopental 1–2 mg/kg KG i. v., Repetition nach Bedarf;
- Propofol[64]: initial 0,5 mg/kg KG i. v., anschließend 1–2 mg/kg/h im Perfusor.

Narkosebeatmung (s. auch Kap. 7.5)
Moderne mikroprozessorgesteuerte Narkoserespiratoren ermöglichen eine sichere Beatmung auch von kleinen und kleinsten Kindern (volumenkontrolliert: Frühgeborene ab ca. 2 kg KG; druckkontrolliert: ohne Gewichtslimitierung, da hier das Zugvolumen druckabhängig generiert wird). Problematisch bei Kindern dieser Altersgruppe ist eher die apparative Überwachung der Atemparameter, z. B. aufgrund technisch bedingter Meßungenauigkeiten. Bei ungeblockten Endotrachealtuben kann, falls Nebenluft auftritt, der $PECO_2$ nicht mehr verläßlich ermittelt werden. Außerdem wird die Meßqualität durch hohe Beatmungsfrequenzen beeinträchtigt, und es kann Frischgas mit angesaugt werden, wenn das Volumen der Atemgasprobe zu groß ist (s. auch Kap. 3.5.3).

Grundeinstellung des Narkoserespirators für lungengesunde Kinder:

- Atemzugvolumen: 10–15 ml/kg KG
- Beatmungsfrequenz: etwas niedriger, als es der Spontanatemfrequenz entspricht
- Atemzeitverhältnis: 1: 2 bis 1: 1
- Überdrucksicherung: ca. 25 cmH_2O (z. B. P_{max}, Arbeitsdruck, Überdruckventil)
- PEEP: 5 cmH_2O
- FIO_2: 0,3

Hinweise für die Praxis

1. Die Beatmungsparameter sollen bereits vor Narkosebeginn grob eingestellt werden. Bei prozessorgesteuerten Geräten soll der Kinder- oder. Neonatenmodus gewählt werden. Wenn die Eingriffe länger als 30 min dauern, ist eine Low-flow-Anästhesie anzustreben (Kap. 7.5.3). Hierbei sollte der Frischgasfluß nicht unter 1 l/min liegen.
2. Alleinige Spontanatmung muß bei Kindern in den ersten Lebensjahren unter Narkose grundsätzlich vermieden werden. Bei erhaltener Spontanatmung ist zumindest eine assistierte Beatmung erforderlich.

Narkoseausleitung

Wenn keine Hypothermie besteht (T > 36 °C), ein Überhang an Relaxanzien und Opioiden auszuschließen ist und keine eingriffsspezifischen Faktoren oder besonderen Komplikationen gegen eine Extubation sprechen, kann folgendermaßen vorgegangen werden:

1. Herbeiführen der Spontanatmung
2. Zufuhr von 100% O_2 für mindestens 3 min vor der Extubation
3. Absaugen des Mundes u. ggf. des Magens
4. endotracheales Absaugen bei Kindern in den ersten Lebensjahren nicht routinemäßig, sondern nur b. Bed. (Auskultation!), dann möglichst noch in tiefer Narkose mit dünnlumigem Absaugkatheter (*cave*: Atelektasen durch starken Sog bei zu dickem, das Tubuslumen obstruierendem Katheter!), anschließend Lunge mehrfach manuell blähen, um postoperative Atelektasen zu vermeiden
5. Extubation erst bei zurückgekehrten Atemwegsschutzreflexen und unter ruhiger Spontanatmung (d. h. nach dem Exzitationsstadium!), indem der Tubus unter Blähen der Lunge endinspiratorisch herausgezogen wird (dies schafft eine pulmonale O_2-Reserve, verhindert die Atelektasenbildung und vermeidet in den allermeisten Fällen einen Laryngospasmus)

Die Alternativmethode einer *Extubation in tiefer Narkose* mit anschließend assistierter Beatmung über die Gesichtsmaske sollte auf Ausnahmefälle beschränkt werden (z. B. Asthma bronchiale od. Neigung zu Laryngospasmen). Sie ist kontraindiziert bei erhöhter Aspirationsgefährdung.

MERKE
Je jünger das Kind ist, desto wacher sollte es zur Extubation sein!

64 *Notabene:* Zulassung bei Kindern fehlt!

25.7 Spezielle Kinderanästhesie

25.7.1 Nekrotisierende Enterokolitis

Nosologie:	akute Entzündung des gesamten Intestinaltrakts mit oft foudroyantem Verlauf (→ septisch-toxischer Schock)
Vorkommen:	i. d. R. bei Frühgeborenen, selten bei Neugeborenen
Pathophysiologie:	Flüssigkeits-, Elektrolyt- u. Säure-Basen-Verschiebungen (bes. Hypokaliämie) mit z. T. ausgeprägter Hypovolämie u. erheblichen Eiweißverlusten
OP-Indikation:	Verschlechterung unter konservativer Therapie od. Darmperforation
Vorbereitung:	aktuelle Laborwerte (inkl. Säure-Basen-Status), Rehydratation
OP-Ablauf:	mediane Laparotomie, Mobilisation und Inspektion des gesamten Darms, Resektion aller irreversibel geschädigten Darmabschnitte, Übernähung von Perforationen, Anlage eines temporären Stomas zur Entlastung
OP-Dauer:	2–3 h
Lagerung:	Rückenlage
Ausrüstung:	2 „großlumige" i. v. Zugänge, möglichst ZVK, ggf. art. Zugang; Ösophagusstethoskop mit Temperatursonde, Magensonde, Blasenkatheter, Auskühlungsschutz (Heizmatte, Wärmestrahler, Infusionswärmer etc.)
Blutkonserven:	1 EK, 1 FFP
Anästhesie:	Intubationsnarkose mit balancierter Anästhesie u. kompl. Muskelrelaxation
Einleitung:	Nicht-nüchtern-Einleitung
Besonderheiten:	1. oft, bes. vor der 32. Woche, begleitendes Atemnotsyndrom mit bronchopulmonaler Dysplasie (→ differenzierte Beatmung mit PEEP) 2. Disposition zur Hypoglykämie u. retrolentalen Fibroplasie (Abschn. 25.2.1)
Komplikationen:	Eventerationsreaktion, Blutung, Darmperforation, septisch-toxischer Schock
Nachbetreuung:	Kinderintensivstation (Nachbeatmung obligat)

25.7.2 Pylorusstenose

Pathogenese:	Hypertrophie der zirkulären Pylorusmuskulatur, entwickelt sich in den ersten 2–3 Lebenswochen u. betrifft überwiegend männliche Säuglinge
Pathophysiologie:	Flüssigkeits-, Elektrolyt- u. Säure-Basen-Verschiebungen (typisch: hypokaliämische u. hypochlorämische metabolische Alkalose), z. T. ausgeprägte Hypovolämie infolge rezidivierenden Erbrechens
OP-Vorbereitung:	aktuelle Laborwerte (inkl. Säure-Basen-Status), Rehydratation mit NaCl 0,9%
OP-Verfahren:	Laparotomie, Spaltung der Pylorusmuskulatur ohne Lumeneröffnung (Pyloromyotomie nach *Weber/Ramstedt*)
OP-Dauer:	30–40 min
Lagerung:	Rückenlage
Ausrüstung:	1–2 „großlumige" i. v. Zugänge, Ösophagusstethoskop mit Temperatursonde, Magensonde, Blasenkatheter, Auskühlungsschutz (Heizmatte, Wärmestrahler, Infusionswärmer etc.)
Blutkonserven:	i. d. R. keine, aber Blutgruppe u. Antikörpersuchtest
Anästhesie:	Intubationsnarkose mit balancierter Anästhesie u. kompl. Muskelrelaxation
Einleitung:	Nicht-nüchtern-Einleitung (zuvor Absaugen des Mageninhalts [20-ml-Spritze]!)

Besonderheiten:	1. evtl. Paracetamol-Supp. nach der Einleitung 2. nach Muskelspaltung auf Wunsch des Operateurs Leckagetest (Luftinsufflation über die Magensonde) 3. Extubation erst bei völliger Wachheit
Komplikationen:	Magen-/Duodenalperforation
Nachbetreuung:	i. d. R. Aufwachraum

25.7.3 Omphalozele und Gastroschisis

Nosologie:	1. Omphalozele: angeborene äußere Herniation von Baucheingeweiden in die Basis der Nabelschnur mit dünnem Bruchsack (häufig weitere Fehlbildungen, z. B. Herzfehler) 2. Gastroschisis: angeborene äußere Herniation von Baucheingeweiden neben der Nabelschnur ohne Bruchsack
Gefahren:	Wasser-, Elektrolyt- und Eiweißverluste mit hypovolämischem Schock; Infektion
OP-Indikation:	dringlich nach Stabilisierung
Vorbereitung:	aktuelle Laborwerte, art. BGA, Röntgenthorax, Echokardiographie; Rehydrierung
OP-Verfahren:	Reposition der Eingeweide (ggf. nach Defekterweiterung), wenn möglich primärer Bauchdeckenverschluß, sonst Einnähen einer Folie und mehrzeitiger Verschluß
OP-Dauer:	1–2 h
Lagerung:	Rückenlage, Unterpolsterung der steril abgedeckten prolabierten Darmanteile
Ausrüstung:	2 „großlumige" i. v. Zugänge, möglichst ZVK, ggf. art. Zugang; Ösophagusstethoskop mit Temperatursonde, Magensonde, Blasenkatheter, Auskühlungsschutz (Heizmatte, Wärmestrahler, Infusionswärmer etc.)
Blutkonserven:	1–2 EK
Anästhesie:	Intubationsnarkose mit balancierter Anästhesie (ohne N_2O)
Einleitung:	Intubation im Wachzustand (zuvor Magenentlastung über Sonde)
Besonderheiten:	1. Abnahme der thorakalen u. pulmonalen Compliance nach Reposition und Defektverschluß mit z. T. erheblichem Ansteigen der Beatmungsdrücke, verminderter kardialer Füllung u. entsprechendem HZV-Abfall → Einnähen einer Folie **Hinweise:** Der Beatmungsspitzendrruck soll 25–30 cmH_2O nicht überschreiten! Die Messung des intragastralen Drucks kann für die Entscheidung nützlich sein, ob ein Verschluß möglich ist (kein Verschluß, wenn > 15–20 cmH_2O). 2. kein N_2O (wegen Darmdistension)! 3. (komplette) Muskelrelaxation problematisch wegen erschwerter Beurteilung der Bauchdeckenspannung und Beatmungssituation nach Verschluß 4. Disposition zur Hypoglykämie u. retrolentalen Fibroplasie (s. Abschn. 25.2.1)
Komplikationen:	Verletzung parenchymatöser Organe mit Blutungen (bes. der Leber), kompressionsbedingte intraabdominelle Durchblutungsstörungen
Nachbetreuung:	Kinderintensivstation (i. d. R. Nachbeatmung)
Prognose:	bei Omphalozele wegen Begleitfehlbildungen oft schlecht; bei Gastroschisis gut

25.7.4 Kongenitale Zwerchfellhernie

Nosologie:	angeborener Zwerchfelldefekt (90% links) mit intrathorakaler Verlagerung von Eingeweiden u. ipsi-, z.T. auch kontralateraler Lungenhypoplasie (→ respirat. Insuffizienz u. pulmonale Hypertonie, Mediastinalverlagerung zur Gegenseite) oft Pneumothorax (auch bds.) u. Begleitfehlbildungen (ca. 25% Herzfehler; Ösophagusatresie)
OP-Indikation:	Notfallindikation nur bei Behinderung der kardialen Füllung, sonst nach ca. 24-stündiger Stabilisierungsphase
Vorbereitung:	aktuelle Laborwerte, art. BGA (PaO_2 möglichst > 70 mmHg u. $PaCO_2$ < 40 mmHg), Röntgenthorax, Echokardiographie
OP-Ablauf:	Laparotomie (selten thorakaler od. thorakoabdominaler Zugang), Reposition der verlagerten Abdominalorgane, Inspektion der Lunge, Verschluß der Hernie (ggf. plastische Deckung), Anlage einer Thoraxdrainage
OP-Dauer:	ca. 2 h
Lagerung:	Rückenlage; Seitenlage bei thorakalem Zugang
Ausrüstung:	1–2 „großlumige" i.v. Zugänge, möglichst ZVK, ggf. art. Zugang; Ösophagusstethoskop mit Temperatursonde, Magensonde, Blasenkatheter, Auskühlungsschutz (Heizmatte, Wärmestrahler, Infusionswärmer etc.)
Blutkonserven:	1 EK
Anästhesie:	Intubationsnarkose mit balanc. Anästhesie (ohne N_2O) u. kompl. Muskelrelaxation
Einleitung:	Intubation im Wachzustand (zuvor Magenentlastung über Sonde; keine Maskenbeatmung [Gefahr, den intrathorakalen Magen aufzublähen]!)
Besonderheiten:	1. Beatmung mit möglichst niedrigem Spitzendruck (max. 30 cmH_2O!), PEEP < 5 cmH_2O, $PaCO_2$ um 35–40 mmHg 2. kein N_2O (wegen Zunahme des pulmonalvaskulären Widerstands u. Pneumothoraxgefahr)! 3. Hypoxämie, Hyperkapnie, Azidose u. Hypothermie vermeiden (Zunahme des pulmonalvaskulären Widerstands u. evtl. Rechts-links-Shunt durch erneute Öffnung fetaler Kurzschlüsse!) 4. Mediastinalverschiebung mit Beeinträchtigung der Herzfüllung unter der Reposition möglich 5. Abnahme der thorakalen u. pulmonalen Compliance nach Verschluß des Zwerchfelldefekts (evtl. Messung des intragastralen Drucks, um zu entscheiden, ob ein Verschluß möglich ist; kein Verschluß, wenn > 15–20 cmH_2O) 6. Disposition zur Hypoglykämie u. retrolentalen Fibroplasie (Abschn. 25.2.1)
Komplikationen:	1. Eventerationsreaktion 2. Blutungen 3. Organverletzungen bei Reposition (Leber, Milz, Darm) 4. kontralateraler Pneumothorax 5. pulmonale Hypertonie (intra- u. postoperativ)
Nachbetreuung:	Kinderintensivstation (Nachbeatmung obligat)
Prognose:	i.d.R. schlecht (Letalität 50%!), abhg. vom Ausmaß der Lungenhypoplasie (Schwangerschaftsdauer) u. der pulmonalen Hypertonie, bessere Prognose nur bei intrauteriner Korrektur

25.7.5 Ösophagusatresie und tracheoösophageale Fistel

Nosologie:	5 verschiedene Typen, am häufigsten (ca. 90%) blind endender oberer Ösophagus mit Fistel zwischen Trachea und unterem Ösophagus (Typ IIIb nach *Vogt*), Begleitfehlbildungen in ca. 40% der Fälle (z. B. Herzfehler, Zwerchfellhernie)

Gefahren: Aspiration von Mageninhalt u. Speichel od. Schleim

OP-Indikation: dringlich nach Stabilisierung

Vorbereitung: aktuelle Laborwerte, art. BGA, Röntgenthorax, Echokardiographie

OP-Ablauf: rechtslaterale Thorakotomie (außer bei rechtsseitigem Aortenbogen), als erstes Unterbinden der Fistel zur Verbesserung der Beatmung, dann Mobilisierung der Ösophagusenden und wenn möglich primäre Anastomosierung, sonst zunächst nur Fistelverschluß u. Anlage eines Gastrostomas

OP-Dauer: 2–3 h

Lagerung: Linksseitenlage, Unterpolsterung des Thorax, Polster zwischen den Beinen

Ausrüstung: 1–2 „großlumige" i. v. Zugänge, möglichst ZVK, ggf. art. Zugang (A. rad. li.); präkordiales Stethoskop, Magensonde, Blasenkatheter, Temperatursonde, Auskühlungsschutz (Heizmatte, Wärmestrahler, Infusionswärmer etc.)

Blutkonserven: 1 EK

Anästhesie: Intubationsnarkose mit balanc. Anästhesie (ohne N_2O) u. kompl. Muskelrelaxation

Einleitung:

1. zunächst Sonde in den oberen Ösophagus einführen und Speichel bzw. Schleim absaugen, Sonde dann vor Einleitungsbeginn entfernen
2. Intubation entweder im Wachzustand oder in Narkose (ggf. Relaxierung mit Succinylcholin), aber nur bei Anwesenheit des Operateurs; möglichst keine Maskenbeatmung (sonst Magenüberblähung)!
4. Plazieren der Tubusspitze distal der Fistel (also unmittelbar über der Karina); fiberendoskopische Lagekontrolle od. Tubus unter Auskultation endobronchial vorschieben und dann langsam zurückziehen, bis die Beatmung seitengleich ist
5. erneut Sonde in den oberen Ösophagus einführen (→ Dauersog)

Besonderheiten:

1. manuelle Beatmung bis zum Fistelverschluß (*cave*: Magenüberblähung bei proximal der Fistel liegender Tubusspitze!)
2. maschinelle Beatmung mit PEEP erst nach Fistelverschluß
3. bei Anastomosierung der Ösophagusenden Vorschieben der ösophagealen Sonde in den Magen (durch den Chirurgen)
4. Disposition zur Hypoglykämie u. retrolentalen Fibroplasie (Abschn. 25.2.1)

Komplikationen:

1. Verlegung der Atemwege durch Aspiration od. operative Manipulationen
2 Fehllage des Tubus in der Fistel → extreme Magenüberblähung, schwere Hypoxie!
3. Pneumo-/Chylothorax
4. Blutungen
5. Rekurrens-, Phrenikusparese

Nachbetreuung: Kinderintensivstation (i. d. R. Nachbeatmung), im weiteren Verlauf oft langdauernde Bougierungsbehandlung erforderlich

Prognose: bei Gewicht < 1500 g Letalität 30–50%; bei Gewicht > 1500 g Letalität < 5%

25.7.6 Wilmstumor und Neuroblastom

Nosologie:

1. Wilmstumor (Syn.: Nephroblastom):
   maligner Tumor embryonalen Ursprungs, ausgehend vom Nierenparenchym, gekennzeichnet durch rasches Wachstum, evtl. endokrin aktiv (Katecholamine)
2. Neuroblastom:
   maligner Tumor embryonalen Ursprungs; überwiegend vom Nebennierenmark ausgehend, seltener von sympathischen Ganglien; i. d. R. endokrin aktiv (Katecholamine)

Vorkommen: Manifestation beider Tumoren bereits im Säuglingsalter möglich

OP-Vorbereitung:	aktuelle Laborwerte
Besonderheiten:	evtl. Hypertonie (i. d. R. nicht behandlungsbedürftig) u. präop. Chemotherapie
OP-Verfahren:	radikale (transperitoneale) Tumornephrektomie mit Lymphadenektomie
OP-Dauer:	ca. 2 h
Lagerung:	Rückenlage
Ausrüstung:	2 „großlumige" i. v. Zugänge an den oberen Extremitäten (wichtig bei Blutungen aus der V. cava inf.!), möglichst ZVK, ggf. art. Zugang (bei katecholaminproduzierenden od. großen Tumoren); Ösophagusstethoskop mit Temperatursonde, Magensonde, Blasenkatheter, Auskühlungsschutz (Heizmatte, Wärmestrahler, Infusionswärmer etc.), Transfusionspumpe o. ä.
Blutkonserven:	2 EK (im OP!), 1 FFP
Anästhesie:	Intubationsnarkose mit balancierter Anästhesie u. kompl. Muskelrelaxation
Besonderheiten:	bei beidseitiger Entfernung der Nebennieren (selten) Glukokortikoidsubstitution
Komplikationen:	1. massive Blutungen aus dem Nierengefäßstiel, der V. cava inf. od. Aorta 2. Pneumothorax (bei instrumenteller Pleuraverletzung) 3. Lungenembolie (Tumorfragmente, Luft) 4. Hypertonie u. Tachykardie bei Manipulationen am Tumor
Nachbetreuung:	Kinderintensivstation (i. d. R. Nachbeatmung), ggf. Röntgenthorax (Pneumothorax)

25.7.7 Neurochirurgische Eingriffe

(Siehe Kap. 22.5.10.

25.7.8 Spezielle urologische Eingriffe

Siehe Kap. 16.3.

25.7.9 Kleinere Eingriffe

Leistenhernie

Vorkommen:	überwiegend bei Säuglingen u. Kleinkindern (Inzidenz 1–3%, 90% Knaben)
OP-Ablauf:	Leistenschnitt, Herniotomie[65], ggf. Resektion inkarzerierter Darmanteile
OP-Dauer:	15–30 min
Lagerung:	Rückenlage, Becken leicht angehoben
Ausrüstung:	1 i. v. Zugang, Magensonde, Auskühlungsschutz (Heizmatte, ggf. Wärmestrahler)
Blutkonserven:	keine
Anästhesie:	Intubationsnarkose (i. d. R. Inhalationsanästhesie, ggf. + Opioid); evtl. Larynxmaske
Einleitung:	Nicht-nüchtern-Einleitung bei inkarzerierter Hernie
Besonderheiten:	Paracetamol- od. Diclofenac-Supp. nach der Einleitung; alternativ Ilioinguinalisblockade (Abschn. 25.10.1)
Komplikationen:	Blutungen bei Verletzung der A. od. V. femoralis
Nachbetreuung:	Aufwachraum

65 häufigster Eingriff in dieser Altersgruppe

Nabelhernie und Paraumbilikalhernie

Nosologie:	1. Nabelhernie: Folge eines unzureichenden Verschlusses an der Durchtrittsstelle der Nabelschnur (hohe Spontanverschlußrate, OP erst nach dem 4. Lebensjahr) 2. Paraumbilikalhernie: oberhalb des Nabels (geringe Spontanverschlußrate)
OP-Indikation:	persistierende od. inkarzerierte Hernie
OP-Ablauf:	paraumbilikaler Hautschnitt, Herniotomie
OP-Dauer:	15–30 min
Lagerung:	Rückenlage, Becken leicht angehoben
Ausrüstung:	1 i. v. Zugang, Magensonde, Auskühlungsschutz (Heizmatte, ggf. Wärmestrahler)
Anästhesie:	Intubationsnarkose (i. d. R. Inhalationsanästhesie, ggf. + Opioid)
Besonderheiten:	1. Paracetamol- od. Diclofenac-Supp. nach der Einleitung 2. stärkerer Schmerzreiz bei Zug am vorgefallenen Netz
Nachbetreuung:	Aufwachraum

Kryptorchismus

OP-Indikation:	Retentio testis nach dem 1. Lebensjahr
OP-Ablauf:	Leistenschnitt, Darstellung des Hodens (Mobilisierung des Peritoneums!), Freilegung der Samenstranggefäße bis auf Höhe der Nierengefäße („Funikolyse"), Hodenfixierung im Skrotum („Orchidopexie"); Eingriff oft mit Herniotomie kombiniert
OP-Dauer:	30–45 min
Lagerung:	Rückenlage, Becken leicht angehoben
Ausrüstung	1 i. v. Zugang, Magensonde, Auskühlungsschutz (Heizmatte, ggf. Wärmestrahler)
Blutkonserven:	keine
Anästhesie:	Intubationsnarkose (i. d. R. Inhalationsanästhesie, ggf. + Opioid); evtl. Larynxmaske
Besonderheiten:	1. Paracetamol- od. Diclofenac-Supp. nach der Einleitung; alternativ Ilioinguinalisblockade (s. Abschn. 25.10.1) 2. starker Schmerzreiz bei ausgedehnter Mobilisierung des Peritoneums
Komplikationen:	Blutungen bei Verletzung der A. od. V. femoralis, retroperitoneales Hämatom
Nachbetreuung:	Aufwachraum

Hydrozele

Nosologie:	Ansammlung von wäßriger Flüssigkeit zwischen Epi- und Periorchium im Hoden u./od. im Samenstrang
Vorkommen:	bei Kleinkindern
OP-Verfahren:	Eröffnung u. Resektion des Periorchiums, Verschluß der Verbindung zum Bauchfell u. des Leistenkanals
OP-Dauer:	15–30 min
Lagerung:	Rückenlage
Ausrüstung:	1 i. v. Zugang, Magensonde, Auskühlungsschutz (Heizmatte, ggf. Wärmestrahler)
Anästhesie:	Intubationsnarkose (i. d. R. Inhalationsanästhesie, ggf. + Opioid); evtl. Larynxmaske

Besonderheiten:	1. Paracetamol- od. Diclofenac-Supp. nach der Einleitung; alternativ Ilioinguinalisblockade (Abschn. 25.10.1) 2. stärkerer Schmerzreiz bei Zug am vorgefallenen Netz
Nachbetreuung:	Aufwachraum

■ **Phimose**

Vorkommen:	bei Säuglingen u. Kleinkindern
OP-Indikation:	rezidivierende Balanitis
OP-Verfahren:	Zirkumzision
OP-Dauer:	15–20 min
Lagerung:	Rückenlage
Ausrüstung:	1 i.v. Zugang, Auskühlungsschutz (Heizmatte, ggf. Wärmestrahler)
Anästhesie:	Larynxmaske, ggf. Intubationsnarkose (i.d.R. Inhalationsanästhesie)
Besonderheiten:	Paracetamol- od. Diclofenac-Supp. nach der Einleitung; alternativ Peniswurzelblock (s. Abschn. 25.10.1)
Nachbetreuung:	Aufwachraum

■ **Portkatheteranlage** (s. Kap. 14.1.11)

25.8 Besonderheiten bei ambulanten Eingriffen (s. Kap. 34.6)

25.9 Postoperative Überwachung

Grundsätzlich entspricht die Vorgehensweise derjenigen in der Erwachsenenanästhesie (s. Kap. 12.2.). Dennoch sind in den ersten Lebensjahren einige Besonderheiten zu beachten. Die postoperative **Mindestüberwachung** umfaßt hier

- das EKG und bei schlafenden Kindern auch die Pulsoxymetrie,
- b. Bed. ergänzt durch wiederholte Blutdruckmessungen.

Weitere Empfehlungen:

- Die Kindern sollten nur in ein vorgewärmtes Bett gelegt (immer im 1. Lebensjahr) und möglichst in die stabile Seitenlage gebracht werden.
- Zur O_2-Insufflation kann ein Trichter benutzt und vor dem Gesicht plaziert werden (O_2-Flow 10 l).
- Die Infusion muß ausreichend gesichert werden. Nach kurzen Eingriffen kann der Zugang auch zugestöpselt werden (→ durch Verband Verletzungsrisiko fürs Kind bei Bewegungen ausschließen!).

Für ehemalige **Frühgeborene** gilt bis zur 64. Woche (Gestationsalter):

- Apnoe-Monitoring u. Pulsoxymetrie für mind. 24 h, auch nach Bagatelleingriffen
- Intensivüberwachung nach od. bei Atemnotsyndrom (bes. Geburtstermin vor 32. Woche)

25.10 Postoperative Schmerztherapie

Auch bei Kindern ist die rechtzeitige, bedarfsgerechte Applikation systemischer Analgetika essentiell. Bei bestimmten Eingriffen können regionalanästhesiologische Verfahren supportiv zur postoperativen Analgesie eingesetzt werden.

25.10.1 Regionalanästhesie

Einige Verfahren können nach Narkoseeinleitung (vom Anästhesisten) oder intraoperativ (vom Chirurgen) durchgeführt werden:

- Ilioinguinalisblockade
  - Indikation: Eingriffe in der Leistenregion
  - Dosierung: 0,2–0,4 ml Bupivacain 0,5% pro kg KG; Wirkungsdauer 6–8 h
- Peniswurzelblock
  - Indikation: Zirkumzision, Korrektur von Epi- u. Hypospadien
  - Dosierung: 0,2 ml Bupivacain 0,5% pro kg u. Seite (Säuglinge), insgesamt max. 5 ml (10 Jahre); Wirkungsdauer 6–12 h
    cave: Vasokonstriktorzusatz (Endstromgebiet)!

25.10.2 Systemische Analgetika

(Grundlagen s. Kap. 12.4)

tiven Schmerztherapie

Substanz	Handelsname	Indikationen	Dosierung	Kontraindikationen
Piritramid i. v.	Dipidolor®	starke Schmerzen, unzureichende Wirkung von Nicht-Opioid-Analgetika	titriert 50–100 μg/kg (1-ml-Spritze)	
Acetylsalicylsäure i. v.[1]	Aspirin® i. v.	leichte bis mittlere Schmerzen[2]	Säuglinge: 10 mg/kg (nur einmalig!), Kinder > 10 kg: 10–20 mg/kg (Tageshöchstdosis: 60 mg/kg)	fieberhafte Infekte bis zum 12. Lj. (Reye-Syndrom!), Gerinnungsstörungen
Diclofenac-Supp.[3]	Voltaren® (25, 50, 100 mg)	leichte Schmerzen[2]	0,5–1,0 mg/kg[4] (Tageshöchstdosis: 2 mg/kg)	
Paracetamol-Supp.	ben-u-ron® (75, 125, 250, 500 mg)	leichte Schmerzen	10–20 mg/kg[4] (Tageshöchstdosis: 60 mg/kg)	Lebererkrankungen
Paracetamol i. v.[5]	Perfalgan®	leichte bis mittlere Schmerzen	10–20 mg/kg p. inf. (Tageshöchstdosis: 60 mg/kg)	Lebererkrankungen
Metamizol i. v.[6]	Novalgin®	mittlere bis starke Schmerzen, v.a. Knochen- u. kolikartige Schmerzen	10–20 mg/kg p. inf.(Tageshöchstdosis: 60 mg/kg)	Hypovolämie

[1] Lysinacetylsalicylat; [2] auch antiödematöse Wirkung; [3] nicht für Kinder unter 1 Jahr zugelassen; [4] bei kurzen Eingriffen nach der Einleitung, bei längeren vor der Ausleitung; [5] nicht für Kinder unter 10 kg zugelassen; [6] nicht für Kinder unter 3 Monaten bzw. < 5 kg zugelassen

26 Thoraxchirurgie

26.1 Allgemeine Bemerkungen ▸ 393
26.2 Eine-Lunge-Anästhesie ▸ 393
26.2.1 Pathophysiologie ▸ 393
26.2.2 Einschätzung der Lungenfunktion ▸ 394
26.2.3 Indikationen ▸ 395
26.2.4 Praxis ▸ 395
26.2.5 Anästhesie ▸ 397
26.2.6 Monitoring ▸ 397
26.2.7 Extubation ▸ 398
26.3 Offene Eingriffe ▸ 398
26.3.1 Mediastinaltumoren ▸ 398
26.3.2 Lungenresektionen ▸ 401
26.3.3 Trachearesektion und Tracheaplastik ▸ 404
26.3.4 Alveoläre Proteinose ▸ 405
26.3.5 Eingriffe an Pleura und Thoraxwand ▸ 406
26.3.6 Lungentransplantation ▸ 406
26.4 Endoskopische Eingriffe ▸ 406
26.4.1 Thorakoskopie ▸ 406
26.4.2 Mediastinoskopie ▸ 407
26.4.3 Tracheo- und Bronchoskopie ▸ 408
26.5 Notfall- und dringliche Eingriffe ▸ 411
26.5.1 Massive Lungenblutungen ▸ 411
26.5.2 Trachea- und Bronchusperforation ▸ 411
26.6 Postoperative Versorgung ▸ 412
26.6.1 Überwachung ▸ 412
26.6.2 Pleuradrainage ▸ 412
26.6.3 Schmerztherapie ▸ 413
26.6.4 Atemtherapie ▸ 413
26.6.5 Lebensbedrohliche Frühkomplikationen ▸ 413

26.1 Allgemeine Bemerkungen

Thoraxchirurgische Eingriffe umfassen offene und geschlossene (thorakoskopische) Operationen am Mediastinum, den Lungen, der Pleura und der Thoraxwand sowie endoluminale Eingriffe am Tracheobronchialsystem. Das operative Zielgebiet sind also die Atemwege oder liegt in deren unmittelbarer Nähe. Hieraus ergeben sich die anästhesiologischen Besonderheiten und Herausforderungen, wie z. B. die Einlungenventilation.

26.2 Eine-Lunge-Anästhesie

Bei thoraxchirurgischen Eingriffen ist es zur Erleichterung des operativen Vorgehens oft zweckmäßig, eine sog. Eine-Lunge-Anästhesie (ELA) durchzuführen, d. h. genaugenommen eine Einlungenventilation. Hierbei werden unter Verwendung eines Doppellumen-(Endobronchial-)Tubus oder eines Endotrachealtubus mit Bronchusblocker beide Lungen funktionell voneinander getrennt. In **Seitenlage** des Patienten wird die zu operierende obere Lunge stillgelegt, d. h., man läßt sie kollabieren, und nur die untere wird beatmet. Dies hat tiefgreifende Auswirkungen auf den Gasaustausch.

MERKE
Zur Durchführung einer **Eine-Lunge-Anästhesie** sind eine **kontrollierte Beatmung** des Patienten und eine **komplette Muskelrelaxation** zwingend erforderlich. Eine Spontanatmung würde durch Mediastinalpendeln und paradoxe Atmung zu einem insuffizienten Gasaustausch führen.

26.2.1 Pathophysiologie

Die wichtigste Auswirkung einer ELA ist die **Zunahme des intrapulmonalen Rechts-links-Shunts.** Sie kommt dadurch zustande, daß sich das Blut der nichtbeatmeten Lunge, ohne am Gasaustausch teilzunehmen, dem arterialisierten beimischt („venöse

Beimischung"). Infolgedessen nimmt der PaO_2 ab. Das **Ausmaß des PaO_2-Abfalls** wird von folgenden Faktoren beeinflußt:

- Perfusion der oberen (nichtbelüfteten) Lunge (abhängig vom Zustand der Lungen [Vorschädigung, chirurgische Manipulation], vom Herzzeitvolumen [HZV] und von der hypoxischen pulmonalen Vasokonstriktion [HPV][66]);
- Funktion der unteren Lunge;
- Beatmungsverfahren (untere Lunge);
- Rechts- oder Linksseitenlage (links > rechts).

Eine **Vorschädigung** der nichtbelüfteten Lunge führt hier i. d. R. zu einer verminderten Perfusion, wodurch die venöse Beimischung reduziert wird. Das gilt zwar im Grunde ebenso für intraoperative Manipulationen wie **Kompression und Retraktion.** Allerdings werden mit der Traumatisierung auch lokal vasodilatierende Prostaglandine freigesetzt, so daß der Nettoeffekt nicht vorhersehbar ist. Die Auswirkungen von **HZV-Änderungen** auf den PaO_2 sind variabel, wobei eine detaillierte Erläuterung an dieser Stelle zu weit führen würde. Prinzipiell gilt aber, daß mit steigendem HZV der Rechts-links-Shunt zunimmt und umgekehrt.

Unter Einlungenbeatmung kann der Rechts-links-Shunt bis zu 40% betragen. Jedoch ist bei intaktem Mechanismus der **hypoxischen pulmonalen Vasokonstriktion** der tatsächliche Shunt kleiner als der errechnete, denn in nichtventilierten Lungenabschnitten wird die Perfusion sinnvollerweise gedrosselt und in ventilierte Bezirke (der unteren Lunge) umgeleitet. Die HPV wird physiologisch durch den regionalen alveolären und pulmonalkapillaren O_2-Partialdruck gesteuert und ermöglicht eine relative Shuntreduktion in der Größenordnung von 25–40%. Für die Praxis folgt daraus zwangsläufig, daß alles, was den Gefäßwiderstand in der beatmeten Lunge erhöht und so die Perfusion vermindert, unbedingt vermieden werden muß, weil sonst die Effektivität der HPV beeinträchtigt wird. Hierzu gehören

- eine (zu) niedrige FIO_2,
- mit Einschränkungen (s. u.) ein selektiver PEEP auf die untere Lunge,
- eine Hypothermie und
- eine Hyper- oder Hypokapnie.

Umgekehrt muß ein Abfall des Gefäßwiderstands in der nichtbelüfteten Lunge verhindert werden, wie er z. B. durch

- Vasodilatatoren (Nitrate, Prostacyclin, Calciumantagonisten, β_2-Sympathomimetika, Urapidil etc.)

ausgelöst werden kann. Der Einfluß von **volatilen Inhalationsanästhetika** wird kontrovers beurteilt. In vitro führen sie zu einer dosisabhängigen HPV-Verminderung, während die Auswirkungen in vivo nicht sicher vorherzusagen sind. Intravenöse Hypnotika und Opioide verändern dagegen die HPV nicht.

Neben pulmonalen Vorerkrankungen beeinflussen auch **intraoperative Änderungen der Lungenfunktion** den Gasaustausch. Die untere, beatmete Lunge neigt im Verlauf der Operation zur Bildung von *Mikroatelektasen*, und das extravaskuläre Lungenwasser nimmt zu. Allerdings kann dies durch hohe Atemzugvolumina in Grenzen gehalten werden. Dagegen ist die Anwendung eines **PEEP** umstritten. Während zwar die Belüftung verbessert wird, kann es durch den Anstieg des pulmonalen Gefäßwiderstands zu einer Umverteilung der Durchblutung in die obere, nichtventilierte Lunge kommen, so daß die venöse Beimischung ansteigt.

MERKE
Bei Anwendung eines PEEP während einer ELA müssen die Auswirkungen auf die Oxygenierung genau beobachtet werden (Pulsoxymetrie!). Ein PEEP ist hier nicht Mittel der 1. Wahl zur Anhebung des PaO_2.

Hohe inspiratorische O_2-Konzentrationen führen zu einer Vasodilatation in der unteren Lunge und durch vermehrte Durchblutung (Umleitung der Perfusion von der nichtbeatmeten zur beatmeten Lunge) zu einer Abnahme des Rechts-links-Shunts. Jedoch können bei Anwendung von vor allem reinem Sauerstoff mit der Zeit sog. *Resorptionsatelektasen* entstehen, d. h., die Alveolen kollabieren nach der Resorption des Sauerstoffs entsprechend ihrer Oberflächenspannung, da ja der Stickstoff zur Stabilisierung fehlt.

Die **CO_2-Elimination** bleibt während einer ELA i. d. R. ungestört, weil bei einem Atemminutenvolumen von 100–120 ml/kg KG und einem Tidalvolumen von ca. 10 ml/kg KG (Inspirationszeit verlängern, um zu hohe Beatmungsdrücke zu vermeiden) die stärker belüftete untere Lunge in der Lage ist, entsprechend mehr CO_2 abzugeben.

26.2.2 Einschätzung der Lungenfunktion

Zur Einschätzung des Ausgangszustands beider Lungen und der pulmonalen Reserve muß vor jeder ELA die Lungenfunktion geprüft werden (zumindest *„kleine Spirometrie"* mit forcierter Vitalkapazität und forciertem exspiratorischem Volumen [FEV_1]

66 auch Euler/Liljestrand-Mechanismus od. alveolovaskulärer „Reflex" genannt

sowie arterielle, ggf. auch nur kapillare *Blutgasanalyse*; [Einzelheiten s. Anhang B u. C]). Hierbei gilt für Erwachsene:
- FEV_1 > 2.000 ml: kein erhöhtes Risiko
- FEV_1 = 800–2.000 ml: mittelgradig erhöhtes Risiko
- FEV_1 < 800 ml: erheblich erhöhtes Risiko für ein postoperatives Lungenversagen

Während restriktive Lungenerkrankungen präoperativ zumeist nicht therapeutisch verbessert werden können (Ausnahmen: Lungenödem und längerfristig auch die Adipositas), sind obstruktive Erkrankungen, vor allem mit bronchospastischer Komponente, einer pharmakologisch-physikalischen Behandlung i. d. R. zugänglich.

26.2.3 Indikationen

Folgende Indikationen für eine ELA sind allgemein anerkannt:
- absolut
  - Manschettenresektion eines Hauptbronchus oder der Trachea
  - Lungentransplantation (Kap. 39.5)
  - thorakoskopische Eingriffe
  - bronchoalveoläre Lavage bei alveolärer Proteinose
  - Resektion einseitiger Lungenzysten oder Bullae
  - massive intrapulmonale Blutungen (vor allem einseitig)
  - ausgeprägte bronchopleurale Fistel
  - Prävention einer Infektion der gesunden Lunge (z. B. bei Bronchiektasen, Lungenabszeß)
- relativ
  - Pneumonektomie, Lobektomie; Dekortikation
  - Resektion eines Aneurysmas der Aorta descendens
  - transthorakale Ösophagektomie
  - Operationen an der thorakalen Wirbelsäule

26.2.4 Praxis

Für eine ELA werden i. d. R. **Endobronchialtuben** oder **Endobronchialblocker** verwendet, d. h.
- der „klassische" Doppellumentubus (DLT): z. B. Broncho-Cath®[67], i. d. R. links-, selten rechtsführender Endobronchialtubus in den Größen Ch. 26, 28, 35, 37, 39, 41, oder

Tabelle 106 Auswahl von Doppellumentubus und Fiberendoskop

Außenumfang (Charrière)	Außendurchmesser (AD; mm)	Alter (Jahre)	Fiberendoskop (AD; mm)
26	8⅔	6–8	2,2
28	9⅓	8–14	2,2
35–41	11⅔–13⅔	> 14	3,5

- ein Endotrachealtubus mit verschiebbarem Ballonkatheter zur Bronchusblockade: Univent® in den Größen ID 6,0–9,0 mm (AD 9,5–12,5 mm).

Broncho-Cath®- und Univent®-Tuben sind jeweils ab dem 6.–8. Lebensjahr einsetzbar. Es sollte immer der größtmögliche Tubus gewählt werden, um bei der Einlungenbeatmung zu hohe Beatmungsdrücke und damit turbulente Strömungen zu vermeiden. Da die korrekte Lage eines Doppellumentubus oder Bronchusblockers nicht mit ausreichender Sicherheit klinisch erkannt werden kann (40–70% Fehllagen selbst beim Erfahrenen!), muß die Tubuslage fiberendoskopisch kontrolliert werden (Tab. **106**). Hierzu eignet sich für die Erwachsenentuben am besten ein „Kinderbronchoskop" (AD 3,5 mm).

Fiberendoskopische Kontrolle der DLT-Lage

- Das Fiberendoskop wird über den *trachealen Tubusschenkel* eingeführt.
- Der **linksführende** Tubus ist korrekt plaziert, wenn die Karina frei zu sehen ist und der blaue Cuff des bronchialen Schenkels als Sichel im linken Hauptbronchus gerade noch zu erkennen ist.
- *Rechte* und *linke* Seite können nur eindeutig voneinander unterschieden werden, wenn die ventral liegenden, gewölbten Trachealspangen und die dorsal gelegene Pars membranacea (bindegewebiger u. muskulärer Abschluß der Trachea) zu identifizieren sind.
- Wenn die Karina über den trachealen Schenkel nicht zu sehen ist, kann der Tubus über den bronchialen korrigiert werden. Hierzu wird er unter Sicht so weit zurückgezogen, bis sich die Karina darstellt. Anschließend wird der *bronchiale Schenkel* über das Fiberendoskop in den linken Hauptbronchus vorgeschoben.
- Beim **rechtsführenden** Tubus muß zusätzlich über den *bronchialen Schenkel* kontrolliert werden, ob sich der Abgang des *rechten Oberlappenbronchus*

67 mod. „Robertshaw-Tubus"

auf Höhe der Aussparung in der Tubusspitze befindet.

- Abschließend wird die Tubuslage wiederum über den trachealen Schenkel überprüft. Der korrekt liegende Tubus wird auf Höhe des Mundwinkels markiert (bei Erwachsenen 26–30 cm).
- In *Seitenlage* muß nach Abschluß aller Lagerungsmaßnahmen vor Beginn der Operation die Tubuslage nochmals kontrolliert werden.

Hinweise für die Praxis

1. Der Broncho-Cath®-Tubus kann für die meisten Eingriffe an der rechten und linken Lunge in seiner *linksführenden Variante* benutzt werden (Ausnahme: hilusnahe Resektionen der linken Lunge, z. B. Pneumonektomie, Trachea-Manschettenresektion). Hierdurch wird die Schwierigkeit umgangen, die der rechtsführende Tubus hinsichtlich der Beatmung des rechten Oberlappens bietet.
2. Der Univent®-Tubus sollte nur bei Eingriffen verwendet werden, die mit Hilfe einer *linksbronchialen Blockade* durchzuführen sind. Eine rechtsbronchiale Blockade ist nämlich bei großem Durchmesser oder hohem Abgang des rechten Hauptbronchus nicht oder nicht sicher zu erreichen. Zum Entlüften der betreffenden Lunge muß der Verschluß des Bronchusblockers entfernt werden. Für Operationen, bei denen häufiger ein Ent- und Belüften der oberen Lunge erforderlich ist, ist der Univent®-Tubus deshalb weniger geeignet. Außerdem ist ein Absaugen von Sekreten aus der stillgelegten Lunge nicht möglich. Von Vorteil ist allerdings, daß der Patient, wenn er nicht unmittelbar nach dem Eingriff extubiert werden kann, nach Zurückziehen des (entblockten) Bronchusblockers in den Tubusansatz kurzzeitig über den Univent®-Tubus nachbeatmet werden kann.

Tubuskomplikationen

- Tubus- oder Ballondislokation
- Kehlkopfverletzungen
- Trachea- oder Bronchusruptur (mittlerweile sehr selten)

Relative Kontraindikationen für einen DLT

- Tumoren oder Verletzungen entlang dem Einführungsweg
- schwierige oder unmögliche konventionelle Intubation
- erhöhtes Aspirationsrisiko

Alternative Intubation

Eine Einlungenventilation kann auch relativ einfach durch **selektive Intubation** des Hauptbronchus der zu beatmenden Lunge **mit einem Einlumentubus** bewerkstelligt werden (auch hierbei fiberendoskopische Lagekontrolle!). Allerdings muß dabei in Kauf genommen werden, daß eine Beatmung beider Lungen, z. B. bei anderweitig therapierefraktärer Hypoxie, nur nach dem Zurückziehen des Tubus in die Trachea möglich ist. Bei rechtsseitiger Intubation ist außerdem die Gefahr sehr groß, daß sich eine Oberlappenatelektase bildet. Die selektive endobronchiale Intubation mit einem Einlumentubus wird deshalb – außer in Notsituationen – nur durchgeführt, wenn eine Verwendung von Doppellumentuben technisch nicht möglich ist, so z. B. bei Säuglingen und Kleinkindern.

MERKE
Bei **massiver einseitiger intrapulmonaler Blutung** kann im Notfall zunächst ein normaler Endotrachealtubus in die nicht betroffene Lunge vorgeschoben und endobronchial plaziert werden, um hierüber den Gasaustausch überbrückend so gut wie möglich sicherzustellen.

Beatmungsverfahren bei ELA

- **untere Lunge:** kontrollierte Beatmung
  - AZV: 10 ml/kg KG (Reduktion nur, wenn Spitzendruck > 30 cmH_2O)
  - AF: 8–10/min (Anpassung nach Kapnometrie u. bei AZV-Änderung)
  - I:E = 1: 1
- **obere Lunge:** ggf. apnoische Oxygenierung (CPAP („continuous positive airway pressure") von ca. 5 cmH_2O); ggf. Jet-Ventilation[2] (in Absprache mit dem Operateur; s. Abschn. 26.3.1 u. Kap. 20.5.7):
  - Gasmischer: Einstellen von 100% O_2 (bei Laseranwendung reduzieren)
  - Pulsationsfrequenz: 300/min
  - Inspirationszeit: 50%
  - Arbeitsdruck: mit 0,3 bar beginnend

Entlüftung der zu operierenden Lunge. Hin und wieder passiert es, daß die obere Lunge nach dem Beginn der Einlungenbeatmung trotz korrekter Tubus- oder Blockerplazierung nur stark verzögert kollabiert. Ursache ist meist ein sog. Air-trapping aufgrund exspiratorischer bronchiolärer Obstruktion. Die Entlüftung kann bei entsprechender Prädisposition (COPD) beschleunigt werden, indem zuvor mehrminütig reiner Sauerstoff appliziert wird, da Sauerstoff schneller resorbiert wird als Stickstoff.

Tabelle 107 Vor- und Nachteile der einzelnen Lungenseparationstechniken (mod. nach *Prien* et al.)

	Doppellumen-tubus	**Univent®**	**Intubation eines Hauptbronchus**
Alter	ab 6.-8. Lebensjahr	ab 6.-8. Lebensjahr	keine Altersbeschränkung (*cave*: ungenügender Gasaustausch!)
Fiberendoskopische Lagekontrolle	obligat	obligat	obligat
Beatmungsmöglichkeiten	unbegrenzt	O_2-Insufflation und CPAP	stark eingeschränkt
Schwierige Intubationsverhältnisse	nicht einsetzbar	möglich (auch nasal)	möglich (auch nasal)
Verletzungsrisiko	relativ am höchsten	kaum erhöht	leicht erhöht
Lungenkollaps	rasch	verzögert	rasch
Kosten	ca. €70,–	ca. €100,–	ca. €2,–

Vorgehensweise in der Praxis

Bei intraoperativer Hypoxie:

1. sofortiges **Anheben der FIO_2 auf 1,0!**, Verzicht auf volatile Anästhetika, manuelles Blähen der unteren Lunge (zum Öffnen von Atelektasen), bei Persistenz Ursache (v.a. Tubusdislokation) suchen und ausschalten (Bronchoskopie!)*
2. bei weiter kritischer Oxygenierung vorsichtige Anwendung eines **PEEP von 5–10 cmH_2O auf die untere Lunge**
3. bei Erfolglosigkeit PEEP entfernen und **obere (operierte) Lunge intermittierend beatmen**
4. dann O_2 (1–2 l/min) unter **CPAP** (initial 3–5, max. 10 cmH_2O) in die obere Lunge insufflieren
5. bei refraktärer Hypoxygenierung als Ulima ratio **Abklemmen der A. pulmonalis der nichtbelüfteten Lunge** (→ sofortige drastische Reduktion des Shunts, aber bei disponierten Patienten Gefahr der Rechtsherzdekompensation durch das Ansteigen des pulmonalvaskulären Widerstands)

* Bei erhöhtem pulmonalvaskulären Widerstand kann **Stickstoffmonoxid** in die beatmete Lunge eingeleitet werden, um hier durch Vasodilatation die Perfusion zu erhöhen und so eine Reduktion des Rechts-links-Shunts und folglich eine Verbesserung der Oxygenierung zu erreichen. Stickstoffmonoxid wirkt nur in ventilierten Bezirken; eine systemische Wirkung ist nicht zu befürchten, weil es umgehend inaktiviert wird.

26.2.5 Anästhesie

Zur Basisanästhesie eignen sich **Inhalationsanästhetika** (volatile Anästhetika und N_2O). In endexspiratorischen Konzentrationen bis zu 1 MAC wird weder durch Isofluran noch durch Sevofluran (und schon gar nicht durch N_2O) die hypoxische pulmonale Vasokonstriktion relevant beeinträchtigt. Vorteilhaft ist bei volatilen Anästhetika die Unterdrückung bronchospastischer Reaktionen. N_2O sollte nicht beim bullösen Lungenemphysem eingesetzt werden (Gefahr der Ruptur von Emphysemblasen!). Zur analgetischen Supplementierung dienen **Opioide** in niedriger Dosierung. Alternativ zur balancierten Anästhesie kann auch eine TIVA mit kurzwirksamen Hypnotika und Opioiden durchgeführt werden.

Wenn **negative Effekte einer Überdruckbeatmung** zu befürchten sind (z.B. beim Mediastinal-mass-Syndrom [MMS; s. Abschn. 26.3.1], bei rezidivierendem Pneumothorx oder Perikarderguß) sollte die Narkose inhalativ unter Spontanatmung eingeleitet werden (bei MMS alternativ fiberendoskopische Wachintubation). Hierzu eignet sich am besten Sevofluran, auch im Erwachsenenalter (schnelle Anflutung, keine Schleimhautreizung, niedriges Apnoerisiko). Zur Intubation, besonders mit einem Doppellumentubus, ist dann aber auch hier eine **Muskelrelaxation** erforderlich. Mittel der Wahl ist in diesen Fällen wegen der kürzesten Wirkdauer nach wie vor Succinylcholin (bei Kontraindikationen Mivacurium). Im Normalfall dagegen werden nichtdepolarisierende Relaxanzien benutzt.

26.2.6 Monitoring

Folgendes Monitoring sollte bei ELA als **obligat** angesehen werden:
- EKG
- invasive Blutdruckmessung[68] (bei LSL[69] mögl. A. rad. li., bei RSL[70] mögl. A. rad. re.)
- arterielle Blutgasanalyse[1]
- ZVD und SvO_2-Messung[1]
- Pulsoxymetrie
- Kapnometrie/-graphie
- FIO_2, Narkosegase, Beatmungsdrücke u. -volumina
- Temperaturmessung
- Urinausscheidung bei langen Eingriffen (> 2–3 h)

Bei **Hochrisikopatienten** (z. B. pulmonale Hypertonie, fortgeschrittene Herzinsuffizienz) muß zusätzlich ein Pulmonaliskatheter gelegt oder im Einzelfall intraoperativ eine transösophageale Echokardiographie durchgeführt werden.

MERKE
1. Der **ZVK** sollte, falls eine **Punktion tiefer Halsvenen** erforderlich wird, immer auf der **Eingriffsseite** gelegt werden, um potentiell deletäre Komplikationen wie einen kontralateralen Pneumo- oder Hämatothorax zu verhindern.
2. Der **PA-Katheter** muß – bei geplanter ELA – **unter Durchleuchtungskontrolle in eine Pulmonalarterie der unteren Lunge** eingeschwemmt werden, weil sonst keine relevanten Druck- und HZV-Werte erhoben werden können. Außerdem wird so bei Lungenresektionen eine Behinderung des operativen Vorgehens vermieden.

26.2.7 Extubation

Da das Risiko einer intraoperativen Atelektasenbildung hoch ist (Seitenlage, Verlegung von karinanahen Bronchialabgängen, ungenügende Reexpansion der kollabierten Lunge), sollten folgende Maßnahmen vor der Extubation durchgeführt werden:
- kollabierte Lunge durch manuelles Blähen reexpandieren (Sichtkontrolle, ggf. thorakoskopisch);
- kurz vor der Extubation beide Lungen erneut blähen.

Die Blähmanöver, insbesondere das zur kompletten Wiederentfaltung der kollabierten Lunge, bestehen darin, über ca. 15 sec einen Atemwegsdruck von möglichst 40 cmH_2O zu erzeugen.

26.3 Offene Eingriffe

26.3.1 Mediastinaltumoren

Die Therapie bei Mediastinaltumoren besteht in deren operativer Entfernung (ausgenommen maligne Lymphome, die auf eine Chemo- oder Radiotherapie ansprechen). Hierzu wird zumeist eine *mediane Sternotomie* durchgeführt. Minimalinvasive Techniken haben sich in der Breite noch nicht durchgesetzt. Die Hauptgefahr, die Auslösung eines *Mediastinal-mass-Syndroms* (s. u.), beschränkt sich auf große Tumoren bzw. Raumforderungen im vorderen Mediastinum.

Thymektomie

Hauptindikation:	Thymushyperplasie od. Thymom bei Myasthenia gravis (Kap. 35.10.3)
Vorbereitung:	1. Röntgenthorax (in 2 Ebenen), Thorax-CT, Lungenfunktionsanalyse mit Flow-Volumen-Kurve (s. Anhang C) 2. keine Benzodiazepine zur Prämedikation (zentrale Muskelrelaxation!), statt dessen z. B. Promethazin (Atosil®; s. Kap. 1.7) 3. Cholinesterasehemmer am OP-Tag weglassen

68 Auf einen arteriellen Zugang und einen ZVK sollte höchstens bei rein diagnostischen Thorakoskopien oder kleinen thorakoskopischen Eingriffen an Patienten ohne kardiopulmonale Funktionseinschränkung verzichtet werden.
69 Linksseitenlage
70 Rechtsseitenlage

OP-Verfahren:	i. d. R. mediane Sternotomie, komplette Thymusentfernung
OP-Dauer:	1–2 h
Lagerung:	Rückenlage, Arme ausgelagert
Ausrüstung:	2 großlumige i. v. Zugänge (davon einer am Fuß, i. d. R. nach der Einleitung), ggf. ZVK (am besten über V. femoralis) u. art. Zugang (am besten A. dorsalis pedis od. A. femoralis); Ösophagusstethoskop mit Temperatursensor, Magensonde, Auskühlungsschutz (Wärmedecke, Infusionswärmer etc.), ggf. Relaxometrie
Blutkonserven:	4 EK
Anästhesie:	Intubationsnarkose (Spiraltubus) mit balancierter Anästhesie
Einleitung:	1. Intubation möglichst ohne Relaxanzien, ggf. in tiefer Inhalationsanästhesie 2. Nicht-nüchtern-Einleitung bei bulbärer Symptomatik 3. fiberendoskopische Wachintubation bei Gefahr des Mediastinal-mass-Syndroms
Besonderheiten:	1. erhebliche Überempfindlichkeit auf nichtdepolarisierende Relaxanzien (bei deren Einsatz Dosis auf ca. 1/10 reduzieren u. Relaxometrie), Wirkung von Succinylcholin nicht vorhersehbar (Resistenz od. Phase-II-Block) 2. neuromuskuläre Interferenzen zwischen Relaxanzien u. anderen Pharmaka (Kap. 8.5.5) 3. evtl. Hochfrequenzventilation zur Ruhigstellung des OP-Gebiets (s. u.)
Komplikationen:	1. bei großen Thymomen Mediastinal-mass-Syndrom (selten; s. u.)! 2. Blutungen (bei größerer Blutung Volumenzufuhr über die untere Hohlvene) 3. Tracheaverletzung, Pneumothorax
Nachbetreuung:	immer Intensivstation bei Myasthenie (ggf. Nachbeatmung, oft Medikamentenpause)

Mediastinal-mass-Syndrom

Große raumfordernde Prozesse im vorderen Mediastinum (in erster Linie Lymphome, Thymome und retrosternale Strumen) können unter Narkosebedingungen, insbesondere bei Muskelrelaxation, ein sog. Mediastinal-mass-Syndrom (MMS) hervorrufen. Dies kann folgende **Symptomatik** aufweisen:

- Verlegung der großen Atemwege (Trachea, Hauptbronchien) mit erheblicher Zunahme der venösen Beimischung;
- Stenosierung der Pulmonalarterien mit Zunahme der funktionellen Totraumventilation;
- Kompression der V. cava sup. mit oberer Einflußstauung;
- kardiale Komplikationen (z. B. Perikarderguß).

Pathophysiologie. Die Ursache eines MMS wird vor allem in *Veränderungen des intrathorakalen Drucks* gesehen. Während unter Spontanatmung die Tumormassen durch den negativen intrapleuralen Druck gewissermaßen von den großen Atemwegen weggezogen werden, kann es unter Überdruckbeatmung zu einer Atemwegskompression kommen (Abb. **28**). Der Tumor wird hier durch den positiven intrathorakalen Druck gegen die Trachea gepreßt, die dann mit ihrer elastischen Pars membranacea gegen die Wirbelkörper gedrängt und so von dorsal her eingeengt wird. Dieser Vorgang wird von der Körperlage beeinflußt. So nimmt die Stenosierung im Liegen schwerkraftbedingt zu.

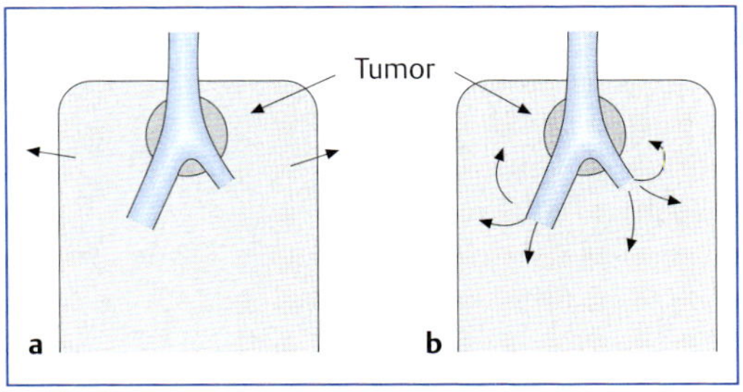

Abb. 28 a,b Mediastinale Raumforderung unter **a** Spontanatmung und **b** Beatmung

Weitere Faktoren, die zur Entstehung eines MMS beitragen könnten, sind *Veränderungen des Tonus der Atemmuskulatur* (bei Relaxierung der Interkostalmuskulatur und des Zwerchfells entfällt der muskuläre Aufspanneffekt auf die großen Atemwege, die dann möglicherweise eher kollabieren) und *Störungen der Tumordrainage* (Vergrößerung des Tumors infolge einer Blut- oder Lymphstauung).

Verlauf. Die Disposition zum MMS verschwindet nach erfolgreicher Tumorbehandlung innerhalb von 24–48 Stunden.

Anästhesiologisches Vorgehen. Bei der präoperativen Vorbereitung kommt es besonders auf eine sorgfältige Anamneseerhebung an. Wegweisend können **gezielte Fragen** sein wie die

- nach der Schlafposition und einer lageabhängigen Atemnot (Dyspnoe in flacher Rückenlage als Hinweis auf eine tracheale Kompression),
- nach Kollapsen bei Steigerung des intrathorakalen Drucks wie Husten oder Pressen (als Hinweis auf eine Kompression der Pulmonalarterien oder des rechten Vorhofs),
- nach morgendlichen Lidödemen und Kopfschmerzen (als Hinweis auf eine obere Einflußstauung infolge einer Kompression der V. cava superior).

An radiologischen Untersuchungen werden ein **Röntgenthorax in 2 Ebenen** und ein **Thorax-CT** benötigt, um die Größe und Lage des Tumors beurteilen zu können. Bei Verdacht auf eine MMS-Disposition ist eine **Lungenfunktionsanalyse** unverzichtbar. Sie muß die *Bestimmung des FEV_1 und des Peak flow im Sitzen und Liegen* enthalten (Abb. **29**). Diese Werte sind normalerweise im Liegen um bis zu 10% niedriger als im Sitzen. Differenzen von mehr als 25% zeigen die Disposition zum MMS an.

Anästhesie bei MMS-Disposition

- keine sedierende Prämedikation bei Pat. mit Ruhedyspnoe!

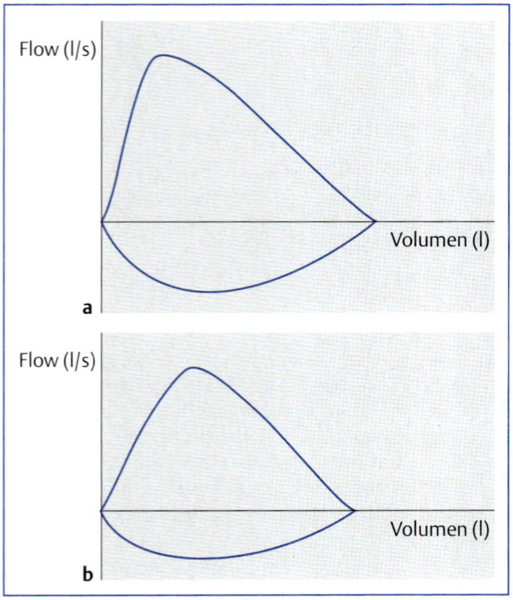

Abb. 29 a,b Flow-Volumen-Kurve, **a** normal und **b** bei trachealer Kompression

- evtl. Ödemprophylaxe mit Glukokortikoiden (z. B. Hydrocortison): gut wirksam bei niedriggradigen malignen Lymphomen
- bei MMS-Disposition fiberendoskopische Wachintubation, hierbei Inspektion der oberen Atemwege und kontrollierte Tubusplazierung (möglichst über die Stenose hinweg); alternativ Inhalationseinleitung mit Sevofluran (Intubation möglichst ohne Relaxierung, sondern unter Spontanatmung [bei Mißerfolg evtl. Succinylcholin])
- bei intraop. Notwendigkeit einer Relaxierung nur Succinylcholin od. volatile Anästhetika (schnelle Reversibilität!)
- kontrollierte Beatmung mit PEEP (ca. 10 cmH_2O) zum exspirat. Offenhalten u. Vordehnen der Atemwege, (I:E = 1:1, niedriger inspirat. Flow od. druckkontrollierte Beatmung zur Vermeidung turbulenter Gasströmung in der Trachea), möglichst keine manuelle Beatmung!, *cave*: Verstärkung einer Einflußstauung durch PEEP!
- Instrumentierung und Monitoring
  - 2 großlumige i. v. Zugänge (einer davon z. B. am Fuß zur Volumen- od. Blutzufuhr über die V. cava inf.)
  - ggf. ZVK (am besten über die V. femoralis)
  - invasive Blutdruckmessung (am besten A. dorsalis pedis od. A. femoralis) bei. oberer Einflußstauung, eingeschränkter Belastbarkeit od. Ruhedyspnoe
  - bei Herz-Gefäß-Beteiligung transösophageale Echokardiographie
  - bei Gefahr der Pulmonalarterienkompression Herz-Lungen-Maschine in Bereitschaft
- postop. Intensivüberwachung für 24 h, gute Analgesie erforderlich

MERKE

1. Bei **MMS-Disposition** sollen außer ggf. Succinylcholin **keine Relaxanzien** eingesetzt werden.
2. Nach der Intubation solle der Patient möglichst nicht manuell, sondern maschinell mit **PEEP** beatmet werden. Der PEEP muß individuell optimiert werden.
3. Bei Manifestation eines **MMS** kann durch **Umlagerung des Patienten auf eine Seite** die Symptomatik akut deutlich gebessert werden.

Hochfrequenzventilation

Bei operativen Maßnahmen im Mediastinum können die beatmungssynchronen Mediastinalbewegungen das chirurgische Vorgehen stören. Sie lassen sich aber durch eine Hochfrequenzventilation minimieren. Hierzu benötigt man einen sog. **Jet-Katheter.** Er muß karinanah plaziert werden, entweder durch ein separates Lumen eines speziellen Jet-Tubus oder außen an einem normalen Endotrachealtubus vorbei. Je nach operativem Erfordernis können dann die Beatmungsformen wahlweise eingesetzt werden. Bei der Hochfrequenzbeatmung werden sehr kleine Zugvolumina (< 2 ml/kg KG) mit sehr hohen Frequenzen (50–500/min) appliziert. Wichtig für eine ausreichende CO_2-Elimination ist die korrekte Positionierung des Jet-Katheters in der Nähe der Karina. Da die Exspiration passiv erfolgt, wird mit steigenden Beatmungsfrequenzen eine vollständige Ausatmung verhindert (Air-trapping), so daß die Gefahr eines Barotraumas wächst, besonders bei Patienten mit COPD. Aus diesem Grund schaltet sich die Jet-Beatmung bei Drücken über 40 cmH_2O automatisch ab.

Eine Messung der üblichen Beatmungsparameter ist bei der Hochfrequenzventilation nicht oder nur mit unangemessen hohem technischen Aufwand möglich. Die Überwachung der Oxygenierung beschränkt sich deshalb i. d. R. auf die Pulsoxymetrie, die CO_2-Elimination läßt sich durch arterielle oder kapillare Blutgasanalysen oder durch transkutane CO_2-Messung ($P_{tc}CO_2$) beurteilen. Nach wie vor nicht zufriedenstellend gelöst ist auch das Problem der Atemgasbefeuchtung bei den zur Anwendung kommenden sehr hohen Frischgasflüssen (20–60 1/min).

26.3.2 Lungenresektionen

Die häufigsten Indikationen für Lungenresektionen ergeben sich bei:

- Bronchialkarzinomen (> 95% aller Lungentumoren)
- Bronchialadenomen (Karzinoide, Zylindrome)
- Metastasen, Bronchiektasen, Abszesse, Riesenbullae, Zysten, Kavernen, Fisteln

Man unterscheidet hinsichtlich der Resektionsausdehnung:

- Pneumonektomie, Lobektomie, Segmentresektion
- Manschettenresektion, Keilresektion, atypische Lungenresektion

Hinweis zu hilusnahen Bronchialtumoren: Bei größeren hilusnahen Bronchialtumoren kann sich eine **Bronchusstenose mit Ventilmechanismus** entwickeln. Dadurch bedingt können **Probleme bei maschineller Beatmung** auftreten: Überbelüftung der gesunden und Minderbelüftung der betroffenen Lunge sowie Mediastinalpendeln. Größe und Lage des Tumors müssen deshalb präoperativ genau bekannt sein.

Pneumonektomie

Indikationen:	hilusnahe Prozesse, die die Lappengrenzen überschreiten
Vorbereitung:	EKG, Röntgenthorax (in 2 Ebenen), Thorax-CT, Lungenfunktionsanalyse, ggf. Rechtsherzkatheter
OP-Fähigkeit:	$FEV_1 \geq 2{,}0$ l, keine pulmonale Hypertonie!
OP-Ablauf:	laterale Thorakotomie, Präparation des Hilus, Ligatur der Pulmonalgefäße am Hilus und des Hauptbronchus, Resektion der betroffenen Lunge, Überprüfung der Stumpfdichtigkeit, Anlage einer Thoraxdrainage (i. d. R. ohne Sog, Serothorax erwünscht)
OP-Dauer:	3–4 h
Lagerung:	Seitenlage
Ausrüstung:	2 großlumige i. v. Zugänge, ZVK (wenn V. subclavia, dann auf der OP-Seite), art. Zugang (kontralaterale A. radialis), Magensonde, Blasenkatheter, Temperatursonde, Auskühlungsschutz (Heizmatte, Wärmedecke, Infusionswärmer etc.), Relaxometrie
Blutkonserven:	4 EK
Anästhesie:	Intubationsnarkose mit balancierter Anästhesie u. kompl. Muskelrelaxation; Doppellumentubus (linksführend bei rechtsseitiger OP u. umgekehrt, bronchoskop. Lagekontrolle obligat)
Besonderheiten:	1. Eine-Lunge-Anästhesie 2. vor Thoraxverschluß manuelles Blähen der nichtresezierten Lunge zur Beseitigung von Atelektasen und zur Überprüfung der Stumpfdichtigkeit 3. vor Extubation Absaugen über trachealen Tubusschenkel

Besonderheiten:
4. Thoraxdrainage i. d. R. ohne oder mit nur minimalem Sog (max. 5 cmH_2O!), sonst droht Verlagerung des Mediastinums mit Störungen der kardiopulmonalen Funktion

Komplikationen:
1. Blutungen (z. B. Lösung einer Gefäßligatur)
2. Stumpfinsuffizienz mit bronchopleuraler Fistel → Pneumothorax trotz funktionierender Thoraxdrainage
3. respiratorische Insuffizienz (z. B. Atelektasen)
4. Rechtsherzversagen durch Anstieg des pulmonalen Gefäßwiderstands nach Unterbindung der Pulmonalarterie
5. Herniation des Herzens nach Teilresektion des Perikards → Blutdruckabfall, Rhythmusstörungen, obere Einflußstauung

Nachbetreuung: Intensivstation, Röntgenthorax vor Extubation

Trachea-Manschettenresektion

Indikationen: proximal sitzende Hauptbronchuskarzinome

Vorbereitung: wie bei Pneumonektomie

OP-Fähigkeit: $FEV_1 \geq 2{,}0$ l, keine pulmonale Hypertonie!

OP-Ablauf: laterale Thorakotomie, Resektion der Trachea (im Bereich der Karina) u. der betroffenen Lunge, Anastomosierung des kontralateralen Bronchus mit der Trachea, Überprüfung der Anastomosen- u. Stumpfdichtigkeit, Anlage einer Thoraxdrainage (i. d. R. ohne Sog; s. o.)

OP-Dauer: 4–5 h

Lagerung: Seitenlage

Ausrüstung: wie bei Pneumonektomie

Blutkonserven: 4 EK

Anästhesie: wie bei Pneumonektomie

Besonderheiten: wie bei Pneumonektomie

Komplikationen: wie bei Pneumonektomie, zusätzl. Anastomoseninsuffizienz mit Pneumomediastinum/-thorax

Nachbetreuung: Intensivstation, Röntgenthorax vor Extubation

Lobektomie

Indikationen: Prozesse, die auf einen Lungenlappen begrenzt sind

Vorbereitung: EKG, Röntgenthorax (in 2 Ebenen), Thorax-CT, Lungenfunktionsanalyse

OP-Fähigkeit: $FEV_1 \geq 1{,}5$ l

OP-Ablauf: laterale Thorakotomie, Ligatur der Lappenarterie, -vene u. des -bronchus, Resektion des betroffenen Lungenlappens, Überprüfung der Stumpfdichtigkeit, Anlage einer Thoraxdrainage

OP-Dauer: ca. 3 h (bei zusätzl. Lymphadenektomie auch deutl. länger)

Lagerung: Seitenlage

Ausrüstung: wie bei Pneumonektomie

Blutkonserven: 4 EK

Anästhesie: Intubationsnarkose mit balancierter Anästhesie u. kompl. Muskelrelaxation; (linksführender) Doppellumentubus (bronchoskop. Lagekontrolle obligat)

Besonderheiten:	Eine-Lunge-Anästhesie (b. Bed. CPAP von ca. 5 cmH_2O auf die kollabierte Lunge od. Hochfrequenzventilation), sonst wie bei Pneumonektomie
Komplikationen:	Blutungen, Atelektasen, Stumpfinsuffizienz (bronchopleurale Fistel)
Nachbetreuung:	Intensivstation, Röntgenthorax (ggf. vor Extubation)

Hauptbronchus-Manschettenresektion

Indikationen:	proximal sitzende Lappenbronchuskarzinome
Vorbereitung:	wie bei Lobektomie
OP-Fähigkeit:	$FEV_1 \geq 1{,}5$ l
OP-Ablauf:	laterale Thorakotomie, Resektion des betroffenen Lungenlappens u. einer Manschette aus dem Haupt- od. Zwischenlappenbronchus (hierdurch Vermeidung einer Pneumonektomie!), End-zu-End-Anastomosierung des Restbronchus mit dem Hauptbronchus, Überprüfung der Anastomosen- u. Stumpfdichtigkeit, Anlage einer Thoraxdrainage
OP-Dauer:	ca. 4 h
Lagerung:	Seitenlage
Ausrüstung:	wie bei Pneumonektomie
Blutkonserven:	4 EK
Anästhesie:	Intubationsnarkose mit balancierter Anästhesie u. kompl. Muskelrelaxation; Doppellumentubus (linksführend bei rechtsseitiger OP u. umgekehrt, bronchoskop. Lagekontrolle obligat)
Besonderheiten:	wie bei Pneumonektomie
Komplikationen:	wie bei Lobektomie, zusätzl. Anastomoseninsuffizienz (Pneumomediastinum/-thorax)
Nachbetreuung:	Intensivstation, Röntgenthorax (ggf. vor Extubation)

Segmentresektion, Keilresektion, atypische Lungenresektion

Indikationen:	1. Segmentresektion: bei Prozessen, die auf einen Lungenlappen begrenzt sind 2. Keilresektion, atypische Lungenresektion: bei peripheren Prozessen
Vorbereitung:	wie bei Lobektomie
OP-Fähigkeit:	$FEV_1 \geq 1{,}0$ l
OP-Ablauf:	laterale Thorakotomie, entweder Resektion entlang den Segmentgrenzen oder ohne Einhaltung anatomischer Grenzen, Überprüfung der Stumpfdichtigkeit, Anlage einer Thoraxdrainage
OP-Dauer:	1–2 h
Lagerung:	Seitenlage
Ausrüstung:	wie bei Pneumonektomie
Blutkonserven:	2–4 EK
Anästhesie:	wie bei Lobektomie
Besonderheiten:	wie bei Lobektomie
Komplikationen:	wie bei Lobektomie
Nachbetreuung:	i. d. R. Aufwachraum, Röntgenthorax (ggf. vor Extubation)

Besonderheiten

Riesenbullae und Lungenzysten. Bei den Bullae und Zysten handelt es sich um luftgefüllte dünnwandige Räume innerhalb der Lunge: Bullae finden sich bei Lungengerüsterkrankungen (am häufigsten beim Emphysem) nach Zerstörung interalveolärer Septen; Lungenzysten kommen dagegen auch ohne Grunderkrankung vor, sie sind oft angeboren. Bei einer Resektion ist anästhesiologisch folgendes zu beachten:

- Vermeidung von N_2O (Rupturgefahr durch N_2O-induzierte Größenzunahme) hoher Beatmungsdrücke (Rupturgefahr durch Barotrauma);
- möglichst Verwendung eines Doppellumentubus und Durchführung einer Eine-Lunge-Anästhesie.

Bronchiektasen und Lungenabszesse. Bei einseitig infektiösen Prozessen besteht intraoperativ die Gefahr einer Kontamination der gesunden Lunge mit keimhaltigem Material. Dies kann und muß ebenfalls durch eine Lungenseparation vermieden werden.

Bronchopleurale Fistel. Falls in seltenen Fällen eine Lungenfistel operativ verschlossen werden muß, genügt bei kleinen Fisteln die konventionelle Beatmung über einen Einlumen(spiral)tubus. Bei großen Fisteln sollte dagegen eine Eine-Lunge-Anästhesie bevorzugt werden.

26.3.3 Trachearesektion und Tracheaplastik (s. auch Abschn. 26.5.2)

Indikationen:	hochgradige Tracheastenosen od. massive Tracheaverletzungen
Vorbereitung:	1. Tracheastenosen: EKG, Röntgenthorax (in 2 Ebenen); ggf. Thorax-CT, Lungenfunktionsanalyse 2. Tracheaverletzungen: abhg. von OP-Dringlichkeit, oft Notfallindikation!
Besonderheiten:	keine sedierende Prämedikation bei Pat. mit Ruhedyspnoe (bes. Stridor)!
OP-Zugang:	mediane Sternotomie od. laterale Thorakotomie (abhg. von der Lokalisation)
Ablauf:	enge Kooperation zwischen Operateur u. Anästhesist erforderlich 1. hohe Trachearesektion: zunächst endotracheale Intubation (Einlumentubus), wobei der Cuff distal der Stenose bzw. Läsion plaziert werden soll; nach Durchtrennung der Trachea Zurückziehen des Tubus und Einführen eines zweiten über die offene Trachea (Operateur), dann hintere Anastomosierung, anschließend Entfernen des zweiten Tubus und erneutes Vorschieben des ersten über die Resektionsstelle hinweg, danach vordere Anastomosierung 2. tiefe Trachearesektion: zunächst Intubation (Einlumentubus) proximal der Stenose bzw. Läsion, nach Durchtrennung der Trachea Einführen eines Endobronchialtubus über die offene Trachea (Operateur), dann hintere Anastomosierung, anschließend Entfernen des Endobronchialtubus und Vorschieben des ersten Tubus über die Resektionsstelle hinweg, danach vordere Anastomosierung 3. Karinaläsionen: zunächst Intubation (Einlumentubus) proximal der Läsion, nach Durchtrennung des linken Hauptbronchus linksendobronchiale Intubation mit einem zweiten Tubus (Operateur), dann Anastomosierung der Trachea mit dem rechten Hauptbronchus, anschließend Entfernen des linksendobronchialen Tubus und Vorschieben des ersten Tubus in den rechten Hauptbronchus, danach Anastomosierung der Trachea mit dem linken Hauptbronchus
Alternative:	Operation unter extrakorporaler Zirkulation (Herz-Lungen-Maschine)
OP-Dauer:	4–6 h
Lagerung:	Rücken- od. Seitenlage

Ausrüstung: 2 großlumige i.v. Zugänge, ZVK (wenn V. subclavia, dann auf der OP-Seite), art. Zugang (kontralaterale A. radialis), Magensonde, Blasenkatheter, Temperatursonde, Auskühlungsschutz (Heizmatte, Wärmedecke, Infusionswärmer etc.), Relaxometrie

Blutkonserven: 4 EK

Anästhesie: Intubationsnarkose mit balancierter Anästhesie u. kompl. Muskelrelaxation

Einleitung: fiberendoskopische Wachintubation bzw. Kontrolle der Tubusposition

Besonderheiten:

1. FIO_2 1,0 in den Phasen der Tubuskorrektur
2. möglichst Extubation, zumindest aber Herbeiführung der Spontanatmung, um die Nahtstelle zu schonen
3. vor Extubation Absaugen beider Lungen

Komplikationen: Blutungen, Anastomoseninsuffizienz

Nachbetreuung: Intensivstation, Röntgenthorax vor Extubation

26.3.4 Alveoläre Proteinose

Nosologie: sehr seltene Erkrankung unklarer Genese mit Ablagerung von Lipoproteinen in den Alveolen u. fortschreitender Störung der O_2-Diffusion (→ Hypoxämie); Spontanremission möglich

Therapie: Entfernung des abgelagerten Materials durch sequentielle Spülung beider Lungen mit angewärmter 0,9%iger NaCl-Lsg. (Spülvolumen insgesamt ca. 20–30 l!)

Vorbereitung: EKG, Röntgenthorax, kapillare BGA

Dauer: bis zu 4 h

Lagerung: Rückenlage, Arme ausgelagert

Ausrüstung: 1 großlumiger i. v. Zugang, art. Zugang, ggf. PA-Katheter; Magensonde, Temperatursonde, Relaxometrie

Blutkonserven: keine

Anästhesie: Intubationsnarkose mit balancierter Anästhesie u. kompl. Muskelrelaxation; (linksführender) Doppellumentubus (bronchoskop. Lagekontrolle obligat)

Besonderheiten:

1. vor Beginn der Spülung:
   Denitrogenierung der Lungen durch Beatmung mit FIO_2 von 1,0 über ca. 10 min, anschließend Abklemmen des einen Tubusschenkels (hierdurch Bildung einer Resorptionsatelektase, die zur Flüssigkeitsinstillation in alle Lungenabschnitte nötig ist und daher möglichst komplett sein sollte)
2. während der Spülung:
   - Erhöhung des Cuffdrucks für die betroffene Lunge zur Vermeidung eines Übertritts von Flüssigkeit in die andere Lunge
   - PEEP von ca. 10 cmH_2O auf die beatmete Lunge zur Verbesserung des Gasaustausches
   - Unterbrechung des Spülvorgangs bei Abfall des arteriellen Blutdrucks od. Anstieg der Pulmonalisdrücke (Zeichen zunehmender Resorption von Spülflüssigkeit)
3. nach dem Spülen manuelles Blähen der Lungen zur Beseitigung von Atelektasen (trotzdem passagere Verschlechterung des Gasaustausches infolge Ausspülens von Surfactant unvermeidbar)

Nachbetreuung: Intensivstation (Nachbeatmung), Röntgenthorax vor Extubation

26.3.5 Eingriffe an Pleura und Thoraxwand

Indikationen:	primäre (z. B. Mesotheliome) u. sekundäre Pleuratumoren, Pleuraempyem
Vorbereitung:	EKG, Röntgenthorax (in 2 Ebenen), Thorax-CT, kapillare BGA (Spirometrie abhg. von OP-Ausdehnung)
OP-Ablauf:	laterale Thorakotomie: 1. manchmal Radikaloperation bei Mesotheliom (Pleuropneumonektomie unter Mitnahme der befallenen Anteile von Perikard, Zwerchfell, Rippen u. Interkostalmuskulatur), sonst palliative Tumorreduktion durch partielle Pleurektomie, Ergußdrainage etc. 2. Dekortikation bei Pleuraempyem nach 3–4wöchiger erfolgloser konventioneller Therapie Anlage einer Thoraxdrainage
OP-Dauer:	abhg. von Befund und Vorgehen
Lagerung:	Seitenlage
Ausrüstung:	2 großlumige i. v. Zugänge, ZVK (wenn V. subclavia, dann auf der OP-Seite), art. Zugang (kontralaterale A. radialis), Magensonde, Blasenkatheter, Temperatursonde, Auskühlungsschutz (Wärmedecke, Infusionswärmer etc.), Transfusionspumpe o.ä., Relaxometrie
Blutkonserven:	4–6 EK
Anästhesie:	Intubationsnarkose mit balancierter Anästhesie u. kompl. Muskelrelaxation; (linksführender) Doppellumentubus (bronchoskop. Lagekontrolle obligat)
Besonderheiten:	1. Eine-Lunge-Anästhesie (b. Bed. CPAP von ca. 5 cmH_2O auf die kollabierte Lunge) 2. vor Thoraxverschluß manuelles Blähen beider Lungen zur Beseitigung von Atelektasen und zum Erkennen einer bronchopleuralen Fistel 3. vor Extubation Absaugen beider Lungen
Komplikationen:	1. größere Blutverluste bei ausgedehnten Tumorresektionen od. Verwachsungen 2. instabiler Thorax mit paradoxer Atmung nach ausgedehnten Rippenresektionen 3. Atelektasen
Nachbetreuung:	abhg. von OP-Ausdehnung (bei radikaler Tumoroperation Intensivstation), Röntgenthorax (ggf. vor Extubation)

26.3.6 Lungentransplantation

Siehe Kap. 39.5.

26.4 Endoskopische Eingriffe

26.4.1 Thorakoskopie

Um die hämodynamischen Nachteile eines artifiziellen Kapnothorax zu vermeiden (Abnahme des venösen Rückstroms durch Erhöhung des intrathorakalen Drucks mit evtl. schwerer Kreislaufdepression), bevorzugt man heute bei Thorakoskopien und thorakoskopischen Eingriffen die **Einlungenventilation.**

Indikationen:	1. diagnostisch: Pleura- od. periphere Lungenerkrankungen 2. therapeutisch: (kleinere) Lungenresektionen, Sympathektomie, evtl. Spondylodese
Vorteile:	i. Vgl. zu offenen Eingriffen postop. geringere Einschränkung der Lungenfunktion u. weniger Schmerzen
Vorbereitung:	EKG, Röntgenthorax (in 2 Ebenen), ggf. Thorax-CT, ggf. Lungenfunktionsanalyse (z. B. bei Lungenresektionen)
OP-Ablauf:	Minithorakotomie u. Einführen des Thorakoskops durch den 6. ICR (nach Lungenkollaps), nach Beendigung Anlage einer Thoraxdrainage (z. B. bei Resektionen)
OP-Dauer:	diagnostisch 30–60 min, therapeutisch z. T. deutlich länger
Lagerung:	Seitenlage
Ausrüstung:	1–2 großlumige i. v. Zugänge, bei Risikopatienten od. größeren Eingriffen ZVD u. art. Zugang; Magensonde, bei längeren Eingriffen Blasenkatheter, Temperatursonde u. Auskühlungsschutz (Wärmedecke, Infusionswärmer etc.); Relaxometrie
Blutkonserven:	bei Resektionen 2–4 EK
Anästhesie:	Intubationsnarkose mit balancierter Anästhesie u. kompl. Muskelrelaxation; i. d. R. linksführender Doppellumentubus (bronchoskop. Lagekontrolle obligat)
Besonderheiten:	1. Eine-Lunge-Anästhesie (bei unzureichendem Gasaustausch ggf. Verfahrenswechsel, d. h. Thorakotomie) 2. vor Entfernen des Thorakoskops manuelles Blähen der kollabierten Lunge unter Sicht 3. vor Extubation Absaugen beider Lungen
Komplikationen:	1. Blutungen (bes. bei Verletzung von Interkostalarterien) 2. Lungenverletzung mit bronchopleuraler Fistel (bes. bei pleuralen Verwachsungen!) 3. Verletzung anderer Organe (Zwerchfell, Perikard, Myokard, Leber, Milz) 4. Weichteil- u. Mediastinalemphysem 5. Atelektasen 6. Pleuraerguß, Hämato- od. Chylothorax 7. Arrhythmien (z. B. vagale Reflexe)
Nachbetreuung:	i. d. R. Aufwachraum, Röntgenthorax (ggf. vor Extubation)

Thorakoskopische Chirurgie in der Pädiatrie

In der jüngeren Vergangenheit häufen sich die Berichte über eine erfolgreiche Anwendung der thorakoskopischen Operationstechnik auch zur Korrektur einfacher angeborener Herzfehler bei kleinen Kindern und sogar bei Neu- und Frühgeborenen (z. B. Ductus-Botalli-Verschluß). In dieser Altersgruppe kommt allerdings nur die Intubation mit einem **Einlumentubus** in Frage. Eine Einlungenbeatmung erfordert daher die selektive endobronchiale Intubation einer Lunge oder das zusätzliche Einführen eines Ballonkatheters (z. B. Fogarty-Katheter) neben dem Tubus. Sie wird allerdings in vielen Fällen von seiten des Gasaustausches nicht vertragen. Weiterhin müssen das Risiko einer akuten Blutung (Transfusionsbereitschaft!) und die Auswirkungen der operativen Manipulationen im Thorax (Retraktion und Kompression von Lungenanteilen, Auslösung von Reflexbradykardien bei Gefäßmanipulationen etc.) gegen die potentielle Vorteile abgewogen werden.

26.4.2 Mediastinoskopie

Indikationen:	Biopsie bei unklaren mediastinalen Prozessen od. malignen Lymphomen (Staging)
Kontraindikation:	1. absolut: frühere Mediastinoskopie (infolge von Narbenbildung erhöhte Verletzungsgefahr für Trachea u. die großen Gefäße) 2. relativ: thorakales Aortenaneurysma, ausgeprägte Tracheadeviation

Vorbereitung:	EKG, Röntgenthorax (in 2 Ebenen), Thorax-CT, bei V. a. MMS-Disposition (Abschn. 26.3.1) Lungenfunktionsanalyse mit Flow-Volumen-Kurve (Anhang C)
Besonderheiten:	keine sedierende Prämedikation bei Pat. mit Ruhedyspnoe!
Ablauf:	Inzision des Jugulums, stumpfe Tunnelung der prätrachealen Faszie, Vorschieben eines starren Endoskops ins Mediastinum hinter den Aortenbogen, Inspektion der trachealen u. peribronchialen Lymphknoten, Entnahme von Gewebeproben
Dauer:	30 min
Lagerung:	Rückenlage, rechter Arm ausgelagert, Kopf überstreckt zum Einführen des Mediastinoskops
Ausrüstung:	2 großlumige i. v. Zugänge (davon einer am Fuß, i. d. R. nach der Einleitung), nichtinvasive Blutdruckmessung am *linken* Arm, Pulsoxymetrie an *beiden* Händen (Durchblutungskontrolle!), Augenschutz, Transfusionspumpe o.ä., ggf. Relaxometrie
Blutkonserven:	4 EK
Anästhesie:	Intubationsnarkose (Spiraltubus) mit intravenöser Anästhesie u. wenn möglich kompl. Muskelrelaxation (z. B. Propofol, Remifentanil, Succinylcholin [ggf. Mivacurium])
Einleitung:	1. fiberendoskopische Wachintubation bei Gefahr des Mediastinal-mass-Syndroms 2. sonst folgender Ablauf: nach ausgiebiger Präoxygenierung Injektion des Hypnotikums, Überprüfung der Beatembarkeit des Pat. mit Maske, bei unproblematischer Beatmung Opioidgabe u. Relaxierung mit Succinylcholin, Intubation
Komplikationen:	1. Mediastinal-mass-Syndrom (Abschn. 26.3.1) 2. Herzrhythmusstörungen (bes. Bradykardien durch Druck auf die Aorta) 3. Ischämien durch Gefäßkompression (am häufigsten Truncus brachiocephalicus) 4. Blutungen (bei größerer Blutung Volumen- u. Blutzufuhr über die V. cava inferior) 5. Pneumothorax, Chylothorax 6. Luftembolie 7. Läsion des N. recurrens (*cave*: beidseitige Rekurrensparese!) u. des N. phrenicus 8. Verletzung von Trachea u. Ösophagus 9. postop. Mediastinitis
Nachbetreuung:	Aufwachraum, Röntgenthorax

26.4.3 Tracheo- und Bronchoskopie

Endoskopische Eingriffe am Tracheobronchialsystem können über *starre* oder *flexible* Bronchoskope vorgenommen werden. Während für die Untersuchung mit flexiblen Systemen eine Lokalanästhesie oft ausreicht, wird für den Einsatz starrer Geräte eine Allgemeinanästhesie vorgezogen. Starre Optiken ermöglichen eine bessere Übersicht in den Haupt- und Lappenbronchien (ausgenommen den Oberlappen), Fiberoptiken dagegen erlauben auch den Blick in peripherer gelegene Bronchialabschnitte bis hinein in die Subsegmentbronchien.

■ Starre Bronchoskopie (s. auch Kap. 20.5.8)

Indikationen:	1. diagnostisch: Biopsie bei Lungengerüsterkrankungen od. Bronchial- u. Mediastinaltumoren (Staging) 2. therapeutisch: Laserung, Stenteinlage, Stillung tracheobronchialer Blutungen
Vorbereitung:	EKG, Röntgenthorax (in 2 Ebenen), Thorax-CT, kapillare BGA
Besonderheiten:	keine sedierende Prämedikation bei Pat. mit Ruhedyspnoe!
Lagerung:	Rückenlage, Kopf überstreckt zum Einführen des Bronchoskops
Ausrüstung:	1 peripherer i. v. Zugang, Augenschutz, ggf. Relaxometrie

Anästhesie:	i. v.-Narkose mit kompl. Muskelrelaxation (z. B. Propofol, Remifentanil, Succinylcholin [ggf. Mivacurium])
Ablauf:	1. ausgiebige Präoxygenierung 2. Narkoseeinleitung u. Beatmung des Pat. mit Maske 3. Relaxierung u. Einführen des Bronchoskops 4. Verbindung des Y-Stücks der Beatmungsschläuche mit dem seitlichen Ansatz am Bronchoskop u. Beatmung mit 100% O_2 (wegen Gasverlust hoher Frischgasfluß erforderlich: > 10 l/min) **Hinweis:** Durch eine Nasenklemme und Druck auf den Schildknorpel kann der Gasverlust wenn nötig vermindert werden. 5. Unterbrechung der Beatmung während des Absaugens u. beim Biopsieren **Hinweis:** tolerable Apnoedauer abhg. vom $pSaO_2$-Verlauf 6. nach Entfernung des Bronchoskops Beatmung des Pat. mit Maske, bis die Spontanatmung wiederhergestellt ist
Dauer:	30–60 min
Besonderheiten:	1. ggf. initial i. v. Atropingabe zur Verhinderung einer Hypersalivation 2. ggf. i. v. Gabe von 250 mg Methylprednisolon (Urbason®) zur Verhütung eines Glottis- u. subglottischen Ödems
Komplikationen:	1. Zahnverletzungen, -luxationen 2. Larynxödem/-verletzung (→ Stridor) 3. Verletzung der Trachealschleimhaut, Schleimhautödem 4. Blutungen (Pharynx, Larynx, Biopsiestelle) 5. Perforationen mit Pneumomediastinum, Pneumothorax/-perikard tracheoösophagealer Fistel 6. Bronchospasmus 7. Herzrhythmusstörungen
Nachbetreuung:	Aufwachraum, Röntgenthorax

Flexible Bronchoskopie

Indikationen:	diagnostisch (wie bei starrer Bronchoskopie)
Vorbereitung:	EKG, Röntgenthorax (in 2 Ebenen), Thorax-CT, kapillare BGA
Besonderheiten:	keine sedierende Prämedikation bei Pat. mit Ruhedyspnoe!
Lagerung:	Rückenlage
Ausrüstung:	1 peripherer i. v. Zugang, ggf. Relaxometrie
Anästhesie:	bei Risikopatienten, Behinderten, Kindern etc. Intubationsnarkose (evtl. Spiraltubus) mit intravenöser Anästhesie u. kompl. Muskelrelaxation (z. B. Propofol, Remifentanil, Succinylcholin [ggf. Mivacurium])
Einleitung:	fiberendoskopische Wachintubation bei hochgradiger Tracheastenose (z. B. Stridor)
Ablauf:	1. ausgiebige Präoxygenierung 2. Narkoseeinleitung u. Beatmung des Pat. mit Maske 3. Relaxierung u. Intubation (Tubusgröße: ID ≥ 8,0 mm) 4. Aufsetzen eines Adapters auf den Tubus, durch den das Bronchoskop eingeführt wird und während der Untersuchung manuell beatmet werden kann 5. Entfernung des Bronchoskops, Extubation des Pat. bei suffizienter Spontanatmung
Dauer:	30 min
Besonderheiten:	1. ggf. initial i. v.-Atropingabe zur Verhinderung einer Hypersalivation

	2. ggf. i.v.-Gabe von 250 mg Methylprednisolon (Urbason®) zur Verhütung von Schleimhautödemen
Komplikationen:	1. tracheobronchiale Schleimhautläsionen mit Ödem u./od. Blutungen 2. beim Biopsieren Perforation möglich: Pneumomediastinum-/thorax tracheoösophageale Fistel 3. Bronchospasmus 4. Herzrhythmusstörungen
Nachbetreuung:	Aufwachraum, Röntgenthorax (z. B. nach Biopsie)

■ Endotracheale und endobronchiale Tumoren

Laser-Abtragung (Grundlagen der Laseranwendung s. Kap. 20.5.9)

Indikationen:	i. d. R. palliative Verkleinerung tumorbedingter Atemwegsstenosen
Vorbereitung:	EKG, Röntgenthorax (in 2 Ebenen), Thorax-CT, kapillare BGA, evtl. Spirometrie
Besonderheiten:	keine sedierende Prämedikation bei Pat. mit Ruhedyspnoe!.
Verfahren:	starre Bronchoskopie
Dauer:	30–60 min
Lagerung:	Rückenlage, Kopf überstreckt zum Einführen des Bronchoskops
Ausrüstung:	1 peripherer i. v. Zugang, Augenschutz, ggf. Relaxometrie
Anästhesie:	i. v.-Narkose mit kompl. Muskelrelaxation (z. B. Propofol, Remifentanil, Succinylcholin [ggf. Mivacurium])
Ablauf:	wie bei starrer Bronchoskopie; während des Lasereinsatzes kurze Apnoe erforderlich, sonst möglichst Beatmung nur mit Raumluft (max. 40% O_2 wegen Brandgefahr!)
Besonderheiten:	1. initial möglichst i. v. Atropingabe zur Verhinderung einer Hypersalivation 2. Ödemprophylaxe mit 250 mg Methylprednisolon (Urbason®) i. v.
Komplikationen:	wie bei starrer Bronchoskopie, zusätzl. Knallgasexplosion während der Laserung
Nachbetreuung:	Aufwachraum, Röntgenthorax

Stenteinlage

Indikationen:	Tracheomalazie, Trachea- u. Bronchusstenosen, Trachea- u. Bronchusperforation
Vorbereitung:	EKG, Röntgenthorax (in 2 Ebenen), Thorax-CT, kapillare BGA, evtl. Spirometrie
Besonderheiten:	keine sedierende Prämedikation bei Pat. mit Ruhedyspnoe!
Verfahren:	starre Bronchoskopie
Dauer:	30–60 min
Lagerung:	Rückenlage, Kopf überstreckt zum Einführen des Bronchoskops
Ausrüstung:	1 peripherer i. v. Zugang, Augenschutz, ggf. Relaxometrie
Anästhesie:	i. v.-Narkose mit kompl. Muskelrelaxation (z. B. Propofol, Remifentanil, Succinylcholin [ggf. Mivacurium])
Ablauf:	wie bei starrer Bronchoskopie (bes. wichtig: mind. 5 minütige Präoxygenierung!; bei Beatmungsschwierigkeiten möglichst rasches Einlegen des Stents, weil der Patient nach der Stenosebehebung i. d. R. besser zu beatmen ist)
Komplikationen:	wie bei starrer Bronchoskopie, ferner Tracheakollaps bei Malazie unter Beatmung
Nachbetreuung:	Aufwachraum, Röntgenthorax

26.5 Notfall- und dringliche Eingriffe

26.5.1 Massive Lungenblutungen

Ursachen:	Lungenkontusion; Karzinome; Abszesse, Bronchiektasen, Tbc; arteriovenöse Fisteln; Goodpasture-Syndrom
Vorgehen:	1. endotracheale Intubation (möglichst am spontan atmenden, wachen, halbsitzenden Pat.) u. kontrollierte Beatmung mit 100% O_2 2. flexible Bronchoskopie zur Diagnostik; evtl. starre Bronchoskopie (Abschn. 26.4.3) mit dem Versuch, die Blutung zu stillen 3. ggf. selektive Pulmonalisangiographie zur exakten Lokalisierung der Blutungsquelle 4. vor einer operativen Versorgung möglichst Umintubation mit Doppellumentubus (od. Bronchusblocker); bei einseitiger Blutung Blockade der betroffenen Lunge, um zu verhindern, daß Blut in die gesunde Lunge gelangt (ein Einlumentubus muß dazu endobronchial in die gesunde Lunge vorgeschoben werden)
OP-Vorbereitung:	abhg. von OP-Dringlichkeit (aber möglichst Laborwerte [Hb!])
OP-Verfahren:	laterale Thorakotomie, Gefäßligatur
OP-Dauer:	1–2 h
Lagerung:	Seitenlage
Ausrüstung:	2–3 großlumige i. v. Zugänge (alternativ 3-Lumen-Shaldon-Katheter); ZVK (wenn V. subclavia, dann auf der OP-Seite; entbehrlich bei Anlage eines Shaldon-Katheters); art. Zugang (kontralaterale A. radialis), Magensonde, Blasenkatheter, Temperatursonde, Auskühlungsschutz (Wärmedecke, Infusionswärmer etc.), Transfusionspumpe o.ä., Relaxometrie
Blutkonserven:	8–10 EK, ggf. ungekreuzt (bei bekannter Blutgruppe) od. 0/Rh neg.; FFP b. Bed.
Anästhesie:	Intubationsnarkose mit balancierter Anästhesie u. kompl. Muskelrelaxation
Besonderheiten:	ggf. Eine-Lunge-Anästhesie (b. Bed. CPAP von ca. 5 cmH_2O auf die kollabierte Lunge)
Komplikationen:	hämorrhagischer Schock, Verbrauchskoagulopathie, schwere arterielle Hypoxie
Nachbetreuung:	Intensivstation (Nachbeatmung), Röntgenthorax vor Extubation

26.5.2 Trachea- und Bronchusperforation (s. auch Abschn. 26.3.3)

Ursachen:	stumpfes Thoraxtrauma (80% karinanahe Perforation der Pars membranacea), instrumentelle Verletzungen (z. B. starre Bronchoskopie, Langzeitintubation, Doppellumentubus)
Leitsymptome:	Weichteil- u. Mediastinalemphysem (DD: Ösophagusperforation); evtl. nicht drainierbarer (Hämato-)Pneumothorax, Hämoptyse, Atelektase
Diagnostik:	1. Röntgenthorax (in 2 Ebenen): z. B. verbreitertes oberes Mediastinum 2. Thorax-CT: mediastinale Luftansammlung 3. (flexible) Tracheobronchoskopie: Lokalisierung des Defekts 4. ggf. Aortographie: Suche nach Begleitverletzungen
Primärtherapie:	1. bei hochsitzenden trachealen Läsionen: fiberendoskopisch kontrollierte Plazierung eines Einlumentubus, wobei der Cuff distal der Läsion zu liegen kommen soll; anschließend Beatmung

Primärtherapie:	2. bei bronchialen od. tiefsitzenden trachealen Läsionen: fiberendoskopisch kontrollierte Plazierung eines (linksführenden) Doppellumentubus, wobei der tracheale Cuff proximal der Läsion zu liegen kommen soll (alternativ bilaterale endobronchiale Intubation); anschließend differenzierte, seitengetrennte Beatmung unter möglichst zügiger Herbeiführung der Spontanatmung, um die Perforationsstelle zu entlasten (alternativ Hochfrequenzventilation) **Hinweis**: Kommt es unter der Beatmungstherapie nicht zum Spontanverschluß, dann muß entweder ein Stent eingelegt werden (Abschn. 26.4.3) oder die Perforation übernäht werden.

Trachea- und Bronchusnaht

Vorbereitung:	abhg. von OP-Dringlichkeit
OP-Zugang:	laterale Thorakotomie
OP-Dauer:	1–2 h
Lagerung:	Seitenlage
Ausrüstung:	2 großlumige i.v. Zugänge, ZVK (wenn V. subclavia, dann auf der OP-Seite), art. Zugang (kontralaterale A. radialis), Magensonde, Blasenkatheter, Temperatursonde, Auskühlungsschutz (Wärmedecke, Infusionswärmer etc.), Relaxometrie
Blutkonserven:	4 EK
Anästhesie:	Intubationsnarkose mit balancierter Anästhesie u. kompl. Muskelrelaxation; bei bronchialen od. tiefsitzenden trachealen Läsionen Eine-Lunge-Anästhesie
Komplikationen:	Blutungen, Nahtinsuffizienz
Nachbetreuung:	Intensivstation, Röntgenthorax vor Extubation

26.6 Postoperative Versorgung

26.6.1 Überwachung

Nach thoraxchirurgischen Eingriffen steht die Kontrolle und Aufrechterhaltung des Gasaustausches im Vordergrund der postoperativen Maßnahmen. Neben der üblichen Überwachung (Kap. 12.2) wird in den meisten Fällen ein **Röntgenthoraxbild** angefertigt. Es dient der Beurteilung

- der Lungenentfaltung (Atelektasen, Pneumothorax etc.),
- des intrapulmonalen Flüssigkeitsgehalts (Lungenödem),
- der Lage des Mediastinums und der Zwerchfellkuppeln sowie
- der Position des ZVK und der Thoraxdrainage(n).

26.6.2 Pleuradrainage

Nach Thorakotomien und thorakoskopischen Eingriffen wird auf der operierten Seite grundsätzlich eine Pleura- bzw. Thoraxdrainage angelegt. Außer nach Pneumonektomien (Abschn. 26.3.2) wird meist ein Sog zwischen 10 und 20 cmH_2O eingestellt. Die durch Lungenresektion entstandene Höhle füllt sich mit Exsudat und wird mit der Zeit fibrös umgebaut. Hinzu kommen ein Höhertreten des Zwerchfells auf dieser Seite und eine kompensatorische Überblähung der benachbarten Lungenabschnitte.

MERKE

1. **Drainageflaschen oder -systeme** müssen immer unterhalb des Patienten angebracht werden!
2. Beim Transport von **beatmeten** Patienten dürfen Thoraxdrainagen nicht abgeklemmt werden (Pneumothoraxgefahr!); bei **spontan atmenden** Patienten dagegen müssen sie – wenn keine Saugung angeschlossen ist – abgeklemmt oder mit einem Heimlich-Ventil versehen werden oder mit einem sterilen Handschuh, der b. Bed. eingeschnitten wird („Tiegel-Ventil"), dicht umwickelt werden.

26.6.3 Schmerztherapie (s. auch Kap. 12.4)

Die postoperative Schmerztherapie soll u. a. eine Schonatmung und die damit verbundenen Gefahren wie die Bildung von Atelektasen verhindern. Hierzu stehen verschiedene Methoden zur Verfügung;

- i. v.-Bolusapplikation von Nicht-Opioid-Analgetika (z. B. Metamizol) u. Opioiden (z. B. Piritramid)
- patientenkontrollierte Analgesie: PCIA od. PCEA (z. B. thorakaler PDK nach offenen Lungenresektionen)
- interkostale Nervenblockaden od. intrapleurale Analgesie über intraoperativ vom Chirurgen gelegte Katheter

26.6.4 Atemtherapie

Zur Vermeidung postoperativer Atelektasen durch zu flache Atmung und Sekretretention soll frühzeitig mit einer Atemtherapie begonnen werden. Hierzu gehören Atemübungen, physiotherapeutische Maßnahmen, die Lagerungsdrainage sowie die pharmakologisch unterstützte Broncho- und Sekretolyse.

26.6.5 Lebensbedrohliche Frühkomplikationen

Hierzu gehören massive Blutungen, die akute Stumpf- oder Anastomoseninsuffizienz durch Ausriß von Nähten und die Herniation des Herzens. Nahtausrisse führen zu einer großen bronchopleuralen Fistel. Eine Herniation des Herzens äußert sich durch plötzlichen Blutdruckabfall, Herzrhythmusstörungen und eine obere Einflußstauung. Diese Ereignisse erfordern neben überbrückenden symptomatischen Maßnahmen eine umgehende **Rethorakotomie** zur definitiven Versorgung.

MERKE
Nach **Lungenresektionen** sollte möglichst auf eine **Überdruckbeatmung** verzichtet werden, um die Nahtstellen nicht unnötig zu belasten.

27 Kardiochirurgie und Kardiologie

27.1 Allgemeine Bemerkungen ▸ 414
27.2 Nosologische Besonderheiten ▸ 414
27.2.1 Koronare Herzkrankheit ▸ 414
27.2.2 Herzklappenfehler ▸ 416
27.2.3 Hypertrophisch-obstruktive Kardiomyopathie ▸ 417
27.3 Spezielle Medikamente ▸ 418
27.3.1 Antikoagulanzien ▸ 418
27.3.2 Protamin ▸ 419
27.3.3 Aprotinin ▸ 420
27.3.4 Iloprost ▸ 420
27.4 Präoperative Vorbereitung ▸ 420
27.5 Instrumentierung und Monitoring ▸ 422
27.6 Anästhesie- und Operationsphasen ▸ 423
27.6.1 Narkoseeinleitung (Phase 1) ▸ 423
27.6.2 Narkoseaufrechterhaltung (Phase 2) ▸ 423
27.6.3 Extrakorporale Zirkulation (Phase 3) ▸ 424
27.6.4 Abstellen der Herz-Lungen-Maschine (Phase 4) ▸ 431
27.7 Eingriffe ▸ 432
27.7.1 Koronarbypass ▸ 432
27.7.2 Herzklappenersatz ▸ 433
27.7.3 Hypertrophisch-obstruktive Kardiomyopathie ▸ 433
27.7.4 Herzwandaneurysma ▸ 434
27.7.5 Cox-Maze-Operation ▸ 434
27.7.6 Herztransplantation ▸ 434
27.7.7 Transmyokardiale Laser-Revaskularisation ▸ 434
27.7.8 Perikardektomie ▸ 435
27.7.9 Implantation eines Kardioverter-Defibrillators ▸ 436
27.8 Minimalinvasive Bypassoperationen ▸ 436
27.8.1 Offener Eingriff ▸ 437
27.8.2 Geschlossener Eingriff ▸ 437
27.8.3 Anästhesiologische Besonderheiten ▸ 437
27.8.4 Bewertung der Verfahren ▸ 438
27.9 Kardioversion ▸ 438

27.1 Allgemeine Bemerkungen

Bei den meisten kardiochirurgischen Patienten liegen mittlere bis schwere Einschränkungen der Herz-Kreislauf-Funktion vor. Die erfolgreiche anästhesiologische Betreuung dieser Patienten erfordert neben tiefgehenden Kenntnissen in der Herz-Kreislauf-Physiologie detailliertes Wissen über die Pathophysiologie der zugrundeliegenden Erkrankungen sowie über die operativen Behandlungsverfahren und -abläufe.

Zur Minimierung des perioperativen Risikos auch bei wechselnder personeller Besetzung trägt eine Standardisierung der basalen anästhesiologischen Handlungsabläufe wesentlich bei. Außerdem ist gerade im kardiochirurgischen Bereich eine enge interdisziplinäre Zusammenarbeit von großer Bedeutung.

Hämodynamische Grundbegriffe, Maßeinheiten und Normalwerte s. Anhang D.

27.2 Nosologische Besonderheiten

27.2.1 Koronare Herzkrankheit
(s. auch Kap. 35.2)

Der koronaren Herzkrankheit (KHK) liegt eine *Makroangiopathie* (Arteriosklerose extramuraler, d. h. epikardialer Koronararterien) und/oder *Mikroangiopathie* (intramurale Arteriolosklerose) zugrunde. Die fortschreitende Makroangiopathie führt zu einer hämodynamisch relevanten oder auch kritischen Stenose der großen Koronararterien und ihrer Seitenäste. Eine *kritische* Stenose liegt meist vor:

- bei mehr als 75 %iger Lumeneinengung der
  - linken A. descendens anterior (LAD od. RIVA)
  - linken A. circumflexa (RCx)
  - A. coronaria dextra (RCA)
- bei mehr als 50 %iger Stenose der linken Hauptstammarterie

Als *hochgradige* Stenose wird eine mehr als 90%ige Einengung einer großen Koronararterie bezeichnet. Von einem *linken Hauptstammäquivalent* spricht man bei jeweils mehr als 75%iger Stenosierung beider Äste der linken Hauptstammarterie. Nach der Ausdehnung werden *Ein-, Zwei- und Dreigefäßerkrankungen* unterschieden.

MERKE
Als besonders gefährlich gilt die linke Hauptstammstenose oder das linke Hauptstammäquivalent.

Therapieprinzipien

Prävention und Therapie der Myokardischämie bestehen in einer Erhöhung des O_2-Angebots und einer Verminderung des O_2-Bedarfs. Der Steigerung des O_2-Angebots durch Pharmaka sind jedoch relativ enge Grenzen gesetzt, so daß bei der medikamentösen Therapie die **Verringerung des O_2-Bedarfs** ganz im Vordergrund steht. In Frage kommt hierfür eine Reduktion der

- Herzfrequenz: β-Rezeptoren-Blocker, Calciumantagonisten vom Verapamil-Typ
- Myokardkontraktilität: β-Rezeptoren-Blocker, Calciumantagonisten
- Nachlast: Calciumantagonisten, ACE-Hemmer, Urapidil, Dihydralazin, Nitroprussidnatrium
- Vorlast: Nitrate, Molsidomin

Eine **Verbesserung des O_2-Angebots** kann erreicht werden durch:

- Thrombolyse mit fibrinolytisch wirkenden Substanzen
- perkutane transluminale Koronarangioplastie (PTCA: Ballondilatation von Stenosen)
- Koronarbypassoperation (Abschn. 27.7.1)

Myokardiale O_2-Imbalance

Folgende Zustände verschlechtern die myokardiale O_2-Balance (Tab. **108**) und müssen daher bei Patienten mit KHK perioperativ vermieden werden:

Tachykardie. Mit zunehmender Herzfrequenz steigt der myokardiale O_2-Verbrauch. Außerdem verkürzt sich die Diastole (absolut und relativ), in der 80% der koronaren Durchblutung stattfinden. Einem erhöhten O_2-Bedarf steht also bei einer Tachykardie ein verringertes Angebot gegenüber.

Bradykardie. Die Abnahme der Herzfrequenz unterhalb gewisser Grenzen führt zu einem Abfall des HZV, so daß sich das myokardiale O_2-Angebot vermindert.

Tabelle 108 Perioperative Zielwerte bei Patienten mit KHK

Parameter	Zielbereich
Herzfrequenz	50–90/min
Mittlerer arterieller Druck	60–80 mmHg
Linksventrikulärer enddiastolischer Druck	6–12 mmHg
Rechtsventrikulärer enddiastolischer Druck	3–6 mmHg
Hb-Konzentration	nicht unter 10 g/dl
PaO_2	> 90 mmHg
$PaCO_2$	40 ± 5 mmHg

Arterielle Hypertension. Mit steigendem arteriellen Blutdruck erhöht sich die linksventrikuläre Nachlast, d. h., die systolische Wandspannung nimmt zu. Als Folge der vermehrten Druckarbeit, die der linke Ventrikel leisten muß, steigt der myokardiale O_2-Bedarf an, ohne daß jedoch bei fixierten Stenosen der koronare Blutfluß entsprechend zunehmen kann.

Arterielle Hypotension. Eine arterielle Hypotension verringert sowohl das myokardiale O_2-Angebot (Abnahme des koronaren Perfusionsdrucks) als auch den O_2-Bedarf (Abnahme der Herzarbeit). Bei Patienten mit kritischen Koronarstenosen übertrifft jedoch die Senkung des O_2-Angebots die Verminderung des Bedarfs, und es kommt zu einer Koronarischämie. Koronarischämien werden wahrscheinlich häufiger durch Blutdruckabfälle als durch Blutdruckanstiege verursacht.

Erhöhte ventrikuläre Füllungsdrücke. Bei erhöhter Vorlast steigt die diastolische Wandspannung der Ventrikel und konsekutiv der myokardiale O_2-Verbrauch, während die Koronardurchblutung als Folge der Abnahme des koronaren Perfusionsdrucks abfällt. Der koronare Perfusionsdruck errechnet sich aus der Differenz von mittlerem diastolischen Aortendruck und links- bzw. rechtsventrikulärem enddiastolischen Druck.

Anämie. Eine Anämie vermindert den arteriellen O_2-Gehalt („Hypoxämie"). Patienten mit KHK tolerieren akute Blutverluste insgesamt schlechter, weil eine kompensatorische HZV-Steigerung nur eingeschränkt möglich ist und sie außerdem den myokardialen O_2-Bedarf erhöht, was bei gleichzeitig vermindertem O_2-Angebot rascher eine Myokardhypoxie nach sich ziehen kann.

Hypoxie. Eine arterielle Hypoxie (Abnahme des PaO_2) als Folge einer gestörten pulmonalen O_2-Aufnahme, zu niedriger FIO_2, Fehlintubation etc. führt ebenfalls zur Hypoxämie und reduziert gleichermaßen die myokardiale O_2-Verfügbarkeit.

Hypokapnie. Eine Hypokapnie bewirkt eine koronare Vasokonstriktion mit entsprechender Abnahme der Koronardurchblutung und des myokardialen O_2-Angebots.

MERKE
Am ungünstigsten für die myokardiale O_2-Versorgung ist bei Patienten mit KHK die **Kombination von Blutdruckabfall und Tachykardie!**

27.2.2 Herzklappenfehler

Die häufigsten Ursachen von Herzklappenfehlern sind akute oder chronische Klappenentzündungen, degenerative Klappenerkrankungen (→ Verkalkung) oder angeborene Fehlbildungen. Die hämodynamischen Auswirkungen hängen ab von der bzw. den betroffenen Klappen, von der Art des Vitiums (Klappenstenose oder -insuffizienz) und dessen Ausprägung (Tab. **109**).

Aortenstenose

Der Aortenstenose liegt eine Verengung des linksventrikulären Auslaßventils zugrunde. Sie kann sich subvalvulär (infundibulär), valvulär oder supravalvulär manifestieren. Die Folgen sind:

- Druckbelastung des linken Ventrikels (LV) mit *konzentrischer* Myokardhypertrophie u. erheblicher Reduktion der Compliance, später LV-Dilatation (→ Rückwärtsversagen mit Lungenödem)
- Drucksprung über der Ventilebene (30–120[!] mmHg)
- gesteigerte Ischämieempfindlichkeit des LV (erhöhter myokardialer O_2-Verbrauch bei gleichzeitig erniedrigter koronarer Perfusion)
- gehäufte Herzrhythmusstörungen
- arterielle Hypotension (i. d. R. nur geringgradig)

Hinweise für die Praxis

Eine **niedrigere Herzfrequenz** entlastet das Herz durch Verlängerung der Austreibungsphase und Verbesserung der diastolischen Füllung. Daher ist eine **Frequenz von 60–80/min** anzustreben. Die Erhaltung einer **regulären Vorhofaktion** (Sinusrhythmus! → Kardioversion bei Vorhofflimmern) zur ausreichenden ventrikulären Füllung ist bei einer Aortenstenose besonders wichtig, ebenso wie **Normovolämie.** Blutdruckanstiege reduzieren den Druckgradienten entlang der Stenose und können so das Schlagvolumen vermindern; Blutdruckabfälle können Myokard- und Hirnischämien nach sich ziehen und müssen daher „aggressiv" behandelt werden, am besten primär mit einem Vasopressor wie Noradrenalin. Nach Klappenersatz treten nur selten Probleme auf, weil es zu einer akuten Druckentlastung des linken Ventrikels mit besserer myokardialer und peripherer Perfusion kommt.

Aorteninsuffizienz

Eine Aorteninsuffizienz entsteht bei einem Schließdefekt des linksventrikulären Auslaßventils. Die Folgen sind:

- Pendelblutfluß (diastolische Regurgitation) mit funktioneller Aortenstenose, dadurch Abnahme des effektiven (antegraden) HZV
- Volumenbelastung des LV mit *exzentrischer* Myokardhypertrophie u. gesteigerter Compliance, dann LV-Dilatation
- Anstieg des myokardialen O_2-Verbrauchs (allerdings deutlich geringer als bei Aortenstenose)
- vergrößerte Blutdruckamplitude (hoher systolischer u. niedriger diastolischer Blutdruck)
- erst sehr späte Dekompensation

Tabelle 109 Einteilung der Herzklappenfehler unter hämodynamischen Aspekten (mod. nach *Saggau*)

Hämodynamischer Schweregrad		Mitralstenose KOF* (cm^2)	Aortenstenose KOF* (cm^2)	Mitral- oder Aorteninsuffizienz Regurgitationsvolumen (%)
0	normal	4–6	2,6–3,5	0
I	leicht	> 2,5	> 1,5	< 20
II	mäßig	1,5–2,5	1,0–1,5	20–40
III	beträchtlich	1,0–1,5	0,5–1,0	40–60
IV	schwer	< 1,0	< 0,5	> 60

* Klappenöffnungsfläche

Hinweise für die Praxis

Eine **höhere Herzfrequenz** verkürzt die Diastole und vermindert somit den Regurgitationsanteil. Daher ist eine **Frequenz von 90–110/min** anzustreben. Blutdruckanstiege aufgrund eines erhöhten peripheren Gefäßwiderstands steigern und Blutdruckabfälle vermindern das Regurgitationsvolumen. Es besteht jedoch die Gefahr, daß bei stärkerer Erniedrigung des diastolischen Blutdrucks die Koronarperfusion schnell in kritische Bereiche absinkt. Vasodilatatoren dürfen deshalb nur mit allergrößter Zurückhaltung eingesetzt werden. Abrupte Volumenbelastungen müssen vermieden werden, weil sie zu akuter Dekompensation des linken Ventrikels führen können. Nach Klappenersatz kommt es umgehend zu einer Volumenentlastung und damit Verbesserung der myokardialen O_2-Bilanz.

Freie Aorteninsuffizienz. Bei einer sog. freien Aorteninsuffizienz liegt eine komplette Zerstörung der Klappe vor (Folge einer foudroyanten Endokarditis). Hierbei kommt es zu massiver Regurgitation. Der linksventrikuläre enddiastolische Druck entspricht wegen der völlig fehlenden Klappenfunktion dem diastolischen Aortendruck.

Mitralstenose

Bei einer Mitralstenose findet sich eine Verengung des linksventrikulären Einlaßventils. Die Folgen sind:

- Volumenbelastung des linken Vorhofs (LA) mit Dilatation
- Hypotrophie des LV
- Drucksprung über der Ventilebene (5–15 mmHg)
- häufig absolute Arrhythmie
- pulmonale Hypertonie mit Gefahr des Rechtsherzversagens
- Neigung zur Vorhofthrombenbildung und zum Rückwärtsversagen mit Lungenödem

Hinweise für die Praxis

Eine **niedrigere Herzfrequenz** verlängert die Diastole und verbessert dadurch die linksventrikuläre Füllung. Deshalb ist eine **Frequenz von 60–70/min** anzustreben. Aufgrund der Hypotrophie ist der linke Ventrikel nicht an Druck- und Volumenbelastungen angepaßt, so daß nach einem Klappenersatz die Volumenzufuhr restriktiv zu handhaben ist und Blutdruckanstiege vermieden werden müssen.

Mitralinsuffizienz

Eine Mitralinsuffizienz entwickelt sich bei einem Schließdefekt des linksventrikulären Einlaßventils. Die Folgen sind:

- Pendelblutfluß (systolische Regurgitation in den LA) mit funktioneller Mitralstenose, dadurch Abnahme des effektiven (antegraden) HZV
- Volumenbelastung des LV mit Dilatation
- absolute Arrhythmie
- pulmonale Hypertonie mit Gefahr des Rechtsherzversagens
- Neigung zur Vorhofthrombenbildung und zum Rückwärtsversagen mit Lungenödem
- erst späte Dekompensation

Hinweise für die Praxis

Eine **höhere Herzfrequenz** wird besser toleriert als bei Mitralstenose. **Frequenzen um 100/min** senken den Regurgitationsanteil. Blutdruckanstiege aufgrund eines erhöhten peripheren Gefäßwiderstands steigern und Blutdruckabfälle vermindern das Regurgitationsvolumen. Zur Verbesserung des antegraden HZV kann der Einsatz von Vasodilatatoren vorteilhaft sein. Mit dem Klappenersatz kommt es zu einer Zunahme der Nachlast des linken Ventrikels, so daß der periphere Widerstand entsprechend niedrig gehalten werden sollte. Meist ist auch die Gabe positiv inotroper Substanzen erforderlich.

Klappenvitien des rechten Herzens

Klappenvitien des rechten Herzens sind erheblich seltener und meistens angeboren oder treten bei Risikopatienten als Folge einer Endokarditis auf (z. B. Chemotherapie, Aids, Heroinsucht). Die hämodynamischen Auswirkungen fallen i. d. R. geringer aus; im Vordergrund stehen die Zeichen der Rechtsherzbelastung oder -insuffizienz (z. B. Leber- und Nierenstauung).

27.2.3 Hypertrophisch-obstruktive Kardiomyopathie

Bei der hypertrophisch-obstruktiven Kardiomyopathie (HOCM; Syn.: idiopathische hypertrophe Subaortenstenose) handelt es sich um eine seltene, ätiologisch unklare Erkrankung der Herzmuskulatur. Sie wird i. d. R. erst im 3. Dezennium klinisch manifest. Morphologische Grundlage ist eine zunehmende konzentrische Hypertrophie des Myokards mit ausgeprägter Beteiligung des Kammerseptums. Hierdurch entsteht bei Kontraktion des Herzmuskels eine *dynamische Obstruktion* der linksventrikulären Ausflußbahn (infundibulär), d. h., die Stenose ver-

Tabelle 110 Zielwerte bei Koronarbypass- und Klappenoperationen

Zielgrößen	Bypass	Aortenstenose	Aorteninsuffizienz	Mitralstenose	Mitralinsuffizienz
Herzfrequenz [1/min]	60–80	60–80	90–110	60–70/min	90–110
Vorlast	↓	↑	n	n	n/↑
Nachlast	↓	(↑)	SVR ↓, PVR ↔	n	SVR ↓, PVR ↔

SVR = „systemic vascular resistance" (systemischer od. peripherer Gefäßwiderstand), PVR = „pulmonary vascular resistance" (pulmonaler Gefäßwiderstand), n normal, ↑ hoch, (↑) leicht erhöht, ↔ unverändert, ↓ niedrig

stärkt sich während der Kammersystole (i. Ggs. zur statischen Obstruktion bei valvulärer Aortenstenose).

Da der Obstruktionsgrad vom Kontraktions- und Füllungszustand des Herzens abhängt, müssen Medikamente vermieden werden, die die Kontraktilität steigern oder die Vor- und Nachlast senken. Der Gebrauch von Ketamin ist somit nicht zu empfehlen. Vielmehr sind hier **volatile Inhalationsanästhetika,** besonders Sevofluran, indiziert, weil sie aufgrund ihrer negativ inotropen Wirkung die Obstruktion vermindern und so den Ausfluß verbessern (→ „paradoxe" Zunahme des Schlagvolumens). Bei Anwendung von Isofluran ist seine stärker vasodilatierende Wirkung zu berücksichtigen. Vor allem unter höheren Konzentrationen kann der Blutdruck abfallen und damit die Obstruktion zunehmen, was dann umgehend die Gabe eines Vasopressors erforderlich macht. Wegen der erheblich verminderten linksventrikulären Compliance werden bei der HOCM höhere Füllungsdrücke zur Aufrechterhaltung des Schlagvolumens benötigt. Für die Ventrikelfüllung sind geordnete Vorhofkontraktionen besonders wichtig. Hohe Beatmungsdrücke können den venösen Rückstrom beeinträchtigen und müssen deshalb ebenso wie eine Hypovolämie und eine Tachykardie (Verkürzung der Diastole) strikt vermieden werden.

Hinweise für die Praxis

Der **Obstruktionsgrad nimmt zu** durch:
- positiv inotrope Substanzen
- Blutdruckabfall
- Verminderung des linksventrikulären Volumens (Hypovolämie, PEEP-Beatmung)

Der **Obstruktionsgrad nimmt ab** durch:
- negativ inotrope Substanzen (volatile Anästhetika, β-Rezeptoren-Blocker, Calciumantagonisten)
- Blutdruckanstieg (Vasopressoren)
- Hypervolämie

MERKE

Bei **kardiovaskulären Risikopatienten** gilt allgemein, daß ihr kompensierter hämodynamischer Ausgangszustand perioperativ unbedingt erhalten bleiben soll. Spätestens ab **20% Abweichung** der Meßwerte nach oben oder unten sollte „aggressiv" therapiert werden. Als Referenz gilt hierbei das mittlere präoperative Ruheniveau, bei dem der Patient subjektiv und objektiv beschwerdefrei ist.

27.3 Spezielle Medikamente

27.3.1 Antikoagulanzien

Heparin (s. auch Kap. 5.2)

Bei der extrakorporalen Zirkulation (ECC) muß eine Gerinnungsaktivierung, ausgelöst durch Blutkontakt mit den Fremdoberflächen der Herz-Lungen-Maschine (HLM), unbedingt vermieden werden. Hierzu ist eine komplette Antikoagulation erforderlich, wobei im Normalfall unfraktioniertes Heparin (UFH; „Standardheparin") verwendet wird (zur sicheren Vermeidung einer BSE-Übertragung am besten aus Schweinemukosa hergestellt.

Standardheparin:
- mittlere Molmasse 15.000 Dalton (3.000–30.000 D)
- Eliminationshalbwertszeit 60–120 min (in Normothermie)

Für eine **Vollheparinisierung** bei ECC kann nach folgendem empirischen Schema vorgegangen werden:
- Priming der HLM mit 5.000 IE
- i. v. Initialdosis: 300–500 IE/kg KG (vor ECC-Kanülierung)
- Repetitionsdosen: 50–100 IE/kg KG (Zeitpunkt nach ACT od. in festen Abständen [nach 40 min

100 IE/kg KG, dann alle 40 min 50 IE/kg KG, bei T < 30 °C erst alle 50 min])

Der Heparineffekt kann sehr einfach mit Hilfe der **ACT** („activated clotting time"; Normalwert: 100–120 sec) überprüft werden. Sie muß unter ECC immer größer als 400 sec sein. Ein Mangel an AT III (< 70%) oder eine präoperative Heparinisierung kann die Heparinwirkung vermindern („relative Heparinresistenz"). Aus diesem Grund werden AT-III-Plasmaspiegel von über 70% angestrebt.

MERKE

1. Die **Heparinwirkung** sollte zur Sicherheit immer **ca. 5 min nach der Erstgabe von Heparin** (noch vor Beginn der ECC!) mit der ACT überprüft werden.
2. Auf die **dosis- und zeitgerechten Heparingaben** ist allergrößte Sorgfalt zu verwenden, denn bei mangelhafter Gerinnungshemmung droht eine **fatale Verstopfung der Herz-Lungen-Maschine.**

Vorgehen bei Heparinunverträglichkeit. In seltenen Fällen besteht eine Heparinunverträglichkeit (z. B. Allergie oder Typ II der heparininduzierten Thrombozytopenie). Hier ist die Gabe von Heparin natürlich kontraindiziert. In der Literatur werden verschiedene Alternativsubstanzen zur Antikoagulation vorgeschlagen, in erster Linie **Heparinoide** (z. B. Danaparoid) oder **Hirudine** (z. B. Lepirudin).

Kurzprofile von Alternativsubstanzen

Danaparoid (Orgaran®)
- Heparinoid
- Wirkungsmechanismus
  - vor allem Hemmung der F.-Xa-Aktivität, deutl. geringere Thrombinhemmung als Heparin od. Lepirudin
  - keine od. nur geringe Hemmung der Thrombozytenaggregation
- Wirkung nicht bzw. nur mäßig durch Protamin antagonisierbar
- renal eliminiert, HWZ der Anti-Xa-Aktivität ca. 24 h!
- Therapieüberwachung mit ACT nur sehr eingeschränkt möglich (besser: Anti-Xa-Plasmaaktivität)
- Nebenwirkungen
  - selten Kreuzreaktivität mit heparininduzierten Antikörpern (2–3% in vivo)
  - Präparat enthält Sulfit (*cave*: Asthmatiker/Allergiker!)

Dosierung von Danaparoid bei ECC
- Priming der HLM: 3 IE pro ml Priming-Flüssigkeit
- Initialdosis vor ECC-Kanülierung: 125 IE/kg KG
- Erhaltungsdosis: 7 IE/kg/h (angestrebte Anti-Xa-Plasmaaktivität: 1,5–2,0 IE/ml)

Hinweis: Wegen der sehr langen HWZ von Danaparoid können protrahierte Blutungen auftreten. Nach Beendigung der ECC sollte das Restblut aus der HLM vor der Retransfusion mit Hilfe des Cell-savers gewaschen werden, um Danaparoid hieraus soweit wie möglich zu entfernen.

Lepirudin (Refludan®)
- rekombinantes Hirudin
- Wirkungsmechanismus
  - direkte, d. h. AT-III-unabhängige Thrombinhemmung (Molekülverhältnis 1:1)
  - Hemmung der thrombininduzierten Thrombozytenaggregation entsprechend dem Wirkungsmechanismus
- kein spezifisches Antidot bekannt!
- renal eliminiert, HWZ beim Nierengesunden 1–2 h
- Therapieüberwachung mit ACT möglich
- keine Kreuzreaktivität mit heparininduzierten Antikörpern

Dosierung von Lepirudin bei ECC
- Initialdosis vor ECC-Kanülierung: 0,4 mg/kg KG (hiermit PTT etwa verdoppelt)
- Erhaltungsdosis: 0,15 mg/kg/h (Steuerung nach ACT)

27.3.2 Protamin (s. auch Kap. 5.2)

Zur Aufhebung der Heparinwirkung nach ECC wird Protamin verwendet (heutzutage nur noch in Form seines Chloridsalzes). Hierbei gilt die Faustformel, **daß 1 IE Protamin 1 IE Heparin neutralisiert.** Als Berechnungsgrundlage dient die initial applizierte Heparinmenge, wobei sich in der Praxis eine **⅔-Antagonisierung** als ausreichend erwiesen hat. Die erforderliche Dosis muß langsam über ca. 15 min infundiert werden, am besten perfusorgesteuert in 50 ml NaCl 0,9%. Anderenfalls können schwere Kreislaufdepressionen auftreten, deren Ursache jedoch nicht genau geklärt ist. Der Effekt wird ca. 20 min nach Applikation mit der ACT überprüft; b. Bed. werden bis zu 10.000 IE Protamin, ebenfalls verdünnt, fraktioniert nachgegeben (erneute ACT-Kontrolle dann vor der Hautnaht).

MERKE
Protamin wirkt durch Hemmung der Fibrinpolymerisation selbst **antikoagulatorisch.** Deshalb müssen Überdosierungen vermieden werden. Da die ACT nicht für Heparin spezifisch ist, müssen im Zweifelsfall zur Differenzierung der Effekte die Thrombin- und Reptilasezeit bestimmt werden (s. Kap. 5.1).

27.3.3 Aprotinin (s. auch Kap. 5.2)

Bei kardiochirurgischen Eingriffen unter Einsatz der HLM führt die hochdosierte Gabe des Proteaseninhibitors Aprotinin (Trasylol®) nachgewiesenermaßen zu einem geringeren Blutverlust und Transfusionsbedarf (30–50%). Hauptgrund dafür ist wahrscheinlich die Verminderung der Kontaktaktivierung von Gerinnungsfaktoren. Da bei Vorbehandlung mit Aprotinin die Gefahr anaphylaktischer oder anaphylaktoider Reaktionen besteht (Herz-Kreislauf-Stillstände beschrieben!), wird zunächst eine **1-ml-Testdosis** (10.000 KIE [Kallikrein-Inhibitor-Einheiten]) appliziert – und zwar erst kurz vor der Aortenkanülierung – und deren Effekt abgewartet (ca. 10 min). Bei guter Verträglichkeit können dann die **Vollwirkdosis von 2 Mio. KIE** Aprotinin über ca. 20 min (weitere 2 Mio. KIE in die HLM-Priming-Lsg.) und anschließend **500.000 KIE/h** bis zum Ende der ECC infundiert werden.

Kontraindikation: bekannte allergische oder pseudoallergische Reaktionen auf Aprotinin

Nebenwirkungen. Aufgrund der antifibrinolytischen Wirkung von Aprotinin ist nach ECC eine vermehrte Thrombenbildung denkbar, z. B. im Bereich koronarer Anastomosen. Einschlägige Untersuchungen konnten jedoch bisher nicht eindeutig erhöhte Verschlußraten zeigen. Trotzdem sollte die Gabe von Aprotinin unmittelbar nach dem erfolgreichen Abstellen der HLM beendet werden. Außerdem sollen subnormale AT-III-Plasmaspiegel vermieden werden, besonders nach der Heparinantagonisierung. Da Aprotinin aus Rinderlungen gewonnen wird, ist eine BSE-Übertragung nicht sicher auszuschließen.

27.3.4 Iloprost

Iloprost ist ein Prostacyclinanalogon und hat wie natives Prostacyclin (PGI_2) einen ausgeprägten **vasodilatierenden und thrombozytenaggregationshemmenden Effekt.** Vor allem wenn es inhalativ zugeführt wird, steht die Wirkung auf die pulmonale Strombahn im Vordergrund. Die systemische Vasodilatation fällt zwar aufgrund des First-pass-Effekts (Aufnahme und Zerfall im Lungengewebe) geringer aus; dennoch ist eine Abnahme des systemarteriellen Drucks nicht immer zu vermeiden.

Iloprost (Ilomedin® zur i. v. Gabe, Ventavis® zur Inhalation)
- Plasmahalbwertszeit ca. 30 min
- vollständige Biotransformation (hepatisch u. extrahepatisch)
- Indikationen:
  - Rechtsherzversagen aufgrund pulmonalvaskulärer Widerstandserhöhung
  - pulmonale Widerstandshypertonie vor und nach Herztransplantation
  - evtl. Antikoagulation bei extrakorporaler Zirkulation

Dosierung von Iloprost
- zur pulmonalen Vasodilatation:
  - inhalativ: 10–20 µg über 10–15 min (b. Bed. wiederholen)
  - intravenös: nach initial inhalativer Gabe ggf. 5–25 ng/kg/min
- zur Antikoagulation bei HLM: 10 ng/kg/min i. v.

27.4 Präoperative Vorbereitung

Die präoperative Visite muß den kardiologischen und kardiochirurgischen Besonderheiten Rechnung tragen. Vor **planbaren Eingriffen** ist eine umfangreiche und sorgfältige Vorbereitung notwendig. Sie sollte in etwa die im folgenden dargelegten Punkte umfassen.

Anamnese

Herzanamnese. Entwicklung der Herzerkrankung, Graduierung einer evtl. Herzinsuffizienz nach NYHA (Kap. 35.3); frühere Myokardinfarkte, Interventionen (z. B. PTCA) und Operationen sowie deren Auswirkungen; aktueller Zustand (Dyspnoe od. Angina pectoris in Ruhe u./od. bei Belastung)

Begleitanamnese. Klärung wichtiger Begleiterkrankungen wie Hypertonus, COPD, Lebererkrankungen (Gerinnung), Niereninsuffizienz, Diabetes mellitus und Gefäßerkrankungen (bes. Hirngefäße); Voroperationen an Gefäßen (bes. Implantation von Gefäßprothesen) für die Kanülierung von großer Bedeutung

Medikamentenanamnese: aktuell und in den vorausgegangenen 4 Wochen

Blutdruck: aktuell und Verlaufswerte

Apparative Voruntersuchungen

- EKG, Röntgenthorax in 2 Ebenen
- Koronarangio- und Ventrikulographie, Echokardiographie:
  - Morphologie der einzelnen Koronararterien und des linken, ggf. auch rechten Ventrikels
  - Bestimmung der linksventrikuläre Ejektionsfraktion als Maß für die Myokardkontraktilität
  - Suche nach Kontraktionsanomalien: hypo-, akinetische oder dyskinetische Areale
  - Messung der intrakavitären Drücke und Errechnung von Druckgradienten bei Herzvitien
- kardiologische Zusatzuntersuchungen: z. B. Ergometrie, Thallium-Szintigraphie (SPECT)
- Lungenfunktionsanalyse bei pulmonalen Vorerkrankungen (z. B. COPD), kontraindiziert bei instabiler Angina pectoris
- Ösophagogastroduodenoskopie: bei Magenanamnese zum Ausschluß einer Blutungsquelle
- sonstiges:
  - Erhebung des neurologischen Ausgangsbefunds, Suche nach Zeichen einer zerebrovaskulären Insuffizienz; Dopplersonographie der Halsarterien
  - Suche nach Entzündungsherden im HNO- und MKG-Bereich vor Klappenoperationen

MERKE

Die **Ejektionsfraktion** (EF) gibt den Anteil des Schlagvolumens (SV) am enddiastolischen Ventrikelvolumen (EDV) an (EF = SV/EDV). Sie wird mit Hilfe der Ventrikulographie am flach liegenden Patienten ermittelt. Die Ergebnisse lassen sich wie folgt interpretieren:

EF > 0,55	normal
EF = 0,40–0,55	mäßige Einschränkung der Ventrikelfunktion ohne Insuffizienzzeichen
EF = 0,25–0,40	deutliche Einschränkung der Ventrikelfunktion mit Zeichen der Belastungsinsuffizienz
EF < 0,25	hochgradige Einschränkung der Ventrikelfunktion mit Zeichen der Ruheinsuffizienz

Folgende Grade **myokardialer Wandbewegungsstörungen** werden unterschieden:

I.°: Hypokinesie (verminderte systolische Einwärtsbewegung der Ventrikelwand)

II.°: Akinesie (Fehlen jeder systolischen Einwärtsbewegung)

III.°: Dyskinesie (systolische Auswärtsbewegung → Aneurysma)

Labor

- Hb/Hkt, Leukozytenzahl, Profil (Na^+, K^+, Ca^{2+}, Cl^-, BZ, Kreatinin, Harnstoff, Troponin, CK, GPT, GOT, LDH, γ-GT, AP, Bilirubin, Eiweiß, CRP u. a.)
- arterielle Blutgasanalyse
- Gerinnungsstatus inkl. AT III (wichtig für die Heparinisierung: wenn AT III < 70% → Heparindosis erhöhen od. AT III substituieren!;) und Thrombozytenzahl (ggf. auch -funktion)
- Blutgruppe, Suche nach Kälteantikörpern (evtl. Transfusion in Hypothermie!), Kreuzung von 4 EK

Prämedikation

Anxiolyse und Sedierung. Alle Patienten, die sich einer Herzoperation unterziehen, im besonderen aber diejenigen mit KHK, stehen unter hohem psychischen Druck, auch wenn sie äußerlich ruhig und gefaßt wirken mögen. Das Aufklärungsgespräch sollte dazu dienen, ihnen unnötige Ängste zu nehmen, da das allgemeine Anästhesierisiko i. Vgl. zum Operationsrisiko eher unbedeutend ist. Wichtig ist die Erläuterung des Ablaufs am Operationstag und der sich daran anschließenden Betreuung auf der Intensivstation. Zur pharmakologischen Anxiolyse sollten am Vorabend und am Tag der Operation großzügig **Benzodiazepine** eingesetzt werden, und zwar bevorzugt langwirkende Substanzen wie *Dikaliumclorazepat* oder *Flunitrazepam*.

Dikaliumclorazepat
- Tranxilium®-Kapseln (5/10/20 mg)
- Plasmahalbwertszeit: 25–80 h (aktive Metaboliten!)
- Dosierung:
  - am Vorabend 40 mg (bei Kachexie nur 20 mg)
  - am OP-Morgen 20 mg (mind. 45–60 min vor dem Transport in den OP-Trakt)

Flunitrazepam
- Rohypnol®-Tabletten: 1 Tbl. enthält 1 mg
- Plasmahalbwertszeit: 20–30 h (aktive Metaboliten!)
- Dosierung:
  - am Vorabend 1–2 mg

- am OP-Morgen 1–2 mg (mind. 45–60 min vor dem Transport in den OP-Trakt)

> **MERKE**
> **Intramuskuläre Injektionen** müssen vor Herzoperationen mit Vollheparinisierung oder anderweitiger kompletter Antikoagulation unbedingt vermieden werden.

Vorgehen bei kardiovaskulärer Dauermedikation

1. Antianginosa, Antihypertensiva, ACE-Hemmer und Antiarrhythmika werden bis einschließlich des Operationstags weitergegeben.
2. Herzglykoside werden spätestens am Vortag abgesetzt (perioperativ gesteigerte Empfindlichkeit).
3. Diuretika werden ebenfalls abgesetzt, um Hypovolämie und Hypokaliämie zu vermeiden.
4. Eine Therapie mit oralen Antikoagulanzien muß rechtzeitig (bei Phenprocoumon [Marcumar®] ca. 1 Woche) auf Heparin oder ähnliche wirkende Substanzen umgestellt werden.
5. Präparate, die Acetylsalicylsäure, enthalten werden meist 3 Tage vor der Operation abgesetzt.

27.5 Instrumentierung und Monitoring

Standardmaßnahmen

- 2 großlumige i. v. Zugänge (G16 od. G14), möglichst am ausgelagerten (rechten) Arm, einen davon vor der Einleitung in LA
- arterieller Zugang: bevorzugt A. radialis rechts (ggf. A. femoralis), immer vor der Einleitung in LA (der linke Arm wird i. d. R. angelagert, eine A. femoralis muß als Notfallzugang für die ECC frei bleiben) → invasive Blutdruckmessung zur Einleitung
- 3-Lumen-Katheter: i. d. R. nach der Einleitung über eine Jugularvene, Spitze in der V. cava sup. (Lagekontrolle mit intraatrialer EKG-Ableitung)
- ggf. Linker-Vorhof-(LA-)Katheter: wird intraoperativ vom Chirurgen gelegt
- 5-Pol-EKG (rot: re. Schulter, gelb: li. Schulter, grün: li. Hüfte, schwarz: re. Hüfte, weiß: Herzspitze)
- Monitordarstellung[71]: z. B. Abl. II, Abl. V_5, SAP, ZVD, PAP, LAP, 2 Temp., Abl. III, ST-Strecke
- Pulsoxymetrie, Kapnometrie/-graphie
- Temperaturmessung: i. d. R. ösophageal (korreliert gut mit der Temperatur im OP-Gebiet) und rektal (Kerntemperatur); evtl. Tympanon (korreliert gut mit der Hirntemperatur)
- Magensonde
- Blasenkatheter (transurethral)
- ggf. Relaxometrie

Erweiterte und besondere Maßnahmen

- Pulmonaliskatheter[72] (nur, wenn kein LA-Katheter gelegt wird)
  - EF < 35%
- Pulmonaliskatheterschleuse (nur, wenn kein LA-Katheter gelegt wird)
  - EF < 50%
  - Klappenoperationen
  - Reoperationen (auch als Volumenzugang)
- transösophageale Echokardiographie (TEE)
  - Detektion von Myokardischämien bei Koronarbypassoperationen
  - Kontrolle des Operationserfolgs bei Korrektur von Herz(klappen)fehlern
- transkranielle Dopplersonographie (TCD) zur Beurteilung der intrakraniellen Hämodynamik

---

71 SAP = „systemic arterial pressure“ (systemarterieller Druck); ZVD = zentralvenöser Druck; PAP = „pulmonary arterial pressure“ (pulmonalarterieller Druck); LAP = „left atrial pressure“ (linksatrialer Druck)

72 **Hinweis:** Bei Operationen mit Eröffnung des rechten Herzens kann der Pulmonaliskatheter erst vor dem Abstellen der HLM in die Pulmonalisposition eingeschwemmt werden.

27.6 Anästhesie- und Operationsphasen

Bei Standardoperationen mit ECC lassen sich **4 Phasen** unterscheiden:

1. Narkoseeinleitung; Instrumentierung und Lagerung des Patienten im Einleitungsraum
2. mediane Sternotomie, Präparation, Kanülierung von Aorta und rechtem Vorhof
3. ECC bei künstlichem Herzstillstand mit Abkühlen des Patienten und Wiedererwärmen
4. Abstellen der HLM, chirurgische Blutstillung, Anlage der Drainagen und Thoraxverschluß

Lagerung des Patienten

- vor Narkosebeginn: Oberkörperhochlagerung entsprechend dem Wohlbefinden des Patienten (*cave*: Dyspnoe oder Angina pectoris, Stauungszeichen [Jugularvenen])!
- intraoperativ: Rückenlage mit Schulterunterstützung zur Verhinderung einer Plexusüberdehnung, linker Arm angelagert, rechter Arm ausgelagert

27.6.1 Narkoseeinleitung (Phase 1)

- ausgiebige Präoxygenierung
- Opioid langsam nach Wirkung i. v. injizieren: Fentanyl ca. 0,2 mg/min (mittlere Gesamtdosis 10–15 µg/kg KG) oder Sufentanil ca. 0,02 mg/min (mittlere Gesamtdosis 1–2 µg/kg KG); „Kommandoatmung" (*cave*: Muskelrigidität unter hoher Opioiddosis!)
- frühzeitige Relaxierung, z. B. mit Pancuronium 0,1 mg/kg KG i. v. (nicht bei Tachyarrhythmia absoluta!) oder Rocuronium 0,6–0,9 mg/kg KG i. v.
- ggf. 5,0–7,5 mg Midazolam oder 5 mg Etomidat i. v.
- Maskenbeatmung mit 100% O_2
- Magensonde zur Blutungsvermeidung möglichst unter Sicht vorschieben, erst dann endotracheale Intubation

MERKE

1. Ein Abfall von Herzfrequenz und Blutdruck muß bei kardiovaskulären Risikopatienten durch langsame Injektion der Substanzen in wirkungsangepaßter Dosierung vermieden werden.
2. Ein Anstieg von Herzfrequenz und Blutdruck unter der endotrachealen Intubation muß durch adäquate Narkosetiefe verhindert werden.
3. Sollte die Herzfrequenz oder der Blutdruck unter der Laryngoskopie dennoch ansteigen, muß die Narkose unbedingt vor der Intubation vertieft werden. Blutdruckabfälle dagegen sind fast immer auf eine Erniedrigung des Gefäßwiderstands zurückzuführen und müssen umgehend mit z. B. 1–2 µg Noradrenalin i. v. behandelt werden.

Besonderheiten bei hochgradiger Aortenstenose

Patienten mit hochgradiger Aortenstenose sind extrem dekompensationsgefährdet. Um das Schlagvolumen über der Stenose aufrechtzuerhalten, ist die myokardiale Wandspannung in der Diastole, vor allem aber in der Systole, i. d. R. bereits maximal gesteigert. Schon eine geringe Reduktion des peripheren Gefäßwiderstands während der Narkoseeinleitung kann dann nicht mehr durch weitere Anhebung des Schlagvolumens kompensiert werden, so daß der arterielle Mitteldruck (MAP) und damit die Koronarperfusion abnimmt. Hierdurch wird ein Circulus vitiosus ausgelöst, der schnell zur Dekompensation führen kann. Bei diesen Patienten empfiehlt sich deshalb folgendes Vorgehen:

- Einleitung ohne Hypnotikum nur mit Fentanyl oder Sufentanil;
- bei Absinken des MAP sofort mit Noradrenalin gegensteuern;
- bei Dekompensation Glyceroltrinitrat ca. 100 µg/min i. v., um den überdehnten linken Ventrikel zu entlasten und wiederherzustellen,

Eine Herzdruckmassage hat wegen der Stenose zumeist nur einen geringen Effekt. Daher muß man beim Kreislaufstillstand versuchen, notfallmäßig zu kanülieren und so schnell wie möglich die ECC in Gang zu bringen.

27.6.2 Narkoseaufrechterhaltung (Phase 2)

- Propofol 250–500 mg/h oder Etomidat 20–40 mg/h, evtl. zusätzl. Midazolam (fraktioniert 2,5–5,0 mg bis zu einer Gesamtdosis 15 mg)
- b. Bed. zusätzl. Isofluran oder Sevofluran
- Fentanyl oder Sufentanil nach Bedarf repetieren (vor Sternotomie 0,5 bzw. 0,05 mg)
- Nachrelaxierung in Abhängigkeit von der eingesetzten Substanz

Inhalationsanästhetika. Sternotomie und Einsetzen des Sternumsperrers üben einen sehr starken

Schmerzreiz aus und führen ebenso wie die Präparation an den großen Gefäße oder der A. mammaria zu erheblicher adrenerger Stimulation. Sie ist mit Opioiden allein meist nicht ausreichend zu verhindern, so daß sich zusätzlich die Gabe von **volatilen Anästhetika** empfiehlt. Mitunter wird auch der Einsatz von Vasodilatatoren (z. B. Urapidi oder Nifedipin) oder ß-Rezeptoren-Blockern (z. B. Esmolol) erforderlich. Inwieweit volatile Anästhetika darüber hinaus eine relevante Myokardprotektion im Sinne einer Präkonditionierung vermitteln können, läßt sich aus heutiger Sicht nicht sicher beurteilen. Bei schwerer Herzinsuffizienz sollten sie aber wegen ihrer kardiodepressiven Eigenschaften nicht zugeführt werden. **N_2O** wird in der Kardioanästhesie kaum benutzt. Es ist kontraindiziert

- während und nach ECC (Verstärkung von Luftembolien),
- bei pulmonaler Hypertonie (verstärkender Effekt) und
- bei schwerer Herzinsuffizienz (negativ inotrope Eigenwirkung).

Maschinelle Beatmung in der Präbypassphase:

- Atemzugvolumen: 8–10 ml/kg KG
- Beatmungsfrequenz: 10/min
- Atemzeitverhältnis: 1: 1
- PEEP: 5 cmH_2O (nicht bei Mammariapräparation, um Lungenverletzung zu vermeiden)

MERKE
Während der **Sternotomie** muß die **Beatmung unterbrochen** werden, um eine Verletzung der Mediastinalorgane durch die Sternumsäge zu verhindern.

Antibiotikaprophylaxe. Zur Endokarditisprophylaxe können perioperativ **Cephalosporine** (z. B. Cefuroxim als Kurzinfusion: je 1,5 g präop. u. zum OP-Ende) oder bei (Penicillin-)Allergie **Chinolone** (z. B. Ciprofloxacin, 200 mg als 100-ml-Fertiglösung) verwendet werden (s. auch Kap. 6.4.2). Die Erstdosis muß zur Sicherstellung eines ausreichenden Wirkspiegels *spätestens 30 min vor Operationsbeginn* appliziert werden.

Elektrolyte. Zur Verhinderung kardialer Arrhythmien sollten das **Serummagnesium** und vor allem das **Serumkalium** in der Präparationsphase hochnormal gehalten werden. Hierzu kann z. B. Inzolen®-HK-Lösung[73] verwendet und b. Bed. kontinuierlich zugeführt werden (10–40 ml/h im Perfusor).

Vor der Kanülierung für den Anschluß der HLM wird **Heparin** verabreicht (Abschn. 27.3.1), was im ECC-Protokoll (Kardiotechniker) und im Anästhesieprotokoll zu dokumentieren ist. Danach wird, wie oben beschrieben (Abschn. 27.3.3), **Aprotinin** gegeben.

MERKE
1. **Fehlendes Heparin** führt durch **Verstopfung der ECC** unweigerlich zur Katastrophe!
2. Bei einem **anaphylaktischem Kreislaufstillstand auf Aprotinin** muß umgehend die ECC gestartet werden können!

Um mit der Priming-Lösung der HLM einen Hämatokrit von 20 ± 2% zu erreichen (Abschn. 27.6.3), wird nach der Aortenkanülierung b. Bed. **Eigenblut** entnommen, das später retransfundiert wird. Dieses Blut ist nicht durch die ECC alteriert, so daß neben Erythrozyten auch Thrombozyten und Gerinnungsfaktoren funktionsfähig bleiben.

! In der Phase der **Aortenkanülierung** soll zur Vermeidung einer Aortendissektion der **MAP nicht über 80 mmHg** ansteigen!

27.6.3 Extrakorporale Zirkulation (Phase 3)

Während des künstlichen Herzstillstands übernimmt eine **Herz-Lungen-Maschine** die Pumpfunktion des Herzens, die Oxygenierung des Bluts und die CO_2-Eliminierung („kardiopulmonaler Bypass"). Ein leistungsfähiger Wärmeaustauscher gewährleistet dabei das schnelle Abkühlen und Aufwärmen des Patienten. Über eine spezielle Spule kann wenn nötig eine Ultrafiltration durchgeführt werden. In der ECC-Phase werden Infusionen, Blutprodukte und Medikamente nur über die HLM verabreicht. Die HLM wird von einem speziell geschulten Kardiotechniker unter gemeinsamer Aufsicht des Kardiochirurgen und des Anästhesisten bedient.

Indikationen für die ECC

- Koronarchirurgie
- Rekonstruktion oder Ersatz von Herzklappen

73 Die Inzolen®-HK-Lösung enthält Kalium- und Magnesiumaspartat und außerdem Spurenelemente. Der Kaliumanteil beträgt 1 mmol/ml (= 1 molare Lsg.), der Magnesiumanteil 0,5 mmol/l.

- Korrektur kongenitaler Herzfehler
- Eingriffe an der thorakalen Aorta

Herz-Lungen-Maschine

Blutzirkulation. Das gesamte venöse Blut wird aus dem rechten Vorhof („2-Etagen-Kanüle") oder in bestimmten Fällen separat aus den beiden Hohlvenen („Doppelkanülierung") in ein Reservoir geleitet, von hieraus einem Oxygenator zugeführt und nach Anreicherung mit O_2 und Eliminierung von CO_2 in den Kreislauf des Patienten über die Aorta ascendens oder A. femoralis zurückgepumpt.

Indikationen für eine Doppelkanülierung
- Operationen am offenen rechten Herzen (ASD- od. VSD-Verschluß, Eingriffe an der Trikuspidal- od. Pulmonalklappe, Entfernung eines Vorhofthrombus od. -myxoms)
- Operationen am offenen linken Herzen (z. B. Mitralklappenersatz)
- Korrektur kindlicher Herzfehler
- Herztransplantation

Bestandteile und Zubehör der HLM
- venöse und arterielle Schläuche (venös: blau, arteriell: rot)
- Reservoir, Oxygenator, Wärmeaustauscher, Blutfilter
- diverse Pumpen (für den arteriellen Einstrom; zum Absaugen des Bluts aus dem linken Ventrikel ["Vent"] → Verhinderung einer Ventrikelüberdehnung!; zum Absaugen von Blut aus dem OP-Gebiet ["Koronarsauger"]; für die Zufuhr der Kardioplegielösung)

Oxygenator. Heutzutage werden i. d. R. **Membranoxygenatoren** verwendet. Eine semipermeable Membran, die sich zwischen Blut und Gas befindet, gewährleistet aufgrund ihrer großen Oberfläche eine rasche Äquilibrierung zwischen den beiden Phasen. Der Hauptvorteil der Membranoxygenatoren liegt jedoch in der i. Vgl. zu den älteren Bubble- und Scheibenoxygenatoren geringeren Bluttraumatisierung und dem daraus folgenden niedrigeren Blutungsrisiko.

MERKE
1. Die **maximale Oxygenierungsleistung** von Membranoxygenatoren beträgt, vorausgesetzt, daß reiner Sauerstoff zugeführt wird (Flow: 6 l/min) und die Pumpe eine Blutflußrate von 7 l/min erzeugt, ca. **430 ml O_2/min** bei einem Hkt von 35% und ca. 300 ml O_2/min bei einem Hkt von 20%.
2. Der **O_2-Verbrauch** beträgt beim Erwachsenen:

in Ruhe	3,5 ml/kg KG
in Narkose	3,0 ml/kg KG
in Hypothermie (28 °C)	1,0 ml/kg KG

Wärmeaustauscher. Bei den Einmaloxygenatoren ist ein Wärmeaustauscher in den Oxygenator integriert. Dieser Wärmeaustauscher soll die Blut- und Patiententemperatur konstant halten. Ein weiterer befindet sich extern, er dient der schnellen Abkühlung und Wiedererwärmung des Patienten. Bei der **Wiedererwärmung** muß zweierlei bedacht werden:
1. Die Temperatur zur Wiedererwärmung darf 41 °C nicht überschreiten, um die Blutbestandteile nicht zu schädigen, der Temperaturgradient zwischen ex- und intern darf nicht mehr als 10 °C betragen.
2. Da bei der Erwärmung die Löslichkeit der Gase im Blut abnimmt, muß zur Verhinderung einer Gasembolie ein Mikrofilter zwischen Wärmeaustauscher und Patient angebracht werden.

Pumpen. Während das venöse Blut nach dem Saug-Heber-Prinzip passiv in die HLM einströmt, muß es aktiv in den Patienten zurückgeführt werden. Dies geschieht im Normalfall mit Hilfe einer Rollerpumpe. Die Pumpe erzeugt keinen pulsatilen, sondern einen **kontinuierlichen Blutfluß.**[74] Die maximale Pumpleistung beträgt ca. 7 l/min. Solange das Blut nur vorwärts gepumpt und kein Sog ausgeübt wird, hält sich die Schädigung der Blutzellen (z. B. Hämolyse) in Grenzen. In besonderen Fällen wird, um die Bluttraumatisierung weiter zu verringern, eine Zentrifugalpumpe benutzt (z. B. bei Thrombozytopenie, längeren ECC-Zeiten, niedriger Ejektionsfraktion und bei Herztransplantationen). Die Pumpe befindet sich immer vor dem Oxygenator, um einen positiven Innendruck sicherzustellen und dadurch das Eintreten von Gasblasen ins Blut zu verhindern. Vor dem arteriellen Wiedereinstrom passiert das Blut außerdem einen Mikrofilter (Porengröße 40 μm). Er soll Partikel und Mikroaggregate zurückhalten und größere Gasblasen dispergieren.

74 Pulsatile Verfahren sind technisch sehr aufwendig und haben sich bisher nicht bewährt.

MERKE
Die **Blutflußrate** unter ECC wird in Abhängigkeit von der Körpertemperatur und der SvO_2 gesteuert. Angestrebt werden in etwa folgende Werte:
- bei Normothermie: 2–3 l/m² KOF/min (bei einer SVR von 800–1200 dyn × sec × cm^{-5})
- bei Hypothermie: 2 l/m² KOF/min (bei einer SVR von 1.500–1.600 dyn × sec × cm^{-5})

KOF = Körperoberfläche

Priming der HLM. Das Füllvolumen der HLM beträgt bei Erwachsenen ca. 2,3 l. Die Priming-Lösung kann wie folgt zusammengesetzt sein (Variationen je nach Zentrum):
- Sterofundin®: 1.800 ml
- HES 200/0,5 6%: 500 ml
- Natriumhydrogencarbonat 8,4%: 20 ml (zur Einstellung eines pH von 7,40)
- Heparin: 5.000 IE

Erythrozytenkonzentrate werden nur b. Bed. hinzugefügt. Der Zusatz von Albumin oder anderer Kolloide wird kontrovers diskutiert.

Hämodilution. Der angestrebte **Hämatokrit** liegt zumeist bei **20 ± 2%** (T = 32 °C). Die Hämodilution unter ECC vermindert die Blut- und Plasmaviskosität und verbessert so die Mikrozirkulation in den Organen. Hierdurch wird der gegenteilige Effekt der Hypothermie mehr als ausgeglichen. Die Hämodilution führt jedoch nicht nur zu einer Verminderung des Hkt, sondern auch zu einer Abnahme der Konzentration aller partikulären (z. B. Proteine) und gelösten Plasmabestandteile sowie zu einer Verdünnung exogen zugeführter (z. B. Hypnotika) und endogen zirkulierender Substanzen (z. B. Katecholamine). Pharmaka mit hoher Eiweißbindung werden allerdings initial vermehrt aus ihren Bindungsstellen freigesetzt, so daß vorübergehend sogar mit einer verstärkten Wirkung zu rechnen ist.

Blutgerinnung. Der Kontakt des Bluts mit den Fremdoberflächen der HLM würde ohne den Einsatz von Antikoagulanzien wie Heparin durch Aktivierung von Faktor XII und durch Freisetzung partieller Thromboplastine (Plättchenfaktor 3) aus zerstörten Thrombozyten die plasmatische Gerinnung in Gang setzen (intrinsisches System) und so eine disseminierte intravasale Koagulation entstehen lassen.

Bypassarten

Totaler Bypass. Beim totalen Herz-Lungen-Bypass wird das gesamte Blut durch die HLM geleitet. Lunge und nach dem Abklemmen der Aorta auch das Herz sind also ganz aus der Zirkulation herausgenommen. Nur eine äußerst geringe Blutmenge gelangt noch über die Vv. Thebesii („Saftspalten“ in der Wand des LV) und die Bronchialvenen ins linke Herz. Dieses Blut wird, um eine Überdehnung des Ventrikels zu verhindern, mit dem „Vent“ abgesaugt („Linksherzdrainage“) und ebenfalls der HLM zugeführt.

MERKE
Eine **Beatmung** ist während des totalen Bypasses **nicht erforderlich.** In dieser Phase kann Sauerstoff mit einem geringen Flow (ca. 1 l/min) insuffliert werden. Ein CPAP von 5 cmH_2O erleichtert dabei die Wiederentfaltung der Lungen nach dem Bypass.

Partieller Bypass. Beim partiellen Bypass zirkuliert nur ein Teil des Bluts extrakorporal, der andere wird weiterhin vom Herzen selbst in den Körper gepumpt. Dies ist z. B. der Fall in den Phasen unmittelbar vor Beginn und nach Beendigung eines totalen Bypasses. Spezielle Formen des partiellen Bypasses werden bei Operationen an der thorakalen Aorta benötigt (Kap. 28.5.2).

MERKE
Während des **partiellen Bypasses,** d. h., immer wenn das Herz selbst Blut auswirft, ist eine **Beatmung** unerläßlich, um die Oxygenierung des in die Lungen gelangenden Bluts sicherzustellen.

Anschluß des Patienten an die HLM

1. Eröffnung des Perikards
2. Heparinisierung nach Schema (Ansage durch den Chirurgen)
3. Kanülierung der Aorta ascendens
4. Kanülierung des rechten Vorhofs oder beider Hohlvenen

Hypothermie

Bei kardiochirurgischen Eingriffen, zu deren Durchführung ein passagerer Herzstillstand notwendig ist, wird, um hypoxisch-ischämische Läsionen am Myokard zu verhindern, die Körpertemperatur künstlich abgesenkt. Davon profitieren auch die anderen ischämieempfindlichen Organe wie das Gehirn, bei denen nämlich trotz ECC wegen der niedrigen Blutflußraten die Gefahr einer ungenügenden O_2-Versorgung bestehenbleibt.

MERKE
Hypothermie kann den **Funktions- und Strukturstoffwechsel** der Organe vermindern und so deren O_2-Bedarf senken, was entsprechend die Ischämietoleranz erhöht. Der günstige Effekt beruht in erster Linie auf der temperaturabhängigen, nichtlinearen Reduktion der Stoffwechselvorgänge, daneben aber wahrscheinlich auch auf komplexen Eingriffen in spezielle biochemische Prozesse.

Anwendung. Die Hypothermie wird in verschiedene Grade eingeteilt (Tab. **111**). Für Klappen- und Bypassoperationen ist meistens eine Temperaturabsenkung auf 27–32 °C ausreichend („mäßige Hypothermie"). Eine tiefe Hypothermie wird bei Korrekturen angeborener Herzfehler, eine ausgeprägte Hypothermie bei Eingriffen mit komplettem, bis zu 60minütigem Kreislaufstillstand eingesetzt (z. B. Aortenbogenaneurysma). In einigen Zentren werden „einfache" Eingriffe allerdings auch unter Normothermie (35–37 °C) durchgeführt, wobei jedoch mit einer erhöhten Rate neurologisch-psychiatrischer Komplikationen gerechnet werden muß.

Durchführung. Heutzutage wird fast ausschließlich die sog. **Kernkühlung** (innere Abkühlung mit Hilfe der ECC) angewendet, Zusätzlich ist eine Oberflächenkühlung des Herzens mit Eis oder eisgekühlter Elektrolytlösung möglich. Die Herztemperatur kann mit speziellen Einstichsonden kontrolliert werden. Bei Erfordernis einer ausgeprägten Hypothermie sollte auch das Gehirn topisch gekühlt werden.

Potentiell **nachteilige Effekte** der Hypothermie sind:

Tabelle 111 Hypothermiegrade und tolerabler Kreislaufstillstand

Hypothermiegrad	Kerntemperatur	Kreislaufstillstand
mild	32–35 °C	5–10 min
mäßig	26–31 °C	10–20 min
tief	20–25 °C	20–60 min
ausgeprägt	< 20 °C	> 60 min

- Verschiebung der O_2-Hb-Bindungskurve nach links
- Anstieg des peripheren Gefäßwiderstands
- Zunahme der Blut- und Plasmaviskosität
- Verminderung der Gerinnungsaktivität (T < 32 °C)
- Zunahme der Löslichkeit der Blutgase und pH-Veränderungen

Blutgase und Säure-Basen-Haushalt. Hypothermie erhöht die Löslichkeit von Gasen in einer Flüssigkeit und vermindert die ionale Dissoziation (z. B. $H+$). Mit abnehmender Temperatur **sinken daher der PO_2 und PCO_2,** während der **pH-Wert ansteigt.** Umstritten ist, ob die bei 37 °C im Analysator gemessenen Werte auf die aktuelle Körpertemperatur des Patienten korrigiert werden sollen. So haben sich 2 unterschiedliche Verfahren zur Steuerung der Blutgase und des Säure-Basen-Haushalts unter hypothermer ECC herausgebildet: das α-stat- und das pH-stat-Verfahren (Tab. **112**). Bei dem heutzutage bevorzugten **α-stat-Verfahren**[75] werden die Blutgase und der pH-Wert bei 37 °C gemessen und die Ergebnisse nicht korrigiert. Die Werte werden in dem Normalbereich, der für 37 °C gilt, konstant gehalten. Das bedeutet, daß die „wahren" Werte in Hypothermie

Tabelle 112 Vergleich der Blutgase und pH-Werte unter α-stat- und pH-stat-Bedingungen

	Umrechnung α-stat → pH-stat				Umrechnung pH-stat → α-stat			
Temperatur in vivo °C	α-stat pH	pH-stat pH	α-stat $PaCO_2$ (mmHg)	pH-stat $PaCO_2$ (mmHg)	α-stat pH	pH-stat pH	α-stat $PaCO_2$ (mmHg)	pH-stat $PaCO_2$ (mmHg)
37	7,40	7,40	40	40	7,4	7,40	40	40
33	7,40	7,34	40	47	7,44	7,40	35	40
30	7,40	7,30	40	54	7,5	7,40	29	40
27	7,40	7,26	40	62	7,55	7,40	26	40
20	7,40	7,18	40	84	7,65	7,40	19	40

75 Der Begriff „α-stat" leitet sich von der in Hypothermie verminderten Dissoziation des α-Imidazolrings der Histidingruppe des Hämoglobins ab.

niedriger liegen. Dem liegt die Vorstellung zugrunde, daß bei homöothermen (und poikilothermen) Lebewesen bei unterschiedlichen Körpertemperaturen auch unterschiedliche Normalwerte für die Blutgase und den pH existieren. Folglich tritt unter α-stat-Bedingungen aus „normothermer" Sicht eine *respiratorische Alkalose* auf.

Demgegenüber werden beim **pH-stat-Verfahren** die bei 37 °C gemessenen Werte auf die aktuelle Körpertemperatur korrigiert und dann i. d. R. in dem für 37 °C geltenden Normalbereich gehalten. Für dieses Regime lautet die Hypothese, daß sich die Normalwerte nicht temperaturabhängig ändern. Vorbild in der Natur sind die sog. Hibernatoren (Winterschläfer). Unter pH-stat-Bedingungen muß CO_2 zugeführt werden. Potentielle Nachteile sind eine *übermäßige Steigerung der zerebralen Durchblutung* und eine *Beeinträchtigung oder Aufhebung der zerebrovaskulären Autoregulation*.

Myokardprotektion

Der wichtigste Faktor zum Schutz des Myokards vor hypoxisch-ischämischen Läsionen bei Operationen am stillstehenden Herzen ist sicher die **Hypothermie.** Zusätzlich werden **kardioplegische Lösungen** eingesetzt. Sie dienen in erster Linie zur Induktion eines möglichst zügigen Herzstillstands.

Kardioplegie. Während bis heute Uneinigkeit über die Zusammensetzung der „idealen" kardioplegischen Lösung besteht, herrscht weitestgehend Einigkeit über die Zielvorgaben:

- Erzeugung eines sofortigen, anhaltenden, schlaffen, d. h. diastolischen Herzstillstands, wodurch einer Entleerung der myokardialen Energiespeicher (ATP) vorgebeugt werden soll;
- Erhaltung des Strukturstoffwechsels;
- Vermeidung einer intrazellulären Calciumakkumulation;
- Pufferung einer metabolischen Azidose;
- Verhinderung eines hypoxisch-ischämischen Myokardödems.

International werden verschiedenartige Lösungen verwendet. Die meisten haben einen **hohen Kaliumanteil** (20–30 mmol/l), Dies ist wichtig, um einen diastolischen Herzstillstand herbeizuführen.

Technischer Ablauf

1. Starten der ECC („kaltes Anfahren", d. h., die HLM-Lösung hat Umgebungstemperatur)
2. Abklemmen der Aorta
3. Infundieren der kardioplegischen Lösung in den Koronarkreislauf zeitgleich mit der Kühlung

Die kardioplegische Lösung wird eisgekühlt (T ≈ +1 °C) und pumpengesteuert entweder antegrad in die Aortenwurzel oder selektiv direkt in die einzelnen Koronarostien oder retrograd in den Sinus coronarius infundiert Dabei werden die Koronarien mit einer Rate von 50–100 ml/min initial für 3 min und dann alle 20–30 min für weitere 1–2 min perfundiert. Wichtig für die optimale Wirkung ist neben der richtigen Zusammensetzung eine möglichst homogene Verteilung der Lösung im Myokard.

Spezialfälle

- selektive Kardioplegie: Aorteninsuffizienz („nicht dicht schließende Klappe")
- retrograde Kardioplegie: ungenügende antegrade Perfusion bei hochgradiger Koronarstenose

Operationen am flimmernden Herzen:
Bei kurzen Eingriffen (z. B. Einfach-ACVB) wird manchmal die Aorta nicht abgeklemmt und die Operation am flimmernden Herzen ausgeführt, während die Koronarien über die HLM hypotherm perfundiert werden. Falls Kammerflimmern nicht spontan auftritt („Kältereiz"), wird es durch einen elektrischen Stromimpuls über epikardiale Elektroden induziert.

Narkoseführung während ECC:

Die Hämodilution bewirkt durch die Hypoproteinämie einen Anstieg der freien Anästhetikafraktionen im Plasma, was erhöhte Substanzkonzentrationen an den Wirkorten nach sich zieht. In der Hypothermiephase ist außerdem der Anästhetikabedarf verringert. Man geht davon aus, daß eine **Hirntemperatur ≤ 28 °C** per se zur **Narkose** führt, so daß dann auf Hypnotika und Analgetika ganz verzichtet werden kann. Bei höheren Temperaturen ist zumindest die Gabe von Hypnotika erforderlich (z. B. Propofol, ca. 100–200 mg/h, auch möglich: Sevofluran ca. 1 Vol.-% über die HLM). In der Aufwärmphase steigt der Bedarf wieder an, und die Anästhesie muß entsprechend vertieft werden.

Monitoring während ECC:

EKG. Während der Aortenabklemmung ist auf eine ununterbrochene **Asystolie** zu achten. Bei wieder einsetzender Herzaktivität muß die Kardioplegie umgehend erneuert werden.

Arterieller Blutdruck. Da sich die autoregulatorischen Grenzen der Organdurchblutung unter Hypothermie ändern, muß der arterielle Blutdruck temperaturabhängig gesteuert werden. Bei Hirntemperaturen über 33 °C liegt die untere Grenze der zerebrovaskulären Autoregulation im Normalfall bei einem MAP von 55–70 mmHg (Erwachsene). Poststenotische Hirnareale benötigen möglicherweise höhere Drücke. Bei Temperaturen unter 28 °C beginnt die Einschränkung der Autoregulation. Das Plateau verschwindet allmählich, und in ausgeprägter Hypothermie ist die zerebrale Durchblutung dann direkt vom Perfusionsdruck abhängig. Als Anhalt können folgende Werte gelten:

- Beginn der ECC ohne Kühlung → MAP > 60 mmHg
- Aufwärmphase → MAP > 60 mmHg
- Temperatur = 30–33 °C → MAP > 50 mmHg (> 60 mmHg bei Karotisstenosen)
- Temperatur < 30 °C → MAP > 40–45 mmHg
- Temperatur < 20 °C → MAP > 30 mmHg

Zur Anhebung des MAP wird Noradrenalin (in Boli von 5–10 µg) verwendet. Um den Druck vor der Aortenkanüle zu begrenzen, werden als oberer MAP-Grenzwert 90 mmHg angesehen. Zur Drucksenkung kann bei adäquater Narkosetiefe Urapidil oder Nifedipin eingesetzt werden.

Zentralvenöser Druck. Der ZVD sollte bei gutem venösen Rückfluß in die HLM etwa 0 betragen.

Linksatrialer Druck. Der LAP sollte während der ECC zwischen 0 und 4 mmHg liegen. Dies gilt auch für die Pulmonalisdrücke.

!

1. Ein **LAP-Anstieg** weist auf eine **LV-Überdehnung** bei mangelhafter Linksdrainage hin und muß unbedingt sofort korrigiert werden.
2. Ein **negativer LAP** ist ebenfalls zu vermeiden, weil dann die Ventrikelwände aneinanderschlagen.

Urinausscheidung. Die Urinausscheidung sollte 1 ml/kg/h während der ECC nicht unterschreiten. Bei **Oligoanurie** müssen differentialdiagnostisch in Betracht gezogen werden:

- Obstruktion des Blasenkatheters oder des Ableitsystems
- renale Hypoperfusion (zu niedrige Blutflußrate, zu niedriger Perfusionsdruck, Hypovolämie)
- Obstruktion der V. cava inf.

! **Diuretika** (z. B. Furosemid) sollen unter ECC erst nach Ausschluß oder Beseitigung der Ursache einer Oligoanurie und bei weiterhin unzureichender Diurese eingesetzt werden.

Laborzielwerte

- PaO_2: 100–150 mmHg (Steuerung nach α-stat)
- $PaCO_2$: 35–45 mmHg (Steuerung nach α-stat)
- SvO_2: 70–75%
- pH: 7,35–7,45 (Steuerung nach α-stat)
- Hkt: 18–22%
- Elektrolyte: im Normalbereich
- BZ: < 200 mg/dl
- Gerinnung ACT > 400 sec

Eine **metabolische Azidose** ist zumeist Ausdruck einer ungenügenden Perfusion. Vor Zufuhr von Puffersubstanzen sollte daher zunächst die Blutflußrate oder der Perfusionsdruck erhöht werden. Patienten mit insulinpflichtigem oder schlecht „oral" eingestelltem **Diabetes mellitus** erhalten Insulin intravenös entsprechend den BZ-Kontrollen, um Entgleisungen unter der ECC zu vermeiden. Wichtig ist dabei, das Insulin vor Beginn der ECC zu applizieren, weil sonst die Wirkung deutlich herabgesetzt ist (periphere Insulinresistenz unter ECC). Anschließend müssen der Blutzucker und das Serumkalium engmaschig, d. h. ca. alle 15 min, kontrolliert werden.

Wichtige Besonderheiten bei ECC

HLM-Reservoir. Das venöse Blut gelangt ausschließlich passiv nach dem Saug-Heber-Prinzip in die HLM, d. h., der Zufluß hängt nur vom **hydrostatischen Druckgefälle** zwischen dem rechten Vorhof und dem HLM-Reservoir ab. Somit kann die Füllung des Reservoirs durch Veränderungen der Operationstischhöhe beeinflußt werden. Die Reservoirfüllung ist darüber hinaus von zahlreichen Faktoren abhängig. Der Pegelstand nimmt zu bei vermehrtem Flüssigkeitseinstrom aus dem Extrazellulärraum (z. B. Herzinsuffizienz, Mitralinsuffizienz), bei Volumenzufuhr (z. B. kardioplegische Lösung) oder Venokonstriktion (auch unter Noradrenalin). Er nimmt dagegen ab bei venösem Pooling (z. B. Wiedererwärmung, Gabe von Glyceroltrinitrat), unter Diurese, bei interstitieller Flüssigkeitseinlagerung oder bei Blutungen (okkult z. B. in die Pleurahöhlen). Bei kritischem Absinken wird vom Kardiotechniker Volumen nachgefüllt, bei Überfüllung Blut abgelassen und in einem Beutel gesammelt. Das „überschüssige" Blut kann dem Patienten b. Bed. über die HLM zurückgegeben oder nach der ECC retransfundiert werden (dann am besten Aufbereitung im Cellsaver: Konzentrierung der Erythrozyten und Eliminierung von Heparin). Bei mangelhafter, nicht stimulierbarer Diurese kann wenn nötig auch eine **Ultrafiltration** über die HLM durchgeführt werden.

MERKE
Venodilatatoren (z. B. Glyceroltrinitrat) sollten während der ECC nicht eingesetzt werden.

Volumensubstitution. Nach der arteriellen Kanülierung ist bereits eine Volumenzufuhr über die HLM möglich. Umgekehrt kann nach dem Abgehen vom Bypass und dem Entfernen der venösen Kanüle(n) weiterhin Volumen über den arteriellen Schenkel substituiert werden.

Veränderungen der Serumelektrolyte. Ein Abfall der Natriumkonzentration ist vor allem nach Gabe größerer Mengen natriumarmer kardioplegischer Lösung zu beobachten. Bei nachlassender Diurese empfiehlt sich dann eine Natriumsubstitution. Das Serumkalium kann besonders in der Aufwärmphase als Folge der zunehmenden Spontandiurese abnehmen. Um Herzrhythmusstörungen nach dem Abstellen der HLM zu vermeiden, sollte dann rechtzeitig Kalium substituiert werden (z. B. mit Inzolen® HK).

Komplikationen. Mit Beginn der ECC muß auf die Zeichen einer *venösen Stauung* oder *ungleichmäßigen Perfusion* (z. B. einseitige Blässe) im Kopf-Hals-Bereich geachtet werden, um ggf. die Lage der Kanüle(n) rasch korrigieren zu können. Bei dem „kaltem Anfahren" der HLM kommt es zu einer plötzlichen Abnahme der SVR mit entsprechendem *Blutdruckabfall*. Dies liegt vor allem an einer kälteinduzierten Vasoplegie. Daneben spielt noch die bei jeder ECC auftretende Verdünnung der zirkulierenden Katecholamine eine Rolle. Ein *Eintritt von Luft* muß nicht nur im arteriellen, sondern unbedingt auch im venösen Schenkel der HLM (z. B. undichte Vorhofnaht) vermieden werden, weil sonst der venöse Rückfluß abrupt zum Stillstand kommen kann.

Künstlicher Herzschrittmacher. Bei Schrittmacherträgern müssen, wenn die Demand-Funktion eingeschaltet ist, die Schrittmacherimpulse durch ein externes Gegenpacing über subkutane Stichelektroden inhibiert werden.

Dialyseshunt. Über einen Dialyseshunt kann ein großer Teil des Bluts aus der HLM abfließen. In diesem Fall muß der Shuntfluß durch Anlegen eines Kompressionsverbands vermindert werden. Man erkennt die erhöhte Shuntperfusion an einer deutlich erniedrigten $avDO_2$ und dementsprechend geringem O_2-Verbrauch in Kombination mit einer niedrigen SVR. Shuntthrombosen aufgrund der Kompression sind bei Vollheparinisierung nicht zu befürchten.

Voraussetzungen für die Beendigung der ECC

- Entlüftung des Herzens (nur nach Operationen am offenen Herzen)
  Nach Operationen am offenen Herzen muß die Luft vor dem ECC-Ende aus dem Herzen entfernt werden. Hierzu werden in Kopftieflage unter Drosseln des HLM-Flusses die Lungen manuell gebläht, damit die Luft über ein Loch in der Herzspitze und der Aortennaht entweichen kann. Voraussetzung ist, daß das Herz wieder selbst zu schlagen begonnen hat. Dieser Vorgang wird mehrmals wiederholt. Die Effektivität kann mit der TEE überprüft werden. Allerdings gelingt eine komplette Entlüftung i. d. R. nicht, so daß mit dem Eintritt kleinerer Luftblasen in den Kreislauf gerechnet werden muß.
- Temperatur im Ösophagus > 36 °C, im Rektum > 35,5 °C
- ausreichend lange Reperfusion der Koronarien nach Öffnen der Aortenklemme (ca. 50% der
- Anlage von epikardialen Schrittmacherelektroden und Überprüfung der Schrittmacherfunktion
- Sinusrhythmus
  - bei Kammerflimmern interne Defibrillation mit 10–50 J
  - bei Sinusbradykardie Vorhofstimulation, bei totalem AV-Block sequentielle Vorhof-Kammer-Stimulation (HF ca. 90/min, bei sequentieller Stimulation PQ-Zeit auf ca. 150 msec einstellen)
- nach sorgfältigem manuellem Blähen der Lungen Wiederaufnahme der maschinellen Beatmung (FIO_2 1,0) und Überprüfung der beidseitigen Belüftung sowie der Beatmungsdrücke
- Nullabgleich der Druckaufnehmer auf Vorhofebene (hierzu OP-Tisch horizontal stellen)
- Soll-Werte
  - Hb ≥ 8 g/dl (od. Hkt ≥ 25%)
  - $PaCO_2$ = 35–40 mmHg
  - Serumkalium = 4,5–5,0 mmol/l
  - ionisiertes Serumcalcium im Normalbereich (≈ 1–1,25 mmol/l)
  - $avDO_2$ < 5 ml/dl (od. SvO_2 > 70%)
  - SVR < 1.000 dyn × sec × cm^{-5}
- Medikamente wie Adrenalin, Noradrenalin, Calcium und Glyceroltrinitrat in den kliniküblichen Konzentrationen sowie Protaminchlorid (Abschn. 27.3.2) bereithalten[76]
- Bilanzierung der Urinmenge

76 Perfusoren: Adrenalin u. Noradrenalin, je 3 mg auf 50 ml NaCl 0,9% (1 ml/h = 1 µg/min), Glyceroltrinitrat 50 mg/50 ml NaCl 0,9%; 10-ml-Spritzen: Adrenalin u. Noradrenalin, je 100 µg/ml (1 : 10) u. 10 µg/ml (1:100), Noradrenalin 1 µg/ml (1:1.000), Glyceroltrinitrat 100 µg/ml (1:10), Calciumgluconat 10%

27.6.4 Abstellen der Herz-Lungen-Maschine (Phase 4)

Der HLM-Fluß wird langsam unter äußerst sorgfältiger Überwachung, vor allem des Volumenstatus, gegen Null reduziert (dabei Ansage des Restflusses [in%] durch den Kardiotechniker). Der **ZVD** sollte in dieser Phase i.d.R. **6–8 mmHg,** der **LAP 10–12 mmHg** betragen. Bei unkompliziertem Verlauf reicht die Myokardkontraktilität aus, um bei normaler SVR ein adäquates HZV zu liefern (MAP > 60 mmHg, $avDO_2$ < 5 ml/dl). Bei niedriger SVR (MAP < 60 mmHg) als Folge der Wiedererwärmung sollte der koronare Perfusionsdruck mit Noradrenalin (3–6 µg/min) angehoben werden, um die Myokarddurchblutung zu verbessern

Ein **komplizierter Verlauf** liegt vor, wenn die Myokardkontraktilität vermindert ist („Low-output-Syndrom"; s. unten). Er ist besonders dann zu erwarten, wenn die Herzfunktion bereits präoperativ eingeschränkt war (MAP < 60 mmHg, ZVD > 10 mmHg, LAP > 14 mmHg; $avDO_2$ > 5 ml/dl). Als weitere Ursachen kommen auch Luft in den Koronarien (ST-Strecken-Senkung od. -Hebung), ein akuter Myokardinfarkt, Klappenfehlfunktionen oder Bypasskomplikationen in Frage.

Maßnahmen nach erfolgreicher Beendigung der ECC

- nach Möglichkeit Retransfusion des Restbluts aus der HLM, ggf. erst nach Aufbereitung im Cell-saver (Ziel-Hkt zum OP-Ende: 30–35%)
- Entfernen der ECC-Kanülen
- Heparin nach Ansage durch den Chirurgen mit Protamin antagonisieren (s, Abschn. 27.3.2), nach ca. 20 min Kontrolle von ACT und Gerinnungsstatus, ggf. Protamin nachgeben
- regelmäßig manuell die Lungen blähen, um Atelektasen vorzubeugen; PEEP von 5 cmH_2O anstreben
- Oxygenierung mit FIO_2 1,0, solange Hkt < 30%
- Zielwerte: PaO_2 > 100 mmHg, $PaCO_2$ = 35–40 mmHg, pH ≈ 7,40
- falls vorhanden und erforderlich, Retransfusion des Eigenbluts, das initial der HLM entnommen wurde (Makrofilter!)
- bei Thoraxverschluß auf Änderungen der Vorlasten und korrekte Lage des LA-Katheters achten (Gefahr des Abknickens!)
- Antibiotikum zum OP-Ende repetieren

NOTABENE
Nach dem **Abgehen vom Bypass** besteht aufgrund der durch die Wiedererwärmung ausgelösten peripheren Vasodilatation i. d. R. weiterhin ein nicht unerheblicher **Volumenbedarf.** Bei anhaltend niedriger SVR kann zusätzlich Noradrenalin in geringer Dosierung (1–3 µg/min) eingesetzt werden.

Low-output-Syndrom

Das Low-output-Syndrom ist gekennzeichnet durch einen erniedrigten Herzindex (< 2,2 l × m^{-2} KOF × min^{-1}) und eine erhöhte SVR (> 1200 dyn × sec × cm^{-5}). Da der Blutdruck in der A. radialis jedoch unmittelbar nach ECC falsch niedrig gemessen werden kann (Kap. 3.3.2), sollte, um eine unnötige Behandlung zu vermeiden, der Druck zunächst intraaortal (dünne Kanüle) gegengemessen werden.

Einem Low-output-Syndrom liegen oftmals **reversible Störungen der Myokardfunktion** zugrunde:

- ein „hibernating myocardium" (vitales Myokard, das aufgrund eingeschränkter Perfusion nur seinen Strukturstoffwechsel aufrechterhält, seine kontraktile Funktion jedoch eingestellt hat) oder
- ein „stunned myocardium" (postischämisches Myokard mit zwar wieder normalisierter Perfusion, aber noch nicht [völlig] wiederhergestellter Kontraktionsfähigkeit).

Therapiemöglichkeiten bei Low-output-Syndrom

- Adrenalin 3–10 µg/min, Glyceroltrinitrat 30–150 µg/min; ggf. Noradrenalin 3–6 µg/min (Katecholamine s. Kap. 6.1.3, Vasodilatatoren s. Kap. 6.1.6)
- Calciumgabe (nur bei erniedrigtem ionisierten Serumcalcium sinnvoll!)
- evtl. PDE-III-Hemmer, z. B. Milrinon (s. Kap. 6.1.7)
- intraaortale Ballongegenpulsation
- ventrikuläres Assist-System

MERKE:
Das Low-output-Syndrom muß umgehend therapiert werden! Wenn eine medikamentöse Unterstützung nach kurzer Zeit keinen Erfolg zeigt, muß der Patient wieder an die HLM angeschlossen und die koronare Reperfusion fortgesetzt werden, um irreversible Schäden des postischämischen Myokards zu verhindern.

Mechanische Kreislaufunterstützung. Wenn bei einem Low-output-Syndrom die pharmakotherapeutischen Möglichkeiten ausgeschöpft sind und sich die

Pumpfunktion des Herzens trotzdem nicht nachhaltig verbessert oder erholt hat, können mechanische Systeme, wie z. B. die intraaortale Ballongegenpulsation oder ventrikuläre Assist-Systeme, zur Kreislaufunterstützung eingesetzt werden. Hiermit soll der Zeitraum bis zur Myokardregeneration oder bis zu einer Herztransplantation überbrückt werden.

Für die **intraaortale Ballongegenpulsation** (IABP) wird ein Spezialkatheter in die A. femoralis eingeführt und so weit in die Aorta descendens vorgeschoben, bis seine Spitze distal des Abgangs der linken A. subclavia zu liegen kommt (am besten TEE-kontrolliert). Der Ballon wird dann durch eine Pumpe mit Helium aufgeblasen („Augmentation"), und zwar immer in der Diastole unmittelbar nach Schluß der Aortenklappe. Dabei wird die Aorta zu 90–95% okkludiert. Aufgrund dessen steigt der koronare Perfusionsdruck und somit die Myokarddurchblutung, was die Kontraktilität verbessert. Anschließend wird der Ballon direkt vor Öffnung der Aortenklappe komplett entleert. Hierdurch entsteht ein gewisser Sogeffekt, so daß die Herzarbeit während der Systole geringfügig abnimmt (Nachlastsenkung). Die IABP ermöglicht eine Zunahme des linksventrikulären Schlagvolumens und damit eine *Steigerung des HZV um bis zu 30%*. Die einzelnen Ballonphasen können durch das EKG oder besser noch durch die Druckkurve (Aorta od. A. radialis) getriggert werden. Zusätzlich ist eine manuelle Verstellung des Inflations- und Deflationszeitpunkts möglich.

Ventrikuläre Assist-Systeme. Während der Effekt der IABP auf eine reine Druckentlastung des Herzens beschränkt ist, können Pumpensysteme durch aktive Blutförderung das Myokard komplett entlasten. Auf diese Weise kann die Vor- und Nachlast eines oder beider Ventrikel minimiert werden. Beim *Linksherzbypass* wird ein Teil des Bluts aus dem linken Vorhof oder Ventrikel extrakorporal abgeleitet und anschließend in die Aorta ascendens oder A. femoralis zurückgepumpt. Beim *Rechtsherzbypass* zwischen den Hohlvenen und dem großen Kreislauf muß zusätzlich ein Membranoxygenator eingefügt werden.

Die mit Hilfe solcher Systeme maximal erzielbaren Minutenvolumina liegen bei 5–7 l. Der Blutfluß ist dabei i. Ggs. zur HLM pulsatil. Wichtig ist, daß die Systeme unterhalb des Herzniveaus angebracht werden, um das Saug-Heber-Prinzip für die Blutableitung auszunutzen und die Flußrate zu optimieren. Diese hängt nämlich auch vom hydrostatischen Gefälle zwischen Vorhof und Reservoir ab und darüber hinaus vom systemischen Gefäßwiderstand (beim sequentiellen Bypass auch vom pulmonalen Gefäßwiderstand). Um maximale Flüsse zu erreichen, sollte der LAP ca. 14 mmHg und der MAP ca. 60 mmHg betragen, das Reservoir sollte etwa 16 cm unterhalb der Vorhofhöhe liegen. Bei Patienten mit latent offenem Foramen ovale darf der LAP nicht unter den RAP sinken, weil sonst ein Rechts-links-Shunt auftreten kann. Die Pumpfrequenz kann fest eingestellt, durch das EKG getriggert oder durch die Reservoirfüllung gesteuert werden. Die Systeme müssen vor Inbetriebnahme sorgfältig entlüftet werden, weil keine Luftfallen integriert sind. Negative Vorhofdrücke müssen unbedingt vermieden werden, um ein Ansaugen von Luft über die Nahtstellen zu verhindern. Außerdem ist eine kontinuierliche Heparinisierung mit mindestens 200 IE/kg/d notwendig.

27.7 Eingriffe

Überblick

- Eingriffe mit ECC
  - Koronarbypass
  - Herzklappenersatz
  - hypertrophisch-obstruktive Kardiomyopathie
  - Herzwandaneurysma
  - „Rhythmuschirurgie"
  - Herztransplantation (Kap. 39.4)
  - thorakales Aortenaneurysma (Kap. 28.6)
- Eingriffe ohne ECC
  - transmyokardiale Laser-Revaskularisation
  - Perikardektomie
  - Implantation eines Kardioverter-Defibrillators
  - abdominelles Aortenaneurysma (Kap. 14.2.1)
- minimalinvasive Eingriffe (mit oder ohne ECC)

27.7.1 Koronarbypass

Indikation:	koronare Makroangiopathie, wenn PTCA u./od. Pharmakotherapie nicht erfolgreich oder erfolgversprechend sind

OP-Verfahren:	1. aortokoronarer Venenbypass (ACVB): autologes Transplantat der V. saphena magna 2. mammarokoronarer Bypass: Anastomosierung einer A. mammaria interna (IMA) mit der betreffenden Koronararterie (Vorteile: nur eine Anastomose erforderlich, geringere postop. Verschlußrate ["Hochdruckgefäß"[) Mittlerweile können Bypassoperationen unter bestimmten Voraussetzungen auch ohne ECC oder thorakoskopisch vorgenommen werden (s. Abschn. 27.8).
OP-Dauer:	2–4 h
ECC:	ja
Komplikationen:	perioperativer Myokardinfarkt, Bypassverschluß, Low-output-Syndrom
Nachbetreuung:	Intensivstation (Nachbeatmung)

27.7.2 Herzklappenersatz

Ein Herzklappenersatz wird notwendig
- bei Klappenstenosen, wenn klappenerhaltende Eingriffe, wie z. B. die Valvuloplastie (Ballondilatation; nur bei Semilunarklappen) oder die Valvulotomie nicht möglich sind oder erfolglos bleiben,
- und bei Klappeninsuffizienzen, wenn klappenrekonstruierende Eingriffe nicht in Frage kommen.

Zum Klappenersatz stehen **Bio- und mechanische Prothesen** zur Verfügung. Mechanische Prothesen („Kunstklappen") werden wegen ihrer längeren Haltbarkeit (ca. 15 Jahre) bei jüngeren Patienten bevorzugt. Allerdings ist zur Verhinderung thromboembolischer Komplikationen eine dauerhafte, d. h. lebenslange Antikoagulation mit einem Cumarin erforderlich. Bioprothesen (vom Schwein oder Menschen ["Homograft"]) sind dagegen zwar deutlich weniger thrombogen (eine antithrombotische Behandlung muß deswegen i. d. R. nur für wenige Monate nach Klappenersatz durchgeführt werden), ihre Haltbarkeit ist jedoch erheblich kürzer als die von Kunstklappen. Ein Herzklappenersatz und i. d. R. auch Vavulotomien sind nur unter ECC möglich (zu den Besonderheiten bei den häufigsten Klappenvitien s. Abschnitt 27.2.2).

Ross-Operation

Indikation:	Aortenvitium beim jungen Menschen
OP-Verfahren:	Aortenklappenersatz durch „Switch-Operation": Einbau der körpereigenen Pulmonalklappe in Aortenposition („Autograft") und Ersatz der Pulmonalklappe durch Fremdtransplantat („Homograft")
Vorteile:	1. längere Funktionsdauer (körpereigene Klappe im Hochdrucksystem) 2. keine Antikoagulation erforderlich
OP-Dauer:	5–6 h
ECC:	ja
Komplikationen:	1. Blutungen (ECC-Dauer, große Wundfläche) 2. Alteration beider Auslaßventile mit Beeinträchtigung der links- u. rechtsventrikulären Funktion
Nachbetreuung:	Intensivstation (Nachbeatmung)

27.7.3 Hypertrophisch-obstruktive Kardiomyopathie

Indikation:	ab dem klinischen Schweregrad III bei Pharmakoresistenz (ß-Rezeptoren-Blocker)
OP-Verfahren:	transaortale Resektion eines Teils des hypertrophierten Septums
OP-Dauer:	2–3 h
ECC:	ja

Besonderheiten:	1. Bevorzugung volatiler Inhalationsanästhetika, bes. Sevofluran (s. Abschn. 27.2.3) 2. geordnete Vorhofkontraktionen für die Ventrikelfüllung wichtig (ggf. Kardioversion) 3. Vermeidung von Hypovolämie, hohen Beatmungsdrücken (kein PEEP!), Tachykardien u. Blutdruckabfällen
Komplikationen:	sehr häufig resektionsbedingte Reizleitungsstörungen (Schenkelblöcke bis hin zum totalen AV-Block)
Nachbetreuung:	Intensivstation (Nachbeatmung)

27.7.4 Herzwandaneurysma

Nosologie:	Herzwandaneurysmen (Ausbuchtungen der Herzwand) bilden sich fast nur im linken Ventrikel, und zwar vor allem auf dem Boden eines Myokardinfarkts. Sie können thrombosieren und so zur *Emboliequelle* werden. Weitere mögliche Komplikationen sind die Auslösung von *Herzrhythmusstörungen*, bei entsprechender Aneurysmagröße die Entwicklung einer *Herzinsuffizienz* und in der Akutphase die *Spontanruptur*.
Therapie:	Aneurysmektomie (Resektion, feste Vernähung, meist Patchplastik)
OP-Dauer:	2–3 h
ECC:	ja
Besonderheiten:	Nach Resektion des Aneurysmas ist das Ventrikelkavum verkleinert und die linksventrikuläre Compliance vermindert. Das enddiastolische Volumen darf in dieser Phase nicht zu stark ansteigen, um eine Überdehnung des Myokards zu vermeiden. Zur Gewährleistung eines adäquaten HZV sollte deshalb eine *leicht erhöhte Herzfrequenz* angestrebt werden (100–110/min).
Nachbetreuung:	Intensivstation (Nachbeatmung)

27.7.5 Cox-Maze-Operation[77]

Indikation:	therapierefraktäre absolute Arrhythmie mit Herzinsuffizienz
OP-Verfahren:	Durchtrennung der meisten elektrischen Bahnen im rechten Vorhof
OP-Dauer:	2–4 h
ECC:	ja
Komplikationen:	totaler AV-Block
Nachbetreuung:	Intensivstation (Nachbeatmung)

27.7.6 Herztransplantation

Siehe Kap. 39.4.

27.7.7 Transmyokardiale Laser-Revaskularisation

Indikationen:	koronare Mikroangiopathie; voroperierte KHK-Patienten, bei denen keine anastomosierbaren Gefäße für weitere Bypässe vorhanden sind

77 mittlerweile zunehmend durch Katheterablation verdrängt

OP-Verfahren:	Nach linkslateraler Thorakotomie werden mit dem Laser TEE-kontrolliert von epikardial aus 30–40 Kanäle durch das Myokard bis ins Ventrikelkavum „geschossen". Durch diese Kanäle soll eine bessere Durchblutung des ischämischen Areals erreicht werden, was zumindest unmittelbar auch gelingt. Langfristig verspricht man sich zudem eine Neovaskularisierung in diesem Bezirk. Allerdings wird ein positiver Langzeiteffekt auf das Leistungsvermögen und die Letalität zunehmend bezweifelt.
OP-Dauer:	ca. 2 h
ECC:	nein
Lagerung:	Rechtsseitenlage
Ausrüstung:	s. Abschn. 27.5; zusätzl. Auskühlungsschutz (Wärmedecke, Infusionswärmer etc.), TEE, TCD (zum Erkennen zerebraler Luftembolien)
Blutkonserven:	4 EK
Anästhesie:	Intubationsnarkose mit balancierter Anästhesie (Midazolam od. Propofol + Opioid + Iso- od. Sevofluran ≤ 1,0 bzw. 1,5 MAC) u. kompl. Muskelrelaxation (keine Einlungenbeatmung erforderlich)
Besonderheiten	bei Luxierung des Herzens (für die Laserung der Hinterwand) für ca. 30 sec extreme Kreislaufdepression, die jedoch nach Freigabe des Herzens meistens sofort aufhört
Komplikationen:	1. koronare Läsionen mit Blutungen u. Ischämien 2. evtl. zerebrale Luftembolien
Nachbetreuung:	Intensivstation (möglichst schon extubiert)

27.7.8 Perikardektomie

Indikation:	Pericarditis constrictiva („Panzerherz"; am häufigsten tuberkulöser Genese)
Pathophysiologie:	progressive Abnahme der Herzauswurfs als Folge der behinderten diastolischen Füllung (→ hoher ZVD)
Symptomatik:	Zeichen der Rechtsherzinsuffizienz mit ausgeprägter Halsvenenstauung, in fortgeschrittenen Fällen Leberstauung, Aszites, periphere Ödeme etc.
OP-Verfahren:	mediane Sternotomie, partielle od. komplette Resektion des Perikards
OP-Dauer:	ca. 4 h
ECC:	i. d. R. nein
Lagerung:	Rückenlage
Ausrüstung:	s. Abschn. 27.5; evtl. PA-Katheter
Blutkonserven:	4–6 EK
Anästhesie:	Intubationsnarkose mit balancierter Anästhesie (Midazolam od. Propofol + Opioid, b. Bed. Sevofluran) u. kompl. Muskelrelaxation
Besonderheiten:	1. Vermeidung zusätzl. Beeinträchtigungen des venösen Rückstroms (hohe Beatmungsdrücke, venodilatatorische Anästhetika o.ä.) 2. Vermeidung von Bradykardien (*cave*: HZV-Abfall!) 3. manipulationsbedingte Herzrhythmusstörungen → Serumkalium hochnormal halten, ggf. Antiarrhythmika 4. nach der Perikardresektion oft kardiale Dilatation u. Insuffizienz → Volumenrestriktion, ggf. positiv inotrope Substanzen
Komplikationen:	Blutungen, Verletzung von Koronararterien, Ventrikelperforation
Nachbetreuung:	Intensivstation (Nachbeatmung bis zur kardialen Stabilisierung)

27.7.9 Implantation eines Kardioverter-Defibrillators

Indikationen:	Verhinderung des plötzlichen Herztodes bei therapierefraktären paroxysmalen ventrikulären Tachykardien od. bei rezidivierendem Kammerflattern/-flimmern
OP-Verfahren:	i. d. R. *transvenöses* Einführen einer Schrittmachersonde (zumeist V. subclavia links) und subendokardiale Verankerung im linken Ventrikel (nur noch sehr selten epikardiale Elektroden [→ laterale Minithorakotomie]), Implantation eines Schrittmachers mit Kardioversions- und Defibrillationsfunktion pektoral in eine subkutane Tasche
Testphase:	nach Einführung der Elektroden Messung der Reizschwellen, der Signalamplituden und der elektrischen Widerstände; dann bei adäquater Sondenlage Bestimmung der Defibrillationsschwelle durch *Induktion von Kammerflimmern* mit darauf folgender interner Defibrillation
OP-Dauer:	1–2 h bei transvenöser Technik (1–3 h bei Thorakotomie)
ECC:	nein
Lagerung:	Rückenlage, sichere Fixierung der Extremitäten
Ausrüstung:	1 großlumiger i. v. Zugang, 3-Lumen-ZVK, art. Zugang, TEE bei hochgradig eingeschränkter Ventrikelfunktion, Magensonde, Relaxometrie, bei Thorakotomie zusätzl. Temperatursonde, Auskühlungsschutz (Wärmedecke, Infusionswärmer etc.)
Blutkonserven:	4 EK (nur bei Thorakotomie)
Anästhesie:	Intubationsnarkose mit balancierter Anästhesie (Midazolam od. Propofol + Opioid [bevorzugt Remifentanil bei transvenöser Technik], ggf. Iso- od. Sevofluran ≤ 1,0 bzw. 1,5 MAC) u. kompl. Muskelrelaxation
Besonderheiten:	1. Antiarrhythmika i. d. R. auch am OP-Morgen weitergeben (Absprache mit Kardiologen u. Kardiochirurgen) 2. sorgfältige Fixierung der Extremitäten wichtig für die Testphase, um bei nachlassender Relaxierung Verletzungen zu verhindern 3. vor OP-Beginn externe Defibrillationselektroden auf den Thorax kleben und die Funktion des externen Defibrillators überprüfen (in Einzelfällen kann bei ungünstiger Sondenlage intern keine Terminierung des Kammerflimmerns erreicht werden) 4. im Anschluß an eine Kardioversion/Defibrillation oft Hypertonie u. Tachykardie, (seltener Bradykardie), die jedoch i. d. R. nur kurz andauern und daher nicht therapiert werden müssen 5. Bei extrem ungünstigen Gefäßverhältnissen müssen die Elektroden *epikardial* aufgenäht werden (Thorakotomie). Hierbei ist die stärkere chirurgische Stimulation zu bedenken. Vor allem bei Reoperationen müssen Blutkonserven im OP-Saal bereitstehen, weil es bei der Thoraxeröffnung zu Einrissen großer Gefäße kommen kann.
Nachbetreuung:	Intensivstation (möglichst schon extubiert)

27.8 Minimalinvasive Bypassoperationen

Neuere technologische Entwicklungen erlauben herzchirurgische Eingriffe mit geringerer Invasivität. Hierbei liegen die Ziele in einer Vermeidung der konventionellen extrakorporalen Zirkulation und der klassischen medianen Sternotomie, um auf diese Weise die typischen neurologisch-psychiatrischen Komplikationen nach ECC zu verhindern und die postoperative Erholung der Patienten zu verbessern und zu beschleunigen. Bislang haben sich jedoch nur die minimalinvasiven Bypassoperationen etablieren können. Sie scheinen in besonderen Risikogruppen vorteilhaft zu sein. Es kommen 2 konkurrierende Verfahren zur Anwendung:

1. der offene Eingriff am schlagenden Herzen und
2. der geschlossene, d. h. thorakoskopische Eingriff am stillstehenden Herzen.

27.8.1 Offener Eingriff

Um Eingriffe an den Koronarien **ohne ECC** durchführen zu können (sog. Off-pump-Eingriffe), werden Spezialinstrumente benötigt. Mit deren Hilfe gelingt es, das Myokard begrenzt auf das Operationsareal ruhigzustellen, während das Herz weiter schlägt („selektive Herzwandimmobilisation"). Prinzipiell sind damit 3-Gefäß-Operationen möglich. Allerdings ist die Positionierung solcher Stabilisatoren an der Hinterwand schwieriger, und die dazu notwendige Herzluxation führt häufiger zu einer stärkeren hämodynamischen Depression. Am ehesten wird diese Technik deshalb für LAD-Bypässe angewendet. Hierbei wird nach Möglichkeit die (linke) IMA bevorzugt, zumal dann keine aortale Anastomose erforderlich ist. Als operativer Zugang zum Herzen dient eine komplette oder partielle mediane Sternotomie oder eine Ministernotomie.

Ischämische Präkonditionierung

Ein wesentlicher Nachteil von Bypassoperationen am schlagenden Herzen ist, daß Koronargefäße abgeklemmt werden müssen, ohne daß eine Myokardprotektion durch Hypothermie gegeben ist. Daher ist man bemüht, auf andere Weise ischämische Komplikationen zu verhindern, z. B. durch eine sog. ischämische Präkonditionierung. Dem liegt die Erkenntnis zugrunde, daß das Myokard eine längere Ischämie dann besser toleriert, wenn eine kürzere vorausgegangen ist. Hierfür wird die Freisetzung „protektiver Substanzen" durch die kurze Ischämie verantwortlich gemacht. In der Praxis beginnt man mit einem (Probe-)Clamping des zu anastomosierenden Koronargefäßes, um unter Beobachtung der ST-Strecke das Auftreten und Ausmaß einer myokardialen Ischämie abschätzen zu können. Bei ST-Segment-Veränderungen von mehr als 0,5 mm (periphere Ableitung) während einer 5 minütigen Okklusion wird vor der Anastomosierung eine ebenfalls 5minütige Reperfusion durchgeführt. Auf eine Reperfusion wird verzichtet, wenn sich die ST-Strecke nicht ändert oder die Änderung den Schwellenwert nicht erreicht.

Konversion auf herkömmliche, ECC-gestützte Bypassoperation

Bei erheblichen hämodynamischen Veränderungen oder Zeichen einer Myokardischämie, die pharmakologisch nicht zu beheben sind, muß auf das konventionelle Operationsverfahren mit ECC gewechselt werden (→ ständige HLM-Bereitschaft!). Als **Konversionskriterien** gelten:

- MAP < 50 mmHg
- $Sv_{gem}O_2$ od. SvO_2 < 60%
- Auftreten von Arrhythmien als Ausdruck einer Ischämie
- ST-Segment-Veränderungen > 2 mm in peripheren od. > 4 mm in präkordialen Ableitungen

27.8.2 Geschlossener Eingriff

Geschlossene herzchirurgische Eingriffe werden videoassistiert thorakoskopisch durchgeführt (s. auch Kap. 26.4.1). Sie erfordern ein stillstehendes Herz und somit vorübergehend eine **ECC**, wozu ein femorofemoraler Bypass angelegt wird. Die Sternotomie und deren postoperative Folgen lassen sich dabei vermeiden, denn als operativer Zugang genügt eine anterolaterale „Minithorakotomie". Die Induktion des Herzstillstands ist allerdings aufwendiger und macht eine **retrograde Kardioplegie** notwendig. Hierzu muß der Anästhesist sowohl den Sinus coronarius als auch den rechten Ventrikel (Absaugung) katheterisieren, was technisch nicht einfach ist. Für den passageren Verschluß der Aorta wird außerdem ein Ballonkatheter benötigt. Dieser muß unter TEE-Kontrolle plaziert werden. Geschlossene Bypassoperationen beschränken sich im wesentlichen auf die Revaskularisierung von LAD-Stenosen, wozu auch hier die (linke) IMA bevorzugt wird.

27.8.3 Anästhesiologische Besonderheiten

Die Vorbereitung der Patienten für minimalinvasive Herzoperationen ebenso wie die Instrumentierung und das Monitoring unterscheiden sich so gut wie nicht vom Vorgehen beim herkömmlichen Operationsverfahren. Es wird lediglich ein Doppellumentubus oder Endobronchialblocker benötigt, weil bei den thorakoskopischen Eingriffen und während der IMA-Präparation eine **Einlungenventilation** erforderlich ist Besonders bei den Eingriffen am schlagenden Herzen ist größter Wert auf die **Ischämiedetektion** während der Abklemmphasen zu legen. Neben der ST-Strecken-Analyse kommt hierzu auch die TEE in Betracht. Allerdings ist die Beurteilung mit beiden Verfahren bei Veränderung der Herzlage eingeschränkt. **Blutdruckabfälle** als Folge eines erniedrigten Schlagvolumens treten vor allem bei Herzluxationen auf oder nach dem Koronarclamping bei verminderter Beweglichkeit einer größeren Herzwandregion. Deshalb empfehlen einige Autoren auch die kontinuierliche HZV-Überwachung (CCO-Katheter). Postoperativ wird eine **Frühextubation** angestrebt, insbesondere nach thorakoskopischen Eingriffen.

Heparinisierung

- 5.000–10.000 IE UFH/kg KG vor Installation eines Herzwandstabilisators (ACT > 250 sec)
- Standardvorgehen bei ECC (Abschn. 27.3.1)

Postoperative Versorgung

- Überwachung im Aufwachraum für ca. 3–4 h; primär Intensivstation bei Komplikationen, prolongierter Nachbeatmung oder schwierigen Fällen (z. B. hochgradig eingeschränkte Ventrikelfunktion, Mehrfachbypässe)
- Analgesie: Komb. von Opioiden (z. B. Piritramid) u. Nicht-Opioid-Analgetika (z. B. Metamizol)
- Troponin-Verlaufskontrolle zur Beurteilung einer myokardialen Infarzierung

27.8.4 Bewertung der Verfahren

Eine endgültige Bewertung der minimalinvasiven Bypassoperationen ist nach wie vor nicht möglich, weil noch keine verläßlichen Aussagen zur Langzeitprognose getroffen werden können. Als Vergleichsmaßstab gilt hier eine Bypasswiederverschlußrate von unter 10% nach 10 Jahren bei Anastomosierung der linken IMA mit der LAD. Im kurzfristigen Bereich haben sie sich jedoch gegenüber den konventionellen Techniken zumindest als gleichwertig erwiesen. Bestimmte Risikogruppen scheinen sogar besonders von den neuen Verfahren zu profitieren (Patienten mit ZNS-Erkrankungen, Dysfunktion anderer Organe oder im Alter). Erhöhte Anforderungen bestehen dagegen intraoperativ nicht nur an den Chirurgen (spezielle Operationstechnik) und den Anästhesisten (z. B. Eine-Lunge-Anästhesie, spezielle Katheterplazierung), sondern auch an deren Zusammenarbeit, speziell in den Phasen mit erhöhter Komplikationsgefahr (z. B. Koronarclamping). Technisch schwierig und aufwendig sind vor allem die Anastomosierungen im Bereich der rechten Koronararterie.

27.9 Kardioversion

Indikation: Wiederherstellung des Sinusrhythmus bei absoluter Arrhythmie

Vorbereitung:

1. aktuelles Serumkalium (wünschenswert: 5,0–5,5 mmol/l)
2. (transösophageale) Echokardiographie zum Ausschluß von Vorhofthromben bei:
   - länger bestehendem Vorhofflimmern (> 48 h) od. unklarer Dauer
   - Herzinsuffizienz
   - rheumatischen Herzklappenfehlern (Klappenvegetationen)
   - kurz zurückliegender Embolie
3. bei geplanter Kardioversion Einhaltung der Nahrungskarenzzeiten

Antikoagulation:

1. Bei Vorhofflimmern über 48 Stunden Dauer oder echokardiographisch nachgewiesenen atrialen Thromben wird von seiten der Kardiologen eine Antikoagulation über i. d. R. 3 Wochen vor und 4 Wochen nach der Kardioversion mit Phenprocoumon (Marcumar®) durchgeführt (alternativ Kurzzeitantikoagulation, die 3–4 Tage vor der Kardioversion mit unfraktioniertem oder einem niedermolekularen Heparin begonnen wird). Die präinterventionelle Antikoagulation soll die Absprengung und Embolisierung frischen thrombotischen Materials durch die Rhythmisierung verhindern.
2. Bei Vorhofflimmern über 48 Stunden Dauer und sicherem Ausschluß von Thromben mit Hilfe der TEE wird neben der postinterventionellen inzwischen eine zweitägige Antikoagulation vor der Kardioversion als ausreichend angesehen. Die postinterventionelle Antikoagulation dient dazu, ein Neuentstehen atrialer Thromben zu verhindern, weil nach der Rhythmisierung (Kardioversion, phar-

makologisch, spontan) die Blutflußgeschwindigkeit, besonders im linken Herzohr, über mehr als eine Woche reduziert sein kann (sog. atriales Stunning) und so ein „thrombogenes Milieu" besteht.

3. Bei neuaufgetretenem Vorhofflimmern ohne komplizierende Begleitumstände wie Herzinsuffizienz, rheumatische Klappenfehler oder Embolie kann bei einer innerhalb von 48 Stunden stattfindenden Kardioversion ganz auf eine Antikoagulation verzichtet werden.

Besonderheiten: meist antiarrhythmische Dauermedikation

Verfahren: transthorakale Defibrillation mit ggf. steigender Energie (wegen höherer Erfolgsrate möglichst biphasisch: 70–150 Joule [Kap. 41.4.3]; monophasisch 100–200 Joule); der Stromimpuls wird 10–20 msec nach der R-Zacke ausgelöst (R-Zacken-getriggert), so daß er nicht in die vulnerable Kammerphase fällt und Kammerflimmern auslösen kann

Lagerung: Rückenlage, Oberkörper leicht erhöht

Ausrüstung: 1 peripherer i. v. Zugang

Anästhesie: i. v. Kurznarkose (Maske) mit Etomidat (0,2 mg/kg) u. Remifentanil (1,0 µg/kg)

Komplikationen:

1. AV-Block III.° (ggf. mit Asystolie [!], bes. bei Pat. unter hochdosierter Antiarrhythmikatherapie)
2. andere Arrhythmien
3. Thromboembolie

Nachbetreuung: (internistische) Überwachungseinheit

28 Operationen an der thorakalen Aorta

28.1 Allgemeine Bemerkungen ▸ 440
28.2 Nosologie ▸ 440
28.2.1 Aortendissektion ▸ 440
28.2.2 Traumatische Aortenruptur ▸ 441
28.2.3 Aortenaneurysma ▸ 441
28.2.4 Aortenisthmusstenose des Erwachsenen ▸ 441
28.3 Präoperative Vorbereitung ▸ 442
28.4 Instrumentierung und Monitoring ▸ 442
28.5 Anästhesie- und Operationsphasen ▸ 442
28.5.1 Narkose ▸ 442
28.5.2 Spezielle Bypassverfahren ▸ 443
28.5.3 Clamping der Aorta descendens ▸ 444
28.5.4 Declamping der Aorta descendens ▸ 445
28.5.5 Vorgehensweise bei Notoperationen ▸ 445
28.6 Eingriffe ▸ 445
28.6.1 Aortendissektion Typ I und II ▸ 445
28.6.2 Aortendissektion Typ III ▸ 446
28.6.3 Aneurysma der Aorta ascendens ▸ 447
28.6.4 Aortenbogenaneurysma ▸ 447
28.6.5 Aortenisthmusstenose des Erwachsenen ▸ 447

28.1 Allgemeine Bemerkungen

Folgende Veränderungen an der thorakalen Aorta werden i. d. R. operativ versorgt:

- Dissektion,
- traumatische Ruptur,
- aneurysmatische Aufweitung,
- Isthmusstenose.

Bei den Dissektionen und Rupturen handelt es sich um dringliche Hochrisikoeingriffe mit deutlich erhöhter perioperativer Mortalität.

28.2 Nosologie

28.2.1 Aortendissektion

Unter einer Aortendissektion versteht man die Längsspaltung des Aortenrohrs im Bereich der Media, so daß neben dem „wahren" (inneren) Aortenlumen noch ein weiteres, „falsches" (äußeres) Lumen entsteht („dissezierendes Aortenaneurysma").

Der Ausgangspunkt der Dissektion ist ein proximaler Einriß der Intima („Entry") – hier tritt Blut aus und breitet sich in der Media aus –, der Punkt des Wiedereintritts in das innere Lumen befindet sich distal davon („Reentry").

Aortendissektionen werden nach ihrer **Lokalisation und Ausdehnung** eingeteilt (Abb. **30**):

DeBakey-Klassifikation

Typ I:	Der Intimaeinriß beginnt in der Aorta ascendens und kann sich über die gesamte Aorta erstrecken,die Aortenklappe ist häufig mit betroffen (→ Aorteninsuffizienz).
Typ II:	wie Typ I, die Dissektion endet jedoch proximal der linken A. subclavia
Typ III:	Die Dissektion beginnt distal der linken A. subclavia und verläuft entlang der Aorta descendens.

Stanford-Klassifikation

Typ A:	Dissektion der Aorta ascendens (= DeBakey Typ I + II); ca. 70% der Fälle
Typ B:	Dissektion der Aorta descendens (= DeBakey Typ III); ca. 30% der Fälle

Ursachen

Wegbereiter einer Aortendissektion sind am häufigsten degenerative Veränderungen der Aortenwand (Aortensklerose), ausgelöst durch die typischen Zivilisationskrankheiten wie Hypertonus, Nikotinabusus, Hyperlipoproteinämie oder Diabetes mellitus. Ebenso wie die Aorta können natürlich auch die anderen arteriellen Gefäße betroffen sein.

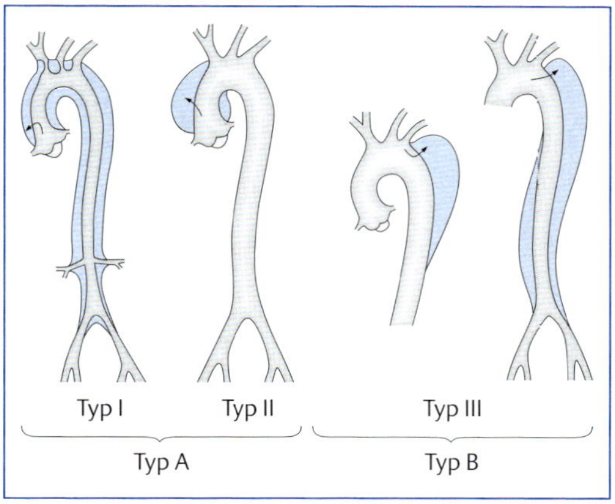

Abb. 30 Typen der Aortendissektion nach *DeBakey* und *Stanford*

Komplikationen

- Ruptur der Aortenbasis (z. B. in den Herzbeutel → Perikardtamponade)
- akute Aorteninsuffizienz (20–30%)
- Obstruktion der aortalen Gefäßäste od. der Aorta selbst („wahres" Lumen) mit Ischämiesymptomen

Prognose und Therapie

Die akute Letalität beträgt beim Stanford-Typ A 60–70%, beim Typ B ca. 40%. Während Dissektionen der Aorta ascendens oder des Aortenbogens dringlich operativ versorgt werden müssen, können solche der Aorta descendens zunächst konservativ, d. h. antihypertensiv, behandelt werden. Eine Operationsindikation besteht hier erst bei einer progredienten Dilatation des „falschen" Lumens, einer Ischämie lebenswichtiger Organe oder einer drohenden Aortenruptur. Die intra- und postoperative Letalität liegt insgesamt zwischen 30 und 50%. Sie ist überwiegend auf kardiovaskuläre Begleiterkrankungen wie Hypertonus, KHK und Herzinsuffizienz zurückzuführen, so daß es gilt, kardiovaskuläre Komplikationen perioperativ zu vermeiden oder frühzeitig zu erkennen und zu behandeln.

28.2.2 Traumatische Aortenruptur

Eine Aortenruptur kann durch ein stumpfes Thoraxtrauma ausgelöst werden. Typischerweise handelt es sich um ein sog. Dezelerationstrauma. Am häufigsten ist davon der Bereich des Aortenisthmus betroffen, hier kann es zu einem kompletten oder inkompletten Einriß der Aortenwand kommen. Bei kompletter Ruptur verbluten die Patienten i. d. R. noch am Unfallort. Bei **inkompletter Ruptur** besteht dagegen ein schützender Adventitiamantel, der jedoch, falls nicht dringlich operiert wird, in 95% der Fälle innerhalb der folgenden 18 Stunden auch reißt. Diagnostisch wegweisend für eine Aortenruptur sind ein an den oberen Extremitäten höherer Blutdruck als an den unteren sowie eine radiologische Verbreiterung des Mediastinums und Verdichtung in der linken Lungenspitze („left apical cap sign").

28.2.3 Aortenaneurysma

Das einfache, nichtdissezierende Aortenaneurysma entsteht ebenfalls ganz überwiegend auf dem Boden einer Aortensklerose; entzündliche Veränderungen und angeborene Disposition (z. B. Marfan-Syndrom) sind selten. Es bleibt i. d. R. symptomlos oder äußert sich allenfalls in einer mäßigen Symptomatik. Die Operation ist planbar und soll Komplikationen verhindern, in erster Linie eine Dissektion und eine Ruptur.

28.2.4 Aortenisthmusstenose des Erwachsenen

Bei der Aortenisthmusstenose im Erwachsenenalter befindet sich die Engstelle distal des Abgangs der A. subclavia und des Ligamentum arteriosum („juxtaduktale Koarktation"; Abb. **31**).

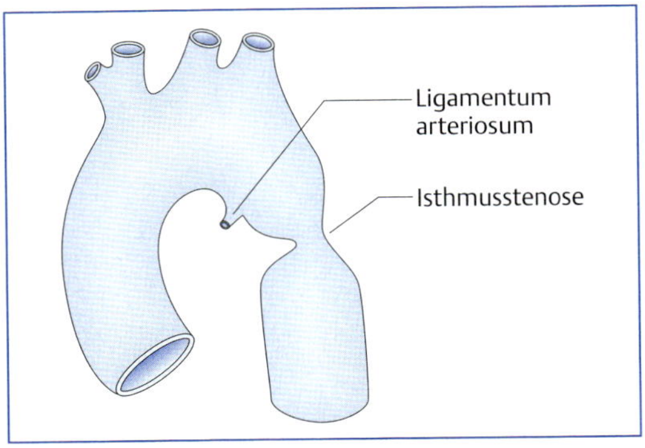

Abb. 31 Juxtaduktale Aortenisthmusstenose

Pathophysiologie

- Druckbelastung des linken Ventrikels mit konzentrischer Myokardhypertrophie
- Entwicklung eines Kollateralkreislaufs über die Interkostalarterien (mit der Zeit → Rippenusuren)

Komplikationen

- Linksherzversagen
- Hirnblutung
- Aortendissektion oder -ruptur

Therapie

- Resektion des stenotischen Bereichs u. i. d. R. plastische Rekonstruktion (Operation planbar)

28.3 Präoperative Vorbereitung

Die präoperative Visite muß die kardiologischen und gefäßchirurgischen Besonderheiten berücksichtigen. Vor **planbaren Eingriffen** sollte die Vorbereitung mindestens folgende Punkte umfassen:

- Gefäßanamnese (Entwicklung der Gefäßerkrankung, aktueller Zustand)
- Begleitanamnese (Klärung wichtiger Begleiterkrankungen wie Hypertonus, KHK, Herzinsuffizienz, COPD, Lebererkrankungen [Gerinnung], Niereninsuffizienz, Diabetes mellitus und weiterer Gefäßerkrankungen (bes. Hirngefäße); Interventionen und Operationen sowie deren Auswirkungen; Voroperationen an den Gefäßen (bes. Implantation von Gefäßprothesen) für die Kanülierung von großer Bedeutung
- Medikamentenanamnese (aktuell sowie in den vorausgegangenen 4 Wochen)
- Blutdruck und Pulsstatus an den oberen und den unteren Extremitäten
- apparative Voruntersuchungen: Aortographie, Echokardiographie, ggf. thorakales CT (Weiteres s. Kap. 27.4)
- Labor (Kap. 27.4)
- Anzahl der bereitzustellenden Erythrozytenkonzentrate s. bei den einzelnen Eingriffen
- Prämedikation (Kap. 27.4)

28.4 Instrumentierung und Monitoring

Grundsätzliches s. Kap. 27.5. Besonderheiten werden bei den einzelnen Eingriffen in erläutert.

28.5 Anästhesie- und Operationsphasen

Bei Operationen an der thorakalen Aorta lassen sich **4 Phasen** abgrenzen:

1. Narkoseeinleitung; Instrumentierung des Patienten im Einleitungsraum
2. Lagerung im Operationssaal, mediane Sternotomie oder linkslaterale Thorakotomie, Präparation
3. ECC, Abklemmen der Aorta, Resektion
4. Reperfusion, chirurgische Blutstillung, Anlage der Drainagen und Thoraxverschluß

28.5.1 Narkose

Während der Narkoseeinleitung ist auf größtmögliche hämodynamische Stabilität zu achten. Eine adrenerge Stimulation mit Blutdruckanstieg muß bei Aortendissektionen oder inkompletten Rupturen in jedem Fall vermieden werden. Die Einleitung soll langsam und möglichst unter invasiver Blutdruck-

Tabelle 113 Bypassverfahren bei Operationen an der thorakalen Aorta

	Eingriffshöhe	Bypassart	Künstlicher Herzstillstand	Körpertemperatur
Hohlvenen-Femoralis-Bypass	Aorta ascendens proximal des Truncus brachiocephalicus	total	ja	Hypothermie
Femorofemoraler Bypass	Aorta ascendens	partiell	nein	Normothermie od. allenfalls milde Hypothermie (34–35 °C)
Linker atriofemoraler Bypass	Aorta descendens	partiell	nein	
Gott-Shunt	Aorta descendens		nein	

messung erfolgen. Folgende Anästhetika und Adjuvanzien können hierbei eingesetzt werden:

- Hypnotikum: Propofol 2,0–2,5 mg/kg od. Etomidat 0,15–0,3 mg/kg
- Opioid: Fentanyl 5–10 µg/kg od. Sufentanil 0,5–1,0 µg/kg
- Muskelrelaxans: Pancuronium 0,1 mg/kg, Rocuronium 0,6 mg/kg, cis-Atracurium 0,1 mg/kg
- bei Blutdruckanstieg: Urapidil od. Glyceroltrinitrat
- bei Tachykardie Esmolol od. Metoprolol

Die Narkose kann als TIVA oder balancierte Anästhesie fortgeführt werden. N_2O sollte wegen potentiell ungünstiger Wirkungen bei spinaler Ischämie (Steigerung der neuronalen O_2-Verbrauchs) und bei Einlungenbeatmung (Erhöhung der pulmonalvaskulären Widerstands) nicht eingesetzt werden. Isofluran oder Sevofluran kann in Konzentrationen bis zu 1,0 bzw. 1,5 MAC ohne Gefahr eines Coronary-steal-Phänomens verwendet werden (Kap. 8.1.5).

28.5.2 Spezielle Bypassverfahren

Bei Operationen an der thorakalen Aorta kann mit Hilfe modifizierter Verfahren der extrakorporalen Zirkulation (ECC) die Durchblutung von Vitalorganen aufrechterhalten werden (Grundlagen s. Kap. 27.6.3). Dazu sind, abhängig von der Eingriffshöhe, verschiedene Techniken entwickelt worden (Tabelle **113**).

Hohlvenen-Femoralis-Bypass. Bei dieser Art des Bypasses wird das venöse Blut aus den beiden Hohlvenen oder dem rechten Vorhof in die Herz-Lungen-Maschine (HLM) geleitet und nach Oxygenierung und CO_2-Eliminierung über eine A. femoralis retrograd in die Aorta bis auf Höhe der Gefäßklemme zurückgepumpt.

Femorofemoraler Bypass. Hierbei handelt es sich nur um einen partiellen Bypass. Das Blut wird aus einer V. femoralis extrakorporal abgeleitet und nach Passieren der HLM über eine A. femoralis ebenfalls retrograd in den Körper zurückgepumpt. Auf diese Weise wird die Perfusion unterhalb der distalen Aortenklemme sichergestellt, während die obere Körperhälfte durch das weiter schlagende Herz orthograd über die Aorta ascendens mit Blut versorgt wird.

Linker atriofemoraler Bypass. Über diesen gleichfalls nur partiellen Bypass wird arterialisiertes Blut aus dem linken Vorhof mit Hilfe einer extrakorporalen Pumpe in die A. femoralis geleitet (Flußrate: 1,2–1,5 l/m^2 KOF/min). Ein Oxygenator ist nicht nötig. Das Herz schlägt weiter und sorgt für die Durchblutung der oberen Körperhälfte.

Gott-Shunt. Hierbei wird lediglich mit einem heparinimprägnierten flexiblen Kunststoffschlauch eine künstliche Verbindung zwischen der Aorta proximal und distal des Aneurysmas geschaffen. Der Nutzen eines solchen Shunts wird kontrovers beurteilt.

Kreislaufstillstand. Operationen, bei denen der *Aortenbogen* durch eine Prothese ersetzt wird, sind technisch äußerst schwierig und gehen mit sehr hoher Letalität einher. Sie erfordern vorübergehend einen Kreislaufstillstand. Um dabei hypoxisch-ischämische Schäden am ZNS zu verhindern, ist *ausgeprägte Hypothermie* notwendig und zusätzlich eine *topische Kühlung des Schädels* mit Eis nach Auffassung der meisten Autoren empfehlenswert. In einigen Zentren wird auch eine Low-flow-Perfusion des Gehirns über die Karotiden durchgeführt. Die Aufwärmphase dauert nach einer ausgeprägten Hypothermie lange und sollte insbesondere bei älteren Patienten (über 60 Jahre) nicht beschleunigt werden. Nicht selten besteht nach der ECC eine stärkere Blutungsneigung. Sie ist meist Folge der kälteinduzierten Abnahme der Gerinnungsaktivität und muß „aggressiv" therapiert werden (FFP, ggf. AT III und PPSB, Thrombozytensubstitution schon bei mäßiger Thrombozytopenie).

MERKE
Entscheidend für das neurologische Ergebnis ist eine gleichmäßige Abkühlung des gesamten ZNS, die jedoch erst nach einer 30–40 minütigen Kühlungsphase erreicht wird.

28.5.3 Clamping der Aorta descendens

Für Eingriffe an der Aorta descendens muß diese vorübergehend proximal (nach dem Abgang der A. subclavia) und distal der Operationsbereichs abgeklemmt werden, und zwar während das Herz schlägt. Sowohl beim Setzen der Klemme („Clamping") als auch beim Lösen („Declamping") kommt es abrupt zu **hämodynamischen Veränderungen** im Sinne einer
- Linksherzbelastung und
- Minderperfusion der unteren Körperhälfte.

Sie sind naturgemäß am ausgeprägtesten, wenn lediglich die Aorta abgeklemmt, aber kein Bypass benutzt wird (Tab. **114**). In einem solchen Fall muß unbedingt pharmakologisch gegengesteuert werden, um kardiale Komplikationen zu verhüten (Tab. **115**). Patienten mit eingeschränkter kardialer Reserve sind in dieser Phase besonders gefährdet, einen Myokardinfarkt zu erleiden oder kardial zu dekompensieren. Bei ihnen sollte deshalb nicht auf einen Bypass verzichtet werden. Außerdem sollten, um überschießende hämodynamische Reaktionen zu verhindern, folgende **Zielwerte vor dem Abklemmen** eingehalten werden:
- MAP = 60–80 mmHg
- ZVD < 6 mmHg
- PCWP < 12 mmHg

Das Clamping der Aorta kann zu folgenden **Komplikationen** führen:
- Linksherzversagen
  - Überdehnung des Ventrikels mit Pumpversagen
  - Mitralinsuffizienz mit Lungenödem
  - Kammerflimmern
- Myokardinfarkt
- Hirnblutung/Hirnödem
- Paraplegie
- Nierenversagen (i. d. R. nur passager)

Ischämiebedingte Komplikationen

Eingriffe an der Aorta descendens ohne Benutzung eines Bypasses oder am Aortenbogen gehen regelmäßig mit einer passageren Minderperfusion des Rückenmarks, letztere auch mit einer Ischämie des Gehirns einher. Mit irreversiblen Schäden des Rückenmarks (Paraplegie durch „Arteria-spinalis-anterior-Syndrom") ist besonders **nach längerem Abklemmen der Aorta (> 30 min)** zu rechnen. Wenn das Rückenmark während der Abklemmphase ausschließlich druckpassiv über Kollateralen durch-

Tabelle 114 Hämodynamische Veränderungen nach einfachem Abklemmen der Aorta (mod. nach *Clark u. Stanley;* 1993)

	Abklemmen distal der linken A. subclavia	Abklemmen der infrarenalen Aorta
Herzzeitvolumen	↓ 30%	↓ 20%
Mittlerer arterieller Blutdruck	↑ 35%	↑ 10%
Systemischer Gefäßwiderstand	↑ 80–90%	↑ 35%
Pulmonaler Gefäßwiderstand	↑ 50–60%	↑ 15–40%
Pulmonalkapillarer Verschlußdruck	↑ 80%	↑ 25–50%
Renaler Blutfluß	↓ 85–95%	↓ 40%

↓ Abfall, ↑ Anstieg

Tabelle 115 Vorgehen nach dem Abklemmen

Hämodynamische Reaktion	Intervention
Hypertonie (> 170/100 mmHg)	Narkose vertiefen (volatiles Anästhetikum); Urapidil 25–50 mg, Nifedipin, Nitroprussidnatrium; bei zusätzl. Tachykardie auch β-Rezeptoren-Blocker
Linksherzinsuffizienz (PCWP ↑)	Glyceroltrinitrat (2–8 mg/h), Dobutamin (5–10 µg/kg/min), PDE-III-Hemmer
Myokardischämie (ST ↓ u./od. PCWP ↑)	Glyceroltrinitrat (2–8 mg/h)

blutet wird, soll der MAP proximal der Klemme ca. 100 mmHg und distal davon mehr als 50 mmHg betragen. Da bereits eine milde Hypothermie (34–35 °C) neuroprotektive Wirkungen hat, ist sie immer anzustreben. Eine Hypovolämie muß selbstverständlich vermieden werden.

28.5.4 Declamping der Aorta descendens

Beim Declamping ist mit hämodynamischen Veränderungen zu rechnen, die denen nach dem Clamping entgegengesetzt sind (Abb. **32**). Im Vordergrund steht dabei der **Abfall des arteriellen Blutdrucks** (um bis zu 50%, wenn kein Bypass benutzt wird). Die Abnahme der Nachlast begünstigt zwar ein Ansteigen des HZV, dem steht aber die gleichzeitige Verminderung der Vorlast entgegen. Um die hämodynamischen Reaktionen in Grenzen zu halten, sollte – vor allem wenn auf einen Bypass verzichtet wurde – die **Aortenklemme nur langsam geöffnet** werden (über 2–4 min). Außerdem sind anästhesiologische Vorkehrungen zu treffen:

- Volumengabe (PCWP =12–14 mmHg oder PCWP-Anstieg um 4–6 mmHg)
- Steigerung des AMV ($PaCO_2 \approx 30$ mmHg)
- Zufuhr des volatilen Anästhetikums unterbrechen
- Hydrogencarbonat nach BGA (nur bei metabolischer Azidose, wenn pH < 7,2)
- Bereithalten von Noradrenalin, Adrenalin und Calcium

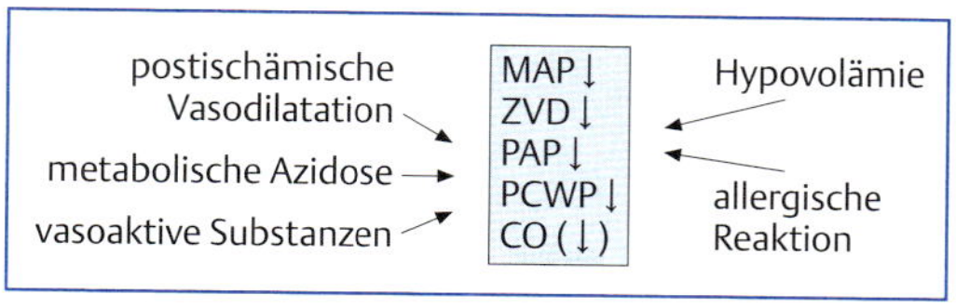

Abb. 32 Hämodynamische Reaktionen nach Öffnen der Aortenklemme

28.5.5 Vorgehensweise bei Notoperationen

1. Einleitung im Operationssaal (Chirurgen gewaschen!, OP-Bereitschaft)
2. Blutkonserven: 8–10- EK im Saal; Transfusionspumpe o.ä. u. Cell-saver einsatzbereit
3. Katecholamine u. Glyceroltrinitrat aufgezogen
4. Narkoseeinleitung:
   - Präoxygenierung → „Präkurarisierung“
   - Opioid ganz langsam i.v. injizieren, bis der Patient einschläft
   - Injektion des Hypnotikums → Relaxierung (Succinylcholin)
   - Krikoiddruck → endotracheale Intubation
5. Instrumentierung:
   - mehrere Venenkanülen (G16, G14) oder 8F-Schleuse (vor der Einleitung)
   - wenn möglich: arterieller Zugang (vor der Einleitung), PA-Katheter, 3-Lumen-ZVK
6. intraoperative Zielwerte: MAP 60–80 mmHg, HF 80–100/min

28.6 Eingriffe

28.6.1 Aortendissektion Typ I und II

OP-Indikation:	dringlich
Vorbereitung:	pharmakologische Verlangsamung der Dissektion u. Verhinderung der Ruptur (Antihypertensiva, β-Rezeptoren-Blocker, Sedativa)
OP-Verfahren:	mediane Sternotomie, Verschluß der Dissektion durch innere u. äußere Vernähung der Wand, anschließend wenn möglich End-zu-End-Anastomosierung der durchtrennten Aorta; sonst prothetischer Ersatz der Aorta ascendens (bei Aorteninsuffizienz mit Klappen-Conduit u. Anschluß der Koronararterien an die Prothese) od. des Aortenbogens (in Einzelfällen evtl. intraluminale Gefäßprothese)
OP-Dauer:	2–4 h
ECC:	Hohlvenen-Femoralis-Bypass mit kardioplegischem Herzstillstand; bei Aortenbogenersatz passagerer Kreislaufstillstand erforderlich
Hypothermie:	bei Typ I mäßig, bei Typ II mit Kreislaufstillstand ausgeprägt (hier zusätzl. topische Kühlung des Schädels)
Lagerung:	Rückenlage, linker Arm ausgelagert

Ausrüstung:	3 großlumige i. v. Zugänge od. Shaldon-Katheter (2- od. 3lumig), 3-Lumen-Katheter, art. Zugang (*linke* A. radialis [mögl. Flußbeeinträchtigung rechts durch Aortenabklemmung!]), PA-Katheter od. TEE, 5-Pol-EKG mit ST-Strecken-Analyse, Magensonde, Blasenkatheter, 2 Temperatursonden (evtl. Tympanon), Transfusionspumpe o.ä., Cell-saver, Relaxometrie
Blutkonserven:	8 EK (im OP)
Anästhesie:	Intubationsnarkose mit balancierter Anästhesie u. kompl. Muskelrelaxation
Einleitung:	s. Abschn. 28.5.1 (Vermeidung adrenerger Stimulation!)
Besonderheiten:	Vollheparinisierung (Kap. 27.3.1), periop. Antibiotikaprophylaxe (Kap. 27.6.2)
Komplikationen:	Aortenruptur (bes. während der Sternotomie u. bei großen Aneurysmen), Blutungen, Gerinnungsstörungen nach ausgeprägter Hypothermie, Hirninfarkt, Anastomosen- od. Protheseninsuffizienz
Nachbetreuung:	Intensivstation (Nachbeatmung)

28.6.2 Aortendissektion Typ III

OP-Indikation:	nur bei drohenden od. bereits eingetretenen Komplikationen (Abschn. 28.2.1)
OP-Verfahren:	linkslaterale Thorakotomie, prothetischer Ersatz der Aorta descendens, evtl. auch nur Verschluß der Dissektion und End-zu-End-Anastomosierung
OP-Dauer:	2–3 h
ECC:	am häufigsten partieller femorofemoraler Bypass (evtl. nur Gott-Shunt)
Hypothermie:	mäßig
Lagerung:	Rechtsseitenlage
Ausrüstung:	3 großlumige i. v. Zugänge od. Shaldon-Katheter (2- od. 3lumig), 3-Lumen-Katheter, 2 art. Zugänge (A. radialis *rechts* u. A. femoralis), PA-Katheter (*rechte* A. pulmonalis → Durchleuchtungskontrolle!) od. TEE, 5-Pol-EKG mit ST-Strecken-Analyse, Magensonde, Blasenkatheter, Temperatursonde, Transfusionspumpe o.ä., Cell-saver, Relaxometrie
Blutkonserven:	8 EK (im OP)
Anästhesie:	Intubationsnarkose mit balancierter Anästhesie u. kompl. Muskelrelaxation; (linksführender) Doppellumentubus (bronchoskopische Lagekontrolle obligat; s. Kap. 26.2.4), Umintubation mit konventionellem Tubus vor Verlegung
Einleitung:	s. Abschn. 28.5.1 (Vermeidung adrenerger Stimulation!)
Besonderheiten:	1. passagere Eine-Lunge-Anästhesie (Kap. 26.2) 2. Gefäßgebiete *proximal* der Aortenklemme weiter vom Herz versorgt (Druckkontrolle über A. radialis); Gefäßgebiete *distal* der Aortenklemme durch HLM perfundiert (Druckkontrolle über A. femoralis), HLM-Fluß 1,2–1,5 l/m^2 KOF/min (bei 37 °C) 3. Steuerung u. Verteilung der Durchblutung über den venösen Rückfluß in die HLM („venöse Klemme") 3. kritische Phasen: Clamping u. Declamping der Aorta (Abschn. 28.5.3 u. 28.5.4) 4. Heparinisierung vor dem Abklemmen: 3.000–5.000 IE i. v. (bei OP ohne ECC, sonst Vollheparinisierung [Kap. 27.3.1]) 5. periop. Antibiotikaprophylaxe (Kap. 27.6.2)
Komplikationen:	Aortenruptur, Blutungen, Linksherzdekompensation, Myokardinfarkt, Hirnblutung, Paraplegie (ca. 5% der Fälle), Anastomosen- od. Protheseninsuffizienz
Nachbetreuung:	Intensivstation (Nachbeatmung)

28.6.3 Aneurysma der Aorta ascendens

OP-Indikation:	planbar
OP-Verfahren:	mediane Sternotomie, Resektion des Aneurysmas, plastische Rekonstruktion der Aorta (Patch od. Prothese), ggf. Aortenklappenersatz (Conduit mit Anschluß der Koronararterien an die Prothese)
OP-Dauer:	2–4 h
ECC:	Hohlvenen-Femoralis-Bypass mit kardioplegischem Herzstillstand
Hypothermie:	mäßig
Lagerung:	Rückenlage, linker Arm ausgelagert
Ausrüstung:	3 großlumige i. v. Zugänge od. Shaldon-Katheter (2- od. 3lumig), 3-Lumen-Katheter, art. Zugang (*linke* A. radialis [mögl. Flußbeeinträchtigung rechts durch Aortenabklemmung!]), PA-Katheter od. TEE, 5-Pol-EKG mit ST-Strecken-Analyse, Magensonde, Blasenkatheter, Temperatursonde, Transfusionspumpe o.ä., Cell-saver, Relaxometrie
Blutkonserven:	8 EK (im OP)
Anästhesie:	Intubationsnarkose mit balancierter Anästhesie u. kompl. Muskelrelaxation
Einleitung:	s. Abschn. 28.5.1 (Vermeidung adrenerger Stimulation!)
Besonderheiten:	Vollheparinisierung (Kap. 27.3.1), periop. Antibiotikaprophylaxe (Kap. 27.6.2)
Komplikationen:	Aortenruptur (bes. während der Sternotomie u. bei großen Aneurysmen), Blutungen, Protheseninsuffizienz
Nachbetreuung:	Intensivstation (Nachbeatmung)

28.6.4 Aortenbogenaneurysma

OP-Indikation:	planbar
OP-Verfahren:	mediane Sternotomie, Resektion des Aneurysmas, prothetischer Ersatz des Aortenbogens
OP-Dauer:	3–4 h
ECC:	Hohlvenen-Femoralis-Bypass mit kardioplegischem Herzstillstand; passagerer Kreislaufstillstand erforderlich
Hypothermie:	ausgeprägt, zusätzl. topische Kühlung des Schädels (Kreislaufstillstand)
Lagerung:	Rückenlage, linker Arm ausgelagert
Ausrüstung:	s. Abschn. 28.6.1
Blutkonserven:	8 EK (im OP)
Anästhesie:	Intubationsnarkose mit balancierter Anästhesie u. kompl. Muskelrelaxation
Einleitung:	s. Abschn. 28.5.1 (Vermeidung adrenerger Stimulation!)
Besonderheiten:	Vollheparinisierung (Kap. 27.3.1), periop. Antibiotikaprophylaxe (Kap. 27.6.2)
Komplikationen:	s. Abschn. 28.6.1
Nachbetreuung:	Intensivstation (Nachbeatmung)

28.6.5 Aortenisthmusstenose des Erwachsenen

OP-Indikation:	planbar
OP-Verfahren:	linkslaterale Thorakotomie, Resektion der Engstelle, i. d. R. plastische Rekonstruktion der Aorta (Patch od. Prothese)

OP-Dauer:	2–3 h (ohne ECC)
ECC:	i. d. R. ohne, weil aufgrund des langen Bestehens der Stenose eine ausreichende Durchblutung der unteren Körperhälfte über Kollateralen stattfindet (sonst partieller femorofemoraler Bypass)
Lagerung:	Rechtsseitenlage
Ausrüstung:	3 großlumige i. v. Zugänge od. Shaldon-Katheter (2- od. 3 lumig), 3-Lumen-Katheter, art. Zugang (A. radialis *rechts*, bei Bypasseinsatz auch A. femoralis), PA-Katheter (*rechte* A. pulmonalis → Durchleuchtungskontrolle!) od. TEE, 5-Pol-EKG mit ST-Strecken-Analyse, Magensonde, Blasenkatheter, Temperatursonde, Transfusionspumpe o.ä., Cell-saver, Relaxometrie
Blutkonserven:	4 EK (im OP)
Anästhesie:	Intubationsnarkose mit balancierter Anästhesie u. kompl. Muskelrelaxation; (linksführender) Doppellumentubus (bronchoskopische Lagekontrolle obligat; s. Kap. 26.2.4), Umintubation mit konventionellem Tubus vor Verlegung
Besonderheiten:	1. passagere Eine-Lunge-Anästhesie (Kap. 26.2) 2. evtl. Bypasseinsatz (Abschn. 28.6.2) 3. Clamping u. Declamping der Aorta (Abschn. 28.5.3 u. 28.5.4): hämodynamische Auswirkungen wegen der Kollateralisierung i. d. R. deutlich geringer 4. veHeparinisierung vor dem Abklemmen: 3.000–5.000 IE i. v. (bei OP ohne ECC, sonst Vollheparinisierung [Kap. 27.3.1]) 5. periop. Antibiotikaprophylaxe (Kap. 27.6.2)
Komplikationen:	Blutungen (ausgeprägte Kollateralisierung!), Linksherzdekompensation, Myokardinfarkt, Hirnblutung, Paraplegie, Protheseninsuffizienz, postop. Rebound-Hypertension (gesteuert durch Barorezeptorenreflex)
Nachbetreuung:	Intensivstation (Nachbeatmung)

29 Herzschrittmacher, Kardioverter und Defibrillator

29.1 Grundlagen ▸ 449
29.1.1 Wichtige Schrittmachertypen ▸ 450
29.1.2 Besonderheiten bei DDD-Schrittmachern ▸ 450
29.2 Anästhesie bei Schrittmacherimplantationen ▸ 450
29.3 Anästhesie bei Schrittmacherträgern ▸ 451
29.3.1 Störungen der Schrittmacherfunktion ▸ 451
29.3.2 Besonderheiten bei frequenzadaptiven Schrittmachern ▸ 452
29.3.3 Zentralvenöse Zugänge ▸ 453
29.3.4 Intraoperatives Vorgehen bei SM- und AICD-Trägern ▸ 453

29.1 Grundlagen

Die heute verfügbare Mikroelektronik ermöglicht die Verwendung von Schrittmacheraggregaten mit immer komplexeren Funktionen für die **Therapie der „chronotropen Insuffizienz“.** Mittlerweile werden überwiegend *multiprogrammierbare* Schrittmacher (SM) mit Vorhof- und Ventrikelsonden implantiert. Diese Systeme lassen eine koordinierte Steuerung der Vorhof- und Kammeraktionen zu. Sie können Eigenaktionen auf beiden Ebenen erkennen und die Informationen entsprechend verarbeiten („Inhibition“ der SM-Aktivität oder „getriggerte Stimulation“). Bei malignen ventrikulären Rhythmusstörungen werden Aggregate mit zusätzlichen *antitachykarden* Funktionen eingesetzt („AICD“ = automatischer implantierbarer Kardioverter-Defibrillator). Ferner sind sog. *biologische, d. h. frequenzadaptive* Schrittmacher verfügbar. Sie erlauben über die Messung verschiedener physiologischer Parameter eine Anpassung der SM-Aktivität und damit der Herzfrequenz an den aktuellen metabolischen Bedarf. Bei Patienten mit Herzinsuffizienz und Linksschenkelblock kann mit *biventrikulären* Systemen die geordnete Abfolge der links- und rechtsventrikulären Kontraktionen wiederhergestellt werden.

Interne (permanente) Schrittmacher arbeiten entweder *unipolar* (Spitze der SM-Sonde = Kathode, SM-Gehäuse = Anode), was den Vorteil eines geringerer Stromverbrauchs hat, oder mit weniger störanfälligen *bipolaren* Elektroden; externe Systeme sind dagegen immer bipolar. Zur Charakterisierung der Art und Funktion von Schrittmachern dient ein international einheitlicher Code aus (3 bis) 5 Buchstaben („5-Letter-Code“; Abb. **33**).

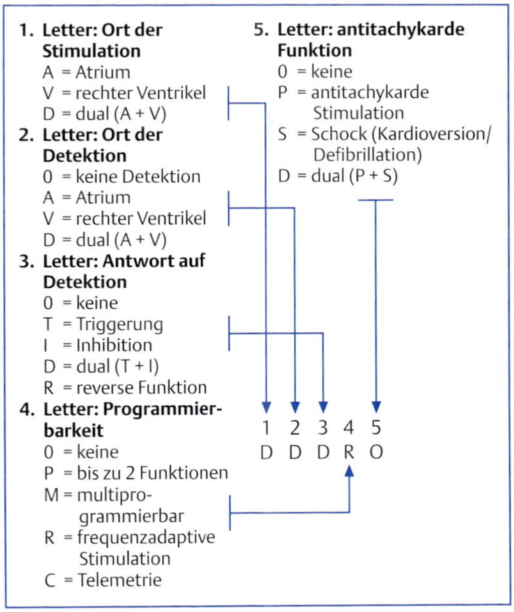

Abb. 33 Internationaler 5-Letter-Code zur Schrittmacheridentifikation

29.1.1 Wichtige Schrittmachertypen

1. Einkammersysteme
   - V00: asynchrone ventrikuläre Stimulation mit fester Frequenz; obsolet, weil bei R-auf-T-Stimulation Kammerflimmern möglich ist; Umschaltmodus bei Störungen komplizierter Schrittmacher
   - VVI: R-Zacken-inhibierte Ventrikelstimulation (Demand-Frequenz i. d. R. auf ca. 70/min eingestellt)
2. Zweikammersysteme
   - DDD: optimierte AV-sequentielle Stimulation

29.1.2 Besonderheiten bei DDD-Schrittmachern

Im Falle regulärer Vorhofaktionen werden deren Impulse vom Schrittmacher aufgenommen und auf die Kammern übergeleitet (P-Wellen-getriggerte Ventrikelstimulation = „VAT-Modus“). Bei Vorhofflimmern wird eine Überleitung jedoch unterdrückt, so daß SM-induziertes Kammerflimmern nicht auftreten kann, und die Ventrikel werden im Bedarfsfall mit einer fest eingestellten Frequenz stimuliert (P-Wellen-inhibierte Ventrikelstimulation = „VAI-Modus“). Zur Begrenzung der Kammerfrequenz bei P-Wellen-getriggerter Aktionen kann die Refraktärzeit programmiert werden. Bei „DDD 400“ beträgt sie 400 msec und die maximal übergeleitete Vorhoffrequenz 150/min, bei „DDD 500“ sind es 500 msec oder 120 Schläge/min. Vorhofextrasystolen, die innerhalb der Refraktärzeit auf die Vorhofsonde treffen, werden ebenfalls nicht übergeleitet. Eine längere Refraktärzeit verhindert außerdem eine retrograde Vorhoferregung bei Kammerstimulation und damit eine SM-induzierte Reentrytachykardie. Bei sequentieller Vorhof-Kammer-Stimulation („DVI-Modus“) werden festfrequente Impulse zunächst an die Vorhöfe und nach Ablauf einer voreingestellten, der AV-Überleitung entsprechenden Zeit an die Kammern abgegeben.

29.2 Anästhesie bei Schrittmacherimplantationen

Permanente Schrittmacher werden vom Kardiologen i. d. R. in Lokalanästhesie und unter anästhesiologischem Stand-by implantiert und gewechselt (AICD-Implantation s. Kap. 27.7.9). Aufgabe des Anästhesisten ist dann die Überwachung der Herz-Kreislauf-Funktion und ggf. die Durchführung einer Analgosedierung. Eine Allgemeinanästhesie wird nur bei Kindern und unkooperativen Patienten oder bei Kontraindikationen für eine Lokalanästhesie (z. B. lokale Infektion) erforderlich.

Indikationen für einen permanenten Schrittmacher

- Sick-sinus-Syndrom
- pathologische Sinusbradykardie
- AV-Block III.°, AV-Block II.° Typ Mobitz
- Bradyarrhythmia absoluta
- Karotissinussyndrom
- bradykarde Herzinsuffizienz, Herzinsuffizienz mit Linksschenkelblock

Schrittmacherimplantation

OP-Ablauf:	Punktion einer zentralen Vene (meist linke V. subclavia), Vorschieben u. subendokardiales Verankern von Vorhof- u. Ventrikelsonde unter Röntgendurchleuchtung, Messung elektrophysiologischer Werte (Sensing-Schwellen, d. h. P- u. R-Amplitude der Eigenaktionen, Reizschwellen u. elektrische Widerstände), Konnexion der Sonde(n) mit dem SM-Aggregat, das dann meist pektoral in eine subkutane Tasche implantiert wird (bei biventrikulären Systemen wird die linksventrikuläre Sonde i. d. R. über den Sinus coronarius in einer [postero]lateralen Koronarvene plaziert, und zwar so, daß das Gefäß nicht okkludiert wird)
OP-Dauer:	1 h
Lagerung:	Rückenlage
Ausrüstung:	1 peripherer i. v. Zugang (kontralaterale Seite), übliches Monitoring (EKG, [automatische] nichtinvasive Blutdruckmessung, Pulsoxymetrie [mit Pulskurve u. akustischem Signal, um die mechanische Herzaktion anzuzeigen]), ggf. O_2-Insufflation

Medikamente:	Atropin, Orciprenalin (1:10 verd.), Lidocain (100 mg)
Notfallgeräte:	externer Defibrillator, transkutanes SM-System
Anästhesie:	i. d. R. nur Stand-by (Allgemeinanästhesie als Intubationsnarkose [ggf. LMA])
Besonderheiten:	evtl. Kurznarkose (z. B. Propofol) fürs subkutane Durchziehen der SM-Drähte
Komplikationen:	1. ventrikuläre Extrasystolen bis hin zum Kammerflimmern beim Plazieren der SM-Sonde 2. Asystolie bei Dekonnexion eines passageren Schrittmachers, wenn Eigenaktionen fehlen (die meisten Patienten haben allerdings einen bradykarden Grundrhythmus) 3. Myokardperforation durch die SM-Sonde 4. Pneumothorax bei der Venenpunktion 5. Luftembolie bei Einführen der SM-Sonde
Nachbetreuung:	i. d. R. Aufwachraum

29.3 Anästhesie bei Schrittmacherträgern

Vor Durchführung einer Anästhesie bei Patienten mit Schrittmachern muß geklärt werden,

- um welchen SM-Typ es sich handelt (Betriebsart);
- wann und warum der SM eingebaut wurde;
- welcher Herzrhythmus (Herzfrequenz!) ohne SM-Aktion besteht und
- ob die Anamnese Hinweise auf eine SM-Fehlfunktion bietet.

Außerdem werden die elektrophysiologischen Daten der jüngsten SM-Kontrolle („Schrittmacherpaß"), die nicht länger als 6 Monate zurückliegen sollte, ein aktuelles EKG (→ Beurteilung der SM-Funktion) und ein Röntgenthoraxbild (→ Überprüfung der Sondenlage) benötigt.

29.3.1 Störungen der Schrittmacherfunktion

Störungen der Schrittmachertätigkeit werden intraoperativ hauptsächlich durch *elektrische oder elektromagnetische Interferenzen* verursacht. Dagegen ist vor allem die Elektronik der komplizierter SM-Systeme anfällig.

Elektrische Interferenzen

Die Benutzung von *Diathermiegeräten* kann zur Inhibition, Umprogrammierung oder zum kompletten Ausfall des Schrittmachers führen. Dies gilt insbesondere, wenn der Schrittmacher durch einen aufliegenden Magneten beeinflußt wird. Bei älteren AV-sequentiellen Systemen (VAT, DVI) können Reentryphänomene auftreten und dadurch Tachykardien entstehen. Die SM-Sonde kann aber auch als direkter Stromleiter wirken. Bei einer Fehlfunktion der Neutral- bzw. indifferenten Elektrode können bei *unipolarer* Koagulation durch den dann zum Herzen gelangenden Strom Verbrennungen am Myokard, Kammerflimmern oder ein SM-Versagen ausgelöst werden.

MERKE
Nach Anwendung einer unipolaren Diathermie müssen programmierbare Schrittmacher von einem Kardiologen überprüft werden.

Elektromagnetische Interferenzen (EMI)

V00-Schrittmacher sind gegenüber EMI so gut wie unempfindlich. VVI-Schrittmacher und nahezu alle anderen SM-Typen können durch Auflegen eines Magneten auf V00-Betrieb umgeschaltet werden. Moderne, programmierbare Aggregate werden i. d. R. nicht oder nur minimal durch EMI beeinflußt, so daß darauf verzichtet werden kann, zumal bei diesen Systemen die Verbindung von Magnet und Diathermie unvorhersehbare Umprogrammierungen bewirken kann. Ohne Einfluß eines Magneten schalten sie bei EMI zumeist selbsttätig auf eine Sicherheitsfrequenz um.

MERKE
Kernspintomographische Untersuchungen waren bei Schrittmacherträgern wegen der hochenergetischen elektromagnetischen Felder lange Zeit absolut kontraindiziert. Dies gilt jedoch nicht mehr uneingeschränkt. Unter der Voraussetzung, daß **nur niedrige Feldstärken (bis zu 0,5 Tesla)** zur Anwendung kommen und der **Schrittmacher im V00-Modus** betrieben wird, wird bei entsprechender Überwachung der Herz- und Lungenfunktion eine Kernspintomographie mittlerweile als möglich angesehen.

Elektrische Nervenstimulation

Bei der elektrischen Nervenstimulation, wie sie für die Relaxometrie oder für Nervenblockaden benutzt wird, besteht zwar theoretisch die Gefahr einer SM-Beeinflussung. Da in diesen Fällen aber *bipolar* stimuliert wird und nur *geringe Stromstärken* erforderlich sind (Relaxometrie ca. 40 mA, Nervenblockaden max. 1 mA) sind SM-Dysfunktionen bei Einhaltung der üblichen Vorsichtsmaßnahmen (Abschn. 29.3.4) sehr unwahrscheinlich, es sei denn, das SM-Aggregat oder die SM-Kabel befinden sich in unmittelbarer Nähe.

Extrakorporale Stoßwellenlithotrypsie

Siehe Kap. 16.5.

Muskelpotentiale

Muskelpotentiale können bei VVI-Schrittmachern zu einer Inhibierung oder bei einfacheren Zweikammersystemen zu Reentrytachykardien führen. Als Auslöser kommt eine stärkere Muskelaktivität, wie sie bei *Muskelzittern* oder unter *depolarisierende Relaxanzien* zu finden ist, in Betracht. Daher sollte bei den gefährdeten Patienten eine perioperative Auskühlung vermieden und möglichst kein Succinylcholin eingesetzt werden.

Veränderungen der Reizschwelle

Von Bedeutung sind vor allem die Faktoren, die eine **Anhebung der Reizschwelle** bewirken und auf diese Weise ein SM-Versagen („Exit-Block") auslösen können. Dazu gehören:

- Hypoxie, Hyperkapnie
- Azidose od. Alkalose (*cave*: exzessive Hyperventilation od. Gabe von Natriumhydrogencarbonat!)
- Hypokaliämie (seltener Hyperkaliämie), Hypernatriämie
- akuter Myokardinfarkt im Bereich der SM-Elektrode
- β-Rezeptoren-Blocker
- Defibrillation

Defibrillation

Falls bei Schrittmacherträgern eine Defibrillation durchgeführt wird, besteht neben der Möglichkeit einer SM-Umprogrammierung die Gefahr einer Myokardverbrennung im Bereich der SM-Elektrode(n) mit dadurch bedingter Erhöhung der Reizschwelle. Um diese Risiken zu minimieren, darf die Sternumelektrode des Defibrillators nicht mit dem SM-Aggregat in Berührung kommen (→ Elektrode ca. 10 cm vom Aggregat entfernt aufsetzen). Das elektrische Feld der Defibrillation sollte im Winkel von 90° zum elektrischen Feld des Schrittmachers stehen (anterior-posterior oder laterolateral). Nach einer Defibrillation muß die SM-Funktion so bald wie möglich überprüft werden.

29.3.2 Besonderheiten bei frequenzadaptiven Schrittmachern

Bei frequenzadaptiven Schrittmachern wird die Impulsfrequenz und damit die Herzfrequenz anhand eines oder mehrerer physiologischer Parameter gesteuert. Zumeist werden Systeme benutzt, die die Muskelaktivität oder Thoraximpedanz messen. Externe Reize wie chirurgische Manipulationen, Vibrationen oder maschinelle Beatmung können mißdeutet werden und so eine **Tachykardie** auslösen. Hierauf muß entsprechend der SM-Funktionsweise reagiert werden (z. B. Verringerung der Ventilation, Beendigung von Manipulationen). Nur bei bedrohlichen Tachykardien oder ST-Senkungen sollte der Schrittmacher mit Hilfe eines Magneten in einen asynchronen, festfrequenten Modus überführt werden. Die Frequenz liegt dabei zwischen 60 und 100/min. Allerdings können im V00-Modus Arrhythmien bis hin zum Kammerflimmern auftreten („R-auf-T-Phänomen"). Zudem wird der Schrittmacher durch den Magneten für Diathermieeinflüsse sensibilisiert, und es kann unvorhersehbar zu Programmänderungen oder einem Umschalten auf Testprogramme kommen.

MERKE
Intraoperative Tachykardien lassen sich bei frequenzadaptiven Schrittmachern vermeiden, wenn der SM-Träger als solcher erkannt (im SM-Ausweis als 4. Letter ein „R") und der Schrittmacher präoperativ in einen synchronen Modus mit gleichbleibender Frequenz (z. B. VVI) umprogrammiert wird.

29.3.3 Zentralvenöse Zugänge

Wegen der Gefahr einer Sondenverletzung sollten keine Punktionen im Bereich der Vene durchgeführt werden, über die die SM-Sonde eingeführt wurde. Auch aus Gründen der Infektionsverhinderung sollte nach Möglichkeit die **kontralaterale Seite** für eine Katheteranlage gewählt werden.

29.3.4 Intraoperatives Vorgehen bei SM- und AICD-Trägern

1. Wenn möglich, sollte eine **bipolare Diathermie** bevorzugt werden. Bei Verwendung einer **unipolaren** muß die Neutralelektrode so weit wie möglich vom Aggregat entfernt plaziert werden. Der **Elektrokauter** darf nicht in dessen unmittelbarer Nähe benutzt werden (Hitzeentwicklung, EMI). Er sollte grundsätzlich nur intermittierend und so kurz wie möglich eingesetzt werden.
2. **Externe Schrittmacher sowie Kabelverbindungen** müssen peinlich genau isoliert werden, um Kriechströme, die das Myokard erreichen könnten, zu verhindern.
3. Intraoperativ sollte immer ein **Magnet** verfügbar sein. Komplexe SM-Systeme sollten ggf. präoperativ von einem Kardiologen umprogrammiert werden. **Antitachykarde und frequenzadaptive Funktionen** müssen immer vor Benutzung einer Diathermie **ausgeschaltet** werden.
4. In der gesamten perioperativen Phase muß der **Puls kontinuierlich überwacht** werden (z. B. Pulsoxymetrie). Im EKG-Signal sollten bei SM-Tätigkeit immer die typischen **Spikes** zu erkennen sein (können am Monitor hervorgehoben werden), die aber bei der Ermittlung der (elektrischen) Herzfrequenz nicht mitgezählt werden dürfen (läßt sich bei modernen Monitoren durch einen speziellen SM-Modus verhindern).
5. Bei einem **SM-Versagen** aufgrund verminderter Empfindlichkeit des Myokards gegenüber den SM-Impulsen („Exit-Block") kann durch **Orciprenalin** die myokardiale Reizschwelle gesenkt werden und damit manchmal die Funktion wiederhergestellt werden.
6. Für den Notfall müssen ein externes, z. B. **transkutanes SM-System** und ein externer **Defibrillator** bereitstehen.

30 Kongenitale Herzfehler

30.1	Allgemeine Bemerkungen ▸ 454	**30.7.3**	Extrakorporale Zirkulation (Phase 3) ▸ 459
30.2	Pathophysiologische Besonderheiten ▸ 454	**30.7.4**	Abstellen der Herz-Lungen-Maschine (Phase 4) ▸ 460
30.2.1	Kardialer Shunt ▸ 454	**30.8**	Eingriffe ▸ 461
30.2.2	Pulmonaler Gefäßwiderstand ▸ 455	**30.8.1**	Banding des Truncus pulmonalis ▸ 461
30.2.3	Offenhalten des Ductus arteriosus ▸ 456	**30.8.2**	Blalock-Taussig-Shunt ▸ 462
30.3	Pharmakologische Besonderheiten ▸ 456	**30.8.3**	Vorhofseptumdefekt ▸ 464
30.4	Präoperative Vorbereitung ▸ 457	**30.8.5**	Endokardkissendefekte ▸ 464
30.5	Instrumentierung und Monitoring ▸ 457	**30.8.6**	Fallot-Tetralogie ▸ 465
30.6	Anästhesiologische Besonderheiten bei Rechts-links-Shunt ▸ 458	**30.8.7**	Transposition der großen Gefäße ▸ 466
30.7	Anästhesie- und Operationsphasen ▸ 458	**30.8.8**	Seltenere Herzfehler ▸ 468
30.7.1	Narkoseeinleitung (Phase 1) ▸ 459	**30.8.9**	Persistierender Ductus arteriosus ▸ 469
30.7.2	Narkoseaufrechterhaltung (Phase 2) ▸ 459	**30.8.10**	Koarktation der Aorta (Aortenisthmusstenose) ▸ 471

30.1 Allgemeine Bemerkungen

Angeborene Herzfehler sind oftmals komplexer Natur (Tab. **116**). Im Vordergrund steht dabei die unvollständige Trennung von Lungen- und Systemkreislauf mit unterschiedlicher Shuntrichtung und Shuntgröße. Der anästhesiologische Umgang mit diesen Patienten erfordert ein tiefgehendes Verständnis der z. T. ausgesprochen komplizierten Pathophysiologie der zugrundeliegenden Störungen und detaillierte Kenntnisse in den spezifischen operativen Behandlungsverfahren und -abläufen.

Tabelle 116 Übersicht über die Häufigkeit angeborener Herzfehler

Herzfehler	Häufigkeit
Ventrikelseptumdefekt	28%
Vorhofseptumdefekt	13%
Fallot-Tetralogie	10%
Persistierender Ductus arteriosus	10%
Pulmonalstenose	10%
Aortenstenose	7%
Aortenisthmusstenose	5%
Transposition der großen Gefäße	5%
Trikuspidalatresie, Pulmonalatresie, Linksherz-Hypoplasiesyndrom, Truncus arteriosus, totale Lungenvenenfehlmündung	je ca. 1%

30.2 Pathophysiologische Besonderheiten

30.2.1 Kardialer Shunt

Ein anatomischer Shunt ist ein Kurzschluß zwischen venösem und arteriellem Kreislauf. Pathologische Verbindungen dieser Art können zwischen den Herzhöhlen und zwischen den großen Gefäßen auftreten. Shunts werden nach der Blutflußrichtung (Links-rechts-, Rechts-links- oder bidirektionaler Shunt) und nach der Ausprägung (Blutvolumen pro Zeiteinheit) unterschieden. Die Flußrichtung ist ab-

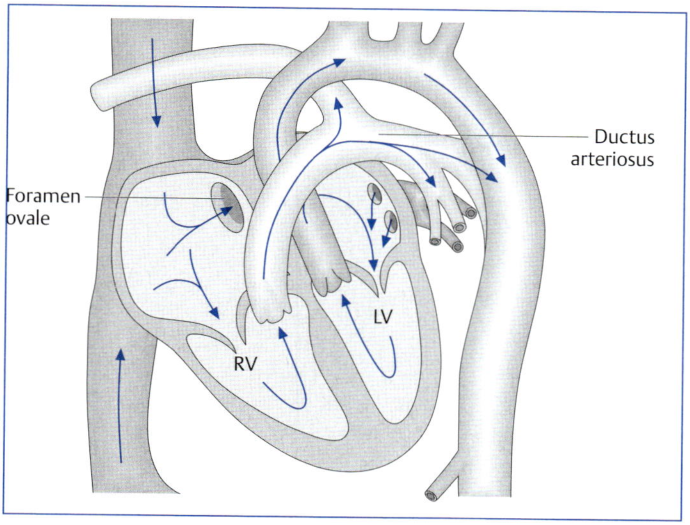

Abb. 34 Fetalkreislauf
RV = rechter Ventrikel
LV = linker Ventrikel

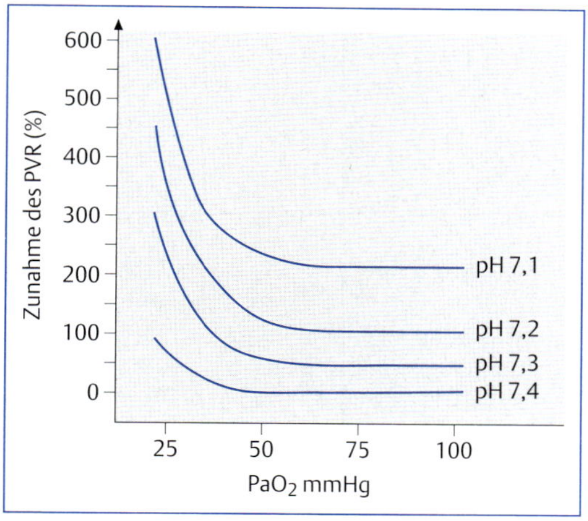

Abb. 35 Einfluß von PaO_2 und pH auf den postnatalen Lungengefäßwiderstand

hängig vom Druckgradienten, das Flußvolumen darüber hinaus von der Größe der Öffnungsfläche. Bei kleiner Öffnungsfläche spricht man von einem *restriktiven*, bei großer von einem *nichtrestriktiven* Shunt. Da sich bei restriktiven Shunts Shuntrichtung und -volumen in der perioperativen Phase i.d.R. nicht ändern, ist das anästhesiologische Vorgehen hier relativ unproblematisch. Anders ist es dagegen bei nichtrestriktiven Shunts. Sie unterliegen viel stärker dem Einfluß von Widerstandsänderungen im großen und kleinen Kreislauf („dynamische Shunts"), was den operativen Ablauf entsprechend schwieriger gestaltet. Zur genauen Einschätzung der Verhältnisse ist die Kenntnis von Shuntrichtung und -volumen essentiell. Beides läßt sich mit Hilfe einer *Herzkatheteruntersuchung* aus dem Blutfluß im Lungenkreislauf (Q_P) und im Systemkreislauf (Q_S) ermitteln (Links-rechts-Shunt: $Q_P - Q_S$; Rechts-links-Shunt: $Q_S - Q_P$).

30.2.2 Pulmonaler Gefäßwiderstand

Solange sich die Lunge noch nicht entfaltet hat, ist der pulmonale Gefäßwiderstand (PVR) sehr hoch. Das bedeutet daß nahezu das gesamte Blut über *anatomische Shunts* (Foramen ovale, Ductus arteriosus [Botalli]) an der Lunge vorbeifließt („Fetalkreislauf"; Abb. **34**). Mit dem postnatalen Einsetzen der Atmung verringert sich die PVR jedoch umgehend und drastisch, so daß sich nun der Ductus Botalli wie auch das Foramen ovale funktionell schließen und die Lunge durchblutet wird. Der zunächst nur durch die Gefäßmuskulatur verschlossene Ductus Botalli wächst bei über 90% der Kinder innerhalb von 4–8 - Wochen endgültig zu (und wird so zum Ligamentum arteriosum). Der anatomische Verschluß des Foramen ovale findet normalerweise bis zum Ende des 1. Lebensjahres statt, kann aber bei bis zu 1/4 dauerhaft ausbleiben. Die PVR reagiert in den ersten Lebenswochen sehr empfindlich auf **Hypoxie und Azidose** (Abb. **35**). Während solcher Phasen können sich die Shuntverbindungen wieder öffnen, was bedrohliche Auswirkungen auf die Oxygenierung und Hämodynamik haben und in einem Circulus vitiosus enden kann. Indirekte Wirkungen auf die PVR werden über den Atemwegsdruck vermittelt (z.B. Husten, Schreien, Pressen, PEEP-Beatmung).

30.2.3 Offenhalten des Ductus arteriosus

Neugeborene mit Herzfehlern ohne serielle Verbindung zwischen kleinem und großem Kreislauf sind nicht lebensfähig. Bei ihnen muß nach der Geburt der Ductus Botalli offengehalten bzw. wieder geöffnet werden, um die Lungendurchblutung zu gewährleisten und so die Zeit zu überbrücken, bis operativ ein Shunt angelegt werden kann. Dazu nutzt man die ausgeprägten vasodilatierenden Eigenschaften von Alprostadil, nativem Prostaglandin E_1. Die Wirksamkeit ist allerdings auf höchstens 4 Wochen begrenzt.

■ Alprostadil (Minprog®)

Dosierung:	initial über 15 min 50–100 ng/kg/min i. v., dann zur Erhaltung 2–5 ng/kg/min
Plasma-HWZ:	ca. 5 min
Nebenwirkungen:	arterielle Hypotonie (bes. bei Bolusgabe), Arrhythmien, Apnoe (bei Bolusgabe!), Fieber, Hemmung der Thrombozytenaggregation

! Bei Kindern mit Herzfehlern, bei denen die Gabe von Alprostadil zum Offenhalten des Ductus Botalli notwendig ist, darf die Infusion keinesfalls unterbrochen werden. Auf der anderen Seite müssen wegen der möglichen Nebenwirkungen Boluseffekte vermieden werden.

30.3 Pharmakologische Besonderheiten

Shuntvitien verändern den Wirkungseintritt von Anästhetika (Tab. **117**). Das muß sowohl bei der intravenösen als auch bei der inhalativen Applikation berücksichtigt werden (Anpassung der Injektionsgeschwindigkeit bzw. der Anflutungskonzentration).

Eine Verringerung der Injektionsgeschwindigkeit bzw. der Anflutungskonzentration ist bei verlängerten Kreislaufzeiten erforderlich, wie sie als Folge eines erniedrigten Herzzeitvolumens

- bei Herzinsuffizienz und
- bei Klappenvitien mit Regurgitation (Reduktion des effektiven, d. h. antegraden HZV)

auftreten können.

Beim Einsatz von **Isofluran** muß neben der Atemwegsreizung und dem damit verbundenen möglichen Auftreten von Hustenanfällen (Steigerung des pulmonalen Gefäßwiderstands!) die nicht unerhebliche Senkung des systemischen Gefäßwiderstands beachtet werden (Gefahr des Blutdruckabfalls!). Da beides zu einer Zunahme oder bei entsprechender anatomischer Voraussetzung erst zur Auslösung eines Rechts-links-Shunts führen kann, sollte in solchen Fällen **Sevofluran** bevorzugt werden.

Tabelle 117 Wirkungseintritt der Anästhesie bei Shuntvitien

	Rechts-links-Shunt	Links-rechts-Shunt
i. v. Anästhetika	↑	↓
Inhalationsanästhetika	↓	↑

↑ beschleunigt, ↓ verzögert

Die Verwendung von $\mathbf{N_2O}$ ist bei Kindern mit **Rechts-links-Shunt** kontraindiziert. Zum einen muß bei einer Inhalationseinleitung eine FIO_2 von 1,0 eingehalten werden; zum anderen kann unter N_2O die PVR ansteigen. Außerdem hat die Vergrößerung einer intravasalen Luftblase durch N_2O gerade bei paradoxen Embolien schnell deletäre Folgen. Aus diesem Grund wird auf N_2O auch bei Operationen mit extrakorporaler Zirkulation verzichtet.

Bei einer fortgeschrittenen, zur Dekompensation neigenden **Herzinsuffizienz** müssen sämtliche negativ inotrop wirkenden Substanzen vermieden werden. Hierzu gehört neben den Narkosegasen auch das Ketamin. Die unter **Ketamin** am isolierten Papillarmuskel nachzuweisende negative Inotropie wird normalerweise, d. h. bei Herzgesunden, durch die adrenerge Stimulation funktionell antagonisiert. Dies ist jedoch bei schwer herzinsuffizienten Kindern mit bereits maximaler kompensatorischer Steigerung des Sympathikotonus nicht mehr möglich, so daß dann die negativ inotrope Eigenwirkung von Ketamin voll zum Tragen kommt. Deshalb wird bei ihnen zur Reduktion des myokardialen O_2-Verbrauchs eine Intubationsnarkose bedarfsgerecht mit intravenösen Substanzen wie Etomidat, Midazolam und Fentanyl durchgeführt.

30.4 Präoperative Vorbereitung

Bei der präoperativen Visite stehen die kardiologischen und kardiochirurgischen Besonderheiten im Vordergrund. Vor **planbaren Eingriffen** sollte die Vorbereitung in etwa folgende Punkte umfassen:

- Herzanamnese (Entwicklung der Herzerkrankung, Graduierung einer evtl. Herzinsuffizienz nach NYHA [Kap. 35.3]; frühere Interventionen und Operationen sowie deren Auswirkungen; aktueller Zustand (Dyspnoe od. Zyanose in Ruhe u./od. bei Belastung)
- Begleitanamnese (Entwicklungs- und Gedeihstörungen, Klärung von Begleiterkrankungen der Lunge, Leber (Gerinnung) und Nieren; Voroperationen an Gefäßen für die Kanülierung von großer Bedeutung)
- Medikamentenanamnese (aktuell und in den vorausgegangenen 4 Wochen)
- apparative Voruntersuchungen
- EKG, Röntgenthorax
- Angiokardiographie, Echokardiographie (Morphologie des Herzens, der großen Gefäße und der Koronarien, Messung der intrakavitären Drücke und O_2-Sättigungen und Errechnung von Druck- und Sättigungsgradienten bei Herzvitien)
- Labor (Kap. 27.4)
- bei Eingriffen mit extrakorporaler Zirkulation Bereitstellung von 4 EK
- Prämedikation (z. B. Midazolam rektal nach Schema; Kap. 25.4)

30.5 Instrumentierung und Monitoring

Standardmaßnahmen

- 2 periphere i. v. Zugänge (G24-G20)
- arterieller Zugang: linke od. rechte A. radialis od. A. femoralis
  Hinweise: Die arterielle Kanülierung ist unumgänglich zur Blutdruckmessung während der extrakorporalen Zirkulation. Bei kleinen Kindern kann die Arterie zur Erleichterung der Punktion mit Hilfe einer Ultraschallsonde identifiziert werden, so daß nur ganz selten eine Arteriae sectio notwendig wird.
- 3-Lumen-Katheter: nach der Einleitung über eine Jugularvene, Spitze in der V. cava superior (Lagekontrolle mit intraatrialer EKG-Ableitung)
  Hinweise: Das Aufsuchen der Vene kann ebenfalls durch Verwendung einer Ultraschallsonde erheblich erleichtert werden. Bei trotzdem einmal unmöglicher Punktion kann der ZVK auch intraoperativ gelegt werden. Bei der Interpretation des ZVD muß das Vitium berücksichtigt werden (überraschend hohe Vorhofdrücke oder Druckgleichheit in beiden Vorhöfen ist nicht selten!).
- ggf. Linker-Vorhof-(LA-)Katheter: wird intraoperativ vom Chirurgen gelegt
- 5-Pol-EKG (rot: re. Schulter, gelb: li. Schulter, grün: li. Hüfte, schwarz: re. Hüfte, weiß: Herzspitze)
- Monitordarstellung[78]: z. B. Abl. II, Abl. V_5, SAP, ZVD, PAP, LAP, 2 Temp., Abl. III, ST-Strecke
- Pulsoxymetrie an der Hand, Kapnometrie/-graphie
- Temperaturmessung: i. d. R. ösophageal (korreliert gut mit der Temperatur im OP-Gebiet) und rektal (Kerntemperatur); evtl. Haut (Differenz zur Kerntemperatur zeigt den Zentralisationsgrad an) und Tympanon (korreliert gut mit der Hirntemperatur)
- Magensonde
- Blasenkatheter (transurethral)
- ggf. Relaxometrie

78 SAP = „systemic arterial pressure" (systemarterieller Druck); ZVD = zentralvenöser Druck; PAP = „pulmonary arterial pressure" (pulmonalarterieller Druck); LAP = „left atrial pressure" (Druck im linken Vorhof)

30.6 Anästhesiologische Besonderheiten bei Rechts-links-Shunt

Bei Vitien mit Rechts-links-Shunt muß folgendes beachtet werden:

- Es besteht eine unterschiedlich ausgeprägte kompensatorische Polyglobulie, weshalb perioperativ höhere Hb-Zielwerte anzustreben sind.
- Es kommt zu einer schnelleren Anflutung von i.v. Anästhetika und zu einer langsameren von Inhalationsanästhetika (Abschn. 30.3).

In diesen Fällen und darüber hinaus dann, wenn eine Shuntumkehr eintreten kann (Vorhof- od. Ventrikelseptumdefekt), gilt es außerdem,

- eine Luftinjektion,
- einen hypoxischen Anfall,
- einen Anstieg der Atemwegsdrücke und
- einen Abfall des systemischen Gefäßwiderstands (SVR)

zu vermeiden. Schon **kleinste Luftmengen,** z.B. in eine periphere Vene injiziert, können bei einem Rechts-links-Shunt zu deletären Embolien im Bereich des zerebralen und koronaren Gefäßsystems führen. Eine Luftinjektion kann jedoch durch adäquate Injektionstechnik sicher verhindert werden.

Bei Kindern mit Shuntvitien können durch Husten, Schreien oder Pressen sog. **hypoxische Anfälle** („spells") ausgelöst werden. Hierbei führt der abrupte, drastische Anstieg der PVR zu einer entsprechenden Minderperfusion der Lunge und damit zur Hypoxygenierung. Dies kann ebenso bei **forcierter Überdruckbeatmung** auftreten, so daß bei jeder Form der Beatmung möglichst niedrige Atemwegsdrücke anzustreben sind (maschinell: kein Plateau; I:E $\leq 1:1$; PEEP $< 5\ cmH_2O$). Gegebenenfalls sollte, falls möglich, die Spontanatmung wieder herbeigeführt werden. Hypoxische Anfälle können auch analog zur linksventrikulären Obstruktion bei hypertrophisch-obstruktiver Kardiomyopathie (Kap. 27.2.3) durch eine dynamische Obstruktion eines engen, hyperkontraktilen Infundibulums bei subvalvulärer Pulmonalstenose (z.B. Fallot-Tetralogie) verursacht werden. Dies ist möglicherweise sogar der entscheidende Mechanismus. Der **venöse Zugang** sollte, um keinen hypoxischen Anfall zu provozieren, am besten unter Inhalationsanästhesie (O_2/Sevofluran) gelegt werden (wegen der Vollheparinisierung nicht unter i.m. Sedierung!).

Im Mittelpunkt der **Therapie eines hypoxischen Anfalls** steht die Senkung der erhöhten PVR, um so den Rechts-links-Shunt zu vermindern oder wieder umzukehren. Hierbei darf allerdings die SVR nicht nennenswert abfallen. Es kann schrittweise nach folgendem Konzept vorgegangen werden:

1. Oxygenierung mit 100% O_2 (über Maske, aber möglichst unter Spontanatmung), Beine anwinkeln oder manuellen Druck auf das Abdomen ausüben (→ Erhöhung der SVR)
2. i.v. Sedierung (Midazolam 0,05–0,1 mg/kg KG., ggf. zusätzl. Fentanyl)
3. bei fortbestehender Sinustachykardie und V.a. dynamische rechtsventrikuläre Obstruktion ß-Rezeptoren-Blockade (z.B. Esmolol 0,5–1,0 mg/kg i.v. oder Metoprolol, titriert mit kindgerechten Einzeldosen) oder Anästhesie mit Sevofluran
4. bei weiterer Persistenz Intubation, Beatmung mit 100% O_2 (PaO_2 ↑, $PaCO_2$ ↓), Anästhesie mit Sevofluran od. Opioid in hoher Dosierung, evtl. Noradrenalin (0,1–0,5 μg/kg/min) zur Anhebung der SVR

Eine **Verminderung der SVR** zieht bei den entsprechenden Vitien eine Zunahme des Rechts-links-Shunts nach sich. Aus diesem Grund müssen (stärkere) Blutdruckabfälle vermieden werden, und es sollen möglichst keine Anästhetika mit ausgeprägter vasodilatierender Wirkung (z.B. Isofluran) eingesetzt werden.

30.7 Anästhesie- und Operationsphasen

Bei Operationen mit extrakorporaler Zirkulation (ECC) lassen sich **4 Phasen** unterscheiden:

1. Narkoseeinleitung; Instrumentierung und Lagerung des Kindes im Einleitungsraum
2. mediane Sternotomie, Präparation, Kanülierung von Aorta und rechtem Vorhof
3. ECC bei künstlichem Herzstillstand mit Abkühlen des Patienten und Wiedererwärmen
4. Beendigung der ECC, chirurgische Blutstillung, Anlage der Drainagen und Thoraxverschluß

Lagerung des Kindes

- vor Narkosebeginn: nach seinen „Wünschen"
- intraoperativ: Rückenlage mit Unterstützung des Thorax und leicht rekliniertem Kopf, Stabilisierung z.B. durch Kopfring und seitliche Tücher; Arme 90° abgespreizt bzw. ausgelagert

30.7.1 Narkoseeinleitung (Phase 1)

Inhalationseinleitung (s. auch Kap. 25.6.2)

1. kurze Präoxygenierung mit 6 l O_2 (3–4 Atemzüge zur partiellen Denitrogenierung)
2. dann N_2O und O_2, je 3 l/min (bei Rechts-links-Shunt weiter 6 l O_2)
3. Sevofluran zumischen und langsam bis auf max. 5,0 Vol.-% steigern
4. bei Apnoe Maskenbeatmung (auf geringe Atemwegsdrücke achten, bes. bei Septumdefekten)
5. Anlage des venösen Zugangs
6. Injektion von Fentanyl 5 μg/kg i. v.
7. Relaxierung z. B. mit Vecuronium 0,1 mg/kg i. v.
8. N_2O-Zufuhr beenden, Präoxygenierung mit 6 l O_2 für mind. 3 min, dann Sevofluranzufuhr beenden
9. je nach Hämodynamik Injektion von Midazolam 0,1 mg/kg i. v.
10. endotracheale Intubation

Intravenöse Einleitung

1. Anlage des venösen Zugangs
2. langsame Injektion von Fentanyl bis zu 25 μg/kg i. v., dann Midazolam 0,1 mg/kg i. v.
3. Maskenbeatmung wie oben und Präoxygenierung mit 100% O_2 für mind. 3 min
4. Relaxierung z. B. mit Vecuronium 0,1 mg/kg i. v.
5. endotracheale Intubation

MERKE:
1. Beim Ansteigen der Herzfrequenz und/oder des arteriellen Blutdrucks während der Laryngoskopie muß die Narkose unbedingt vor der Intubation vertieft werden.
2. Bei Kindern mit schwerer Herzinsuffizienz (NYHA III/IV) muß die Narkose intravenös eingeleitet werden.

30.7.2 Narkoseaufrechterhaltung (Phase 2)

Die Narkose wird intravenös z. B. mit Midazolam und Fentanyl sowie Vecuronium zur kompletten Muskelrelaxation weitergeführt. Bei Verträglichkeit kann auch Sevofluran eingesetzt werden. N_2O wird bei Operationen mit ECC gar nicht und auch sonst kaum verwendet.

Weitere Maßnahmen

- Endokarditisprophylaxe (bei allen Vitien obligat!; Kap. 6.4.2): z. B. Cefuroxim 50 mg/kg als Kurzinfusion spätestens 30 min vor Operationsbeginn
- Aprotinin: ggf. Testdosis (150 KIE/kg), dann 30.000 KIE/kg als Bolus und anschließend 130 KIE/kg/min bis zum ECC-Ende (Einzelheiten s. Kap. 27.3.3)
- ggf. Zusatz von Erythrozytenkonzentraten in die Priming-Lösung der Herz-Lungen-Maschine, um einen Hkt von 20 ± 2% zu erreichen (abhg. von Priming-Volumen, Körpergewicht und Hb-Wert)
- Antikoagulation i. d. R. mit Heparin (UFH), z. B. nach folgendem Schema (s. auch Kap. 27.3.1):
  - initial 300 IE/kg KG i. v. (vor ECC-Kanülierung)
  - repetitiv 50–100 IE/kg KG (Zeitpunkt nach ACT od. in festen Abständen)

30.7.3 Extrakorporale Zirkulation (Phase 3)

An dieser Stelle soll nur auf einige Besonderheiten der extrakorporalen Zirkulation bei Kindern eingegangen werden. Zu den Grundlagen s. Kap. 27.6.3.

Herz-Lungen-Maschine

Die Oxygenatoren sind dem Körpergewicht, aber auch dem i. Vgl. zum Erwachsenen deutlich höheren O_2-Bedarf des Kindes angepaßt. Die Priming-Volumina liegen für Kinder bis zu 20 kg KG bei 700–1200 ml. Die Priming-Lösung enthält statt HES (130/0,4 6% möglich) meist Albumin (50–100 ml HA 20%). Der Pumpenfluß wird nach Nomogrammen (120–150 ml/kg/min) und nach venösem Rückstrom, arteriellem Druck sowie arteriellen und venösen Blutgasanalysen (O_2-Sättigungen, pH-Wert etc.) gesteuert.

Hypothermie

Im Gegensatz zu Erwachsenen laufen bei Kindern Abkühlung und Wiedererwärmung sehr viel schneller ab. Daher werden die meisten Operationen in tiefer Hypothermie (um 24 °C) durchgeführt. Nur Eingriffe bei Kreislaufstillstand benötigen noch niedrigere Temperaturen (ca. 18 °C). Nach Äquilibrierung des Gewebes auf solch tiefe Temperaturen (ca. 30 min) kann ein Kreislaufstillstand bis zu 60 min ohne wesentliche neurologische Auswirkungen überlebt werden. Das Aufwärmen kann bei Kindern durch Vasodilatatoren unterstützt werden (z. B. Glyceroltrinitrat 1–2 μg/kg/min). Hierdurch läßt sich eine gleichmäßige Wärmeverteilung erreichen, was anhand des Hauttemperaturverlaufs relativ gut abzuschätzen ist. Zusätzlich wird eine Heizmatte eingesetzt. Außerdem sollte nach der ECC die Raumtemperatur erhöht werden, um eine erneute Abkühlung zu verhindern.

Blutdrucksteuerung

Der arterielle Blutdruck muß wegen der in Hypothermie veränderten autoregulatorischen Grenzen der Organdurchblutung temperaturabhängig gesteuert werden. Bei einer Hirntemperatur unter 27 °C soll die zerebrovaskuläre Autoregulation in den ersten Lebensjahren bis zu Perfusionsdrücken von ca. 30 mmHg erhalten sein. Liegt die Temperatur zwischen 30 und 36 °C, so sollte ein MAP von 40 mmHg bei Neugeborenen, Säuglingen und Kleinkindern auf Dauer nicht unterschritten werden.

30.7.4 Abstellen der Herz-Lungen-Maschine (Phase 4)

Der HLM-Fluß wird langsam unter äußerst sorgfältiger Überwachung, vor allem des Volumenstatus, gegen Null reduziert (dabei Ansage des Restflusses [in %] durch den Kardiotechniker). Der **ZVD** sollte in dieser Phase im Normalfall **6–8 mmHg**, der **LAP 10–12 mmHg** betragen. Da die Zielwerte für die Vorlasten jedoch vom jeweiligen Vitium und von der durchgeführten Operation abhängen, können sie im Einzelfall deutlich von den genannten abweichen. Bei unkompliziertem Verlauf reicht die Myokardkontraktilität aus, um bei normaler SVR ein adäquates HZV zu liefern (MAP > 45 mmHg, $avDO_2$ < 5 ml/dl). Eine in etwa normale PVR ermöglicht eine angemessene Lungendurchblutung, wenn Shuntvolumina wie geplant limitiert werden konnten.

Maßnahmen nach erfolgreicher Beendigung der ECC (s. auch Kap. 27.6.4)

- nach Möglichkeit Retransfusion des Restbluts aus der HLM, ggf. erst nach Aufbereitung im Cell-saver (Ziel-Hkt zum OP-Ende: 25–30%)
- Heparin nach Ansage durch den Chirurgen mit Protamin antagonisieren
- regelmäßig manuell die Lungen blähen, um Atelektasen vorzubeugen; mögl. PEEP von 3–5 cmH_2O
- Oxygenierung mit FIO_2 1,0, solange Hkt < 25%
- Zielwerte: PaO_2 > 100 mmHg, $PaCO_2$ = 35–40 mmHg, pH ≈ 7,40
- bei Thoraxverschluß auf Änderungen der Vorlasten und korrekte Lage des LA-Katheters achten (Gefahr des Abknickens!)
- Antibiotikum zum OP-Ende repetieren

MERKE
Bei Kindern besteht als Folge der Verdünnung durch das Priming-Volumen nahezu immer ein **Defizit an Gerinnungsfaktoren und Thrombozyten.**

Bei **kompliziertem Verlauf** müssen die möglichen Ursachen und deren Behandlung mit dem Operateur im Detail besprochen werden, um eine gemeinsame Strategie zu finden. Falls chirurgisch zu behebende Ursachen ausscheiden, bleibt eine differenzierte Pharmakotherapie (Tab. **118**), die mit einem Kinderkardiologen abgestimmt werden sollte.

Tabelle 118 Dosierung wichtiger Medikamente in der Kinderkardiochirurgie

Generikum	Präparat	Dosierung	Kommentar
Adenosin	Adrekar®	0,25–0,5 mg/kg	extrem kurze HWZ, passagere Asystolie mögl.!
Esmolol	Brevibloc®	0,5–1,0 mg/kg → 0,1 mg/kg/min	sehr kurze HWZ
Lidocain	Xylocain®	1 mg/kg → 25–50 µg/kg/min	
Glyceroltrinitrat	Nitrolingual®	0,5–2,0 µg/kg/min	
Nitroprussidnatrium	Nipruss®	0,2–5,0 µg/kg/min	einschleichende Dosierung
Adrenalin	Suprarenin®	0,05–0,25 µg/kg/min	
Noradrenalin	Arterenol®	0,05–0,25 µg/kg/min	
Dopamin		5–15 µg/kg/min	zunehmender α-Effekt
Dobutamin	Dobutrex®	2–15 µg/kg/min	
Milrinon	Corotrop®	50 µg/kg → 0,5 µg/kg/min	deutlich längere HWZ als Katecholamine, nicht zugelassen für Kinder unter 12 Jahren

Schrittmachertherapie

Besonders bei Eingriffen im Bereich des Reizleitungssystems (z. B. Verschluß von Septumdefekten) können nach der ECC **Bradykardien** oder **Blockbilder** auftreten, die evtl. sogar persistieren. Das wie bei Erwachsenen noch nicht wieder suffizient schlagende Herz ist gerade in dieser Phase auf eine koordinierte Vorhof-Kammer-Aktion angewiesen, was nur durch eine geordnete AV-Überleitung erreicht werden kann. Auch bei Kindern werden deshalb epikardial Schrittmacherelektroden aufgenäht.

30.8 Eingriffe

Übersicht

Palliativoperationen
- Banding des Truncus pulmonalis
- Anlage eines künstlichen Links-rechts-Shunts
  - Ballonatrioseptostomie nach Rashkind (Kap. 31)
  - Blalock-Taussig-Shunt, Blalock-Hanlon-Shunt
  - Cooley-Waterston-Shunt

Korrekturoperationen mit ECC
- Vorhofseptumdefekt (ASD)
- Ventrikelseptumdefekt (VSD)
- Endokardkissendefekte
- Fallot-Tetralogie
- Transposition der großen Arterien (TGA)
- Trikuspidalatresie
- Pulmonalatresie
- Linksherz-Hypoplasiesyndrom

Korrekturoperationen ohne ECC
- persistierender Ductus arteriosus (PDA)
- Koarktation der Aorta (früher: Aortenisthmusstenose)

30.8.1 Banding des Truncus pulmonalis

OP-Indikation:	Begrenzung des pulmonalen Blutflusses bei Herzfehlern mit großem Links-rechts-Shunt, um eine pulmonale Hypertonie zu verhindern oder zu vermindern
Besonderheiten:	i. d. R. schwerkranke Kinder im 1. Lebensjahr
OP-Verfahren:	linksanteriore Thorakotomie, Einengung des Truncus pulmonalis durch eine zirkuläre Schlinge
OP-Ablauf:	Unter pulsoxymetrischer Kontrolle und unter wiederholter Messung des Druckgradienten über dem Banding wird die Schlinge so weit zugezogen, bis die $pSaO_2$ abzusinken anfängt (beginnender Rechts-links-Shunt), und dann je nach Ausgangswert in einem Bereich von 85–95% belassen.
Besonderheiten:	Die Maßnahme ist schwierig und komplikationsträchtig. Es besteht nur ein schmaler Grat zwischen optimaler, zu geringer und übermäßiger Einengung des Truncus.
OP-Dauer:	1–2 h
ECC:	nein
Lagerung:	Rückenlage
Ausrüstung:	2 „großlumige" i. v. Zugänge, möglichst ZVK u. art. Zugang; Ösophagusstethoskop mit Temperatursensor, Magensonde, evtl. Blasenkatheter; Auskühlungsschutz (Heizmatte, Infusionswärmer etc.), Transfusionspumpe o.ä., Relaxometrie
Besonderheiten:	Raumtemperatur auf 24–28 °C erhöhen, Wärmestrahler zur Einleitung
Blutkonserven:	1 EK
Anästhesie:	Intubationsnarkose mit balancierter Anästhesie (Midazolam + Opioid + evtl. Sevofluran, N_2O höchstens zur Einleitung) u. kompl. Muskelrelaxation
Komplikationen:	(massive) Blutungen
Nachbetreuung:	Kinderintensivstation (i. d. R. Nachbeatmung)

30.8.2 Blalock-Taussig-Shunt (Abb. 36)

OP-Indikation:	Verbesserung des pulmonalen Blutflusses bei Herzfehlern mit Rechts-links-Shunt
OP-Verfahren:	laterale Thorakotomie, Anlage eines künstlichen Links-rechts-Shunts durch End-zu-Seit-Anastomosierung einer A. subclavia mit der gleichseitigen A. pulmonalis (über eine Prothese)
OP-Dauer:	2–3 h
ECC:	nein
Lagerung:	Links- od. Rechtsseitenlage
Ausrüstung:	2 „großlumige" i. v. Zugänge, ggf. ZVK u. art. Zugang; Ösophagusstethoskop mit Temperatursensor, Magensonde, Blasenkatheter, Auskühlungsschutz (Heizmatte, Infusionswärmer etc.), Transfusionspumpe o.ä., Relaxometrie
Besonderheiten:	1. Raumtemperatur auf 24–28 °C erhöhen, Wärmestrahler zur Einleitung 2. Pulsoxymetrie und (nicht)invasive Blutdruckmessung am *kontralateralen* Arm (Pulslosigkeit am anderen nach Unterbinden der A. subclavia) 3. Atropin, Orciprenalin und Adrenalin aufgezogen bereithalten
Blutkonserven:	2 EK
Anästhesie:	Intubationsnarkose mit balancierter Anästhesie (Midazolam + Opioid + evtl. Sevofluran) u. kompl. Muskelrelaxation
Besonderheiten:	Lungen vor Thoraxverschluß kräftig blähen, damit sich die obere wieder voll entfaltet
Komplikationen:	1. Bradykardien durch Vagusstimulation beim Freipräparieren der A. subclavia 2. schwerste Bradykardie bis hin zur Asystolie beim Ausklemmen der A. pulmonalis (infolge weiterer Abnahme der Lungendurchblutung) 3. (massive) Blutungen
Nachbetreuung:	i. d. R. Aufwachraum (extubiert)

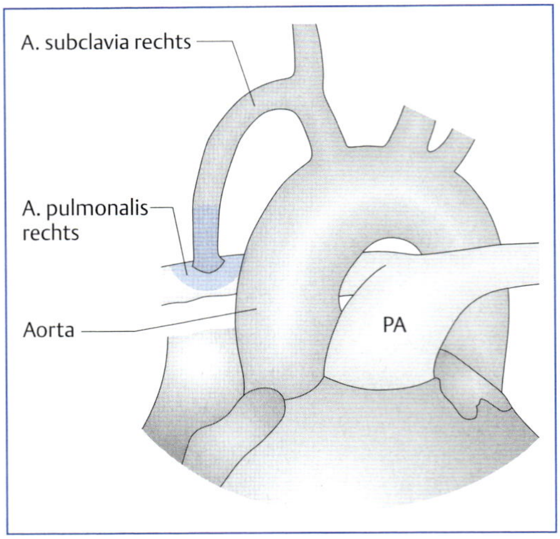

Abb. 36 Blalock-Taussig-Shunt
A. s. = A. subclavia
A. p. = A. pulmonalis
PA = Pulmonalarterienstamm

Alternativen

- **Blalock-Hanlon-Shunt:**
  Atrioseptektomie in Linksseitenlage (palliativ oft bei TGA); Anästhesie im wesentlichen wie bei Blalock-Taussig-OP; Komplikationen: Bradykardie beim Abklemmen der Hohlvenen, Luftembolie beim Ausschneiden des Septums (Beatmung so lange unterbrechen!, zum Entfernen der Luft aus den Lungenvenen Lungen beim Verschließen des Vorhofs kräftig blähen)
- **Cooley-Waterston-Shunt:**
  Anastomosierung der Aorta ascendens mit der rechten A. pulmonalis (rechtsseitige Thorakotomie), dabei häufig zu starke Zunahme der Lungendurchblutung; Anästhesie wie bei Blalock-Taussig-OP

30.8.3 Vorhofseptumdefekt (ASD; Abb. 37)

Anatomie:
1. 80% Ostium-secundum-Defekt: ASD in der Septummitte (ASD II; Tab. **119**)
2. 20% Ostium-primum-Defekt: partieller AV-Kanal (Abschn. 30.8.5)
3. sehr selten Sinus-venosus-Defekt: hochsitzender ASD, meist mit Lungenvenenfehlmündung kombiniert

Pathophysiologie: Links-rechts-Shunt bei niedrigem interatrialen Druckgradienten, Volumenbelastung des rechten Ventrikels (→ Hypertrophie), Steigerung der Lungendurchblutung; PVR relativ lange normal, bei hoher PVR (fixierte pulmonale Hypertonie bei lange bestehendem ASD) Gefahr der Shuntumkehr („Eisenmenger-Reaktion")

OP-Verfahren: bei kleinerem ASD II Direktverschluß, bei größerem Patchplastik

OP-Dauer: 3–4 h

ECC: ja

Besonderheiten: ggf. Wärmestrahler während der Einleitung benutzen; zur Beschleunigung der Wiedererwärmung Heizmatte verwenden und Raumtemperatur erhöhen

Komplikationen: nach ECC manipulations- od. verletzungsbedingte Arrhythmien (Vorhofflattern/-flimmern, AV-Blockierungen), Low-output-Syndrom (bes. bei schon länger bestehender pulmonaler Hypertonie), Nahtinsuffizienz (persistierender Shunt)

Nachbetreuung: Kinderintensivstation (i. d. R. extubiert)

Tabelle 119 Unterscheidung von persistierendem Foramen ovale* und ASD II

	Foramen ovale	Kleiner ASD II	Großer ASD II
Anatomie	funktionell verschlossen	morphologisch offen	morphologisch offen
Druckverhältnisse	interatrialer Drucksprung	interatriale Drucktrennung	keine Drucktrennung

* Vorkommen bei 20–25% der Bevölkerung

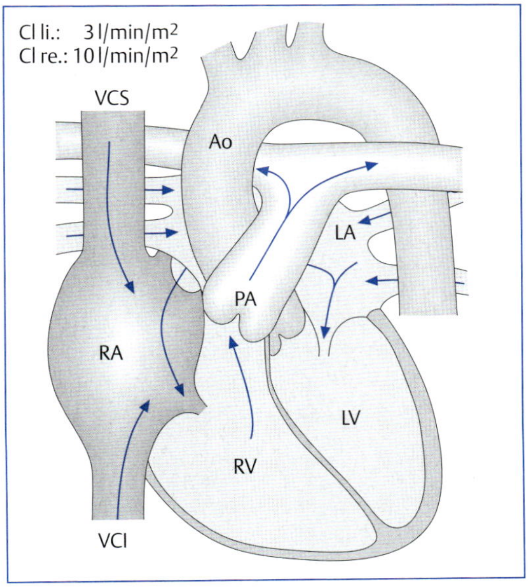

Abb. 37 Vorhofseptumdefekt
LV = linker Ventrikel
LA = linker Vorhof
RV = rechter Ventrikel
RA = rechter Vorhof
Ao = Aorta
PA = Pulmonalarterienstamm
VCS = V. cava superior
VCI = V. cava inferior

30.8.4 Ventrikelseptumdefekt (VSD; Abb. 38)

Epidemiologie:	isolierter VSD häufigster angeborener Herzfehler
Pathophysiologie:	Links-rechts-Shunt bei hohem interatrialen Druckgradienten, bei großen Defekten auch bidirektionale Shunts möglich, Volumenbelastung des rechten Ventrikels (→ Hypertrophie), meist deutliche Steigerung der Lungendurchblutung (bis auf das 5fache!); PVR-Anstieg schneller als beim ASD, daher frühere Shuntumkehr
OP-Verfahren:	bei kleinerem VSD Direktverschluß, bei größerem Patchplastik
OP-Dauer:	3–4 h
ECC:	ja
Besonderheiten:	ggf. Wärmestrahler während der Einleitung benutzen; zur Beschleunigung der Wiedererwärmung Heizmatte verwenden und Raumtemperatur erhöhen
Komplikationen:	nach ECC verletzungsbedingte AV-Blockierungen, Low-output-Syndrom (bes. bei schon länger bestehender pulmonaler Hypertonie), Restdefekte od. Nahtinsuffizienz (persistierender Shunt)
Nachbetreuung:	Kinderintensivstation (i. d. R. Nachbeatmung)

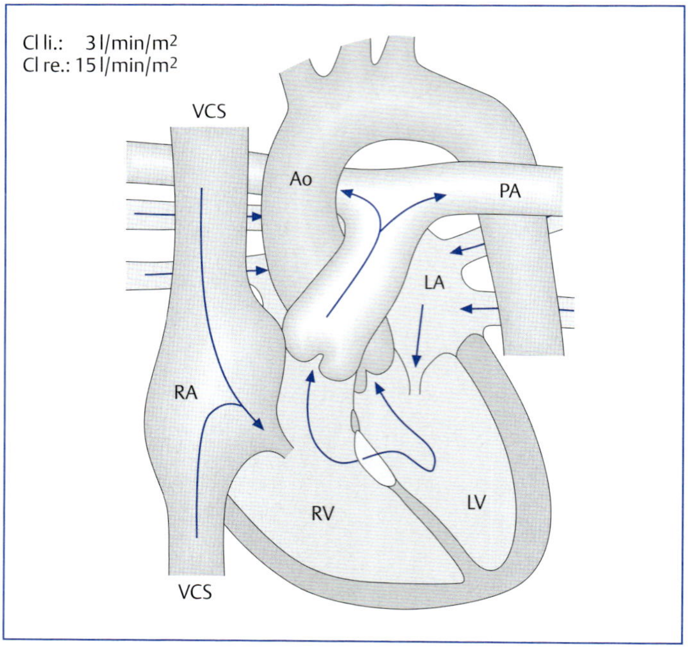

Abb. 38 Ventrikelseptumdefekt
LV = linker Ventrikel
LA = linker Vorhof
RV = rechter Ventrikel
RA = rechter Vorhof
Ao = Aorta
PA = Pulmonalarterienstamm
VCS = V. cava superior
VCI = V. cava inferior

30.8.5 Endokardkissendefekte

Anatomie:

Störungen der Endokardkissenentwicklung führen zu Defekten von Vorhof- und Ventrikelseptum sowie der AV-Klappen. Man unterscheidet den partiellen vom kompletten AV-Kanal.

1. partieller AV-Kanal (Ostium-primum-Defekt):
   tiefsitzender ASD, oft gespaltene Mitral- u./od. Trikuspidalklappe

	2. kompletter AV-Kanal: Kombination von tiefsitzendem ASD u. hochsitzendem VSD (= AVSD), gespaltene od. rudimentäre Mitral- u./od. Trikuspidalklappe, Kommunikation aller 4 Herzhöhlen
Besonderheiten:	sehr oft mit M. Down assoziiert (Kap. 19.7)
Pathophysiologie:	1. partieller AV-Kanal: großer Links-rechts-Shunt mit Volumenbelastung des rechten Ventrikels u. gesteigerter Lungendurchblutung, oft Mitral- u./od. Trikuspidalinsuffizienz; PVR-Anstieg selten 2. kompletter AV-Kanal: je nach Druckgradienten zunächst wechselnde Links-rechts- u. Rechts-links-Shunts auf Vorhof- u. Ventrikelebene, zusätzl. Mitral- u./od. Trikuspidalinsuffizienz, Volumenbelastung aller Herzhöhlen (→ Hypertrophie), rasche Entwicklung einer Herzinsuffizienz u. einer fixierten pulmonalen Hypertonie (Shuntumkehr oft schon im 2. Lj., deshalb nach Möglichkeit frühzeitige operative Korrektur)
OP-Verfahren:	Rekonstruktion der AV-Klappe(n), Verschluß der Defekte mit Patch (möglichst unter Schonung des Reizleitungssystems); bei erheblicher Fehlbildung der AV-Klappen nur Banding des Truncus pulmonalis
OP-Dauer:	4–6 h
ECC:	ja
Besonderheiten:	1. Wärmestrahler bei der Einleitung benutzen; zur Beschleunigung der Wiedererwärmung Heizmatte verwenden und Raumtemperatur erhöhen 2. erschwerte Maskenbeatmung und Intubation bei M. Down 3. lange ECC-Zeit bei Korrektur des kompletten AV-Kanals (bis zu 3 h!)
Komplikationen:	wie bei VSD, zusätzl. (Rest-)Mitralinsuffizienz (bes. beim kompletten AV-Kanal)
Nachbetreuung:	Kinderintensivstation (Nachbeatmung)

30.8.6 Fallot-Tetralogie (Abb. 39)

Epidemiologie:	häufigster zyanotischer Herzfehler
Anatomie:	Symptomenkomplex aus hochsitzendem VSD, „reitender" Aorta, Pulmonalstenose (subvalvulär [infundibulär] u./od. valvulär) u. Hypertrophie des rechten Ventrikels (in ca. 25% der Fälle zusätzl. ASD u./od. rechter Aortenbogen)
Pathophysiologie:	Rechts-links-Shunt mit Hypoxämie u. zentraler Zyanose (SaO_2 um 80% u. darunter), verminderte Lungendurchblutung (→ Entwicklung von bronchialen u. aortopulmonalen Kollateralgefäßen); bei infundibulärer Pulmonalstenose dynamische Obstruktion der rechtsventrikulären Ausflußbahn möglich (analog zur HOCM; s. Kap. 27.2.3)
Besonderheiten:	1. rezidivierend hypoxische Anfälle durch infundibuläre Spasmen (Abschn. 30.6) 2. oft vor der Korrektur palliative Shuntoperation zur Verbesserung der Lungendurchblutung erforderlich
OP-Verfahren:	zunächst Unterbindung größerer Kollateralgefäße u. des palliativen Shunts, um zu verhindern, daß während der ECC Blut in den Lungenkreislauf gelangt; dann Abtragung der Infundibulumstenose, bei valvulärer Stenose Dilatation od. Inzision der Pulmonalklappe; zuletzt VSD-Verschluß mit Patch, evtl. Ausflußbahnplastik
OP-Dauer:	4–6 h
ECC:	ja (evtl. passagerer Kreislaufstillstand in ausgeprägter Hypothermie)
Besonderheiten:	1. Wärmestrahler bei der Einleitung benutzen; zur Beschleunigung der Wiedererwärmung Heizmatte verwenden und Raumtemperatur erhöhen

Besonderheiten:

2. Abfall der SVR und Anstieg der PVR (z. B. hoher Beatmungsdruck) verhindern (sonst Shuntzunahme!)
3. bei hyperkontraktilem Infundibulum:
   - Sevofluran zur Kontraktilitätssenkung (→ Zunahme [!] des Schlagvolumens durch Verminderung der Obstruktion)
   - kontraktilitätssteigernde Medikamente (β-Sympathomimetika, Ketamin etc.), Vor- und Nachlastsenkung sowie hohe Beatmungsdrücke (Abnahme des venösen Rückstroms) vermeiden

Komplikationen:

1. vor ECC: hypoxischer Anfall (Therapie s. Abschn. 30.6), PVR-Anstieg bei der Präparation der pulmonalen Ausflußbahn
2. nach ECC: Versagen des rechten Ventrikels, fortbestehende Obstruktion der pulmonalen Ausflußbahn, Restshunt od. Nahtinsuffizienz, Pulmonalinsuffizienz

Nachbetreuung: Kinderintensivstation (Nachbeatmung)

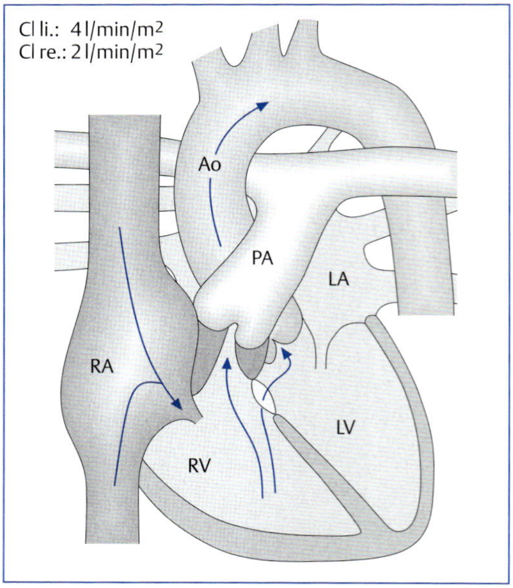

Abb. 39 Fallot-Tetralogie
LV = linker Ventrikel
LA = linker Vorhof
RV = rechter Ventrikel
RA = rechter Vorhof
Ao = Aorta
PA = Pulmonalarterienstamm

30.8.7 Transposition der großen Gefäße (TGA; Abb. 40)

Anatomie: Bei der TGA handelt es sich um einen sehr komplexen Herzfehler. Man unterscheidet verschiedene Formen. Am häufigsten ist die sog. **D-Transposition.** Hierbei entspringt die Aorta dem vorderen, anatomisch rechten und der Truncus pulmonalis dem hinteren, anatomisch linken Ventrikel, weshalb die Aorta rechts vor dem Truncus liegt. Eine TGA ist nur dann mit dem Leben vereinbar, wenn Kurzschlußverbindungen wie ASD, VSD, PDA oder ein künstlicher Shunt existieren. Der Ductus Botalli muß daher ggf. durch Alprostadil zunächst offengehalten werden.

Pathophysiologie: gleichzeitiges Vorhandensein von Links-rechts-Shunt (= effektiver systemischer Blutfluß) und Rechts-links-Shunt (= effektiver pulmonaler Blutfluß) mit Hypoxämie zentraler Zyanose u. metabolischer Azidose, meist rasche Entwicklung einer Herzinsuffizienz

Besonderheiten: ggf. vor der Korrektur Anlage eines künstl. Shunts zur Verbesserung der Lungendurchblutung (Ballonatrioseptostomie, Blalock-Taussig- od. Blalock-Hanlon-Shunt)

OP-Verfahren: Es wird eine frühzeitige Korrektur angestrebt, um den linken Ventrikel so schnell wie möglich an die Hochdruckperfusion zu gewöhnen. Folgende Methoden kommen in Betracht:
1. Switch-Operation: Umsetzen der großen Arterien, Reimplantation der Koronararterien, Verschluß von intrakardialen Kurzschlüssen
2. Mustard- od. Senning-Operation: Umleitung des Blutflusses auf Vorhofebene (der rechte Ventrikel bleibt Systemventrikel und pumpt dann arterialisiertes Blut in den Körperkreislauf, der linke venöses Blut in den Lungenkreislauf)
3. Rastelli-Operation: Umleitung des Blutflusses auf Ventrikelebene, indiziert bei VSD u. zusätzl. Pulmonalstenose (der linke Ventrikel pumpt dann arterialisiertes Blut in den Körperkreislauf, der rechte venöses Blut in den Lungenkreislauf)

OP-Dauer: 7–8 h

ECC: ja (z. T. passagerer Kreislaufstillstand in ausgeprägter Hypothermie)

Besonderheiten:
1. Wärmestrahler bei der Einleitung benutzen; zur Beschleunigung der Wiedererwärmung Heizmatte verwenden und Raumtemperatur erhöhen
2. nicht selten Thrombozytopenie und verminderte Aktivität von Gerinnungsfaktoren

Komplikationen:
1. Switch-Operation: Low-output-Syndrom, Versagen des linken Ventrikels (*cave*: zu hoher Blutdruck!), unzureichender koronarer Blutfluß (→ Infarkt)
2. Mustard- u. Senning-Operation: Behinderung des venösen Einstroms in beide Kammern, Arrhythmien (v.a. AV-Blockierungen), Versagen des rechten Ventrikels, Trikuspidalinsuffizienz
3. Rastelli-Operation: Obstruktion der Ausflußbahnen, AV-Blockierungen

Nachbetreuung: Kinderintensivstation (Nachbeatmung)

Abb. 40 Transposition der großen Gefäße ▷
LV = linker Ventrikel
LA = linker Vorhof
RV = rechter Ventrikel
RA = rechter Vorhof
Ao = Aorta
PA = Pulmonalarterienstamm

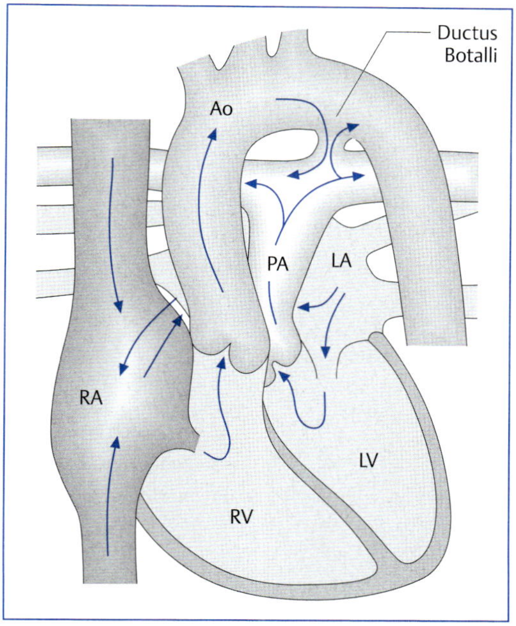

30.8.8 Seltenere Herzfehler

■ Trikuspidalatresie

Anatomie:	fehlende Anlage der Trikuspidalklappe, kombiniert mit ASD, z.T. auch mit VSD u. weiteren Fehlbildungen
Pathophysiologie:	Das zentralvenöse Blut fließt über den ASD in den linken Vorhof und nach Mischung mit dem Lungenvenenblut über einen VSD vom linken in den rechten Ventrikel oder über einen offenen Ductus Botalli in den Lungenkreislauf. Das Ausmaß der Lungendurchblutung bestimmt den Grad der Zyanose. Es hängt ab von der Größe des VSD, der Obstruktion der rechtsventrikulären Ausflußbahn (Pulmonalstenose, Klappenstellung), dem Atemwegsdruck und der Höhe der SVR.
Besonderheiten:	oft vor der Korrektur Palliativoperation erforderlich (bei stark verminderter Lungendurchblutung Anlage eines künstlichen Links-rechts-Shunts, bei stark erhöhter Pulmonalis-Banding)
OP-Verfahren:	Trennung der beiden Kreisläufe durch Fontan-Operation od. deren Modifikationen: 1. Umleitung des gesamten venösen Bluts direkt in die Aa. pulmonales („Fontan"), ASD- u. VSD-Verschluß 2. subtotale Blutumleitung mit zusätzl. Shunt auf Vorhofebene („Hemi-Fontan")
OP-Dauer:	5–6 h
ECC:	ja
Besonderheiten:	1. Wärmestrahler bei der Einleitung benutzen; zur Beschleunigung der Wiedererwärmung Heizmatte verwenden und Raumtemperatur erhöhen 2. nach dem Abstellen der HLM: – hoher ZVD (15–20 mmHg) für ausreichende Lungendurchblutung erforderlich – häufig inotrope Unterstützung nötig (Dobutamin 5–10 µg/kg/min) – hohe Beatmungsdrücke unbedingt vermeiden
Komplikationen:	zu hohe Drücke in den Hohlvenen mit Blutrückstauung in die vorgelagerten Organe (→ Gehirn, Leber, Darm, Pleuren etc.)
Nachbetreuung:	Kinderintensivstation (Nachbeatmung, rasches Anstreben der Spontanatmung)

■ Pulmonalatresie

Anatomie:	fehlende Anlage der Pulmonalklappe, kombiniert mit ASD, evtl. auch mit VSD
Pathophysiologie:	Das zentralvenöse Blut fließt über den ASD in den linken Vorhof und mischt sich dort mit dem Lungenvenenblut. Damit die Lunge durchblutet wird, ist ein offener Ductus Botalli oder ein VSD notwendig.
Besonderheiten:	oft vor der Korrektur palliative Shuntoperation zur Verbesserung der Lungendurchblutung erforderlich (z.B. modifizierter Blalock-Taussig-Shunt)
OP-Verfahren:	1. Valvulotomie nach *Brock* 2. Rastelli-Operation: Einbau eines klappentragenden Conduits zwischen rechtem Ventrikel und Truncus pulmonalis, Verschluß von ASD u. ggf. VSD durch Patch
OP-Dauer:	Valvulotomie 2–3 h, Rastelli-Operation 6–7 h
ECC:	ja
Besonderheiten:	Wärmestrahler bei der Einleitung benutzen; zur Beschleunigung der Wiedererwärmung Heizmatte verwenden und Raumtemperatur erhöhen
Nachbetreuung:	Kinderintensivstation (Nachbeatmung)

Linksherz-Hypoplasiesyndrom

Anatomie:	Dem Linksherz-Hypoplasiesyndrom liegt eine hochgradige Stenose oder eine **Atresie der Aortenklappe** zugrunde. Es werden verschiedene Typen unterschieden: mit oder ohne VSD, mit oder ohne Atresie der Mitralklappe. Bei der überwiegenden Mehrzahl ist das Ventrikelseptum intakt. Statt dessen ist dann ein ASD vorhanden. Weitere kardiale und extrakardiale Fehlbildungen können hinzukommen.
Pathophysiologie:	Die Atrophierung des linken Ventrikels beginnt bereits intrauterin. Der rechte Ventrikel dagegen hypertrophiert, weil er zur Pumpkammer für den großen und kleinen Kreislauf wird. Es entwickelt sich ein Links-rechts-Shunt über einen ASD oder VSD sowie ein Rechts-links-Shunt über einen weit offenen Ductus Botalli. Von der Aorta descendens fließt Blut retrograd in die Aorta ascendens und gelangt so in die supraaortalen Abgänge.
Besonderheiten:	sehr schlechte Prognose (ohne Therapie versterben alle Kinder, davon 90% schon während der Neugeborenenperiode)
OP-Verfahren:	1. Norwood-Operation in 3 Stufen (nur Stufe 1 u. 2 immer mit ECC): – Norwood 1 (meist zwischen 5. und 7. Lebenstag): Abtrennung des Truncus pulmonalis vom rechten Ventrikel, Erweiterung der Aortenwurzel und Anastomosierung mit dem rechten Ventrikel, Anlage eines Shunts (Kunststoff) zwischen Aorta ascendens und Truncus pulmonalis – Norwood 2 (2–3 Monate nach Norwood 1): Anastomosierung der V. cava sup. mit der rechten A. pulmonalis und Benutzen des rechten Ventrikels als Systemventrikel („Glenn-Anastomose") – Norwood 3 (2–3 Jahre nach Norwood 2): Anastomosierung der V. cava inf. mit der linken A. pulmonalis, Anlage eines Shunts zwischen den Vorhöfen, endgültige Trennung der Kreisläufe 2. evtl. Herztransplantation, verbunden mit Korrektur der Aorta
ECC:	ja
Besonderheiten:	Wärmestrahler bei der Einleitung benutzen; zur Beschleunigung der Wiedererwärmung Heizmatte verwenden und Raumtemperatur erhöhen
Nachbetreuung:	Kinderintensivstation (Nachbeatmung)

30.8.9 Persistierender Ductus arteriosus (PDA; Abb. 41)

Besonderheiten:	PDA oft mit komplizierten Herzfehlern assoziiert (als lebensnotwendige Voraussetzung für die Lungendurchblutung)
Pathophysiologie:	erheblicher Links-rechts-Shunt (hoher Druckgradient) mit Blutfluß während der Systole und Diastole, deutliche Steigerung der Lungendurchblutung (bis auf das 3fache!), relativ rasche Entwicklung einer fixierten pulmonalen Hypertonie, im weiteren Verlauf dann Gefahr der Shuntumkehr
OP-Verfahren:	antero- od. posterolaterale Thorakotomie (evtl. thorakoskopisches Verfahren; s. Kap. 26.4.1), Durchtrennung des Ductus u. Vernähung der Enden
OP-Dauer:	1–2 h
ECC:	nein
Lagerung:	Rechtsseitenlage
Ausrüstung:	2 „großlumige" i. v. Zugänge, ggf. ZVK u. art. Zugang (nur bei Herzinsuffizienz); Ösophagusstethoskop mit Temperatursensor, Magensonde, evtl. Blasenkatheter; Auskühlungsschutz (Heizmatte, Infusionswärmer etc.), Transfusionspumpe o.ä., Relaxometrie

Besonderheiten:	1. Raumtemperatur auf 24–28 °C erhöhen, Wärmestrahler zur Einleitung 2. Pulsoxymetrie und (nicht)invasive Blutdruckmessung am *rechten* Arm (vorübergehende Pulslosigkeit am linken durch operative Manipulationen) 3. weitere Pulsoxymetrie an einem Fuß (zur Durchblutungskontrolle beim Abklemmen des Ductus)
Blutkonserven:	1 EK
Anästhesie:	Intubationsnarkose mit balancierter Anästhesie (Midazolam + Opioid + evtl. Sevofluran, N_2O höchstens zur Einleitung) u. kompl. Muskelrelaxation
Besonderheiten:	1. Beiseitedrängung der oberen Lunge (→ Beatmung mit 100% O_2, regelmäßiges Blähen in Abstimmung mit dem Operateur) 2. ruhiges OP-Feld erforderlich (→ am besten manuelle Beatmung während Manipulationen am Ductus) 3. beim Abklemmen Überprüfung der Durchblutung in der unteren Körperhälfte mit Hilfe des zweiten Pulsoxymeters (alternativ: Auskultation des PDA-Geräusches vor und nach dem Abklemmen), um zu verhindern, daß das falsche Gefäß ligiert wird 4. Lungen vor Thoraxverschluß kräftig blähen, damit sich die obere wieder voll entfaltet
Komplikationen:	1. (massive) Blutungen (bes. beim Öffnen der Klemmen) 2. Verletzung von N. vagus u. N. recurrens 3. Chylothorax 4. fälschliche Unterbindung anderer Gefäße (z. B. Aorta → letaler Ausgang!)
Nachbetreuung:	i. d. R. Aufwachraum (extubiert)

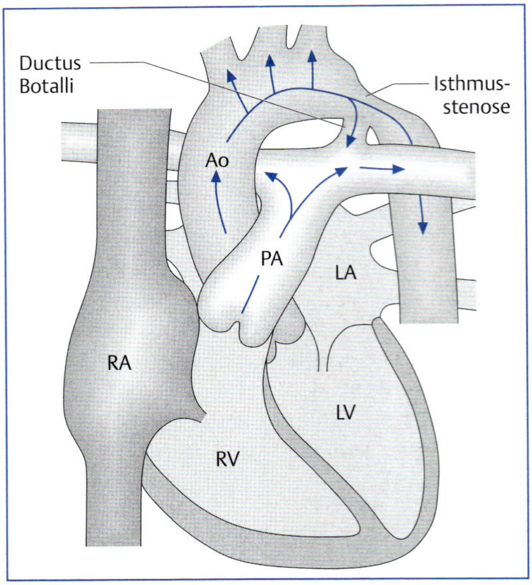

Abb. 41 Persistierender Ductus arteriosus (Botalli)
LV = linker Ventrikel
LA = linker Vorhof
RV = rechter Ventrikel
RA = rechter Vorhof
Ao = Aorta
PA = Pulmonalarterienstamm

30.8.10 Koarktation der Aorta (Aortenisthmusstenose)

Anatomie: Als Aortenisthmusstenosen werden Einengungen der Aorta distal der A. subclavia bezeichnet (Abb. **41** u. **42**). Meist handelt es sich um nahezu komplette Obstruktionen. In bezug auf die Lage zum Ductus Botalli wurden nach früherer Nomenklatur präduktale und postduktale Stenosen unterschieden. Heute wird folgende Einteilung bevorzugt:

1. umschriebene juxtaduktale Koarktation (= postduktale Stenose [Erwachsenentyp; s. Kap. 28.6.5], häufigste Form, nicht selten weitere Fehlbildungen)
2. Hypoplasie des Aortenisthmus (= präduktale Stenose [infantiler Typ], oft mit schweren Herzfehlbildungen verbunden: z. B. PDA [65%], VSD [35%], bikuspidale Aortenklappe [25%], TGA [10%])
3. Unterbrechung des Aortenbogens (sehr selten, zumeist tödlich verlaufend)

Pathophysiologie: Druckbelastung des linken Ventrikels mit progredientem Anstieg des systolischen u. diastolischen Blutdrucks, allmähliche Entwicklung einer linksventrikulären Hypertrophie u. schließlich einer Herzinsuffizienz; Ausbildung eines Kollateralkreislaufs über die Interkostalarterien in die distale Aorta zur Versorgung der unteren Körperhälfte (bei Hypoplasie des Aortenisthmus wird die untere Körperhälfte zunächst über den offenen Ductus Botalli versorgt)

Besonderheiten: evtl. zunächst Katheterangioplastie, um den Operationszeitpunkt hinauszuschieben (Kap. 31.6)

OP-Verfahren: linkslaterale Thorakotomie, Abklemmen der Aorta oberhalb u. unterhalb der Stenose, im Kindesalter i. d. R. Resektion der Engstelle mit End-zu-End-Anastomosierung oder Subklavia-Flap-Aortoplastik, selten Patchplastik oder Prothese

OP-Dauer: 2–3 h

ECC: nein

Lagerung: Rechtsseitenlage

Ausrüstung: 2 „großlumige" i. v. Zugänge, möglichst ZVK u. art. Zugang; Ösophagusstethoskop mit Temperatursensor, Magensonde, Blasenkatheter, Auskühlungsschutz (Heizmatte, Infusionswärmer etc.), Transfusionspumpe o.ä., Relaxometrie

Besonderheiten:

1. Raumtemperatur auf 24–28 °C erhöhen, ggf. Wärmestrahler zur Einleitung
2. Pulsoxymetrie und (nicht)invasive Blutdruckmessung am *rechten* Arm (vorübergehende Pulslosigkeit am linken durch operative Manipulationen)

Blutkonserven: 2–4 EK

Anästhesie: Intubationsnarkose mit balancierter Anästhesie (Midazolam + Opioid + evtl. Sevofluran, N_2O höchstens zur Einleitung) u. kompl. Muskelrelaxation

Besonderheiten:

1. evtl. massiver Blutdruckanstieg nach dem Abklemmen der Aorta (Senkung mit Sevofluran, ggf. Vasodilatatoren)
2. Vermeidung von Hypovolämie u. arterieller Hypotension während der Abklemmphase (der Blutdruck sollte leicht über der Norm liegen)
3. Lungen vor Thoraxverschluß kräftig blähen, damit sich die obere wieder voll entfaltet

Komplikationen:

1. (massive) Blutungen (bes. aus den erweiterten Interkostalarterien)
2. nach dem Abklemmen der Aorta:
   - Linksherzversagen
   - Hirnblutung
   - Blutdruckabfall in der unteren Körperhälfte mit Ischämie u. Azidose
   - Rückenmarkischämie (Paraplegie bei Neugeborenen u. Säuglingen selten)
3. postop. Rebound-Hypertension (gesteuert durch Barorezeptorenreflex)

Nachbetreuung: Kinderintensivstation (möglichst extubiert)

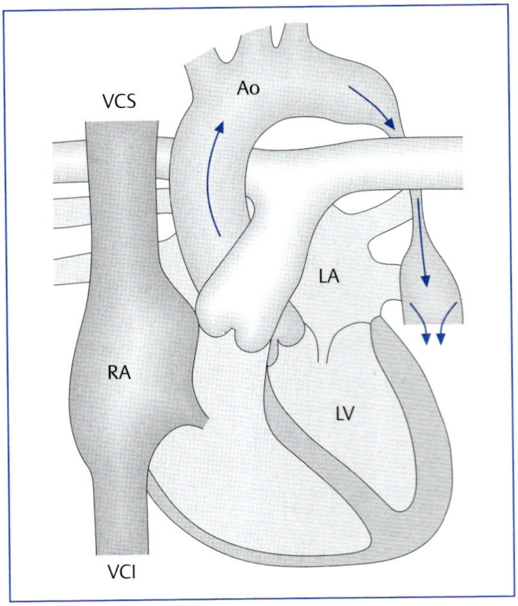

Abb. 42 Koarktation der Aorta
LV = linker Ventrikel
LA = linker Vorhof
RV = rechter Ventrikel
RA = rechter Vorhof
Ao = Aorta
PA = Pulmonalarterienstamm
VCS = V. cava superior
VCI = V. cava inferior

31 Herzkatheteruntersuchungen bei Kindern

31.1 Allgemeine Bemerkungen ▸ 473
31.2 Vorbereitung der Patienten ▸ 473
31.3 Instrumentierung und Monitoring ▸ 473
31.4 Ablauf der Herzkatheteruntersuchung ▸ 474
31.5 Anästhesie ▸ 474
31.6 Anästhesiologische Besonderheiten ▸ 476
31.7 Komplikationen ▸ 476

31.1 Allgemeine Bemerkungen

Herzkatheteruntersuchungen werden bei Kindern vor allem zur Abklärung angeborener Vitien durchgeführt. Sie sind z.T. mit therapeutischen Interventionen verbunden. Das Altersspektrum reicht vom Frühgeborenen- bis zum Adoleszentenalter, wobei jedoch der Schwerpunkt eindeutig in den ersten Lebensjahren liegt. Das bedeutet für den Anästhesisten, daß er neben großer Erfahrung in der Kinderanästhesie spezielle Kenntnisse im Umgang mit schwer herzkranken Kindern besitzen muß. Während der Untersuchung ist außerdem eine enge Zusammenarbeit mit dem Kinderkardiologen erforderlich.

31.2 Vorbereitung der Patienten

Bei der Prämedikationsvisite stehen die (Herz-) Anamnese und vor allem die bereits erhobenen klinischen und apparativen Untersuchungsbefunde für die anästhesiologische Einschätzung des Kindes im Vordergrund. Von entscheidender Bedeutung ist, daß man sich als Anästhesist einen genauen Einblick in die spezielle Pathophysiologie des vorliegenden Herzfehlers (Blutflußverhältnisse in Ruhe und unter Belastung) und Klarheit über die kardiale Leistungsfähigkeit des Kindes verschafft.

Außerdem werden für eine Herzkatheteruntersuchung benötigt:

- aktuelle Laborwerte (bes. Hb u. Gerinnungsstatus),
- Blutgruppe und mindestens 1 gekreuztes Erythrozytenkonzentrat.

Zur anxiolytischen oder sedierenden Prämedikation können unter Beachtung der Kontraindikationen die kinderüblichen Dosen von Midazolam verordnet werden (z.B. 0,5 mg/kg KG rektal ca. 30 min vor Anästhesiebeginn; Schema s. Kap. 25.4). Die Anlage von EMLA®-Pflaster ist nur dann nötig, wenn eine venöse Kanülierung beim wachen Kind unverzichtbar erscheint. Gegebenenfalls sollte von vornherein ein Bett auf der Kinderintensivstation für die postoperative Nachsorge reserviert werden (z.B. schwerstkranke Kinder od. geplante interventionelle Maßnahme).

31.3 Instrumentierung und Monitoring

Zum **Standard** gehören:

- 1 peripherer i.v. Zugang (obere Körperhälfte)
- EKG und Atemfrequenz
- automatische nichtinvasive Blutdruckmessung
- Pulsoxymetrie
- Körpertemperatur
- bei Intubationsnarkosen zusätzl. Kapnometrie u. Überwachung der typischen Beatmungsparameter

Die **Venenkanüle** sollte, wenn irgend möglich, im Bereich der oberen Körperhälfte plaziert werden. Durch die in der V. femoralis liegende Herzkatheterschleuse wird der Blutabfluß aus dieser Extremität in nicht vorhersehbarem Ausmaß beeinträchtigt. Bei gleichzeitiger distaler Infusion größerer Flüssigkeitsmengen könnte es zu einer unkontrollierten ausgeprägten Ödembildung in der betreffenden Extremität und anschließend zu trophischen Störungen kommen. Wegen einer möglichen Fehlpunktion ist im vorhinein nicht klar, auf welcher Seite die Schleuse schließlich gelegt wird. Als periphervenöser Zugang reicht eine dünnlumige Kanüle aus, denn im Notfall kann die **Katheterschleuse** – auch die arterielle – als Volumenzugang (selbst für eine Transfusion) benutzt werden.

Bei der **endexspiratorischen CO_2-Messung** (Intubationsnarkosen) muß beachtet werden, daß vor allem bei Kindern im 1. Lebensjahr die Exspirationsluft wegen des relativ großen Küvettentotraums stärker verdünnt wird und demzufolge größere Diskrepanzen zwischen $PECO_2$ und $PaCO_2$ auftreten können. Das gilt um so mehr, wenn Beatmungsfilter benutzt werden. In dieser Altersgruppe dürfen nur Minifilter mit dem geringstmöglichen Totraum verwendet werden. Außerdem sollte der $PECO_2$ mindestens initial anhand einer arteriellen Blutgasanalyse „validiert" werden. Hierbei kann folgendermaßen vorgegangen werden: altersentsprechendes AMV errechnen, AZV höher einstellen, $PECO_2$ initial von ca. 30 mmHg anstreben und unter diesen Bedingungen nach einigen Minuten den $PaCO_2$ bestimmen lassen.

31.4 Ablauf der Herzkatheteruntersuchung

Nach der Punktion einer V. femoralis in der Leiste (bei wachen Kindern unter Infiltrationsanästhesie) wird in Seldinger-Technik eine großlumige Schleuse und darüber dann der Herzkatheter eingeführt. Bei Kindern mit einem Septumdefekt gelingt es oftmals, den Katheter durch den ASD oder VSD hindurch auch in den linken Vorhof oder Ventrikel vorzuschieben, so daß dann eine zusätzliche Katheterisierung der A. femoralis entfallen kann. Mit Hilfe des Katheters läßt sich ein Herzfehler anatomisch und funktionell charakterisieren. Dazu werden **Messungen des Drucks und der Sauerstoffsättigung** in den Herzhöhlen und großen herznahen Gefäßen sowie eine **Kontrastmitteldarstellung** dieser Strukturen („Angiokardiographie") vorgenommen. Außerdem können Myokardbiopsien entnommen werden (z. B. bei Kardiomyopathien).

Folgende **therapeutisch-interventionelle Techniken** lassen sich mit der Untersuchung verbinden:
- Ballonatrioseptostomie nach *Rashkind*,
- Verschluß eines persistierenden Ductus arteriosus (Botalli) oder von kleineren Septumdefekten,
- Ballondilatation von Klappen- oder Gefäßstenosen (Valvulo- oder Angioplastie),
- Überbrückung von Gefäßstenosen durch Stents.

Bei arterieller Katheterisierung wird i. d. R. eine Antikoagulation mit Heparin (Bolus von 50 IE/kg KG i. v.) durchgeführt. Eine Antibiotikagabe zur Endokarditisprophylaxe ist nur selten nötig, weil bei einer Herzkatheteruntersuchung zumeist keine Bakteriämie auftritt.

31.5 Anästhesie

Besondere Vorbereitung

Bei Herzkatheteruntersuchungen müssen über das Übliche hinaus bereitgehalten werden:
- Notfallmedikamente: Atropin, Orciprenalin, Adrenalin, Noradrenalin u. Lidocain (in kindgerechten Konzentrationen)
- Defibrillator und Schrittmachersystem
- bei Interventionen: gekreuztes Fremdblut im Kühlschrank

Zur **Verhinderung einer Auskühlung** des Kindes dienen folgende Maßnahmen:
- Verwendung einer Heizmatte (immer bei Kindern im 1. Lebensjahr)
- Erhöhung der Raumtemperatur je nach Alter des Kindes auf 24–30 °C (Kap. 25.2.6)
- Abdecken des Kindes mit Tüchern oder Aluminiumfolie (röntgenstrahlendurchlässig!)
- Anwärmen von Infusionen, Transfusionen und der Desinfektionslösung

Anästhesieverfahren

Bei jüngeren Kindern wird eine Analgosedierung (ggf. mit O_2-Insufflation) oder eine Intubationsnarkose durchgeführt, bei älteren reicht manchmal eine Sedierung mit Midazolam aus.

Für eine **Analgosedierung** werden bevorzugt verwendet:
- Midazolam (initial 0,1 mg/kg KG i. v.) und Ketamin (initial 1 mg/kg KG i. v.)

Bei Benutzung von Ketamin sollte Atropin zur Antisalivation vorweggegeben werden (0,01 mg/kg i. v.).

Für eine **Allgemeinanästhesie** können folgende Substanzen eingesetzt werden:

- als Hypnotikum Midazolam oder Etomidat
- als Analgetikum Fentanyl, Alfentanil oder Ketamin
- als Relaxans Vecuronium
- ggf. Sevofluran (kein Isofluran wegen seiner stärker vasodilatierenden Wirkung!)

(Potentielle) Indikationen für eine **Intubationsnarkose** sind:

- höhergradige Herzinsuffizienz (NYHA III u. IV)
- Durchführung interventioneller Maßnahmen (besonders wenn sie länger dauern, schwierig und komplikationsträchtig sind)
- Ermittlung des pulmonalvaskulären Widerstands und Durchführung eines Hyperoxietests

Außer der schweren Herzinsuffizienz sind die anderen Indikationen eher als fakultativ anzusehen. Um bei einer pulmonalen Hypertonie den pulmonalvaskulären Widerstand ermitteln zu können, ist eine Normokapnie notwendig (Hyper- oder Hypokapnie führt zur Widerstandserhöhung und damit zur Meßwertverfälschung). Mit Hilfe des sog. Hyperoxietests kann der Grad der Fixierung einer pulmonalen Hypertonie abgeschätzt werden (Hyperoxie führt zur Vasodilatation). Hierzu benötigt man eine FIO_2 von 1,0. Diese Meßvoraussetzungen sind am besten mit einer kontrollierten Beatmung zu gewährleisten.

Anästhesiologisches Vorgehen während der Untersuchung

Flüssigkeitssubstitution. Zum Flüssigkeitsersatz im 1. Lebensjahr sollte eine isotone, leicht glucosehaltige Elektrolytlösung verwendet. Bei Kindern mit normaler bis mäßig eingeschränkter Herzfunktion können die altersüblichen Mengen infundiert werden (bis zu 6 ml/kg KG/h; Kap. 25.2.3). Wichtig ist es, eine Hypovolämie zu vermeiden. Bei erheblicher Herzinsuffizienz muß die Zufuhrrate angemessen reduziert werden.

Laborwerte. BGA-, Hb- und BZ-Kontrollen werden im Katheterlabor von der MTA durchgeführt. Hierzu werden Blutproben über den Herzkatheter entnommen. Die genannten Parameter sollten insgesamt mindestens zweimal, nach Plazieren und vor Entfernen des Katheters, bestimmt werden (Zielwerte: $PaCO_2 \approx 40$ mmHg, Hb ≥ 10 g/dl [bei Polyglobulie höher!], BZ ≥ 100 mg/dl). Gerade bei Neugeborenen und Säuglingen entstehen punktionsbedingt und vor allem durch wiederholte Blutentnahmen (zur Messung der O_2-Sättigung) nennenswerte Blutverluste, so daß in dieser Altersstufe nicht selten sogar eine Transfusion notwendig wird. Bei Kindern mit Rechts-links-Shunt muß unbedingt einer kompensatorischen **Polyglobulie** Rechnung getragen werden. Bei ihnen gelten individuell höhere Hb-Zielwerte. Diese Kinder dürfen auf gar keinen Fall mit einem Hb-Wert von unter 10 g/dl verlegt werden!

Oxygenierung. Im allgemeinen sollte die präoperative Oxygenierung (FIO_2) aufrechterhalten werden, um bei den Messungen der O_2-Sättigung „Sättigungssprünge" bei Shuntvitien aufdecken und dann den Shunt berechnen zu können. Dies ist bei hyperoxischen Verhältnissen nämlich nicht ohne weiteres möglich. Bei unter Ruhebedingungen zwar hypoxischen, aber kompensierten Kindern geht man damit, eine pulsoxymetrische Kontrolle vorausgesetzt, sicher kein unvertretbares Risiko ein, zumal der O_2-Verbrauch in Narkose vermindert ist. Am besten vergleicht man bei diesen Kindern vor Beginn der Katheteruntersuchung die arterielle O_2-Sättigung unter Außenluftbedingungen mit der unter maximaler O_2-Zufuhr. So lassen sich grob die Oxygenierungsreserve und die Größe eines Rechts-links-Shunts abschätzen.

Interventionelle Maßnahmen. Kurz vor dem Beginn interventioneller Maßnahmen sollte die Oxygenierung aus Sicherheitsgründen maximal gesteigert werden (FIO_2 1,0 bei Beatmung; O_2-Insufflation bei Analgosedierung). Außerdem muß für eine optimale Ruhigstellung des Kindes in dieser Phase gesorgt werden (→ rechtzeitige Vertiefung der Narkose oder der Analgosedierung).

31.6 Anästhesiologische Besonderheiten

Alprostadil-Dauerinfusion
(s. auch Kap. 30.2.3)

Bei den duktusabhängigen Vitien, d. h. bei denjenigen Herzfehlern, bei denen großer und kleiner Kreislauf parallel geschaltet sind und eine Verbindung nur in Form des pharmakologisch offengehaltenen Ductus Botalli besteht, ist die kontinuierliche Gabe von Alprostadil lebensnotwendig. Sowohl eine Unterbrechung als auch Boluseffekte müssen vermieden werden. Falls nur ein venöser Zugang vorhanden ist und Medikamente zugespritzt werden müssen, benötigt man einen zweiten 3-Wege-Hahn. Hieran wird eine Infusion angeschlossen, die dann kontinuierlich laufen muß. Medikamente können nun *retrograd*, d. h. in Richtung des Infusionsreservoirs, eingespritzt werden. Nach Öffnung des 3-Wege-Hahns werden sie der Alprostadilinfusion langsam beigemischt, ohne daß deren Kontinuität unterbrochen wird.

Rechts-links-Shunt

Siehe Kap. 30.3 u. 30.6.

Schwere Herzinsuffizienz

Kinder mit einer **primären Kardiomyopathie** (CMP) werden, wenn die Möglichkeiten der medikamentösen Therapie ausgeschöpft sind, einer Herzkatheteruntersuchung unterzogen, um zu klären, ob bei ihnen eine Herztransplantation (oder eine kombinierte Herz-Lungen-Transplantation) in Frage kommt. Bei einigen CMP-Formen scheint auch eine immunsuppressive Behandlung erfolgversprechend zu sein. Zur Typisierung ist eine Myokardbiopsie notwendig. Für die Untersuchung sollte eine Intubationsnarkose durchgeführt werden, wobei jedoch negativ inotrope Substanzen zu vermeiden sind. Eine eventuelle Dauertherapie mit Katecholaminen, Phosphodiesterasehemmern und Vasodilatanzien wird p. inf. fortgeführt. Postoperativ ist zumindest bis zum Folgetag eine Intensivüberwachung vorzusehen.

Hypertrophisch-obstruktive Kardiomyopathie

Siehe Kap. 27.2.3.

Koarktation der Aorta (Aortenisthmusstenose)

Bei kritischer oder komplizierter Aortenisthmusstenose kann eine Ballondilatation die operative Resektion eine gewisse Zeit hinausschieben. Das Verfahren ist jedoch risikoreich. Für die Entscheidung, ob seine Anwendung sinnvoll ist, wird der Druckgradient über der Stenose ermittelt. Dabei ist manchmal eine „pharmakologische Belastung" mit kontinuierlich verabreichtem Adrenalin nützlich. Die Adrenalindosis beträgt initial 0,1 µg/kg/min und wird ca. alle 5 min im Anschluß an einen Meßvorgang um 0,1 µg gesteigert. Da i. d. R. der nichtinvasiv gemessene Druck vor der Stenose als Kontrollwert herangezogen wird, muß die Blutdruckmanschette am rechten Arm angelegt werden.

Morbus Down

Siehe Kap. 19.7 u. 30.8.5.

Notfälle

Die Indikation zu einer notfallmäßigen Herzkatheteruntersuchung kann sich vor allem bei **duktusabhängigen Vitien** (s. oben) ergeben. Bei drohendem Duktusverschluß muß hier so schnell wie möglich interventionell oder operativ ein künstlicher Shunt angelegt werden.

31.7 Komplikationen

Bei **Herzkatheteruntersuchungen** muß mit folgenden Komplikationen gerechnet werden:

- größere Blutverluste (durch Punktion(en) und Blutentnahmen [fallen bei Kindern in den ersten Lebensjahren relativ stärker ins Gewicht]);
- tachykarde Rhythmusstörungen bis hin zum Kammerflimmern, AV-Block III.° bis hin zur Asystolie;
- massive Zunahme eines Rechts-links-Shunts bei Sondierung des Truncus pulmonalis o.ä. und
- bei interventionellen Maßnahmen zusätzlich mit Gefäßrupturen (→ massive Blutung), Myokardperforationen (→ Perikardtamponade) und Embolisierungen (z. B. von Schirmpartikeln).

Durch katheterbedingte Irritation des Reizbildungs- oder -leitungssystems sind **Herzrhythmusstörungen** unvermeidlich. Leichtere Störungen wie supraventrikuläre oder vereinzelte ventrikuläre Extrasystolen können akzeptiert werden. Kommt es jedoch zu Tachykardien, vor allem ventrikulären Ursprungs, und persistieren diese nach Zurückziehen des Katheters, so wird umgehend eine spezifische Therapie erforderlich:

- bei supraventrikulären Tachykardien Bolusinjektion von Adenosin (Adrekar®; 0,25–0,5 mg/kg KG; unmittelbare Wirkung, Wirkdauer < 1 min, kurze Asystolie möglich);
- bei ventrikulären Tachykardien Kardioversion (initiale Stromstärke 1 J/kg KG);
- bei Kammerflimmern (sehr selten) Defibrillation (initiale Stromstärke 2 J/kg KG).

Bradyarrhythmien, die nur auf eine Irritation zurückzuführen sind, sind meist spontan reversibel. Dagegen beruhen Blockbilder, insbesondere **höhergradige AV-Blockierungen,** wenn sie bei einer Ballondilatation von Septumdefekten auftreten, öfter auf einer Verletzung des Reizleitungssystems. Eine medikamentöse Therapie (Atropin, Orciprenalin) ist dann nicht oder nur wenig erfolgreich. Hier ist meist eine Schrittmacherstimulation notwendig. Dazu kann zunächst eine ventrikuläre Schrittmachersonde über die Katheterschleuse eingeführt werden.

Bei **Sondierung** des Truncus pulmonalis, einer Pulmonalarterie oder eines aortopulmonalen Shunts kann, besonders bei kleinen Kindern mit Stenosen in diesem Bereich, die Lungendurchblutung erheblich abnehmen oder sogar sistieren. In solchen Fällen sinkt die $pSaO_2$ abrupt und drastisch ab. Eine Erhöhung der FIO_2 ist naturgemäß zwecklos; hier muß der Katheter umgehend zurückgezogen werden.

32 Elektrokrampftherapie

32.1 Allgemeine Bemerkungen ▸ 478
32.2 Grundlagen ▸ 478
32.2.1 Anwendung ▸ 478
32.2.2 Wirkungsmechanismus ▸ 479
32.2.3 Nebenwirkungen, Komplikationen und Kontraindikationen ▸ 479
32.3 Anästhesiologisches Vorgehen ▸ 479
32.3.1 Patienteneinwilligung ▸ 479
32.3.2 Anästhesie ▸ 479
32.3.3 Nachsorge ▸ 480

32.1 Allgemeine Bemerkungen

Die Elektrokrampftherapie (EKT) wird vor allem zur Behandlung endogener Psychosen eingesetzt. Bei bestimmten Verlaufsformen ist sie der medikamentösen Therapie mit Psychopharmaka sogar überlegen. Nachdem die Methode, besonders in Deutschland, zeitweilig in Verruf geraten war, hat sie mittlerweile eine Neubewertung erfahren und erlebt eine gewisse Renaissance.

32.2 Grundlagen

32.2.1 Anwendung

Obwohl die EKT bei endogenen Psychosen einer Therapie mit Psychopharmaka mindestens gleichwertig ist, wird sie in den meisten Fällen erst beim Versagen der medikamentösen Behandlung angewendet.

Indikationen für die EKT

- Mittel der 1. Wahl bei psychotischen Zuständen, die rasch gebessert werden müssen, wie
  - schwere Formen endogener Depressionen oder schizoaffektiver Psychosen,
  - akute Manie,
  - lebensbedrohliche katatone Krise („perniziöse Katatonie“).
- Mittel der 2. oder 3. Wahl bei
  - sonst therapieresistenten Depressionen, Manien oder schizophrenen Psychosen,
  - M. Parkinson mit schweren (pharmakoresistenten) extrapyramidalen Symptomen,
  - malignem neuroleptischem Syndrom (Kap. 36.2).

MERKE
Eine **Notfallindikation** im anästhesiologischen Sinn kann für die EKT **nicht** beansprucht werden, allenfalls eine dringliche Indikation bei perniziöser Katatonie!

Technik

Durch Wechselstromimpulse wird ein vorübergehender Krampfanfall ausgelöst. Der Strom fließt über 2 Elektroden, die entweder an beiden Schläfen („bilaterale Stimulation“) oder nur über der nichtdominanten Hemisphäre („unilaterale Stimulation“) plaziert werden. Moderne Stimulationsgeräte arbeiten mit biphasischen Impulsen, wodurch die benötigte Energie reduziert werden konnte. Sie liegt im Bereich von 10–50 J. Zusätzlich kann mit den heute verwendeten Geräten die Krampfaktivität überwacht werden, zum einen zentral durch EEG (1-Kanal-Ableitung), zum anderen peripher durch EMG (Thenarmuskulatur).

Krampfserie

Um eine nachhaltige Wirkung zu erzielen, ist eine in kurzen Abständen wiederholte Behandlung erforderlich. Sie besteht aus 6–12 Sitzungen mit einer Frequenz von 2–3 pro Woche, wobei Montag, Mittwoch und Freitag bevorzugt werden.

32.2.2 Wirkungsmechanismus

Der Stromfluß induziert einen **generalisierten Krampfanfall.** Er beginnt mit einer *tonischen* Phase (Dauer 10–20 sec) und geht dann in eine *klonische* über (Dauer bis zu 1 min). Während der klonischen Phase zeigt sich im EEG das typische Spikes-and-waves-Muster. Mit dem Ende des Anfalls setzt die hirnelektrische Aktivität vorübergehend komplett aus. Der generalisierte Krampfanfall ist die unabdingbare Voraussetzung für den therapeutischen Effekt. Allerdings ist der Wirkungsmechanismus nach wie vor nicht geklärt. Es ist nicht einmal bekannt, ob die Wirkung dem Stromstoß selbst oder der sich anschließenden elektrischen Stille zuzuschreiben ist. Unklar ist ferner, ob die postiktal zu beobachtende Anhebung der Krampfschwelle in kausalem Zusammenhang mit der Wirkung steht. Unstrittig ist dagegen, daß der Therapieerfolg an die *Dauer des generalisierten Krampfanfalls* gekoppelt ist, sie sollte mehr als 25 sec betragen, und an die *Stimulationsenergie*. Bei unilateraler Stimulation sollte die Energie im Bereich der 2,5fachen Krampfschwelle liegen, bei bilateraler ist auch mit niedrigerer Energie ein ausreichender Effekt zu erreichen. Allerdings ist nach bilateraler Reizung die Rate kognitiver Störungen höher.

32.2.3 Nebenwirkungen, Komplikationen und Kontraindikationen

EKG-Veränderungen sind häufig, aber i. d. R. nur von kurzer Dauer. Mit Beginn der Entladung kann eine durch Vagusstimulation bedingte *Bradykardie* mit ausgeprägtem *Blutdruckabfall* auftreten. In sehr seltenen Fällen ist auch eine Asystolie beschrieben. Während der Phase klonischer Krampfaktivität wird dagegen der Sympathikus aktiviert, was zu einem erheblichen *Blutdruck- und Herzfrequenzanstieg* sowie zu *Herzrhythmusstörungen* führen kann. Die Sympathikusaktivität erreicht nach etwa 2 min ihr Maximum und bildet sich dann meist schnell wieder zurück.

Zerebral wird der Metabolismus gesteigert und damit die *Hirndurchblutung* erhöht. Hierdurch kann bei Patienten mit erhöhter intrakranieller Elastance der ICP deutlich zunehmen. Kurzfristig kommt es auch zu einer vermehrten Durchlässigkeit der Blut-Hirn-Schranke.

Knochenbrüche und Luxationen kommen heute so gut wie nicht mehr vor, ebenso wie schwerwiegende neurologische Komplikationen. Ein in Einzelfällen zu beobachtender Staus epilepticus läßt sich meist am schnellsten mit dem jeweiligen Einleitungshypnotikum durchbrechen (sonst Phenytoin). Mit einer Häufigkeit von 1:50.000 Einzelbehandlungen sind tödlich ausgehende (kardiovaskuläre) Komplikationen nach einer EKT extrem selten.

Für die Dauer des Krampfanfalls besteht eine Amnesie. Postiktal können kognitive Defizite auftreten. Am häufigsten handelt es sich dabei um Beeinträchtigungen der Merkfähigkeit. Sie können in Einzelfällen bis über 6 Monate nach einer EKT-Serie anhalten. Dank der Anwendung spezieller Stromformen (biphasische Kurzpulstechnik) sind aber keine bleibenden Gedächtnisstörungen bekannt.

Absolute Kontraindikationen für eine EKT

- erhöhter Hirndruck
- dekompensierte oder grenzwertig kompensierte Herzinsuffizienz
- innerhalb der vergangenen 3 Monate abgelaufener Myokard- oder Hirninfarkt
- instabile Angina pectoris
- nicht einstellbarer Hypertonus

In anderen Fällen von kardialen und pulmonalen Erkrankungen muß in enger Zusammenarbeit mit dem Internisten und dem Psychiater abgewogen werden, ob das Risiko oder der Nutzen einer EKT überwiegt.

32.3 Anästhesiologisches Vorgehen

32.3.1 Patienteneinwilligung

In den allermeisten Fällen unterzieht sich der Patient aus eigenem Willen der Behandlung. In diesem Falle kann und muß er entsprechend aufgeklärt werden. Liegt allerdings keine Geschäftsfähigkeit vor oder ist der Patient entmündigt, so ist die Zustimmung des gesetzlichen Vertreters zu dem Eingriff einzuholen.

32.3.2 Anästhesie

Für die Anästhesie bei der EKT lassen sich folgende **Leitsätze** formulieren:

1. Eine Anästhesie darf nur bei Nüchternheit des Patienten und bei Vorliegen einer rechtswirksamen Einwilligung durchgeführt werden.

2. Aufgrund ihrer antikonvulsiven Wirkung können Benzodiazepine die therapeutische Wirksamkeit der EKT verschlechtern. Sie sollten deshalb vorher möglichst nicht zugeführt werden.
3. Eine etwaige Dauertherapie mit Antidepressiva (bes. MAO-Hemmer u. Lithium) muß wegen möglicher pharmakologischer Interaktionen beachtet werden (Kap. 1.8).
4. Bei einer Dauertherapie mit β-Rezeptoren-Blockern ist während der tonischen Phase die Gefahr einer Asystolie erhöht. Sie sollen deshalb am Tag der EKT nicht oder erst wieder im Anschluß daran verabreicht werden.
5. Für die EKT ist i. d. R. eine einfache Maskennarkose unter kompletter Muskelrelaxation ausreichend.

Einsetzbare Medikamente

Hypnotikum. Das Hypnotikum soll den Krampfanfall sowenig wie möglich beeinträchtigen. Eine verkürzte Krampfdauer vermindert nämlich die therapeutische Effektivität und erhöht die Anzahl der benötigten EKT-Anwendungen. International wird **Methohexital** bevorzugt (ca. 1 mg/kg KG,). Als Mittel der 2. Wahl gilt Propofol (1,5–2,0 mg/kg) oder Etomidat (0,15–0,2 mg/kg). Die genannten Hypnotika wirken in höherer Dosierung alle antikonvulsiv. Daher ist es wichtig, streng nach Wirkung zu dosieren (langsame Injektion bis zum Erlöschen des Lidreflexes). Etomidat hat den gewissen Nachteil, daß bis in die Aufwachphase hinein generalisierte Myokloni auftreten können. Hierdurch kann zwar klinisch ein Krampfanfall vorgetäuscht werden, im EEG ist dabei jedoch keine entsprechende Krampfaktivität nachzuweisen.

Muskelrelaxans. Zum Relaxieren wird **Succinylcholin** (1 mg/kg KG) benutzt (nach „Präkurarisierung", z. B. mit Atracurium 0,1 mg/kg KG). Im Falle von Kontraindikationen kann Mivacurium (0,2 mg/kg KG) verwendet werden.

> **MERKE**
> Auch die Relaxation verhindert eine direkte elektrische Reizung der Kaumuskulatur nicht. Deshalb sollte ein **Beißschutz** eingesetzt werden. Doch auch mit Beißschutz sind die Zähne, besonders die Molaren, einer erhöhten Belastung ausgesetzt. Instabile Zähne sollen deshalb vor der EKT zahnärztlich geschient oder entfernt werden.

Apparatives Monitoring

- EKG, (automatische) nichtinvasive Blutdruckmessung, Pulsoxymetrie
- inspiratorische O_2-Konzentration und wenn verfügbar Kapnometrie/-graphie
- Relaxometrie bei Verwendung von Mivacurium

Besonderheiten während der Krampfphase

Während der elektrischen Entladung darf der Patient nicht berührt werden (Gefahr des Stromschlags!). In dieser Phase kann er somit auch nicht beatmet werden. Daher ist eine ausgiebige **Präoxygenierung** wichtig (Beatmung mit 6 l O_2 bis zu diesem Zeitpunkt). Im Anfall selbst sind EKG und Pulsoxymetrie durch dem Stromfluß oft gestört, so daß der Patient nur klinisch und mit Hilfe des EEG überwacht werden kann.

Falls ein **EMG** abgeleitet werden soll, muß eine Blutdruckmanschette (am Nichtinfusionsarm!) vor Gabe des Relaxans auf einen Wert oberhalb des systolischen Blutdrucks aufgepumpt werden. Dadurch wird hier eine Relaxierung verhindert, und das Ende der Krampfaktivität kann direkt beobachtet werden.

Zur Kupierung einer überschießenden Herz-Kreislauf-Stimulation kann **Esmolol** (Brevibloc®) in einer Dosierung von 1 mg/kg KG i. v. injiziert werden. Möglich ist auch seine prophylaktische Applikation ca. 30 sec vor der elektrischen Reizung, so daß sich die Wirkung erst nach der vagalen Phase aufbaut. Eine Alternative dazu ist die Gabe von **Remifentanil** (1 μg/kg KG) nach Eintritt der Wirkung des Hypnotikums.

Aufwachphase

Die Patienten wachen postiktal meist rasch wieder auf. Verlängerte Aufwachzeiten (> 15 min) sind in erster Linie auf die gute Qualität des induzierten Krampfanfalls zurückzuführen („postiktaler Dämmerzustand"), weniger auf das Hypnotikum. Bei Relaxierung mit Mivacurium muß für eine entsprechend längere Schlafphase gesorgt werden (Nachinjektion des Hypnotikums, relaxometrische Kontrolle).

32.3.3 Nachsorge

Wenn der Patient wach und ansprechbar ist, suffizient spontan atmet und die Schutzreflexe wiederhergestellt sind, was i. d. R. nach 20–30 min der Fall ist, kann er nach persönlicher Übergabe an den zuständigen Stationsarzt auf die psychiatrische Überwachungsstation verlegt werden.

33 Magnetresonanztomographie

33.1 Allgemeine Bemerkungen ▸ 481
33.2 Physikalische Grundlagen ▸ 481
33.3 Untersuchungsgang ▸ 481
33.4 Kontraindikationen ▸ 482
33.5 Anästhesiologisches Vorgehen ▸ 482
33.5.1 Anästhesievorbereitung ▸ 482
33.5.2 Anästhesiedurchführung ▸ 483

33.1 Allgemeine Bemerkungen

Die Magnetresonanztomographie (MRT), auch als Kernspintomographie oder „magnetic resonance imaging" bezeichnet, ist ein nichtinvasives bildgebendes Verfahren. Sie bietet gegenüber der Computertomographie nicht nur den Vorteil einer fehlenden Strahlenexposition, sondern auch eine höhere Auflösung und kontrastreichere Weichteildarstellung. Die anästhesiologische Betreuung von Patienten während der Untersuchung verlangt, um die üblichen Sicherheitsstandards gewährleisten zu können, genaue Kenntnis der verfahrensspezifischen Besonderheiten.

33.2 Physikalische Grundlagen

Bei der MRT werden verschiedenartige **elektromagnetische Felder** zur Bilderzeugung eingesetzt:

- ein starkes statisches Magnetfeld,
- schwächere dynamische Magnetfelder und
- Hochfrequenzfelder.

Das *statische* Magnetfeld induziert einen Drehimpuls (Spin) und richtet hiermit Atomkerne parallel oder antiparallel zu den magnetischen Feldlinien aus („Kernpolarisation"). Die Feldstärke erreicht dabei Werte von 0,5–2,0 Tesla, was etwa der 30.000–40.000fachen Stärke des Erdmagnetfelds entspricht. Zur eigentlichen Bilderzeugung müssen die Atomkerne durch *Hochfrequenzfelder* angeregt werden, wodurch sich ihre Ausrichtung ändert („Untersuchungsgang"). Die Gradientenfelder werden außerdem von *dynamischen* Magnetfeldern überlagert. Dies erlaubt eine räumliche Zuordnung der bei der sog. Relaxation der angeregten Kerne entstehenden elektrischen Impulse. Mit Hilfe eines Rechners lassen sich dann die Körpergewebe zwei- oder dreidimensional darstellen.

Praktische Bedeutung

Das starke statische Magnetfeld zieht ferromagnetische Materialien mit z. T. extremer Beschleunigung an. Lose Metallteile in der Nähe des Tomographen sind deshalb eine Gefahrenquelle für den Patienten und das ihn betreuende Personal, fixierte können sich durch Induktion eines elektrischen Stroms erwärmen und zur Beeinträchtigung der Bildqualität führen. Daher dürfen z. B. keine metallarmierten Tuben („Spiraltuben") verwendet werden.

MERKE
Im MRT-Untersuchungsraum dürfen sich keinesfalls lose ferromagnetische Gegenstände befinden!

33.3 Untersuchungsgang

Der Magnetresonanztomograph besteht aus einem ca. 3×3 m großen Gehäuse, in das zentral eine zylindrische Öffnung von 1,5 m Länge und etwa 1 m Durchmesser eingelassen ist. Der Patient wird nahezu komplett von der Röhre des Tomographen umgeben, Kinder sogar vollständig. Sichtkontakt und eine schnelle Zugangsmöglichkeit bestehen daher nicht! Die Untersuchungszeit pro Bildschicht beträgt ca. 5 min. Bei mehreren Schichten verlängert sich diese Zeit entsprechend. Für die gesamte Untersuchung einer einzelnen Körperregion (z. B. Kopf) müssen ca. 45–60 min veranschlagt werden. Neuere Geräte benötigen dafür etwa die Hälfte der Zeit.

33.4 Kontraindikationen

Die Anwendung der MRT ist **kontraindiziert** bei Patienten mit

- Herzschrittmachern oder AICD (Ausnahme s. Kap. 29.3.1),
- Aneurysmaclips,
- Endoprothesen,
- Drahtcerclagen (z. B. nach Sternotomie)
- Neurostimulatoren (Gehirn, Rückenmark),
- implantierten Infusionspumpen und bei
- Schwangeren während der ersten 3 Monate.

In der Frühschwangerschaft kann eine fruchtschädigende Wirkung der Magnetfelder zum jetzigen Zeitpunkt nicht sicher ausgeschlossen werden. In den anderen Fällen muß mit Fehlfunktionen, einer Erwärmung oder Dislokation der Materialien gerechnet werden. Neuere Untersuchungen haben gezeigt, daß bei Trägern von **künstlichen Herzklappen** (gängige Typen) eine MRT mit einer Feldstärke bis zu 1,5 Tesla gefahrlos möglich ist und sich dabei auch Bildartefakte in akzeptablen Grenzen halten.

33.5 Anästhesiologisches Vorgehen

Die MRT ist **nicht schmerzhaft** und kann deswegen bei der Mehrzahl der Patienten im wachen Zustand durchgeführt werden. Bei Säuglingen und Kleinkindern ist oft eine Sedierung unter anästhesiologischem Stand-by ausreichend. Dagegen benötigen Risikokinder aus Sicherheitsgründen meist eine Intubationsnarkose. Im Einzelfall kann eine MRT auch bei intubierten und beatmeten Intensivpatienten vorgenommen werden.

33.5.1 Anästhesievorbereitung

Zur Verhinderung von Verletzungen des Patienten und von Abbildungsartefakten sind, wie bereits erwähnt, alle ferromagnetischen Gegenstände vom Tomographen fernzuhalten. Da durch die wechselnden Magnetfelder Ströme in elektrischen Leitern induziert werden, könnte die Funktion elektronischer Geräte gestört werden. Daher dürfen entsprechende Geräte nicht in der direkten Umgebung des Tomographen betrieben werden. Im Bereich der Hochfrequenzfelder wird auch von nichtmagnetischen Metallen Energie absorbiert, was zur Erwärmung dieser Gegenstände führt. Aus diesem Grund muß ein direkter Kontakt des Patienten mit Metallteilen vermieden werden.

MERKE
Vor Betreten des Untersuchungsraumes sind alle Metallteile abzulegen (Schlüssel, Münzen, Schmuck, Uhr etc.)! Kredit- und Scheckkarten werden durch den Magneten gelöscht, Pieper können unbrauchbar werden.

Im MRT-Untersuchungsraum dürfen **keine Beistelltische oder Narkosewagen,** ob mit oder ohne Bremsvorrichtung, aufgestellt werden, auch dann nicht, wenn das Eigengewicht ausreichend wäre, sie am Ort zu fixieren. Von der Arbeitsfläche könnten lose ferromagnetische Gegenstände in die MRT-Röhre hineingezogen werden (z. B. Pflasterrollen). Erst ein Abstand von etwa 3–4 m kann als relativ sicher angesehen werden.

Anästhesieausrüstung

Im MRT-Untersuchungsraum sind Wandanschlüsse für O_2, N_2O, Druckluft und ein Vakuumanschluß vorhanden. Am besten ist es, ein **integriertes MRT-Narkosesystem** zu verwenden. Es sollte neben einem speziellen Narkosegerät, bestehend aus nichtmagnetischen Teilen, auch das komplette Monitoring enthalten. Hierzu zählen

- das EKG,
- die automatische nichtinvasive und möglichst auch die invasive Blutdruckmessung,
- die Pulsoxymetrie,
- die Kapnometrie/-graphie,
- die Messung von O_2 und den Narkosegasen,
- die Überwachung der typischen Beatmungsparameter und
- möglichst auch die Messung der Körpertemperatur.

Das System muß fahrbar sein und sollte elektromagnetisch so abgeschirmt sein, daß es bis zu einem

Abstand von mindestens 1,5 m (entsprechend einer Feldstärke von 20 mTesla) gefahrlos an die Röhre herangebracht werden kann. Dieser Sicherheitsabstand muß im Untersuchungsraum deutlich markiert werden (z. B. breite, rote Linie auf dem Fußboden).

Beatmung. Für die Beatmung wird ein sehr langes (ca. 5 m) Schlauchsystem benötigt. Hierbei ist die größere Compliance langer Schläuche zu berücksichtigen, die bei höheren Beatmungsdrücken zu Diskrepanzen zwischen eingestelltem und exspiratorisch gemessenem Tidalvolumen führen kann. Einschlägigen Untersuchungen zufolge darf bei Drücken bis zu **20 cmH_2O** (30 cmH_2O bei Säuglingen, wenn „Ulmer Schläuche" verwendet werden) in etwa eine **volumenkonstante Beatmung** erwartet werden.

Narkosegasabsaugung. Eine Absaugung der Narkosegase ist nach wie vor nicht möglich, weil es keine MRT-tauglichen Schlauchsysteme gibt. Aus diesem Grund werden geräteseitig *Kohlefilter* verwendet, die aber nur bei volatilen Anästhetika effektiv sind. Demgemäß sollte der Einsatz von N_2O im Untersuchungsraum restriktiv gehandhabt werden.

Spezialmonitor. Der Überwachungsmonitor muß hochfrequenzabgeschirmt sein, damit die Parameter auch während der Untersuchung störungsfrei zur Verfügung stehen, und soll selbst natürlich die Bildqualität nicht beeinträchtigen. Für die Ableitung des **EKG** dürfen nur Spezialelektroden benutzt werden, die sich weder erwärmen noch zu Übertragungsartefakten führen. Um den Hautwiderstand (der kleiner als 4 kOhm sein soll) zu reduzieren, sollte die Haut vor dem Aufkleben entfettet werden. Die Signale der **Pulsoxymetrie** werden nicht mit einem üblichen Kabel übertragen, sondern mit einem Lichtleiter ähnlich einer Fiberoptik. Dabei ist zu beachten, daß der Lichtleiter nicht geknickt werden darf, weil es sonst rasch zum Kabelbruch kommen kann. Der Sensor wird am besten am Fuß des Patienten angebracht, insbesondere bei Säuglingen.

Respiratorische Überwachung von sedierten Patienten. Mit Hilfe eines dünnen Absaugkatheters der in den Hypopharynx eingeführt wird, läßt sich grob die endexspiratorische CO_2-Konzentration abschätzen. Bei Kindern kann die Verwendung eines Ösophagusstethoskops (ohne Temperatursensor!) zur Auskultation nicht nur der Atemgeräusche, sondern auch der Herztöne nützlich sein.

33.5.2 Anästhesiedurchführung

Die Anästhesie wird am besten immer im Vorraum eingeleitet. Falls möglich sollte auch bei Kindern eine **Sedierung** (Kap. 25.6.2) bevorzugt werden. Für den venösen Zugang empfiehlt sich, zumindest bei Kleinkindern, die Anlage am Fuß. Dennoch sind bei ihnen i. d. R. 2–3 Heidelberger Verlängerungen bis zur Infusionsflasche nötig. Die lange Infusionsstrecke muß bei der Gabe von Medikamenten entsprechend berücksichtigt werden. Perfusoren lassen sich aus diesem Grund nur sehr eingeschränkt verwenden. Sie müssen zudem mindestens 4 m vom Tomographen entfernt aufgestellt werden, um ordnungsgemäß zu funktionieren. Die Blutdruckmanschette kann wie üblich an einem Arm angebracht werden.

Zur endotrachealen **Intubation** dürfen nur Tuben ohne Metallarmierung benutzt werden. Ideal sind wegen der beengten Verhältnisse vorgeformte Tuben. Das Cuffventil enthält allerdings immer eine kleine ferromagnetische Spirale. Im allgemeinen beeinträchtigt diese die Bildqualität aber nicht, außer sie liegt direkt im abzubildenden Bereich. Wenn nicht anders möglich, kann man den Schlauch des Cuffs mit einem Knoten verschließen und das Ventil abtrennen; dabei ist jedoch eine mögliche Zunahme des Cuffdrucks nach Verwendung von N_2O zu bedenken. Kommt der Patient bereits intubiert zur Untersuchung, so darf das Transportbeatmungsgerät ebenso wie die Sauerstoffflasche auf gar keinen Fall den Tomographen zu nahe kommen!

MERKE
Für den Zeitraum der Untersuchung muß immer **ein Anästhesist im Untersuchungsraum** anwesend sein, weil Gerätealarme wegen der hohen Lautstärke nicht gehört werden können!

Im **Notfall** kann die Untersuchung abgebrochen werden. Dabei gehen aber sämtliche Bilddaten verloren, und die Untersuchung muß neu gestartet werden. Eine **Notabschaltung** der gesamten Anlage ist ebenfalls möglich. Dadurch werden dann sämtliche Magnetfelder in kürzester Zeit unterbrochen. Ein erneutes Anfahren ist allerdings äußerst aufwendig, sehr teuer (ca. 10.000 Euro) und dauert z. T. bis zu einer Woche!

34 Ambulante Operationen

34.1 Allgemeine Bemerkungen ▸ 484
34.2 Kriterien für ambulante Operationen ▸ 484
34.3 Präoperative Vorbereitung ▸ 485
34.3.1 Voruntersuchungen ▸ 485
34.3.2 Besonderheiten der Aufklärung ▸ 485
34.3.3 Prämedikation ▸ 485
34.4 Anästhesie ▸ 485
34.4.1 Instrumentierung und Monitoring ▸ 485
34.4.2 Anästhesieverfahren ▸ 485
34.5 Postoperative Versorgung ▸ 486
34.5.1 Verlegung und Entlassung des Patienten ▸ 486
34.6 Besonderheiten bei Kindern ▸ 486

34.1 Allgemeine Bemerkungen

Nicht zuletzt wegen des zunehmenden Kostendrucks im Gesundheitssystem ist man mehr und mehr bestrebt, einfache operative Eingriffe bei sonst gesunden Patienten ambulant vorzunehmen („Tageschirurgie"). Unter Anwendung entsprechender operativer und anästhesiologischer Techniken läßt sich dies i. d. R. ohne Qualitäts- und Sicherheitseinbußen auch realisieren.

Vorteile der Tageschirurgie

- medizinisch
  - Vermeidung oder Reduzierung von nosokomialen Infektionen
  - Förderung der Rekonvaleszenz durch rasche Rückkehr ins soziale Umfeld
- ökonomisch
  - Reduktion der Behandlungskosten

Nachteile der Tageschirurgie

- prä- und postoperativ eingeschränkte medizinische Kontrolle des Patienten (z. B. Einhaltung der prä- und postoperativen Verhaltensregeln)

Voraussetzungen für das ambulante Operieren

Für die effiziente Abwicklung ambulanter Operationen werden vom normalen Operationsbetrieb separierte Einheiten benötigt. Sie müssen neben dem Eingriffsraum selbst einen Aufwachraum für die anästhesiologische Überwachung und einen Aufenthaltsraum für die Patienten umfassen.

34.2 Kriterien für ambulante Operationen

Diagnostische oder therapeutische Eingriffe können ambulant durchgeführt werden, wenn:

- sie nicht intrakraniell, intrathorakal oder intraabdominell lokalisiert sind,
- keine erheblichen chirurgischen Komplikationen drohen,
- keine längere postoperative Immobilisierung nötig ist,
- keine Wunddrainagen erforderlich sind,
- kein größerer perioperativer Blutverlust zu erwarten ist,
- die Patienten der Risikogruppe ASA I oder II angehören und
- postoperative Schmerzen mit Nicht-Opioid-Analgetika ausreichend zu behandeln sind.

Eine generelle zeitliche Beschränkung ambulanter Eingriffe auf 60–90 min erscheint heute nicht mehr sinnvoll, zumal keine direkte Beziehung zwischen Narkosedauer und Länge der Aufwachphase besteht. Aus anästhesiologischer Sicht sollten folgende **Kontraindikationen** für ambulante Eingriffe eingehalten werden:

- Risikoklasse ASA III und höher
- extreme Altersgruppe (Säuglinge und Greise)
- akute Infektionen der Luftwege
- Schlafapnoe
- Adipositas permagna
- erhebliche kardiovaskuläre, endokrinologische oder neurologische Erkrankungen

- psychische Erkrankungen
- Dauertherapie mit oralen Antidiabetika, Insulin, Antikoagulanzien oder Steroiden
- akuter oder chronischer Mißbrauch von Medikamenten, Alkohol oder Drogen
- Disposition zur malignen Hyperthermie
- fehlende Kooperation des Patienten

34.3 Präoperative Vorbereitung

34.3.1 Voruntersuchungen

Die präoperativen Untersuchungen (Kap. 1.2.1) und das Prämedikationsgespräch sollten möglichst **eine Woche vor dem geplanten Operationstermin** stattfinden, um genügend Zeit für die Planung zu haben und dem Patienten die Möglichkeit zu geben, daß er sich angemessen auf die Operation vorbereitet.

34.3.2 Besonderheiten der Aufklärung

Neben den grundsätzlichen Aspekten der anästhesiologischen Aufklärung von Patienten vor geplanten Eingriffen (Kap. 13.1), müssen im ambulanten Bereich einige Besonderheiten beachtet werden. Hierzu gehören die Erläuterung der prä- und postoperativen Verhaltensregeln und die Aushändigung eines Merkblatts mit

- Angaben zum Nüchternheitsgebot und zur Nikotinkarenz (Kap. 1.4.2),
- dem Hinweis auf fehlende aktive Straßenverkehrstauglichkeit (→ Heimfahrt nur in Begleitung!) und fehlende Geschäftsfähigkeit für 24 Stunden nach einer Allgemeinanästhesie,
- der Empfehlung, sich postoperativ zu schonen und sich zu Hause von einem Angehörigen oder einer anderweitigen Vertrauensperson betreuen zu lassen,
- der Aufforderung, postoperativ für 24 Stunden keinen Alkohol zu trinken oder ähnlich wirkende Drogen zu sich zu nehmen (Interaktion mit Narkotika und Sedativa), und mit
- Anweisungen zum Verhalten bei postoperativen Komplikationen (auch Angabe einer Telefonnummer für die jederzeitige Kontaktaufnahme).

Zeitpunkt des Aufklärungsgesprächs

Siehe Kap. 13.1.3.

34.3.3 Prämedikation

In der Regel wird bei ambulanten erwachsenen Patienten auf eine anxiolytisch-sedierende Prämedikation verzichtet, um den postoperativen Aufenthalt in der Klinik nicht unnötig zu verlängern. Wenn jedoch erforderlich, kann Midazolam intravenös injiziert werden. Kinder dagegen sollten eher großzügig mit Midazolamlösung rektal prämediziert werden (Schema s. Kap. 25.4).

34.4 Anästhesie

34.4.1 Instrumentierung und Monitoring

Für ambulante Eingriffe ist i. d. R. ein periphervenöser Zugang ausreichend. Zum obligaten hämodynamischen und respiratorischen Monitoring gehören

- das EKG,
- die (automatische) nichtinvasive Blutdruckmessung
- die Pulsoxymetrie und
- bei beatmeten Patienten die Kapnometrie/-graphie, die Messung von O_2 und den Narkosegasen sowie die Überwachung der typischen Beatmungsparameter.

Bei repetitiver Anwendung von nichtdepolarisierenden Relaxanzien sollte nach Möglichkeit auch eine Relaxometrie durchgeführt werden.

34.4.2 Anästhesieverfahren

Für die ambulante Chirurgie werden **allgemeinanästhesiologische Verfahren** mit oder ohne endotracheale Intubation bevorzugt. Ein wesentlicher Vorteil gegenüber einer Regionalanästhesie ist der i. d. R. deutlich kürzere Zeitbedarf zwischen Anästhesie- und Operationsbeginn. Aufgrund der guten Steuerbarkeit der heutzutage zur Verfügung stehenden Substanzen kann das Intervall zwischen Operationsende und Verlegung des Patienten in den Aufwachraum ebenfalls meist kurz gehalten werden. Statt eines Endotrachealtubus kommt in vielen Fällen auch der Einsatz einer **Larynxmaske** in Frage.

Einsetzbare Medikamente

Grundsätzlich sollten Substanzen mit möglichst schneller Elimination bevorzugt werden:

- als Sedativum: Midazolam
- als Hypnotikum: Propofol oder Etomidat
- als Opioid: Alfentanil oder Remifentanil
- als Relaxans: Succinylcholin (Kontraindikationen beachten!), Atracurium, cis-Atracurium, Mivacurium

Aus Kostengründen empfiehlt es sich, eine TIVA, besonders mit Remifentanil als Opioid, eher zurückhaltend anzuwenden. Auch bei ambulanten Patienten spricht neben den ökonomischen Vorteilen nichts gegen den Einsatz von N_2O und volatilen Anästhetika wie Isofluran oder Sevofluran und eine ausreichend opioidsupplementierte Anästhesie. Bei Eingriffen an den oberen Extremitäten ist prinzipiell auch eine *axilläre Plexusanästhesie* möglich. Auf zentrale Plexusblockaden muß dagegen wegen der potentiellen Komplikationen wie Pneumothorax im ambulanten Bereich verzichtet werden.

34.5 Postoperative Versorgung

Die Patienten werden nach Beendigung der Operation zunächst in den **Aufwachraum** übernommen und hier in üblicher Weise anästhesiologisch überwacht und versorgt (Kap. 12.2). Zur Schmerztherapie sollen wegen der möglichen Vigilanzdämpfung und Atemdepression keine Opioide eingesetzt werden. Statt dessen können bei Bedarf Nicht-Opioid-Analgetika intravenös verabreicht werden (Kap. 12.4.2).

34.5.1 Verlegung und Entlassung des Patienten

Sobald eine lückenlose Überwachung nicht länger erforderlich ist, weil ernsthafte Komplikationen nicht mehr zu befürchten sind (i. d. R. nach 1–2 - Stunden postoperativ), können die Patienten in den **Aufenthaltsraum** verlegt werden. Hierüber entscheidet ausschließlich der zuständige Anästhesist, und zwar nachdem er sich *persönlich* ein Bild vom Zustand des Patienten gemacht hat. Die zu Grunde zu legenden Kriterien entsprechen in etwa denjenigen für eine Verlegung auf die Allgemeinstation (Kap. 12.5).

Im Aufenthaltsraum besteht eine interdisziplinäre Verantwortung für den Patienten. Nach einer Phase, die nicht länger als 6 Stunden seit Eingriffsende dauern sollte, entscheiden Operateur und Anästhesist gemeinsam über die **Entlassung nach Hause** (Kriterien s. ebenfalls Kap. 12.5). Der Patient wird bei der Entlassung nochmals darauf hingewiesen, daß er beim Auftreten schwerwiegenderer Komplikationen sofort seinen Hausarzt (bzw. behandelnden Arzt) oder den diensthabenden Arzt der Klinik, in der der Eingriff durchgeführt wurde, verständigen soll.

34.6 Besonderheiten bei Kindern

Es wird neben den bisher erläuterten die Einhaltung folgender besonderer **Regeln** empfohlen:

1. Bei ehemaligen Frühgeborenen sollen bis zur ca. 64. Woche (Gestationsalter) wegen der Gefahr postoperativer Apnoeepisoden keine ambulanten Anästhesien durchgeführt werden (Kap. 25.2.1).
2. Ambulante Anästhesien kommen im 1. Lebensjahr nur in Einzelfällen bei gesunden, reifen Kindern ohne Apnoesymptomatik in Betracht.
3. Weitere Voraussetzungen für ambulante Anästhesien im Kindesalter sind:
   - kleine Eingriffen mit geringem perioperativen Risiko
   - Infektfreiheit (Pseudokrupp im anfallfreien Intervall ist keine Kontraindikation!)
   - Sicherstellung einer nicht zu kurzen, aber auch nicht zu langen Nüchternheit
   - zuverlässige, kooperative Eltern
4. Kinder sollten postoperativ mindestens 4 Stunden in der Klinik überwacht werden (wichtig auch: Körpertemperatur vor Entlassung < 38 °C!).

Anästhesie bei spezellen Risiken

35 Begleiterkrankungen

35.1	Arterielle Hypertonie ▸ 489
35.2	Koronare Herzkrankheit ▸ 490
35.3	Herzinsuffizienz ▸ 493
35.4	Herzrhythmusstörungen ▸ 496
35.5	Herzklappenfehler ▸ 499
35.6	COPD ▸ 499
35.7	Chronische Leberinsuffizienz ▸ 501
35.8	Chronische Niereninsuffizienz ▸ 503
35.9	Zerebrovaskuläre Insuffizienz ▸ 506
35.10	Neurologische Erkrankungen ▸ 508
35.10.1	Zerebrales Anfallsleiden (Epilepsie) ▸ 508
35.10.2	Parkinson-Syndrom ▸ 509
35.10.3	Myasthenia gravis ▸ 509
35.10.4	Querschnittsyndrom ▸ 511
35.11	Endokrine Erkrankungen ▸ 511
35.11.1	Diabetes mellitus ▸ 511
35.11.2	Perioperative Glukokortikoidsubstitution bei NNR-Insuffizienz ▸ 513
35.11.3	Erkrankungen der Schilddrüse ▸ 513
35.11.4	Erkrankungen der Nebenschilddrüse ▸ 515
35.11.5	Phäochromozytom ▸ 515
35.12	Adipositas ▸ 517
35.13	Alkoholabhängigkeit ▸ 519
35.14	Opioidabhängigkeit ▸ 520
35.15	Maligne Hyperthermie ▸ 520
35.16	Porphyrien ▸ 520
35.17	Anaphylaktoid-anaphylaktische Reaktionen ▸ 523
35.18	Latexallergien ▸ 527
35.19	Angioödeme ▸ 527

35.1 Arterielle Hypertonie

WHO-Definition[79]

- Normotonie: < 140/90 mmHg
- Grenzwerthypertonie[80]: 140/90 bis 160/95 mmHg
- Hypertonie: > 160/95 mmHg

Tabelle 120 Einteilung der arteriellen Hypertonie

Bezeichnung	Diastolischer Blutdruck
Milde Hypertonie	90–104 mmHg
Mittelschwere Hypertonie	105–114 mmHg
Schwere Hypertonie	≥ 115 mmHg
Maligne Hypertonie	> 120 mmHg

Perioperative Besonderheiten

1. Der unbehandelte Hypertoniker ist perioperativ stärkeren Blutdruckschwankungen (hyper- u. hypotone Episoden) ausgesetzt als der gut medikamentös eingestellte oder der Normotoniker. Die Blutdrucklabilität wird durch eine Hypovolämie (Flüssigkeitskarenz, Diuretikatherapie etc.) deutlich verstärkt.
2. Bei hypertensiven Organmanifestationen (bes. an Herz, Gehirn u. Nieren) ist das Risiko perioperativer Komplikationen erhöht.
3. Es ist nicht eindeutig gesichert, daß die perioperative Morbidität und Mortalität durch eine präoperative antihypertensive Behandlung gesenkt werden.

Organveränderungen bei hypertensiver Krise

Herz:	Koronarinsuffizienz bis hin zum Myokardinfarkt; Herzinsuffizienz, Lungenödem
Gefäße:	Aortendissektion; peripher: Gangrän

79 bezogen auf den Ruheblutdruck
80 „borderline hypertension“

Gehirn:	Enzephalopathie (Hirnödem) mit fokalen Ausfällen, Krämpfen, Somnolenz bis hin zum Koma; ischämische od. hämorrhagische Ereignisse
Nieren:	Oligurie, Nierenversagen
Retina:	Papillenödem, Blutungen

Anästhesiologisches Vorgehen (Allgemeinanästhesie)

- präoperative Suche nach hypertensiven Organmanifestationen (ggf. internistisches Konsil)
- stärkere anxiolytisch-sedierende Prämedikation
- Fortführung der antihypertensiven Medikation auch am OP-Tag (aber mglichst ohne Diuretika)
- Narkoseeinleitung:
  - ausreichende Volumenzufuhr vor Narkosebeginn (500–1.000 ml Kristalloide): Eine Normovolämie vermindert die Intensität intraoperativer Blutdruckschwankungen. Bei nahezu jedem Hypertoniker, ob behandelt oder unbehandelt, ist präoperativ eine Hypovolämie zu unterstellen.
  - Hypnotikum langsam nach Wirkung injizieren
  - ausreichende Opioiddosis zur Dämpfung des Intubationsreizes
  - nichtinvasive Blutdruckmessung meist ausreichend (ggf. minütlich während der Einleitung)
- Narkose als balancierte Anästhesie besonders mit Isofluran fortführen (Isofluran ist gut steuerbar und hat unter den Inhalationsanästhetika den stärksten vasodilatierenden Effekt)
- Blutdruck intraoperativ im Bereich des individuellen präoperativen Profils halten
- ST-Strecken-Analyse zum frühzeitigen Erkennen von Myokardischämien benutzen

Eine **akute Behandlung** wird erforderlich bei
- hypertensiver Krise (systolisch > 220 mmHg, diastolisch > 120 mmHg)
- intraoperativ erheblichen Blutdruckanstiegen (≥ 20–30% des mittleren Ausgangsniveaus) trotz ausreichend vertiefter Narkose

Hierzu können folgende **Medikamente** eingesetzt werden:
- als Mittel der 1. Stufe: Urapidil (Ebrantil®), Nifedipin (z. B. Adalat®)
- als Mittel der 2. Stufe: Dihydralazin (Nepresol®), Clonidin (z. B. Catapresan®)
- als Reservemedikamente: z. B. Nitroprussidnatrium (nipruss®)
- bei gleichzeitiger Linksherzinsuffizienz: Glyceroltrinitrat (z. B. Nitrolingual®)

Zu den einzelnen Substanzen s. Kap. 6.1.

35.2 Koronare Herzkrankheit (s. auch Kap. 27.2.1)

Die koronare Herzkrankheit (KHK) entsteht auf dem Boden einer Koronarsklerose. Ursächlich sind vor allem die typischen Zivilisationskrankheiten wie Hypertonus, Nikotinabusus, Hyperlipoproteinämie, Diabetes mellitus und Adipositas. Die Koronarsklerose führt mit zunehmender Ausprägung zu einer Koronarinsuffizienz, d. h. zu einem Mißverhältnis zwischen myokardialem O_2-Angebot und O_2-Verbrauch bzw. O_2-Bedarf (Tab. **121**). Die Folge ist eine Myokardischämie und -hypoxie, zunächst nur bei Belastung, dann auch in Ruhe.

Determinanten der Koronarperfusion

- koronarer Perfusionsdruck (= mittlerer diastolischer Aortendruck – linksventrikulärer enddiastolischer Druck)
- koronarer Gefäßwiderstand (Gefäßquerschnitt, Blut- und Plasmaviskosität)

Die Koronarperfusion findet hauptsächlich während der Diastole statt (die subendokardiale Durchblutung ausschließlich).

Pathophysiologie der Koronarinsuffizienz

Klinische Zeichen einer Koronarinsuffizienz wie Stenokardien treten erst auf, wenn der myokardiale O_2-Bedarf das O_2-Angebot überschreitet. Grundsätzlich können Koronarischämien aber auch *klinisch stumm* ablaufen. Dies ist bei Patienten mit vegetativer Neuropathie, z. B. auf dem Boden eines langjährigen, schlecht eingestellten Diabetes mellitus, eines chronischen Alkoholabusus oder einer terminalen Niereninsuffizienz, häufig und nach Herztransplantationen („vegetative Denervierung") regelmäßig der Fall. Während der Blutfluß in Ruhe noch längere Zeit genügt, um das Herz ausreichend mit Sauerstoff zu versorgen, begrenzen fixierte Stenosen bei zuneh-

Tabelle 121 Determinanten des myokardialen O_2-Angebots und O_2-Verbrauchs

Myokardiales O_2-Angebot	Myokardialer O_2-Verbrauch
Koronarperfusion	Herzfrequenz
O_2-Gehalt des Bluts (Hkt, SaO_2)	Myokardkontraktilität
	myokardiale Wandspannung (Ventrikeldruck u. -durchmesser, Myokarddicke)

Tabelle 122 Unterschiede zwischen instabiler Angina pectoris (AP) und Prinzmetal-Angina

	Instabile Angina pectoris*	Prinzmetal-Angina
Symptomatik	AP schon bei geringer Belastung und in Ruhe	AP meist nur in Ruhe
Ursache	dynamische Obstruktionen bei progedienter Koronarsklerose	Koronarspasmen bei leichter oder fehlender Koronarsklerose
EKG	ST-Senkungen im Anfall (selten Hebungen)	ST-Hebungen im Anfall
Besonderheiten	*cave:* β-Rezeptoren-Blocker (Koronarkonstriktion)!	

* Von einer instabilen Angina pectoris spricht man auch bei jeder neuauftretenden oder in der Intensität zunehmenden AP (z. B. Verringerung der Belastungsschwelle oder der Glyceroltrinitratwirkung).

Tabelle 123 Pharmakotherapeutische Möglichkeiten bei KHK

	Herzfrequenz	Myokardkontraktilität	Nachlast	Vorlast	Koronarspasmus
Nitrate, Molsidomin	∅/↑	∅	↓	↓↓	∅
β-Rezeptoren-Blocker	↓	↓	∅/(↑)	∅	↑
Calciumantagonisten					
– Nifedipin-Typ*	∅/↑	(↓)	↓↓	(↓)	↓↓
– Verapamil-Typ	↓	↓	↓	(↓)	↓

* Wegen der ausgeprägten Vasodilatation kann unter Nifedipin eine *abrupte Blutdrucksenkung mit reflektorischer Tachykardie* auftreten und dadurch ein Angina-pectoris-Anfall oder sogar ein Myokardinfarkt ausgelöst werden. Die Anwendung von Nifedipin ist deshalb (zumindest zur Einleitung einer Dauertherapie) innerhalb der ersten 4 Wochen nach Myokardinfarkt und bei instabiler Angina pectoris kontraindiziert (dies gilt auch für alle anderen 1,4-Dihydropyridine).

Tabelle 124 Risikofaktoren für eine (intraoperative) Myokardischämie

mender Herzarbeit (physische u. psychische Belastung mit z. B. arterieller Hypertension) die Steigerung des O_2-Angebots (eingeschränkte od. fehlende Koronarreserve), was zur myokardialen Ischämie führt und sich klinisch als *Belastungsangina* äußert. Bei der *Ruheangina* treten dann noch dynamische Prozesse wie fluktuierende wandständige Thromben und Veränderungen des koronaren Gefäßtonus (z. B. Vasospasmen) hinzu. Sie können den Stenosegrad akut erhöhen und damit das O_2-Angebot weiter einschränken.

Manifestationsformen der KHK

- stabile, belastungsabhängige Angina pectoris
- instabile, auch in Ruhe auftretende Angina pectoris; Prinzmetal-Angina, Präinfarktangina
- stumme Myokardischämien
- Myokardinfarkt
- Herzinsuffizienz
- Herzrhythmusstörungen
  - Reizbildungs-/Reizleitungsstörungen
  - Extrasystolie (vor allem ventrikulär)
- Sekundenherztod

Akutes Koronarsyndrom. Unter einem akuten Koronarsyndrom versteht man eine *ausgeprägte Ruheanginasymptomatik* unabhängig von ihrer Ursache (evtl. begleitet von Herzrhythmusstörungen und weiteren Ischämiesymptomen). Dahinter kann sich eine instabile Angina pectoris oder eine Prinzmetal-Angina (Tab. **122**), eine Präinfarktangina, ein rudimentärer oder ein transmuraler Myokardinfarkt (im Frühstadium) verbergen. Die Patienten werden anhand des EKG nach solchen mit und solchen ohne ST-Strecken-Hebung unterschieden (STEMI – NSTEMI).

Pharmakotherapie

Die pharmakologische Therapie der KHK ist im wesentlichen auf die *Verminderung des myokardialen O_2-Verbrauchs* ausgerichtet. Ansatzpunkte sind die Senkung der Herzfrequenz, der Myokardkontraktilität, der Nachlast und der Vorlast (Tab. **123**).

Risikofaktor	Pathomechanismen	
	Myokardiales O_2-Angebot	Myokardialer O_2-Verbrauch
Tachykardie		↑
Hypertension		↑
Bradykardie	↓	
Hypotension	↓	
Arterielle Hypoxie	↓	
Anämie	↓	
Abnahme des Herzzeitvolumens	↓	
Anstieg des LVEDP*	↓	↑

LVEDP = linksventrikulärer enddiastolischer Druck; * erhöhte Wandspannung

Perioperative Besonderheiten

1. Bei Patienten ohne (bekannte) KHK liegt die perioperative Myokardinfarkthäufigkeit bei 0,5%.
2. Das perioperative Reinfarktrisiko beträgt nach einem transmuralen Infarkt in den ersten 3 Monaten bis zu 40%, in der Zeit zwischen 3 und 6 Monaten ca. 10% und danach ca. 5%. Die Reinfarktletalität ist dabei ausgesprochen hoch (z.T. > 50%).

Hinweise für die Praxis

1. Aufschiebbare operative Eingriffe sollten frühestens 3 Monate nach einem **transmuralen Myokardinfarkt** vorgenommen werden!
2. Bei Patienten mit **instabiler Angina pectoris** dürfen keine elektiven oder planbaren Operationen durchgeführt werden.
3. Bei **lebenswichtigen Eingriffen** sollte das hämodynamische Monitoring, an den Zustand des Patienten und die Besonderheiten des Eingriffs angepaßt, erweitert werden: invasive Blutdruckmessung, zentralvenöser Katheter, Pulmonaliskatheter, transösophageale Echokardiographie etc. Außerdem sollte postoperativ eine Intensivüberwachung bis zu 72 Stunden angestrebt werden.

ceroltrinitrat sollte deshalb nur therapeutisch eingesetzt werden, d.h. erst beim Auftreten einer Myokardischämie (Tab. **124**).

Anästhesieverfahren

Grundsätzlich wird die Weiterleitung afferenter Impulse aus dem Operationsgebiet in das ZNS durch eine Allgemeinanästhesie nicht so gut blockiert wie durch eine Regionalanästhesie. Während **periphere Nervenblockaden** bei entsprechender Eingriffslokalisation bei KHK-Patienten unbestritten von Vorteil sind, konnten zahlreiche Studien bisher keinen signifikanten Unterschied in der kardiovaskulären Mortalität nach Allgemein- oder rückenmarknahen Regionalanästhesien belegen. Lediglich bei peripheren gefäßchirurgischen Eingriffen haben sich rückenmarknahe Verfahren, ggf. in Verbindung mit einer Allgemeinanästhesie, überlegen gezeigt (geringere Rate von Myokardischämien und -infarkten sowie erneuter Gefäßverschlüsse). Postoperativ kann ein Epiduralkatheter außerdem zur Analgesie genutzt werden, was auch für Patienten mit eingeschränkter Lungenfunktion vorteilhaft ist.

Die Wirkung einer **rückenmarknahen Anästhesie** auf die Myokardfunktion hängt wesentlich von der Anästhesiehöhe ab. Eine vor allem *lumbale* Sympathikusblockade führt zur kompensatorischen Steigerung der Sympathikusaktivität in den nicht blockierten thorakalen Segmenten, was die ungünstigen Folgen einer entsprechenden Epiduralanästhesie oder Spinalanästhesie für die Koronardurchblutung erklärt. Eine Sympathikolyse in den *oberen thorakalen* Segmenten (Blockade der kardialen Sympathikusefferenzen) verbessert dagegen die Perfusion ischämiegefährdeter Myokardareale und damit die myokardiale Energiebilanz. Allerdings läßt sich noch nicht abschließend beurteilen, ob und inwieweit das perioperative kardiovaskuläre Risiko von KHK-Patienten insgesamt durch eine Epiduralanästhesie oder -analgesie günstig beeinflußt wird.

Präoperative Vorbereitung

- internistische Abklärung der KHK (z. B. Belastungs-EKG, [Streß-]Echokardiographie, Koronarangiographie)
- therapeutische Optimierung: pharmakologisch, interventionell, chirurgisch (?)

Anästhesiologisches Vorgehen (Allgemeinanästhesie)

- stärkere sedierende Prämedikation
- Fortführung der antianginösen Medikation auch am OP-Tag, ggf. präventive Gabe eines α2-Rezeptor-Agonisten oder eines β-Rezeptoren-Blockers zur Reduktion perioperativer Myokardischämien
- Narkoseziele
  - Aufrechterhaltung einer ausgeglichenen myokardialen O_2-Bilanz
  - allgemeine Reduktion des O_2-Verbrauchs
  - Reduktion des myokardialen O_2-Verbrauchs durch negativ inotrope Anästhetika
- Narkoseeinleitung:
  - Hypnotikum langsam nach Wirkung injizieren
  - ausreichende Opioiddosis zur Dämpfung des Intubationsreizes
  - nichtinvasive Blutdruckmessung ggf. minütlich während der Einleitung, großzügige Indikation zur invasiven Druckmessung
- Narkose als balancierte Anästhesie mit Isofluran (≤ 1 MAC) oder Sevofluran (≤ 1,5 MAC) fortführen
- Herzfrequenz und Blutdruck intraoperativ im Bereich des individuellen präoperativen Profils halten (Therapie bei Abweichungen um mehr als 20%!)
- Vermeidung von arterieller Hypoxie, von Hypo- oder Hyperventilation, stärkerer Anämie (SvO_2 > 70%!), intraoperativer Auskühlung (T > 36,5 °C zur Ausleitung) und postoperativem Muskelzittern
- für adäquate postoperative Analgesie bereits zum OP-Ende sorgen (z. B. Metamizol, Piritramid)

Spezifisches perioperatives Monitoring

- 5-Pol-EKG oder modifizierte V_5-Ableitung
- ST-Strecken-Analyse
- PA-Katheter (Nachteil: perioperative Überwachung des Wedge-Drucks nicht ausreichend sensitiv zum Erkennen von Myokardischämien, daher PA-Katheter nur bei zusätzl. Herzinsuff. sinnvoll)
- ggf. TEE (Nachteil: keine oder nur eingeschränkte Anwendbarkeit während der Narkoseeinleitung und -ausleitung, also in den Phasen mit der höchsten Inzidenz von Myokardischämien)
- ggf. Bestimmung von Troponin(en)

Troponine

Troponin T

- Vorkommen in der Herz- und der Skelettmuskulatur
  - herzmuskelspezifische Isoform meßbar durch monoklonale Antikörper (ELISA)
  - Streifentest zum bettseitigen qualitativen Nachweis verfügbar
- AMI[81]-Diagnostik: Sensitivität 100%!, Spezifität 60–70% (u. a. auch bei instabiler AP positiv)
- wenn bei instabiler AP positiv, spricht das schon für einen Mikroinfarkt (Risikoindikator für transmuralen Infarkt!)
- Nachweisbarkeit im Serum: ab 4 Stunden nach Infarkt bis ca. 3 Wochen (CK-MB ab 6 h bis max. 48 h)
  - initial steiler Anstieg durch im Zytosol gelösten Anteil (ca. 5%)
  - lange Persistenz („Plateauphase") durch langsame Freisetzung des an Tropomyosin gebundenen Anteils (ca. 95%)
- falsch positive Werte bei erhöhtem Serumkreatinin und bei Lungenembolie!

Troponin I

- im Unterschied zu Troponin T keine Interferenz mit Urämie, nach Infarkt aber nur 5–6 Tage im Serum nachweisbar

35.3 Herzinsuffizienz

Bei einer Herzinsuffizienz ist das Herz nicht mehr in der Lage, ein dem metabolischen Bedarf des Organismus entsprechendes Herzzeitvolumen (HZV) aufrechtzuerhalten. Sie kann akut oder chronisch auftreten. Hauptursachen sind die KHK und die arterielle Hypertonie, gefolgt von Herzklappenfehlern, Myokarditiden und primären Kardiomyopathien (zur hypertrophisch-obstruktiven Kardiomyopathie s. Kap. 27.2.3). Daneben kommen, gewissermaßen als Sonderform, auch Herzrhythmusstörungen als Aus-

81 AMI = akuter Myokardinfarkt

löser in Betracht („arrhythmogene Herzinsuffizienz"; s. Abschn. 35.4). Eine Herzinsuffizienz kann sich äußern

- als Linksherz-, Rechtsherzinsuffizienz oder Globalinsuffizienz und
- als Belastungs- oder Ruheinsuffizienz (→ NYHA-Klassifikation).

NYHA-Klassifikation der Herzinsuffizienz (NYHA = New York Heart Association)

NYHA I	keine Beschwerden (oder allenfalls bei extremer Belastung)
NYHA II	Beschwerden bei stärkerer Belastung (bei leichter Belastung und in Ruhe beschwerdefrei)
NYHA III	Beschwerden schon bei leichter Belastung (in Ruhe beschwerdefrei)
NYHA IV	Beschwerden auch in Ruhe (keine Belastung möglich; Prognose zweifelhaft)

Pathophysiologie

Die Herzinsuffizienz ist eine typische Regulationserkrankung. Als Antwort auf eine initiale myokardiale Schädigung oder Beeinträchtigung kommt es zu einer kompensatorischen neuroendokrinen Aktivierung, wodurch das HZV zunächst zwar wieder normalisiert wird, was aber einen Circulus vitiosus mit schleichender Verschlechterung der Herzfunktion in Gang setzt (Tab. **125**). Bei den **Kompensationsmechanismen** handelt es sich um

- den Frank/Starling-Mechanismus,
- die Aktivierung des Sympathikus und
- die Stimulation des Renin-Angiotensin-Aldosteron-Systems.

Langfristig entwickeln sich eine Hypertrophie und Dilatation des Myokards und schließlich eine Fibrosierung („struktureller Umbau" = „Remodeling").

Bei der Mehrzahl der Patienten stehen Störungen im *Kontraktionsablauf* im Vordergrund („systolische Funktion"); dennoch ist in vielen Fällen auch die *Myokardrelaxation* eingeschränkt („diastolische Funktion"). Letzteres macht sich in Form einer abnormen Wandsteifigkeit bei der Ventrikelfüllung bemerkbar und beruht auf einer unzureichenden Bereitstellung von Energie für die Wiederaufnahme von Calcium in seine Speicher. Im Spätstadium (Fibrosierung) ist die Verringerung der ventrikulären Compliance auch mechanisch bedingt.

Tabelle 125 Einteilung der Herzinsuffizienz nach objektivierbaren Parametern (mod. nach *Schley*)

Stadium	Zustand	LVEDP/ PCWP	Herzzeitvolumen	Klinik
Ia	Ruhe	normal	normal	latente Insuffizienz
Ib	Belastung	↑	normal	
IIa	Ruhe	↑	normal	latente Insuffizienz
IIb	Belastung	↑	normal	
IIIa	Ruhe	↑	normal	Belastungsinsuffizienz
IIIb	Belastung	↑	↓	
IVa	Ruhe	↑	↓	manifeste Insuffizienz
IVb	Belastung	↑	↓	

LVEDP = linksventrikulärer enddiastolischer Druck, PCWP = pulmonalkapillarer Verschlußdruck

Pharmakotherapie

Die Therapieprinzipien bestehen in einer *myokardialen Entlastung* (Reduktion von Nach- u./od. Vorlast) und in einer *Steigerung der Myokardkontraktilität* (Tab. **126**).

Besonderheiten. ACE-Hemmer oder AT_1-Rezeptor-Antagonisten allein und vor allem in Kombination mit bestimmten **β-Rezeptoren-Blockern** können die Progression einer Herzinsuffizienz verzögern und die Überlebensrate erhöhen. ACE-Hemmer verlangsamen dabei den strukturellen Umbau der Herzmuskulatur, β-Blocker verbessern das Ansprechen der myokardialen β-Rezeptoren auf (endo- und exogene) Katecholamine („Up-Regulation"). Was den Einsatz von β-Blockern bei der Herzinsuffizienz angeht, so müssen folgende Grundsätze berücksichtigt werden:

- Es dürfen nur Substanzen ohne intrinsische Aktivität und negativ inotrope Eigenwirkung verwendet werden: z. B. Metoprolol (Beloc®).
- Der β-Blocker darf nur adjuvant bei stabiler Herzinsuffizienz verabreicht werden, am besten additiv zu einer Basismedikation mit einem ACE-Hemmer.
- Nach Beginn mit einer sehr niedrigen Dosis (höchstens 1/10 der Zieldosis) darf die Dosis nur langsam (über Wochen) gesteigert werden (z. B. 10 mg Metoprolol pro Tag initial, maximale Zieldosis 200 mg/d p.o.).

Tabelle 126 Pharmakotherapeutische Möglichkeiten bei Herzinsuffizienz

	Herzfrequenz	Myokard-kontraktilität	Nachlast	Vorlast
Nitrate	∅/↑[1]	∅	↓	↓↓
Nitroprussidnatrium	∅/↑↑[1]	∅	↓↓	↓/↓↓
Dihydralazin	∅/↑↑[1]	∅	↓↓	∅
ACE-Hemmer, AT_1-Rezeptor-Antagonisten	∅	∅	↓v	↓
Phosphodiesterase-III-Hemmer	(↑)[1]	(↑)	↓	↓
Schleifendiuretika	∅	∅	(↓)	↓
Dobutamin	(↑)[1]	↑↑	↓/∅ I /↑[2]	(↓)
Herzglykoside	↓	↑	∅	∅

[1] bei Hypovolämie deutliche Steigerung möglich (reflektorisch); [2] dosisabhängig (Kap. 6.1.3)

Hinweise für die Praxis

1. Bei einer **manifesten Herzinsuffizienz** dürfen keine elektiven oder planbaren Eingriffe und bei Notoperationen keine rückenmarknahen Regionalanästhesien durchgeführt werden.
2. Bei **lebenswichtigen Eingriffen** sollte das hämodynamische Monitoring, an den Zustand des Patienten und die Besonderheiten des Eingriffs angepaßt, erweitert werden: invasive Blutdruckmessung, zentralvenöser Katheter, Pulmonaliskatheter, transösophageale Echokardiographie etc. Außerdem sollte postoperativ eine Intensivüberwachung bis zu 72 Stunden angestrebt werden.

Präoperative Vorbereitung

- internistische Abklärung der Herzinsuffizienz (z. B. [Streß-]Echokardiographie)
- therapeutische Optimierung: pharmakologisch, interventionell (z. B. Kardioversion od. [biventrikulärer] Schrittmacher), chirurgisch (?)

Anästhesiologisches Vorgehen (Allgemeinanästhesie)

- anxiolytische Prämedikation (Dosisreduktion bei fortgeschrittener, Verzicht bei manifester Herzinsuffizienz)
- Fortführung der medikamentösen Medikation auch am OP-Tag (außer Digitalis u. Diuretika)
- Narkoseziel: Reduktion des myokardialen O_2-Verbrauchs durch Verminderung des Gesamt-O_2-Verbrauchs
- Narkoseeinleitung:
  - Hypnotikum langsam nach Wirkung injizieren (Etomidat gegenüber Propofol od. Barbiturat vorziehen)
  - ausreichende Opioiddosis zur Dämpfung des Intubationsreizes
  - nichtinvasive Blutdruckmessung ggf. minütlich während der Einleitung, großzügige Indikation zur invasiven Druckmessung
- Verzicht auf volatile Anästhetika und N_2O bei manifester Herzinsuffizienz (negative Inotropie!), volatile auch sonst zurückhaltend einsetzen und nur Isofluran oder Sevofluran adjuvant in niedrigen Konzentrationen (≤ 1 MAC) verwenden
- Herzfrequenz und Blutdruck intraoperativ im Bereich des individuellen präoperativen Profils halten (Therapie bei Abweichungen um mehr als 20%!)
- Vermeidung von arterieller Hypoxie, von Hypo- oder Hyperventilation, stärkerer Anämie (SvO_2 > 70%!), intraoperativer Auskühlung (T > 36,5 °C zur Ausleitung) und postoperativem Muskelzittern
- für adäquate postoperative Analgesie bereits zum OP-Ende sorgen (z. B. Metamizol, Piritramid)

Spezifisches perioperatives Monitoring

- 5-Pol-EKG oder modifizierte V_5-Ableitung
- ST-Strecken-Analyse
- großzügige Indikation für ZVK (Trendüberwachung von ZVD u. SvO_2!) u. invasive Druckmessung
- ggf. TEE, Pulskonturanalyse

Ursachen einer perioperativen kardialen Dekompensation

- arterielle Hypoxie
- massiver Blutdruckanstieg
- Bradykardie
- Hyper- oder Hypovolämie
- schwere Anämie oder Polyglobulie
- Myokardischämie
- Lungenembolie

35.4 Herzrhythmusstörungen

Unter einer Herzrhythmusstörung versteht man physiologische oder pathologische Änderungen der Herzschlagfolge. Die Herzschlagfolge kann dabei *regelmäßig* oder *unregelmäßig*, die Herzfrequenz *erhöht* (Tachykardie) oder *erniedrigt* (Bradykardie) sein. Herzrhythmusstörungen werden nach der Lokalisation in *supraventrikuläre* und *ventrikuläre* Formen unterteilt (Tab. **127**).

Auswirkungen und Bedeutung

Herzrhythmusstörungen beeinträchtigen die *mechanische Herzaktion*. Sie erlangen hämodynamische Bedeutung, wenn sie die Pumpfunktion des Herzens nachhaltig vermindern (→ arrhythmiebedingte Herzinsuffizienz, Angina pectoris, zerebrale Ischämie etc.). Als Ursachen für eine Abnahme des HZV kommen in Betracht:

- kritisch hohe oder niedrige Herzfrequenz (Tab. **128**),
- asynchrone Vorhof-Kammer-Kontraktion (→ ungenügende Entleerung des Vorhofvolumens in die Kammern, z. B. bei absoluter Arrhythmie oder höhergradiger AV-Blockierung),
- asynchrone Kammererregung (z. B. bei Schenkelblöcken; außer bei Herzinsuffizienz jedoch von untergeordneter Bedeutung).

Bei Tachykardien verkürzt sich die Diastole, wodurch die ventrikuläre Füllung eingeschränkt wird; bei Bradykardien dagegen verlängert sie sich, wodurch der arterielle Mitteldruck abnimmt. Hiervon sind die „prämonitorischen" Arrhythmien zu unterscheiden (z. B. frühzeitig einfallende VES ["R-auf-T-Phänomen"], ventrikuläre Salven, gehäufte polytope VES). Sie sind zwar selbst noch nicht hämodynamisch relevant, können aber jederzeit in sog. *maligne Arrhythmien* (Kammertachykardie/-flattern/-flimmern) umschlagen.

Tabelle 127 Einteilung der ventrikulären Herzrhythmusstörungen nach *Lown*

Stadium	Ventrikuläre Extrasystolen (VES)
0	keine
I	isolierte monotope VES < 30/h oder < 1/min
II	isolierte monotope VES > 30/h oder > 1/min
IIIa	polytope VES
IIIb	Bigeminus
IVa	gekoppelte VES (Couplets)
IVb	mehrfach repetierte VES (Salve[n])
V	frühzeitig einfallende VES („R-auf-T-Phänomen")

Tabelle 128 Kritische Herzfrequenzen

	Tachykardie	Bradykardie
ohne Herzerkrankung	> 180/min	< 40/min
mit Herzerkrankung	> 120/min	< 60/min
alter Mensch ohne Herzerkrankung	> 120/min	< 50/min

Perioperative Besonderheiten

- präoperative antiarrhythmische Behandlung bei ventrikulären Arrhythmien erst ab Stadium IV nach *Lown* erforderlich
- Indikationen für einen (temporären) Schrittmacher:
  - AV-Block III.°, AV-Block II.° Typ Mobitz, bifaszikulärer Schenkelblock + AV-Block I.°
  - Sick-sinus-Syndrom, höhergradige SA-Blockierung
  - Karotissinussyndrom
  - pharmakoresistente Bradyarrhythmia absoluta (< 50/min)
  - bradykarde Herzinsuffizienz, Herzinsuffizienz mit Linksschenkelblock
  - Digitalisüberdosierung

Präoperative Vorbereitung

- internistische Abklärung einer möglichen organischen Ursache (z. B. Langzeit- u. Belastungs-EKG), des Schweregrads der Arrhythmie
- therapeutische Optimierung: pharmakologisch, interventionell, chirurgisch (?)

Anästhesiologisches Vorgehen (Allgemeinanästhesie)

- stärkere sedierende Prämedikation bei tachykarden Rhythmusstörungen
- Fortführung der antiarrhythmischen Medikation auch am OP-Tag
- Narkoseeinleitung:
  - Hypnotikum langsam nach Wirkung injizieren
  - ausreichende Opioiddosis zur Dämpfung des Intubationsreizes
  - nichtinvasive Blutdruckmessung (ggf. minütlich während der Einleitung) mitunter schwierig, großzügige Indikation zur invasiven Druckmessung, auch um die hämodynamischen Auswirkungen besser beurteilen zu können

Tabelle 129 Symptomatische Therapie perioperativer Herzrhythmusstörungen

Arrhythmie	Therapie
Supraventrikuläre Extrasystolen	∅
Supraventrikuläre Tachykardie	Adenosin, β-Blocker[1]; akut möglichst kein Verapamil!
AV-Knoten-(Reentry-)Tachykardie	Adenosin oder Kardioversion
Tachyarrhythmia absoluta	K^+/Mg^{2+} → Kardioversion[2]; evtl. Flecainid od. Amiodaron; akut kein Digitalis!
Vorhofflattern mit schneller Überleitung	K^+/Mg^{2+} → Kardioversion[2]; Digitalis (zur Verhinderung einer 1:1-Überleitung)
bei Präexzitationssyndrom (WPW, LGL etc.)	
– supraventrikuläre Tachykardie	Ajmalin (1. Wahl), Flecainid, (Adenosin, β-Blocker)
– Tachyarrhythmia absoluta[3]	Ajmalin (1. Wahl), Flecainid od. Amiodaron
Ventrikuläre Extrasystolen, Couplets, Salven	Lidocain, β-Blocker[1], evtl. Amiodaron od. Phenytoin[4]
Torsade-de-pointes-Tachykardie[5]	Mg^{2+} (+ K^+), evtl. + Kardioversion
Kammertachykardie	Kardioversion[2], evtl. + Amiodaron (bei rezidivierendem Geschehen)
Kammerflattern/-flimmern	Defibrillation, evtl. + Amiodaron (bei rezidivierendem Geschehen)
Bradykardie/-arrhythmie	Atropin → Orciprenalin → Schrittmacher
VES bei bradykardem Grundrhythmus	„Überstimulation" primär mit Atropin, bei Erfolglosigkeit Orciprenalin

[1] bei Hypersympathikotonie; [2] R-Zacken-getriggerte Defibrillation mit Impulsabgabe 10–20 msec nach der R-Zacke; [3] keine β-Blocker (außer Sotalol), kein Verapamil od. Digitalis (paradoxe Wirkung möglich!); [4] besonders wenn durch Herzglykoside verursacht; [5] Spitzenumkehrtachykardie durch spät einfallende VES (bei QT-Syndromen)

- Narkose als balancierte Anästhesie mit Isofluran oder Sevofluran fortführen

Zu den *Besonderheiten bei Schrittmacherträgern* s. Kap. 29.3.

Perioperative Arrhythmien

Auslösende Faktoren

- funktionell
  - inadäquate Narkosetiefe
  - arterielle Hypoxie
  - Hyper- od. Hypokapnie
  - Elektrolytstörungen (bes. Hypokaliämie)
  - metabolische Azidose od. Alkalose
  - arterielle Hyper- od. Hypotension
  - Hypovolämie
  - Anämie
- mechanisch-reflektorisch
  - Irritation der Luftwege (z. B. Laryngoskopie, endotracheale Intubation, Bronchoskopie)
  - Katheter (ZVK, PA-Katheter o. ä.)
  - operative Manipulationen (direkt am Herzen; indirekt: Vagus, Sympathikus, Schmerz)
- pharmakologisch (z. B. Ketamin; Succinylcholin, Pancuronium; Herzglykoside, Antiarrhythmika)
- organisch
  - kardial
    - Myokardischämie/-infarkt, Myokardinsuffizienz
  - extrakardial
    - Lungenembolie
    - Sepsis
    - endokrine Erkrankungen (z. B. Hyperthyreose, Phäochromozytom)
    - Maligne-Hyperthermie-Krise

Akuttherapie

- zunächst Klärung von Art und Ursache der Arrhythmie
- wenn möglich Arrhythmie kausal therapieren, sonst symptomatisch (Tab. **129**)

Indikationen für eine symptomatische Akuttherapie

- hämodynamisch relevante Arrhythmien
- Vorboten maligner Arrhythmien

Tabelle 130 Intravenöse Dosierung und kinetische Daten einiger Antiarrhythmika*

	Ajmalin	Lidocain	Flecainid	Amiodaron	Phenytoin	Adenosin
Handelspräparate	Gilurytmal®	Xylocain®	Tambocor®	Cordarex®	Phenhydan®	Adrekar®
Dosierung						
– Bolus	0,5–1 mg/kg über 5 min	1 mg/kg über 2–3 min	0,5–1 mg/kg über 5 min	4–5 mg/kg über (5-)15 min	125–250 mg über 5–10 min	6–12 mg[1/2]
– kontinuierlich	∅	2–4 mg/min	200–400 mg/ 24 h[3]	10–20 mg/kg/ 24 h[3/4]	∅	∅
Wirkungseintritt	ca. 1 min	30–60 sec	1–2 min	Minuten	2–3 min	15–30 sec
Wirkungsdauer	10–15 min	15–20 min	ca. 1 h	ca. 30–60 min[5]	variabel[6]	< 1 min
Eliminations-HWZ	1–2 h	1,5–2 h	12 h	14–28 d (!)[7]	10–60 h[6]	< 5 sec

* β-Rezeptoren-Blocker, Atropin und Orciprenalin siehe Kap. 6. [1] so schnell wie möglich; [2] bei Kindern 0,25–05 mg/kg; [3] Verdünnung nur mit Glukose 5%; [4] über max. 1 Woche, dann ggf. Erhaltungsdosis von 200–300 mg/d; [5] kurze Boluswirkung wegen rascher Umverteilung bei sehr großem Verteilungsvolumen; [6] dosisabhängig; [7] in Einzelfällen sogar bis zu 100 Tage (aktiver Metabolit Desethylamiodaron)

Pharmakologische Besonderheiten

Kalium und Magnesium. Kalium und Magnesium sind die wichtigsten antiarrhythmisch wirksamen Elektrolyte. Bei **tachykarden Rhythmusstörungen** soll das Serumkalium, das oft zusammen mit dem Serummagnesium erniedrigt ist, kontrolliert und in einen Bereich von 5,0–5,5 mmol/l angehoben und dort gehalten werden (*cave*: terminale Niereninsuffizienz!). Initial, d. h. noch vor einer Serumspiegelkontrolle, können 1–2 10-ml-Ampullen Trophicard® oder Inzolen® langsam intravenös injiziert werden (10 ml enthalten je 2,8 mval K^+ und Mg^{2+}). Die weitere Zufuhr muß allerdings gezielt erfolgen. Zur Berechnung des extrazellulären Kaliumdefizits s. Kap. 4.2.1.

Verapamil. Der Einsatz des Calciumantagonisten Verapamil (Isoptin®) kann bei einer irrtümlich als supraventrikuläre Arrhythmie gedeuteten ventrikulären Rhythmusstörung deletäre Folgen haben und in diesen Fällen durch seine vasodilatierende Wirkung zum Kreislaufstillstand führen. Verapamil sollte deshalb in der Akutsituation gar nicht verwendet werden. Hier läßt es sich zumeist durch Adenosin ersetzen.

Herzglykoside. Die Anwendung von Herzglykosiden in der Akutphase ist ebenfalls nicht empfehlenswert. Die verfügbaren Digitalispräparate führen nicht zu einer kurzfristigen Wirkung. Außerdem beeinträchtigen sie nur die Impulsübertragung von den Vorhöfen auf die Kammern und senken damit die Ventrikelfrequenz; eine Konversion in den Sinusrhythmus ist bei supraventrikulären Tachyarrhythmien selten und tritt höchstens dann ein, wenn eine Vorhofüberdehnung (z. B. Herzinsuffizienz) der Rhythmusstörung zugrunde liegt (Rekompensationseffekt bei dilatationsbedingtem Vorhofflimmern). Ferner ist zu berücksichtigen, daß die Wirkungen der Herzglykoside nicht steuerbar sind und die individuelle Empfindlichkeit der Patienten in der perioperativen Phase erheblich schwanken kann (z. B. Störungen des Elektrolyt- und Säure-Basen-Haushalts).

Kardiovaskuläre Nebenwirkungen von Antiarrhythmika

- negative Inotropie (außer Amiodaron)
- negative Chronotropie und Dromotropie (bei Amiodaron atropinresistente Bradykardie)
- periphere Vasodilatation (vor allem Verapamil)
- proarrhythmische Effekte, besonders
  - in den ersten 3 Monaten nach Myokardinfarkt
  - bei eingeschränkter linksventrikulärer Funktion (EF < 35%)
  - bei QT-Verlängerung (angeboren oder erworben)
  - bei Elektrolytstörungen: Hypokaliämie, Hypomagnesiämie
  - bei der Behandlung gravierender Arrhythmien

Allgemeine Kontraindikationen für Antiarrhythmika

- dekompensierte Herzinsuffizienz (außer arrhythmiebedingt)
- schwere Bradykardie
- höhergradige sinuatriale, atrioventrikuläre und intraventrikuläre Reizleitungsstörungen
- QT-Verlängerung

Hinweise für die Praxis

1. Beim **perioperativen Auftreten einer Arrhythmie** muß, insbesondere beim beatmeten Patienten, als erstes eine **arterielle Hypoxie** ausgeschlossen werden (Pulsoxymetrie!). Erst danach sollte die Anästhesiequalität eingeschätzt werden (z. B. zu flache oder zu tiefe Narkose).
2. Das Entstehen ventrikulärer Arrhythmien wird durch eine **Hypokaliämie** und/oder **Hypomagnesiämie** erheblich erleichtert.
3. Eine Therapie mit **spezifischen Antiarrhythmika** ist perioperativ nur dann erforderlich, wenn gravierende Rhythmusstörungen vorliegen und diese nicht kausal zu behandeln sind. Dabei sollen akut **keine Calciumantagonisten und Herzglykoside** verwendet werden.
4. Bei unter Narkose auftretenden tachykarden Rhythmusstörungen sollte die **Elektrotherapie** (Kardioversion) dem Einsatz von spezifischen Antiarrhythmika vorgezogen werden. Das Therapieziel bei einem neuentstandenen Vorhofflimmern ist immer die möglichst umgehende **Wiederherstellung des Sinusrhythmus.**
5. Tritt unter der Injektion eines Antiarrhythmikums eine **QT-Verlängerung** auf, so ist die Injektion sofort abzubrechen.

35.5 Herzklappenfehler

Siehe Kap. 27.2.2.

35.6 COPD

Hinter dem Begriff „COPD" („chronic obstructive pulmonary disease") verbirgt sich im Deutschen die **chronische obstruktive Lungenerkrankung.** Damit wird eine Reihe von chronischen Krankheitsbildern zusammengefaßt, deren gemeinsames Merkmal die Atemwegsobstruktion ist: chronische obstruktive Bronchitis, obstruktives Lungenemphysem und asthmatoides Syndrom.

Ätiologie und Pathogenese

Die Entstehung einer COPD ist ein multifaktorielles Geschehen, wobei *exogene Noxen* (Reizstoffe, Allergene, Infektionserreger) erst im Verein mit *endogenen Faktoren* (bronchiale Hyperreaktivität, reduzierte bronchopulmonale Abwehr) wirksam werden können. Morphologisches Substrat ist die *chronische Schädigung der Bronchialschleimhaut* mit Beeinträchtigung des ziliaren Reinigungsmechanismus, vermehrter Produktion zähen Bronchialsekrets (Hyper- und Dyskrinie) und entzündlichem Schleimhautödem. Über die Zeit kommt es durch Umbauvorgänge zu einer Erschlaffung und Rarefizierung des Lungengerüsts (→ Emphysem). Die begleitende Reduktion des Kapillargebiets läßt zusammen mit der hypoxischen pulmonalen Vasokonstriktion die rechtsventrikuläre Nachlast ansteigen (→ Cor pulmonale).

Symptomatik und Diagnostik

Die klinische Symptomatik wird durch *chronischen Husten und Auswurf* bestimmt. Als Folge der Atemwegsobstruktion ist die Atemarbeit erhöht. Die Gasaustauschstörung betrifft die O_2-Aufnahme und die CO_2-Abgabe. Bei fortgeschrittener Erkrankung sind $PaCO_2$-Werte von 60 mmHg in Ruhe keine Seltenheit. Im Laufe der Zeit adaptiert die Atemregulation an die *chronische Hyperkapnie*. Diese Patienten regulieren ihre Atmung hauptsächlich über den PaO_2, d. h. über die arterielle Hypoxie. In der Spirometrie (s. Anhang B u. C) fallen eine erniedrigte Vitalkapazität und ein erniedrigtes forciertes exspiratorisches Volumen (FEV_1) auf, im Blutbild findet sich oft eine kompensatorische Polyglobulie.

MERKE
Eine **Bronchospastik** ist auskultatorisch durch ein **exspiratorisches Pfeifen und verlängertes Exspirium** gekennzeichnet. Giemen und Brummen sind dagegen keine Charakteristika und schon gar nicht grobblasige Rasselgeräusche!

Definitionen

Chronische Bronchitis:	Husten und Auswurf über mindestens 3 Monate in 2 aufeinanderfolgenden Jahren
Lungenemphysem:	irreversible Erweiterung der Lufträume distal der Bronchioli terminales infolge einer Destruktion der Bronchialwände (→ Air-trapping durch exspiratorisch kollabierende Bronchiolen)
Asthma bronchiale:	anfallweise auftretende Atemnot durch Atemwegsobstruktion auf dem Boden eines allergisch od. nichtallergisch bedingten hyperreagiblen Bronchialsystems

Besonderheiten des nichtallergischen Asthma bronchiale

- Patienten i. d. R. älter als 30 Jahre
- meist durch rezidivierende Atemwegsinfekte ausgelöst („Infektasthma" od. „intrinsisches Asthma")
- oft Acetylsalicylsäure-Intoleranz (Bronchokonstriktion!; selten bei allergischem Asthma)

Pharmakotherapie des Asthma bronchiale

- Basistherapie: Glukokortikoid + β_2-Sympathomimetikum inhalativ (evtl. in Kombination mit Parasympatholytikum [Ipratropium])
- bei schweren Formen zusätzl. Theophyllin (schwächere Bronchodilatation als β_2-Mimetika, aber synergistische Wirkung), ggf. auch Glukokortikoid p.o. („Cushing-Schwelle" beachten!; s. Abschn. 35.11.2)

Hinweise für die Praxis

1. **Regionalanästhesien** können bei peripheren Eingriffen von Vorteil sein. Bei rückenmarknahen Verfahren sollen aber höhere Anästhesieniveaus vermieden werden, um die Atmung nicht zu beeinträchtigen. Während bei Asthmatikern eine Sedierung empfehlenswert ist, um Angst und Aufregung als Anfallsauslöser auszuschalten. verbietet sie sich bei Patienten mit eingeschränkter Lungenfunktion (*cave*: alveoläre Hypoventilation!).
2. Wenn das FEV_1 kleiner als 0,8 l und der Peak flow unter 100 l/min ist, ist postoperativ mit hoher Wahrscheinlichkeit eine **Nachbeatmung** wegen insuffizienter Expektoration erforderlich.

Präoperative Vorbereitung

- internistische Abklärung der COPD und pharmakotherapeutische Optimierung
- Lungenfunktionsanalyse inkl. Bronchospasmolysetest (mit β_2-Sympathomimetikum inhalativ)
- ggf. Theophyllinplasmaspiegel bestimmen
- nach Möglichkeit Nikotinabstinenz für mindestens 4 Wochen präoperativ (Kap. 1.4.2)
- nach interkurrenten Infekten für 3–4 Wochen keine planbaren Eingriffe (hyperreagibles Bronchialsystem!)

Anästhesiologisches Vorgehen bei hyperreagiblem Bronchialsystem (Allgemeinanästhesie)

- anxiolytische Prämedikation (außer bei respiratorischer Globalinsuffizienz!)
- Fortführung der antiobstruktiven Medikation auch am OP-Tag (inkl. Glukokortikoid)
- Narkoseeinleitung:
  - möglichst keine Verwendung histaminfreisetzender u. sulfithaltiger Substanzen, evtl. Prophylaxe mit H_1- u. H_2-Antihistaminika (s. Kap. 1.7.2)
  - Hypnotikum langsam nach Wirkung injizieren (Propofol od. Etomidat)
  - ausreichende Opioiddosis zur Dämpfung des Intubationsreizes (*notabene*: mögl. Thoraxrigidität, Husten nach schneller i. v. Gabe), evtl. auch Lidocain 1 mg/kg KG i. v. zur Schleimhautanästhesie
  - Relaxanzien ohne Histaminfreisetzung: cis-Atracurium und alle Aminosteroide
- Narkose als balancierte Anästhesie mit Isofluran oder Sevofluran fortführen (volatile Anästhetika wirken bronchodilatatorisch)
- maschinelle Beatmung:
  - Ziel: Normoxie und Normokapnie (außer bei chronischer respiratorischer Azidose)
  - niedriger Flow, Atemzeitverhältnis 1:3 bis 1:1 (*cave*: intrinsischer PEEP, entsteht bei zu kurzer Exspiration durch Erhöhung des pulmonalen Restvolumens!), PEEP max. 5 cmH_2O (zur Verhinderung von Air-trapping)
  - Beatmungsfilter (Anfeuchten u. Erwärmen der Atemluft)
- Extubation:
  - in tiefer Narkose (außer bei Kontraindikationen, wie fehlende Nüchternheit oder Ileus)
  - restriktives endotracheales Absaugen

- nach Möglichkeit keine Antagonisierung mit Cholinesterasehemmern (z. B. Neostigmin)
- postoperative Schmerztherapie: Piritramid u./od. Metamizol (*cave*: Acetylsalicylsäure!)

Vorgehen bei intraoperativem Asthmaanfall

1. Diagnose
- plötzliche, deutliche Erhöhung der Beatmungsdrucks
- Auskultation: exspiratorisches Pfeifen u. verlängertes Exspirium (im Extremfall „silent chest")
- Abfall der $pSaO_2$, evtl. Zyanose u. Halsvenenstauung
- Tachykardie u. Blutdruckanstieg

2. Basismaßnahmen
- sofortiges Unterbrechen der operativen Manipulationen
- manuelle Beatmung mit 100% O_2
- ggf. mit Hilfe eines Absaugkatheters überprüfen, ob der Tubus durchgängig ist (z. B. Cuffhernie)
- Narkosevertiefung (wenn möglich mit volatilen Anästhetika)

3. Spezifische Pharmakotherapie
- $ß_2$-Sympathomimetika
  - z. B. Fenoterol-Spray (Berotec®) 2–4 Hübe transtubal
  - ggf. 0,5 mg Terbutalin (Bricanyl®) 1:10 verd. über dünnen Absaugkatheter tief endobronchial applizieren
  - ggf. 0,5 mg Terbutalin (Bricanyl®) 1:10 verd. fraktioniert i. v.
- Theophyllin (Bronchoparat®)[82]: 200–400 mg langsam i. v. od. p. inf.
- Glukokortikoid[83]: initial max. 250 mg Prednisolon (Solu-Decortin H®)[4] i. v., dann alle 6 h 50 mg
- Lidocain 1 mg/kg KG i. v. (wirksam bei Reflexbronchokonstriktion)

4. Ultima ratio: Ketamin 5 mg/kg KG od. Adrenalin[84] (1 mg 1: 10 verd.), jeweils langsam i. v.

35.7 Chronische Leberinsuffizienz

Die chronische Leberinsuffizienz ist die Folge einer nachhaltigen Zerstörung des Leberparenchyms mit allmählichem zirrhotischen Umbau der Leberstruktur. Häufigste Ursache ist ein langjähriger Alkoholabusus. Zur Einschätzung der Prognose und des Operationsrisikos hat sich eine Einteilung nach Schweregraden bewährt (Tab. **131**).

Blut- und Sauerstoffversorgung der Leber

Die Leber wird gemeinsam über die *A. hepatica und V. portae* mit Blut versorgt (Tab. **132**). Die Durchblutung macht insgesamt ungefähr 25% des Herzzeitvolumens aus. Das Besondere an der Durchblutungsregulation ist, daß bei Verminderung des portalen Blutflusses die Durchblutung über die A. hepatica kompensatorisch zunimmt. Mit fortschreitender Leberinsuffizienz wird dieser Mechanismus jedoch irgendwann überfordert.

Tabelle 131 Prognostische Einteilung chronischer Lebererkrankungen (mod. nach *Child/Turcotte*)

	Klasse A	Klasse B	Klasse C
Albumin (g/l)	> 3,5	2,0–3,5	< 2,0
Bilirubin (mg/dl)	< 2,0	2,0–3,0	> 3,0
Aszites	nein	kontrolliert	refraktär
Enzephalopathie	nein	minimal	Koma
Quick-Wert (%)	> 70	40–70	< 40
Pugh-Score	5–7	8–10	≥ 11
Prognose	günstig	schlecht	zweifelhaft
Periop. Risiko	normal	erhöht	deutlich erhöht

Tabelle 132 Physiologische Blut- und O_2-Versorgung der Leber

	Anteilige Durchblutung	Anteilige O_2-Versorgung
V. portae	75%	40–50%
A. hepatica	25%	50–60%

82 Präparat ohne Zusatzstoffe
83 notabene: kein Effekt innerhalb der ersten 4–6 Stunden!
84 zusätzl. zur Bronchospasmolyse (β_2-Stimulation) schleimhautabschwellender Effekt (α-Stimulation)

Auswirkungen der chronischen Leberinsuffizienz

- zentralnervös: toxische Enzephalopathie → Leberausfallkoma
- pulmonal:
  - verminderte funktionelle Residualkapazität (Zwerchfellhochstand, Aszites)
  - Ventilations-Perfusions-Störungen durch eingeschränkte hypoxisch-pulmonale Vasokonstriktion
  - Abnahme der pulmonalen Diffusionskapazität durch interstitielle Flüssigkeitsvermehrung
  - Zunahme der venösen Beimischung durch vermehrte Durchströmung pulmonaler arteriovenöser Shunts und neugebildeter porto-pulmonalvenöser Shunts
- kardiovaskulär:
  - erniedrigter Gefäßwiderstand durch periphere Vasodilatation und vermehrte Durchströmung arteriovenöser Shunts, kompensatorisch erhöhtes intravasales Volumen und gesteigertes HZV (dadurch unveränderter oder nur leicht verminderter arterieller Blutdruck)
  - reduzierte Empfindlichkeit auf Katecholamine
- hämatologisch und hämostaseologisch:
  - Anämie (Ursachen: gesteigertes Plasmavolumen, rezidivierende gastrointestinale Blutungen, megaloblastäre Anämie [Vitamin-B_{12}-Mangel bei Alkoholabusus])
  - gestörte Vitamin-K-Resorption bei Verschlußikterus
  - verminderte Synthese von Gerinnungsfaktoren u. Albumin
  - toxische Thrombozytopathie; Thrombozytopenie bei Hypersplenismus (s. auch Kap. 14.1.6)
- renal: hepatorenales Syndrom (ischämische Tubulopathie ohne wesentliche histomorphologische Veränderungen)
- endokrin: Beeinträchtigung der Glukosehomöostase → Neigung zu Hypo- und Hyperglykämien!
- pharmakologisch:
  - erhöhte Empfindlichkeit auf zerebral dämpfende Substanzen bei Enzephalopathie
  - vergrößertes Verteilungsvolumen → höhere Initialdosis zur Aufsättigung erforderlich
  - verringerte Plasmaclearance → geringere Repetitionsdosen hepatisch eliminierter Pharmaka

Perioperative Einflüsse auf die Leberfunktion

Operativer Eingriff. Chirurgische Eingriffe führen im allgemeinen zu einer Steigerung des Sympathikotonus und Zunahme der Katecholaminplasmaspiegel und zu einer Stimulation des Renin-Angiotensin-Aldosteron-Systems. Die Folge davon ist u. a. eine hepatische Vasokonstriktion mit Reduktion der Durchblutung und damit auch der Funktion der Leber. Die stärksten Auswirkungen haben in dieser Hinsicht Oberbaucheingriffe und Eingriffe an der Leber selbst.

Anästhetika und Adjuvanzien. Pharmaka, die das HZV vermindern, verringern dadurch auch die Leberdurchblutung und -funktion. Diese Wirkung ist dosisabhängig und findet sich am ehesten bei Barbituraten, Propofol und volatilen Anästhetika. Bei Isofluran und Sevofluran wird sie allenfalls in höheren Konzentrationen relevant. N_2O hat überhaupt keinen, Etomidat, Midazolam, die „Narkose-Opioide" und die gängigen Muskelrelaxanzien so gut wie keinen Einfluß auf die Leberdurchblutung und -funktion.

Pharmakologische Besonderheiten

Opioide. Opioide erhöhen zwar in unterschiedlicher Ausprägung den Tonus des Sphincter Oddi, können aber bei Eingriffen an Gallenblase und Gallenwegen eingesetzt werden, wenn intraoperativ, wie heute üblich, keine Cholangiomanometrie durchgeführt wird. *Remifentanil* hat den Vorteil, im wesentlichen leberunabhängig durch unspezifische Esterasen inaktiviert zu werden und kumuliert daher bei Leberinsuffizienz nicht.

Muskelrelaxanzien. Während die Steroidrelaxanzien, besonders *Rocuronium*, mit fortschreitender Leberinsuffizienz zur Kumulation neigen (hepatische Elimination), ist dies bei *Atracurium und cis-Atracurium* nicht der Fall (Hofmann-Elimination). *Succinylcholin und Mivacurium* werden ausschließlich bzw. überwiegend durch die in der Leber synthetisierte Pseudocholinesterase abgebaut. Trotzdem ist erst bei schwerer Leberinsuffizienz mit einer relevanten Verminderung der Enzymaktivität und entsprechend längeren Wirkung beider Substanzen zu rechnen.

Hinweise für die Praxis

1. Bei **akuten Lebererkrankungen** (z. B. Virus- od. alkoholische Hepatitis) sollen planbare Eingriffe frühestens 4 Wochen nach Abklingen der Symptomatik und Normalisierung der Leber(funktions)werte durchgeführt werden.
2. Bei einer **chronisch-aggressiven Hepatitis** oder einer **Leberzirrhose der Klasse B oder C** nach *Child/Turcotte* sind für elektive Eingriffe äußerst strenge Maßstäbe anzulegen.

3. **Regionalanästhesien** sollen bei peripheren Eingriffen bevorzugt werden (*cave*: Gerinnungsstörungen bei rückenmarknahen Verfahren!).

Präoperative Vorbereitung

- internistische Abklärung der Lebererkrankung und ggf. pharmakotherapeutische Optimierung
- umfassende Laboruntersuchung mit leberrelevanten Werten und Gerinnungsstatus (ggf. inkl. AT III, Einzelfaktorenanalyse u. Thrombozytenfunktion)

Anästhesiologisches Vorgehen (Allgemeinanästhesie)

- anxiolytische Prämedikation (ggf. Dosisreduktion bei eingeschränkter Leberfunktion; Verzicht bei Enzephalopathie)
- Narkoseeinleitung:
  - Nicht-nüchtern-Einleitung bei ausgeprägtem Aszites, großem Lebertumor, starker Leberschwellung etc.
  - bei Ösophagusvarizen strenge Indikation für Magensonde u. äußerst behutsames Einführen
- Narkose als balancierte Anästhesie mit Isofluran oder Sevofluran fortführen
- großzügige Indikation zur ZVK-Anlage (SvO_2, Säure-Basen-Status) u. invasiven Druckmessung
- bei mangelhafter Lactatverstoffwechselung (metabolische Azidose) keine lactathaltigen Infusionen, sondern statt dessen NaCl 0,9%
- Vermeidung von Faktoren, die die hepatische O_2-Bilanz beeinträchtigen:
  - arterielle Hypoxie, Hypokapnie
  - stärkere Blutdruckabfälle (> 20%)
  - Hypovolämie, ausgeprägtere Anämie (SvO_2 > 70%!)
  - hohe Beatmungsdrücke (→ zurückhaltender Einsatz eines PEEP)

35.8 Chronische Niereninsuffizienz

Die chronische Niereninsuffizienz ist das Ergebnis eines fortschreitenden Untergangs von Nephronen. Im Vordergrund steht die Beeinträchtigung der exkretorischen Funktion, erkennbar an einer progredienten Abnahme des Glomerulusfiltrats. Die chronische Niereninsuffizienz hat vielfältige Auswirkungen auf andere Organe und erhöht im fortgeschrittenen Stadium das Risiko perioperativer Komplikationen (zur Beurteilung des Schweregrads s. Tab. **133**).

Regulation der Nierendurchblutung

Die Nierendurchblutung macht ungefähr 20% des Herzzeitvolumens aus. Hiervon entfallen 90% auf die Rinde (Glomeruli als Ort der Ultrafiltration) und nur 10% auf das Mark. Die Durchblutung unterliegt in einem Bereich des arteriellen Mitteldrucks von **80–150 mmHg** einer **Autoregulation,** d. h., in diesem Bereich bleiben der renale Blutfluß und folglich auch die glomeruläre Filtrationsrate (GFR) in etwa konstant. Trotzdem nimmt die Diurese mit steigendem Blutdruck zu („Druckdiurese"). Dies wird damit

Tabelle 133 Stadien der chronischen Niereninsuffizienz

Stad.	Nierenfunktion	Laborwerte und Klinik	Anästhesiologische Besonderheiten
I	(voll) kompensiert	eingeschränkte Kreatininclearance (GFR 60–90 ml/min), Retentionswerte noch normal, Verminderung der Urinkonzentrierungsfähigkeit; Normurie	ausreichende Volumenzufuhr wichtig, Vermeidung nephrotoxischer Substanzen
II	kompensierte Retention	keine Urämiesymptomatik; GFR < 60 ml/min; erhöhte Retentionswerte: Krea 1,5–5,0 mg/dl, Hst bis 100 mg/dl; Polyurie	zusätzl. exakte Flüssigkeitsbilanzierung, Dosisanpassung bei überwiegend renal eliminierten Medikamenten notwendig
III	teilkompensierte Retention	beginnende Urämiesymptome (Präurämie); GFR < 10 ml/min, Krea 5–15 mg/dl, Hst 100–300 mg/dl; Pseudonormurie, Isosthenurie	präoperative Dialyse erwägen, mit Volumenrestriktion beginnen, kaliumfreie Infusionslösungen verwenden
IV	dekompensiert (terminale, d. h. irreversible Niereninsuffizienz)	Urämie; GFR < 5 ml/min, Krea >15 mg/dl, Hst > 300 mg/dl; Oligoanurie, Dialysepflichtigkeit	präoperative Dialyse notwendig, Volumenrestriktion (außer bei Nierentransplantation)

GFR = glomeruläre Filtrationsrate; Krea = Kreatinin im Serum; Hst = Harnstoff im Serum

erklärt, daß juxtamedulläre Glomeruli nicht im selben Maße autoreguliert sind wie kortikale. Die Durchblutung kann also juxtamedullär druckabhängig zunehmen und die GFR entsprechend ansteigen.

Kreatininclearance und Retentionswerte

Unter klinischen Bedingungen wird die GFR mit der Kreatininclearance erfaßt. Die Kreatininclearance sollte bei Erwachsenen *größer als 90 ml/min* sein. Da sie bei einer Nierenschädigung bereits vermindert ist, noch bevor das Kreatinin im Serum ansteigt, können mit ihrer Hilfe Einschränkungen der Nierenfunktion frühzeitig erkannt werden. Eine meßbare Erhöhung der Retentionswerte (Kreatinin, Harnstoff) im Serum findet sich nämlich erst bei einem Untergang von mehr als 50% des ursprünglich funktionstüchtigen Nierengewebes (GFR < 60 ml/min).

Die Kreatininclearance ist auch abhängig von der Menge des endogen produzierten Kreatinins und somit von der Muskelmasse des Patienten. Der im Labor ermittelte Wert muß deshalb zumindest auf die Körperoberfläche (KOF) des betreffenden Patienten bezogen werden. Zur Umrechnung kann folgende Formel verwendet werden:

$$Cl_{kor} = Cl_{Lab} \times 1{,}73\ m^2/\text{KOF des Patienten}$$

Auswirkungen der chronischen Niereninsuffizienz

- neurologisch:
  - zentral: toxische-metabolische Enzephalopathie → urämisches Koma
  - peripher: Polyneuropathie (auch vegetatives Nervensystem betroffen)
- pulmonal:
  - Abnahme der pulmonalen Diffusionskapazität durch interstitielle Flüssigkeitsvermehrung („Fluid-lung")
  - toxische Pleuritis (selten)
- kardiovaskulär:
  - Hypertonus (initial durch vermehrte Flüssigkeitsretention bedingt [Hypervolämie], dann Aktivierung des Renin-Angiotensin-Aldosteron-Systems, schließlich Fixation durch sklerotische Gefäßwandveränderungen [Glomerulosklerose])
  - chronische Linksherzbelastung → Linksherzinsuffizienz → Lungenödem
  - koronare Herzkrankheit (notabene: stumme Myokardischämien bei vegetativer Neuropathie!)
  - vegetative Neuropathie mit eingeschränkter Gefäßregulation (*cave*: Volumen- u. Blutverluste!)
  - toxische Perikarditis (selten)
- hämatologisch und hämostaseologisch:
  - Anämie (Ursachen: u. a. verminderte Bildung von Erythropoetin in der Niere, toxische Hämolyse; im Urämiestadium Hb 6–8 g/dl)
  - Hypoproteinämie (renale Eiweißverluste)
  - toxische Thrombozytopathie
- Elektrolyt- und Säure-Basen-Haushalt:
  - Hyperkaliämie (Gefahr von Herzrhythmusstörungen), Hypermagnesiämie
  - Hypokalzämie (verminderte Bildung von aktivem Vitamin D in der Niere)
  - metabolische Azidose (→ kompensatorische Steigerung der Atmung, in schweren Fällen Kußmaul-Atmung)
- gastrointestinal:
  - Übelkeit und Erbrechen
  - verzögerte Magenentleerung (Gastroparese durch vegetative Neuropathie)
- endokrin: sekundärer Hyperparathyreoidismus (→ „renale Osteopathie")
- immunologisch: vermehrte Infektanfälligkeit (bei Dialysepflichtigkeit öfter chronische Hepatitis B oder C)
- pharmakologisch:
  - erhöhte Empfindlichkeit auf zerebral dämpfende Substanzen bei Enzephalopathie
  - vergrößertes Verteilungsvolumen → höhere Initialdosis zur Aufsättigung erforderlich
  - verringerte Plasmaclearance → geringere Repetitionsdosen renal eliminierter Pharmaka

Perioperative Einflüsse auf die Nierenfunktion

Operativer Eingriff. Chirurgische Eingriffe führen im allgemeinen zu einer Steigerung des Sympathikotonus mit Zunahme der Katecholaminplasmaspiegel und zu einer Stimulation des Renin-Angiotensin-Aldosteron-Systems. Die Folge davon ist u. a. eine renale Vasokonstriktion. Hiervon sind sowohl die Vasa afferentia als auch die Vasa efferentia betroffen, so daß sich eine glomeruläre und tubuläre Minderperfusion mit entsprechender Einschränkung der Nierenfunktion entwickeln kann. Zusätzlich wird zur Erhaltung der Flüssigkeitshomöostase die ADH-Freisetzung angeregt und dadurch die Diurese weiter vermindert. Die nachhaltigste Gefährdung der Nierenfunktion entsteht jedoch, wenn vorübergehend die Aorta abgeklemmt werden muß (z. B. Operation eines Bauchaortenaneurysmas). Es folgen abdominelle Eingriffe und Eingriffe an den Nieren selbst.

Anästhetika und Adjuvanzien. Pharmaka, die das HZV vermindern, verringern dadurch auch die Nierendurchblutung und -funktion. Diese Wirkung ist dosisabhängig und findet sich am ehesten bei Barbituraten, Propofol und volatilen Anästhetika. Bei Isofluran und Sevofluran wird sie allenfalls in höheren Konzentrationen relevant (zur potentiellen Nephrotoxizität von *Sevofluran* s. Kap. 8.1.7). N_2O hat überhaupt keinen, Etomidat, Midazolam, die „Narkose-Opioide" und die gängigen Muskelrelaxanzien so gut wie keinen Einfluß auf die Nierendurchblutung und -funktion.

Nephrotoxische Substanzen. *Aminoglykoside* lagern sich in die Tubulusepithelzellen ein und schädigen diese direkt und dosisabhängig. *Röntgenkontrastmittel*, besonders die nichtionischen, sind hyperviskos und verschlechtern daher die renale Perfusion. *Prostaglandinsynthesehemmer* (z. B. Salicylate) reduzieren die Nierendurchblutung (durch Verminderung von PGE_2 und PGI_2). *Schleifendiuretika* können generell den schädigenden Einfluß nephrotoxischer Substanzen verstärken, indem sie zu einer Dehydratation führen und auf diese Weise eine Substanzkonzentrierung in den Nierentubuli bewirken.

Pharmakologische Besonderheiten

Opioide. Während Remifentanil auch bei terminaler Niereninsuffizienz nicht kumuliert (unspezifische Esterhydrolyse), muß bei repetitiver Gabe der anderen „Narkose-Opioide" mit einer Wirkungsverlängerung gerechnet werden (*cave*: postoperative Atemdepression!).

Muskelrelaxanzien. Im Gegensatz zu *Atracurium und cis-Atracurium* (Hofmann-Elimination) neigen die *Steroidrelaxanzien* mit fortschreitender Niereninsuffizienz zur Kumulation (renale Elimination). Die Hofmann-Reaktion wird dagegen lediglich bei schwerer Azidose verzögert. Bei der Hydrolyse von Atracurium und wesentlich geringer auch von cis-Atracurium (10%) entsteht der strychninartig (exzitatorisch) wirkende, renal ausgeschiedene Metabolit *Laudanosin*. Nach den bisherigen Untersuchungsergebnissen ist dies aber auch bei terminaler Niereninsuffizienz ohne klinische Relevanz. *Succinylcholin und Mivacurium* werden ausschließlich bzw. überwiegend durch die Pseudocholinesterase abgebaut. Bei dialysepflichtiger Niereninsuffizienz ist die Enzymaktivität vermindert und die Wirkung beider Substanzen leicht verlängert. Der Einsatz von Succinylcholin ist hier jedoch generell umstritten, und zwar wegen der Kaliumfreisetzung (Kap. 8.5.4). Allerdings zeigen terminal Niereninsuffiziente keine besondere Empfindlichkeit, d. h., die Kaliumkonzentration steigt bei ihnen nicht stärker als bei Normalpatienten; erhöhte Plasmaspiegel bleiben nur länger bestehen. Außer bei *Hyperkaliämie* kann Succinylcholin hier also grundsätzlich eingesetzt werden. Es soll abschließend noch darauf hingewiesen werden, daß eine *Hypermagnesiämie und Hypokalzämie*, wie sie bei fortgeschrittener Niereninsuffizienz auftreten können, die Wirkung von Muskelrelaxanzien verstärken und verlängern können.

Perioperative Besonderheiten beim Volumen- und Blutersatz

Infusionstherapie. Bei chronischer Niereninsuffizienz sollen ab dem Stadium III, ebenso wie natürlich bei akutem Nierenversagen, *keine kaliumhaltigen Infusionen* mehr zugeführt werden. Die Verwendung von NaCl 0,9% als Ersatz ist jedoch auch nicht ganz unproblematisch, zumal wenn über die Zeit größere Mengen infundiert werden müssen (z. B. Entwicklung einer hyperchlorämische Azidose; s. Kap. 4.2.3). Die Infusionsmenge, die perioperativ zur Erhaltung der Homöostase bei dialysepflichtiger Niereninsuffizienz notwendig ist, berechnet sich aus den Flüssigkeitsverlusten, d. h. aus

- der basalen Perspiratio insensibilis (ca. 0,5 ml pro kg KG und h) abzüglich des endogen entstehenden Oxidationswassers (ca. 15 ml pro 100 kcal Energieumsatz), was zusammen etwa 500 ml pro Tag beim Erwachsenen ausmacht,
- der Restdiurese und
- der zusätzlichen Verdunstung und Transsudation im Operationsgebiet.

Transfusionsindikation. Patienten mit dialysepflichtiger Niereninsuffizienz sind i. d. R. an Hämoglobinwerte von 6–8 g/dl gewöhnt. Bei ihnen ist das HZV kompensatorisch gesteigert. Außerdem ist die O_2-Hb-Bindungskurve aufgrund einer Zunahme des erythrozytären 2,3-DPG-Gehalts nach rechts verschoben, was die periphere O_2-Abgabe erleichtert. Diese Patienten benötigen deshalb meist keine Bluttransfusion, solange es nicht zusätzlich zu einem Blutverlust kommt. Es muß jedoch bedacht werden, daß die kardiovaskuläre Belastungsreserve bereits deutlich eingeschränkt ist und somit ein HZV-Abfall (z. B. auch durch die negativ inotrope Wirkung von Anästhetika) nicht mehr so gut toleriert wird.

Hinweise für die Praxis

1. Planbare Eingriffe sollten bei Patienten mit einer **Niereninsuffizienz** erst nach optimaler Vorbereitung, d. h. nach Beseitigung aller akut reversiblen Funktionsstörungen, vorgenommen werden. Hypervolämie, Hyperkaliämie und metabolische Azidose lassen sich durch eine präoperative Dialyse leicht beheben. Eine **Serumkaliumkonzentration von 5,5 mmol/l** ist außer im Notfall als oberster Grenzwert für die Durchführbarkeit operativer Eingriffe zu betrachten.
2. **Regionalanästhesien** sollen bei peripheren Eingriffen bevorzugt werden (*cave*: Störungen der Thrombozytenfunktion bei rückenmarknahen Verfahren!).

Präoperative Vorbereitung

- internistische Abklärung der Nierenerkrankung und ggf. pharmakotherapeutische Optimierung
- umfassende Laboruntersuchung mit nierenrelevanten Werten (Hb, K^+!), Säure-Basen-Status und Gerinnungsstatus (ggf. auch. AT III u. Thrombozytenfunktion), wichtigste Werte nach etwaiger präoperativer Dialyse erneut bestimmen; Hb, K^+; PTT, TZ (Heparineffekt)!

Anästhesiologisches Vorgehen (Allgemeinanästhesie)

- anxiolytische Prämedikation (ggf. Dosisreduktion bei eingeschränkter Nierenfunktion; Verzicht bei Enzephalopathie)
- Narkoseeinleitung:
  - bei dialysepflichtigen Patienten keine Zugänge am Shuntarm (Einzelheiten s. Kap. 2.1.2)!
  - Nicht-nüchtern-Einleitung bei Gastroparese
- Narkose als balancierte Anästhesie mit Isofluran oder Sevofluran fortführen
- großzügige Indikation zur ZVK-Anlage (SvO_2, Säure-Basen-Status) u. zur invasiven Druckmessung
- Vermeidung von Faktoren, die die renale O_2-Bilanz beeinträchtigen:
  - arterielle Hypoxie, Hypokapnie
  - stärkere Blutdruckabfälle (> 20%)
  - Hypovolämie, schwere Anämie (SvO_2 > 70%!)
  - hohe Beatmungsdrücke (→ zurückhaltender Einsatz eines PEEP)
- Vermeidung nephrotoxischer Substanzen
- bei dialysepflichtigen Patienten:
  - möglichst exakte Flüssigkeitsbilanzierung, ggf. Volumenrestriktion (außer bei Nierentransplantation; s. Kap. 39.2)
  - regelmäßige Kontrollen der Serumelektrolyte (bes. Kalium) und des Säure-Basen-Status

35.9 Zerebrovaskuläre Insuffizienz

Die zerebrovaskuläre Insuffizienz ist Ausdruck eines Mißverhältnisses zwischen zerebralem O_2-Angebot und O_2-Verbrauch bzw. O_2-Bedarf. Sie entsteht zumeist auf dem Boden einer Hirnarteriosklerose und äußert sich klinisch in einem vorübergehenden oder anhaltenden neurologischen Defizit (Tab. **134**). In über 50% der Fälle liegt eine umschriebene Stenose der extra- oder intrakraniellen A. carotis interna zugrunde (Tab. **135**). Ursächlich sind vor allem die typischen Zivilisationskrankheiten wie Hypertonus, Nikotinabusus, Hyperlipoproteinämie, Diabetes mellitus und Adipositas.

Sonderfall „Subclavian-steal-Syndrom"

- Ursache: hochgradige Stenose oder Verschluß einer A. subclavia proximal des Abgangs der gleichseitigen A. vertebralis (→ Blut fließt retrograd über die A. vertebralis in den distalen Teil der A. subclavia)

Tabelle 134 Stadien der zerebrovaskulären Insuffizienz

Stadium	Klinische Symptomatik	Reversibilität
I	asymptomatisch	
II	passagere Ischämien	
IIa	transitorische ischämische Attacke (TIA)	innerhalb von 24 h
IIb	prolongiertes reversibles ischämisches neurolog. Defizit (PRIND)	innerhalb von mehr als 24 h
III	progrediente Ischämie bis hin zum Hirninfarkt	nur partiell
IV	kompletter Hirninfarkt	irreversibel, evtl. Exitus letalis

Tabelle 135 Lokalisationsformen und deren Symptomatik

	Symptomatik	Ursprung der Störung
Karotisstenose	monokulare Blindheit (Amaurosis fugax), homonyme Hemianopsie	Sehbahn oder Okzipitallappen
	Sprachstörungen (Aphasien)	Sprachzentren
	kontralaterale brachiofazialbetonte Hemiparese und -hypästhesie	Zentralregion
	Bewußtseinsstörungen (selten)	Formatio reticularis, Kortex
Vertebrobasiläre Insuffizienz*	Drop-attacks	Formatio reticularis
	Schwindel, Ataxie; Übelkeit, Erbrechen	Kleinhirn
	bilaterale Sehstörungen	Okzipitallappen
	periorale Taubheit	Kerngebiet des V. Hirnnervs
	Sprach- und Schluckstörungen	Kerngebiete des IX. und X. Hirnnervs
	Tetraparese	Hirnstamm, Pyramidenbahn
	transitorische Amnesie	Parietallappen

* Symptome auch durch Lageänderungen des Kopfes provozierbar

- Symptomatik:
  - ischämische Armsymptome ähnlich einer Claudicatio intermittens
  - transitorische neurologische Symptome im Sinne einer vertebrobasilären Insuffizienz
- Diagnose:
  - Puls- und Blutdruckdifferenz zwischen den Armen (systolische Druckdifferenz > 20 mmHg)
  - evtl. Pulslosigkeit und nicht meßbarer Blutdruck auf der betroffenen Seite

Therapie der akuten zerebralen Ischämie und des Hirninfarkts

- Beseitigung und Vermeidung von arterieller Hypoxie, Hyper- oder Hypokapnie, Schmerzen und Aufregung
- b. Bed. Anhebung des zerebralen Perfusionsdrucks durch Vasopressoren; keine abrupte, sondern nur langsame Senkung erhöhter Blutdruckwerte (Ziel: arterieller Blutdruck im oberen Normbereich oder leicht darüber)
- Verbesserung der zerebralen Durchblutung durch iso- oder hypervolämische Hmodilution mit nieder- oder mittelmolekularer HES (z. B. HES 130/0,4 6% [Voluven®])
- evtl. in der Initialphase (höchstens für 24 h) Verminderung eines perifokalen zytotoxischen Ödems mit hyperosmolaren Lösungen (z. B. Mannitol 10 od. 20%), danach Störung der Blut-Hirn-Schranke mit Übertritt der Substanz ins Interstitium und Verursachung eines interstitiellen Ödems!
- Normalisierung des Blutzuckers (BZ < 150 mg/dl; bei höheren Werten Verstärkung einer Laktatazidose)
- Antikoagulation mit Low-dose-Heparin; Einleitung einer Dauertherapie mit einem Thrombozytenaggregationshemmer (z. B. Low-dose-ASS [100 mg/d], neuerdings Clopidogrel [z. B. Plavix®])
- evtl. systemische oder lokale Thrombolyse mit rt-PA (Alteplase [Actilyse®]
- evtl. operative Dekompression (z. B. maligner Mediainfarkt od. drohende Hirnstammeinklemmung)

Hinweise für die Praxis

1. Im Anschluß an einen **Hirninfarkt** sollen planbare Eingriffe frühestens 4 Wochen nach Stabilisierung des Prozesses durchgeführt werden.
2. **Regionalanästhesien** sollen bei peripheren Eingriffen bevorzugt werden (*cave*: Blutdruckabfall bei rückenmarknahen Verfahren!).

Präoperative Vorbereitung

- internistische und neurologische Abklärung der zerebrovaskulären Insuffizienz (Dopplersonographie der Halsarterien, ggf. CCT, transkranielle Dopplersonographie [zur Ermittlung der zerebrovaskulären Reservekapazität], zerebrale Angiographie o. ä.)
- therapeutische Optimierung: pharmakologisch (gute Blutdruckeinstellung!), interventionell, chirurgisch (?)

Anästhesiologisches Vorgehen (Allgemeinanästhesie)

- anxiolytische Prämedikation (außer bei Bewußtseinsstörungen!)

- Fortführung einer kardiovaskulotropen Medikation auch am OP-Tag (außer Digitalis u. Diuretika)
- Narkoseeinleitung:
  - Hypnotikum langsam nach Wirkung injizieren (Etomidat gegenüber Propofol od. Barbiturat vorziehen)
  - ausreichende Opioiddosis zur Dämpfung des Intubationsreizes
  - nichtinvasive Blutdruckmessung ggf. minütlich während der Einleitung, großzügige Indikation zur invasiven Druckmessung
  - Nicht-nüchtern-Einleitung bei Aspirationsgefahr (z. B. Bewußtseinsstörungen), aber ohne Succinylcholin bei Patienten mit Paresen!
- Narkose als balancierte Anästhesie mit Isofluran oder Sevofluran fortführen
- großzügige Indikation zur ZVK-Anlage (SvO_2 zur HZV-Optimierung!), primär V. basilica oder kontralaterale V. jug. externa (*notabene*: stenosierte A. carotis wegen Emboliegefahr nicht palpieren, bei Punktion einer V. jug. interna Ultraschallsensor zur sicheren Identifikation benutzen!)
- Vermeidung von Faktoren, die die zerebrale O_2-Bilanz beeinträchtigen:
  - arterielle Hypoxie, Hyper- und Hypokapnie
  - stärkere Blutdruckschwankungen (> ± 20%)
  - Hypovolämie, ausgeprägtere Anämie (SvO_2 > 70%!, Hkt nicht unter 30%), Polyglobulie
  - Hypoglykämie u. stärkere Hyperglykämie (BZ 100–150 mg/dl)
  - hohe Beatmungsdrücke (→ zurückhaltender Einsatz eines PEEP, um den hirnvenösen Abfluß nicht zu behindern!)
  - extreme Kopf- od. HWS-Lagerungen
  - intraoperative Auskühlung (T > 36,5 °C zur Ausleitung), postoperatives Muskelzittern
- für adäquate postoperative Analgesie bereits zum OP-Ende sorgen (z. B. Metamizol, Piritramid)
- postop. frühzeitig grobneurologische Kontrolle (Bewußtsein, Pupillenweite u. -reaktion, Motorik)

Spezifisches perioperatives Monitoring

- evtl. Überwachung der Hirnfunktion: EEG od. SEP
- evtl. transkranielle Dopplersonographie (Anschallung der A. cerebri media, die als Endarterie bis zu 80% zur Blutversorgung einer Hemisphäre beiträgt)

35.10 Neurologische Erkrankungen

35.10.1 Zerebrales Anfallsleiden (Epilepsie)

Nosologie

- Ursache: idiopathisch oder organisch (Hirntumor, SHT, Alkoholentzug u. a.)
- Pathophysiologie: synchronisierte Depolarisation größerer kortikaler Neuronenverbände, ausgehend von einem subkortikal oder kortikal gelegenen Fokus
- Klinik: fokale oder generalisierte Krampfanfälle („petit mal" bzw. „grand mal")

Hinweise für die Praxis

1. Wenn möglich sollte bei operativen Eingriffen eine **Regionalanästhesie** (ggf. mit Sedierung) bevorzugt werden. Bei erhaltenem Bewußtsein können Krampfanfälle sofort erkannt und therapiert werden. Zudem erhöhen Lokalanästhetika in niedriger Dosierung, d. h. bei geringen Plasmaspiegeln, die Krampfschwelle!
2. Unter der Anästhesie sind vor allem die **Grand-mal-Anfälle** von Bedeutung. Beim narkotisierten und relaxierten Patienten verläuft ein Anfall zwar klinisch stumm, dennoch kommt es zu einer deutlichen **Steigerung des zerebralen Stoffwechsels und O_2-Bedarfs,** was eine **Hypoxie** mit unter Umständen deletären Folgen nach sich ziehen kann. In diesen Situationen läßt sich die Krampfaktivität ausschließlich anhand eines **EEG** beurteilen.

Anästhesiologisches Vorgehen (Allgemeinanästhesie)

- präoperative Überprüfung der medikamentösen Einstellung, ggf. auch anhand von Plasmaspiegelbestimmungen; evtl. neurologisches Konsil
- Fortführung der antikonvulsiven Medikation auch am OP-Tag
- stärkere anxiolytisch-sedierende Prämedikation mit Midazolam (antikonvulsive Wirkung), ggf. zusätzl. Phenobarbital (Luminal®)
- Anästhetika und Adjuvanzien:
  - sicher: Thiopental, Methohexital, Benzodiazepine (Midazolam); Opioide; Isofluran, Sevofluran; alle Muskelrelaxanzien bis auf Atracurium
  - kontrovers: Propofol (Fallberichte über prokonvulsive Wirkungen von allerdings fraglichem Wert), N_2O (Erhöhung des zerebralen O_2-Verbrauchs)

- nicht empfehlenswert: Ketamin, Atracurium (Metabolit: Laudanosin)
- Interaktionen zwischen Antiepileptika und Anästhetika beachten (z. B. Sedierung, negative Inotropie u. Dromotropie, Enzyminduktion)
- Vermeidung von Hyperventilation (potentieller Anfallsauslöser durch Senkung der Krampfschwelle)
- ggf. perioperative Dauerinfusion von z. B. Phenytoin (Phenhydan®)
- evtl. intraoperative EEG-Überwachung

35.10.2 Parkinson-Syndrom

Nosologie

- Ursache: idiopathisch (Morbus Parkinson; am häufigsten), organisch oder pharmakogen
- Epidemiologie: mit dem Alter zunehmende Inzidenz (> 1% bei den über Fünfzigjährigen)
- Pathogenese: Untergang dopaminerger Neurone in der Substantia nigra
- Symptomatik durch Überwiegen zentraler cholinerger gegenüber dopaminerger Aktivität (Dopaminmangel in den Basalganglien):
  - extrapyramidalmotorische Trias: Akinesie, Rigor und Tremor
  - Beeinträchtigung des Hustenreflexes und der Atemmechanik
  - vegetative Dysregulation: orthostatische Hypotonie, Magen-, Darm- und Harnblasenatonie

Pharmakotherapeutische Möglichkeiten

- Ersatz des fehlenden Dopamins durch
  - L-Dopa (Levodopa), muß als (Vorstufe des Dopamins zugeführt werden, weil Dopamin selbst nicht liquorgängig ist); üblicherweise in Kombination mit einem peripheren Dopa-Decarboxylase-Hemmer wie Benserazid (in Madopar®) oder Carbidopa (in Nacom®) angewendet
  - Dopaminagonisten: Bromocriptin (Pravidel®), Lisurid (Dopergin®); Amantadin (PK-Merz®; auch als Infusionslösung verfügbar)
- Verminderung des Dopaminabbaus durch Hemmung der MAO_B: Selegilin (Movergan®)
- Hemmung cholinerger Neurone: Anticholinergika wie Biperiden (Akineton®), Metixen (Tremarit®)

Anästhesiologisches Vorgehen

- präoperative Überprüfung der medikamentösen Einstellung, evtl. neurologisches Konsil
- Fortführung der medikamentösen Therapie auch am OP-Tag
- anxiolytische Prämedikation mit einem Benzodiazepin (z. B. Midazolam)
- Allgemein- oder Regionalanästhesie möglich
- bei intraoperativer Muskelrelaxierung relaxometrische Überwachung und möglichst keine Antagonisierung mit Cholinesterasehemmern!
- intraoperative Auskühlung und postoperativen Opioidüberhang vermeiden, frühzeitig für adäquate postoperative Analgesie sorgen (z. B. Metamizol zum OP-Ende)
- *cave*: Dopaminantagonisten (z. B. Haloperidol, Promethazin, Metoclopramid)!
- postoperative Komplikationen:
  - respiratorische Insuffizienz (beeinträchtigte Atemmechanik und mangelhaftes Abhusten von Sekreten in Kombination mit Überhang an Narkosemedikamenten)
  - akinetische Krise (bei unzureichender Zufuhr von L-Dopa oder Dopaminagonisten)
  - malignes Dopa-Entzugssyndrom (nach abruptem Absetzen von L-Dopa oder Dopaminagonisten; Symptomatik ähnlich einer MH-Krise [Kap. 36.3])

35.10.3 Myasthenia gravis

Die Myasthenia gravis ist eine **Autoimmunkrankheit.** Sie wird durch zirkulierende IgG-Antikörper ausgelöst, die gegen postsynaptische Acetylcholinrezeptoren der neuromuskulären Endplatte gerichtet sind und die Rezeptoren entweder zerstören oder blockieren. Die Inzidenz beträgt ca. 1:20.000. Bevorzugt sind Frauen im Alter zwischen 20 und 30 Jahren betroffen.

Symptomatik

Leitsymptom ist eine im Tagesverlauf zunehmende, belastungsabhängige **Schwäche der Skelettmuskulatur**, die sich aber anfangs in Ruhe meist noch rasch wieder zurückbildet. Zunächst sind nur die von den Hirnnerven innervierten Muskeln betroffen (→ Facies myasthenica, Ptosis), im weiteren Verlauf dehnt sich die Erkrankung jedoch auf andere Muskeln und schließlich auch auf die Schluck- und Atemmuskulatur aus (Tab. **136**), so daß sich dann jederzeit eine **Ateminsuffizienz** entwickeln kann. Mit der Einschränkung des Hustenreflexes steigen auch die Aspirationsgefahr und die Häufigkeit bronchopulmonaler Infekte.

Tabelle 136 Einteilung der Myasthenia gravis nach *Ossermann/Genkins*

Gruppe	Symptomatik
I	okulare Form (nur äußere Augenmuskulatur betroffen)
IIa	leichte generalisierte Schwäche ohne Befall der Atemmuskulatur; langsame Progredienz, gutes Ansprechen auf Cholinesterasehemmer
IIb	schwere generalisierte Schwäche mit Befall der Atemmuskulatur, bulbäre Symptome; weniger gutes Ansprechen auf Cholinesterasehemmer
III	akuter Krankheitsbeginn mit rascher Progredienz, respiratorische Krisen; schlechtes Ansprechen auf Cholinesterasehemmer; hohe Letalität
IV	schwerste bulbäre und generalisierte Schwäche; Beatmung erforderlich

Therapie

Zu den wichtigsten Behandlungsverfahren gehören die

- Thymektomie (Kap. 26.3.1): immer bei Thymushyperplasie oder Thymom (Remission in ca. 75% der Fälle, besonders erfolgreich bei unter Zwanzigjährigen);
- Immunsuppression mit Glukokortikoiden oder Azathioprin (Imurek®) zur Hemmung der Autoantikörperbildung;
- symptomatisch-adjuvante Therapie mit Cholinesterasehemmern: z. B. Pyridostigmin (Mestinon®), 40–1.200 mg/d in 3–6 Einzeldosen;
- Plasmapherese zur Kupierung einer myasthenischen Krise (Verhinderung der Beatmung).

Eine **Überdosierung von Cholinesterasehemmern** kann zu einer *cholinergen Krise* führen. Sie muß wegen des unterschiedlichen therapeutischen Vorgehens von der *myasthenischen Krise* unterschieden werden (Tab. **137**). Falls dies nicht so ohne weiteres möglich ist, kann unter Beatmungsbereitschaft (!) ein Cholinesterasehemmer probatorisch intravenös injiziert werden (z. B. 0,5–1,0 mg Neostigmin). Während sich daraufhin die Symptome bei einer myasthenischen Krise schlagartig bessern, kommt es bei einer cholinergen Krise zu einer vorübergehenden Verschlechterung des Zustands.

Hinweise für die Praxis

1. **Planbare Eingriffe** sollen nur bei stabiler Myasthenie durchgeführt werden.
2. **Nichtdepolarisierende Muskelrelaxanzien** sollten nach Möglichkeit nicht verwendet werden, weil darunter erhebliche Verlängerungen der neuromuskulären Blockade zu erwarten sind. Sollte ihr Einsatz doch notwendig werden, so ist die Dosis auf ca. 1/10 zu reduzieren (relaxometrische Kontrolle!). Eine Antagonisierung mit Cholinesterasehemmern ist problematisch, weil dies eine cholinerge Krise auslösen kann. **Succinylcholin** sollte ebenfalls nicht benutzt werden. denn im Einzelfall läßt sich nicht vorhersehen, wie ausgeprägt die Hemmung der Pseudocholinesterase ist und wie sehr dadurch die Wirkung von Succinylcholin verlängert wird.

Anästhesiologisches Vorgehen (Allgemeinanästhesie)

- präoperativ neurologisches Konsil zur Überprüfung der medikamentösen Einstellung, Lungenfunktionsanalyse vor größeren Eingriffen (z. B. Thymektomie)
- Fortführung der medikamentösen Therapie auch am OP-Tag (Cholinesterasehemmer u. Glukokortikoid)
- keine Prämedikation mit Benzodiazepinen (zentral muskelrelaxierender Effekt), statt dessen z. B. Promethazin (Atosil®)
- Auswirkungen von Pharmaka auf die neuromuskuläre Funktion beachten (z. B. Aminoglykoside, Lokalanästhetika, Schleifendiuretika)

Tabelle 137 Komplikationen bei der Therapie mit Cholinesterasehemmern

	Myasthenische Krise	Cholinerge Krise	
Ursache	Unterdosierung	Überdosierung	
Mechanismus		anhaltende Depolarisation der neuromuskulären Endplatte	Überstimulation des Parasympathikus
Symptome	muskuläre Ateminsuffizienz, mangelhaftes Abhusten, Schluckstörungen	Muskelschwäche (→ muskuläre Ateminsuffizienz)	Bradyarrhythmie, Hypotonie, Bronchokonstriktion, Hypersalivation, Schwitzen, Miosis, Übelkeit/Erbrechen u. a.
Therapie	Dosis des Cholinesterasehemmers erhöhen	Cholinesterasehemmer absetzen; kein Antidot vorhanden!	Atropin o. ä. als Antidot

- möglichst Verzicht auf alle Muskelrelaxanzien
- für die endotracheale Intubation morgendliche Dosis des Cholinesterasehemmers weglassen und tiefe Inhalationsanästhesie durchführen
- intraoperative Auskühlung und postoperativen Opioidüberhang vermeiden, frühzeitig für adäquate postoperative Analgesie sorgen (z. B. Metamizol zum OP-Ende)
- Nachbetreuung auf einer Intensivstation (ggf. Nachbeatmung)
- postop. frühzeitige Wiederaufnahme der Dauermedikation, um myasthenische Krise zu vermeiden

35.10.4 Querschnittsyndrom

Die Folgen einer akuten Schädigung des Rückenmarks nach Wirbelsäulentrauma hängen von der Höhe der Läsion ab. Mit steigender Verletzungshöhe muß in zunehmendem Umfang mit respiratorischen und kardiovaskulären Beeinträchtigungen sowie sensorischen und motorischen Ausfällen gerechnet werden.

Pathophysiologie

Atmung. Die Interkostalmuskulatur wird bei Läsionen im Thorakalbereich beeinträchtigt, was ein tiefes Einatmen und kraftvolles Abhusten verhindert (→ erhöhte Pneumoniegefahr). Dadurch entsteht zumindest das subjektive Gefühl von Dyspnoe. Erst Schädigungen oberhalb von C_5 lassen auch die Zwerchfellatmung ausfallen, so daß dann eine mechanische Beatmung unumgänglich ist.

Herz und Kreislauf. Kardiovaskuläre Störungen beruhen auf der Sympathikolyse und äußern sich in einem Verlust des Gefäßtonus unterhalb des Schädigungsniveaus (→ arterielle Hypotonie, orthostatische Dysregulation) und bei Verletzungen im Bereich der oberen BWS auch im Ausfall der das Herz versorgenden Nn. accelerantes (→ Bradykardie).

Varia. Störungen der **Blasen- und Darmfunktion** sind immer Bestandteil der Querschnittsymptomatik. In den Arealen unterhalb der Schädigung fällt außerdem die **Thermoregulation** aus.

Hyperreflexie. Nach dem Abklingen der akuten Phase, auch als „spinaler Schock" bezeichnet (Dauer: 1–3 Wochen nach Eintritt der Querschnittsymptomatik), muß bei höheren thorakalen Läsionen (vor allem oberhalb von Th_6, unterhalb von Th_{10} unwahrscheinlich) mit einer sog. **autonomen Hyperreflexie** gerechnet werden. Sie ist durch das Auftreten ausgeprägter hypertoner Reaktionen auf kutane und viszerale Stimuli unterhalb des Schädigungsniveaus gekennzeichnet. Schmerzhafte Reize in Gebieten unterhalb der Läsion führen hier zu einer reflektorischen Vasokonstriktion, während es in den darüber liegenden, zentral gesteuert, zu einer kompensatorischen Vasodilatation kommt. Je höher das Rückenmark aber geschädigt ist, um so ausgedehnter kann eine Vasokonstriktion sein und um so begrenzter sind die Möglichkeiten der vasodilatatorischen Kompensation. Im Ergebnis steigt der Blutdruck dann an, z. T. drastisch und in Verbindung mit einer Bradykardie (Barorezeptorenreflex). Zusätzlich finden sich in diesem Stadium **Reflexautomatismen.** Sie entstehen durch den Wegfall der supraspinalen Hemmimpulse und können sich in einer motorischen Hyperreflexie und in Muskelrigidität oder Spastik zeigen.

Anästhesiologisches Vorgehen

Als Anästhesieverfahren kommt, abgesehen von kleinen Eingriffen, die in Lokalanästhesie durchgeführt werden können, i. d. R. nur die **Intubationsnarkose** in Frage (Kap. 17.5). Zur Dämpfung der Reflexaktivität ist dabei eine ausreichend tiefe Anästhesie in Verbindung mit einer Muskelrelaxation (nur nichtdepolarisierende Substanzen!) erforderlich.

35.11 Endokrine Erkrankungen

35.11.1 Diabetes mellitus

Die Einteilung des Diabetes mellitus ist vor einigen Jahren revidiert worden (Tab. **138**). Die Diagnose wird entweder anhand abnormer Nüchternglukosespiegel oder einer gestörten Glukosetoleranz gestellt (Tab. **139**).

Hinweise für die Praxis

1. Beim Diabetes mellitus Typ II nimmt der Blutzucker (BZ) unter **Nahrungskarenz** ab (endogene Insulinreserven), während er beim Typ I ansteigt (fehlende endogene Insulinproduktion)!

2. **Planbare Eingriffe** sollen nur bei gut eingestellten Diabetikern durchgeführt werden. Zur Vorbereitung gehört die Überprüfung der medikamentösen Einstellung anhand eines BZ-Tagesprofils (evtl. internistisches Konsil, z. B. zur therapeutischen Optimierung).
3. **Kontraindikationen** für planbare Eingriffe sind ein präoperativer Nüchtern-BZ unter 60 mg/dl oder über 200 mg/dl, eine Glukosurie und eine Ketonurie.
4. **Regionalanästhesien** sollen bei Diabetikern nach Möglichkeit bevorzugt werden.
5. Diabetiker sollten im Operationsprogramm möglichst **an erster Stelle** stehen.
6. **Orale Antidiabetika** (in erster Linie Glibenclamid [Euglucon®] und Metformin [Glucophage®]; beide s. Kap. 1.8) werden bereits am Vortag abgesetzt und spätestens am Vorabend nicht mehr verabreicht. Bei insulinpflichtigen Diabetikern wird die morgendliche Dosis **Insulin** weggelassen.
7. Perioperativ wird ein **Blutzucker von 100–200 mg/dl** angestrebt. Am Morgen der Operation sollen der Nüchtern-BZ und ggf. auch die Serumelektrolyte (Na^+, K^+) bestimmt werden. Weitere BZ-Kontrollen sind zumindest vor Beginn und nach Beendigung der Anästhesie erforderlich.
8. Die **Insulinsubstitution** richtet sich nach der Höhe und dem perioperativen Verlauf des Blutzuckers (Tab. **140**). In dieser Phase werden grundsätzlich nur *kurzwirkende Insuline* (Normal- bzw. Humaninsulin) eingesetzt und *intravenös* injiziert. Glukose wird nicht zugeführt, es sei denn, es besteht oder entwickelt sich eine Hypoglykämie.

Notoperationen bei schlecht eingestelltem Diabetes mellitus

Bei entgleistem Glukosestoffwechsel ist es vorrangig, den Blutzucker durch intravenöse Insulingaben in einen Bereich von 200–300 mg/dl abzusenken (Tab. **140**). Außerdem muß so schnell wie möglich, am besten schon vor der Anästhesieeinleitung, damit begonnen werden, die Flüssigkeits- und Elektrolytverluste (Kalium!) zu ersetzen und ggf. eine metabolische Azidose zu korrigieren. Man kann wie folgt vorgehen:

- initial 1.000 ml einer isotonen Vollektrolytlösung (z. B. Sterofundin®) infundieren (bei Na^+ > 155 mmol/l Halbelektrolytlösung), weitere Substitution nach ZVD-Verlauf (*notabene:* das Gesamtflüssigkeitsdefizit kann mehrere Liter betragen!);

Tabelle 138 Einteilung des Diabetes mellitus (nach Empfehlung der WHO)

Klassifikation	Charakteristika
Typ I	Zerstörung der β-Zellen mit absolutem Insulinmangel
Ia	immunologische Form (überwiegt deutlich)
Ib	idiopathische Form (in Europa selten)
Typ II	Insulinresistenz mit relativem Insulinmangel
Sekundäre Formen	genetisch, exokrine Pankreaserkrankungen, Endokrinopathien, medikamentös-toxisch, Infektionen u. a.
Gestationsdiabetes	

Tabelle 139 Grenzwerte der Plasmaglukose[1]

	Nüchternwert (mg/dl)	Wert 2 h nach OGTT[2] (mg/dl)
Normalbefund	< 110	< 140
Pathologische Glukosetoleranz	110–125	140–199
Manifester Diabetes mellitus	≥ 126[3/4]	≥ 200

[1] Die Messung der Serumglukose ist obsolet, weil Serumproben keinen Zusatz enthalten, der die Glykolyse in den Erythrozyten hemmt, so daß infolgedessen falsch niedrige Werte bestimmt werden. [2] oraler Glukosetoleranztest (Belastung mit 75 g Glukose); [3] früher 140; [4] in Vollblut 110

Tabelle 140 Schema zur perioperativen Insulinsubstitution

Blutzucker (mg/dl)	Normal- bzw. Humaninsulin i. v.		Besonderheiten
	Bolus	Perfusor	
< 200	∅		
200–300	8 IE		Kontrolle und ggf. Korrektur der Serumelektrolyte (Na^+, K^+) und des Säure-Basen-Status, auf Zeichen einer Dehydratation achten und ausreichend Flüssigkeit substituieren!
301–400	12 IE		
401–500	12 IE	+ 4–6 IE/h	
> 500	12–20 IE	+ 4–6 IE/h	

Hinweis: Nach Insulingabe sollte der Blutzucker zunächst alle 20–30 min kontrolliert werden (BZ-Stix).

- extra- und intrazelluläres Kaliumdefizit berechnen (Formel s. Kap. 4.2.1) und langsam unter stündlicher Kontrolle des Serumwerts ausgleichen (möglichst nicht mehr als 20 mmol Kalium pro h [max. 40 mmol/h!]);
- Pufferung einer metabolischen Azidose (Natriumhydrogencarbonat) nur bei einem pH-Wert unter 7,2.

MERKE
Eine zu rasche Senkung des Blutzuckers wie auch des Serumnatriums muß unbedingt vermieden werden, um kein **Hirnödem** aufgrund eines osmotischen Dysäquilibriums zu provozieren!

35.11.2 Perioperative Glukokortikoidsubstitution bei NNR-Insuffizienz

Um bei prädisponierten Patienten perioperativ eine **Addison-Krise** zu verhindern, ist dem gesteigerten Glukokortikoidbedarf Rechnung zu tragen und für eine angemessene Hormonsubstitution zu sorgen. Von einer Prädisposition ist auszugehen bei

- chronischer Glukokortikoidmedikation oberhalb der „Cushing-Schwelle“ (= 30 mg Hydrocortison [Cortisol] pro Tag oder 7,5 mg Predniso[lo]näquivalent)[85], d. h. einer regelmäßigen Zufuhr des Kortikoids in entsprechender Dosis über mehr als 4 Wochen innerhalb einer Zeitspanne von 12 Monaten vor dem Eingriff,
- Hypophysenvorderlappen-(HVL-)Insuffizienz (z. B. nach Hypophysektomie) und
- primärer Nebennierenrinden-(NNR-)Insuffizienz (z. B. nach bilateraler Adrenalektomie).

Diese Patienten können in Streßsituationen (Operationen, schweres Trauma, schwere Erkrankungen) nicht mehr mit einer angemessenen Steigerung der Plasmacortisolspiegel reagieren. Wenn eine **primäre NNR-Insuffizienz** vorliegt (Morbus Addison), muß außer dem Glukokortikoid auch ein Mineralokortikoid zugeführt werden. Was letzteres betrifft, so ist jedoch die Fortführung der Dauertherapie i. d. R. ausreichend (z. B. 0,1 mg Fludrocortison [z. B. Astonin® H] p.o. am Morgen vor dem Eingriff). Dagegen muß das Glukokortikoid höher dosiert und öfter, ggf. auch kontinuierlich, gegeben werden. Da aus physiologischen Untersuchungen bekannt ist, daß der Cortisolbedarf in Streßsituationen bis auf das Zehnfache ansteigen kann, mag man sich am folgenden **Substitutionsschema** orientieren:

1. **bei geplanten Operationen**
   - am OP-Tag 2 h präoperativ: 50 mg Prednisolon p.o.
   - dann alle 6 h: 10 mg Prednisolon i. v. od. p.o.
   - 1.–3. postop. Tag alle 8 h: 10 mg Prednisolon i. v. od. p.o.
   - 4.–5. postop. Tag alle 12 h: 10 mg Prednisolon i. v. od. p.o.
   - ab 6. postop. Tag: Erhaltungsdosis od. Absetzen

2. **bei Notoperationen**
   - unmittelbar präoperativ: 50 mg Prednisolon i. v.
   - intraoperativ: 50 mg Hydrocortison pro h p. inf.
   - dann alle 6 h ab OP-Ende: 10 mg Prednisolon i. v. od. p.o.
   - weiter wie unter Punkt 1

3. **bei bilateraler Adrenalektomie oder bei unilateraler Adrenalektomie wegen Cushing-Adenom**[86]
   - mit Narkosebeginn: 25 mg Hydrocortison pro h p. inf.
   - dann alle 6 h ab OP-Ende: 10 mg Prednisolon i. v. od. p.o.
   - weiter wie unter Punkt 1
   - dann medikamentöse Einstellung durch Internist

4. **bei Hypophysenoperationen (inkl. Hypophysektomie)**
   - wegen intraoperativer Hormonspiegelbestimmungen Substitution nur nach Absprache mit dem Neurochirurgen

35.11.3 Erkrankungen der Schilddrüse

Unbehandelte Hyper- oder Hypothyreosen erhöhen die perioperative Mortalität erheblich, wobei allerdings die größere Bedeutung der hyperthyreoten Entgleisung zukommt („thyreotoxische Krise“). Planbare Eingriffe dürfen deshalb nur bei euthyreotem Stoffwechsel durchgeführt werden.

85 Oberhalb dieser Schwelle beginnt die ACTH- und NNR-Suppression, bei der doppelten Cushing-Dosis ist sie komplett.
86 Sonst kann bei oder nach unilateraler Adrenalektomie i. d. R. davon ausgegangen werden, daß die kontralaterale Nebenniere nicht supprimiert ist.

Thyreotoxische Krise

Die thyreotoxische Krise ist eine relativ seltene Komplikation einer nicht oder nicht ausreichend behandelten Hyperthyreose. Sie zeigt sich als hypermetabolische Entgleisung und kann u. a. durch Operationen, insbesondere einer hyperthyreoten Struma, ausgelöst werden (weitere Auslöser: Jodexposition, Infektionen, Trauma und schwere Streßsituationen bei [latenter] Hyperthyreose). Auch bei adäquater Therapie beträgt die Letalität immer noch 20–30%! **Klinische Zeichen** sind

- Unruhe, Verwirrtheit, Tremor, später Bewußtseinstrübung und schließlich Koma;
- Übelkeit, Erbrechen,
- Exsikkose,
- Hyperthermie,
- Hyperglykämie,
- ausgeprägte tachykarde Rhythmusstörungen (oft Vorhofflimmern), arterielle Hypertension und Herzinsuffizienz.

Therapie. Die Therapie besteht primär in einer Hemmung der weiteren Produktion und Sekretion von Schilddrüsenhormonen und einer Verminderung des erhöhten Sympathikotonus:

- tiefe Sedierung (hierzu Intubation und Beatmung erforderlich);
- Hemmung der Hormonsynthese: z. B. Methimazol (Favistan®; 80 mg i. v. im Bolus, dann 120–240 mg über 24 h p. inf.);
- Hemmung der Hormonsekretion: Lugol-Lösung[87] (3 × 15 Tropfen/d [*notabene*: nur bei nicht jodinduzierter Krise!]), bei jodinduzierter Krise (z. B. Kontrastmittel) evtl. Lithium (0,5–1,5 g/d);
- β-Rezeptoren-Blockade (außer bei Herzinsuffizienz!): z. B. Propranolol (Dociton®; 3 x 40 mg/d p.o. od. über Magensonde, alternativ 1 mg/h p. inf.);
- Kortikoidsubstitution (wegen relativer NNR-Insuffizienz): Hydrocortison 100–200 mg/d p. inf.;
- ausreichender Flüssigkeits-, Elektrolyt- und Kalorienersatz;
- Senkung der Körpertemperatur: ggf. venovenöse Hämofiltration;
- Ultima ratio: Plasmapherese (Elimination der zirkulierenden Schilddrüsenhormone und damit auch Reduktion des Hormonpools).

Myxödemkoma

Ein Myxödemkoma ist ein seltenes Krankheitsbild mit allerdings hoher Letalität (bei voller Ausprägung trotz adäquater Therapie bis zu 50%!). Es kann bei thyreoidektomierten Patienten auftreten, wenn die Hormonsubstitution unzureichend ist. Die **Symptomatik** umfaßt

- Antriebsarmut und geistige Verlangsamung, später Bewußtseinstrübung und schließlich Koma;
- Hypothermie,
- Hypoglykämie,
- Hypoventilation,
- Bradykardie, arterielle Hypotension und Herzinsuffizienz,
- evtl. Perikarderguß und Pleuraergüsse.

Therapie. Im Mittelpunkt der Therapie steht die Hormonzufuhr, flankiert durch symptomatische Maßnahmen:

- O_2-Insufflation, frühzeitig Intubation und Beatmung;
- Hormonsubstitution: nur T_4 (L-Thyroxin; am 1. Tag 500 µg p. inf., dann 100–150 µg/d); kein T_3 wegen möglicher kardialer Komplikationen bis hin zum Kammerflimmern!
- Kortikoidsubstitution (wegen relativer NNR-Insuffizienz): Hydrocortison 100–200 mg/d p. inf.;
- ausreichender Flüssigkeits-, Elektrolyt- und Kalorienersatz (initial 25 g Glukose i. v.);
- langsames externes, ggf. internes Wiederaufwärmen.

Hinweis: Bei zu raschem externen Aufwärmen wird die Zentralisation abrupt aufgehoben, und kaltes Blut aus der Peripherie erreicht in großer Menge den Körperkern (wie bei einer Substitution von T_3). Dadurch kann Kammerflimmern ausgelöst werden („Wiedererwärmungsschock").

Struma

Bei beträchtlicher Vergrößerung der Schilddrüse kann die Trachea verlagert und komprimiert werden, so daß mit erschwerter Maskenbeatmung und endotrachealer Intubation sowie mit Tubuskomplikationen zu rechnen ist. Die Trachea muß deshalb präoperativ in ihrem Verlauf beurteilt werden. Wenn das konventionelle Röntgenthoraxbild (in 2 Ebenen) dazu nicht ausreicht, muß eine Tracheazielaufnahme angefertigt werden (alternativ: thorakales CT). Bei Heiserkeit (z. B. Rekurrensparese) oder inspiratorischem Stridor (erst bei 80–90%iger Einengung des Atemwegsquerschnitts) ist ein HNO-ärztliches Konsil erforderlich (Erhebung des Stimmbandbefunds, Beurteilung der Engstelle etc.). Bei großer retroster-

87 Iod 5,0, Kaliumiodid 10,0, Aqua dest. ad 100,0

naler Struma muß zusätzlich eine Lungenfunktionsanalyse (inkl. Flow-Volumen-Kurve) durchgeführt werden, um das Risiko eines unter Narkose möglichen Mediastinal-mass-Syndroms abschätzen zu können (Kap. 26.3.1).

MERKE
Patienten mit **Stridor** dürfen nicht medikamentös sediert werden und müssen im Wachzustand fiberendoskopisch intubiert oder tracheotomiert werden!

Zu den *Schilddrüsenoperationen* s. Kap. 14.1.12.

35.11.4 Erkrankungen der Nebenschilddrüse

Die Nebenschilddrüse ist mit der Produktion von **Parathormon** wesentlich an der Regulation des Calciumhaushalts beteiligt. Unter physiologischen Bedingungen liegt **Calcium** im Plasma zu etwa 50% ionisiert, 40% proteingebunden und 10% komplexgebunden (organische Säuren) vor. Nur die freie (ionisierte) Form ist biologisch aktiv. Bei der Interpretation von Laborbefunden ist es wichtig, zu unterscheiden, ob das Gesamtcalcium (Regelfall) oder nur der ionisierte Anteil bestimmt wurde. Störungen der Nebenschilddrüsenfunktion zeigen sich in einem Zuviel an ionisiertem Calcium oder einem Zuwenig (Hyper- bzw. Hypoparathyreoidismus). Sie müssen vor planbaren Eingriffen korrigiert werden.

Hyperparathyreoidismus

Hauptursache des Hyperparathyreoidismus ist eine Hyperplasie oder ein Adenom der Nebenschilddrüse. Anästhesiologisch ist vor allem die daraus resultierende **ionisierte Hyperkalzämie** von Bedeutung. Sie führt zu einer Reduktion der Membranpermeabilität für Natriumionen und damit zu einer verminderten neuronalen und muskulären Erregbarkeit mit folgender **Symptomatik:**

- rasche Ermüdbarkeit und Muskelschwäche; Bewußtseinsstörungen bis hin zum Koma,
- Abnahme der Herzfrequenz, ventrikuläre Extrasystolen,
- EKG-Veränderungen: PQ-Verlängerung, QRS-Verbreiterung, QT-Verkürzung,
- arterielle Hypertension,
- Magendarmatonie (→ Übelkeit, Erbrechen),
- Erbrechen und Polyurie (→ Exsikkose).

MERKE
Eine **hyperkalzämische Krise** (Anstieg des Serumgesamtcalciums auf über 3,5 mmol/l mit proportionaler Zunahme des ionisierten Anteils) ist akut **lebensbedrohlich!**

Akuttherapie der hyperkalzämischen Krise

- Rehydratation und forcierte Diurese mit NaCl 0,9% (5–10 l/d; Verdünnungseffekt und Hemmung der renalen Ca^{2+}-Reabsorption durch Na^{+}) in Verbindung mit Furosemid [Lasix®; verbessert in Dosen bis zu 100 mg/h i.v. die Ca^{2+}-Ausscheidung); bei Niereninsuffizienz Hämodialyse
- bei Beatmung Hyperventilation anstreben (eine pH-Erhöhung um 0,1 senkt das ionisierte Serumcalcium um 0,05–0,1 mmol/l)
- bei erfolgloser konservativer Therapie notfallmäßige Parathyreoidektomie

Hypoparathyreoidismus

Die häufigste Ursache des Hypoparathyreoidismus sind Schilddrüsenresektionen. Im Vordergrund steht hier die **ionisierte Hypokalzämie** mit folgender **Symptomatik:**

- Parästhesien, Muskelschwäche,
- Krämpfe der Skelett- und Eingeweidemuskulatur, auch generalisierter Ausprägung inkl. Laryngospasmus („tetanisches Syndrom"),
- Anstieg der Herzfrequenz, ventrikuläre Extrasystolen,
- EKG-Veränderungen: ST- u. QT-Verlängerung,
- Verminderung der myokardialen Kontraktilität (Abnahme des HZV beginnt, wenn ionisiertes Serumcalcium < 0,8 mmol/l)
- arterielle Hypotension.

Zu den *Nebenschilddrüsenoperationen* s. Kap. 14.1.12.

35.11.5 Phäochromozytom

Phäochromozytome sind katecholaminproduzierende Tumoren des chromaffinen Gewebes. Sie finden sich hauptsächlich (> 90%) im Nebennierenmark (in ca. 10% beidseits), seltener im Sympathikusgrenzstrang und in sympathischen Paraganglien. Die meisten sezernieren eine Kombination von Noradrenalin und Adrenalin, wobei gewöhnlich Noradrenalin überwiegt. Ausschließlich noradrenalinbildende Tumoren sind allerdings selten. Operationen bei Patienten mit einem nicht erkannten Phäochromozytom sind mit einer hohen Mortalität belastet (bis zu

80%). Therapie der Wahl ist die Tumorentfernung, i. d. R. durch Adrenalektomie. Andere planbare Eingriffe müssen so lange verschoben werden.

Die **Symptomatik** ist durch ein paroxysmales Auftreten von

- arterieller Hypertension, evtl. in Verbindung mit einer Tachykardie (adrenalinbildende Tumoren);
- Kopfschmerzen, Sehstörungen, Schwitzen und Polyurie (→ Dehydratation)

gekennzeichnet. Die Anfälle dauern meist weniger als 15 min, selten länger als 1 Stunde. Der Blutdruck kann im Intervall normal sein, meistens aber ist er chronisch erhöht. Auf Dauer entwickelt sich bei vielen Patienten eine Herzinsuffizienz. Zur **Sicherung der Diagnose** wird u. a. die Ausscheidung von Noradrenalin, Adrenalin und Vanillinmandelsäure im 24-h-Urin bestimmt und die bei Phäochromozytomen fehlenden Supprimierbarkeit der Katecholaminsekretion durch Clonidin überprüft. Bei etwa einem Drittel der Patienten ist außerdem eine katecholaminbedingte Hyperglykämie nachzuweisen.

Präoperative Behandlung

Die optimale Vorbereitung von Patienten mit Phäochromozytom auf die Adrenalektomie benötigt ungefähr 2 Wochen. Im Mittelpunkt steht dabei die orale Gabe eines **α-Rezeptoren-Blockers:** entweder traditionell *Phenoxybenzamin* (Dibenzyran®) oder *Prazosin* (Minipress®). Er wird in steigender Dosierung zugeführt (initial 10–20 mg Phenoxybenzamin oder 1,5 mg Prazosin pro Tag, langsam steigern bis auf maximal 150 mg/d bzw. 20 mg/d). Ziel ist nicht nur die Blutdrucknormalisierung (sie wird schon nach wenigen Tagen erreicht), sondern vor allem die **nachhaltige Zunahme des Plasmavolumens,** die sich aber erst allmählich einstellt (kompensatorische Wasserretention als Antwort auf die Abnahme des arteriellen Gefäßtonus). Kriterium sind ein Hkt-Abfall um 5–10% und eine entsprechende Gewichtszunahme (→ tägliche Hkt- u. Gewichtskontrollen). Erst dann ist von einer ausreichenden Stabilisierung des Gefäßtonus auszugehen, so daß intraoperativ mit weniger Blutdruckkrisen und geringeren Blutdruckschwankungen gerechnet werden muß. Auch die Hypotension nach Tumorentfernung kann ausbleiben oder verläuft zumindest weniger dramatisch.

Die zusätzliche präoperative Applikation eines **β-Rezeptoren-Blockers** ist nur bei Tachykardien erforderlich (selten). Voraussetzung ist eine ausreichende α-Blockade, sonst droht ein „paradoxer" Blutdruckanstieg als Folge der β_2-Blockade.

Adrenalektomie/Tumorexstirpation

Prämedikation:	1. Verabreichung des α-Rezeptoren-Blockers auch morgens vor der Operation 2. stärkere sedierende Prämedikation
Besonderheiten:	erneute Kontrolle von Hb, Na^+, K^+ u. BZ
OP-Verfahren:	hauptsächlich laparoskopisch (Laparotomie bei abdominellen Voreingriffen); Tumorexstirpation bei extraadrenaler Lage
OP-Dauer:	ca. 2 h
Lagerung:	Rückenlage, Arme ausgelagert
Ausrüstung:	1–2 großlumige i. v. Zugänge, ZVK, art. Zugang (evtl. schon vor der Einleitung), PA-Katheter (nur bei Herzinsuffizienz), 5-Pol-EKG mit ST-Strecken-Analyse, Magensonde, Temperatursonde, Auskühlungsschutz (Wärmedecke, Infusionswärmer etc.), Relaxometrie
Medikamente:	Glyceroltrinitrat 1:10 u. 1:100 verdünnt
Blutkonserven:	2 EK
Anästhesie:	Intubationsnarkose mit balancierter Anästhesie u. kompl. Muskelrelaxation
Einleitung:	ausreichend tiefe Narkose für die Intubation erforderlich (neben höherer Opioiddosis ggf. auch Lidocain 1 mg/kg KG i. v.)
Besonderheiten:	1. schon vor der Einleitung für ausreichenden Volumenersatz sorgen! 2. Muskelrelaxanzien ohne vegetative und histaminerge Nebenwirkungen verwenden (z. B. Rocuronium, cis-Atracurium), daher kein Pancuronium (wirkt indirekt sympathomimetisch; s. Kap. 8.5.4)!

Komplikationen:	1. exzessiver Blutdruckanstieg (ggf. zusammen mit Tachyarrhythmie) bei Manipulation am Tumor (Therapie: volatiles Anästhetikum, ggf. Glyceroltrinitrat (20–50 µg i.v.), evtl. Nitroprussidnatrium [Kap. 6.1.6]; bei Tachyarrhythmie z. B. Esmolol [0,5–1,0 mg/kg KG i.v.]) 2. persistierender Blutdruckabfall nach Tumorentfernung (Beginn bereits nach Unterbindung der venösen Tumorgefäße; Therapie: Volumen, evtl. Noradrenalin im Perfusor) 3. Hypoglykämie unmittelbar nach Tumorentfernung (→ BZ-Kontrolle u. ggf. Glukose)
Nachbetreuung:	für ca. 24 h Intensivüberwachung

Bleibt die **Hypertonie postoperativ** bestehen, so muß differentialdiagnostisch folgendes erwogen werden:

- verbliebene aktive Tumorreste
- Freisetzung von in adrenergen Nervenendigungen gespeicherten Katecholaminen
- Hypervolämie
- mechanische Stenose einer Nierenarterie

35.12 Adipositas

Die Adipositas führt – auch ohne manifeste Organerkrankungen – zu einem Anstieg der perioperativen Morbidität und Mortalität. Zur Quantifizierung des Übergewichts kann der Broca-Index oder der Bodymass-Index (BMI) herangezogen werden (Tab. **141**). Sie stellen beide eine Beziehung zwischen Körpergröße und -gewicht her.

Definitionen

- Adipositas: Körpergewicht > 30% über dem Normalgewicht (Broca-Index) oder BMI ≥ 30
- Adipositas permagna: Körpergewicht > 100% über dem Normalgewicht (Broca-Index) oder BMI ≥ 40

Tabelle 141 Quantifizierung des Übergewichts

Gewichtskategorie	Bodymass-Index[1] (kg/m^2)	Broca-Index[2]	Bemerkungen
Untergewicht	< 18,5		
Normalgewicht	18,5–24,9		
Übergewicht	≥ 25		
– Präadipositas	25–29,9		für sich allein keine anästhesiologische Relevanz
– Adipositas Grad 1	30–34,9	Adipositas > 30%	zunehmende Erhöhung des perioperativen Risikos
– Adipositas Grad 2	35–39,9	Adipositas > 30%	
– Adipositas Grad 3	≥ 40	Adipositas permagna	

[1] Körpergewicht in kg/(Körpergröße in m)^2; [2] Körpergröße – 100 = Normalgewicht in kg

Auswirkungen der Adipositas

- zentralnervös: Schlaf-Apnoe-Syndrom (ca. 5–10% bei Adipositas permagna)
- pulmonal:
  - thorakale Compliance u. funktionelle Residualkapazität (FRC) vermindert
  - Closing capacity[88] u. Atemarbeit erhöht
  - vermehrt Sekundärerkrankungen wie Cor pulmonale
  - → erhöhte Gefahr der postop. respiratorischen Insuffizienz
- kardiovaskulär:
  - absolutes Blutvolumen u. HZV erhöht (relatives unverändert od. leicht erniedrigt)
  - vermehrt Sekundärerkrankungen wie Hypertonus, KHK, Herzinsuffizienz
  - → kardiale Reserve vermindert
- gastrointestinal:
  - intraabdomineller Druck erhöht
  - Magensaftsekretion erhöht, Magenentleerung verzögert
  - vermehrt Sekundärerkrankungen wie Hiatushernie mit gastroösophagealem Reflux
  - → erhöhtes Aspirationsrisiko bei Allgemeinanästhesien
- metabolisch: O_2-Verbrauch u. CO_2-Produktion mäßig gesteigert
- pharmakologisch:
  - Verteilungsvolumen für lipidlösliche Pharmaka erhöht → Überhang nach i. v. Narkosen leichter möglich
  - Verteilungsvolumen für Relaxanzien (hydrophil) unverändert → Dosierung nach theoretischem Normalgewicht
  - schnellere Anflutung von Inhalationsanästhetika (wegen erniedrigter FRC)

Hinweise für die Praxis

1. Bei **Regionalanästhesien** müssen Lagerungsschwierigkeiten einkalkuliert werden. Eine stärkere Sedierung ist jedoch strikt zu vermeiden. Bei rückenmarknahen Verfahren ist außerdem zu beachten, daß höhere Anästhesieniveaus von seiten der Atmung meist nicht toleriert werden.
2. **Allgemeinanästhesien** sollen nur mit endotrachealer Intubation und kontrollierter Beatmung durchgeführt werden. Beatmungsprobleme können allerdings auch beim intubierten, relaxierten Patienten auftreten.

Präoperative Vorbereitung

- ggf. internistische Abklärung von Begleiterkrankungen
- bei Adipositas permagna Lungenfunktionsanalyse

Anästhesiologisches Vorgehen (Allgemeinanästhesie)

- anxiolytische Prämedikation:
  - spätestens ab 50% Übergewicht zurückhaltender Einsatz von Sedativa (z. B. Dosisreduktion)
  - Verzicht bei Schlafapnoe od. Adipositas permagna (Atemwegsobstruktion!)
- vor der Einleitung zunächst $pSaO_2$ in Flachlagerung messen, danach Oberkörper aufrichten
- Narkoseeinleitung:
  - Wachintubation erwägen (zumindest ab 50% Übergewicht), sonst Durchführung einer Nicht-nüchtern-Einleitung möglichst unter Verwendung von Succinylcholin (keine Maskenbeatmung!, die überdies mit zunehmender Adipositas immer schwieriger oder auch unmöglich wird; evtl. Intubationsschwierigkeiten bei kurzem, dickem Hals!)
  - Einleitungshypnotikum: Etomidat bei Herzinsuffizienz oder ausgeprägter Adipositas gegenüber Propofol od. Barbiturat vorziehen
- Narkose als balancierte Anästhesie mit Isofluran oder Sevofluran fortführen
- maschinelle Beatmung:
  - AMV zunächst nach theoretischem Normalgewicht einstellen (Anpassung dann nach $PECO_2$), dabei niedrigeres AZV und höhere AF wählen
  - niedriger Flow, AZV 1:1 bis 2:1, PEEP max. 5 cmH_2O (zur Verhinderung von Air-trapping)
  - ggf. FIO_2 erhöhen
- Extubation erst, wenn der Patient völlig wach ist und Relaxansüberhang ausgeschlossen werden kann (Relaxometrie!); großzügige Indikation zur Nachbeatmung
- postoperative Phase:
  - wichtig: Thromboseprophylaxe, Atemgymnastik u. Frühmobilisation
  - bei Schlafapnoe od. Adipositas permagna: Apnoe-Monitoring u. Nasen-CPAP, möglichst 24 h Intensivüberwachung
  - Schmerztherapie vor allem mit Metamizol (Vigilanzerhaltung)

88 die kritische Lungenkapazität, bei deren Unterschreitung Teile der Luftwege kollabieren (setzt sich zusammen aus Closing volume und Residualvolumen)

35.13 Alkoholabhängigkeit

Auswirkungen des chronischen Alkoholabusus

- zentralnervös:
  - verminderte ADH-Sekretion → hypertone Dehydratation
  - allmählich zunehmende Entzugserscheinungen nach Unterbrechung der Alkoholzufuhr bis hin zum Vollbild des Delirs (s. u.)
- kardiovaskulär: alkoholische Kardiomyopathie mit Neigung zu Tachykardien, Arrhythmien u. arterieller Hypertension
- hepatisch:
  - zunächst Enzyminduktion (Cytochrom-P450-Monooxygenasen) mit beschleunigtem Abbau von Ethanol[89] (normal: ca. 0,1 g/kg KG/h), Anästhetika u. a., dann mit zunehmender Leberschädigung verlangsamte Metabolisierung
  - Neigung zu Hypoglykämien (eingeschränkte Glukoneogenese)
- nutritiv:
  - initial Adipositas, später Kachexie
  - Vitaminmangel (bes. B_1 u. B_{12}) → Polyneuropathie
- erhöhte Katecholaminplasmaspiegel; relative NNR-Insuffizienz → verminderte Streßtoleranz
- Hypokaliämie, Hypomagnesiämie, Hypokalzämie; metabolische Azidose
- rezidivierende Ösophagitiden, Gastritiden u. Pankreatitiden
- pharmakologisch: zentralnervöse Kreuztoleranz zwischen Ethanol und Anästhetika, Hypnotika, Sedativa sowie Opioiden → erhöhter Dosisbedarf

Symptomatik des Delirs

- progrediente Desorientierung mit Halluzinationen
- rezidivierendes Erbrechen
- Hypersympathikotonie
- Hyperthermie
- evtl. Grand-mal-Anfälle

Anästhesiologisches Vorgehen bei chronischem Alkoholabusus

- planbare Eingriffe möglichst nur bei „trockenen" Alkoholikern, keinesfalls bei (prä)deliranten Patienten!
- i. d. R. stärkere sedierende Prämedikation: Clonidin (Kap. 1.7) u. Benzodiazepin (z. B. Midazolam)
- Allgemeinanästhesie:
  - balancierte Anästhesie (Opioid und volatiles Anästhetikum)
  - Kreuztoleranzen beachten, d. h., Anästhetika u. Opioide i. d. R. höher dosieren!
- wiederholte BZ-Kontrollen, ggf. Glukosezufuhr; evtl. perioperative Glukokortikoidgabe
- evtl. perioperative Infusion von Ethanol (100–200 g/d) zur Vermeidung eines Entzugssyndroms, kontraindiziert bei
  - „trockenen" Alkoholikern
  - manifester Herz-, Leber- od. Pankreasinsuffizienz
  - Einnahme von Disulfiram (Antabus®) oder Zufuhr von Medikamenten mit „Antabus-Effekt" wie Metronidazol oder einigen Cephalosporinen (nicht z. B. bei Cefazolin und Cefotiam): Disulfiram hemmt die Aldehyddehydrogenase, was zu einer Anhäufung von Acetaldehyd bei Ethanolzufuhr mit schweren Intoxikationssymptomen führt
- bei Gefahr des Entzugsdelirs postoperativ für 24 h Intensivüberwachung

Anästhesiologisches Vorgehen bei akuter Alkoholintoxikation

- nur Notfall- od. dringliche Eingriffe zulässig
- auf Begleiterkrankungen achten (z. B. SHT, Rippenserienfraktur, Leberschädigung)
- keine sedierende Prämedikation!
- Hypovolämie, etwaige Hypoglykämie, Hypokaliämie u. metabolische Azidose vor Einleitung korrigieren
- Körpertemperatur messen (Hypothermie!), weitere Auskühlung verhindern, ggf. Wiederaufwärmen
- nur Intubationsnarkose durchführen:
  - immer Nicht-nüchtern-Einleitung
  - Anästhetika niedriger dosieren (bes. bei schon bestehender Bewußtseinstrübung)
- wiederholte BZ-Kontrollen, ggf. Glukosezufuhr; evtl. perioperative Glukokortikoidgabe
- gesteigerte Empfindlichkeit auf Blutverluste beachten
- postoperativ für 24 h Intensivüberwachung

89 bei Ethanol nur leichte Beschleunigung, denn der Abbau läuft hauptsächlich über die Alkoholdehydrogenase, deren Aktivität nicht gesteigert werden kann

35.14 Opioidabhängigkeit

Anästhesiologisches Vorgehen bei Opioidabhängigen

- stärkere sedierende Prämedikation: entweder gewohntes Opioid oder Clonidin in Verbindung mit einem Benzodiazepin
- Regionalanästhesie bevorzugen (am besten Katheterverfahren → postop. Analgesie)
- Allgemeinanästhesie:
  - balancierte Anästhesie mit den üblichen Opioiden und Inhalationsanästhetika
  - Toleranzentwicklung beachten, d.h. Opioide höher dosieren!
  - kein Ketamin!
- postop. Analgesie mit Piritramid und Metamizol
- *cave*: partielle oder reine Opioidantagonisten (sonst Auslösung eines Entzugssyndroms möglich)!

Anästhesiologisches Vorgehen bei ehemals Opioidabhängigen

- Regionalanästhesie bevorzugen (am besten Katheterverfahren → postop. Analgesie)
- bei Allgemeinanästhesien primär Inhalationsanästhetika benutzen, evtl. adjuvant Remifentanil
- postop. Analgesie mit Metamizol (1. Dosis schon vor der Narkoseausleitung)

35.15 Maligne Hyperthermie

Siehe Kap. 36.

35.16 Porphyrien

Bei den Porphyrien handelt es sich um eine heterogene Gruppe von seltenen Erkrankungen, bei denen (partielle) genetisch bedingte Enzymdefekte zu Störungen der Hämsynthese mit Anhäufung toxischer Stoffwechselprodukte führen (Hämpräkursoren, atypische Porphyrine). Anästhesiologisch sind im wesentlichen nur die **akuten hepatischen Formen** von Bedeutung und davon

- die akute intermittierende Porphyrie (am gefährlichsten und häufigsten),
- die Porphyria variegata und
- die hereditäre Koproporphyrie.

Deren gemeinsames Merkmal ist, daß bestimmte Medikamente akute, potentiell lebensbedrohliche Krisen (Schübe) auslösen können („pharmakogenetische Erkrankungen").

Epidemiologie

- Häufigkeit 1:50.000 mit deutlichen regionalen Unterschieden
- in der überwiegenden Mehrzahl Frauen (hormonelle Faktoren)
- Hauptmanifestation 15.–40. Lebensjahr, nur sehr selten vor der Pubertät
- Letalität des unerkannten oder fehlgedeuteten akuten Schubs ca. 30%

Grundlagen des Porphyrinstoffwechsels

Das Endprodukt des Porphyrinstoffwechsels ist Häm. Es dient zur Synthese der sog. Hämoproteine Hämoglobin, Myoglobin und Cytochromoxidasen. Die primäre Kontrolle der Hämsynthese wird durch das in der Reaktionskette erste Enzym, die **δ-Aminolävulinsäuresynthase,** ausgeübt. Zum weiteren Verständnis ist es wichtig, zu wissen, daß dieses Enzym einer direkten Rückkopplungshemmung durch Häm unterliegt. Das heißt einerseits, je mehr freies Häm vorliegt, um so stärker wird die Aktivität der δ-Aminolävulinsäuresynthase supprimiert; andererseits bedeutet es aber, daß bei einer Reduktion des Hämpools die Enzymaktivität kompensatorisch gesteigert wird.

Akuter Krankheitsschub

Pathomechanismen. Als Auslöser eines akuten Schubs können formal 3 Mechanismen unterschieden werden:

- Induktion der Cytochrom-P450-Monooxygenasen,

- Verbrauch von Cytochrom-P450-Monooxygenasen und
- Induktion der δ-Aminolävulinsäuresynthase (ALAS).

Eine Vielzahl verschiedenartiger Medikamente ist zu einer **Induktion der Cytochrom-P450-Aktivität** in der Lage (Tab. **142**). Ihnen ist gemeinsam, daß sie durch sog. Phase-I-Reaktionen (Oxidation, Reduktion, Hydrolyse und Decarboxylierung) in der Leber abgebaut werden, woran das Cytochrom-P450-System maßgeblich beteiligt ist. Eine gesteigerte Aktivität dieser Enzyme erhöht zwangsläufig deren Verbrauch. Da aber Cytochrome aus Häm gebildet werden, muß folglich auch die Hämsynthese zunehmen. So kommt es indirekt auch zu einem Anstieg der ALAS-Aktivität (eine direkte ALAS-Induktion ist zwar ebenso denkbar, wurde aber bisher nicht nachgewiesen). Enzymdefizienzen in der weiteren Reaktionskette führen dann zu einer Anhäufung toxischer Hämpräkursoren. Katabole Prozesse wie Hunger (Hypoglykämie), Trauma, Operation, Infektionen und Streß allgemein gehen ebenfalls mit einem Verbrauch von Cytochrom-P450-Monooxygenasen einher und können daher auch eine Porphyriekrise auslösen. Als Merkmale potentiell porphyrinogener Medikamente gelten eine *Lipophilie* und mit Einschränkungen eine *Steroidstruktur*. Substanzen, die ausschließlich durch eine Phase-II-Reaktion (hauptsächlich Glucuronidierung) metabolisiert werden, gelten als ungefährlich.

Symptome. Im Vordergrund stehen die Zeichen einer neurologischen Dysfunktion. Sie erklären sich aus einer Axondegeneration oder Demyelinisierung im zentralen, peripheren und autonomen Nervensystem:

- Enzephalopathie: Verwirrtheit, toxische Psychosen, Delir, Krampfanfälle, Koma;
- Polyneuropathie vom Typ Guillain/Barré: Parästhesien, lanzinierende Rückenschmerzen, Tetraplegie, Pseudobulbärparalyse, Atemlähmung;
- Magendarmtrakt: abdominelle Krämpfe (Darmspasmen), Übelkeit/Erbrechen; Obstipation;
- autonomes Nervensystem: Tachykardie, Hypertonie (DD: Phäochromozytom), art. Vasospasmen;
- Schwartz/Bartter-Syndrom (gesteigerte ADH-Sekretion → hypotone Hyperhydratation);
- Photosensibilität der Haut (vor allem bei Porphyria variegata, selten bei Koproporphyrie).

Die Symptome können einige Tage, aber auch Wochen bis Monate andauern.

Tabelle 142 Anwendung von Medikamenten bei Porphyrie

sicher	kontrovers	unsicher (potentiell lebensbedrohlich)
Propofol*		Barbiturate
		Etomidat
	← Ketamin	
Oxazepam	Midazolam →	„Phase-I-Benzodiazepine“
Lorazepam	← Temazepam	
Morphin	Pethidin	Pentazocin
Buprenorphin		
Piritramid (?)		
Fentanyl		
Sufentanil (?)		
Alfentanil (?)		
Remifentanil		
Naloxon		
Stickoxydul	← Isofluran	
Xenon		
Desfluran (?)	Sevofluran (?)	
Succinylcholin	Vecuronium	Pancuronium
	Rocuronium (?)	
Mivacurium (?)	← Atracurium	
	cis-Atracurium (?)	
Neostigmin		
Prilocain		Lidocain
Bupivacain		
Mepivacain (?)		
Ropivacain (?)		
Phenothiazine (z. B. Promethazin)		
Butyrophenone (z. B. Haloperidol)		
Acetylsalicylsäure		Diclofenac
Paracetamol		Pyrazolderivate (z. B. Metamizol)
Atropin, Adrenalin		
Glyceroltrinitrat	Hydralazin	Nifedipin
		Verapamil
	Prazosin	Clonidin
Propranolol		
	Glukokortikoide →	
Cimetidin	Metoclopramid	

* sicher für die Narkoseeinleitung (zum Einsatz bei einer TIVA keine endgültige Aussage möglich)

Tabelle 142 Anwendung von Medikamenten bei Porphyrie (Fortsetzung)

sicher	kontrovers	unsicher (potentiell lebensbedrohlich)
Ranitidin (?)		
Furosemid		
Spironolacton		
Penicilline	Sulfonamide	
Cephalosporine	Erythromycin	
Aminoglykoside	Metronidazol	
	Valproinsäure	Antikonvulsiva
Oxytocin		
Theophyllin		
Digitoxin, Digoxin		
Phenytoin		
Heparin		
Sulfonylharnstoffe (z. B. Glibenclamid)		
Insulin		
Östrogene		
Ethanol		

Diagnostik. Während des akuten Schubs kann eine erhöhte Ausscheidung von ALAS und Porphobilinogen im Urin gemessen werden. Bei ca. 50% der Patienten zeigt sich ein Nachdunkeln des Urins (schwarz od. burgunderrot). Im asymptomatischen Intervall ist die Bestimmung einer erniedrigten Aktivität hämsynthetisierender Enzyme in Erythrozyten wegweisend. Mittlerweile sind auch Genanalysen möglich, was die Diagnostik erheblich erleichtert.

Therapie des akuten Schubs

- sofortiges Absetzen aller potentiellen Noxen
- Korrektur von Flüssigkeits- und Elektrolytimbalancen
- symptomatische Kreislauftherapie (β-Rezeptoren-Blocker; Antihypertensiva etc.)
- Behandlung von Krämpfen am besten mit Magnesium
- bei respiratorischer Insuffizienz Intubation und Beatmung
- Zufuhr von Glukose (200–400 g/d) zur Hemmung der ALAS und damit der Porphyrinbildung
- potentiell: Cimetidin als Inhibitor von Cytochrom-P450; fraglich: hochdosiertes Vitamin B_6
- möglichst schnell nach Einsetzen der Symptomatik Applikation von Hämin (Normosang®; Rückkopplungshemmung der ALAS!):
  - 24stdl. 3 mg/kg KG langsam p. inf. über 4–7 Tage
  - Nebenwirkungen: Thrombophlebitis, Gerinnungsstörungen, Hämolyse, Nierenversagen, Exazerbation der Porphyrie nach Absetzen möglich

! **Im akuten Schub** einer Porphyrie dürfen **keine planbaren operativen Eingriffe** durchgeführt werden!

Anästhesiologisches Vorgehen im asymptomatischen Intervall

- stärkere sedierende Prämedikation mit z. B. Oxazepam, Lorazepam od. Promethazin
- in jedem Fall triggerfreie Anästhesie durchführen
- Regionalanästhesie trotz möglicher forensischer Implikationen (neurologische Symptome) bevorzugen, rückenmarknah am besten Spinalanästhesie
- ausreichende Flüssigkeitszufuhr, u. a. auch mit Glukose 5% unter wiederholten BZ-Kontrollen
- Vermeidung von Lichtexposition bei kutanen Porphyrieformen
- großzügige Indikation zur ZVK-Anlage u. invasiven Druckmessung
- Kontrolle der Urinausscheidung (Verfärbung!)
- postoperativ für 24 h Intensivüberwachung

35.17 Anaphylaktoid-anaphylaktische Reaktionen

Die Häufigkeit intraoperativer anaphylaktoid-anaphylaktischer Reaktionen wird mit 1:4.500 bis 1:28.000 angegeben, wobei anaphylaktische Reaktionen mit einem Anteil von 60–70% überwiegen sollen. Die Letalität liegt in einer Größenordnung von 0,01%. Mit zunehmendem Lebensalter steigt der Schweregrad anaphylaktoid-anaphylaktischer Reaktionen, nicht aber deren Häufigkeit. In jüngerer Zeit konnte aber eine generelle Zunahme verzeichnet werden, was u. a. auf die steigende Zahl der als Auslöser in Frage kommenden Substanzen zurückgeführt wird.

Mechanismen

Anaphylaktoide und anaphylaktische Reaktionen können durch *Arzneistoffe*, deren *Metaboliten* oder in den Handelspräparaten enthaltene *Begleitstoffe* (Lösungsvermittler, Stabilisatoren und Konservierungsmittel) oder *Verunreinigungen* ausgelöst werden. Pathogenetisch lassen sich im wesentlichen folgende Reaktionsmuster unterscheiden:

- anaphylaktoide (= allergoide, pseudoallergische) Reaktionen:
  - unspezifische Histaminfreisetzung oder Komplementaktivierung
  - Hemmung der Cyclooxygenase (nichtsteroidale Antiphlogistika)
  - Hemmung der Histamininaktivierung (z. B. Vecuronium; s. Kap. 8.5.4)
  - Aktivierung des Kallikrein-Bradykinin-Systems
- anaphylaktische (= allergische) Reaktionen: spezifische, durch Antikörper vermittelte Reaktionen

Unter den **anaphylaktoiden Reaktionen** dominieren diejenigen, die durch eine unspezifische Histaminfreisetzung hervorgerufen werden. Eine Vielzahl unterschiedlicher Pharmaka (Tab. **143**) ist in der Lage, Histamin und weitere Mediatoren aus gewebsständigen Mastzellen oder im Blut zirkulierenden basophilen Granulozyten ohne Antikörperbeteiligung durch rein chemische Interaktionen freizusetzen. Demgegenüber sind **anaphylaktische Reaktionen** echte Immunreaktionen. Perioperativ stehen hier die Reaktionen vom Soforttyp (Typ I, IgE-vermittelt) und vom Immunkomplextyp (Typ III, IgG-vermittelt) im Vordergrund.

Prädispositionen

Eine unspezifische Histaminfreisetzung ist dosisabhängig und kann daher im Grunde alle Patienten betreffen. Patienten mit erhöhter Empfindlichkeit (z. B. Asthmatiker) reagieren lediglich eher oder stärker. Voraussetzung für eine allergische Reaktion ist dagegen ein früherer Antigenkontakt, der zu einer Sensibilisierung oder Kreuzsensibilisierung (z. B. durch Nahrungsmittel oder synthetische Substanzen) geführt hat.

Symptome

Klinisch lassen sich anaphylaktoide und anaphylaktische Reaktionen nicht voneinander abgrenzen. Beide Formen können sämtliche Schweregrade bis hin zum Herz-Kreislauf-Stillstand verursachen (Tab. **144**). Hierbei gilt **Histamin** als der wichtigste Mediator. Er kann folgende Wirkungen auslösen:

- kardial: Tachykardie, Erniedrigung der Flimmerschwelle, Verzögerung der AV-Überleitung, positive Inotropie;
- vaskulär: systemische Vasodilatation (→ arterielle Hypotension, relative Hypovolämie), Erhöhung der Gefäßpermeabilität (→ Ödeme, absolute Hypovolämie), pulmonale Vasokonstriktion (→ Anstieg des pulmonalarteriellen Drucks), Koronarspasmen;
- respiratorisch: Larynxödem, Bronchokonstriktion, Lungenödem;
- gastrointestinal: Übelkeit, Erbrechen, Durchfall, Magen- u. Darmkrämpfe;
- kutan: Erythem, Urtikaria (vor allem im Gesicht und am Hals);
- andere: Veränderungen der Gerinnungsaktivität, Freisetzung von Noradrenalin u. Adrenalin.

Eine unspezifische Degranulation kann, wenn sie sich auf gewebsständige Mastzellen beschränkt, auf harmlose lokale Symptome begrenzt sein (z. B. histaminvermitteltes Erythem im Injektionsareal nach Gabe von Atracurium). Eine Histaminfreisetzung aus basophilen Granulozyten (oder eine Komplementaktivierung) geht hingegen immer mit einer unterschiedlich ausgeprägten systemischen Symptomatik einher. Unspezifische Reaktionen sind *selbstbegrenzend*, d. h., nur von der Menge des freigesetzten Histamins und seiner Halbwertszeit abhängig, während allergische Reaktionen durch das Ingangsetzen von Mediatorkaskaden *selbsterhaltend* sind. Dennoch können natürlich auch unspezifische Reaktionen lebensbedrohliche Symptome hervorrufen.

MERKE
Unter einer **Allgemeinanästhesie** zeigen sich anaphylaktoid-anaphylaktische Reaktionen generell abgeschwächt (trotzdem ist auch hier ein Kreislaufstillstand möglich!), während die Symptomatik durch Streß verstärkt wird.

Histaminrezeptoren. Die Wirkungen von Histamin werden über eigene Rezeptoren, hauptsächlich H_1- und H_2-Rezeptoren, vermittelt (s. auch Kap. 1.7.2). Kardiovaskulär entsprechen die H_1-Wirkungen denen einer α-adrenergen und die H_2-Effekte denen einer β-adrenergen Stimulation. Die Plasmahalbwertszeit von Histamin ist ausgesprochen kurz und beträgt nur ungefähr 1 min.

Tabelle 143 Substanzen mit anaphylaktoider oder anaphylaktischer Potenz

Substanz	Mechanismus		Besonderheiten/Bemerkungen
	anaphylaktoid	anaphylaktisch	
Intravenöse Hypnotika			
– Thiopental, Methohexital	+	+	
– Propofol, Midazolam	(+)		
Ketamin	(+)		
Volatile Inhalationsanästhetika	(+)		
Muskelrelaxanzien			
– Succinylcholin	++	++	
– Vecuronium	(+)	+	Hemmung der Histamin-N-Methyltransferase
– Rocuronium	(+)	++	Hemmung der Histamin-N-Methyltransferase
– Atracurium, Mivacurium	++		i. d. R. nur lokale Symptome
Ester-Lokalanästhetika (LA)	+	+	bei Amid-LA dagegen überwiegend durch Konservierungsstoffe oder Lösungsvermittler bedingt
Analgetika			
– NSAID (z. B. ASS)	++		durch den Wirkungsmechanismus (Leukotriene ↑)
– Pyrazolderivate (z. B. Metamizol)		+	
Kolloidale Volumenersatzmittel			
– Dextrane		++	präformierte IgG-Antikörper
– Gelatine	++	+	
– Hydroxyethylstärke	(+)		extrem selten
– Humanalbumin		(+)	extrem selten
Konservenblut	(+)	(+)	
Heparin		(+)	
Protamin	+++	(+)	
Aprotinin		+++	
β-Lactam-Antibiotika		+++	in 5–10% Kreuzreaktionen zwischen Penicillinen und Cephalosporinen
Glukokortikoide	(+)	(+)	durch Konservierungsstoffe oder Lösungsvermittler
ACE-Hemmer	(+)		durch den Wirkungsmechanismus (Bradykinin ↑)
Sulfit	(+)		Lösungsvermittler, auch in Adrenalinlösungen; bes. bei Asthmatikern u. Patienten mit ASS-Intoleranz
Methylparaben		++	Konservierungsstoff, z. B. in Lokalanästhetikalösungen (Flaschen zur Mehrfachanwendung!)
Röntgenkontrastmittel	++	+	seltener bei den neueren, nichtionischen Kontrastmitteln
Polymethylacrylat (Palacos®)	++		bes. in der Hüftendoprothetik verwendet
Ethylenoxid		(+)	Gas zur Sterilisation; „Haptenmechanismus“
Latex		++	präformierte IgE-Antikörper

Tabelle 144 Einteilung und Therapie anaphylaktoid-anaphylaktischer Reaktionen

Grad	Symptomatik	Therapie
0	lokal begrenzte Hautreaktion	keine
I	generalisierte Hautreaktionen: Flush, Erythem, Urtikaria; Schleimhautödeme; leichte Allgemeinreaktionen (Unruhe, Kopfschmerzen, Fieber)	Unterbrechung der Exposition mit dem auslösenden Agens, ggf. Antihistaminika (H_1- + H_2-Antagonist)
II	Tachykardie, arterielle Hypotonie; Dyspnoe, Übelkeit	Antihistaminika + Glukokortikoid (z. B. 100 mg sulfitfreies Prednisolon[1], ggf. Vasopressor (z. B. Ephedrin); O_2-Zufuhr
III	Schock, Bronchospastik, Larynxödem; Erbrechen, Defäkation; Bewußtseinstrübung/-verlust	Adrenalin (0,1 mg i. v., ggf. mehrfach) + Glukokortikoid (z. B. 1 g Prednisolon[1]) + Volumenersatz (z. B. 1.000 ml HES)[2], bei überwiegender Bronchospastik auch $ß_2$-Sympathomimetikum u. Theophyllin[3]; ggf. Intubation u. Beatmung mit 100% O_2
IV	Atem- und Kreislaufstillstand	kardiopulmonale Reanimation

[1] Solu-Decortin® H; [2] alternativ evtl. hypertone HES (z. B. HyperHAES® 3–4 ml/kg KG); [3] Präparat ohne Zusatzstoffe bevorzugen, z. B. Bronchoparat® (Theophyllin-Natriumglycinat)!

Diagnose

Der Verdacht auf erhöhte und klinisch wirksame Histaminplasmaspiegel sollte durch einen plötzlichen, anders nicht erklärbaren

- Herzfrequenzanstieg (> 20/min) und
- Blutdruckabfall (> 30 mmHg)

geweckt werden. Um Hautreaktionen nicht zu übersehen, empfiehlt es sich, den Patienten auf dem Operationstisch nie ganz abzudecken. Hautreaktionen zeigen sich am häufigsten im thorakalen Bereich.

Therapie

Die einzuleitenden therapeutischen Schritte richten sich abgestuft nach der Symptomatik (Tab. **144**). Als basale Maßnahme ist stets jede weitere Exposition mit histaminfreisetzenden Wirkstoffen zu vermeiden, zusätzlich können die Histaminrezeptoren blockiert werden. Einige Autoren bevorzugen hierzu als H_1-Antagonisten Dimetinden (Fenistil®), weil es nur einen blockierenden Effekt, aber keine intrinsische Aktivität an H_1-Rezeptoren hat. Zentrale Bedeutung bei schweren Reaktionen hat die Therapie mit **Adrenalin** (Suprarenin®; s. Kap. 6.1.3). Neben der kreislaufstimulierenden und bronchospasmolytischen Wirkung kann Adrenalin in höherer Dosierung Membranen abdichten. Auf diese Weise hemmt es unspezifisch die weitere Degranulation von Mastzellen und basophilen Granulozyten und vermindert zudem durch eine gefäßabdichtende Wirkung die Ödementwicklung. Entscheidend für den therapeutischen Erfolg sind jedoch die Normalisierung des stark erniedrigten Gefäßtonus und die Steigerung der Myokardkontraktilität. Außerdem muß so schnell wie möglich das intravasale **Volumendefizit** beseitigt werden. Hierzu werden zügig kolloidale Volumenersatzmittel infundiert (Druckinfusion von initial 1.000 ml isotoner HES; alternativ evtl. hypertone HES im Sinne der „Small volume resuscitation" [Kap. 4.4.2]). Zusätzlich muß für eine adäquate Oxygenierung gesorgt werden, wozu ggf. eine Intubation und Beatmung erforderlich sind.

! Eine Fehldeutung des Symptoms **„Tachykardie"** und eine deshalb eingeleitete Behandlung mit einem β-Rezeptoren-Blocker kann bei der Anaphylaxie fatale Folgen haben und zum Herzversagen führen!

Prophylaktische Maßnahmen

An erster Stelle steht selbstverständlich die Expositionsprophylaxe, d. h. bei disponierten Patienten alle potentiell histaminfreisetzenden Stoffe vermeiden. Außerdem sollen sämtliche verwendeten Medikamente langsam injiziert werden. Darüber hinaus kann eine präventive Gabe von H_1- und H_2-Rezeptor-Antagonisten sinnvoll sein (Kap. 1.7.2). Hierdurch lassen sich die Rate und der Schweregrad anaphylaktoider Reaktionen vermindern, bei anaphylaktischen Reaktionen wird möglicherweise die Letalität gesenkt.

35.18 Latexallergien

Epidemiologische Untersuchungen zeigen seit einigen Jahren eine Zunahme von Latexallergien. Deswegen verwundert es nicht, daß Latexallergien gerade im anästhesiologischen und operativen Bereich erheblich an Bedeutung gewonnen haben.

Ursachen

Bei der Latexallergie handelt es sich um eine *IgE-vermittelte Reaktion* auf antigen wirkende Proteine im Latex. Latex, der Milchsaft des Kautschukbaums, ist der Ausgangsstoff für zahlreiche medizinische Produkte. Es enthält ungefähr 250 Proteine, wovon etwa 60 allergen sind. Aufgrund nicht einheitlicher Fertigungsstandards existieren große Unterschiede im Allergengehalt industrieller Latexprodukte. Nicht selten bestehen *Kreuzunverträglichkeiten* auf bestimmte Lebensmittel, wie z. B. auf Bananen, Kiwis, Mangos, Avocados und Eßkastanien.

Als **Prädispositionen** gelten

- dysraphische Fehlbildungen wie Spina bifida (bis zu 70%!),
- urogenitale Fehlbildungen (Sensibilisierung vermutlich wegen häufiger Blasenkatheterisierung)
- und die Atopie.

Exposition

Ein Latexkontakt im medizinischen Bereich kann über Haut und Schleimhäute, seröse Häute (z. B. Peritoneal- od. Pleuradrainagen), Injektionen und Infusionen zustande kommen. Als besonders gefährlich ist die *aerogene Exposition* einzustufen, z. B. über die heute nicht mehr zulässigen gepuderten Latexhandschuhe.

Symptome

Die klinische Symptomatik reicht von Erythemen, Kontakturtikaria und Rhinokonjunktivitis über den Asthmaanfall bis hin zum Vollbild des anaphylaktischen Schocks. Im Gegensatz zu den durch intravenöse Antigenzufuhr ausgelösten Reaktionen ist eher mit einem verzögerten Einsetzen der Symptome zu rechnen (ca. 30 min nach Exposition).

> **MERKE**
> Bei Unverträglichkeitsreaktionen während medizinischer Behandlungen (unklare Kreislaufdepression, Bronchospastik oder Hautveränderung) ist immer auch eine Latexallergie in Betracht zu ziehen. Dann ist umgehend auf die Verwendung latexfreier Artikel umzustellen. Vor weiteren Eingriffen sollte zur Abklärung der Ursache ein Allergologe hinzugezogen werden.

Prophylaxe

Zur Verhinderung einer allergischen Reaktion auf Latex muß bei allen sensibilisierten oder prädisponierten Patienten sämtlicher Latexkontakt vermieden werden. Um eine Anästhesie sicher latexfrei durchführen zu können, sollten alle latexhaltigen Gegenstände und Materialien gekennzeichnet sein. Außerdem empfiehlt es sich, eine latexfreie Notfallausrüstung bereitzuhalten. Notfalleinrichtungen sollten am besten gänzlich latexfrei geführt werden, um unbeabsichtigte Gefährdungen auszuschließen (z. B. komatöse Patienten).

35.19 Angioödeme

Angioödeme, früher als angioneurotische Ödeme oder auch Quincke-Ödeme bezeichnet, sind seltene Ödeme, die sowohl im Bereich der äußeren Haut als auch der Schleimhäute (→ Glottisödem!) auftreten können. Man unterscheidet idiopathische, hereditäre und erworbene Formen.

Idiopathisches Angioödem

Mit deutlich mehr als 90% sind die idiopathischen Angioödeme bei weitem am häufigsten. Sie sind meist Teilbild einer anaphylaktoid-anaphylaktischen Reaktion und werden i. d. R. durch **Histamin** vermittelt. Aus diesem Grund sprechen sie gut auf eine Therapie mit Antiallergika wie Antihistaminika oder Glukokortikoiden an. Sie können aber auch spontan auftreten oder durch physikalische Faktoren (Druck, Vibration, Kälte, Licht) und körperliche Anstrengung provoziert werden.

Hereditäres Angioödem

Die wichtigste Form unter den Angioödemen ist das hereditäre Angioödem (HAE). Es ist zwar weitaus seltener als das idiopathische (in Deutschland nur ca. 500 Fälle bekannt), hat aber eine eigenständige Pathogenese und erfordert bei bedrohlicher Symptomatik unbedingt eine spezifische Therapie. Das HAE wird autosomal-dominant vererbt und manifestiert sich vorrangig in der zweiten, z.T. auch schon in der ersten Lebensdekade. Manchmal ist es mit Autoimmunkrankheiten assoziiert. Es beruht auf einem **Mangel oder Defekt des C_1-Esterase-Inhibitors (C_1-INH).** Ein C_1-INH-Defizit hat zur Folge, daß in bestimmten Situationen eine ungebremste Komplementaktivierung mit daraus resultierender Erhöhung der Gefäßpermeabilität auftreten kann.

Symptome. Klinisch findet man episodische Schwellungen
- der Haut (Gesicht, Hals, Rumpf und Extremitäten; meist ohne Juckreiz),
- des Magendarmtrakts (kolikartige Schmerzen mit wäßrigen Durchfällen) und seltener auch
- der Luftwege (Glottisödem!).

In sehr seltenen Fällen können sich überdies ein Lungen- und ein Hirnödem entwickeln. Als **Auslöser** gelten
- vor allem Traumen wie Injektionen, Operationen (bes. im Oropharyngealbereich), Verletzungen,
- daneben lokale Infektionen sowie
- Angst und Streß.

Bis zur vollen Ausprägung der Symptomatik vergehen i.d.R. mehrere Stunden. Die spontane Rückbildung dauert 1–3 Tage.

Therapie. Bei lebensbedrohlichen Schwellungen reicht eine symptomatische Therapie nicht aus. Hier muß **C_1-INH** (als Konzentrat Berinert® P) substituiert werden: 500–1.000 IE bzw. 7–15 IE/kg KG (in Einzelfällen bis zu 30 IE/kg KG). Die Wirkung tritt meistens innerhalb einer Stunde ein. Aufgrund der langen Halbwertszeit (ca. 64 h) genügt i.d.R. die einmalige Applikation. C_1-INH hemmt neben der Startphase des Komplement- und Kallikrein-Bradykinin-Systems auch die Kontaktaktivierung des Faktors XII, was die Fibrinolyseaktivität vermindert und die Entwicklung von Thromboembolien begünstigt. Alternativ zum C_1-INH-Konzentrat kann auch **gefrorenes Frischplasma** in entsprechender Menge verwendet werden. Hierunter kann sich das Bild allerdings vorübergehend verschlechtern, da ja auch Komplementfaktoren zugeführt werden.

Prophylaxe. Bei bekanntem HAE sollte zumindest vor Eingriffen im Oropharyngealbereich (z.B. Zahnextraktionen, Tonsillektomie) eine Kurzzeitprophylaxe mit C_1-INH durchgeführt werden. Als Langzeitprophylaxe werden z.T. synthetische Androgene zur Steigerung der C_1-INH-Synthese empfohlen.

! Patienten mit hereditärem Angioödem dürfen **keine ACE-Hemmer** erhalten, weil ACE-Hemmer den Bradykininabbau vermindern!

Das **erworbene Angioödem** kommt noch seltener vor als das hereditäre. Es ist hauptsächlich bei malignen Erkrankungen der B-Lymphozyten zu beobachten und ist ebenfalls durch eine Verminderung des C_1-Esterase-Inhibitors gekennzeichnet.

36 Maligne Hyperthermie

36.1	Nosologie ▸ 529
36.2	Pathophysiologie ▸ 530
36.3	Symptomatik der MH-Krise ▸ 530
36.4	Therapie der MH-Krise ▸ 531
36.5	Diagnostik nach MH-Krise ▸ 532
36.6	Anästhesie bei Patienten mit MH-Disposition oder MH-Verdacht ▸ 533

36.1 Nosologie

Die maligne Hyperthermie (MH) ist als Krankheitsbild erst im Zusammenhang mit der Allgemeinanästhesie in Erscheinung getreten und gilt deshalb als klassisches Beispiel einer pharmakogenetischen Erkrankung. Sie beruht auf einer seltenen, den Menschen und auch verschiedene Tierspezies betreffenden, anlagebedingten **subklinischen Myopathie.** Die meisten MH-Genträger sind entgegen früherer Auffassung klinisch (muskel)gesund und im Alltagsleben symptomfrei, nur bei wenigen lassen sich eindeutig Myopathien, wie z. B. die Central core disease, erkennen. Auch wenn Streß als Kofaktor beteiligt sein mag, führt erst der Kontakt mit bestimmten Triggersubstanzen, unter denen Allgemeinanästhetika den größten Raum einnehmen, zu abrupten, schweren bis schwersten biochemischen Veränderungen in der Skelettmuskulatur, was sich klinisch in einer lebensbedrohlichen Stoffwechselentgleisung, der sog. **MH-Krise**, manifestieren kann. Die MH-Krise ist wahrscheinlich die gefährlichste Komplikation einer Allgemeinanästhesie, denn sie führt unbehandelt in 70–80% der Fälle zum Tod des Patienten. Gegenwärtig liegt die Letalität unter 10%; frühzeitige Diagnosestellung und Therapieeinleitung sollten sie jedoch gegen Null tendieren lassen.

Epidemiologie

Die Veranlagung zur MH wird beim Menschen autosomal-dominant vererbt. Rassenspezifische Unterschiede bestehen nicht. Beide Geschlechter und sämtliche Altersstufen sind betroffen, wobei eine Prädominanz des männlichen Geschlechts und des jugendlichen Alters erkennbar ist. Die Inzidenz der MH-Disposition ist nicht genau bekannt. Sie wird auf 1:10.000 geschätzt. Die Rate schwerer MH-Krisen kann nach retrospektiven Untersuchungen, bezogen auf die Durchführung von Allgemeinanästhesien, mit 1:250.000 bis 1:500.000 angegeben werden, die Häufigkeit klinischer Verdachtsfälle soll in einer Größenordnung von 1:20.000 liegen.

Manifestationsformen

1. abortive MH: Beschränkung auf ein oder wenige Symptome wie Masseterspasmus (→ Trismus [Kieferklemme]) oder CK-Erhöhung
2. moderate MH: mehrere typische Symptome, jedoch ohne Ausbildung des krisenhaften Krankheitsgeschehens
3. fulminante MH: Vollbild der MH-Krise (Abschn. 36.3)

36.2 Pathophysiologie

Der MH liegt eine **Störung der myoplasmatischen Calciumhomöostase** zugrunde. Auch wenn die Mechanismen im einzelnen noch nicht endgültig aufgeklärt sind, spricht doch vieles für eine latente Beeinträchtigung der die intrazellulären Calciumströme kontrollierenden Membransysteme in der Skelettmuskulatur (sarkoplasmatisches Retikulum, Mitochondrien, Sarkolemm). MH-assoziierte Genloci wurden auf 6 Chromosomen nachgewiesen. Bei einem Teil der Patienten wurde ein genetischer Defekt des für die Calciumfreisetzung (mit)verantwortlichen Ryanodinrezeptors („calcium release channel“) im sarkoplasmatischen Retikulum entdeckt. Allen disponierten Patienten ist gemeinsam, daß verschiedene Triggermechanismen auf der Grundlage der postulierten Membrandysfunktion eine massive Calciumfreisetzung und/oder verzögerte Calciumwiederaufnahme auslösen und so eine Calciumüberflu-

Tabelle 145 MH-Triggerpotenz von Medikamenten

Gesicherte Triggerpotenz	Keine Triggerpotenz
alle volatilen Inhalationsanästhetika, z. B. Halothan, Isofluran, Sevofluran, Desfluran	Barbiturate, Propofol, Etomidat, Benzodiazepine
depolarisierende Muskelrelaxanzien: Succinylcholin	Ketamin[1]
	Neuroleptika[2]
	Opioide
	N_2O, Xenon
	alle nichtdepolarisierenden Muskelrelaxanzien
	alle Lokalanästhetika

[1] Auch wenn **Ketamin** mittlerweile keine Triggerpotenz mehr zugesprochen wird, ist seine Anwendung aufgrund der adrenergen Stimulation und der möglichen Auslösung eines Rigors aus differentialdiagnostischen Gründen nicht unproblematisch. Deshalb sollte Ketamin bei MH-disponierten oder -verdächtigen Patienten nur in Ausnahmefällen eingesetzt werden.

[2] **Neuroleptika** haben zwar ebenfalls keine Triggerpotenz, können aber ein sog. **malignes neuroleptisches Syndrom** (MNS) auslösen. Das MNS ist wegen ähnlicher Symptomatik schwierig von einer MH-Krise abzugrenzen. Es äußert sich nämlich u. a. auch in einer Muskelrigidität, die jedoch hier beim nicht myogen, sondern neurogen bedingt ist. Bei MH-disponierten oder -verdächtigen Patienten sollte deshalb möglichst auf die Zufuhr von Neuroleptika verzichtet werden.

tung der Muskelzelle bewirken. Als typische MH-Triggersubstanzen gelten **volatile Inhalationsanästhetika** und **depolarisierende Muskelrelaxanzien** (Tab. **145**). Der Anstieg der intrazellulären Calciumkonzentration führt einerseits zu einer Kontraktur der Skelettmuskelfasern (→ Muskelrigidität) und andererseits durch Steigerung der aeroben und anaeroben Glykolyse zu einer exzessiven Zunahme des O_2-Verbrauchs mit entsprechender Produktion von CO_2, Laktat und Wärme (→ hyperkatabole Stoffwechselentgleisung). Als Folge der intrazellulären Laktatazidose und intramitochondrialen Calciumakkumulation wird die oxidative Phosphorylierung entkoppelt, was nichts weniger als den Zusammenbruch des Energiestoffwechsels bedeutet. Dies zieht einen Verlust der Zellintegrität nach sich, d. h., die Membranpermeabilität für Ionen, Moleküle, Enzyme etc. nimmt zu, und mündet in den irreversiblen Zelluntergang („Rhabdomyolyse“).

36.3 Symptomatik der MH-Krise

Die MH-Krise ist gekennzeichnet durch einen hypermetabolen Stoffwechsel mit **tachykarden Rhythmusstörungen** (häufigstes Frühsymptom!), Blutdruckinstabilität, Hypoxämie, Hyperkapnie, Rigor (evtl. mit Beteiligung der Kiefermuskulatur) und exzessiver Temperatursteigerung (allerdings als Spätsymptom!). Ein wesentliches pathognomonisches Frühzeichen ist der schnelle, kontinuierliche **Anstieg der endexspiratorischen CO_2-Konzentration** beim volumenkonstant beatmeten Patienten oder die Zunahme von Atemzugvolumen und Atemfrequenz beim spontan atmenden Patienten. Beides wird von einer abnormen Erwärmung des CO_2-Absorbers und einem raschen Indikatorfarbumschlag begleitet.

Symptomatik der MH-Krise im Überblick

1. Frühsymptome
   - unklare Tachykardie od. Tachyarrhythmie, Blutdruckinstabilität
   - steiler Anstieg des $PECO_2$ od. Zunahme von AMV u. AF; abnorme Erwärmung u. Verfärbung des CO_2-Absorbers
   - Abfall der $pSaO_2$, Zyanose
   - Rigor bei 60–80% der Patienten (evtl. Trismus nach Succinylcholin)
   - respiratorisch-metabolische Azidose

2. Spätsymptome
   - exzessiver Anstieg der Körpertemperatur
   - Zeichen des Zelluntergangs:
   - Hyperkaliämie, Hyperkalzämie
   - Enzymanstieg (auf mehrere 1.000 U/l): CK, GPT, GOT, LDH, HBDH
   - Myoglobinämie/-urie
   - Hyperglykämie (katecholaminbedingt)
3. Komplikationen
   - akutes Nierenversagen
   - Verbrauchskoagulopathie
   - Hirnödem (Koma, Pupillendilatation, Areflexie)
   - Kreislaufstillstand

Hinweise für die Praxis

1. Eine **MH-Krise** kann sich **auch nach vorher unauffälligen Narkosen** entwickeln. Sie muß außerdem nicht zwangsläufig unmittelbar nach dem Einsatz von Triggersubstanzen auftreten, sondern kann ohne weiteres auch **verzögert** in Erscheinung treten.
2. Die **Kapnometrie/-graphie** gilt als das **sicherste Monitoring zur Frühdiagnose einer MH-Krise** und liefert darüber hinaus wertvolle Hinweise zur Beurteilung des Behandlungserfolgs.

Differentialdiagnose der MH-Krise

- malignes neuroleptisches Syndrom (Abschn. 36.3)
- malignes Dopa-Entzugssyndrom (Kap. 35.10.2)
- thyreotoxische Krise (Kap. 35.11.3)
- Phäochromozytom (Kap. 35.11.5)
- Porphyriekrise (Kap. 35.16)
- hyperdyname Phase des septisch-toxischen Schocks

36.4 Therapie der MH-Krise

Nur bei frühzeitiger Diagnose einer MH-Krise kann durch umgehende, konsequente Therapie die Letalität entscheidend gesenkt werden. Die Grundvoraussetzung für den Erfolg besteht in der sofortigen Zusammenziehung einer ausreichenden Anzahl qualifizierten medizinischen Personals und der zielgerichteten Aufgabenverteilung. Ferner ist der Operateur zu informieren mit dem Ziel, den Eingriff so schnell wie möglich zu beenden. Falls sich die MH-Krise bereits im Einleitungsraum entwickelt, darf eine verschiebbare Operation selbstverständlich nicht mehr ausgeführt werden. Parallel zur Therapie muß das Monitoring Schritt für Schritt erweitert werden (Temperaturmessung, ZVK, arterielle Kanüle, Blasenkatheter, evtl. weitere großlumige Venenkanülen).

Therapiemaßnahmen

1. Soforttherapie
   - Beendigung der Zufuhr von Triggersubstanzen
   - Auswechseln der kontaminierten Beatmungsschläuche und des Atemkalks, Entfernung des Vapors
   - Steigerung des AMV auf das 3–4fache, Beatmung mit 100% O_2 unter maximalem Flow (ca. 15 l/min)
   - Fortführung und Vertiefung der Narkose mit Substanzen ohne Triggerpotenz
   - Dantrolen i.v.: initial 2,5 mg/kg KG als Kurzinfusion über 10–15 min, bei Erfolglosigkeit nach 30 min wiederholen (kumulative Gesamtdosis: 10 mg/kg KG); Fortführung der Dantrolentherapie bis zum Sistieren der Symptomatik
   - $NaHCO_3$ zur Korrektur der metabolischen Azidose: initial 1–2 mmol/kg KG (*cave*: PCO_2-Anstieg!; ggf. Tris-Puffer vorziehen, um dies zu vermeiden!)*
   - ggf. antiarrhythmische Therapie (*cave*: Calciumantagonisten, Herzglykoside!)
   - äußere und innere Kühlung: Oberflächenkühlung, eiskalte Infusionen, eisgekühlte Magen- u. Blasenspülung
2. Erweiterte Maßnahmen
   - Fortführung der Dantrolentherapie
   - forcierte Diurese (zur Verhinderung einer Crush-Niere bei Rhabdomyolyse): > 1,5 ml/kg KG/h
   - Low-dose-Heparinisierung (zur Verhinderung einer Verbrauchskoagulopathie): initial 50 IE/kg im Bolus
   - regelmäßige Laborkontrollen (BGA, CK, Transaminasen, Myoglobin etc.)
   - Intensivüberwachung

Dantrolen

Nur die spezifische Therapie mit dem Hydantoinderivat Dantrolen kann derzeit als kausal angesehen werden. Dantrolen hemmt die weitere Calciumfreisetzung aus dem sarkoplasmatischen Retikulum, ohne jedoch die Calciumwiederaufnahme zu beeinträchtigen. Es ist damit als einzige Substanz in der Lage, den Triggerungsprozeß zu durchbrechen. Dantrolen wird als Trockensubstanz in 20-mg-Flaschen angeboten und muß mit je 60 ml Aqua ad inject. aufgelöst werden. Die Lösung enthält dann pro Flasche 3 g Mannit (→ Diuresestimulation) sowie NaOH, wodurch sie stark alkalisch ist (pH ≈ 10!; *cave*: Paravasat!). Die Wirkungsdauer beträgt 4–6 Stunden. Dantrolen muß in jeder Anästhesieabteilung verfügbar sein.

Nebenwirkungen von Dantrolen

- Sedierung
- periphere Atemdepression (durch Verminderung des Muskeltonus)
- negative Inotropie

Hinweise für die Praxis

1. Die Diagnose „MH-Krise" muß in Zweifel gezogen werden, wenn sich bei einer Dosierung von 10 mg Dantrolen pro kg KG nicht innerhalb von 20–30 min eine Besserung beim Patienten einstellt.
2. Die Gabe von Dantrolen kann die anderen Therapiemaßnahmen nicht ersetzen, sondern nur maßgeblich unterstützen!
3. Die üblichen **Calciumantagonisten** sind – ganz abgesehen von ihrer fehlenden therapeutischen Wirkung – bei einer MH-Krise wegen lebensbedrohlicher Interaktion mit Dantrolen (Auslösung eines hyperkaliämischen Herzstillstands) **absolut kontraindiziert!**

36.5 Diagnostik nach MH-Krise

Bei Patienten mit Verdacht auf eine MH-Disposition kann die Diagnose in vitro mit dem **Halothan-Koffein-Kontrakturtest**[90] (IVKT) am Skelettmuskelbiopsat gestellt werden. Der IVKT bietet immer noch die größte Sensitivität (100%) und Spezifität (ca. 80%). Die Patienten werden je nach Testausfall in eine der folgenden Kategorien eingeteilt:

- MHS: „susceptible = MH-Disposition
- MHN: „non susceptible" = keine MH-Disposition
- MHE: „equivocal" = unklare MH-Disposition

Die Schwellenwerte für die Kategorien MHS und MHN wurden bewußt so angesetzt, da falsch negative Diagnosen vermieden werden. Hierdurch werden falsch positive Ergebnisse in Kauf genommen. Neben dem IVKT hat sich der **Ryanodin-Kontrakturtest** als zusätzliche Methode etabliert. Er verbessert die Unterscheidbarkeit von MHS- und MHN-Patienten. Neue diagnostische Verfahren wie die minimalinvasive Messung der metabolischen Aktivität (CO_2 und Laktat) nach lokal begrenzter intramuskulärer Gabe einer MH-Triggersubstanz (Mikrodialysesonde) sind in der klinischen Erprobung. Tests auf genetischer Grundlage sind noch nicht verfügbar. Präoperative Bestimmungen der Creatinkinase (CK) im Serum können höchstens einen Hinweis auf eine Myopathie liefern, sind jedoch als Screening-Test zur Identifizierung von Anlageträgern für die MH-Diagnostik völlig ungeeignet. Angaben über eine erhöhte CK bei Anlageträgern schwanken zwischen 30 und 70%. Eine normale CK schließt also eine MH-Veranlagung keineswegs aus.

Patienten mit MH-Verdacht sowie deren Angehörige müssen über das Krankheitsbild und die diagnostischen Möglichkeiten eingehend aufgeklärt werden. Es ist ebenfalls erforderlich, ihnen zunächst ein vorläufiges **Attest** und bei definitiver Diagnose einen **Ausweis** auszustellen.

90 zukünftig wohl Sevofluran-Koffein-Kontrakturtest

36.6 Anästhesie bei Patienten mit MH-Disposition oder MH-Verdacht

- bei der präoperativen Visite den Patienten auf das deutlich erhöhte Anästhesierisiko hinweisen
- Regionalanästhesien – falls möglich – bevorzugen
- stärkere anxiolytisch-sedierende Prämedikation zur Vermeidung streßinduzierter MH-Reaktionen
- absoluter Verzicht auf potentielle Triggersubstanzen (prophylaktische Dantrolengabe bei entsprechend umfassendem Monitoring nicht notwendig!)
- Verwendung eines „dekontaminierten" Narkosegeräts:
  - frischer Atemkalk, neue Beatmungsschläuche, Entfernung des Vapors
  - Durchspülen des Geräts im IPPV-Modus über 10 min mit 10×1 l O_2/min (od. Luft) bei einem Frischgasfluß von 10 l/min
- Bereitstellung einer ausreichenden Menge von Dantrolen für den Notfall (bei Erwachsenen 36 Flaschen à 20 mg)
- Monitoring: EKG, nichtinvasive Blutdruckmessung, Pulsoxymetrie, Kapnometrie/-graphie!, Temperaturmessung, großzügige Indikation für erweiterte Überwachung (ZVK, arterielle Kanüle etc.)
- postoperativ:
  - nach Möglichkeit für 24 h Intensivüberwachung
  - 4–6 stdl. CK-Kontrolle

37 Schwangerschaft

37.1	Allgemeine Bemerkungen ▸ 534
37.2	Wirkungen von Anästhetika auf den Embryo und Fetus ▸ 534
37.3	Anästhesiologisches Vorgehen ▸ 536
37.3.1	Präoperative Vorbereitung ▸ 536
37.3.2	Anästhesie ▸ 536
37.3.3	Postoperative Schmerztherapie ▸ 537
37.3.4	Hinweise für die Praxis ▸ 537

37.1 Allgemeine Bemerkungen

Nach Schätzungen werden bei etwa 1–2% der Schwangeren operative Eingriffe nichtgeburtshilflicher Art notwendig. Häufige Gründe hierfür sind Traumen, Ovarialzysten, Appendizitiden, Mammatumoren oder eine schwangerschaftsbedingte Zervixinsuffizienz (→ Cerclage, ggf. auch im 1. Trimenon), selten dagegen sind neuro- und kardiochirurgische Operationen. Anästhesien während der Schwangerschaft unterliegen besonderen Kriterien. Für nichtgeburtshilfliche Eingriffe ist eine äußerst strenge Indikation zu fordern. Neben den mütterlichen Besonderheiten (Kap. 24.2 u. 24.3), müssen die möglichen Auswirkungen der Anästhetika und Anästhesietechniken auf den Embryo (1. Trimenon) und Fetus (2. u. 3. Trimenon) bedacht werden.

37.2 Wirkungen von Anästhetika auf den Embryo und Fetus

So gut wie alle im Zusammenhang mit einer Anästhesie verwendeten Medikamente passieren die Plazenta und gelangen in den kindlichen Organismus. Trotzdem besteht die Hauptgefahr, die von einer Anästhesie während der Schwangerschaft ausgeht, weniger in einer direkten Schädigung der Leibesfrucht durch die beteiligten Pharmaka als vielmehr in einer ungenügenden O_2-Versorgung, z. B. als Folge einer anästhetikainduzierten uteroplazentaren Minderdurchblutung. Teratogene oder organschädigende Wirkungen von Anästhetika konnten am Menschen jedenfalls bislang nicht nachgewiesen werden, wobei allerdings einschränkend anzumerken ist, daß die Patientenzahlen nicht ausreichen, um sie mit letzter Sicherheit ausschließen zu können.

■ Untersuchungsergebnisse

Vorbemerkungen. Faktoren einer potentiellen **Teratogenität** von Anästhetika sind
- der Zeitpunkt und die Dauer der Verabreichung,
- die verabreichte Dosis und
- die Empfindlichkeit der Organe auf eine bestimmte Substanz.

Während der Embryonalphase (15. bis 90. Gestationstag) findet die Anlage der Organe statt („Organogenese"). In dieser Zeit können Pharmaka, wenn sie ein teratogenes Potential haben, Fehlbildungen auslösen. Die größte Vulnerabilität der einzelnen Organe zeigt sich z. T. zu unterschiedlichen Zeitpunkten:
- Gehirn: 18.–38. Tag
- Herz: 18.–40. Tag
- Augen: 24.–40. Tag
- Extremitäten: 24.–36. Tag
- Gonaden: 37.–50. Tag

Nach Abschluß der Organogenese sind keine teratogenen Effekte mehr zu erwarten; wohl aber ist ein **verzögertes Wachstum** des Fetus oder einzelner Organe mit strukturellen Defekten möglich.

Tierexperimentelle Untersuchungen. Die Problematik tierexperimenteller Studien besteht in der Übertragbarkeit der Ergebnisse auf den Menschen. Dies liegt u. a. daran, daß die Empfindlichkeit gegenüber Noxen speziesspezifisch sehr unterschiedlich sein kann. So führte Thalidomid (Contergan®) bei Nagetieren kaum zu Defekten, während die Einnahme durch schwangere Frauen sehr häufig schwere bis schwerste kindliche Fehlbildungen hervorrief. Darüber hinaus sind die Versuchsbedingungen nicht immer vergleichbar, was die Bewertung der Befunde erschwert.

Für die *Opioide* Fentanyl, Sufentanil, Alfentanil, Remifentanil und Morphin konnte eine teratogene Potenz ausgeschlossen werden, ebenso für die *Hypnotika* Etomidat, Propofol, Midazolam und Ketamin sowie für die gängigen *Muskelrelaxanzien* und *Lokalanästhetika*. Für die *volatilen Anästhetika* Isofluran und Sevofluran konnte bis zu einer Konzentration von 0,75 MAC und einer Anwendungsdauer von 6 Stunden zwar kein teratogener Effekt nachgewiesen werden, es traten aber reproduktive Störungen auf. Zum Einsatz von *Stickoxydul* während der Schwangerschaft sind die Ergebnisse widersprüchlich. Einigkeit besteht aber darüber, daß N_2O i. Ggs. zu den volatilen Anästhetika, die sympathikolytisch wirken, eher adrenerge Effekte zeigt und so durch eine Vasokonstriktion die uteroplazentare Durchblutung einschränken könnte. Die immer wieder angeführte N_2O-induzierte Inaktivierung von Vitamin B_{12} (Kap. 8.1.2) wird in ihrer Bedeutung nach wie vor kontrovers diskutiert. Unabhängig davon läßt sich durch Gabe von Folsäure in der Schwangerschaft die Rate von Neuralrohrdefekten senken.

Dagegen gibt es eine ganze Reihe von Substanzen, die auch beim Menschen als *fruchtschädigend* einzustufen sind. Hierzu gehören u. a.: ACE-Hemmer, Carbamazepin, Cumarine, Ethylalkohol, Glukokortikoide, Lithium, Nikotin, Phenytoin, Sulfonylharnstoffe, Streptomycin, Thalidomid, Thyreostatika, Valproinsäure, Zytostatika. Als besonders gefährlich gilt deren Anwendung im 1. und 2. Trimenon.

Klinische Untersuchungen. Epidemiologische Untersuchungen lassen eine erhöhte Abortrate bei Schwangeren erkennen, die im Operationssaal tätig sind. Ob ein kausaler Zusammenhang mit Inhalationsanästhetika besteht, ist zwar höchst zweifelhaft, kann aber eben nicht mit absoluter Sicherheit ausgeschlossen werden. Auch bei operativen Eingriffen während der Schwangerschaft ist das Abortrisiko erhöht. Die Ursache für die vorzeitig einsetzende Wehentätigkeit ist hier ebenfalls ungeklärt.

Hinweise für die Praxis

1. Wegen der unterschiedlichen Untersuchungsergebnisse und Auffassungen sollte aus Sicherheitsgründen auf **N_2O** während der Frühschwangerschaft verzichtet werden. Ein Einsatz bei vaginalen Follikelpunktionen für die In-vitro-Fertilisation ist dagegen unbedenklich, ebenso wie die Anwendung bei geburtshilflichen Eingriffen und in der Stillperiode.
2. **Volatile Anästhetika** dämpfen die Uterusaktivität und vermindern dadurch möglicherweise das Abortrisiko bei operativen Eingriffen während der Schwangerschaft.

Liste der während der Schwangerschaft anästhesiologisch anwendbaren Medikamente (Auswahl)

- Thiopental, Methohexital, Etomidat, Propofol, Midazolam
- „Narkose-Opioide", Piritramid; Naloxon
- Isofluran, Sevofluran; N_2O (mit Einschränkungen)
- alle gängigen Muskelrelaxanzien und Lokalanästhetika
- NSAID (mit Einschränkungen; s. Abschn. 37.3.3), Paracetamol, Metamizol
- Neostigmin, Atropin, α- u. ß-Sympathomimetika, Katecholamine, β-Rezeptoren-Blocker
- Calciumantagonisten, Vasodilatatoren, Urapidil
- Antazida, Antihistaminika, Antiarrhythmika
- Herzglykoside, Theophyllin, Furosemid, Heparin, Insulin
- Antibiotika: Penicilline, Cephalosporine, Erythromycin

37.3 Anästhesiologisches Vorgehen

37.3.1 Präoperative Vorbereitung

Schwangerschaftsfeststellung

Bei jeder Patientin, die im gebärfähigen Alter zur Anästhesie vorgestellt wird, ist durch Befragung nach der **letzten Regelblutung** festzustellen, ob eine Schwangerschaft vorliegen kann. Ist eine Schwangerschaft möglich, so sollte bei nichtdringlichen Eingriffen ein **Schwangerschaftstest** durchgeführt werden; ist sie nachgewiesen, so sollte ein planbarer Eingriff mindestens in das zweite, besser noch in das dritte Trimenon verlegt werden. Nur bei unaufschiebbarer Indikation können und müssen Operationen auch im 1. Trimenon stattfinden.

Gynäkologisches Konsil

Außer in Notfällen sollte präoperativ immer ein Geburtshelfer hinzugezogen werden, um auf etwaige

Probleme oder Komplikationen besser vorbereitet zu sein und das perioperative Vorgehen im Hinblick auf besondere Überwachungs- und Betreuungsmaßnahmen festlegen zu können.

Prämedikation

Wichtig ist eine ausreichende anxiolytische Prämedikation, um die streßbedingte Katecholaminfreisetzung zu verringern oder zu verhindern und hierdurch einer Reduktion der uteroplazentaren Durchblutung vorzubeugen. Hierbei gilt der Einsatz von **Benzodiazepinen** abends und morgens vor der Operation als unbedenklich.

Aspirationsprophylaxe

Siehe Kap. 24.4.4.

37.3.2 Anästhesie

Bei Eingriffen **bis etwa zur 12. Schwangerschaftswoche** ist folgendes zu beachten:

- Vermeidung von Hypoxie, Blutdruckabfall, Hypovolämie, Hypothermie, Hypoglykämie und Streß bei der Mutter
- nach Möglichkeit Bevorzugung von Regionalanästhesien
- bei Allgemeinanästhesien:
  - FIO_2 nicht unter 0,5
  - Erhaltung der schwangerschaftsphysiologischen Hypokapnie ($PaCO_2 \approx 32$ mmHg)
  - kein N_2O während der Frühschwangerschaft!
  - kein Ketamin (Steigerung der Uterusaktivität, Wehenauslösung möglich)!
- Beachtung möglicher Medikamenteninteraktionen (bes. Magnesium u. β2-Sympathomimetika)
- Vermeidung vorzeitiger Wehentätigkeit, nach Absprache mit dem Geburtshelfer evtl. durch Infusion von Fenoterol (Kap. 24.3.2)
- Überwachung der kindlichen Herztöne vor, nach und evtl. auch während des Eingriffs (→ CTG)
- postoperativ engmaschige Überwachung und erneutes Einholen eines gynäkologischen Konsils

Spätestens **ab der 20. Schwangerschaftswoche** gelten zusätzlich folgende Grundsätze:

- Durchführung einer linksuterinen Schräglagerung vor, während und nach dem Eingriff zur Verhinderung eines aortokavalen Kompressionssyndroms (Kap. 24.6.1)
- bei Allgemeinanästhesien:
  - Aspirationsprophylaxe mit einem H_2-Rezeptor-Antagonisten, evtl. auch Citratpuffer (Kap. 1.7.4)
  - Anwendung spezieller Techniken wie Nicht-nüchtern-Einleitung mit ausgiebiger Präoxygenierung (Kap. 7.3 u. 7.4)
- bei entsprechend fortgeschrittener Schwangerschaft rechtzeitige Informierung der Neonatologen darüber, daß eine vorzeitige Entbindung anstehen könnte

Allgemeinanästhesien während der Stillperiode

Wenngleich davon ausgegangen werden muß, daß die meisten Pharmaka in die Muttermilch übertreten, so sind die darin während einer Narkose erreichten Konzentrationen doch so gering, daß keine klinischen Effekte zu erwarten sind. Aus Sicherheitsgründen gilt aber für die Wiederaufnahme der Brustfütterung ein Intervall von mindestens 6 Stunden postoperativ (bei einer OP-Dauer > 1–2 h bis zu 24 h).

37.3.3 Postoperative Schmerztherapie

Neben den üblichen Opioiden (z. B. Piritramid) können auch Nicht-Opioid-Analgetika wie

- nichtsteroidale Antiphlogistika (NSAID; z. B. Acetylsalicylsäure),
- Paracetamol und auch
- Metamizol

zur postoperativen Schmerztherapie eingesetzt werden. *NSAID* können jedoch durch Wehenhemmung die Geburt hinauszögern und beim Fetus einen vorzeitigen Verschluß des Ductus Botalli bewirken. Darüber hinaus besteht die Gefahr, daß sie uterine Blutungen verstärken, was insbesondere für *Acetylsalicylsäure* gilt. Sie dürfen deshalb nach der 36. SSW nicht mehr bzw. nur bis zu 2 Wochen vor dem errechneten Geburtstermin verabreicht werden. Falls ein epiduraler oder spinaler Katheter liegt, empfiehlt sich vor allem anderen darüber die Applikation von Lokalanästhetika, evtl. in Kombination mit Sufentanil.

37.3.4 Hinweise für die Praxis

1. **Elektive Eingriffe** sollten frühestens 6 Wochen post partum durchgeführt werden, weil sich erst nach dem sog. Puerperium alle schwangerschaftstypischen Veränderungen völlig zurückgebildet haben.
2. **Bedingt dringliche Eingriffe** sollten erst ab dem 2. Trimenon vorgenommen werden, weil dann die Organogenese abgeschlossen ist und Fehlbildungen nicht mehr zu befürchten sind.
3. Bei **Operationen während der Frühschwangerschaft** sollte jede Pharmakonzufuhr auf das absolut notwendige Minimum beschränkt werden (→ zwingende Indikation!). Auf den Einsatz von **N_2O** sollte in dieser Phase verzichtet werden.
4. Wenn möglich sollten **Regionalanästhesien** bevorzugt werden. Sie lassen die geringsten Auswirkungen auf die Leibesfrucht erwarten, vorausgesetzt, Blutdruckabfälle und LA-Überdosierungen können vermieden werden.
5. Vor und nach Eingriffen während der Schwangerschaft sollte ein **gynäkologisches Konsil** zur Beurteilung und Dokumentation des Schwangerschaftsverlaufs eingeholt werden.

38 Geriatrie

38.1	Allgemeine Bemerkungen ▸ 538	**38.2.6**	Pharmakologie ▸ 542
38.2	Anästhesierelevante Veränderungen im Alter ▸ 538	**38.3**	Anästhesiologisches Vorgehen ▸ 543
38.2.1	Kardiovaskuläres System ▸ 539	**38.3.1**	Prämedikation ▸ 543
38.2.2	Respiratorisches System ▸ 540	**38.3.2**	Auswahl des Anästhesieverfahrens ▸ 543
38.2.3	Zentrales Nervensystem ▸ 541	**38.3.3**	Anästhesiedurchführung ▸ 543
38.2.4	Niere ▸ 542	**38.3.4**	Postoperative Versorgung ▸ 544
38.2.5	Thermoregulation ▸ 542		

38.1 Allgemeine Bemerkungen

Das operative Krankengut umfaßt zunehmend mehr alte Patienten. Anästhesiologische Probleme ergeben sich aber weniger durch die physiologische Altersinvolution – sie schränkt lediglich die Organreserven ein -, sondern mehr durch die oft vorhandene Multimorbidität.

38.2 Anästhesierelevante Veränderungen im Alter

Der physiologische Alterungsprozeß geht mit typischen biologischen Veränderungen einher. Die funktionellen Organreserven nehmen mit fortschreitendem Lebensalter mehr und mehr ab, was die Fähigkeit, traumatische, operative und anästhesiologische Belastungen zu kompensieren, entsprechend einschränkt. Früher wurde die Grenze, ab der ein Mensch als „alt" galt, willkürlich auf das 65. Lebensjahr festgelegt. Da Altern aber ein individueller Prozeß ist, sollte statt des chronologischen besser das **biologische Lebensalter** des einzelnen zugrunde gelegt werden. Inzwischen wird davon ausgegangen, daß das perioperative Risiko des älteren Menschen erst dann ansteigt wenn sich zu den physiologischen Involutionsvorgängen noch manifeste Organerkrankungen hinzugesellen.

Die Ergebnisse der bisherigen Untersuchungen zur **perioperativen Morbidität und Mortalität** im höheren Lebensalter lassen sich wie folgt zusammenfassen:

1. Die bei älteren Patienten erhöhte postoperative Komplikationsrate ist höchstwahrscheinlich nicht eine Funktion des Lebensalters. Entscheidend sind vielmehr Art und Schwere risikoerhöhender Erkrankungen, deren Inzidenz allerdings mit dem Alter zunimmt.
2. Die eingeschränkte Leistungsreserve des älteren Menschen spiegelt sich möglicherweise in der höheren Letalität bei erst einmal eingetretenen lebensbedrohlichen Komplikationen wieder.

38.2.1 Kardiovaskuläres System

Mit zunehmendem Alter verlieren die **Gefäße** an Elastizität. Das macht sich vor allem im arteriellen Schenkel bemerkbar. So verliert die Windkesselfunktion der Aorta nach und nach an Intensität. Infolgedessen steigt der systolische Blutdruck an, und die Blutdruckamplitude wird größer. Außerdem vermindert sich die kardiale Leistungsfähigkeit, bedingt u. a. durch eine abnehmende Koronarreserve. Im einzelnen lassen sich folgende altersbedingte Veränderungen am **Arbeitsmyokard** feststellen:

- verlängerte Kontraktions- und Relaxationszeit, verkürzte Perfusionszeit;
- erhöhte Wandspannung (→ verminderte myokardiale Compliance);
- eingeschränkte O_2-Utilisation;
- verminderte Empfindlichkeit auf β-adrenerge Stimuli und β-Sympathomimetika.

Die ventrikuläre Füllung in der frühen Diastole ist verlangsamt, wohingegen der Anteil in der späten Diastole (während der Vorhofkontraktion) anwächst. Der Beitrag der Vorhofkontraktion an der Kammerfüllung nimmt so von ca. 10% beim 20-jährigen auf über 20% beim 80jährigen zu. Die Erhaltung eines regulären Sinusrhythmus erlangt damit besondere Bedeutung. Insgesamt verringert sich das Herzzeitvolumen vom 40. Lebensjahr an jährlich um ca. 1%. Was die **Herzfrequenz** angeht, so ist die Ruhefrequenz leicht erniedrigt, und der Frequenzanstieg unter Belastung fällt geringer aus. Grund dafür ist die im Alter reduzierte Sympathikusaktivität. Ein AV-Block I.° ist häufig, hat aber für sich allein keine pathologische Bedeutung. Die eingeschränkte Frequenzregulation hat zur Folge, daß für die Erhöhung des Herzzeitvolumens unter Belastung eher der Frank/Starling-Mechanismus in Anspruch genommen werden muß.

Beim älteren Menschen ist darüber hinaus die **kardiovaskuläre Morbidität** erhöht. So ist ein häufigeres Auftreten von arterieller Hypertonie, koronarer Herzkrankheit, Myokardinsuffizienz, Herzrhythmusstörungen und arterieller Verschlußkrankheit zu verzeichnen.

Hinweise für die Praxis

1. Der alte Mensch neigt intraoperativ zu **Bradykardien.** Sie sprechen i. d. R. nur schlecht oder gar nicht auf Atropin an. Wiederholte Atropingaben sollten vermieden werden, auch um kein zentralanticholinerges Syndrom (Kap. 8.7) zu provozieren. Statt dessen sollte b. Bed. frühzeitig Orciprenalin eingesetzt werden.
2. Die **kardiale Belastungsreserve** ist **eingeschränkt.** Blutdruckanstieg oder -abfall, Hypo- oder Hypervolämie werden schlechter toleriert.
3. Die **kritische obere Herzfrequenz** liegt bei **120/min.** Oberhalb dieser Grenze steigt das Risiko von Myokardischämien wegen der Verkürzung der Diastole (Subendokarddurchblutung) deutlich an.
4. **Präoperative Blutdruck- und Herzfrequenzwerte** sollten, wenn sie nicht deutlich pathologisch sind, intraoperativ aufrechterhalten werden. Bei Abweichungen muß frühzeitiger und nachhaltiger therapeutisch interveniert werden als beim jungen (gesunden) Patienten. Eine kontrollierte Hypotension sollte generell nicht angewendet werden.
5. Eine **Hyperventilation** sollte intraoperativ vermieden werden, denn sie könnte durch arterielle Vasokonstriktion zu einer kritischen Verminderung der Durchblutung von Herz und Gehirn führen.

38.2.2 Respiratorisches System

Mit fortschreitendem Alter nimmt die Atemreserve ab. Zunehmende Thoraxrigidität, Verkalkungen der Gelenkverbindungen und der Verlust elastischer Fasern des Lungengewebes münden in das sog. **Altersemphysem.** Hierbei finden sich folgende Veränderungen:

- erhöhte funktionelle Residualkapazität (FRC) und erhöhtes Residualvolumen,
- verminderte Vitalkapazität und Einsekundenkapazität,
- bis um ca. 1/3 verringerte alveoläre Gasaustauschfläche.

Von wesentlicher Bedeutung ist, daß im höheren Alter die sog. Closing capacity[91] die FRC übersteigt. Infolgedessen tritt während der Exspiration bereits in ruhiger Atemmittellage ein Verschluß der kleinen Atemwege auf, und es kommt zum sog. Air-trapping. Dies führt zu einer Zunahme der venösen Beimischung und begünstigt das Entstehen von Mikroatelektasen. Der PaO_2 vermindert sich vom 20. Lebensjahr pro Dekade um ca. 5 mmHg. Die respiratorische Antwort auf Hyperkapnie und Hypoxie ist im Alter abgeschwächt. Da die Reaktivität der Atemwege (z. B. Hustenreflex), die ziliare Klärfunktion, die immunologischen Reaktionen und die Kraft der Atemmuskulatur abnehmen, können sich eher Bronchitiden und auch Pneumonien (z. B. postoperativ) entwickeln.

Die Inzidenz **pulmonaler Erkrankungen** ist im Alter erhöht. Neben der COPD („chronic obstructive pulmonary disease") sind häufiger auch Residuen spezifischer Entzündungen (z. B. Tbc) und Neoplasien zu beobachten.

91 die kritische Lungenkapazität, bei deren Unterschreitung Teile der Luftwege kollabieren (setzt sich zusammen aus Closing volume und Residualvolumen)

Hinweise für die Praxis

1. Die **pulmonale Belastungsreserve** ist beim alten Menschen **eingeschränkt.** Höhere thorakale Anästhesieniveaus bei rückenmarknahen Regionalanästhesien werden deshalb schlechter toleriert.
2. Außerdem ist der Atemantrieb verringert, während die Empfindlichkeit auf atemdepressorisch wirkende Medikamente gesteigert ist. Postoperativ ist daher die Gefahr einer **respiratorischen Insuffizienz** erhöht.
3. Nach Allgemeinanästhesien wird eine **zügige Extubation** angestrebt. Der Patient sollte dabei idealerweise schmerzfrei und kooperativ sein. Die Schluck- und Hustenreflexe müssen völlig wiederhergestellt sein. Gleiches gilt für die grobe Muskelkraft. Ein Relaxansüberhang muß unbedingt vermieden werden.

38.2.3 Zentrales Nervensystem

Das Gehirn besteht beim 30jährigen aus ca. 10 Milliarden Zellen. Durch Zelluntergang in bestimmten Regionen atrophiert es auf ca. 80% beim 80jährigen. Die **Hirnatrophie** zeigt sich vor allem an den inneren Hirnarealen und wird durch eine Vergrßerung des Ventrikelsystems erkennbar. Hirndurchblutung und zerebraler O_2-Verbrauch sind vermindert, die Empfindlichkeit auf zentral dämpfende Medikamente ist dagegen gesteigert. Die Kommunikation wird oft durch Hör- und Sehbehinderungen beeinträchtigt. Im Alter nehmen außerdem **dementielle Erkrankungen** zu: senile Demenz vom Alzheimer-Typ (50%), Multiinfarktdemenz (vaskulärer Typ, 20%), Mischtypen (20%) und symptomatische Demenzen (10%).

Im Rückenmarkkanal schrumpft mit zunehmendem Alter der **Epiduralraum.** Die Anschlagzeit von Epiduralanästhesien wird dadurch zwar nicht beeinflußt, wohl aber die Anästhesieausdehnung. Sie nimmt bei Verwendung gleicher Volumina deutlich zu. Während beim jungen Menschen ca. 1,5 ml Lokalanästhetikum pro Segment nötig sind, fällt der Bedarf im hohen Alter auf unter 1,0 ml. Ein thorakales Anästhesieniveau kann deshalb beim über 80-jährigen z.T. schon mit 6–8 ml erreicht werden! Wegen der im Alter verminderten Durchblutung des Rückenmarkkanals werden Lokalanästhetika langsamer systemisch resorbiert, was zu verlängerten Blockadezeiten nicht nur bei Epidural-, sondern auch bei Spinalanästhesien führt.

Hinweise für die Praxis

1. Die **zerebrale Hypoxie- und Ischämietoleranz** ist beim alten Menschen herabgesetzt.
2. Postoperativ können sich leichter **Verwirrtheits- und Unruhezustände** entwickeln. Als Ursachen kommen u. a. in Frage: Hypoxie, Durchgangssyndrom, zentralanticholinerges Syndrom (Kap. 8.7), transitorisch-ischämische Attacke, Psychose. Zusätzlich können Hör- und Sehstörungen die Orientierung nach einer Narkose erschweren.
3. Die Anästhesieführung zielt darauf ab, die **zerebrale Homöostase** aufrechtzuerhalten. Im Vordergrund steht dabei die **adäquate O_2-Versorgung** (Vermeidung von Hypoxie und Ischämie!). Eine Hyperventilation vermindert die Hirndurchblutung und sollte demzufolge vermieden werden.
4. Bei **Epiduralanästhesien** muß die Lokalanästhetikadosis im Alter deutlich reduziert werden.

38.2.4 Niere

Die Nierenfunktion nimmt mit fortschreitendem Alter parallel zur Nierendurchblutung ab. Sie verringert sich ab dem 20. Lebensjahr um ca. 1% pro Jahr. Im Alter ist deshalb mit einer **Reduktion der Kreatininclearance um bis zu 50%** zu rechnen. Das Serumkreatinin ist dabei allerdings i. d. R. normal, weil auch die Muskelmasse weniger wird. Neben der glomerulären Filtration werden auch die **tubulären Funktionen** beeinträchtigt (Exkretion und Rückresorption). Aufgrund eingeschränkter Rückresorption kann ein Natrium- und Flüssigkeitsmangel beim alten Menschen schlechter renal kompensiert werden. Eine ungenügende Flüssigkeitsaufnahme führt somit schneller zur Abnahme des extrazellulären Volumens mit den typischen Störungen der Kreislauftätigkeit und weiterer Verschlechterung der Nierenfunktion. Mit der außerdem nachlassenden Aktivität des Renin-Angiotensin-Aldosteron-Systems kann sich im Alter leichter eine **Hyperkaliämie** entwickeln.

Hinweise für die Praxis

1. Die **renalen Kompensationsmöglichkeiten** sind beim alten Menschen beeinträchtigt, so daß sich schneller Störungen des Flüssigkeits- und Elektrolytgleichgewichts entwickeln können.
2. Hypoxien oder Ischämien (z. B. aufgrund einer Hypovolämie) können leichter zu einem **akuten Nierenversagen** führen.
3. Perioperativ ist ein **ausreichendes, d. h. i. d. R. erhöhtes Natrium und Flüssigkeitsangebot** besonders wichtig, um der eingeschränkten Konzentrierungsfähigkeit der Niere Rechnung zu tragen.

38.2.5 Thermoregulation

Die Thermoregulation ist im Alter eingeschränkt. Die Aufrechterhaltung der Körpertemperatur wird einerseits durch den verminderten Grundumsatz und andererseits durch Veränderungen im Regelkreis erschwert (sensorischer Einstrom und motorische Antwort). Während junge Menschen Temperaturdifferenzen von ca. 1 °C auf der Hautoberfläche unterscheiden können, verschlechtert sich die Diskriminierung im Alter auf ca. 2 °C. Periphere Neuropathien verschlechtern die afferente Leitung weiter. Am stärksten beeinträchtigt ist jedoch der **efferente Schenkel.** Kutane Gefäße sind rarefiziert, die Fähigkeit zur Vasokonstriktion ist vermindert, ebenso wie die Thermogenese durch Muskelzittern und Stoffwechselsteigerung.

38.2.6 Pharmakologie

Beim alten Menschen ist generell eine **erhöhte Arzneimittelempfindlichkeit** festzustellen. Hierbei spielen i. d. R. weniger pharmakodynamische als vielmehr pharmakokinetische Gründe eine Rolle. Sie sollen im folgenden kurz erläutert werden.

Der **Wassergehalt des Körpers** sinkt mit dem Alter zugunsten des Fettgewebsanteils von zuvor 60 auf etwa 50%. Diese „physiologische Dehydratation" betrifft nur den Intrazellulärraum, und zwar hauptsächlich die Muskelzellen, der Anteil des Extrazellulärraums am Körpergewicht bleibt dagegen konstant. Dadurch verändert sich das Verteilungsvolumen besonders der gut fettlöslichen Medikamente (z. B. Anästhetika). Weiterhin steigt der Natriumgehalt des Körpers, während der Kaliumgehalt fällt, und das bei jeweils so gut wie unveränderten Serumspiegeln. Kaliumverluste oder -verschiebungen wirken sich daher deutlicher aus. Bei unverändertem Körpergewicht nimmt die Masse der metabolisch aktiven Zellen ab und damit auch der Umsatz von Medikamenten. Der Grundumsatz eines 80jährigen ist gegenüber dem eines 20jährigen um ca. 25% vermindert.

Das **Herzzeitvolumen,** das im Alter um bis zu 40% verringert ist, verteilt sich zudem anders: Gehirn und Herz erhalten einen höheren Anteil auf Kosten von Leber und Nieren. Die Abnahme des Herzzeitvolumens bewirkt eine Verlängerung der Kreislaufzeit, so daß die Wirkung von Pharmaka verzögert einsetzt. Infolge der anteilig höheren Durchblutung erreicht eine Substanz aber das Gehirn wie aus das Herz in größerer Menge. Um i. Vgl. zu jüngeren Patienten äquipotente zerebrale Effekte zu erzielen und außerdem kardiale Nebenwirkungen zu vermeiden, müssen Hypnotika bei älteren Patienten unbedingt langsam, d. h. nach Wirkung injiziert und generell in geringerer Dosis angewendet werden. Das verminderte Herzzeitvolumen behindert zusammen mit der verringerten Muskelmasse die Umverteilung aus den zentralen Kompartimenten Gehirn und Herz in die schlechter durchbluteten peripheren Kompartimente Muskel- und Fettgewebe. Das hat zur Folge, daß Hypnotika- und Anästhetikakonzentrationen im Gehirn nur langsamer absinken und die Wirkungen länger anhalten. Die größere Fettgewebsmasse führt anschließend hier zu einer Substanzanreicherung und verlangsamt die Elimination, was gleichermaßen das Entstehen eines Narkoseüberhangs begünstigt.

Die metabolische Kapazität der **Leber** (mikrosomale Enzymaktivität) vermindert sich insgesamt nur gering, allerdings ist der First-pass-Effekt als Folge der erniedrigten Leberdurchblutung eingeschränkt. Die exkretorische Fähigkeit der **Niere** verringert sich dagegen erheblich. Die Folge ist eine verzögerte Ausscheidung von Substanzen mit überwiegend renaler Elimination (verlängerte Eliminationshalbwertszeit).

Hinweise für die Praxis

1. Alte Patienten zeigen eine **erhöhte Anästhetikaempfindlichkeit.** Hierfür sind hauptsächlich Veränderungen der **Pharmakokinetik** verantwortlich. Sie sollten zu einer **Reduktion der Initial- und Repetitionsdosen** der eingesetzten Substanzen führen. Hypnotika müssen zudem unbedingt langsam injiziert werden.
2. **Rezeptor- und Membranveränderungen** spielen eine untergeordnete Rolle, d. h., die Plasmaspiegel, bei denen eine definierte Wirkung eintritt, unterscheiden sich nicht allzusehr von denen jüngerer Menschen.

Tabelle 146 Mögliche Vorteile einer Regionalanästhesie

intraoperativ	postoperativ
kontinuierliche Kontrolle zerebraler Funktionen	bessere Vigilanz, weniger kognitive und mentale Störungen
Streßreduktion (verminderte Katecholaminplasmaspiegel)	höherer PaO_2
geringere Rate tachykarder, arrhythmischer und hypertoner Episoden	geringere Rate von Thrombosen und Thromboembolien
reduzierte Inzidenz von Myokardischämien (bes. bei thorakalen Epiduralanästhesien; s. Kap. 35.2)	geringere Inzidenz von PONV*
geringerer Blutverlust	effektivere Analgesie (Kathetertechnik)
	bessere Darmmotilität und -durchblutung (rückenmarknahe Verfahren)
	schnellere Mobilisation und Nahrungsaufnahme und damit auch frühzeitigere Entlassung (→ Kostensenkung)

* „postoperative nausea and vomiting"

38.3 Anästhesiologisches Vorgehen

38.3.1 Prämedikation

Bei Patienten im hohen Alter ist nur selten eine sedierende Prämedikation erforderlich. Wenn doch, dann muß berücksichtigt werden, daß die in Frage kommenden Substanzen die Atmung und die Orientierung beeinträchtigen können, was zu einer Dosisreduktion führen sollte.

38.3.2 Auswahl des Anästhesieverfahrens

Wenn man einmal von peripheren Nervenblockaden bei kleineren Eingriffen absieht, hat sich in großen Untersuchungskollektiven gezeigt, daß die perioperative Morbidität und Mortalität alter Patienten im großen und ganzen nicht vom Anästhesieverfahren beeinflußt werden. Nur im Hinblick auf einzelne Kriterien lassen sich Vorteile einer rückenmarknahen Regionalanästhesie gegenüber der Allgemeinanästhesie erkennen (Tabelle **146**). So fanden sich z. B. in der Hüftchirurgie postoperativ signifikant weniger Durchgangssyndrome.

Als **bevorzugte Indikationen für eine rückenmarknahe Regionalanästhesie** gelten beim alten Patienten:

- Hüftchirurgie
- Eingriffe am Fuß und Unterschenkel
- transurethrale Prostataresektion
- Herniotomie
- Gefäßeingriffe an der unteren Extremität und der Beckenarterie
- Amputationen (Reduktion von Phantomschmerzen)

38.3.3 Anästhesiedurchführung

Bei alten Patienten ist es besonders wichtig, vor Einleitung einer Anästhesie die hämodynamischen und respiratorischen Ausgangswerte zu messen und zu protokollieren, denn sie dienen im weiteren Verlauf als wichtige Referenz. Die Interventionsgrenzen bei Abweichungen der Werte vom (individuellen) Normalbereich müssen deutlich enger gezogen werden als bei jungen Patienten. Die Indikation für ein erweitertes Monitoring (vor allem die ZVK-Anlage und die invasive Druckmessung) ist folglich großzügig zu handhaben. Bei der Beurteilung des ZVD kommt Trendveränderungen eine größere Bedeutung zu als den Absolutwerten. Intravasale Volmendefizite sollen unbedingt behoben sein, bevor eine Allgemein- oder rückenmarknahe Regionalanästhesie begonnen wird. Hierbei ist auf durch die Hypovolämie maskierte Anämien zu achten, die dann ggf. auch korrigiert werden müssen. Unverzichtbar bei größeren oder längeren Eingriffen sind wirksame Maßnahmen zum Schutz vor Auskühlung, evtl. sollte auch der Operationssaal aufgeheizt werden.

Allgemeinanästhesie

Wie bereits ausgeführt, soll das Einleitungshypnotikum langsam nach Wirkung appliziert werden. Eine Kreislaufdepression ist dann, eine Normovolämie ebenfalls vorausgesetzt, meist vermeidbar. Die Narkose läßt sich unter Opioidsupplementierung i. d. R. gut mit Inhalationsanästhetika weiterführen, wobei vom volatilen Anästhetikum oft schon geringe Konzentrationen ausreichen (z. B. 0,5 Vol.-% Isofluran). Bei fortgeschrittener Niereninsuffizienz kann zur Relaxierung Atracurium oder cis-Atracurium gegenüber Vecuronium oder Rocuronium von Vorteil sein. Bei der Beatmung sollte darauf geachtet werden, eine Hyperventilation zu vermeiden, damit die Hirndurchblutung nicht abfällt.

Rückenmarknahe Regionalanästhesie

Spinalanästhesien mit Kathetertechnik bieten den Vorteil der fraktionierten Injektion und der Nachinjektion. Dadurch sind die Kreislaufeffekte geringer ausgeprägt, und postoperativ kann der Katheter zur Analgesie benutzt werden. Bei Epiduralanästhesien reichen, wie beschrieben, oft ungewöhnlich niedrige Volumina aus, um das gewünschte Blockadeniveau zu erreichen.

38.3.4 Postoperative Versorgung

Die Überwachungszeit muß bei älteren Patienten meistens verlängert werden. Die Indikation für eine Intensivüberwachung ist großzügiger zu stellen als bei jüngeren. Trotzdem gelingt es naturgemäß nur selten, einen Zustand zu erreichen, der besser als präoperativ ist. Wenn kein Regionalanästhesekatheter vorhanden ist, müssen zur postoperativen **Schmerztherapie** Analgetika intravenös appliziert werden. Hierzu eignen sich beim alten Menschen besonders diejenigen Substanzen, die die Vigilanz nicht herabsetzen (z. B. Metamizol 1,5–2,5 g p. inf., ggf. schon zur Narkoseausleitung). Bei Opioiden sollte die Zufuhr titriert werden, um so eine Atemdepression sicher zu verhindern (z. B. Piritramid in 3,75-mg-Boli i. v.).

39 Organtransplantationen

39.1	Multiorganentnahme ▸ 545	39.6.1	Indikationen, Kontraindikationen und Ergebnisse ▸ 554
39.1.1	Hirntod ▸ 545	39.6.2	Präoperative Vorbereitung ▸ 554
39.1.2	Operationsablauf ▸ 546	39.6.3	Instrumentierung und Monitoring ▸ 554
39.1.3	Organkonservierung ▸ 546	39.6.4	Bluttransfusion ▸ 555
39.1.4	Anästhesiologisches Vorgehen ▸ 546	39.6.5	Medikamente ▸ 555
39.2	Nierentransplantation ▸ 547	39.6.6	Ablauf von Anästhesie und Operation ▸ 556
39.3	Pankreastransplantation ▸ 549	39.6.7	Besondere Aspekte ▸ 558
39.4	Herztransplantation ▸ 551	39.7	Knochenmarkentnahme ▸ 560
39.5	Lungentransplantation ▸ 552		
39.6	Erwachsenen-Lebertransplantation ▸ 554		

39.1 Multiorganentnahme

Voraussetzungen für eine Multiorganentnahme sind die zweifelsfreie Feststellung des Hirntods und die Einwilligung des Spenders zu Lebzeiten oder nach dem Tod die seiner nächsten Angehörigen (Einzelheiten zur Einwilligung s. Kap. 13.7).

39.1.1 Hirntod

Definition

Der Hirntod bedeutet den **irreversiblen Ausfall sämtlicher integrativer Hirnfunktionen** (Großhirn, Kleinhirn und Stammhirn). Er kann durch eine primäre oder sekundäre akute Hirnschädigung verursacht werden und ist nur bei künstlich beatmeten Patienten mit noch isoliert erhaltener Herzfunktion zu diagnostizieren. Nach heutigem medizinischen Verständnis ist er mit dem Tod des Menschen als Individuum und als Gesamtorganismus gleichzusetzen.

Diagnose

Zur Feststellung des Hirntods muß der Nachweis des irreversiblen Hirnfunktionsverlustes geführt werden, entweder durch klinische Beobachtung über einen angemessenen Zeitraum oder durch ergänzende apparative Untersuchungen. Die hierzu existierenden **Richtlinien des Wissenschaftlichen Beirates der Bundesärztekammer** wurden zuletzt 2005 nach Verabschiedung des Transplantationsgesetzes fortgeschrieben. Mittlerweile handelt es sich dabei um rechtsverbindliche Vorschriften. Sie sind die maßgebliche Entscheidungsgrundlage für die Diagnostizierung des Hirntods.

MERKE
Die richtliniengemäße Feststellung des Hirntods ist die unabdingbare Voraussetzung für jede postmortale Entnahme von Organen!

Die **klinischen Zeichen** des Hirntods umfassen
- den Bewußtseinsverlust,
- die Apnoe,
- die beidseitige Mydriasis und
- das Fehlen der Stammhirnreflexe.

Auf Einzelheiten soll an dieser Stelle nicht eingegangen werden. Sie können in den Richtlinien nachgelesen werden.

Pathophysiologische Veränderungen

Für die anästhesiologische Tätigkeit bei Multiorganentnahmen ist vor allem der Ausfall der regulatorischen Stammhirnfunktionen von Bedeutung. Im Vordergrund stehen die im folgenden aufgeführten Veränderungen.

1. Autonome Denervierung (Sympathikolyse, Parasympathikolyse)
   → keine physiologische Herzfrequenzvariation (HF konstant zwischen 80 und 100/min)
   → Fehlen der zentralen Kreislaufreflexe

Tabelle 147 Tolerable „kalte Organischämiezeit" (+4 °C) bei Anwendung unterschiedlicher Perfusate

Perfusat	Herz	Leber	Nieren	Pankreas
UW[1/2] (Belzer)		20–24 h	48 h	24 h
Eurocollins[3]	6–10 h	6–10 h	48 h	
HTK[4/5] (Bretschneider)		6–10 h		

[1] University of Wisconsin; [2] $[K^+]$ = 125 mmol/l;
[3] $[K^+]$ = 115 mmol/l; [4] Histidin-Tryptophan-Ketoglutarat;
[5] $[K^+]$ = 10 mmol/l

→ periphere Vasodilatation → Blutdruckabfall u. relative Hypovolämie[92] („neurogener Schock")
→ evtl. neurogenes Lungenödem

2. Hypothalamus-Hypophysen-Ausfall
   → Diabetes insipidus (ADH-Mangel) → hypertone Dehydratation u. Hypokaliämie
   → ACTH-Mangel → Cortisolmangel
   → TSH-Abfall → T_3-Abfall
   → Poikilothermie → Hypothermie
3. Hyperglykämie (bei ca. 75%)
   - Wegfall der zerebralen Glukoseverbrauchs
   - verminderte Insulinspiegel
4. „Spinalisation"
   - erhaltene spinale Reflexe u. Axonreflexe → Muskelaktivität sowie Anstieg von Blutdruck u. Herzfrequenz möglich

39.1.2 Operationsablauf

Bei der Multiorganentnahme können 3 Phasen unterschieden werden:

1. Phase: Präparation
   - mediane Sternotomie sowie Laparotomie
   - thorakale und abdominale Präparation
   - Katheterisierungen für die Organperfusion mit Konservierungslösungen
   - Heparinisierung (300 IE UFH/kg KG i. v. im Bolus)

2. Phase: Organperfusion mit Konservierungslösungen (s. Abschn. 39.1.3)

3. Phase: Organentnahme in der Reihenfolge Herz → Lunge → Leber/Nieren

39.1.3 Organkonservierung

Die Prinzipien der extrakorporalen Organkonservierung beruhen auf der Anwendung von **Hypothermie** (+4 °C) und der Organperfusion mit speziellen, empirisch entwickelten **Lösungen** (Tab. **147**).

Phasen der potentiellen Organschädigung

- Vorschädigung (z. B. Trauma, Intensivtherapie)
- unterschiedlich lange „kalte Ischämie" (Organtransport)
- kurze „warme Ischämie" (Anastomosierung beim Empfänger)
- Reperfusionsschädigung (nach Freigabe der Durchblutung im Empfänger)

39.1.4 Anästhesiologisches Vorgehen

Im Mittelpunkt der anästhesiologischen Tätigkeit bei Multiorganentnahmen steht die **organerhaltende Therapie.** Sie soll die möglichst rasche Wiederkehr der Transplantatfunktion im Empfängerorganismus unterstützen. Eine Anästhesie ist beim Hirntoten selbstverständlich nicht erforderlich, wohl aber eine **Muskelrelaxation,** um das Auftreten störender, auf Rückenmarkebene ablaufender Reflexe zu verhindern. Hierzu werden nichtdepolarisierende Relaxanzien eingesetzt.

Vorbereitung

Vor Beginn der Explantation muß das Vorhandensein der Hirntoddokumentation und des Leichenschauscheins überprüft werden. Der Leichenschauschein wird von dem zu Lebzeiten des Spenders zuletzt behandelnden Arzt ausgefüllt. An Laborwerten werden minimal benötigt: Hb (oft Anämie infolge von Verdünnung u./od. Blutung), Serumelektrolyte (Na^+, K^+, Ca^{2+}, Cl^-), BZ und Gerinnungsstatus. Darüber hinaus sollen 4 gekreuzte, leukozytendepletierte und möglichst auch bestrahlte Erythrozytenkonzentrate im Operationstrakt bereitstehen.

Instrumentierung und Monitoring

- 1–2 großlumige Venenkanülen (G16 od. G14), arterieller Zugang (invasive Blutdruckmessung, ggf. BGA), ZVK (ZVD [mögl. kontinuierlich], SvO_2)

92 Eine absolute Hypovolämie ist meist gleichzeitig infolge vorausgegangener Dehydratationsbehandlung vorhanden.

- EKG, Pulsoxymetrie, Kapnometrie/-graphie
- Magensonde, Blasenkatheter, Temperatursonde

Intraoperative Zielwerte

- $PaO_2 \geq 100$ mmHg, $PaCO_2 = 40$ mmHg (CO_2-Produktion infolge der Stoffwechselreduktion herabgesetzt)
- MAP > 60 mmHg (systolisch > 100 mmHg)
- ZVD ≈ 10 cmH_2O (< 10 cmH_2O bei Herz-Lungen-Entnahme; *cave*: interstitielles Lungenödem!)
- Urin > 100 ml/h
- Hb ≈ 8–10 g/dl, $SvO_2 \geq 70\%$
- Besonderheiten bei Lungenentnahme:
  - $FIO_2 \leq 0{,}5$, PEEP 5 cmH_2O, Spitzendruck bis 35 cmH_2O
  - PaO_2 > 100 mmHg bei FIO_2 < 0,4

Hinweise für die Praxis

Kreislauftherapie

1. Volumenersatz bei Diabetes insipidus mit Halbelektrolytlösungen (*cave*: Hyperglykämie!), frühzeitige Gabe von Desmopressin (Minirin®; 1–2 µg i. v.); Anwendung von HES b. Bed. möglich
2. nach Möglichkeit Vermeidung von Katecholaminen, ggf. aber Noradrenalin zur Gefäßtonisierung (bei Herz-Lungen-Entnahme kann Noradrenalin großzügiger eingesetzt werden, um überhöhte ZVD und die damit verbundene Gefahr einer myokardialen Gefügedilatation zu vermeiden)
3. grundsätzlich nur direkt wirkende Agonisten verwenden (Atropin und indirekte Sympathomimetika sind unwirksam!)
4. Behandlung von Blutdruck- und Herzfrequenzanstiegen (spinale Reflexe) in erster Linie mit dem volatilen Anästhetikum (besonders empfehlenswert Isofluran)
5. äußerst restriktive Handhabung der Bluttransfusion (wichtigster Indikationsparameter ist der Abfall der SvO_2 unter 70% bei ausreichender Volumensubstitution)

39.2 Nierentransplantation (NTX)

Indikation:	terminale Niereninsuffizienz
Pathophysiologie:	s. Kap. 35.8
Vorbereitung:	ggf. präop. Hämodialyse, danach Laborwerte aktualisieren (bes. Serumkalium [nicht älter als 6 h], Gerinnungsstatus)
Besonderheiten:	1. Dehydratation nach Dialyse (*cave*: Blutdruckabfall nach Narkoseeinleitung!) 2. Serumkalium nicht höher als 5,5 mmol/l!
OP-Verfahren:	extraperitoneale, heterotope Implantation der Spenderniere in die rechte Fossa iliaca
OP-Ablauf:	zuerst Anastomosierung der A. renalis mit der A. iliaca interna, dann der V. renalis mit der V. iliaca communis, Freigabe der Anastomosen in dieser Reihenfolge, anschließend Einpflanzung des Ureters in die Blase
OP-Dauer:	2–3 h
Lagerung:	Rückenlage, Arme ausgelagert; Polsterung des Shuntarms
Ausrüstung:	1 großlumiger i. v. Zugang, ZVK, 5-Pol-EKG mit ST-Strecken-Analyse, Magensonde, Blasenkatheter (durch Urologen), Temperatursonde, Auskühlungsschutz (Wärmedecke, Infusionswärmer etc.), Relaxometrie
Besonderheiten:	1. keine Punktionen am Shuntarm, nichtinvasive Blutdruckmessung am anderen Arm! 2. strenge Asepsis
Blutkonserven:	2 leukozytendepletierte, am besten auch bestrahlte u. bei CMV-neg. Empfänger CMV-neg. EK (strengste Indikation, um HLA-Sensibilisierungen zu verhindern!)

Anästhesie:	Intubationsnarkose mit balanc. Anästhesie (Isofluran) u. kompl. Muskelrelaxation
Einleitung:	ggf. modifizierte Nicht-nüchtern-Einleitung mit apnoischer Oxygenierung (Relaxierung mit [cis-]Atracurium, möglichst kein Succinylcholin!)
Besonderheiten:	1. Flüssigkeitsersatz primär mit NaCl 0,9% (keine kaliumhaltigen Infusionen!) 2. falls nötig sukzessives Anheben des ZVD auf 10–12 cmH_2O (ggf. auch mit HES), bereits vor der Narkoseeinleitung damit beginnen, um HZV- u. Blutdruckabfälle zu verhindern od. zu begrenzen; hohes HZV wichtig zur Kompensation der chronischen Anämie 3. Hyperventilation entsprechend dem präop. PCO_2 zum pH-Ausgleich beibehalten (sonst Kaliumshift nach extrazellulär), $NaHCO_3$ restriktiv einsetzen (pH < 7,2, SB < 16 mmol/l) 4. intraop. regelmäßig Laborkontrollen (bes. K^+, BZ, zentralvenöse BGA, SvO_2) 5. intermittierend auskultatorische Shuntkontrollen 6. spezielle Medikamente – bereits auf Station: 250 mg Methylprednisolon (Urbason®), 20 mg Basiliximab (Simulect®; monoklonaler Antikörper zur T-Zell-Suppression u. 500 mg Mycophenolatmofetil (CellCept®; hemmt die Teilung von B- u. T-Zellen) i. v. – periop. Antibiotikaprophylaxe (z. B. 2 g Cephazolin) – nach Öffnung der arteriellen Anastomose bis zu 250 mg Furosemid i. v. 7. Optimierung der postischämischen Nierendurchblutung – Aufrechterhaltung eines ausreichenden Perfusionsdrucks (MAP >> 80 mmHg [untere Schwelle der renalen Autoregulation]) und eines hohen HZV – ZVD 10–12 cmH_2O
Komplikationen:	1. Blutungen 2. arterielle Hypotension nach Narkoseeinleitung und nach Reperfusion (→ ausreichende vorherige Volumensubstitution!) 3. Hyperkaliämie, vor allem unmittelbar nach Reperfusion (Therapie: akut ggf. 1–2 g Calcium i. v., sonst Infusion von 100 IE Insulin in 500 ml G 40% nach Wirkung)
Nachbetreuung:	nephrologische Überwachungsstation (extubiert)
Ergebnisse:	5-Jahres-(Transplantat-)Überlebensrate von ca. 70%

39.3 Pankreastransplantation

Eine Pankreastransplantation wird in denjenigen Fällen von Diabetes mellitus Typ I vorgenommen, in denen eine therapierefraktäre Mikroangiopathie entweder bereits zu einer terminalen Niereninsuffizienz geführt hat oder eine solche in absehbarer Zeit zu befürchten ist. Im ersten Fall wird sie mit einer Nierentransplantation kombiniert, im zweiten wird nur eine Pankreassegment- oder eine Inselzelltransplantation durchgeführt. Bei der Inselzelltransplantation werden lediglich einige Zellverbände in die Leber oder Milz eingepflanzt. Hierzu reicht eine Lokalanästhesie aus. Das Verfahren befindet sich aber immer noch im Stadium der klinischen Erprobung. Etabliert ist dagegen die kombinierte **Pankreas-Nieren-Transplantation.**

■ Pankreas-Nieren-Transplantation

Indikation:	Diabetes mellitus Typ I u. terminale Niereninsuffizienz
Pathophysiologie:	1. Niereninsuffizienz (Kap. 35.8)

2. zusätzl. diabetische Mikroangiopathie (→ KHK) u. Polyneuropathie (→ vegetative Neuropathie: orthostatische Hypotension, Herzfrequenzstarre, Gastroparese)

Vorbereitung:
1. internistisches u. neurologisches Konsil, transthorakale Echokardiographie (entbehrlich bei Angiokardiographie)
2. präop. Hämodialyse (ab 12 h vor Transplantation), danach Laborwerte aktualisieren (bes. Serumkalium [nicht älter als 6 h], Gerinnungsstatus [inkl. AT III u. F XIII])

Besonderheiten:
1. Dehydratation nach Dialyse (*cave*: Blutdruckabfall nach Narkoseeinleitung!)
2. Serumkalium nicht höher als 4,5 mmol/l!

OP-Ablauf:
mediane Laparotomie
1. Pankreasduodenaltransplantation („en bloc"):
   - i.d.R. extra-, selten intraperitoneale, heterotope Implantation in die rechte Fossa iliaca
   - arterielle Anastomosierung mit der A. iliaca comm., venöse mit der V. cava inferior od. der V. mesenterica sup.
   - Duodenoileostomie
2. Niere:
   - extraperitoneale, heterotope Implantation in die linke Fossa iliaca
   - arterielle u. venöse Anastomosierung mit den Iliakalgefäßen
   - Einpflanzung des Ureters in die Blase
3. Zusatzeingriffe: i.d.R. Appendektomie, ggf. Cholezystektomie u. Tubenligatur

sorgfältige Spülung des Bauchraums u. Einlegen von 2 Spüldrainagen in den Douglas-Raum (→ postop. Peritoneallavage bei infektiösem Transplantat)

OP-Dauer:
ca. 4–6 h

Lagerung:
Rückenlage, Arme ausgelagert; Polsterung des Shuntarms

Ausrüstung:
2 großlumige i.v. Zugänge, 3-Lumen-ZVK, kontinuierliche ZVD-Messung, art. Zugang (A. femoralis links!), 5-Pol-EKG mit ST-Strecken-Analyse, Magensonde, Blasenkatheter (durch Urologen), Temperatursonde, Auskühlungsschutz (Wärmedecke, Infusionswärmer etc.), Transfusionspumpe o.ä., Cell-saver, Relaxometrie

Besonderheiten:
1. keine Punktionen am Shuntarm, zunächst nichtinvasive Blutdruckmessung am anderen Arm!
2. strenge Asepsis

Blutkonserven:
6 leukozytendepletierte, am besten auch bestrahlte u. bei CMV-neg. Empfänger CMV-neg. EK (strengste Indikation, um HLA-Sensibilisierungen zu verhindern!)

Anästhesie:
Intubationsnarkose mit balanc. Anästhesie (Isofluran) u. kompl. Muskelrelaxation

Einleitung:
ggf. modifizierte Nicht-nüchtern-Einleitung mit apnoischer Oxygenierung (Relaxierung z.B. mit Rocuronium od. [cis-]Atracurium, möglichst kein Succinylcholin!)

Besonderheiten:
1. Flüssigkeitsersatz primär mit NaCl 0,9% (keine kaliumhaltigen Infusionen!)
2. falls nötig sukzessives Anheben des ZVD auf 10–12 cmH_2O (ggf. auch mit HES), bereits vor der Narkoseeinleitung damit beginnen, um HZV- u. Blutdruckabfälle zu verhindern od. zu begrenzen; hohes HZV wichtig zur Kompensation der chronischen Anämie
3. Hyperventilation entsprechend dem präop. PCO_2 zum pH-Ausgleich beibehalten (sonst Kaliumshift nach extrazellulär), $NaHCO_3$ restriktiv einsetzen (pH < 7,2, SB < 16 mmol/l)
4. intraop. regelmäßig Laborkontrollen (bes. K^+, BZ, zentralvenöse BGA, SvO_2)
5. intermittierend auskultatorische Shuntkontrollen
6. spezielle Medikamente
   - bereits auf Station: 250 mg Methylprednisolon (Urbason®), 20 mg Basiliximab (Simulect®; s. Abschn. 39.2) u. 500 mg Mycophenolatmofetil (CellCept®; s. Abschn. 39.2) i.v.; postop. Ciclosporin (Sandimmun®) od. Tacrolimus (Prograf®)

- periop. Antibiotikaprophylaxe (z. B. 2 g Cephazolin + 500 mg Metronidazol)
- Aprotinin (Trasylol®; wegen Einschwemmung von Fibrinolyseaktivatoren aus dem Pankreastransplantat): zunächst 1-ml-Testdosis, nach ca. 10 min 2 Mio. KIE über ca. 20 min, danach 200.000 KIE/h über 24 h (Voraussetzung: AT III ≥ 70%!)
- kurz vor Beginn der Anastomosierung 1.000 IE Heparin i. v. im Bolus, dann 200 IE/kg/d, außerdem 1.000 IE AT III (wegen Einschwemmung von Thromboplastinen aus dem Pankreastransplantat)
- nach Öffnung der arteriellen Anastomose bis zu 250 mg Furosemid i. v.

7. Hypoglykämieprophylaxe durch Infusion von G 10% (Beginn mit 10 ml/h kurz vor der Pankreasreperfusion)
8. Optimierung der postischämischen renopankreatischen Perfusion
   - Aufrechterhaltung eines ausreichenden Perfusionsdrucks (MAP >> 80 mmHg [untere Schwelle der renalen Autoregulation]) und eines hohen HZV
   - ZVD 10–12 cmH_2O

Komplikationen:

1. Blutungen (chirurgisch, durch Freisetzung von Fibrinolyseaktivatoren aus dem Pankreastransplantat)
2. arterielle Hypotension nach Narkoseeinleitung und nach Reperfusion (→ ausreichende vorherige Volumensubstitution!)
3. nach der Pankreasreperfusion Abfall der AT-III- u. F-XIII-Plasmaspiegel
4. Hyperkaliämie, vor allem unmittelbar nach Reperfusion (Therapie: akut ggf. 1–2 g Calcium i. v., sonst Infusion von 100 IE Insulin in 500 ml G 40% nach Wirkung); nach Aufnahme der Transplantatfunktion Hypokaliämie
5. initial Hyperglykämie (b. Bed. Insulin i. v.), nach Beginn der Insulinfreisetzung aus dem Pankreastransplantat Hypoglykämie

Nachbetreuung: Intensivstation (Nachbeatmung)

Ergebnisse: 1-Jahres-Überlebensrate von ca. 90%

39.4 Herztransplantation (HTX)

Zu den *Grundlagen der Kardioanästhesie* s. Kap. 27.

Indikation: terminale Herzinsuffizienz (bes. bei dilatativer od. ischämischer Kardiomyopathie)

Vorbereitung: s. Kap. 27.4

OP-Ablauf: Kanülierung der Aorta sowie der oberen und unteren Hohlvene und Anschluß an die HLM; anschließend Durchtrennung von Aorta, Pulmonalarterienstamm und beider Vorhöfe, entweder nahe der V. cava sup. (Sinusknoten wird mit übertragen; international häufigeres Verfahren) oder knapp oberhalb der AV-Klappen (Sinusknoten wird nicht mit übertragen, sondern nur der AV-Knoten), Exzision des alten Herzens, Anastomosierung des Spenderherzens an dessen Stelle (= orthotope HTX)

OP-Dauer: 4–5 h

ECC: ja

Lagerung: Rückenlage, linker Arm angelagert, rechter Arm ausgelagert

Ausrüstung: s. Kap. 27.5

Blutkonserven: 4 leukozytendepletierte, am besten auch bestrahlte u. bei CMV-neg. Empfänger CMV-neg. EK (strengste Indikation, um HLA-Sensibilisierungen zu verhindern!)

Anästhesie: Intubationsnarkose als TIVA (wegen negativer Inotropie Verzicht auf sämtliche Inhalationsanästhetika vor und nach Transplantation)

Besonderheiten:

Das Spenderherz ist afferent und efferent denerviert und kann das HZV dem jeweiligen Bedarf – außer in der Frühphase nach Transplantation – nur durch den *Frank/Starling-Mechanismus* anpassen. Nach dem Abgehen von der HLM sollte der ZVD 6–8 mmHg, der LAP 10–12 mmHg betragen. Die Herzfrequenz und die Art der Frequenzvariation sind davon abhängig, ob der Sinusknoten des Spenderherzens mit übertragen wird oder nicht.

1. Bei *mit übertragenem Sinusknoten* (und regulärer Überleitung seiner Impulse auf die Kammern) beträgt die Herzfrequenz in Ruhe wegen der nun fehlenden vagalen Hemmung 80–100/min. Unter Belastung setzt der Frequenzanstieg erst verzögert mit der Vermehrung der zirkulierenden Katecholamine und der darauf folgenden direkten Stimulation der kardialen ß-Rezeptoren ein. Allerdings ist wegen der Denervierung die Rezeptorempfindlichkeit gesteigert (Up-Regulation). Nach neueren Untersuchungen scheint im Laufe der Zeit eine partielle autonome Reinnervation des Sinusknotens möglich.
2. Bei *nicht mit übertragenem Sinusknoten* besteht ein AV-Rhythmus mit einer Ruhefrequenz von nur 40–60/min. Die Vorhöfe werden entweder antegrad vom Sinusknoten des Empfängers oder retrograd vom AV-Knoten erregt. Dadurch laufen Vorhof- und Kammeraktionen nicht koordiniert ab, was die Ventrikelfüllung und damit das Schlagvolumen entsprechend beeinträchtigt. Diese Herzen müssen zur Erzeugung eines ausreichenden HZV zunächst über epikardiale Elektroden in Vorhof und Kammer sequentiell stimuliert werden (DVI-Modus, SM-Frequenz ca. 100/min). Später kann ein permanenter Schrittmacher eingebaut werden, der dann die Vorhoferregungen (Sinusrhythmus) detektiert und die Impulse zeitverzögert auf die Kammern überträgt (VAT-Modus).

Notabene: Die autonome Denervierung führt dazu, daß Patienten nach einer Herztransplantation beim Auftreten von Myokardischämien keine Angina pectoris entwickeln!

Komplikationen:

1. Knotenbradykardie bei fehlendem Spendersinusknoten (Therapie: direkte ß-Sympathomimetika, z. B. Orciprenalin, od. Schrittmacher; Atropin u. indirekte Sympathomimetika ohne Effekt!)
2. atriale u. ventrikuläre Arrhythmien
3. Rechtsherzversagen bei schon länger bestehender pulmonaler Hypertonie
4. Blutungen
5. postop. Abstoßungsreaktionen (deshalb intraop. Beginn der immunsuppressiven Therapie nach den Vorgaben des Chirurgen)

Ergebnisse:

1-Jahres-(Transplantat-)Überlebensrate von ca. 80%, 5-Jahres-(Transplantat-)Überlebensrate von ca. 65%

39.5 Lungentransplantation

Indikationen:

1. Einzellungentransplantation (ELTX): Lungenemphysem, Lungenfibrose, Sarkoidose, Asbestose
2. Doppellungentransplantation (DLTX): Mukoviszidose, Bronchiektasen, nichtmaligne Lungenerkrankungen mit schwerer Globalinsuffizienz, primäre pulmonale Hypertonie
3. Herz-Lungen-Transplantation (HLTX): zusätzl. zu obigen Erkrankungen schweres Cor pulmonale, Eisenmenger-Syndrom; pulmonale Globalinsuffizienz in Komb. mit linksventrikulärem Pumpversagen

Vorbereitung: Lungenfunktionsanalyse, Echokardiographie u. Rechtsherzkatheter (zur Klärung der Notwendigkeit einer HLTX), ggf. auch Linksherzkatheter (z. B. bei Eisenmenger-Syndrom) u. Koronarangiographie (Abklärung einer KHK), Lungenperfusionsszintigramm (nur bei ELTX für die Seitenwahl, meist Ersatz der linken Lunge)

OP-Ablauf:

1. ELTX: posterolaterale Thorakotomie entlang eines ICR, Resektion der zu ersetzenden Lunge u. Anastomosierung der Spenderlunge mit den verbliebenen Stümpfen der Lungengefäße (A. u. V. pulmonalis) u. des Hauptbronchus (während dieser Zeit wird der Pat. über die andere Lunge beatmet)
2. DLTX: bilaterale transverse Thorakotomie („Schmetterlingsschnitt": Schnittführung von einer Seite des Thorax entlang eines ICR durch den unteren Anteil des Sternums bis zur anderen Seite), dann Vorgehen wie bei ELTX, nur sequentiell (dabei wird wechselseitig über jeweils eine Lunge beatmet)
3. HLTX: mediane Sternotomie, unter extrakorporaler Zirkulation En-bloc-Ersatz von Herz u. Lungen, Anastomosierung des Transplantats mit der Trachea oberhalb der Karina, dem rechten Vorhof u. der Aorta

OP-Dauer: ELTX 4 h, DLTX 6 h, HLTX 4–6 h

ECC: immer bei HLTX; sonst bei schwerer pulmonaler Hypertonie, hmodynamischer Instabilität od. Hypoxie

Lagerung: Seitenlagerung bei ELTX, Rückenlagerung bei DLTX u. HLTX

Ausrüstung: 2–3 großlumige i. v. Zugänge, 3-Lumen-ZVK (kontinuierliche ZVD-Messung), art. Zugang, ggf. PA-Katheter (PA-Drücke bei Rechtsherzbelastung) od. TEE, 5-Pol-EKG mit ST-Strecken-Analyse, Magensonde, Blasenkatheter, Temperatursonde, Auskühlungsschutz (Heizmatte, Wärmedecke, Infusionswärmer etc.), Transfusionspumpe o. ä., Cell-saver, Relaxometrie

Blutkonserven: 4 leukozytendepletierte, am besten auch bestrahlte u. bei CMV-neg. Empfänger CMV-neg. EK (strengste Indikation, um HLA-Sensibilisierungen zu verhindern!), bei DLTX zusätzl. 4 FFP

Anästhesie: Intubationsnarkose mit balancierter Anästhesie u. kompl. Muskelrelaxation (bei ELTX od. DLTX möglichst zusätzl. thorakaler Epiduralkatheter für die postop. Analgesie); Doppellumentubus bei ELTX od. DLTX (linksführend bei DLTX u. ELTX rechts, rechtsführend bei ELTX links, bronchoskop. Lagekontrolle obligat; s. Kap. 26.2.4), Umintubation mit konventionellem Tubus vor Verlegung; zum Vorgehen bei HLTX s. Kap. 27.6 u. Abschn. 39.4

Besonderheiten:

1. Narkoseeinleitung bei schwerer Hypoxie im Sitzen, ggf. Nicht-nüchtern-Einleitung (Etomidat bei Herzinsuffizienz, kein N_2O [Steigerung des pulmonalen Gefäßwiderstands])
2. Eine-Lunge-Anästhesie bei ELTX u. DLTX (Kap. 26.2)
3. Beatmung mit möglichst niedrigen Spitzendrücken (zur Vermeidung eines Barotraumas AZV nur 7–8 ml/kg Kg [permissive Hyperkapnie meist gut toleriert]) und bis nach dem Anschluß des Transplantats mit einer FIO_2 von 1,0
4. Reperfusion:
   - langsames Öffnen der Pulmonalisklemme (über 10 min), um eine „High-flow-Reperfusion" der transplantierten Lunge zu vermeiden
   - vorsichtiges Blähen der Transplantatlunge unter Sicht, dann kontrollierte Beatmung (P_{max} ≤ 25 cmH_2O, PEEP von 5–10 cmH_2O)
   - Begrenzung des Reperfusionsschadens durch Minimierung der FIO_2 (paO_2 möglichst 80–100 mmHg, nicht über 150 mmHg) u. restriktive Flüssigkeitszufuhr, bei ausgeprägtem Reperfusionsödem evtl. Applikation von 5–20 ppm Stickstoffmonoxid (NO; s. Kap. 26.2.4) od. alle 1–2 h 10–20 µg Iloprost inhalativ (Ventavis®; s. Kap. 27.3.4)

Hinweis: Die transplantierte Lunge hat keine Lymphdrainage mehr und reagiert daher sehr empfindlich auf Flüssigkeitsbelastungen. Zudem ist sie denerviert (bei HLTX auch das Herz; s. Abschn. 39.4). Unwillkürliche Hustenstöße sind folglich postoperativ nicht mehr möglich. Die hypoxische pulmonale Vasokonstriktion bleibt dagegen intakt.

5. spezielle Medikamente
   - periop. Antibiotikaprophylaxe (z. B. 4 g Piperacillin + 1 g Sulbactam)
   - Mycophenolatmofetil (CellCept®) 1 g i. v. zur Narkoseeinleitung, Tacrolimus (Prograf®) 0,01–0,03 mg/kg KG über 24 h (Beginn bei Hautschnitt), Methylprednisolon (Urbason®) 1 g i. v. ca. 30 min vor der Reperfusion (bei DLTX verteilt auf 2 Gaben)
   - Aprotinin (Trasylol®): zunächst 1-ml-Testdosis, nach ca. 10 min 1 Mio. KIE über ca. 20 min, danach 500.000 KIE/h über 24 h (Voraussetzung: AT III ≥ 70%!)
   - Heparin vor dem Abklemmen der A. pulmonalis nach Absprache mit dem Operateur: i. d. R. 50–100 IE UFH/kg KG i. v. im Bolus; Heparinisierung bei ECC s. Kap. 27.3.1
   - bei ausgeprägter Rechtsherzbelastung NO od. Iloprost

Komplikationen:

1. intraoperativ:
   - Gasaustauschstörungen (z. B. Einlungenventilation)
   - Barotrauma (zu hohe Beatmungsdrücke)
   - Rechtsherzversagen nach Abklemmen einer Pulmonalarterie (→ NO, Iloprost)
   - Blutungen
2. postoperativ:
   - Lungenödem (durch Reperfusion u./od. Reexpansion od. durch Hypervolämie)
   - Anastomoseninsuffizienz (Bronchus od. Trachea)
   - Abstoßungsreaktion (häufig)

Nachbetreuung: Intensivstation (Nachbeatmung so kurz wie möglich, um die Atemwegsanastomose[n] zu schonen)

Ergebnisse: 1-Jahres-(Transplantat-)Überlebensrate ca. 70%, 5-Jahres-(Transplantat-)-Überlebensrate ca. 45%

39.6 Erwachsenen-Lebertransplantation (LTX)

39.6.1 Indikationen, Kontraindikationen und Ergebnisse

Indikationen

- terminale Leberinsuffizienz (hauptsächlich Zirrhose)
- akutes Leberversagen
- irresektable maligne Lebertumoren ohne Metastasierung

Kontraindikationen

- absolut:
  - Multiorganversagen, fixierte pulmonale Hypertonie (s. Abschn. 39.6.6), schwere Kardiomyopathie
  - generalisierte Infektion, disseminierte extrahepatische Tumorausbreitung
  - Alkohol- oder Drogenabusus
- relativ: spezielle anatomische Gegebenheiten wie Situs inversus, ausgeprägte Verwachsungen (Voroperationen, lokale Peritonitiden), langstreckige Pfortaderthrombose

1-Jahres-(Transplantat-)Überlebensrate

- nach geplanten Eingriffen ca. 80%
- nach Notoperationen ca. 30%

5-Jahres-(Transplantat-)Überlebensrate

- 70–90% (je nach Grunderkrankung, beste Prognose bei Pat. mit primärer biliärer Zirrhose)

39.6.2 Präoperative Vorbereitung

Die präoperative Vorbereitung von Patienten zur Lebertransplantation wird i.d.R. in Transplantationsambulanzen organisiert und koordiniert. Sie umfaßt mindestens folgendes:

- Laboruntersuchumgen
  - Hb/Hkt, Leukozytenzahl, Profil (Na^+, K^+, Ca^{2+}, Cl^-, BZ, Kreatinin, Harnstoff, CK, GPT, GOT, GLDH, LDH, γ-GT, AP, Bilirubin, Eiweiß, CRP u.a.)
  - Gerinnungsstatus inkl. AT III, Einzelfaktorenanalyse, D-Dimeren und Thrombozytenzahl
- Blutgruppenbestimmung inkl. Antikörpersuchtest, Kreuzung von 20 EK, 20 FFP u. 1–2 TKZ
- Konsiliaruntersuchungen: Internist, Neurologe (→ Enzephalopathie), Anästhesist
- apparative Voruntersuchungen:
  - EKG, Röntgenthorax in 2 Ebenen
  - transthorakale Echokardiographie
  - Lungenfunktionsanalyse (Spirometrie u. arterielle BGA)
  - CCT bei bewußtseinsgetrübten Patienten, evtl. auch EEG
  - Ösophagogastroduodenoskopie
  - Duplexsonographie der Lebergefäße

39.6.3 Instrumentierung und Monitoring

- 2 großlumige i.v. Zugänge (G16 od. G14), davon mögl. einer am rechten u. einer am linken Arm (alternativ 2- od. 3 lumiger Shaldon-Katheter)
- arterieller Zugang: linke od. rechte A. radialis (bevorzugt in Seldinger-Technik legen)
- 3-Lumen-ZVK: erst nach dem PA-Katheter legen
- Pulmonaliskatheter: ideal CCO[93]-Katheter mit der zusätzl. Möglichkeit zur kontinuierlichen Messung der $Sv_{gem}O_2$ (→ 8F-Katheter mit Infusionsport, 8,5F-Schleuse)
- ZVD: Messung entweder über den distalen Schenkel des 3-Lumen-ZVK od. über den ZVD-Schenkel des Shaldon-Katheter od. über den Vorhofschenkel des PA-Katheters
- Druckmessungen:
  - Druckdomplatte am OP-Tisch so befestigen (Stange), daß sich ihre Position in bezug auf das Herzniveau bei Tischbewegungen nur so gering wie möglich ändert (nach jeder Lageänderung aber neuer Nullabgleich!)
  - alle Leitungen für den Nullabgleich an der rechten od. linken. Schulter anbringen (Sichtkontrolle!)
- nichtinvasive Blutdruckmessung als Sicherheit bei Ausfall der invasiven Messung am rechten Arm installieren (venovenöser Bypass i.d.R. am linken Arm [s. Abschn. 39.6.6])
- 5-Pol-EKG mit ST-Strecken-Analyse: alle thorakalen EKG-Elektroden möglichst dorsal anbringen, die linke untere thorakale Elektrode mit Klebefolie befestigen u. gegen Feuchtigkeit schützen
- Pulsoxymetrie (i.d.R. rechte Hand [kurzer Weg]), Kapnometrie/-graphie
- Magensonde (Vorsicht bei Ösophagusvarizen!)
- Temperaturmessung: i.d.R. über nasopharyngeale Sonde
- Urinausscheidung: i.d.R. transurethraler Blasenkatheter, Sammelbehälter für stdl. Protokollierung
- Relaxometrie
- Hirndrucksonde: bei präop. soporösen od. komatösen Patienten (zur Vermeidung von Blutungskomplikationen ggf. vor der Anlage Plasmapherese durchführen)

Hinweise für die Praxis

1. Die Kanülierung einer **A. femoralis** sollte auf den seltenen Fall beschränkt bleiben, wenn keine A. radialis zu punktieren ist. Abgesehen davon, daß der femorale Zugang intraoperativ nicht vom eingesehen werden kann, können Meßprobleme auftreten, falls die Aorta ausgeklemmt werden muß (was manchmal zum Anlegen der A.-hepatica-Anastomose erforderlich ist).
2. Der **PA-Katheter** sollte, um das Plazieren zu erleichtern, möglichst über die rechte V. jugularis interna gelegt werden (am besten in steriler Hülle für intraoperative Lageänderungen). In 10–20% der Fälle läßt sich zunächst keine Wedge-Position erreichen. Hiermit ist vor allem bei ausgeprägtem Aszites oder erheblicher pulmonaler Shuntdurchblutung zu rechnen. Die **Schleuse** kann intraoperativ auch **als Volumenzugang** benutzt werden.
3. Ein 3lumiger **Shaldon-Katheter** ist, abgesehen von schlechten peripheren Gefäßverhältnissen, unverzichtbar, wenn intraoperativ hämofiltriert werden muß (ausgeprägtes hepatorenales Syndrom) oder massivste Blutungen zu erwarten sind („maligner Verwachsungsbauch" nach Voroperationen, deutliche portale Hypertension, „desolate" Blutgerinnung).
4. Ein **3-Lumen-ZVK** ist entbehrlich, wenn ein PA-Katheter mit Infusionsport und zudem ein 3lumiger Shaldon-Katheter gelegt werden.

93 „continuous cardiac output"; s. Kap. 3.8.1

5. **Alle venösen Zugänge** müssen im Abflußbereich der **V. cava sup.** liegen. Die Plazierung eines Shaldon-Katheters in eine V. femoralis zur Messung des Drucks in der V. cava inf. und zur Transfusion ist weder sinnvoll noch zweckmäßig!

39.6.4 Bluttransfusion

Bei einer Lebertransplantation muß jederzeit eine **Massivtransfusion** durchgeführt werden können. Hierzu ist eine entsprechende Ausrüstung erforderlich (z. B. Transfusionspumpe mit Blutwärmer; s. Kap. 4.6 u. 4.7). Es sollten immer 2 Systeme vorhanden und funktionsbereit sein. EK und FFP sollen möglichst getrennt voneinander transfundiert werden, sonst verstopft der Blutfilter schneller. Es werden nur Makrofilter (Porengröße 170–200 µm) verwendet. Wenn es die klinische Situation erlaubt, sollte ein Filter nach jeweils 15–20 EK gewechselt werden.

Wenn keine Kontraindikationen bestehen, wird ein **Autotransfusionsgerät** benutzt und bereits vor Operationsbeginn fertig aufgebaut (die Funktionsfähigkeit sollte vor dem Einsatz durch Starten der Zentrifuge überprüft werden). Als Kontraindikationen gelten:

- Hepatitis C (hohe In-vitro-Stabilität des HC-Virus)
- maligne Lebertumoren
- Zeichen der Peritonitis
- Eröffnung des Darmlumens mit möglicher Keimeinstreuung in die Bauchhöhle (z. B. Anlage einer Y-Roux-Anastomose am Ende der Transplantation)

Hinweise für die Praxis

1. Wegen des Infektionsrisikos (Virusübertragung auch bei Quarantäne- und SD-Plasma nicht auszuschließen [s. Kap. 4.5.3]) sollte auch bei Lebertransplantationen, falls klinisch möglich, ein **Verhältnis FFP: EK von 1:1** nicht überschritten werden.
2. **Thrombozyten** sollten erst dann substituiert werden, wenn die Thrombozytenzahl im peripheren Blut auf unter 50.000/µl abgefallen ist und eine chirurgische Blutstillung nicht möglich oder abgeschlossen ist.

39.6.5 Medikamente

- für die Narkose:
  - Etomidat, Midazolam, (Ketamin)
  - Fentanyl od. Sufentanil
  - Succinylcholin, (cis-)Atracurium
  - O_2, Luft; Isofluran od. Sevofluran
- für den Flüssigkeits- u. Volumenersatz:
  - NaCl 0,9% (keine laktathaltigen Infusionen, denn Laktat wird von der insuffizienten Leber nicht ausreichend und in der anhepatischen Phase gar nicht metabolisiert)
  - nieder- od. mittelmolekulares HES (z. B. Voluven®)
- für den Notfall:
  - Atropin 0,5 mg
  - Noradrenalin u. Adrenalin, je 1: 100 verdünnt u. im Perfusor (3 mg ad 50 ml NaCl 0,9%)
  - Glyceroltrinitrat 1: 100 verdünnt u. im Perfusor (50 mg ad 50 ml NaCl 0,9%)
  - Lidocain 100 mg
  - 0,23 molares Calciumgluconat 10% 100 ml, 1-molares NaCl 5,85% 20 ml
  - Trophicard®- od. Inzolen®-Ampullen 100 ml (10 ml enthalten je 2,8 mval K^+ u. mg^{2+})
  - 1 molares $NaHCO_3$ 8,4% 100 ml (bei Hypernatriämie Tris-Puffer!)
- für Verschiedenes:
  - 2 g Cefotiam + 500 mg Metronidazol (jeweils vor OP-Beginn u. zum OP-Ende)
  - spezielle Medikamente: 250 mg Methylprednisolon (Urbason®), 20 ml (= 1.000 IE) Anti-HBV-Globulin (Hepatect®); CMV-Prophylaxe ggf. mit z. B. 500 mg Ganciclovir (Cymeven®), wenn der Spender CMV-pos. ist
  - Humaninsulin, 500 ml Glukose 40% + 100 IE Insulin
  - Furosemid 20 mg
  - Aprotinin 2,5 Mio. KIE (nur b. Bed.; s. Abschn. 39.6.7)

39.6.6 Ablauf von Anästhesie und Operation

Bei Lebertransplantationen lassen sich **5 Phasen** unterscheiden:

1. Narkoseeinleitung; Instrumentierung u. Lagerung des Patienten im Einleitungsraum (Wärmematte)
2. Hepatektomie
3. anhepatische Phase (Anschluß der Spenderleber an die Gefäße)
4. Reperfusionsphase
5. neohepatische Phase mit Gallenwegsrekonstruktion, chirurgischer Blutstillung, Drainagenanlage und Wundverschluß

Narkoseeinleitung (Phase 1)

- Pat. auf Wärmematte lagern u. mit warmen Tüchern abdecken
- b. Bed. Sedierung mit Midazolam i. v.

- ggf. Nicht-nüchtern-Einleitung (evtl. mit Succinylcholin), evtl. Ketamin bei hypotonen u. dehydrierten Pat.
- immer orotracheale Intubation
- Beatmung mit O_2-Luft-Gemisch (kein N_2O, begünstigt Darmdistension u. Luftembolien)
- Narkose als balancierte Anästhesie weiterführen (Opioid + volatiles Anästhetikum), kein (weiteres) Midazolam bei hepatischer Enzephalopathie (erhöhte Empfindlichkeit)
- Installierung von PA-Katheter, ZVK u. art. Zugang,[94] danach Flachlagerung des Pat. (OP-Bedingungen) zur Erfassung der hämodynamischen Ausgangswerte (häufig ist das HZV erhöht u. der Gefäßwiderstand erniedrigt [typisch für Leberzirrhose]; trotzdem besteht in vielen Fällen eine larvierte Hypovolämie, die dann bei Dekompression eines Aszites manifest wird [→ Blutdruckabfall]!)
- Unterpolsterung der Arme, Fersen und des Kreuzbeins; Wärmedecke für die unteren Extremitäten
- Antibiotikaprophylaxe (Abschn. 39.6.5)

Hepatektomie (Phase 2)

1. Herauslösen der Leber aus ihrem Bett
2. Anlage und Anschluß eines venovenösen Bypasses
3. Abklemmen u. Durchtrennen der Gefäße (V. cava inf., V. portae, A. hepatica), Entfernen der Leber

Das anästhesiologische Hauptziel ist die Aufrechterhaltung angemessener transmuraler kardialer Füllungsdrücke, um ein für die Organperfusion ausreichendes Herzzeitvolumen sicherzustellen. Hierzu sollte zunächst ein **Volumenbelastungstest** durchgeführt werden (Kap. 4.1.1).

Besonderheiten und mögliche Probleme

- **Oxygenierung**
  Eine arterielle Hypoxie muß ggf. durch Erhöhung der FIO_2 verhindert werden ($PaO_2 \geq 100$ mmHg). Der PEEP sollte 5 cmH_2O nach Möglichkeit nicht übersteigen, und eine Beatmung mit umgekehrtem Atemzeitverhältnis sollte nicht durchgeführt werden, um einer vermehrten Blutung und später auch einer verminderten Durchblutung der neuen Leber infolge venöser Stauung im Splanchnikusgebiet vorzubeugen.
- **Blutungen**
  Blutverluste können während der Präparation dramatische Ausmaße annehmen. Ein gesteigerter, ggf. auch massiver Blutverlust ist zu erwarten bei Gerinnungsstörungen, Verwachsungen nach früheren Operationen, portaler Hypertension (→ frühzeitiger Bypasseinsatz zur Druckreduzierung sinnvoll) und zu hohem ZVD (Stauung).
- **Anämie** (angestrebter Hb 10–12 g/dl [bzw. Hkt 30–35%])
- **Gerinnung**
  Bei Operationsbeginn sollten die bestmöglichen Gerinnungsbedingungen herrschen. Für eine Substitution kommen folgende Produkte oder Präparate in Frage: in erster Linie FFP, Thrombozytenkonzentrate und ggf. AT-III-Konzentrate, in zweiter Linie Gerinnungsfaktorenkonzentrate und zuletzt Aprotinin (nur bei primärer Hyperfibrinolyse; Abschn. 39.6.7). Besonderer Wert sollte über den gesamten Operationsverlauf auf einen physiologischen AT-III-Spiegel (≥ 70%) gelegt werden, um in jeder Phase eine Verbrauchskoagulopathie mit sekundärer Hyperfibrinolyse zu verhindern. Die wiederholt durchzuführenden Gerinnungsanalysen sollen zumindest folgende Werte umfassen: PTT, Quick, TZ, Fibrinogen, Thrombozytenzahl, D-Dimere, AT III, Faktor V (guter Indikator der Lebersyntheseleistung)
- **Hämodynamik**
  Mit ausgeprägten hämodynamischen Veränderungen (HZV- und Blutdruckabfall) ist zu rechnen bei Manipulationen an der V. cava inf., Mobilisierung der Leber, Kompression des Perikards und Einsatz von Haken. Am häufigsten kommt es dabei zu einem verminderten venösen Rückfluß, eine Beeinträchtigung der kardialen Füllung durch Perikardkompression ist selten. Zu berücksichtigen ist, daß der ZVD in dieser Phase oft nur unzureichend mit den transmuralen Füllungsdrücken korreliert. Das liegt daran, daß der intrathorakale Druck durch abdominelle Kompression und Hochdrängen der Zwerchfelle stärkeren Schwankungen ausgesetzt ist. Bei akuten Druckänderungen im kleinen Kreislauf müssen daher zunächst operative Maßnahmen als Ursache ausgeschlossen werden.
- **Urinausscheidung**
  Die Aufrechterhaltung der Nierendurchblutung ist entscheidend, um ischämische Veränderungen im Tubulussystem und damit die Entwicklung eines akuten Nierenversagens zu verhindern. Voraussetzung dafür sind ein ausreichendes HZV und ein

94 Für die Punktion zentraler Venen sollten folgende Voraussetzungen erfüllt sein: PTT u. TZ normal, Quick > 50%, Thrombozyten > 50.000/μl (→ ggf. Substitution).

entsprechender renaler Perfusionsdruck. Schleifendiuretika wie Furosemid haben keinen renoprotektiven Effekt (s. Kap. 6.1.8). Sie führen zur Natriurese (→ isotone Dehydratation) und werden deshalb nur zur Regulierung der Wasserbilanz eingesetzt.

- **ionisierte Hypokalzämie** (abhg. von der Menge an transfundiertem FFP)
  Mit der Transfusion von FFP wird auch Citrat zugeführt. Dies kann allerdings infolge des Ausfalls der metabolischen Leberfunktion nicht mehr verstoffwechselt werden, so daß sich Komplexe aus Calcium und Citrat bilden, was die Konzentration des ionisierten Serumcalciums abfallen läßt (s. auch Kap. 4.5.5). Um das HZV und den Blutdruck aufrechtzuerhalten, muß Calcium, z. B. in Form von Calciumgluconat 10% (5–10 ml pro Einzelgabe), substituiert werden, und zwar sobald das ionisierte Serumcalcium unter 0,8 mmol/l absinkt. Anzustreben sind Werte von 1,0–1,3 mmol/l. Bei Transfusion größerer Mengen FFP muß das ionisierte Serumcalcium in kurzen Abständen kontrolliert werden. Man lasse sich dann nicht von evtl. deutlich überhöhten Werten des Gesamtcalciums irritieren. Maßgeblich für die Substitution ist immer der ionisierte Anteil!
- **Hyperkaliämie**
  Eine Hyperkaliämie ist eher selten und dann am häufigsten Folge einer Massivtransfusion bei Nierenversagen. Sie kann akut mit Calciumgluconat 10%, NaCl 5,85% oder $NaHCO_3$ 8,4% behandelt werden, mittelfristig mit Glukose-Insulin-Infusion und dauerhaft durch forcierte Diurese und kaliumfreien Flüssigkeitsersatz.
- **Hypothermie**
  Die negativen Auswirkungen einer Hypothermie (s. Kap. 3.11.1) auf die Transplantatfunktion können durch den gleichzeitig reduzierten O_2-Verbrauch nicht ausgeglichen werden. Außerdem muß bedacht werden, daß unter Hypothermie das postoperative Infektionsrisiko ansteigt. Deshalb soll ein Abfall der Körpertemperatur auf unter 34 °C unbedingt vermieden werden (Kap. 3.11.2).

Venovenöser Bypass

Mit Hilfe einer Zentrifugalpumpe kann während der anhepatischen Phase ein Teil des Portal- und Femoralvenenbluts extrakorporal über die V. axillaris in die V. cava sup. umgeleitet (partieller portofemoroaxillärer Bypass) werden. Hierdurch sollen nach dem Abklemmen der V. cava inf. und V. portae Stauungsphänomene in der unteren Körperhälfte und damit Organfunktionsstörungen (Niere, Darm) verhindert werden. Außerdem läßt sich so das HZV einfacher aufrechterhalten. Hierzu wird eine Flußrate von 2–4 l/min angestrebt (ca. 1/3 des Ausgangs-HZV). Die Steuergrößen sind die Pulmonalisdrücke und der ZVD. Je niedriger sie sind, um so höher kann die Flußrate sein. Sind sie jedoch zu niedrig, dann läßt sich kein ausreichender Fluß über den Bypass erzielen. Hier liegt eine Hypovolämie vor, die zunächst beseitigt werden muß.

MERKE
Falls über den Bypass eine Flußrate von mehr als 1–2 l/min nicht zu erreichen ist, liegt i. d. R. ein zuvor larvierter intravasaler Volumenmangel vor!

Der Bypass wird i. d. R. linksseitig angelegt (Ausnahmen bei Re-LTX oder lokalen Infektionen). Das Füllvolumen des gesamten Systems beträgt ca. 600 ml. Zum Füllen wird routinemäßig 0,9%ige NaCl-Lösung verwendet, bei desolater Gerinnung sollte jedoch FFP benutzt werden. Um eine Gerinnungsaktivierung durch Blutkontakt mit der Fremdoberfläche zu verhindern, ist das Schlauchsystem mit Heparin beschichtet, zusätzlich können maximal 5.000 IE Heparin intravenös gegeben werden (das führt i. d. R. zu einer Verlängerung der TZ auf mehr als 180 sec in der anhepatischen Phase). Ein Wärmeaustauscher verhindert nicht nur ein Abkühlen des Bluts, sondern ermöglicht sogar eine Erhöhung der Körpertemperatur in der anhepatischen Phase.

Die Notwendigkeit des Einsatzes eines Bypasses bei Lebertransplantationen wird allerdings nach wie vor kontrovers beurteilt. Den möglichen **Vorteilen** wie

- Stabilisierung der Hämodynamik (durch Erhöhung des venösen Rückstroms),
- Reduktion des Blutverlustes (durch Verminderung der Stauung im Splanchnikusgebiet),
- Verhinderung oder Abschwächung des Reperfusionssyndroms (umstritten),
- Verhinderung eines akuten Nierenversagens und schnellere Erholung der Darmtätigkeit (beides sehr umstritten)

  – stehen als potentielle **Nachteile** gegenüber:
- Gefahr des Rechtsherzversagens mit starkem Anstieg vom PAP und ZVD bei zu hoher Flußrate,
- Luftembolie (bei mangelhafter Entlüftung, Thromboembolie (sehr selten),
- Hypokoagulabilität des Bluts durch Heparineffekt und allmähliche Verminderung von Thrombozyten und Gerinnungsfaktoren (bei längerer Kontaktzeit),
- Minderperfusion trotz Bypass (→ ansteigendes Basendefizit) und
- Verlängerung der Operationsdauer.

Da eine Absicherung durch Studien fehlt, können nur empirisch begründete **Indikationen** für den Bypasseinsatz gegeben werden:

- akutes Leberversagen (fehlende Kollateralen),
- chronische Rechtsherzbelastung/-insuffizienz,
- Kardiomyopathie,
- ausgeprägte fragile Ösophagusvarizen,
- präoperativ eingeschränkte Nierenfunktion (fraglich).

Das Ausmaß der Kollateralenbildung hängt von der Dauer der Lebererkrankung und der damit verbundenen portalen Hypertension ab. Bei lange bestehender, ausgeprägter portaler Hypertension kann, was die Reperfusion angeht, am ehesten auf den Bypass verzichtet werden, es sei denn, es besteht eine Rechtsherzbelastung aufgrund einer pulmonalvaskulären Hypertonie. Bei einer Herzinsuffizienz kann mit dem Bypass die rechts- und linksventrikuläre Vorlast (→ ZVD, PCWP) i. d. R. besser gesteuert werden, wodurch sich Über- und Unterfüllung des Herzens eher verhindern lassen.

MERKE

Bei einer **fixierten pulmonalen Hypertonie** (Definition u. Diagnostik s. Kap. 3.7) ist die Gefahr eines intraoperativen Rechtsherzversagens auch bei Benutzung eines Bypasses deutlich erhöht. Die Indikation zur Lebertransplantation ist daher – wenn überhaupt – nur sehr streng zu stellen. Eine fixierte pulmonale Hypertonie sollte eher als absolute Kontraindikation angesehen werden.

Hinweise für die Praxis

Um besser abschätzen zu können, ob von einem Bypass ein günstiger Einfluß auf die hämodynamischen Veränderungen während der Reperfusion zu erwarten ist, ist von *Jugan* ein **Probeclamping** der V. cava inf. und V. portae (unter normovolämischen Verhältnissen) vorgeschlagen worden. Er sieht die Indikation zum Bypasseinsatz dann gegeben, wenn darunter der MAP um mehr als 30 % und das HZV um mehr als 50 % abfällt. Erst dann sollen die hämodynamischen Beeinträchtigungen in der Reperfusionsphase signifikant gemildert werden.

Anhepatische Phase (Phase 3)

Die anhepatische Phase beginnt mit dem Entfernen der alten Leber und endet nach der **Anastomosierung der V. cava inf. und der V. portae** mit der Reperfusion über die Pfortader. Die Anastomosierung der A. hepatica wird häufig erst danach durchgeführt.

Besonderheiten und mögliche Probleme

- **Beatmung**
  In der anhepatischen Phase fällt wegen des verringerten Grundumsatzes naturgemäß weniger CO_2 an, das Atemminutenvolumen kann dementsprechend meist vermindert werden (außer man will eine Hyperventilation zur Azidosetherapie durchführen; s. unten).
- **Flüssigkeitssubstitution**
  Es sollte versucht werden, den ZVD und PCWP im unteren Normalbereich zu halten, weil beide unter der Reperfusion für gewöhnlich ansteigen. Eine Überwässerung muß unbedingt vermieden werden.
- **Anämie** (angestrebter Hb 10–12 g/dl [bzw. Hkt 30–35 %])
- **Gerinnungsstörungen**
  In der anhepatischen Phase werden keine Gerinnungsfaktoren und -inhibitoren mehr gebildet (Substitution s. oben).
- **Hämodynamik**
  Die Verminderung des venösen Rückstroms kann i. d. R. mit Hilfe eines venovenösen Bypasses gut kompensiert werden. Nach Fertigstellung der Pfortaderanastomose wird die Flußrate über den dann nur noch femoroaxillären Bypass auf 1–1,5 l/min reduziert.
- **metabolische Azidose**
  Eine metabolische Azidose entsteht schon allein deshalb, weil weiter Laktat und Citrat aus dem Stoffwechsel anfallen, sie aber nicht metabolisiert werden können. Nur bei einer ausgeprägten Azidose ist zusätzlich eine Hypoperfusion, besonders der Abdominalorgane, in Betracht zu ziehen. Zur symptomatischen Therapie soll $NaHCO_3$ erst dann eingesetzt werden, wenn trotz kontrollierter Hyperventilation ($PaCO_2$ 28–30 mmHg) der pH-Wert auf unter 7,2 fällt. $NaHCO_3$ kann nämlich, gerade in größeren Mengen eingesetzt, rasch zu einer Hypernatriämie und Hyperosmolalität führen (Gefahr der pontinen Myelinolyse; s. Abschn. 39.6.7). Außerdem werden Laktat und Citrat bei guter Transplantatfunktion schnell metabolisiert, weshalb eine Azidose postoperativ leicht in eine Alkalose umschlagen kann.
- **ionisierte Hypokalzämie** (s. o.)
- **Kaliumveränderungen**
  Eine leichte Hypokaliämie (K^+ 3,5–4,0 mmol/l) ist wegen der während der Reperfusion hohen Kaliumausschwemmung aus der Spenderleber bis dahin durchaus wünschenswert (Hyperkaliämie s. o.n).
- **Hypothermie** (akzentuiert durch die fehlende hepatische Thermogenese)
  Mit Hilfe des in den Bypass integrierten Wärme-

austauschers läßt sich die Körpertemperatur deutlich besser aufrechterhalten. Oftmals kann damit nicht nur eine weitere Abkühlung verhindert, sondern sogar die Körpertemperatur wieder gesteigert werden.
- **Luftembolie über den venovenösen Bypass** (z. B. bei Leckage)
- **spezielle Medikamente**

In der anhepatischen Phase werden spezifische Medikamente zur Einleitung der Immunsuppression und zur Verhinderung einer Hepatitis-B- und CMV-Infektion nach den Vorgaben des Operateurs verabreicht (Abschn. 39.6.5). Sie müssen unbedingt vor der Reperfusion gegeben werden. Besonderheiten bestehen bei Empfängern mit einer **aktiven Hepatitis B.** Bei ihnen muß die Anti-HBV-Globulin-Dosis auf 10.000 IE, das entspricht 200 ml Hepatect®, erhöht werden! Hierdurch läßt sich die Reinfektionsrate deutlich senken.

Reperfusionsphase (Phase 4)

1. Freigabe der Perfusion über die V. cava inf. (Öffnen zuerst der oberen, dann der unteren Klemme)
2. Freigabe der Perfusion über die V. portae (eigentliche Reperfusion des Spenderleber)
3. Freigabe der Perfusion über die A. hepatica
4. Beendigung des Bypasses

Der Zeitpunkt der Anastomosierung der A. hepatica ist variabel. So wird die Reperfusion nicht selten sequentiell durchgeführt und erfolgt zunächst nur über die Pfortader.

Besonderheiten und mögliche Probleme

Mit der Reperfusion steigt das CO_2 unmittelbar wieder an. Das liegt daran, daß saure Valenzen in den Kreislauf gelangen und sofort mit HCO_3^- reagieren. Deswegen muß das **Atemminutenvolumen** schon kurz vor der Reperfusion deutlich erhöht werden (sonst droht die Gefahr einer metabolischen und respiratorischen Azidose!). Vor der Reperfusion wird zwar die kaliumreiche Konservierungslösung (i. d. R. UW-Lösung) aus der Spenderleber abgelassen, trotzdem sollte mit **10 ml Calciumgluconat 10%,** unmittelbar vor der Reperfusion injiziert, den Effekten einer möglichen Hyperkaliämie entgegengewirkt werden. Zuvor muß außerdem sichergestellt werden, daß das ionisierte Serumcalcium im Normalbereich liegt (1,0–1,3 mmol/l). Bei stärkerem Blutdruckabfall (> 20–30%) werden 5–10 µg Adrenalin im Bolus appliziert; bei persistierender Hypotonie wird die Gabe von Noradrenalin erforderlich, wobei meist 2–3 Boli von je 5–10 µg erfolgreich sind. Hypothermie: Mit der Reperfusion der noch kalten Spenderleber fällt außerdem die Körpertemperatur um ca. 1 °C ab.

Reperfusionssyndrom. Von einem Reperfusionssyndrom spricht man, wenn der *MAP um mehr als 30% abfällt* und dieser *Abfall länger als 1 min* anhält. Relativ häufig ist dafür eine Verminderung des peripheren Gefäßwiderstands verantwortlich, bedingt durch die Einschwemmung vasoaktiver Substanzen und saurer Valenzen in den Kreislauf. Dann findet sich i. d. R. gleichzeitig eine Tachykardie. Eine kardiovaskuläre Dekompensation ist dagegen meist Ausdruck eines Rechtsherzversagens als Folge einer massiven Lungenembolie (i. d. R. Luft). Kennzeichnend ist hier der Anstieg von ZVD und PAP, oft frühzeitig begleitet von einer Bradykardie. Eine Luftembolie läßt sich am besten mit der transösophagealen Echokardiographie diagnostizieren. Bei Patienten mit fixierter pulmonaler Hypertonie besteht die Gefahr eines Rechtsherzversagens auch ohne Embolie. Differentialdiagnostisch muß bei einem Anstieg der Vorlasten in Verbindung mit einem Abfall von HZV- und Blutdruck an einen vermehrten venösen Rückstrom mit entsprechender Volumenbelastung des Herzens gedacht werden. Eine kardiale Überfüllung nach Reperfusion ist jedoch selten. Sie ist im wesentlichen nur dann zu befürchten, wenn kein Bypass benutzt wird. Zu einer mittlerweile sehr seltenen Komplikation nach Reperfusion ist der hyperkaliämische Herzstillstand geworden.

MERKE
Wegen der hohen Temperaturschwankungen ist die HZV-Messung während der ersten. 5 min nach der Reperfusion nicht exakt durchzuführen, auch nicht bei Verwendung des CCO-Systems!

Reperfusionskoagulopathie. Bei der Reperfusion werden **Heparin** (Spüllösung) und **t-PA** aus der Spenderleber in den Kreislauf eingeschwemmt. Hierdurch können Gerinnungsstörungen ausgelöst oder verstärkt werden. Der Heparineffekt ist anhand einer verlängerten Thrombinzeit bei normaler Reptilasezeit zu diagnostizieren. Meist kann abgewartet werden, bis die Heparinwirkung abgeklungen ist. Die Gabe von Protamin ist nur extrem selten erforderlich. Eine Aktivierung der Fibrinolyse läßt sich durch einen Anstieg der D-Dimere und eine Verlängerung der Reptilasezeit erkennen. Bei der Überlegung, ob Aprotinin eingesetzt werden soll, muß das Risiko einer möglichen Thrombosierung im Bereich der Gefäßanastomosen berücksichtigt werden (Abschn. 39.6.7). Bei guter Transplantatfunktion ist ohnehin

Tabelle 148 Therapie des Reperfusionssyndroms

Symptomatik/Ursache	Therapie
Hypotonie u. Tachykardie	bei niedrigen Vorlasten Volumen u. ggf. Noradrenalin (5–10-µg-Boli), sonst Adrenalin (5–10-µg-Boli)
Hypotonie u. Bradykardie	Atropin (selten ausreichend) u./od. Adrenalin (5–10-µg-Boli)
Persistierende Hypotonie	Noradrenalin (5–10-µg-Boli); bei hohen Vorlasten Oberkörper aufrichten (OP-Tisch) u. ggf. Glyceroltrinitrat (25-µg-Boli)
Metabolische Azidose	primär Hyperventilation ($PaCO_2$ 28–30 mmHg), $NaHCO_3$ 8,4% erst, wenn pH-Wert trotzdem unter 7,2 bleibt od. abfällt
Hyperkaliämie	5–10 ml Calciumgluconat 10% od. NaCl 5,85%; evtl. $NaHCO_3$ 8,4%

nach gewöhnlich 30–90 min mit einer nachhaltigen natürlichen Verbesserung der Hämostase zu rechnen.

Neohepatische Phase (Phase 5)

1. wenn noch nicht erfolgt: Anastomosierung der A. hepatica und arterielle Reperfusion
2. Rekonstruktion der Gallenwege: möglichst End-zu-End-Anastomose (Hepatikocholedochostomie) mit T-Drainage, sonst Hepatikojejunostomie mit Y-Roux-Anastomose (biliodigestive Anastomose)

Besonderheiten und mögliche Probleme

- **Blutviskosität**
  Um die Perfusion der neuen Leber zu optimieren, sollte der Hkt aus hämorheologischer Sicht zwischen 25 und 30% liegen. Dabei muß das HZV allerdings so hoch bleiben oder gehalten werden, daß die $Sv_{gem}O_2$ nicht unter 70% fällt. Wenn möglich wird das Blut aus dem Bypassystem retransfundiert (angestrebter Hb ≈ 10 g/dl).
- **Hypervolämie**
  Ein zu hoher ZVD kann die neue Leber stauungsbedingt stark anschwellen lassen. In dieser soll der ZVD deshalb idealerweise 6–8 mmHg (bei Flachlagerung) betragen. Gegebenenfalls sind Flüssigkeitsrestriktion und Furosemid erforderlich.
- **Hypokaliämie und metabolische Alkalose**
  Ein Absinken des Serumkaliums und ein Ansteigen des pH-Werts sind Indikatoren der wiedereinsetzenden Leberfunktion (Kaliumaufnahme in die Leberzellen, Kaliumausscheidung durch [Spontan-]Diurese; hepatische Metabolisierung von Laktat und Citrat).
- **metabolische Azidose**
  Eine persistierende metabolischer Azidose zeigt dagegen i. d. R. eine unzureichende Transplantatfunktion an. Sie geht mit einer erhöhter Letalität einher.
- **Blutstillung**
  Falls eine diffuse Blutung weder durch gerinnungssubstituierende noch durch chirurgische Maßnahmen gestillt werden kann, sollte das Abdomen vorübergehend austamponiert werden (Second look u. Tamponadenentfernung nach 24–48 h).
- **Pleuradrainage**
  Um postoperativ die Entwicklung eines Pleuraergusses (bes. rechtsseitig) zu verhindern, wird noch intraoperativ eine Drainage gelegt.
- **Bauchdeckenverschluß**
  Bei großer Spenderleber, geblähtem oder ödematösem Intestinum ist der Bauchdeckenverschluß erschwert. Um in diesen Fällen eine Kompression der neuen Leber wie auch erhöhte Beatmungsdrücke zu vermeiden, wird zunächst ein Patch eingenäht.
- **zum OP-Ende erneute Antibiotikagabe** (Abschn. 39.6.5)

39.6.7 Besondere Aspekte

Blutungen

Ein hoher ZVD steigert stauungsbedingt den intraoperativen Blutverlust. Dennoch ist es während der Präparation schwierig und auch risikoreich (plötzliche Massivblutung), den ZVD im unteren Normalbereich zu halten (unabdingbare Voraussetzung: $Sv_{gem}O_2 \geq 70\%$!). Dieses Vorgehen kann daher bei Lebertransplantationen nicht uneingeschränkt empfohlen werden.

Aprotinin (Trasylol®; s. auch Kap. 5.2 u. 5.3)

- Indikation nur bei diffuser Blutung aufgrund primärer Hyperfibrinolyse, wenn D-Dimere > 3 µg/ml oder RZ > 40 sec
- Dosierung: nach ca. 10minütigem Abwarten des Effektes einer 1-ml-Testdosis 2 Mio. KIE über ca.

20 min, gefolgt von 200.000 KIE/h (Voraussetzung: AT III ≥ 70%!)

Hypovolämie

In einigen Fällen besteht wegen einer verminderten kardialen Compliance trotz hoher Füllungsdrücke ein intravasaler Volumenmangel. Dies ist auch bei gesteigerten intrathorakalen Drücken zu berücksichtigen (z. B. als Folge chirurgischer Manipulationen od. eines Pneumothorax).

Katecholamine

Bei frühen, d. h. schon vor der Reperfusion einsetzenden Kreislaufproblemen müssen vor dem Einsatz von Katecholaminen eine Hypovolämie und Hypokalzämie ausgeschlossen oder beseitigt werden.

Metabolische Azidose

Eine metabolische Azidose tritt in der anhepatischen Phase wegen der dann völlig fehlenden Metabolisierung saurer Valenzen (Milchsäure, Citronensäure etc.) regelmäßig auf. Nach der Reperfusion beginnt jedoch eine funktionierende Transplantatleber schnell, die angehäuften Produkte zu verstoffwechseln, so daß sich bereits intraoperativ und mehr noch postoperativ auf der Intensivstation eine metabolische Alkalose entwickeln kann. Daher sollte eine metabolische Azidose nur dann medikamentös korrigiert werden, wenn die Möglichkeiten einer respiratorischen Kompensation ausgeschöpft sind ($PaCO_2$ 28–30 mmHg). In diesem Zusammenhang ist zu betonen, daß erst bei einem pH-Wert unter 7,2 das Ansprechen des Herz-Kreislauf-Systems auf endo- und exogene Katecholamine signifikant vermindert wird.

MERKE
Bei einer frühzeitig auftretenden Azidose sollte immer auch an eine **Ischämiereaktion** als Folge eines Volumenmangels gedacht und ggf. eine ursächliche Therapie durchgeführt werden.

Pontine Myelinolyse

Bei der pontinen Myelinolyse handelt es sich um eine schwere neuronale Schädigung im Hirnstamm (→ Tetraparese, Pseudobulbärparalyse, Koma). Als Ursache wird ein **schneller Anstieg der Plasmaosmolarität** vermutet, der zu einem osmotischen Dysäquilibrium zwischen intra- und extrazellulärem Milieu mit intrazellulärer Dehydratation führt. Dieses Krankheitsbild wurde erstmals im Zusammenhang mit einer zu raschen Natriumsubstitution bei chronisch hyponatriämischen Patienten beobachtet. Bei einer länger als 48 Stunden bestehenden Hyponatriämie gilt deshalb die Regel, daß das Serumnatrium um nicht mehr als 0,5 mmol/l/h oder 12 mmol/l/d angehoben werden soll. Grenzwerte für die Korrektur einer akuten Hyponatriämie sind nicht genau bekannt, sie sollten aber auf jeden Fall höher liegen.

Hinweise für die Praxis

1. Bei einer Lebertransplantation sollte das **Serumnatrium präoperativ 130 mmol/l** nicht unterschreiten, weil sich sonst ein möglicherweise gefährlicher Anstieg des Serumnatrium nicht sicher vermeiden läßt.
2. Ein exzessives Puffern mit $NaHCO_3$ muß unbedingt unterbleiben. Statt dessen sollte bei entsprechendem Bedarf **Tris-Puffer** verwendet werden (unverdünnt zentralvenös über Perfusor).

Intraoperative Hämofiltration

In seltenen Fällen sollte auch intraoperativ eine venovenöse Hämofiltration fort- oder durchgeführt werden:
- wenn präoperativ neben einem akuten Nierenversagen auch ein Hirnödem besteht (bessere Flüssigkeitsbilanzierung);
- wenn das Serumnatrium präoperativ unter 130 mmol/l liegt (bessere „Natriumkonstanz“ und damit Vermeidung einer pontinen Myelinolyse).

39.7 Knochenmarkentnahme

Indikation:	maligne Knochenmarkerkrankungen
Vorbereitung:	1. bei autologer Knochenmarkentnahme: Beachtung von Anämie, Gerinnungsstörungen sowie Nebenwirkungen und Interaktionen von Chemotherapeutika 2. bei heterologer Knochenmarkentnahme: präop. Eigenblutspende (1–2 EK)
OP-Ablauf:	mehrfache Punktion des dorsalen Beckenkamms und Aspiration von insgesamt 1.000 ml Knochenmark
OP-Dauer:	30–45 min
Lagerung:	Bauchlage
Ausrüstung:	1 großlumiger i. v. Zugang, Magensonde, Ösophagusstethoskop
Blutkonserven:	1–2 EK
Anästhesie:	Intubationsnarkose (Spiraltubus) mit balancierter Anästhesie
Komplikationen:	Blutung
Nachbetreuung:	Aufwachraum

Notfallbehandlung

40 Klinische Primärversorgung des Polytraumatisierten

40.1 Allgemeine Bemerkungen ▸ 563
40.2 Vorbereitung ▸ 563
40.3 Primärdiagnostik ▸ 563
40.4 Primärtherapie ▸ 564
40.5 Operationen erster Dringlichkeit ▸ 564
40.6 Blutverluste bei Polytraumatisierten ▸ 565

40.1 Allgemeine Bemerkungen

Definition des Polytraumas

> Ein Polytrauma ist eine schwere, gleichzeitig entstandene Verletzung von mindestens 2 Körperregionen oder Organen bzw. Organsystemen, wobei entweder eine einzelne Verletzung oder aber die Kombination mehrerer akut lebensbedrohlich ist.

Bei polytraumatisierten Patienten muß mit folgenden **Störungen oder Komplikationen** gerechnet werden:

- Bewußtseinsstörungen bis hin zum Koma
- Hypoxie und Hyperkapnie
- hypovolämisch-hämorrhagischer Schock
- Koagulopathie
- Oligoanurie
- respiratorisch-metabolische Azidose

40.2 Vorbereitung

Vor Ankunft des Patienten in der Notaufnahme sollten folgende Maßnahmen getroffen worden sein:

- Bereitstellung eines transportablen Notfallwagens mit Beatmungsgerät, EKG, Pulsoxymetrie, Kapnometrie, Defibrillator und Reserveakku
- Überprüfung der Funktion der Beatmungsgeräte (FIO_2 1,0!) und des Intubationszubehörs
- Kontrolle des Füllungszustands der Sauerstoffflasche
- Bereitstellung von Blutkonserven (4 EK der Blutgruppe 0 Rh neg.)
- Vorbereitung von 2 mit HES-armierten Druckmanschetten o. ö. für die umgehende Infusion
- Aufziehen von kardiovaskulotropen Medikamenten, Hypnotika, Opioiden und Relaxanzien

40.3 Primärdiagnostik

Diagnostik und Therapie gehen bei polytraumatisierten Patienten Hand in Hand und lassen sich deshalb in der klinischen Praxis nicht voneinander trennen. Eine Trennung an dieser Stelle erfolgt nur aus didaktischen Gründen.

Unmittelbar nach Aufnahme des Patienten wird eine **groborientierende klinische Untersuchung** vorgenommen, um das Verletzungsmusters zu erfassen und beurteilen zu können, ob eine vitale Bedrohung vorliegt:

- Einschätzung der Bewußtseinslage und Kontrolle der Pupillenreaktion (SHT?)
- Inspektion und Auskultation der Atmung (Seitendifferenzen?, abgeschwächtes Atemgeräusch?)
- Auskultation der Herztöne (Abschwächung als Zeichen einer möglichen Perikardtamponade)
- Beurteilung der Schockintensität (Puls, Herzfrequenz, Zentralisation, nichtinvasiver Blutdruck)
- Palpation des Thorax (Krepitationen?, Instabilität?)

- Palpation des Abdomens (Blutung?)
- Beckenkompressionsversuch (Fraktur?, Instabilität?)
- Suche nach Schwellungen im Bereich der Ober- und Unterschenkel (Hämatome)

MERKE
Die **Oxygenierung** sollte so schnell wie möglich pulsoxymetrisch beurteilt werden. Falls kein Signal abgeleitet werden kann, spricht dies für eine ausgeprägte periphere Minderperfusion!

Die **weitere Primärdiagnostik** im Notfallraum umfaßt:
- Blutentnahmen für Laboruntersuchungen
- Sonographie des Abdomens
- Anfertigung von Röntgenaufnahme: Thorax- und Beckenübersicht
- Anlage eines Blasenkatheters (Hämaturie?)
- (fach-)neurologische oder neurochirurgische Beurteilung

Eine darüber hinausgehende Diagnostik (z.B. CT) sollte erst bei nachhaltiger Stabilisierung der Vitalfunktionen und ausreichender Instrumentierung (Volumenzugänge!; s. Abschn. 40.4) durchgeführt werden. Dies zu beurteilen und zu entscheiden ist Sache des zuständigen Anästhesisten.

Indikationen für ein CCT

- Bewußtseinsstörungen
  - primäre Bewußtlosigkeit am Unfallort
  - anhaltende Bewußtlosigkeit oder sekundäre Eintrübung
  - nicht bestimmbare Bewußtseinslage bei anhaltender oder länger erforderlicher Analgosedierung
- ein- oder beidseitige Pupillenerweiterung
- fokales neurologisches Defizit
- offenes SHT oder Schädelfraktur

40.4 Primärtherapie

Die Primärtherapie muß ggf. schon parallel zur Basisdiagnostik stattfinden. Sie besteht ausschließlich in der Durchführung **lebenserhaltender Sofortmaßnahmen** oder der kardiopulmonalen Reanimation. Ziel sind die Sicherung freier Atemwege, eine maximale Oxygenierung und die Kreislaufstabilisierung zur Verbesserung des O_2-Transports; Mittel sind in erster Linie die endotracheale Intubation (auf sichere Tubusfixation achten!), die kontrollierte Beatmung (FIO_2 1,0, AMV 130–150 ml/kg KG) und eine ausreichende Infusions- und Transfusionstherapie. Für die Intubation muß die HWS immobilisiert werden („stiff neck" oder manuelle Extension, Kopfschale), falls eine HWS-Läsion bekannt ist oder nicht auszuschließen ist. Bis zum Ausschluß eines schweren Schädelhirntraumas (Hirnödem!) soll der Oberkörper des Patienten ca. 30° hoch gelagert und eine Normoventilation durchgeführt werden ($PaCO_2 \approx$ 35 mmHg). Bei polytraumatisierten Patienten muß von einer gesteigerten CO_2-Produktion und einer vermehrten Totraumventilation (aufgrund pulmonaler Hypoperfusion bei Schock oder erniedrigtem HZV) ausgegangen werden, was eine angepaßte Erhöhung des AMV erforderlich macht (→ Bestimmung des $PaCO_2$!).

Instrumentierung

- 2–3 großlumige, gut fixierte Venenkanülen; bei größeren Blutverlusten alternativ 3-Lumen-Shaldon-Katheter
- ZVK (bei V. a. SHT ggf. Punktion einer V. subclavia zur Vermeidung von Kopfbewegungen) und arterielle Kanüle in der Primärphase meist noch nicht erforderlich
- Magensonde (bei Mittelgesichtstrauma immer oral!)

40.5 Operationen erster Dringlichkeit

Verletzungen, die eine erfolgreiche Reanimation oder kardiopulmonale Stabilisierung unmöglich machen, müssen umgehend operativ versorgt werden („lebensrettende Sofortoperationen"). Das gilt ebenso für solche, die die Prognose quoad sanationem fragwürdig erscheinen lassen (z.B. schwerste intraabdominelle u./od. intrathorakale Blutung, ausgeprägtes intrakranielles Hämatom). Höchste Priorität haben immer **kreislauf- und atmungsstabilisierende Eingriffe** (Blutstillung u. Beatembarkeit der

Lunge!). Besteht keine Notwendigkeit einer sofortigen Operation, so wird der Patient, möglichst nach Vervollständigung der Diagnostik, zur weiteren Behandlung und Stabilisierung auf eine Intensivstation verlegt.

40.6 Blutverluste bei Polytraumatisierten

Der mittlere Blutverlust bei polytraumatisierten Patienten beträgt mehr als 2.000 ml. Die **Hauptblutungsquellen** sind

- beim Bauchtrauma:
  - Ruptur großer Gefäße (bis zu 5.000 ml)
  - Milz- und Leberruptur (jeweils bis zu 2.000 ml)
- beim Thoraxtrauma:
  - Hämatothorax nach Rippenserienfraktur (pro Seite bis zu 2.000 ml)
- bei Frakturen:
  - Becken (bis zu 5.000 ml)
  - Oberschenkel (bis zu 2.000 ml)
  - Humerus und Unterschenkel (jeweils bis zu 1.000 ml)

Am bedrohlichsten ist hiervon das **Thoraxtrauma mit beidseitigem Hämatothorax,** weil Kreislauf und Atmung gleichermaßen betroffen sind und die Auswirkungen sich im Sinne eines Circulus vitiosus gegenseitig verstärken.

41 Kardiopulmonale Reanimation

41.1 Allgemeine Bemerkungen ▸ 566
41.1.1 Wiederbelebungszeit ▸ 566
41.1.2 Reanimationstechniken ▸ 566
41.2 Kreislaufstillstand ▸ 567
41.2.1 Primärer Kreislaufstillstand ▸ 567
41.2.2 Sekundärer Kreislaufstillstand ▸ 567
41.3 Basismaßnahmen ▸ 567
41.3.1 Herzdruckmassage ▸ 568
41.3.2 Beatmung ▸ 569
41.3.3 Verhältnis von Herzmassage zu Beatmung ▸ 569
41.4 Erweiterte Maßnahmen ▸ 570
41.4.1 Endotracheale Intubation ▸ 570
41.4.2 Pharmakotherapie ▸ 570
41.4.3 Elektrotherapie ▸ 572
41.5 Beendigung einer erfolglosen Reanimation ▸ 573
41.6 Weiterbehandlung nach erfolgreicher Reanimation ▸ 573
41.7 Besonderheiten im Kindesalter ▸ 573

41.1 Allgemeine Bemerkungen

Das respiratorische und das kardiovaskuläre System sichern in engem Zusammenspiel die ständige Versorgung der Körperzellen mit Sauerstoff und die Elimination von Kohlendioxid. Ein Kreislaufstillstand unterbricht diesen Vorgang abrupt. Da es im menschlichen Organismus keine nennenswerten O_2-Speicher gibt, sind die O_2-Reserven (im wesentlichen der Hb-gebundene Sauerstoff) schon nach sehr kurzer Zeit aufgebraucht, und es entwickeln sich die Zeichen eines O_2-Mangels. In erster Linie ist davon das ZNS betroffen. Bei einem primären Kreislaufstillstand tritt nach einem „freien Intervall" von 10–15 sec Bewußtlosigkeit ein. Hieran schließt sich eine individuell verschiedene, im voraus nicht genau zu bestimmende Zeitspanne bis zum Eintritt des Hirntods an.

41.1.1 Wiederbelebungszeit

Die Zeit zwischen Beginn des Kreislaufstillstands und dem irreversiblen Organversagen wird als Wiederbelebungszeit bezeichnet. Sie hängt von zahlreichen Faktoren ab (u. a. Alter und Vorerkrankungen des Patienten, Körpertemperatur) und beträgt im Falle eines primären Kreislaufstillstands für das normotherme, nicht vorgeschädigte Gehirn 3–5 min, für das Herz 15–30 min. Bei einem sekundären Kreislaufstillstand (z. B. als Folge eines Atemstillstands) sind diese Zeiten natürlich deutlich kürzer.

MERKE

1. Ziel einer kardiopulmonalen Reanimation ist neben der **Verhinderung des Hirntods** (und Herztods) die **schnellstmögliche Wiederherstellung eines suffizienten Eigenkreislaufs**.
2. Eine Reanimation ist nur dann erfolgversprechend, wenn **innerhalb der Wiederbelebungszeit des Gehirns** mit den Reanimationsmaßnahmen begonnen wird. Nur so besteht die Aussicht, bleibende neurologische Defizite zu verhindern.

41.1.2 Reanimationstechniken

International herrscht keine Einigkeit über die „richtige" Reanimationstechnik, und auch national ändern sich die Empfehlungen mittlerweile in immer kürzeren Abständen. Die folgenden Ausführungen zur Vorgehensweise bei der kardiopulmonalen Reanimation berücksichtigen die Empfehlungen der Bundesärztekammer für die Wiederbelebung aus dem Jahr 2004 und die im März 2006 ebenfalls von der Bundesärztekammer veröffentlichten, auf den 2005 erschienenen Leitlinien des European Resuscitation Council basierenden Eckpunkte für die Reanimation. Diese sind der Vorläufer einer erneuten ausführlichen Überarbeitung der nationalen Empfehlungen.

41.2 Kreislaufstillstand

Ein Kreislaufstillstand entsteht als Folge eines primären oder sekundären Pumpversagens des Herzmuskels. Das Pumpversagen kann durch eine **Asystolie**, ein **Kammerflimmern**[95] **oder -flattern,** eine **pulslose Kammertachykardie** oder eine **elektromechanische Entkopplung** (Hyposystolie) hervorgerufen werden.

41.2.1 Primärer Kreislaufstillstand

Ein primärer Kreislaufstillstand ist bei Erwachsenen mit über 80% deutlich häufiger als ein sekundärer. Er zeigt sich als unmittelbares kardiales Pumpversagen. **Ursächlich** können sein:
- ischämische Herzerkrankung (häufigste Ursache bei Erwachsenen)
- Trauma (Contusio cordis, penetrierende Herzverletzung)
- Intoxikation (kardiotoxische Medikamente, Kalium, Calcium etc.)
- reflektorisch (z. B. Karotissinus-, Hirnstammanipulation)
- Elektrounfall, Blitzschlag
- abrupter, kompletter Verlust des Gefäßtonus (z. B. schwere Anaphylaxie)
- fulminante Lungenembolie
- Perikardtamponade

Klinische Zeichen sind:
- Pulslosigkeit
- Bewußtlosigkeit (10–15 sec nach Eintritt des Kreislaufstillstands)
- ggf. zerebrale Krämpfe (nach 15–45 sec)
- Schnappatmung/Atemstillstand (nach 15–45 sec)
- Pupillenerweiterung u. Verlust der Lichtreaktion (nach 30–60 sec)
- evtl. Zyanose

Die **Diagnose** wird in erster Linie gestellt anhand
- der fehlenden Karotispulse (Prüfung über max. 10 sec!) und
- des EKG (s. oben).

41.2.2 Sekundärer Kreislaufstillstand

Ein sekundärer Kreislaufstillstand ist Folge der myokardialen Auswirkungen einer anhaltenden generalisierten Hypoxie (er wird deshalb auch als „hypoxischer Kreislaufstillstand" bezeichnet). Diesem Geschehen können folgende Ursachen zugrunde liegen:
- Verlegung der (oberen) Atemwege
- zentrale Atemdepression (z. B. durch SHT, Hirnblutung, Anästhetika)
- periphere Atemdepression (z. B. durch Thoraxtrauma, Spannungspneumothorax, Zwerchfellhochstand, neuromuskuläre Erkrankungen, Muskelrelaxanzien)
- O_2-Mangel in der Umgebungsluft (zu geringe FIO_2)
- jede Form des Kreislaufschocks (außer kardiogenem Schock)
  - bes. hypovolämisch-hämorrhagischer Schock
  - ausgedehnte Sympathikusblockade (z. B. hoher Querschnitt, totale Spinalanästhesie)

41.3 Basismaßnahmen

Eine kardiopulmonale Reanimation soll begonnen werden, sobald ein Patient nicht ansprechbar ist (keine Reaktion auf lautes Ansprechen und leichtes Rütteln an den Schultern) und auch nach Freimachen der Atemwege durch Reklinieren des Kopfes und Vorziehen des Unterkiefers (Esmarch-Handgriff) nicht normal atmet (eine Schnappatmung ist keine normale Atmung!). Zur Atemkontrolle dienen das Beobachten von Thoraxbewegungen, das Hören von Atemgeräuschen und das Fühlen von Luftbewegungen (Ohr/Auge). Nach den neuesten Empfehlungen kann in dieser Phase auf eine Kreislaufkontrolle (Feststellen der Pulslosigkeit) verzichtet werden.

Zu den Basismaßnahmen der Reanimation gehören nach der Notfalluntersuchung und ggf. dem Notruf
- die Herzdruckmassage und
- die Beatmung.

Hierbei hat sich der Schwerpunkt während der Initialphase mittlerweile in Richtung *Herzdruckmassage* und damit zur Zirkulation verschoben. Das wird

95 häufigste Form des Kreislaufstillstands

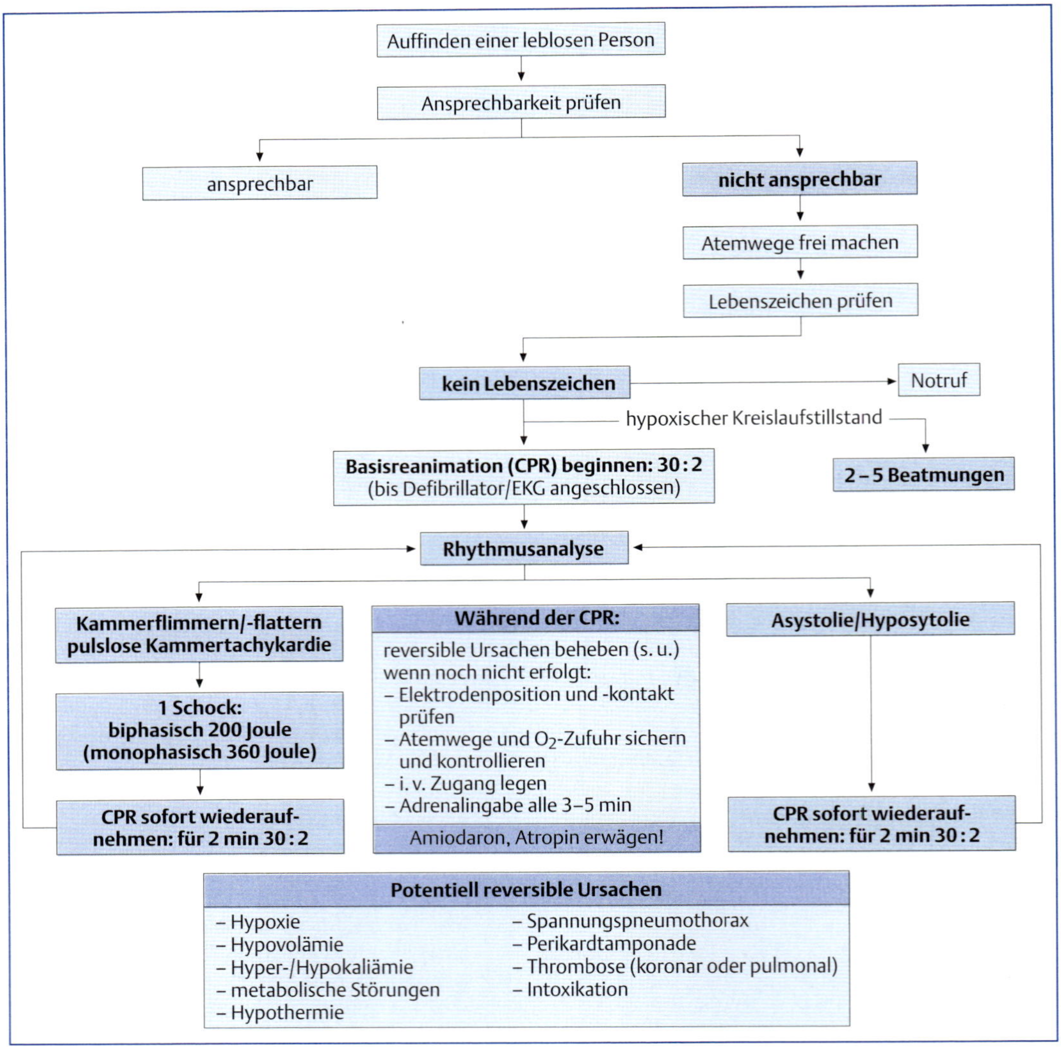

Abb. 43 Universalalgorithmus zur kardiopulmonalen Reanimation (mod. von den Verfassern)

damit begründet, daß bei einem primären (!) Kreislaufstillstand noch O_2-Reserven vorhanden sind, die für kurze Zeit eine zelluläre Oxygenierung zulassen.

Wichtig für eine generelle Verbesserung der Reanimationserfolgsquote scheint ein systematisiertes, einheitliches Vorgehen nach einem möglichst einfachen Ablaufschema zu sein. Bei dem neuentwickelten **Universalalgorithmus** (Abb. **43**) werden für die Behandlung nur noch 2 Formen des Kreislaufstillstands unterschieden: hyperdynam und hypodynam. Im ersten Fall ist die elektrische Aktivität des Herzens gesteigert (Kammerflimmern etc.), im zweiten fehlt sie oder ist lediglich minimal ausgeprägt (Asystolie/Hyposystolie).

41.3.1 Herzdruckmassage

Direkt nach Feststellung von Bewußtlosigkeit und Apnoe oder Schnappatmung soll mit der externen Herzdruckmassage begonnen werden (die früher üblichen 2 Initialbeatmungen können entfallen, außer es handelt sich um den selteneren Fall eines hypoxischen Kreislaufstillstands).[96] Dazu wird der Thorax 30mal hintereinander komprimiert, anschließend erst wird der Patient 2mal beatmet (es wird kein Unterschied mehr zwischen der Ein- und der Zweihelfermethode gemacht). Der richtige Druckpunkt für die Thoraxkompression befindet sich auf der unteren Hälfte des Sternums (z.B. 2 Querfinger kranial der Basis des Processus xiphoideus), hier werden die Handballen übereinander aufgesetzt. Die Eindrücktiefe beträgt 4–5 cm. Es wird eine Kompressionsrate bis zu 100/min beim Erwachsenen empfohlen, wobei Kompressions- und Dekompressionsphase gleich lang sein sollen.

MERKE
Für die Wirksamkeit der externen Herzmassage ist es essentiell, daß der Patient auf einer harten Unterlage flach auf dem Rücken gelagert wird und die Kompressionen mit im rechten Winkel auf das Sternum aufgesetzten, im Ellbogengelenk gestreckten Armen ausgeführt werden.

Effektivität

Durch rhythmische Thoraxkompression läßt sich lediglich ein *Minimalkreislauf* aufrechterhalten. Mit optimaler Technik erreicht man zwar Blutdruckwerte von bis zu 120 mmHg systolisch, diastolisch jedoch meist nur 10–20 mmHg, so daß der Mitteldruck kaum mehr als 40 mmHg beträgt. Die koronare Perfusion, die ja hauptsächlich in der Diastole stattfindet, liegt wegen des niedrigen diastolischen Drucks ohne Einsatz von Vasokonstriktoren nur bei ca. 5% des Normalwerts. Das zu erzielende Herzzeitvolumen bewegt sich zwischen 1 und 2 l/min, womit auf Dauer die Funktion des Gehirns nicht gesichert werden kann.

Komplikationen

- Rippen- und Sternumfrakturen (bes. bei Emphysemthorax)
- (Hämato-)Pneumothorax
- Lungen-, Herz-, Leber-, Milz- und Zwerchfellverletzung

41.3.2 Beatmung

Eine Mund-Rachen-Inspektion vor Beginn der künstlichen Beatmung wird wegen des Zeitverlustes nicht mehr als notwendig angesehen. Die Atemspende sollte, solange (noch) keine Hilfsmittel verfügbar sind, weiterhin vorrangig als **Mund-zu-Nase-Beatmung** durchgeführt werden (technisch einfacheres Verfahren, außerdem eher Verhinderung einer gastralen Luftinsufflation durch natürliche Begrenzung des Spitzendrucks) und nur, wenn das nicht möglich ist, als Mund-zu-Mund-Beatmung. Das Beatmungs-(Tidal-)Volumen soll beim Erwachsenen 700–1000 ml betragen, wobei aus praktischen Gründen sichtbare Thoraxexkursionen als Zeichen für eine ausreichende Ventilation gelten können. Um zu hohe Drücke zu vermeiden, soll die Inspiration gleichmäßig über 2 sec erfolgen. Für die Exspiration ist wenigstens die gleiche Zeit zu veranschlagen.

Komplikationen

- Regurgitation und pulmonale Aspiration
- Magenruptur durch allmähliches Aufblähen des Magens

MERKE
Um die Wirksamkeit der Beatmung zu erhöhen, ist es wichtig, daß so schnell wie möglich für eine **Steigerung der inspiratorischen O_2-Konzentration** gesorgt wird. Das setzt mindestens den Einsatz von Gesichtsmaske und Beatmungsbeutel voraus. Wird O_2 mit einem Flow von 8–10 l/min direkt in den Beutel eingespeist, so läßt sich die FIO_2 schon auf 0,5–0,6 anheben. Bei Verwendung eines Reservoirs (unbedingt empfehlenswert) ist eine FIO_2 von über 0,8 erreichbar.

41.3.3 Verhältnis von Herzmassage zu Beatmung

Für die Ein- und die Zweihelfermethode gilt das gleiche Verhältnis von Kompression zu Beatmung, nämlich nach den neuesten Empfehlungen **30:2**. Dieses Verhältnis wird auch für die Reanimation des intubierten Patienten empfohlen.

96 Bei einem unter Monitorkontrolle beobachteten Kreislaufstillstand kann ein sog. *präkordialer Faustschlag* (kräftiger Schlag auf die Mitte des Sternums), innerhalb der ersten Sekunden ausgeführt, manchmal wieder einen geordneten Herzrhythmus in Gang bringen.

Konsequenzen für die Beatmung

Ein Kompressions-Beatmungs-Verhältnis von 30:2 bedeutet bei einer Kompressionsrate von 100/min, daß pro min lediglich 6–7mal beatmet wird. Nach den aktuellen Empfehlungen soll die Beatmungsdauer dabei nur noch 1 sec betragen. Noch 2004 wurden jedoch für eine Beatmung 4–6 sec (2 sec für die Inspiration und 2–4 sec für die Exspiration) auf der Grundlage eines Kompressions-Beatmungs-Verhältnisses von 15:2 empfohlen (→ Beatmungsfrequenz 13–14/min). Das führte damals übrigens zu dem nie aufgeklärten Paradox, daß bei einer ebenfalls zugrunde gelegten Kompressionsrate von 100/min für 100 Kompressionen im besten Fall höchstens 8 sec zur Verfügung standen ... (Eine echte Herkulesaufgabe!). Mit der Reduktion der Beatmungsdauer auf 1 sec wird zwar dieses Problem gelöst, doch taucht sogleich ein neues auf. Innerhalb von 1 sec kann beim nichtintubierten Patienten ein Volumen von 700–1000 ml unmöglich in- und exsuffliert werden. Außerdem wäre beim Versuch der Beatmungsdruck so hoch, daß ein Aufblähen des Magens, verbunden mit der Gefahr der Aspiration, unvermeidbar wäre. Aus diesem Grund verzichtet man nun wohl auch auf die Vorgabe eines exakten Beatmungsvolumens und fordert aktuell nur noch die sichtbare Thoraxhebung. Damit ist das Beatmungsproblem jedoch nur scheinbar gelöst, denn ein Tidalvolumen, das innerhalb von 0,5 sec appliziert werden kann, ohne daß Luft in den Magen gelangt, ist so gering, daß eine Hypoventilation bei einer Beatmungsfrequenz von 6–7/min nicht zu vermeiden ist. Das bedeutet aber, daß eine Verstärkung der intrazellulären Azidose in Kauf genommen werden muß, was nicht akzeptabel ist.

Anmerkung der Verfasser. Daß die „30:2-Methode" lange Bestand haben wird, bezweifeln die Verfasser dieses Buches. Sie favorisieren – zumindest bei der innerklinischen Reanimation des intubierten Patienten – nach wie vor die klassische „5:1-Methode", wobei die Kompression für die Beatmung selbstverständlich nicht unterbrochen wird. Die Beatmungshübe können so interponiert werden, daß die Exspiration durch die jeweils folgende Kompression aktiv unterstützt wird. Die Kompressionsfrequenz liegt zwischen 60 und 80/min. Die Beatmungsfrequenz beträgt demzufolge 12–16/min (Tidalvolumen 500–600 ml). Eine etwaige geringfügige Hyperventilation erhöht lediglich leicht den intrazellulär meist deutlich azidotischen pH-Wert, was sogar als positiv zu werten ist. Eine dadurch bedingte weitere Verminderung der zerebralen Perfusion muß jedenfalls nicht befürchtet werden.

41.4 Erweiterte Maßnahmen

Die Basismaßnahmen werden so lange fortgeführt, bis entweder Spontanatmung und -kreislauf wieder einsetzen oder die Voraussetzungen für eine erweiterte Reanimation geschaffen sind. Die erweiterten Maßnahmen umfassen die Sicherung der Atemwege, die EKG-Diagnose des Kreislaufstillstands und die davon abhängige zielgerichtete Therapie.

41.4.1 Endotracheale Intubation

Zur Sicherung der Atemwege soll der Patient so früh wie möglich endotracheal intubiert werden. Nur so besteht die Möglichkeit der maximalen Oxygenierung (FIO_2 > 0,8) ohne die Gefahr der pulmonalen Aspiration. An erster Stelle steht dabei die **orale Intubation.** Bei unmöglicher Intubation kommt die Larynxmaske oder der Kombitubus[97] als Alternative in Frage. Nach der Intubation können Beatmung und Herzdruckmassage asynchron durchgeführt werden.

MERKE
Zur **Kontrolle der Tubuslage** sind neben der Beobachtung der Thoraxexkursionen **eine epigastrische und eine beidseitige thorakale Auskultation** unverzichtbar. Wenn möglich sollte eine **Kapnometrie/-graphie** über den weiteren Verlauf der Reanimation durchgeführt werden.

41.4.2 Pharmakotherapie

Nach der Intubation oder schon parallel dazu sollte ein **venöser Zugang** für die Applikation kardiovaskulär wirksamer Medikamente gelegt werden. Hierzu sollte möglichst eine Vene im Abflußgebiet der V. cava superior benutzt werden. In erster Linie

97 Doppellumentubus, bei dem die Öffnungen auf unterschiedlicher Höhe liegen, so daß, gleichgültig ob die Tubusspitze tracheal oder ösophageal plaziert wird, immer über einen Tubusschenkel tracheal beatmet werden kann

empfiehlt sich die Punktion einer Unterarm- oder Ellenbeugevene oder auch der V. jugularis externa (kürzerer Weg zum Herzen!). Handrückenvenen sind wegen der Zentralisation meist weniger geeignet. Eine Punktion von Venen der unteren Extremitäten, auch der V. femoralis, sollte wegen des längeren Wegs zum Herzen und dem dadurch verzögerten Wirkungseintritt der injizierten Medikamente eher unterbleiben. An die Kanüle muß eine Infusion (Vollelektrolytlösung oder HES-Präparat) angeschlossen werden, um die Substanzen zügig in den Kreislauf einzuspülen. Gestaltet sich die Punktion schwierig, so kann eine Substanz wie Adrenalin zunächst durch den Endotrachealtubus appliziert werden (s. u.).

Bei unmöglicher Venenpunktion kann ein **intraossärer Zugang** gelegt werden (bes. bei Kindern). Hierzu wird eine Spezialkanüle an der Tibiainnenfläche durch den Knochenschaft in den Markraum eingeführt. Die Medikamente sollten dann am besten über eine Druckinfusion eingespült werden. Alle Substanzen, die i. v. verabreicht werden können, können auch intraossär gegeben werden, und zwar in gleicher Dosierung.

Adrenalin

Voraussetzung für die Wiederherstellung der Pumpfunktion des Herzens ist bei prolongierter Reanimation die **Verbesserung der Myokardperfusion** und für das Überleben auch die der zerebralen Perfusion. Hierzu ist Adrenalin das Medikament der Wahl, und zwar bei allen Formen des Kreislaufstillstands. Entscheidende Wirkkomponente ist die Anhebung des diastolischen Blutdrucks durch die α-mimetisch bedingte Vasokonstriktion (s. auch Kap. 6.1.3). Auf diese Weise verbessert Adrenalin bei Kammerflimmern auch die Erfolgsaussichten einer Defibrillation. Bei Asystolie spielt zusätzlich die positiv bathmotrope Wirkung für die Wiederherstellung der Sinusknotenaktivität eine Rolle.

Adrenalin soll alle 3–5 min intravenös injiziert werden. Die Einzeldosis beträgt bei Erwachsenen 1 mg. Nach der 3. erfolglosen Injektion kann sie auf 5–10 mg gesteigert werden. Bei Kammerflimmern soll Adrenalin erst nach der 2. vergeblichen Defibrillation, also erst vor dem 3. Defibrillationsversuch, gegeben werden.

Statt intravenös kann Adrenalin auch endotracheal bzw. endobronchial appliziert werden. Um für eine äquivalente alveoläre Resorption zu sorgen, muß die Dosis verdreifacht (3 mg) und auf 10 ml NaCl 0,9% verdünnt werden. Diese Lösung kann dann direkt transtubal oder besser noch über einen dünnen Absaugkatheter tief endobronchial verabreicht werden (hierfür in eine 20-ml-Spritze zusammen mit 10 ml Luft aufziehen). Anschließend soll der Patient 2 mal beatmet werden, um eine ausreichende Einspülung in die Alveolen zu gewährleisten. Diese Form der Applikation ist wegen unsicherer Resorption nicht indiziert bei Patienten mit Lungenödem, Lungenembolie oder nach Aspiration.

Vasopressin

Basierend auf der Tatsache, daß Vasopressin ebenfalls den koronaren Perfusionsdruck steigert, kann es in einer Dosis von 40 IE den Reanimationserfolg bei Kammerflimmern, aber auch bei Asystolie verbessern. Die Substanz scheint ähnlich effektiv zu sein wie Adrenalin. Ihr endgültiger Stellenwert läßt sich aber derzeit nicht beurteilen. Bislang jedenfalls hat die Verwendung von Vasopressin keinen Eingang in die deutschen Reanimationsempfehlungen gefunden.

Atropin

Bei persistierender Asystolie kann nach der 1. Adrenalingabe die einmalige Applikation von 3 mg Atropin i. v. erwogen werden.

Amiodaron

Statt Lidocain wird wegen deutlicher Überlegenheit nur noch Amiodaron empfohlen. Es soll dann eingesetzt werden, wenn Kammerflimmern auch nach 3 Defibrillationsversuchen anhält. Die Dosis beträgt bei Erwachsenen 300 mg i. v. und soll als Bolus injiziert werden. Eine Nachinjektion von 150 mg ist b. Bed. möglich, ggf. gefolgt von einer Infusion von 900 mg/24 h.

Calcium

Die Gabe von Calcium ist nur sinnvoll bei einer anhaltenden Asystolie. Hier könnte ursächlich eine Hyperkaliämie vorliegen, die durch Calcium elektrophysiologisch zu antagonisieren wäre. Probatorisch empfiehlt sich dann die Applikation von 1–2 g Calcium i. v. (z. B. 10–20 ml Calciumgluconat 10%).

Natriumhydrogencarbonat
(s. auch Kap. 6.2.1)

Die Puffertherapie ist mehr und mehr in den Hintergrund gerückt. Ohne Blutgasanalyse soll $NaHCO_3$ frühestens nach 20 min erfolgloser Reanimation in einer Dosis von 0,5–1,0 mmol/kg KG infundiert werden. Dabei muß eine Verstärkung der intrazellulären Azidose durch entsprechende Steigerung der Ventilation unbedingt vermieden werden.

Fibrinolytika

Der Versuch einer Thrombolyse mit rt-PA (z. B. bis zu 50 mg Alteplase [Actilyse®] im Bolus i. v., ggf. wiederholt) scheint bei V. a. Lungenembolie oder Myokardinfarkt gerechtfertigt, wenn die Standardmaßnahmen erfolglos bleiben. Nach der Gabe sollten diese dann aber über 60–90 min weiter durchgeführt werden.

41.4.3 Elektrotherapie

Defibrillation

Die frühzeitige Defibrillation ist die entscheidende Maßnahme, um bei einem Kreislaufstillstand aufgrund von Kammerflimmern/-flattern oder einer pulslosen ventrikulären Tachykardie einen Sinusrhythmus herbeizuführen. Bei der Defibrillation sorgt ein *Gleichstromimpuls* für eine schlagartige Depolarisation aller unkoordiniert elektrisch aktiven Herzmuskelzellen. Die nachfolgende Asystolie schafft dann die Voraussetzung dafür, daß wieder spontane, vom Sinusknoten gesteuerte Herzaktionen auftreten können.

Durchführung. Die Defibrillationselektroden („Paddles" oder seltener Klebeelektroden) werden entweder *anterior-lateral* (die eine rechts parasternal unter der Klavikula, die andere links in der mittleren Axillarlinie) oder seltener *anterior-posterior* (die eine linkspräkordial, die andere am Rücken links paravertebral) auf dem Thorax plaziert. Die Stromflußrichtung spielt bei der Defibrillation keine Rolle, so daß es gleichgültig ist, auf welche Position die Plus- und die Minuselektrode aufgesetzt oder -geklebt werden. Um den Übergangswiderstand zu reduzieren und so Energieverluste auf dem Weg zum Herzen zu minimieren (und außerdem Hautverbrennungen im Elektrodenbereich zu verhindern), müssen die Paddles ausreichend mit Gel bestrichen und fest auf den Thorax gepreßt werden. Wenn möglich, sollten vorher die Haare an diesen Stellen abrasiert werden. Vor der Defibrillation, d. h. bei Benutzung von Paddles schon vor deren Aufsetzen, muß der Gerätekondensator geladen werden.

Entladungscharakteristika. Während früher monophasisch defibrilliert wurde, was bedeutet, daß der Strom nur in eine Richtung fließt, ist mit modernen Geräten nur noch eine *biphasische* Entladung möglich. Hierbei wechselt der Strom einmal seine Polarität und fließt demgemäß einmal zwischen den Elektroden hin und her. Dadurch vermindert sich die benötigte Energie deutlich, d. h., die Defibrillationsschwelle wird reduziert. Außerdem soll so ein erneutes Flimmern verhindert werden. Nach den bisherigen Untersuchungsergebnissen ist die biphasische Defibrillation effektiver als die monophasische. Sie wird daher diese zukünftig wohl völlig verdrängen. Ob und inwieweit die Erfolgsquote durch eine spezifische *Impulsform* weiter erhöht werden kann, ist noch nicht ausreichend durch Studien belegt. Nützlich bei den neuesten Defibrillatoren ist aber in jedem Fall die automatische Messung der *transthorakalen Impedanz* mit entsprechender Anpassung des Stromflusses. Auf diese Weise wird die Effektivität des einzelnen Schocks gesteigert und das Risiko einer myokardialen Schädigung verringert. Hier scheinen Rechteckimpulse von Vorteil zu sein, denn sie lassen am ehesten hohe Stromspitzen am Myokard vermeiden.

MERKE

1. Jede **monophasische Defibrillation** wird bei Erwachsenen **mit 360 Joule,** jede **biphasische mit 200 Joule** durchgeführt. Grundsätzlich soll jeweils nur einmal defibrilliert und danach für 2 min mit den Basismaßnahmen fortgefahren werden. Erst dann werden der Herzrhythmus und gegebenenfalls der Puls kontrolliert.
2. Die **Unterscheidung einer Asystolie von feinem Kammerflimmern** ist manchmal sehr schwierig. Gegebenenfalls muß nach erfolgloser Basisreanimation und Adrenalingabe probatorisch ein Defibrillationsversuch unternommen werden.
3. Unbedingte Voraussetzung für eine erfolgreiche Defibrillation ist insbesondere die **ausreichende Versorgung des Myokards mit Sauerstoff.**
4. Um beim Patienten **Verbrennungen,** ausgelöst durch Funkenschlag bei unsachgemäßer Handhabung des Defibrillators zu verhindern, müssen höhere O_2-Konzentrationen in der Umgebungsluft vermieden werden. Hierzu sollten offene O_2-Quellen (z. B. dekonnektierte Beatmungsschläuche) mindestens 1 m vom Thorax des Patienten entfernt werden.
5. Wird die **Defibrillation bei Schrittmacherträgern** durchgeführt, so müssen die Elektroden ca. 10 cm vom Aggregat entfernt plaziert werden (Einzelheiten s. Kap. 29.3.1).

Herzschrittmacher

Bei bedrohlichen, persistierenden bradykarden Rhythmusstörungen mit erhaltener Kontraktionsfähigkeit des Myokards ist eine Schrittmachertherapie indiziert. Notfallmäßig wird **transkutan** über anterior-posteriore Klebeelektroden stimuliert (Elektrodenposition wie bei der Defibrillation; s. o.).

41.5 Beendigung einer erfolglosen Reanimation

Die Reanimationsmaßnahmen werden so lange fortgesetzt, bis entweder der Spontankreislauf wieder in Gang kommt oder die Zeichen des irreversiblen Herztodes eintreten. Ein **irreversibler Herztod** kann angenommen werden, wenn auch unter optimaler und erweiterter Therapie im EKG **für mehr als 30 min eine Asystolie** nachweisbar bleibt. Bei noch erhaltener elektrischer (Rest-)Aktivität, z. B. bei Kammerflimmern, muß zwar grundsätzlich eine Wiederbelebbarkeit des Herzens unterstellt werden, aber auch hier ist nach dieser Zeitspanne die Prognose im Hinblick auf eine Restitutio ad integrum äußerst kritisch zu sehen, da mit noch so guter Reanimationstechnik allein strukturelle Hirnschäden über längere Zeit nicht verhindert werden können. Einzuschränken ist, was die 30-min-Grenze angeht, daß sie nur für **normotherme Erwachsene** gilt. Bei Kindern sowie bei Hypothermie und anderen besonderen Umständen (z. B. Intoxikationen) ist eine darüber hinausgehende Fortführung der Reanimationsbemühungen gerechtfertigt.

41.6 Weiterbehandlung nach erfolgreicher Reanimation

Die Weiterbehandlung des Patienten nach einer erfolgreichen Reanimation sollte in jedem Fall auf einer Intensivstation stattfinden. In dieser Phase kommt es darauf an, die bestmöglichen Voraussetzungen für eine **völlige Erholung des postischämischen Gehirns** zu schaffen. Sie bestehen vor allem in einer nachhaltigen Kreislaufstabilisierung und einer Optimierung der kontrollierten Beatmung. Im einzelnen lassen sich folgende **Empfehlungen** formulieren:

Hinweise für die Praxis

1. Patienten bis zum Ergebnis der arteriellen BGA mit einer FIO_2 von 1,0 beatmen: $PaO_2$100–150 mmHg, $PaCO_2$ 35–40 mmHg (möglichst auch $PECO_2$-Kontrolle)*, pH-Wert im Normbereich halten
2. Der MAP sollte zwischen 80 und 100 mmHg liegen, der CPP mindestens 60–70 mmHg betragen. Für ein ausreichendes HZV mu das intravasale Volumen normalisiert werden (SvO_2 70–75%). Gegebenenfalls ist der Einsatz von vasoaktiven Substanzen erforderlich.
3. Oberkörper ca. 30° hoch lagern, um den hirnvenösen Abfluß zu verbessern
4. Unruhe, Anstrengung, Krampfanfälle und Schmerzen primär durch ausreichende Analgosedierung mit Midazolam u. Fentanyl od. Sufentanil verhindern
5. Hkt ca. 30%, BZ 100–150 mg/dl, Elektrolyte im Normbereich halten
6. zur Verbesserung des neurologischen Ergebnisses nach langdauernder Reanimation oder bei anhaltender Bewußtlosigkeit therapeutische Hypothermie anstreben und Patienten für 12–24 Stunden auf 32–34 °C kühlen (anschließend aktive Wiedererwärmung über ca. 6 Stunden)
7. Aufwachversuch möglichst erst nach CCT-Kontrolle zum Ausschluß eines Hirnödems unternehmen

* Während der Reanimation ist die **$avDCO_2$** i. d. R. stark erhöht. Das liegt daran, daß mit dem unter Herzdruckmassage deutlich erniedrigten HZV eine ischämische Gewebehypoxie nicht verhindert werden kann. Demzufolge fällt vermehrt Milchsäure aus der anaeroben Glykolyse an. Die daraus stammenden H^+-Ionen werden durch HCO_3^- gepuffert, und es entsteht H_2CO_3 und damit in verstärktem Maße CO_2, so daß der $PvCO_2$ entsprechend ansteigt. Die mit dem Wiedereinsetzen des Spontankreislaufs beginnende Normalisierung der $avDCO_2$ ist ein wertvolles Zeichen für die Beseitigung der Gewebeazidose.

41.7 Besonderheiten im Kindesalter

Ein Kreislaufstillstand ist bei Kindern meist durch respiratorische Störungen, also hypoxisch, bedingt. Ein primäres Pumpversagen des Herzens tritt in diesem Alter nur sehr selten auf. Grundsätzlich sind die Reanimationsmaßnahmen mit denen bei Erwachsenen identisch. Unterschiede bestehen altersabhängig vor allem hinsichtlich Beatmung und Herzdruckmassage (Tab. **149**).

Tabelle 149 Übersicht über die Besonderheiten der Reanimation bei Kindern

	Neugeborene	Säuglinge	Kleinkinder	Ältere Kinder
Beatmung[1]				
– initial 2–5 Beatmungen[2]	ja	ja	ja	ja
– Frequenz	40/min	20/min	20/min	10–15/min[3]
Herzdruckmassage (HDM)				
– Ort	mittleres Sternum	mittleres Sternum	unteres Sternum	unteres Sternum
– Kompressionstiefe	1–2 cm	1,5–2,5 cm	2,5–3,5 cm	4–5 cm
– Technik	1 Helfer: mit 2 Fingern; 2 Helfer: mit den Daumen (Thorax umfassen)		mit 1 od. 2 Händen	mit beiden Händen
– Frequenz	120/min	100/min	100/min	100/min
Verhältnis von HDM zu Beatmung				
– 1 Helfer	3:1	5:1	5:1	30:2
– 2 Helfer	3:1	5:1	5:1	15:2
Adrenalin	alle 3–5 min 10 µg/kg KG i. v. od. i.o., ggf. primär 100 µg/kg KG transtubal			
Defibrillation	4 Joule/kg KG biphasisch od. monophasisch für den ersten u. alle weiteren Schocks			

i.o. = intraossär; [1] Atemspende ohne Hilfsmittel in den ersten Lebensjahren als Mund-zu-Mund-und-Nase-Beatmung, möglichst Intubation mit blockbarem Tubus (bessere Beatmung durch Trachealabdichtung) u. Anhebung der FIO_2 auf 1,0, evtl. Larynxmaske; [2] bei V. a. Aspiration eines Fremdkörpers 5 Beatmungsversuche; [3] bei 2 Helfern

Anhang

Anhang

A Kriterien zur Beurteilung des Röntgenthoraxbildes ▸ 577
B Präoperative Lungenfunktionsanalyse ▸ 577
C Spirometrische Lungenfunktionsparameter ▸ 579
D Hämodynamische Grundbegriffe, Maßeinheiten und Normalwerte ▸ 582
E Abkürzungsverzeichnis ▸ 586

A Kriterien zur Beurteilung des Röntgenthoraxbildes

Bildqualität

- Symmetrie: seitengleicher Abstand zwischen den medialen Klavikelenden und den Dornfortsätzen der oberen BWS
- Konturschärfe
- Belichtung: optimal, wenn
  - die Zwischenwirbelräume der oberen BWS sichtbar sind
  - die Trachea und die Bifurkation erkennbar sind
  - der Retrokardialraum einsehbar ist
  - die Gefäßzeichnung bis 2 cm vor der Lungenoberfläche zu verfolgen ist

Fehlerquellen

- Bewegungsartefakte
- Verdrehung → scheinbare Mediastinalverbreiterung
- Überlagerung → Summationseffekte
- Verzeichnung → falsche Größenverhältnisse
- mangelhafte Inspiration → scheinbare Herz- und Mediastinalverbreiterung

Systematische Bildanalyse

- Weichteile
- knöcherne Strukturen
- Zwerchfell (rechte Kuppel 9.-11. Rippe hinten, 4.–6. Rippe vorne; linke Kuppel 1 ICR tiefer)
- Mediastinum
- Lunge/Pleura
- Lungenhilus
- Herz (Größe ≤ halber Thoraxinnendurchmesser)
- Lage von Tuben, Kathetern und Drainagen

Besonderheiten des Liegethorax

- anterior-posteriorer Strahlengang
- Film-Fokus-Abstand 1–1,5 m (beim Stehthorax 2 m)
- Belichtungszeit länger (da kV-Zahl geringer als beim Stehthorax [< 100 kV])
- schlechtere Inspiration

Beim **Liegethorax** ergeben sich folgende **Konsequenzen für die Bildinterpretation**:

- Perfusionsumverteilung von basal nach apikal
- Verbreiterung des Herzschattens (Abbildungsartefakt, da Herz-Film-Abstand größer und Herz-Fokus-Abstand kleiner ist)
- Zwerchfellhochstand (wegen des höheren intraabdominellen Drucks und mangelhafter Inspiration) → scheinbare Herz- und Mediastinalverbreiterung
- Unschärfe von Randkonturen und Grenzflächen (Film-Fokus-Abstand kleiner)
- häufiger Veratmungs- und Bewegungsartefakte

B Präoperative Lungenfunktionsanalyse

Mit Hilfe einer präoperativen Lungenfunktionsanalyse sollen Patienten mit einer pathologisch eingeschränkten Lungenfunktion identifiziert werden. Bei ihnen geht es darum, durch Einleitung gezielter therapeutischer Maßnahmen die Lungenfunktion zu verbessern und dadurch postoperativ pulmonale Komplikationen zur verhindern (s,u.). Eine vollstän-

Tabelle 150 Risikostratifikation in bezug auf eine postoperative Ateminsuffizienz (Erwachsene)

FEV_1	Risiko einer postoperativen Ateminsuffizienz
> 2 l	nicht erhöht
0,8–2 l	erhöht
< 0,8 l	stark erhöht

Tabelle 151 Kriterien für die Operabilität bei Lungenresektionen

Umfang der Lungenresektion	FEV_1
Pneumonektomie	≥ 2,0 l
Lobektomie	≥ 1,5 l
Segmentresektion	≥ 1,0 l

Tabelle 152 Spirometrische Unterscheidung von restriktiven und obstruktiven Lungenerkrankungen

Art der Lungenerkrankung	VC	FEV_1 absolut	FEV_1 relativ
Restriktion	↓	↓	normal
Obstruktion	±0/↓	↓	↓

dige Lungenfunktionsanalyse besteht aus den Komponenten

- Spirometrie (→ Erfassung der Atemmechanik [wichtigste Parameter: VC, FEV_1]) und
- arterielle Blutgasanalyse (→ Erfassung des Gasaustausches).

Spirometrie

Die **Vitalkapazität** (VC) ist das Volumen, das nach größter Ausatmung maximal eingeatmet werden kann. Der Soll-Wert ist abhängig von Körpergröße, Alter, Geschlecht und Körperlage (im Liegen um ca. 20% geringer als im Sitzen). Unter dem **forcierten exspiratorischen Volumen** (FEV_1), auch als Sekundenkapazität bezeichnet, versteht man nach *Tiffeneau* das nach maximaler Inspiration während der ersten Sekunde durch forcierte Exspiration ausatembare Volumen. Das Ergebnis wird entweder *absolut* in „l" oder *relativ* in „% der Vitalkapazität" angegeben (Normalwert: > 2 l oder > 75%). Das FEV_1 hat sich als aussagekräftiger Risikoindikator einer postoperativen Ateminsuffizienz erwiesen (Tab. **150**), und er ermöglicht die Einschätzung der Operabilität bei Lungenresektionen (Tab. **151**). Anhand der VC und dem FEV_1 können außerdem restriktive und obstruktive Lungenerkrankungen voneinander unterschieden werden (Tab. **152**)

Arterielle Blutgasanalyse

Die arterielle Blutgasanalyse (BGA) dient zur Diagnose der respiratorischen Insuffizienz. Der prädiktive Wert einer präoperativ normalen BGA in Ruhe hinsichtlich der Entwicklung einer postoperativen Ateminsuffizienz ist allerdings relativ gering. Nur mit einer BGA unter Belastung (Ergometrie) läßt sich die pulmonale Reserve abschätzen und sind Rückschlüsse auf zu erwartende respiratorische Komplikationen möglich.

Definitionen:

- arterielle Hypoxie: PaO_2 < 70 mmHg
- Hyperkapnie: $PaCO_2$ > 45 mmHg
- Hypokapnie: $PaCO_2$ < 35 mmHg
- respiratorische Partialinsuffizienz: arterielle Hypoxie, Normo- oder Hypokapnie
- respiratorische Globalinsuffizienz: arterielle Hypoxie und Hyperkapnie

Indikationen für eine präoperative Lungenfunktionsanalyse

- klinische Zeichen einer chronischen Lungenerkrankung
- starke Raucher mit persistierendem Husten
- stenosierende Prozesse im Bereich der oberen Atemwege (→ Flow-Volumen-Kurve!)
- ausgeprägte Thorax- oder Wirbelsäulendeformitäten
- neuromuskuläre Erkrankungen
- Adipositas permagna
- Alter > 70 Jahre (?)
- geplanter thoraxchirurgischer Eingriff (bes. Lungenresektionen)
- geplanter abdominalchirurgischer Eingriff (bes. große Oberbaucheingriffe)

Maßnahmen zur Verbesserung der Lungenfunktion

- Rauchverbot (nur bei langfristiger Abstinenz erfolgreich)
- physikalische Atemtherapie
- Erhöhung der Trinkmenge (> 3 l/d)
- Expektoranzien/Sekretolytika
- Bronchodilatatoren bei muskulärer Obstruktion der kleinen Atemwege
- Antibiotika bei bakteriellen bronchopulmonalen Infekten
- Glukokortikoide bei abakteriellen chronischen Entzündungen

C Spirometrische Lungenfunktionsparameter

1. Statische Lungenvolumina/ -kapazitäten (Abb. 44)

Statische Lungenvolumina/-kapazitäten werden unter ruhiger Atmung bestimmt. Bei den Lungenkapazitäten handelt es sich definitionsgemäß um „zusammengesetzte Volumina".

(Inspiratorische) Vitalkapazität (VC)

> das Volumen, das nach langsamer, vollständiger Exspiration maximal eingeatmet werden kann

Die Vitalkapazität wird idealerweise durch maximale Inspiration ermittelt. Mit einfachen Spirometern (z. B. bettseitig) kann sie jedoch nur exspiratorisch gemessen werden kann. Die exspiratorisch gemessene VC fällt im Durchschnitt 5–10% niedriger aus als die inspiratorisch gemessene, weil sich die Atemwegswiderstände exspiratorisch schwerer überwinden lassen als inspiratorisch. Wird die VC exspiratorisch bestimmt, so sollte das entsprechend vermerkt sein (z. B. als „FVC"; s. u.).

Ursachen einer verminderten Vitalkapazität können sein:

- eingeschränkte Dehnbarkeit des Lungengewebes
- Bronchialstenosen
- extrapulmonale Veränderungen (z. B. Thoraxdeformität Zwerchfellhochstand)

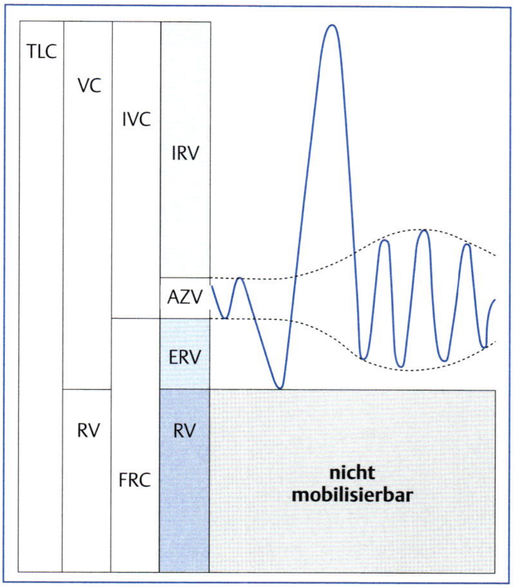

Abb. 44: Statische Lungenvolumina und -kapazitäten
TLC = totale Lungenkapazität
VC = (inspiratorische) Vitalkapazität
RV = Residualvolumen
FRC = funktionelle Residualkapazität
IVC = inspiratorische Reservekapazität (= AZV + IRV)
IRV = inspiratorisches Reservevolumen
AZV = Atemzugvolumen
ERV = exspiratorisches Reservevolumen

Totalkapazität (TLC)

> das Volumen, das sich nach maximaler Inspiration in der Lunge befindet

Funktionelle Residualkapazität (FRC)

> das Volumen, das sich nach normaler Exspiration noch in der Lunge befindet (*Normalwert*: ≈ 3 l)

Für die pulmonale O_2-Aufnahme ist die Größe der gasaustauschenden Oberfläche von entscheidender Bedeutung. Daran ist die funktionelle Residualkapazität maßgeblich beteiligt. Ihre Funktion besteht in einem Ausgleich der in- und exspiratorischen O_2- und CO_2-Konzentration im Alveolarraum („Pufferfunktion"). Auf diese Weise wird der Gasaustausch auch während der Exspiration aufrechterhalten, und zwar um so besser, je größer die FRC ist. Während die FRC vor allem für die Oxygenierung wichtig ist, hängt die CO_2-Elimination ist in erster Linie von der (alveolären) Ventilation ab. Eine verminderte FRC ist ein Hinweis auf eine restriktive Lungenerkrankung.

In- und exspiratorisches Reservevolumen (IRV, ERV)

> das Volumen, das nach normaler In- bzw. Exspiration noch zusätzlich ein- bzw. ausgeatmet werden kann

Residualvolumen (RV)

> das Volumen, das nach maximaler Exspiration in der Lunge bleibt

Ein vergrößertes Residualvolumen ist, bei entsprechender Verringerung der Vitalkapazität, ein Hinweis auf ein Lungenemphysem oder, bei zusätzlicher Atemwegsobstruktion, ein Hinweis auf ein Air-trapping (s. unten).

■ Verschlußvolumen („closing volume", CV)

> das Volumen oberhalb des Residualvolumens, bei dem während langsamer Exspiration ein Verschluß der kleinen peripheren Atemwege eintritt, oder der Volumenanteil, der nach Eintritt des Verschlusses noch weiter ausgeatmet werden kann (Angabe in „%" der Vitalkapazität)

Je größer das Verschlußvolumen ist, um so eher kommt es während der Exspiration zu einem Bronchiolenkollaps mit Lufteinschluß (Air-trapping) und nach Resorption des in den abhängigen Alveolen vorhandenen Sauerstoffs zu einer Zunahme der venösen Beimischung. Das CV ist erhöht bei Kindern (bes. in den ersten 6 Lebensjahren) und bei obstruktiven Lungenerkrankungen, jedoch i. d. R. normal bei restriktiven Veränderungen, bei Adipositas sowie bei Schwangeren. Unklar ist noch, ob sich das CV unter Narkose verändert.

■ Verschlußkapazität („closing capacity", CC)

> Verschlußkapazität = Verschlußvolumen + Residualvolumen (Angabe in „%" der Totalkapazität)

■ Bedeutung der statischen Lungenvolumina/-kapazitäten

Mit Hilfe der statischen Lungenvolumina und -kapazitäten lassen sich restriktive Lungenerkrankungen, ein vermehrter Luftgehalt der Lunge und frühzeitig Atemwegsobstruktionen erkennen.

2. Dynamische Lungenvolumina/-kapazitäten

Dynamische Lungenvolumina und -kapazitäten werden unter forcierter Atmung bestimmt, d. h., die Ergebnisse sind mit von der Kooperation des Patienten abhängig.

■ Forciertes exspiratorisches Volumen (FEV_1, Sekundenkapazität, Tiffeneau-Wert, Atemstoßwert)

> das Volumen, das nach maximaler Inspiration innerhalb 1 sec forciert ausgeatmet werden kann (*Normalwert*: > 2 l od. > 75 % der VC)

Die Anfangsphase hängt von der Mitarbeit des Patienten ab. Nach Ausatmung von ca. 30% der VC ist der weitere Gasfluß anstrengungsunabhängig. Von diesem Zeitpunkt an repräsentiert er das Verhalten der kleinen Atemwege während der Exspiration.

Eine **FEV_1-Erniedrigung** spricht für:
- bronchiale Obstruktion
- verminderte Retraktionskraft der Lunge
- destruktive Veränderungen in der Lunge oder der Trachea

Wird eine erniedrigte FEV_1 festgestellt, dann muß ein sog. **Bronchospasmolysetest** (mit β_2-Sympathomimetikum inhalativ) angeschlossen werden, um beurteilen zu können, ob und inwieweit die Obstruktion reversibel ist.

■ Forcierte Vitalkapazität (FVC)

> das Volumen, das nach maximaler Inspiration forciert ausgeatmet werden kann (*Normalwert*: ca. 70 ml/kg KG)

Normalerweise tritt nach ca. 4 sec eine Plateauphase ein. Diese fehlt typischerweise bei obstruktiven Lungenerkrankungen, hier kommt es durch Air-trapping zu einem terminalen Anstieg der Kurve.

■ Flow-Volumen-Kurve (Fluß-Volumen-Diagramm; Abb. 45)

Mit Hilfe der sog. Pneumotachographie können die exspiratorischen Gasflüsse ermittelt werden. Sie sind abhängig von
- der exspiratorischen Muskelkraft,
- dem Volumen und der Elastizität von Lunge und Thorax,
- der Elastizität der Bronchien und
- der Leitfähigkeit der Atemwege.

Der Verlauf der exspiratorischen Kurve gibt vor allem darüber Aufschluß, ob eine bronchiale Obstruktion vorliegt. Die inspiratorischen Fluß-Volumen-Verhältnisse, die ebenfalls aufgezeichnet werden, sind dagegen bei massiven Stenosen der Trachea von Bedeutung (z. B. „Mediastinal-mass-Syndrom"; s. Kap. 26.3.1).

Exspiratorischer Spitzenfluß („peak expiratory flow", PEF)

maximale Strömungsgeschwindigkeit bei forcierter Exspiration

Der PEF entsteht zu Beginn der Exspiration. Der Normalwert ist abhängig von der Körpergröße und liegt bei Erwachsenen zwischen 6 und 10 l/sec.

Maximale exspiratorische Flüsse (MEF)

Die weiteren Meßwerte geben den Gasfluß in Abhängigkeit von bestimmten prozentualen Anteilen der forciert ausgeatmeten Vitalkapazität wieder (Abb. **45**):

- MEF_{75}: maximale Atemstromstärke bei 75% der FVC (Phase I)
- MEF_{50}: maximale Atemstromstärke bei 50% der FVC (Phase II)
- MEF_{25}: maximale Atemstromstärke bei 25% der FVC (Phase III)

Der MEF_{75} ist ein empfindlicher Indikator einer Obstruktion im Bereich der peripheren Atemwege.

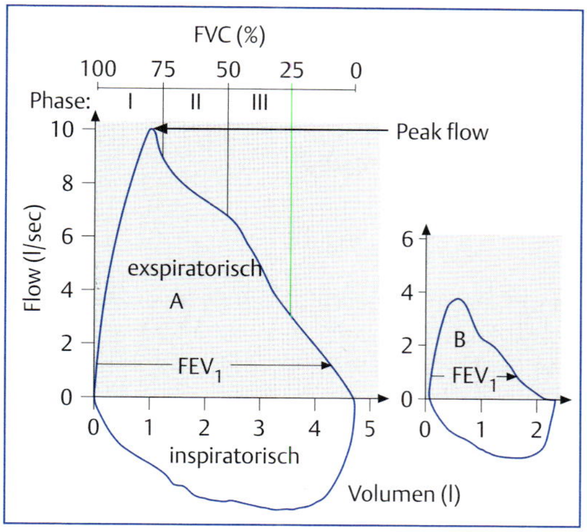

Abb. 45: Flow-Volumen-Kurve (A: normal, B: bei Bronchialobstruktion)

Während der **Exspiration** können 3 Phasen unterschieden werden:

Phase I: maximaler Gasfluß aufgrund entsprechender Kompression der Atemwege mit Volumenverschiebung aus den Alveolen und Bronchien (anstrengungsabhängig)

Phase II: Flußlimitierung aufgrund zunehmender Atemwegskompression (anstrengungsunabhängig)

Phase III: elastische Restretraktion des Thorax (anstrengungsunabhängig)

Die Prozentzahlen geben an, wieviel der forcierten Vitalkapazität noch nicht ausgeatmet wurde.

3. Atemmechanik

Die Atemmechanik beschreibt im engeren Sinn die Volumen-Druck-Beziehung während der Atemtätigkeit. Die Beziehung zwischen Atemwegsdrücken und bewegten Gasvolumina hängt entscheidend von den Atemwiderständen ab. Es lassen sich elastische und visköse Widerstände unterscheiden.

Elastische Widerstände entstehen nur inspiratorisch, und zwar

- bei Dehnung der elastischen Fasern des Lungenparenchyms,
- bei Verformung des Thorax und
- bei Vergrößerung der Alveolen gegen ihre Oberflächenspannung.

Die Oberflächenkräfte, die auf die Alveolen einwirken, werden allerdings durch eine oberflächenaktive Substanz, *Surfactant* genannt, gemindert.

Als Maß für die Dehnbarkeit von Lunge und Thorax dient die **Compliance** (C). Sie wird als Verhältnis von Volumen- zu Druckänderungen errechnet:

C_{tot} **= dV/dP** (*Normalwert*: 0,05–0,1 l/cmH_2O)

Die Gesamt- oder totale Compliance (C_{tot}) des Atemsystems ergibt sich wie folgt aus der pulmonalen und der thorakalen Compliance: $1/C_{tot} = 1/C_{pulm} + 1/C_{thor}$.

Pulmonale Compliance. Zur Berechnung der Compliance des Lungengewebes (C_{pulm}) müssen der endinspiratorische intratracheale Druck (P_{trach}) und der intrathorakale (intrapleurale) Druck (P_{thor}), der jedoch nur invasiv zu ermitteln ist, bekannt sein:

$C_{pulm} = dV/d(P_{trach} - P_{thor})$
(*Normalwert*: ca. 0,2 l/cmH_2O)

Eine **Erniedrigung der pulmonalen Compliance** kann durch Lungenparenchymerkrankungen oder akut durch einen Bronchospasmus verursacht werden.

Thorakale Compliance. Zur Berechnung der Compliance des Brustkorbs (C_{thor}) werden Volumenänderungen zu Änderungen des intrathorakalen Drucks in Beziehung gesetzt:

$C_{thor} = dV/dP_{thor}$ (*Normalwert*: ca. 0,1 l/cmH_2O)

Eine **Erniedrigung der thorakalen Compliance** kann bedingt sein durch einen Zwerchfellhochstand, einen Pneumothorax, ungenügende (Analgo-)Sedierung unter kontrollierter Beatmung oder intraoperativ durch fehlende Muskelrelaxation.

Statische Compliance. Die statische Compliance von Lunge und Thorax wird als Quotient aus Volumen- und Druckänderung bei langsamer, gewissermaßen statischer Atmung ermittelt.

Dynamische Compliance. Da unter Beatmung nicht davon ausgegangen werden kann, daß zu den einzelnen Meßzeitpunkten wirklich Ruhebedingungen herrschen, wird hier von einer dynamischen Compliance (C_{dyn}) gesprochen. Sie wird i. d. R. etwas niedriger als die statische Compliance bestimmt und ergibt sich als Quotient des exspiratorisch gemessenen Atemzugvolumens (AZV_{exsp}) und der endinspiratorisch-endexspiratorischen Druckdifferenz ($P_{insp} - P_{exsp}$):

$$C_{dyn} = AZV_{exsp}/(P_{insp} - P_{exsp})$$

Im Gegensatz zu den elastischen wirken **visköse (nichtelastische) Widerstände** sowohl während der Inspiration als auch während der Exspiration. Sie setzen sich aus den Strömungswiderständen in den Atemwegen und den nichtelastischen Gewebewiderständen zusammen. Als Maß verwendet man die **Resistance** (R). Sie gibt an, welche transbronchialen Druckänderungen (Druckdifferenz zwischen Mund und Alveolarraum; dP) nötig sind, um die zu bewegende Luftsäule mit einer bestimmten Geschwindigkeit (v) in die Lungen zu transportieren:

R = dP/v (*Normalwert*: 1–2 cmH_2O × sec/l)

4. Veränderungen von Lungenfunktionsparametern unter Narkose

Unter einer Allgemeinanästhesie kommt es mit oder ohne Muskelrelaxation

- zu einer Verminderung der FRC und der thorakalen Compliance (Zwerchfellverschiebung nach kranial durch erhöhten Intraabdominaldruck [lagerungsbedingt]) sowie
- möglicherweise zu einer Zunahme des Verschlußvolumens (CV).

Diese Veränderungen treten verstärkt bei *Adipositas* in Erscheinung und hängen ferner von der Eingriffslokalisation ab. Am ausgeprägtesten sind sie bei *Thorax- oder Oberbaucheingriffen*.

Bedeutung. Ohne Narkose liegt das CV unterhalb der FRC, d. h., bei normaler Atemmittellage bleiben die kleinen Atemwege auch exspiratorisch offen. Wird nun durch Narkose und Operation die FRC reduziert, so kann – insbesondere bei bereits bestehender Lungenschädigung – die FRC unter das CV abfallen, so daß dann die kleinen Atemwegen vermehrt während der Exspiration kollabieren und die venöse Beimischung zunimmt. Dem kann durch einen geringen PEEP (5 cmH_2O) und/oder durch Veränderung des Atemzeitverhältnisses zugunsten der Inspiration entgegengewirkt werden. Am effektivsten hat sich aber ein „manuelles Hyperinflationsmanöver" mit passagerer Erhöhung des inspiratorischen Drucks erwiesen (Kap. 7.5.1).

D Hämodynamische Grundbegriffe, Maßeinheiten und Normalwerte

Faktoren, die das Herzzeitvolumen bestimmen

- biometrische Variable: Alter, Geschlecht, Körpergröße u. -gewicht
- funktionelle Variable: Herzfrequenz, Vorlast, Nachlast, Myokardkontraktilität

Kritische Herzfrequenzen

- beim Gesunden außerhalb 40–180/min (beim alten Menschen außerhalb 50–120/min)
- beim Herzkranken außerhalb 60–120/min

Der **untere Grenzwert** wird festgelegt durch den **diastolischen Blutdruck,** weil sich mit abnehmender Herzfrequenz die Diastole verlängert und so der diastolische Druck zunehmend für die Organdurchblutung maßgebend wird. Für den **oberen Grenzwert** ist die **Verkürzung der Diastole** verantwortlich, weil mit dem Unterschreiten kritischer Werte die Koronarperfusion nicht mehr ausreicht, um das Schlagvolumen aufrechtzuerhalten.

■ Vorlast („preload")

enddiastolische Wandspannung oder Grad der muskulären Vordehnung des Ventrikels

Die Vorlast korreliert gut mit dem enddiastolischen Ventrikelvolumen, aber nur unzureichend mit dem enddiastolischen Druck in Vorhof und Kammer.

MERKE
Die in der klinischen Praxis übliche **Abschätzung der Vorlast mit Hilfe von ZVD und PCWP** ist erheblichen Einschränkungen unterworfen (Einzelheiten s. Kap. 3.6.2)!

■ Nachlast („afterload")

(end-)systolische Wandspannung oder die Kraft, die während der Austreibungsphase aufgebracht werden muß

Die Nachlast hängt ab von dem Ventrikeldruck, der Ventrikelgröße und der Wanddicke des Ventrikels.

MERKE
Die Nachlast kann für klinische Zwecke vereinfachend mit Hilfe des **diastolischen Aortendrucks** oder besser anhand des **totalen peripheren Widerstands** abgeschätzt werden.

Die **myokardiale Wandspannung** (T) läßt sich nach dem **Laplace-Gesetz** wie folgt berechnen:

$$T = P \times r/2\,h$$

P = Ventrikeldruck, r = innerer Ventrikelradius,
h = Wanddicke des Ventrikels

Hieraus folgt, daß die Wandspannung ansteigt bei Zunahme des Ventrikeldrucks (z. B. Hypertonus, Aortenstenose) und des Ventrikelradius (z. B. Herzinsuffizienz) und daß sie abnimmt bei Zunahme der Wanddicke des Ventrikels (z. B. Myokardhypertrophie).

Der **Strömungswiderstand** (R) in Blutgefäßen ist nach dem **Hagen/Poiseuille-Gesetz** in erster Linie vom Gefäßradius (r) abhängig, in geringerem Maße auch von der Blutviskosität (δ) und der Gefäßlänge (l). Er läßt sich wie folgt berechnen:

$$R = \theta \times l \times \delta / \pi \times r^4$$

Hinweis: Das Hagen/Poiseuille-Gesetz gilt strenggenommen nur für laminare Strömungen in starren, kreisrunden Rohren.

■ Peripherer Gefäßwiderstand (SVR)

$$SVR = 80 \times (MAP - CVP)/CO$$
(*Normalwert*: 800–1400 dyn × sec × cm^{-5} od. 10–14 IE [mmHg × sec × l^{-1}])

Der Faktor 80 dient zur Umrechnung von Internationalen Einheiten (IE) in dyn × sec × cm^{-5}.

■ Lungengefäßwiderstand (PVR)

$$PVR = 80 \times (MPAP - PCWP)/CO$$
(*Normalwert*: 100–250 dyn × sec × cm^{-5} od. 1–3 IE [mmHg × sec × l^{-1}])

SVR = „systemic vascular resistance" (totaler peripherer Gefäßwiderstand, TPR), PVR = „pulmonary vascular resistance" (Lungengefäßwiderstand), MAP = „mean arterial pressure" (arterieller Mitteldruck), MPAP = „mean pulmonary arterial pressure" (pulmonalarterieller Mitteldruck), PCWP = „pulmonary capillary wedge pressure" (pulmonalkapillarer Verschlußdruck), CVP = „central venous pressure" (zentralvenöser Druck, ZVD), CO = „cardiac output" (Herzzeitvolumen, HZV)

■ Auswurffraktion (Ejektionsfraktion, EF)

der Anteil des enddiastolischen Ventrikelvolumens, der während der Systole ausgeworfen wird

Die Ejektionsfraktion kann wie folgt errechnet werden:

$$EF = (EDV - ESV)/EDV = SV/EDV$$

EDV = enddiastolisches Volumen, ESV = endsystolisches Volumen, SV = Schlagvolumen

Tabelle 153 Einige hämodynamische Normalwerte

	in Ruhe	bei max. Belastung
CO („cardiac output", Herzzeitvolumen)	5–6 l/min*	25–30 l/min*
CI („cardiac index": CO pro m^2 KOF)	2,5–4,0 ml/min/m^2	
SV („stroke volume", Schlagvolumen)	60–90 ml*	
SI („stroke index": SV pro m^2 KOF)	45 ± 10 ml/m^2	
EDV (enddiastolisches Volumen)	120–130 ml	
ESV (endsystolisches Volumen)	50–60 ml	
EF (Ejektionsfraktion)	> 0,55	

* bei 70 kg KG

Myokardiale Sauerstoffbilanz

Hauptdeterminanten
- Herzfrequenz
- Myokardkontraktilität
- systolische Wandspannung

Koronare avDO_2. Die koronare avDO_2 ist ein Maß für die O_2-Ausschöpfung des koronararteriellen Bluts durch die Herzmuskelzellen. Da sie bereits unter Ruhebedingungen maximal ist (10–12 ml O_2/dl Blut), kann ein erhöhter O_2-Bedarf nur durch Steigerung der Koronardurchblutung gedeckt werden.

Die **Koronardurchblutung** ist abhängig
- vom koronaren Perfusionsdruck und Gefäßwiderstand,
- vom links- und rechtsventrikulären enddiastolischen Druck sowie
- von der Blutviskosität.

Koronarer Perfusionsdruck

Differenz von mittlerem diastolischen Aortendruck und links- bzw. rechtsventrikulärem enddiastolischen Druck

MERKE
Die subendokardiale Durchblutung des linken Ventrikels findet ausschließlich in der Diastole statt!

Koronarreserve

Unter der Koronarreserve versteht man die bei maximaler Belastung mögliche Steigerung der Koronardurchblutung (maximale Koronardilatation). Sie beträgt etwa das 5–6fache der Ruhedurchblutung.

Myokardhypertrophie

Eine Myokardhypertrophie ist als Adaptationsmechanismus bei chronischer Druck- und/oder Volumenbelastung des Herzens zu verstehen. Hierdurch wird der Anstieg der Wandspannung und somit die Zunahme des myokardialen O_2-Verbrauchs gebremst. Man unterscheidet:
- konzentrische Hypertrophie: Zunahme der Wanddicke bei *abnehmendem* Ventrikelinnenradius
- exzentrische Hypertrophie: Zunahme der Wanddicke bei *unverändertem* Ventrikelinnenradius

Die konzentrische Myokardhypertrophie führt wegen der Abnahme des Ventrikeldurchmessers zu einem stärkeren Absinken der Wandspannung als die exzentrische.

Physiologische Kreislaufregulation

An der Kreislaufregulation sind beteiligt:
- Frank/Starling-Mechanismus (Abb. **46**)
- Barorezeptorenreflex
- Bezold/Jarisch-Reflex
- (Bainbridge-Reflex)
- Gauer/Henry-Reflex

Barorezeptorenreflex. Blutdruckanstiege führen zu passiver Dehnung arterieller Gefäße. Hierdurch werden Barorezeptoren in der Wand des Aortenbogens und im Karotissinus stimuliert. Dies bewirkt eine Verminderung des Sympathikotonus mit Abnahme und des peripheren Widerstands und der Herzfrequenz (→ Blutdruckhomöostase).

Bezold/Jarisch-Reflex. Extreme Ventrikeldehnung führt ebenfalls zu einer Verminderung des Sympathikotonus (→ HZV-Homöostase). Die physiologische Bedeutung dieses Reflexes ist allerdings nach wie vor nicht hinreichend gesichert.

MERKE
Bei exzessiver Zunahme der myokardialen Wandspannung (z. B. nach Aortenabklemmung), aber auch bei sog. Anschlagzuckungen (z. B. „Leerschlagen“ der Ventrikel bei massiven Blutverlusten) können extreme Bradykardien bis hin zu einer reflektorischen Asystolie ausgelöst werden.

Bainbridge-Reflex. Vorhofdehnung führt zu einer Steigerung des Sympathikotonus mit Zunahme der Herzfrequenz und des peripheren Widerstands. Eine physiologische Relevanz dieses Reflexes wird jedoch bezweifelt.

Gauer/Henry-Reflex. Vorhofdehnung führt zu einer Freisetzung des atrialen natriuretischen Peptids (ANP) und damit zu peripherer Vasodilatation und Steigerung der Diurese (→ Volumenhomöostase).

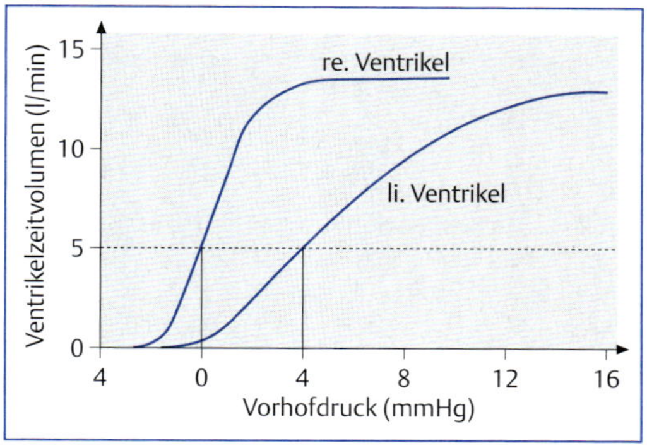

Abb. 46: Frank/Starling-Mechanismus (nach *Guyton*)
Dargestellt sind die Funktionskurven des rechten und linken Ventrikels. Eine erhöhte Vordehnung des Myokards durch Volumenbelastung führt innerhalb bestimmter Grenzen zu einer Steigerung des Herzschlagvolumens

E Abkürzungsverzeichnis

ACh Acetylcholin
ACT „activated clotting time"
AF Atemfrequenz
AICD automatischer implantierbarer Kardioverter-Defibrillator
AMV Atemminutenvolumen
ASA American Society of Anesthesiologists
ASS Acetylsalicylsäure
$avDO_2$ arteriovenöse Differenz des Sauerstoffgehalts
AWR Aufwachraum
AZV Atemzugvolumen; Atemzeitverhältnis
BGA Blutgasanalyse
BMI Bodymass-Index
CaO_2 Sauerstoffgehalt des arteriellen Bluts („content of arterial oxygen")
CBF zerebraler Blutfluß („cerebral blood flow", Hirndurchblutung)
CBV zerebrales Blutvolumen („cerebral blood volume")
CC Verschlußkapazität („closing capacity")
CCO kontinuierliches HZV („continuous cardiac output")
CI „cardiac index" (Herzindex)
$CMRO_2$ zerebraler Sauerstoffverbrauch („cerebral metabolic rate of oxygen")
CMV maschinelle (= kontrollierte) Beatmung („continuous mandatory ventilation")
CO „cardiac output" (Herzzeitvolumen)
CPAP kontinuierlich positiver Atemwegsdruck („continuous positive airway pressure")
CPP zerebraler Perfusionsdruck („cerebral perfusion pressure")
CPPV Beatmung mit pos. endexspirat. Druck („continuous positive pressure ventilation")
CSA kontinuierliche Spinalanästhesie
CV Verschlußvolumen („closing volume")
CVP „central venous pressure" (zentralvenöser Druck)
DLT Doppellumentubus
DO_2 Sauerstoffangebot („delivery of oxygen")
EDV enddiastolisches Volumen
EK Erythrozytenkonzentrat
EF Ejektionsfraktion
ELA Eine-Lunge-Anästhesie
EPU elektrophysiologische Untersuchung (des Herzens)
EVLW extravaskuläres Lungenwasser
FEV_1 forciertes exspiratorisches Volumen (Sekundenkapazität)
FFP gefrorenes Frischplasma („fresh frozen plasma")
FIO_2 inspiratorische Sauerstoffkonzentration
FRC funktionelle Residualkapazität („functional residual capacity")
GEDV globales enddiastolisches Volumen
HD Hämodialyse
HF Herzfrequenz; Hämofiltration
HES Hydroxyethylstärke
HWZ Halbwertszeit
HZV Herzzeitvolumen
IABP intraaortale Ballonpulsation
IAP intraabdomineller Druck („intraabdominal pressure")
ICP intrakranieller Druck („intracranial pressure")
IE Internationale Einheiten
IHD isovolämische Hämodilution
ILMA Intubationslarynxmaske
IOP intraokularer Druck
IPPV Beatmung mit pos. inspirat. Druck („intermittent positive pressure ventilation")
IRV Beatmung mit umgekehrtem Atemzeitverhältnis („inversed ratio ventilation")
ITBV intrathorakales Blutvolumen
ITN Intubationsnarkose
KP Kapnoperitoneum
LA Lokalanästhesie, Lokalanästhetikum
LAP linksatrialer Druck („left atrial pressure")
LM(A) Larynxmaske („laryngeal mask [airway]")
LSK Laparoskopie
LVEDP linksventrikulärer enddiastolischer Druck („left ventricular enddiastolic pressure")
MAC minimale alveoläre Konzentration
MAK minimale Arbeitsplatzkonzentration
MAP mittlerer arterieller Druck („mean arterial pressure")
MAT maschinelle Autotransfusion
MH maligne Hyperthermie
MP Mallampati
MR Muskelrelaxans
MRT Magnetresonanztomographie
NIBP nichtinvasive Blutdruckmessung („non-invasive blood pressure")
NSAID nichtsteroidale Antiphlogistika („non-steroidal anti-inflammatory drugs")
PAK Pulmonalarterienkatheter
PaO_2 arterieller Sauerstoffpartialdruck
PAO_2 alveolärer Sauerstoffpartialdruck
PAS perioperative Anästhesiestation
PBA Plexus-brachialis-Anästhesie
PCA patientenkontrollierte Analgesie

PCEA patientenkontrollierte Epiduralanalgesie
PChE Plasmacholinesterase
PCIA patientenkontrollierte intravenöse Analgesie
PCV druckkontrollierte Beatmung („pressure controlled ventilation")
PCWP pulmonalkapillarer Verschlußdruck (Wedge-Druck)
PDA Periduralanästhesie
PDK Periduralkatheter
$PECO_2$ endexspiratorischer Kohlendioxidpartialdruck
PEEP positiver endexspiratorischer Druck („positive endexpiratory pressure")
PM Pacemaker (Schrittmacher)
PNB periphere Nervenblockade
PONV „postoperative nausea and vomiting"
$pSaO_2$ partielle Sauerstoffsättigung des arteriellen Bluts
PSK postspinaler Kopfschmerz
PVR Lungengefäßwiderstand („pulmonary vascular resistance")
RAP rechtsatrialer Druck („right atrial pressure")
RV Residualvolumen
RVEDP rechtsventrikulärer enddiastolischer Druck („right ventricular enddiastolic pressure")
SaO_2 Sauerstoffsättigung des arteriellen Bluts
SI „stroke index" (Schlagvolumenindex)
SIMV synchron. assist. u. kontroll. Beatmung („synchronized intermittent mandatory ventilation")
SM Schrittmacher
SPA Spinalanästhesie; Spontanatmung
SPK Spinalkatheter
$Sv_{gem}O_2$ Sauerstoffsättigung des gemischtvenösen Bluts
SvO_2 Sauerstoffsättigung des zentralvenösen Bluts
SV „stroke volume" (Schlagvolumen)
SVR totaler peripherer Gefäßwiderstand („systemic vascular resistance")
TCD transkranielle Dopplersonographie
TEE transösophageale Echokardiographie
TIVA total intravenöse Anästhesie
TK Thrombozytenkonzentrat
TOF „train of four"
UFH unfraktioniertes Heparin
VC Vitalkapazität („vital capacity")
VCV volumenkontrollierte Beatmung („volume controlled ventilation")
VIP vertikal infraklavikuläre Plexusblockade
VO_2 Sauerstoffverbrauch
ZAS zentralanticholinerges Syndrom
ZNS zentrales Nervensystem
ZVD zentralvenöser Druck
ZVK zentralvenöser Katheter

Sachverzeichnis

A

Abdominale Hysterektomie 349
Abdominelle Adhäsiolyse 223f.
Abdominelles Aortenaneurysma 243ff.
Ablatio mammae 346f.
Ablatio retinae 315
Abortrisiko, Anästhetika 534
Abortus incompletus 345
Abrasio 345
Abszeß
- epiduraler 166
- parapharyngealer 296f., 308
- perimandibulärer 296f.
- periproktitischer 237
- peritonsillärer 308
- retropharyngealer 296f., 308
- submandibulärer 296f.
Abszesse, MKG 296f.
ACE-Hemmer 495
- C_1-Esterase-Inhibitor-Mangel 527
- Medikamenteninteraktion 15
Acetazolamid, intraokulärer Druck 312
Acetylcholin, motorische Endplatte 143f.
Acetylsalicylsäure
- perioperative Blutgerinnung 14
- postoperative Schmerztherapie 199, 201
- - bei Kindern 392
- rückenmarknahe Regionalanästhesien 172
- Thrombozytenaggregationshemmung 199
Achalasie 221
ACT 419
Actilyse® s. Alteplase
Activated clotting time 419
ACVB 432f.
Addison-Krise 329, 513
Adenosin 477, 498
Adenotomie 301f.
Adhäsiolyse, abdominelle 223f.
Adipositas 517f.
Adipositas permagna 517
- Uvulopalatopharyngoplastik 302
Adrekar® 477
Adrenalektomie 516f.
- bilaterale, Hormonsubstitution 513
Adrenalin 501
- Gynäkologie 344
- HNO 299
- Unverträglichkeitsreaktionen 525
- Wirkungsweise 88
AEP 307
Aethoxysklerol® 251, 270
Afterload 583
Afterloading 346
Agranulozytose, Metamizol 200
AICD, Implantation 436
AICD-Träger, intraoperatives Vorgehen 453
Air-trapping 518
Ajmalin 498
Akrinor® 87
Akromegalie 329
Akustikusneurinome 334
Akustisch evozierte Potentiale 307
Akute intermittierende Porphyrie 520
Akuter Arterienverschluß, Ober-/Unterschenkel 246
Akutes Koronarsyndrom 491
Akzeleromyographie 54f.
Alfentanil 137ff.
- Analgosedierung 274
- Pharmakokinetik 139
Alkalose, hypochlorämische 385
Alkoholabhängigkeit 519
Alkoholabusus 501
Alkoholdelir 519
Alkoholeinschwemmtest 273
Alkoholinfusion, Entzugssyndrom 519
Alkoholintoxikation 519
Allgemeinanästhesie, Sectio caesarea 360ff.
Allgemeinchirurgische Eingriffe 219ff.
- Besonderheiten und Probleme 242
α_2-Rezeptor-Agonisten s. auch Clonidin **11,** 492
- Prämedikation 11
α-Rezeptoren-Blocker 516
α-stat-Verfahren 427f.
α-Sympatholytika, Medikamenteninteraktion 15
Alprostadil 456
- Dauerinfusion 476
Alteplase 249
- kardiopulmonale Reanimation 571
- zerebrovaskuläre Lysetherapie 342
Altersemphysem 538
Altersglaukom 314
Altersgruppen, Kinder 369
Altersphysiologische Veränderungen 537ff.
Altersstar 314
Alupent® 86
Alveoläre Proteinose 405
Alveoläre Ventilation, Kinder 371
Alveolarkollaps, Prophylaxe 118
Alveolovaskulärer Reflex 394
- Fruchtwasserembolie 364
Ambulante Anästhesie 484f.
- Anästhesieverfahren und Medikamente 485f.
- bei Kindern 485
- Instrumentierung und Monitoring 485
- postoperative Versorgung 486
- präoperative Vorbereitung 485
Ambulante Operationen
- Indikationen 484
- Kontraindikationen 484f.
Aminosteroide 144
Amiodaron 498
- kardiopulmonale Reanimation 571
Amnesie 131
Amotio retinae 315
Amputationen, untere Extremität 247f.
Analfissur 237
Analfistel 237
Analgesie
- balancierte 201
- intrapleurale 413
- patientenkontrollierte 201f.
- postoperative 197ff.
- - bei Asthma bronchiale 501
- - bei geriatrischen Patienten 542
- - bei Kindern 392

Analgesie, postoperative
– – Knochenoperationen 289
– – medikolegale Aspekte 211 f.
– präemptive 200 f.
Analgesiehöhe, Dermatome 163
Analgosedierung
– ESWL 274
– Kinder 384
Analulkus 237
Anaphylaktoid-anaphylaktische Reaktionen 522 ff.
– auslösende Substanzen 524
– Einteilung 525
– Fibrinkleber 293
– Knochenzement 277
– Kolloide 68
– Mechanismen 523
– Therapie 525
Anästhesie
– bei geriatrischen Patienten 537 ff.
– bei Organtransplantationen 543 ff.
– bei Sectio caesarea 362
– bei speziellen Erkrankungen 489 ff.
– in der Schwangerschaft 533 ff.
– total intravenöse 135
Anästhesieaufklärung und -einwilligung 204 ff.
– Dokumentation 205
– Minderjährige 206
– Selbstbestimmungsrecht des Patienten 204 f.
– Zeitpunkt 206
– – ambulante Patienten 485
Anästhesiefähigkeit 5
– Anästhesierisiko 4 f.
– Aufklärung 204 ff.
Anästhesiestation, perioperative 193
Anästhesieverfahren, Auswahl der Anästhetika 6 ff.
– bei ambulanten Operationen 485 f.
– bei hyperreagiblem Bronchialsystem 500
– bei Kindern 375 ff.
– bei Lebererkrankungen 502 ff.
– bei maligner Hyperthermie 532
– bei Niereninsuffizienz 505
– bei Schwangerschaft 533 ff.
Anästhetika
– intrakranielle Elastance 327
– intraokularer Druck 311
– Muttermilch 535
– Plazentagängigkeit 354
– Shuntvitien 565 f.
– Teratogenität 533 f.
– Uterusrelaxation 355 f
– zerebrale Homöostase 322 ff.
Aneurysma
– Aorta ascendens 447
– Aortenbogen 447
– Clipping 330 f.
– Herzwand 434
– zerebrales 330 f.
– – Coiling 342
Aneurysmektomie 434
Anexate® 134
Anfälle, hypoxische, kongenitale Shuntvitien 458
Anfallsleiden, zerebrales 508 f.
Angeborene Herzfehler 454 ff.
Angina pectoris 491
Angiographie, zerebrale 341
Angiome, zerebrale 331
Angioneurotische Ödeme 526 f.
Angioplastie 474
Anhepatische Phase 556 f.
Anilinderivate s. auch Paracetamol 199
Anschlagzeit 145 f.
Anschlagzuckungen 585
Antabus® 519
Anteriore Rektumresektion 225
Antiarrhythmika 94 f., 497 ff.
– Kontraindikationen 498
– Medikamenteninteraktion 15
– Nebenwirkungen 498
Antibiotika, Medikamenteninteraktion 15
Antibiotikaprophylaxe, perioperative 98 ff., 242
Anticholinergika, Antisalivation 10 f.
Anticholium® 156 f., 196
Antidepressiva, perioperativ 18
Antidiabetika, orale 14 f.
Antiemetika 98
Antiepileptika, Medikamenteninteraktion 15
Antihistaminika
– Aspirationsprophylaxe 9 f.
– Emesisprophylaxe und -therapie 98
– Palacos® 277
– Prämedikation 9 f.
– Unverträglichkeitsreaktionen 523 ff.
Antihypertensiva 13, 489 f.
Antikoagulanzien
– bei Vorhofflimmern 438 f.
– perioperative Blutstillung 84
– rückenmarknahe Regionalanästhesien 172
Antikoagulation, nach Klappenersatz 538
Antiphlogistika, nichtsteroidale 198 ff.
– Medikamenteninteraktion 15
– Nebenwirkungen 199
Antithrombin III 80, 81, 552 ff.
Anus praeter 236
Anxiolyse 131
Aortenaneurysma
– abdominelles 243 ff.
– Aorta ascendens 447
– Aortenbogen 447
– dissezierendes 440 f.
– thorakales 441
Aortendeclamping
– abdominal 244
– thorakal 445
Aortendissektion 440 ff.
– Typ I und II 445 f.
– Typ III 446
– Prognose und Therapie 441
Aorteninsuffizienz 416 f.
– freie 417
Aortenisthmusstenose 471 f.
– Ballondilatation 474
– Erwachsene 441 f., 447 f.
Aortenklappenatresie 469
Aortenklappenersatz 433
Aortenläsionen, thorakale 440 ff.
Aortenruptur, traumatische
– abdominal 254 f.
– thorakal 441
Aortenstenose **416**, 423
– subvalvuläre 417 f.
Aortofemoraler Bypass 246
Aortoiliakaler Bypass 246
Aortokavales Kompressionssyndrom 363
Aortokoronarer Venenbypass 432 f.
Aphakie 315

Apnoetoleranz 114
- Kinder 370f.
- Schwangere 352f.
Apnoische Oxygenierung 114f.
- Eine-Lunge-Anästhesie 396f.
Appendektomie 234
Aprotinin 82
- extrakorporale Zirkulation 420
- Lebertransplantation 558f.
Arnold-Chiari-Syndrom 339
Arrhythmien, kardiale s. auch Herzrhythmusstörungen 496ff.
Arterenol® 87f.
Arteria-spinalis-anterior-Syndrom 444f.
Arterielle Blutgasanalyse 578
Arterielle Hypertonie 489f.
Arterielle Sauerstoffsättigung 36f.
Arterielle Verschlußkrankheit 245f.
Arterieller Blutdruck 33ff.
- Hirndurchblutung 318f.
- Homöostase 585
- intraokularer Druck 310
- MAP 33ff.
- Normalwerte 489
- Parameter 34ff.
Arterieller Zugang 25
Arterienverschluß, Ober-/Unterschenkel 245ff.
Arteriovenöse Malformationen 331
Arteriovenöse Shunts, zur Dialyse 250
Arthroskopie/-tomie 282f.
Articain 291
Arzneimittel s. Medikamente
Arzthaftung 214f.
Ärztliche Therapiefreiheit, bei Arzneimitteln 212f.
ASA-Klassifikationsschema 4f.
ASD 463
- Laparoskopien 260
Aspiration, pulmonale 116f.
- Fremdkörper 308
- Laparoskopien 262
- Sectio caesarea 360, 363
Aspirationsprophylaxe 12f., 115f.
Aspirationsrisiko 12f., 115
- Schwangerschaft 360, 363
Aspirin® s. Acetylsalicylsäure
Assist-Systeme, kardiale 431f.
Asthma bronchiale 500
- Pharmakotherapie 500
- Schwangerschaft 367
Asthmaanfall, intraoperativer 501
AT III 80, 81, 552ff.
Atemfilter 120f.
- Kinderanästhesie 382
Atemfrequenz, Kinder 371
Atemgasklimatisierung 119
Ateminsuffizienz 194ff., 578
- Muskelrelaxanzien 150
- Myasthenia gravis 509f.
- Opioide 141
- postoperative, Risikostratifikation 578
- rückenmarknahe Regionalanästhesien 165
Atemkalk 121f.
- Austrocknung 121
- DGAI-Empfehlungen 121f.
- Kohlenmonoxid 129
Atemmaske, intraokularer Druck 311
Atemmechanik 581f.
Atemmechanik und Gasaustausch, bei Laparoskopien 259
Atemschläuche, Kinderanästhesie 382
Atemstoßwert 578, 580
Atemstromstärke 580
Atemtherapie 413
Atemweg, schwieriger 112ff.
Atemzentrum, Kinder 371
Atmung
- Kinder 370ff.
- paradoxe 393
- Schwangerschaft 352f.
Atonische Uterusblutungen 363f.
Atosiban, Geburtshilfe 357
Atosil®, Singultus 242
Atracurium 149
- Elimination 146f.
- Pharmakodynamik 144
- Priming-Prinzip 148
AT_1-Rezeptor-Antagonisten 495
Atrioseptostomie, nach Rashkind 474
Atropin
- Antisalivation 10
- Bradykardien 86
- intraokularer Druck 311
Atypische Lungenresektion 403
Atypische Pseudocholinesterase 145ff.
Aufwachen, verzögertes 196
Aufwachraum 193ff.
- Patientenverlegung 202f.
- - medikolegale Aspekte 211f.
- Schmerztherapie 197ff.
- - medikolegale Aspekte 211f.
Aufwachtest, intraoperativer 278, 289
Augeninnendruck 310f.
Augenoperationen 309ff.
Augenuntersuchungen 315f.
Augenverletzungen, perforierende 315
Auskühlungsschutz, Kinderanästhesie 382
Auswurffraktion 583
Autologe Transfusion, s. auch Bluttransfusion, autologe 77f.
Autonome Denervierung
- Herztransplantation 548f.
- Hirntod 543f.
Autonome Hyperreflexie 511
Autoregulation, zerebrovaskuläre 318ff., 427
- arterielle Hypertonie 318
- CO_2-Reaktivität 319
- zerebraler Blutfluß 318
Autotransfusion, maschinelle 77f.
Autotransfusionsgerät 553
AVK 245f.
AV-Kanal 464f.
Awareness 155
Axilläre Lymphadenektomie 346f.
Axilläre Plexusblockade, s. auch Plexusblockaden 178ff.
Axonotmesis 191
Azetabulumfrakturen 278
Azidose
- Dilution 64
- hyperchlorämische 63
- metabolische
- - Pufferung 95f.
- - Lebertransplantation 556, 558

B

Babcock-Operation 249
Bainbridge-Reflex 585
Balancierte Analgesie 201
Ballonatrioseptostomie 466
Ballongegenpulsation, intraaortale 432
Banding des Truncus pulmonalis 461
Bandscheibenoperationen 284, 336f.
Barbiturate 131ff.
- intraokularer Druck 311
- Prämedikation 9
- zerebrale Homöostase 322
Barbotage 163
Bariumkalk 129
Barorezeptorenreflex 584
Basalbedarf
- Elektrolyte, Kinder 373
- Flüssigkeit, Kinder 373
Basilarisaneurysma 330f.
Bauchaortenaneurysma 243f., 254f.
Bauchlagerung 188f., 289, 326
Bayliss-Effekt 318
Beatmung, maschinelle s. auch Narkosebeatmung 117ff.
Beatmungsbronchoskopie 305
Beatmungsfilter 120f.
- Kinderanästhesie 382
Beatmungsschläuche, Kinderanästhesie 382
Beckenbodendeszensus 347f.
Beckenbodenplastik 348
Becken-TEA 246
Beckenteilersatz 288
Beckenverletzungen 278
Begleiterkrankungen, anästhesierelevante 489ff.
Bein- und Beckenvenenthrombose 248f.
Belastungsangina 491
Belastungs-EKG 493
Beloc® 90
Bellocq-Tamponade 307f.
ben-u-ron® s. auch Paracetamol 200f.
Benzodiazepinantagonisten 133f.
Benzodiazepine
- Prämedikation 8f.
- Wirkungen 133f.
- zerebrale Homöostase 322
Benzylisochinoline 144
Berinert® P 527
Berufshaftpflichtversicherung 215
ß-HCG-Bestimmung, Extrauteringravidität 351
ß-Rezeptoren-Blocker 89f., 492
- bei Herzinsuffizienz 494f.
- bei KHK 491f.
- Kontraindikationen 90
- Wirkungsweise 89f.
$ß_2$-Sympathomimetika 500f.
Betreuungsverfügung 207f.
Beweislastumkehr 214
Bezold/Jarisch-Reflex 584f.
Billroth-Operation 222
Blalock-Hanlon-Shunt 462
Blalock-Taussig-Shunt 462
Blasenekstrophie, plastische Rekonstruktion 268
Blasenentleerungsstörungen, rückenmarknahe Regionalanästhesien 165
Blasenkatheter 28f.
Blasenperforation, TUR 273
Blasentumorresektion, transurethrale 272
Blindsubstitution, Gerinnung 83f.
Bloodpatch, epiduraler 166
Blutdruck, arterieller 34f.
- Hirndurchblutung 318ff.
- Homöostase 584f.
- intraokularer Druck 310f.
- Normalwerte 489
- Parameter 33ff.
Blutdruckabfall
- aortokavale Kompression 363
- Blutsperre 280
- rückenmarknahe Regionalanästhesien 363
- sitzende Position 333
Blutdruckmessung 33ff.
- invasive 34ff.
- - Meßprobleme 35f.
- - sitzende Position 326
- nichtinvasive 33f.
- - Komplikationen 34
Blutdrucksenkung, kontrollierte 100f.
Blutdruckwerte, altersabhängige 372
Blutersatz, bei Kindern 374
Blutflußrate, Herz-Lungen-Maschine 426
Blutgasanalyse, arterielle 578
Blutgerinnung 80ff.
- Herz-Lungen-Maschine 426
- Leberinsuffizienz 502
- Lebertransplantation 554
- Massivtransfusion 76f.
- rückenmarknahe Regionalanästhesien 171f.
- Schwangerschaft 355
Bluthochdruck 489f.
Blutkomponenten 73ff.
- anti-CMV-negative 75
- bestrahlte 75
- Erythrozyten 73f.
- gefrorenes Frischplasma 74
- Thrombozyten 75
Blutphysiologie, Kindesalter 373f.
Blutsperre/Blutleere 280
Blutstillung, perioperative 84f.
Bluttransfusion 71ff.
- AB0-Bedsidetest 72
- akute Unverträglichkeit 72
- Aufklärung 208
- autologe 77f.
- - medikolegale Aspekte 208f.
- - orthopädische Eingriffe 282
- bei Kindern 374
- bovine spongiforme Enzephalopathie 76
- Dokumentation 73
- Durchführung 71ff., 208
- Indikationen 75f.
- Massivtransfusion 76f.
- medikolegale Aspekte 208ff.
- Notfall 73
- Sorgfaltsregeln 73
- Transfusionsverweigerer 209
- Virusübertragungsrisiko 76
Bluttransfusionsfilter 73
Blutungen
- gastrointestinale 252
- Geburtshilfe 363f.
- intrapulmonale 396
- nach Tonsillektomie 308
- Ösophagusvarizen 227, 251

- TUR 273
Blutverlust, akzeptabler, Abschätzung 374
Blutvolumen, altersabhängiges 374
BMI 517
Bodymass-Index 517
Boerhaave-Syndrom 250f.
Bovine spongiforme Enzephalopathie 76, 82, 420
Boyle-Davis-Spatel 301
Bradyarrhythmien 497ff.
Bradykardie
- Kindesalter 372
- Querschnittsyndrom 511
- rückenmarknahe Regionalanästhesien 165
- Therapie 86
Brevibloc® 90
Bricker-Blase 267
Broca-Index 517
Bronchialtumoren 401ff.
Bronchiektasen 404
Bronchitis, chronische 499ff.
Broncho-Cath®-Tuben 395
Bronchopleurale Fistel 404
Bronchoskopie 409
- flexible 409f.
- starre 305, 408f.
Bronchospastik 499
Bronchusblocker 395
Bronchusnaht 412
Bronchusperforation 411f.
BSE 76, 82, 420
Bulbärhirnsyndrom 320
Bupivacain
- Eigenschaften 159
- epidural 168
- intrathekal 163
- Kardiotoxizität 176f.
- Kaudalanästhesie 171
- patientenkontrollierte Epiduralanalgesie 202
- periphere Nervenblockaden 176f.
BURP-Manöver 111
Buscopan® 200f.
Büttner-Nadel 175
Butylscopolamin 200f.
Bypass
- aortofemoraler 246
- bei Lebertransplantation 555f.
- femorokruraler 246f.
- femoropoplitealer 246f.
- iliakofemoraler 246f.
- kardiopulmonaler 426
- mammarokoronarer 432f.

C

Calcium, Blutgerinnung 83
Calciumantagonisten 492
- maligne Hyperthermie 531
- Medikamenteninteraktion 15
CAPD-Katheter 238
Catapresan® s. auch Clonidin 90f.
CBF 317ff.
CCO-Katheter 26
C_2/C_6-Verhältnis 66
CellCept® 546, 547, 550
C_1-Esterase-Inhibitor-Mangel 527
Chiasma opticum, Kompression 329
Chloramin T® 256
Cholangioskopie, endoskopische retrograde 227
Cholesteatom 299f.
Cholezystektomie 227
Cholinerge Krise 510
Cholinesterasehemmer
- Komplikationen 510
- Muskelrelaxanzien 153f.
- Myasthenia gravis 509ff.
- Überdosierung 510f.
Chorioidea 310
Choriongonadotropin, humanes 351
Chronaxie 176
Chronic obstructive pulmonary disease 499ff.
Chronische ambulante Peritonealdialyse 238
Chronische arterielle Verschlußkrankheit 245f.
Chronische Bronchitis 499ff.
Chronische Leberinsuffizienz s. auch Leberinsuffizienz, chronische 501ff.
Chronische Niereninsuffizienz s. auch Niereninsuffizienz, chronische 503ff.
Chronische obstruktive Lungenerkrankung 499ff.
Ciclosporin 547
Cimino-Shunt 250
cis-Atracurium 149
- Elimination 146f.
- Pharmakodynamik 144
- Priming-Prinzip 148
Cito-Sectio 361
Citratpuffer 12, 116
Citratüberladung 77
Clamping
- abdominale Aorta 244
- Arteria carotis 331f.
- thorakale Aorta 444f.
Clonidin 90f.
- Alkoholabhängigkeit 519
- intrathekal 167
- Medikamenteninteraktion 15
- Muskelzittern 196f.
- Prämedikation 11, 13
Closing capacity 580
- geriatrische Patienten 538
- Kinder 370
Closing volume 580
$CMRO_2$ 321f.
CO 129f.
CO_2
- Laparoskopien 258
- - Kinetik 258
- - Retention 262
- Maligne Hyperthermie-Krise 529f.
CO_2-Absorber 121
CO_2-Elimination, Eine-Lunge-Anästhesie 394
CO_2-Narkose 141
CO_2-Partialdruck, endexspiratorischer s. auch Kapnometrie/-graphie 39ff.
CO_2-Reaktivität, zerebrovaskuläre Autoregulation 319
CO_2-Retention, Laparoskopien 262
Coiling, zerebrales Aneurysma 342
Commotio nervi 191
Compliance
- dynamische 581
- intrakranielle 320
- pulmonale 581
- statische 581
- thorakale 581

Compliance, thorakale
– – Kinder 370f.
Compound A 129
Contergan® 533f.
Continuous cardiac output 48
Cooley-Waterston-Shunt 462
COPD 499ff.
Cormack/Lehane-Klassifikation 108
Coronary-steal-Phänomen 128
Corotrop® 93
Cortisol, perioperative Substitution 513
– Etomidat 133
Cox-Maze-Operation 434
CPP 318
Creutzfeldt-Jakob-Krankheit 76
Crutchfield-Klemme 279
CTG 535
Cumarinderivate
– Medikamenteninteraktion 15
– perioperativ 14
Cushing-Schwelle 513
Cushing-Syndrom 329
Cyklokapron® 82
Cytochrom-P450-Induktion
– Alkoholabusus 519
– Porphyrien 521

D

Dakryozystitis, chronische 313
Dakryozystorhinostomie 313
Danaparoid 419
– extrakorporale Zirkulation 419
– rückenmarknahe Regionalanästhesien 172
Dantrolen 530f.
Darmreinigung 242
Dauermedikation, perioperative 13ff.
DDD-Schrittmacher 450
D-Dimere, Normalwert 81
DeBakey-Klassifikation 440
Débrisement, Schultergelenk 283
Declamping
– abdominale Aorta 245
– thorakale Aorta 445
Defibrillation 572
– bei Schrittmacherträgern 452
– transthorakale 439
Defibrillator 449ff.
δ-Aminolävulinsäuresynthase 520
Demenz, senile 539
Denervierung, autonome
– Herztransplantation 548f.
– Hirntod 543f.
Denitrogenierung 118
Dennis®-Sonde 254
Denver-Shunt 227
Depolarisationsblock 143
– Neostigmin 153
Depolarisierende Muskelrelaxanzien 143
Desfluran 125
– Herzerkrankungen 128
– Kohlenmonoxid 129
– Lebererkrankungen 128
– Wirkungen 127
Desmopressin 82
Dexamethason 98, 326
Diabetes insipidus 329
Diabetes mellitus 511ff.
– Einteilung 512
– extrakorporale Zirkulation 429
– Notoperationen 512
– perioperative Insulinsubstitution 512
Dialyseshunt
– Anlage 250
– extrakorporale Zirkulation 430
Diamox® 312
Diazepam, Präeklampsie 366
Dibenzyran® 516
Diclofenac 198f., 201
– bei Kindern 392
Difficult airway management 112ff.
– Schwangerschaft 360f.
Digitalisglykoside, perioperativ 14ff
– bei Herzinsuffizienz 494f.
– bei Vorhofflimmern 497f.
Dihydralazin 495
– bei Präeklampsie 366
Dikaliumclorazepat 421
Dilutionsazidose 64
Dilutionshypoproteinämie 64
Dimenhydrinat 98
2,3-Diphosphoglycerat-Gehalt, erythrozytärer
– Bluttransfusion 77
– chronische Niereninsuffizienz 505
Dipidolor® s. Piritramid
Diskusoperationen 336f.
Dissoziative Anästhesie 134
Distickstoffmonoxid s. auch Stickoxydul 125ff.
Disulfiram 519
Diurese 52
Diuretika
– bei Herzinsuffizienz 94, 494f.
– Medikamenteninteraktion 16
– perioperativ 14
– zerebrale Homöostase 324f.
4-Dimethylaminophenol 93
Dobutamin **89**, 495
Dolantin® 196
Dopa 509
Dopa-Entzugssyndrom, malignes 509, 530
Dopamin 88f.
Dopexamin 89
Doppel-J-Katheter, ESWL 274
Doppelkanülierung, Herz-Lungen-Maschine 425
Doppellumen-(Endobronchial-)Tubus 393ff.
– Fiberendoskop
– – Auswahl 395
– – Lagekontrolle 395f.
– Komplikationen 396
– Kontraindikationen 396
Doppellungentransplantation 549ff.
Dopplersonographie, transkranielle 422, 508
Dormicum® s. auch Midazolam 133
Double burst stimulation 56
3-in-1-Blockade 184f.
– Lokalanästhetikadosierung 177
Dringlichkeitsstufen, operative 5f.
Druck
– arterieller, s. auch Blutdruck, arterieller 33ff.
– intrakranieller s. auch Hirndruck 318ff.
– intraokularer 310f.
– linksventrikulärer enddiastolischer 46f.
– pulmonalkapillarer 46f.
– zentralvenöser 44ff.

Druckkontrollierte Beatmung 117ff.
Druck-Volumen-Beziehung, intrakranielle 320
Dualblock, Succinylcholin 152
Ductus arteriosus (Botalli)
- persistierender 469
- Prostaglandine 456
- Spontanverschluß 371
Ductus nasolacrimalis, Obstruktion 313
Dünndarmteilresektion 223
Duodenohemipankreatektomie 228
Duodenumerhaltende Pankreaskopfresektion 229
Duraeröffnung 327
Durafistel 342
Duraperforation 170
Durchblutung
- koronare 491
- uteroplazentare 353
- zerebrale s. auch Hirndurchblutung 317ff.
Dynamische Compliance 582
Dynamische Lungenvolumina/-kapazitäten 580f.
Dynastat® 199f., 201
Dysäquilibrium 513
Dyshämoglobine 37
Dyskrinie 499

E

ECC s. auch extrakorporale Zirkulation 424ff., 459f.
Echokardiographie 421
- transösophageale 31, 422
ED_{95} 144
EDTA, Pseudothrombozytopenie 81
EEG 508
Eigenblutspende, präoperative 78
Eine-Lunge-Anästhesie 393f.
- Anästhesieverfahren 397
- Beatmungsverfahren 396f.
- CPAP 396
- Doppellumentubus 395
- Endotrachealtubus mit Ballonkatheter 395
- Extubation 398
- Indikationen 395
- Monitoring 397f.
- Pulmonaliskatheter 398
Einhelfermethode, kardiopulmonale Reanimation 569f.
Einklemmung, zerebrale 320
Einlungenventilation 393f.
Einschwemmsyndrom, transurethrale Eingriffe 272
Einwilligungsfähigkeit des Patienten 205
Einzellungentransplantation 549ff.
Eisenmenger-Reaktion 463
Ejektionsfraktion 421, 583
EKG 32f.
- Ableitungen 32
- intraatriales (ZVK-Lagekontrolle) 23
- Komplikationen 32
- Störeinflüsse 32
- ST-Strecken-Analyse 32f.
Eklampsie 365f.
- Sectio caesarea 366
EKT s. auch Elektrokrampftherapie 478ff.
Elastance, intrakranielle 320
- Anästhetika 327
Elektive Eingriffe 3f.
Elektrische Nervenstimulation
- Herzschrittmacher 176, 452
- periphere Nervenblockaden 175f.
- Relaxometrie/-graphie 54ff.
Elektroenzephalographie 508
Elektrokardiographie s. auch EKG 32f.
Elektrokrampftherapie 478ff.
- Anästhesie 479f.
- Indikationen 478
- Kontraindikationen 479
- Nebenwirkungen 479
- Patienteneinwilligung 479
- Wirkungsmechanismus 479
Elektrolythaushalt, Kindesalter 372f.
Elektromagnetische Felder 481f.
Elektroretinogramm 316
Embolie
- Fruchtwasser 364f.
- paradoxe 340
Embolisation
- endovaskuläre 342
- zerebrale Angiome 331
Emesisprophylaxe und -therapie 97f.
EMLA®-Creme 380
Endexspiratorischer CO_2-Partialdruck s. auch Kapnometrie/-graphie 39ff.
Endobronchialblocker/-tuben 395ff.
Endokarditis
- foudroyante 417
- perioperative Prophylaxe 99f.
- - kongenitale Herzfehler 459
Endokardkissendefekte 464
Endokrine Erkrankungen 511ff.
Endolaryngeale/-tracheale Laserchirurgie 305f.
Endoprothetik
- Hüfte 276f., 285
- Knie 285
- Schulter 283
- Wechsel, Hüft- und Knieprothesen 287f.
Endoskopien 233f.
- Allgemeinchirurgie 233f.
- Gynäkologie 350f.
- HNO 303ff.
- Thoraxchirurgie 406ff.
Endotracheale Intubation s. auch Intubation, endotracheale 107ff.
Endotracheale/-bronchiale Tumoren 410
Endotrachealtubus
- Dislokation, Laparoskopien 262
- Eine-Lunge-Anästhesie 395f.
- Größe 109
- Jet-Beatmung 304f.
- Kinderanästhesie 381
- Kombitubus 570
- Lagekontrolle 110
- Laryngektomietubus 303
- Laserchirurgie 305f.
- Lubrizierung 109
- MRT 483
- Tubusbrand 306
- Tubustypen 109
Endovaskuläre Embolisation 342
Endplatte, motorische 143ff.
Engpaßsyndrome 191
Engwinkelglaukom 314
Enorale Eingriffe 301f.
Enoximon 93

Enterokolitis, nekrotisierende 385
Entlassungskriterien, nach ambulanter Anästhesie **203,** 486
Entrainment 304
Entzugssyndrom, Alkoholabhängigkeit 519
Enukleation 312
Enzephalopathie, bovine spongiforme 76, 82, 420
Enzephalozele 338
Enzyminduktion, Alkoholabusus 519
Ephedrin 87
- rückenmarknahe Regionalanästhesie 363
EPH-Gestose 365 f.
Epiduralanalgesie
- Durchführung 169 f.
- Geburtshilfe 357 ff.
- - Geburtsverlauf 358
- - Indikationen 357
- - Kontraindikationen 358
- geriatrische Patienten 539
- Komplikationen 170
- Kontraindikationen 170
- Lokalanästhetika 168
- patientenkontrollierte 201 f., 358, 413
- Testdosis 169
- Vorbereitung 168 f.
Epiduralanästhesie 167 ff.
- Anästhesieausdehnung und -qualität 167 f.
- Aspirationskontrolle 169
- differenzierte Blockade 168
- Nadel und Katheter 169
- Sufentanil 168
Epiduraler Abszeß 165
Epiduraler Bloodpatch 166
Epigastrische Hernie 235
Epikutane Lokalanästhesie 380
Epilepsie 508 f.
Epispadie 269
Epistaxis 307 f.
Epithelkörperchenexstirpation 240 f.
ERC 227
Erholungsindex 145 f.
Erweiterte Hysterektomie 350
Erythropoetin 78
Erythrozytenkonzentrat 73 f.
Esmeron® 144 ff.
Esmolol **90,** 480
ESWL 273 ff.
Etappenlavage 256
Ethanolinfusion 519
Ethibloc® 342
Etomidat 131 f.
- Cortisolsynthese 133
- Dosierung bei Kindern 376
- intraokularer Druck 311
- zerebrale Homöostase 322
Euglucon® **14,** 512
Euler/Liljestrand-Mechanismus 394
- Fruchtwasserembolie 364
Eventerationsreaktion 242
Evisceratio orbitae 312
Evozierte Potentiale 307, 327
Exenteratio orbitae 312
Explorative Laparoskopie 232
Exspirationsvolumen, forciertes 578, 580
Externa-Interna-Anastomose, A. carotis 332 f.
Extrakapsuläre Kataraktextraktion 314
Extrakorporale Stoßwellenlithotrypsie 273 ff.
Extrakorporale Zirkulation, Herzoperationen 424 ff., 459 f.
- Beendigung 430
- Blutdruckregulation 428
- Blutgerinnung 426
- Danaparoid 419
- Doppelkanülierung, Indikationen 425
- Hämodilution 426
- HLM-Reservoir 429
- Indikationen 424 f.
- Komplikationen 430
- Lepirudin 419
- Monitoring 428 f.
- Narkoseführung 428
- Phasen 423 ff.
- Ultrafiltration 429
- Vollheparinisierung 418
Extrauteringravidität 351
Extubation
- intraokulare Eingriffe 312
- Relaxometrie/-graphie 57
Extubationskriterien 114
Exzitationsäquivalente 131

F

Faktor-VIIa-Konzentrat 82, 255
Faktor-VIII-Konzentrat 82
Faktor-XIII-Konzentrat 81
Fallot-Tetralogie 465 f.
Fastrach® 106
Fehlinjektion
- intraarterielle 21, 26
- paravenöse 21
Femoralisblockade 184 f.
Femorofemoraler Bypass 443
Femorokruraler Bypass 246 f.
Femoropoplitealer Bypass 246 f.
Femurersatz 288
Femurfrakturen 277 f.
Fenistil® 525
Fenoterol
- Geburtshilfe 357
- Spray 501
Fentanyl 137 ff.
- Kinderanästhesie 376 f.
- Pharmakokinetik 139
Ferguson-Reflex 358
Fetale Depression 354, 358
Fetale Kurzschlüsse, Rechts-links-Shunt 372
Fetales Hämoglobin 373 f.
Fetales Schmerzempfinden 375
Fetalkreislauf 455
Fettembolie 289
FEV_1 578, 580
FFP 74, 81
Fiberendoskope 111
Fiberendoskopische Intubation 111
Fibrinogen 81
Fibroplasie, retrolentale 371 f.
Fick-Prinzip 50 f.
Filtrationsrate, glomeruläre 503
Fistel
- bronchopleurale 404
- tracheoösophageale 388
Flankenlagerung 189

Flecainid 498
Flow-Volumen-Kurve 581
– Mediastinal-mass-Syndrom 400
Fluid-lung 504
Flumazenil 133 f.
Flunitrazepam 421 f.
Fluoridionen, Inhalationsanästhetika 126
Flüssigkeitsbedarf
– basaler 61
– perioperativer 61 f.
– – Kinder 373
Flüssigkeitsersatz
– intrakranielle Eingriffe 326
– intraoperativer 61
Flüssigkeitskompartimente, nach Lebensalter 372
Fluß-Volumen-Diagramm, Lunge 580 f.
Fogarty-Katheter 248
Follikelpunktion 346
Fontan-Operation 468
Foramen ovale 463
– Laparoskopien 260
– Luftembolie 340
– Spontanverschluß 372
Forciertes Exspirationsvolumen 578, 580
Forcierte Vitalkapazität 580
Fortecortin® **98,** 326
Frank/Starling-Kurve
– geriatrische Patienten 538
– intraabdomineller Druck 259
Frank/Starling-Mechanismus 585
– Volumenbelastungstest 60
Fremdkörperaspiration 308
Fresh frozen plasma 74, 81
Frischgasentkopplung 119
Frischplasma, gefrorenes 74, 81
– quarantänegelagertes 74
– virusinaktiviertes 74
Fruchtwasserembolie 364 f.
Frühgeborene, ehemalige, postoperative Überwachung 391
Füllungsdruck, transmuraler 45 f.
Fundoplicatio 231
Funktionelle Residualkapazität s. auch Residualkapazität, funktionelle 579
Furosemid 94
– bei Herzinsuffizienz 494 f.
– intrakranieller Druck 324 f.
Fusionsoperation HWS, nach Cloward 336

G

GABA-Rezeptorkanal 133
Garantenstellung 207
Gasembolie, Laparoskopien 261
Gastrektomie 221 f.
Gastric banding 232
Gastroenterostomie 222
Gastrointestinale Blutungen 252
Gastroschisis 386
Gastroskopie 234
Gauer/Henry-Reflex 585
Gaumenspalten, isolierte 295 f.
Geburtshilfliche Anästhesie 352 ff.
– Allgemeinanästhesie 360 ff.
– Anästhesieverfahren 357 ff.
– Epiduralanästhesie 359
– Komplikationen 363 ff.
– Spinalanästhesie 359 f.
Gefäßchirurgische Eingriffe 243 ff.
Gefäßwiderstand
– peripherer 418, 583
– pulmonaler 418, 583
– – postnataler 455
Gefrorenes Frischplasma 74, 76
Gemischtvenöse Sauerstoffsättigung 50 f.
Geriatrie 537 ff.
– anästhesierelevante Veränderungen 537 ff.
– anästhesiologisches Vorgehen 541 f.
Gerinnung s. auch Blutgerinnung 80 ff.
Gerinnungsanalyse 80 f.
Gerinnungsstörungen, Massivtransfusion 76 f.
Gerinnungssubstitution 83 f.
– Dokumentation 84
– Dosisberechnungen 83
Gerinnungstests 81
Gerinnungswerte, bei rückenmarknahen Regionalanästhesien 171 f.
Geschäftsfähigkeit 207
Geschäftsführung ohne Auftrag 207
Geschlossenes Narkosesystem 120
Gesichtsschädelfrakturen 294 f.
Gestosen 365 f.
GFR 503
Glaukom 314
Glibenclamid 14, 512
Globalinsuffizienz, respiratorische 578
Glomeruläre Filtrationsrate 503
Glomerulosklerose 504
Glottisödem 305, 526
Glucoselösungen 63
– bei Kindern 373
– Hirnödem 326
Glukokortikoide
– Antiemesis 98
– bei Rückenmarkschädigungen 326
– beim Asthmaanfall 501
– perioperative Substitution 513
Glyceroltrinitrat **91,** 491 ff.
Glycopyrronium 153, 156, 298
Gonarthrose 285
Goniotrepanation 314
Goodpasture-Syndrom 411
Gott-Shunt 443
GP-IIb/IIIa-Rezeptor-Antagonisten, rückenmarknahe Regionalanästhesien 172
Graft-versus-host-Erkrankung 75
Grand-mal-Anfälle 508 f.
Grauer Star 314
Grundumsatz, Flüssigkeit, Kinder 373
Grüner Star 314
Gynäkologische Eingriffe 345 ff.
– Lagerungen 344
– Notfall- und dringliche Eingriffe 351

H

HAES-steril® 6% s. auch Hydroxyethylstärke 66 f.
Haftungsrecht 214
Hagen/Poiseuille-Gesetz 583
Halbelektrolytlösungen 63
Halbwertszeit, kontextsensitive 139
Haldol® 98

Haloperidol, Antiemesis 98
Halothan, Leberschädigung 128
Halothan-Koffein-Kontrakturtest 531
Hämangiome, MKG 293
Hämatokritwerte, Kinder 374
Hämatom, epidurales 165
Hämin 522
Hämodilution
- extrakorporale Zirkulation 426
- isovolämische 61
- - präoperative 78
Hämodynamik
- Grundbegriffe 582ff.
- Hirntod 545
- intrakranielle 317ff.
- Kindesalter 372
- Laparoskopien 259f.
- nach extrakorporaler Zirkulation 431f.
- Pharmakotherapie 86ff.
- Schwangerschaft 353
- sitzende Position 189, 326f.
Hämoglobin, fetales 373f.
Hämoglobinwerte, Kinder 374
Hämolyse 366ff.
Hämorrhoidektomie 236
Hämostasestörungen, Substitutionstherapie 83f.
Harnableitung, künstliche 267
Harnverhaltung 195
Hartmann-Operation 224
Hauptbronchus-Manschettenresektion 403
Hauptstammäquivalent 415f.
Hauptstammstenose 415f.
Hauptstromkapnometer 40
Hautdesinfektion 19
Heilversuch, ärztlicher 212f.
HELLP-Syndrom 366f.
Hemihepatektomie 226
Hemikolektomie 224
Heparin 82
- Antagonisierung 419f.
- extrakorporale Zirkulation 418
- rückenmarknahe Regionalanästhesien 172
- Thrombozytopenie 85
- Unverträglichkeit 419
Heparinoide 419
Heparinresistenz, relative 419
Hepatektomie 554ff.
Hepatische Porphyrien 520
Hepatorenales Syndrom 502
Hereditäre Koproporphyrie 520
Hereditäres Angioödem 526f.
Hernien 234ff.
- epigastrische 235
- Leiste 389
- Nabel 235, 390
- paraumbilikale 390
- Zwerchfell 387
Herzdruckmassage 568f.
Herzfehler
- Häufigkeit 454
- kongenitale 454ff.
- Rechts-links-Shunt 458
Herzfrequenzen, altersabhängige 372
Herzglykoside 495ff.
- Medikamenteninteraktion 15
- perioperativ 14
Herzinfarkt 6, 491ff.
Herzinsuffizienz 493ff.
- anästhesiologisches Vorgehen 495
- Einteilung nach NYHA 494
- Pharmakotherapie 494f.
Herzkatheteruntersuchungen, bei Kindern 473ff.
- Ablauf 474
- Anästhesie 474f.
- - Vorgehen während der Untersuchung 475
- Besonderheiten 476
- Instrumentierung und Monitoring 473f.
- Komplikationen 476f.
- Notfälle 476
- primäre Kardiomyopathie 476
- Vorbereitung 473
Herzklappenersatz 433
Herzklappenfehler 416ff.
- Einteilung 416
Herzkrankheit, koronare s. auch koronare Herzkrankheit 414ff., 490f.
Herz-Kreislauf-Erkrankungen, Schwangerschaft 367
Herz-Lungen-Maschine 418ff.
Herz-Lungen-Transplantation 549ff.
Herzrhythmusstörungen 496ff.
- Augenoperationen 309f.
- Blutsperre/Blutleere 280
- Einteilung nach Lown 496
- Elektrokrampftherapie 479
- Herzkatheteruntersuchungen 476f.
- kritische Herzfrequenzen 496
- Laparoskopien 261f.
- perioperative 496ff.
- - Auslöser 497
- - Therapie 497f.
- Schrittmacher 449f.
- - temporärer, Indikationen 496
Herzschrittmacher, künstlicher 449ff.
- 5-Letter-Code 449
- anästhesiologische Besonderheiten bei Schrittmacherträgern 451ff.
- Defibrillation 452
- elektrische und elektromagnetische Interferenzen 451
- elektrische Nervenstimulation 176, 452
- frequenzadaptive 452
- Funktionsstörungen 451f.
- Implantation 450f.
- - Anästhesie 450f.
- Kernspintomographie 452
- Muskelpotentiale 452
- Reizschwellenveränderungen 452
- Typen 450
- zentralvenöse Zugänge 453
Herzstillstand
- Myokardprotektion 428f.
- passagerer 426
Herztransplantation 548f.
Herzwandaneurysma 434
Herzzeitvolumen **47ff.**, 582ff.
- gemischt-/zentralvenöse O_2-Sättigung 50f.
- PiCCO-Technik 49f.
- Pulskonturanalyse 49f.
- Thermodilution 47f.
HES s. auch Hydroxyethylstärke 65ff.
H_1-/H_2-Rezeptor-Antagonisten
- Emesisprophylaxe und -therapie 98
- Medikamenteninteraktion 16
- Palacos® 277

- Wirkung 9ff.
H_1-/H_2-Rezeptoren 9f., 523f.
H_2-Rezeptor-Antagonisten, Aspirationsprophylaxe 9f.
Hiatusgleithernie 231
Hibernating myocardium 431
Hickman-Katheter 238
Hirndruck 318ff.
- Erhöhung 320
- Messung 58
- - Indikation 58
- therapeutische Senkung 327
Hirndurchblutung 317ff.
- arterielle Hypertonie 318
- arterielle Hypotension 319
- Autoregulation 318
- CO_2-Reaktivität 319
- Ischämie 319
- - konservative Therapie 507
- metabolische Azidose 319
- zerebraler Perfusionsdruck 318
Hirninfarkt 507
Hirnödem 321
- Flüssigkeitsersatz 326
- Hirnprotektion 508
- Narkoseausleitung 328
Hirntod 543f.
Hirntumoren 328f., 334
Hirudin 419
Histamin 9f., 523, 526
Histaminantagonisten
- Medikamenteninteraktion 16
- Wirkung 9ff.
Histoacryl® 342
HIV-Protease-Hemmer, Medikamenteninteraktion 15
HLM 418ff.
HNO-Eingriffe 298ff.
HNO-Tumoren 302f.
Hochfrequenzventilation 400f.
Hockerstellung **188,** 336
HOCM 417f., 433f.
Hodentorsion 270
Hofmann-Reaktion 146f.
Hohlvenen-Femoralis-Bypass 443
Horner-Syndrom 181, 182
Hornhautersatz 313
HTX 548f.
Hüftdysplasien 284
Hüftendoprothese 277f., 285
- Wechsel 287f.
Hüftumstellungsosteotomien 284
Humanalbumin 67f.
HWS-Eingriffe 278ff.
Hydrocortison, perioperative Substitution 513
- Etomidat 133
Hydroxycobalamin 92
Hydroxyethylstärke 65ff.
- chemische Grundcharakteristika 65f.
- Indikationen 67
- Kontraindikationen 67
- Volumeneffekt 66
Hydrozele 390f.
Hydrozephalus, Liquorableitung 334f.
Hyperbare Lösung, Spinalanästhesie 162
Hyperchlorämische Azidose 63
Hyperhydratation
- hypotone
- - Hypophysenoperationen 329
- - Hysteroskopie 351
- - TUR-Syndrom 272
- intrakranieller Druck 320
- intraokularer Druck 311
Hyperinflationsmanöver 118
Hyperkaliämie 504
Hyperkalzämie, ionisierte 515
Hyperkalzämische Krise 515
Hyperkapnie 578
- intrakranieller Druck 320
- intraokularer Druck 311
Hyperkrinie 499
Hyperoxie, retrolentale Fibroplasie 371f.
Hyperparathyreoidismus 240, 515
Hyperreagibles Bronchialsystem 500f.
Hyperreflexie, Querschnittsyndrom 511
Hyperspleniesyndrom 229f.
Hypertension
- arterielle 489f.
- portale 556
Hypertensive Krise 489f.
Hyperthermie
- „einfache“ 53
- intrakranieller Druck 320
- maligne 528ff.
- postoperative 196
Hyperthyreose 513f.
Hypertonie, arterielle 489f.
Hypertrophisch-obstruktive Kardiomyopathie 417f.
- transaortale Resektion 433f.
Hyperventilation
- kontrollierte
- - Hirndurchblutung 327
- - intrakranieller Druck 319
- Schwangerschaft 353
Hypnose, Definition 130f.
Hypnotika, intravenöse 130ff.
- Dosierungen 132
- Stellenwert 132
- Wirkungen 136
- zerebrale Homöostase 322ff.
Hypokalzämie, ionisierte **77,** 515
Hypokapnie 578
- intraokularer Druck 311
- intrakranieller Druck 311
Hypoparathyreoidismus 515
Hypophysektomie, Hormonsubstitution 513
Hypophysenoperationen, transsphenoidale 329
Hypophysenvorderlappeninsuffizienz 513
Hypospadie, plastische Rekonstruktion 269
Hypotension, kontrollierte 100f.
Hypothermie 52f.
- artifizielle 54
- Blutgase und Säure-Basen-Haushalt 427f.
- Einteilung 427
- Kardiochirurgie 426f.
- kontrollierte 328
- Laparoskopien 262
- Nachteile 427
- postoperative 196
- Prophylaxe und Therapie 53
- TUR 273

Hypothyreose 513ff.
Hypotone Hyperhydratation s. Hyperhydratation, hypotone
Hypoventilation 195
Hypovolämie
- intrakranieller Druck 326
- intraokularer Druck 310f.
- Pulsoxymetrie 39
- Volumenersatz 70f.
Hypoxämie
- intrakranieller Druck 320
- intraokularer Druck 311
Hypoxie, arterielle 578
Hypoxische Anfälle, kongenitale Shuntvitien 458
Hypoxische pulmonale Vasokonstriktion 394
- Fruchtwasserembolie 364
Hysterektomie
- abdominale 349
- erweiterte 350
- vaginale 349
Hysteroskopie 350
HZV s. auch Herzzeitvolumen **47ff.**, 582ff.

I

IABP 432
ICP s. auch Hirndruck 318ff.
Idiopathische thrombozytopenische Purpura 229
Idiopathisches Angioödem 526
Ileosakralgelenksprengung 278
Ileum-Conduit, Harnableitung 267
Ileus 253f.
Ileuseinleitung 116
Iliakofemoraler Bypass 246f.
Ilioinguinalisblockade, postoperative Schmerztherapie 392
ILMA s. auch Intubationslarynxmaske 106
Ilomedin® 420
Iloprost 420
Immobile Kanüle, periphere Nervenblockaden 174
Impfungen, präoperative 379
Indirekte Sympathomimetika 86f.
Infusionslösungen, Kindesalter 373
Infusionstherapie
- perioperative 61ff.
- Niereninsuffizienz 505
Infusions-/Transfusionserwärmung 79
Inguinalhernie 234f., 389
Inhalationsanästhesie, Vergleich zur TIVA 137
Inhalationsanästhetika 123ff.
- Eine-Lunge-Anästhesie 394
- Herzerkrankungen 128
- hypertrophisch-obstruktive Kardiomyopathie 417f.
- hypoxische pulmonale Vasokonstriktion 394
- Kindesalter 375f.
- Lebererkrankungen 128
- Nierenerkrankungen 128f.
- Niereninsuffizienz 505
- Pharmakodynamik 123f.
- Stellenwert gebräuchlicher Substanzen 124ff.
- zerebrale Homöostase 323
Inhalationseinleitung, bei Kindern 383
Injektionshypnotika 130ff.
- Dosierung bei Kindern 376
Injektionsschmerzen 21
Inkomplette Nervenblockade 178
Inkontinenzoperation 347f.
Innere Hämorrhoiden 236
Instabile Angina pectoris 491
Instabile Halswirbelsäule, Intubation 279
Instrumentierung 19ff.
Insuffizienz
- kardiale s. auch Herzinsuffizienz 493ff.
- respiratorische 194ff., 578
- vertebrobasiläre 507
- zerebrovaskuläre 506ff.
Insulin, Diabetes mellitus 511ff.
Intensivpatienten, Eingriffe 255f.
Interdisziplinäre Zusammenarbeit 210ff.
Interkostale Nervenblockade 413
Interruptio 345
Interskalenäre Plexusblockade s. auch Plexusblockaden 181ff.
Intoxikation, Lokalanästhetika 158ff.
Intraabdomineller Druck, Laparoskopien
- Atemmechanik 259
- Hämodynamik 259f.
Intraaortale Ballongegenpulsation 432
Intrakardialer Shunt 454f.
Intraartikuläre Varisierungs-Derotations-Osteotomie 284
Intrakorporale Lithotrypsie 275
Intrakranielle Compliance 320
Intrakranielle Elastance 320
- Anästhetika 327
Intrakranielle Erkrankungen, Schwangerschaft 367f.
Intrakranielle Hämodynamik 317ff.
Intrakranieller Druck s. auch Hirndruck 318ff.
Intraokularer Druck 310f.
Intraoperativer Asthmaanfall 501
Intraoperativer Aufwachtest 278, 279
Intraoperative Wachphänomene 154f.
Intrapulmonaler Rechts-links-Shunt 393f.
Intrauterines Schmerzempfinden 375
Intrauterine Strahlentherapie 346
Intravenöse Hypnotika s. auch Hypnotika, intravenöse 130ff.
Intravenöse Regionalanästhesie 186f.
Intubation, endotracheale 107ff.
- Differentialindikationen 290
- Einschätzung der Intubationsbedingungen 107ff.
- Extubationskriterien 114
- fiberendoskopische 111
- Indikationen 107
- intraokularer Druck 311
- Komplikationen 113
- Kontrolle der Tubuslage 110
- nasale 110f.
- - Indikationen 110
- Relaxometrie/-graphie 56f.
- Schwangerschaft 354
- schwierige 111
- Technik, direkte Laryngoskopie 109f.
Intubationslarynxmaske 106
- fiberendoskopische Intubation 112
- Risiken und Komplikationen 106
Intubationstiefe, Richtwerte, Kinder 382
Inverser Steal-Effekt, Hirndurchblutung 319
Inzolen®
- bei Herzrhythmusstörungen 498
- bei kardiochirurgischen Eingriffen 424
In-vitro-Fertilisation 346
Ionisierte Hyperkalzämie 515

Ionisierte Hypokalzämie **77,** 515
IOP 310f.
Iristumoren 314
Ischämische Präkonditionierung 437
Ischiadikusblockaden 183ff.
- Dosierung 177
- nach Meier 184, 185
- nach Raj 184
- nach Winnie 183f.
Isofluran 124ff.
- Coronary-steal-Phänomen 128
- Herzerkrankungen 128
- Kinderanästhesie 375f.
- Lebererkrankungen 128
- Wirkungen 127
Isoptin® 492, 497f.
Isotone Kochsalzlösung 62f.
IVDO 284

J

Jackson-Position 111
Jet-Ventilation
- HNO 304
- supraglottische 304f.
- - Kontraindikationen 305
- Thoraxchirurgie 400f.
Juxtaduktale Koarktation 441f., 476

K

Kaliumdefizit, extrazelluläres 62
Kallikrein 230
Kältezittern 196
Kapnogramme 43
Kapnometrie/-graphie 39ff.
- Aussagekraft 41f.
- Indikationen 40
- Meßgenauigkeit 40f.
- Meßorte 40
- Meßprinzip 40
Kapnoperitoneum 258
- Auswirkungen 260
κ-Rezeptoren 138
Kardialer Shunt 454f.
Kardioanästhesie 414ff.
- Anästhesie- und Operationsphasen 423ff.
- - Abstellen der Herz-Lungen-Maschine 431f.
- - extrakorporale Zirkulation 424f.
- - Narkoseaufrechterhaltung 423f.
- - Narkoseeinleitung 423
- Hypothermie 426ff.
- Instrumentierung und Monitoring 422ff.
- Lagerung des Patienten 423
- Prämedikation 421f.
- präoperative Vorbereitung 420ff.
Kardiochirurgische Eingriffe 432ff.
Kardiomyopathie
- alkoholische 519
- hypertrophisch-obstruktive 417f.
- - transaortale Resektion 433f.
- primäre 476
Kardioplegie 428
Kardiopulmonale Reanimation 566ff.
- Basismaßnahmen 567ff.
- Beatmung 569f.
- Beendigung bei Erfolglosigkeit 573
- Besonderheiten im Kindesalter 573f.
- erweiterte Maßnahmen 570ff.
- - Elektrotherapie 572
- - Pharmakotherapie 570ff.
- Herzdruckmassage 568f.
- Kreislaufstillstand 567
- Nachbehandlung 573
- Universalalgorithmus 568
- Verhältnis von Herzmassage zu Beatmung 569f.
Kardiopulmonaler Bypass 426
Kardiotokographie 535
Kardioversion 438
Kardioverter 449ff.
Kardioverter-Defibrillator, Implantation 436
Karotisangioplastie 342f.
Karotisdesobliteration 331f.
Karotisstenose 507
- extrakranielle 342f.
Karzinoid 230
Karzinoidsyndrom 230
Katarakt 314
Katecholamine 87ff.
- Nebenwirkungen 89
Katheter
- arterieller 25
- epiduraler 169
- pulmonalarterieller 26ff.
- Shaldon 564
- spinaler 166f.
- zentralvenöser 21ff.
- - Indikationen 21f.
- - Komplikationen 24
- - Kontraindikationen 23f.
- - Lagekontrolle 23
- - Zugänge 22
Kaudalanästhesie 171
- Lokalanästhetikadosis 171
Kavakompression, Bauchlage 189
Kavaschirmimplantation 249
Kehlkopfmaske s. auch Larynxmaske 7, **103ff.**
Keilresektion, Lunge 403
Keratokonus 313
Keratoplastik 313
Kernkühlung 427
Kernspintomographie s. auch Magnetresonanztomographie 481ff.
Ketamin 132, 134f., 501
- Dosierung bei Kindern 376
- intraokularer Druck 311
- Kontraindikationen 135
- zerebrale Homöostase 322f.
KHBW 334
KHK s. auch koronare Herzkrankheit 414ff., 490f.
Kieferklemme 296f., 308
Kieferumstellungsosteotomien 293f.
Kinderanästhesie
- anatomische und physiologische Besonderheiten 369ff.
- - Atemwege und Atmung 369ff.
- - Blut 373f.
- - Glucosestoffwechsel 373
- - Herz und Kreislauf 372
- - Körpertemperatur 374f.
- - Niere, Flüssigkeits- und Elektrolythaushalt 372
- - Schmerzempfinden 375

Kinderanästhesie
- Auskühlungsschutz 382
- Instrumentierung und Monitoring 380ff.
- Narkosedurchführung 382ff.
- - Beatmung 384
- - Inhalationseinleitung 383
- - Narkoseart 383f.
- - Narkoseausleitung 384
- - Narkoseeinleitung 382f.
- Narkosevorbereitung 381
- pharmakologische Besonderheiten 375ff.
- - Hypnotika 376
- - Inhalationsanästhetika 375f.
- - Muskelrelaxanzien 377f.
- - Opioide 376f.
- postoperative Schmerztherapie 392
- postoperative Überwachung 391
- präoperative Vorbereitung 379ff.
- - Nahrungskarenz 379
Kinderchirurgische Eingriffe 385ff.
Kinderkardioanästhesie 454ff.
- Instrumentierung und Monitoring 457
- pathophysiologische Besonderheiten 454ff.
- pharmakologische Besonderheiten 456f.
- Rechts-links-Shunt 458
Kinderkardiochirurgie, Dosierung wichtiger Medikamente 460
Kinderkardiochirurgische Eingriffe 461ff.
Klappenoperationen, hämodynamische Zielwerte 418
Klappenvitien 416ff.
- - rechtes Herz 417
Klatskin-Tumor 226
Kleinhirnbrückenwinkeltumoren 334
Klumpfußoperation 284
Knieendoprothese 285
- Wechsel 287f.
Knochenmarkentnahme 559f.
Knochenzement 277
Koagulation s. auch Blutgerinnung 80ff.
Koarktation der Aorta 471f.
- Ballondilatation 476
- juxtaduktale 441f., 476
Kochleaimplantation 300
Kochsalzlösung, isotone 62f.
Kohlendioxid s. CO_2
Kohlenmonoxid
- Intoxikation 129f.
- volatile Anästhetika 129f.
Kolektomie, subtotale 224f.
Kolloide 65ff.
- hypertone 70f.
- - Indikationen 71
- - Nebenwirkungen 71
- natürliche 67f.
- - Fresh frozen plasma 68
- - Humanalbumin 67f.
- Nebenwirkungen 68ff.
- - Blutgerinnung 68f.
- - mononukleäres phagozytierendes System 69
- - Nierenfunktion 69
Kolon-Conduit, Harnableitung 267
Koloskopie 234
Kolpossuspension
- nach Burch 347f.
- nach Marshall-Marchetti 347f.
Koma, urämisches 504
Kombitubus 570
Kompressionssyndrom, aortokavales 363
Konakion® 84
Konchotomie 300
Kongenitale Herzfehler 454ff.
Kongenitale Zwerchfellhernie 387
Koniotomie, instabile HWS 279
Konisation 345
Kontextsensitive Halbwertszeit 139
Kontinuierliche Spinalanästhesie 166f.
Kontrazeptiva 14
Kontrollierte Beatmung s. auch Narkosebeatmung 117ff.
Kontrollierte Hyperventilation, Hirndurchblutung 327
Kontrollierte Hypotension 100f.
Kontrollierte Hypothermie 328
Kopfschmerz, postspinaler 166f.
Kopftieflagerung 189
Koproporphyrie, hereditäre 520
Koronarangiographie 421
Koronarbypass 432f.
- minimalinvasiver 436f.
Koronarbypassoperationen, hämodynamische Zielwerte 418
Koronare Herzkrankheit 414ff., 490f.
- perioperative Zielwerte 415
- pharmakotherapeutische Möglichkeiten 492
- Therapieprinzipien 415
Koronarinsuffizienz
- anästhesiologisches Vorgehen 493
- Pathophysiologie 490f.
Koronarischämie, intraoperative, Risikofaktoren 492
Koronarperfusion 491
Koronarreserve 584
Koronarsklerose 490f.
Koronarstenosen 414f.
Koronarsyndrom, akutes 491
Körpertemperatur 52ff.
- Hyperthermie 53
- Hypothermie 52f.
Körperverletzung 214f.
Krampfanfall, generalisierter 479
Kraniosynostosen 337f.
Kreatininclearance 504
Kreislaufstillstand
- primärer 567
- sekundärer 567
- totaler, Herzoperationen 443f.
Kreislaufunterstützung, mechanische 431f.
Kreislaufzeit 39, 458
Kreuzprobe 72
Krikoiddruck 116
Krise
- hyperkalzämische 515
- porphyrische 520f.
- thyreotoxische 514, 530
Kristalloide 62ff.
- Nebenwirkungen 64f.
- Pharmakokinetik 63f.
Kritische Temperatur, Kinderanästhesie 375
Kryptorchismus 390
Künstliche Harnableitung 267
Kürettage 345
Kußmaul-Atmung 504

L

Laborkontrollen, intraoperative 242
Labyrinthektomie 300
Labyrinthitis 300
Lachgas s. auch Stickoxydul 125 ff.
Lactat 62 ff.
Lacuna vasorum 235
Lagerung s. auch Operationslagerung 188 ff.
Laminektomie 285 f.
Laparoskopische Eingriffe 257 ff.
- Allgemeinchirurgie 231 f.
- anästhesierelevante Begleiterkrankungen 260
- Anästhesieverfahren 261
- Atemmechanik und Gasaustausch 259
- CO_2 258
- Gynäkologie 350
- Hämodynamik 259 f.
- Indikationen 257
- Instrumentierung und Monitoring 260 f.
- Komplikationen 261 ff.
- Kontraindikationen 257 f.
- Lagerung 258
- - Auswirkungen 260
- postoperative Schmerztherapie 263
- technische Voraussetzungen 258
- Vorteile 257
Laparotomien, Second look 255 f.
Laplace-Gesetz 583
Lappentransplantate 292
Laryngektomie, radikale 303
Laryngektomietubus 303
Laryngoskopie, direkte 107
- intrakranieller Druck 327
- intraokularer Druck 311
Laryngoskopspatel, Kinderanästhesie 381
Laryngospasmus 195
Larynxkarzinom 303
Larynxmaske 103 ff.
- Aspirationsrisiko 104
- fiberendoskopische Intubation 112
- Gefahren und Komplikationen 105
- Indikationen 103
- Kinderanästhesie 105, 382
- Kontraindikationen 106
- Maskentypen 103
Larynxödem 195
Laserchirurgie
- endolaryngeale/-tracheale 305 f.
- endotracheale/-bronchiale 410
Laser-Chordektomie 305 f.
Laserendoskopische Ösophagustumorabtragung 233
Laser-Revaskularisation, transmyokardiale 434 f.
Lasertubus 306
Lasix® 74
Latexallergien 526
Laudanosin 147
L-Dopa 509
Lebensalter, biologisches 537
Leberausfallkoma 502
Leberinsuffizienz, chronische 501 ff.
- Auswirkungen 502
- Einteilung 501
- perioperative Einflüsse 502
- pharmakologische Besonderheiten 502
Leberruptur 252 f.
Leberteilresektionen 226
Lebertransplantation, Erwachsene 551 ff.
- anhepatische Phase 556 f.
- Bluttransfusion 553
- Hepatektomie 554
- Instrumentierung und Monitoring 552
- metabolische Azidose 559
- Narkoseeinleitung 553 f.
- neohepatische Phase 558
- pontine Myelinolyse 559
- Reperfusionsphase 557 f.
- Reperfusionssyndrom 558
- venovenöser Bypass 555 f.
LeFort-Frakturen 294
Left apical cap sign 441
Leichenschauschein 215
Leistenhernie 234 f., 389
Leitlinien, Definition 215 f.
Lepirudin 419
- extrakorporale Zirkulation 419
Leriche-Syndrom 243
Levodopa 509
Lidchirurgie 313
Lidocain 498, 501
- intravenöse Regionalanästhesie 186 f.
- Eigenschaften 159
Liegethorax 577
Linker atriofemoraler Bypass 443
Linksherz-Hypoplasiesyndrom 469
Lippen-Kiefer-Gaumen-Spalten 295 f.
Liquorfistel, rhinobasale 295
Lithotrypsie
- extrakorporale 273 ff.
- intrakorporale 275
LMA s. auch Larynxmaske 103 ff.
Lobektomie 402 f.
Lokalanästhesie s. auch Regionalanästhesie
- epikutane 380
- MKG-Chirurgie 291
Lokalanästhetika 156 ff.
- - Eigenschaften 159
- - epidural 167 f.
- - Grenzdosis 157
- - intrathekal 162 f.
- - Kombinationen 157 f.
- - Nebenwirkungen 158 ff.
- - allergische Reaktionen 160
- - Methämoglobinämie 161
- - Prophylaxe und Therapie 159 f.
- - toxische Effekte 158 f.
- Zusatz von Vasokonstriktoren 158
Lorazepam 13
Loss-of-resistance-Methode 169
Low-flow-Anästhesien 118 ff.
Lown-Klassifikation 496
Low-output-Syndrom, Kardiochirurgie 431
LTX s. auch Lebertransplantation 551 ff.
Luftembolie
- Arthroskopie 283
- Knochenoperationen 277
- Neuroanästhesie 340
- ZVK 340
Lugol-Lösung 514
Lumbale Bandscheibenoperationen 284
Lumbale Sympathektomie 247
Lungenabszesse 404
Lungenblutungen 411

Lungenembolie, intraoperative 249
- Therapie 249
- orthopädische Eingriffe 289
Lungenemphysem 500
Lungenerkrankungen, obstruktive 499ff
Lungenfunktionsanalyse
- Eine-Lunge-Anästhesie 394f.
- präoperative 577f.
- - Indikationen 578
Lungenfunktionsparameter
- spirometrische 579ff.
- Veränderung unter Narkose 582
Lungengefäßwiderstand 418, 583
- postnataler 455
Lungenresektionen 401
- atypische 403
- Operabilitätskriterien 578
Lungentransplantation 549ff.
Lungenzysten 404
LWS-Eingriffe 278ff.
Lymphadenektomie
- axilläre 346f.
- - retroperitoneale 270
Lymphödeme 20, 347
Lysetherapie, zerebrovaskuläre 342
Lysthenon® 143, 147, 149

M

MAC 124
MAC_{50} 124, 126
MAC-Werte, Kinder 375f.
Magenentleerung 115
Magenkarzinom 221f.
Magensonde 28
Magenteilresektionen 222
Magnesium, Geburtshilfe 357
Magnetic resonance imaging 481ff.
Magnetresonanztomographie 481ff.
- Anästhesie 482f.
- - Monitoring 483
- Kontraindikationen 482
- physikalische Grundlagen 481
Maligne Hyperthermie 528ff.
- Diagnostik 531
- Disposition 531
- - Anästhesie 532
- - Cito-Sectio 361
- Inzidenz 528
- Manifestationsformen 528
- Triggersubstanzen 529
Maligne Hyperthermie-Krise 529ff.
- Differentialdiagnose 530
- Symptomatik 529f.
- Therapie 530f.
Malignes neuroleptisches Syndrom 529
Mallampati-Klassifikation 107f.
Mallory-Weiß-Syndrom 250f.
Mammaaugmentationsplastik 348
Mamma-PE 345
Mammareduktionsplastik 348
Mannitol
- intrakranieller Druck 324
- intraokularer Druck 312
Manuelle Plazentalösung 362
MAP 34
Marcumar®, perioperativ 84
Marfan-Syndrom 243
Maschinelle Autotransfusion 77f.
Maschinelle Beatmung s. auch Narkosebeatmung 117ff.
Maskennarkose 102ff.
- Gefahren und Komplikationen 102f.
- Kontraindikationen 103
Massivtransfusion 76f.
Mastoidektomie 300
Mastoiditis 300
Mayfield-Klemme 326
McCoy-Spatel 111
Mechanische Kreislaufunterstützung 431f.
Meckel-Divertikel 234
Mediale Schenkelhalsfrakturen 276f.
Mediane Sternotomie 432ff.
Mediastinale Raumforderungen 399ff.
Mediastinal-mass-Syndrom 240, 399ff.
- Anästhesie 400
- Hochfrequenzventilation 400f.
- Pathophysiologie 399
- Struma 514
Mediastinaltumoren 398ff.
Mediastinoskopie 407f.
Medikamente
- Dosierung bei Kindern 378
- Schwangerschaft 354f., 534
- Wechselwirkungen 15ff.
- Zulassung 212f.
Medikolegale Aspekte 204ff.
- Anästhesieeinwilligung 204f.
- Arzthaftung 214f.
- ärztliche Therapiefreiheit, bei Arzneimitteln 212f.
- Aufklärung von Schwangeren 359
- Aufklärungsgespräch 205f.
- Aufklärungszeitpunkt 206
- Berufshaftpflichtversicherung 215
- Betreuungsverfügung 207f.
- Bluttransfusion 208ff.
- Einwilligungsfähigkeit 205
- interdisziplinäre Zusammenarbeit 210ff.
- konsiliarische ZVK-Anlage 212
- Leichenschauschein 215
- Leitlinien 215f.
- Maßnahmen vor Anästhesiebeginn 206f.
- Notfallbehandlung 207
- Organtransplantation 210
- Patientenlagerung 211
- Patiententestament 207f.
- Patientenüberwachung 207
- postoperative Schmerztherapie 211f.
- Richtlinien 215f.
- Selbstbestimmungsrecht des Patienten 204f.
- Standards 215f.
- Stand-by 211
- Transfusionsverweigerer 209
- Vormundschaftsgericht 208
- Vorsorgevollmacht 207f.
Megakolon, toxisches 254
Membrana cricothyreoidea 307
Membranoxygenatoren 425
Meningomyelozele 338
Meningozele 338
MEP 327
Mepivacain
- Eigenschaften 159
- epidural 168
- intrathekal 163

- intravenöse Regionalanästhesie 186 f.
- periphere Nervenblockaden 176 f.
Mesotheliom 406
Metamizol 200 f.
- bei Kindern 392
Methimazol 514
Methohexital 131 ff.
- Dosierung bei Kindern 376
- Elektrokrampftherapie 480
Methoxyfluran 128 f.
Methyldopa, Präeklampsie 366
Methylenblau 161
Methylergometrin
- Geburtshilfe 356
- gynäkologische Eingriffe 344
Methylparaben 160
Methylprednisolon 546
Metoclopramid, Antiemesis 98
Metoprolol 90
- intrakranieller Druck 328
MH s. auch maligne Hyperthermie 528 ff.
Midazolam 132 f.
- Dosierung bei Kindern 376
- Prämedikation 13
- - bei Kindern 379
- zerebrale Homöostase 322
Mikrolaryngoskopien 303 ff.
- Vorgehen 304
Milrinon 93
Milzarterienthrombose 229
Milzruptur 252 f.
Mineralokortikoide, primäre Nebennierenrindeninsuffizienz 513
Minimale alveoläre Konzentration 124
Minimal-flow-Anästhesien 118 ff.
Minimalinvasive Chirurgie
- koronare Bypassoperationen 436 f.
- - geschlossener Eingriff 436 f.
- offener Eingriff 437
Minipress® 516
Minirin® 82
Minithorakotomie 437
Minprog® 456
Mitralinsuffizienz 417
Mitralstenose 417
Mittelgesichtsfrakturen, nach LeFort 294
Mittelhirnsyndrom, akutes 320
Mittelohr, Operationen 299 f.
Mivacurium 149
- atypische Pseudocholinesterase 146
- Hydrolyse 145 f.
- Pharmakodynamik 144
- Priming-Prinzip 148
MKG-Eingriffe 291 ff.
Mobilisation, Schultergelenk 283
Molsidomin 492
Monitoring 30 ff.
- ambulante Anästhesie 485
- Aufwachraum 194
- Eine-Lunge-Anästhesie 397 f.
- Kardioanästhesie 422
- Kategorien 31
- Kinderanästhesie 380 f.
- Lebertransplantation 552 f.
- MRT 482 f.
- Neuroanästhesie 325 f.
Morbus Addison 513
Morbus Crohn 223
Morbus Cushing 329
Morbus Down 295, 465
Morbus Parkinson 509
Morbus Perthes 284
Morbus Werlhof 229 f.
Mortalität, perioperative
- Anästhesieverfahren 492
- bei geriatrischen Patienten 537
- in ASA-Risikogruppen 5
Motorische Endplatte 143 ff.
Motorisch evozierte Potentiale 327
MRT s. auch Magnetresonanztomographie 481 ff.
Mühlradgeräusch 333
Multiorganentnahme 543 ff.
- anästhesiologisches Vorgehen 544 f.
Mundbodenkarzinome 291 f.
Mund-Kiefer-Gesichts-Chirurgie 290 ff.
- Atemwegsprobleme 291
μ-Rezeptoren 138
Murphy-Auge 109
Muskelrelaxanzien 143 ff.
- chronische Niereninsuffizienz 505
- Dosierung bei Kindern 377 f.
- Dosis-Wirkungs-Beziehung 144 f.
- Interaktionen 152 f.
- - Kombination verschiedener Muskelrelaxanzien 152, 153
- - volatile Inhalationsanästhetika 152
- intrakranieller Druck 151
- intraokularer Druck 151, 311
- Intubationsdosis 144
- Leberinsuffizienz 502
- Myasthenia gravis 510
- Nebenwirkungen 149 ff.
- - Herz und Kreislauf 150
- - Histaminfreisetzung 150
- Neostigmin 153 f.
- Niereninsuffizienz 505
- Pharmakokinetik 145 ff.
- Wirkungsweise und Einteilung 143 f.
- zerebrale Homöostase 324
Muskelzittern 196 f.
Myasthenia gravis 509 ff.
- Cholinesterasehemmer 510
- Einteilung 510
- myasthenische Krise 510
- Thymektomie 398 f.
Mycophenolatmofetil 546, 547, 550
Myelinolyse, pontine 272
Myokardhypertrophie
- exzentrische 584
- - Aorteninsuffizienz 416
- konzentrische 584
- - Aortenstenose 416
Myokardiale O_2-Balance 415 f., 491
Myokardiale O_2-Bilanz 584
Myokardialer O_2-Verbrauch 491
Myokardiales O_2-Angebot 491
Myokardinfarkt 6, 491 ff.
- perioperative Häufigkeit 491
Myokardinsuffizienz s. auch Herzinsuffizienz 493 ff.
Myokardischämie
- intraoperative, Risikofaktoren 492
- stumme 491
Myokardprotektion, bei extrakorporaler Zirkulation 428 f.
Myopathie 528
Myxödemkoma 514

N

Nabelhernie
- Erwachsene 235
- Kinder 390
Nachblutungen, postoperative Versorgung 197
Nachlast, kardiale 583
$NaHCO_3$ 95 f.
Nahrungskarenz, präoperative 6, 115
- Kinder 379
Naloxon 142 f.
Naphazolin, HNO-Eingriffe 299
Narbenhernie 236
Narcanti® 143
Narkose, Definition 131
Narkosebeatmung 117 ff.
- Adipositas 518
- COPD 500
- Eine-Lunge-Anästhesie 396
- intraokularer Druck 311
- Kardioanästhesie 424
- Kinderanästhesie 384
- Laparoskopien 259
- MRT 483
- Multiorganentnahme 545
- Neuroanästhesie 327 f.
- Schädelhirntrauma 564
Narkoseeinleitung, nichtnüchterne Patienten 115 f.
Narkose-Opioide 138 f.
- physikochemische Daten 139
- Stellenwert 139
Narkosesystem, geschlossenes 120
Narkosetechniken 102 ff.
Narkosetiefe 155
Narkoseüberhang 196
Nasennebenhöhlen, Eingriffe 300 f.
Nasotracheale Intubation 110 f.
Natriumchloridlösung, isotone 62 f.
Natriumcitrat
- Aspirationsprophylaxe 12, 116
- Gerinnungsanalyse 80 f.
Natriumhydrogencarbonat 95 f.
Natriumthiosulfat 92
Natronkalk 121
N-Butylscopolamin 200 f.
Nebennierenrindeninsuffizienz 513
Nebenschilddrüse
- Erkrankungen 515
- Operationen 240 f.
Nebenstromkapnometer 40
Neck-dissection 241
Nekrotisierende Enterokolitis 385
Neoblase 268
Neohepatische Phase 558
Neostigmin 153 f.
- Dosierung bei Kindern 378
Nephrektomie 265
Nephroblastom 388 f.
Nephrolitholapaxie, perkutane 266
Nephropyelolithotomie 266
Nephrostomie 274
Nephroureterektomie 265
Nepresol®, Präeklampsie 366
Nervenblockade
- inkomplette 178
- interkostale 413
Nervenblockaden, periphere 173 ff.
- Aspirationskontrolle 179
- Augmentation 177 f.
- Clonidin 177
- Dosierungen 177
- 3-in-1-Blockade 184 f.
- elektrische Nervenstimulation 175 f.
- Indikationen 173
- Kanülen 174
- kontinuierliche Blockadetechniken 186
- Dosierung 186
- Kontraindikationen 173
- Lokalanästhetika 176 f.
- Opioide 177
- Plexus brachialis 178 ff.
- Sedierung 177 f.
- sterile Kautelen 174
- ultraschallgesteuerte Punktion 176
- untere Extremität 183 ff.
- Vasokonstriktoren 177
- Vorbereitung 174 f.
Nervenfasertypen, Chronaxie 176
Nervenschädigung
- Blutsperre/Blutleere 280
- Lagerungsmaßnahmen 190 ff.
- - periphere Nervenblockaden 174, 175, 177
- - rückenmarknahe Regionalanästhesien 165
Nervenstimulation, elektrische 175 f.
Nervenstimulator
- Funktionsprinzip 175
- Grundeinstellungen 55
- Herzschrittmacher 176
- periphere Nervenblockaden 175 f.
Nervi accelerantes 511
Nervus accessoris, Blockade 182
Nervus axillaris, , Blockade 180, 186
Nervus cutaneus femoris posterior, Blockade 183
Nervus facialis, Elektrostimulation
- Cholesteatom 300
- Parotidektomie 302
Nervus intercostobrachialis, Blockade 179 f.
Nervus musculocutaneus, Blockade 178 f., 180 f., 186
Nervus peronaeus, Lagerungsschaden 189
Nervus suprascapularis, Blockade 181
Nervus ulnaris
- Blockade 182
- Lagerungsschaden 191
Neuralrohrdefekt, anlagebedingter 338
Neurapraxie 191
Neuroanästhesie 325 ff.
- Beatmung 327 f.
- bei Kindern 337 ff.
- CO_2-Reaktivität der Hirngefäße 319
- Flüssigkeitsersatz 326
- Hirnödem 321
- infratentorielle Eingriffe 334
- intrakranielle Hämodynamik 317 ff.
- intrakranieller Druck 319 f.
- kontrollierte Hypothermie 328
- Luftembolie 340
- Narkoseausleitung 328
- Narkoseführung 327 ff.
- Notfall- und dringliche Eingriffe 339
- Operationslagerung 326 f.
- präoperative Vorbereitung 325
- stereotaktische Eingriffe 336
- zerebrovaskuläre Autoregulation 318 f.
Neuroblastom 388 f.

Neuroleptika
- Emesisprophylaxe und -therapie 98
- malignes neuroleptisches Syndrom 529
- Prämedikation 9
Neurologische Erkrankungen 508 ff.
Neuromuskuläre Blockade, Reihenfolge 145
Neuromuskuläre Erkrankungen, nichtdepolarisierende Relaxanzien 150
Neuromuskuläre Funktion 54 ff.
Neuropathie, vegetative 490, 504
Neuroradiologie 340 ff.
Neurostimulator, Reflexinkontinenz 271
Neurotmesis 191
Neutraltemperatur 375
Nichtdepolarisationsblock 144
Nichtdepolarisierende Relaxanzien
- Antagonisierung 153 f.
- neuromuskuläre Erkrankungen 150
- Pharmakodynamik 144
Nicht-nüchtern-Einleitung 115 f.
Nicht-Opioid-Analgetika 198 f.
- Indikationen 199
- Pharmakodynamik 199
Nichtsteroidale Antiphlogistika s. auch Antiphlogistika, nichtsteroidale 198 ff.
Niedrigflußnarkosen 118 ff.
- eingeschränkte Nierenfunktion 129
- Kontraindikationen 120
Nierenbeckenplastik 266
Nierenbeckenstein 266
Nierendurchblutung, Regulation 503 f.
Nierenfunktion 503 f.
- Kindesalter 372 f.
Niereninsuffizienz, chronische 503 ff.
- Auswirkungen 504
- Infusionstherapie 505
- perioperative Einflüsse 504 f.
- Serumkaliumkonzentration 506
- Stadien 504
- Transfusionsindikation 505
Nierentransplantation 545 f.
Nierentumorenukleation 265
Nifedipin 492, 91 f.
Nikotinkarenz, präoperative 6
Nitrate s. auch Glyceroltrinitrat 492, 495
Nitroglycerin **91,** 491 ff.
Nitroprussidnatrium **92,** 490, 495
NMDA-Rezeptor, Ketamin 134
N_2O s. auch Stickoxydul 125 ff.
Noradrenalin 87 f.
Norcuron® 144
Normosang® 522
Norwood-Operation 469
Notfallbehandlung, medikolegale Aspekte 207
Notfalleingriffe 250 ff.
Notfalltransfusion 73
Notkoniotomie 307
Not-Sectio 360 f.
Nottracheotomie 307
Novalgin® s. auch Metamizol 200 f.
Novaminsulfon s. auch Metamizol 200 f.
NovoSeven® 82, 255
NSAID s. auch Antiphlogistika, nichtsteroidale 198 ff.
NTX 545 f.
Nukleotomie 336
NYHA-Klassifikation 494

O

Oberflächen-EKG 32 f.
Obstruktive Lungenerkrankungen 499 ff.
Octreotid 228, 230
OELM-Manöver 111
Off-label-Gebrauch 212 f.
Off-pump-Eingriffe 437
O_2 s. Sauerstoff
Okularer Perfusionsdruck 310 f.
Okulokardialer Reflex 309 f.
Omphalozele 386
Ondansetron 98
Operation nach Blalock-Hanlon 462
Operation nach Blalock-Taussig 462
Operation nach Cox-Maze 434
Operation nach Fontan 468
Operation nach Mustard 467
Operation nach Norwood 469
Operation nach Rastelli 467, 468
Operation nach Ross 433
Operation nach Senning 467
Operation nach Whipple 228
Operationslagerung 188 ff.
- Bauchlage 188 f.
- Flankenlagerung 189, 264
- Hockerstellung 189
- Kopftieflage 188
- medikolegale Aspekte 211
- Nervenschäden 190 ff.
- - Prädispositionen 191
- - Prävention und Therapie 191 f.
- Oberkörperaufrichtung 188
- physiologische Veränderungen 190
- Rückenlage 188
- Seitenlage 189
- sitzende Position 189 f.
- Steinschnittlage 189, 264, 344
- Trendelenburg-Lagerung 188, 189, 264
- Wechselkipplagerung 251
Ophthalmochirurgie 309 ff.
Opiodantagonisten 142 f.
- Dosierung bei Kindern 376 f.
Opioide 137 ff.
- Abhängigkeit 520
- Dosierung bei Kindern 376 f.
- Endokrinium 142
- Histaminfreisetzung 141
- Nebenwirkungen 140 ff.
- Niereninsuffizienz 505
- periphere Nervenblockaden 177
- Plazentagängigkeit 354
- postoperative Schmerztherapie 198 f., 201
- Prämedikation 11
- zerebrale Homöostase 323 f.
Opioidrezeptoren 137 f.
- Verteilung 138
Opioidwirkungen, rezeptorspezifische 138
OPSI 230
Orchidopexie 390
Orciprenalin 86
Organdurchblutung 59 f.
Organisationsverschulden 215
Organischämiezeiten, kalte 544
Organkonservierung, extrakorporale 544
Organtransplantationen 543 ff.
- medikolegale Aspekte 210

Orgaran® 419
Orthopädische Eingriffe 281 ff.
- Besonderheiten und Probleme 288 f.
- präoperative Vorbereitung 281 f.
Orotracheale Intubation, Differentialindikationen 290
Osmodiuretika, intrakranieller Druck 324 f.
Ösophagektomie 219 f.
Ösophagojejunostomie 221 f.
Ösophagoskopie 233
Ösophagus
- Atresie 388
- Bougierung 237
- Divertikel 220 f.
- laserendoskopische Tumorabtragung 233
- Perforation 250 f.
- Tubuseinlage 233
- Varizensklerosierung 251 f.
Os-sacrum, Teilresektion 288
Osteomyelitis, Gehörknöchelchen 299 f.
Osteopathie, renale 504
Osteotomie, Fuß 282 f.
Ostium-primum-Defekt 463
Ostium-secundum-Defekt 463
Otitis media 299
o-Toluidin 161
Otoplastik 299 f.
Overwhelming post-splenectomy infection syndrome 230
Oxygenatoren, Herz-Lungen-Maschine 425
Oxytocin
- Geburtshilfe 356
- gynäkologische Eingriffe 344

P

PA-Katheter s. Pulmonaliskatheter
Palacos® 277
Pancuronium 149
- Pharmakodynamik 144
Pankreasduodenaltransplantation 547
Pankreaskopfresektion, duodenumerhaltende 229
Pankreaslinksresektion 228
Pankreas-Nieren-Transplantation 546 f.
Pankreastransplantation 546 f.
Pantolax® 143, 147, 149
Panzerherz 435
Paracetamol, postoperative Schmerztherapie 200 f.
- bei Kindern 392
Paradoxe Atmung 393
Paradoxe Embolie 340
Paragruppen-Allergie 160
Parapharyngealabszeß 308
Parasympatholytika, Antisalivation 10 f.
Parathormon 515
Parathyreoidektomie 240 f.
Paraumbilikalhernie 390
Parazentese 299 f.
Parecoxib 199 f., 201
Parkinson-Syndrom 509
Parotidektomie 302
Partialinsuffizienz, respiratorische 578
Partusisten®, Geburtshilfe 357
Paspertin® 98
Patientenaufklärung 204 ff.
- Aufklärungszeitpunkt 206
- Dokumentation 206
- Minderjährige 206
- nichteinwilligungsfähiger Patient 205 f.
- Selbstbestimmungsrecht des Patienten 204 f.
Patientenkontrollierte Analgesie 201 f.
Patientenkontrollierte Epiduralanalgesie 201 f., 358, 413
Patientenlagerung s. auch Operationslagerung 188 ff.
Patiententestament 207 f.
Patientenüberwachung 30 ff.
- medikolegale Aspekte 207
Patientenverlegung, Aufwachraum 202 f.
Patil-Test 109
PCA 201 f.
PCEA 201 f., 358, 413
PDA 469
PDE-Hemmer 93, 495
$PECO_2$ s. auch Kapnometrie/-graphie 39 ff.
PEEP s. positiver endexspiratorischer Druck
Pelviskopie 350
Peniswurzelblock, postoperative Schmerztherapie 392
Perfalgan® s. auch Paracetamol 201
Perfan® 93
Perforierende Augenverletzungen 315
Perforiertes Bauchaortenaneurysma 254 f.
Perfusionsdruck
- koronarer 584
- okularer 310 f.
- uteriner 353 f.
- zerebraler 317 ff.
- - Hirnödem 321
- - intrakranieller Druck 321
Pericarditis constrictiva 435
peridural s. epidural
Periduralanalgesie s. Epiduralanalgesie
Periduralanästhesie s. auch Epiduralanästhesie 167 ff.
Perikardektomie 435
Perikarditis, toxische 504
Perioperative Anästhesiestation 193
Perioperative Antibiotikaprophylaxe 98 ff., 242
Periphere Nervenblockaden s. auch Nervenblockaden, periphere 173 ff.
Peripherer Gefäßwiderstand 418, 583
Periphervenöser Zugang 19 ff.
Peritonitis, Etappenlavage 256
Peritonsillarabszeß 308
Perkutane Nephrolitholapaxie 266
Persistierender Ductus arteriosus 469
Pertrochantäre Femurfrakturen 277 f.
Pethidin, Muskelzittern 196 f.
Phantomschmerzen 248
Phäochromozytom 515 f., 530
- Adrenalektomie 516 f.
- präoperative Behandlung 516
Pharmaka s. Medikamente
Pharmakokinetik, geriatrische Patienten 540
Pharynxkarzinome 291 f.
Phase-I-Block, Succinylcholin 143
Phase-II-Block, Succinylcholin 152
Phase-I-Reaktion 521
Phase-II-Reaktion 521
Phenhydan® 326
Phenobarbital 13
Phenoxybenzamin 516
Phenprocoumon, perioperativ 84
Phenytoin 326, 498
Phimose 391
Phosphodiesterase-III-Hemmer 93, 495

Photosensibilität 521
Phrenikusparese 231
pH-stat-Verfahren 427 f.
Physostigmin 156
- Muskelzittern 196 f.
Pierre-Robin-Syndrom 295
Pilonidalsinus 237
Pinealistumoren 333 f.
Piritramid
- Analgosedierung 274
- patientenkontrollierte Analgesie 202
- postoperative Schmerztherapie 198 f., 201
- - bei Kindern 392
pKs-Wert 176
Plasmacholinesterase s. auch Pseudocholinesterase 143, 145 ff.
Plazentalösung, manuelle 362
Plazentaschranke, Übertritt von Medikamenten 354
Pleuradrainage 412
Pleuraeingriffe 406
Pleuraempyem 406
Pleuritis, toxische 504
Plexus-brachialis-Blockaden 178 ff.
- axilläre 178 ff.
- - Anatomie 178
- - Dosierung 177
- - Komplikationen 180
- - Kontraindikationen 180
- - Technik 179 f.
- interskalenäre 181 ff.
- - Anatomie 181
- - Dosierung 177
- - Indikationen 182
- - Komplikationen 182 f.
- - Kontraindikationen 182 f.
- vertikal infraklavikuläre 180 f.
- - Anatomie 180
- - Dosierung 177
- - Komplikationen 181
- - Kontraindikationen 181
- - Technik 180 f.
Plexus brachialis, Lagerungsschaden 191 f.
Pneumonektomie 401 f.
Pneumonitis 116
Polidocanol 251, 270
Polyglobulie 373, 458
Polymethylacrylat 277
Polyneuropathie, Typ Guillain/Barré 521
Polypektomie, Nase 300
Polytrauma, Primärversorgung 563 ff.
- Blutverluste 565
- Definition 563
- Primärdiagnostik 563 f.
- Primärtherapie 564
Polyurie, insipidoforme 357
Pontine Myelinolyse 272
PONV s. auch Übelkeit und Erbrechen 97 f.
Porphyrien 520 ff.
- akuter Krankheitsschub 520 f., 530
- - Therapie 522
- Cito-Sectio 361
- Medikamente 521 f.
Portkatheter 238
Portosystemischer Shunt 227
Positiver endexspiratorischer Druck
- hypoxische pulmonale Vasokonstriktion 394
- intrakranieller Druck 320, 327 f.
- intraokularer Druck 311
- Narkosebeatmung 118
- sitzende Position 333
Postinfusionsalkalose 65
Postoperativer Schmerz 197 ff.
Postoperative Versorgung 193 ff.
- Aufwachraum 193
- - Patientenübergabe 193
- Komplikationen 194 ff.
- - chirurgische 197
- - Patientenverlegung 202 f.
- - Kriterien für Intensivstation 203
- Röntgenthoraxbild 194
- Schmerztherapie 197 ff.
- Überwachung 194
Postspinaler Kopfschmerz 166
Posttetanic count 56
Potentiale, evozierte 307, 327
Präeklampsie 365 f.
Präexzitationssyndrom 497
Präkonditionierung, ischämische 437
Präkurarisierung, Magnesium 357
Prämedikation 8 ff.
- Adipositas permagna 518
- Anxiolyse 8
- Applikationsart 12
- Dauermedikation 13 ff.
- Geriatrie 541
- Kinder 379 f.
- Verminderung des Aspirationsrisikos 12
- Zeitpunkt 12
- Ziele 8
Prämedikationsvisite 3 ff.
- Konsiliaruntersuchungen 4
- Notfallpatienten 4
- präoperative Untersuchungen 3 f.
Präoperative Eigenblutspende 78
Präoperative Nahrungskarenz 6, 115
- Kinder 379
Präoperative Visite s. auch Prämedikationsvisite 3 ff.
Präoxygenierung 114 f.
- Indikationen 115
Präventive Analgesie 200 f.
Prazosin 516
Preload 583
Presinol®, Präeklampsie 366
Prilocain
- Eigenschaften 159
- intravenöse Regionalanästhesie 186 f.
- Methämoglobinämie 161
- periphere Nervenblockaden 176 f.
Priming-Lösung, Herz-Lungen-Maschine 424, 426
Priming-Prinzip 147 f.
Prinzmetal-Angina 491
Privin®, HNO-Eingriffe 299
Profundaplastik 246 f.
Prograf® 547, 550
Promethazin 13
Propofol 131 f.
- Analgosedierung 274, 384
- Dosierung bei Kindern 376
- TIVA 135
- zerebrales Anfallsleiden 508
ProSeal® 103
Prostacyclin 420
Prostaglandine, Geburtshilfe 356
Prostaglandinsynthesehemmung 198 ff.

Prostataresektion, transurethrale 271
Prostatektomie
- radikale 269
- transvesikale 269
Protamin 82, 419f.
Protein C 81
Prothrombinkomplex-Konzentrat 81
Pseudocholinesterase 143, 145ff.
- verminderte Aktivität 146f.
Pseudothrombozytopenie 81
Psychopharmaka
- Medikamenteninteraktion 15
- perioperativ 17
Pulmonaliskatheter 26ff.
- Eine-Lunge-Anästhesie 398
- Indikationen 27
- Kardioanästhesie 422
- katheterbedingte Komplikationen 28
- Kathetertypen 26f.
- Positionierung 27
- spezielle Kontraindikationen 28
Pulmonalatresie 468
Pulmonale Aspiration s. auch Aspiration, pulmonale 116f.
Pulmonale Compliance 581
Pulmonaler Gefäßwiderstand 418, 455
Pulmonalkapillarer Verschlußdruck 46f.
- kontrollierte Beatmung 47
- Meßprinzip 47
Pulsationsdivertikel 220f.
Pulsoxymetrie 36ff.
- Aussagekraft 37f.
- Indikationen 37
- Meßprinzip 37
- Störeinflüsse 39
Purisole® 271
- Hysteroskopie 350
Purpura, idiopathische thrombozytopenische 229
Push and smash, ESWL 274
PVR 418, 455
Pyloromyotomie, nach Weber/Ramstedt 385
Pylorusstenose 385f.
Pyrazolderivate s. auch Metamizol 199

Q

Qualitätsmanagement 216
Qualitätssicherung 215f.
Quarantäneplasma 74
Querschnittsyndrom 511
Quincke-Ödeme 526f.

R

Rachentamponade 291, 298
Radikale Prostatektomie 269
Radikale Vulvektomie 347
Radikale Zystektomie 268
Ranitidin 13
Rapid sequence induction 116
Rapifen® 137ff.
Rashkind-Atrioseptostomie 474
Rastelli-Operation 467
Reanimation, kardiopulmonale 566ff.
- Techniken 566
Rechts-links-Shunt
- anästhesiologische Besonderheiten 458
- Eine-Lunge-Anästhesie 393ff.
- fetale Kurzschlüsse 372
- intrapulmonaler 393f.
Recombinant tissue plasminogen activator s. Alteplase
Reflexautomatismen 511
Reflexbradykardie 242
Reflexinkontinenz, Implantation eines Neurostimulators 271
Refludan® 419
Refraktärzeit 450
Regionalanästhesie
- geriatrische Patienten 541f.
- intravenöse 186f.
- - Dosierung 187
- rückenmarknahe 162ff.
- - Acetylsalicylsäure 171f.
- - Antikoagulanzien 171f.
- - Blutdruckabfall 165
- - Blutgerinnung 171f.
- - Heparinisierung 171f.
- - Myokardfunktion 492
- - Nebenwirkungen und Komplikationen 165f.
- - postspinaler Kopfschmerz 166
- - Überwachung 163
Regurgitation, Laparoskopien 262
Rekanalisationshypotonie, Karotisdesobliteration 332
Rektoskopie 234
Rektumexstirpation, nach Miles 225
Rektumresektion, anteriore 225
Rekurrens-Monitoring, Schilddrüsenoperationen 239
Relaxanzien (s. auch Muskelrelaxanzien) 143ff.
Relaxatio diaphragmatica 231
Relaxometrie/-graphie 54ff.
- Elektrokrampftherapie 480
- Indikation 56
- Stimulationsarten 55
Remestan® 13
Remifentanil 137ff.
- Leberinsuffizienz 502
- Pharmakokinetik 139
- TIVA 136
Remodeling 494
Renale Osteopathie 504
Reperfusionskoagulopathie, Lebertransplantation 557f.
Reperfusionssyndrom, Lebertransplantation 557
Reptilasezeit, Normalwert 81
Reservevolumen 579
Residualkapazität, funktionelle 579
- Kinder 370f.
- Lagerung 190
Residualvolumen, in- und exspiratorisches 579f.
Resistance, Atmung 582
Respiratorische Insuffizienz 194ff.
- Globalinsuffizienz 578
- Partialinsuffizienz 578
Retentio testis 390
Retentionswerte, Niere 504
Retrobulbäranästhesie 309
Retrolentale Fibroplasie 371f.
Retroperitoneale Lymphadenektomie 270
Retropharyngealabszeß 308
Reye-Syndrom 213
Rhinoplastik 300
Rhinotomie, laterale 300

Rhythmuschirurgie 434
Richtlinien, Definition 215f.
Riesenbullae 404
Robin-Hood-Phänomen 319
Robinul® 153, 156, 298
Rocuronium 149
- Pharmakodynamik 144
- Priming-Prinzip 148
Rohypnol® 421f.
Röntgenthoraxbild 577
Ropivacain
- Eigenschaften 159
- epidural 168
- intrathekal 163
- periphere Nervenblockaden 176f.
Ross-Operation 433
rt-PA s. Alteplase
Rückenlage 188, 326
Rückenmarkischämie 444
Rückenmarknahe Regionalanästhesien s. auch Regionalanästhesie 162ff.
Rückenmarktumoren 337
Ruheangina 491
Ryanodin-Kontrakturtest 531
Ryanodinrezeptor 528
R-Zacken-Triggerung, ESWL 274

S

SAB 330f.
Salter-Operation 284
Sandimmun® 547
Sandostatin® 228, 230
Sättigungssprünge, Shuntvitien 475
Sauerstoff
- Angebot 60
- Extraktionsrate 61
- Konzentration, Rechts-links-Shunt 394
- Verbrauch 50f., 425
- - myokardialer 491
- - zerebraler 321f.
Sauerstoffbalance, myokardiale 415f., 491
Sauerstoffbilanz, myokardiale 584
Sauerstoffsättigung
- arterielle 36ff.
- gemischtvenöse 50ff.
- zentralvenöse 51f.
Saug-Heber-Prinzip 429
Scandicain® 156ff.
Schara-Dreiecke 110
Scheidenplastik 348
Schenkelhalsfrakturen, mediale 276f.
Schenkelhernie 235
Schilddrüse
- Erkrankungen 513ff.
- Operationen 239f.
Schlaf-Apnoe-Syndrom 517
- Uvulopalatopharyngoplastik 302
Schleifendiuretika 495
- intrakranieller Druck 324f.
- Wirkungsweise 94
Schleuderzacken 35
Schmerzempfinden, intrauterines 375
Schmerz, postoperativer 197ff.
Schmerzhypersensibilisierung 200
Schmerztherapie, postoperative 197ff.
- bei Kindern 392
- Konzepte 200ff.
- laparoskopische Eingriffe 263
- medikolegale Aspekte 211f.
- Schwangerschaft 535
- thoraxchirurgische Eingriffe 413
Schnellinfusion/-transfusion 78f.
Schnüffelstellung 109
Schock
- neurogener 544
- septisch-toxischer 530
Schrittmacher s. auch Herzschrittmacher 449ff.
Schulterendoprothese 284
Schutzimpfungen, präoperative 379
Schwangerschaft
- anästhesiologisches Vorgehen 534ff.
- Anästhetika 355ff., 533f.
- - Grenzdosen 354
- - Ketamin 355
- - Lokalanästhetika 355
- - volatile Inhalationsanästhetika 355
- Aspirationsrisiko 360, 363
- HELPP-Syndrom 366f.
- Herz-Kreislauf-Erkrankungen 367
- intrakranielle Erkrankungen 367
- Intubationsschwierigkeiten 354
- Medikamente 533f.
- Präeklampsie/Eklampsie 365f.
- Uterusstimulanzien 356
Schwangerschaftsabbruch 345
Schwangerschaftsfeststellung 534
Schwangerschaftshämodilution 353
Schwangerschaftshyperventilation 352f.
Schwangerschaftsphysiologie 352f.
- Blutgerinnung 355
- Gastrointestinaltrakt 354
- Herz-Kreislauf-System 353
- Intubationsbedingungen 354
- Niere und Leber 355
- Respirationstrakt 352f.
- uteroplazentare Einheit 353f.
Schwartz/Bartter-Syndrom 521
Schwefelhexafluorid, Vitrektomie 314f.
Schwierige Intubation 111
Schwieriger Atemweg, Management 112ff.
- Algorithmus 113
Second-look-Laparotomien 255f.
Sectio caesarea
- Allgemeinanästhesie 360ff.
- Aspirationsrisiko 360
- bei Eklampsie 366
- bei HELLP-Syndrom 367
- Epiduralanästhesie 359
- Indikationen 362
- Spinalanästhesie 359f.
- Voruntersuchungen 362
Sectio-Narkose, Ablauf 360f.
Sedierung, Definition 131
Segmentresektion, Lunge 403
Seitenlagerung **189**, 326
- Eine-Lunge-Anästhesie 393
Sekundenkapazität 578, 580
Selbstbestimmungsrecht des Patienten 204f.
Seldinger-Technik 25
Sellick-Handgriff 116
- Sectio-Narkose 361
Senile Demenz 539

SEP 327, 508
Septumkorrektur/-plastik, Nase 300
Serotonin 230
Serumcholinesterase s. auch Pseudocholinesterase 143, 145 ff.
Serumkaliumkonzentration, chronische Niereninsuffizienz 506
Sevofluran 124 f.
- Compound A 129
- Kinderanästhesie 375 f.
- Nierenerkrankungen 128 f.
- Wirkungen 127
SF_6, Vitrektomie 314 f.
Shaldon-Katheter 21
Shivering, postoperatives 196
Shunt s. auch Rechts-links-Shunt
- arteriovenöser 250
- Blalock-Hanlon 462
- Blalock-Taussig 462
- Cooley-Waterston 462
- intrakardialer 454 f.
- - Shuntumkehr 458
- peritoneovenöser 227
- portosystemischer 227
- ventrikuloatrialer 334 f.
- ventrikuloperitonealer 334 f.
Shuntanlage, zur Dialyse 250
Shuntvitien, Anästhetika 456
Sick-sinus-Syndrom 496
Sigma-Rektum-Pouch, Harnableitung 267
Sigmaresektion 224
Silikonplombe 315
Simulect® 546, 547
Singultus 242
Sinusbradykardie, okulokardialer Reflex 309 f.
Sinus-venosus-Defekt 463
Sitzende Position
- Eingriffe 326 f., 333 f.
- Kalkulation des CPP 326
- PEEP 333
Skalenuslücke 181
Skapulalappen 292
S(+)-Ketamin s. auch Ketamin 132, **135**
- Dosierung bei Kindern 376
Skoliose, Wirbelsäulenkorrektur 287
Small volume resuscitation 70 f.
Somatosensorisch evozierte Potentiale 327
Sonographiegesteuerte Punktion, periphere Nervenblockaden 176
Spasmolytika 200
Spells, kongenitale Shuntvitien 458
Spina bifida, Latexallergie 526
Spinalanästhesie 162 ff.
- Anästhesieausdehnung 162 f.
- Clonidin 167
- Durchführung 164
- Geburtshilfe 359 f.
- Indikationen 164
- kontinuierliche 166 f.
- Kontraindikationen 164 f.
- Lokalanästhetika 163
- Nebenwirkungen und Komplikationen 165 f.
- postspinaler Kopfschmerz 166
- Sectio caesarea 359 f.
- Sufentanil 167
- Sympathikolyse 165
- Vorbereitung 163
Spinalisation 544
Spinalkanalstenose, Laminektomie 285 f.
Spinalkatheter 166 f.
Spinalnadel 163
Spirometrie 578
- kleine 394 f.
Splenektomie 229 f.
Spondylitiden 286
Spondylodese, BWS 279
Spondylodesen 286
Sprotte-Nadel 166, 174
Standards 215 f.
Stand-by
- Augenoperationen 316
- externe Ventrikeldrainage 339
- medikolegale Aspekte 211
- Neurochirurgie 339
- Schrittmacherimplantation 450 f.
Stanford-Klassifikation 441
Stapesplastik 299 f.
Star
- grauer 314
- grüner 314
Statische Compliance 581
Statische Lungenvolumina/-kapazitäten 579 f.
Steinschnittlage **189**, 264, 344
Steißbeinfistel 237
Stenteinlage, endotracheale/-bronchiale 410
Stentprothese 243
Stereotaktische Eingriffe 336
Sterilisation 345
Sternotomie, mediane 432 ff.
Steroidkatarakt 314
Stewart/Hamilton-Gleichung 48
Stickoxydul 125 ff.
- Diffusionshypoxie 125 ff.
- intraokularer Druck 311
- Schwangerschaft 534
- Vitamin B_{12} 126
- Wirkungen 127
- zerebrale Homöostase 323
Stickstoffmonoxid, Rechts-links-Shunt 397
Stillperiode, Allgemeinanästhesien 535
Stimmbänder, postoperative Funktionskontrolle 514
Stimulationskanüle, periphere Nervenblockaden 174 f.
Strabismuskorrektur 315
Strahlentherapie, intrauterine 346
Streßechokardiographie 493
Streßinkontinenzblase 347 f.
Stridor 305, **307**
Struma 514 f.
ST-Strecken-Analyse 32 f.
Stufenaufklärung, nach Weißauer 205
Stumme Myokardischämie 491
Stunned myocardium 431
Stunning, atriales 439
Stützautoskop, nach Kleinsasser 304
Subarachnoidalblutung 330 f.
Subclavian-steal-Syndrom 506 f.
Submandibulärer Abszeß 296 f.
Subtotale Kolektomie 224 f.
Subtrochantäre Femurfrakturen 277 f.
Succinylcholin 143, 149
- Anschlagzeit und Wirkungsdauer 147
- atypische Pseudocholinesterase 146
- Hydrolyse 145 f.
- Indikationen und Kontraindikationen 148

- Kinderanästhesie 377
- Leitsätze zum Gebrauch 147
- Nebenwirkungen
- - Arrhythmien 151
- - Dualblock 152
- - Hyperkaliämie 151
- - intragastraler Druck 152
- - intrakranieller Druck 151
- - intraokularer Druck 151, 311
- - maligne Hyperthermie 151
- - muskarinerge 150
- - Muskelschmerzen 151
- - zerebrale Homöostase 324
Sufenta® s. auch Sufentanil 137ff.
Sufentanil 137ff.
- Epiduralanästhesie 168
- patientenkontrollierte Epiduralanalgesie 202
- Pharmakokinetik 139
- Spinalanästhesie 167
Suprarenin® s. Adrenalin
Supratentorielle Tumoren 328f.
Surfactant, Atemmechanik 581
Suxamethonium s. Succinylcholin
SVR 418, 583
Switch-Operation 433, 467
Sympathektomie, lumbale 247
Sympathikusstimulation 242
Sympathomimetika
- direkte 87ff.
- indirekte 86f.
Symphysenrupturen 278
Syndrome of inappropriate secretion of ADH 329
Systemischer Gefäßwiderstand 418, 583

T

Tachyarrhythmien 497
Tacrolimus 547, 550
Tageschirurgie 484f.
Taschenmesserlagerung 189
Tavor® 13
TBVT 248f.
TEE 31, 422
Temazepam 13
Temperatur, kritische, Kinderanästhesie 375
Temperatursonde 29
TEP s. Endoprothetik
Teratogenität 533f.
Terbutalin 501
Tetanisches Syndrom 515
TGA 466
Thalidomid 533f.
THAM 96
Theophyllin 501
Therapiefreiheit, bei Arzneimitteln 212f.
Thermodilution, HZV-Bestimmung 47f.
Thermokoagulation, Ganglion Gasseri 335
Thermogenese, Kinder 374f.
Thermokoagulation, Ganglion Gasseri 335
Thermoregulation, geriatrische Patienten 540
Thiopental 131ff.
- Dosierung bei Kindern 376
Thorakale Aortenchirurgie 440ff.
- Bypassverfahren 443f.
- Narkose 442f.
Thorakale Compliance 581
Thorakoskopie
- bei Kindern 407
- Eine-Lunge-Anästhesie 406f.
- koronare Bypassoperationen 437
Thorakotomie, rechtslaterale 220
Thoraxchirurgische Eingriffe 398ff.
- - postoperative Versorgung 412f.
- - Pleuradrainage 412
- - Schmerztherapie 413
Thoraxdrainage 412
Thoraxrigidität, Opioide 141
Thoraxröntgenbild 577
Thoraxtrauma, stumpfes 411, 441
Thoraxwandeingriffe 406
Thrombektomie 248f.
Thrombendarteriektomie
- Arteria carotis 331
- Becken 246
Thrombinzeit, Normalwert 81
Thromboplastinzeit
- nach Quick, Normalwert 81
- partielle, Normalwert 81
Thrombose
- Bein- und Beckenvene 248f.
- Milzarterie 229f.
- Milzvene 229f.
Thromboxan A_2, Eklampsie 365
Thrombozyten 75
Thrombozytenaggregationshemmer
- perioperativ 14
- rückenmarknahe Regionalanästhesien 172
Thrombozytenkonzentrate 74f.
Thrombozytenzahl, Normalwert 81
Thrombozytopenie
- heparininduzierte 85
- idiopathische 229
Thymektomie 398f.
Thyreoidektomie 239f.
Thyreotoxische Krise 514, 530
TIA 506
Tiefe Bein- und Beckenvenenthrombose 248f.
Tiffeneau-Wert 578, 580
TIPS 227
Tissue plasminogen activator s. Alteplase
TIVA s. auch total intravenöse Anästhesie 135
Todesart 215
TOF 55f.
Tokolytika 356f.
Toluidinblau 161
Tonometrie, Auge 316
Tonsillektomie 301
- - Blutung 308
Torsade-de-pointes-Tachykardie 497
Tosylchloramidlösung 256
Total intravenöse Anästhesie 135
- Laparoskopien 261
- Vergleich zur Inhalationsanästhesie 137
Totaler Kreislaufstillstand, Herzoperationen 443f.
Totalkapazität 579
Totraum, Definition 42
Toxisches Megakolon 254
t-PA s. Alteplase
Trachea-Manschettenresektion 402
Tracheanaht 412
Tracheaperforation 411f.
Tracheaplastik 404f.
Trachearesektion 404f.

Tracheoösophageale Fistel 388
Tracheoskopie 305
Tracheotomie
- geplante 306
- Notfall 307
Train of four 55f.
Traktionsdivertikel 220f.
Tränenwegsstenosen 313
Tranexamsäure 82
Transfusion s. auch Bluttransfusion 71ff.
Transkranielle Dopplersonographie 422, 508
Transkrikoidaler Block 111
Transitorische ischämische Attacke 506
Transmuraler Füllungsdruck 45f.
Transmyokardiale Laser-Revaskularisation 434f.
Transposition der großen Gefäße 466
Transsphenoidale Hypophysenoperationen 329
Transurethrale Blasentumorresektion 272
Transurethrale Eingriffe 271ff.
- Komplikationen 272
Transurethrale Prostataresektion 271
Transurethrales Resektionssyndrom 272
Transversumresektion 224
Transvesikale Prostatektomie 269
Tranxilium® 421
Trapanal® 131f.
Trasylol® s. Aprotinin
Traumatische Aortenruptur 254f., 441
Trendelenburg-Lagerung, intrakranieller Druck 320
Trifluoracetat 126
Trifluoracetylchlorid 128
Trigeminusdekompression, nach Jannetta 335
Trigeminusneuralgie 335
Triggerfreie Anästhesie 528f., 532
Trikuspidalatresie 468
Trimenonanämie 374
Triple-H-Therapie 330f.
Trismus 528
Trisomie 21 295, 465
Tris-Puffer 96
Trizyklische Antidepressiva, perioperativ 17f.
Trometamol 96
Troponine 493
Truncus-pulmonalis-Banding 461
Tuba Eustachii 300
Tubus s. Endotrachealtubus
Tumeszenz-Lokalanästhesie 157
Tumornephrektomie, transperitoneale 389
TUR-Syndrom 272
Tympanoplastik 299f.

U

Übelkeit und Erbrechen 97f.
- nach Laparoskopien 262
- Prophylaxe 98
- Risikofaktoren 97
Übernahmeverschulden 215
Ulcus duodeni 252
Ulcus ventriculi, Blutungen 252
Ultiva® 137ff.
Ultracain® 291
Ultrafiltration, bei extrakorporaler Zirkulation 429
Ultraschallgesteuerte Punktion, periphere Nervenblockaden 176
Unfallchirurgische Eingriffe 276ff.
Univent®-Tuben 395
Unterkieferfrakturen 294
Untersuchungen, präoperative 3ff.
- Konsiliaruntersuchungen 4
- Notfallpatienten 4
Urämisches Koma 504
Urapidil 92
- intrakranieller Druck 328
Urbason® 546
Ureterneuimplantation 267
Ureterorenoskopie 275
Ureterosigmoideostomie 267
Urinausscheidung 52
Urologische Eingriffe 264ff.
Uteriner Perfusionsdruck 353f.
Uteroplazentare Durchblutung 353
Uteroplazentare Einheit 353
Uterusblutungen, atonische 363f.
Uterusruptur 364
Uterusstimulanzien 356
Uvulopalatopharyngoplastik 302

V

V00-Schrittmacher 450
Vaginale Hysterektomie 349
Valium®, Präeklampsie 366
Valtis/Kennedy-Effekt 77
Valvulotomie, nach Brock 468
Varikozele 270
Varisierungs-Derotations-Osteotomie, intraartikuläre 284
Varizenstripping 249
Vasa nervorum 191
Vasodilatatoren 91f.
Vasokonstriktion, hypoxische pulmonale 394
Vasopressin, kardiopulmonale Reanimation 571
Vasopressoren 86f.
Vecuronium 149
- Pharmakodynamik 144
- Priming-Prinzip 148
Vegetative Neuropathie 490, 504
Velumschleimhaut 302
Venae Thebesii 426
Vena jugularis interna, Punktion 22
Venenbypass, aortokoronarer 432f.
Venendruck, zentraler 44ff.
Venenpunktion 19ff.
Venovenöser Bypass, Lebertransplantation 555f.
Vent 426
Ventavis® 420
Ventilation, alveoläre, Kinder 371
Ventrikelseptumdefekt 464
Ventrikuläre Assist-Systeme 431f.
Ventrikulographie 421
Verapamil 492, 497f.
Verbrauchskoagulopathie, TUR 273
Verdrahtung, intermaxilläre 294
Verlegungskriterien 202f.
Verschlußdruck, pulmonalkapillarer 46f.
Verschlußkapazität 580
Verschlußvolumen 580
Vertebrobasiläre Insuffizienz 507
Vertikal infraklavikuläre Plexusblockade, s. auch Plexusblockaden 180f.
Vertragshaftung 214

Verzögertes Aufwachen, nach Narkosen 196
4-Quadranten-Peritonitis, Etappenlavage 256
VIP 180f.
Vis a tergo 310
Vitalkapazität 578f.
- forcierte 580
- bei Kindern 371
Vitamin K_1 84
Vitrektomie 314f.
Volatile Inhalationsanästhetika 123ff.
Vollelektrolytlösungen 62ff.
Voltaren® s. auch Diclofenac 198f., 201
Volumenbelastungstest 60
Volumenersatz, Hypovolämie 70f.
Volumenkontrollierte Beatmung 117ff.
Voluven® s. auch Hydroxyethylstärke 66f.
Vomex A® 98
Vorerkrankungen, anästhesierelevante 489ff.
Vorhofflimmern
- Antikoagulation 438
- Herzglykoside 497f.
- Kardioversion 438f.
Vorhofseptumdefekt 463
- Laparoskopien 260
Vorlast, kardiale 583
Vorsorgevollmacht 207f.
VSD 464
Vulvektomie, radikale 347
VVI-Schrittmacher 450

W

Wachintubation 111f.
- fiberendoskopische 112
- bei instabiler HWS 279
Wachphänomene, intraoperative 154f.
- Häufigkeit 154
- Prophylaxe 154f.
Wandbewegungsstörungen, myokardiale, Einteilung 421
Wandspannung, myokardiale 583
Wärmeaustauscher, Herz-Lungen-Maschine 425
Wedge-Druck 46f.
Wedge-Position 47
Wehenhemmung 356f.
Weichteilemphysem, Laparoskopien 262
Wertheim-Operation 350
Whipple-Operation 228
Wiederbelebungszeit 566
Wiedererwärmungsschock 514
Wilmstumor 388f.
Wirbelsäule, partielle Versteifung 279
Wirbelsäuleneingriffe 278ff.
Wirbelsäulenkorrektur, Skoliose 287
Wirbelsäulenstabilisierung 278ff., 286
Wundschmerz, postoperativer 197f.

X

Xylonest® 156ff., 176f., 186f.

Z

Zahnentwicklung, physiologische 370
Zahnsanierungen 297
Zenker-Divertikel 220f.
Zentralanticholinerges Syndrom 155f.
- Diagnose 155f.
- Symptomatik 155
- Therapie 156
Zentralvenöser Druck 44ff.
Zentralvenöse Sauerstoffsättigung 51f.
Zerebrale Aneurysmen 330f.
Zerebrale Angiographie 341
Zerebrale Angiome 331
Zerebrale Homöostase, Anästhetika 322ff.
Zerebrale Ischämie, konservative Therapie 507
Zerebraler Blutfluß s. auch Hirndurchblutung 317ff.
Zerebraler Perfusionsdruck s. auch Perfusionsdruck, zerebraler 317ff.
Zerebraler Sauerstoffverbrauch 321f.
Zerebrales Anfallsleiden 508f.
Zerebrovaskuläre Autoregulation 318ff., 427
Zerebrovaskuläre Insuffizienz 506ff.
- anästhesiologisches Vorgehen 507f.
- Einteilung 506
- Lokalisationsformen 507
Zeugen Jehovas, Bluttransfusion 209
Zirkulation, extrakorporale s. auch extrakorporale Zirkulation 424ff., 459f.
Zirkumzision 391
Zofran® 98
Zollinger-Ellison-Syndrom 222
Zugang
- arterieller 25ff.
- - Indikationen 25
- - Komplikationen 25f.
- - Punktionsorte 25
- - Punktionstechnik 25
- intraossärer 571
- periphervenöser 19ff.
- - bei Dialysepatienten 20
- - bei Säuglingen 380
- - nach axillärer Lymphadenektomie 347
- zentralvenöser 21ff.
Zungenkarzinome 291f.
Zusammenarbeit, interdisziplinäre 210ff.
ZVD 44ff.
ZVK 21ff.
Zweihelfermethode, kardiopulmonale Reanimation 569f.
Zwerchfellhernie, kongenitale 387
Zwerchfellruptur 253
Zystektomie, radikale 268
Zytostatika, Medikamenteninteraktion 15